U0359129

中国印刷发展史图鉴（上）

主编 曲德森
执行主编 胡福生

国家社会科学基金项目
『十二五』国家重点图书出版规划项目

山西出版传媒集团 山西教育出版社
北京艺术与科学电子出版社

序言

中国人在印刷领域里的发明创造

中国古代的四大发明中，与印刷有关的发明就有两项，即印刷术的发明和纸的发明。印刷术的发明尤为引人注目，有人将其称为“文明之母”，它在信息传播、知识积累、方便生活、促进人类社会的进步与发展等方面起着十分重要的作用。

中国五千年的文化之所以得以传承，中华民族之所以有强大的再生力和凝聚力，应该说与印刷术的发明和印刷业的发展有着密不可分的关系。综观中国印刷业千年的发展史，我们可以发现，印刷术作为一种将文字和图画制成印刷品的技术，使得人们通过印刷在书本上的文字和图画，了解了自己祖国的历史，明白了先贤圣哲们的思想，知道了宇宙运行和社会发展的道理，掌握了生活当中的科学，从而使得中国历代所积累的文化在当时的社会环境下得到了最大限度的传播和发扬，国人无不为此感到荣耀。

但是近年来，这项发明却遭到了一些人的质疑或否定。一些国家对于印刷术的发明也产生极大的兴趣，甚至想争得印刷术的发明权。最有意思的事例是2008年当北京奥运会开幕式上展示了中国古代活字印刷术之后，荷兰的一位市长给北京市长写了一封信，声称印刷术是荷兰人科斯特于公元1400年发明的。在此之前，有韩国最早发明金属活字说，有德国古腾堡发明活字印刷术说，等等，我国的个别学者也发表文章附和这种观点。而我国的一些电视、报刊、出版等媒体，往往不加选择地刊发其文章，客观上宣扬了印刷术源于西方的观点。为正本清源，向世界传达中国印刷术发明的基本事实和巨大贡献，以维护国家文化安全，展示中国古今科学家的自主创新精神，北京印刷学院“中国印刷史研究课题组”承担了国家社会科学基金项目——“中国印刷史图鉴”的专题研究。该项目于2006年6月立项（项目编号为06BXW004），于2010年3月结项，最终完成名为《中国印刷发展史图鉴》的图文合一的研究成果，计50万字、1200余幅图片，并附有“中国印刷发展史大事记”。

《中国印刷发展史图鉴》采用学术性和通俗性相结合的编写手法，对于其中的学术性问题，尽量用通俗的文字予以描述，并配以较多的珍贵插图，使图文互补，相得益彰。本书通过对数千年间中国印刷业发展历史的梳理和研究，广泛吸收近年来印刷史研究中的最新成果，重点阐述了中国人在雕版印刷术、活字版印刷术和图版雕印术中的发明创造，通过图文，形象地再现了中国印刷术的起源、产生和发展的全过程。人们阅读此书，不但可以获得文字对历史的系统描述，也可以欣赏到珍贵的历代有代表性的各种版本的风貌，这无疑是一次印刷史画廊的参观，或是一次历史印本艺术的享受。当然，你也可以从中了解到中国印刷史学当代所达到的水平。本书的宗旨是：以充分的论证和无可辩驳的事实说明，印刷术最早的起源和发明在中国，世界印刷术的传播源头在中国，当代汉字数字化处理的创新在中国；从而达到向世界宣传中国印刷术，捍卫中国发明权，激发国民创新意识，特别是向广大青少年普及中国印刷史、文化史、图书史的知识，对其进行爱国主义教育之目的。

《中国印刷发展史图鉴》的创新和特色主要表现在以下几个方面：

一、提出“中国印刷发展史”的概念

已有的中国印刷史的研究，多冠以“印刷史”、“版刻史”、“图书史”之名，且重点记述书籍的雕刻印刷。本书提出“中国印刷发展史”的理论观点，旨在表现中国印刷在长达五千年的历史长河中萌生、演变、成熟、进步的发展过程，力求有别于单纯的印刷技术史或图书印刷史。本书中的“印刷”，不仅包含了中国印刷术的发明、发展，也包含了印刷术广泛应用之后，中国印刷业的产生和发展。本书中的“印刷发展史”，表现为：其一，在印刷的范围方面，是一个不断丰富和发展的过程。不仅记录了书籍的印刷，也记录了早期的织物印刷、佛经印刷、纸币印刷、版画印刷，以及后来的报纸、期刊、票据、证卡、电子线路板、陶瓷、建材乃至工业特种印刷等；同时也包括了与印刷有关的印刷物料的生产和设备、器材的生产。其二，在印刷工艺方面，是一个从原始工艺向复杂工艺、再到现代化工艺演进的发展过程，涵盖了古文字刻画、传统雕版印刷、活字版印刷、机械印刷、数字化印刷的整个印刷工艺技术从古至今的发展历史。其三，将印刷术和印刷业发展的历史，融入各个历史时期的政治、经济、军事、文化的社会环境中去表现，以揭示中国印刷发展的社会根源和文化根源，有别于传统的“印刷工艺史”或“图书印刷史”。

二、体例结构的安排上，突出完整性和系统性

以往印刷史多写中国古代印刷，且大多将雕版印刷与活字印刷分开叙述。本书以中国历史纪元为序，按照朝代设置章目，在相应章目中，对这一时期的印刷状况给予全面、系统、完整的表述。

其一，在纵向结构上，一般一个朝代设一章。全书共分十章，第一章《印刷术的起源》，起于公元前3000年，迄于隋代末年；第二章至第十章，按时间顺序，分别记录了唐代一直到清末的古代印刷以及近现代印刷和当代印刷。《中国印刷术的外传及其历史影响》一章则安排在《清代印刷》之后。

其二，在横向结构上，以章为单位，完整反映本时期与印刷有关的全部内容。主要包括：（1）印刷系统（官刻、私刻、坊刻、寺院刻等）；（2）印刷的工艺技术（雕版、活字版、机械印刷、数字印刷等）；（3）印刷的品种（书籍、宗教印品、纸币与其他有价证券、磁卡、包装印刷、工业特种印刷等）；（4）印刷字体和书籍装帧形式（汉文印刷、少数民族文字印刷、印本装帧的演变等）；（5）印刷物料（笔砚纸墨、雕印版材、印刷机械和

设备器材等）；（6）图版的印刷（单幅版画、书籍插图、图画集、图版的印制工艺等）；等等。

其三，在各章的关联上，注意承前启后，互为因果。每章第一节设“概述”，专门论述本章与前一章的传承关系以及本章的主要内容特点。

总之，通过体例结构上纵横相交，力求将全书的内容有机地联系在一起，形成一个完整的知识系统，从而达到更好地表现主题的目的。

三、以图鉴的形式表达主题，开拓历史研究的新视角

本书精选一千多帧珍贵的历史图片，以图文合一的新形式来表现中国印刷发展史，它的最大特点是：第一，简明。以图鉴的方式表现历史，是一种简明地阐释历史的方法。之所以采用简明的方法，是基于普及中国文化史、科技发展史之需要，而这种需要又是缘于国际上关于中国印刷发明史的争论，缘于一般读者大众对其不甚明了或知之甚少的现实。因为图鉴的形式易于为大众所接受，也顺应了读图时代人们的阅读习惯。第二，通俗。国内研究的有关论著学术性较强，文字本居多。相对而言，普及本少，图画本少。“以图带史”，深入浅出，把厚重的历史薄化为“图”，对表现中国印刷文化具有形象性、生动性、直观性，因而也最具普及性。第三，雄辩。以图鉴的形式表达主题，具有不可辩驳性。这种图，是中国数千年间保存下来的印刷制品的实物照片。一帧帧照片实际上就是一件件文物，它对于历史的鉴定具有直接证明性，对于有争议的历史事件具有不容置疑的真理性。用事实说话，就是对历史上有争议问题的最好回答。第四，图注要素齐全。包括：图名、作者名、年代名、刻版者名、刻工名、版式、尺寸、图版内容特色诸项，以求完整地表现图版特色。第五，在图文关系的处理上，把图放在了相对突出的位置，以图片的幅面和精美程度来突出“重要”内容，给人以震撼。对需要突出渲染的图片，文内采用了“全幅”、“跨页”等手段，使书的版面更加活跃、时尚。

四、突出表现中国人在印刷领域里的发明创造

中国古代的四大发明中，与印刷业有关的印刷术和造纸术占据其二。印刷术是指按文字或图画原稿制成印刷品的技术，最早发明于中国。传统的印刷术又称“刻版印刷术”，其前身是公元前流行的印章捺印和5世纪出现的碑石拓印，造纸和制墨出现后，版刻印刷术应运而生，至唐代前后已盛行。通过研究，我们发现，数千年来，中国人在印刷领域的发明创造绵延不断，灿若星辰。这是本书所要着力表现的。

（一）突出表现印刷术在起源过程中的发明创造

《中国印刷发展史图鉴》以较多的篇幅叙述了印刷术的起源，探寻了中国古代文化与印刷发明之间的某种传承关系，从而揭示了这样一条真理：正是中国古代博大深厚的文化源流，孕育了印刷术的发明。

第一，记述了汉字的发展、演变和刻写历史。汉字是印刷的主要对象，没有汉字及汉字的成熟，就不会有印刷术。汉字字体从原始形态的汉字到甲

骨文，又到大篆、小篆、隶书，最终成熟于隋唐时期的楷书，古代的字体为印刷字体提供了丰富的营养。汉字的雕刻技艺，为其刻版提供了成熟的技艺。五千多年前的原始形态的汉字，就是刻画在陶器上的。甲骨文的契刻已达到很高的水平。西周和东周的青铜器铭文，就是先刻制成单个泥字范，再行拼组而成模板，再用模板翻铸出青铜器铭文。它表明早在春秋时期，中国已在运用原始活字来铸造金文。这种单个字范的刻制，对后来的活字版的发明无疑有着某种启迪意义。第二，介绍了甘肃居延出土的汉代木版画《人马画》和南齐捺印佛像，说明早在隋唐之前，就有刻版印刷出现。它的特点是，用木板为刻制材料，采用图绘印刷的方法。同时，介绍了印刷术发明前曾沿用几千年的简牍、帛书及其与印刷工艺十分相似的图、文复制技艺。第三，介绍了笔、墨，尤其是造纸术的出现等印刷必备的物料、工具等条件，说明了它们和印刷术之间的密切关系。经考古发现，我国早在新石器时期便有毛笔出现。仰韶文化和马家窑文化彩陶上的纹饰，就是用毛笔描绘的。殷代写字使用毛笔，用朱或墨写在甲骨上。造纸和制墨的发明及应用，直接导致了印刷术从初级到成熟阶段的飞跃。在继佛教僧侣大量用纸抄写佛经的时代之后，印刷术便应运而生。

总之，本书对于中国印刷术的发明，不是简单地罗列各种观点予以介绍，而是寻根溯源，通过多条线索，来寻找数千年间汉字演变的轨迹及其相关因素，从而证明印刷术的发明是一个以汉字的产生、发展为主体要素，各种相关条件长期积累、渐进的过程。同时也说明，在中国，印刷术的发明是一个必然的过程。

关于中国印刷术发明的具体年代，一直是印刷史讨论的热点。主要有西汉说、东汉说、隋代说、唐初说等。本书列举了各家论点和最新刊布的史料及研究成果，采取讨论的形式，有待考古新发现后再作定论。

（二）突出表现活字版的发明创造及其传人

北宋庆历年间（1041—1048）布衣毕昇发明活字版，从而开创了活字版的历史。本书用最新的资料介绍了当时毕昇泥活字的使用和后世的流传。有宋代学人邓肃作《栟榈先生文集》中“安得毕昇二铁板”的记载（附图版），有南宋周必大“以胶泥铜版，移换摩印”的记载，之后100年，有西夏泥活字印本（附图）等等。清代的泥活字印刷达到了历史的高峰。其代表人物和代表作品有徐志定的泰山磁版、吕抚的泥活字版、李瑶的泥活字版，尤以翟金生的泥活字版最为出色。

12世纪后期，西夏有大量的木活字印本（出土文物），元代王祯改良木活字技术，设计转轮排字架，清代金简主持的木活字印刷达到至臻。距今800多年的回鹘木活字，为世界最早的字母活字。

金属活字的发明和使用，在我国古代的一段时期内颇为活跃。我国宋代就用铜版印刷纸币。明代无锡华氏一族和安国的铜活字印刷最为有名。清代福建人林春祺，历时20余年，自刻铜活字40万个，数量超过皇家武英殿，印成《音学五书》、《四书便蒙》等，其精神令人敬仰。除此以外，还有清代广东唐氏的锡活字印刷。以上历史，均在本书中得到了重点表现。

（三）突出表现图版印刷中的发明创造

我国自发明雕刻印刷技术以来，文字印刷与图画的刻印几乎同步进行。产生于隋代大业三年（607）的《敦煌隋木刻加彩佛像》，既是我国雕印术“肇自隋时”的力证，也是我国雕印版画中有实物可查的最早作品。唐至德年间（约757）成都刻《陀罗尼经咒图》中画有佛像。唐玄奘施印普贤菩萨像，广散民间。唐咸通本《金刚经》中，插图精美。此后，唐、五代时期的佛教印刷品，大都配以插图。两宋时期，官刻和民刻印本中，又刊印不少版画，出现了图文并茂的通俗读物，版画印刷开始兴盛起来。辽、金、元代的宗教书和戏曲、小说、历史故事等出版物中，也都配有相当数量的插图。明代的版画刻印成就达到了中国历史上的顶峰。唐寅、仇英、陈洪绶等一批名画家为图版起稿画样；被誉为“雕龙手”、“宇内奇士”的徽州黄氏刻工“刻镂入微”，“穷工极巧”，有不少作品，其版刻技艺超过当时欧洲书籍的插图。

多色套印技术的产生，源远流长。我国的多色套印技术首先施印于布帛。唐代的“夹缬”印染，对多色套印术具有启示意义。五代的“印线填色”，可谓是“多色套印”术的先声。宋代印制《三朝训鉴图》时曾“镂版印染”，应视为“多色套印”的初期阶段。宋初巴蜀流行交子，已经采用朱、墨两色套印了。1973 年在西安发现的宋、金时所刊彩印版画《东方朔盗桃图》，以黑、灰、绿三色印刷，并捺一朱印，当为室内装饰或坊间年画。在山西应县木塔中发现的辽代大型敷彩画《炽盛光佛降九曜星官房宿相》和《药师琉璃光佛说法图》，均为雕版印刷后手工涂上红、黄、蓝三色。《释迦说法相》则系绢本三色彩印。难能可贵的是，在中国古代版画遗存中，这是唯一由色块组成而非线条勾勒的作品。元代朱墨套印《金刚经注》，是目前所知最早的雕版彩色套印图书。到了明代，出现了以闵、凌氏为代表的对以文字为主的不同颜色的印刷，同时还出现了以程氏《墨苑》为代表的套色版画印刷。而胡正言采用“版”、“拱花”工艺印制的彩色版画则达到了至善至美的境界。清代民间年画印刷，是明代彩色套印技艺的继承和发展，本书重点展示了天津杨柳青、苏州桃花坞和山东潍坊杨家埠的年画。荣宝斋的木版水印制作工艺及其制品，是至今仍然开放在中国传统图版印刷园地的一朵奇葩。

（四）突出表现王选的发明创造

近代以来，中国社会内忧外患，积贫积弱，领先世界千年的印刷术也开始落后于时代。但中国人从来没有停止过对进步和科学的追求。创建于 19 世纪末的商务印书馆，在战乱频繁的年代，积极学习西方的先进技术，开展多项技术创新，如制作第一台中文打字机、创制汉字注音铜模、创新汉字字体等等，对中华民族印刷业在低谷中的崛起作出了巨大的贡献。新中国成立后，也是在西方机械印刷术传入中国百年后，对中国印刷业产生革命性变革的伟大发明家王选出现了。20 世纪 70—90 年代，王选致力于文字、图形、图像的计算机处理研究。1975年，王选开始主持我国计算机激光汉字照排系统和以后的电子出版系统的研究开发。王选在做了大量的调查研究后，开创性地研制出当时国外尚无的第四代激光照排系统。针对汉字印刷的特点和难点，王选发明了高分辨率字形的高倍率信息压缩技术（压缩倍率达到500 ： 1）和高速复原方法，率先设计出提高字形复原速度的专用芯片，在世界上首次使用控制信息（参数）描述笔画的宽度、拐角形状等特征，以保证字形变小和放大后的笔画匀称和宽度一致，从而攻克了汉字数字化、信息化处理当中的世界难题。同时，他又相继提出并领导研制了大屏幕中文报纸编排系统、彩色中文激光照排系统、远程传版技术和新闻采编流程管理系统等，使中国的报业技术和应用水平处于世界前列。王选获得了一项欧洲专利和八项中国专利。王选任院长的方正技术研究院，实现了产学研一体化。1993年，先后向港、澳、台地区输出方正93系统，此后，方正系统又进入马来西亚、美国等国的华文出版业。时年，方正系统占据了海外80%的华文报业市场。1997年，方正日文出版系统出口日本，第一次实现了中国企业较大规模地将拥有自主知识产权和自有产品品牌的高科技应用软件出口到发达国家。这些成果的产业化和应用，创造了极大的经济效益和社会效益，取代了我国沿用上百年的铅字印刷，推动了整个世界范围内中文印刷出版业的发展。至20世纪90年代，中国基本上淘汰了铅活字排版，实现了从“铅与火”走向“光与电”的现代化跨越。到20世纪末，中国的印刷技术达到世界领先地位，中国的印刷产量居于世界前列，中国又成为世界的印刷大国。

王选主持研制的汉字激光照排系统，被公认为是继毕昇发明活字印刷术后中国印刷术的第二次革命，王选也被誉为“当代毕昇”。王选的发明，引领中国印刷业再次进入世界领先地位，王选也成为中国千年印刷中最伟大的科学家。本书以大量的图文突出了这个最大的亮点。

进入21世纪以来，数字印刷和数字出版方兴未艾，无印版印刷和无纸化阅读正在试图超越和取代传统的印刷技术，并试图建立一种人类文化的数字化传承，目前已经出现了网络图书、网络期刊等新业态。最近，国内外也有报道，将在学校实现无纸化教学。这无疑是对传统书刊印刷提出了挑战。印刷术在技术创新和传播形式多样化的历史条件下如何发展，是值得印刷人思考的问题，但印刷术对中国文明发展的贡献和对世界文明发展的贡献，以及印刷术作为“文明之母”的地位是毋庸置疑的。

北京印刷学院校长　中国印刷技术协会副理事长
中国印刷技术协会印刷史研究专业委员会主任委员　曲德森

2010年8月8日

目录

第一章 印刷术的起源

（公元前3000-618）

第一节 汉字文化与印刷术

人类社会最早出现的能快速、批量复制文字、图像的工艺技术，是雕版印刷术，它是中国古代的伟大发明。中国发明的雕版印刷术，具有完整的工艺流程。它包括制取印版、用纸张印刷、印后加工为成品的全部工艺过程。雕版印刷术的发明，是建立在中国古代悠久而深厚的文化基础之上的，这些古老的文化，为雕版印刷术的发明，提供了社会文化、工艺技术和物质材料等方面的必备条件。

为了深入探讨印刷术的起源，将分别对与发明雕版印刷术十分相关的几个方面的问题作扼要简介，使人们进一步认识到雕版印刷术的发明并不是无源之水，无本之木，而是源远流长，根深叶茂。只有在中国这样具有源远流长、博大精深的文化历史背景下，才有条件发明雕版印刷术。

文字是印刷的主要对象。文字的普及应用，使社会对快速复制文字的工艺有了强烈的需求，因而促使了印刷术的发明，因此，文字和印刷术有着密切的关系。中国汉字的早期载体形式都属于契刻文字，或刻于甲骨、石料，或铸于青铜器，这种具有悠久历史的文字雕刻技艺，为后来的雕版印刷术提供了精湛的刻版技艺。汉字的书体经过了长期的演变、改革，经历了古文字体、大篆字体、小篆字体和隶书字体，大约于东汉末年出现楷书，并经过魏晋南北朝的发展，楷书字体更为成熟，从而完成了汉字书体的演变。隋唐时期，是楷书字体的黄金时代，也正是在这个时期，发明了印刷术，而早期的刻版字体，几乎都选用标准的楷书。特别是到了宋代，书籍刻版更热衷于选用唐代楷书名家的字体。以至后来历朝历代的印刷用字体，都能从古代字体中找到它们的源头。

中国汉字具有6000年不间断的历史，这种古老的文字，一直使用到今天，并能适应电子数字时代的信息处理，这在世界上是独一无二的。

一、陶器符号——原始形态的汉字

近几十年来，考古工作者多处发现新石器时代晚期的遗址，并出土了大量4000—6000年前的陶器，很多陶器上都刻有各种符号，画有各种图形。这些彩陶上的图形符号，为研究汉字的起源提供了十分可靠的信息。

在这些新石器时代遗址中，年代最早的是1954—1957年发掘的西安市东郊的半坡遗址，其年代约为公元前4800—前4300年。考古工作者从

图 1-1 仰韶文化半坡遗址陶器符号 图 1-2 仰韶文化姜寨遗址陶器符号

图 1-3 刻有图形和符号的半坡陶器

出土的陶器上发现有刻画符号 27 种，大多数都在陶器的口沿上。1972—1979 年，考古工作者对陕西省临潼姜寨遗址进行发掘，在出土的陶器上发现有刻画符号共 38 种，120 多个。这些符号与半坡符号有共同特点，都属于仰韶文化的类型，其年代距今约有 6000 年。

对于这些符号，目前还有不同的看法，但一些著名的古文字学家都认为这些刻画符号就是原始形态的汉字。郭沫若在《古代文字之辩证的发展》一文中说："彩陶上的那些刻画记号，可以肯定地说就是中国文字的起源，或者中国原始文字的孑遗。"[①]于省吾在《关于古文字研究的若干问题》一文中说："这些陶器上的简单文字，考古工作者以为是符号，我认为这是文字起源阶段所产生的一些简单的文字。仰韶文化距今有六千多年之久，那么，我国开始有文字的时期也就有了六千多年之久，这是可以推断的。"[②]

我国古文字学家的这些论述，有力地证明仰韶文化的这些陶器符号就是目前我们所知的最早的汉字。在仰韶文化的陶器上，除了这些符号外，还有各种图形，这可能就是象形文字的前身。

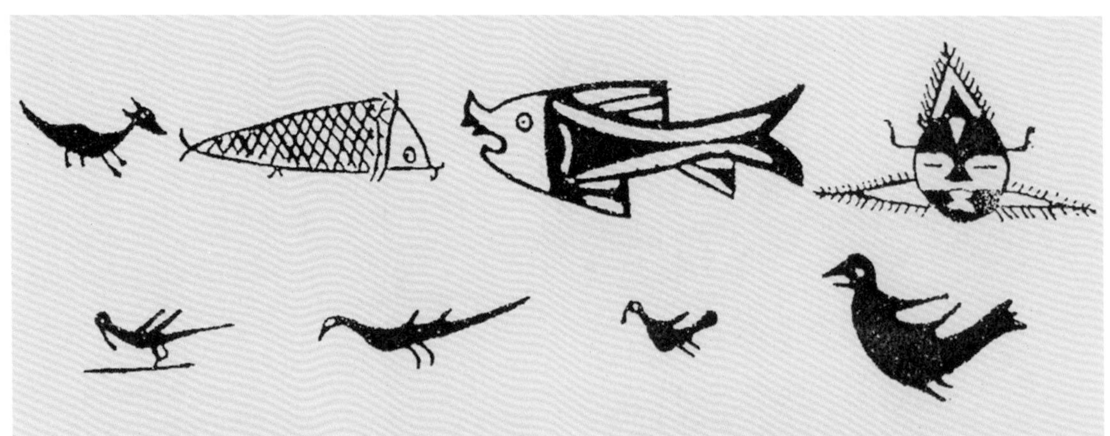

图 1-4　仰韶文化陶器上的图形

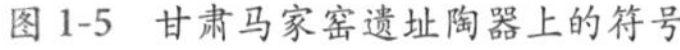

图 1-5　甘肃马家窑遗址陶器上的符号

图 1-6　青海乐都柳湾陶器上的符号

其年代略晚于仰韶文化的是分布于甘肃河西走廊、青海东北部等地的马家窑文化遗址，年代约为公元前 3300—前 2050 年。马家窑文化的陶器符号，除了刻画于陶器上外，还有用墨书写的符号，当然也属于原始汉字。

1974—1978 年发掘的青海乐都县柳湾遗址，属于马家窑文化类型。这里出土的彩陶图案花纹的内容十分丰富，有陶器刻画符号 130 多种，当为略晚于仰韶文化的陶器符号。

位于长江上游的大溪文化和长江下游的良渚文化，其年代约为公元前 3300—前 2000 年，其出土的陶器上，既有符号，也有图形，同样具有原始文字的特性。

在各种新石器时代晚期的陶器图形符号中，最有特色的是于 1959 年发掘的大汶口文化陶器上的图形文字。它位于山东泰安县大汶口，具有黄河下游地区的文化风格，其年代约为公元前 4300—前 2500 年。

大汶口文化陶器图形，更具有象形文字和会意文字的特征。在山东莒县陵阳河出土的陶尊上刻有由日、云气、山组成的图形，它描绘了早晨的一幅景象，早晨太阳从山顶上升起，又穿过云层，这就是会意字“旦”。

大汶口陶器的图形，引起了古文字学家的关注。对于其中的四个图形（见图 1-10），唐兰把第一个字释为“戊”字，第二个字释为“斤”字，三、四两个字是由两个以上物体组合而成的会意字。第三个唐兰释为“炅”字，第四个字于省吾释为“昌”字，他说：“我认为这是原始的‘旦’字，是个会意字。”在后来的甲骨文、金文中，都能找到类似的象形字和会意字。③

图 1-7　新石器时代晚期陶片上的符号

1986 年，安徽蚌埠双墩遗址发掘的新石器时代晚期陶器上，刻画有 59 种符号，也属于 5000 多年前的原始文字符号。

1992 年，考古工作者在山东省邹平县苑城乡丁公村，发现一件龙山文化刻字陶片。陶片长 4.6—7.7 厘米，宽约 3.2 厘米，厚 0.25 厘米。上有文字 5 行 11 个字，这些文字字形不同于大汶口文化陶文，是一种草写字体。

1959 年以来，河南郑州二里头商代遗址和郑州二里冈商代遗址，都出土了一批陶器刻符。其中二里头陶器的年代约为公元前 21 世纪至前 17 世纪，应为夏至商代初期的文字。

图 1-8　大汶口文化刻有图形文字的陶器（附局部放大图）

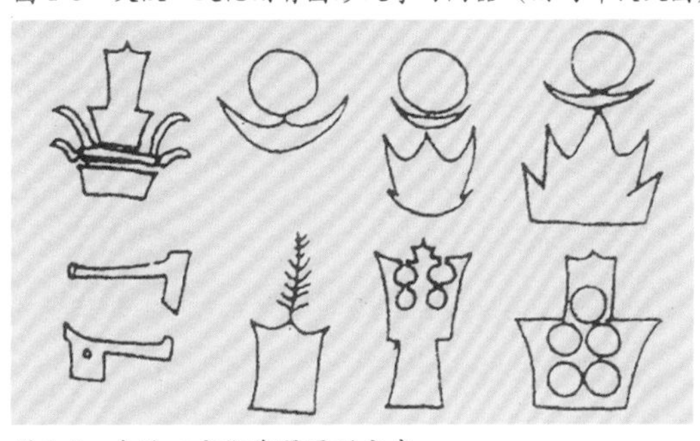

图 1-9　大汶口文化陶器图形文字

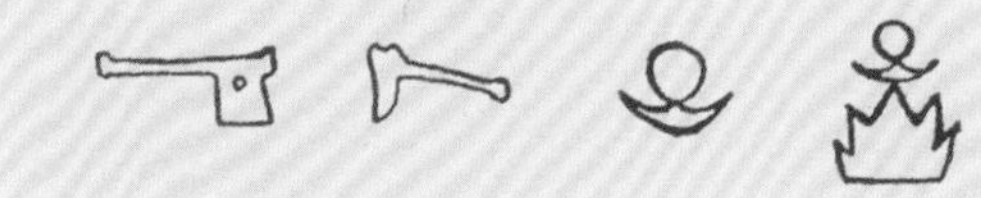

图 1-10　经识读的 4 个图形文字

大汶口陶符	甲骨文、早期金文
	金文“旦”　甲骨文“旦”
	金文“山”　甲骨文“山”
	甲骨文“斤”　甲骨文“新”从此
	甲骨文“戌”
	金文“丁”　甲骨文“丁”

图 1-11　大汶口图形文字与甲骨文、金文的比较。

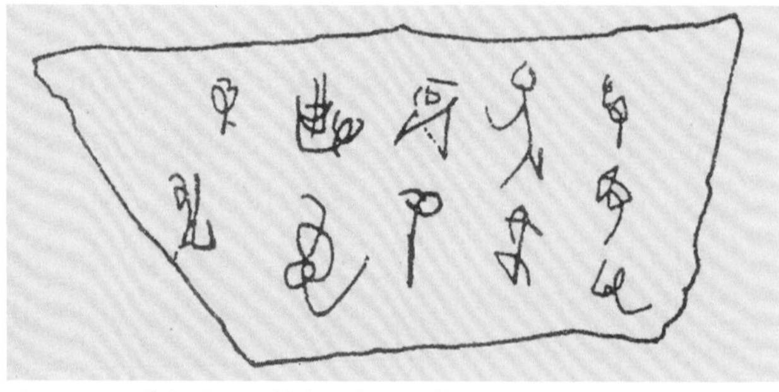

图 1-13　山东邹平丁公村遗址陶器文字

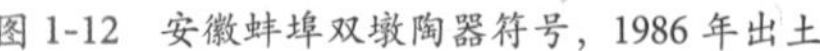

图 1-12　安徽蚌埠双墩陶器符号，1986 年出土。

图 1-14　二里头、二里冈商代遗址陶器符号

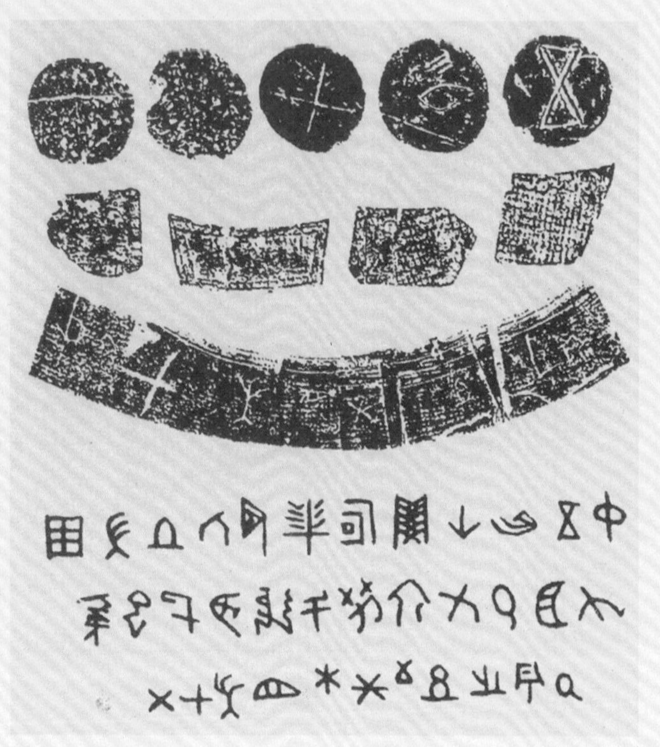

图 1-15　商代吴城陶文，1975 年，江西清江县吴城遗址出土。

1950 年发现的郑州二里冈文化，年代约为公元前 1620 年，略早于甲骨文的时代，这里出土的陶器符号应当是甲骨文前不久的文字。

目前，我们能看到略早于甲骨文，最近似于甲骨文的文字，是河北藁城台西商代遗址出土的陶器符号和江西清江吴城出土的陶器符号。古文字学家认为，这是与殷墟甲骨文有着十分密切关系的文字。

从仰韶文化陶器符号，再到马家窑文化、良渚文化、大汶口文化，以及夏商之间的二里头文化、商代早期的二里冈文化，还有离甲骨文最近的台西陶文和江西吴城陶文，证明从仰韶文化开始，汉字的发展是绵延不断的。

二、甲骨文——成熟的汉字

（一）甲骨文的发现

甲骨文的发现，被称为近代考古学的重大发现。它填补了汉字发展史上的一大空白，使汉字真正成为绵延6000年不间断的文字。现在一般认为，甲骨文发现于1899年。100余年来，在河南安阳小屯共出土甲骨15万片，

图1-16　一片较完整的龟甲和牛骨刻辞

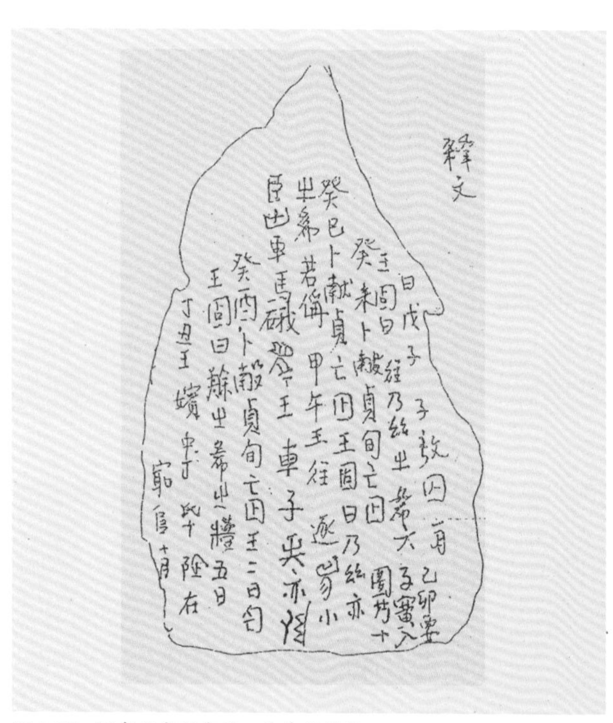

图 1-17　译成现代汉字的一片牛骨刻辞

图 1-18　刻有文字的骨片

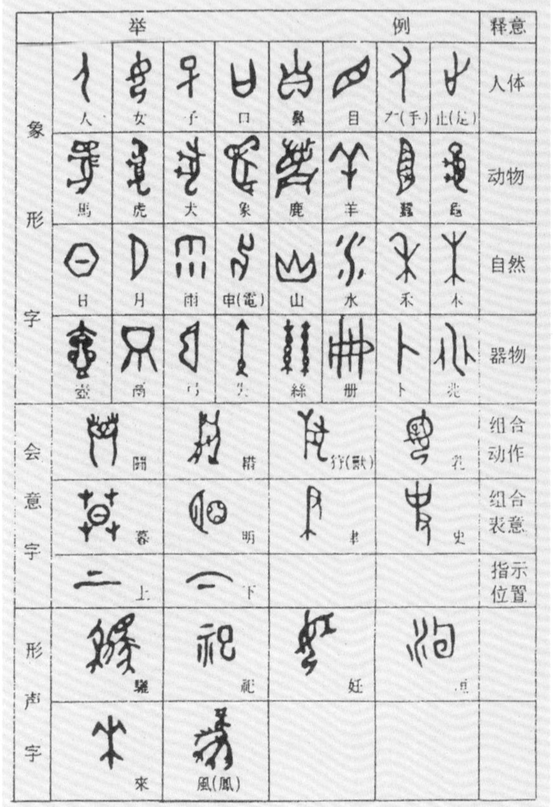

	举						例		释意
象形字	人	女	子	口	鼻	目	ナ(手)	止(足)	人体
	馬	虎	犬	象	鹿	羊	龜	鳥	动物
	日	月	雨	申(電)	山	水	禾	木	自然
	壺	鬲	弓	矢	絲	冊	卜	兆	器物
会意字	鬬		耤		狩(獸)		孔		组合动作
	暮		明		老		史		组合表意
	上		下						指示位置
形声字	驢		祀		妊		洹		
	來		風(鳳)						

图 1-19　甲骨文中象形字、会意字、形声字举例④

图 1-20　龟甲上用毛笔书写的文字

甲骨学成为国际显学。很多学者的研究成果表明，甲骨文是商代后期的文字。据统计，出土的甲骨文有单字 4500 多字，能识读的字约有 1500 字，不能识读的字多为族名、地名、人名等，它的书写已基本定型。古文字学家认为，甲骨文是已成熟的汉字，其年代为前 1500—前 1100 年的商代后期。

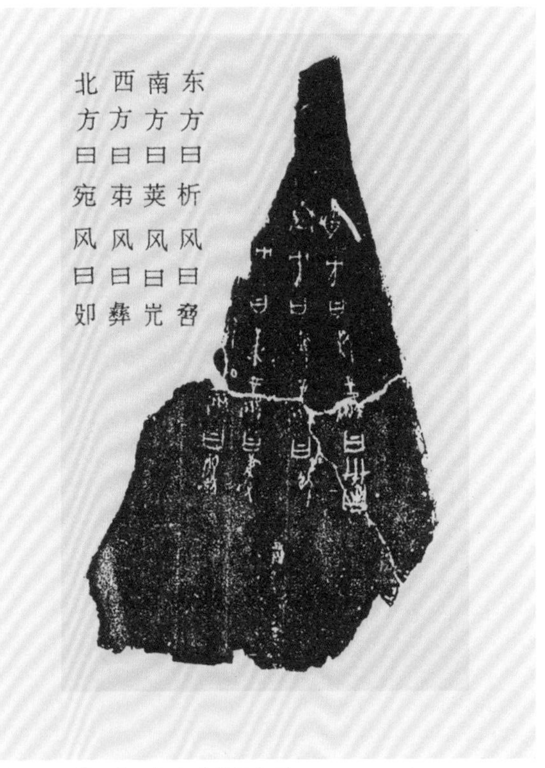

图 1-21 著名的“四方风”片甲骨，记载了四方风的名称。

图 1-22 “四方风”牛骨刻辞拓件

19 世纪后期，安阳小屯村的农民在耕地时，经常挖出一些古老的龟甲和兽骨片，这些甲骨多作为“龙骨”卖给药材商。后来才被人们认定，这就是失传的古代汉字。

谈到甲骨文的发现，有两个人不能不谈。这就是最早发现甲骨文的王懿荣和最早进行甲骨文研究的刘鹗。

王懿荣（1845—1900），山东福山人，历任翰林院编修、国史馆协修、国子监祭酒等职，对金石古文字等很有研究，被称为“甲骨第一人”。1899 年，王懿荣身患痢疾，派人到宣武门外菜市口达仁堂药店购买中药。买回来后，王懿荣有一种习惯要检查一下，无意中发现“龙骨”上刻着一些奇形怪状的符号。由于王氏精通金石学，面对这些古怪的符号，他认真研究，认为这些符号是一种已经遗失了的古代文字，这一发现震惊了世界。

1900 年上半年，王懿荣两次从商人手中买到有字甲骨千余片，并潜心研究。1900 年 7 月，八国联军入侵北京，王懿荣以国子监祭酒的身份担任团练大臣，抵御外敌入侵，兵败后王懿荣义不受辱，与妻子一起投水自尽。

王懿荣死后，其子王崇烈将父亲所收藏的几千片甲骨卖给了刘鹗。

刘鹗（1857—1909），字铁云，江苏丹徒人，是《老残游记》的作者，早期甲骨文收藏研究者。1903 年，刘鹗编成第一部甲骨文拓片集《铁云藏龟》，收入甲骨文 1088 片。1908 年刘鹗被奸臣诬告“发国难财”而流放新疆，第二年客死在乌鲁木齐。

（二）甲骨四堂

在甲骨文研究的学者中，有四位成就最高者，由于他们的字或号中都有一个“堂”字，因而被称为“甲骨四堂”。他们是：罗振玉（1866—1940），字雪堂，是最早从事甲骨文的收藏和研究者，其研究成果十分卓著，出版有关甲骨文研究著作 10 余种。王国维（1877—1927），字观堂，他的研究成果也十分卓著，特别是在通过甲骨文来考证历史方面更为突出。董作宾（1895—1963），字彦堂，他的贡献在于对时代的断代，他主持了殷墟考古发掘。郭沫若（1892—1978），号鼎堂，是研究甲骨文成果卓著的学者，他的最大贡献是识读了较多的甲骨文。

除了四堂之外，还有陈梦家（1911—1966）、胡厚宣、李学勤等都是甲骨学家。还有不少外国人也从事甲骨学研究。

（三）甲骨文的字体特点

甲骨文是已经成熟的汉字。它的书写结构虽还有某些随意性，但已基本上定型，属于商代通行的字体。古文字学家认为，从汉字的原始形态发展到甲骨文这样的水平，大约要经历两三千年。甲骨文已属于构造相当完备的字体，已基本上符合汉字“六书”的结体原则。在甲骨文中，使用最多的是象形字，会意字和形声字也占有很大的比例。甲骨文已十分注意字体结构的匀称和排列的章法。有的甲骨文，看起来字的排列很乱，看不出行列，但仔细看，还觉得它有一种整体的美感。但有些甲骨文行列已十分整齐，为以后汉字的排列形式奠定了基础。

（四）甲骨文的契刻形式

甲骨文是刻于龟甲和兽骨上的文字，兽骨多为牛骨，也有少数鹿骨、羊骨、猪骨和马骨，但使用最多的是牛骨。龟甲产于南方，是南方诸侯进

图 1-23　文字排列成行的甲骨文

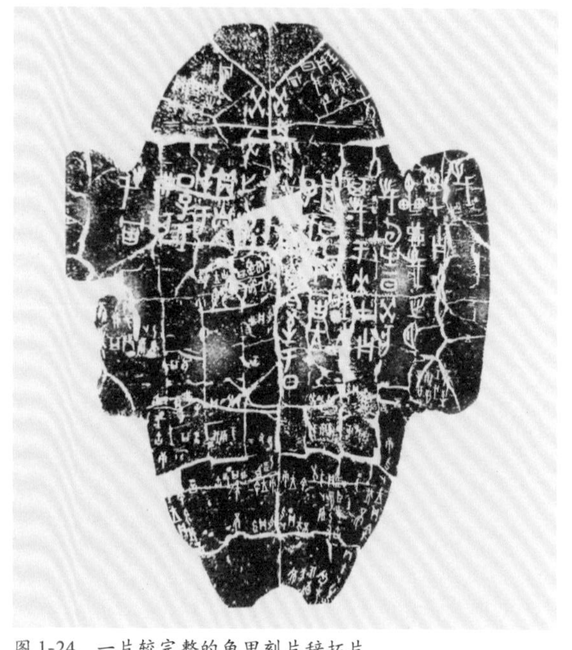

图 1-24　一片较完整的龟甲刻片辞拓片

贡之物。在甲骨文中也有这方面的记载。甲骨文刻辞面积较大的是牛的胛骨，上面可以刻较多的文字。在出土的甲骨中有最大的一片牛胛骨，长 32.2 厘米，宽 19.8 厘米，正背两面刻字，正面刻有 120 字，背面刻有 52 字。刻字的笔画内涂以朱砂。

研究认为，甲骨文是先写后刻的，这个工作是由祭师或史官进行书写，再由专人契刻。1929 年在小屯出土的甲骨中，有三片兽骨上有未曾刻完的书写文字。这一发现证明了甲骨文是先写后刻的，但也有不同的说法。刻后的文字有的填上朱砂，有的填以绿松石来进行装饰。

甲骨文的文字契刻技艺已十分高超，经过契刻的甲骨文，完全能表现出当时的书法水平，给人以艺术感染力。契刻的顺序和书写有所不同，以雕刻方便为原则，有时是由上而下，有时则是由下而上，在雕刻不同方向的笔画时，是将甲骨旋转，以便取势。较细小的字和笔画，每画只刻一刀；较粗的笔画，每画要刻两刀，分别从笔画的两边刻下，剔去中间，便成一笔。刻字所用的刀具，有人认为是动物的尖齿或玉刀，但也可能是铜刀或剞劂。有人进行过实验，刻字的刀具采用含锡量 20%~25% 的青铜刀，其硬度就能达到要求，证明在当时已有十分先进的青铜冶炼技术。

在甲骨上进行文字雕刻的技术，历代相传，不断地发展和创新，为后来的雕版印刷术提供了娴熟的文字雕刻技艺。

三、金文——大篆的主要载体

承载于青铜器上的文字称“金文”，也称“钟鼎文”，统称青铜器铭文。金文通常载于彝器、乐器、兵器、度量衡、铜镜和钱币等器物之上。西周时期的长篇铭文，多载于鼎、盘等大型器物上。金文在器物上的部位也不固定，有的铸于器物外面，有的铸于器物盖上，而西周时期的长篇铭文，多铸于器物腹内。多数青铜器是用泥范或陶范浇铸，后来才出现失蜡铸造

图 1-25　商代金文象形款识

法。青铜器上的铭文，在浇铸前要先用泥刻出字范，有些铭文是一字一范，或者几个字刻成一范，然后拼合在一起，组成全文，再行浇铸。由于所刻成的泥字范为反向凸字，其工艺方法十分近似于后世的泥活字。有人认为这种刻制泥字范的工艺方法与后来的泥活字版有一定的传承关系。西周以来的青铜器铭文，不但篇幅较长，而且字体字形十分俊美，证明在当时已有十分精熟的文字雕刻技艺。

青铜器铭文的另一重要历史价值，在于它反映了甲骨文至小篆之间汉字字体发展演变的过程。这一时期的字体，统称大篆，但也在不断地变革着。从西周到东周各个时期的青铜器铭文，反映了汉字字体的演变过程。青铜器铭文与印刷术的另一关系，是它的文字排列章法。特别是西周时期的长篇铭文，其文字的排列已十分整齐规范，从上至下成行，行列整齐统一，基本上奠定了汉字的排列方式，成为后来写本书和印本书的基本排列形式。

商周青铜器的表面花纹，除了雕刻泥范的工艺外，还有一种用模版捺印的方法。即刻制成一块模版，可以快速捺印出多种同样的花纹。这实际上是一种复制的工艺方法。

（一）商代金文

商代的青铜器冶铸已十分繁荣，大都是铜和锡、铅合金的青铜器。到了商代晚期，青铜器上才开始出现铭文。较早的铭文只有很少几个字，大都是族徽图形或人名、族名。到了商代末年，青铜器上开始出现较长的铭文，最长的有 30 多字，内容大多是因受赏而为父辈作器。

商代青铜器铭文的字体，应当与甲骨文是同一时期的文字，但由于其载体不同，制作方法不同，而产生不同的字体风格。甲骨文的字体，笔画都很细瘦而直挺，这是由于刀刻而产生的效果。而青铜器铭文，则需要先刻制成反向凸起的泥字范，其笔画可以依据字体的需要，使笔画产生从细到粗的变化。这种两头尖中间粗的笔画，以及粗细对比强烈的笔画，在商代青铜器铭文中随处可见。

图 1-26　商代《四祀其卣》及铭文

图 1-27　商代《戍嗣子鼎》及铭文

（二）西周金文

从公元前 1046 年至前 771 年为西周时期。这一时期是青铜器发展的高峰，最显著的特点是出现很多有长篇铭文的大型青铜器物。精美的器物造型，反映了当时高超的青铜器冶铸技术。这些器物上排列整齐的长篇铭文，不但反映了这时精练娴熟的字范雕刻技术，也反映了西周时期高度发展的汉字书法艺术。

西周青铜器一般可分为早、中、晚三个时期。公元前 1046—前 977 年为早期，经历了武、成、康、昭四王。这时期有代表性的青铜器有天亡簋、令彝和大盂鼎。武王时期的《天亡簋铭文》，其字体和章法，具有很高的书法艺术价值，历来受到书法家的重视，特别是那种“满天星”式的章法，成为后代书法家学习的范式。

图 1-28　西周早期天亡簋及铭文

图 1-29　西周早期令彝及铭文

图 1-30　西周康王时大盂鼎及铭文

西周早期青铜器铭文，其字体还保留了较多的商代风格。最明显的特点是象形字所占的比例较大，纺锤形、墨块形的笔画随处可见。有的笔画起笔处尖细，行笔渐重按成肥笔，落笔时又归尖细，形成特有的首尾尖细、中间较粗的蝌蚪尾巴形线条。还有的呈方圆形状团块，具有独特的风格。其中令彝和大盂鼎铭文，是典型的西周早期字体。

西周青铜器令彝 1929 年出土于河南洛阳马坡，原件已流落海外，今藏美国弗利亚美术馆，为西周昭王时之物。

康王时的大盂鼎铭文，器内有铭文 19 行，288 字，为典型的西周早期字体。1821 年出土于陕西眉县，现藏国家博物馆。其字范的刻制已达很高水平。

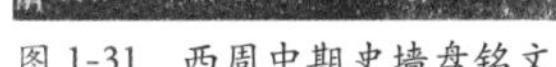

图 1-31　西周中期史墙盘铭文

图 1-32　西周中期史墙盘，铭文在盘底。

图 1-33　西周后期散氏盘及铭文

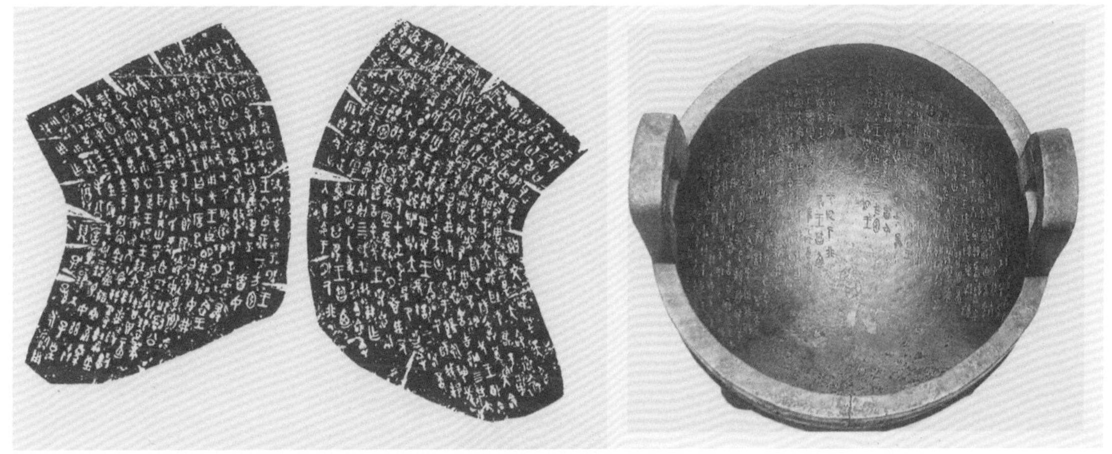

图 1-34　西周后期毛公鼎及铭文

公元前 976 年至前 886 年为西周中期，其间经历了穆、共、懿、孝四王。这时期代表性的青铜器有穆王时的静簋，共王时的史墙盘，懿王时的师晨簋和孝王时的曶鼎。其中最具代表性的是共王时的史墙盘，它于 1976 年 12 月出土于陕西扶风县法门寺庄白村。盘内有铭文 18 行，284 字。其字体风格是西周中期最具代表性青铜器铭文。西周初期那种笔画粗细变化明显的书法风格，在西周中期已明显变化，在史墙盘铭文中已完全看不到了。它基本上形成了竖向成列的章法风格。其字体用笔圆匀，柔和而流畅，起笔、落笔、转换等都很圆浑，笔画粗细匀称，简练而很少装饰，字体结构紧凑，具有紧密、平直、稳定的书法风格，给人以整体的美感。

公元前885年至前771年，为西周晚期，其间经历了夷、厉、共和、宣、幽五王。这一时期代表性的青铜器有虢季子白盘、散氏盘、毛公鼎等。这一时期是西周金文发展的高峰，其显著的特点是铭文更长，大篆字体更为成熟。

夷王时的《虢季子白盘》，盘内有铭文8行，111字，它代表了西周后期成熟的大篆字体，其笔画圆润遒丽，追求疏密避让的体式，有些线条刻意拉长，造成动荡的空间效果，整体格局相当和谐，既注重每字的独立美，又有意识地对文字排列进行了审美处理，形成了平正凝重中流露出潇洒韵致的效果。

散氏盘出土于陕西凤翔县，是西周晚期有代表性的青铜器，盘内有铭文19行，357字，是西周盘类青铜器铭文最长者。散氏盘铭文书法特点是浑朴雄伟，用笔豪放质朴，醇厚圆润，结字寄奇谲于纯正，壮美多姿。整体看，笔画有流动之感，有人认为这是一种具有行书风格的大篆体。

周宣王时，出现了历史上第一位有记载的书法家——史籀。他的书法作品《史籀篇》被称为“籀书”，是当时标准的大篆字体，《史籀篇》早已失传，同时代的《毛公鼎》铭文很有可能就是籀书。

毛公鼎于清道光年间出土于陕西岐山县，原鼎现藏台北故宫博物院。鼎腹内有铭文32行，499字，为西周最长的铭文。毛公鼎铭文字体奇逸飞动，笔意圆劲，气象浑穆，结构方长，具有很高的书法艺术水平。要刻制这样的长篇铭文字范，需要很高的文字雕刻技艺。

（三）东周金文

东周又可分为春秋（前770—前467）和战国（前475—前221）。公元前770年，平王迁都洛阳，开始了东周的历史。从此，社会动荡，诸侯纷争，形成四分五裂的局面。在青铜器铭文所反映的各地字体方面，也出现了较为明显的地区特色。这种从青铜器铭文所反映的各地字体风格上的差别，

图1-35　春秋·齐《国差𦉜》铭文

在春秋时期还不是十分明显，但到了战国时期，这种差别就越为明显了。另一个变化就是基本看不到长篇铭文的器物了。

春秋战国时期，秦国地处原西周本土，在字体上也沿着西周文字轨道发展，最有代表性的字体是秦公簋铭文。它完全继承了西周的字体风格，有盖铭和器铭两部分。从铭文的字体特征来看，它也是先刻成单个泥字范，再拼组在一起。我们从铭文的拓件中，还能看出明显的拼组痕迹。

秦公簋于民国初年出土于甘肃天水县，器物铸造十分精美，有盖铭 53 字，器铭 51 字，共 104 字，为春秋中期秦国之物。

春秋时楚国的曾姬无卹壶铭文字体，基本上属于西周晚期的风格，从铭文的字体特点来看，字与字之间多有歪斜，单字泥范拼组的痕迹十分明显。

春秋时齐国的《国差甔》铭文，字形方正，笔画细匀，和同时期秦国字体相比，略有差别。

公平侯鼎为春秋初期商洛地区一个小国之器，其铭文字体富于装饰，笔画较细，起笔落笔处呈尖状，反映了当时字体的地区特点。

图 1-36 春秋秦公簋及铭文

图 1-37 春秋·楚曾姬无卹壶铭文

图 1-38 战国中山王方壶铭文

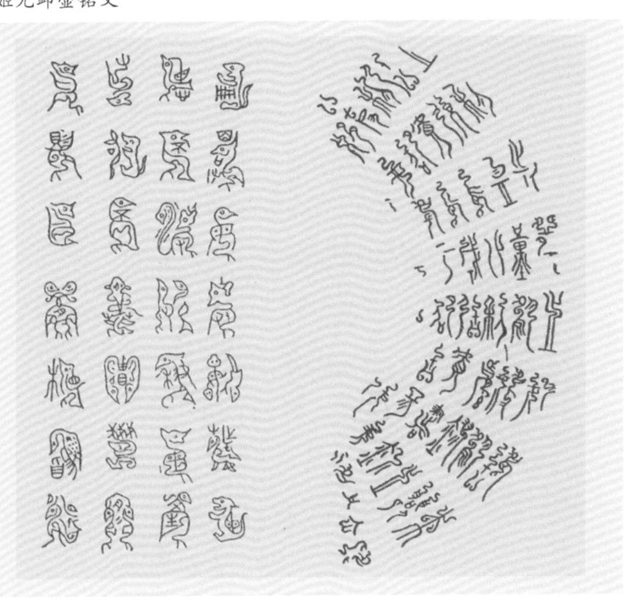

图 1-39 战国兵器上鸟虫书铭文

如果说在春秋时期各地字体的变化还不是十分明显的话，到了战国时期，各地在字体风格上的差别，就越来越明显了。一种细长的字体，盛行于齐国一带，有的字两头纤锐；有的地区的文字，在笔画上加一些装饰性的笔形，这就是所谓的鸟虫书、蝌蚪书。著名的战国曾侯乙墓编钟上的铭文，是典型的楚国字体，字形细长，笔画有装饰性。

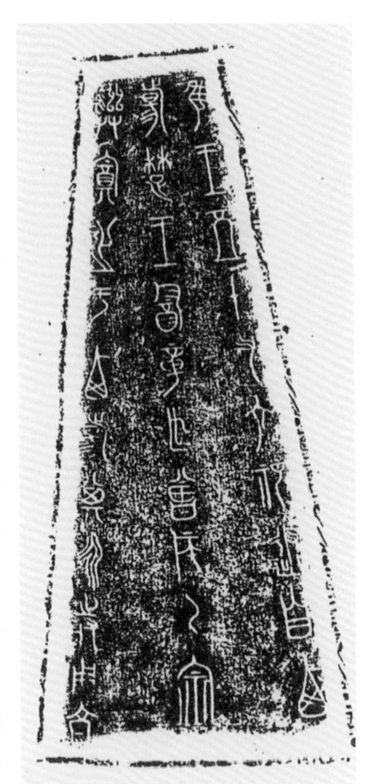
图 1-40　战国·楚曾侯乙墓钟铭文

1977 年，河北省平山县战国中山王墓中，出土了一件中山王方壶，上有铭文 450 余字，为战国时期铭文最长的器物。铭文字形修长，笔画细匀，笔画两头呈尖状。有的笔画自然弯曲，给人以整体的美感。

青铜器铭文，经历了晚商、西周、东周近千年的历史，反映了汉字大篆字体的演变过程。这一时期，也是古代青铜器铸造的高峰期。汉字的金文阶段，是汉字字体发展史上的一个重要时期。金文的刻制字范技艺以及文字排列的章法，与后来的印刷技艺及书籍的文字排列形式等，都有一定的传承作用。

四、石刻文字——从大篆到楷书的演变

在中国古代，石刻文字有着悠久的历史，其形式有碑、碣和摩崖几种。碑，就是将文字刻于加工成片状的石料上；碣，是将文字刻于天然石块上；摩崖，则是将文字刻于山崖之上，而碑的形式在石刻文字中占有很大的比例。石刻文字的历史，不但反映了文字雕刻技艺的发展，而且反映了汉字字体的演变过程。由于石刻文字的数量远远超过其他形式的雕刻文字，因此它对于雕刻印版来说，有着更直接的传承关系。

现知最早的石刻文字，是商代后期妇好墓出土的石磬，上刻有“妊竹入石”四字，其字体与甲骨文相同。

下面我们将对各个时期、代表不同字体的著名石刻文字作一简介。

（一）石鼓文——小篆之祖

石鼓文是将文字刻于近似于鼓形的石头上，所以称“石鼓文”。由于所刻文字形式为近似于四言诗，内容多为记载秦国君王狩猎游乐的事情，是一种“碣”的形式，所以也称为“猎碣”。

石鼓文于唐代初期在陕西凤翔县被发现，当时就有人研究。唐代诗人韦应物、韩愈等都写诗赞评。韩愈的《石鼓歌》中说：“辞严义密读难晓，

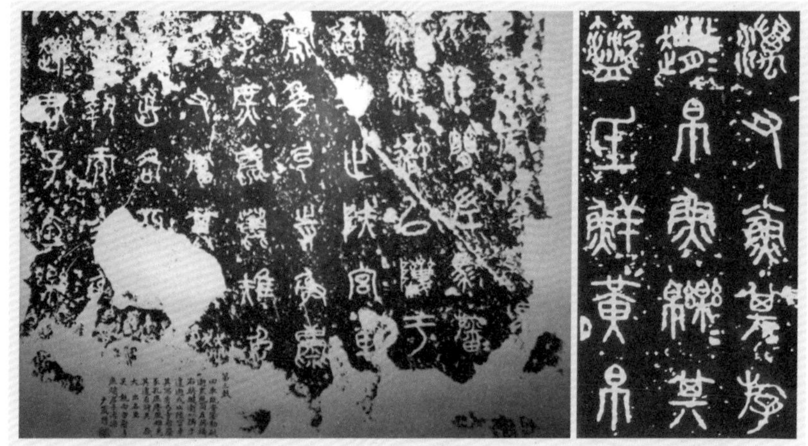

图 1-41　石鼓文拓片

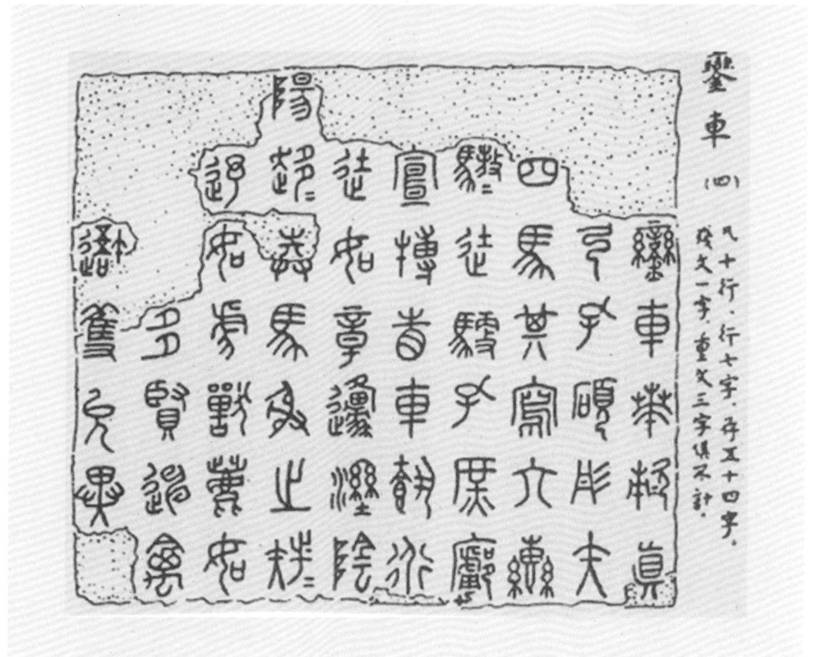

图 1-42　石鼓文第四石摩件

字体不类隶与蝌。”“鸾翔凤翥众仙下，珊瑚碧树交枝柯。”对石鼓文的字体作了形象的描述。现代学者研究认为，石鼓文是春秋后期秦国之物，它的字体是介于金文和小篆之间的大篆，也称籀文。唐代书法理论家张怀瓘在《书断》中对石鼓文字体的评价是：“体象卓然，殊今异古，落落珠玉，飘飘缨组，仓颉之嗣，小篆之祖。”直到今天，石鼓文的字体还是学习篆体书法的范本。只是经历久远的年代，石鼓上的文字很多已看不清了。

（二）秦刻石——标准的小篆

公元前221年，秦始皇统一了中国，建立了历史上第一个专制封建王朝。由于战国时期的地方割据，使汉字的地区特征十分明显，各地的字体差别很大，这种状态不利于秦王朝的中央集权，于是提出了“书同文”的政令。以秦国文字为基础，对汉字进行了一次规范、统一和简化。改革后的文字就是小篆，是秦朝的标准字体。

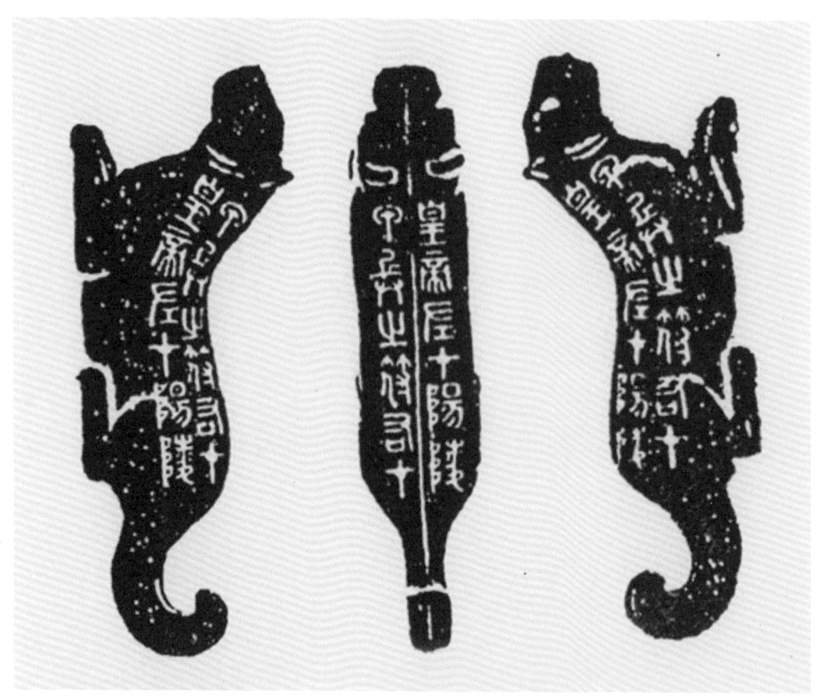
图 1-43　小篆体秦阳陵虎符

图 1-44　秦泰山刻石

图 1-45　秦峄山刻石

图 1-46　秦会稽刻石

秦始皇统一中国后曾东巡各地，先后在泰山、琅琊、芝罘、碣石、会稽、峄山等地树碑刻石，以歌功颂德。这些石碑上的字体就是由李斯书写的标准小篆字体，也是后人学习小篆体书法的范本。

秦刻石留存至今的原石拓件只有《泰山刻石》和《琅琊刻石》。《泰山刻石》最早者为明代拓本，上面残留 20 多个字，《琅琊刻石》拓本的字迹也不十分清晰。《峄山刻石》早在南北朝时已毁，流传至今的都是后人所摹刻。唐代诗人杜甫在《八分小篆歌》中说："峄山之碑野火焚，枣木传刻肥失真。"说明在唐代时就看不到原刻石了，有人摹刻《峄山碑》，拓印后供人们学习小篆书法。目前流传最著名的《峄山碑》拓本，是北宋淳化四年（993）郑文宝据南唐徐铉摹本所刻，碑高 218 厘米，宽 84 厘米，现藏于西安碑林。

（三）《熹平石经》——标准的隶书

小篆以后，新兴的字体是隶书，它标志着汉字的字体已发展到一个新的阶段，即由古字体进入今字体。

隶书起源于秦，到汉代已成为通用的字体，东汉时，隶书已发展到很高的水平。流传至今的大量石刻文字，反映了东汉时期代表不同风格的隶书字体。在这些石刻中，规模最大的、书法成就最高的是《熹平石经》，传说是由当时的书法家蔡邕书写。

《熹平石经》于东汉灵帝熹平四年（175）开刻。光和六年（183）刻成，共刻碑 46 块，碑高 1 丈，宽 4 尺（东汉时 1 尺约等于现在的 23.75 厘米），立于洛阳太学门前，其内容包括《易经》、《尚书》、《诗经》、《仪礼》、《春秋》、《公羊传》、《论语》七经，共 20 余万字。这是历史上最早的一次石经刊刻工程。据史书记载："及碑始立，其观及摹写者，车乘日千余辆，填塞街陌。"由此可见，刻制石经的目的，是供人们传抄、校正和阅读，是一种传播儒家著作的手段。石经可称为"刻在石头上的书"。

《熹平石经》刻成后不久，就发生了董卓之变，石碑遭损毁，到唐代初年只有少量的残石留存。目前所留存的残石及拓片，已十分珍贵。

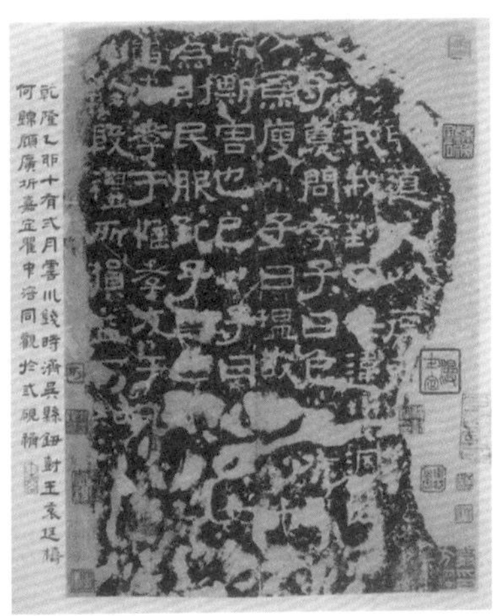

图 1-47　东汉《熹平石经》残件拓片

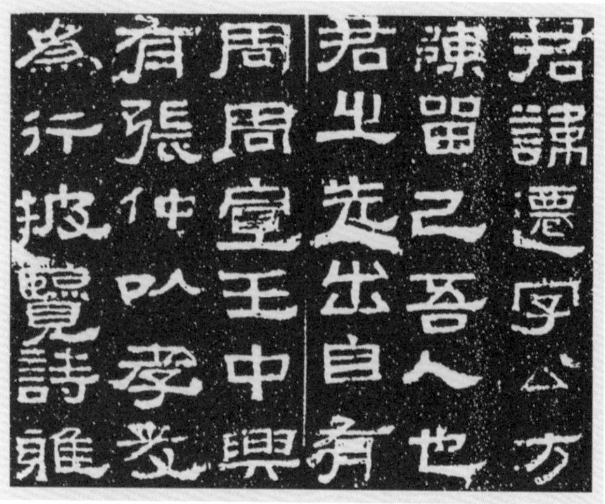

图 1-48 《张迁碑》，东汉中平三年（186）刻、明初出土，现存山东泰安岱庙。

图 1-49 《乙瑛碑》，东汉永兴元年（153）立，现存曲阜孔庙。

图 1-50 《曹全碑》，东汉中平二年（185）刻，现藏西安碑林。

图 1-51 《礼器碑》，东汉典型的隶书，碑在曲阜孔庙。

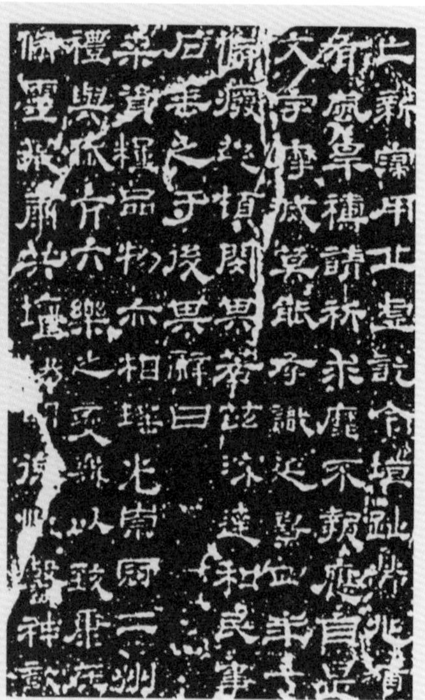

图 1-52 《西岳华山碑》，东汉延熹八年（165）刻，原碑已失，为东汉隶书的代表。

除了《熹平石经》外，东汉时所刻制的石碑流传至今者数量较多，最为著名的碑刻有《张迁碑》、《乙瑛碑》、《礼器碑》、《曹全碑》、《西岳华山碑》等，都是十分罕见的隶书。这些碑刻字体，反映了不同书法风格的艺术特点。有的笔画瘦劲而有弹性变化，有法度，有韵律，流丽而持重，其代表是《乙瑛碑》；而《礼器碑》则笔画平直，字形特扁，横势的长笔夸张；《曹全碑》笔画稍圆，笔势柔美，结构精巧，神态妩媚。《西岳华山碑》笔势方圆并用，长短互用，对比配合，结构方正稳妥而有势，华丽俊美。这些不同风格的隶书，不但是历代书法家临习的楷模，也是现代印刷字体的源泉。

图 1-53 《三体石经》，魏正始年间（240—248）刻立，由大篆、小篆和隶书三种字体刻成。

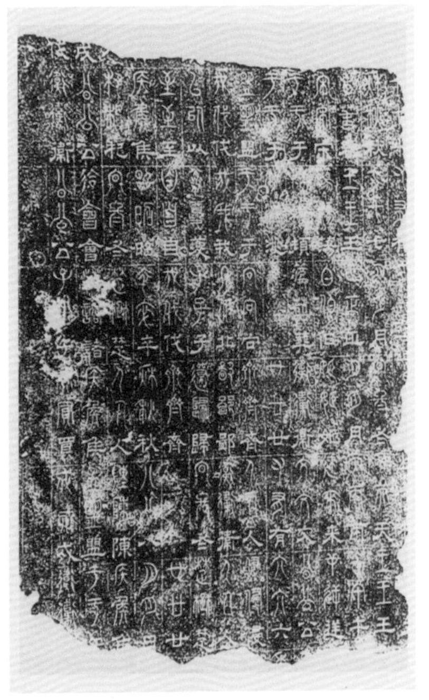

图 1-54 三国《正始石经》

（四）三国魏《正始石经》

三国魏正始年间（240—248），刻过一次石经，称《正始石经》。由于是用古文、小篆和隶书三种字体刻成，也称为《三体石经》。所刻内容为《古文尚书》、《春秋》和部分《左传》，共刻碑 35 块。这部《石经》后来也被损毁，只有少数残片留存。

（五）楷书之祖——钟繇

汉字字体从甲骨文、大篆到小篆，称为古代汉字，或古体汉字，从隶书开始称为今体汉字。到了楷书，就完成了字体的演变。楷书的成熟，预示着印刷术即将发明。因为在印刷术发明后，楷书一直是刻版的首选字体，正是楷书体的成熟为印刷术提供了理想的刻版字体。

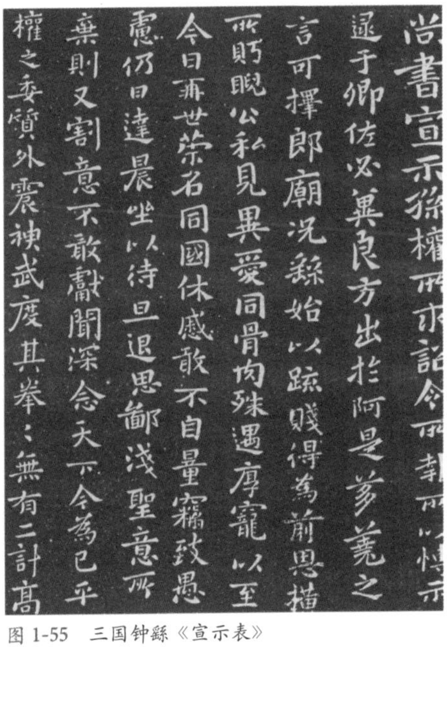

楷书萌芽于东汉，在出土的汉代简牍中，已经有楷书的笔型出现，但还未形成独立的楷书。在书法史上，被奉为楷书之祖的是三国时期魏国的钟繇。他善写各种字体，尤以楷书见长，其著名的楷书作品有《宣示表》、《贺捷表》和《力命表》。⑤

图 1-55 三国钟繇《宣示表》

（六）风格独特的北魏碑刻字体

北魏时期（386—534）的碑刻、墓志等数量很多，字体风格独特，最著名的是《龙门二十品》。这是从几千种造像题记刻石中精选出来的书法精品。这些碑刻的书法，在很长时期以来未被人们重视，一直到清代中期碑学书法的兴起，龙门碑刻才受到重视，很多人学习魏碑书法，最有成就的是赵之谦。

北魏碑刻字体的共同特点是，方劲宽博，雅洁明朗，方角凌厉，结构严谨，最典型的北魏碑刻字体是“龙门四品”。在“龙门四品”中，又以《始平公造像记》最有特色，它和其他碑刻的形式完全不同，属于阳刻文字，每字都有界格，这在古代碑刻中是十分少见的。其他三品为《孙秋生造像记》、《杨大眼造像记》和《魏灵藏造像记》，都是北魏碑刻字体的代表。

北魏墓志的字体也很有特点，代表了北魏书法的风格，写刻精致，字迹清晰。最具代表性的是《元显墓志》。

之所以特别讲了北魏碑刻，是因为它和印刷术有一定的关系。例如《龙门四品》之一的《始平公造像记》，是一种阳刻文字，它的文字雕刻形式更近似于雕版工艺。北魏碑刻字体后来被设计成铅活字字体，成为印刷字体的一个新品种。进入电脑排版后，北魏碑刻字体又被设计成粗细等几种不同风格的印刷字体。1400 多年前的这种古老字体，在今天的电脑排版时代焕发了青春。

图 1-56　北魏《元显墓志》

图 1-57　北魏《龙门二十品》局部：①牛橛造像记；②元泽造像记；③郑长猷造像记；④高树等造像记；⑤比丘惠造像记。

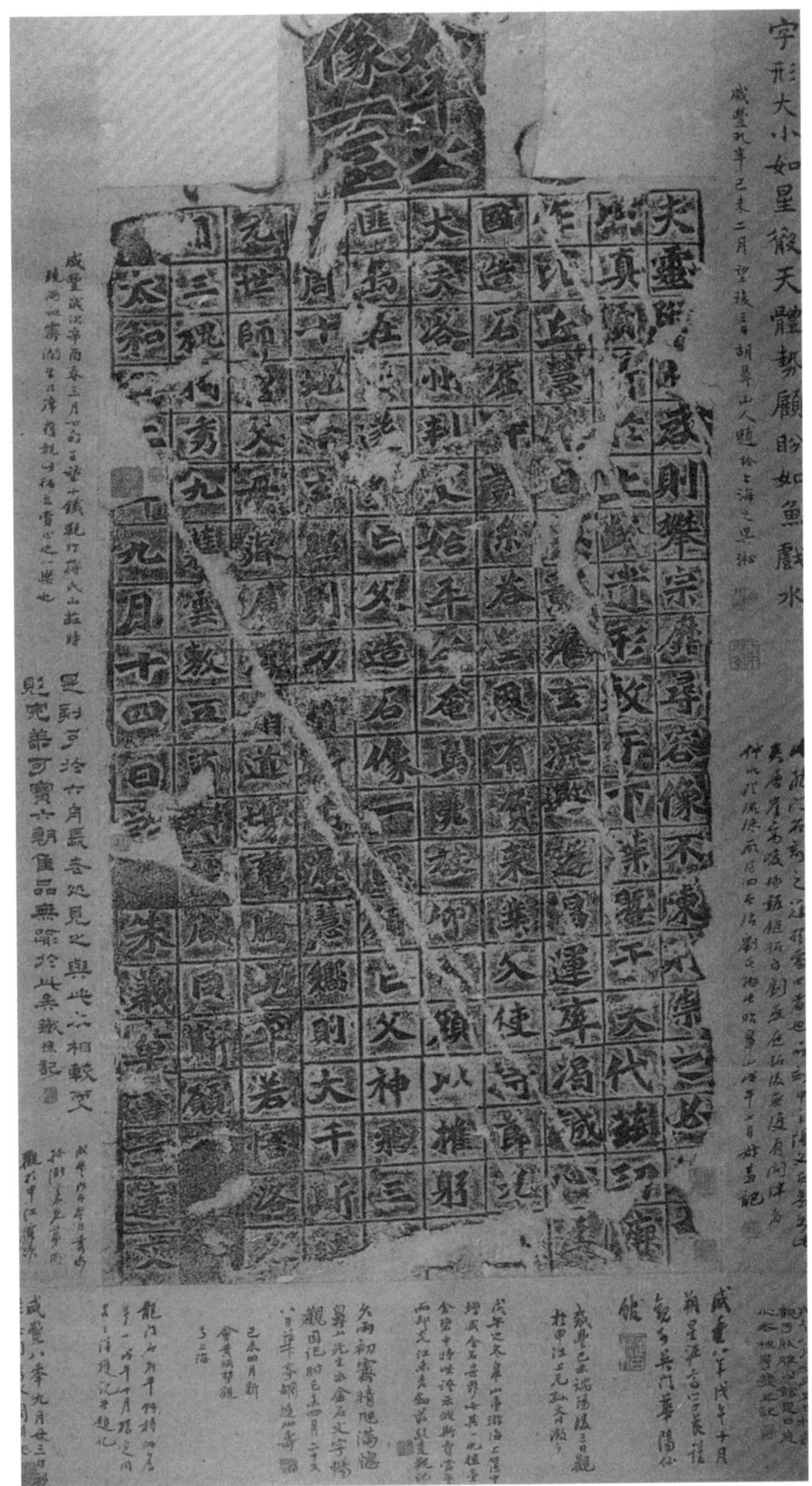

图 1-58　北魏《始平公造像记》拓片

（七）隋唐石刻文字——楷书的成熟

隋唐时期是楷书发展的高峰，当时著名书法家的字体，大都是通过碑刻的形式而流传下来。隋唐时期也是雕版印刷术发明的时期，当时的名家楷书字体，也成为雕版首选的字体。流传至今的唐代印刷品，其刻版字体多来源于书法名家的字体。

图 1-59　唐欧阳询《九成宫醴泉铭》字体

图 1-60　唐褚遂良《伊阙佛龛碑》字体

图 1-61　唐颜真卿《多宝塔帖》字体

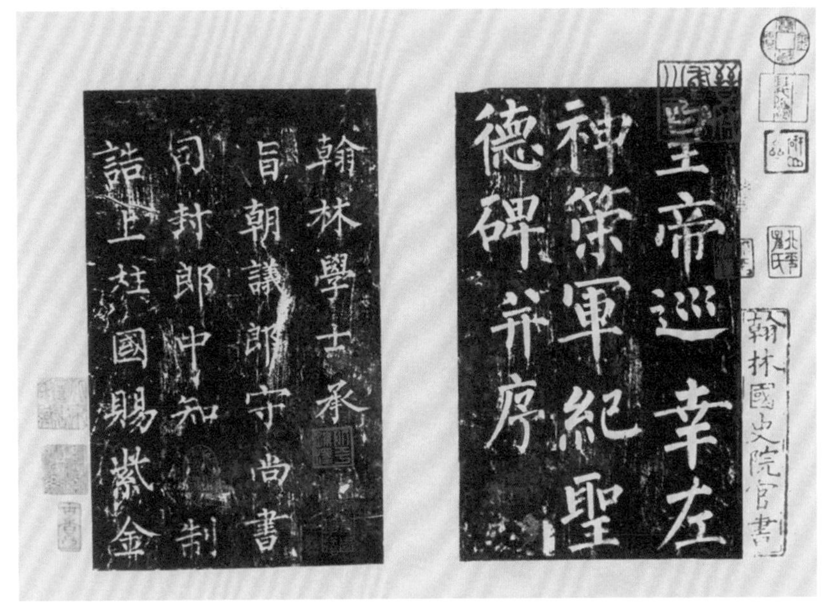

图 1-62　唐柳公权《神策军碑》字体

到了宋代，印刷术达到鼎盛，当时形成了一种风气，那就是仿唐代书法名家字体刻版。古代的藏书家和印刷者，都十分重视书籍的审美情趣，而字体的选用是书籍艺术的重要组成部分。这种书籍艺术的传统，一直贯穿于古代印刷的全部历史。

欧阳询、虞世南、褚遂良和薛稷被称为初唐书法四大家。唐代中期有著名书法家颜真卿，唐代后期有著名书法家柳公权。这些都是书法史上的楷书大家，也是宋代刻版所常选用的名家字体。

欧阳询（557—641）的字体笔力刚劲，笔画清朗，结构遒密。宋代的杭州刻本多选用欧体刻版。

褚遂良、薛稷的楷书，字体以瘦劲见长。在宋版书中也常能看到仿褚、薛的细瘦字体。这种字体是后来仿宋字体的原型。

颜真卿（709—785）的字笔画肥厚，笔意凝重，结构严整，成为宋版书中最常见的字体，在福建、四川刻本中，颜体所占比例很大，著名的印刷品《开宝藏》就是颜体字刻版。

柳公权（778—865）是唐代后期著名书法家，他的楷书吸取了欧、颜二家之长，自成一体，笔意清秀，结构端正，字画平直，是刻版的理想字体。在宋版书中，柳体的使用十分广泛，福建、四川、杭州等地的刻本中，都能看到柳体的踪迹。更为重要的是，后来的印刷宋体字，就是以柳体为基础而形成的。

第二节 文房四宝——印刷术的物质条件

笔、墨、纸、砚习惯被称为“文房四宝”，其实，它们也是雕版印刷术的物质条件。笔是用来书写印版文字和绘制图版的重要工具；墨是书写和印刷的色料；砚是调制墨和色料的器具；而纸张则是印刷的承印材料。这些工具和材料是雕版印刷术缺一不可的元素。

一、笔、墨、砚的历史

在中国，笔、墨、砚都有悠久的历史。早在5000多年前新石器时代后期的彩陶上，就有各种图案花纹，显然是用笔蘸各种色料画上的。当时的笔是什么形式，今天无从知晓，而色料应当是天然的植物和矿物所制成，其中的黑色颜料可能是石墨制成。在仰韶文化和马家窑文化等新石器时代遗址，都曾出土过石砚及研磨和调制色料的器具。正是这些物料的发明和应用，为印刷术的发明提供了必要的物质条件。

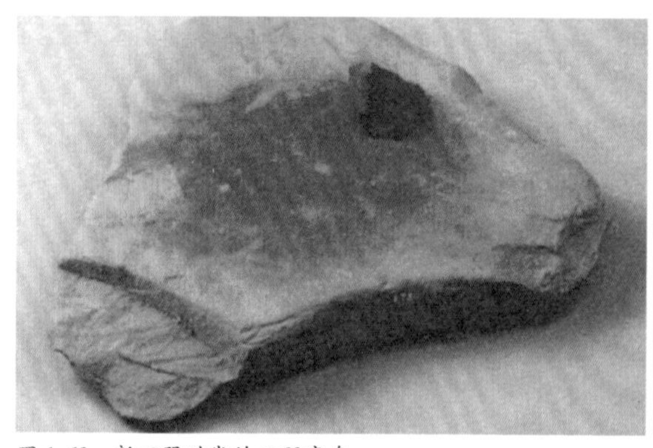

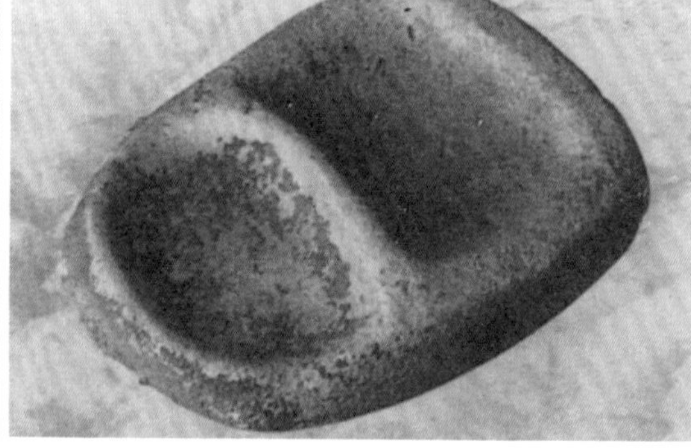

图1-63 新石器时代的石研磨盘

图1-64 马家窑文化的双格陶调色盒

图1-65 汉代彩绘龟形石砚，陕西定边县出土。

图1-66　西汉石砚及研石，1975年湖北江陵出土。

图1-67　西汉漆盒石砚，1978年山东临沂出土。

图1-68　广州南越王墓出土的西汉石砚、研石和墨丸。

商代中后期的甲骨文，是先写好文字后再雕刻的。在出土的甲骨文中，发现有几片未刻完的骨片，未刻部分为用墨书写的文字。而且在甲骨文中已有“聿”（聿）字，即古代的“笔”字。

西周的青铜器铭文，在制范前也需要先写出文字，再依字样刻制泥字范。笔和墨应该是不可缺少的。石刻文字在刻制前也需要先用笔书写。

简帛约起源于商代，实物出土者最早为战国时代，帛书、帛画、竹简、木牍等品种齐全，从文字的书写来看，当时的笔、墨已十分成熟。战国时代的笔、墨、砚等也有多处出土，在长沙左家公山和河南信阳长台关的战国楚墓中，各出土一支竹杆毛笔。左家公山的毛笔，竹杆较细，杆径0.4厘米，杆长18.5厘米，笔毛是上好的兔箭毛，毛长2.5厘米。笔的制法是：将笔杆一端劈成数开，笔毛夹在中间，用细丝线缠住，外面再涂一层漆。毛笔出土时套在一节小竹管里。1975年至1976年，在湖北云梦睡虎地战国至秦墓中，发现一小块墨，呈圆柱形，直径2.1厘米，高1.2厘米，墨色纯黑，同时还发现一块石砚，上面还残存墨迹。《庄子》中说：“宋元君将画图，众史皆至，受揖而立，舐笔和墨。”这里的“舐笔”就是将笔沾湿理顺，而“和墨”就是倒水研墨。

图1-69　东汉松烟墨，1974年宁夏固原出土。

广州西汉南越王墓中，曾出土一批墨丸和一块石砚，砚上有一块研墨石块，经分析此墨为松烟制成。

1965 年在河南陕县刘家渠的几座东汉墓中发现五件东汉时的墨，呈圆柱形，墨的一端或两端都曾研磨使用过，墨的直径在 1.5—2.4 厘米之间，高在 1.8—3.3 厘米之间，其中还有一木制墨盒。东汉时已出现较大的制墨作坊，官府也设有专管纸、笔、墨的机构和人员，官员按级别可发给隃麋墨。在今天陕西千阳，当时有大片的松树林，所谓隃麋墨就是用当地的松木烧烟而制成的。

历史上最早提到的制墨能手是三国时期的韦诞（字仲将），人称“仲将之墨，一点如漆”。曹植诗中也说：“墨出青松烟，笔出狡兔翰。”当时称左伯纸、张芝笔、韦诞墨为文房之佳品。北魏贾思勰在《齐民要术》

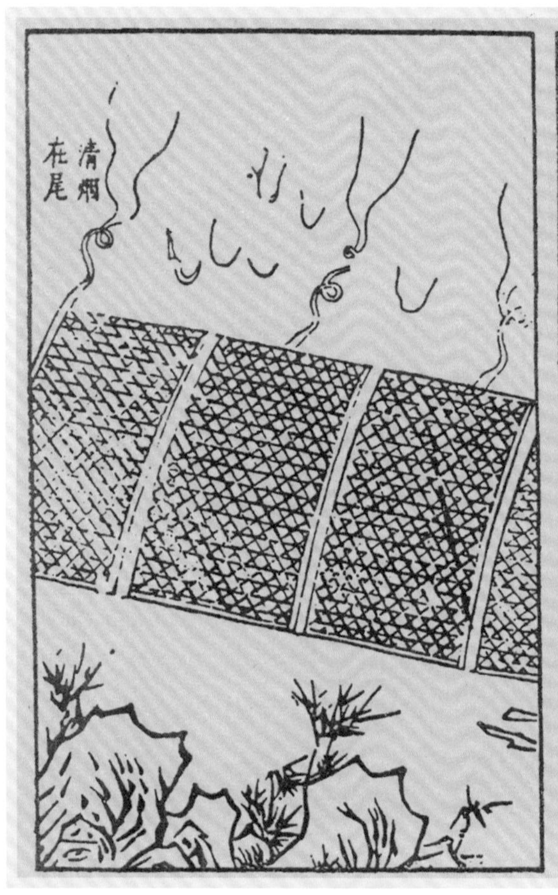

图1-70　古代松烟制墨图，选自《天工开物》。

中有“合墨法”一节，其方法是：“好醇烟捣讫，以细绢筛于缸内，筛去草莽，若细沙尘埃。此物至轻微，不宜露筛，喜失飞去，不可不慎。墨麴一斤，以好胶五两，浸梣皮汁中，江南樊鸡木皮也。其皮入水绿色，解胶，又益墨色。可下鸡子白，去黄，五颗。亦以真珠砂一两，麝香一两，别治细筛，都合调。下铁臼中，宁刚不宜泽，捣三万杵，杵多益善。合墨不得过二月、九月，温时败臭，寒则难干，潼溶，见风自解碎。重不得过三二两，墨之大诀如此。宁小不大。”可见南北朝时，已经有了成熟而高超的制墨工艺。⑥

历史上有关于“蒙恬始作秦笔”的记载，他造笔以“鹿毛为柱，羊毫为被”，也就是用两种不同硬度的毛来制笔，使之刚柔相济，便于书写。

1957 年，在湖北云梦睡虎地一座秦墓内，出土了三支竹杆毛笔，笔杆上端削尖，下端较粗，镂空成毛腔，装入笔毛后用胶固定，毛长约 2.5 厘米。三支毛笔都套在竹管内，其中一支竹管的镂空两端镶有骨箍。1957 年在湖北江陵凤凰山西汉墓中，也出土了一支毛笔，其形制和睡虎地秦笔相似。

1972 年，在甘肃武威磨咀子一座东汉墓内，出土一支毛笔，笔头的芯及锋用黑紫色的硬毛，外层覆以黄褐色较软的狼毫，笔杆竹制，笔杆末端削成尖状，笔杆中部刻有隶书“白马作”三字，可能是制笔者的字号。在附近的另一座东汉墓中，也出土了一支毛笔，形制相同，笔杆上刻有“史虎作”

图1-71　古代毛笔（上：战国笔；下：西汉笔）

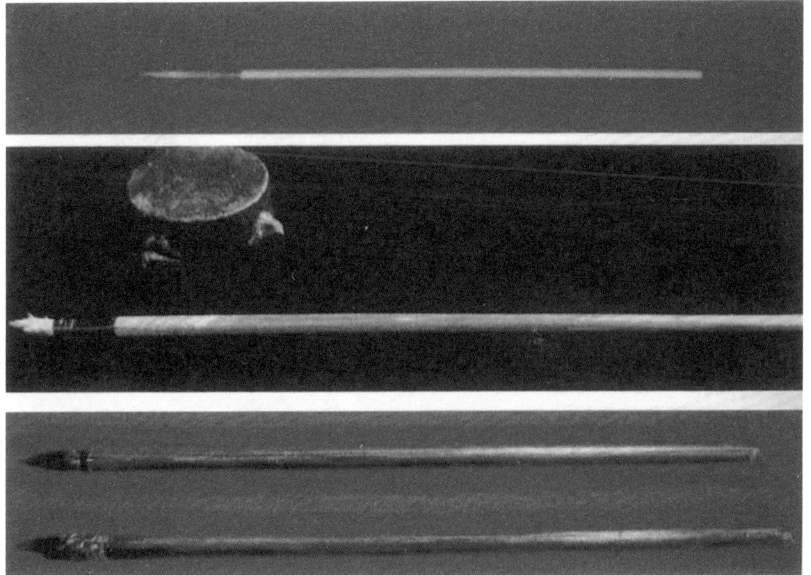

图1-72　古代毛笔（上：战国笔，中：汉代笔，下：东晋笔）

三字。

秦汉时代的毛笔为什么一端削成尖状？这与史料记载中的“簪白笔”有关。当时人们习惯将未用过的笔插在发结上。汉代官员为奏事之便，常将毛笔插入发中，以备随时取用。甘肃武威出土的汉笔，出土时在墓主人头部左侧，可能原来是插在死者头发上的。山东沂南一座东汉墓的室壁上，刻有持笏祭祀者的人物图像，其人物冠上插有一支毛笔，到魏晋时代这种习惯已不再流行了。

唐代是中国古代书法艺术的鼎盛时期，制笔技术也达到很高的水平。精良的毛笔为书法家提供了得心应手的工具，也为雕版的写版提供了良好的条件。唐代的毛笔，以安徽宣城所制的“宣笔”为最有名，其中的“鼠须笔”、“鸡距笔”等，都以笔毫的坚挺而被称为上品。不同风格的书法家对笔的性能要求也不同。柳公权对笔的要求是“圆如锥，捺如凿”，“锋齐腰强”。欧阳询用笔是以“狸毛为心，覆以秋兔毫”者为佳。杜甫认为“书贵瘦硬方通神”，当然要选用笔毫坚挺的毛笔了。这说明当时的制笔技术已炉火

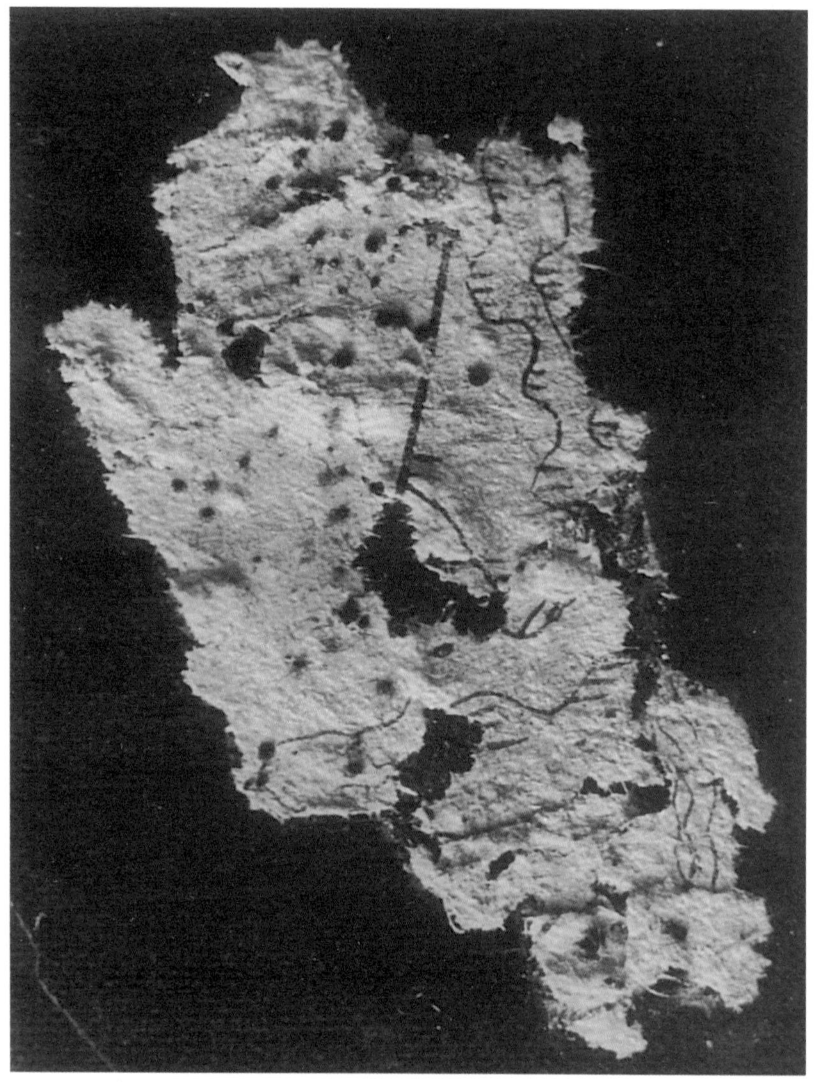

图1-73　画有地图的西汉纸，天水放马滩出土，约为公元前176—前141年之物。

纯青，能制出多规格、不同性能的毛笔，以适应不同风格书法对笔的要求了。

二、纸的发明和应用

纸和印刷术的关系很密切。因为纸是印刷的载体，是承印材料，也可以说没有纸就不会有印刷术。因此，纸的发明、造纸工艺的完善、造纸成本的降低、纸的广泛应用等，都为印刷术的发明创造了条件。

关于纸的发明，过去传统的说法是东汉蔡伦于和帝元兴元年（105）造出优质纸。《东观汉纪》说："蔡伦典尚方，用树皮为纸，名谷纸；故鱼网为纸，名网纸；……麻，名麻纸也。"《后汉书·蔡伦传》对蔡伦的生平和他的造纸作了如下的记载："蔡伦，字敬仲，桂阳人也。以永平末始给事宫掖。建初中，为小黄门。及和帝即位，转中常侍，豫参帷幄。伦有才学，尽心敦慎，数犯严颜，匡弼得失。每至休沐，辄闭门绝宾，暴体田野。后加位尚方令。永元九年，监作秘剑及诸器械，莫不精工坚密，为后世法。自古书契多编以竹简，其用缣帛者谓之为纸。缣贵而简重，并不便于人。伦乃造意，用树肤、麻头及敝布、鱼网以为纸。元兴元年，奏上之，帝善其能，自是莫不从用焉，故天下咸称蔡侯纸。"根据这些历史记载，很多历史书都称纸为蔡伦所发明。

但是也有一些历史记载，在蔡伦以前的东汉初期，西汉末期，也都有应用纸张的记载。据《汉书》记载，西汉元延元年（前12），在后宫就曾用纸包药丸，当时称这种纸为"赫蹄"，就是一种小块薄纸。在东汉光武帝刘秀的时代，皇家藏书中就分为素、简、纸三类，素就是帛书，简是简牍，而纸书就是用纸抄写的书。这说明在西汉末期至东汉初期，皇家藏书中就

图1-74　汉代造纸工艺流程图

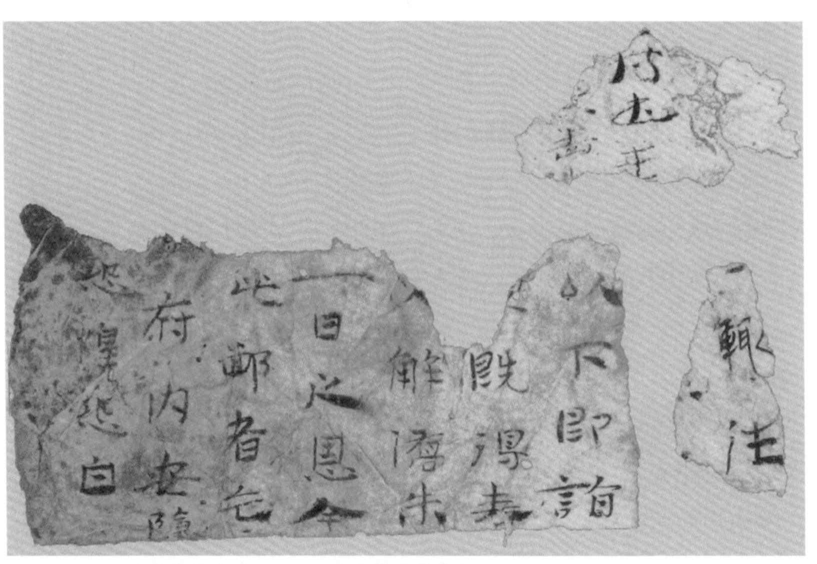

图1-75 西汉晚期有文字的纸，1990年敦煌悬泉出土。

有纸写本书。

近几十年来，在我国的陕西、甘肃、新疆等地，多次发现西汉纸。[7]

1933年于新疆罗布淖尔汉代烽燧遗址发现麻纸一片，质地粗糙，为公元前73年—前49年之物。

1942年于甘肃额济纳河查科尔帖汉烽燧遗址，发现10×11.50厘米纸片一件，上书写50余字，纸色灰黄，约为公元前89年—公元97年之物。

1957年于陕西西安灞桥汉代葬区发现多片古纸，最大的一片为10×10厘米，约为公元前140年—前87年之物。

1973年于甘肃额济纳河东岸汉金关遗址，发现古纸多件，较大的一件为12×19厘米，质地细匀，强度大，纤维束较少，约为公元前52年之物。

1978年于陕西扶风县中颜村汉遗址，发现古纸一件，约6.8×7.2厘米，质地柔韧，纸上可见帘纹，约为公元1年—5年之物。

1979年于甘肃敦煌马圈湾汉代屯戍遗址，发现五件古纸，最大的一件为32×20厘米，黄色，较粗糙，是一整张古纸，约为公元前53年—前50年之物。

1986年，于甘肃天水放马滩汉代墓葬区发现古纸一件，黄灰色，纸薄而软，纸上绘有地图，约为公元前176年—前141年之物。

1990年于甘肃敦煌甜水井汉悬泉邮驿遗址，发现四件古纸，最大的一片为27.5×18厘米，浅黄色，稍厚，纸上有文字。另一件较大的纸块为13.5×14.5厘米，浅黄色，纤维细，质地好，纸上有文字，纸面有帘纹，为东汉初期之物。

最近又有报道，在敦煌附近汉代遗址，又发现一批西汉古纸。

1901年，斯坦因在新疆罗布淖尔，发现古纸两片，其中一片为9×9厘米，白色，薄麻纸，上有文字，字体为隶书，当为东汉初期的纸。

在新发现的多种西汉纸中，写有文字的纸，多属于王莽时期，除悬泉

图1-76 西汉纸。左：居延金关纸，1973年出土；右：敦煌马圈湾纸，1979年出土。

纸外，还有中颜纸、马圈湾纸等，都是王莽时期的纸，这与王莽提倡用纸有一定关系。英国李约瑟在《中国科学技术史》中说："科学史家可能对王莽有一种偏爱。……由于他对那个时代的技术和科学有兴趣。"由于王莽的提倡，造纸术在这一时期有很大发展，纸的应用更为普遍。

上述这些西汉纸的发现，可以证明纸张的发明年代可以推移到西汉初期，即公元前 2 世纪。对于蔡伦的评价，他虽然不是纸的发明者，但他改良了造纸工艺，扩大了造纸原料，使纸的质量大为提高，他对造纸术的发展和纸张的扩大应用等，都作出了巨大的贡献。古代的造纸业都奉蔡伦为祖师，并画像供奉。1962 年，我国还发行蔡伦像邮票，纪念这位对造纸术作出贡献的历史人物。

关于蔡伦对造纸的贡献，归纳起来有以下几点：1. 他总结了西汉及东汉初期造纸的经验，生产了优质的麻纸。用破渔网造纸，扩大了造纸原料，改进了麻纸生产工艺。2. 他开创以树皮造纸，不但扩大了原料，而且提高了纸的质量，从而开创了木纤维造纸的先河。3. 由于他造的优质纸得到皇帝的称赞，而有利于纸的推广应用。

关于蔡伦造纸的技术工艺，史书上并无记载，研究造纸史的著名学者潘吉星先生，经对出土的东汉纸分析研究，走访了手工造纸工作者，并进行模拟实验，认为汉代造麻纸的工艺流程为：浸润麻料，切碎，洗涤，草木灰水浸料，捣，洗涤，配浆液并搅拌，抄造，晒纸，揭纸。

自西汉发明纸张以来，又经蔡伦在工艺上的改良，纸张已完全能适于书写。由于其质量轻便，价格低廉，本应成为代替简帛的理想书写材料。但实际上并不是这样，在整个汉代，纸虽有应用，但其数量有限，仍以简帛为主流。其原因不是纸的质量不好，而是社会习惯势力的支配，所谓"纸轻简重"。如果用纸给别人写信，可能被认为不礼貌。

东汉末年，山东人左伯（字子邑），以造纸精美而著称，当时有"子

图1-77　蔡伦像（古代雕版印刷品）。蔡伦像上的胡须，显然是后人为美化所致。

邑之纸，妍妙辉光”的赞颂，当时的书法家都十分推崇左伯之纸。

东汉中后期，纸的质量已达到很高水平，品种也较多，但由于“纸轻简重”的传统观念，人们还多不愿用纸。史书记载，东汉学者崔瑗（78—143）致友人葛龚（元甫）的信中说：“今遣送《许子》十卷，贫不及素，但以纸耳。”意思是说，送上的《许子》抄本，本应用帛来写，但因家贫而用不起，只好用纸写了。就是因为这种传统的观念，而影响到纸的大量应用。⑧

公元2—4世纪，是竹简、缣帛和纸张并用的时期，纸作为新兴的书写材料，其用量越来越大。《晋书·左思传》记载，左思费十年工夫写成《三都赋》，当时文坛名人皇甫谧看后击掌叫绝，大加称赞，并为之写了序文。因此，“豪贵之家竞相传写，洛阳为之纸贵”。这就是“洛阳纸贵”的故事，它说明到西晋时，纸的应用已十分普遍。晋朝人傅咸（234—294）写过《纸赋》，对纸大加赞颂：“夫其为物，厥美可珍。廉方有则，体洁性贞。含章蕴藻，实好斯文。取彼之弊，以为此新。揽之则舒，舍之则卷。可屈可伸，能幽能显。”此时，纸已为文人不可缺少之物。大约到南北朝时，纸已完全代替了简帛而成为书写的主要材料，从此，开始了一个纸写本书的时代，

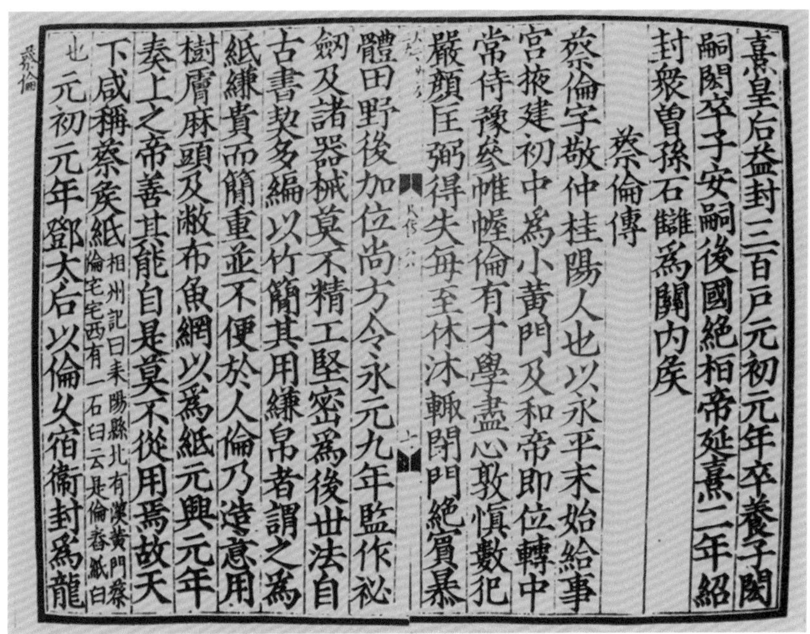
熹皇后益封三百戶元初元年卒養子閎
嗣閎卒子安嗣後國絕桓帝延熹二年紹
封衆曾孫石雖爲關内矦
蔡倫傳
蔡倫字敬仲桂陽人也以永平末始給事
宮掖建初中爲小黄門及和帝即位轉中
常侍豫參帷幄倫有才學盡心敦慎數犯
嚴顏匡弼得失每至休沐輒閉門絶賓暴
體田野後加位尚方令永元九年監作祕
劍及諸器械莫不精工堅密爲後世法自
古書契多編以竹簡其用縑帛者謂之爲
紙縑貴而簡重並不便於人倫乃造意用
樹膚麻頭及敝布魚網以爲紙元興元年
奏上之帝善其能自是莫不從用焉故天
下咸稱蔡矦紙相州記曰耒陽縣北有漢黄門蔡倫宅宅西有一石臼云是倫舂紙臼也
元初元年鄧太后以倫久宿衛封爲龍

图 1-78　古代刻本《后汉书》中有关蔡伦造纸的记载。

正是这个时代，孕育了印刷术的诞生。

魏晋南北朝时期，造纸术发展到一个新阶段，不但纸的质量更为提高，产量大增，纸的应用更为广泛，更为重要的是中国的造纸技术，开始向周围的国家和地区传播。我们有机会看到更多的是这一时期的纸写本实物，最著名的三希堂法帖和较多的纸写本佛经，都反映了这一时期纸的质量和应用的广泛。纸的产地也遍及南北各地，北方有洛阳、长安及山西、河北、山东等地，南方有江宁、会稽、扬州及今安徽、广州等地，西部达到今新疆等少数民族地区。这一时期的造纸原料也有所扩大，除原有的麻、树皮、渔网等外，也以竹、海苔等为原料造纸，称为“侧理纸”或“厘纸”。清高宗乾隆曾作《咏侧纸》，诗中有：“海苔为纸传拾遗，徒闻厥名未见之。……囫囵无缝若天衣，纵横细理织网丝。”可见对晋纸的喜爱。

魏晋南北朝时期，造纸技术的另一发展是纸张表面涂布技术的出现。用淀粉或矿物粉涂布施胶，从而改善了纸的表面平滑和受墨性，也改善了纸的白度、透光度和紧密度，涂布所用的矿物质主要是铅白、石膏、石灰等与水混合。到了隋唐时代，造纸技术更为成熟、质量更高、产量更大，为雕版印刷术的发明创造了良好的条件。

第三节 书于竹简，典籍传承

在纸张和印刷术发明前，应用最广的书籍形式是简帛。将文字写在竹片上称竹简，写在木片上称木简，用较宽的木板写字称木牍。南方多用竹简，而西北地区则多用木简，这和就地取材有关。将文字写在丝织品上称帛书，是比较轻便的书写材料，但由于古代丝绸价格昂贵，多为贵族皇家使用，远不如简牍使用广泛。

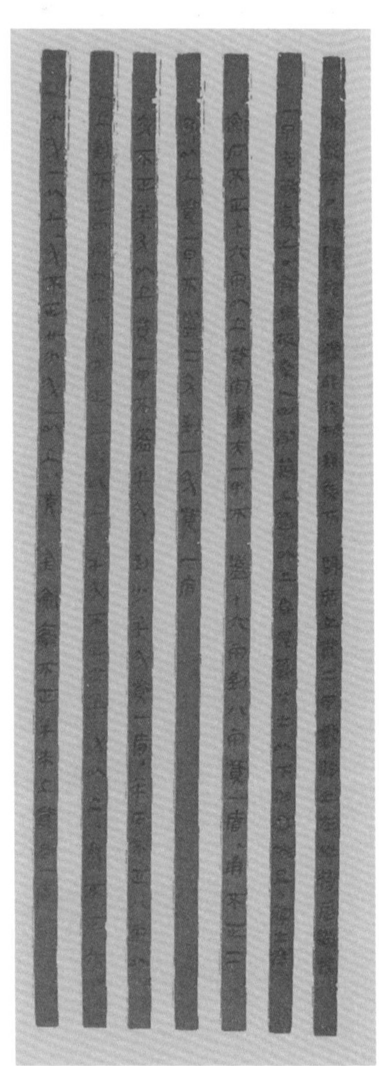

图 1-79 法律文书秦简，1975 年湖北云梦睡虎地秦墓出土，约为公元前 306—前 217 年之物，字体为篆书向隶书过渡的字体。

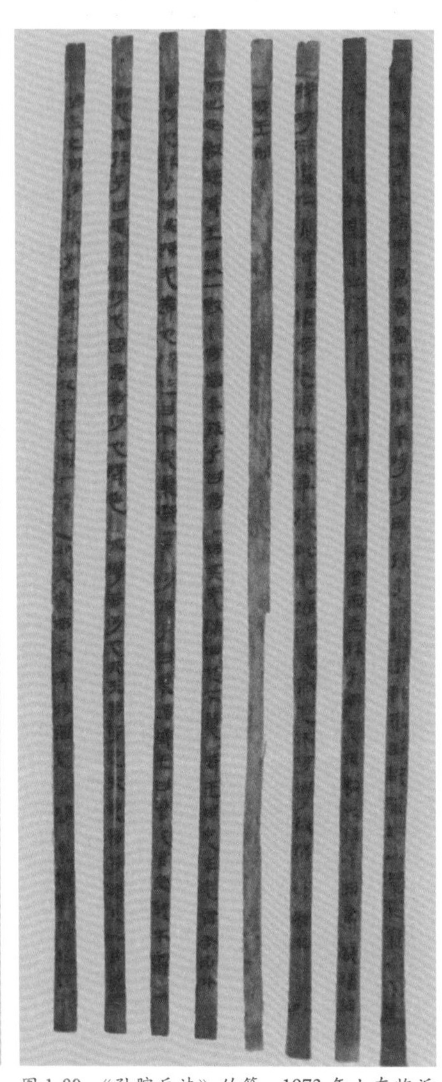

图 1-80 《孙膑兵法》竹简，1973 年山东临沂西汉墓出土，为西汉初期之物，字体为早期隶书。

一、简牍

（一）简牍的制作和规格

竹简是将竹片制成约 1 厘米宽，其长度有三种不同的规格，长简为 2 尺 4 寸，中简为 1 尺 2 寸，短简为 8 寸。长简用于写经典著作或重要文章，中简写一般文章，短简用来写短文。这些尺寸都是古代形制，汉代的 1 尺大约相当于今天的 23 厘米。将一篇文章的简用绳编连起来，称简策，也称“册”。编连竹简一般用两道编绳，长简也有用三道或四道编绳，编绳有丝编和韦编。韦编是用皮条编简，司马迁在《史记 · 孔子世家》中说，孔

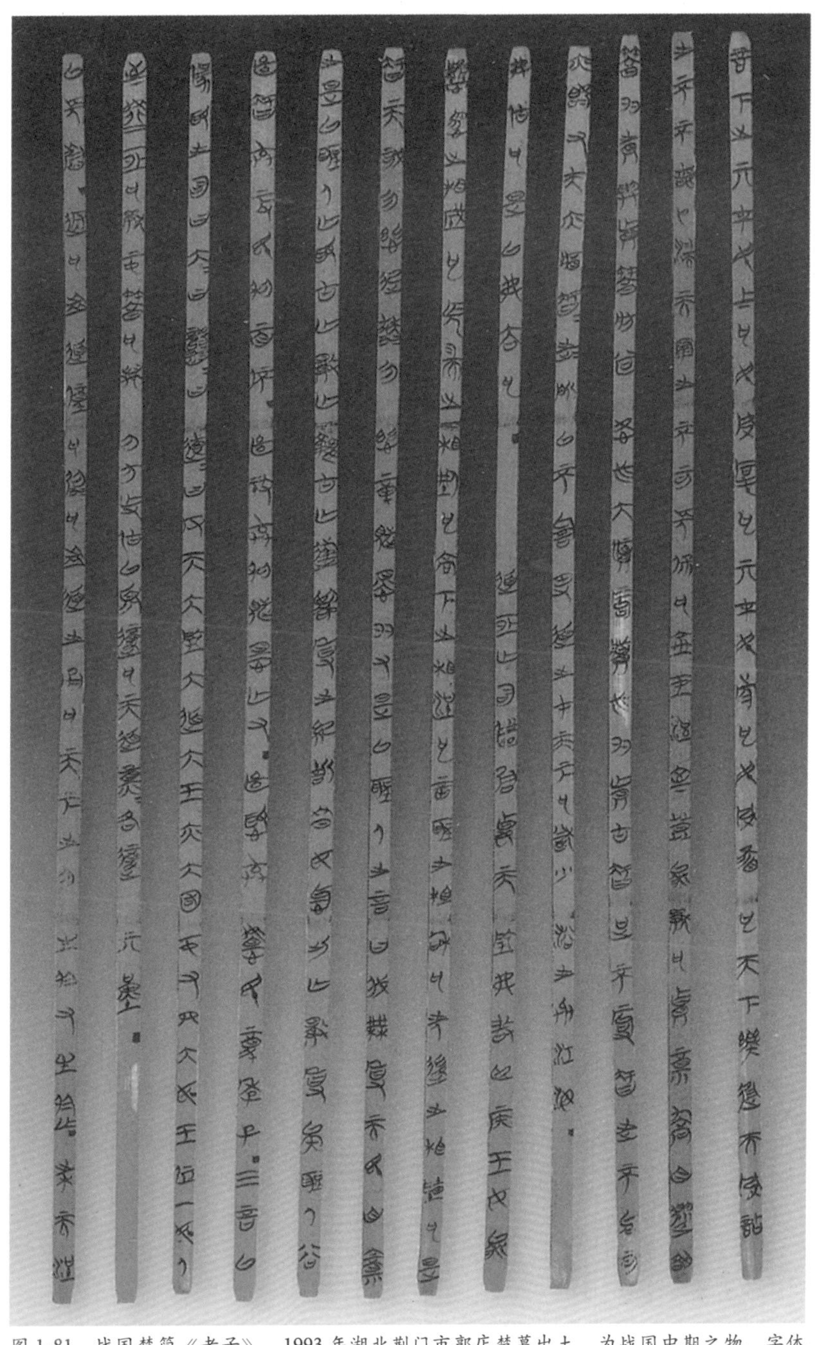

图 1-81　战国楚简《老子》，1993 年湖北荆门市郭店楚墓出土，为战国中期之物，字体为大篆向小篆过渡的字体。

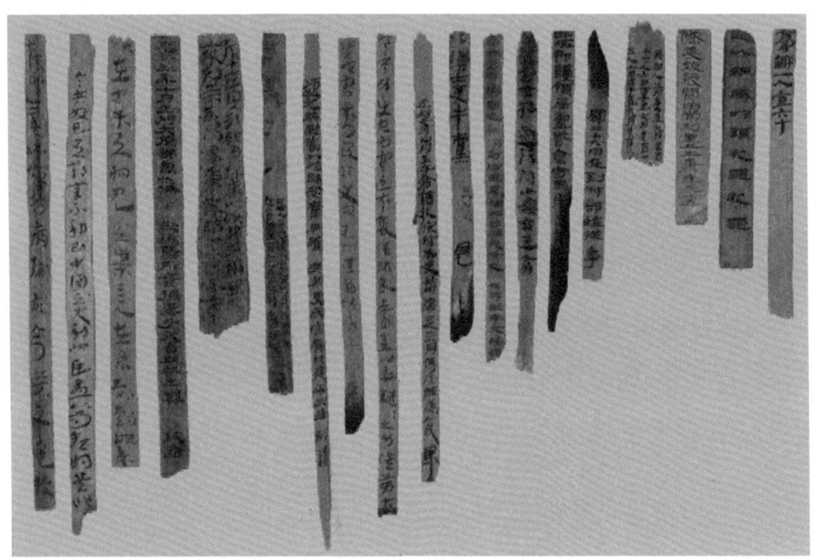

图 1-82　西汉元始二年（2）木简，敦煌马圈湾出土，字体为隶书和章草。

子晚而喜《易》，读《易》韦编三绝。这是历史上唯一谈到皮条编简的记载，但也未见实物出土。在甘肃出土的公元 1 世纪的“器物简”，是以麻绳编简。敦煌出土的简中，也有以麻绳编连的。丝编和麻编是使用很广泛的编简材料。

在甘肃出土的汉代简牍，几乎都是木制的，说明木简是就地取材。木简的规格大约和竹简相同，宽一些的木简，可以写几行文字，称为木牍，用于书写信函、公文、短文和奏章。汉王充《论衡》中说：“断木为椠，析之为板，力加刮削，乃成奏牍。”不但介绍了木牍的加工方法，也说明了木牍可以写奏章之用。多数木牍为 1 尺长，称“尺牍”。还有面积较大的木板，可用来画图，称之为“方”。在甘肃就发现过画有地图或其他图画的木板。

简策制度对后来的书籍规格和形制影响很大，现在常用的“编”、“卷”、“册”等词，都来源于简策。纸质书的卷轴装，也是继承了简策的形式。

（二）简牍的年代

简牍起于何时，历史上并无明确记载，在《诗经 · 小雅 · 出车》中有“畏此简书”一句，这是最早关于竹简的记载。在《尚书 · 多士》中说：“惟殷先人，有册有典，殷革夏命。”这里说的“册”、“典”都是指简策。

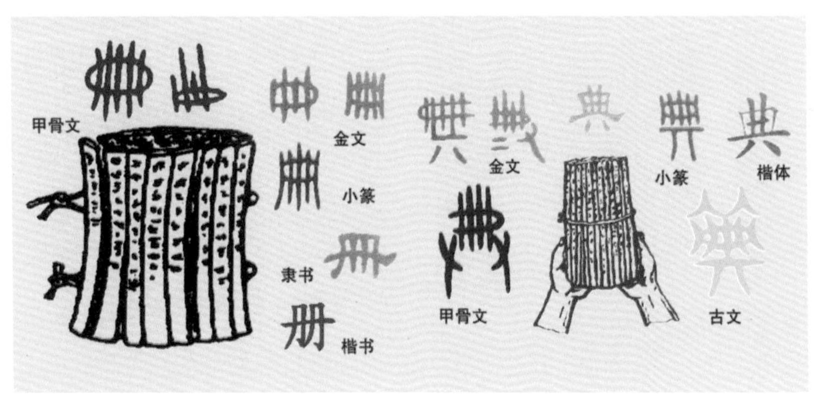

图 1-83　甲骨文中的“册”字和“典”字及其演变。

在甲骨文中就有“册”字，是简策的象形字，很像编两道绳的简策。而甲骨文中的“典”字，则是双手捧着“册”，是一个会意字，表示珍贵的简策，就是经典。在西周青铜器铭文中，“典”字字形为“册在几上”，上面是个“册”字，下面是一个几案，表示将简策放到几案上，当然也是经典。这些都说明在殷商时代，已经将公文或法令写在简册上。“册”和“典”字的甲骨文、金文字形，形象地反映了商代书籍的形式，也说明简册的历史约始于商代。

简策制度，在中国书籍史上占有重要地位，先秦两汉的大量著作，都是写在简策上而得以流传至今。公元4世纪以前的数千年间，简策是书籍的主要形式。纸张发明后，虽然在逐渐地推广应用，但由于人们的习惯势力，很多人还习惯于用简牍来书写，从两汉到魏晋时期，是简和纸共用的时期，一直到南北朝时，简牍才完全停止使用，开始了纸写本书的时代。

（三）简牍的发现

关于简牍的出土，历史也很久。早在汉武帝时期，在孔子故宅的墙壁中就发现一批竹简，竹简上的文字都是大篆体，有《古文尚书》、《礼记》、

图 1-84　居延木牍，西汉后期之物，甘肃出土。

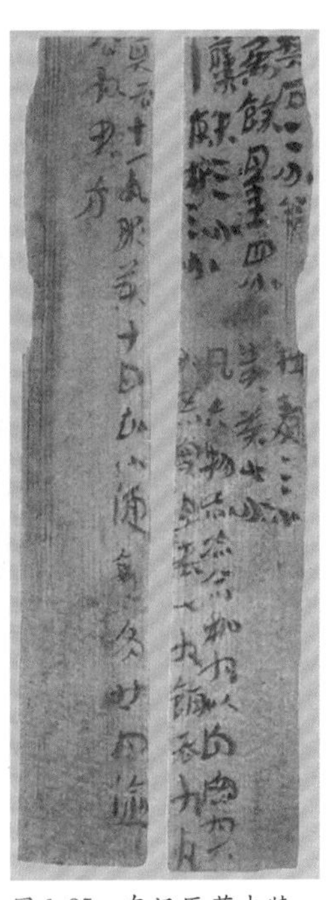

图 1-85　东汉医药木牍，1972年甘肃武威出土，这是一副中药处方，写于一片木牍的两面，字体为章草和隶书。

《论语》、《孝经》等，这可能是为了躲避秦始皇的焚书而藏入墙壁中的。这些竹简可能为战国时代之物，这是历史上最早关于出土竹简的记载。

《晋书》记载：“西晋太康二年（281）汲郡人不准盗发魏襄王墓，得竹书数十车。”这批竹简长2尺4寸（1尺约等于现在24.2厘米），每简40字，有书10种，共10万字，著名的《竹书纪年》，就是根据这些竹简整理而成的，后来也失传了，只有《穆天子传》一书流传后世。

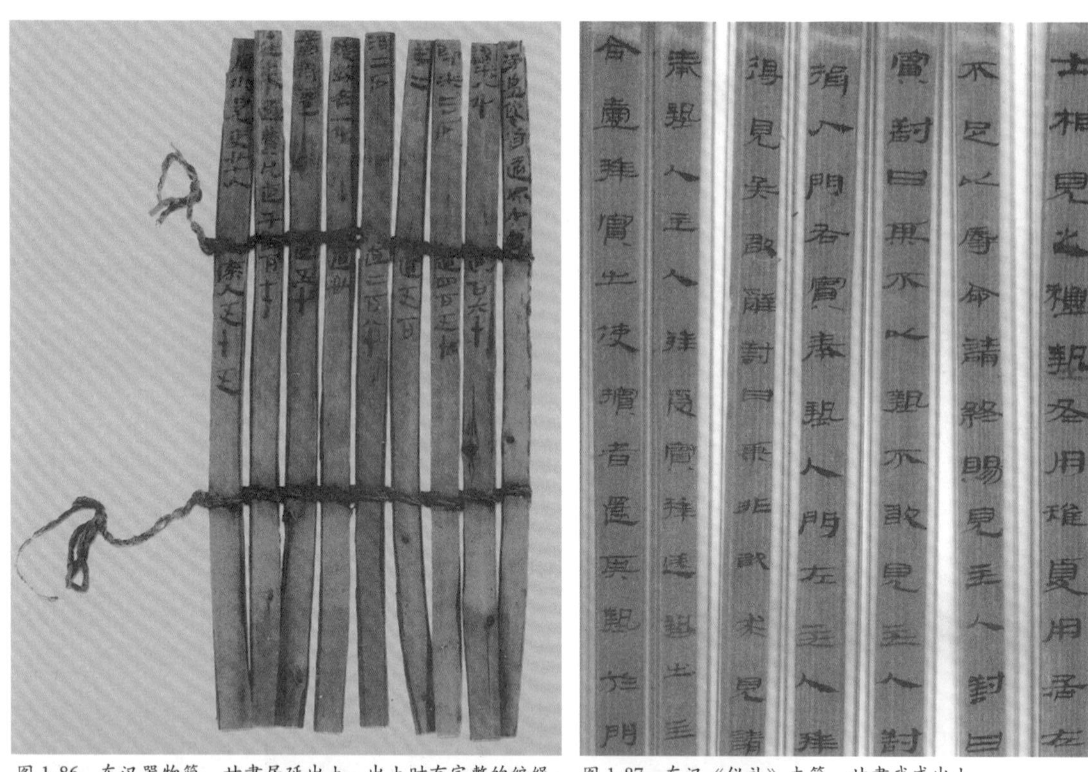

图 1-86　东汉器物简，甘肃居延出土，出土时有完整的编绳。　图 1-87　东汉《仪礼》木简，甘肃武威出土。

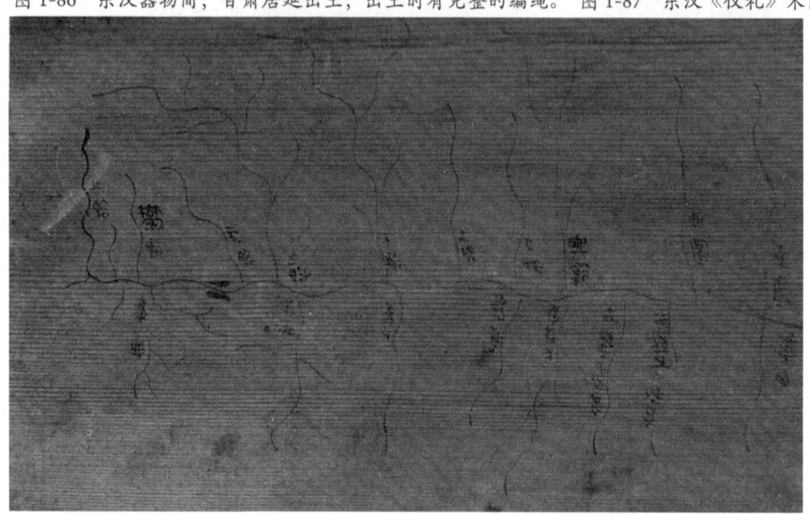

图 1-88　画于木板上的地图，西汉，甘肃出土。

《南齐书》记载，齐高帝建元元年（479），在今湖北襄阳附近的楚墓出土竹简较多，简宽数分，长 2 尺（1 尺约等于现在 24.5 厘米），字体为大篆，大约为春秋后期之物。

20 世纪近百年来不断有简牍出土：

1900 年，斯坦因（Aurel Stein）在新疆塔里木盆地发现木牍 40 枚，为东汉之物。

1906 年，斯坦因于酒泉得简牍约千余件，约为公元前 98 年至 153 年间之物。

1930 年，中国西北科学考察团在甘肃破城子发现木简 5200 余件，红城子发现简牍 3500 余件，总数近万件，这就是著名的居延汉简。

1953 年，仰天湖战国墓出土竹简 43 件，为公元前 4 世纪之物。

1954 年，长沙杨家湾楚墓出土竹简 23 件，为公元前 3 世纪之物。

1957 年，河南信阳长台关古墓出土竹简 28 件。

1966 年，湖北江陵望山楚墓出土竹简 30 余件，为战国末期楚国之物。

1972 年，湖南长沙马王堆西汉墓出土竹简千余件，为公元前 2 世纪之物。

1973 年，山东临沂银雀山汉墓，出土竹简 4942 枚，还有数千件残片，其内容包括《孙子兵法》、《孙膑兵法》、《六韬》、《尉缭子》、《晏子》、《守法守令十三篇》、《元光元年历谱》等先秦古书，有的是目前已失传的书籍。

1975 年，湖北云梦睡虎地秦墓出土竹简 1155 件，为公元前 306—前 217 年之物。

1977 年，安徽阜阳西汉墓出土一批竹简，内容有《仓颉篇》、《诗经》、《周易》等 10 多种古籍。

1978 年，湖北随州曾侯乙墓出土竹简 240 多件，共 6600 多字，简长 72—75 厘米，宽 10 厘米，两面书写，其字体为战国时期由大篆向小篆过渡的字体。

1983 年，湖北江陵张家湾汉墓出土竹简 1000 余枚，为公元前 2 世纪之物，简长 30—33 厘米，宽 0.6—0.7 厘米，有三道编绳。

上述关于简牍的大量出土，向我们展示了纸张发明前书籍的主要形式，它在中国古代的书籍史和文化史上占有极为重要的地位。正是有着一千多年的简牍制度，传承着古代的文化，传承着古代的大量典籍，而它对印刷术而言，也有着一定的传承关系。

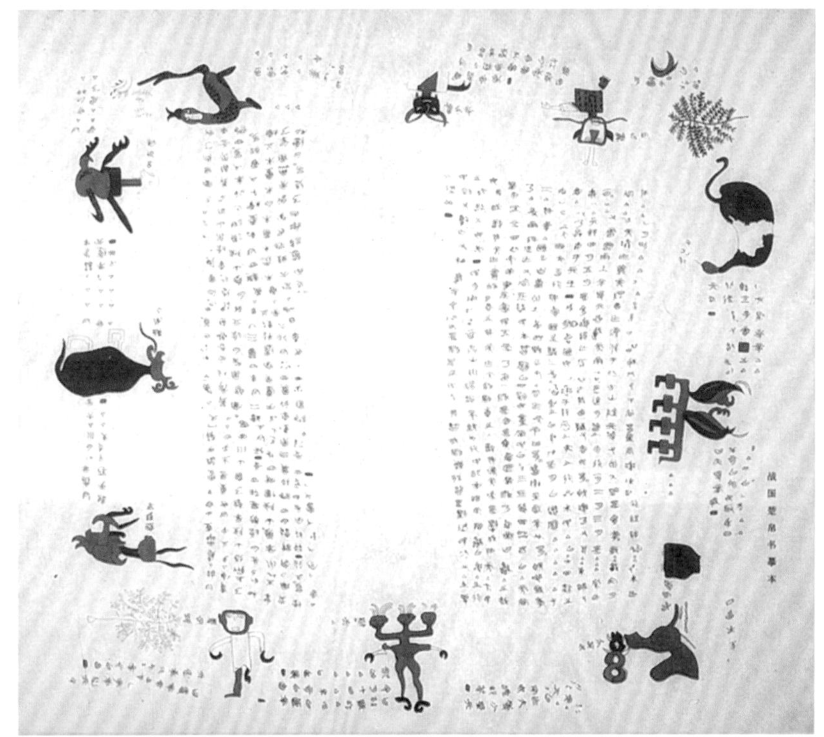

图 1-89　战国楚帛书，长沙子弹库战国楚墓出土。

二、帛书和帛画

将文字写在丝织品上的书称“帛书”或“缣帛”。如果将画画在丝绸上，则称“帛画”，它的行用年代几乎和简牍相同。只是当简牍停止使用后，“帛”作为书写或绘画材料，一直在使用着。历代的不少绘画和书法作品，就是以丝绸为原料的。在简帛的时代，由于丝织品十分昂贵，帛书的使用量要远远少于简策，只有贵族和皇家才有条件使用帛书。

在春秋战国时代的著作中，多处提到“竹帛”，《墨子·明鬼篇》中说：“古者圣王……书之竹帛，传遗后世子孙。”《韩非子·安危篇》中说：“先王寄理于竹帛。”《晏子春秋》中上说：“著之于帛，申之以策。”这说明在春秋战国时代，帛书的应用已十分广泛。由于它难以久存，因而古代

图 1-90　战国楚帛画，湖南长沙陈家大山楚墓出土。

图 1-91　战国楚帛画《乘龙图》，湖南长沙子弹库战国楚墓出土。

图 1-92　图文并茂的帛书，长沙马王堆西汉墓出土。

帛书的出土十分稀少。

在汉代的国家图书馆中，帛书也占有一定的比例，《后汉书》记载："及董卓移都之际，吏民扰乱，自辟雍、东观、兰台、石室、宣明、鸿都诸藏典籍文章，竞共剖散，其缣帛图书，大则连为帷盖，小乃制为縢囊。"这说明，当时国家收藏的帛书受到严重的毁坏，也说明汉代国家藏书中，帛书的数量还是很多的。

（一）帛书的发现

帛书很难留存久远，所以出土量远少于简牍。主要的发现有：

1908 年，斯坦因在敦煌发现两件写有文字的丝织品，约为公元 1 世纪之物。20 世纪以来，在长沙战国楚墓和山东临沂西汉墓中，多次发现帛书和帛画。

1942 年，在长沙子弹库战国楚墓中发现帛书一件，长 33 厘米，宽 35 厘米，上面有文字约 900 字，分为两段，一段 13 行，一段 8 行，四周有 12 个神的图形，形状很怪异，每个图形旁有神名的题记。其内容大约和天文学有关。这是现存出土最早的一种图文并茂的帛书，其年代可以追溯到春秋时期，这件珍贵的古代帛书，后来落入一个美国人手中，我们只能看到摹本。

1946 年，在长沙东郊陈家大山一战国楚墓中出土一件帛画。帛画尺寸长为 31 厘米，宽为 22.5 厘米，画面已十分模糊。画上有一女子，立于新月形物上，女子发髻后垂，两手合掌，身着长袍，博袖长裾，上饰云气纹，女子左上方有一龙一凤。

1973 年于长沙子弹库战国楚墓中出土一件帛画，画长 37.5 厘米，宽 28 厘米，画上有一男子驭龙而行，龙为舟形，其下有鱼，尾端有鹤。男子高冠长袍，手抚佩剑，顶有伞盖。

图 1-93 《春秋事语》帛书，马王堆西汉墓出土。

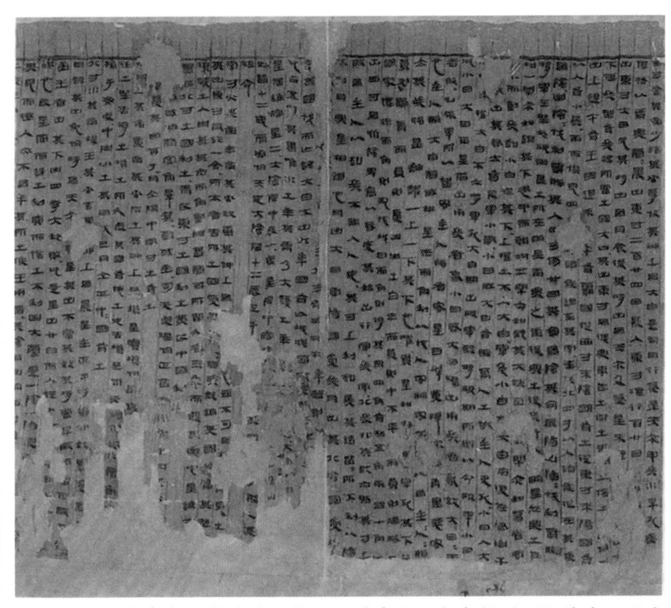

图 1-94 医方帛书，长沙马王堆西汉墓出土，书中提到 108 种病，医方 280 个，涉及内科、外科、儿科、五官科，是现存最早的医书。

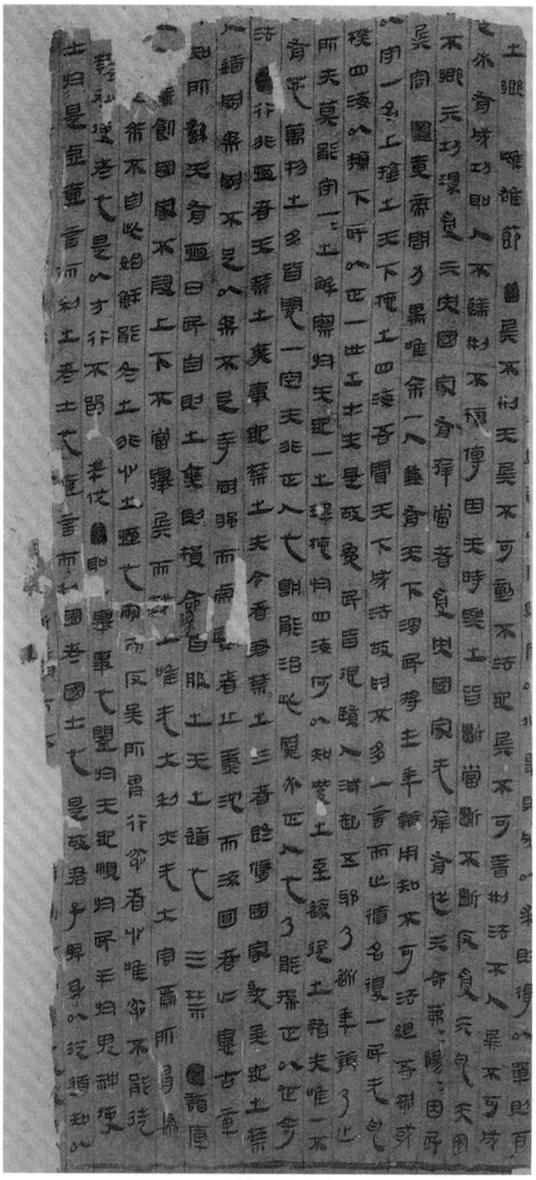

图 1-95　帛书《老子》，长沙马王堆西汉墓出土，上有朱丝栏。

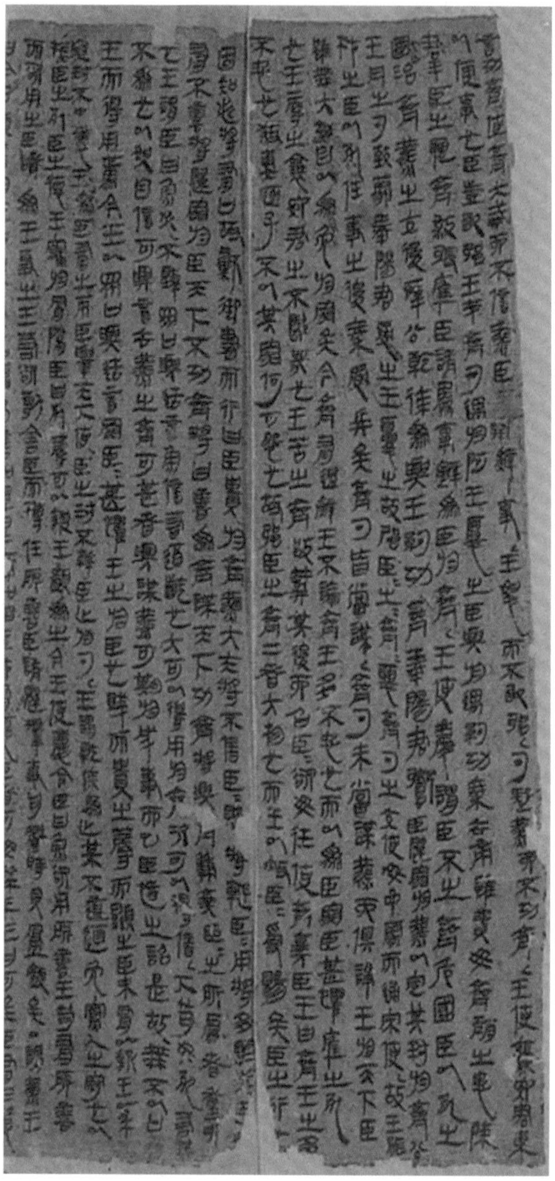

图 1-96　战国纵横家书，长沙马王堆西汉墓出土，为篆隶相间的字体。

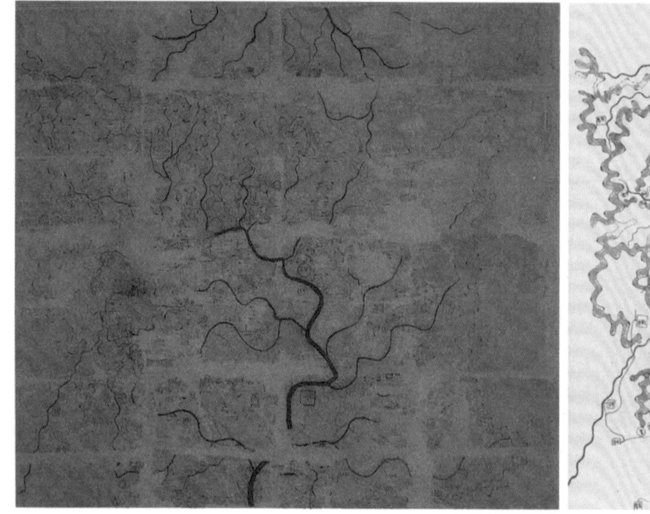

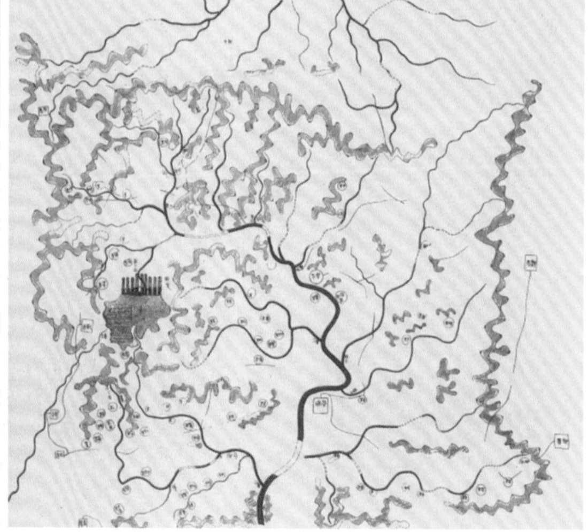

图 1-97　画在丝绸上的地图，长沙马王堆西汉墓出土（附：地图复原图）。

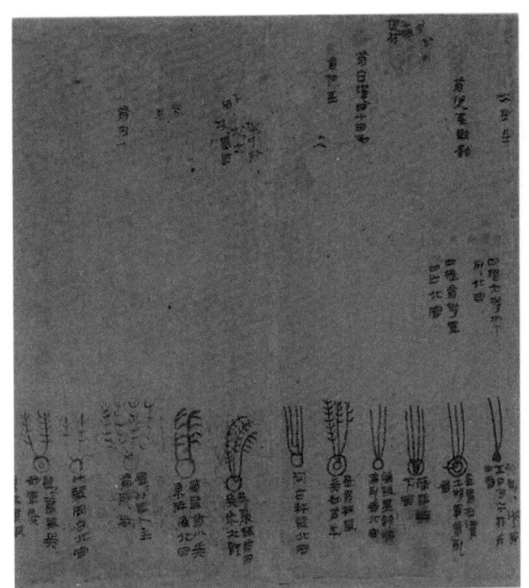

图 1-98　天文学帛书，长沙马王堆西汉墓出土，上面画有彗星图。

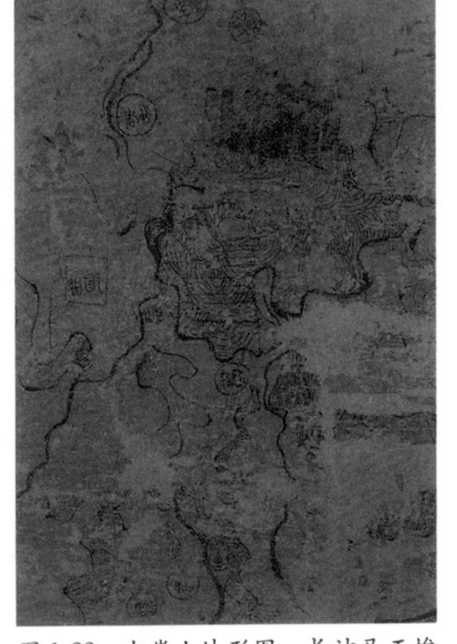

图 1-99　九嶷山地形图，长沙马王堆三号西汉墓出土。

出土帛书、帛画最多者，是 1973 年长沙马王堆西汉墓。在马王堆三号西汉墓中，发现 20 多种帛书，共约 12 万余字，是汉代帛书的一次数量最大的发现。内容主要有：甲乙两种版本的《老子》，内容包括“德经”和“道经”，与今天的版本略有不同。《战国纵横家书》，比今日的《战国策》多出一章，约 11000 字。《周易》与今本内容基本相同，约 4000 字。还有《五星占》，内容为对木、金、水、火、土五大行星的叙述，约 6000 字。《相马经》，为《相六畜》中的一种。《医药方》记载了大量的医药方，约 1 万字。《二十八宿行度》，为介绍星宿天象的书，约 4000 字。这些帛书，对了解古代历史文化是十分有价值的。马王堆汉墓还出土一批帛画，其中有地图三幅，有一幅《引导图》，上面绘有人物的各种姿态，很像今天的健身操，还有 T 形帛画。这些帛书、帛画，都是西汉初期之物。⑨

从帛书的字体来看，是属于汉字由小篆向隶书过渡时的字体，因为它的笔画中，还能看到小篆的一些写法。

（二）帛书的形制以及对后来书籍的影响

帛书的尺寸，大约和丝织品的幅面有关，从各种材料可知，汉代的丝织品的幅宽为 48 厘米，这也是大规格帛书的宽度。小规格帛书，为织物幅面的一半，即 24 厘米。从出土实物看，帛书的装帧既有折叠式，也有卷轴式。

对后来书籍形式影响最大的是帛书中的“朱丝栏”和“乌丝栏”，即帛书的书写形式和其中的红色或黑色边框线行格线。这种行格线有的是画出来的，有的是在织丝时织出来的，而且有不同的宽度。这种丝织品，显然是专门用来写书的。这种“朱丝栏”、“乌丝栏”的丝织品，一直到宋代还在流行。宋代大书法家米芾的《蜀素帖》就是写在织有乌丝栏的丝绸上的。古代称白色的丝绸为“素”。

我们在宋版书中看到的行格线，大约就来源于帛书的“乌丝栏”。宋代陆游的诗中多次提到乌丝栏。他的《剑南诗稿》中，《雪中感成都》一诗："乌丝栏展新诗就，油壁车迎小猎归。"他的《东窗遗兴》诗中有："欲写乌丝还懒去，诗名老去判悠悠。"

在南北朝时，简牍已完全停止使用了。可是帛书还在使用着，特别是一些绘画和书法作品，还经常用丝织品作为原材料，历朝的一些皇家文书也常用丝织品。特别是在书籍装帧方面，书的封面有时也要用各种丝织品来裱装。

和简牍配套的木版画，出土数量很少，而且并不轻便。而帛书的帛画，则是纸发明以前最为理想的书写、绘画材料。出土的帛书帛画，向我们展示了纸以前最为轻便的写本书。特别是其中图文并茂的帛书，更是后来纸本插图图书的先河。丝织品作为绘画材料，在人类绘画史上可能是早期最理想的材料。

总之，以丝织品为载体的书籍形式，为纸本书的应用创造了先例，因而，对印刷术的发明也有一定的影响。

第四节 图文复制——印刷工艺之源

在中国古代，很早就有复制图文的追求，在新石器时代的陶器上，就有用模具拍打出的图形。西周时期的青铜器上，也有在制范时用模具捺印出的花纹。这些方法，都反映了快速复制图像的悠久历史。下面我们将介绍几种与印刷术更为近似的图文复制方法，从这些复制的工艺方法来看，这些复制方法无疑都是印刷术的源头。

一、印章与印刷术

印章与印刷术的关系十分密切。不少人认为，雕版印刷术的发明，就是从印章得到启发的。事实上，印章的文字反刻形式和将印章文字盖印到一定材料上的文字复制工艺，和雕版印刷术的刻版和印刷工艺十分相似。清代的李元复在《常谈丛录》中说："书籍自雕镌板印之法行，而流布始广，亦借以永传。然创之者初不必甚难，自古有符玺可师其意，正无待奇想巧思也。"美国学者卡特（T.F.Careter）在《中国印刷术的发明和它的西传》一书中说："这种摹印的方法，自然就发展成为雕版印刷。把印章用颜色印在纸上和用雕版印刷，两者性质上并无太大的差别。"美籍华人学者钱

图 1-100　商代铜印章

图 1-101　战国印章及封泥

图 1-102　汉代砖刻文字，字体为小篆。

图 1-103　汉居延右尉封泥及匣

图 1-104　汉代玉印

图 1-105　魏晋时期的金印

存训在《中国纸和印刷文化史》一书中说：“中国印章多半制成正方或长方形，平底，雕刻反体文字，后来常用作在纸上盖印，印章的这些特性和雕版印刷就非常接近了。”上述的几种观点，都说明印章和印刷术的传承关系。

印章在中国有着久远的历史，在安阳殷墟的出土中，就曾发现过三枚青铜印。周代印章也曾有多处出土。特别是战国时期，印章已十分流行，普遍成为权力和地位的象征。战国至西汉，印章还用于封泥。大约从东汉开始，印章才用于着色盖印，其色料除黑色外，也有用朱砂制成印色。大约早期盖印多用黑色，南北朝以后开始用朱红色盖印。在敦煌发现的一件公元1世纪的帛书，上面盖有黑色印文。

早期的印章多是铜质，其工艺有铸和刻两种。汉以前的印章多有纽孔，可以穿绳佩带，是一种权力和地位的象征。

先秦至两汉的印章，其印文既有阳刻也有阴刻，文字都是反向的。特别是阳刻反体印文，与印版的镌刻技艺更为近似，它和印版所不同的是面积小、字数少。真正近似于印版的，是一种道家所刻的“黄神越章之印”。

晋代葛洪（284—363）在《抱朴子·内篇》中说：“古之人入山者，

图1-106　西汉封泥，广州南越王墓出土。

图1-107　西汉印章，广州南越王墓出土。

皆佩黄神越章之印，其广四寸，其字一百二十，以封泥著所经之四方各百步，则虎不敢近其内也……不但只辟虎狼，若有山川血食恶神能作祸福者，以印封泥断其道路，则不复能神矣。”这种木刻的大印章，有四寸宽，上面刻有 120 个字，相当于后来的半块印版的大小。印章的印文雕刻技艺以及盖印工艺，不但和印刷术十分相似，而且为印刷术提供了所必需的技艺。

战国至秦汉，印章广泛地用于封泥。书信、公文的传递，都需要加封。当时的信函多用木牍书写，写好后，将两片木牍的文字面向内，外用绳捆牢，在绳结处加泥，盖上印章，用以加封。货物的运送包装后也要加封，也是在绳结处用泥盖章加封。在日常行用中的封泥，很难保留下来，今天所看到的战国至汉代的封泥，多为墓葬出土之物，是殉葬品装箱的封泥。

二、拓印与印刷术

通过石刻文字，或其他有凹凸反差的各种载体的文字，通过拓印工艺而取得文字或图形复制件的技艺，称“拓印”。其工艺方法是：将纸张用矾和白芨水浸湿，铺于石碑表面，用刷子轻轻在纸面敲打，使纸纤维凹入文字笔画之内，待纸略干后，用拓包均匀地在纸上施墨（施墨时必须由轻

图 1-108　拓印工具

图 1-109　西汉瓦当（左：延年益寿，右：汉并天下）

图 1-110 古代拓印图

图 1-111 用拓印方法复制的西周青铜器散氏盘铭文

而重，逐渐施到一定浓度），纸面上就呈现出清晰的黑底白字。当墨色达到一定浓度时，将纸张从碑上揭下来，一件拓印品就完成了。

拓印技术最早应用于碑刻的拓印，后来发展到可以在所有凹凸反差的器物上的文字和图形进行拓印。今天我们看到的甲骨文、青铜器铭文、砖瓦文字、图形复制品等，都是通过拓印而取得的。一直到现在，这种工艺还在使用着。

古代的拓印技术，使很多珍贵的书法真迹得以保存和流传。古代的不少石刻文字和青铜器铭文，其原器物早已失传，而拓印件却保存下来。拓印的广泛应用，对于普及书法艺术具有不可估量的作用。在古代，人们为了推广书法艺术，也曾采用刻字拓印的方法复制古代的著名书法作品。唐代诗人杜甫的《李潮八分小篆歌》诗中，就有“峄山之碑野火焚，枣木传刻肥失真”的诗句，证明当时有人用枣木转刻秦刻石“峄山碑”，通过拓印取得批量复制品，供人们学习小篆书法。一直到北宋时的《淳化阁帖》，也是采用木刻阴字，通过拓印的方法来复制古代书法作品。

拓印技术起于何时，现在还难以定论，大约不晚于南北朝时代。《隋书·经籍志》记载，在隋代皇家的藏书中，就有一类是拓印品，有的是“相承传拓之本”，是隋以前的拓本。证明在隋以前，拓印就存在了。到唐代，

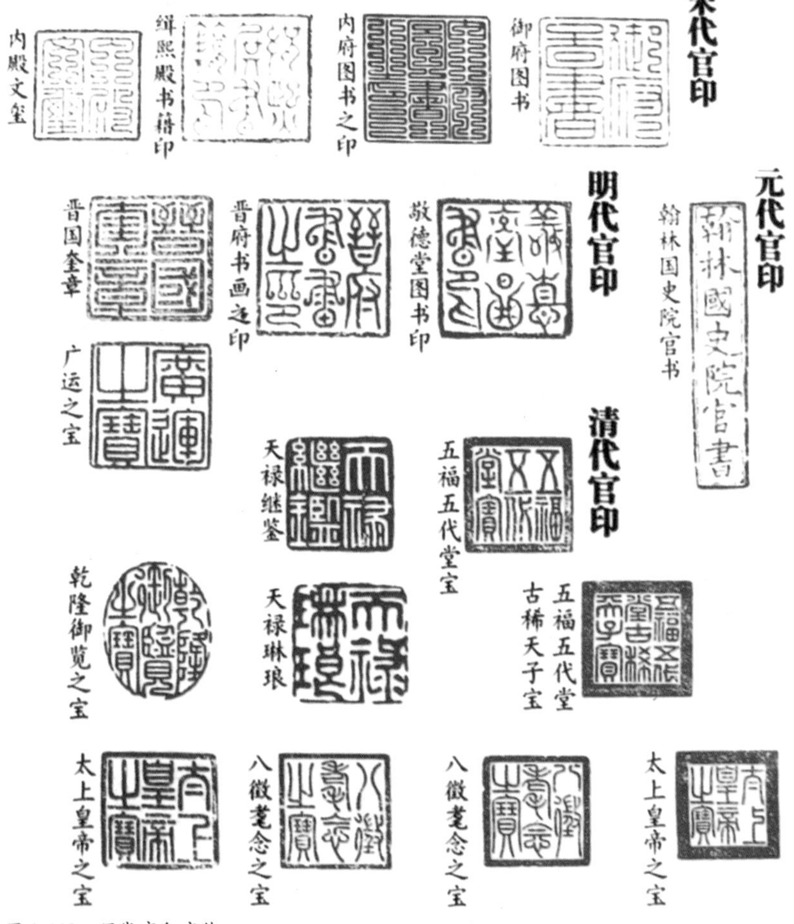

图 1-112　历代官印字体

图 1-113　唐李世民《温泉铭》拓件，现存最早的拓印品，敦煌藏经洞出土。

图 1-114　西汉印花敷彩纱，1973 年长沙马王堆西汉墓出土。

拓印石刻文字更为普遍，除民间拓印外，在唐宫廷还设立了专门的拓印机构，据《唐六典 · 门下省》记载，唐贞观二十三年（649）于弘文馆置拓书手三人。《唐书》记载，开元六年（718），集贤殿书院有六人专门从事拓印工作。

早期的拓印品没有流传下来，我们现在能看到最早的拓印品是出土于敦煌藏经洞的一件唐太宗李世民的书法作品《温泉铭》，为唐贞观年间之物。可惜这件珍贵的拓印品已流落到国外了。李世民的《温泉铭》原碑刻早已失传，而这件拓印品却流传下来，从中展现了李世民精湛的书法艺术，这就是拓印的历史文化价值。

作为一种文字、图像的复制工艺，拓印和雕版印刷术是十分相似的。拓印的复制方法，无疑会启发人们，只要将正像凹字改为反向凸字，就成为雕版印刷术了。“拓印”这种古老的复制工艺方法，今天还在应用着，特别是在文物考古领域，它可以通过拓印取得一些物件的文字和图形，在拓印砖瓦文字和图形、青铜器铭文和图饰、甲骨文字迹等方面，具有不可替代的效果。拓印品使大量的文物图文得以保留，在拍卖市场上，有的古代拓印品价格很高。

拓印技术是我国古代独创的一种复制工艺，它不但在中国古代文化中占有重要的地位，而且在今天还发挥着特有的作用。它不但对印刷术有某种启示作用，而且在汉字书法领域里，更是靠拓印而传承着古代的石刻书法艺术。

三、织物印花技术

一般认为，最早的印刷术是雕版印刷术。而早在雕版印刷术发明前就开始有织物的印花技术，这种技术和雕版印刷术之间有没有传承关系，人们还没有很好地研究，但作为一种复制工艺，肯定和印刷术有一定的关系。

中国有悠久的养蚕织丝历史。大约在夏商时代，就开始以植物和矿物颜料对织物进行染色。到了汉代，织物染色以植物颜料为主，开始种植靛蓝及可提取黄、红、紫色的各种植物。《荀子·劝学篇》的第一句就是："青，取之于蓝，而青于蓝。"是说用靛蓝不但能染出蓝色，也能染出黑色。《尔雅·释器》中说的"一染谓之源，再染谓之赪，三染谓之熏"，就是一种"套染"和"深染"技术。

在古代织物染色基础上发展起来的印花技术，到底起源于何时，还未见历史文献记载。在陕西宝鸡茹家庄，曾出土一件有印痕的西周丝织物。1973年湖南长沙马王堆一号汉墓出土的印花敷彩纱和金银火焰印花纱，是首次发现的古代印花丝织品实物。

印花敷彩纱是用印花和手工彩绘相结合而制成的，其织物面料是轻薄方孔纱组织的高级丝织品。在马王堆一号汉墓出土的印花敷彩纱，约有五种式样，其纹式大同小异，色彩有所不同。其中有一件成幅的印花敷彩纱，幅宽47厘米，长54厘米，其成品色样如图所示。其余四件都是用敷彩纱

图1-115　用印花敷彩纱制成的上衣，长沙马王堆西汉墓出土。

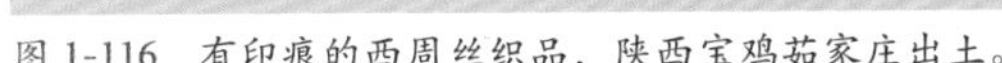

图 1-116　有印痕的西周丝织品，陕西宝鸡茹家庄出土。

图 1-117　金银火焰印花纱，1973 年长沙马王堆西汉墓出土。

制成的衣物和衾被，其底色有棕、黄、绛红等色彩。这些印花织物在地下经历了两千多年，在出土时仍有鲜艳的色彩，证明当时已有很高的制色染色技术。

印花敷彩纱的底纹图案，由菱形小单元组成，纹样是藤本植物的变化形象。在织物上各单元图案上下左右纵横连续排列。在印刷时，可能是每次印一个单元图案，再移动印版印下一个单元，这样逐一印完一件纱料。印完底纹后，再用手工绘出红色的花、墨色的花蕊，用银灰色勾绘叶和蓓蕾的纹点，用棕灰色勾绘出叶和蓓蕾的苞片，用黑灰色绘出叶，从而组成丰富多彩的纹样结构。这证明当时除了使用植物颜料外，还用朱砂、铅白、云母和炭黑等矿物颜料。

关于印花敷彩纱的印刷工艺，目前有两种意见。一种认为是用漏印方法，另一种则认为是凸印的方法。有人曾进行过模拟试验，都能印出同样的效果。

从印花实物来看，无论是印花底纹，还是敷彩工艺以及当时的植物和矿物色料等，都达到很高的水平，它对后来出现的雕版印刷技术有一定影响。

在马王堆一号汉墓中，还出土了三件用金银色套印的方孔纱。其中有两块成幅的印花织物，还有一小块印花织物，都是用相同的印版印制而成的，这是历史上发现最早的套色印花织物。

印花纱的底面为深灰色方孔纱，上面套印呈菱形迂回转曲的图案，再套印金色的点纹。有人称这种图案为火焰状，因而称此印花纱为“金银火焰印花纱”。从印花纱实物来看，其印花色浆细腻而厚淳，有很好的覆盖力，印纹线条印得很薄，圆点印得深厚，形成很好的连续性效果的印纹，证明

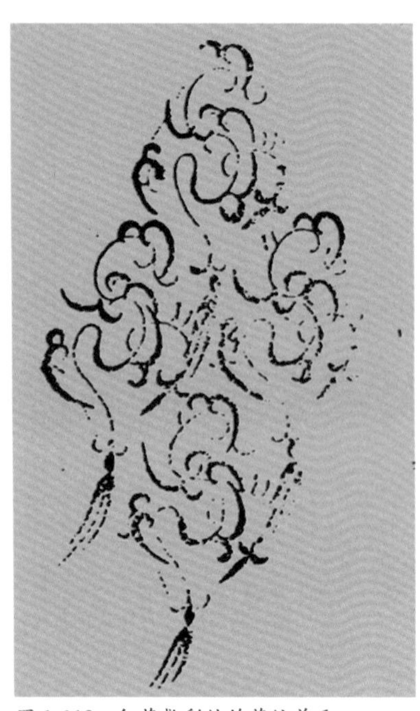

图 1-118　印花敷彩纱的花纹单元

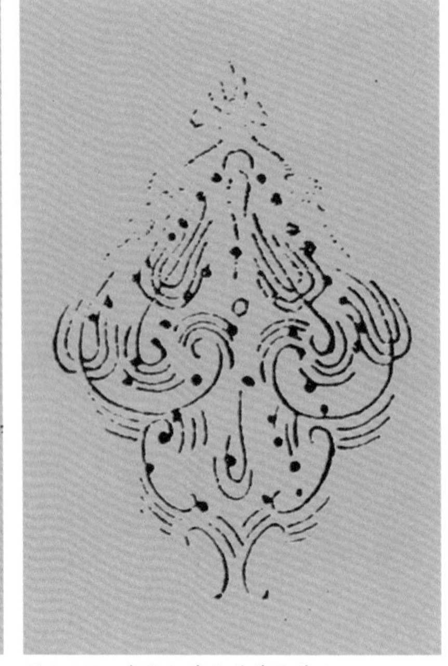

图 1-119　金银印花纱的花纹单元

在当时这种套印工艺已十分娴熟，而色料的配制也达到很高的技艺水平。

关于这件印花纱的套印工艺，经对实物的画面分析，认为它是用凸版套印而成，其印版为图案单元的小印版。印刷时，印完一组图案后，再移动到下一个定位点进行下一次印刷。这样逐一印完一匹纱。这种逐次套印的方法，就像盖印章一样，从实物可以看出，有时有定位不十分准确的现象。套印的顺序应当是先逐一印完横向一排后，再套印下一行。

从马王堆一号汉墓出土的印花纱实物来看，证明当时的套印染色技术已十分高超，它决不是印花工艺技术在初创时期的产品。这种技艺代表了古代印染织物技术的悠久历史，与后来雕版印刷术的发明也有一定的传承关系。

在马王堆一号汉墓出土印花纱后不久，1983 年在广州的南越王墓出土一套两件铜印花凸版。这是目前发现年代最早的一套古代织物印花工具。印版有大小两件，体形为扁而薄的板状，正面有凸起的图案，背面光平，有一个穿孔的小钮，可以用绳系住，便于执握。大的凸版长 5.7 厘米，宽 4.1 厘米，整体图案像一棵小树，树顶部有旋曲的四簇火焰。小的凸版长 3.4 厘米，宽 1.87 厘米，呈“人”字形，下面两角也呈火焰状，为套色定位版。与印版同时出土的，有大量碳化的丝织物，在这些织物上，发现有灰白色火焰形状的图形，与凸版上的图样一致，当为用此印版套印而成的丝织品。南越王墓出土的印花纱局部花纹除火焰纹外，还有红色小圆点纹，与长沙马王堆一号汉墓出土印花纱的图案十分相似，也应是用两块至三块印版逐次套印而成。南越王墓与长沙马王堆汉墓大约属于同一时期，由此也可以推断，马王堆的印花纱，也应是用铜印版印制而成。同时也可以证明，在西汉时期，这种织物的印刷工艺已有广泛的应用。

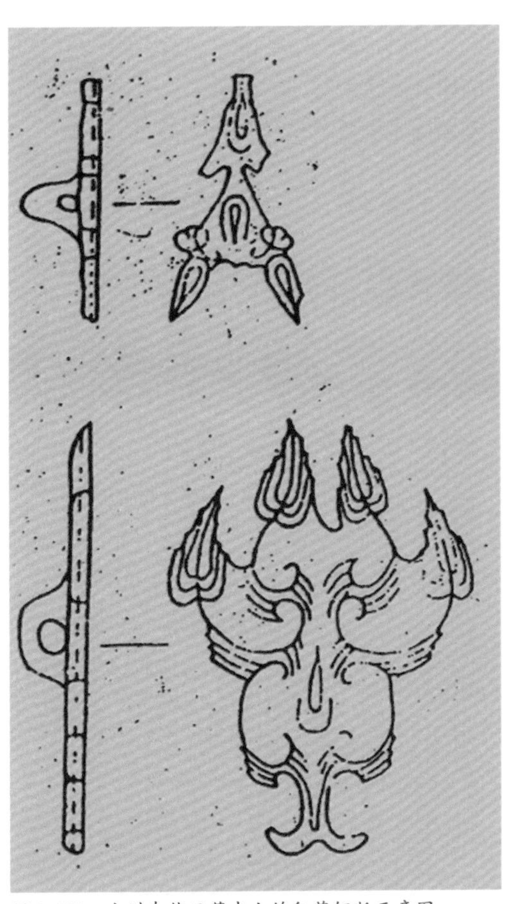

图 1-120　广州南越王墓出土的印花铜版示意图

图 1-121　印花铜版，1975 年广州南越王墓出土，共有大小两块印版，这是其中的大块印版。

图 1-122　东汉蜡染棉布，新疆民丰尼雅遗址出土。

1959年，于新疆民丰县以北大沙漠东汉墓葬中，出土了大批纺织品，其中一块印花棉布，残长86厘米，宽45厘米，是现存最早的蜡染印花织物。证明在东汉时期，这种蜡缬印花技艺已十分成熟。这证明了在印刷术发明前，中国古代就有丰富多彩的图文复制技术。

第五节 佛教的兴盛与纸写本佛经

历史文献和实物证明，佛教僧侣、信徒是最早使用印刷术者。因为大量抄写经文和绘制佛像，并广泛地向信徒传播，就越能表示传播者的虔诚。印刷史学家钱存训先生说：“虔诚的佛教徒复制大量佛经的热情，对中国印刷术的诞生，有过很大的影响。”印刷术初期的大量印刷佛经的活动，进一步证实了宗教因素是发明印刷术的动力。

“洛阳纸贵”的故事发生在西晋，说明当时纸的应用已十分广泛。这种轻便、价廉的书写材料，首先吸引了佛教信徒的注意。

从魏晋南北朝开始，纸张已广泛地代替了简帛，从而开启了纸写本书的时代。由于纸张轻便、价廉，使书的成本大大降低，而最为热心的是佛教的僧侣。

现存最早的纸写本书为两晋时期（265—420）的《三国志》，留存至今已成残卷，但可知当年曾是一部完整的写本书。其字体丰劲挺秀，是一

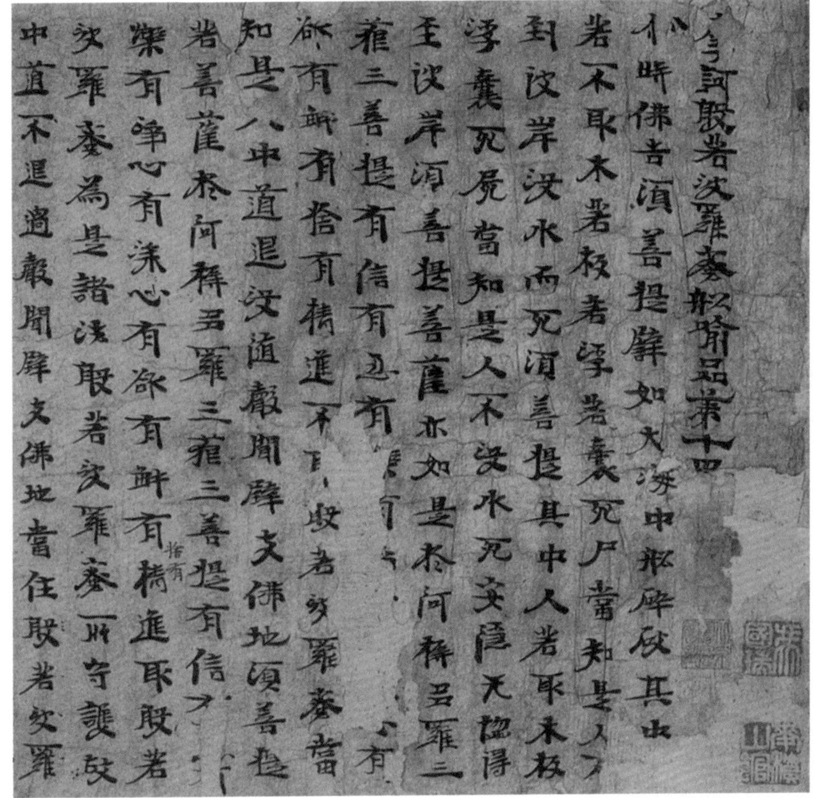

图 1-123 《摩诃般若波罗蜜经》，西晋写本佛经。字体以隶为主，兼有楷意。

种带有隶书韵味的楷书。这部写本1924年发现于新疆鄯善县，为《三国志·吴志》。1965年，在新疆吐鲁番英沙古城的一座佛塔中又发现了《三国志》残卷。这些出土文物可以证明，东晋时写本书已十分兴盛。

在敦煌藏经洞的出土中，也有几种两晋时期的佛经写本。其中《摩诃般若波罗蜜经》，纵28厘米，横236厘米，字体以楷书为主，但保留有不少隶书笔画，属于早期佛经写本，可能为西晋后期之物。

两晋时期的纸写本经卷，还有出土于新疆吐鲁番的《法华经残卷》，其字体也是楷隶相间，而以楷书为主，该写经有边框线和行格线，这些形式在当时的纸写本中普遍应用，对后来雕版印刷的版式也有一定的影响。

南北朝时的写经，留存至今的还有北凉时的写经残卷《优婆塞戒经》，该经为白麻纸，有边框和界格，其字体以楷书为主，并兼有章草和隶意。

留存至今的还有一件东晋写经残卷，卷末的款识有："卷第五十五节第二十八品，法师慧融经比丘安弘嵩写。"这是六朝写经中唯一有写经者

图1-124 《法华经残卷》，西晋写本佛经，上有乌丝栏行格，全经尺寸高23.5厘米，长41.3厘米，字体隶楷相间。

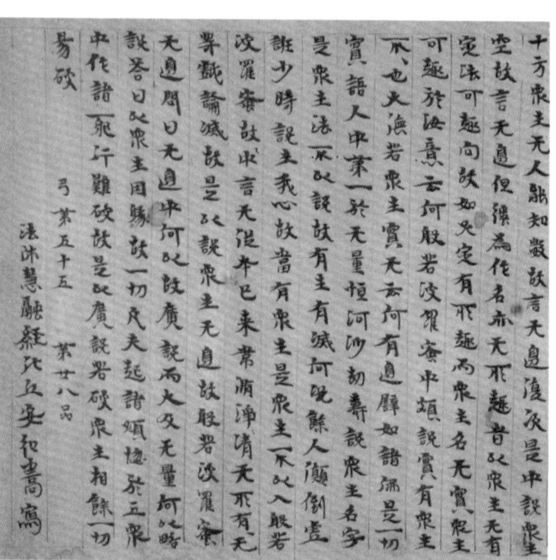

图1-125 《东晋写经残卷》，为经生安弘嵩所写。

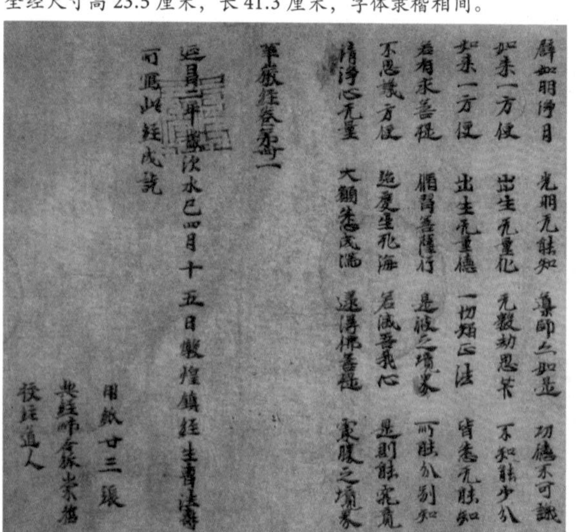

图1-126 《华严经卷第三十一》，北魏延昌二年（513）敦煌镇经生曹法寿写经，敦煌藏经洞出土。

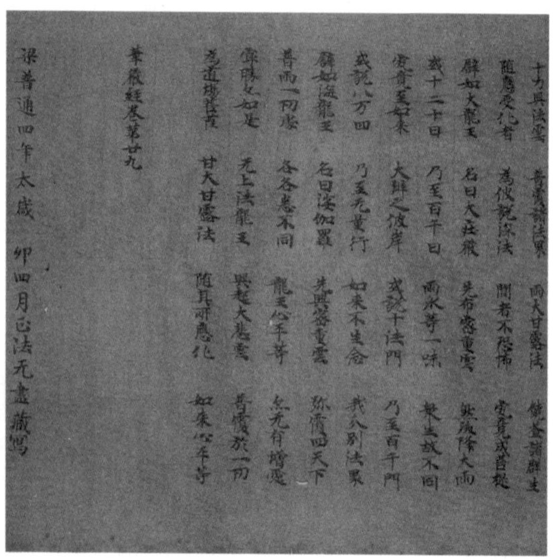

图1-127 《华严经卷第二十九》，梁普通四年（523）写经，有朱丝栏。

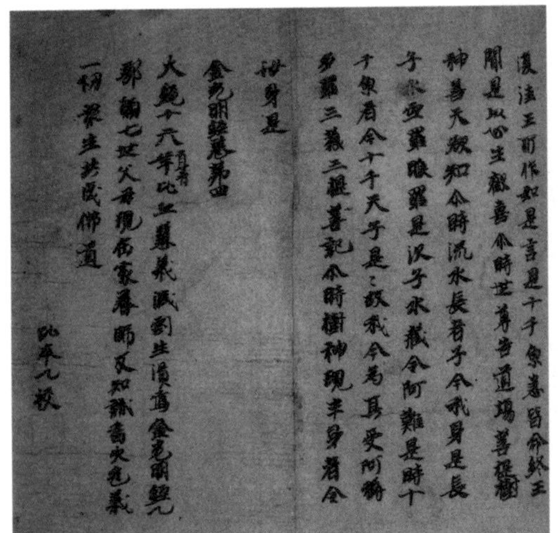

图 1-128 《金光明经卷第四》，西魏大统十六年（550）写经。

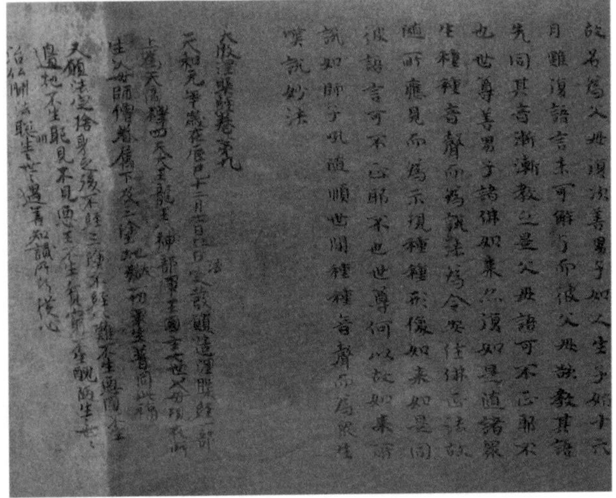

图 1-129 《大般涅盘经卷第九》，北周天和元年（566）写经。

图 1-130 隋写经残片，有朱丝栏，敦煌藏经洞出土。

姓名的经卷，字体属楷中兼行，隶意相当浓厚，代表了当时写经字体的特点。

六朝写经中有年款记载的为出土于新疆吐鲁番的《华严经卷第二十九》，卷末署有“梁普通四年太岁卯四月正法无尽藏写”。此写经原件现藏日本东京书道博物馆。

北魏的写经本中最著名的是敦煌藏经洞出土的《华严经卷》，此写本经卷保存较为完整，高 24.6 厘米，长 817.5 厘米。卷末有：“延昌二年岁次水巳四月十五日敦煌镇经生曹法寿所写此经成讫。”这里出现了“经生”名称，说明在当时寺院中，已有一批专门从事写经的僧人，反映了当时写经的兴盛。

西魏大统十六年（550）的写经《金光明经卷第四》，高 27.5 厘米，长 209 厘米，字体类似于北魏碑刻。

两晋南北朝时期纸写本佛经，虽然年代久远，但也有相当数量的经卷留存至今，而且包括了各个朝代。这足以证明，两晋南北朝是历史上纸写本

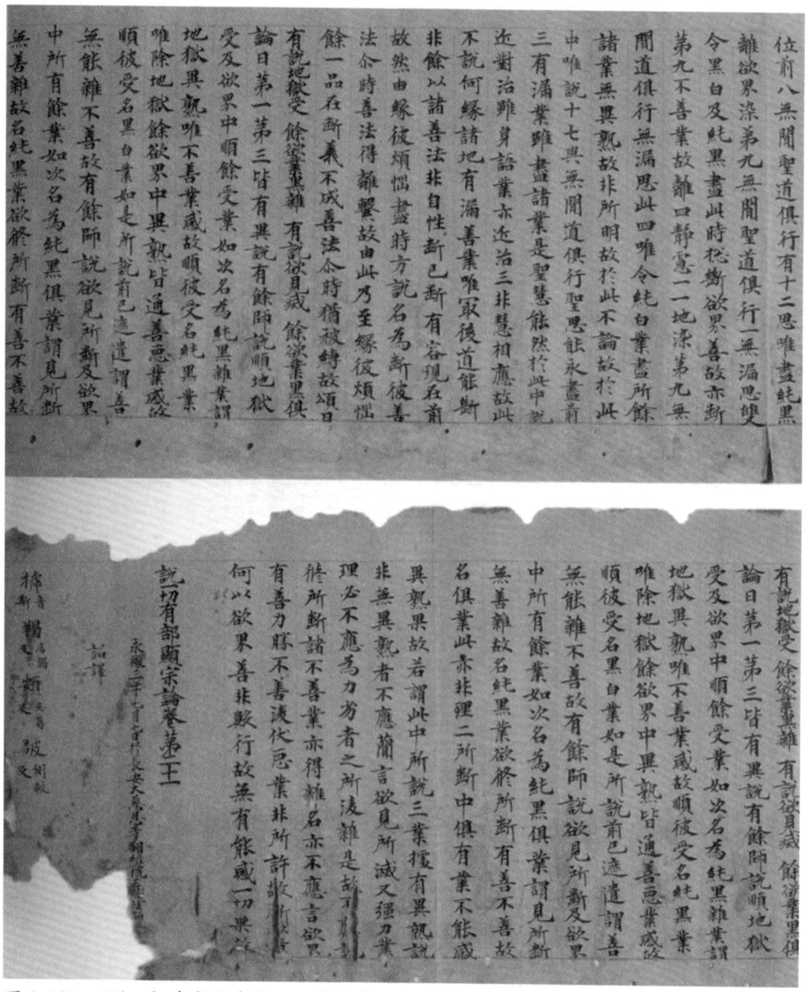

图 1-131 《说一切有部显宗论》，唐永徽三年（652）写经。

的黄金时代。

到了隋唐，纸写本更是达到了历史的高峰，纸写本的内容除了佛经数量较多外，历史著作、儒家著作以及诸子百家的著作都有写本。

隋唐时代佛教兴盛，寺院林立，僧尼众多，对佛经的需求量很大，在各寺院中都有一批经生专门从事写经工作。由此可见，当时全国纸写本佛经的产量是相当大的。

隋唐时期，由于科举制度的推行，社会对书籍的需要量大增。为了满足社会对书籍的需要，当时出现了一批专门出版抄本书的民间书坊。

从两晋南北朝发展到隋唐，是书籍史上纸写本书的黄金时代，从敦煌藏经洞出土的数量巨大的这一时期的写本来看，证明这是一个社会书籍数量大增的时代。写经的字体代表了各时代的特点和风格，但基本上形成写本书特有的字体——写经体。从写本书的装帧形式来看，基本上是卷轴装，行高在 20 ~ 30 厘米之间，多数都有边框和行格界线。特别是到了隋唐时期，写经字体已完全摆脱了六朝字体中楷隶兼有的风格，已经是纯正的楷体。这一切都为雕版印刷术奠定了基础。正是在写本书的高峰中，孕育着雕版印刷术。

第六节 早期书籍的装帧

在印刷术发明前，书籍就存在了。早在甲骨文时代，人们就开始注意书的装帧，不但考虑版面的美观，而且将契刻的甲骨分类编联，这大约就是最早的书籍装帧。春秋时期的石鼓文，是将十首诗分别刻在十个近似于鼓形的石头上，可称为刻在石头上的诗集。东汉的《熹平石经》，是将约20万字的儒家经典刻于46块石碑上，碑高1丈（1丈约等于现在的231厘米），宽6尺，两面刻字，刻成后按一定的形式排列，立于洛阳太学门前，供人们阅读、校正和传抄，这是一种石刻书的装帧形式。

世界上的几个古老民族使用书籍的历史也很久远，其书籍用料和装帧形式，也各有特点。例如，古埃及人曾用纸莎草写书。两河流域的古苏美尔人，有一种独特的泥板书，是将楔形文字刻写在泥板上。这些都是十分古老的书籍，只是这些文字后来都不再被人们使用。

受简策形制的影响，纸写本书出现后，最早使用的装帧形式是卷轴装，这种形式完全来源于简策。由于最早的纸写本书已失传，流传至今的两晋南北朝的纸写本书，几乎都是卷轴装。

与简牍同时行用的书写材料是缣帛，称为“帛书”、“帛画”。帛书的行用年代大约不晚于西周。现在所见的最早帛书、帛画，是从战国墓中发现的。到了秦汉，缣帛开始普遍用于书写，但由于其价格昂贵，也只限于皇家、贵族使用，所以其用量远远少于简牍。

帛书制度对于后来的纸本书的形制，也有很大的影响。最为显著的是

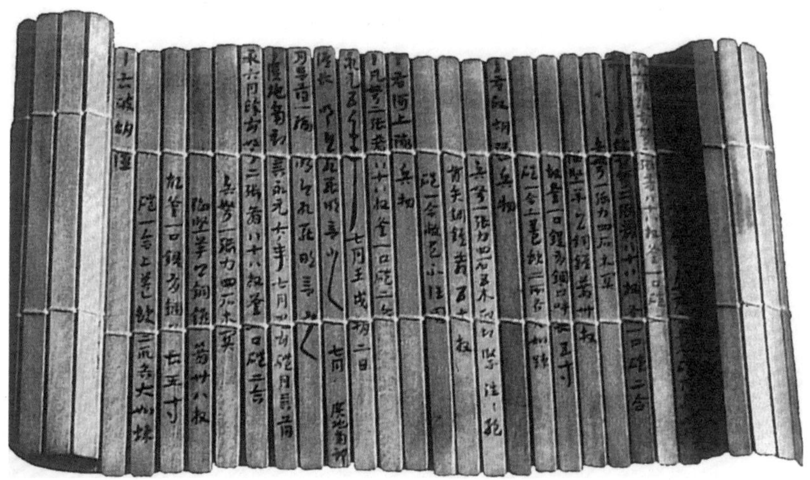

图 1-132　简策的装帧（复制品）

帛书的被称为“朱丝栏”和“乌丝栏”的行格制度，以及帛书的幅面尺寸。长沙马王堆西汉墓出土的帛书，就有“朱丝栏”和“乌丝栏”两种颜色的行格。

简策制度表明，书的装帧不但在尺寸上有不同的规格，在装帧的用料上也分为不同的档次，例如，简策的编绳就分为麻绳、丝绳和皮条。纸本书出现后，也沿用了这种制度，书籍不但有不同的尺寸，也有平装、精装之分。

纸本卷轴装，约起源于魏晋南北朝时期。南朝宋虞龢在《论书表》中说：“具以数十纸为卷，披视不便，……今所治缮，悉改其弊。”又载：“卷小者数纸，大者数十，巨细差悬，不相匹类，是以更裁减以二丈为度。”这大约是最早关于卷轴装的记载，而且当时已发现卷轴的缺点。唐代张彦远在《历代名画记》中记载：“自晋代以前装背不佳，宋时范晔始能装背。宋武帝时徐爰，明帝时虞龢、巢尚之、徐希秀、孙奉伯，编次图书，装背为妙。梁武帝命朱异、徐僧权、唐怀允、姚怀珍、沈炽文等，又加装护。”这里所提到的人，都是早期装潢书籍的能手。也可证明，在早期，有不少书画家多能精通装潢。唐代大书法家褚遂良就有一手精良的装潢技艺。

从敦煌藏经洞出土的大量早期纸写本书籍来看，卷轴装不但占有很大的比例，而且说明卷轴装是纸写本书最早的装帧形式，其工艺已十分娴熟。卷轴装分为简装和精装等不同形式。在敦煌文书中，有的卷轴装只是将书页贴连在一起，用一小圆棍为轴，上下裁切后卷成一卷即可；有的则较为考究。如果是宫廷用书，那就更精致了。《隋书·经籍志》载：“炀帝即位，秘阁之书……分为三品，上品红琉璃轴，中品绀琉璃轴，下品漆轴。”这说明隋代宫廷的卷轴装的用料已十分考究。

图 1-133　居延汉简出土时还带有编绳的《永元器物简》

在古代还有一种书籍装帧形式，就是缝缋装。最早提到缝缋装的，是南宋张邦基，他在《墨庄漫录》卷四中说：“王洙原叔内翰尝云，作书册粘叶为上，岁久脱烂，苟不逸去，寻其次第，足可抄录，屡得逸书，以此获全。若缝缋，岁久断绝，即难次

图 1-134　北魏卷轴装《戒录》

序。初得董氏《繁露》数册，错乱颠倒，伏读岁余，寻绎缀次，方稍完复，乃缝缋之弊也。”这里说的“书册粘叶”，是指蝴蝶装，当书页散乱后，容易配齐，而“缝缋装”则是另一种装订形式，当书页散乱后难以配齐。

关于缝缋装的实物，最早见于敦煌文献，在英藏敦煌文献中，有唐、五代写本《金刚般若波罗蜜经》、《佛说地藏菩萨经》以及宋初的《金刚经》等写本，都是在书页中缝处打眼三四个，然后穿线，最后在中间打结系扣，这大约就是所见早期的缝缋装实物。由此可知，缝缋装就类似于现在的骑马订形式，只是用线将书页从中缝处缝缀在一起。由于这一特点，无论是在敦煌文献中所看到的缝缋装，或是黑水城文献中的缝缋装，都是写本，而未见印本。因为它只能先线订成册后，再行书写。俄罗斯学者孟列夫将黑水城文献中的缝缋装称为“双蝴蝶装”。宁夏考古学者牛达生在宁夏贺兰县拜寺沟方塔出土的文献中，发现有汉文写本《众经集要》以及残本《诗集》等书的装订形式都属于缝缋装[10]。

上面介绍的几种书籍的装帧形式，都是在印刷术发明前就开始使用了。特别是纸写本书的装帧形式，与雕版印刷术发明后的书籍装帧形式，有着直接的传承关系。因此，早期的书籍装帧，是印刷术起源的重要组成部分。

大约从写本书开始，就出现了纸张染潢的防蠹工艺，称为装潢。北魏贾思勰在《齐民要术》一书中，详细介绍了染潢的方法。就是用黄檗木的树皮、树枝，用水煮一定时间后，水呈黄色，除去滓后，用此水染纸，称为染潢。这种经过染潢的纸，不但丰富了纸的表面色度，也可防虫蛀，可以长久保存。在敦煌藏经洞出土的很多唐代写本，都经过染潢处理，呈黄色，经千年而完好无损。《唐六典》记载：“崇文馆有装潢匠八人，秘书省有熟纸

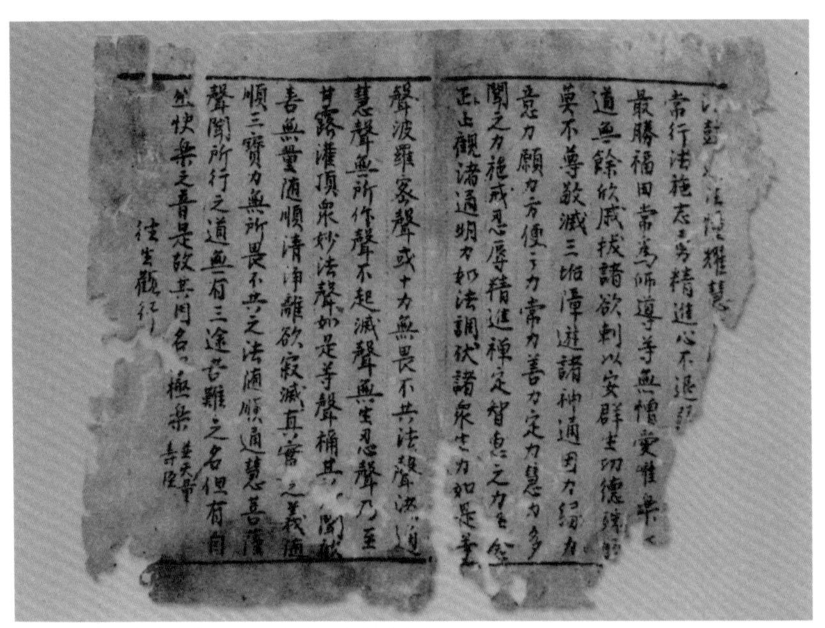

图 1-135　早期缝缋装书页，宁夏西夏方塔出土。

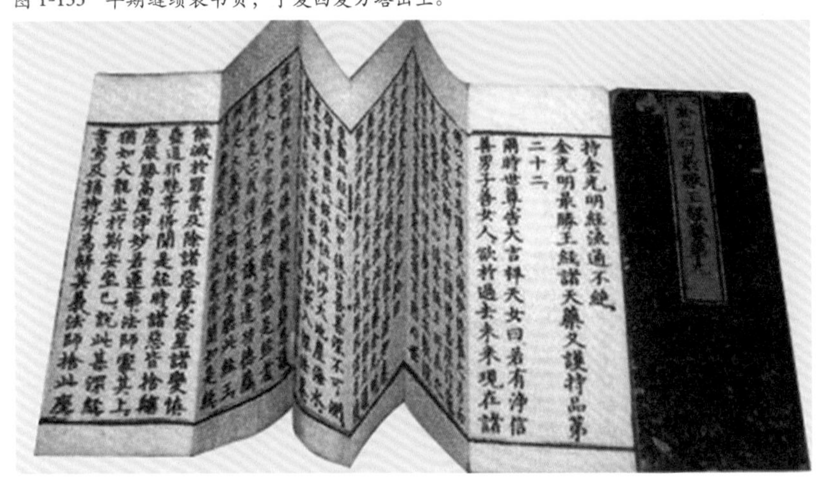

图 1-136　唐纸写本经折装《金光明最胜王经》

匠、装潢匠十人。”可见，“装潢”包括“染潢”和裱装等书籍装帧工艺。明朝人方以智明确指出：“装成卷册，谓之装潢。”后来，装潢一词已不完全指纸张的染潢，也包括书籍的装帧。

隋唐时期，纸写本达到高峰，书籍装帧的新形式不断涌现。最突出的是将卷轴装改为经折装，书页经反复折叠后，成为一册，阅读比卷轴装方便。在敦煌藏经洞中，新出土有唐代的纸写本经折装《金光明最胜王经》。

唐代中期，出现一种新的装帧形式，即旋风装，在故宫博物院就藏有一件唐纸写本旋风装实物，为《切韵》一书，它是将书页错开贴于卷轴上，阅读时打开卷轴，逐页翻过，如旋风状。在敦煌藏经洞出土文献中，也有旋风装散页《切韵》一书，证明这种装帧形式很适合于韵书和字书。

第七节 雕版印刷术的发明

一、什么是雕版印刷术

将文字和图像反向凸刻于木板，在版面施墨后，经压力将版面文字、图像转移到纸张上，这就是雕版印刷术。雕版印刷术是人类历史上最早出现的印刷方式，它的发明和发展极大地加快了社会文明的进程。不少学者都对印刷术的发明给予了很高的评价。弗朗西斯·培根指出，我们应该注意各种发明的威力、效能和后果，最显著的例子是印刷术、火药和指南针。这三种发明曾经改变了整个世界事物的面貌和状态……这种变化如此之大，以至没有一个帝国、没有一个教派、没有一个赫赫有名的人物，能比这三种发明在人类的事业中产生更大的力量和影响。英国学者李约瑟在《中国科学技术史》一书中，对中国古代印刷术的发明给予了很高的评价。他认为中国古代不但发明了雕版印刷术和活字版印刷术，而且在很长的历史时期，中国的印刷技术水平都远远超过同时代的欧洲[11]。

中国之所以能发明印刷术，是因为中国有着博大精深、源远流长的古代文化，有着6000年绵延不间断历史的汉字文化，有着各种不同材质、不同形式的文字载体；各种不同材质的雕刻文字，为印刷术的发明提供了技艺条件；印章、拓印、织物印花等图文复制工艺，为印刷术提供了工艺条件；笔、墨及纸张的发明和应用，为印刷术提供了优良的工具和材料；而简帛

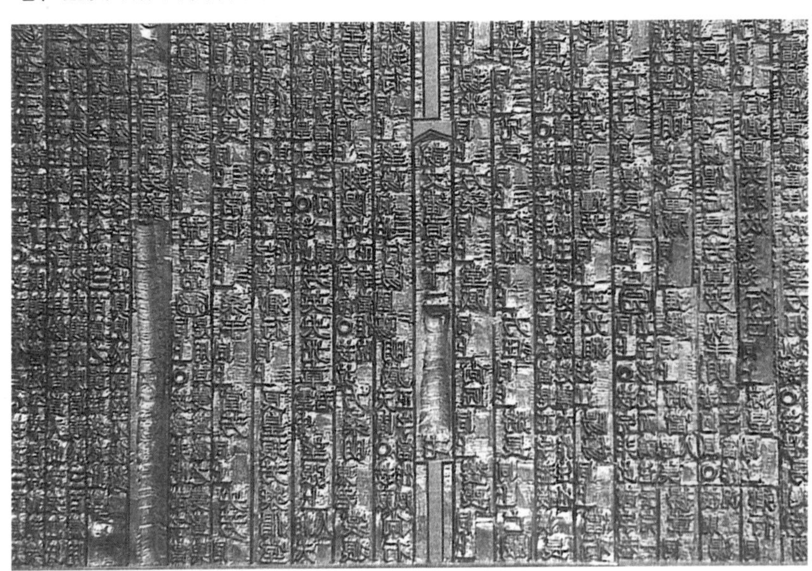

图1-137 一块文字雕版

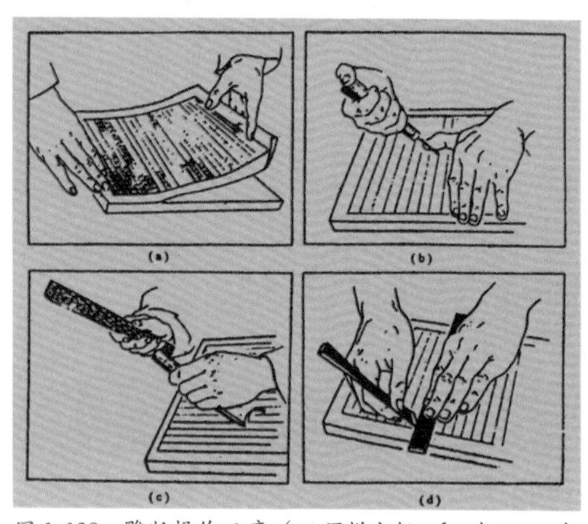

图 1-138　雕版操作工序（a. 写样上板，b. 发刀 ,c. 打空，d. 拉线）

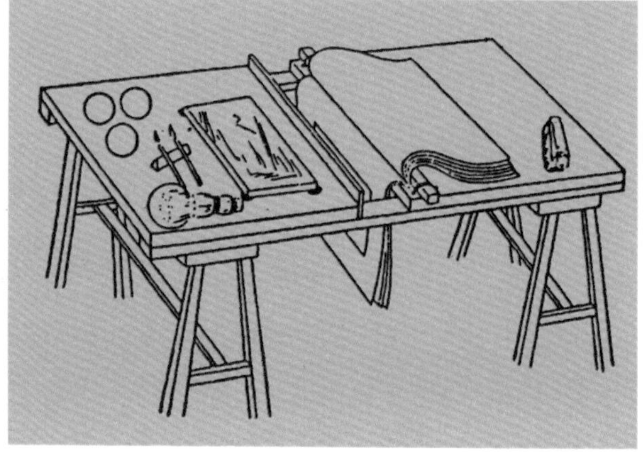
图 1-139　雕版印刷工作台

图 1-140　雕版印刷工具

及纸写本书的通行，则是印刷术发明的社会文化条件。在人类早期的历史中，只有中国才具有发明印刷术的各种必备条件。有了文字的广泛普及，有了文字、图像的雕刻技艺，有了印章、拓印等技术的启发，有了墨和纸张等必备的物质条件，只要社会对印刷有了广泛需要，印刷术就会诞生[12]。

雕版印刷的工艺流程是：1. 写版：按版式要求打出行格、字格，以一定字体写版，并校正无误后交刻版。写版所用纸张要求薄而有韧性。2. 刻版：将写好的版稿反贴于木板表面，使写版稿上的文字转移到木板上，由于纸张很薄，纸的背面已能清晰地现出文字笔画，刻版工匠即按照文字笔画刻版。雕版所用的板材要选用纹理细密的木材，如梨木、枣木、梓木等，以多年存放而干透的木材为好。从历代雕版的用材来看，往往是就地取材，以当地广有的木材来用于雕版，凡材质纹理较细的木材均可用于雕版。3. 印刷：印刷前要将印版和纸张固定在刷印台上，先将版面湿润，再开始正式印刷。印刷时，要调好墨汁，使其浓度适宜。在印版上刷墨需要均匀，墨量适度，铺上纸张，用朴子在纸面给以适当压力，揭起纸张后就完成一次印刷。当一版印够一定数量后，再换下一块版继续印刷，直到一部书印完。4. 装订：只有将一部书的印页按一定形式装订成册、成卷，才能成为书籍

图 1-141　一块图画雕版

成品。书籍装订形式不同，其工艺也不同。早期印本书的装订形式有卷轴装、经折装，五代时出现蝴蝶装，元代出现包背装，明朝后通行线装。不论哪种装订形式，都可按其用料不同，分为普通装、精装和豪华装。普通装书籍面料以纸为主，书籍价格低廉；精装书籍多选用布面或绫面，加工精细，价格较贵；豪华装书籍，多选用名贵材料，这类书多为皇家及贵族收藏。

雕版印刷术的发明加快了书籍的生产，加速了信息的传播，有力地推动了社会文明的进程。因而，人们将印刷术称为“文明之母”。

二、雕版印刷术发明的年代

雕版印刷术发明于何时，至今仍无定论，这是因为还未能找到确切的历史记载以及相关的实物证据。近百年来，人们对印刷史的研究越来越感兴趣。有不少外国学者也参与其中，对于印刷术发明的年代都作了各自的推论。近年来谈论最多的是汉朝说、隋朝说和唐初说。李致忠提出了阶段说，他将印刷术分成初期和成熟两个阶段，他认为：“早在能够印刷书籍之前，印刷技术应当先期出现，经过先易后难、先简单后复杂的长期演进，最后才能发展为印制整部书籍。”根据这一观点，他认为早期的印刷术应起于东汉灵帝时，并引用了《后汉书·党锢列传》的记载：“灵帝诏刊章捕俭等”，“俭举劾览及其母罪恶，请诛之。览遏绝章表，并不得通，由是结仇。乡人朱并，素性邪，为俭所弃，并怀怨恚，遂上书告俭与同郡二十四人为党，于是刊章讨捕”。他将“刊章”二字解释为“刊刻章表”，也就是雕刻印刷的通缉令。李致忠将早期的雕刻印刷年代定为汉灵帝建宁二年（169）[13]。

从居延破城子出土的《人马画》、《妇人图》、《人物图》等木版画画面来看，其使用材料为木质，采用图绘印刷的方法。

雕印佛像与雕版印刷的起源有关，但此前人们都是以唐代实物为据。

最近石云里对中国国家图书馆收藏的一件佛经写本背面的一组捺印佛像进行了研究。这份写本佛经内容为《杂阿毗昙心论》卷十，其背面捺印有数幅佛像。它们是用同一块印版捺印而成，从捺印佛像的墨色变化来看，印版是每着墨一次，在纸上连续捺印三至四次，捺印的顺序是自右而左。

据中国国家图书馆的介绍，这份写本的抄写年代为东晋，写本背面多处盖有“永兴郡印”。据史书记载，永兴郡设置于南齐隆昌元年（494），属宁州，在今云南省境内。502 年南齐灭亡后，这一建制未见延续。如果写本背面加盖的“永兴郡印”和捺印佛像的时间与写本相同，则上述写本

图 1-142　汉代木版画：人马画，居延金关出土。

图 1-143　南齐捺印佛像（约 494—502）——东晋写本《杂阿毗昙心论》背后的捺印佛像。从佛像墨迹深浅来判断，是一块捺印版蘸墨后从右向左逐次捺印而成的。

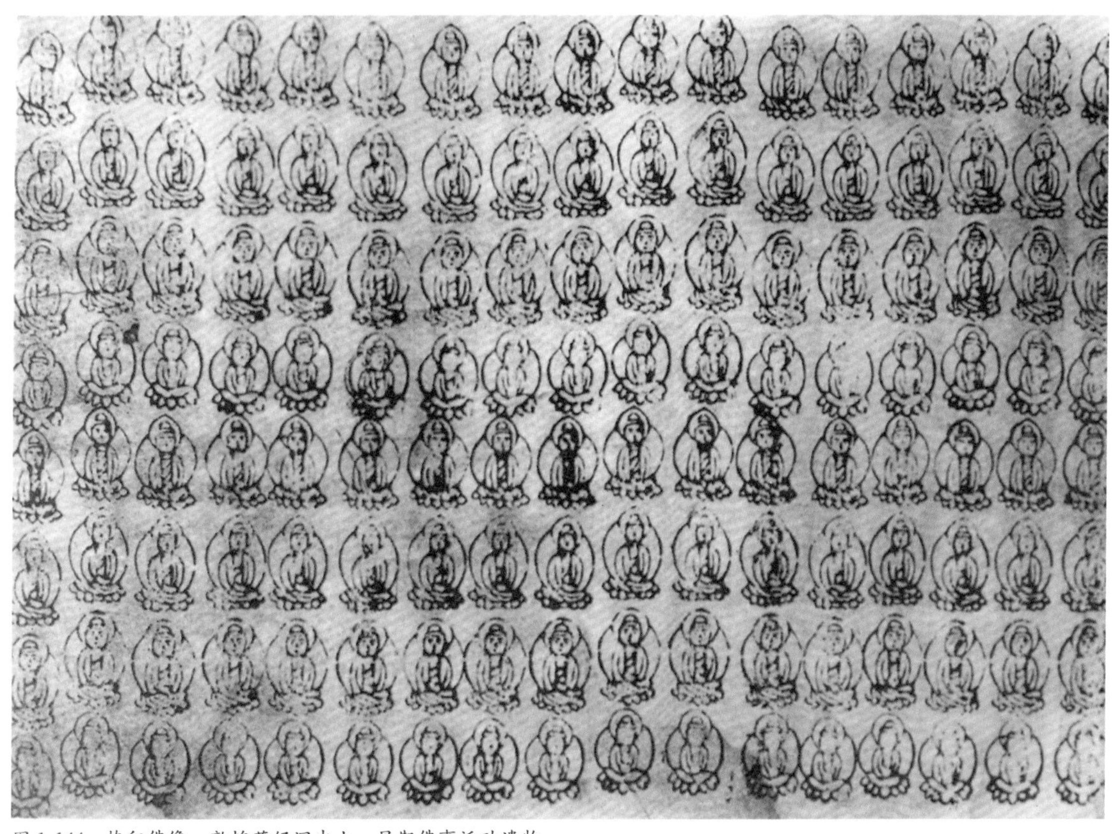

图 1-144　捺印佛像，敦煌藏经洞出土，早期佛事活动遗物。

的年代当在 494 年至 502 年之间。

毫无疑问，这组南齐捺印佛像是中国雕版印刷产生过程中的一个重要坐标[14]。

另一关于雕版印刷术发明的年代，是张秀民先生的“贞观十年说”。他的主要依据是明代史学家邵经邦（1491—1565）的《弘简录》中说：“太宗后长孙氏，洛阳人……遂崩，年三十六，上为之恸。及宫司上其所撰《女则》十篇，采古妇人善事……帝览而嘉叹，以后此书足垂后代，令梓行之。”他认为“梓行”就是雕刻印刷，是最早的皇家印书。于是张秀民得出结论，认为雕刻印刷术发明于唐贞观十年（636）。后来，由于武则天时（684—705）刻印的《妙法莲华经》和《无垢净光大陀罗尼经》相继出土，在陕西省西安市郊又出土唐初的雕版印刷品《梵文陀罗尼经咒》，唐初发明雕版印刷术之说是完全可以成立的。但出土实物证明，雕版印刷术应早于贞观十年（636）。

潘吉星在《中国科学技术史 · 造纸与印刷卷》中，对印刷术发明的年代作了全面分析，最后得出的结论是：“综上所述，可以将印刷术起源的时间上限定在公元 500 年，下限为公元 640 年。……这基本上相当于隋朝至唐初，此时海内殷富，文物昌盛，经济繁荣，佛教、道教和儒教兴隆，又是天下统一，出现印刷术的可能性比以往时期更大。”这个观点是更多人赞同的。

图 1-145　隋大业三年（607）敷彩印刷佛像

由于唐初印刷品实物的多处出土，唐初发明印刷术之说已确切无疑，而隋朝说引起更多人的关注。关于隋朝说的最早史料，是隋朝人费长房在《历代三宝记》卷十二中提出的：“开皇十三年十二月八日……塔寺毁废，经像沦亡……废像遗经，悉令雕撰。”明陆深在《河汾燕闲录》中据此认为“此印书之始”。

明代版本学家胡应麟在《少室山房笔丛》一书中说：“雕版肇自于隋，行于唐世，扩于五代，而精于宋人。”准确地概括了雕版印刷术的发明和发展的历史，很多研究印刷史的人都同意胡应麟的观点。有人则认为“雕撰”就是雕版印刷。当代学者史树青说，古代塑造佛像多称“造像”而不称“雕像”，在这里“雕撰”就是雕版印刷的意思。

如果说佛教的兴盛和科举制度的推行，是促使印刷术发明的社会条件，隋朝也正符合这个条件。现在，越来越多的人都持这种看法，认为隋朝时期发明了雕版印刷术。

冯鹏生的《中国木版水印概说》一书，也主张是隋朝发明的印刷术。他除了引用费长房《历代三宝记》中的隋开皇十三年（593）“废像遗经，悉令雕撰”，明人陆深《河汾燕闲录》中也是用的此史料，明胡应麟《少室山房笔丛》中说的“雕版肇自于隋”的论断，还对隋朝的社会经济和文化状况进行了分析，认为隋朝有足够的条件发明印刷术。冯鹏生在该书中介绍了一件隋代的敷彩印刷品，以实物证实中国隋代已有印刷术。1983 年 11 月 30 日，纽约克里斯蒂拍卖行的《中国书画目录》中 363 号《敦煌隋木刻敷彩印刷佛像》，图约长 32 厘米，宽 32 厘米，似麻纸，画面呈旧米黄色，经染潢，有残破处。画幅四边着墨线，画面描绘了南无最胜佛和两名侍从。佛居画中，作行脚状；右侍从迎佛，顶礼膜拜；左侍从手执钵器，作供养状。佛与侍从均衣着飘带，有背光，但背光颜色不同。此件为上图下文，下部有文字九行。此画边框、墨栏线条齐直，蓝地匀净，显为雕版印刷，而人物着色有红、蓝、赭石、朱砂及紫色，显为以笔敷填。此幅图所附裱纸题中称："此幅隋代画片是佰内特（H.K.Barnet）以 100 英镑代价于 1927 年 12 月间从山中（Yamanaka）处购得。这幅隋代画片是从敦煌附近的大庄严寺的废墟中发现的。该印刷品为上图下文，文中有大业三年四月大庄严寺沙门智果敬为敦煌守御南无最胜佛……"为隋大业三年（607）刻印，为现存最早的印刷品，这当是隋朝印刷最有力的见证[15]。但也有人表示怀疑。

关于隋代的印刷品，还可以从敦煌藏经洞的文献中找到蛛丝马迹。有些印刷品可能就是隋代之物。一种是刻印品梵文经咒，一种是捺印千佛像，这些都是早期佛事活动的遗存。综上所述，我们认为雕版印刷术发明于隋朝。当然，还需要进一步的研究。

注释与参考书目：

① 郭沫若.《古代文字之辩证的发展》.《考古学报》，1972(1).

② 于省吾.《关于古文字研究的若干问题》.《文物》，1973(2).

③ 高明.《古文字学引论》. 北京：北京大学出版社.

④ 钱存训.《书于竹帛》. 上海：上海书店出版社，2002.

⑤《中国美术全集·书法篆刻卷》. 北京：人民美术出版社.

⑥ 贾思勰.《齐民要术》. 明嘉靖刻本.

⑦ 肖东发，杨虎.《插图本中国图书史》. 桂林：广西师范大学出版社，2005.

⑧《北堂书钞》108卷.

⑨《马王堆西汉墓出土文物》. 长沙：湖南人民出版社.

⑩ 牛达生.《西夏拜寺沟方塔文物》. 北京：文物出版社，2005.

⑪ 李约瑟.《中国科学技术史·总论》. 北京：科学出版社，1980.

⑫ 钱存训.《纸与印刷》. 北京：科学出版社.

⑬ 李致忠.《中国版印通论》. 北京：紫禁城出版社，2000.

⑭ 路甬祥主编.《中国传统工艺全集·造纸与印刷》. 郑州：大象出版社，2005：239-241.

⑮ 冯鹏生.《中国木版水印概说》. 北京：北京大学出版社，1999.

第二章 初具规模的唐、五代印刷

（618-960）

第一节 唐、五代印刷概述

在中国古代历史上，无论从政治、经济和文化方面说，唐朝都是一个十分强盛的时代，曾出现过著名的“贞观之治”和“开元盛世”。在政治上，它建立了强大而统一的唐帝国，在文化上更是独树一帜，诗歌、绘画、书法等艺术，都达到了历史的高峰。由于佛教的兴盛和科举制度的推行，使社会对书籍的需求量大增，从而促进了印刷术的广泛应用。

印刷术的发明是社会物质、文化、技艺等长期积累的结果。有了这些条件，社会一旦需要，印刷术就会应运而生。我国古代最早的印刷术是雕版印刷。关于雕版印刷术起源的时间，学术界一直存有争议，其中，雕版印刷术发明于隋唐之际的观点为大多数学者所接受。

唐代是中国雕版印刷术的成熟和初步发展阶段。在唐代，无论是南方还是北方，都有刻书活动。成都、长安、洛阳、敦煌及淮南等地都有印刷业分布。唐代的寺院、民间坊肆都曾积极从事过雕版印刷活动。

从印刷品的内容也可看出唐代雕版印刷业已发展到较大规模。唐代的印刷品有佛经佛像、历书、诗文集、阴阳杂记、子书、韵书、纸牌、纳税凭据及儿童启蒙读物等，雕版印刷品已经融入唐代人的日常生活中。从印刷数量上看，印刷量最大的是佛教经卷。一是佛教的兴盛，对印刷佛经的需要量大；二是印刷得越多，越能体现其虔诚，促进了唐代雕版印刷业的繁荣。

唐代以后，在中国历史上出现了一个动乱的年代。在50多年的时间里，中原先后出现了后梁、后唐、后晋、后汉、后周五个朝代。在南方有吴、吴越、楚、闽、南汉、荆南（南平）、南唐、前蜀、后蜀，再加上北方的北汉，共有十个地方割据势力。所以历史上称这个时代为五代十国。

在这个时代，除了吞并、分裂的战争外，也有相对的平静，各国力求文化上的发展和经济上的繁荣。在这种动乱与平静相交的时代，印刷业却得到了一定的发展，在某些方面还开创了历史的新纪元。特别应当提出的是首创了政府对印刷术的应用。在蜀国、吴越国等政权，都曾组织过印刷活动。从后唐开始的国子监刻印儒家经典的活动，首创了国子监刻印书籍的历史。五代印刷的地域和印刷的数量也大大超过唐代。私人印书也开始兴起。由于五代印刷业的发展，造就了一批能工巧匠，开始形成了四川成都、福建、浙江杭州等印刷基地，为宋代印刷业的繁荣创造了条件。

第二节 唐代雕版印刷

一、敦煌藏经洞发现的唐代印刷品

敦煌藏经洞位于敦煌莫高窟第16窟的一侧，即现在的第17窟。敦煌藏经洞的发现是20世纪中国乃至世界最重大的文物发现之一。公元11世纪初叶，当地僧侣将大量佛经、佛画、法器以及其他宗教、社会文书等秘藏于此窟，砌墙封闭窟口，并于壁面饰以壁画。光绪二十六年（1900），道士王圆箓偶然发现藏经洞，沉睡在戈壁荒漠中的敦煌莫高窟从此闻名世界。敦煌藏经洞内藏有文献、纸质文书、绢画、纸画、法器等各类文物，总数约在5万件以上，文献种类约在5千种左右，绝大部分是宗教文书，非宗教文书约占10%，内容包罗万象。然而，由于当时清政府保护不力，使藏经洞的诸多珍宝流散至世界上13个国家，有的甚至已经佚失，难觅踪迹，造成无可挽回的损失。

图2-1　20世纪初的敦煌藏经洞外观

敦煌藏经洞中出土了几十件唐、五代的印刷品。这些印刷品除少数留在国内，大部分都被外国人盗去，现在分别藏在英国、法国、俄罗斯、日本等国的博物馆中。

（一）有刻印年代的插图佛经刻本《金刚般若波罗蜜经》

《金刚般若波罗蜜经》是世界上现存最早的有明确刊印日期的十分完整的雕版印刷品，于1900年在甘肃敦煌藏经洞发现，1907年被英籍匈牙

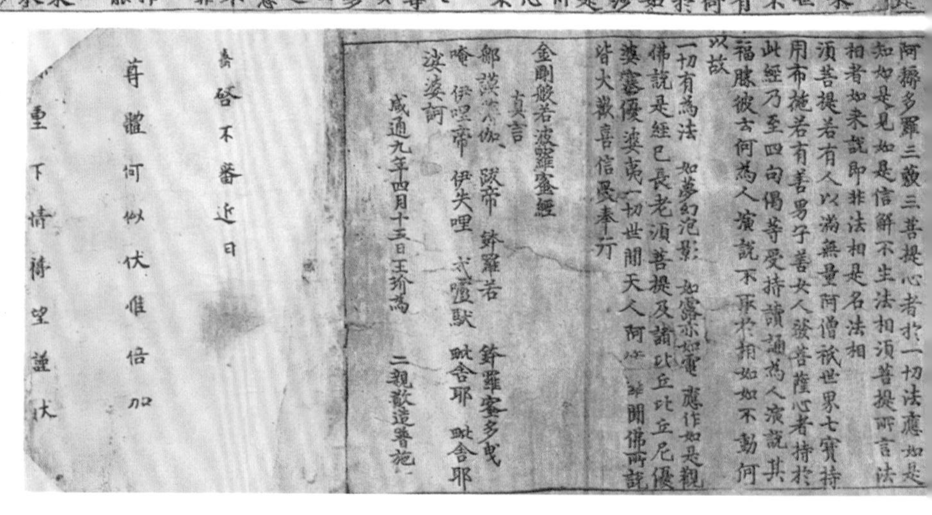

金剛般若波羅蜜經

咸通九年四月十五日王玠為二親敬造普施

图2-2《金刚般若波罗蜜经》，此唐刻本经卷于1900年在甘肃敦煌藏经洞发现，原件现存于英国伦敦英国不列颠博物馆。卷首刻印《说经图》，图后为经文，卷末刻有“咸通九年（868）四月十五日王玠为二亲敬造普施”字样。

图 2-3　20 世纪初的敦煌藏经洞

利人斯坦因劫购，现存于英国伦敦大英博物馆。经卷由 6 个印张粘接而成，长约 1 丈 6 尺（约 5.3 米）。卷首扉画为“祇树给孤独园”，内容是佛祖在祇园为须菩提长老说法的情形。图左上方刊有“祇树给孤独园”，下方刊“长老须菩提”，用以标明图意。图画中释迦牟尼端坐于中央莲花座上，妙相庄严，神态怡然。长老须菩提偏袒右肩，右膝着地，合十恭敬而向佛言。佛的左右，站立两员护法天神。佛顶立左右，飞天旋绕。佛座后菩萨、比丘及帝王宰官围绕。座前一几上设供养法器。图中有人物 22，狮子 2，加上经幢、祥云、莲座、佛光等，显得构图错综复杂，层次分明，错落有致，人物形象各异，生动自然，线条流畅，整个画面古朴大方。正文字体为端楷，浑朴厚重，气势磅礴，镌刻刀法流畅简练，行气严整。印刷墨色纯正。此件雕版印刷品，就整体而言，已是相当成熟的作品。它绝非印刷术初期之作，而应是雕版印刷术发展到较高水平的产物。经卷最后题有“咸通九年四月十五日”字样。整卷经卷图文风格凝重，印刷墨色清晰，雕刻刀法纯熟，表明此时中国雕版印刷技术已非常成熟。印刷术达到这种水平，至少应经历 300 多年的发展历程。

（二）藏经洞出土的唐代其他佛经印品

在敦煌藏经洞出土的佛经印品，除了《金刚般若波罗蜜经》外，还有以下几件佛经刻印品。

1.《一切如来尊胜佛顶陀罗尼经》

这是一件出土于藏经洞的、刻印于唐代中期的佛经。它刻有边框和行格，字体为唐代写经体。这是现存最早的有边框、行线的印刷品。它继承了早期纸写本佛经的风格形式，对宋代的版式也有一定的影响。

2.《佛说观世音经》

敦煌藏经洞出土的印刷品还有《佛说观世音经》。该经为卷轴装，经文首尾完整，刻印精良，字体端正，但无年代记载，推断可能为唐代后期所刻印。

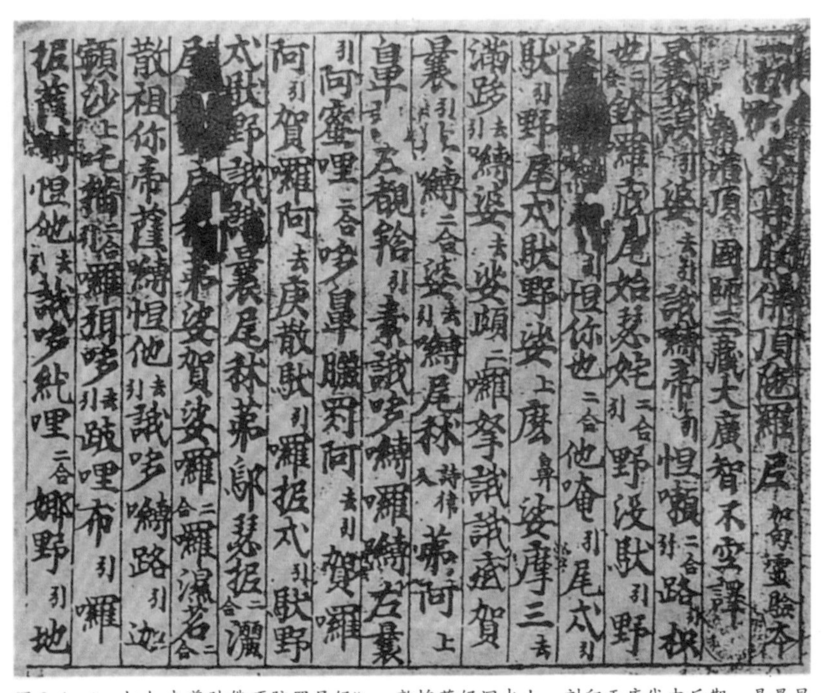

图 2-4 《一切如来尊胜佛顶陀罗尼经》，敦煌藏经洞出土，刻印于唐代中后期，是最早有栏线的印刷品。

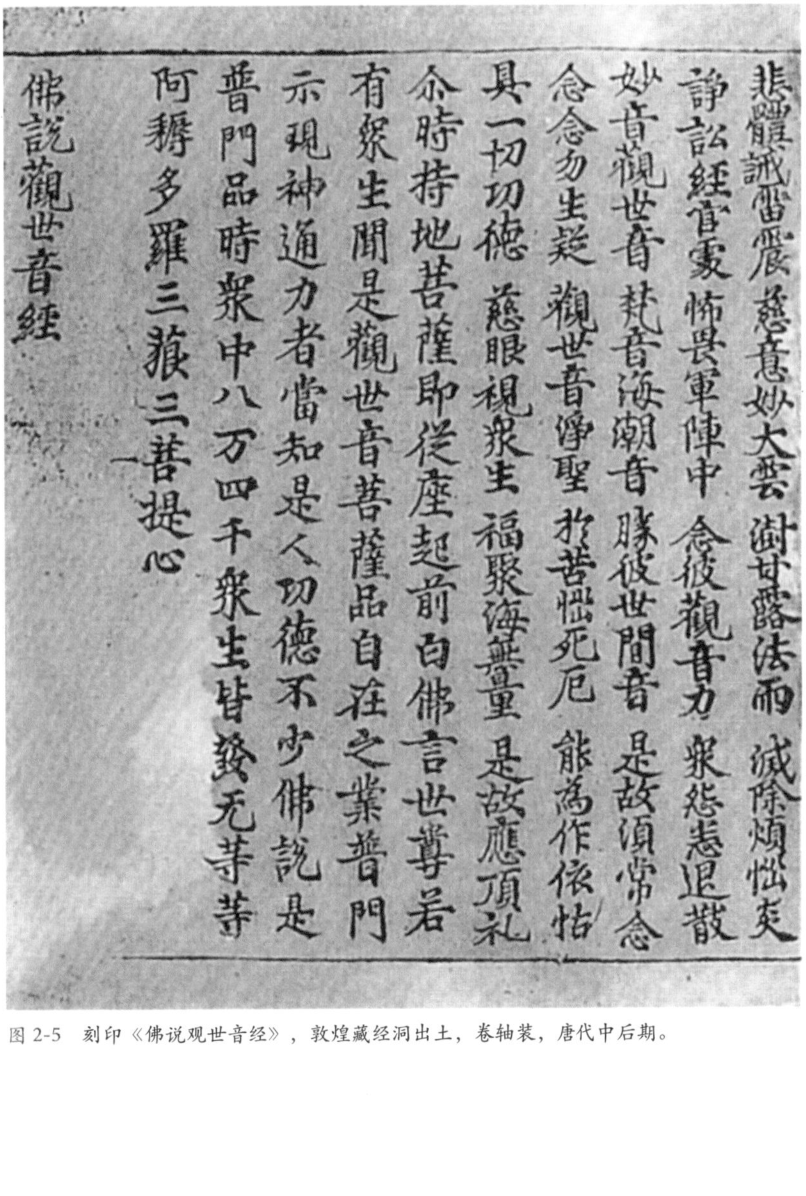

悲體戒雷震 慈意妙大雲 澍甘露法雨 滅除煩惱炎
諍訟經官處 怖畏軍陣中 念彼觀音力 衆怨悉退散
妙音觀世音 梵音海潮音 勝彼世間音 是故須常念
念念勿生疑 觀世音淨聖 於苦惱死厄 能為作依怙
具一切功德 慈眼視衆生 福聚海無量 是故應頂禮
尒時持地菩薩即從座起前白佛言世尊若
有衆生聞是觀世音菩薩品自在之業普門
示現神通力者當知是人功德不少佛說是
普門品時衆中八万四千衆生皆發无等等
阿耨多羅三藐三菩提心
佛說觀世音經

图 2-5 刻印《佛说观世音经》，敦煌藏经洞出土，卷轴装，唐代中后期。

藏经洞出土的唐代印刷品，可以反映出唐代的雕版印刷发展的概况。当时不但有佛经佛像，还有精美的历书和韵书。刻印的地域有京城长安、四川成都以及敦煌等地，刻印艺术已达到很高的水平。

（三）唐代历书刻印品

历书是民众生产生活的重要工具用书，社会需求量巨大，是唐代印刷物的一大门类。历书篇幅不多，最适宜雕版刻印。《旧唐书·文宗本纪》载："大和九年（835）丁丑，敕诸道府，不得私置历版。"朝廷禁止私刻历书从侧面体现了历书印刷的普遍。敦煌藏经洞发现了三件唐代印本历书。一是公元877年的一卷历书残片，为现存最早的印本历书。该历书上部为历法，下部为历注。除记载日期、节气、月大、月小外，还印有阴阳五行、吉凶禁忌等内容，与后代所印的历书已无太大差别。这件历书最大的特点是保留基本完整，框高24.8厘米，全长96厘米，四周有双边栏线，图文并茂，用麻纸印刷，卷轴装。此历书由于前边有残缺，不能看出明确年份，但从历书中"丁酉年"三字推断，应为唐乾符四年（877）。至于刻印者及刻印地点，可能为成都的民间作坊。

图2-6　敦煌石室发现的唐乾符四年（877）刊历书一页

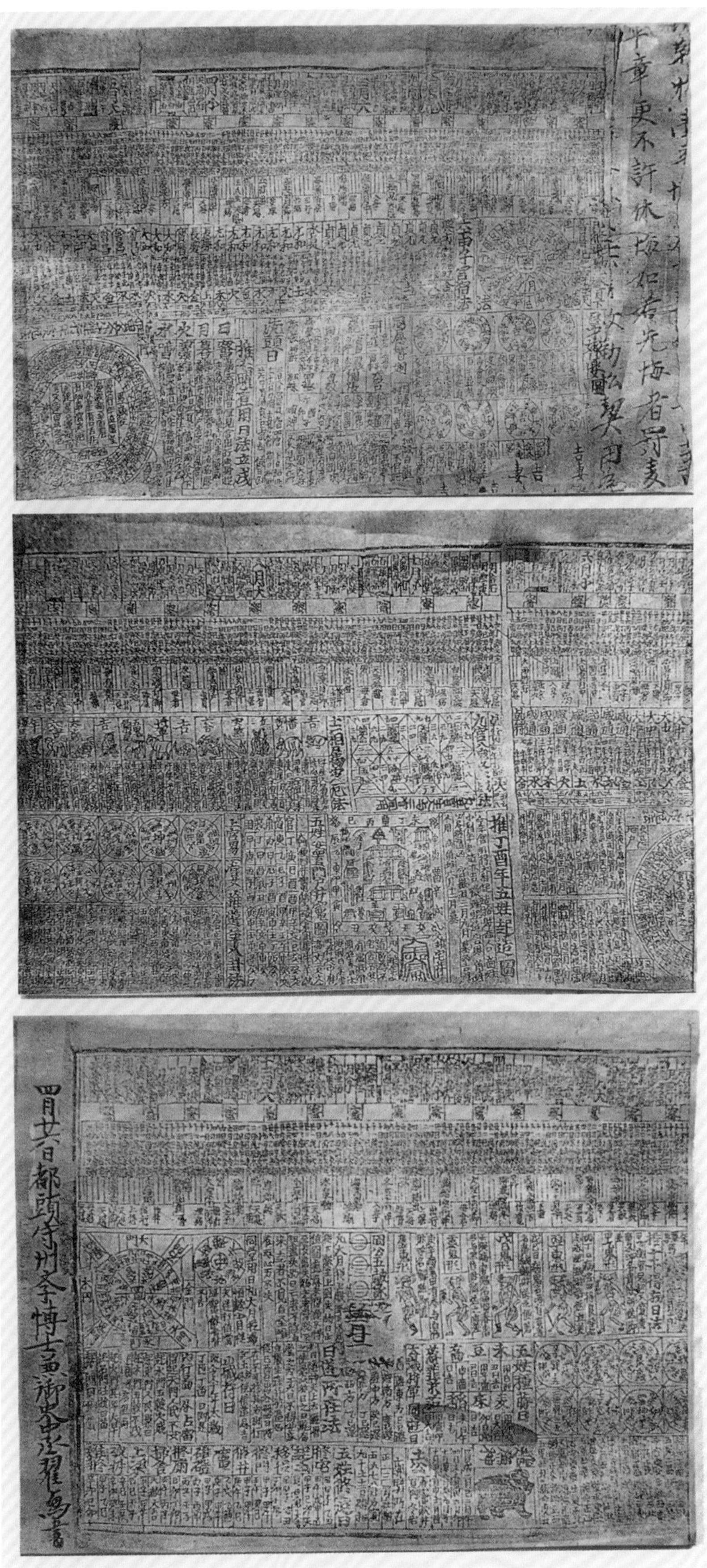

图 2-7　唐乾符四年（877）历书，敦煌藏经洞出土，为现存早期最完整的历书印品。

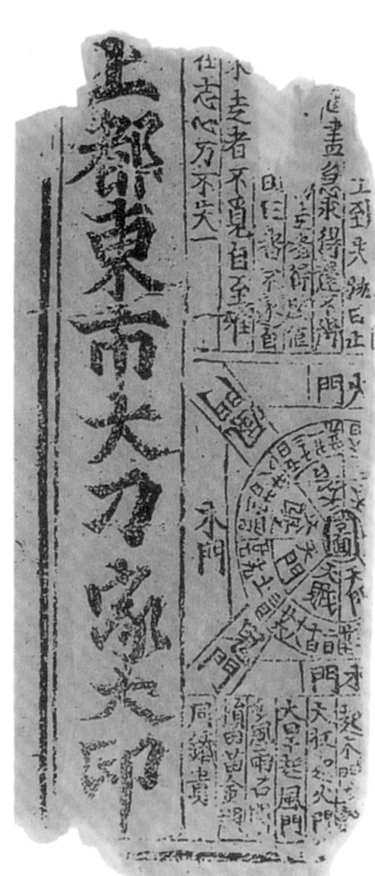

图 2-8 《上都东市大刁家印历日》残片，敦煌藏经洞出土。刻印于宝应元年（762）之后不久。

图 2-9 《剑南西川成都府樊赏家历》，唐中和二年（882）历书残片，敦煌藏经洞出土。

另一件是唐僖宗中和二年（882）印本历书残件，虽然只留残片，却保留了“剑南西川成都府樊赏家历”字样和“中和二年”的纪年，非常难得。从残片的文字来看，字体端庄凝重，为形神俱似的颜体字，刀法稳健、一丝不苟的刻印技巧，有着较高的刻印水平。

还有一件为“上都东市大刁家”刻印的具注历日，也为一件残片，现藏英国伦敦不列颠图书馆，除有刻印者外，还存八门图中的火门、风门、木门、金门方位。考宝应元年（762）以京兆府为上都，由此可知刻印年代应在此年之后不久，说明唐代京城也有民间印刷作坊。这三种历书是珍贵的早期雕版印刷资料。

（四）最早的韵书刻本《刊谬补缺切韵》

这是敦煌藏经洞出土的最早的韵书刻本，有散页十几页，各页都有不同程度的残缺，从这些印页的特点来看，可能原为旋风装。

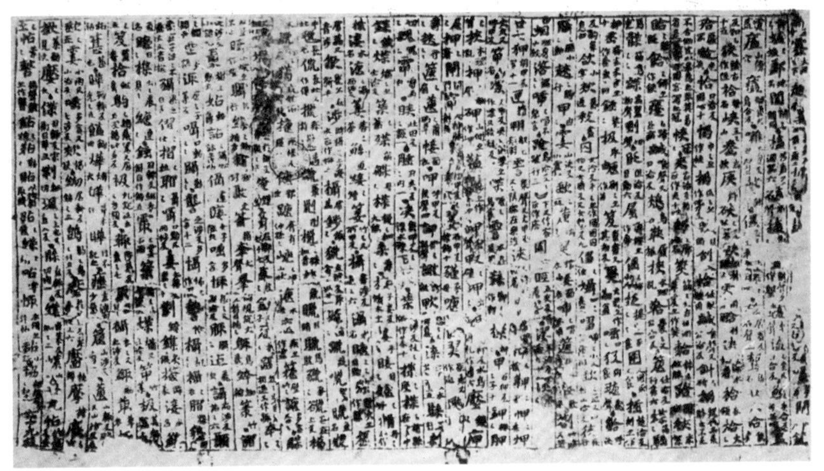

图 2-10 《刊谬补缺切韵》，敦煌藏经洞出土，唐刻本。

二、20 世纪以来其他地区出土的唐代印刷品

20 世纪以来，有唐代的印刷品陆续出土问世。这就使目前所知唐代的印刷品已包括了初唐、中唐、晚唐各个时期。

（一）新疆和韩国庆州发现的唐武周时期印品

1.《妙法莲华经》

1906 年，在中国新疆吐鲁番地区发现了一件唐代印刷品——《妙法莲华经》，内容是“如来寿佛品第十六”及“分别功德品第十七”。最初为新疆布政使王树楠收藏，后辗转为日本人中村不哲购去。此经以黄纸印刷，卷轴装帧，每行 19 字，经文内使用了武则天时期的制字，因此推断为武则天时期（684—705）的印刷品。现存于日本东京书道博物馆。

2.《无垢净光大陀罗尼经》

1966 年，在韩国庆州市佛国寺释迦石塔内发现的一卷《无垢净光大陀罗尼经》，经卷长约 8 米、宽 4 厘米，采用卷轴装，用楮纸印刷。此件佛经出土后，曾引起国际上的关注。韩国学者将此件印刷品推断为公元 702 年至 751 年刻印于韩国，从而得出雕版印刷发明于韩国的结论。为了维护我国的印刷术发明权，我国一批著名印刷史学者如张秀民、潘吉星等，纷纷发表文章，以大量的历史文献作旁证，进行了深入的研究，最后得出结论：其一，《无垢净光大陀罗尼经》中，使用了四个武周制字，这些字就是地（埊）、授（𥠢）、证（𤯔）、初（𡔈）。当时这些新字只在唐朝管辖区域内使用，这些佛经应为唐朝所刻印。其二，武周时期，佛教大兴，译经、印经活动都十分活跃。在我国也曾发现过类似于《无垢净光大陀罗尼经》的刻印本。在新疆吐鲁番地区就曾出土过《妙法莲华经》一卷，内容为“分别功德品第十七”，黄麻纸印，每行 19 字，内用武周制字。日本印刷史学

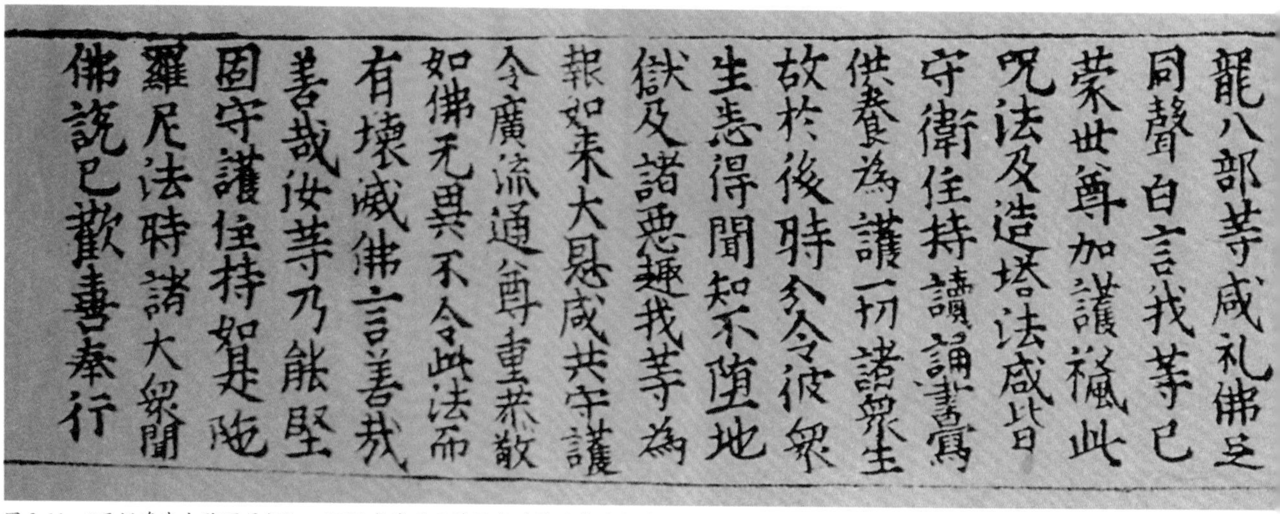

龍八部等咸礼佛足
同聲白言我等已
蒙世尊加護穢此
呪法及造塔法咸皆
守衛住持讀誦書寫
供養為護一切諸衆生
故於後時分令彼衆
生悉得聞知不墮地
獄及諸惡趣我等為
報如来大恩咸共守護
令廣流通尊重恭敬
如佛无異不令此法而
有壞滅佛言善哉
善哉汝等乃能堅
固守護住持如是陁
羅尼法時諸大衆聞
佛說已歡喜奉行

图 2-11 《无垢净光大陀罗尼经》，1966 年发现于韩国庆州佛国寺释迦塔。

家长泽规矩也在其著作中认为是武则天后期的中国印刷品。其三，唐朝和新罗关系密切，各种交往不断，新罗僧人和留学者回国多带回各种佛经，此印经当为新罗僧人带回。其四，武则天晚年积极组织译经活动，《无垢净光大陀罗尼经》译成于长安元年（701），而到中宗神龙元年（705）二月，武周典制被废，制字也停止使用，这可说明，《无垢净光大陀罗尼经》的刻印不会晚于神龙元年（705）二月。

（二）成都、西安等地唐墓出土的《陀罗尼经咒》

20 世纪 40—70 年代，我国成都、西安等地唐墓中，先后出土了 6 件《陀罗尼经咒》单页。主要有以下几件。

1. 成都唐墓出土的《陀罗尼经咒》

图 2-12 《陀罗尼经咒》（梵文），1944 年成都望江楼唐墓出土，成都府成都县龙池坊卞家刻印，8 世纪刻印。

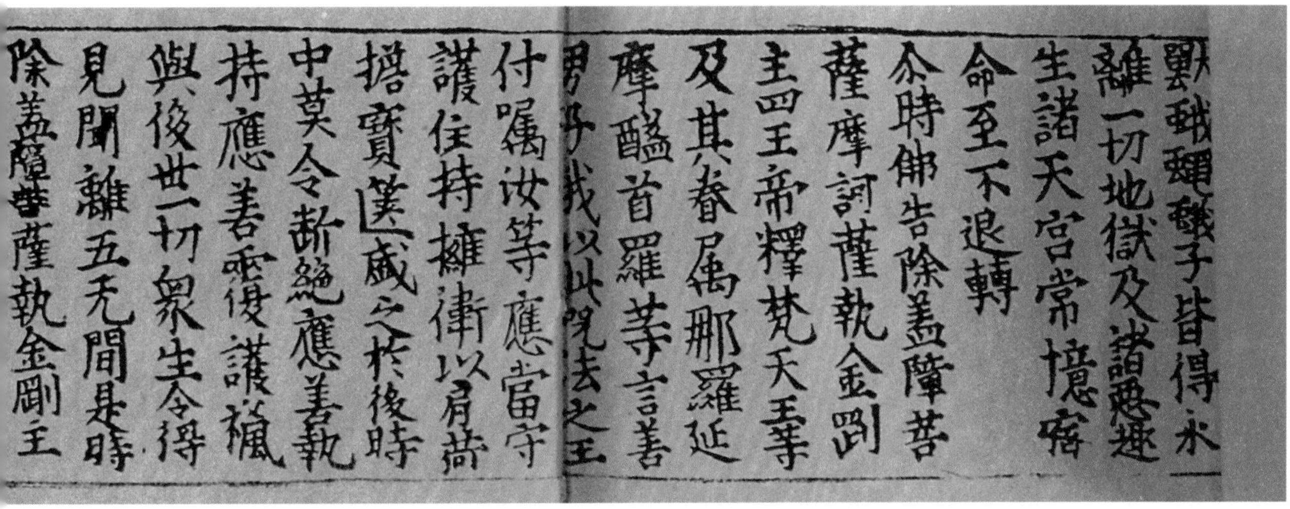

1944 年在成都市东门外望江楼附近唐墓中出土的《陀罗尼经咒》，其印刷年代约在 757 年—850 年之间，这件印刷品现为中国历史博物馆收藏。

《陀罗尼经咒》因藏于唐墓中人骨架臂上的银镯内，所以才能历经千年还保存完好。《陀罗尼经咒》为方形薄纸，长约 31 厘米，宽约 34 厘米。印本中央镌一小佛像坐莲座上，外刻梵文经咒，咒文外四周又围刻小佛像，边上有一行汉字，为“成都府成都县龙池坊卞家印卖咒本”。据《唐书 · 地理志》记载，唐代成都原称蜀郡，肃宗至德二年 (757) 升蜀郡为成都府，由此可推断《陀罗尼经咒》的印卖的时间当在 757 年之后，也说明在 8 世纪中叶，成都一带已经出现了私家刻印作坊。由于当时有以《陀罗尼经咒》随葬的习俗，印卖此物，很有销路。

2. 西安市郊出土的梵文《陀罗尼经咒》

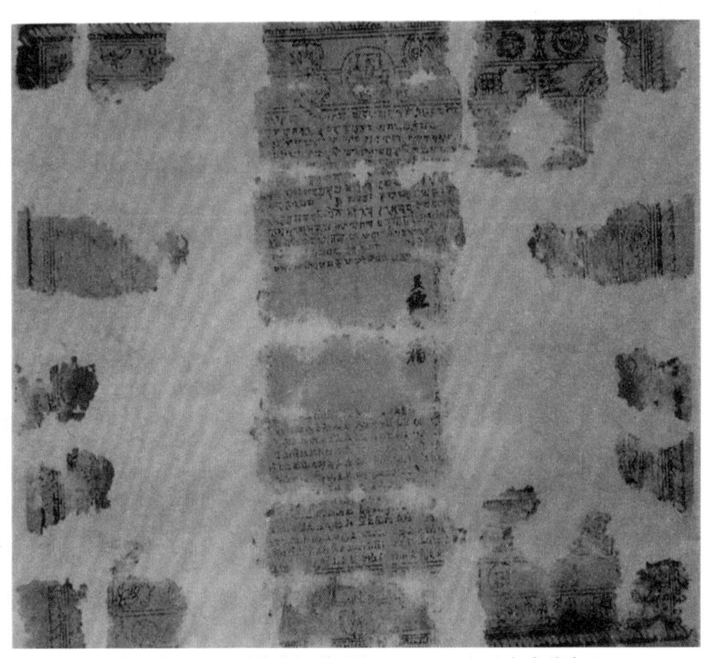

图 2-13 《陀罗尼经咒》（梵文）单页印品。1974 年西安唐墓出土。

1974年在西安西郊的一唐墓中，出土一件印刷品梵文《陀罗尼经咒》，呈方形，印于麻纸，高27.6厘米，宽26厘米，中有空白方框，方框四周印咒文，作环形阅读，外四周印莲花、星座等图形。经陕西考古专家考证，此件为唐代初期7世纪初的印刷品。陕西考古工作者韩保全撰文对此件印刷品作了详细介绍，并证明为唐初之物。

3. 西安出土的《佛说随求即得大自在陀罗尼神咒经》

另一件在西安出土的《陀罗尼经咒》残页是1975年西安西郊唐墓中出土的印刷品《佛说随求即得大自在陀罗尼神咒经》。此件为单页印刷品，出土时此经放在小铜盒中，已黏成团，经展平后呈方形，尺寸为35×35厘米，印以麻纸，中心有5.3×4.6厘米的方框，内绘两人，一站一跪，淡墨勾画后填彩，框外四周环以咒文，每边18行，咒文以外有边线，四周印以手印结契，其形状各不相同，纸色呈赭黄。考古学家将此印本定为盛唐之物，当刻印于盛唐玄宗时期（712—755）。

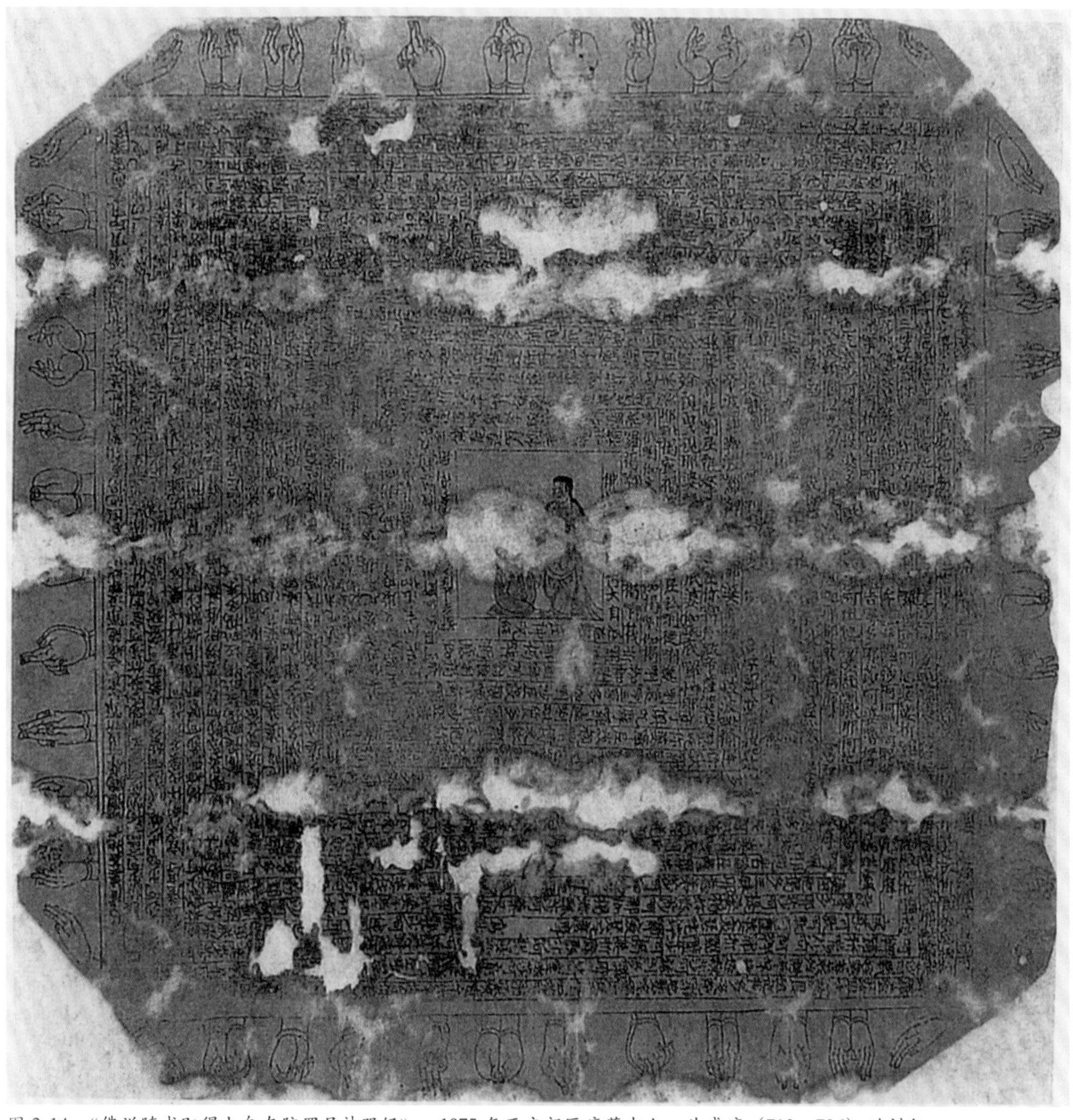

图2-14 《佛说随求即得大自在陀罗尼神咒经》，1975年西安郊区唐墓出土，为盛唐（712—726）时刻印。

从上述出土的雕版印刷实物证明，从唐初到唐末，各个时期印刷品齐全，证明从唐初（7 世纪初）开始就有印刷活动。到唐中期，雕版刻印技艺已十分高超。

（三）陕西宝鸡发现的唐代印佛像铜版

1958 年建馆的陕西宝鸡博物馆收藏有唐代铜版佛像。该佛像为唐文宗大和八年（834）铸千佛像铜版，呈长方形，直高 14.8 厘米，横长 11.5 厘米，厚 0.7 厘米，重 455.8 克。版面正中有三尊主佛像，其四周 9 层为 105 尊小佛像，总共 108 尊。版的背面弓形把手上刻有金刚真言和发愿文："《金刚抵命真言》：'唵，缚曰啰，庚□，娑婆诃。'大和八年四月十八日，为任家铸造佛印，永为供养。"版面相当于现在 36 开本书页那样大，其直高比五代吴越杭州刻本《宝箧印陀罗尼经》版面还要高出 9.4 厘米。这是世界上现存最早的铜版实物，说明中国不但发明了木版印刷，还发明了铜版印刷。

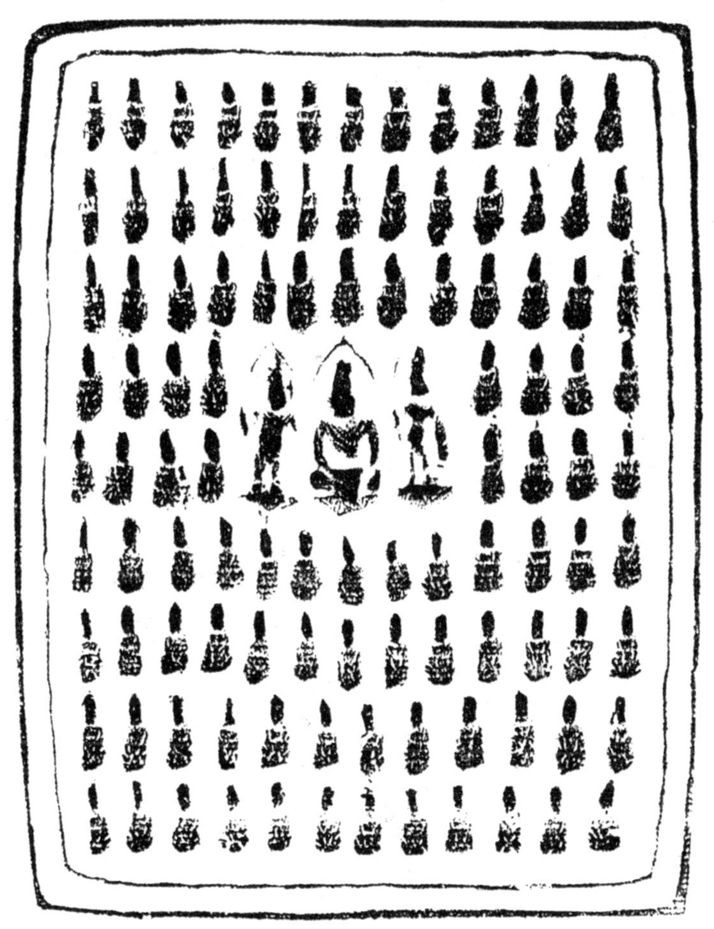

图 2-15　唐大和八年（834）铸千佛像铜印版拓片

三、有关唐代印刷的文献资料

（一）有关唐代印造佛像佛经的记载

史料中，有关唐代印刷的记载不绝于书。潘吉星在《中国古代四大发明》中有以下记载：僧人彦琮（625—690）在《大慈恩寺三藏法师传》（688）

图 2-16　唐代捺印佛像

卷十为其恩师玄奘（602—664）大法师写传时指出，玄奘晚年于高宗显庆三年至龙朔三年（658—663）五年间“发愿造十俱胝像，并造成矣”。[①]据此记载，658—663 年间玄奘发愿印造百万枚单张佛像，并印造成功。

张秀民著、韩琦增订的《中国印刷史》中指出，后唐冯贽在《云仙散录》中，记载了贞观十九年（645）玄奘回国之后，“玄奘以回锋纸印普贤像，施于四众，每岁五驮无余”，可惜此像没有流传下来。而敦煌发现的五代

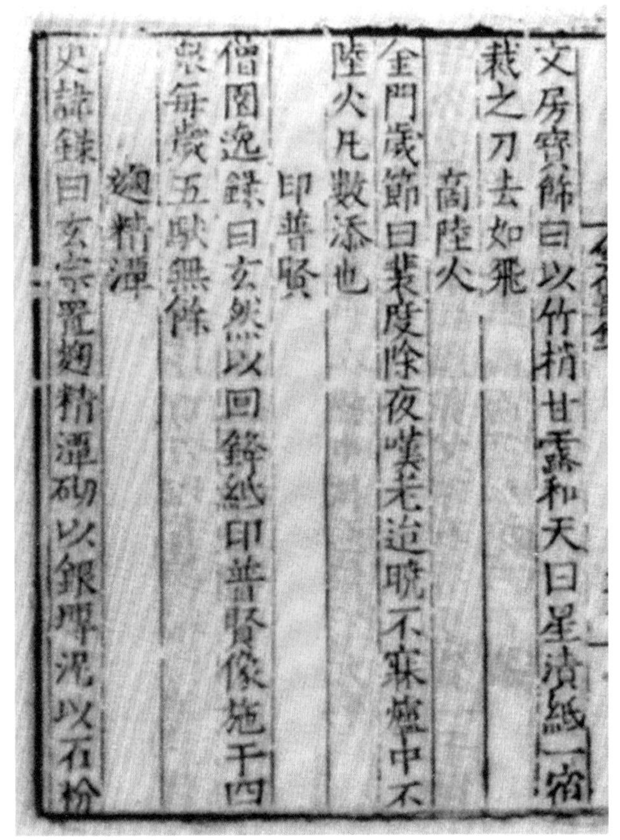
文房寶飾曰以竹精甘露和天日星漬紙一宿
裁之刀去如飛
高陸人
金門歲節曰裴度除夜嘆老迨曉不寐爐中不
陸火凡數添也
印普賢
僧園逸錄曰玄奘以回鋒紙印普賢像施于四
衆每歲五馱無餘
迴精潭
史諱錄曰玄宗置迴精潭砌以銀甓泥以石粉

图 2-17 《云仙散录》书影，后唐冯贽著。书中记载了“印普贤”的有关内容。

单幅大张普贤像与文殊菩萨像可能与玄奘所印的相仿佛。[②] 玄奘于贞观三年（629）起西游印度，于贞观十九年（645）回唐，664 年圆寂，他雕印普贤像应是回到长安以后进行的佛事活动。

据文献记载，大量地捏造小佛像、大量抄经，都是对佛的虔诚。大约在隋唐之际，僧侣们将佛像刻在木块上，可以在纸上捺印，而且数量很大，敦煌藏经洞出土的一批捺印在纸上的千佛像，就是佛事活动的产物。玄奘刻印普贤像，就是这种佛事活动的发展。

唐代晚期著名山水诗人、诗论家司空图（837—908）的《司空图表圣集》卷九载有为东都敬爱寺讲律僧惠确化募雕刻《律疏》一文，题下注：“印本共八百纸。”文中说：“自洛城罔遇时交，乃焚印本，渐虞散失，欲更雕锓。”文中所指之事，发生在 873—879 年间，说明到中唐时期，佛经印本已相当流行。

（二）有关唐代道家著作雕印的记载

唐范摅《云溪友议》卷下记载：“纥干尚书臮，苦求龙虎之丹十五余稔。及镇江右，乃大延方术之士作《刘弘传》，雕印数千本，以寄中朝及四海精心烧炼之者。”“及镇江右”系指纥干臮任江西观察使，大约在宣宗大中元年至三年（847—849）。这是有关道家著作雕版印行的明确记载。

（三）有关唐代其他印品的记载

唐代文学家孙樵在《孙可之文集》中有《读开元杂报文》，介绍了在开元（713—741）年间雕印杂报，每页13行，每行15字，字大如钱，有边线界栏，作蝴蝶装，墨印漫漶，不甚可辨。如果此记载可靠，这当是世界上最早印刷的报纸。

唐代历书印制十分普遍，有关的记载也很多。又据北宋王谠《唐语林》记载："僖宗入蜀，太史历本不及江东，而市有印卖者，每参互朔晦，货者各争节候。因争执，里人拘而送公。执政曰：'尔非争月之大小尽乎？同行经纪，一日半日，殊是小道。'遂叱去。"这段记载说明，唐代后期由于路远交通不便，又逢国家战乱，政府颁发历书不及时，江东一带也已经有人用雕版印刷术印历书了。因为朔晦有差，而发生争执，可知当时雕版印卖历书的，不止一家，而有多种版本在市面上流行。唐文宗大和九年（835），东川节度使冯宿在《请禁印时宪书疏》中云："准敕禁断印历日版。剑南两川及淮南道，皆以版印历日鬻于市。每岁司天台未奏颁下新历，其印历已满天下，有乖敬授之道。"可见，大和九年以前，用雕版印历书已经非常普遍。这是关于印刷早期最可信的文献之一。

有关唐代杂书雕印的记载也不在少数。《旧五代史·唐书·明宗纪九》注引《柳氏家训序》云，唐僖宗"中和三年（883）癸卯夏，銮舆在蜀之三年也，余为中书舍人。旬休，阅书于重城之东南，其书多阴阳杂记、占梦相宅、九宫五纬之流。又有字书小学，率雕版，印纸浸染，不可尽晓"。说明唐朝人不仅雕印了不少佛经，百姓需要的历书、字书、小学、诗歌集以及阴阳杂记、占梦、相宅、九宫五纬之类的杂书，也多有印制。这说明唐代后期成都的雕版印书已很繁荣，印书的品种已很多。

四、唐代针孔漏版印刷

漏版印刷是人类历史上最早的印刷方式，中国是世界上最早使用漏版印刷术的国家。孔版漏印可分为型版漏印和刺孔漏印两类，是现代丝网印刷的源头。型版漏印是指在不同质的版材上按设计图案挖空，雕刻成透空的漏版，将漏版置于承印物织物或墙壁之上，用刮板或刷子施墨（染料）进行印刷的工艺方法。文献和实物表明，我国早在春秋战国时期就广泛应用此印刷技术。1978年至1979年间，在江西贵溪县渔塘仙岩一带春秋战国崖墓中发现了印花布，其中有几块深棕色麻布上的银白色花纹是用漏版印刷而成，同时还出土了两块楔形的刮浆板。这些出土的印花布与刮浆板也成为迄今世界上已发现的最古老的漏版印刷文物。刺孔漏印是在硬纸板上先用笔画出轮廓，再用针尖照笔道刺孔成像，然后将漏版放在承印物上透墨印刷。在唐代，用兽皮或纸制成的漏版已很普遍。在敦煌曾发现有数张刺有佛教人物形象的纸质漏版。同时发现的还有以漏印法制成的成品，

图 2-18　敦煌发现的纸质针孔漏版及漏印的图像

质地为缣帛，甚至有时是在粉刷过的墙壁上漏印。

在唐代，“夹缬”织物印刷非常兴盛。夹缬术自秦汉以来，历经东汉、两晋、南北朝，到隋唐时期应用日益广泛。唐代诗人白居易的“合罗排勘缬”的诗句是对当时夹缬印花的真实而生动的描写。“罗”就是筛罗印花版，“合罗”就是两块筛罗版相对夹合，把织物夹在中间。“排勘缬”即依次移动印花版，排印出美好的彩色花纹。夹缬印花印刷的宫廷服饰，精美多彩。

这一时期还出现了“纸模花版”，它是在桐油浸渍的纸上雕刻花纹，大大降低了版的厚度，使刻版和印染更为方便，花纹更加精美。

第三节 五代十国的印刷

一、国子监刻印《九经》

五代时期，出现了当时世界上规模最大的刻印工程——儒家经典总集《九经》，刻印的目的是为了校正经典文字，弘扬儒家学说，使读书人有标准的读本。据《五代会要》记载："后唐长兴三年（932）二月，中书门下奏请依《石经》文字刻《九经》印板，敕令国子监集博士儒徒，将西京石经本，各以所业本经句读抄写注出，仔细看读，然后雇召能雕字匠人，各部随帙刻印版，广颁天下。如诸色人等要写经书，并须依所印敕本，不得更使杂本交错。"《九经》的刻印，始于唐明宗长兴三年（932），至后

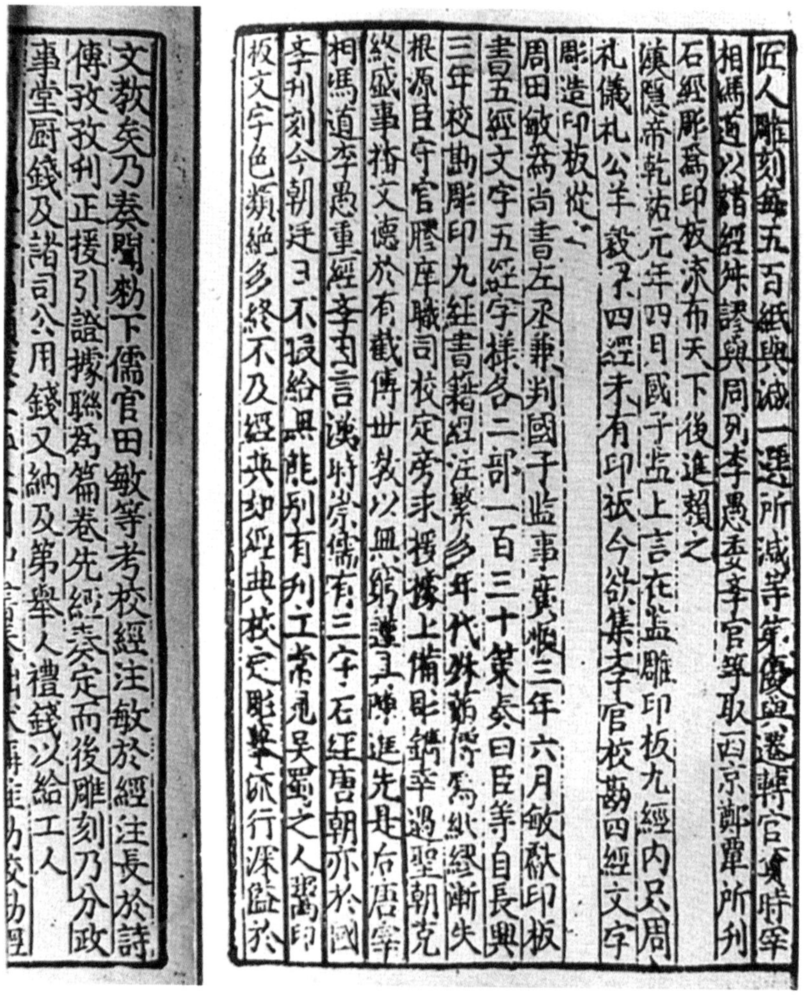
匠人雕刻每五百紙與減一選所減等第優與選轉官資時宰
相馮道以諸經舛謬與同列李愚委學官等取西京鄭覃所刊
石經彫爲印板流布天下後進賴之
漢隱帝乾祐元年四月國子監上言在監雕印板九經內只周
禮儀禮公羊穀梁四經未有印板今欲集學官校勘四經文字
彫造印板從之
周田敏爲尚書左丞兼判國子監事廣順三年六月敏獻印板
書五經文字五經字樣各二部一百三十策奏曰臣等自長興
三年校勘彫印九經書籍經注繁多年代殊邈傳寫紕繆漸失
根源臣守官膠庠職司校定旁求援據上備聖覽幸遇聖朝克
終盛事播文德於有截傳世教以無窮謹具陳進先是後唐宰
相馮道李愚重經學因言漢時崇儒有三字石經唐朝亦於國
學刊刻今朝廷日不暇給無能別有刊立嘗見吳蜀之人鬻印
板文字色類絕多終不及經典如經典校定彫摹流行深益於
文教矣乃奏聞勑下儒官田敏等考校經注敏於經注長於詩
傳孜孜刊正援引證據聯爲篇卷先經奏定而後雕刻乃分政
事堂廚錢及諸司公用錢又納及第舉人禮錢以給工人

图 2-19 《五代史》中关于国子监刻印书籍的记载

周广顺三年（953）完成，历经后唐、后晋、后汉、后周四个朝代，历时21年，除刻印了儒家《九经》外，还刻印了《五经文字》和《九经字样》两书。参与这项工程的有冯道、李愚、田敏、李鹗、郭典等。

五代《九经》等儒家经典的校勘刻印，是政府组织的一项大规模刻书工程，由国子监主持，故史称“五代监本九经”，因而也是中国历史上监本印刷的开始。版本学上的“监本”一语，也缘此产生。

冯道组织刻印《九经》具有重要的历史意义。

首先，它标志着我国书籍流通和文字传播方式开始进入一个新的阶段，印刷逐渐代替手写，印刷术成为知识传播的重要推动力量。

其次，开辟了雕印儒家经典之先河，使印刷术应用的范围从佛经及民间日用杂品发展为开始刻印儒家的经典书籍，扩大了印刷术的应用领域。作为一项规模宏大的文化工程，冯道刻《九经》分工明确，技术讲究，刻印质量高，对后世有示范功效。

第三，印刷术由民间进入官府，从此产生了政府刻书事业，国子监刻书成为政府刻书的主体。

二、佛教宣传品《故圆鉴大师二十四孝押座文》的刻印

这件出土于敦煌藏经洞的重要印刷品，现藏于英国不列颠图书馆，卷轴装。有印文55行，高20.1厘米，全长150厘米，全篇为七言韵文（个别的有八个字），每行上下两句之间空格，文意通俗。是一种特殊的佛教宣传品，将儒家提倡的“二十四孝”引入佛教宣传中来。“二十四孝”本来属于儒家思想的产物，由于它家喻户晓，也为佛教所利用。这件印刷品镌刻的字体端庄厚重，刀法剔透，刻印也达到很高水平。

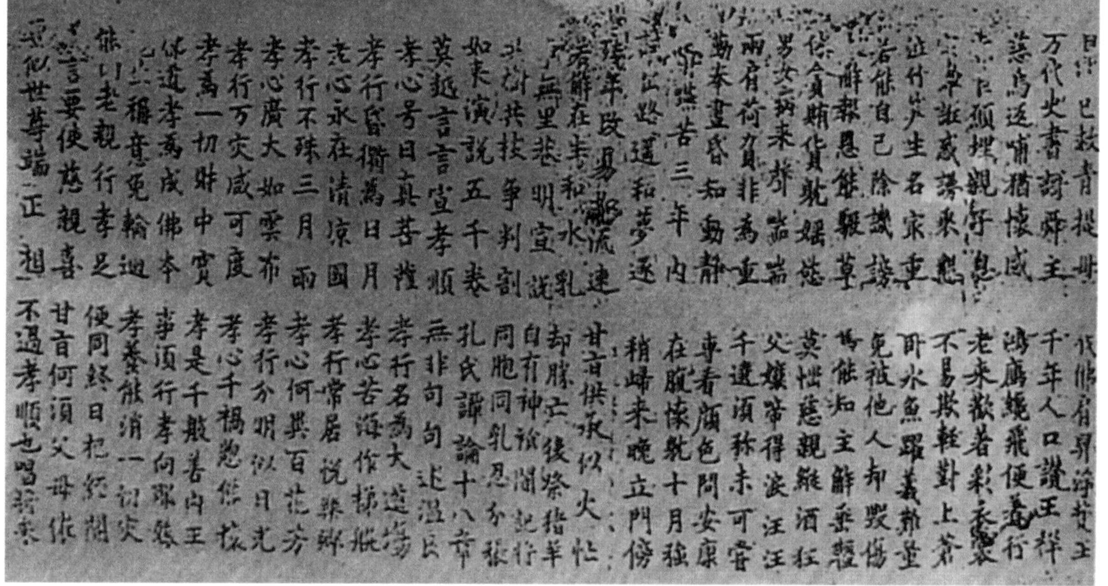

图2-20 《故圆鉴大师二十四孝押座文》，敦煌藏经洞出土，卷轴装，刻印于五代。

三、五代归义军曹氏组织刻印的佛教印刷品

五代时期，佛教有了一定的发展，在一些割据地区，由于统治者的特别提倡，佛教非常兴盛，佛教印刷品也很多，以敦煌地区最为典型。

敦煌原属于大唐帝国的一个州，即沙州。沙州下辖敦煌、寿昌二县，共 13 乡。755 年，安禄山叛乱，驻守河西的唐军劲旅都前往中原靖难，吐蕃乘机北上，于 786 年占领沙州。848 年，沙州土豪张议潮率众起义，赶走吐蕃守将，夺取沙州、瓜州。851 年，敦煌使者抵达长安，唐朝设立归义军，以张议潮为节度使。归义军是唐朝设立的军镇，前期 (848—914) 由张氏家族任节度使，后期 (914—1036) 则由曹氏家族掌握政权，具有很强的独立性。其中，归义军节度使曹元忠统治敦煌时间 (944—974) 最长。

（一）佛像印刷

曹元忠非常重视佛法的宣传与推广，他还以雕版印刷的方式宣扬佛教。947 年盂兰盆节时，曹元忠命雷延美印行《观世音菩萨像》、《大圣毗沙门天王像》等佛像，广为流通，祈愿“城隍安泰，合郡康宁，东西之道路开通，南北之凶渠顺化，疠疾消散，刁斗藏音，社稷恒昌，普天安乐”。949 年，曹元忠命雕版押衙雷延美刻印《金刚般若波罗蜜经》流通，以为功德。这批奉曹元忠之命雕刻的佛经佛像，既是敦煌文化向民间普及的印证，也是敦煌印刷技术进步的表征。

曹元忠时代刻印的佛像发现于敦煌藏经洞，大多被斯坦因和伯希和劫去，分别藏于英国伦敦大英博物馆和法国巴黎图书馆。国内只有少数遗存。

1.《观世音菩萨像》

《观世音菩萨像》，其形式为上图下文，下文中刻有“曹元忠雕此印板，奉为城隍安泰，阖郡康宁”，“于时大晋开运四年丁未岁七月十五日记。匠人雷延美”等字样。此印品为印刷史上首次载有刻版者姓名的珍品。

2.《大圣毗沙门天王像》

《大圣毗沙门天王像》，其形式为上图下文，构图更为复杂。文中有“弟子归义军节度使，特进检校太傅，谯郡曹元忠请匠人雕此印板。于时大晋开运四年丁未岁七月十五日记”字样。

3.《大圣文殊师利菩萨像》

《大圣文殊师利菩萨像》，敦煌藏经洞出土。此印品为上图下文，上为文殊师利菩萨像，下文为愿文及佛经咒语。印品幅面为 31.8 厘米 ×15.8 厘米，四周双边。上部正中为文殊菩萨骑狮子的图像，文殊菩萨头戴宝冠，圆光正炽，火焰四出飞彩，手持如意，意态安详。右下一合掌善财童子，左下方一高冠贵官，周围空间配以回云花朵，左右两旁刻有幡幢形标题。

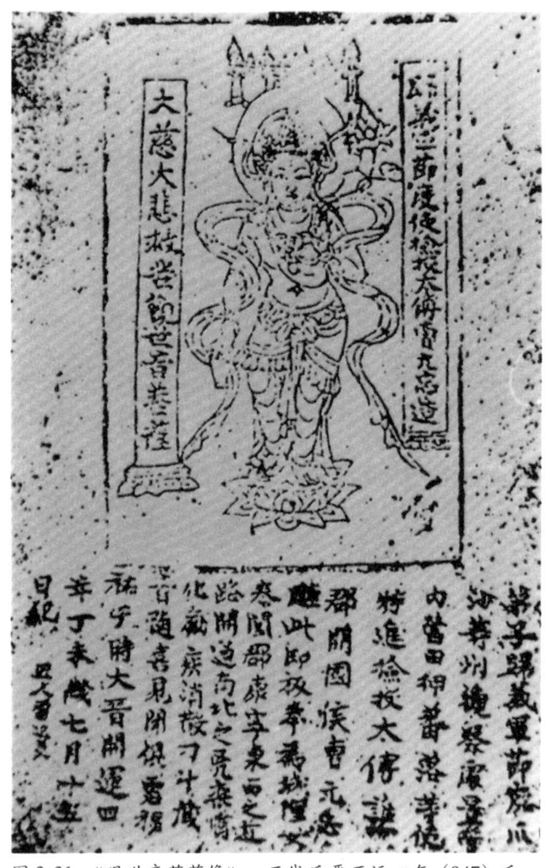

图 2-21 《观世音菩萨像》，五代后晋开运四年（947）瓜、沙州曹元忠刻印，刻版工匠雷延美。

图 2-22 《大圣毗沙门天王像》，五代瓜、沙州首领曹元忠组织刻印于 947 年，发现于敦煌。

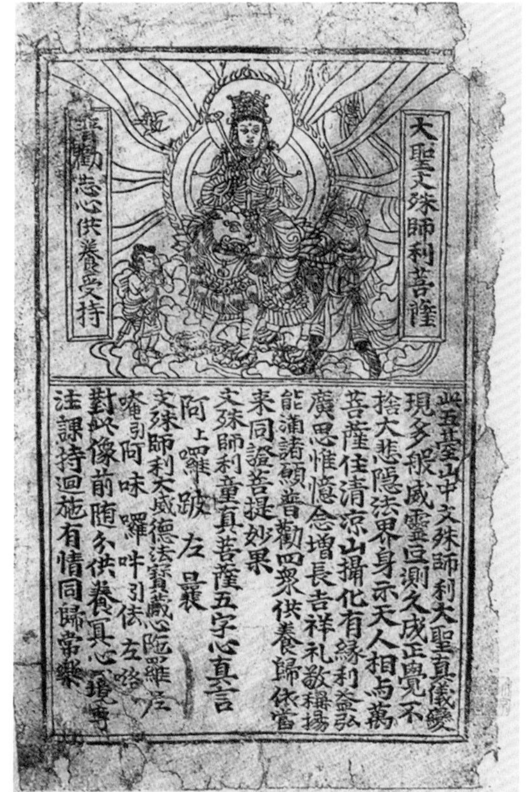

图 2-23 《大圣文殊师利菩萨像》，五代刻本，发现于敦煌藏经洞。

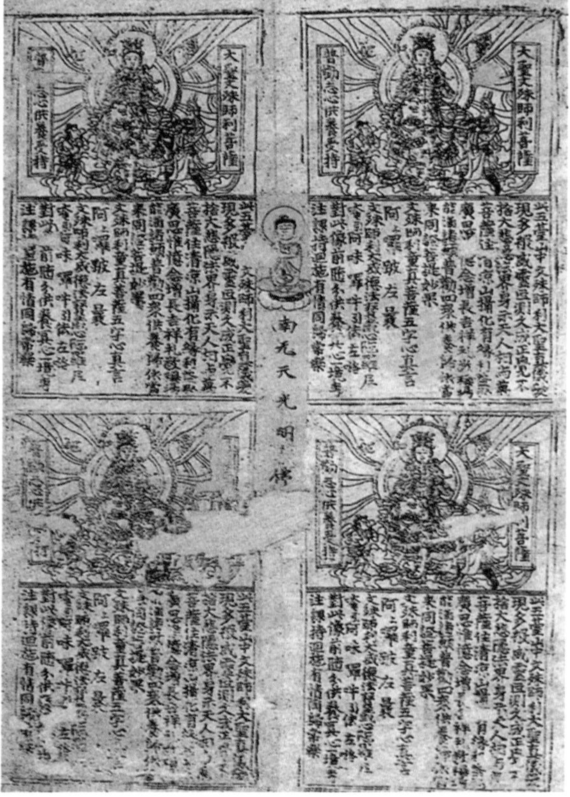

图 2-24 《文殊菩萨像》，五代瓜、沙州刻印，发现于敦煌藏经洞。为四联裱贴。

（二）佛经印刷

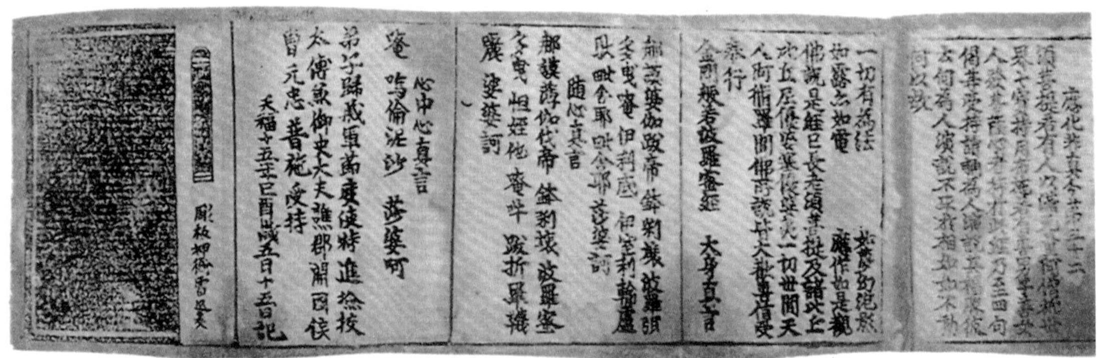

图 2-25 《金刚经》，五代曹元忠刻本，经折装。

曹元忠刻印的《金刚经》为经折装，也有刻工雷延美的姓名。雷延美是我们现知最早的刻版工匠，曹元忠组织刻印的一批佛像、佛经有两件刻有他的姓名。其他的五代敦煌印刷品大概也是由他和他的弟子所刻印的，刻印都达到很高的水平。

曹元忠，曹议金第三子。其兄曹元德死后，他自称“推诚奉国保塞功臣”，并得到宋王朝的承认。曹元忠是一位有作为的地方统治者，他任节度使期间，是敦煌归义军历史上最辉煌的岁月。其间在莫高窟兴建了大量的洞窟，其中建成于 950 年前后的第 61 窟为莫高窟最大型洞窟。

四、毋昭裔的私家印刷

五代另一位在印刷史上有重要影响的人是后蜀宰相毋昭裔（902—967）。史书记载，毋昭裔为山西河津县人，自幼家贫，曾向人借阅《文选》、《初学记》等书，被拒绝，于是他下定决心：他日得志，愿刻板印之，以便利天下的读书人。明德二年（935），毋昭裔已做了后蜀的宰相。公元 944 年开始，他自己出资雇工在家刻印了《文选》、《初学记》、《白氏六帖》等书。广政十六年（953）毋氏出私资百万，开办学校，还主持刻印儒家经典《九经》，对文化发展作出了贡献。毋昭裔刻书被部分学者认为是古代“家刻”之始。

五、五代吴越国的佛经印刷

五代时，以杭州为中心的吴越国经济文化十分繁荣。吴越地处浙江、苏南、闽北等地，物产丰富，加之政府轻徭薄赋，奖励耕种，使吴越国百事繁庶。以吴越国王钱俶（929—988）为首的统治者，虔诚信奉佛教，大建寺院、佛塔，并刻印了大量的佛经。近几十年来，吴越国的印经有多处出土。

1917 年，浙江湖州天宁寺塔发现一件佛经印刷品《一切如来心秘密全身舍利宝箧印陀罗尼经》，高 7.5 厘米，长 60 厘米，每行 8—9 字，卷首

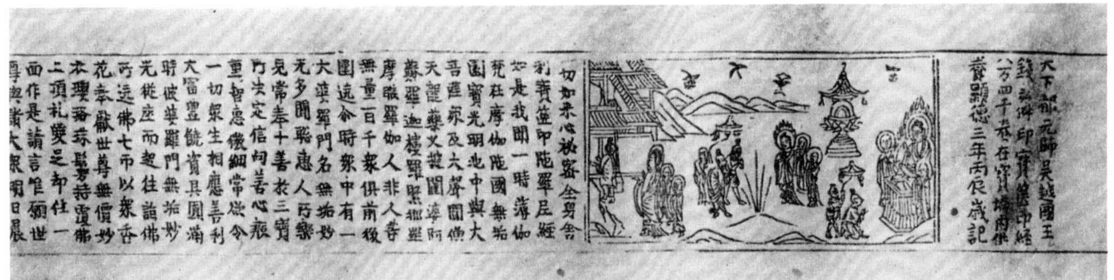

图 2-26 《宝箧印经》，1917 年发现于浙江湖州天宁寺，吴越国王钱弘俶刻印于后周显德三年（956）。

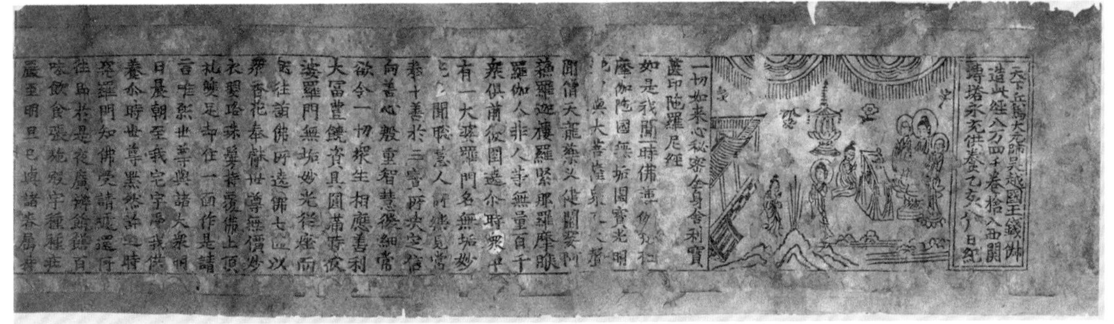

图 2-27 《宝箧印经》，1924 年发现于杭州西湖雷峰塔，此经为五代吴越国王钱俶于乙亥年（975）组织刻印。

图 2-28 未倒塌前的西湖雷峰塔图，摄于 1900 年。

有图像，图像上印有“天下都元帅吴越国王钱弘俶（后改名为俶）印《宝箧印经》八万四千卷，在宝塔内供养。显德三年丙辰岁记”等文字，可知为公元 956 年所印。

1924 年杭州雷峰塔倒塌，在塔砖孔中发现了多件吴越国印佛经《宝箧印经》，框高 5.7 厘米，长 205.8 厘米，每行 10—11 字，图前印有“天下兵马大元帅，吴越国王钱俶造此经八万四千卷，舍入西关砖塔，永充供养，乙亥八月日记”，乙亥年为 975 年，已为宋开宝八年，但宋的统治还未达及吴越。此经原装入塔砖的孔洞中，在建塔时砌入塔中，当雷峰塔倒塌时，从破砖中发现此印经，当时一些外国人就高价收购。人们为了找印经，几乎把塔砖都砸碎了。出土的印经多流落国外，国内只有少数几件藏品。

1971 年于浙江绍兴涂金舍利塔中发现另一件吴越国印的《宝箧印陀罗尼经》，发现时置于 10 厘米长的竹筒内，其刻印年代为“乙丑”年，即 965 年。经卷首题：“吴越国钱俶敬造《宝箧印经》八万四千卷，永充供养。时乙丑岁记。”乙丑年为宋太祖乾德三年（965）。题记后有卷首插图，线条明朗精美。图后是经文，每行 10—11 字，文字清晰悦目，纸质洁白，墨色纯正匀称，反映了当时吴越国精良的刻印技艺以及高超的造纸工艺。[③]

吴越國王錢俶敬造寶
篋印經八万四千卷永
充供養時乙丑歲記
一切如来心秘密全身舍利寶
篋印陁羅尼經
如是我聞一時薄伽梵在摩
伽陁國無垢園寶光明池中
與大菩薩衆及大聲聞僧天
龍夜叉揵闥婆阿蘇羅迦樓
羅緊那羅摩睺羅伽人非
人等無量百千衆俱前後圍
遶尒時衆中有一大婆羅門
名無垢妙光多聞聡慧人所
樂見常奉十善於三寶所决
定信向善心殷重智恵微細
常欲令一切衆生相應善利
大富豐饒資具圓備時彼婆
羅門無垢妙光從座而起往
詣佛所遶佛七匝以衆香花

图 2-29 《宝箧印经》，1971 年发现于浙江绍兴金涂塔内，刻印于北宋乾德三年（965）。

除了发现的上述几件印刷品外，据记载，当时杭州的灵隐寺高僧延寿（904—975）也印过《弥陀经》、《法华经》、《观音经》等十多种佛经和佛像，总数达 40 万份。首府设于江宁（南京）的南唐，据史载也印了很多书，著名的有刘知几（661—221）的《史通》和徐陵（507—583）所编的《玉台新咏》。

六、五代其他地区的印刷

五代时，印刷业几乎遍及全国各地，除上面介绍的开封国子监印书，瓜州、沙州的佛经佛像印刷，成都的毋昭裔印书以及吴越国的佛经印刷外，在其他地区也都有印刷的记载。

五代初眉州青神（今四川）人陈咏为我国最早自刻自己文集的学者之一。宋孙光宪《北梦琐言》卷七记载："唐前进士陈咏，眉州青神人。有诗名，善弈棋……其诗卷首有一对语，云：'隔岸水牛浮鼻渡，傍溪沙鸟点头行。'京兆杜光庭先生谓曰：'先辈佳句甚多，何必以此为卷首？'颍川曰：'曾为朝贵见赏，所以刻于卷首章。'都是假誉求售使然也。"

陈咏，生卒年不详，颍川是其字或号。唐昭宗天复四年（904）登进士第，旋归蜀中。归蜀后尝自刻自己文集，并把"隔岸水牛浮鼻渡，傍溪沙鸟点头行"刊于文集卷首。故可推知陈氏自刻文集，当不晚于五代之初。

五代青州人和凝曾自己出资刻印自己的著作。《新五代史 · 和凝传》记载："凝好饰车服，为文章以多为富。有集百余卷，尝自镂版以行于世。"《旧五代史》也记载，和凝"性好修整……平生为文章，长于短歌艳曲，尤好声誉。有集百卷，自篆于版，模印数百帙，分惠于人焉"。这些记载都说明，和凝亲自雇工刻印自己的著作，而且是自己亲手书写版，可惜这些刻本书都未流传下来。

福建地区是宋代重要的印刷基地，北宋时福州曾两次刻印规模宏大的《大藏经》。闽北建阳是书籍之府。在五代时福建印书有记载的有徐夤的《斩蛇剑赋》、《人生几何赋》。徐夤是唐末五代初期的文学家，福建莆田人。他的这些著作刻印于五代初期，是福建印书的开始。

第四节 唐、五代的书籍装帧和印刷物料

一、唐代的书籍装帧和造纸技术

到了唐代，宫廷已设有专职装潢工匠，四部各集均以不同颜色作轴与笺。《唐六典》记载："其经库书钿白牙轴，黄缥带，红牙笺；史库书钿青牙轴，黄缥带，绿牙笺；子库书雕紫檀轴，紫缥带，碧牙笺；集库书绿牙轴，朱缥带，白牙笺，以为分别。"证明唐代宫廷书籍多卷轴装，用料十分精良。唐代诗人韩愈有诗云："邺侯家多书，插架三万轴，一一悬牙签，新若手未触。"这里不但讲了卷轴书的存放形式，而且将书名标签露出来，以便于查找。

书籍装帧形式早在印刷术发明前，就已有多种。作为雕版印刷术的初级阶段，书籍的版式及装订形式，都大量吸收了前代的经验。特别是印刷术发明前的简帛时代，已经形成的行格、边框以及图文并茂等形式，都为唐代雕版印刷所沿用。例如，藏经洞出土的唐代刻本《一切如来尊胜佛顶陀罗尼经》的版式，就继承了马王堆西汉帛书中的朱丝栏和乌丝栏的形式，有边框和行线（见前文）。这是迄今发现最早的边框行线版式，到了宋代，才成为广泛应用的版式。

藏经洞出土的877年历书，版式的构图已十分复杂，版内由线条分割成各种图形。展现了最早的历书版式的刻本，反映了当时的刻版水平已十分成熟。

图 2-30　唐写本卷轴装外观

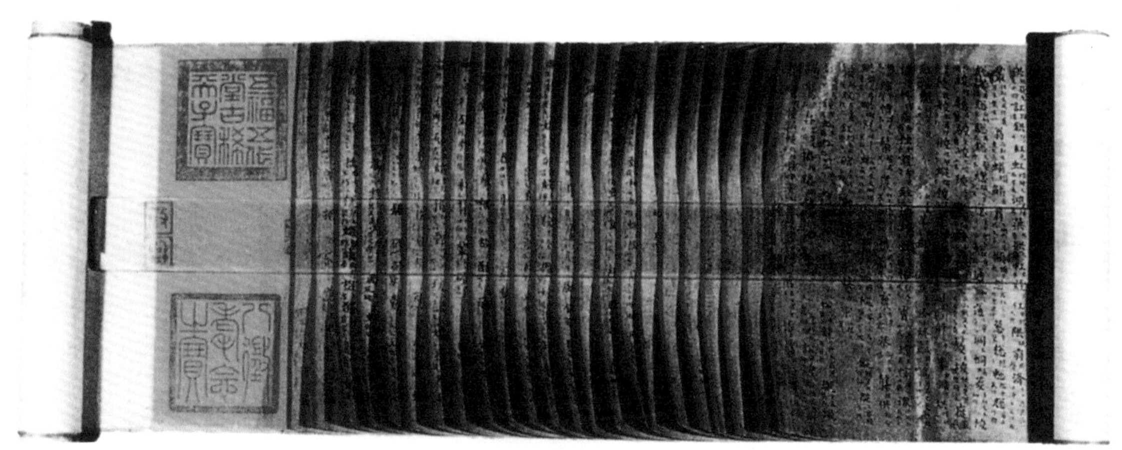

图 2-31　唐代打开的旋风装

书籍的版式，往往和装帧形式有关。藏经洞出土的《金刚经》被认为是雕版印刷技艺成熟的标志。这不仅仅是指它的精良的刻印水平，也包括精美的版式、插图和装帧形式，这大约也是刻印本卷轴装的早期的代表。藏经洞出土的《佛说观世音经》、《二十四孝押座文》等，一看便知是卷轴装版式。就连那件较为完整的877年历书，也是几个印页贴在一起的卷子装。这说明，早在写本时代普遍应用的卷轴装，在唐代的刻本中是使用最为广泛的装帧形式。

卷轴装有简装、精装和豪华装，敦煌藏经洞发现的大批遗书多为简易式卷轴装，只是将单页贴在一起，卷起来即可，有的是有普通的木轴。比较考究的卷轴装，只见于记载，未见实物传下来。

梵夹装是古代印度佛经的一种装帧形式，当时是将佛经书写于裁切成长方形的贝多罗树叶上，再将一卷经的叶片上下配以夹板，用绳捆牢，阅

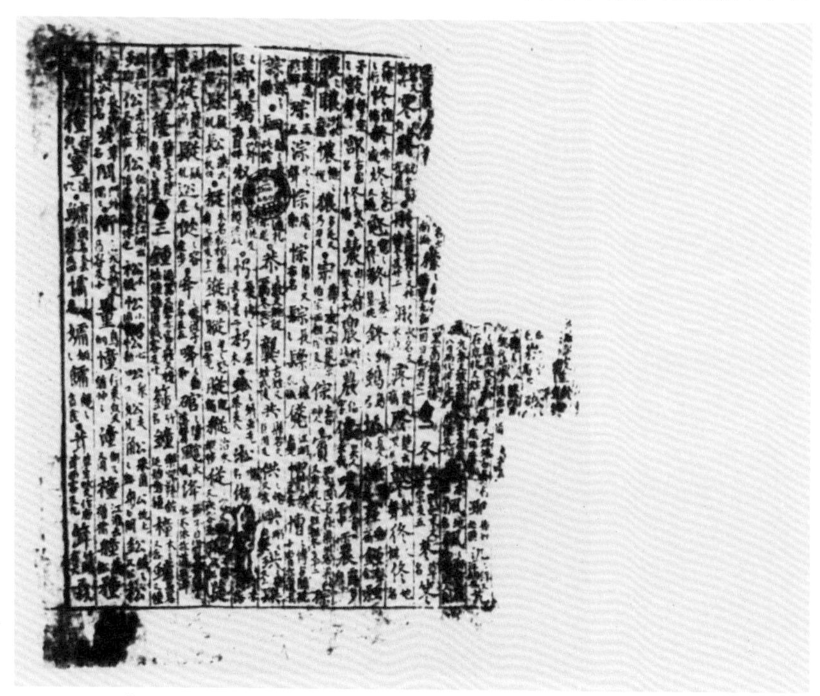

图 2-32　大唐《刊谬补阙切韵》残页，藏经洞出土。

阅。这种装帧形式，随着佛教的传入而传到我国，人们将贝多罗树叶改用厚纸。后来的藏传佛教一直沿用梵夹装印经。

继卷轴装之后，又出现一种新的装帧形式，这就是旋风装。故宫博物院珍藏有一件唐写本王仁煦《刊谬补阙切韵》，是现存唯一一件唐代旋风装实物，向我们展现了旋风装的风貌，它是将书页逐页错开，粘裱于类似于卷轴的底面上，逐页向左鳞次相错。阅读时逐页翻过，状如旋风而得名。有的书也称之为“龙鳞装”。阅读完后，可从右向左卷起，外观类似于卷轴装。

敦煌藏经洞出土的大唐《刊谬补阙切韵》，出土时都成残缺的散页，观其书页的形制，很有可能原为旋风装。此物现藏于法国博物馆。

北宋欧阳修在《归田录》卷二中说：“唐人藏书皆作卷轴，其后有叶子，其制似今策子。凡文字有备捡用者，卷轴难数卷舒，故以叶子写之。如吴彩鸾《唐韵》、李命《彩选》之类是也。”故宫所藏唐写本王仁煦《刊谬补缺阙切韵》，相传就是吴彩鸾书写的。欧阳修说的可能就是故宫藏的这种旋风装。有人称其为“旋风叶子”。

继卷轴装之后，较为常用的装帧形式是经折装。这是由于早期多用于佛经而得名。有人认为，经折装是卷轴装的改进形式。由于卷轴装在阅读

图 2-33　唐代女校书薛涛设计制造的诗笺。

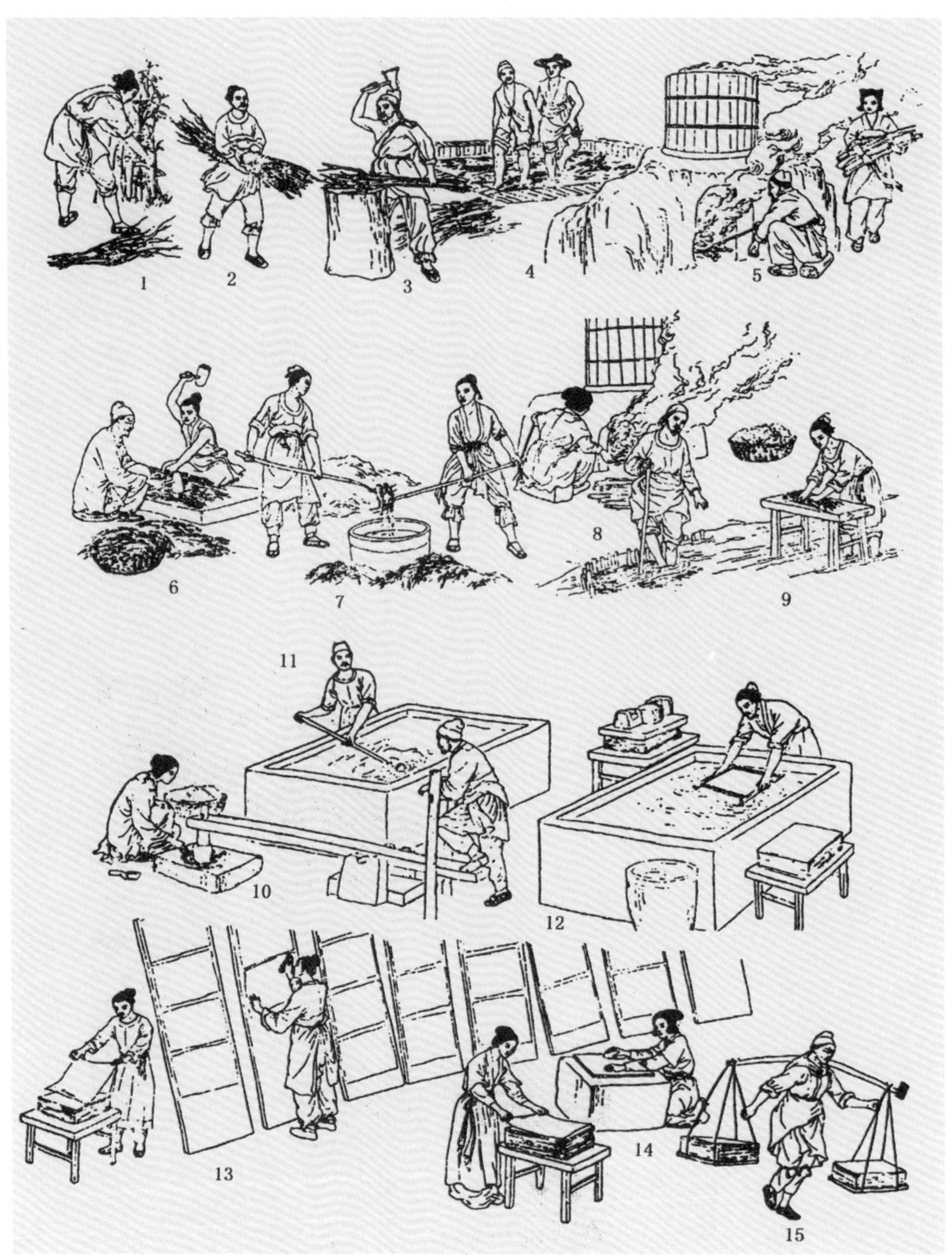

图 2-34　唐代造皮纸工艺流程图，潘吉星设计、张孝友绘。1. 砍伐；2. 剥皮、打捆；3. 切短；4. 沤制；5. 清水蒸煮；6. 剥青皮；7. 浆灰水；8. 蒸煮；9. 洗料；10. 捣料；11. 配浆；12. 抄纸、压榨；13. 晒纸；14. 整理；15. 运货。

时卷舒很不方便，人们才想法将卷轴装作反复折叠后，而成为一种新的装帧形式。这就是说，由卷轴装演变为经折装，大约为佛教僧侣的首创。元朝人吾衍在《闲居录》中说："古书皆卷轴，以卷舒之难，因而为折。久而折断，复为簿帙。"这说明经折装是由卷轴装演变而来。现存最早的经折装在敦煌文献中还能见到。

《新唐书》卷四十七《百官志》，列举了内府各有关部门，其中和纸张、装潢有关的有：熟纸匠、装潢匠若干人，其中弘文馆有校书郎 2 人、装潢匠 8 人。中书省有装制匠 1 人，熟纸匠 6 人。秘书省有熟纸匠 10 人，装潢匠 10 人。内府各部门共有装潢匠 21 人，熟纸匠 17 人。这些工匠，肯定为技艺高超者。

唐代的造纸技术已达很高的水平。敦煌藏经洞出土的唐代大量文书，都是纸写本或刻印本，这些纸样可以反映唐代造纸的技术状况。从唐代纸的颜色来看，以黄色、浅黄色为多，白色纸也占一定比例。其中黄纸多经染潢防虫处理。这些唐代纸文书中，造纸原料以麻为多，也有用树皮为原料者，树皮为楮皮和桑皮。这些纸多数打浆均匀，纸面平整、光洁。据史料记载，唐代造纸地域分布很广，北到幽州，西到吐鲁番地区，南到广州，都有造纸作坊，而今天的江苏、浙江、江西等地，是主要的纸张产区。唐代最著名的纸还有各色笺纸，称为“松花”、“金沙”、“流沙”、“彩霞”等。当时最为人们称道的，是四川校书薛涛所自制的一种小型深红色笺纸，被称为“薛涛笺”。④

纸的染潢防蠹技术约起源于南北朝时期，贾思勰的《齐民要术》中就介绍了染潢技术。到了唐代，染潢技术发展到高峰。敦煌出土的唐代很多书中、很多卷本中都有装潢匠的名字，如解善集、王恭、许芝、辅文开等。

二、五代的书籍装帧和印刷用料

五代时期的印刷业较唐代又有发展，不但印刷品种更多，而且印刷的地域更广。但由于种种原因，流传至今的印刷品实物十分稀少，只有敦煌藏经洞出土的十几件印刷品和近几十年出土的五代吴越国刻印的佛经几件。

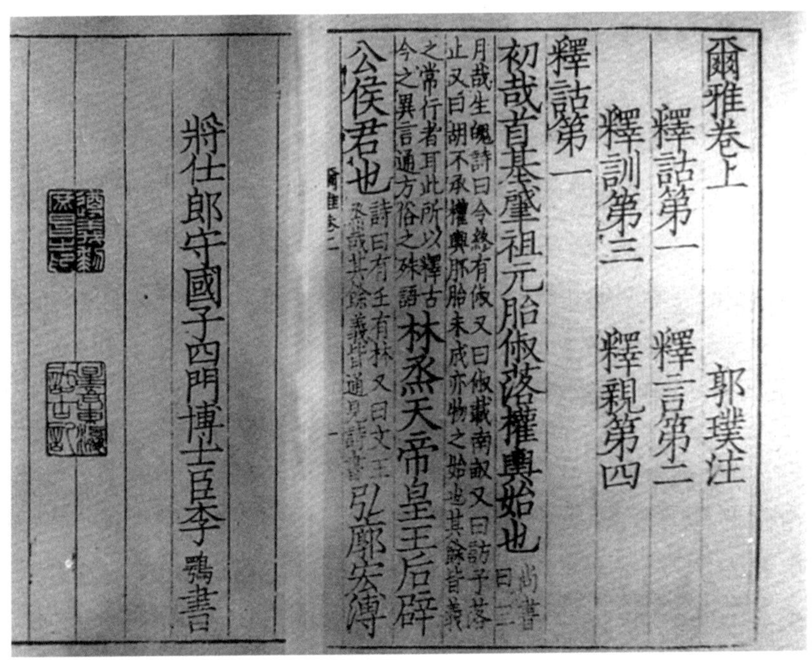
爾雅卷上　郭璞注

釋詁第一　釋言第二

釋訓第三　釋親第四

釋詁第一

初哉首基肇祖元胎俶落權輿始也　尚書曰三月哉生魄詩曰令終有俶又曰俶載南畝又曰訪予落止又曰胡不承權輿胎未成亦物之始也其餘皆義之常行者耳此所以釋古今之異言通方俗之殊語

林烝天帝皇王后辟公侯君也　詩曰有壬有林又曰文王烝哉其餘義皆通見詩書

弘廓宏溥

將仕郎守國子四門博士臣李鶚書

图 2-35 《尔雅》，北宋国子监依照五代监本翻刻本，蝴蝶装。

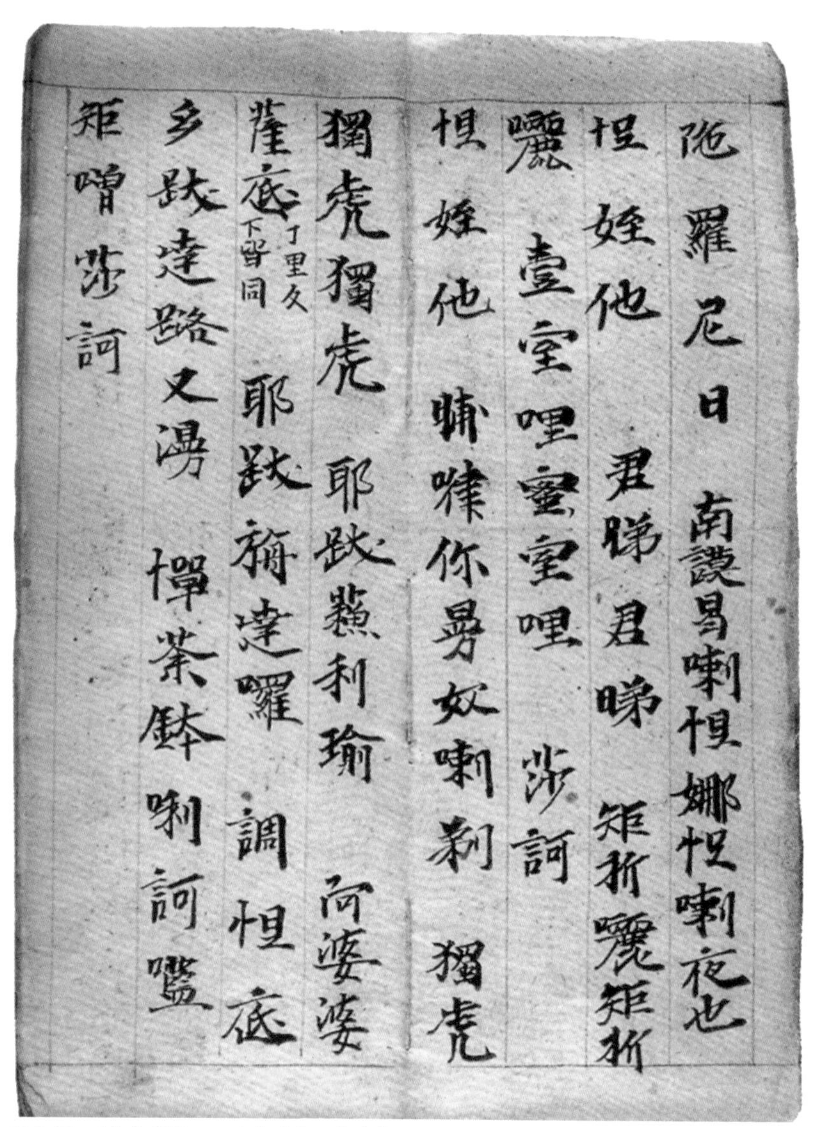

图 2-36 《金光明经》，五代写本，缝缋装。

敦煌藏经洞出土的一批五代瓜州、沙州军事首领曹元忠刻印的佛像，形式为上图下文，刻印精良，反映出当时西北地区已有很高的刻印水平。有一件几张佛经裱贴在一起，中间小佛像涂彩，反映了当时人们对印刷品装潢的向往。

近年来，有的印刷史著作中，介绍了几件五代的佛教图版，其中有一件佛经插图非常近似于辽代佛经插图，可能为五代后期的刻本。

敦煌文献中，有多件经折装实物，其中一件雕版印刷品为五代时曹元忠主持刻印的《金刚般若波罗蜜经》，现藏于伦敦不列颠图书馆内。全书高 13.6 厘米，宽 10 厘米，版框高 12.2 厘米，宽 8.8 厘米，每面四周有边线，每面文 7 行，文字行间无行线，是一种最早期的经折装。该书末页印有“天福十五年己酉岁五月十五日记”，下一页刻有“雕版押衙雷延美”，按此年代推算应为 950 年。

英国人斯坦因在他的《敦煌取书录》中，对敦煌出土的一件五代刻印的佛经的装帧形式作过如下描述："又有一小册佛经，印刷简陋……书非卷子本，而为折叠而成……折叠本书籍，长幅接连不断，加以折叠……最后将其他一端悉行粘稳，于是展开以后甚似近世书籍。是时为乾祐二年，即纪元后949年。"这说明在敦煌文书中，经折装不在少数。

蝴蝶装约起源于五代，由冯道发起的在国子监刻印儒家经典总集《九经》的工作，是历史上第一次由政府组织的大规模刻书活动。当时刻印的《九经》，已经采用了蝴蝶装。由于当时的印本未能流传下来，而又未见其装帧形式的介绍，很难确定其真实性。现存日本的北宋初期印刷的《尔雅》一书，后有"将仕郎守国子四门博士臣李鹗书"一行文字，因为李鹗是五代国子监本《九经》的写版者，可以推断，这本应为照五代本翻刻或就是用五代国子监旧版刷印的，从版式来看，这是典型的蝴蝶装的版式特点。由此可见，五代监本《九经》的版式和装帧形式，对宋代印刷有着直接的影响。

五代还有一种书籍装帧形式，叫缝缋装。其实物有五代写本《金刚般若波罗蜜经》，装订方法是在书页中缝处打眼，然后穿线，最后在中间打结系扣。

五代的印刷物料也有一定的发展，制墨技术有很大的提高，最有名的是南唐李廷圭制的墨，被称为天下绝品。

五代的造纸业遍及南北。南唐置纸务官，"求纸工于蜀"，所造澄心堂纸，出于良工之手。益州以产黄麻纸而著名。吴越国温州所产的纸，洁白紧滑。钱氏印书多用余杭藤纸。

第五节 版画艺术的发端

一、唐代为中国版画艺术的初始阶段

唐代为中国木雕版画艺术的初始阶段，其中佛教版画最早出现。据唐末学者冯贽《云仙散录》卷五引《僧园遗录》载：“玄奘以回锋纸印普贤像，施于四众，每岁五驮无余。”这是中国史籍上明确提到版画刊印的最早记载，玄奘法师则成为史籍所载刊印过佛教版画作品的第一人。可惜他所刊印的普贤像并没有片纸流传。有学者认为，这种印像，可能为雕版印刷，也可能是采用捺印法。

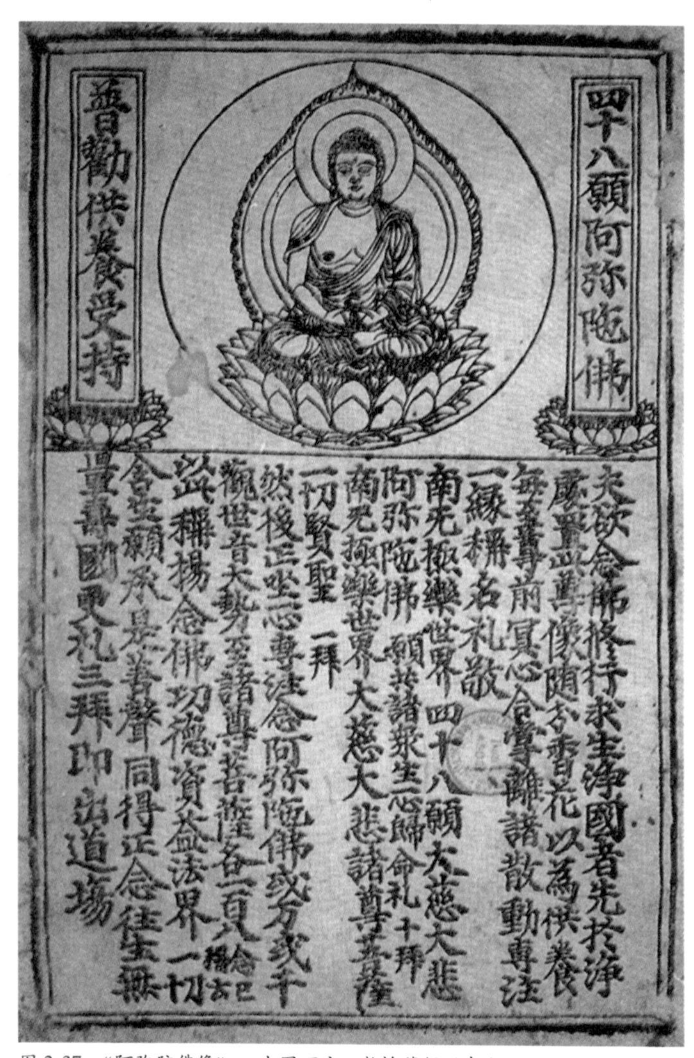

图 2-37 《阿弥陀佛像》，上图下文，敦煌藏经洞出土。

图 2-38 捺印佛像木版。

图 2-39 唐捺印佛像，出自敦煌千佛洞。

图 2-40 唐《金刚般若波罗蜜经》卷首画，出自敦煌藏经洞。

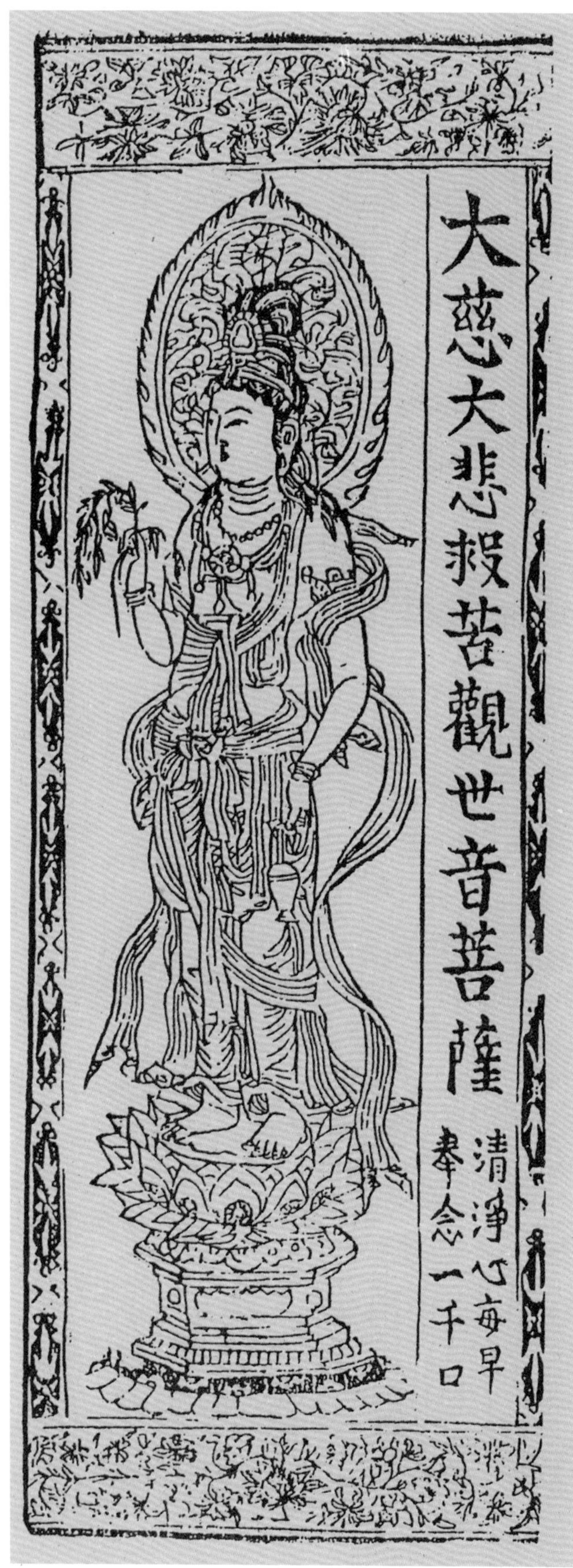

图 2-41 《大慈大悲救苦观世音菩萨》，独幅雕版佛画，五代刻印，出自敦煌藏经洞。

唐代佛教版画遗存中，最重要的作品是唐咸通九年（868）刊印的《金刚般若波罗蜜经》卷首图，是现存具有确切年代题记的最早的雕印版画。此幅上的佛尊、长老、护法之神、僧众及信徒，各具神态，栩栩如生，这足以说明雕版者不仅有一定的绘画修养，而且能够做到执刀如笔，运刀自如，从而精确地刻画出了人物的性格特点。

唐代佛教版画实物遗存数量虽少，但却有非凡的意义。这些作品就是中国古代佛教版画的源头，从而证明了雕印佛佛像是雕版印刷术的初期产品。

二、五代十国时期版画艺术的兴盛

五代十国是中国历史上一个大动荡、大分裂、大混乱的时期，虽然历时不长，但发端于隋唐的雕版印刷，在此期间取得了长足的进步。五代版画的实物印刷比唐代有进一步发展。

出土于敦煌藏经洞的独幅雕版佛画《大圣毗沙门天王像》，上图下文，描绘了毗沙门的威武形象。线条稳健工整，飘带潇洒流畅，是敦煌所出五代佛教版画最典型的版式。

《大慈大悲救苦观世音菩萨像》，其雕刻风格与《大圣毗沙门天王像》相近，菩萨像构图简练，像四周有花边装饰。观世音足踏莲花台，一手拈莲花，一手提宝瓶，头部有单线项光，并悬有宝盖，如同毗沙门天王像一样，观世音的背肩也垂有飘带，其形象肃穆而又慈祥。[⑤]

五代独幅雕版佛画《千手千眼观世音菩萨》，图中央刻绘千手千眼观世音菩萨坐于莲台上，无数臂膀向四周辐射，成一圆形。外刻诸天菩萨数十尊，空余

图 2-42 《千手千眼观世音菩萨》，出自敦煌藏经洞，五代刻印。

图 2-43 《释迦牟尼说法图》，五代刻印，出自敦煌藏经洞。

处用阴刻墨底烘托，黑白对比分明。此图是中国佛教版画史上第一幅千手千眼的密宗菩萨版画造型。

五代刻本《大圣文殊师利菩萨像》，版框两栏，上栏为文殊菩萨像，下栏为楷书题记。图中菩萨骑雄狮之上，右手持如意。左立一童子合掌礼拜，右立驯狮人挽住猛狮缰索，画面极为饱满。

除此之外，吴越国王钱俶刻印的经卷、佛像、咒图的数量也很大。

五代版画，虽然大多张幅狭小，图像有粗率之感，但这个时期已经兴起的雕印以及此时广为流行的独幅版画形式和印刷敷彩版画，为宋代版画的发展奠定了良好的基础。

注释与参考书目：

①高楠顺次郎主编.《大正新修大藏经》第50册.东京：大正一切经刊行会，1927：275.

②张秀民，韩琦.《中国印刷史》.杭州：浙江古籍出版社，2006：11.

③张秀民，韩琦.《中国印刷史》.杭州：浙江古籍出版社，2006：33-37.

④钱存训.《中国纸和印刷文化史》.桂林：广西师范大学出版社，2004：88.

⑤周心慧.《中国古版画通史》.北京：学苑出版社，2000：37.

第三章 繁荣昌盛的宋代印刷

(960-1279)

第一节 宋代印刷概述

印刷术经过唐、五代几百年的发展，在工艺技术上已臻成熟，培养了不少雕刻印刷的能工巧匠，这就为宋代印刷的发展，在人力、物力和技术上创造了有利的条件。

公元960年，赵匡胤统一了中国大部分地区，结束了五代分裂割据的局面。在宋代300多年的时间里，由于社会经济得到恢复和发展，统治者奉行重文轻武的政策，重视文化和教育，积极推行科举，倡导佛教，并注重收藏、编撰和整理图书，因此文化事业繁荣昌盛，学术思想空前活跃，从而促进了印刷业的发展与兴盛，无论是印刷技术、印刷质量、印刷品种和印刷地域的分布等，都远远超过了以前任何时代。造纸、制墨技术的提高，为印刷提供了优质材料。民间作坊印刷的兴起，使印本书开始成为商品。书籍流通的加强，使书商成为一个新兴的行业。

宋代印刷术繁荣的标志是：其一，印刷业遍及全国，而且形成了开封、杭州、成都、建阳、江西等几个印刷业较集中的地区。其二，官方印刷规模宏大，从中央到地方的各个部门，都从事过印刷活动。其三，民间印刷空前活跃，除了私家印刷、寺院印刷外，还涌现出一批以盈利为目的的印刷作坊，书籍及各种印品已作为商品在社会上流通，使社会的书籍总量大增，有力地推动了社会文化的发展。其四，印刷的品种，已由过去的以佛经佛像为主，逐渐演变为以刻印经、史、子、集等书为主。这种书籍品种的多样性，是社会文化发展的需求。其五，书籍的刻印水平达到历史的高度。纸墨上乘、刻印精良、装帧典雅等，代表了宋版书的特点。其六，在宋代印刷繁荣的大背景下，宋代的毕昇，在世界上第一个发明了活字印刷术，时间是在北宋仁宗庆历年间（1041—1048），它比欧洲最先用活字印《圣经》的谷腾堡还要早400年。活字印刷术的发明，是印刷史上一次伟大的革命。

宋代刻书十分注意质量，优选底本，精于校勘，以唐楷写版，请良工镌刻，选上等纸墨。精于印装，代表了宋版书刻印的主流，历代藏书家重视宋刻本，就因宋刻本的这种高雅品质。

图 3-1 《清明上河图》（局部），北宋画家张择端绘制，反映了宋京城开封的繁荣景象。

第二节 宋代书籍的雕版印刷

一、宋代官方书籍刻印

官方印刷起源于唐代。五代时，官方印刷开始活跃，最著名的有冯道、田敏等人发起组织的在国子监刻印《九经》。这也是历史上最早的国子监印书。还有吴越国王钱俶下令大量刻印佛经。

进入宋代以后，官方印刷大兴，从中央机构到地方各级机构，大都从事过印书活动。中央机构国子监、崇文院、秘书省、国史院、刑部、大理寺、进奏院、左司郎局、德寿殿等，都印过书。地方各级政府各路使司、府、州、军县、公使库，以及各类官办学校等，都从事过印刷活动。

（一）宋代中央政府对书籍的编撰与刻印

宋代中央主管印刷的机构是国子监，国子监既是最高学府，又是中央政府刻书的主要单位，所刻之书称为监本。五代时，国子监刻印《九经》。进入宋代后，国子监接收了五代时的印版，并成立了国子监印书机构。北

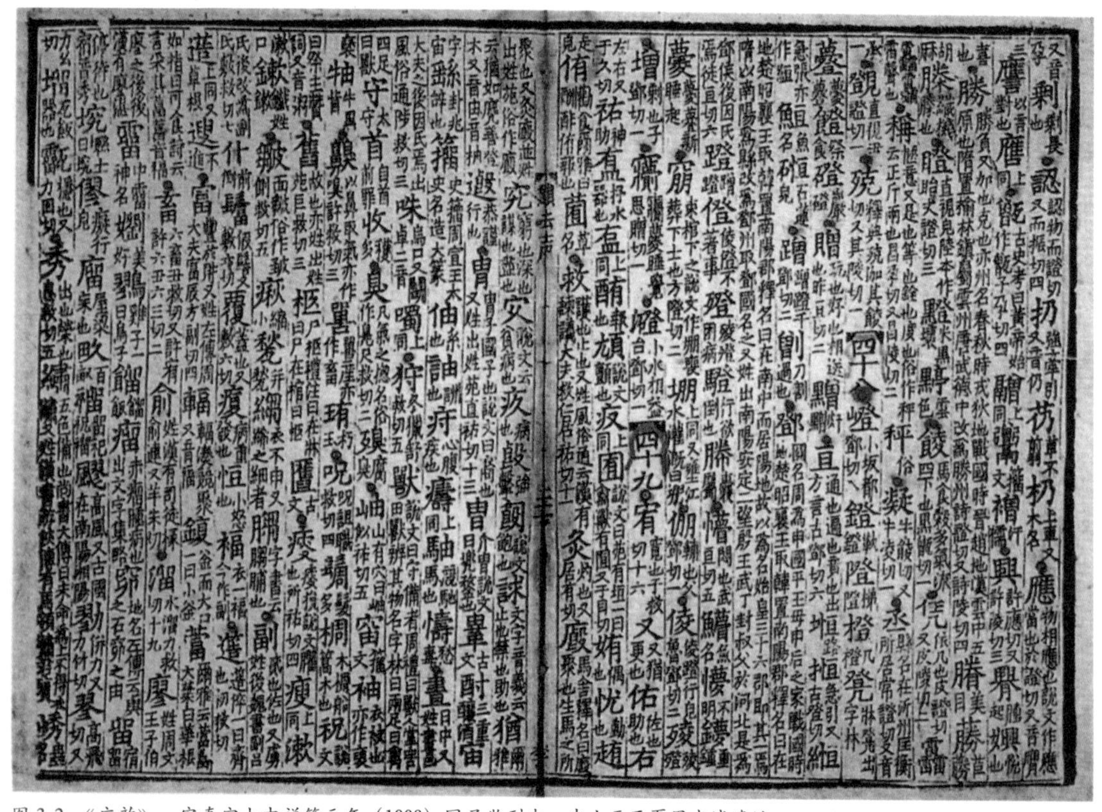

图 3-2 《广韵》，宋真宗大中祥符元年（1008）国子监刊本，出土于西夏黑水城遗址。

宋建立后仅四十多年的时间，国子监就已存印版十余万，包括经、史、子、集诸书。但是，北宋末年的“靖康之难”使国子监书版被金人劫掠北还，现在只有极少的北宋刻本流传。南宋时期，国子监等中央政府的刻书已衰微，所谓的国子监本大部分是下发各州郡刊刻的。到目前为止，北宋国子监刻本流传下来的十分稀少。在俄藏黑水城文献中，有北宋刻本《广韵》一书，就是国子监刻本。《广韵》由陈彭年、邱雍等依据隋陆法言《切韵》撰修而成，完成于大中祥符元年（1008），于大中祥符四年（1011）由国子监刻印。

宋代统治者主张兴文教、息武事，注重笼络知识分子，培养人才，因此，宋代上到王公贵臣，下到县官小吏，都非常重视文化事业的发展。如宋太宗多次视临国子监，命博士李览讲《易》、孙爽讲《书》；宋神宗一朝先后数次赐赠国子监银缗；南宋统治者虽然身负国耻家仇，但崇尚儒经、发展文化事业的宗旨毫不动摇。皇帝多次下令“取好监本书籍，镂版颁赐”，“对监中其它阙书，令次第镂版，虽重有费，不惜也，由是经籍复全”。

以国子监为代表的宋代官刻，将所刻书作为民间范本，注重选择优秀底本，校勘审慎，保证内容和文字的准确，因此质量非常高。以国子监为代表的宋代中央政府编撰和刻印的书籍主要集中在以下几类。

1. 儒家经典

从宋太宗端拱元年(988)至真宗咸平四年(1001)，国子监将十二部儒家经典著作的经、传、正义全部出齐。从960年建立宋朝到1005年间，由于大量刻印儒家经典著作，阐发经学思想及经书之音注、疏、正义等著述，经书版片已经增加了二十多倍，反映出宋代统治阶级对儒学思想的重视。

南宋初国子监所刻《周易》单疏本，为传世孤帙，全十四卷。《周易》亦称《易经》，儒家经典之首，三国魏王弼和晋韩康伯均为《易经》作注，

图3-3《周易正义》，南宋绍兴国子监刻本。

图3-4 《唐玄宗御注孝经》，疑为北宋天圣至明道年间（1023—1032）刊。

唐代孔颖达奉太宗命主编《五经正义》，首即《周易正义》。正义又称疏，系在正经注基础上，融合众多经学家见解，对原有经注进行疏证，并对注文加以注解。唐宋以来，历代科举取士皆以经书及其注疏为依据，故群经注疏之写本、刻本流传甚多。北宋国子监有诸经正义单刻本，称单疏本，南宋时又复刻之。今传世群经注疏以单疏本为最早，而流传较少。此本半版15行，行26字，白口，左右双边，间有补版。刻工有包端、王政、朱宥、章宇、陈常、顾仲、弓成、王允成、李询、徐高等，皆南宋初杭州地区名匠。卷后有端拱元年（988）衔名一页，前人因谓为北宋刊本。查卷中“桓”、“构”等字缺笔，证以刻工，实属南宋初复刻北宋本。

《唐玄宗御注孝经》是唐以后中国历史上最通行的《孝经》注本，与玄宗以前最流行、最权威的《孝经郑氏解》、《古文孝经孔传》相比较，《唐玄宗御注孝经》体现出三个明显的特点：一是行文风格精练、平实、明白易懂；二是在学术质量上，博采前代旧注之长，超拔众家；三是在思想内容上，紧密联系现实，充分贯彻教化天下的精神。这些特点是《唐玄宗御注孝经》能取代过去一切旧注，成为后世最主要的《孝经》注本的重要原因。

2. 史部书的刻印

从宋初到北宋末年，几乎所有的正史都由国子监镂版印刷。宋代校刻的史书有《史记》、《汉书》、《后汉书》、《三国志》、《晋书》、《南史》、《北史》、《隋书》、《宋书》、《南齐书》、《梁书》、《陈书》、《魏书》、《北齐书》、《周书》、《新唐书》、《新五代史》等。

《通典》是中国第一部典章制度的百科全书。作者杜佑曾任唐朝节度使和宰相等职，对中央及地方制度极为熟悉，他采录历代典籍，溯寻制度

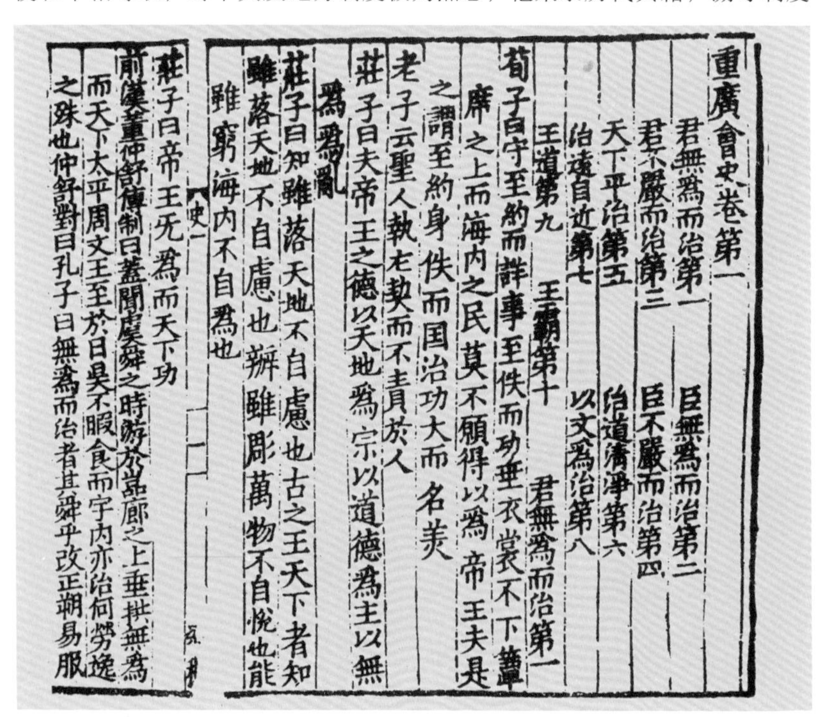
重廣會史卷第一
君無爲而治第一　臣無爲而治第二
君不嚴而治第三　臣不嚴而治第四
天下平治第五　治道清淨第六
治遠自近第七　以文爲治第八
王道第九　王霸第十　君無爲而治第一
荀子曰守至約而詳事至佚而功垂衣裳不下簟
席之上而海内之民莫不願得以爲帝王夫是
之謂至約身佚而国治功大而名美
老子云聖人執左契而不責於人
莊子曰夫帝王之德以天地爲宗以道德爲主以無
爲爲常
莊子曰知雖落天地不自慮也古之王天下者知
雖落天地不自慮也辯雖彫萬物不自悦也能
雖窮海内不自爲也
史一
莊子曰帝王无爲而天下功
前漢董仲舒傳制曰蓋聞虞舜之時游於巖廊之上垂拱無爲
而天下太平周文王至於日昃不暇食而宇内亦治何勞逸
之殊也仲舒對曰孔子曰無爲而治者其舜乎改正朔易服

图3-5 《重广会史》，约北宋徽宗年间（约1101）官刻本。日本昭和二至三年（1927—1928）尊经阁珂罗版影印北宋本。

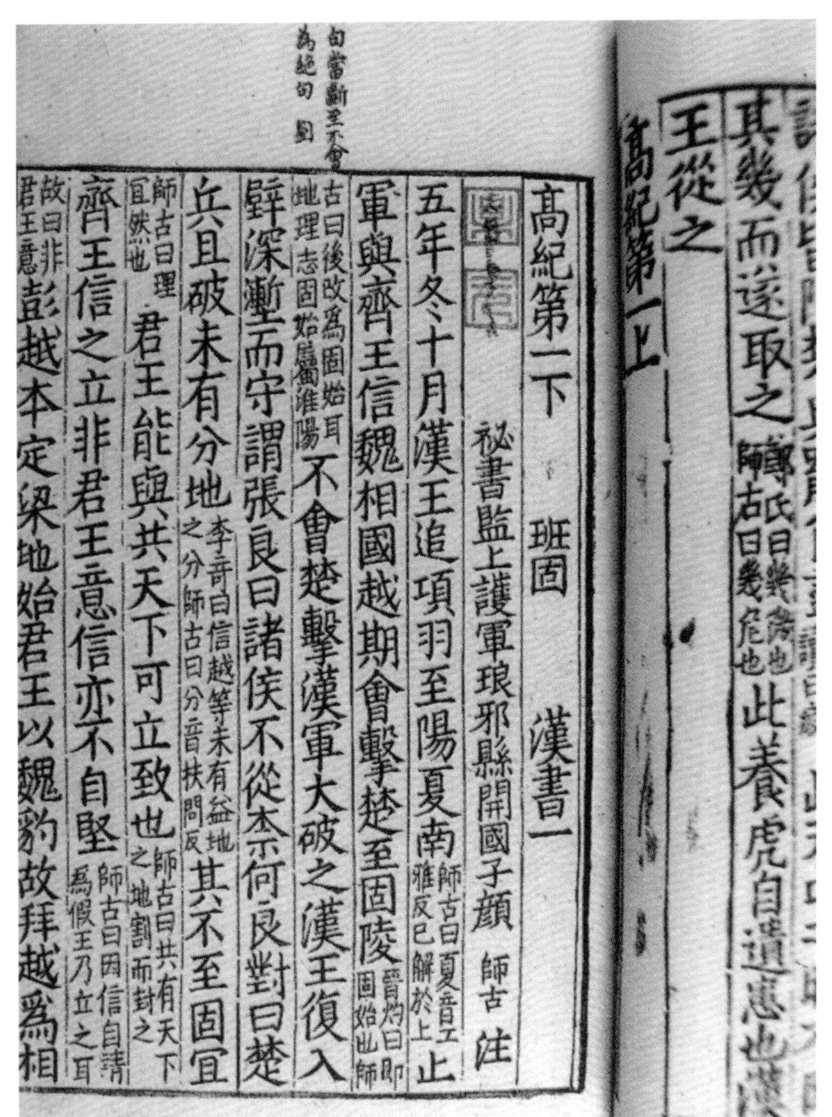

高紀第一下　班固　漢書一

秘書監上護軍琅邪縣開國子顏　師古　注

五年冬十月漢王追項羽至陽夏南止師古曰夏音工雅反已解於上軍與齊王信魏相國越期會擊楚至固陵晉灼曰即固始也師古曰後改爲固始耳地理志固始屬淮陽不會楚擊漢軍大破之漢王復入壁深塹而守謂張良曰諸侯不從柰何良對曰楚兵且破未有分地李奇曰信越等未有益地之分師古曰分音扶問反其不至固宜師古曰理宜然也君王能與共天下可立致也師古曰共有天下之地割而封之齊王信之立非君王意信亦不自堅師古曰因信自請爲假王乃立之耳故曰非君王意彭越本定梁地始君王以魏豹故拜越爲相

图 3-6　《汉书》注，南宋初国子监刊北宋监本。

的沿革变迁，希望为唐帝国绘就一幅臻于理想的政治蓝图。《通典》就是一部古代与现代对话、理想与实际结合的典籍。

《重广会史》是一部北宋中期的类书，自北宋后期在中国就失传了，自南宋后各收藏书目均未对其进行收录介绍。20 世纪 20 年代在日本影印，又得以流传于世。《重广会史》只设门类，每门下引正史若干条，其取材类似《册府元龟》。

唐颜师古注的《汉书》内容丰富，它涉及西汉一朝生活的方方面面。但由于年代久远，政治制度、社会习俗都已经发生了变化，一些特定的指称，或废而不用，或表示别的意思。有南宋国子监本流传。

3. 其他各类著作的刻印

北魏贾思勰所著《齐民要术》，是我国最早的一部农业百科全书，为我国人类文化史尤其是科技史上一部划时代的巨著，达尔文在其名著《物种起源》中盛赞它为“中国古代的百科全书”。北宋天圣年间（1023—

封内草中下土厚七八寸於上燃乾牛糞火通夜勿絕明日周
時醬出便熟臨食細切葱白著麻
油炒葱令熟以和肉醬甜美異常也
作魚醬法去鱗淨洗拭令
乾如膾法披破縷切之去骨大率成魚一斗用
黄衣三升白鹽二升乾薑一升橘
皮一合和令調均内瓮子中泥密封日曝

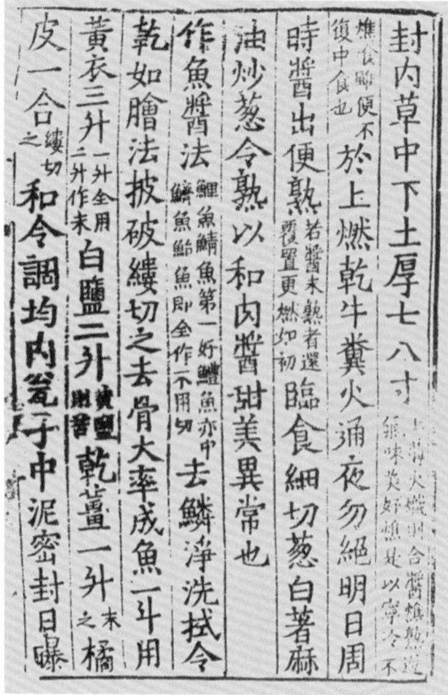

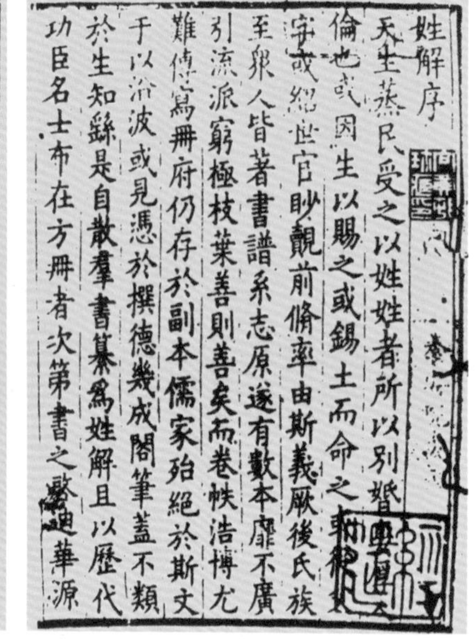

图 3-7 《齐民要术》，北魏贾思勰著，北宋天圣年间（1023—1031）崇文院刊本。

姓解序
天生蒸民受之以姓姓者所以別
倫也或因生以賜之或錫土而命之
字或紹世官眇覿前脩率由斯義厥後氏族
至衆人皆著書譜系志原遂有數本靡不廣
引流派窮極枝葉善則善矣而卷帙浩博尤
難傳寫冊府仍存於副本儒家殆絕於斯文
于以沿波或見憑於撰德幾成閣筆蓋不類
於生知繇是自散羣書纂爲姓解且以歷代
功臣名士布在方冊者次第書之

图 3-8 《姓解》，宋邵思撰，北宋景祐二年（1035）国子监刻印。

1032）崇文院有刻本，但流传至今者已难觅原貌。

国子监先后校刻了医学类著作《太平圣惠方》、《黄帝内经素问》、《难经》、《千金翼方》、《黄帝针经》、《金匮要略》、《补注本草》等，展示了古代以来的重要医学成果。

宋太宗雍熙三年（986），中书门下敕令国子监雕印《说文解字》。宋仁宗庆历三年（1043），又雕版《群经音辨》。此外，诸子百家书如《荀子》、《文中子》、《孙子》、《尉缭子》、《六韬》等也刻版印刷。北宋景祐二年（1035）刻印了《姓解》。

除国子监刻书之外，宋代中央政府各机构、各部门也都刻书，如崇文院、秘书监、太史局、德寿殿、左司廊局等都有刻印书籍的活动。有些部门则刻些与本职权相关的专业书籍。但是总的情况是，各部门刻书，仍以经、史著作为主。例如：崇文院于咸平三年（1000）刻印《吴志》三十卷，天圣二年（1024）刻印《隋书》八十五卷，天圣七年（1029）刻印孙奭《律文》十二卷、《音义》一卷，宝元二年（1039）刻印贾昌朝《群经音辨》七卷。此外，从986年到1034年间崇文院与国子监校刻了《说文解字》、《广韵》、《玉篇》以及《集韵》、《孔部韵略》等字书、韵书。

秘书监于元丰七年（1084）校刻张邱建《算经》三卷，唐王孝通《辑古算经》一卷。

隶属秘书省的太史局，还设有专门印刷历书的机构。

宋代中央政府刻书，对中国古代雕版印刷书籍的发展作出了很大贡献，为以后刻书事业的全面发展奠定了基础，影响深远，在古代印刷史上占有重要的地位。其刻书特点是：政府重视，皇帝参与，把出版作为教化及维护封建统治的工具；宗旨明确，内容集中，多为经史御纂之书；人才荟萃，管理严格，刊本质量有保证；财力雄厚，不惜工本，纸墨装帧属上乘；地位显赫，作用突出，示范带动全国出版业。具体来说：

第一，宋代在国子监大量刻书的影响之下，推动了中央其他部门的刻书、印书活动。崇文院、司天监、太史局、秘书监、校正医书局等政府部门，也都开始刻书，并刻印了一批与其专职相关的书籍。

第二，国子监刻书发展到宋代，已经形成了一个独立体系。除担任最高学府的出版、管理机构以外，还兼任国家图书出版的发行任务。

第三，继承五代国子监刻书的传统。宋代国子监刻印书籍，注重选择优秀底本，校勘审慎，保证内容和文字的准确，对于经书读本的统一标准定本，要求更为严格。宋代国子监刻印经书，其行款格式沿袭五代之遗风。正因如此，宋监本儒家经典，版式宽阔，字大疏朗，再加上所用纸、墨优良，印刷技术精湛，成为后人翻刻、翻印古代典籍的标准范本。

（二）宋代地方政府的书籍印刷

北宋末年，金兵南下，原国子监书版全遭毁弃，秘书省、国子监的刻书力量被大大削弱。南宋建立后，中央政府令临安府及两浙、两淮、江东等地方政府部门搜集旧监本书籍、印版，然后送归国子监，南宋时期地方官刻书迅速发展起来。宋代实行路、州(府军监)、县三级地方行政管理制度。这三级行政机构都有刻书活动。其刻书覆盖地域最广，校勘审慎，刻印精美。南宋时期的官刻本书，指的主要就是地方官府的刻书。

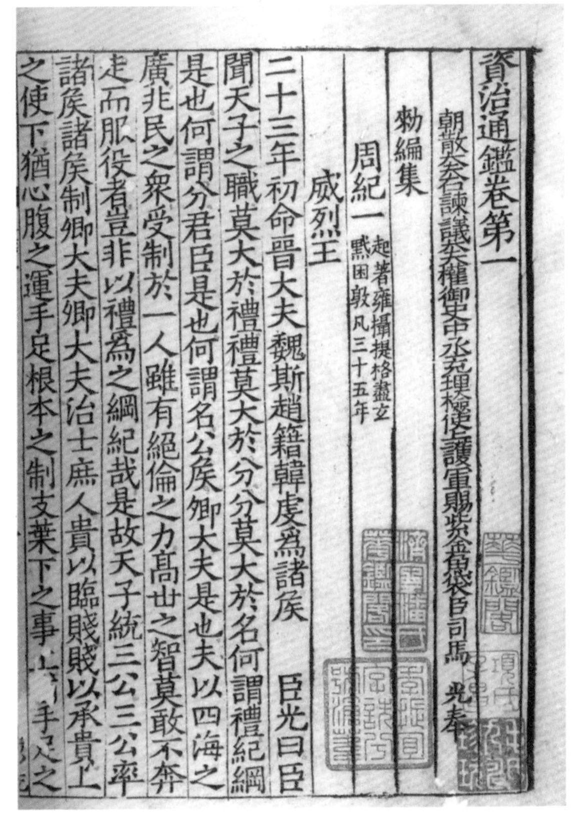

資治通鑑卷第一

朝散大夫右諫議大夫權御史中丞充理檢使上護軍賜紫金魚袋臣司馬光奉

勑編集

周紀一 起著雍攝提格盡玄黓困敦凡三十五年

威烈王

二十三年初命晉大夫魏斯趙籍韓虔爲諸侯 臣光曰臣聞天子之職莫大於禮禮莫大於分分莫大於名何謂禮紀綱是也何謂分君臣是也何謂名公侯卿大夫是也夫以四海之廣兆民之衆受制於一人雖有絕倫之力高世之智莫敢不奔走而服役者豈非以禮爲之紀綱哉是故天子統三公三公率諸侯諸侯制卿大夫卿大夫治士庶人貴以臨賤賤以承貴上之使下猶心腹之運手足根本之制支葉下之事上猶手足之

图3-9 《资治通鉴》，宋司马光编，绍兴二年（1132）两浙东路茶盐司刻印。

1. 路级政府刻书

南宋共分为十五路，政府在各路设置茶盐司、安抚司、转运司、提刑司等机构，主管茶盐专卖、民政、水路转运、财政税收、提点刑狱诉讼等事务。这些机构，掌握着各地方的政治经济命脉，有较雄厚的力量和条件，也竞相从事刻书、印书。今存有安抚使司、转运司、茶盐司、漕台、漕治、仓司、计台等刻本。

两浙东路茶盐司，是刻书最多的机构，据记载，在北宋时就曾刻印过《外台秘要》40卷，南宋高宗绍兴三年（1133）刻印大部头书《资治通鉴》294卷。此机构所印的书现知的还有《事类赋》30卷，《周易注疏》13卷，《周礼疏》50卷，《尚书正义》20卷，《唐书》200卷，《礼记正义》70卷。这些书的刻印都十分精良。

荆湖北路安抚使司于绍兴十八年（1148）刻印《建康实录》20卷，半页11行，每行20字，注文小字双行，左右双边，有明清多家藏书印。

邵子

漁樵問對

漁者垂釣于伊水之上樵者過之弛擔息肩坐
于盤石之上而問于漁者曰魚可鈎取乎曰
然曰鈎非餌可乎曰否曰非鈎也餌也魚利
食而見害人利魚而蒙利其利同也其害異
也敢問何故漁者曰子樵者也與吾異治安
得侵吾事乎然亦可以爲子試言之彼之利
猶此之利也彼之害亦猶此之害也子知其
小未知其大魚之利食吾亦利乎食也魚之

邵子觀物內篇上

皇極經世之十一
觀物篇之五十一

物之大者無若天地然而亦有所盡也天之大
陰陽盡之矣地之大剛柔盡之矣陰陽盡而
四時成焉剛柔盡而四維成焉夫四時四維
者天地至大之謂也凡言大者無得而過之
也亦未始以大爲自得故能成其大豈不謂
至偉至偉者歟天生于動者也地生于靜者
也一動一靜交而天地之道盡之矣動之始
則陽生焉動之極則陰生焉一陰一陽交而

图 3-10 《邵子》，宋邵雍撰，宋咸淳年间（1265—1274）福建漕台刻本。

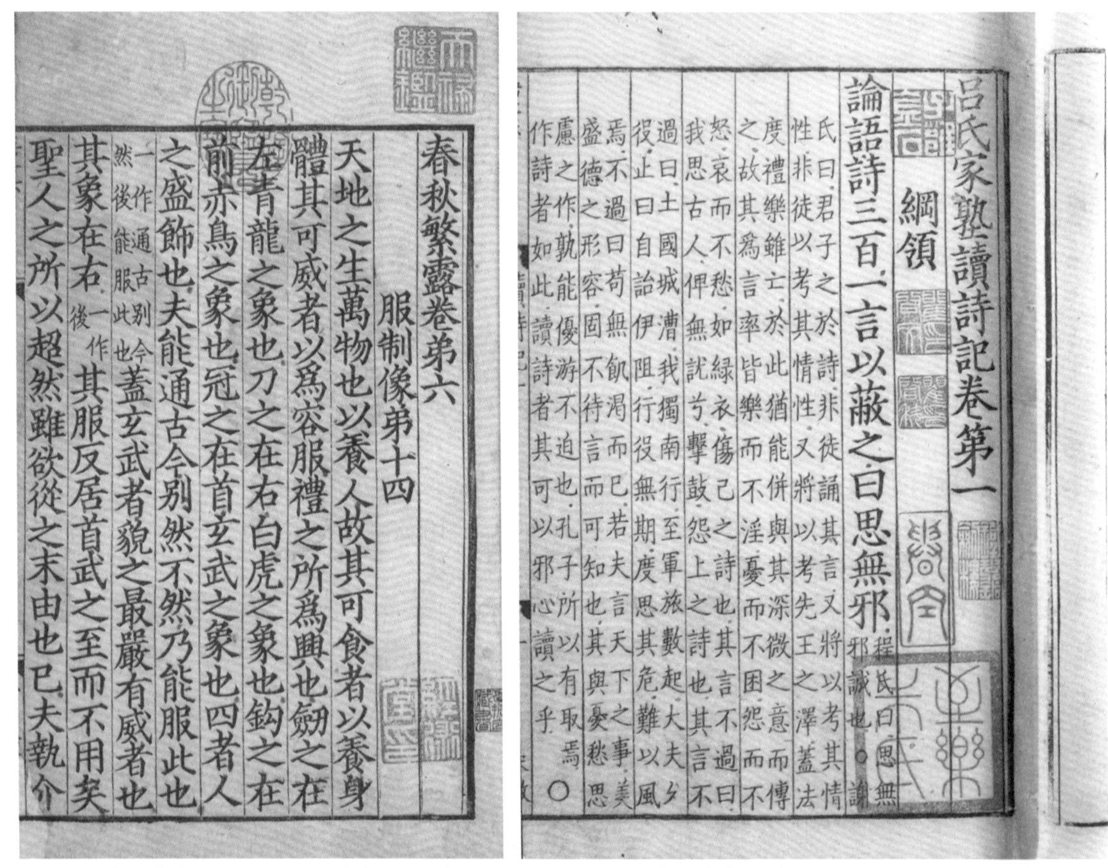

春秋繁露卷第六

服制像第十四

天地之生萬物也以養人故其可食者以養身
體其可威者以爲容服禮之所爲興也劒之在
左青龍之象也刀之在右白虎之象也鈎之在
前赤鳥之象也冠之在首玄武之象也四者人
之盛飾也夫能通古今別然不然乃能服此也
一作通古別今然後能服此也蓋玄武者貌之最嚴有威者也
其象在右一作後其服反居首武之至而不用矣
聖人之所以超然雖欲從之末由也已夫執介

呂氏家塾讀詩記卷第一

綱領

論語詩三百一言以蔽之曰思無邪程氏曰思無邪誠也○謝
氏曰君子之於詩非徒誦其言又將以考其情
性非徒以考其情性又將以考先王之澤蓋法
度禮樂雖亡於此猶能併與其深微之意而傳
之故其爲言率皆樂而不淫憂而不困怨而不
怒哀而不愁如綠衣傷己之詩也其言不過曰
我思古人俾無訧兮擊鼓怨上之詩也其言不
過曰土國城漕我獨南行至軍旅數起大夫久
役止曰自詒伊阻行役無期度思其危難以風
焉不過曰苟無飢渴而已若夫言天下之事美
盛德之形容固不待言而可知也其與憂愁思
慮之作孰能優游不迫也孔子所以有取焉
作詩者如此讀詩者其可以邪心讀之乎 ○

图 3-11 《春秋繁露》，汉董仲舒撰，宋嘉定四年（1211）江右计台刻本。

图 3-12 《吕氏家塾读诗记》，宋淳熙九年（1182）江西漕台刻本。

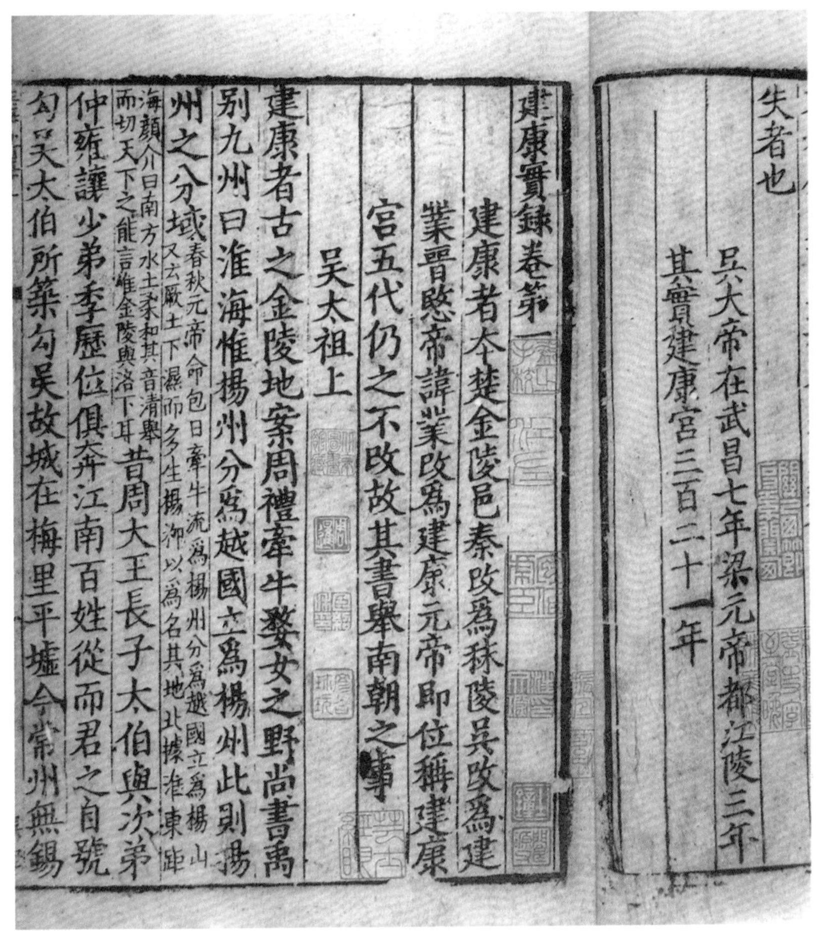
失者也
吳大帝在武昌七年梁元帝都江陵三年
其實建康宮三百二十一年

建康實録卷第一
建康者本楚金陵邑秦改爲秣陵吳改爲建
業晉愍帝諱業改爲建康元帝即位稱建康
宮五代仍之不改故其書舉南朝之事
吳太祖上
建康者古之金陵地案周禮牽牛婺女之野尚書禹
别九州曰淮海惟揚州分爲越國立爲揚州此則揚
州之分域春秋元命包曰牽牛流爲揚州分爲越國立爲揚山又云厥土下濕而多生楊柳以爲名其地北據淮東距
海顏介曰南方水土柔和其音清舉而切天下之能言惟金陵與洛下耳昔周大王長子太伯與次弟
仲雍讓少弟季歷位俱奔江南百姓從而君之自號
句吳太伯所築句吳故城在梅里平墟今常州無錫

图 3-13 《建康实录》，唐许嵩撰，宋绍兴十八年（1148）荆湖北路安抚使刻本。

嘉定四年（1211）江右计台刻印的《春秋繁露》17 卷，半页 10 行，每行 18 字，注文小字双行，左右双边，中缝双鱼尾。宋代路一级政府所刻印的书，根据各种史料记载，约有百余种。

2. 公使库刻书

公使库刻印书籍，是宋代历史上的特有现象，这类刻书在版本学上称为“公使库本”。由于其版本的特色，刻印、校勘都很精良，历来受到藏书家的重视。

公使库是宋代地方上接待来往官吏的机构，相当于现在的招待所。宋代公使库其经费往往难以满足，为解决经费问题，各公使库曾进行过各种经营获利的活动，其中刻版印卖书籍，是其经营活动之一。现今所见公使库刻本，刻印都十分精良，受到历代藏书家的重视。从抚州公使库所刻印的《礼记注》来看，刻印的质量都达到了很高的水平。

据史料记载，北宋皇祐四年（1052），苏州太守王琪将自己的家藏本《杜工部集》经校正后，在公使库刻版，第一次就印刷了 1 万本，每本售价千钱，销路很好，有的富家一次就买十余部，盈利很丰，从而解决了经费问题。苏州公使库的印书活动很快推广到很多地区的公使库，从此，公使库印书之风大兴。

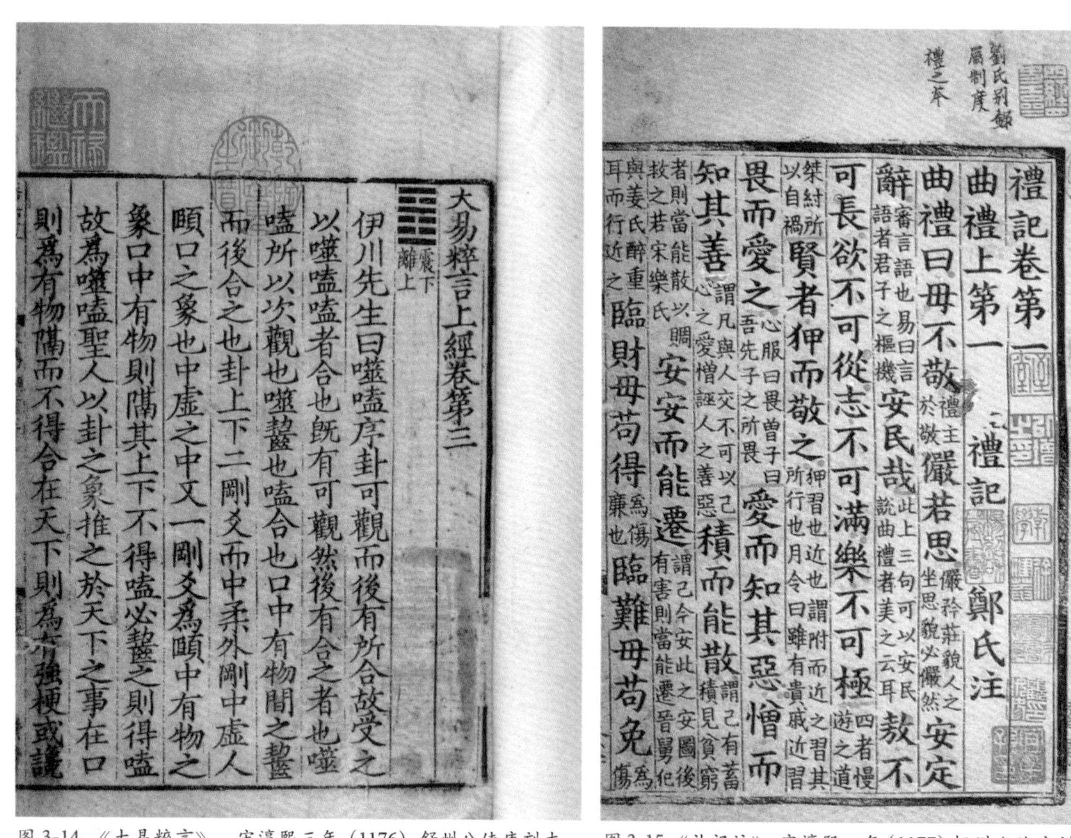
大易粹言上經卷第三
震下 離上
伊川先生曰噬嗑序卦可觀而後有所合故受之
以噬嗑嗑者合也既有可觀然後有合之者也噬
嗑所以次觀也噬齧也嗑合也口中有物間之齧
而後合之也卦上下二剛爻而中柔外剛中虛人
頤口之象也中虛之中又一剛爻爲頤中有物之
象口中有物則隔其上下不得嗑必齧之則得嗑
故爲噬嗑聖人以卦之象推之於天下之事在口
則爲有物隔而不得合在天下則爲有强梗或讒

图 3-14 《大易粹言》，宋淳熙三年（1176）舒州公使库刻本。

劉氏別錄屬制度 禮之萃
禮記卷第一
曲禮上第一 禮記 鄭氏注
曲禮曰毋不敬 禮主於敬 儼若思 儼矜莊貌人之坐思貌必儼然 安定
辭 審言語也易曰言語者君子之樞機 安民哉 此上三句可以安民說曲禮者美之云耳 敖不
可長欲不可從志不可滿樂不可極 四者慢遊之道桀紂所以自禍
賢者狎而敬之 狎習也近也謂附而近之習其所行也月令曰雖有貴戚近習 畏而愛之 心服曰畏曾子曰吾先子之所畏 愛而知其惡憎而
知其善 謂凡與人交不可以己心之愛憎誣人之善惡 積而能散 謂己有蓄積見貧窮者則當能散以賙救之若宋樂氏 安安而能遷 謂己今安此之安圖後有害則當能遷晉舅犯與姜氏醉重耳而行近之
臨財毋苟得 爲傷廉也 臨難毋苟免 爲傷

图 3-15《礼记注》，宋淳熙四年（1177）抚州公使库刻本。

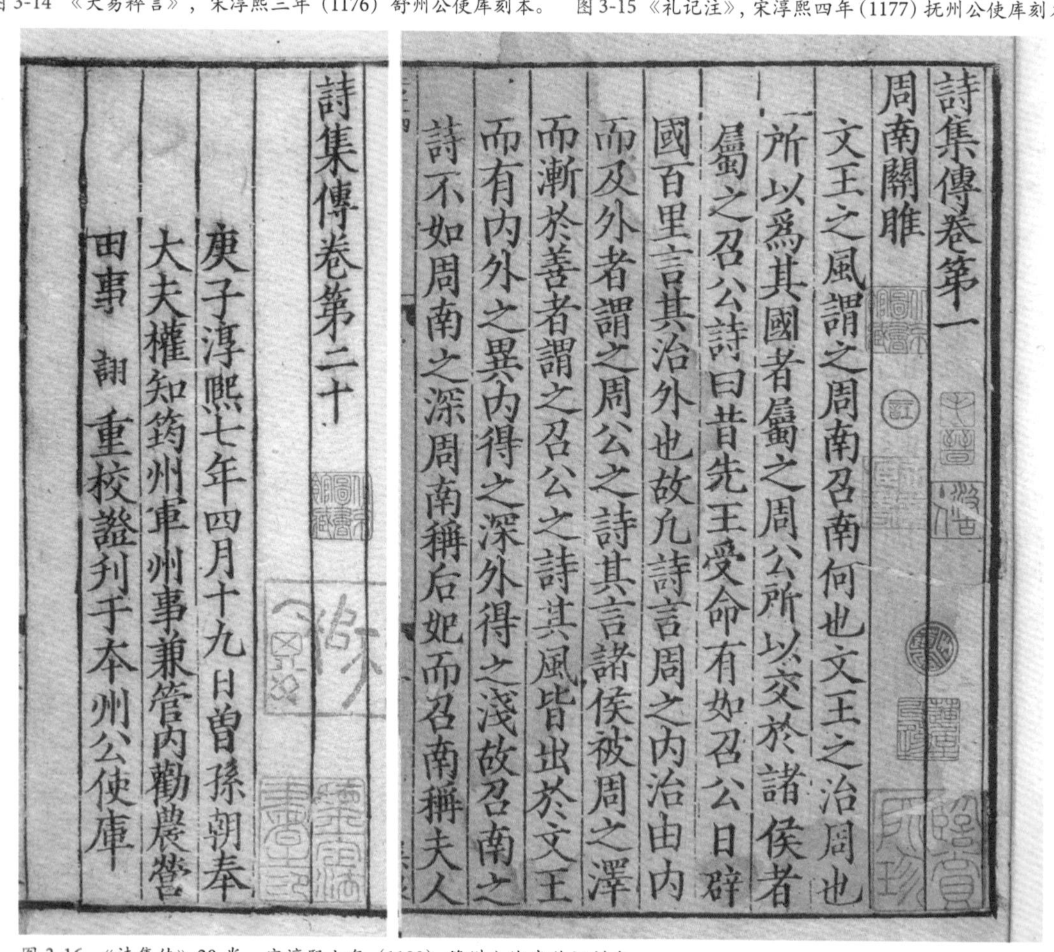
詩集傳卷第二十
庚子淳熙七年四月十九日曾孫朝奉
大夫權知筠州軍州事兼管内勸農營
田事 詡 重校讎刊于本州公使庫

詩集傳卷第一
周南關雎
文王之風謂之周南召南何也文王之治周也
所以爲其國者屬之周公所以交於諸侯者
屬之召公詩曰昔先王受命有如召公日辟
國百里言其治外也故凡詩言周之内治由内
而及外者謂之周公之詩其言諸侯被周之澤
而漸於善者謂之召公之詩其風皆出於文王
而有内外之異内得之深外得之淺故召南之
詩不如周南之深周南稱后妃而召南稱夫人

图 3-16 《诗集传》20 卷，宋淳熙七年（1180）筠州公使库苏诩刻本。

通过上述的材料可知，公使库印书是以盈利为目的的，是一种出版经营活动。地处今安徽安庆的舒州公使库，于淳熙三年（1176）刻印的《大易粹言》，书前印有如下牒文：“舒州公使库雕造……《大易粹言》雕造了毕昇……今具《大易粹言》一部记二十册，合用纸数印造工墨钱下项：纸幅耗费共一千三百张，装背饶青纸三十张，背青白纸三十张。棕墨糊药印背匠工食等钱共一贯五百文足，赁板钱一贯二百文足，本库印造见成出卖每部价钱八贯文足……”记载的是宋代官方印书的工本费及书的定价。

3．州（府、县）刻书

州、县政府所刻印的书在古籍版本学上称为郡斋本。由于这种版本所涉及的地区较多，总的印书量也很大，其中也不乏质量较好的版本。

在宋代，几乎所有的府、州、军、县均刻印书籍。特别是到了南宋，地方政府印书更为活跃。据有关版本学的著作统计，刻过书的地方政府有184处，其中两浙东西路有48处，是刻书最多的地区。江南东西路有37处，荆湖南北路28处，福建路23处，淮南东西路、四川路各18处，广南东西路最少，作为当时的偏远地区，也有10处刻书单位。

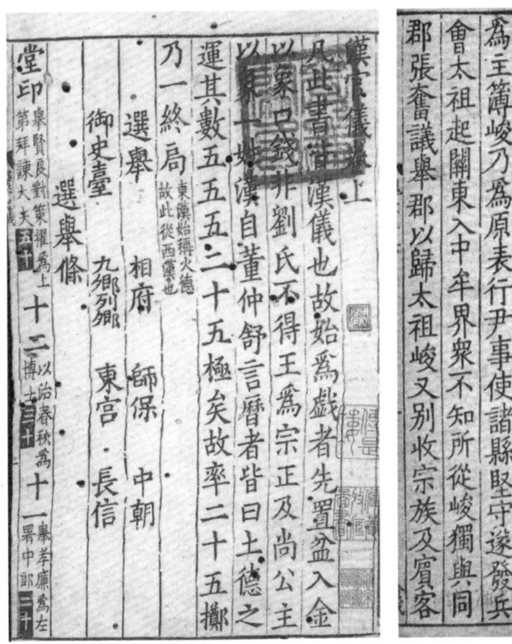
漢官儀卷上
凡此書皆漢儀也故始爲戲者先置盃入金
以象口錢非劉氏不得王爲宗正及尚公主
以[illegible]一始漢自董仲舒言曆者皆曰土德之
運其數五五五二十五極矣故率二十五擲
乃一終局 東漢始稱火德故此從西漢也
選舉 相府 師保 中朝
御史臺 九卿列卿 東宮 長信
選舉條
堂印 舉賢良對策擢爲上第拜諫大夫 五十 十二 以治春秋爲博士 二十 十一 舉孝廉爲左署中郎 二十

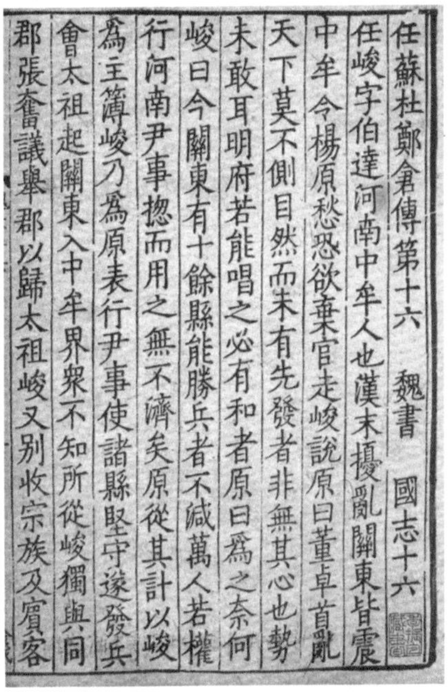

任蘇杜鄭倉傳第十六 魏書 國志十六
任峻字伯達河南中牟人也漢末擾亂關東皆震
中牟令楊原愁恐欲棄官走峻說原曰董卓首亂
天下莫不側目然而未有先發者非無其心也勢
未敢耳明府若能唱之必有和者原曰爲之柰何
峻曰今關東有十餘縣能勝兵者不減萬人若權
行河南尹事摠而用之無不濟矣原從其計以峻
爲主簿峻乃爲原表行尹事使諸縣堅守遂發兵
會太祖起關東入中牟界衆不知所從峻獨與同
郡張奮議舉郡以歸太祖峻又別收宗族及賓客

图 3-17 《汉官仪》，宋绍兴九年（1139）临安府刻本。

图 3-18 《三国志》，南宋地方政府刻本。

从北宋开始，就形成了一种官府刻书的现象，为官一任，总要刻印一两种书，既体现其风雅，又是一种政绩的表现。有的官员则利用这个机会，用公款刻印自己的著作或自己祖上的著作。这种公私兼顾的现象，是十分普遍的。

4．学校、书院印书

宋代十分重视教育，各府、州、军、县都设有学校，分别称为州学、府学、军学、郡斋、郡庠、学宫、学舍、县斋、县学。凡官办学校都配有学田，以资费用，很多学校都曾从事刻书活动。学校刻本也多校勘精细，刻印精工，是宋版书的一大门类。著名学校刻本有：淳熙八年（1181）泉州州学刻印的《程尚书禹贡论》，由当时泉州太守程大昌所撰，由州学教授陈应行校勘并负责刻印。泉州为印刷业发达地区，此书刻印十分精良，纸墨晶莹，光彩照人，开卷自有墨香，为宋代州学刻本之杰作。婺州州学于绍兴十七年（1147）刻印的《古三坟书》，刻印质量也属上乘。婺州即今浙江金华，也是印刷业发达的地区。

在学校中较高级的是书院。唐末至五代期间，战乱频繁，官学衰败，许多读书人避居山林，遂模仿佛教禅林讲经制度创立书院，形成了中国封

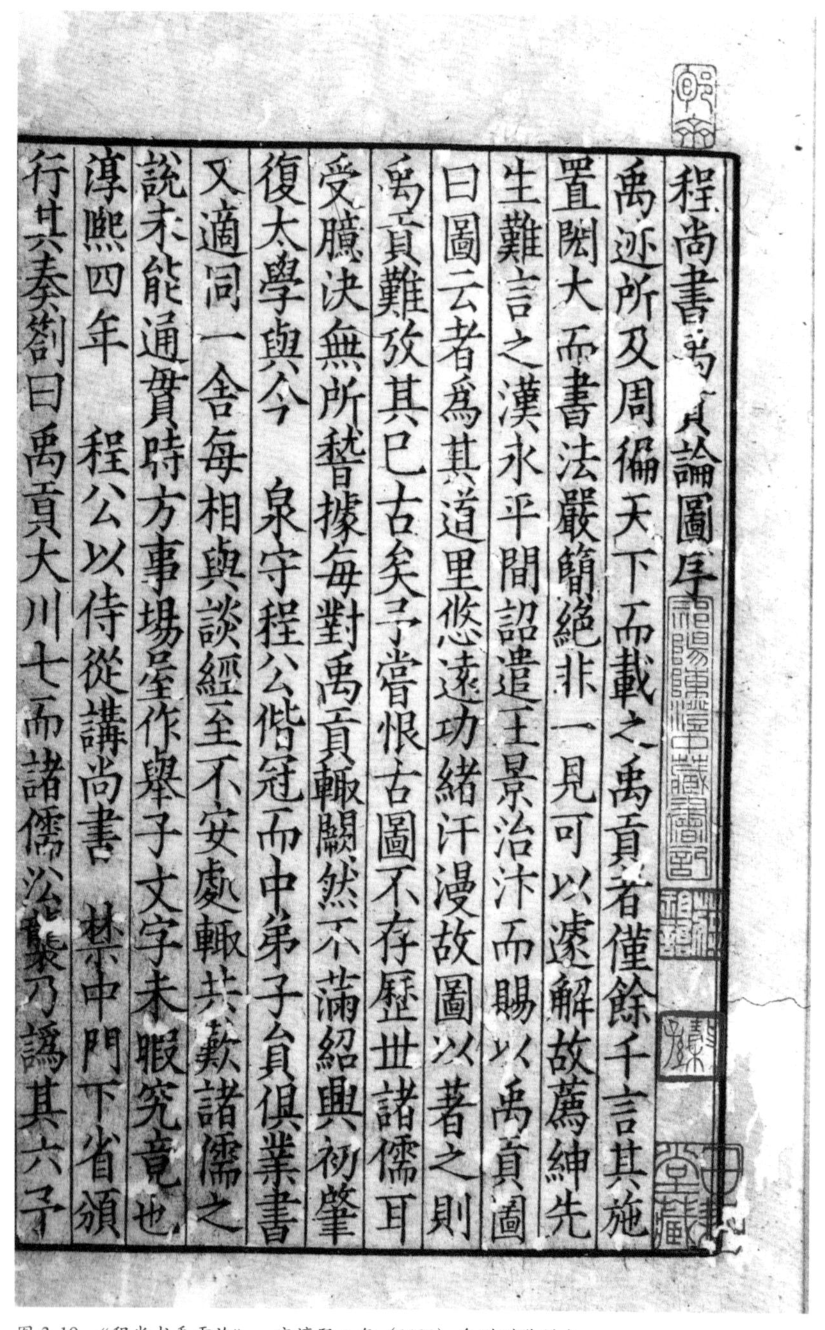
程尚書禹貢論圖序
禹迹所及周徧天下而載之禹貢者僅餘千言其施
置闊大而書法嚴簡絶非一見可以遽解故薦紳先
生難言之漢永平間詔遣王景治汴而賜以禹貢圖
曰圖云者爲其道里悠遠功緒汗漫故圖以著之則
禹貢難攷其巳古矣予嘗恨古圖不存歷世諸儒耳
受臆決無所稽據每對禹貢輒闕然不滿紹興初肇
復太學與今　泉守程公偕冠而中弟子員俱業書
又適同一舍每相與談經至不安處輒共歎諸儒之
說未能通貫時方事場屋作舉子文字未暇究竟也
淳熙四年　程公以侍從講尚書　禁中門下省頒
行其奏劄曰禹貢大川七而諸儒沿襲乃謬其六子

图 3-19 《程尚书禹贡论》，宋淳熙八年（1181）泉州州学刻本。

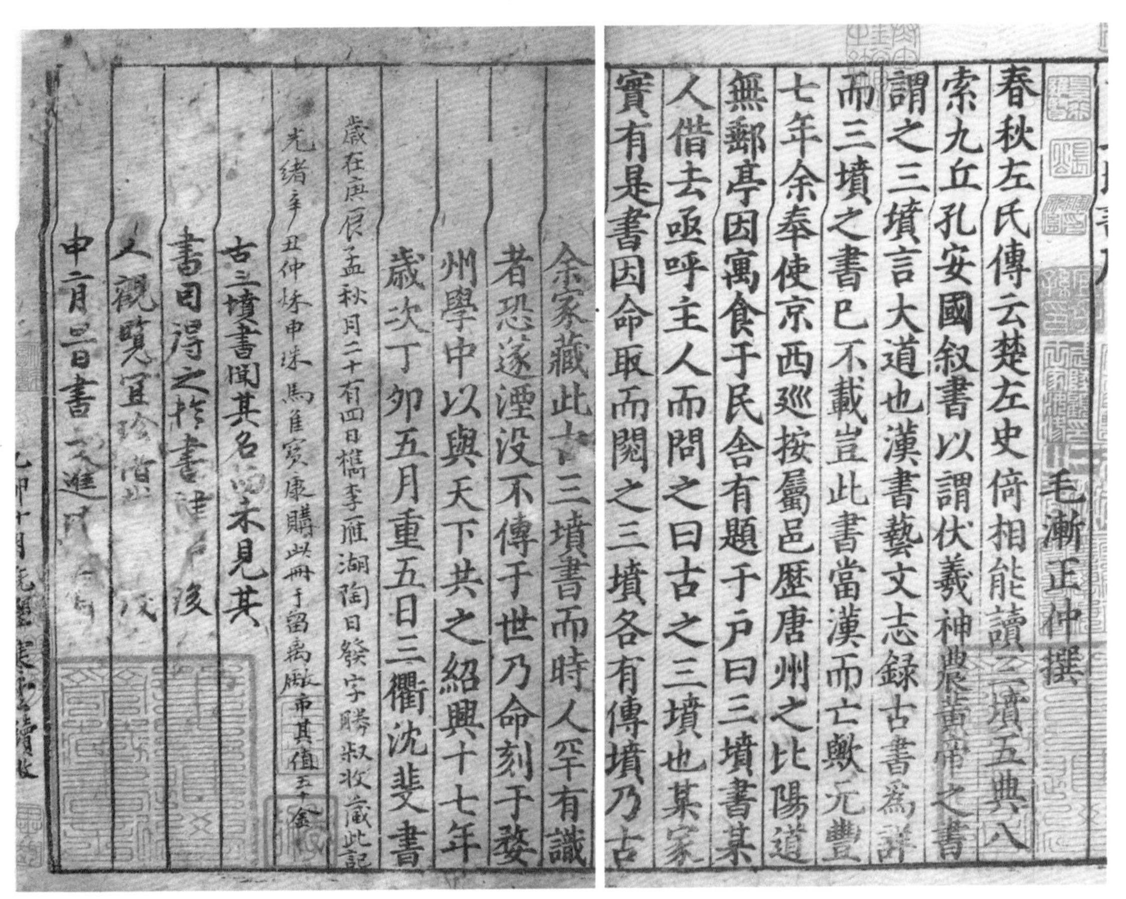
毛漸正仲撰
春秋左氏傳云楚左史倚相能讀三墳五典八索九丘孔安國敘書以謂伏羲神農黄帝之書謂之三墳言大道也漢書藝文志録古書爲詳而三墳之書已不載豈此書當漢而亡歟元豐七年余奉使京西巡按屬邑歷唐州之比陽道無鄣亭因寓食于民舍有題于户曰三墳書某人借去亟呼主人而問之曰古之三墳也某家實有是書因命取而閱之三墳各有傳墳乃古

余家藏此古三墳書而時人罕有識者恐遂湮没不傳于世乃命刻于婺州學中以與天下共之紹興十七年歲次丁卯五月重五日三衢沈斐書

图 3-20 《古三坟书》，宋绍兴十七年（1147）婺州州学刻本。

建社会特有的教育组织形式。书院是藏书、教学与研究三结合的高等教育机构。书院制度萌芽于唐，完备于宋，废止于清，前后千余年的历史，对中国封建社会教育与文化的发展产生了重要的影响。据记载，宋代的书院共约 303 所。最著名的有白鹿洞书院、岳麓书院、嵩阳书院、石鼓书院和茅山书院等。这些书院起初都是私人兴办，后来都受到皇帝赐额、赐书、赐田的待遇，实际上成为官私共办。有些官办书院，也多依赖民间的资助。朱熹任南康太守时，修复白鹿洞书院，费用为官银支出，除请奏朝廷设额赐书外，也致函富家，求得资助。

书院往往聘请著名学者讲学，以讲论经籍为主，书籍是师生必备之物。除皇帝赐予、官员捐赠、自行购置之外，书院也刊刻一些书籍，主要为师生自用。书院刻书，校勘比较精审，多可称善。

白鹿洞书院与朱熹刻书。白鹿洞书院，位于江西庐山五老峰南麓的后屏山之阳。书院傍山而建，掩映在参天古木中。白鹿洞最初是唐代贞元时李渤、李涉兄弟隐居读书的地方。据传李渤在此隐居时，曾养一只白鹿自娱，因此人们称李渤为“白鹿先生”，又因此地四山回合，由山麓小路进去也有数里之遥，真有点入洞之感，所以称为白鹿洞。南唐升元年间，白鹿洞正式辟为书馆，称白鹿洞学馆，亦称“庐山国学”，李善道为洞主，掌教授，置田聚徒，成为讲学和藏书之所。宋太宗太平兴国二年（977）赐九经。

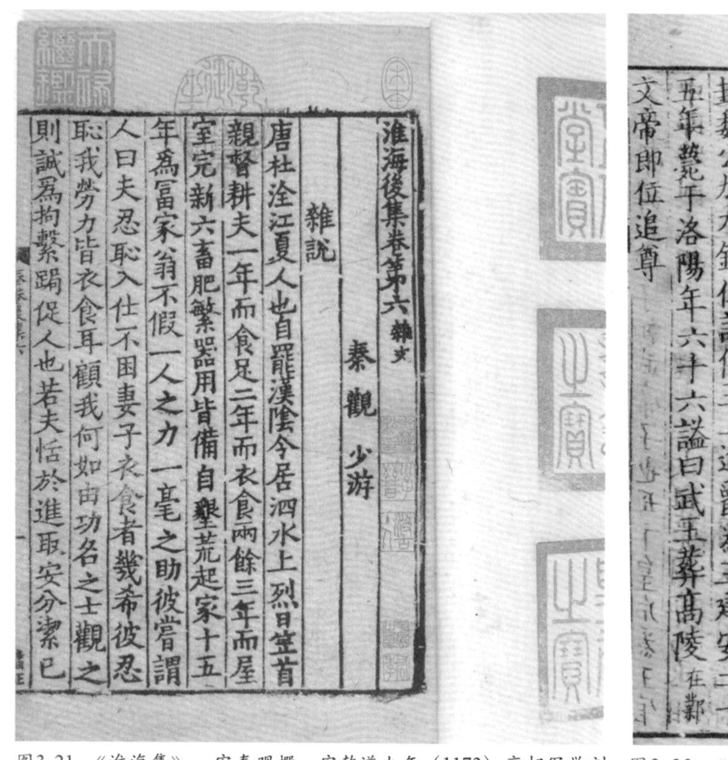

淮海後集卷第六

雜說　　秦觀　少游

唐杜淦江夏人也自罷漢陰令居泗水上烈日窒首親督耕夫一年而食足二年而衣食兩餘三年而屋室完新六畜肥繁器用皆備自墾荒起家十五年爲富家翁不假一人之力一毫之助彼嘗謂人曰夫恐恥入仕不困妻子衣食者幾希彼恐恥我勞力皆衣食耳顧我何如由功名之士觀之則誠爲拘繫蹋促人也若夫恬於進取安分潔已

图3-21 《淮海集》，宋秦观撰，宋乾道九年（1173）高邮军学刻本。

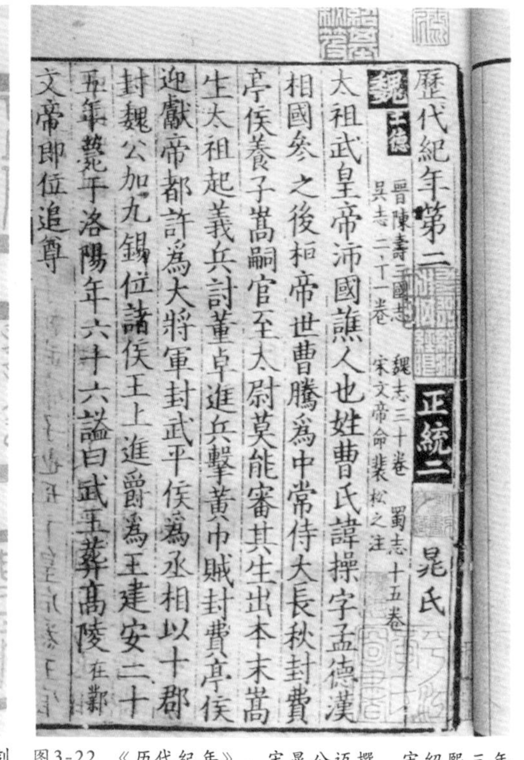

歷代紀年第二　正統二　晁氏

晉陳壽三國志　魏志三十卷　宋文帝命裴松之注　吴志二十一卷　蜀志十五卷

魏

太祖武皇帝沛國譙人也姓曹氏諱操字孟德漢相國參之後桓帝世曹騰爲中常侍大長秋封費亭侯養子嵩嗣官至太尉莫能審其生出本末嵩生太祖起義兵討董卓進兵擊黃巾賊封費亭侯迎獻帝都許爲大將軍封武平侯爲丞相以十郡封魏公加九錫位諸侯王上進爵爲王建安二十五年薨于洛陽年六十六謚曰武王葬高陵在鄴文帝即位追尊

图3-22 《历代纪年》，宋晁公迈撰，宋绍熙三年（1192）盱江郡斋刻本。图中“桓”字缺末笔。

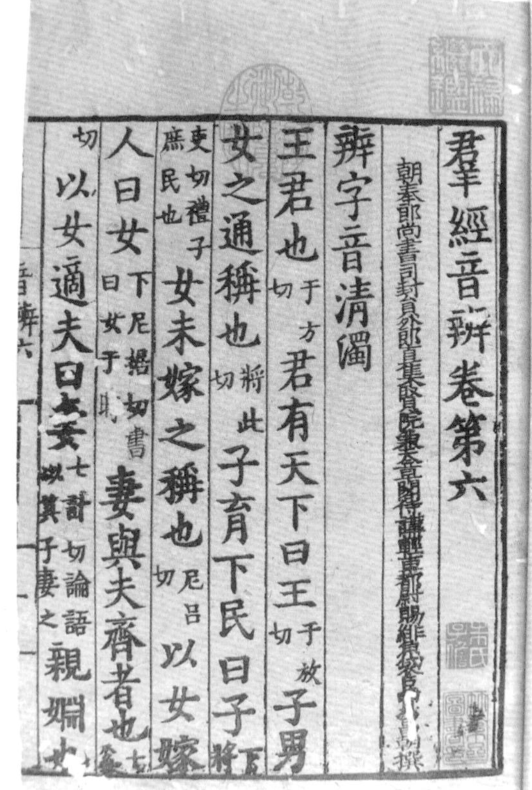

群經音辨卷第六

朝奉郎尚書司封員外郎直集賢院……撰

辨字音清濁

王君也于方切君有天下曰王于放切子男女之通稱也將此切子育下民曰子將吏切禮子庶民也女未嫁之稱也尼呂切以女嫁人曰女尼據切書曰女于時妻與夫齊者也七稽切以女適夫曰妻七計切論語以其子妻之親婣

图3-23 《群经音辨》，宋绍兴九年（1139）临安府学刻本。

漢雋卷第六

精祲　蒸庶　佃作　五樂　禳祀

蒸庶篇

蒸庶武紀勸元元屬—師古曰蒸衆也元元見上又文紀以全天下元元之民師古曰—善意也黎烝相如傳覺寤—師古曰—衆庶也品庶賈誼傳—每生師古曰—猶庶品也黎元谷永傳天下咸安家樂業甿隸過秦論—之人如淳曰甿古文萌字萌民也氓隸子虛賦以贍—民萌劉向傳何以勸勉—師古曰萌與甿同無知之皃編列相如傳—之民師古曰—謂編戶也編戶高紀爲—民師古曰—者言列次名籍也齊民食貨志亂—如淳曰齊等也無有貴賤謂之—若今言平民矣懷民梅福傳孔氏子孫不免—師古曰列爲庶人也

图3-24 《汉隽》，宋淳熙十年（1183）象山县学刻本。

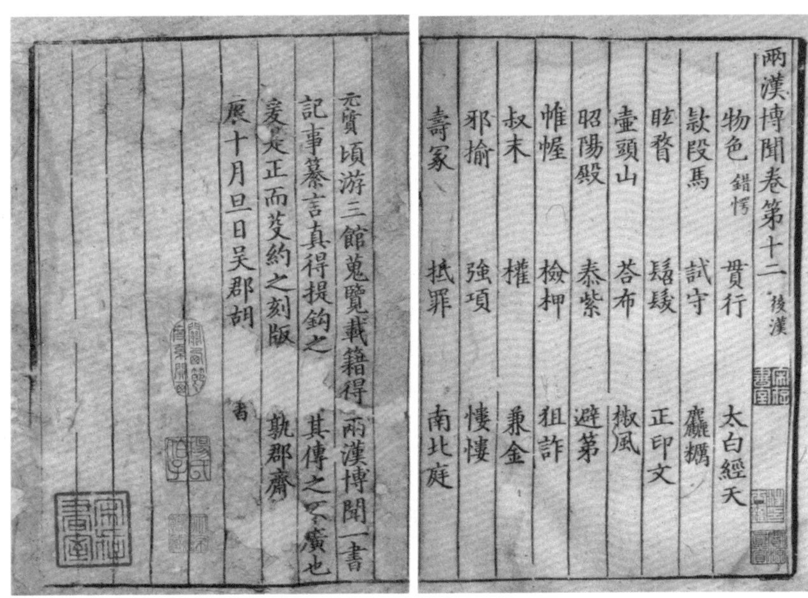
兩漢博聞卷第十二 後漢

物色 錯愕 貫行 太白經天

款段馬 試守 麤糲

眩瞀 鬚鬟 正印文

壺頭山 荅布 撇風

昭陽殿 泰紫 避第

帷幄 檢柙 狙詐

叔末 權 秉金

邪揄 強項 慺慺

壽冢 抵罪 南北庭

元質頃游三館蒐覽載籍得兩漢博聞一書

記事纂言真得提鈎之 其傳之不廣也

爰是正而芟約之刻版 孰郡齋

辰十月旦日吳郡胡 書

图 3-25 《两汉博闻》，宋乾道八年（1172）胡元质姑孰郡斋刻本。

宋仁宗皇祐五年（1053），孙琛在故址建学馆十间，称“白鹿洞之书堂”，与当时的岳麓、应天府、嵩阳并为“四大书院”。

白鹿洞书院虽为宋初所建，但不久即废。直到著名理学家朱熹重修书院之后，白鹿洞书院才扬名国内。南宋淳熙六年（1179），朱熹知南康军。朱熹到任时，白鹿洞书院已经毁于兵燹，经过朱熹的一再请求，宋孝宗终于同意重建白鹿洞书院。修葺后的白鹿洞书院，以圣礼殿为中心，组成一个错落有致、相得益彰的庞大建筑群。书院共有殿宇、书堂 360 余间，其中包括御书阁、明伦堂、宗儒祠、先贤祠、忠节祠等。

朱熹不仅重修了白鹿洞书院，而且还建立了严格的书院规章制度。朱熹在白鹿洞书院还广邀国内著名学者前来讲学，学术气氛相当活跃。宋淳熙二年（1175），朱熹与陆九渊二人由于学术观点不同，曾在地处江西铅山县境内的鹅湖发生过激烈的论辩。但是朱熹并不因此而持有门户之见，邀请陆九渊前来白鹿洞书院讲学。陆九渊讲的是《论语》中“君子喻于义，小人喻于利”一章，深受白鹿洞书院师生的欢迎。为此，朱熹特意把陆九渊所讲的内容刻石立于院门。这不仅首开书院“讲会”制度的先河，为不同学派同在一个书院讲学树立了范例，而且在中国儒学史上也一直被传为佳话。

《白鹿洞书院教条》不但体现了朱熹以“格物、致知、诚意、正心、修身、齐家、治国、平天下”等一套儒家经典为基础的教育思想，而且成为南宋以后中国封建社会七百年书院办学的样式，也是教育史上最早的教育规章制度之一。

朱熹在讲学之余，也喜欢刻书。刻书既是其谋生之道，也是他传播学术的重要手段。每到穷困时，便刻书以自助。朱熹对刻书之事非常认真，唯恐贻误后学。有一次，学官未经其同意，擅刻其著作，他立即劝阻，并要求自己出资将已刻之版买下销毁。

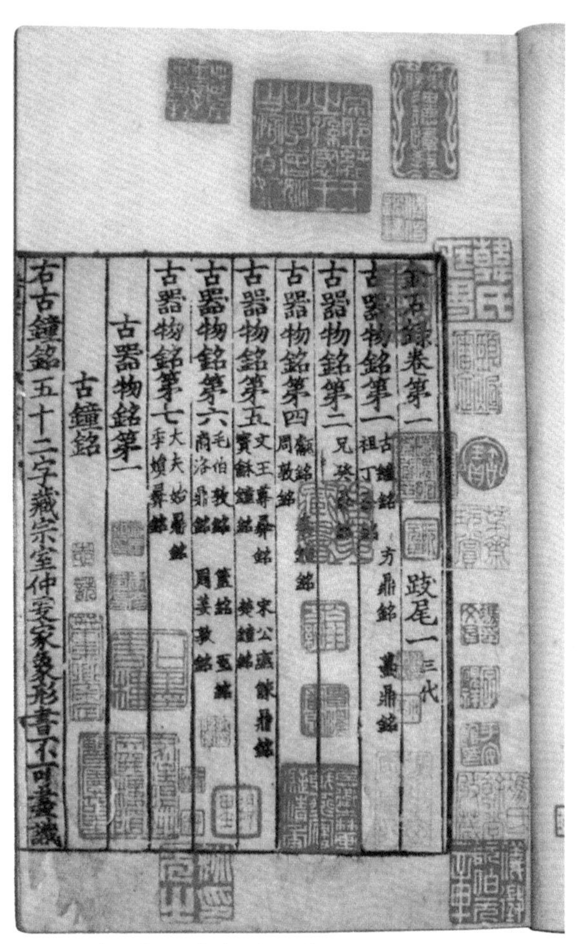

图3-26 《金石录》，宋淳熙年间（1174—1189）龙舒郡斋刻本。

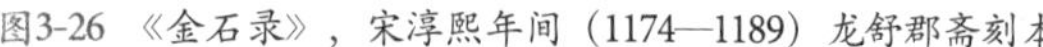

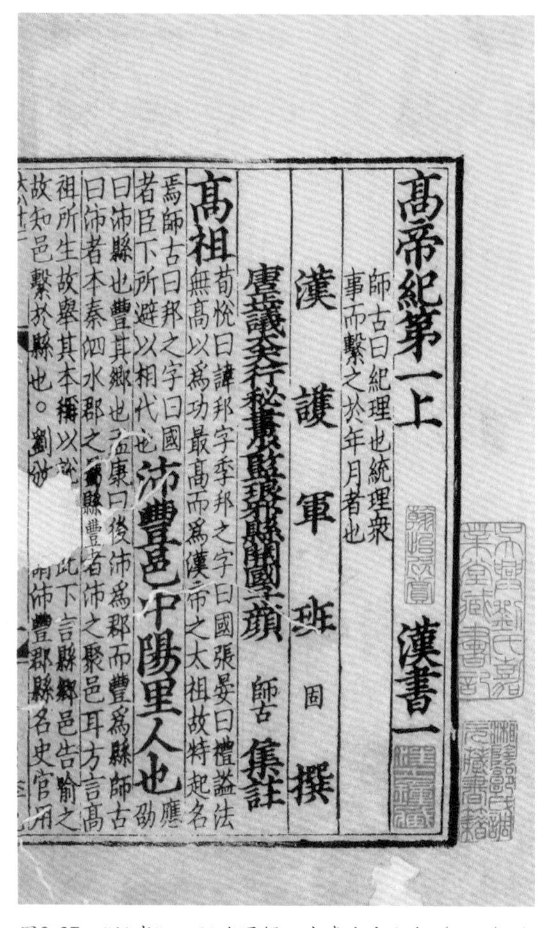

图3-27 《汉书》，汉班固撰，宋嘉定十七年（1224）白鹭洲书院刻本，有“浙右项笃寿子长藏书”、“汪士钟藏”、“吴兴刘氏嘉业堂藏”等藏书印。

岳麓书院。岳麓书院是我国古代四大书院之一，其前身可追溯到唐末五代（约958）智睿等二僧办学。北宋开宝九年（976），潭州太守朱洞在僧人办学的基础上，正式创立岳麓书院。嗣后，历经宋、元、明、清各代，至光绪二十九年（1903）改为湖南高等学堂，而后相继改为湖南高等师范学校、湖南工业专门学校，1926年正式定名为湖南大学至今，历经千年，弦歌不绝，故世称“千年学府”。

岳麓书院自创立伊始，即以其办学精神和传播学术文化而闻名于世。北宋真宗皇帝召见山长周式，颁书赐额，并始建藏书楼，书院之名从此闻于天下，有“潇湘洙泗”之誉。南宋张栻主教，朱熹两度讲学。

宋版书中有所谓“书院本”，所刻书籍大致可分为以下几类。

其一，刊刻书院师生读书札记、研究成果。如《朱子语类》140卷，系辑其弟子九十九人的记录而成；岳麓书院多次刊印过书院学生的论文集，以《岳麓书院课艺》、《课文》、《岳麓会课》等名目刊行。

其二，刊刻书院教学所需名家读本和注释本，作为阅读之参考书籍和典范本。如朱熹专门为《大学》、《中庸》、《论语》、《孟子》四部儒经作注，成为南宋时期书院的主要教材，南宋以后更演变为各级学校及科

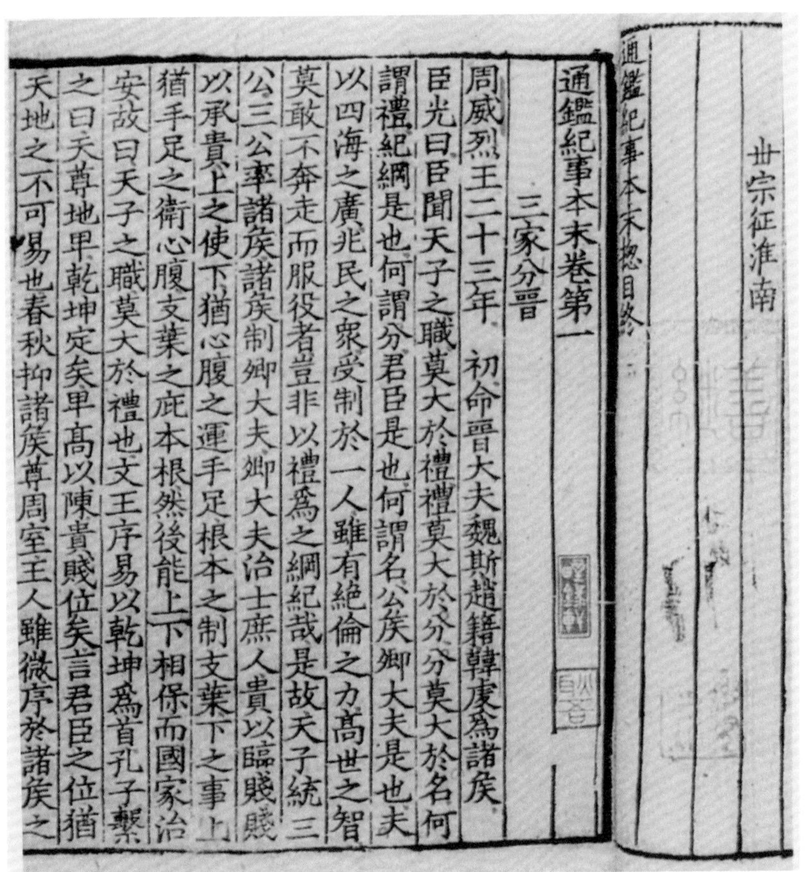
通鑑紀事本末卷第一
三家分晉
周威烈王二十三年 初命晉大夫魏斯趙籍韓虔爲諸侯
臣光曰臣聞天子之職莫大於禮禮莫大於分分莫大於名何謂禮紀綱是也何謂分君臣是也何謂名公侯卿大夫是也夫以四海之廣兆民之衆受制於一人雖有絶倫之力高世之智莫敢不奔走而服役者豈非以禮爲之綱紀哉是故天子統三公三公率諸侯諸侯制卿大夫卿大夫治士庶人貴以臨賤賤以承貴上之使下猶心腹之運手足根本之制支葉下之事上猶手足之衛心腹支葉之庇本根然後能上下相保而國家治安故曰天子之職莫大於禮也文王序易以乾坤爲首孔子繫之曰天尊地卑乾坤定矣卑高以陳貴賤位矣言君臣之位猶天地之不可易也春秋抑諸侯尊周室王人雖微序於諸侯之

通鑑紀事本末總目終

世宗征淮南

图 3-28 《通鉴纪事本末》，宋淳熙二年（1175）浙江严陵（建德）郡庠刻本。

举考试的指定参考书。

其三，刊刻历代先儒大师的学术巨著和本院山长等人的名作，其目的在于将这些学术著作流传于世。如龙山书院刻《纂图互注春秋经传集解》；白鹭洲书院刻《汉书集注》《后汉书集注》；婺州丽泽书院重刻司马光的《切韵指掌图》二卷；象山书院刻袁燮的《家塾书抄》十二卷；宋建安书院刻有《朱文公文集》《续集》，龙溪书院刻有陈淳的《陈北溪集》，竹溪书院刻有《秋崖先生小稿》，豫章书院刻有《豫章罗先生文集》，屏山书院刻有《止斋先生文集》，龙川书院刻有《陈龙川先生集》，等等。

书院刊印之书不仅入藏本院藏书楼阁，惠及师生，而且为其他各书院的藏书楼提供了丰富的藏书。

二、宋代的民间印刷

宋代民间刻书，主要包括私宅刻书、书坊刻书以及寺院、道观等的刻书活动。其中，宋代的私宅刻书与书坊刻书数量众多，是宋代印刷出版事业中两支重要的力量。

（一）私宅刻书

由私家出资刻印的书称“私刻本”、“家刻本”或“家塾本”。在印刷史上，私家刻书有着优良的传统，通过他们的印书活动，使社会的书籍拥有量大增，有力地推动了社会文化的发展。在私家刻本中，有很多稀有珍贵的版本，为历代藏书家所重视。通过私家的印书活动，也有力地推动了印刷业的发展。

从事私家刻印书籍的，多为士大夫阶层或富户，还有一些官员和学者。这种私家刻本，一般有三大特点：一是精选底本，选择最好的底本进行刻印；二是精审校勘，有些印书的主人就是当时著名的学者，经过他们审定校勘后，书的质量可以保证内容准确；三是请名家写版，由于他们的地位和声望，能请到写书高手。有的私刻本就是主人亲自写版刻印。如宋代著名的私人印书家岳珂，就亲自为《玉楮诗稿》一书写版。

私家刻书和书坊刻书，似乎很难区分。一般认为，私家刻书是临时性的，而且没有固定的刻印工匠和场所，他们要刻印一种书时，或临时雇用工匠，或交某一书坊代为刻印。私家刻书的品种大体有三大类：一是刻印自己祖上的著作、当地名人的著作或自己的著作；二是刻印自己家藏的珍贵书籍，通过刻印而流传；三是刻印本家族子弟学习用书。

北宋时期的家刻本，流传至今者十分稀少，有记载者有宝元元年（1038）监安进士孟琪所刻《唐文粹》、庆历六年（1046）京台岳氏所刻《新雕诗品》、嘉祐二年（1057）建邑王氏翰堂所刻《史记索隐》等。到了南宋时私家刻书更为普遍，所流传的家刻本也较多。最典型的家刻本，是陆子遹所刻印其父陆游的《渭南文集》50 卷。该书刻印于嘉定十三年（1220），这时陆子遹官建康府溧阳县，由杭州工匠陈彬等刻版。该书刻印精良，有陆子遹所作的序，书中“游”字缺末笔，是一种避家讳的形式。宋咸淳年间（1265—1274）廖莹中世彩堂刻印的《昌黎先生集》，字体清秀端雅，刻版一丝不苟，

居士集卷第一　歐陽文忠公集一
古詩三十八首
顏跖
顏回飲瓢水陋巷卧曲肱盜跖厭人肝九州恣横行回仁而短命跖壽死免兵愚夫仰天呼禍福豈足憑跖身一腐鼠死朽化無形萬世尚遭戮筆誅甚刀刑思其生所得豺犬飽臭腥顏子聖人徒生知自誠明惟其生之樂豈減跖所榮死也至今在光輝一作光如日星譬如埋金玉不耗精與英

图 3-29《欧阳文忠公集》，宋欧阳修撰，宋庆元二年（1196）周必大刻印于江西吉安。

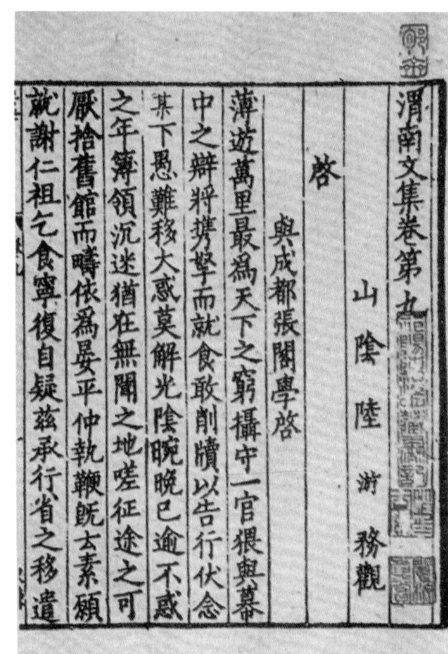

渭南文集卷第九　山陰陸游務觀
啓
與成都張閣學啓
薄遊萬里最爲天下之窮攝守一官猥與幕中之辯將擧擘而就食敢削牘以告行伏念某下愚難移大惑莫解光陰晼晚已逾不惑之年簿領沉迷猶在無聞之地嗟征途之可厭捨舊館而疇依爲晏平仲執鞭旣忘素願就謝仁祖乞食寧復自疑茲承行省之移遺

图 3-30《渭南文集》，宋陆游撰，宋嘉定十三年（1220）其子陆子遹刻印。

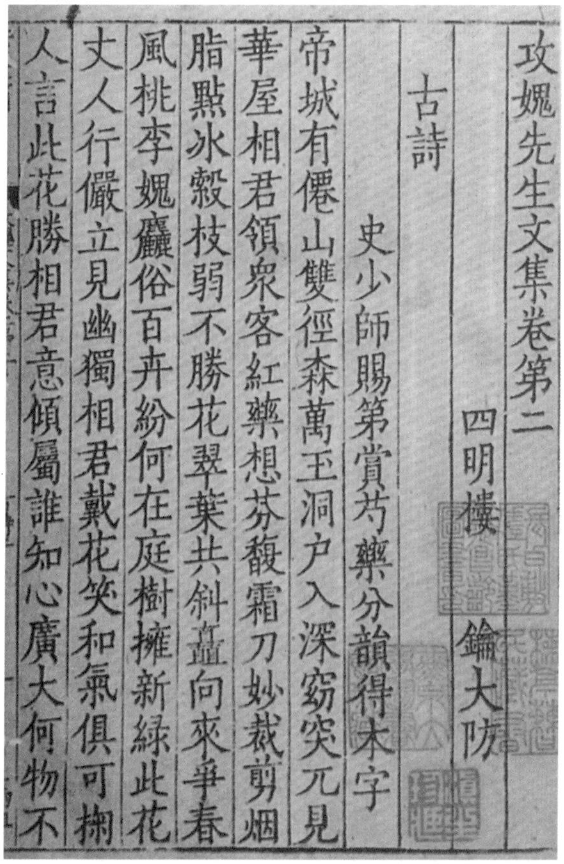

攻媿先生文集卷第二

四明樓鑰大防

古詩

史少師賜第賞芍藥分韻得木字

帝城有偎山雙徑森萬玉洞户入深窈突兀見華屋相君領衆客紅藥想芬馥霜刀妙裁剪烟脂點冰縠枝弱不勝花翠葉共斜矗向來爭春風桃李婣孅俗百卉紛何在庭樹擁新綠此花丈人行儼立見幽獨相君戴花笑和氣俱可掬人言此花勝相君意傾屬誰知心廣大何物不

图 3-31 《攻媿先生文集》，楼钥撰，宋嘉定年间（1208—1224）四明（宁波）楼氏家刻本。

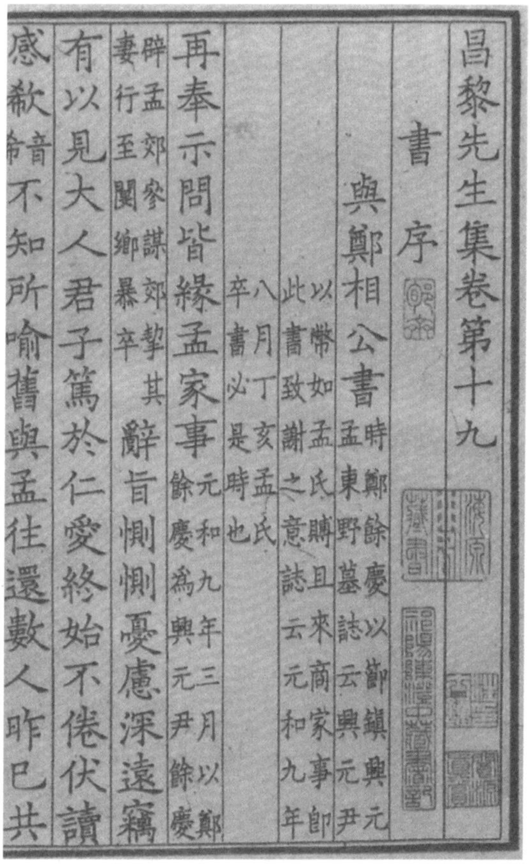

昌黎先生集卷第十九

書序

與鄭相公書 時鄭餘慶以節鎮興元 孟東野墓誌云興元尹 以幣如孟氏賻且來商家事郎 此書致謝之意誌云元和九年 八月丁亥孟氏 卒書必是時也

再奉示問皆緣孟家事 元和九年三月以鄭 餘慶爲興元尹餘慶 辟孟郊參謀郊挈其 妻行至閿鄉暴卒 辭旨惻惻憂慮深遠竊有以見大人君子篤於仁愛終始不倦伏讀感歎 音 不知所喻舊與孟往還數人昨已共

图 3-32 《昌黎先生集》，唐韩愈撰，宋咸淳年间（1265—1274）廖莹中世彩堂刻本，字体仿褚柳书法，刻印精良。

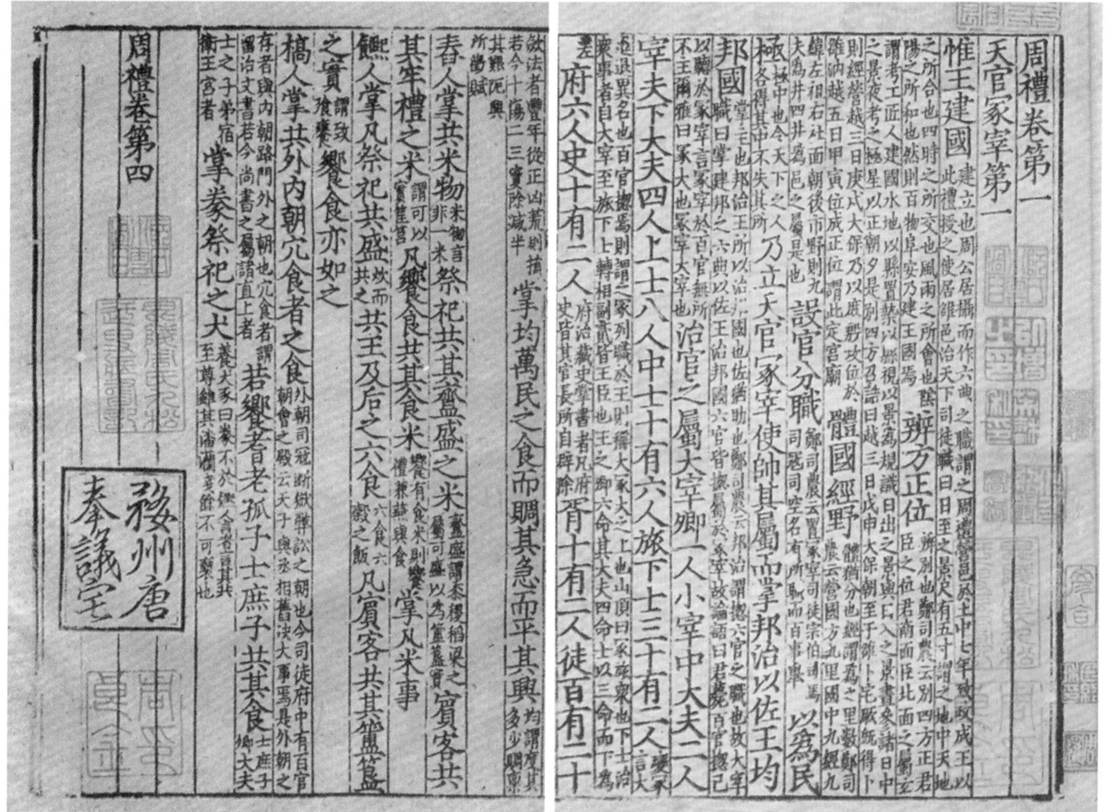

周禮卷第一

天官冢宰第一

惟王建國 辨方正位 體國經野 設官分職 以爲民極 乃立天官冢宰使帥其屬而掌邦治以佐王均邦國 治官之屬大宰卿一人小宰中大夫二人宰夫下大夫四人上士八人中士十有六人旅下士三十有二人 府六人史十有二人胥十有二人徒百有二十

掌均萬民之食而賙其急而平其興

舂人掌共米物 祭祀共其齍盛之米 賓客共其牢禮之米 凡饗食共其食米 掌凡米事

饎人掌凡祭祀共盛 共王及后之六食 凡賓客共其簠簋之實 饗食亦如之

槀人掌共外內朝冗食者之食 若饗耆老孤子士庶子共其食 掌豢祭祀之犬

周禮卷第四

婺州唐奉議宅

图 3-33 《周礼》，南宋初期婺州（金华）市门巷唐宅刻本，卷后刻有“婺州唐奉议宅”、“婺州市门巷唐宅刊”等牌记。

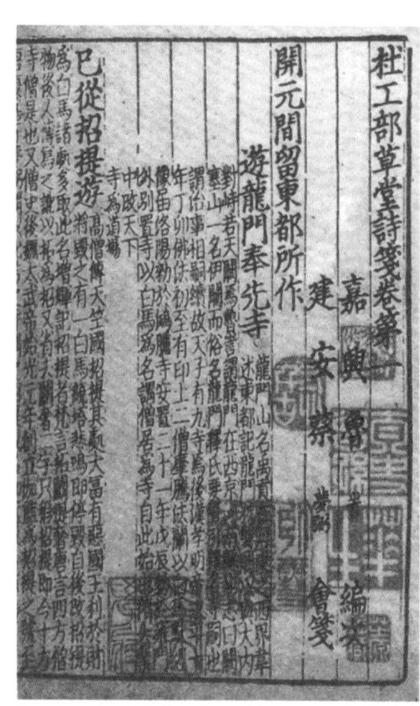

图 3-34 《杜工部草堂诗笺》，宋建阳蔡梦弼家塾刻本。

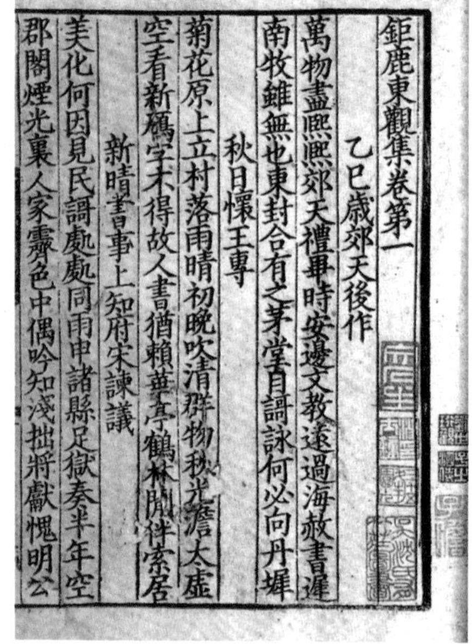

图 3-35 《钜鹿东观集》，宋魏野撰，宋绍定元年（1228）陆子遹刻于严陵郡斋。

印刷墨色均匀，可称为家刻本的上品。著名的家刻本还有周必大于南宋庆元二年（1196）在江西吉安刻印的《欧阳文忠公集》。

四明（宁波）楼氏刻本《攻媿先生文集》，也是典型的家刻本。该书作者楼钥，字大防，号攻媿主人，宋明州鄞县人，宋隆兴元年（1163）进士，嘉定中官参知政事，善为文章，《宋史》有传。

《通鉴纪事本末》，作者袁枢（1131—1205），建安人，字机仲，南宋史学家。此书是他读《资治通鉴》的缩编本，创立了纪事本末的体裁。此书是袁氏于乾道九年（1173）任严州教授时所刻印。

家塾刻本是私家刻本中的一大类。宋代教育发达，富家、大户往往都设有家塾，聘名师执教，培养其子弟。家塾刻本的主要内容是经史类教学用书。有些书是由家塾执教的先生进行校勘、整理、注释的，也有依靠其主人的财力，刻印教师自己的著作。流传至今的南宋家塾刻本有建安黄善夫家塾刻印的《史记集解》，蔡梦弼家塾刻印的《史记集解索隐》、《三皇本纪》、《周本纪》等书，这些书后都有“建溪三峰蔡梦弼傅卿亲校仅刻梓于东塾”等文字。蔡氏家塾的刻书活动是在南宋乾道年间（1165—1173）。在很多版本学著作中，列入家塾刻本的还有蔡琪家塾刻印的《汉书集注》，建安刘元起家塾刻印的《后汉书》，建安虞氏家塾刻印的《老子道德经》。还有岳珂相台家塾所刻印的《九经》、《三传》等书。

宋代私人刻书见于记载的有40余人，刻书约200余种，其中大量的私人刻书未能流传下来。例如南宋大理学家朱熹就是一位著作等身，而且热衷于刻书的人，虽然朱熹所刻的书未能流传至今，但从他所写的文章和书信中，可以从一个侧面了解朱熹勤于编辑、校勘和刻印书籍的情况。朱熹非常重视刻书活动，而且亲自参与其中，有时甚至为筹划纸张、寻找书

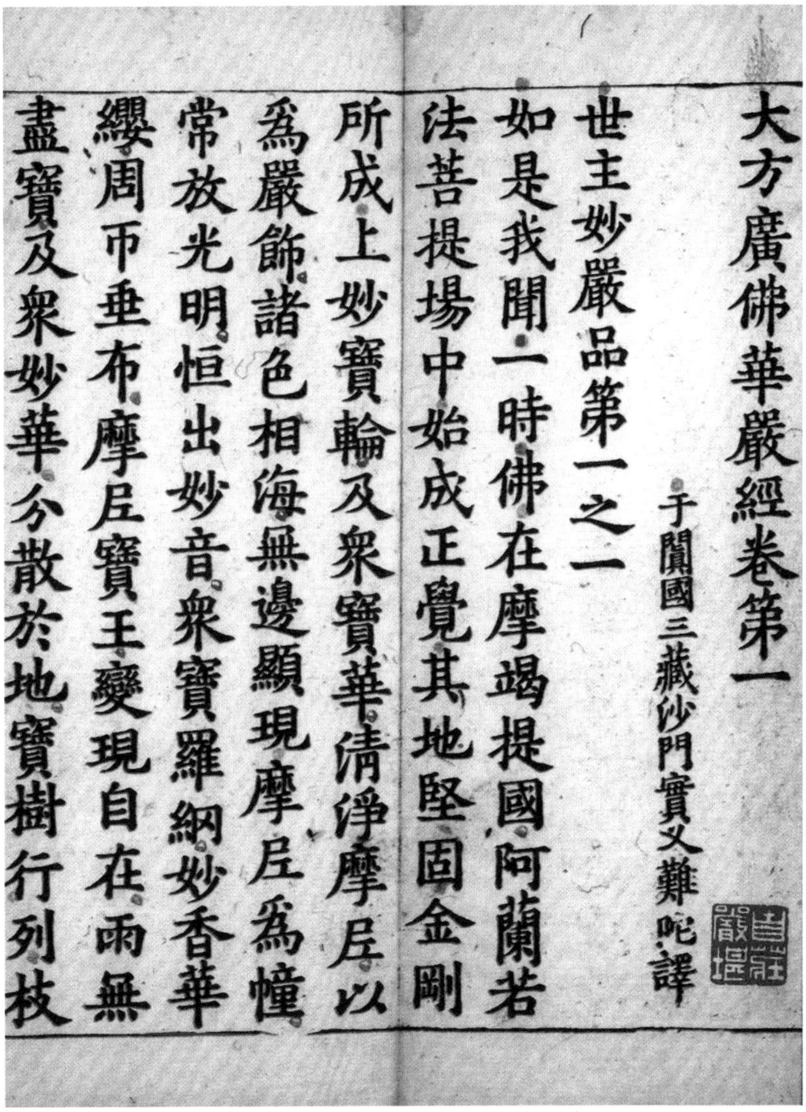

大方廣佛華嚴經卷第一

于闐國三藏沙門實叉難陀譯

世主妙嚴品第一之一

如是我聞一時佛在摩竭提國阿蘭若法菩提場中始成正覺其地堅固金剛所成上妙寶輪及衆寶華清淨摩尼以爲嚴飾諸色相海無邊顯現摩尼爲幢常放光明恒出妙音衆寶羅網妙香華纓周帀垂布摩尼寶王變現自在雨無盡寶及衆妙華分散於地寶樹行列枝

图 3-36 《大方广佛华严经》，宋朱绍安等刻本，经折装，页 5 行，行 15 字，卷后有助缘人姓名，沈曾植跋、欧阳渐题识。字体取率更体貌，点划斩方，结字险绝，展卷之下，行气森然，颇具武库气象。

工及筹集资金等琐事而忙碌。他曾写过一首诗，题为《赠书工》：“平生久要毛锥子，岁晚相看两秃翁。却关孟尝门下士，只能弹铗傲东风。”到了晚年，朱熹左眼失明，还在为校勘、刻书而操劳。从朱熹的书信中，我们知道他主持刻印的书有“四书”、“五经”、《中庸章句》、《近思录》、《小学》、《礼书》、《南轩集》、《韩文考异》等。

总的来说，宋代的私家刻书，完全继承了古代私人印书的优良传统，他们认真校勘，力求刻印精工，以推广典籍的流布为己任，不求营利，只求嘉惠于社会。但也有个别人，以权谋私，刻书以营利。在宋婺州市门巷唐宅刻本《周礼》一书卷三后有“婺州市门巷唐宅刊”牌记，卷四、卷十二后有“婺州唐奉议宅”牌记，这里的唐奉议很可能就是曾在台州做官的唐仲友，他由于利用犯人中的刻版工匠为自己刻《荀子》一书，而遭朱熹弹劾。唐宅刻印本《周礼》，很有可能也是利用犯人所刻。

（二）书坊刻书

书坊，又称书肆、书林、书铺、书堂、书棚、经籍铺等，是以刻印书籍为业的手工业式的印刷作坊。书坊起源于唐代中后期，到了宋代，由于政府的提倡，以及民间对书籍的大量需求，因而刺激了民间印刷业的发展。

书坊刻书以售卖获利为目标，所以坊刻的内容主要是平民日常阅读的农桑、医算、类书、便览；私塾学童的启蒙读物；文人科考用的字书、小学、经史文集；戏曲、小说等实用、需求量大的书籍。在形式上则花样翻新，对经史典籍进行各种形式的加工。此外，书坊刻书一般都具有成本低、价格廉的特点，因而更易于为大众接受，对于文化的传播、知识的普及，发挥了重大的作用。

1. 质量上乘的杭州刻本

杭州一带的民间刻书，可以追溯到五代，北宋时开始出现较多的民间书坊。进入南宋后，这里成为政治、文化中心，又是物产丰饶之地，十分

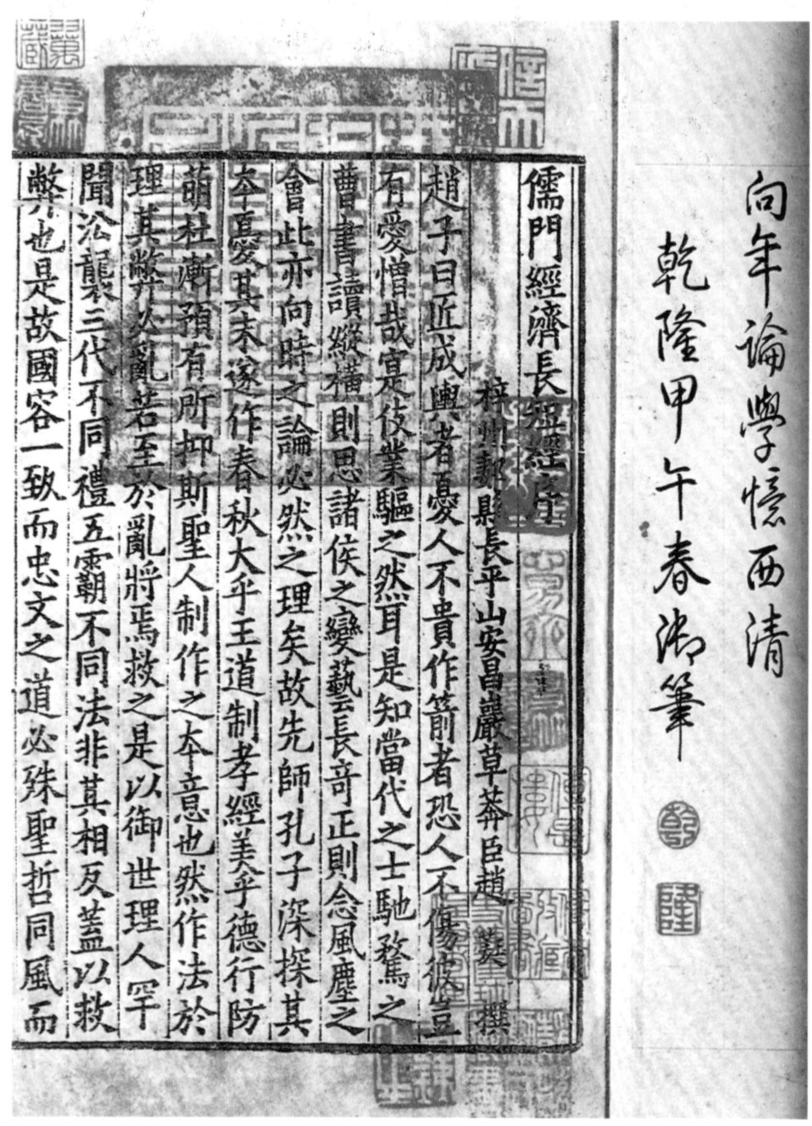

向年論學憶西清
乾隆甲午春御筆

儒門經濟長短經序
梓州郪縣長平山安昌巖草莽臣趙蕤撰
趙子曰匠成輿者憂人不貴作箭者恐人不傷彼豈
有愛憎哉寔伎業驅之然耳是知當代之士馳騖之
曹書讀縱橫則思諸侯之變藝長奇正則念風塵之
會此亦向時之論必然之理矣故先師孔子深探其
本憂其末遂作春秋大乎王道制孝經美乎德行防
萌杜漸預有所抑斯聖人制作之本意也然作法於
理其弊必亂若至於亂將焉救之是以御世理人罕
闡沿襲三代不同禮五霸不同法非其相反蓋以救
弊也是故國容一致而忠文之道必殊聖哲同風而

图 3-37 《儒门经济长短经》，唐赵蕤撰，北宋杭州刻本。

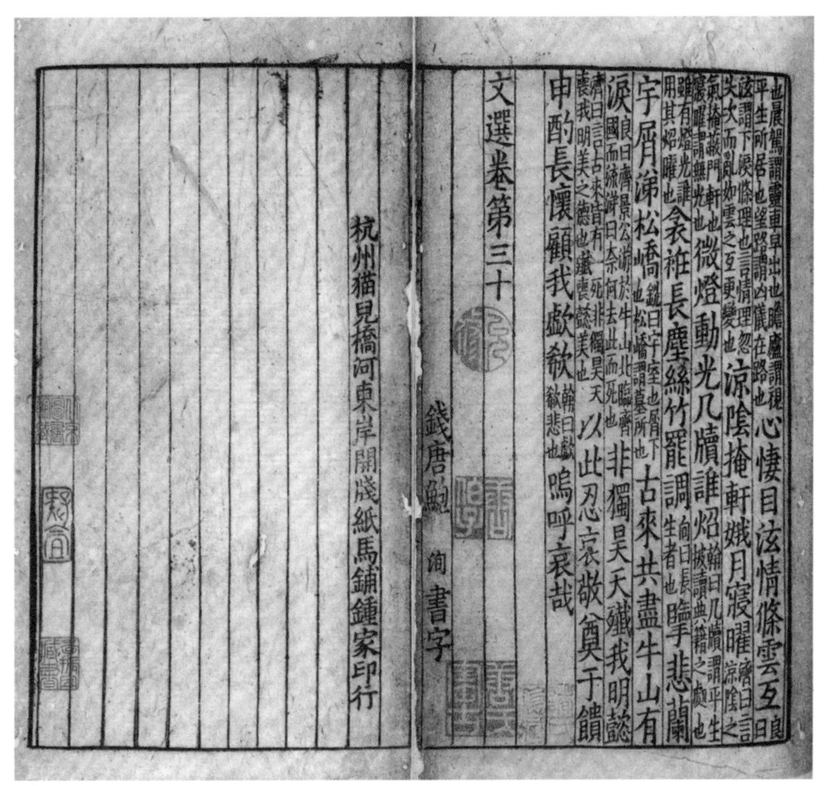
杭州猫兒橋河東岸開牋紙馬鋪鍾家印行

文選卷第三十

錢唐鮑 洵 書字

图 3-38 《文选五臣注》，宋杭州开笺纸马铺钟家刻本。

有利于印刷业的发展，约有书坊 20 多家。杭州书坊的名称有经铺、经坊、经籍铺、经书铺、书籍铺、文字铺等。在杭州的棚北、棚前、棚南一带，集中了较多的刻书作坊，一些藏书家将这里的坊刻本习惯称为“书棚本”。杭州印书历来以刻印精良而著称。宋代藏书家叶梦得在《石林燕语》中说：“天下印书以杭州为上，蜀本次之，福建最下。”杭州刻本历来为藏书家所珍重。

《儒门经济长短经》，为唐代梓州盐亭县人赵蕤撰。赵蕤博学，长于经世，不愿做官，唐明皇屡征不从，与李白为布衣之交，当时有“李白文章，赵蕤术数”之称，说明其有一定的声望。《长短经》对隋以前 1400 余年间国家兴衰存亡的历史，给以概括的总结，广征博引，提出了治国之道与刑德并用的思想。该书中还大量引用了唐代及以前的古籍资料，有很高的文献价值。

南宋时，临安府棚北睦亲坊南陈宅书籍铺是著名的书坊，其主人为陈起，字宗之，号芸居，浙江钱塘人。他不仅是一位印刷出版家，而且多才多艺，能诗善画。他为人豪放豁达，结交了不少怀才不遇的江湖诗人，并对他们表示同情。为此，他编印了《江湖集》、《南宋六十家名贤小集》，使当时许多无名诗人的作品得以流传。他刻印出版的书不仅价格较低，而且买书还可以赊欠，买不起的还可以借阅，朋友给他的诗中有“案上书堆满，多应借得归”，“独愧陈学士，赊书不问金”，“成卷好诗人借看，盈壶名酒母先尝”，也反映了他待人厚道、事母至孝的品德，因而赢得了“文

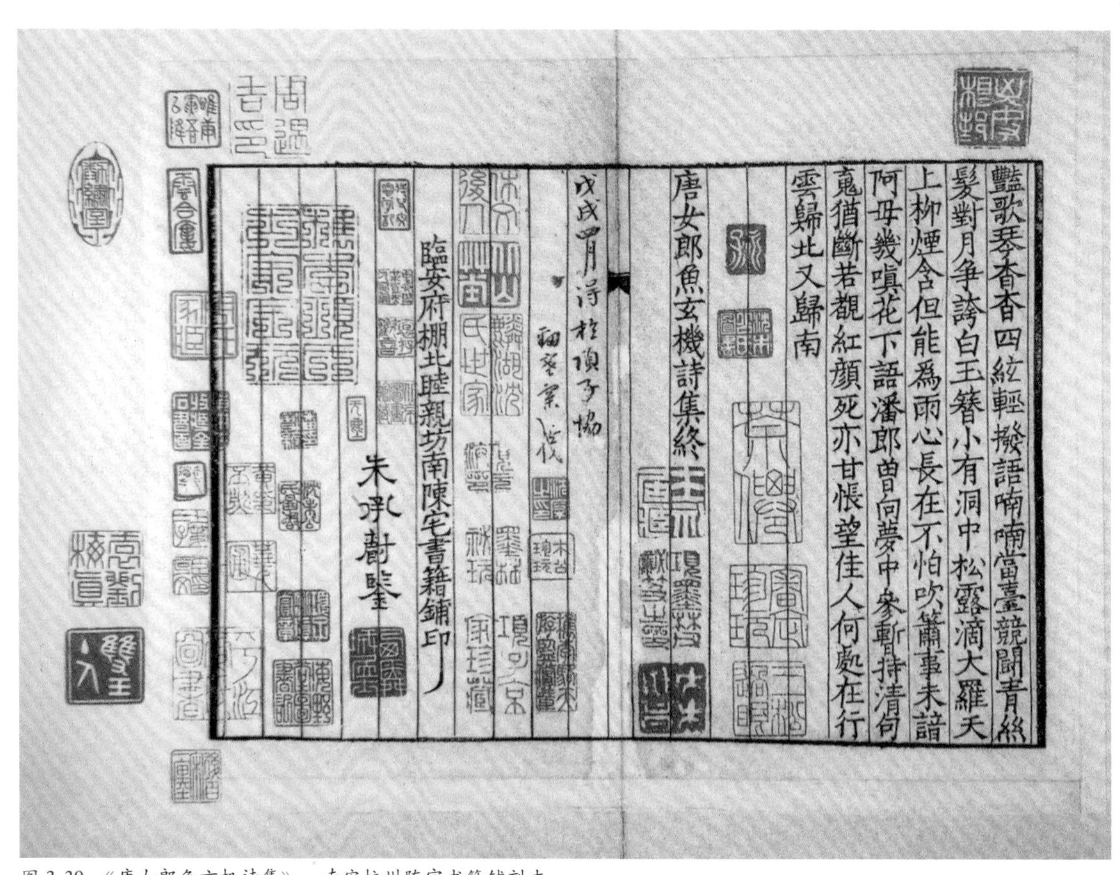
艷歌琴杳杳四絃輕撥語喃喃當臺競鬪青絲
髮對月爭誇白玉簪小有洞中松露滴大羅天
上柳煙含但能爲雨心長在不怕吹簫事未諳
阿母幾嗔花下語潘郎曾向夢中參暫持清句
魂猶斷若覩紅顔死亦甘悵望佳人何處在行
雲歸北又歸南
唐女郎魚玄機詩集終

臨安府棚北睦親坊南陳宅書籍鋪印
朱承爵鑒

图 3-39 《唐女郎鱼玄机诗集》，南宋杭州陈宅书籍铺刻本。

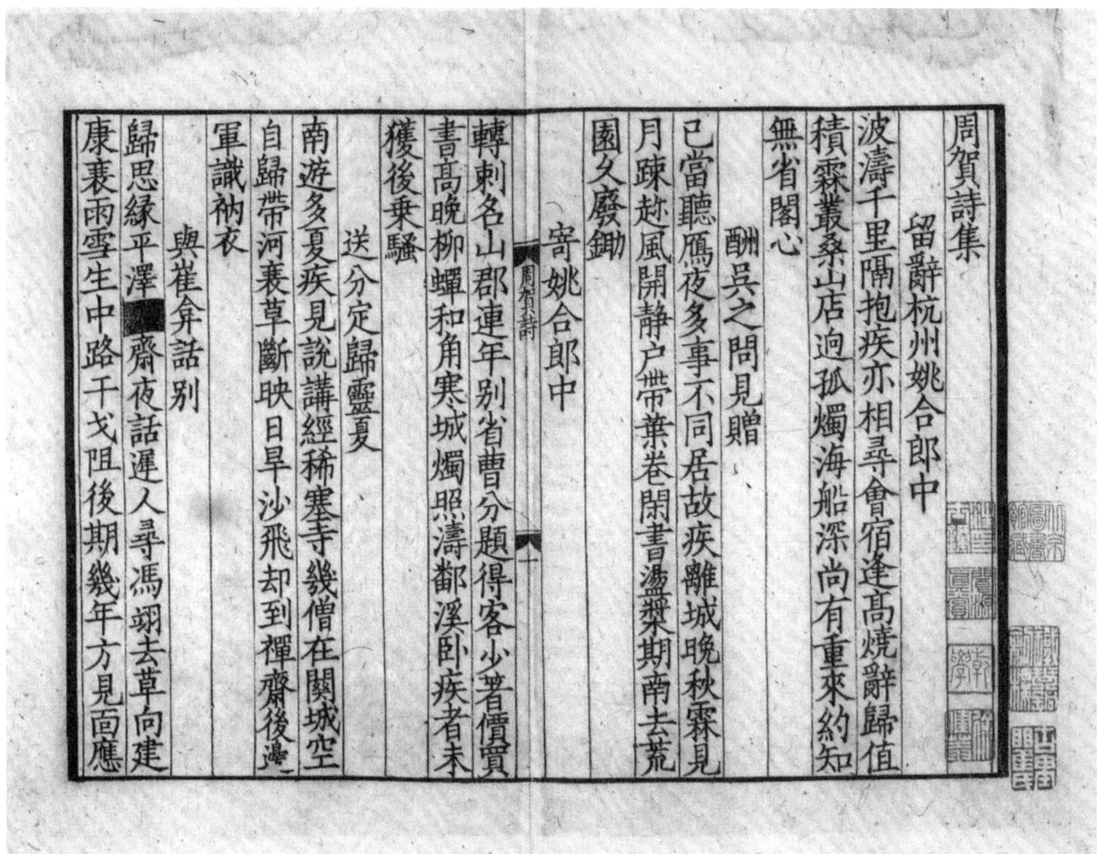
周賀詩集
留辭杭州姚合郎中
波濤千里隔抱疾亦相尋會宿逢高燒辭歸值
積霖叢桑山店迥孤燭海船深尚有重來約知
無省閣心
酬吴之問見贈
已當聽鴈夜多事不同居故疾離城晚秋霖見
月疎趂風開靜户帶葉卷閑書邊槊期南去荒
園久廢鋤
寄姚合郎中
轉刺名山郡連年別省曹分題得客少著價實
書高晚柳蟬和角寒城燭照濤鄣溪卧疾者未
獲後乘騷
送分定歸靈夏
南遊多夏疾見說講經稀塞寺幾僧在關城空
自歸帶河衰草斷映日旱沙飛却到禪齋後邊
軍識衲衣
與崔弇話別
歸思緣平澤■齋夜話遲人尋馮翊去草向建
康衰雨雪生中路干戈阻後期幾年方見面應

图 3-40《周贺诗集》，唐周贺撰，南宋杭州陈宅书籍铺刻本，和陈氏其他刻本字体、版式等风格相同，半页 10 行，有行格线，左右双边，中缝双鱼尾，版内有黑墨块，称“墨等”，为原稿中无法确定的字，留等查清后再补刻。

人独知音”的美名。他的书籍铺位于临安棚北街，“门对官河水，檐依柳树荫”，是一个文人集聚的地方，有朋友在诗中称赞：“官河深水绿悠悠，门外梧桐数叶秋。中有武林陈学士，吟诗消遣一生愁。十载京尘染布衣，西湖烟雨与心违。随东尚有书千卷，拟向君家卖却归。”

陈氏书铺刻书以刻印唐宋名家诗集最为著名，今天能见于各家收藏的有唐朝《杜审言诗集》、《周贺诗集》、《王建诗集》、《朱庆馀诗集》、《唐女郎鱼玄机诗集》、《孟东野文集》等20多种，还有宋朝岳珂的《棠湖诗稿》等。作为文人，陈起和其他的书商不同，他所刻印的书力求精工细刻，字体清秀，纸墨精良，件件称得上是书中精品。陈氏刻本自明代以来，深为历代藏书家所珍爱。

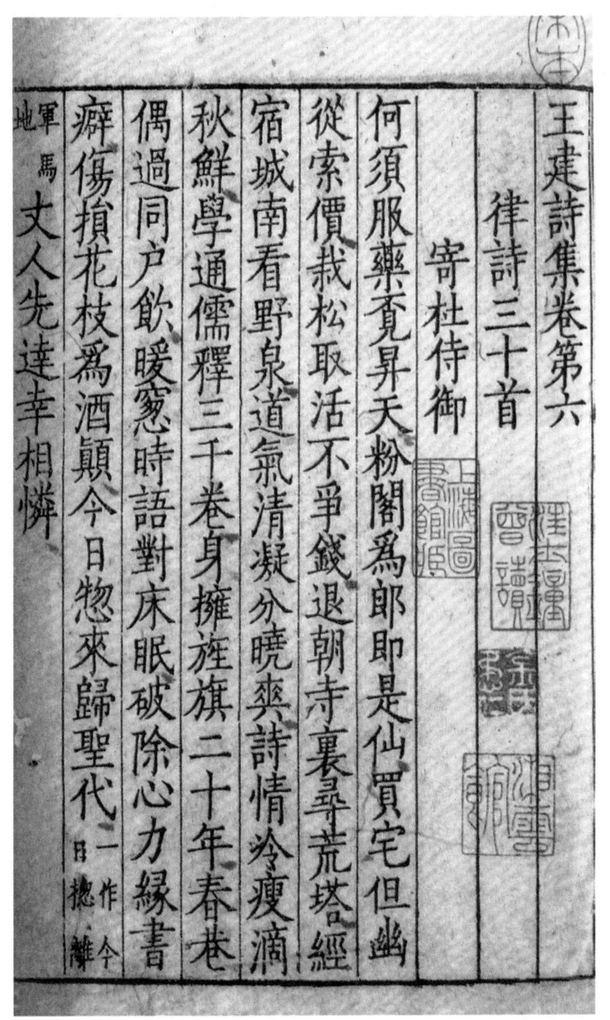
王建詩集卷第六
律詩三十首
寄杜侍御
何須服藥覓昇天粉閣爲郎即是仙買宅但幽從索價栽松取活不爭錢退朝寺裏尋荒塔經宿城南看野泉道氣清凝分曉爽詩情冷瘦滴秋鮮學通儒釋三千卷身擁旌旗二十年春巷偶過同戶飲暖窻時語對床眠破除心力緣書癖傷損花枝爲酒顛今日惣來歸聖代（一作今日揔離軍馬地）文人先達幸相憐

图3-41 《王建诗集》，南宋杭州陈解元宅刻印。

陈氏书铺刻书的字体、版式、行款等都有自己独特的风格。他刻印的几种唐人诗集，如《朱庆馀诗集》、《唐女郎鱼玄机诗集》等，都是半页10行，每行18字，白口，单鱼尾，左右双边，字体清秀雅致，刻印精良。

《唐女郎鱼玄机诗集》的海内孤本现藏于中国国家图书馆，其字柳体欧意、刀法剔透。纸间钤满了名家印记，夺人眼目。卷末有“临安府棚北睦亲坊南陈宅书籍铺印”的牌记。

陈起的儿子陈续芸，继承父业，父子相继经营陈氏书籍铺。书铺的地址先后设在临安府棚北大街睦亲坊和临安府洪桥子南河西岸。其所刻的书后面都刻有书铺地址。据统计，陈氏两代刻书百余种，在出版印刷史上占有重要地位。从陈解元所刻的《王建诗集》来看，其版式、字体等，完全继承了其父亲陈起的刻书风格。

宋绍兴二十二年（1152）临安府荣六郎书籍铺刻本《抱朴子·内篇》，此书半版15行，行28字，白口，左右双边，宋讳玄、匡、徽、敬、恒等字缺笔，慎字不缺。卷末有刻书牌记五行：“旧日东京大相国寺东荣六郎家，见寄居临安府中瓦南街东，开印输经史书籍铺。今将京师旧本《抱朴子·内篇》校正刊行，的无一字差讹。请四方收书好事君子幸赐藻鉴。绍兴壬申岁六月旦日。”绍兴壬申为绍兴二十二年(1152)。考《东京梦华录》，相国寺东门大街皆是幞头、腰带、书籍铺，荣六郎书籍铺当即开设于此。靖康之变，荣氏随众南迁，旧铺新张，遂重刻此书。

杭州开笺纸马铺钟家刻《文选五臣注》30卷(唐吕延济、刘良、张铣、

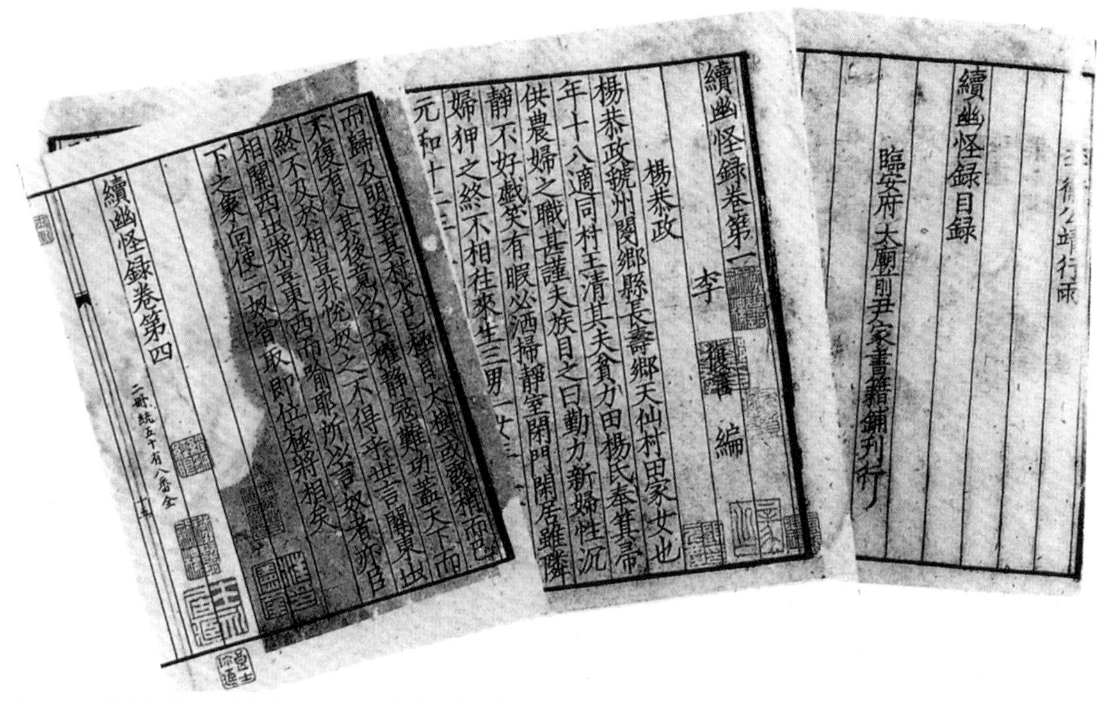

續幽怪録目録

臨安府太廟前尹家書籍鋪刊行

續幽怪録卷第一　李復言 編

楊恭政

楊恭政蒱州閺鄉縣長壽鄉天仙村田家女也
年十八適同村王清其夫貧力田楊氏奉箕帚
供農婦之職甚謹夫族目之曰勤力新婦性沉
靜不好戲笑有暇必灑掃靜室閉門閑居雖隣
婦狎之終不相往來生三男一女
元和十二

續幽怪録卷第四

图 3-42 《续幽怪录》，唐李复言撰，临安府太庙前尹家书籍铺刻印，原名为《续玄怪录》，因避宋讳改“玄”为“幽”。此书字体清秀，刻印精良，为杭州刻本的代表。

吕向、李周翰注)。卷末刻有“钱塘鲍询书字，杭州猫儿桥河东岸开笺纸马铺钟家印行”。

杭州太庙前尹家书籍铺，历经父子两代，所刻印的书有《钓矶立谈》1 卷、《渑水燕谈录》1 卷、《北户录》3 卷、《茅亭客话》10 卷、《却扫编》3 卷、《曲洧旧闻》10 卷、《箧中集》、《述异记》等。尹家刻印的《续幽怪录》，为唐李复言撰，此书原名为《续玄怪录》，因避宋讳而改“玄”为“幽”（宋帝祖上名玄朗，故玄、朗二字在宋代要避讳，用缺笔或改字的方法）。书中宋讳缺笔至“廓”字（宋宁宗名赵扩，同音字“廓”也缺笔避讳）。证明此书刻印于宁宗时期（1195—1224）。该书目录后刻有“临安府太庙前尹家书籍铺刊行”。该书字体细瘦硕挺，有柳公权风格，刻印十分精致，可称杭州刻本的代表。

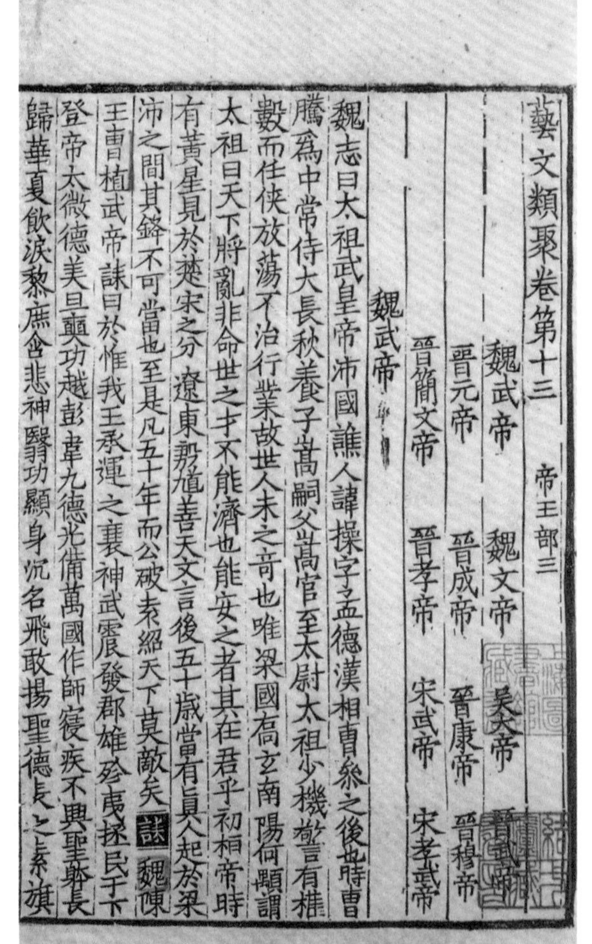

藝文類聚卷第十三　帝王部三

魏武帝　魏文帝　吴大帝　晉武帝
晉元帝　晉成帝　晉康帝　晉穆帝
晉簡文帝　晉孝武帝　宋武帝　宋孝武帝

魏武帝

魏志曰太祖武皇帝沛國譙人諱操字孟德漢相曹參之後也時曹
騰爲中常侍大長秋養子嵩嗣父嵩官至太尉太祖少機警有權
數而任俠放蕩不治行業故世人未之奇也唯梁國橋玄南陽何顒謂
太祖曰天下將亂非命世之才不能濟也能安之者其在君乎初桓帝時
有黃星見於楚宋之分遼東殷馗善天文言後五十歲當有真人起於梁
沛之間其鋒不可當也至是凡五十年而公破袁紹天下莫敵矣 誄 魏陳
王曹植武帝誄曰於惟我王承運之衰神武震發郡雄殄夷拯民于下
登帝太微德美旦奭功越彭韋九德光備萬國作師寢疾不興聖躬長
歸華夏飲淚黎庶含悲神翳功顯身沉名飛敢揚聖德長之素旗

图 3-43 《艺文类聚》，唐欧阳修主编，宋浙江刻本。

2. 行销四方的建阳刻本

福建是宋代印刷业较为发达的地区，福建所刻书简称“建刻本”，主要集中在建阳县的麻沙、崇化两镇。福建书坊刻书的内容主要是经、史、子、集各类，还有一些民间日用书和启蒙书。

可惜流传下来的只是其中一小部分。

南宋祝穆在《方舆胜览》中说：“建宁麻沙、崇化两坊产书，号为图书之府。”《福建通志》中也称：“建阳、崇安接界处有书坊村，村皆以刊印书籍为业。”南宋理学家朱熹对建阳印书业更是情有独钟，他说：“建阳板本书籍，上自六经，下及训传，行四方者，无远不至。”可见建阳印书之多，行销之远，建阳书籍甚至远销到高丽、日本。

根据张秀民先生统计，宋代建阳书坊有37家。福建刻本称为“闽本”、“建本”、“建安本”，建阳麻沙镇的刻本称“麻沙本”。“麻沙本”由于粗制滥造，成为劣本的代表，常为藏书家所批评。但由于用柔木刻版，

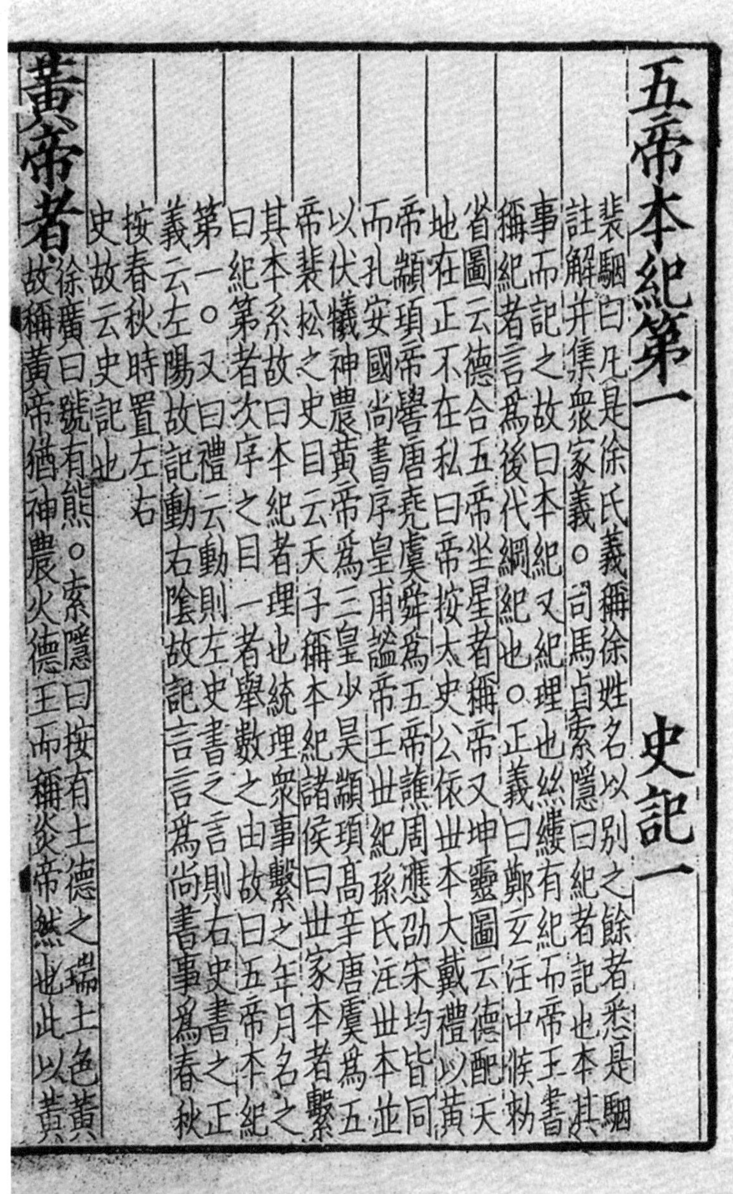
五帝本紀第一　史記一

裴駰曰凡是徐氏義稱徐姓名以別之餘者悉是駰註解并集衆家義。司馬貞索隱曰紀者記也本其事而記之故曰本紀又紀理也絲縷有紀而帝王書稱紀者言爲後代綱紀也。正義曰鄭玄注中候勑省圖云德合五帝坐星者稱帝又坤靈圖云德配天地在正不在私曰帝按太史公依世本大戴禮以黄帝顓頊帝嚳唐堯虞舜爲五帝譙周應劭宋均皆同而孔安國尚書序皇甫謐帝王世紀孫氏注世本並以伏犧神農黄帝爲三皇少昊顓頊高辛唐虞爲五帝裴松之史目云天子稱本紀諸侯曰世家本者繫其本系故曰本紀者理也統理衆事繫之年月名之曰紀第者次序之目一者舉數之由故曰五帝本紀第一。又曰禮云動則左史書之言則右史書之正義云左陽故記動右陰故記言言爲尚書事爲春秋按春秋時置左右史故云史記也

黄帝者徐廣曰號有熊。索隱曰按有土德之瑞土色黄故稱黄帝猶神農火德王而稱炎帝然也此以黄

图3-44 《史记集解》，南宋初建阳黄善夫刻本。半页12行，行23字，注文小字双行，行28字，边框尺寸18.6厘米×12.7厘米，字体有瘦金体风格。

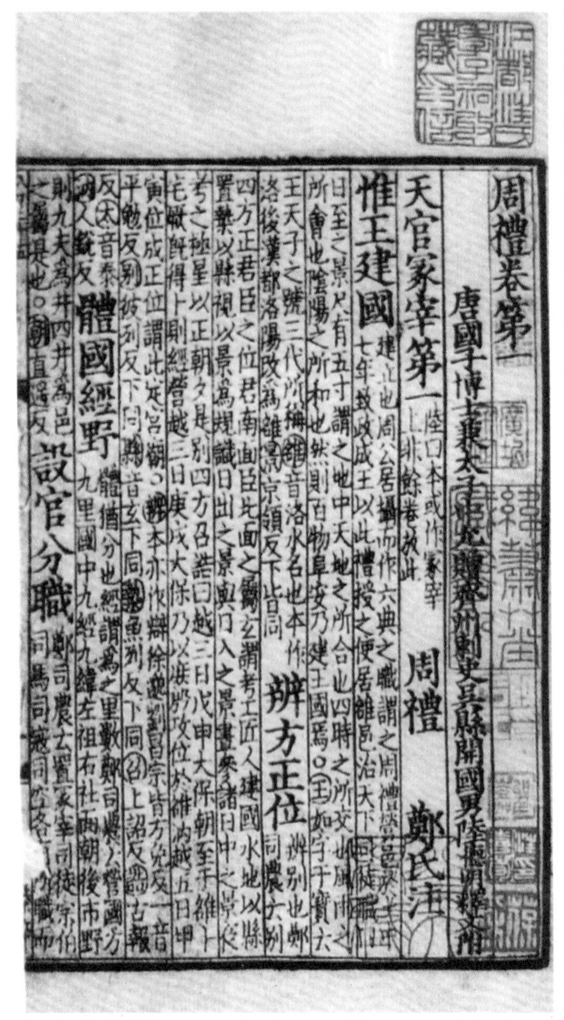

周禮卷第一

天官冢宰第一

周禮　鄭氏注

惟王建國　辨方正位　體國經野　設官分職

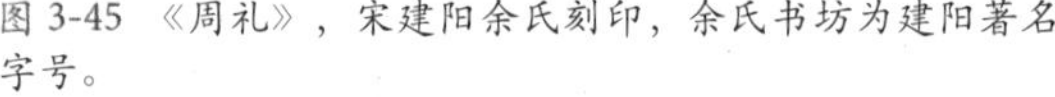

图 3-45 《周礼》，宋建阳余氏刻印，余氏书坊为建阳著名字号。

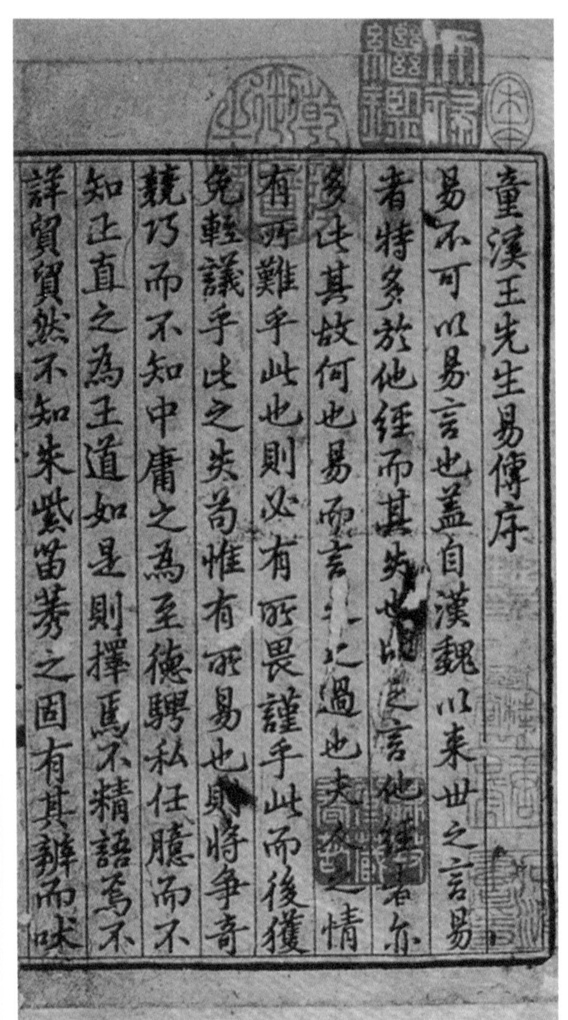

童溪王先生易傳序

易不可以易言也蓋自漢魏以來世之言易者特多於他經而其失也……言他經者亦多往其故何也易而言之過也夫人之情有所難乎此也則必有所畏謹乎此而後獲免輕議乎此之失茍惟有所易也則將爭奇競巧而不知中庸之為至德騁私任臆而不知正直之為王道如是則擇焉不精語焉不詳貿貿然不知朱紫苗莠之固有其辨而味

图 3-46《童溪王先生易传》，宋王宗传撰，宋开禧元年（1205）建阳刘日新三桂堂刻印，有余贞木、唐伯虎、秦汴、天禄琳琅等藏书印。

刻印速度快，再用本地造的竹纸，大大降低了书籍的成本。低廉的售价，也很受一般读书人的欢迎，因而销路很好。今天来评价麻沙本，也应肯定其特点，而且麻沙本中也有刻印质量上乘之版本，有的麻沙本流传至今，也十分珍贵。[①]

建阳书坊最为著名的是“建安余氏”，叶德辉在《书林清话》中说：“宋刻书之盛，首推闽中，而闽中尤以建安为最，建安尤以余氏为最。”余氏祖先余祖焕，于南北朝时始居闽中，到宋初已传到十四世，徙居建安，从事刻书印刷业。余氏最早使用的堂名为勤有堂，这个名称后来一直沿用到明末。余氏刻书最兴盛的时代是南宋，其中最有名的、刻印书籍最多的是余仁仲的万卷堂。他刻印的书中最著名的是《九经》，如《春秋公羊传》12 卷（刻于绍熙二年）。余氏书坊从南宋开始，历经宋、元至明末，刻书绵延不断，长达五六百年，这是印刷出版史上极其少有的。余氏书坊刻书以严肃认真著称。南宋余仁仲万卷堂所刻印的经类书籍，在南宋时就赢得“善本”的声誉。岳飞的九世孙岳浚在《刊正九经三传沿革例》中，对当时的

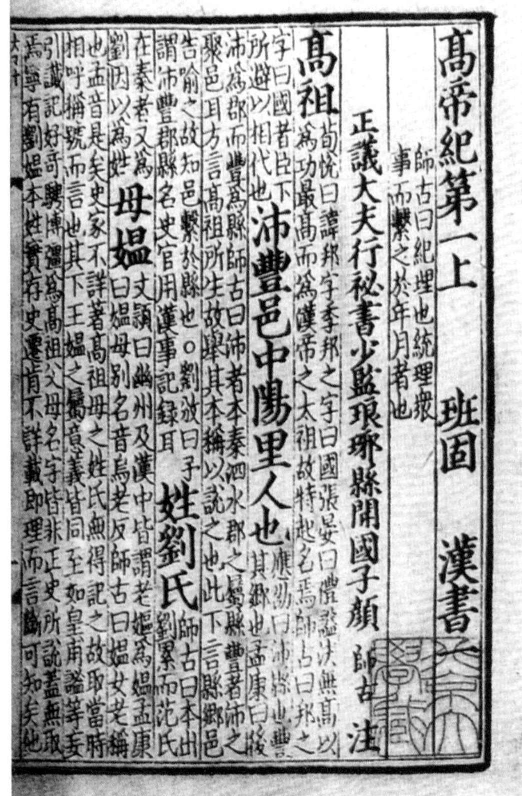

图 3-47 《汉书》，汉班固撰，唐颜师古注，宋庆元元年（1195）建安刘元起刻印，书后有“建安刘元起刊于家塾之敬室”的牌记。

经书印本给以评价说：“世所传本互有得失，难以取正，前辈谓兴国于氏本及建安余氏本书最善。”清代乾隆皇帝由于发现宋、元、明各代都有建安余氏刻印的书，曾敕令福建巡抚钟音派人专门查访余氏家族刻书的兴衰始末。

宋代建安余氏书坊，除余仁仲外，还有余唐卿、余恭礼、余腾夫、余彦国、余靖安、余志安等。

建安书坊中另一家著名者为刘氏书坊，他们从南宋一直延续到清代乾隆年间，长达600余年的刻书历史，是出版印刷史上的奇迹。即使在世界出版印刷史上，也是独一无二的。建阳刘氏刻印的书籍，最早而有年代可考的是宋宣和六年（1124）刘麟所刻《元氏长庆集》。流传至今的宋代建阳刘氏所刻印的书有：刘元起于庆元元年（1195）刻印的《汉书》、《后汉书》；刘叔刚刻印的《大易粹言》、《礼记注疏》、《毛诗注疏》；刘日新三桂堂于开禧元年（1205）刻印的《童溪王先生易传》；麻沙刘仕隆宅刻印的《广韵》；麻沙刘仲吉于绍兴三十年（1160）家宅刻印的《新唐书》；麻沙刘仲立于乾道三年（1167）刻印的《汉书》、《后汉书》。

3．历史久远的蜀刻本

除了福建和江浙之外，印刷业较集中的是四川。四川成都自唐末五代以来，印刷就很兴盛，是古代印刷业发祥地之一。由于这里的印刷业有很

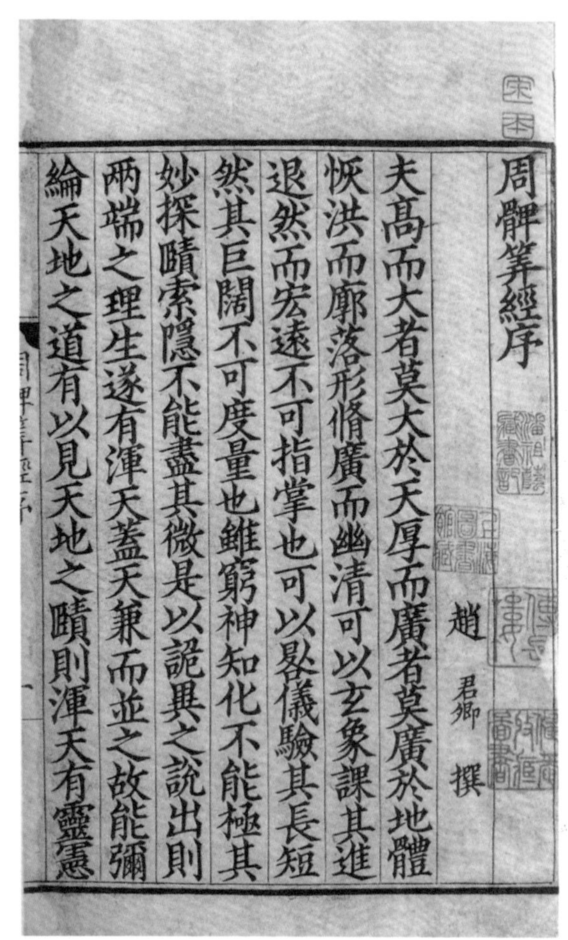

周髀筭經序

趙君卿撰

夫高而大者莫大於天厚而廣者莫廣於地體
恢洪而廓落形脩廣而幽清可以玄象課其進
退然而宏遠不可指掌也可以晷儀驗其長短
然其巨闊不可度量也雖窮神知化不能極其
妙探賾索隱不能盡其微是以詭異之説出則
兩端之理生遂有渾天蓋天兼而並之故能彌
綸天地之道有以見天地之賾則渾天有靈憲

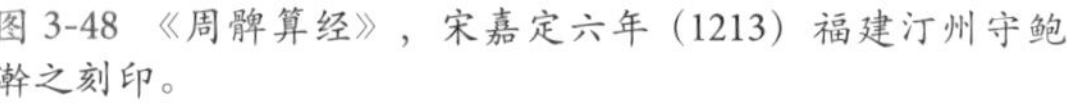

图 3-48 《周髀算经》，宋嘉定六年（1213）福建汀州守鲍澣之刻印。

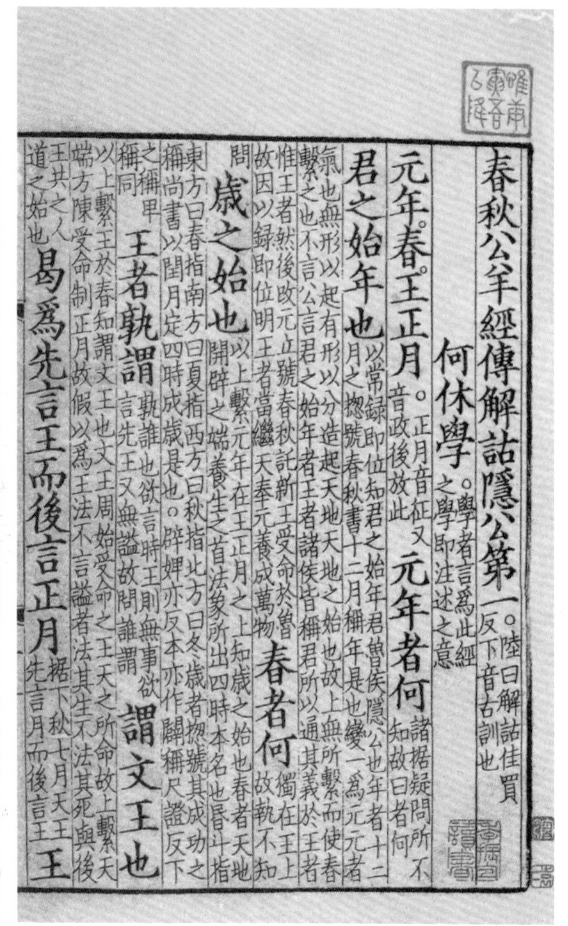

春秋公羊經傳解詁隱公第一。陸曰解詁佳買反下音古訓也
何休學。學者言爲此經之學即注述之意
元年。春。王正月。正月音征又音政後放此 元年者何 諸據疑問所不知故曰者何
君之始年也 以常録即位知君之始年君魯侯隱公也年者十二月之摠號春秋書十二月稱年是也變一爲元元者
氣也無形以起有形以分造起天地天地之始也故上無所繫而使春繫之也不言公言君之始年者王者諸侯皆稱君所以通其義於王者
惟王者然後改元立號春秋託新王受命於魯故因以録即位明王者當繼天奉元養成萬物 春者何 獨在王上故執不知
問 歲之始也 以上繫元年在王正月之上知歲之始也春者天地開辟之端養生之首法象所出四時本名也昬斗指
東方曰春指南方曰夏指西方曰秋指北方曰冬歲者摠號其成功之稱尚書以閏月定四時成歲是也。辟婢亦反本亦作闢稱尺證反下
之稱甲稱同 王者孰謂 孰誰也欲言時王則無事欲言先王又無謚故問誰謂 謂文王也
以上繫王於春知謂文王也文王周始受命之王天之所命故上繫天端方陳受命制正月故假以爲王法不言謚者法其生不法其死與後
王共之人道之始也 曷爲先言王而後言正月 据下秋七月天王先言月而後言王 王

图 3-49 《春秋公羊经传解诂》，宋绍熙二年（1191）建阳余仁仲万卷堂刻印。

好的基础，所以宋初的不少书籍，都是到这里来刻印。其中最有名的是政府在这里雕印的全部《大藏经》，这就是有名的“开宝藏”。

宋代四川刻印的书籍，以墨优纸佳、书写方正雍容、版式疏朗雅洁而驰名全国，宋版蜀刻本的装帧也体现了当时印刷的最高工艺水平。

四川成都一带是民间印书的发源地之一，早在唐代的印刷品上就有“成都龙池坊卞家”、“成都府樊赏家”、“西川过家”等私人刻印作坊的名称。他们是一批以印售历书、诗文集、字书、阴阳杂著等为业的民间书坊。五代时，四川作为天府之国，印刷业兴盛，出现了历史上第一位私家印书者——毋昭裔。北宋初期，政府将规模宏大的《大藏经》拿到成都去刻版，说明这里的刻印力量当时为强。

成都一带的书坊以眉山地区最为集中，留存至今的眉山刻本约30余种。最著名的眉山刻本有“眉山七史”（宋、齐、梁、陈、魏、北齐、北周书）。眉山的著名刻本还有一批唐代著名文人骆宾王、李太白、王维、孟浩然、孟东野、元稹、李贺等的诗文集。从这些流传至今的刻本中，可以反映出眉山刻本高超的刻印水平。

眉山刻本《李太白文集》，为李白诗文集传世最早的刻本。字体端楷，

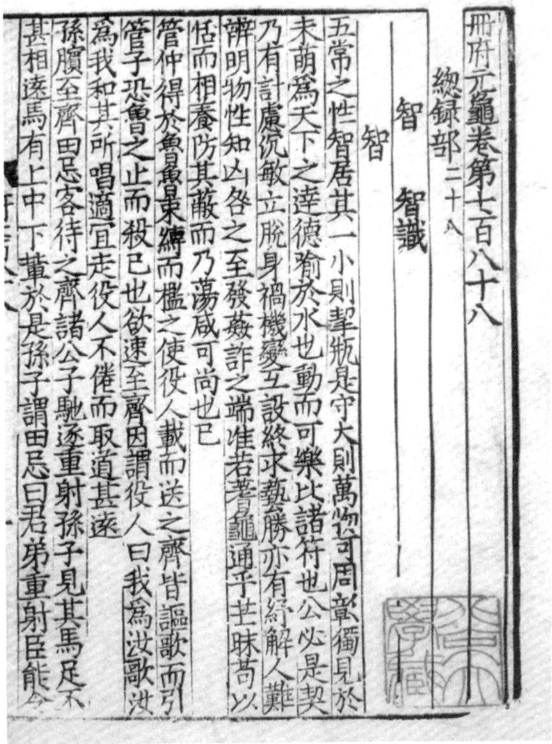

图 3-50 《册府元龟》，宋景德二年（1005）由王钦若等编纂的大型类书，共1000卷，于大中祥符六年（1013）成书。此为南宋眉山刻本。

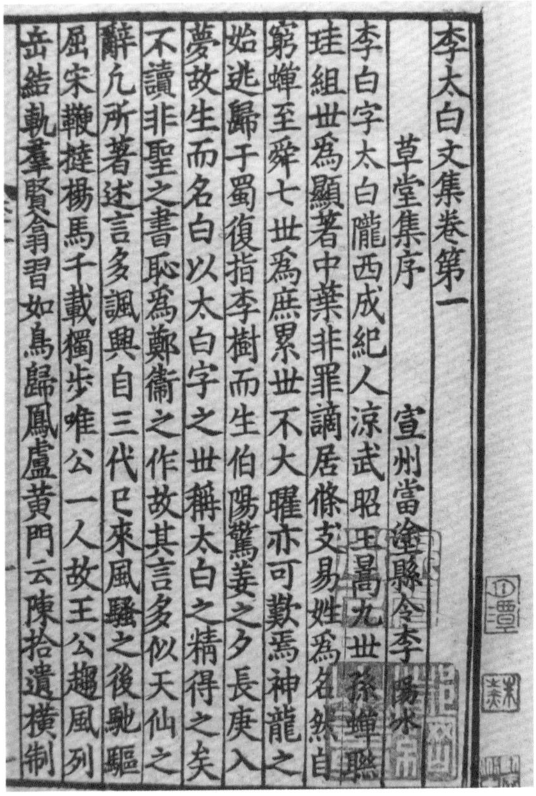

图 3-51 《李太白文集》，唐李白撰，宋眉山坊刻本，刻印都很精良，是李白文集现存最早的刻本。

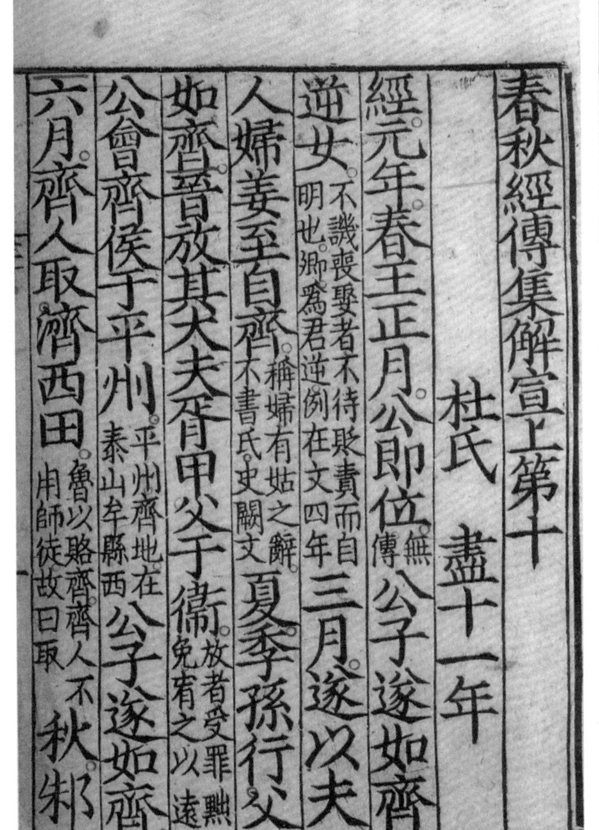

春秋經傳集解宣上第十

杜氏　盡十一年

經元年春王正月公即位無傳公子遂如齊逆女不譏喪娶者不待貶責而自明也卿爲君逆例在文四年三月遂以夫人婦姜至自齊稱婦有姑之辭不書氏史闕文夏季孫行父如齊晉放其大夫胥甲父于衛放者受罪黜免宥之以遠公會齊侯于平州平州齊地在泰山牟縣西公子遂如齊六月齊人取濟西田魯以賂齊齊人不用師徒故曰取秋邾

图3-52 《春秋经传集解》，五代毋昭裔注，宋蜀刻大字本。

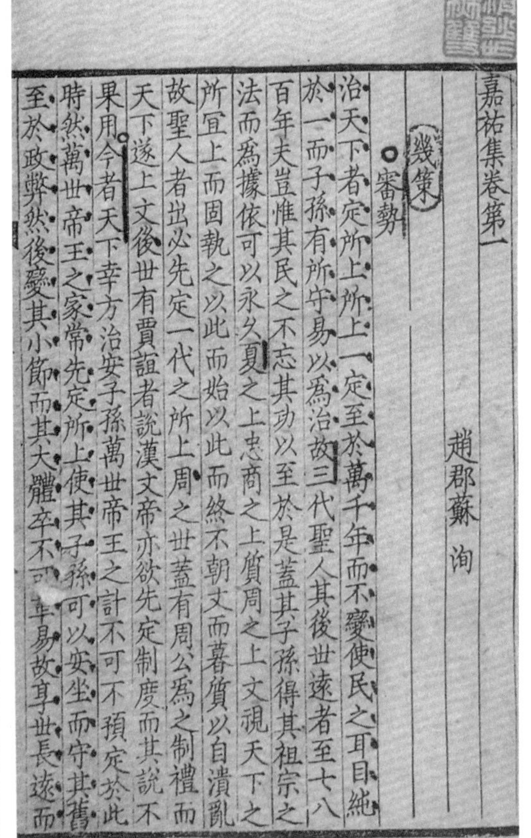

嘉祐集卷第一

趙郡蘇洵

幾策

○審勢

治天下者定所上所上一定至於萬千年而不變使民之耳目純於一而子孫有所守易以爲治故三代聖人其後世遠者至七八百年夫豈惟其民之不忘其功以至於是蓋其子孫得其祖宗之法而爲據依可以永久夏之上忠商之上質周之上文視天下之所宜上而固執之以此而始以此而終不朝文而暮質以自潰亂故聖人者出必先定一代之所上周之世蓋有周公爲之制禮而天下遂上文後世有賈誼者說漢文帝亦欲先定制度而其說不果用今者天下幸方治安子孫萬世帝王之計不可不預定於此時然萬世帝王之家常先定所上使其子孫可以安坐而守其舊至於政弊然後變其小節而其大體卒不可革易故享世長遠而

图3-53 《嘉祐集》，宋苏洵撰，宋蜀刻小字本。

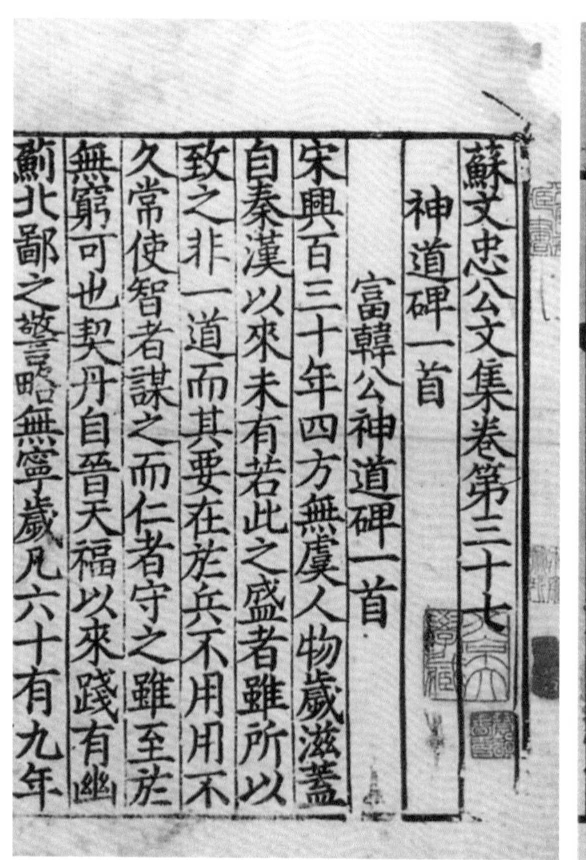

蘇文忠公文集卷第三十七
神道碑一首
富韓公神道碑一首
宋興百三十年四方無虞人物歲滋蓋
自秦漢以來未有若此之盛者雖所以
致之非一道而其要在於兵不用用不
久常使智者謀之而仁者守之雖至於
無窮可也契丹自晉天福以來踐有幽
薊北鄙之警略無寧歲凡六十有九年

图3-54 《苏文忠公文集》，宋苏轼撰，南宋初期四川眉山刻大字本，半页9行，行15字，边框尺寸22.7厘米×18.4厘米。

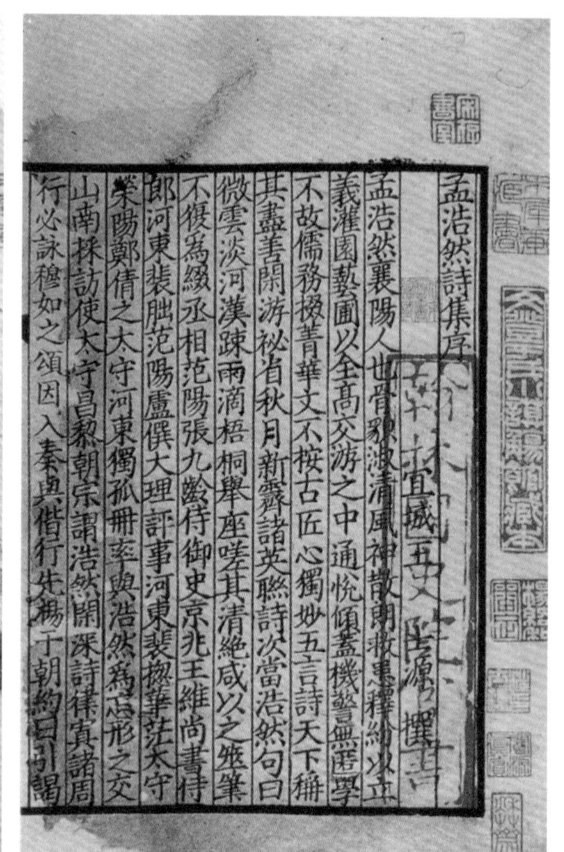

孟浩然詩集序
宜城王士源撰
孟浩然襄陽人也骨貌淑清風神散朗救患釋紛以立
義灌園藝圃以全高交游之中通悅傾蓋機警無匿學
不攻儒務掇菁華文不按古匠心獨妙五言詩天下稱
其盡善閒游秘省秋月新霽諸英聯詩次當浩然句曰
微雲淡河漢疎雨滴梧桐舉座嗟其清絕咸以之擱筆
不復爲綴丞相范陽張九齡侍御史京兆王維尚書侍
郎河東裴朏范陽盧僎大理評事河東裴摠華陰太守
滎陽鄭倩之太守河東獨孤冊率與浩然爲忘形之交
山南採訪使太守昌黎韓朝宗謂浩然閒深詩律寘諸周
行必詠穆如之頌因入秦與偕行先揚于朝約日引謁

图3-55 《孟浩然诗集》，南宋中期四川眉山坊刻本。

有欧阳询之书风，刻版一丝不苟，为眉山刻本中之精品。《孟浩然诗集》，为南宋中期眉山坊刻本之代表。版式、字体及刻版刀法等方面，都代表了眉山刻本的特点。

眉山为“三苏”故乡，刻印当地名人著作，应是家刻和坊刻的首选书目。南宋时苏洵的《嘉祐集》、苏辙的《栾城集》、苏轼的《苏文忠公文集》等都有眉山书坊刻本。特别是《苏文忠公文集》，半页 9 行，行 15 字，版框尺寸为 22.7 厘米 ×18.4 厘米，是著名的眉山大字本。

眉山刻本中，还有欧阳修的《集古录跋尾》，半页 10 行，行 16 字，白口，左右双边，版心有刻工姓名，双鱼尾。

4. 风格独特的江西刻本

宋代印刷业，除成都、浙江、福建外，江西的印刷业也很兴盛，流传至今的江西刻本也较多。从流传至今的刻本可知，江西的抚州（临川）、吉州（吉安）、袁州（宜春）、赣州、九江、信州、池州等地，都有印刷业。在宋代，江西文化发达，教育兴盛，文人辈出，王安石、欧阳修、黄庭坚、周必大、晏殊等都是江西籍人。以黄庭坚为首的江西诗派中，也以江西籍诗人为多，这说明江西的印刷业和江西的文化教育是相适应的。尽管江西的印刷业很发达，但当地所印的书仍不能满足社会需要，每年都要从建阳运来大量的书籍。

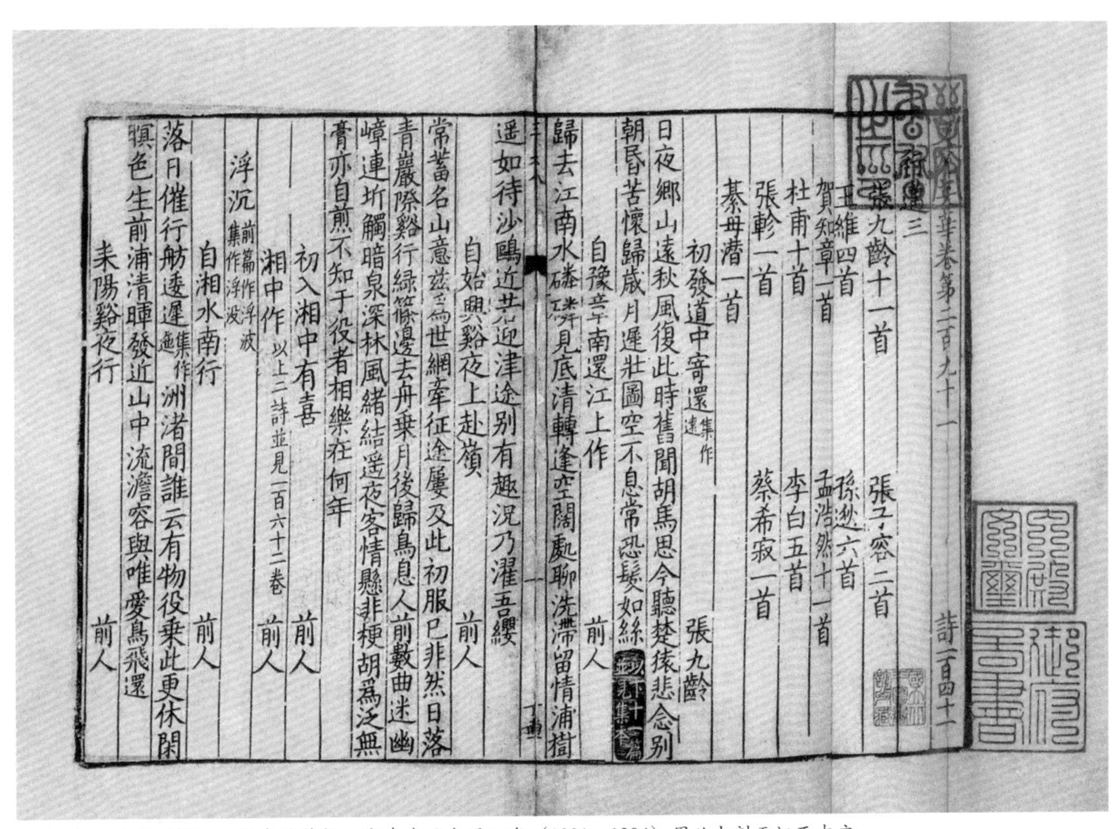

文苑英華卷第二百九十一　詩一百四十一

行邁三

張九齡十一首　張子容二首

王維四首　孫逖六首

賀知章一首　孟浩然十一首

杜甫十首　李白五首

張軫一首　蔡希寂一首

綦毋潛一首

初發道中寄還 遠集作　張九齡

日夜鄉山遠秋風復此時舊閭胡馬思今聽楚猿悲念別

朝昏苦懷歸歲月遲壯圖空不息常恐鬢如絲

自豫章南還江上作　前人

歸去江南水磷磷見底清轉逢空闊處聊洗滯留情浦樹

遥如待沙鷗近若迎津途別有趣況乃濯吾纓

自始興谿夜上赴嶺　前人

常蓄名山意茲爲世網牽征途屢及此初服已非然日落

青巖際谿行緑篠邊去舟乘月後歸鳥息人前數曲迷幽

嶂連圻觸暗泉深林風緒結遥夜客情懸非梗胡爲泛無

膏亦自煎不知于役者相樂在何年

初入湘中有喜　前人

湘中作 以上二詩並見一百六十二卷　前人

浮沉 前篇作浮 集作浮沒

自湘水南行　前人

落日催行舫逶遲 集作逶迤 洲渚間誰云有物役乘此更休閑

瞑色生前浦清暉發近山中流澹容與唯愛鳥飛還

耒陽谿夜行　前人

图 3-56 《文苑英华》，宋李昉等辑，宋嘉泰元年至四年（1201—1204）周必大刻于江西吉安。

提到江西印书，不能不提周必大（1126—1204），他是江西庐陵（吉安）人，绍兴二十一年（1151）进士，官至左丞相，一生有诗 600 多首传世。至晚年，周必大热心于刻印书籍。庆元二年（1196），他请门客胡柯、彭叔夏汇校《欧阳文忠公集》，雇工刻印，这就是著名的吉州本《欧阳文忠公集》150 卷。嘉泰元年（1201），周必大告老家居，组织刻印了宋李昉等编辑的大部头书《文苑英华》1000 卷，由门客胡柯、彭叔夏详加校正，由王思恭督工刻印，四年告成。就在这部书中，出现了宋代唯一的装背工匠姓名。此书每册封面副页左下方有"景定元年十月　日装背臣王润照管讫"文字一行。周必大卒于宋宁宗嘉泰四年（1204），《文苑英华》的刻印工作也告完成。不久，其家人刻印了《周益文忠公文集》，为典型的家刻本。

江西刻本中，还有刻于赣州的《古灵先生文集》，由著者陈襄后人陈辉知江西赣州时所刻，时间是宋绍兴三十一年（1161）。每版中缝下部刻有刻工萧冈、黄彦、邓正等 17 人姓名，可知在较偏远的赣州地区，也有较多的刻版工匠，而且刀法娴熟，版面古朴典雅，反映了宋代江西刻本的面貌。该书作者陈襄，字述古，福建侯官人，居住在古灵村。庆历二年（1042）进士，官至右司郎中枢密直学士。书中"夷"、"则"、"实"等字缺笔，为避家讳，为典型的家刻本。

在江西刻本中，以宋宁宗嘉定十四年（1221）吉安刻本《资治通鉴纲目》最有特色，此书由南宋理学家朱熹所著，跋文由朱熹的门生临川人饶谊撰写。

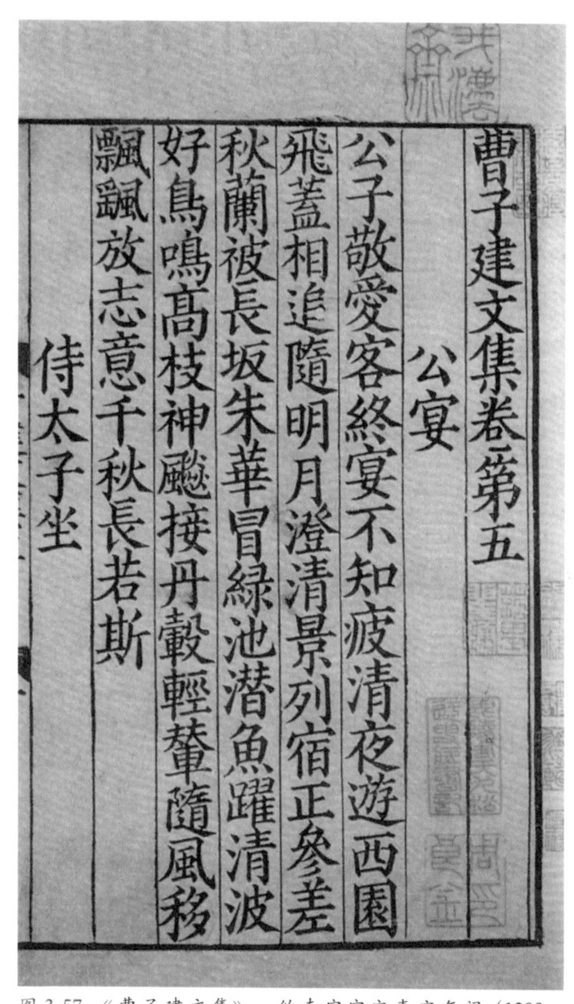
曹子建文集卷第五
公宴
公子敬愛客終宴不知疲清夜遊西園
飛蓋相追隨明月澄清景列宿正參差
秋蘭被長坂朱華冒綠池潛魚躍清波
好鳥鳴高枝神飇接丹轂輕輦隨風移
飄飖放志意千秋長若斯
侍太子坐

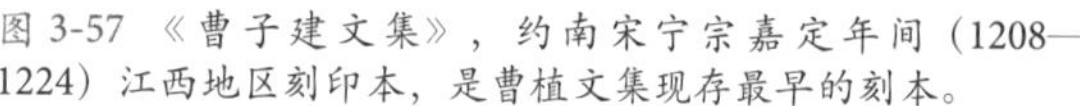
图 3-57 《曹子建文集》，约南宋宁宗嘉定年间（1208—1224）江西地区刻印本，是曹植文集现存最早的刻本。

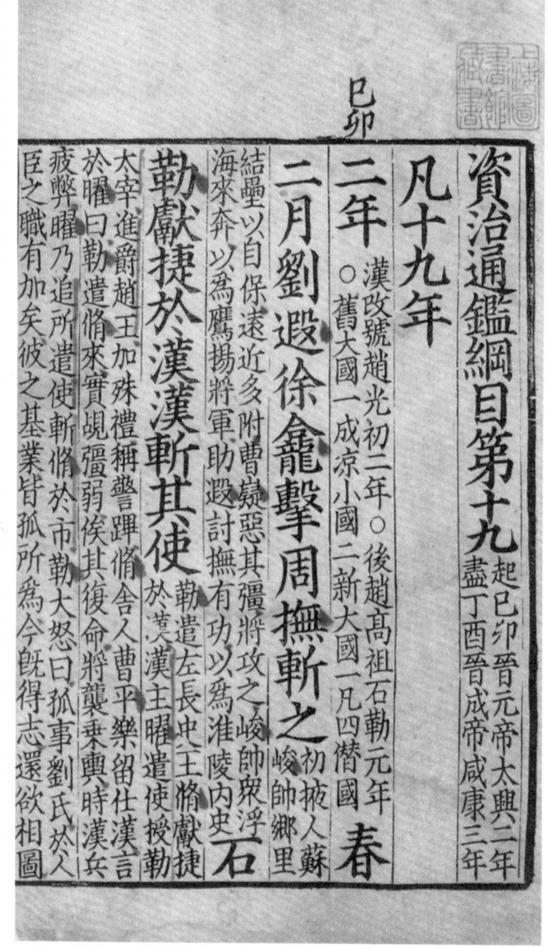
資治通鑑綱目第十九 起己卯晉元帝太興二年 盡丁酉晉成帝咸康三年
凡十九年
己卯 二年 漢改號趙光初二年○後趙高祖石勒元年 ○舊大國一成凉小國二新大國一凡四僭國 春
二月劉遐徐龕擊周撫斬之 初掖人蘇峻帥鄉里
結壘以自保遠近多附曹嶷惡其彊將攻之峻帥衆浮
海來奔以爲鷹揚將軍助遐討撫有功以爲淮陵內史 石
勒獻捷於漢漢斬其使 勒遣左長史王脩獻捷於漢漢主曜遣使授勒
太宰進爵趙王加殊禮備警蹕脩舍人曹平樂留仕漢言
於曜曰勒遣脩來實覘彊弱俟其復命將襲乘輿時漢兵
疲弊曜乃追所遣使斬脩於市勒大怒曰孤事劉氏於人
臣之職有加矣彼之基業皆孤所爲今既得志還欲相圖

图 3-58 《资治通鉴纲目》，朱熹撰，宋嘉定十一年（1218）江西庐陵刻本。

跋文中说：“嘉定戊寅（1218），莆田郑先生守庐陵，惜是书传布之未广，捐俸二千五百缗刊于郡庠，俾谊校正，而法曹清江刘宁季同司其役。”跋文后列举了参与校正者的名单，其中有曾在庆元二年（1196）校刊《周益文忠公文集》的彭叔夏等，彭叔夏还参与了《文苑英华》一书的校正工作。还有该书的刻工邓挺、中成、胡昌等，也曾参与彭叔夏校刊的《周益文忠公文集》的刻版工作。因此，陈先行先生据此认定此书为江西吉安刻本，此推断应予以肯定。此书的字体风格，与蜀、浙、闽三地刻本的风格都不同，证明江西刻本有自己独特的风格。

在江西刻本中，还有现藏于上海图书馆的《曹子建文集》，这是建安时代文学家曹植作品最早的刻本。该书内收赋 43 篇，诗 73 首，杂文 92 篇，显然只是选本。它在版本学上应占重要地位。该书半页 8 行，行 15 字，刻工有王彦明、刘世宁、徐仲、刘祖、陈朝俊、李安、于宗、叶材、刘之先等。此书刻印年代根据缺笔至“廓”推断，约刻于宋宁宗嘉定年间（1208—1224），该书的版式字体等与《资治通鉴纲目》一书极为相似，也可以推断为吉安刻本。此书曾为明代大藏书家华亭人朱大韶和清代大藏书家常熟

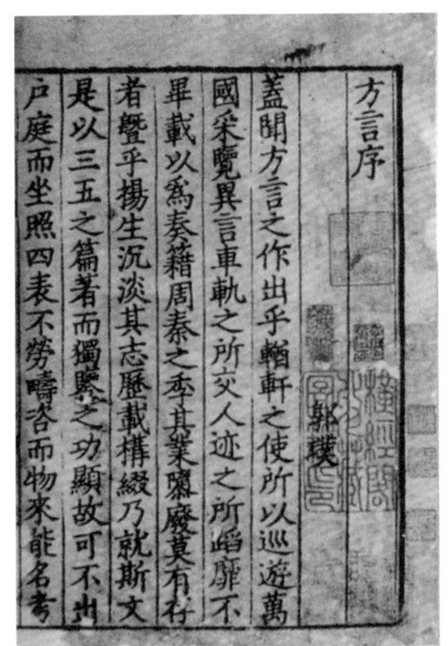

方言序

蓋聞方言之作出乎輶軒之使所以巡遊萬
國采覽異言車軌之所交人迹之所蹈靡不
畢載以爲奏籍周秦之季其業隳廢莫有存
者暨乎揚生沈淡其志歷載構綴乃就斯文
是以三五之篇著而獨鑒之功顯故可不出
户庭而坐照四表不勞疇咨而物來能名考

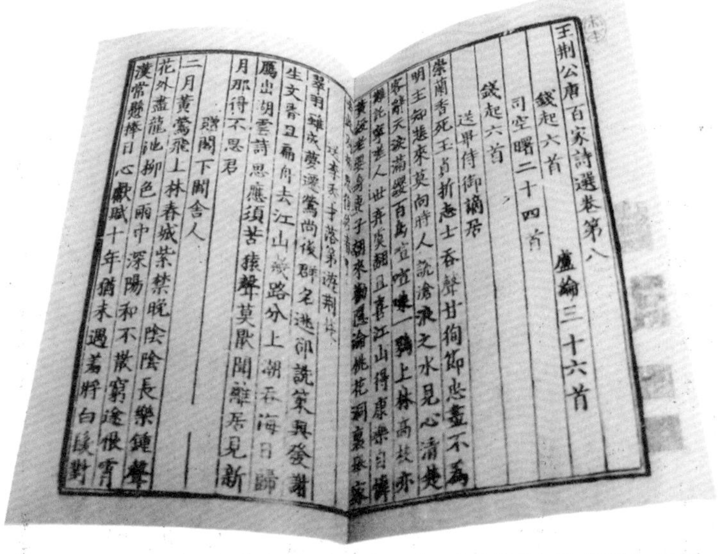

王荆公唐百家詩選卷第八
盧綸三十六首
錢起六首
司空曙二十四首
錢起六首
送畢侍御謫居
崇蘭香死玉貞折志士吞聲甘徇節忠盡不爲
明主知悲來莫向時人說滄浪之水見心清楚

月那得不思君
贈闕下裴舍人
二月黄鶯飛上林春城紫禁曉陰陰長樂鐘聲
花外盡龍池柳色雨中深陽和不散窮途恨霄
漢常懸捧日心獻賦十年猶未遇羞將白髮對

图 3-59 《方言》，汉杨雄撰，晋郭璞注，南宋江西浔阳（九江）刻本，是研究各地方言语音的著作。

图 3-60 《王荆公唐百家诗选》，宋王安石编，南宋淳熙年间（1174—1189）江西抚州刻本。此本四周双边，半页 10 行，行 18 字。

人瞿绍基收藏。在瞿绍基的儿子瞿镛所辑《铁琴铜剑楼书目》中载有此书。

收藏过《曹子建文集》的华亭人朱大韶，有以美女交换书的故事。朱大韶，字象玄，号文石，明嘉靖二十六年（1543）进士。曾官至南京国子监司业，不久隐退，以藏书会友为娱。传说有一次他得知苏州某家藏有宋刻《后汉纪》，并经陆游等名家手评，为了得到这部书，他居然将一美婢与对方交换。临行时，这位美人在墙上写下一首诗："无端割爱出深闺，犹胜前人换马时。他日相逢莫惆怅，春风吹尽道旁枝。"朱大韶看到此诗后惋惜不已。这个故事实在有点荒唐，但也旁证了宋版书在明代已是价值连城了。

在宋代江西刻本中，最有个性的是王安石所编的《王荆公唐百家诗选》。这部唐人诗选，竟将李白、杜甫的诗排斥在外而未收入，这的确是一部很有个性的"选集"。这部书出版后，好像没有听到反对之声，可能是王安石在当时的权威太大，而没人敢非议。后来的收藏家注重的则是它的版本特色。这部书的刻工有高安国、高安道、高安平、高智广、高智平、高文显、蔡侃、周彦、李皋、龚授、余山、周昂、彭师文、刘浩、刘正、余安、虞仲、吴士明、蔡昭、黄明等，大多为南宋初期江西地区刻工，其中高智广、高智平、蔡侃为绍兴二十二年（1152）抚州本《谢幼磐集》的刻工；高安国、高安道、高文显等刻过淳熙年间抚州公使库本《礼记》、《春秋公羊经传解诂》等书。由此也可以推知，此书为绍兴、淳熙年间江西抚州地区刻本。清康熙年间，商丘宋荦在苏州得残宋本 8 卷，后来常熟毛扆又购得 20 卷足本，先后刻完全书。现在上海图书馆的藏本为清黄丕烈士礼居旧物，共 11 卷。

江西刻本《侍郎葛公归愚集》，为宋葛立方撰。葛立方（？—1165），字常之，江阴人，宋绍兴八年（1138）进士，官至吏部侍郎，由

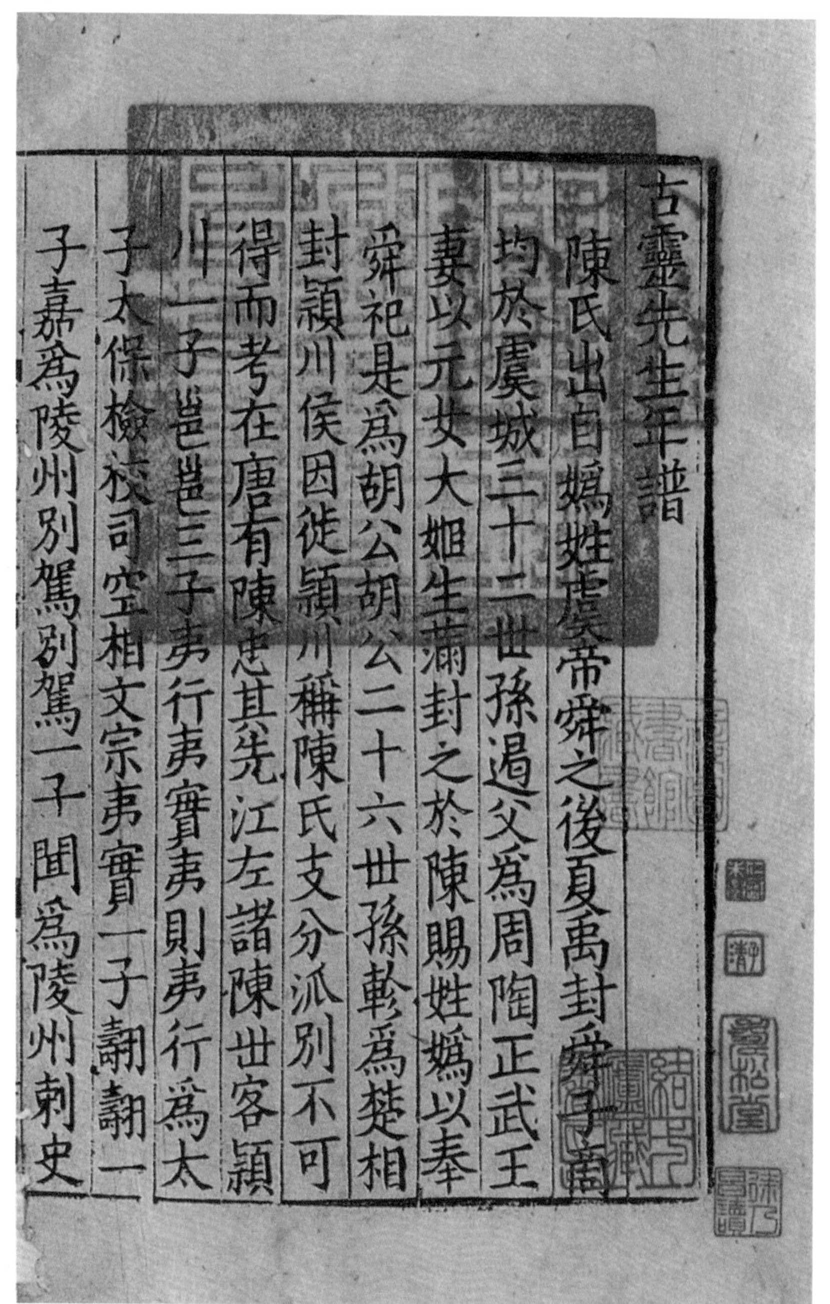
古靈先生年譜
陳氏出自嬀姓虞帝舜之後夏禹封舜子商
均於虞城三十二世孫遏父爲周陶正武王
妻以元女大姬生滿封之於陳賜姓嬀以奉
舜祀是爲胡公胡公二十六世孫軫爲楚相
封潁川侯因徙潁川稱陳氏支分派别不可
得而考在唐有陳忠其先江左諸陳世客潁
川一子邕邕三子夷行夷實夷則夷行爲太
子太保檢校司空相文宗夷實一子翃翃一
子嘉爲陵州别駕别駕一子閏爲陵州刺史

图 3-61 《古灵先生文集》，南宋绍兴三十一年（1161）江西刻本。

于得罪秦桧，遭人弹劾而退出官场，潜心写作。除此集外，还著有《韵语阳秋》、《西畴笔耕》、《方舆别志》等。今有《归愚集》残本藏于上海图书馆。

此书曾经清黄丕烈收藏，并重新装成典雅的蝴蝶装，后有其题跋。书中缺笔避讳至“慎”字，因而知其刻于孝宗时代，刻工有余实、高安国、吴申、（高）安富、秀实、周鼎、（高）安宁、高安道、余安、李皋、周昂、朱谅、郑生等，其中余实、高安国、高安道、余安、周昂、朱谅，曾为淳熙四年（1177）抚州公使库刻本《礼记注》的刻工。抚州公使库还刻有《周易》、《春秋经传集解》、《春秋公羊经传解诂》、《王荆公唐百家诗选》等书。

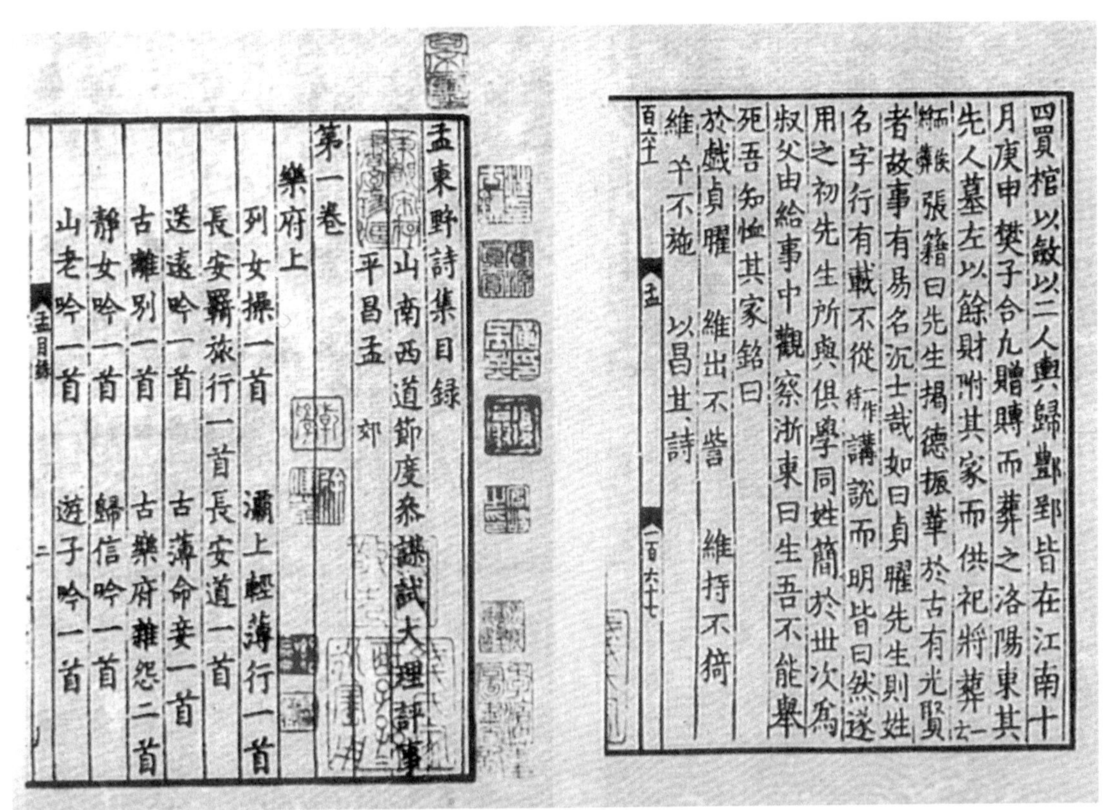
四買棺以斂以二人轝歸䣕郢皆在江南十
月庚申樊子合九贈賻而葬之洛陽東其
先人墓左以餘財附其家而供祀將葬
張籍曰先生揭德振華於古有光賢
者故事有易名沉士哉如曰貞曜先生則姓
名字行有載不從（一作待）講說而明皆曰然遂
用之初先生所與俱學同姓簡於世次爲
叔父由給事中觀察浙東曰生吾不能舉
死吾知恤其家銘曰
於戲貞曜　維出不訾　維持不猗
維卒不施　以昌其詩
孟　一百六十七

孟東野詩集目録
山南西道節度參謀試大理評事
平昌孟　郊
第一卷
樂府上
列女操一首　灞上輕薄行一首
長安羈旅行一首　長安道一首
送遠吟一首　古薄命妾一首
古離別一首　古樂府雜怨二首
靜女吟一首　歸信吟一首
山老吟一首　遊子吟一首
孟目録　二

图 3-62 《孟东野诗集》，唐孟郊撰，约为南宋初期江西抚州刻本，为孟诗最早的刻本。版框高 16.2 厘米，半版宽 10.6 厘米，11 行，每行 16 字，左右双边，中缝双鱼尾，有简化书名，字体近欧体。

江西是宋代文人辈出之地，浓厚的文化氛围推动了江西印书业的发展。江西的印书业与其他地方不同，印书业分散在很多地方，浔阳、池州、饶州、信州等地都有印书的记载，流传的版本很多，著名的还有《孟东野诗集》。

总的来说，宋代民间坊刻大多是编、刻、印、售合一，经营自主灵活，很多书坊非常注重广告宣传，销售渠道也很通畅。坊刻不仅扩大了书籍的销售和流通，繁荣了当时的文艺创作，活跃了书籍贸易，推动了造纸、制墨等相关手工业的发展，而且对后世中国和世界文化的发展也具有深远的影响与重大的意义。但是，也有一些书坊在利润的驱使下，所刻书籍流于“庸俗”，格调低下，文字校勘水平较低，伪误讹漏较多；刻印技术不精，纸墨粗劣，字迹模糊，使人无法卒读。但这类纸印本，并不是坊刻本的主流。

第三节 宋代的佛经印刷

佛经的印刷在印刷术发明初期就已出现。而宋代佛经印刷的规模之大，是前代无法比拟的，它从一个方面反映了宋代的印刷水平和印刷规模。宋代至少刻印了六种版本的《大藏经》，即《开宝藏》（971—983）、《崇宁藏》（1080—1103）、《毗卢藏》（1113—1172）、《圆觉藏》（1132年）、《资福藏》（1175）、《碛砂藏》（1231—1322）。

关于印刷佛教经典，影响最大的是宋太祖开宝四年（971）至太宗太平兴国八年（983）官刻的佛教大藏经——《开宝藏》。由高品、张从信奉命在四川益州监制完成。历经13年，共雕版13万块，5000多卷，卷轴装，480函。这项宏大的工程，是中国也是世界上第一部印本大藏经，在中国印刷史、出版史上具有十分重要的意义。《开宝藏》刻印后，官、私刻印藏经之风渐起，促进了新兴印刷技术的发展。《开宝藏》也对周围各国的佛教及印刷业产生了重要影响，日本、高丽、越南等国都曾派人来中国，取请《开宝藏》回国。

《开宝藏》刻成后，运回京城，宋太祖命于太平兴国寺译经院西侧创建印经院，开始印刷《大藏经》，并将译经院与印经院合称传法院。全藏

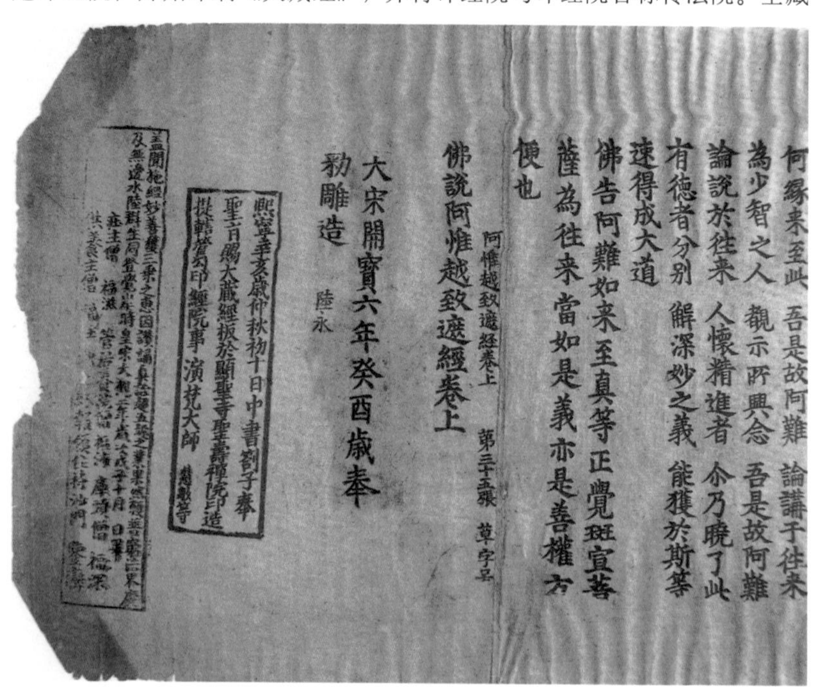

图3-63 《开宝藏·佛说阿惟越致遮经》，宋开宝六年（973）刻本，卷轴装。

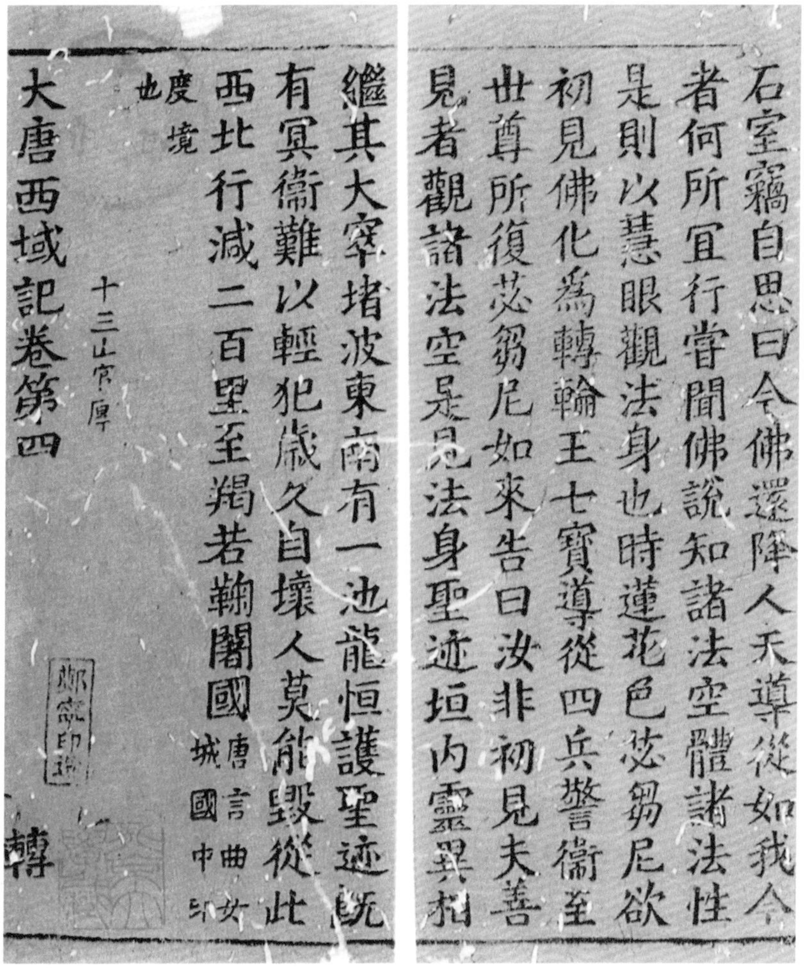

石室竊自思曰今佛還降人天導從如我今
者何所宜行嘗聞佛說知諸法空體諸法性
是則以慧眼觀法身也時蓮花色苾芻尼欲
初見佛化爲轉輪王七寶導從四兵警衛至
世尊所復苾芻尼如來告曰汝非初見夫善
見者觀諸法空是見法身聖迹垣内靈異相
繼其大窣堵波東南有一池龍恒護聖迹既
有冥衞難以輕犯歲久自壞人莫能毁從此
西北行減二百里至羯若鞠闍國唐言曲女城國中印
度境
也

十三 山京 厚

大唐西域記卷第四

鄭家印造

轉

图 3-64 《崇宁万寿大藏·大唐西域记卷第四》，刻印于崇宁二年（1103）。

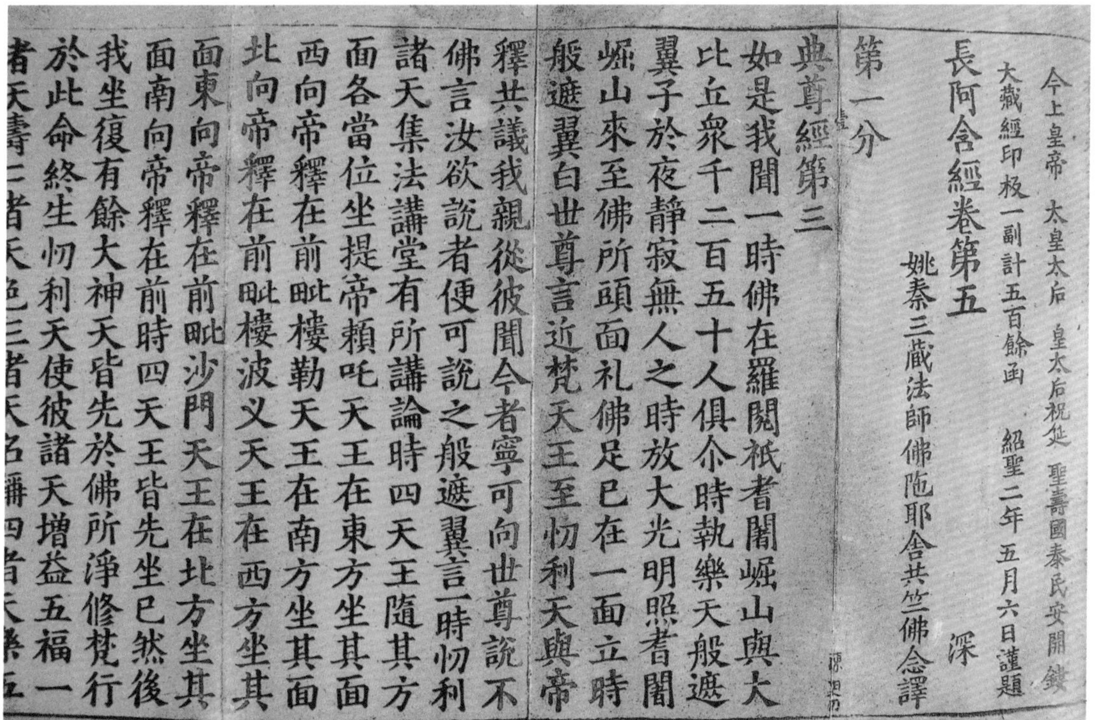

今上皇帝 太皇太后 皇太后祝延 聖壽國泰民安開鏤
大藏經印板一副計五百餘函 紹聖二年 五月六日謹題
長阿含經卷第五 深
姚秦三藏法師佛陀耶舍共竺佛念譯
第一分
典尊經第三
如是我聞一時佛在羅閱祇耆闍崛山與大
比丘衆千二百五十人俱尒時執樂天般遮
翼子於夜靜寂無人之時放大光明照耆闍
崛山來至佛所頭面礼佛足已在一面立時
般遮翼白世尊言近梵天王至忉利天與帝
釋共議我親從彼聞今者寧可向世尊說不
佛言汝欲說者便可說之般遮翼言一時忉利
諸天集法講堂有所講論時四天王隨其方
面各當位坐提帝賴吒天王在東方坐其面
西向帝釋在前毗樓勒天王在南方坐其面
北向帝釋在前毗樓波叉天王在西方坐其
面東向帝釋在前毗沙門天王在北方坐其
面南向帝釋在前時四天王皆先坐已然後
我坐復有餘大神天皆先於佛所淨修梵行
於此命終生忉利天使彼諸天增益五福一
者天壽二者天色三者天名稱四者天樂五

图 3-65 《崇宁万寿大藏·长阿含经卷第五》，千字文编序“深”字，宋绍圣二年（1095）刻印于福州东禅寺院，经折装。

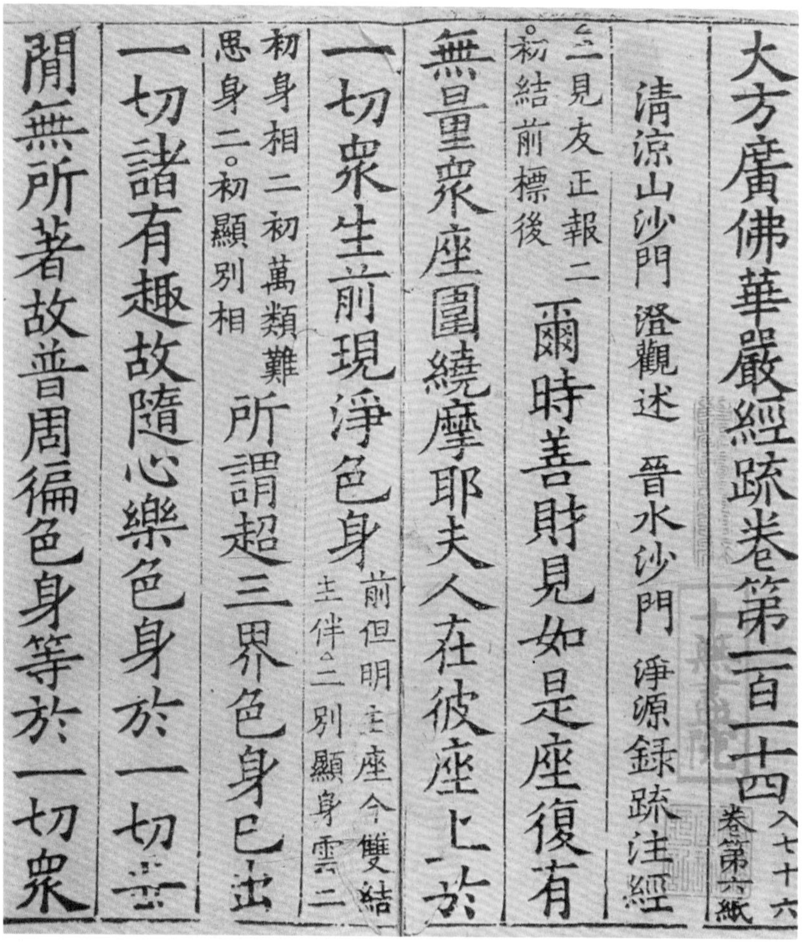
大方廣佛華嚴經䟽卷第一百一十四 入七十六 卷第六紙
清涼山沙門 澄觀述 晉水沙門 淨源録䟽注經
三見友正報二 初結前標後 爾時善財見如是座復有
無量衆座圍繞摩耶夫人在彼座上於
一切衆生前現淨色身 前但明主座今雙結 主伴二別顯身雲二
初身相二初萬類難 思身二初顯別相 所謂超三界色身已出
一切諸有趣故隨心樂色身於一切世
間無所著故普周徧色身等於一切衆

图 3-66 《大方广佛华严经疏》，唐释澄观述，宋释净源注疏。南宋两浙转运司刊本。行15字，小注双行，有边框和行格线，框高23.5厘米。

内容以智升《开元释教录》的入藏经目为底本，共480帙，按千字文编次始“天”字至“英”字，5048卷。卷轴装，每版23行，每行14—15字。版首刻有经题、帙号等，卷末有雕造年月、干支。

继《开宝藏》之后，福州又两次刻印《大藏经》。宋神宗元丰三年（1080），由冲真、普明、咸辉等主持，于福州东禅寺募捐开刻《大藏经》，至宋徽宗崇宁二年（1103）刻成，前后历时23年，刻经6430卷，580函，经折装，每面6行，行17字。这就是著名的《崇宁万寿大藏》，也是民间集资刻印《大藏经》的开端。此后的《毗卢藏》、《圆觉藏》、《资福藏》、《碛砂藏》、《普宁藏》、《洪武南藏》、《永乐南藏》等多种版本，也都采用经折装形式。

继《崇宁藏》之后，福州又刻印《毗卢藏》，又名《福州开元寺藏》。由开元寺僧侣本明、本悟、行崇等人发起，自徽宗政和三年(1113)至南宋孝宗乾道八年（1172），历时60年刻成。全藏计567函、1451部、6170卷，这就是著名的《毗卢大藏经》。此经为经折装，每面6行，行17字，千字文排序。

《圆觉藏》，即湖州思溪圆觉禅院刻版。约于北宋末年开刻，南宋高宗绍兴二年(1132)基本刻成。由僧侣净梵、宗鉴、怀深等人劝募，密州观

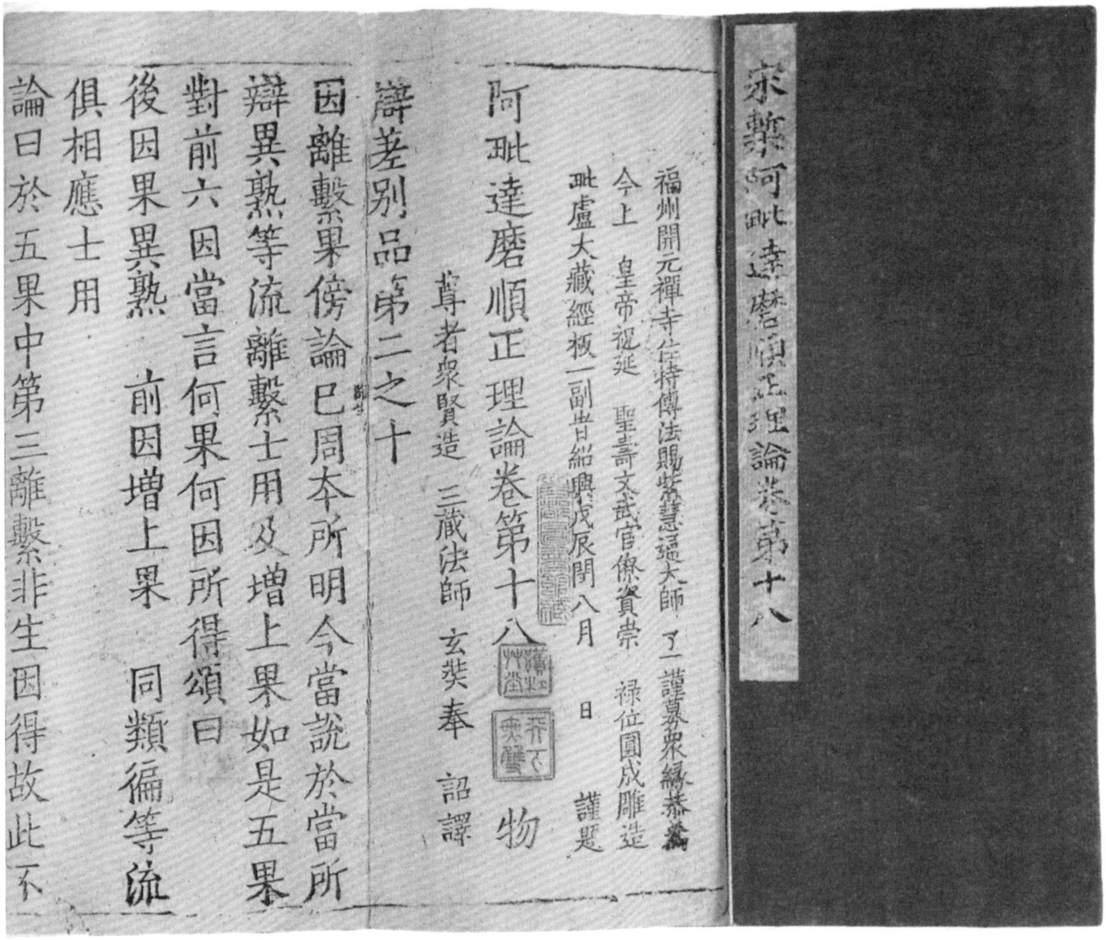
宋槧阿毗達磨順正理論卷第十八

福州開元禪寺住持傳法慧[illegible]大師了一謹募衆緣恭為
今上 皇帝祝延 聖壽文武官僚資崇 祿位圓成雕造
毗盧大藏經板一副時紹興戊辰閏八月 日 謹題

阿毗達磨順正理論卷第十八 物
尊者衆賢造 三藏法師 玄奘奉 詔譯
辯差別品第二之十
因離繫果傍論已周本所明今當說於當所
辯異熟等流離繫士用及增上果如是五果
對前六因當言何果何因所得頌曰
後因果異熟 前因增上果 同類徧等流
俱相應士用
論曰於五果中第三離繫非生因得故此不

图 3-67 《毗卢大藏·阿毗达磨顺正理论》，唐释玄奘译，南宋绍兴十八年（1148）福州开元寺刊本，经折装，每面 6 行，行 17 字，框高 24.7 厘米。

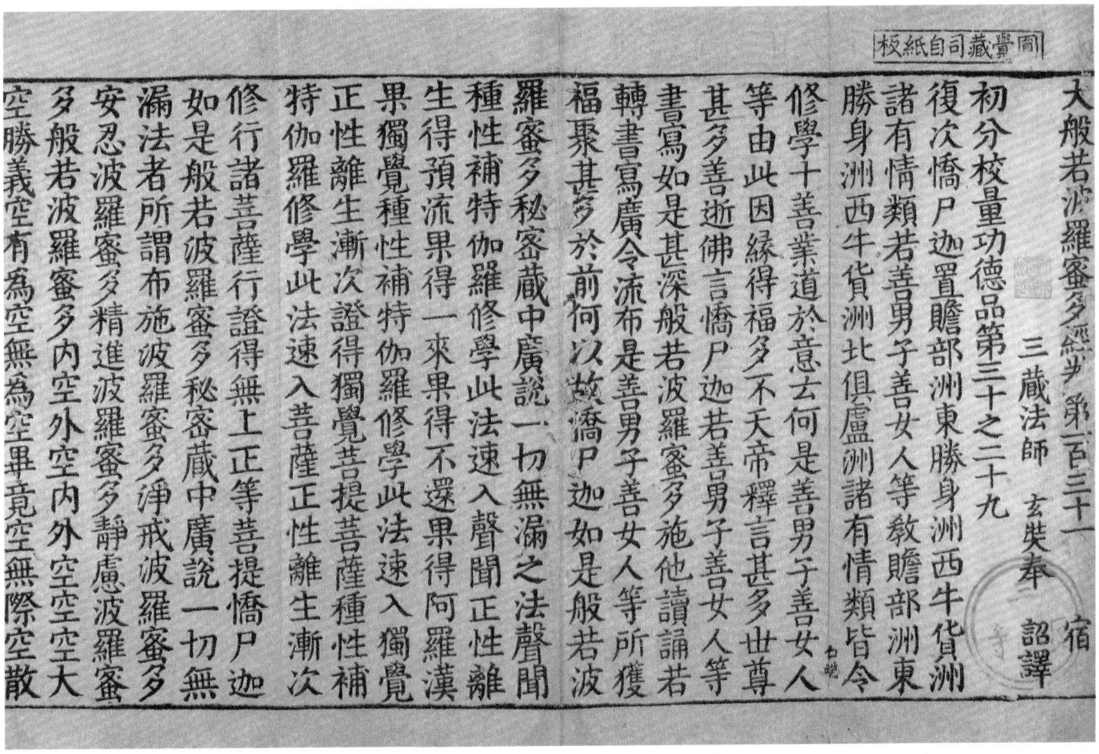
同覺藏司自紙板

大般若波羅蜜多經卷第一百三十一 宿
三藏法師 玄奘奉 詔譯
初分校量功德品第三十之二十九
復次憍尸迦置贍部洲東勝身洲西牛貨洲
諸有情類若善男子善女人等教贍部洲東
勝身洲西牛貨洲北俱盧洲諸有情類皆令
修學十善業道於意云何是善男子善女人
等由此因緣得福多不天帝釋言甚多世尊
甚多善逝佛言憍尸迦若善男子善女人等
書寫如是甚深般若波羅蜜多施他讀誦若
轉書寫廣令流布是善男子善女人等所獲
福聚甚多於前何以故憍尸迦如是般若波
羅蜜多秘密藏中廣說一切無漏之法聲聞
種性補特伽羅修學此法速入聲聞正性離
生得預流果得一來果得不還果得阿羅漢
果獨覺種性補特伽羅修學此法速入獨覺
正性離生漸次證得獨覺菩提菩薩種性補
特伽羅修學此法速入菩薩正性離生漸次
修行諸菩薩行證得無上正等菩提憍尸迦
如是般若波羅蜜多秘密藏中廣說一切無
漏法者所謂布施波羅蜜多淨戒波羅蜜多
安忍波羅蜜多精進波羅蜜多靜慮波羅蜜
多般若波羅蜜多內空外空內外空空空大
空勝義空有為空無為空畢竟空無際空散

图 3-68 《碛砂藏·大般若波罗蜜多经》卷第一百三十一，平江府碛砂延圣院刻印。

察使王永从捐助而成。全藏548函、1435部、5400卷。

《资福藏》，即安吉州思溪法宝资福禅寺版。约于南宋淳熙二年(1175)刻成。全藏599函、1459部、5940卷。一说《资福藏》乃《圆觉藏》的增补本，两者属同一版本。

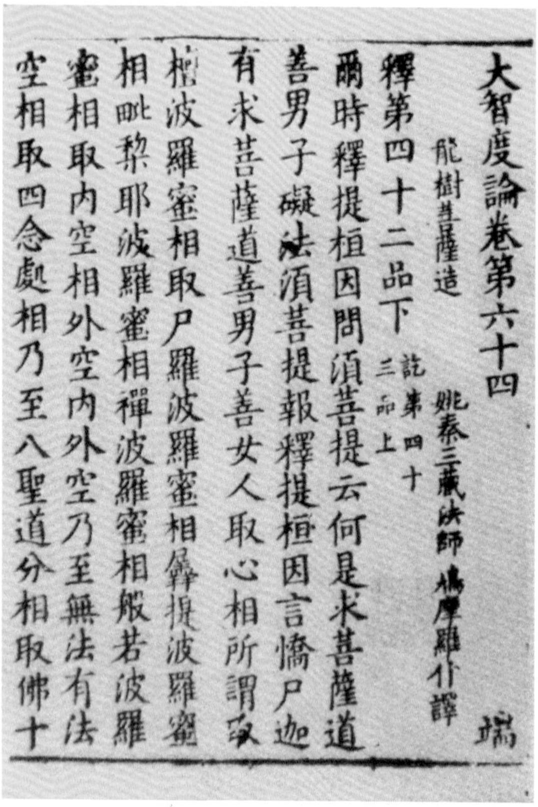
大智度論卷第六十四　端
龍樹菩薩造　姚秦三藏法師鳩摩羅什譯
釋第四十二品下　訖第四十三品上
爾時釋提桓因問須菩提云何是求菩薩道
善男子礙法須菩提報釋提桓因言憍尸迦
有求菩薩道善男子善女人取心相所謂取
檀波羅蜜相取尸羅波羅蜜相羼提波羅蜜
相毗梨耶波羅蜜相禪波羅蜜相般若波羅
蜜相取內空相外空內外空乃至無法有法
空相取四念處相乃至八聖道分相取佛十

图3-69《思溪藏·大智度论》卷第六十四，宋绍兴二年(1132)安吉州资福禅寺刻本。

《碛砂藏》，即平江府碛砂延圣院版大藏经。由宏道尼断臂募化，僧人法忠主持。自南宋绍定四年(1231)开刻，至咸淳八年(1272)，后因延圣院火灾和南宋垂亡，刻事中断。入元后，在松江府僧录管主八主持下继续雕刻，于元至治二年(1322)完工，前后历时90余年。全藏共591函、1532部、6362卷。

在敦煌藏经洞内，也发现有几件北宋初期刻印的佛经和佛画。其中有一件刻印于北宋太平兴国五年（980）的《大随求陀罗尼》和北宋元丰六年（1083）刻印的《佛说竺兰陀心文经》。这些经卷的原件都已流落到国外。

刻印于北宋太平兴国五年（980）的《大随求陀罗尼》，是一件佛教供养挂图，整个版面构图精美，上部有环形梵文陀罗尼经文，下部有汉文陀罗尼经文，画面四周分布着佛教图形和佛教咒语。更为可贵的是这件印刷品上不但有刻印年代（太平兴国五年六月二十五日），而且有“施主李知顺”和“王文沼雕板”等文字。这使我们知道了北宋最早的一位雕版工匠，能够刻出这样复杂而精美的版面，应为当时一位技艺高超的能工巧匠。

刻印于北宋元丰六年(1083)的《佛说竺兰陀心文经》，刻印也很精良，根据卷末愿文推断可能为卫州一带的寺院所刻印。

宋代的刻经，是中国佛教史上的重要事件。由于刻本印刷简便，从而使宋以后民间佛籍流通量大为增加，也有利于佛教更迅速地向海外传播。宋刻本《大藏经》在中国古籍版本史上也有重要地位。

第四节 宋代的纸币印刷

中国是世界上最早发明和使用纸币的国家。北宋时期，商品经济得到了较大发展，然而，由于铜源不足，政府大量铸造铁钱以替代铜钱，如四川等地即专行铁钱。铁钱笨重且价廉，无法满足日益发达的市场对货币流通的需求，市场上急需一种既能大量制造，又便于携带且币值较高的货币。众所周知，中国至少在西汉就已发明了造纸术。到唐代，印刷术也已得到广泛应用。经过长期的发展，北宋时期造纸和印刷技术已十分成熟和普及，可以说，纸币发明的物质基础和技术力量业已具备。这样，在经济发展和市场需求的推动与刺激下，便产生了造纸术、印刷术和货币完美结合的产物——纸币。

北宋交子是世界上最早的纸币，时益州（现四川成都地区）通行铁钱，“蜀人以铁钱重，私为券，谓之交子，以便贸易”。起初交子是由民间商户自主发行的，即所谓“私交子”，后于天圣元年（1023）宋廷置“益州交子务”，将交子的印造、发行、收兑等业务收归官办，发行官交子。交子始实行“界”的制度，每界一般三年，期满发行新纸币收兑旧纸币。官交子从天圣元年（1023）至大观元年（1107）共发行28界。“大

图3-70　交子，北宋四川印刷的纸币。这是世界上最早的纸币。

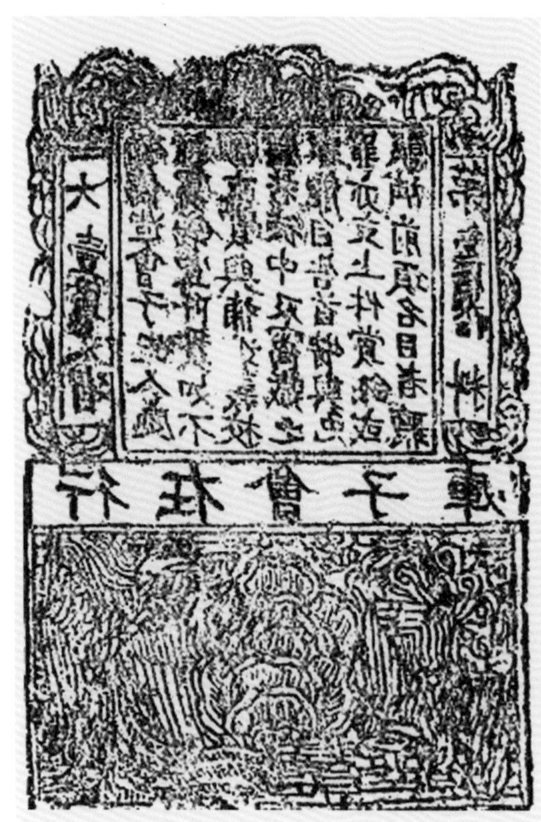

图 3-71　行在会子库版

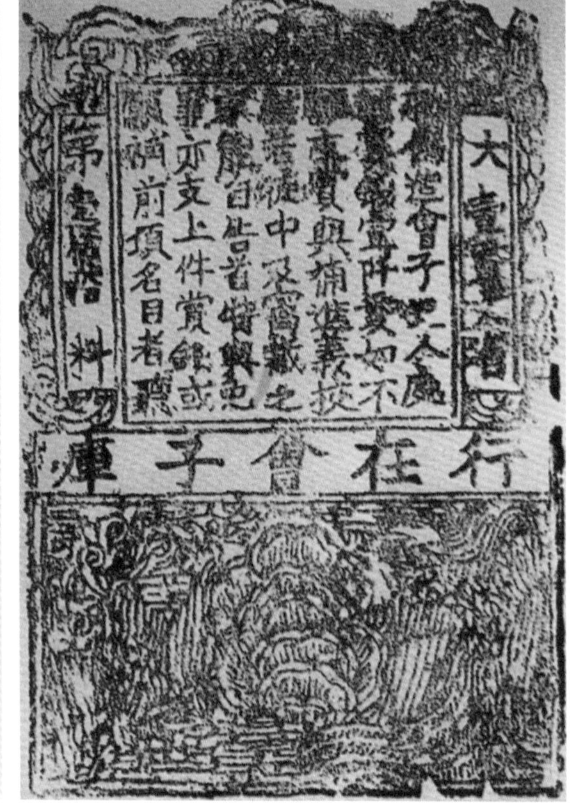

图 3-72　南宋行在会子库版拓印件

观元年（1107）五月，改交子务为钱引务”，改发钱引，到南宋宝祐年间（1253—1258）共发行了 48 界。宋代另一种主要纸币是会子，会子立界后从乾道五年（1169）至嘉熙四年（1240）共发行 18 界。宋代最后一种纸币是南宋末期的关子，于景定五年（1264）发行，直至宋亡。交子、钱引、会子、关子的印刷发行基本上是前后连贯的，是宋代纸币的主流。除此之外，还有小钞、淮交、湖会等。

宋代纸币实物迄今尚未发现，存世只有钞版。目前发现的宋代钞版有三种，即千斯仓版、行在会子库版和关子钞版。20 世纪 30 年代前后，发现了两块宋代钞版。其中一块至少在 1933 年前即流入日本。1938 年日本钱币学者奥平昌洪出版《东亚钱志》一书收录了该版，称之为“交子铜版”，该版图文反文传形，分为三个模块，版首有 5 列 10 枚钱币图形，其下铭文为“除四川外，许于诸路州县公私从便主管，并同见（现）钱七百七十陌（文）流转行使”，最下层的图案有房屋、扛麻袋的人物以及“千斯仓”三字，据此有学者将其简称为“千斯仓版”。对于这一块钞版，历来没有统一的认识，有“会子铜版”、“交子版”、“北宋的官交子或钱引”、“钱引”、“小钞”、“崇宁钱引”等多种看法，目前多认为是“崇宁钱引”。1936 年，又发现了“行在会子库”版，最初发表于《泉币》杂志第 9 期，该版长 17.4 厘米，宽 11.8 厘米，图文也大致分为三个部分，中为“行在会子库”五个大字，其上为文、下为图。上文左右如楹联，左为“大壹贯文省”，

图 3-73　南宋景定五年（1264）贾似道发行的行在金银现钱关子铜版拓件，1984 年在安徽东至县发现。

图 3-74　关子铜版，南宋景定五年（1264）铜钞版。

右为“第壹百拾料”，中三字活置，可任意抽换。中间为伪造会子法：“敕伪造会子犯人处斩，□□□赏钱壹阡贯。如不原支赏，与补进义校尉。若徒中及窝藏之家能自告首，特与免罪，亦支上件赏钱，或愿补前项名目者，听！”下绘宝藏图，即所谓“左藏库”。为免再度流失海外，该版由中国钱币学者陈仁涛重金购得，现藏中国国家博物馆。行在会子库版学术界一般认为是会子印版，千斯仓版则没有定性。由于这两块版实物及相关文献提供的信息量太少，目前仍难确定其属性，甚至有学者质疑其真实性。这两块钞版的发现，从 20 世纪 30 年代起即引起大讨论，很多知名学者参与其中，提出诸多见解，直至现在还有一定的影响。

1981 年，安徽省东至县文化局文物普查队与地方志办公室联合调查时，在东至县废品回收中转站发现一套有南宋“景定五年”纪年的铅质印版，根据最大的一块印版上有“行在榷货务封椿金银见钱关子”13 字，简称其为“关子钞版”。关子钞版即为“关子”纸币的印版，是目前发现的第三种宋代钞版。据调查得知，最初发现的关子钞版一套共有 10 块，而现在仅存 8 块，已入藏东至县文物管理所，另有两块下落不明。图 3-73、3-74、3-75 是现存的 8 块钞版，分别是“景定五年颁行”版、“准敕”版、“宝瓶”版、“国

图 3-75　关子钞版（各套印版）

用金钱关子印”、“□□□见钱关子会同印”、“金银见钱关子监造检察之印”、“行在榷货务封椿金银见钱关子”版和“行在榷货务金银见钱关子库印”。“行在榷货务封椿金银见钱关子”版是纸币主版，正中竖写“壹贯文省”四个大字，是纸币的面值。“壹贯文省”左右两侧各三列共 76 个竖排小字，规定了关子的流通区域、流通年限以及和铜钱的兑换比值等。“景定五年颁行”版上的“景定五年”即公元 1264 年，这和文献记载的关子纸币发行时间完全一致；“准敕”版是一篇敕令，共 7 条、10 列、163 字。这是一篇非常详尽的法律文告，详细、具体地规定了对纸币伪造者、使用者、窝藏者、知情人、告发者及失察的地方官吏，依不同情节给予处罚或奖赏。“宝瓶”版是关子上的装饰物，其形象为象征财富的“聚宝瓶”。其余四枚印章分别是纸币印造、发行、监察等机关的官印。

这三种钞版不但是探索宋代纸币形制、文字、图案、法律制度、发行管理等方面问题的重要实物资料，更是探索宋代钞版材质、制版技术、纸币印刷技术等方面问题的最佳实物资料。

从这套多件的“关子”印版分析，其中的各版当为作各色套印之用，是纸币防伪的一种形式，也证明在宋代就有套色印刷技术。

第五节 活字版印刷术的发明

一、毕昇与泥活字印刷的发明

活字版的发明，在印刷史上有着划时代的伟大意义。它的历史功绩是开创了活字版印刷术的新纪元，使印刷术从雕版印刷阶段进入活字版印刷阶段。

图3-76 毕昇塑像，中国印刷博物馆陈列。

自隋末唐初发明雕版印刷术以来，经过几百年的应用和发展，到了北宋时期，其雕版技艺已十分精良，印刷业遍及全国各地，印刷品种已十分齐全。但是人们发现，雕版印刷技术存在着诸多问题，最大的问题是刻版十分费工，印一部书要很多刻工、很长时间才能刻完，既延长出书时间，又加大了印书成本。于是，印刷工匠们都在寻求一种新的工艺技术，来加快印书的速度，降低印书的成本。在这种历史背景下，活字版技术出现了。

毕昇为刻版印刷工匠，他在印刷实践中，深知雕版印刷的艰难，他认真总结前人的经验，于宋仁宗庆历年间（1041—1048），创造了活字印刷术。这是中国对于世界文明的发展所作出的又一伟大贡献。关于毕昇的生平、籍贯，历史并无记载，

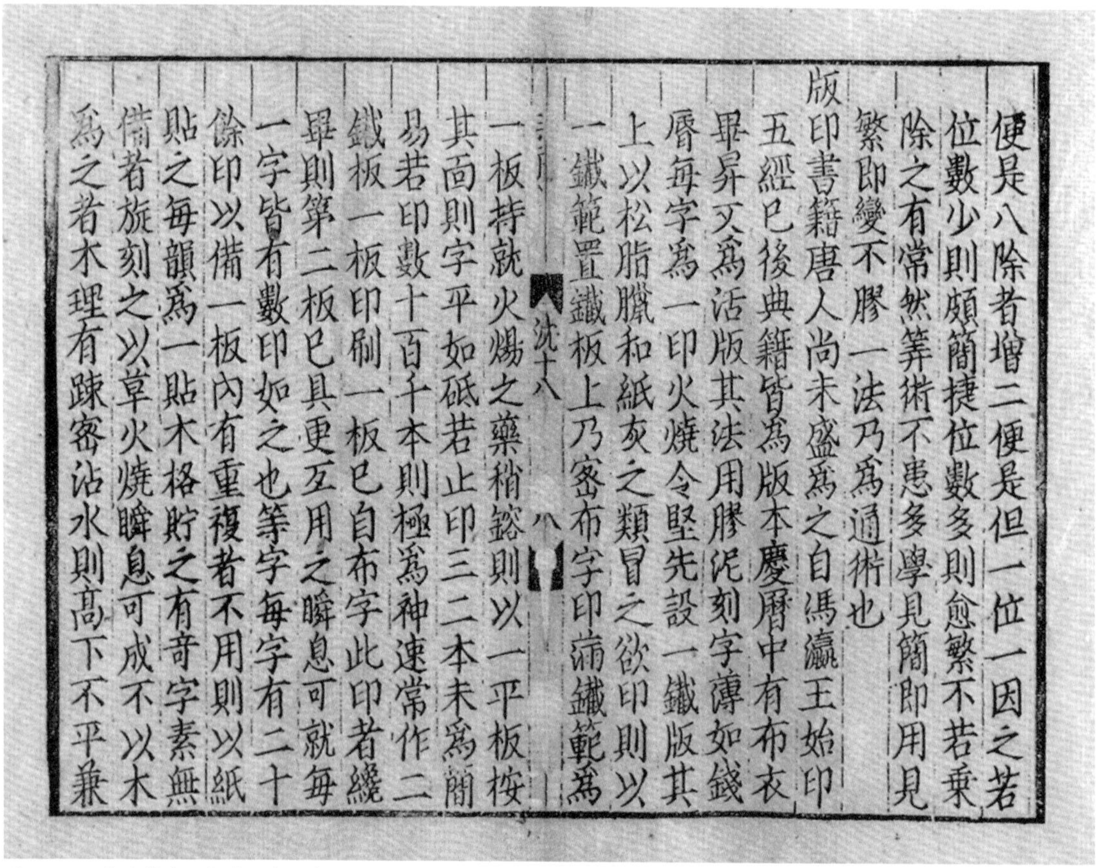

便是八除者增二便是但一位一因之若
位數少則頗簡捷位數多則愈繁不若乘
除之有常然筭術不患多學見簡即用見
繁即變不膠一法乃爲通術也
版印書籍唐人尚未盛爲之自馮瀛王始印
五經已後典籍皆爲版本慶曆中有布衣
畢昇又爲活版其法用膠泥刻字薄如錢
脣每字爲一印火燒令堅先設一鐵版其
上以松脂臘和紙灰之類冒之欲印則以
一鐵範置鐵板上乃密布字印滿鐵範爲

沈十八　八

一板持就火煬之藥稍鎔則以一平板按
其面則字平如砥若止印三二本未爲簡
易若印數十百千本則極爲神速常作二
鐵板一板印刷一板已自布字此印者纔
畢則第二板已具更互用之瞬息可就每
一字皆有數印如之也等字每字有二十
餘印以備一板內有重複者不用則以紙
貼之每韻爲一貼木格貯之有奇字素無
備者旋刻之以草火燒瞬息可成不以木
爲之者木理有疎密沾水則高下不平兼

图 3-77 《梦溪笔谈》中关于毕昇发明泥活字印刷的记载，大德九年（1305）陈仁子东山书院刊行。

只有北宋学者沈括在《梦溪笔谈》中的记载。近年来，在湖北省英山县草盘地发现毕昇墓碑一块。经一些专家认定，这就是发明活字版者毕昇的墓碑。但也有学者对此给以否定。

宋代的毕昇生活在雕版印刷的全盛时代，但是他不满足于这种极其繁杂的印刷技艺，通过长期的实践和艰辛的探索，终于成功发明了活字印刷这种既经济实用又节时省力的印刷方法。活字版的特点是，只要刻制一定数量的活字，就可以排印各种书籍，大大地加速了印书周期，也降低了书籍的印刷成本。

关于活字版的发明，北宋学者沈括在其所著的《梦溪笔谈》一书中做了详细记载：

庆历中，有布衣毕昇，又为活版。其法用胶泥刻字，薄如钱唇。每字为一印，火烧令坚。先设一铁版，其上以松脂蜡和纸灰之类冒之。欲印，则以一铁范置铁板上，乃密布字印，满铁范为一板，持就火炀之，药稍熔，则以一平板按其面，则字平如砥。若止印三二本，未为简易；若印数十百千本，则极为神速。常作二铁板，一板印刷，一板已自布字，此印者才毕，则第二板已具，更互用之，瞬息可就。每一字皆有数印，如“之”、“也”等字，每字有二十余印，以备一板内有重复者。不用则以纸贴之，每韵为一贴，木格贮之。有奇字素无备者，旋刻之，以草火烧，瞬息可成。不以木为之者，木理有疏密，沾水则高下不平，兼与药相粘不可取，不若燔土，用讫再火令药熔，以手拂之，其印自落，殊不沾污。昇死，其印为予群从所得，至今宝藏。

沈括的这段文字，详细地记载了毕昇活字的材料、活字的刻制及火烧的方法，活字贮存及活字的排版工艺等，这是十分完整而成熟的一套活字版工艺。

二、毕昇泥活字的制作及其印刷技术的应用与传播

（一）毕昇泥活字的制作

毕昇制作泥活字的方法主要分三大步骤：一是刻字，先将和好的胶泥制成一定规格的字块，先在胶泥上刻出凸型反字，用火烧硬，成为单个的胶泥活字，按韵部分类放在特制的木格里备用；二是排版，把活字按照稿本，

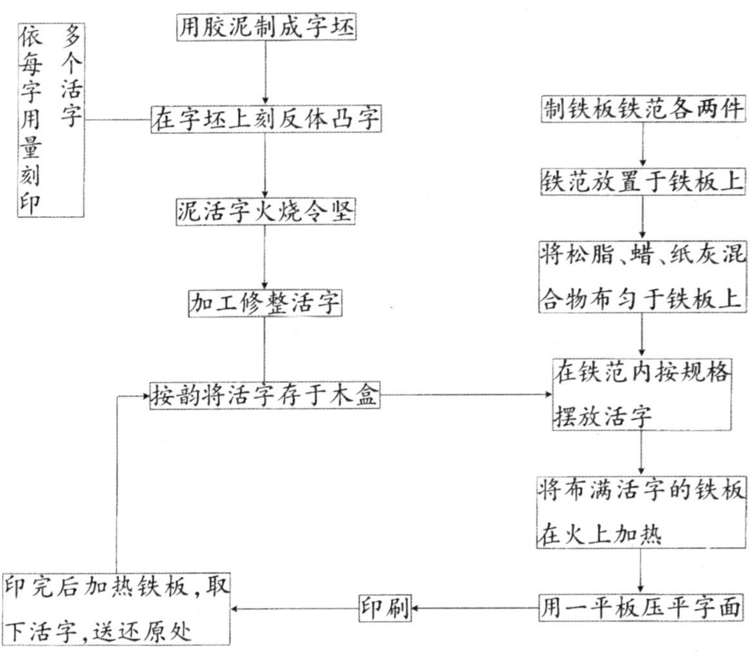

图 3-78　毕昇活字版印刷工艺流程图

依照版式规格要求排在一块围有铁框的铁板上，铁板上预先敷上一层松脂、蜡、纸灰混合的药料，当排满一版后，拿到火上一烤，蜡脂就融化，再用一块平板将字面压平，使字面平整，即可用于印刷；三是印刷，为了提高效率，在用这块排好版印刷的同时，另一块铁板上的排字就开始了，两块版交替使用，印刷速度很快。沈括兴奋地写道："若印数十百千本，则极为神速。"

（二）毕昇泥活字的应用与传播

由于种种原因，毕昇的泥活字印本未能流传下来，那么除了毕昇、沈括及其侄子辈外，北宋是否还有人知道泥活字印书法？张秀民著、韩琦增订的《中国印刷史》中有一段珍贵的史料记载：宋代邓肃（1091—1132）

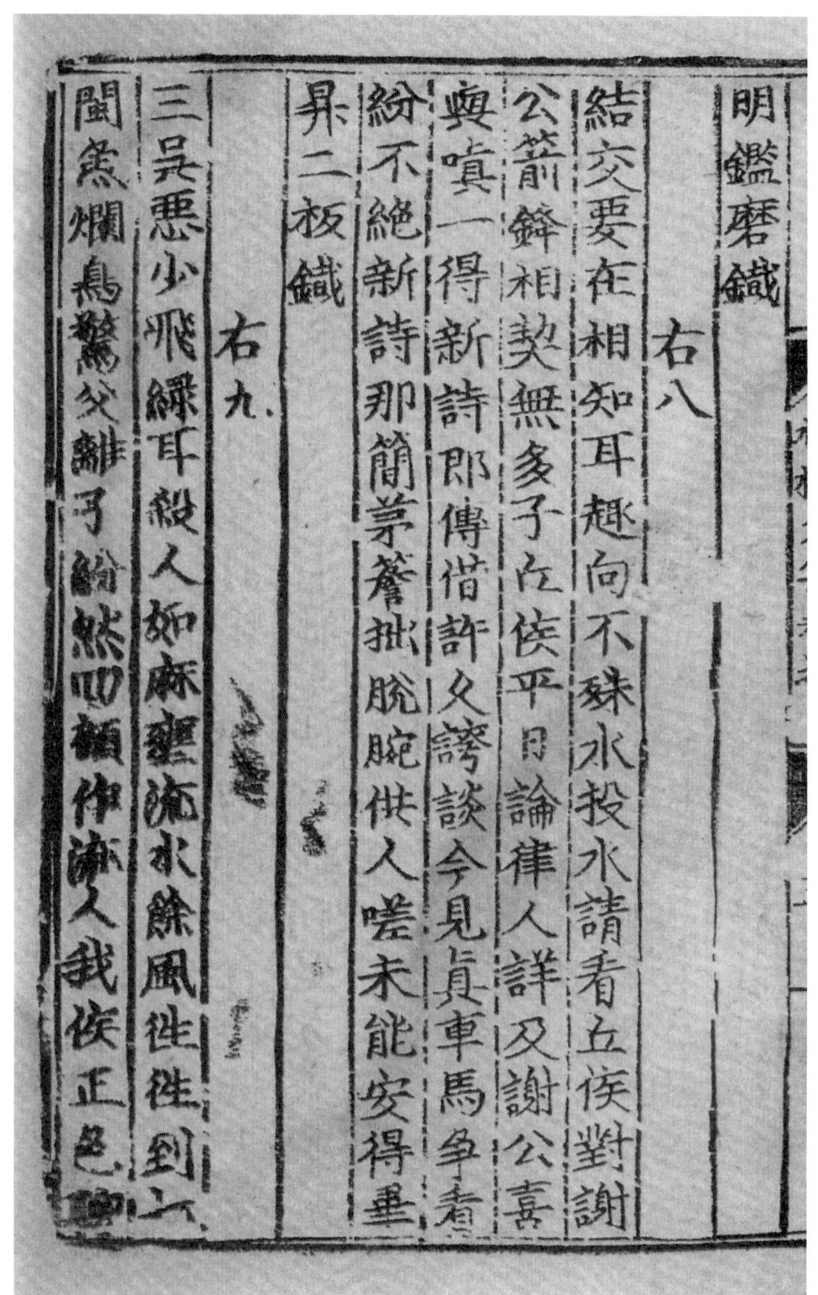
明鑑磨鐵
右八
結交要在相知耳趣向不殊水投水請看五侯對謝
公箭鋒相契無多子在侯平日論律人詳及謝公喜
輿嗔一得新詩郎傳借許久誇談今見真車馬争看
紛不絶新詩那簡茅簷拙脱腕供人嗟未能安得畢
昇二板鐵
右九
三吳悪少飛緑耳殺人如麻擊流水餘風往往到六
閩魚爛鳥驚父離子紛然四顧仰漸人我侯正色

图 3-79　宋邓肃《栟榈先生文集》，明正德十四年（1519）罗珊刻本中关于毕昇铁板的记载。

的《栟榈先生文集》中发现一首诗，可以证明在北宋末南宋初时，一般人对活字印书法仍有一定程度的了解。此诗中写道：“车马争看纷不绝，新诗那简茅檐拙。脱腕供人嗟未能，安得毕昇二板铁。”这里提到的“二板铁”，也就是沈括《梦溪笔谈》中提到的“常作二铁板，一板印刷，一板已自布字，此印者才毕，则第二板已具，更互用之，瞬息可就”。[②]

南宋时，周必大于绍熙四年（1193）曾用泥活字版印过自著的《玉堂杂记》一书。他在给友人的信中说，近用沈括的方法（即毕昇的方法）“以胶泥铜版，移换摩印，今日偶成《玉堂杂记》”。只是这部泥活字印本早已失传了。

1965年在浙江温州白象塔内发现了《佛说观无量寿佛经》，经鉴定为北宋元符至崇宁年间（1098—1106）间活字本。这是毕昇活字印刷技术的最早历史见证。

北宋泥活字技术也传到了西夏。1989年5月，甘肃武威出土西夏文泥活字印本佛经《维摩诘所说经》残卷，共54页，经折装。1907年，俄国人科兹洛夫在西夏黑水城遗址发现的西夏文同名佛经，也是经折装，现藏于圣彼得堡东方学研究所。经西夏学专家研究，此本为12世纪中叶至13世纪初的泥活字印本。元代王祯在《造活字印书法》中谈道："有人别生巧技，以铁为印盔（印版），界行内用稀沥青浇满，冷定取平，火上再行煨化，以烧熟瓦字排于行内，作活字印板。"此处所说"瓦字"，即泥活字。到了清代，活字版技术发展到新的高度，泥活字、木活字、铜活字的印书规模，都超过过去任何时代。

（三）近年来对泥活字印刷的实证研究

对于泥活字的实用问题，历来有不同的看法，或认为泥字不能印刷，或认为非泥而是石膏或锡类等等。中国是雕版印刷和活字印刷的起源地，世界上许多国家的印刷术，是在我国印刷术直接或间接的影响下发展而来的，这是不争的事实。近年对最早出现的活字印刷术——毕昇泥活字发明

图3-80　北京印刷学院"毕昇泥活字印刷实证研究"课题组制作的《毕昇活字印刷流程图解》

（一）选取黏土

（二）捣碎成粉

（三）筛去杂物

（四）打制泥浆

（五）泥浆脱水

（六）提取泥膏

（七）练成胚泥

（八）做字坯模

（九）制成字坯

（十）反书文字

（十一）刻成阳文

（十二）入窑烧字之一：装窑

（十二）入窑烧字之二：烧窑

（十二）入窑烧字之三：出窑

（十三）存入字库

（十四）取字送排

（十五）热药排版

（十六）应急烧字

（十七）校对印版

（十八）润版刷印

（十九）拆版还字

（二十）装订成册

（图解的策划和制作：顾问：魏志刚 刘永明 设计：尹铁虎 舒秀婵 审定：尹铁虎 赵春英 绘图：冯成仁）

沈括《夢溪筆談》卷十八節錄

版印書籍唐人尚未盛爲之自馮瀛王始印五經已後典籍皆爲版本慶曆中有布衣畢昇又爲活版其法用膠泥刻字薄如錢唇每字爲一印火燒令堅先設一鐵板其上以松脂臘和紙灰之類冒之欲印則以一鐵範置鐵板上乃密布字印滿鐵範爲一板持就火煬之藥稍鎔則以一平板按其面則字平如砥若止印三二本未爲簡易若印數十百千本則極爲神速常作二鐵板一板印刷一板已自布字此印者纔畢則第二板已具更互用之瞬息可就每一字皆有數印如之也等字每字有二十餘印以備一版內有重複者不用則以紙貼之每韻爲一貼木格貯之有奇字素無備者旋刻之以草火燒瞬息可成不以木爲之者木理有疏密沾水則高下不平兼典藥相粘不可取不若燔土用訖再火令藥鎔以手拂之其印自落殊不沾污昇死其印爲余羣從所得至今寶藏

北京印刷學院課題組 活泥字版

图 3-81 2004 年北京印刷学院课题组采用毕昇的工艺方法制成的泥活字版印样

的研究，运用文献与技术实证及模拟试验的方法，取得了重要的进展。主要的研究单位和个人有北京印刷学院、甘肃武威学者孙寿岭、中国科技大学、扬州广陵古籍刻印社、湖北英山博物馆。

1. 北京印刷学院泥活字实证验证

为了弘扬中国古代的伟大发明，纪念毕昇泥活字发明 960 周年，当时任中国印刷博物馆研究室主任的尹铁虎研究员率领研究人员，于 2002 年成立“毕昇泥活字印刷实证研究”课题组，目的是想复原当年毕昇活字印刷的技术，证实毕昇活字版印刷技术的科学性和可行性。

研究的思路是：根据北宋沈括所著《梦溪笔谈》中记载的毕昇的泥活字制作工艺，采取工科的研究模式，重点对毕昇活字印刷术工艺，即从制作泥活字用泥产地选择、泥字雕刻、烧制方法、制版并对烧制出的泥活字进行耐压力实验等各个方面做系统、全面的探讨研究。依毕昇原法研制成功胶泥活字 3000 多枚，印制了具有纪念、收藏和研究价值的经折装宣纸印本《毕昇活字版印实证研究》。其中有还原绘制的《毕昇工艺流程图》。北京印刷学院采取实证验证，揭开了活字印刷的奥秘，并做了科学解释，在工艺上和技术上证明了毕昇的技术是正确无误的。

2．甘肃武威学者孙寿岭泥活字实证验证

1987 年，甘肃武威市亥母洞寺遗址出土西夏文经卷《维摩诘所说经》，现在藏于武威市博物馆。孙寿岭时任武威市博物馆负责人，对佛经进行反复比较，确认是活字印刷品。但有的学者认为可能是木活字印刷品。1998 年 3 月，国家文物局组织部分专家对《维摩诘所说经》进行鉴定，确认其为公元 12 世纪中期的活字印刷本。但是否为泥活字印本，“需进一步研究”。为证实该经为泥活字印本，孙寿岭决定亲手制作泥活字来印刷《维摩诘所说经》，从而证明自己判断的正确性。

研究的思路是：根据北宋沈括所著《梦溪笔谈》中关于毕昇发明活字印刷术的记载，从选泥、制料到刻字、烧制，再到排版印刷等环节进行摸索和尝试。由于条件有限，用自家土炉子烧制陶字。经 3 年的反复研究，最终自制泥活字 3000 多枚，而且用其排印出西夏文《维摩诘所说经》仿印本。有关专家认为，孙寿岭先生版《维摩诘所说经》不但验证了西夏时期泥活字佛经版的可行性，而且通过两本佛经的对照，直观上为武威出土的《维摩诘所说经》是否为泥活字版本的争论提供了论据。

3．中国科技大学张秉伦泥活字印刷模拟实验

中国科技大学张秉伦先生认为古籍中关于活字印刷制作过程的技术问题的记载不详，学术界意见不统一。为此，根据沈括《梦溪笔谈》中有关毕昇发明泥活字的记载，并参照翟氏泥活字的制造工艺，仿制出 6000 多枚泥活字，对泥活字印刷进行了模拟实验。

图 3-82　泥活字作者张秉伦（左）、刘云（右）在校对初印稿。左图为用自制泥活字排成的印版。

4. 扬州广陵古籍刻印社泥活字印刷

扬州广陵古籍刻印社现藏有从江、浙、皖一带收集的近30万片明清以来的古籍木雕版版片，并保存着国内唯一的完整的古代雕版印刷工艺流程，在传统的活字印刷及其研究方面有一定历史并有所成就，拥有丰富的实践经验。广陵社研制和恢复了古代“木、泥、铜、锡”诸项活字传统印刷工艺。广陵社的活字印刷主要特点有四：（1）使用模具制字。（2）每批活字大小不一。（3）借助现代手段，使用马弗炉“火烧令坚”。（4）根据不同印刷形式选用不同墨料。

图 3-83　扬州广陵刻印社所刻泥活字模

5. 湖北英山博物馆

湖北英山县因发现毕昇墓碑而闻名。近些年来，英山博物馆对毕昇及印刷史的研究也做了一些工作。英山博物馆所进行的泥活字研制，受扬州广陵古籍刻印社影响较大，一般是先经制模程序。其所制泥字坯模具为金属板框，规格是：外径 20 厘米 ×16 厘米，全高 1 厘米；内框空字格数 6 格 ×8 格，每格 1.6 厘米 ×1.9 厘米。部分字坯或活字为炉火烧制。

以上五个研究单位及个人在制作泥活字的步骤上大致相同，工艺环节上稍有些不同，但所使用的胶泥产地各异，都是就地取材，而且没有按照一定要求进行配方，所制作出来的泥活字经过专业测试和印刷实验，吸水率和压缩强度均可满足正常的印刷要求，说明各地的黏土都能制作活字并可以印刷，这种普遍性证明了毕昇发明泥活字印刷的真实性，这也用事实驳倒了国外有些学者关于“毕昇活字不实用”的说法。

第六节 宋代图版印刷

图版印刷在中国同样有着悠久的历史，早在隋唐时期，已有图版印刷品，而且十分精美。伴随着雕版技术的发展，版画从早期的经卷扉画、供奉用的单幅佛像，发展到后来的书籍插图和画谱丛书。同雕版书籍一样，两宋时期版画艺术一直不断地向前发展，取得了辉煌成就。

一、兴盛繁荣的两宋佛教版画

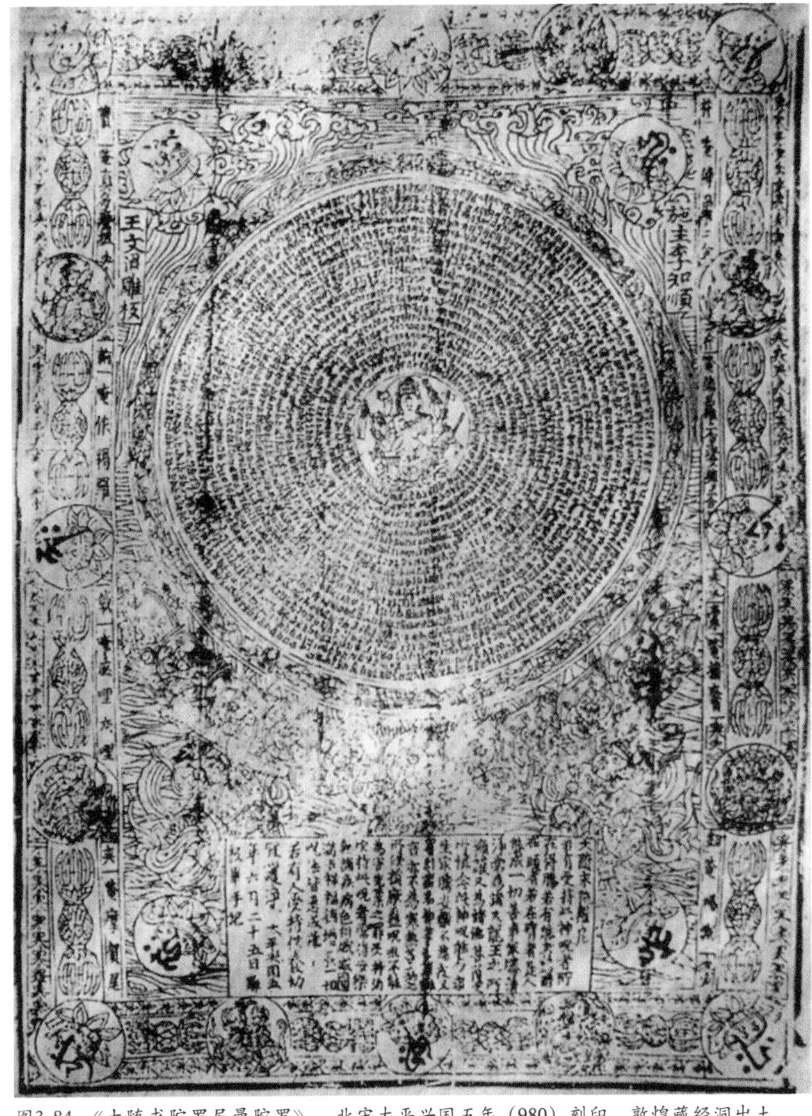

图3-84 《大随求陀罗尼曼陀罗》，北宋太平兴国五年（980）刻印。敦煌藏经洞出土。

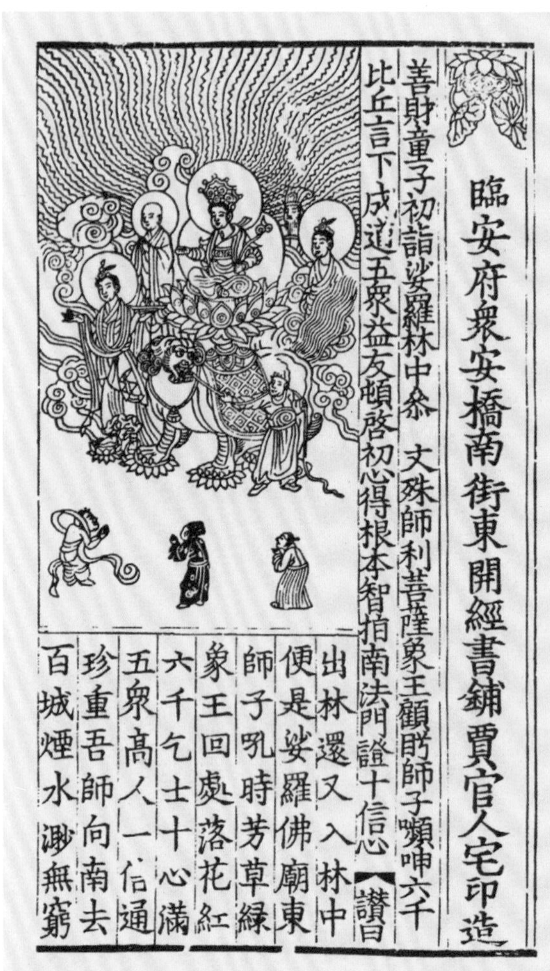

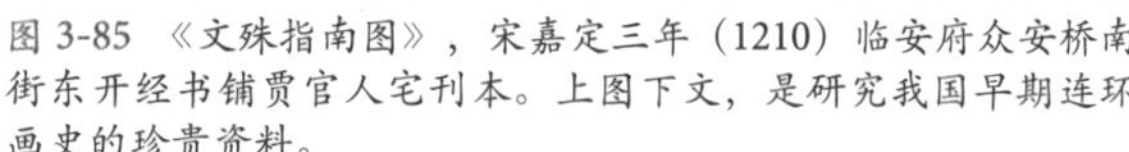

图 3-85 《文殊指南图》，宋嘉定三年（1210）临安府众安桥南街东开经书铺贾官人宅刊本。上图下文，是研究我国早期连环画史的珍贵资料。

图 3-86 《弥勒菩萨像》，北宋雍熙元年（984）刻印，由宫廷画师高文进绘画，越州僧知礼雕版，敦煌藏经洞出土。

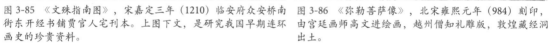

图 3-87 《金刚般若波罗蜜经》插图，北宋雍熙二年（985）刻印。

图 3-88 《妙法莲华经卷首图》，宋刻本，临安府众安桥南贾官人经书铺印。图版场面宏大，人物众多，线条流畅，刀法精细，为杭州良工之杰作。

佛经的刻印在雕版印刷发展史上始终占有重要地位，历代都不遗余力刊刻卷帙浩繁的《大藏经》，仅两宋便六刻《大藏经》，与此相适应，佛教版画也就占有重要地位。现存北宋最早的版画是北宋初年的《大随求陀罗尼曼陀罗》，刻于太平兴国五年（980）。

这件印刷品版面宏大，构图复杂，图文并茂。上部有环形梵文《陀罗尼经》，下部有汉文经文及刻印年代，右上部刻有“施主李知顺”，左上部刻有“王文沼雕版”，两边刻有佛经咒语，莲花纹饰装点其间，组成了严谨而精美的佛教挂图。这件图版，构图复杂，刻印精美，多处刻有佛教图形，反映宋代初期精湛的刻印技艺，更可贵的是记有刻印年代、刻印施主和刻印者姓名。

图 3-89 1920 年河北巨鹿北宋墓所出佛经木雕板残块，刻于大观二年（1108）。上图：木雕版；中图：以雕版正面印出的经咒；下图：以雕版背面印出的阿弥陀佛像。

北宋初期的佛教版图，还有著名的《弥勒菩萨图》，刻印于北宋雍熙元年（984）。此图构图严谨，刻印精良，画面上方刻有“待诏高文进画”、“越州僧知礼雕”等文字，中间是佛像，佛像右边框内刻有赞文四行，左边框内刻印“甲申岁十月丁丑朔十五日辛卯雕印普施，永充供养”落款。整幅画面显得整洁精致，具有很高的刻印水平。高文进为成都人，父、祖都是知名画家，文进自幼随父学艺，画艺名贯当时，更善画佛像。太宗时为翰林院待诏，为著名的宫廷画师。这件北宋早期的雕印品，更显得珍贵，原件已流落国外。

南宋的版画绘制精巧，雕印精良，取得了空前成就。如雕印于宋庆元年间（1195—1200）的《大字妙法莲华经》，构图缜密，布局严谨，形象生动，在反映复杂场面的表现技巧上比北宋有了显著提高。南宋还出现了我国第一部连环画书籍，即《佛国禅师文殊指南图赞》。

南宋临安府贾官人经书铺刻印的《妙法莲华经》为经折装，卷前插图，刻工为凌璋。此图场面宏大，中间为释迦牟尼佛，两旁众佛排列，人物生动，线条流畅，表现出了极其高超的刻印水平。

大约在 12 世纪初期，随着我国山水画的日益成熟，佛经扉画中出现了可以单独欣赏的山水人物画。在北宋崇宁年间（1102—1106），佛教版

图 3-90 《御制秘藏诠》扉画之二，宋大观二年（1108）刻本。

图 3-91 《御制秘藏诠》扉画之三，宋大观二年（1108）刻本。

画已开始引入一些世俗的生活情节，北宋大观年间（1107—1110）佛教版画内容方面出现重大变化。山水画开始兴盛，刻于大观二年（1108）的《御制秘藏诠》一改唐以来佛教版画多为说法图和经变故事的风格，而以山水为主，僧众的活动只是山水的点缀。这是我国山水版画的滥觞。《御制秘藏诠》中的四幅扉页画，以线条表现景物人情，充分显示了雕刻者运刀自如、纵横捭阖的精湛雕刻水平。此四图中刊有“邵明印”，可知北宋末年即有了绘、雕、印的精细分工。

二、版画题材的多样性

宋代版画兴盛、繁荣的一个重要标志，就是版画题材的多样化，举凡儒家经典、传记、医学、匠作、画谱、图录、农业、方志等类书，都有插图本行世。重要的有《新定三礼图》、《荀子》、《营造法式》等。而《梅花喜神谱》则是我国历史上的第一部画谱。

（一）儒家经典中的版画

大约从南宋开始，在儒家著作的刻本中，开始出现了插图。南宋初期由孔子后人刻于衢州的《东家杂记》一书，卷首有《杏坛图》，这大约是儒家有关著作中最早的插图。随后，儒家著作的“纂图互注”本《六经图》、《三礼图》、《尔雅图》等相继刻印问世。

《六经图》于乾道二年（1166）印于福建，描绘了六经中提到的309种事物。《三礼图》印于宋淳熙二年（1175），是专门介绍礼仪的，插图

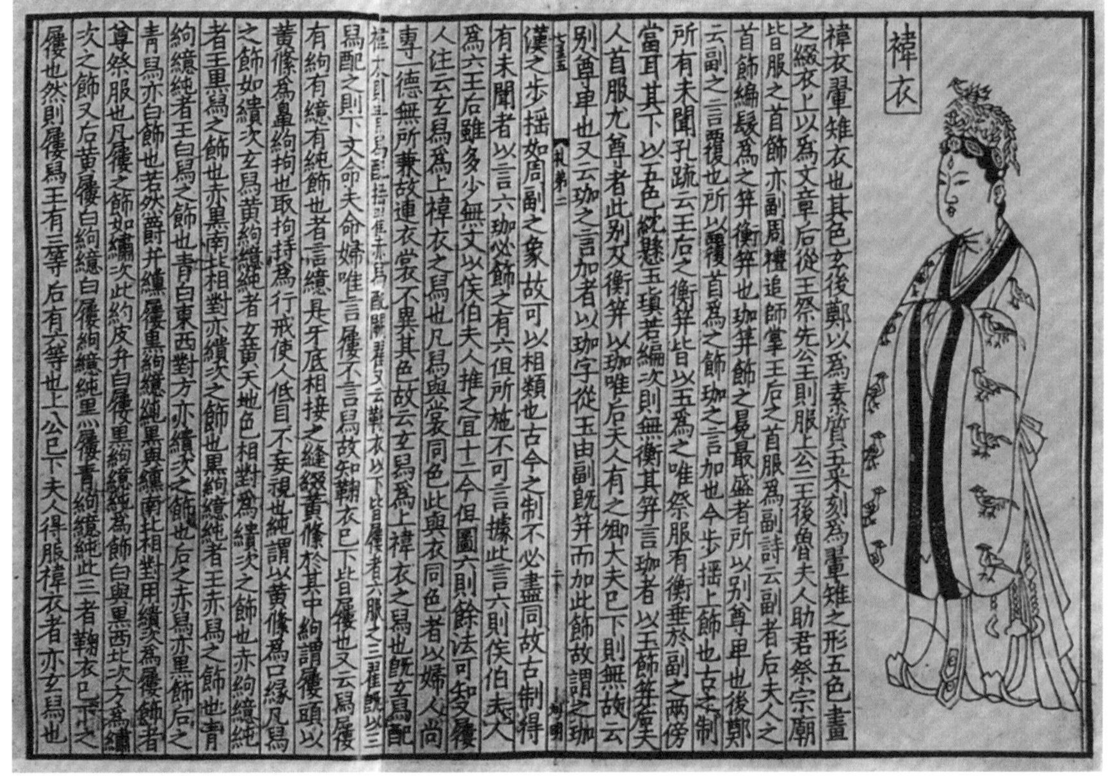
褘衣
褘衣翬雉衣也其色玄後鄭以為素質五采刻為翬雉之形五色畫
之綴衣上以為文章后從王祭先公王則服上公二王後魯夫人助君祭宗廟
皆服之首飾亦副周禮追師掌王后之首服為副詩云副者后夫人之
首飾編髮為之笄衡笄也珈笄飾之最盛者所以別尊卑也後鄭
云副之言覆也所以覆首為之飾珈之言加也今步摇上飾也古之制
所有未聞孔疏云王后之衡笄皆以玉為之唯祭服有衡垂於副之兩傍
當耳其下以五色紞懸玉瑱若編次則無衡其笄言珈者以玉飾笄矣
人首服尤尊者此別又衡笄以珈唯后夫人有之卿大夫已下則無故云
別尊卑也又云珈之言加者以珈字從玉由副既笄而加此飾故謂之珈
漢之步摇如周副之象故可以相類也古今之制不必盡同故古制得
有未聞者以言六珈必飾之有六但所施不可言據此言六則侯伯夫人
為六王后雖多少無文以侯伯夫人推之宜十二今但圖六則餘法可知翟
人注云玄舄為上褘衣之舄也凡舄與裳同色此與衣同色者以婦人尚
專一德無所兼故連衣裳不異其色故云玄舄為上褘衣之舄也既玄舄配
褘衣則青舄配揄翟赤舄配闕翟又云鞠衣以下皆屨者六服之三翟既以三
舄配之則下文命夫命婦唯言屨不言舄故知鞠衣已下皆屨也又云舄屨
有絇有繶有純飾也者言繶是牙底相接之縫綴黃絛於其中絇謂屨頭以
黃絛為鼻絇拘也取拘持為行戒使人低目不妄視也純謂以黃絛為口緣凡舄
之飾如繢次玄舄黃絇繶純者玄黃天地色相對為繢次之飾也赤絇繶純
者王黑舄之飾也赤黑南北相對亦繢次之飾也黑絇繶純者王赤舄之飾也青
絇繶純者王白舄之飾也青白東西對方亦繢次之飾也后之赤舄黑飾后之
青舄亦白飾也若然爵弁纁屨黑絇繶純黑與纁南北相對用繢次為屨飾者
尊祭服也凡屨之飾如繡次此約皮弁白屨黑絇繶純為飾白與黑西北次方為繡
次之飾又后黃屨白絇繶白屨黑絇繶純黑屨青絇繶純此三者鞠衣已下之
屨也然則屨舄王有三等后有六等也上公已下夫人得服褘衣者亦玄舄也

图 3-92 《新定三礼图》，宋淳熙二年（1175）镇江府学刻印。

图 3-93 《东家杂记》，孔子四十七世孙孔传撰，南宋初浙江衢县刻印，此为该书的《杏坛图》，孔子登杏坛，弟子伺列，抚琴而歌。

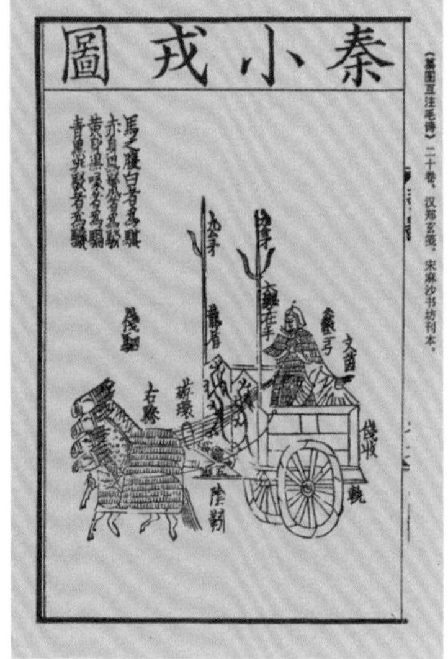

图 3-94 《纂图互注毛诗》20 卷，汉郑玄笺，宋麻沙书坊刊本。

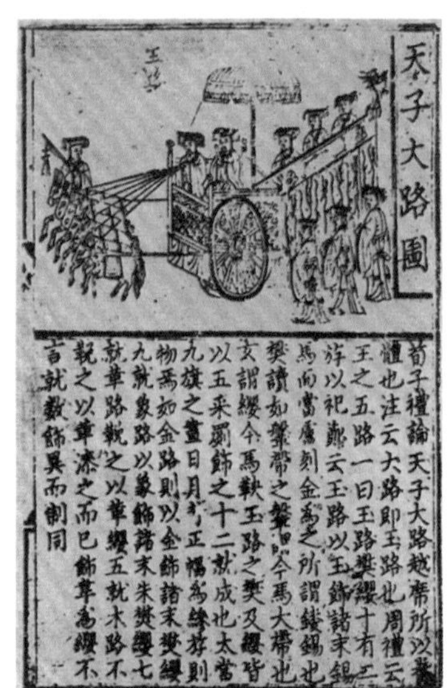

图 3-95 《天子大路图》，宋建阳刻本，《周礼图》中的一幅。

中出现了祭坛、冠冕、服饰及其他礼器。《尔雅图》则是以图画来解释经文中各类器物和人事活动的名称。在传世的宋刊版画中，福建建阳刻本较多，如《周礼》、《礼记》、《论语》、《杨子法言》、《老子道德经》、《庄子南华经》等，强调“纂图互注”，可见对图的重视。

（二）文、工、农、医类书籍中的版画

文学传记、故事类书籍中的版画插图，是宋刊版画中的一个重要组成部分。宋代帝王很重视利用图画为其继承者诠释为君治国之道。景祐元年（1034）上命翰林待诏高光明图画三朝盛德之事，制成《三朝训鉴图》10 卷，镂版印染，颁赐大臣及近上宗室。仁宗 10 岁即位时，章献太后命儒臣编绘《三朝宝训》和《卤簿图》，镂刻于禁中，供其把玩，耳濡目染。以

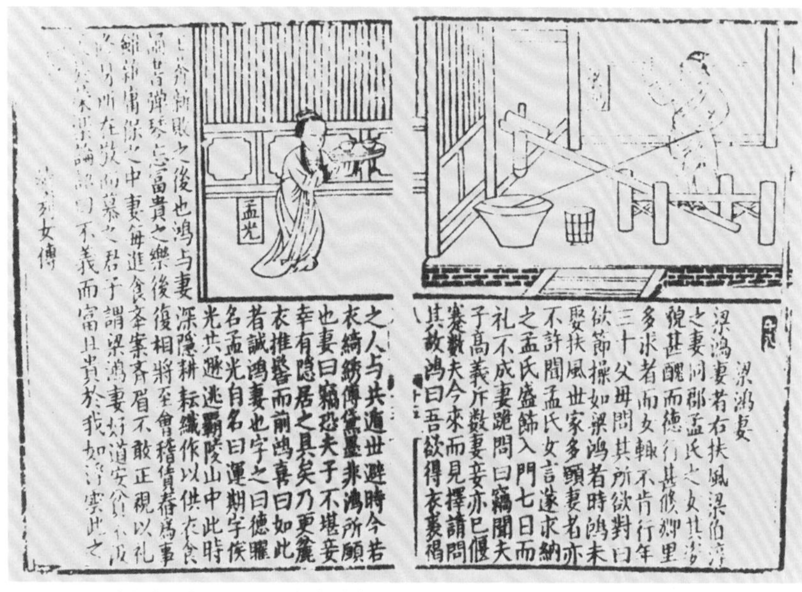

图 3-96 《列女传》插图之一，宋代刻本。

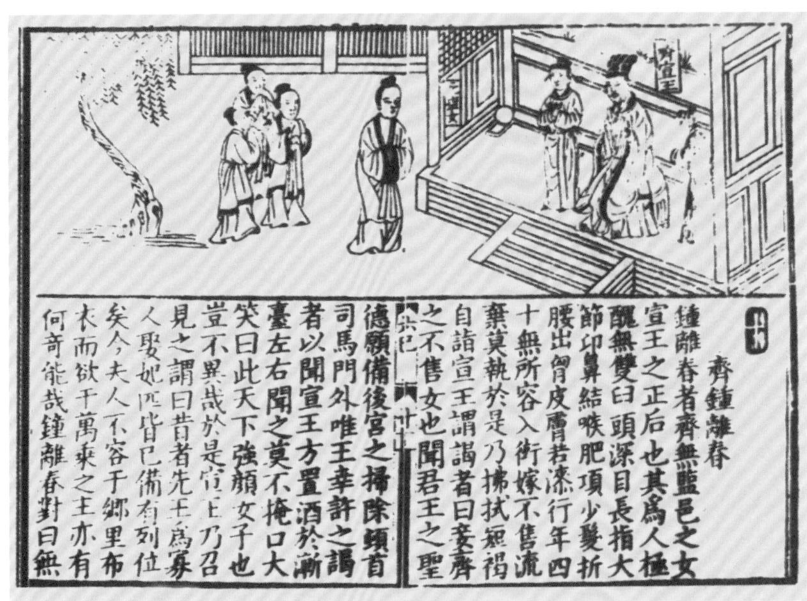

齊鍾離春
鍾離春者齊無鹽邑之女宣王之正后也其爲人極醜無雙臼頭深目長指大節卬鼻結喉肥項少髮折腰出胷皮膚若漆行年四十無所容入衒嫁不售流棄莫執於是乃拂拭短褐自詣宣王謂謁者曰妾齊之不售女也聞君王之聖德願備後宮之掃除頓首司馬門外唯王幸許之謁者以聞宣王方置酒於漸臺左右聞之莫不掩口大笑曰此天下强顔女子也豈不異哉於是宣王乃召見之謂曰昔者先王爲寡人娶妃匹皆已備有列位矣今夫人不容于鄉里布衣而欲干萬乘之主亦有何奇能哉鍾離春對曰無

图 3-97 《列女传》插图之二，宋代刻本。

图 3-98 《耕织图》，不分卷，宋楼璹撰，南宋版，明天顺六年（1462）复刻。其中耕 21 图、织 25 图，共 46 图，双面，框高 22.6 厘米，宽 16.5 厘米。

版画形式，利用其直观的优点，训诫子孙凛遵祖德，是宋王朝的一大发明。公元4世纪画家顾恺之所画的《列女传》插图，大约于北宋嘉祐八年（1063）就有刻本。[③]

宋刊工技、农艺、医药等应用科学书籍，有不少图文并茂的本子。工技类图书中最有代表性的是北宋李诫撰的《营造法式》。此书崇宁二年（1103）梓行，包括壕寨制度、石作制度、大小木作制度、彩画作制度等图样。纹样绘镌繁复精致，是研究古代建筑图样的重要资料。

中国古代重农，在南宋则出现了楼璹所绘，描写农业生产、生活场景的《耕织图》。其中，耕作凡21事，每事一图；织帛凡25事，每事一图。楼璹有生之年，所绘耕织图并未见梓行，直至宁宗嘉定三年（1210）才由其孙楼洪镂版，以传诸久远。

中医药物学著作插图中，最有名的是宋代梓行的《经史证类备急本草》。此书为北宋唐慎微（1056—1093）编辑，所收药物皆图其形，为明李时珍《本草纲目》问世前本草学的范本。刻印于北宋天圣四年（1026）的医学著作《铜人针灸经》，是一种绘有人体解剖图的书籍。

（三）画谱图谱中的版画

在宋代雕版印刷术空前发达的时代，木版画谱应运而生，成为宋代版画艺苑中最耀眼的奇葩。

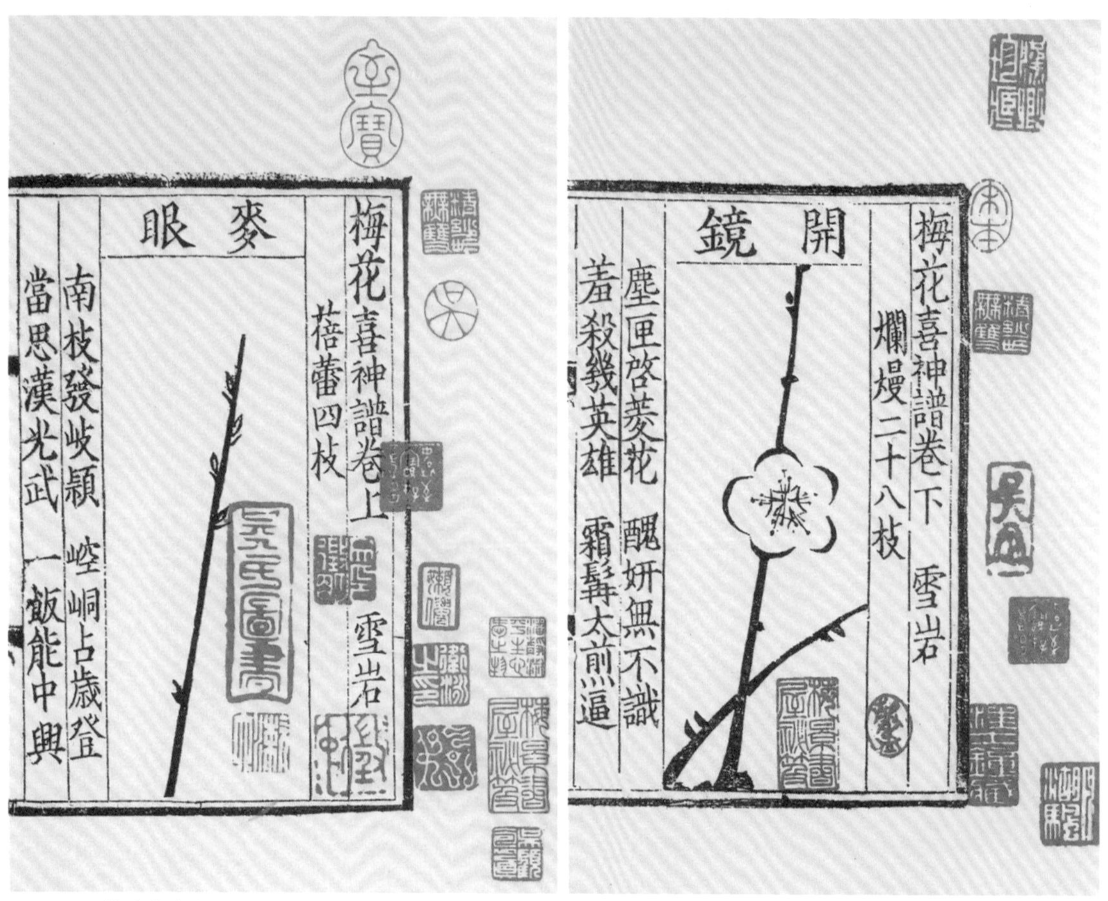

图3-99 《梅花喜神谱》，宋景定二年（1261）金华双桂堂刻印。

绘刻于南宋景定二年（1261）的《梅花喜神谱》，是宋代最著名的插图刻本。它属于专题性画谱，为历代画家、收藏家和版本鉴定家所珍赏。该书由南宋宋伯仁编绘，书中画了一百幅不同姿态的梅花，每幅配有题名和五言诗一首，雕工也很精细。宋伯仁，字器之，号雪岩，湖州人，曾任监淮扬盐课，工诗，善画梅。古人评此梅谱刻本“得梅于心，生意无穷，诗笔疏放，加之刻印精美，当推浙江刻本中之上品”。

宋人好古，金石之学勃兴。在宋代刻印有至少三种考古文物图录。一种是北宋元祐七年（1092）刻印的《考古图》，书中收录了宫廷和民间收藏的古代青铜器图像，后来又刻印了《续考古图》。刻印于北宋宣和年间

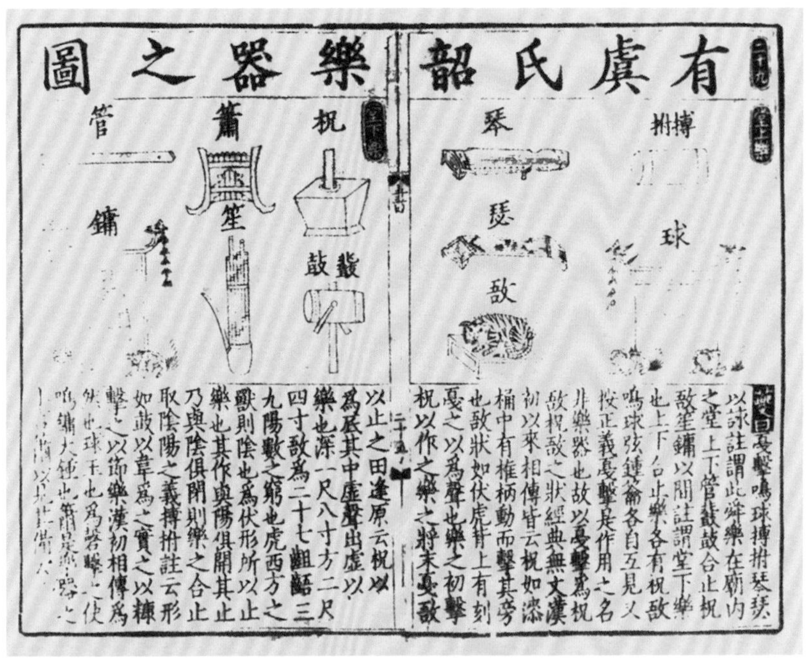

图 3-100 《尚书图·韶乐图》，宋刻本。

图 3-101 《欧阳文公集》中的“九射格”图，宋刻本。

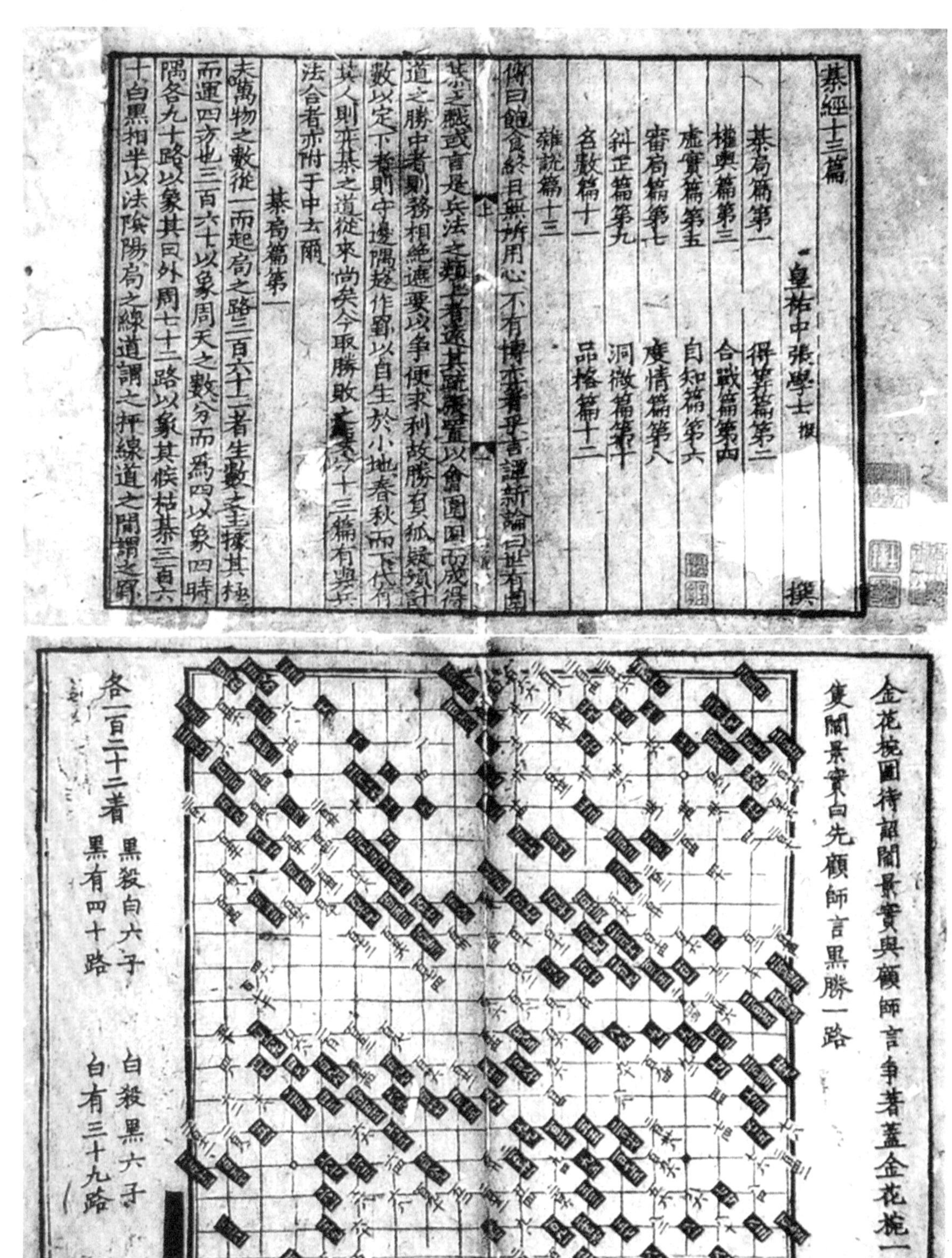

图 3-102 《棋经》，宋李逸民撰，宋刻本，书中配有棋谱，是最早的围棋棋谱刻本。

（1119—1125）的《宣和博古图》一书，收录了约 600 种青铜文物图像。

在宋刻本中，有一部讲围棋的书《棋经》，从字体风格分析，可能是南宋杭州一带刻印，书中配有围棋布阵图，大约是棋类书的最早刻本。

第七节 宋版书的鉴赏

宋代刻书的版式就边框而言，无论是浙本还是蜀本、建本，所刻大部分为左右双边，四周双边的较少，四周单边的就更少了；就版心而言，版心下多记刻工姓名、字数。建本多为黑口双鱼尾。浙本、蜀本则大部分为白口单鱼尾。宋版书用纸非常考究，建本用纸多为黄色的竹纸，其他地区多用白麻纸、黄麻纸、皮纸。就墨色而言，宋版书用墨精良。宋人制墨，墨中喜欢加入香剂，像麝香、冰片等等，所以前人就有说法，开卷就有香气，墨光焕发，墨色如漆，这是对宋版书的称赞。

一、宋版书的版式行格

到了宋代，印刷术已经进入鼎盛时期，在刻、印、装等方面都已走向成熟。随着书籍册页形式的广泛应用，矩形黄金比例开本的采用，标志着印刷术已进入新的时代。这种近似黄金比例的矩形开本，不但为历代所采用，而且传遍了全世界。与此相适应的书籍版面形式，也达到前所未有的水平。④

版式边框、行格线、版心（中缝）的出现，奠定了中国古代书籍版式的基本格式。在这个基础上，各家的版式略有变化。就四周边框来说，有细单边、粗单边、上下单边、左右双边。双边有双细线和文武线(即内细外粗)。宋代使用最多的边框形式是上下单线、左右双线。杭州刻本大部分都是这

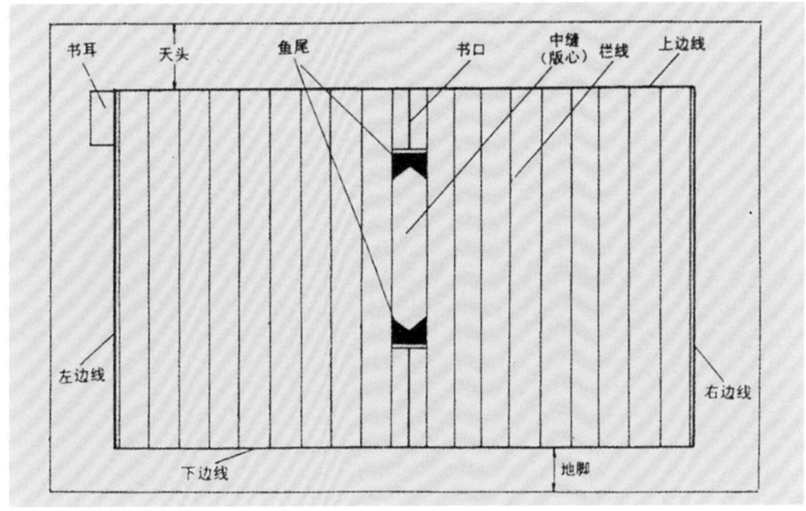

图 3-103　宋版书常用版式

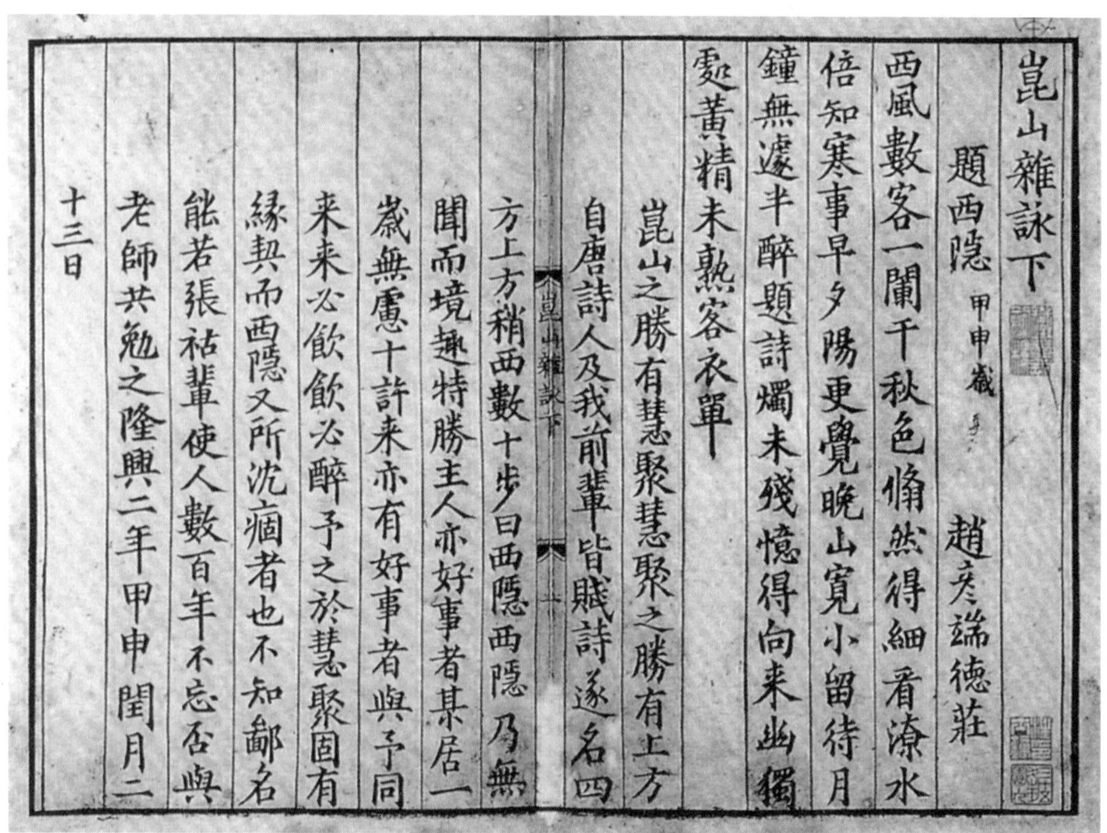
崑山雜詠下

題西隱 甲申歲 趙彥端德莊

西風數客一闌干秋色翛然得細看漆水倍知寒事早夕陽更覺晚山寛小留待月鐘無遽半醉題詩燭未殘憶得向来幽獨處黄精未熟客衣單

崑山之勝有慧聚慧聚之勝有上方自唐詩人及我前輩皆賦詩遂名四方上方稍西數十步曰西隱西隱乃無聞而境趣特勝主人亦好事者某居一歲無慮十許来亦有好事者與予同来来必飲飲必醉予之於慧聚固有緣契而西隱又所沈痼者也不知鄙名能若張祜輩使人數百年不忘否與老師共勉之隆興二年甲申閏月二十三日

图 3-104 《昆山杂咏》，隆兴二年（1164）刻本版式，有行格线，左右双边，双鱼尾。

种形式。建阳刻本中，也有四周双边者，如建安刘日新三桂堂刻本《童溪先生易传》一书，就是四周文武双边。

一块印版的中间一栏格，称为版心或中缝。通过版心框格，将一块版分成左右各半。版心一般是通过鱼尾和隔线分割成上、中、下三部分。这三部分也可以用双鱼尾来分隔。鱼尾的形式有黑鱼尾、白鱼尾和花鱼尾。鱼尾除了起装饰作用外，也是书页折叠的基准。有的书在版心上部刻印有中心线，称书口，也是折叠书页的基线，无线条者称白口，细线条者称细黑口，粗线条者称粗黑口。鱼尾的排列形式有双向和顺向之分。版心的中间偏上多印书名或卷名，偏下部刻印有页码，版心最下部往往刻有刻版者的名姓。今天能知道宋代较多的刻印工匠的名姓，都是从一书的版心下部看到的。

有的宋版书，在版框外左上角处，刻一方框，内刻简要章名，称为书耳。这种情况只是偶尔出现。例如宋建安虞氏家塾所刻《老子》一书的第一页书耳内刻有“修道养身”四字，实际是第一、第二章的篇名。以后各代的版式中都能看到书耳的使用。

宋版书版式的边框和行格形式，大约来源于竹简和帛书。竹简每简书写文字一行，行内一定位置留有编绳的空位。用绳编联成册后，虽无行格线，但简与简之间留有缝隙，使其字行分明。马王堆西汉墓出土的帛书，有用红色或黑色画出的行格及框线，称朱丝栏或乌丝栏。宋版书的行格边框形式，是帛书规格的继承。

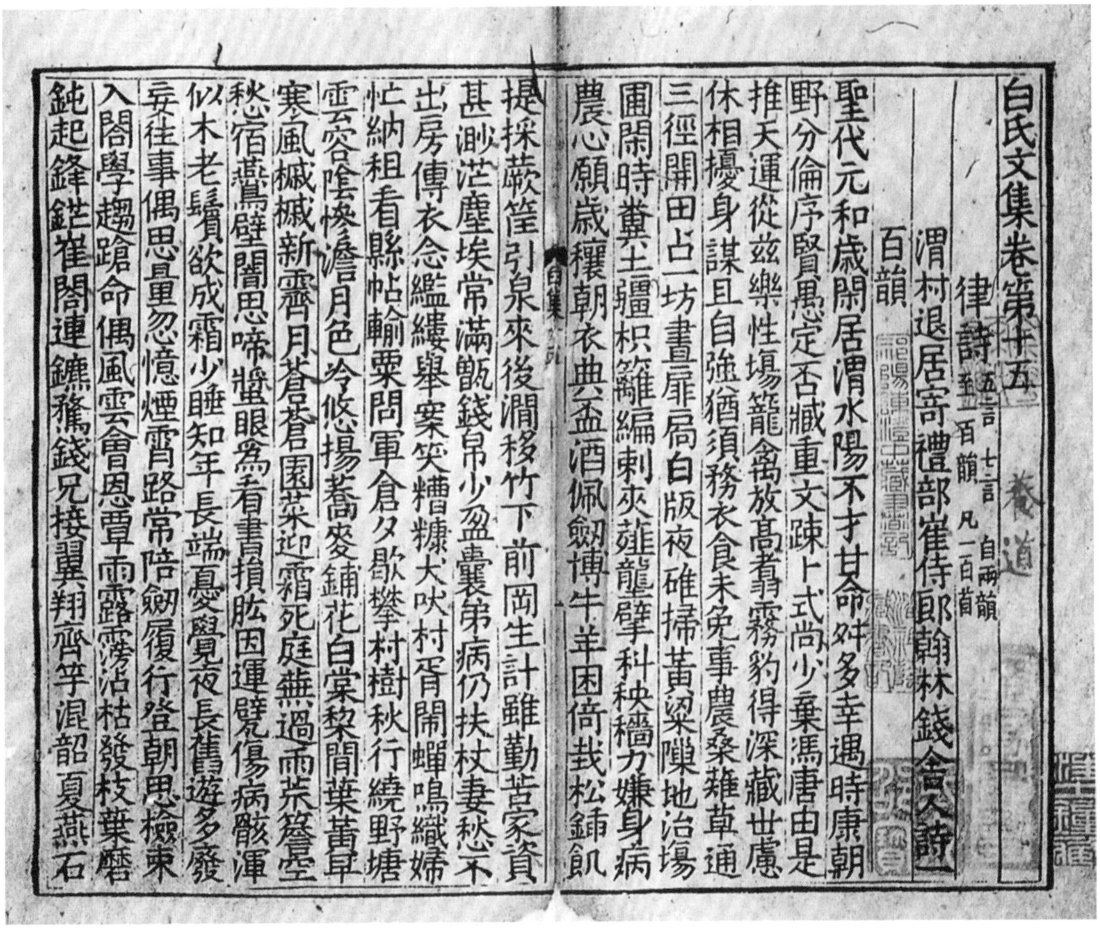
白氏文集卷第十五
律詩 五言 七言 自兩韻至一百韻 凡一百首
渭村退居寄禮部崔侍郎翰林錢舍人詩一百韻
聖代元和歲閑居渭水陽不才甘命舛多幸遇時康朝
野分倫序賢愚定否臧重文疎卜式尚少棄馮唐由是
推天運從茲樂性塲籠禽放高翥霧豹得深藏世慮
休相擾身謀且自強猶須務衣食未免事農桑薙草通
三徑開田占一坊晝扉扃白版夜碓掃黃粱隙地治塲
圃閑時糞土疆枳籬編刺夾薤壟擘科秧穡力嫌身病
農心願歲穰朝衣典杯酒佩劒博牛羊困倚栽松鍤飢
提採蕨筐引泉來後澗移竹下前岡生計雖勤苦家資
甚渺茫塵埃常滿甑錢帛少盈囊弟病仍扶杖妻愁不
出房傳衣念縷縷舉案笑糟糠犬吠村胥鬧蟬鳴織婦
忙納租看縣帖輸粟問軍倉夕歇攀村樹秋行繞野塘
雲容陰慘澹月色冷悠揚蕎麥鋪花白棠梨間葉黃早
寒風摵摵新霽月蒼蒼園菜迎霜死庭蕪過雨荒簷
愁宿鷰壁闇思啼螿眼為看書損肱因運甓傷病骸渾
似木老鬢欲成霜少睡知年長端憂覺夜長舊遊多廢
忘往事偶思量忽憶煙霄路常陪劒履行登朝思檢束
入閤學趨蹌命偶風雲會恩覃雨露滂沾枯發枝葉磨
鈍起鋒鋩崔閣連鑣騖錢兄接翼翔齊竽混韶夏燕石

图 3-105 《白氏文集》，宋绍兴年间（1131—1162）杭州刻本版式。

宋代的版式基本形式各地大体相同，只是在细节上各地、各家略有自己不同的风格。就拿边框线的粗细、单双等来说，就有很多不同的形式。随着书册开本大小的不同，可以有不同的行数。就目前所见的宋版书而言，行数最少的是半页 6 行，最多的是半页 14 行，以 10 行、11 行为最多。宋绍兴十二年（1142）汀州宁化县学刻本《群经音辨》，半页 8 行，行 15 字，称为宋刻大字本。成都刻本《春秋经传集解》和《礼记注》，版框高 23.5 厘米，半页 8 行，行 16 字，被称为蜀刻大字本群经。

宋版书行格的多少，并无定制，而是依各家喜好而定，但一般来说，官方刻书一般行格要少些，讲求版式疏朗，字大如钱。而书坊刻书，就要考虑成本，字不能太大。但民间书坊刻本，各家都有自己的风格特点，地区之间在版式风格上也有差别。这些特点往往成为鉴定版本刻印地区的一项条件。

二、宋版书的字体特点

人们喜欢宋版书，不仅是因为其历史久远，印本留存稀少，而更重要的是它的字体和精工刻印。如果从鉴赏的角度出发，则更偏重于刻版字体。在版本鉴定方面，字体更占有重要的地位。因为刻本书中的字体，往往有

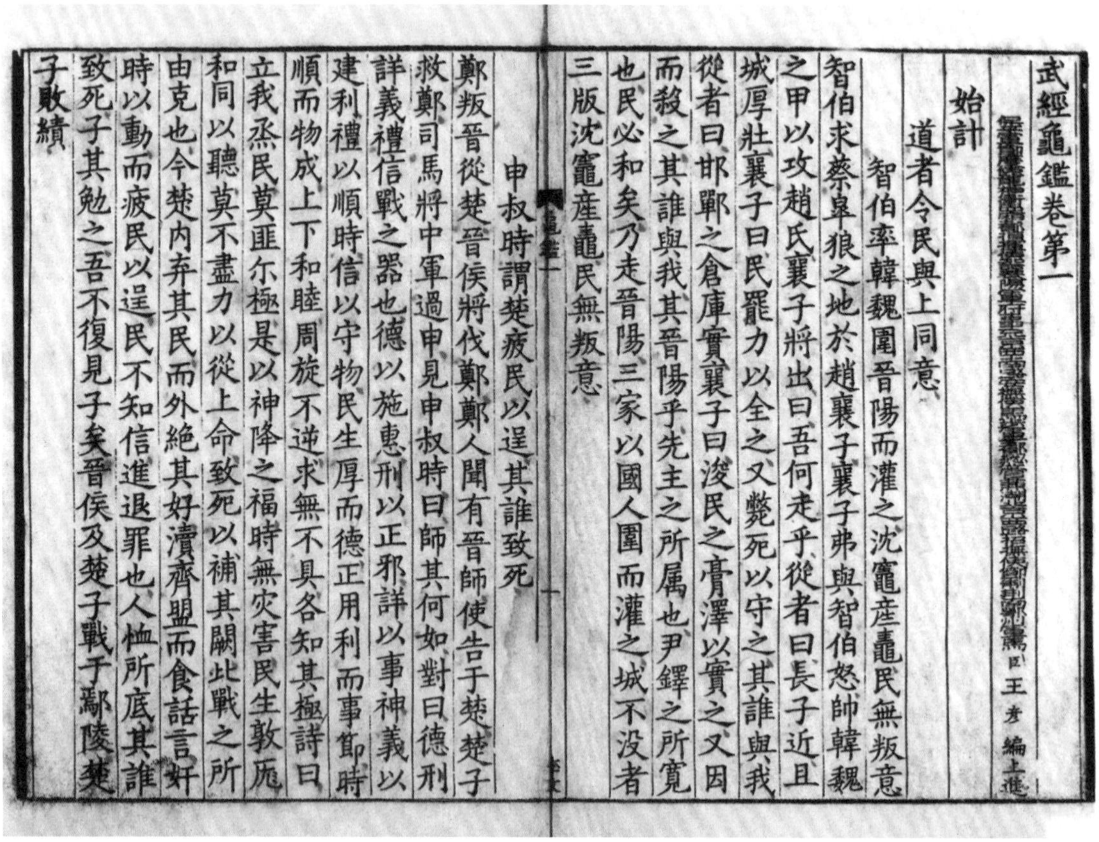
武經龜鑑卷第一
始計
道者令民與上同意
智伯率韓魏圍晉陽而灌之沈竈產鼃民無叛意
智伯求蔡皋狼之地於趙襄子襄子弗與智伯怒帥韓魏之甲以攻趙氏襄子將出曰吾何走乎從者曰長子近且城厚壯襄子曰民罷力以全之又斃死以守之其誰與我從者曰邯鄲之倉庫實襄子曰浚民之膏澤以實之又因而殺之其誰與我其晉陽乎先主之所屬也尹鐸之所寬也民必和矣乃走晉陽三家以國人圍而灌之城不沒者三版沈竈產鼃民無叛意
申叔時謂楚疲民以逞其誰致死
鄭叛晉從楚晉侯將伐鄭鄭人聞有晉師使告于楚楚子救鄭司馬將中軍過申見申叔時曰師其何如對曰德刑詳義禮信戰之器也德以施惠刑以正邪詳以事神義以建利禮以順時信以守物民生厚而德正用利而事節時順而物成上下和睦周旋不逆求無不具各知其極詩曰立我烝民莫匪爾極是以神降之福時無災害民生敦厖和同以聽莫不盡力以從上命致死以補其闕此戰之所由克也今楚內棄其民而外絕其好瀆齊盟而食話言奸時以動而疲民以逞民不知信進退罪也人恤所底其誰致死子其勉之吾不復見子矣晉侯及楚子戰于鄢陵楚子敗績

图 3-106 《武经龟鉴》，宋隆兴、乾道年间（1163—1173）浙江刻本中的欧体字。

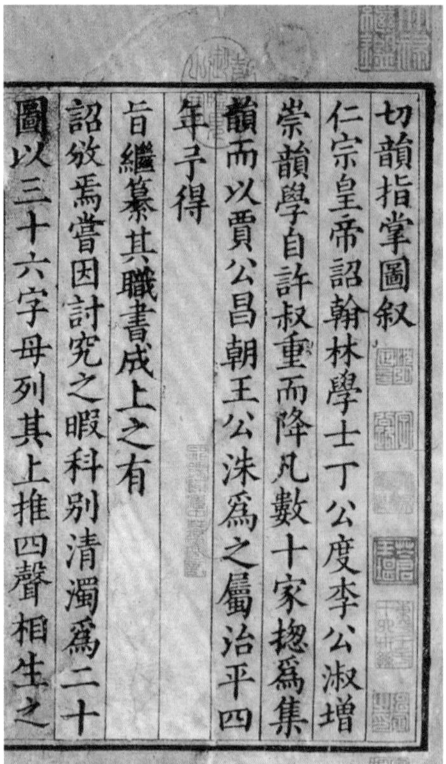
切韻指掌圖敘
仁宗皇帝詔翰林學士丁公度李公淑增崇韻學自許叔重而降凡數十家總為集韻而以賈公昌朝王公洙為之屬治平四年予得
旨繼纂其職書成上之有
詔頒焉嘗因討究之暇科別清濁為二十圖以三十六字母列其上推四聲相生之

图 3-107 《切韵指掌图》，宋杨中修撰，宋绍定三年（1230）越州读书堂刻本，字体端雅，刻印精良，为宋版书之上品。

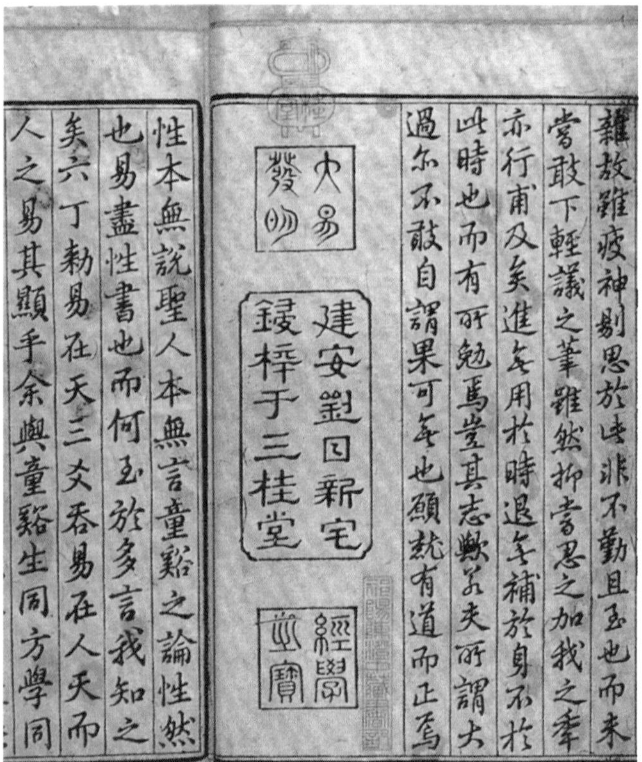
雜故雖疲神剔思於此非不勤且至也而未嘗敢下輕議之筆雖然抑嘗思之加我之年亦行甫及矣進無用於時退無補於身不於此時也而有所勉焉豈其志歟子夫所謂大過亦不敢自謂果可無也頗就有道而正焉
大易發明
建安劉日新宅鋟梓于三桂堂
性本無說聖人本無言童谿之論性然也易盡性書也而何至於多言我知之矣六丁勅易在天三爻吾易在人天而人之易其顯乎余與童谿生同方學同

图 3-108 《童溪先生易传》，宋建安刘日新三桂堂刻印，其字体有行书风格，版面有活泼流动之感，写、刻、印都属一流。

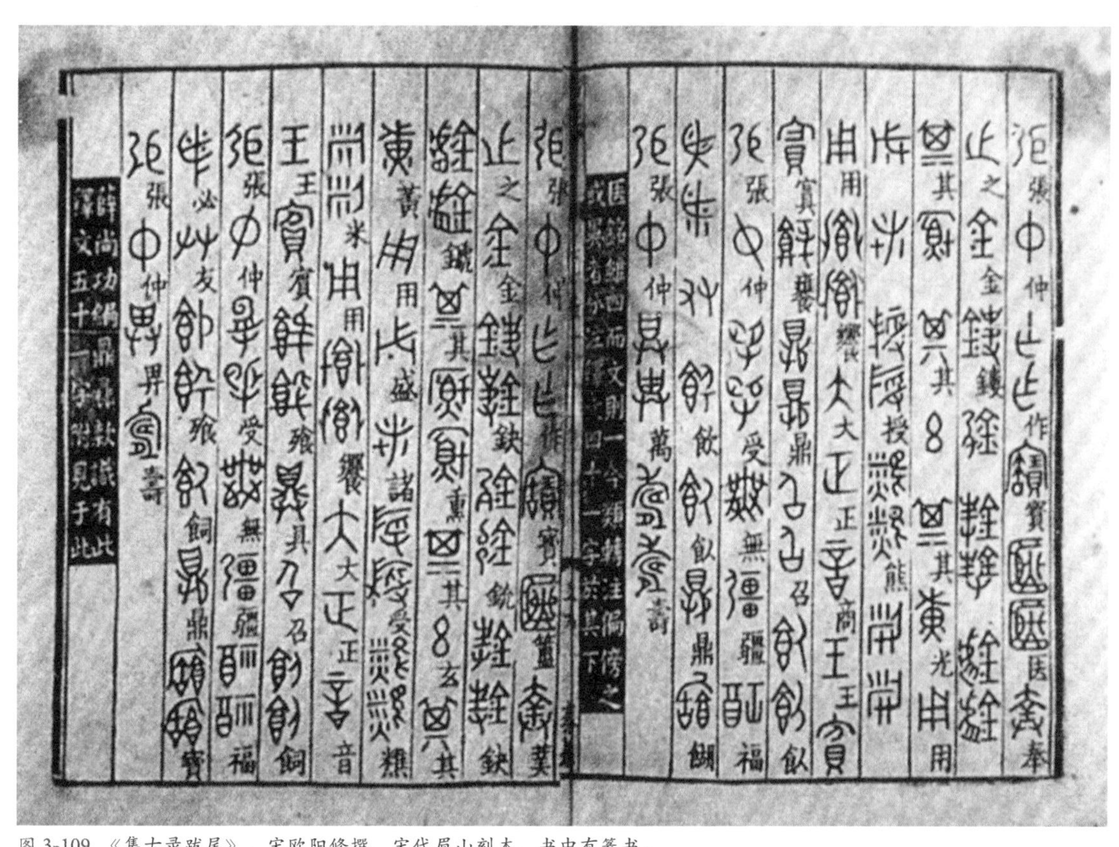

图 3-109 《集古录跋尾》，宋欧阳修撰，宋代眉山刻本，书中有篆书。

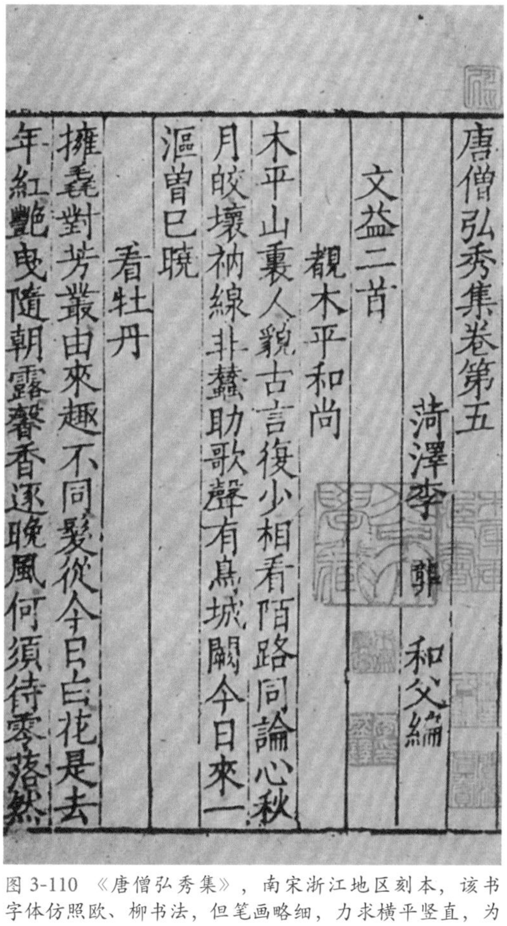

唐僧弘秀集卷第五

菏澤李龏和父編

文益二首

覩木平和尚

木平山裏人貌古言復少相看陌路同論心秋月皎壞衲線非蠶助歌聲有鳥城闕今日來一漚曾已曉

看牡丹

擁毳對芳叢由來趣不同髮從今日白花是去年紅艷曳隨朝露馨香逐晚風何須待零落然

图 3-110 《唐僧弘秀集》，南宋浙江地区刻本，该书字体仿照欧、柳书法，但笔画略细，力求横平竖直，为宋体字的萌芽。

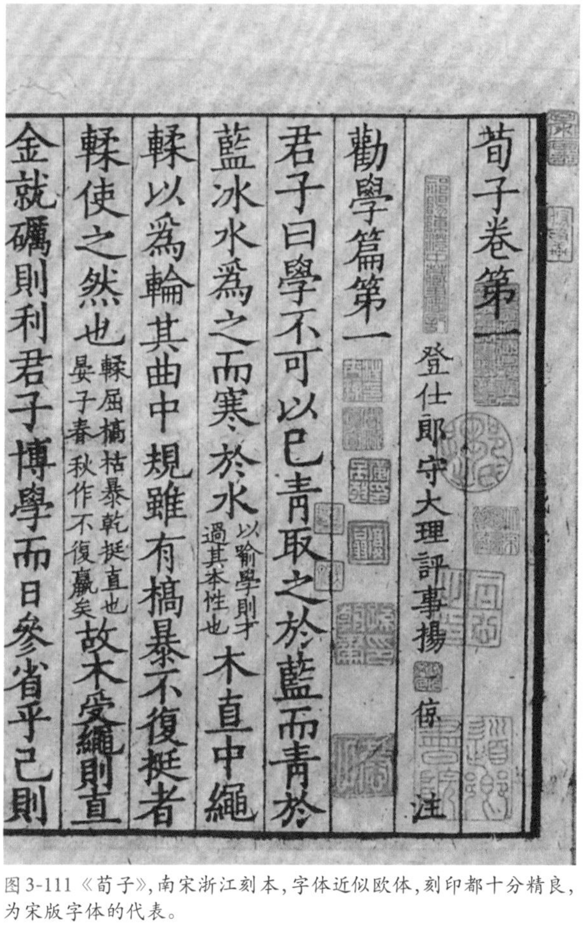

荀子卷第一

登仕郎守大理評事揚倞注

勸學篇第一

君子曰學不可以已青取之於藍而青於藍冰水爲之而寒於水以喻學則才過其本性也木直中繩輮以爲輪其曲中規雖有槁暴不復挺者輮使之然也輮屈槁枯暴乾挺直也晏子春秋作不復贏矣故木受繩則直金就礪則利君子博學而日參省乎己則

图 3-111《荀子》，南宋浙江刻本，字体近似欧体，刻印都十分精良，为宋版字体的代表。

其时代特征。综观宋版书的字体，大体是仿唐代书法家欧阳询、虞世南、颜真卿、柳公权等人的书体。在这个基础上，又可分为粗、细、软、硬等不同风格。在个别刻本中，还出现行书、篆书、籀书。

宋版书之所以多用唐代名家字体，是因为中国汉字字体，经过长期的发展演变，到东汉后期楷书已经萌芽，经过魏晋南北朝几百年的发展，到隋唐时，楷书已发展到很高水平，而且涌现出一批楷书大家。宋代的书法大家，如苏、黄、米、蔡，还未形成一定的社会影响，唐代名家书体就成为各地刻版的首选字体。作为刻版字体的首要标准，要求端庄、凝重、规范，而唐代欧、虞、颜、柳的字体，正适合于刻版的需要。由于各地、各家的喜好不同，而形成了不同的风格。大体是四川宗颜，福建学柳，两浙崇欧，江西则兼用各体。廖莹中世彩堂刻印的《昌黎先生集》，字体秀雅，近似欧体，再加上高超的刻版技艺，历来受到藏书家钟爱，被誉为书中神品。蜀刻《开宝藏》、《眉山七史》，字体端庄、厚重、古朴、严谨，有颜体风范。建安黄善夫所刻印的《史记集解》、《后汉书注》、《王状元集百家注分类东坡先生诗》等书，其笔势间架，刚劲有力，有柳体之风骨。官方刻本由于有当时书法名家写版，其字体水平往往高于民间刻本。

杭州书坊刻本，历来以质量精良而著称，其中最突出的特点，就是清秀、

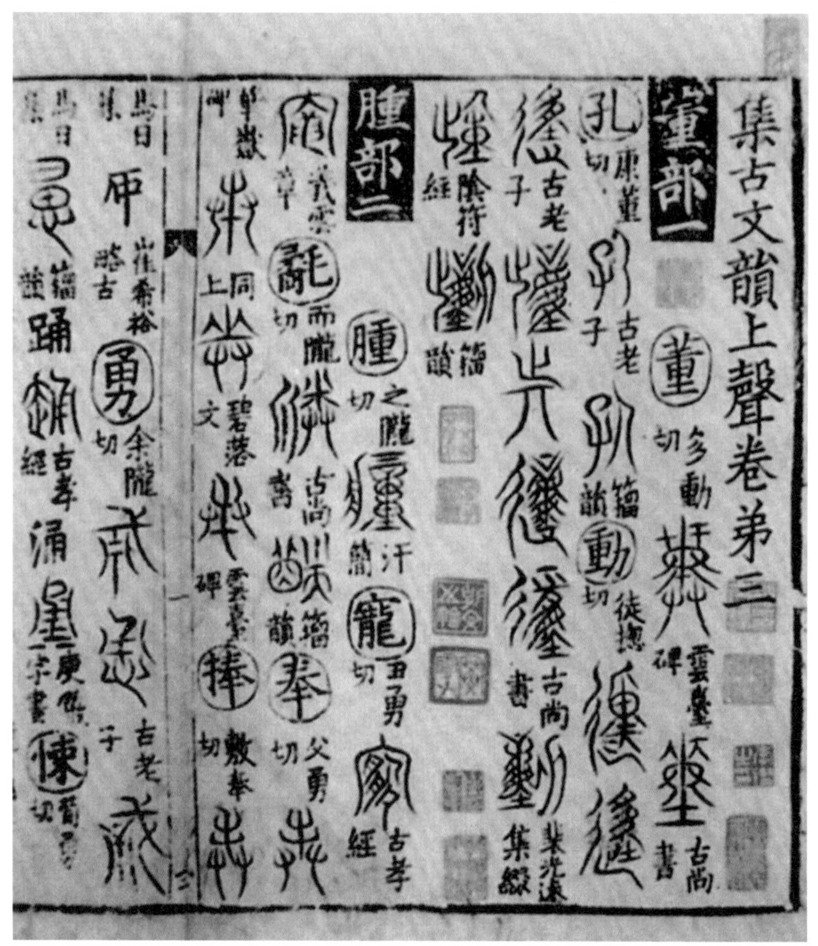

图 3-112 《集古文韵》，宋绍兴十五年（1145）齐安郡学刻本，书中有籀文字体。

端雅的字体。临安府太庙前尹家书籍铺刻印的《续幽怪录》、临安陈宅书籍铺刻印的《周贺诗集》，都属于细瘦类字体，这种字体看起来版面清爽，阅读效果较好。后来出现的仿宋字体，可能就来源于这类字体。

南宋时，印刷业出现了详细的分工，除了刻、印、装工匠各司其业外，还出现了专业写版者。他们可能是从一批穷秀才中分离出来，能写一手好字，流落于印刷业集中之地，为一些书坊雇用，专门从事写版工作。在长期的写版工作中，和刻工有密切来往，创造出一种既便于刻字又有良好的阅读效果的印刷使用字体。这些字体，虽还属于楷体的风格，近似于欧、虞，或颜、柳，但已是经过改造的名家字体。这类字体特别强调横平竖直，结构匀称，这大约就是印刷宋体字的前身。特别是宋刻本《唐僧弘秀集》、《回溪先生史韵》、《学斋占毕》等书的字体，都具有横平竖直的特点。

行书体在宋版书中也多有使用，主要用于一书的序言和跋文。著名的行书体刻本有建安刘日新三桂堂刻印的《童溪王先生易传》一书。眉山刻本、欧阳修撰的《集古录跋尾》一书，还有宋绍兴十五年（1145）齐安郡学刻《集古文韵》一书，都有大篆字体。以上证明宋版书字体的丰富多彩。

三、宋版书中的牌记和版权保护

牌记又称墨围、碑牌、墨记、书牌子、木记、木牌等等，是我国古代刻书中带有题识文字的围框，主要是标识刻印者信息，带有广告和版权保护性质。古籍的牌记，很可能是与雕版印刷术同时产生的。当然最初还不具备牌记的形式，只是将说明刊印者、刊印地点及时间等内容的文字，刻

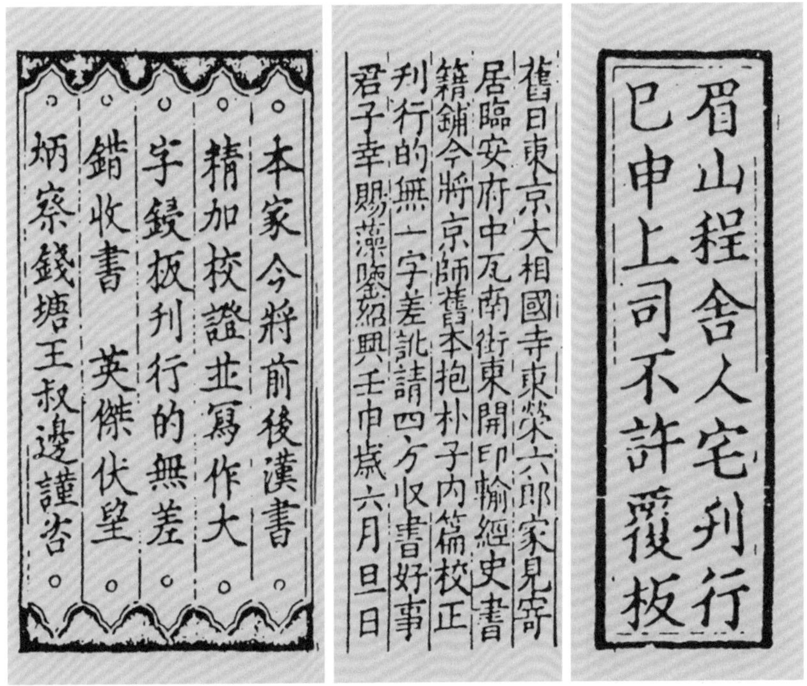

图 3-113 宋版书中几种有代表性的牌记（左：钱塘王叔边刻本《前后汉书》的牌记。中：由开封迁至临安的荣六郎书铺所刻《抱朴子内篇》一书的牌记。右：眉山程氏《东都事略》一书的牌记，有明显的版权保护作用。）

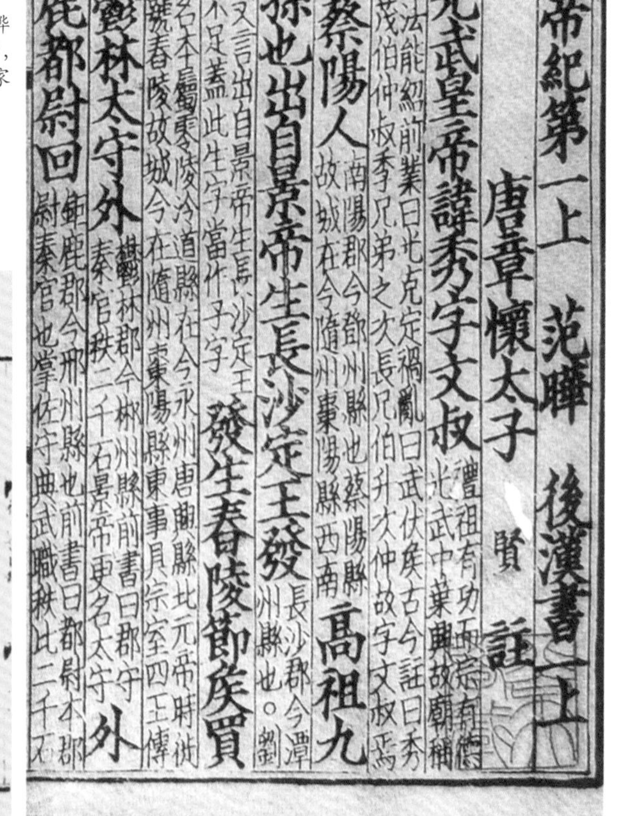
光武帝紀第一上　范曄　後漢書一上

唐章懷太子　賢　註

世祖光武皇帝諱秀字文叔禮祖有功而宗有德光武中興故廟稱世祖謚法能紹前業曰光克定禍亂曰武伏侯古今註曰秀之字曰茂伯仲叔季兄弟之次長兄伯升次仲故字文叔焉

南陽蔡陽人南陽郡今鄧州縣也蔡陽縣故城在今隨州棗陽縣西南高祖九

世之孫也出自景帝生長沙定王發長沙郡今潭州縣也○劉放曰按文言出自景帝生長沙定王發文意不足蓋此生字當作子字發生春陵節侯買春陵鄉名本屬零陵泠道縣在今永州唐興縣北元帝時徙南陽仍號春陵故城今在隨州棗陽縣東事具宗室四王傳

買生鬱林太守外鬱林郡今郴州縣前書曰郡守秦官秩二千石景帝更名太守外

生鉅鹿都尉回鉅鹿郡今邢州縣也前書曰都尉本郡尉秦官也掌佐守典武職秩比二千石

後漢書目録

建安黄善夫刊于家塾之敬室

图 3-114 《后汉书》，刘宋范晔撰，唐李贤注；宋建安黄善夫刻印，目录后刻有“建安黄善夫刊于家塾之敬室”牌记。

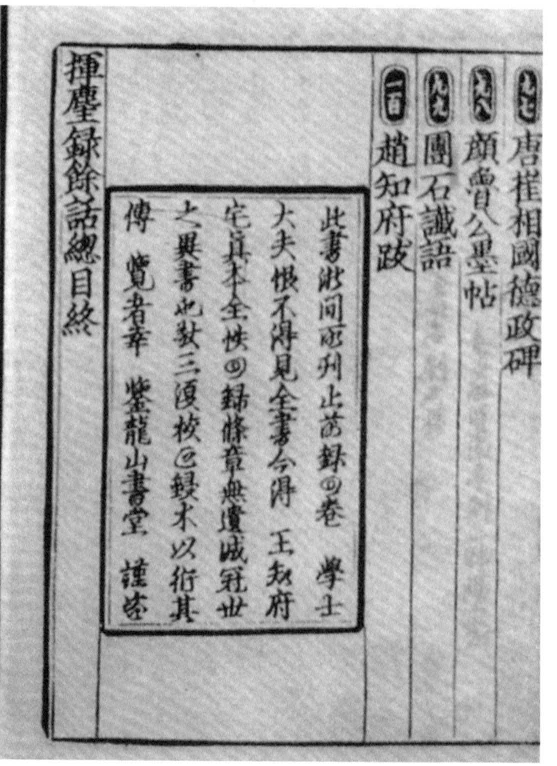
（九七）唐崔相國德政碑

（九八）顏魯公墨帖

（九九）圜石讖語

（一百）趙知府跋

揮麈録餘話總目終

此書浙間所刊止前録四卷　學士大夫恨不得見全書今得　王知府宅真本全帙四録條章無遺誠冠世之異書也敬三復校正鋟木以衍其傳　覽者幸　鑒龍山書堂　謹咨

揮麈後録餘話卷之一　明清

（一）朝請大夫主管台州崇道觀汝陰王

永昌陵卜吉命司天監苗昌裔往相地西洛既覆土昌裔引董役内侍王繼恩登山巔周覽形勢謂繼恩曰　太祖之後當再有天下繼恩默識之　太宗大漸繼恩乃與參知政事李昌齡樞密趙鎔知制誥胡旦布衣潘閬謀立　太祖之孫惟吉適洩其機呂正惠時爲上宰鎖繼恩而迎　真宗于南衙即　帝位繼恩等皆流竄前人已嘗記之熙寧中昌齡之孫逢登進士第以能賦擅名一時吴伯固編三元衡鑑祭九河合爲一者是也逢素

图 3-115 《挥麈录》，宋王明清撰，龙山书堂刻印，牌记在目录后。

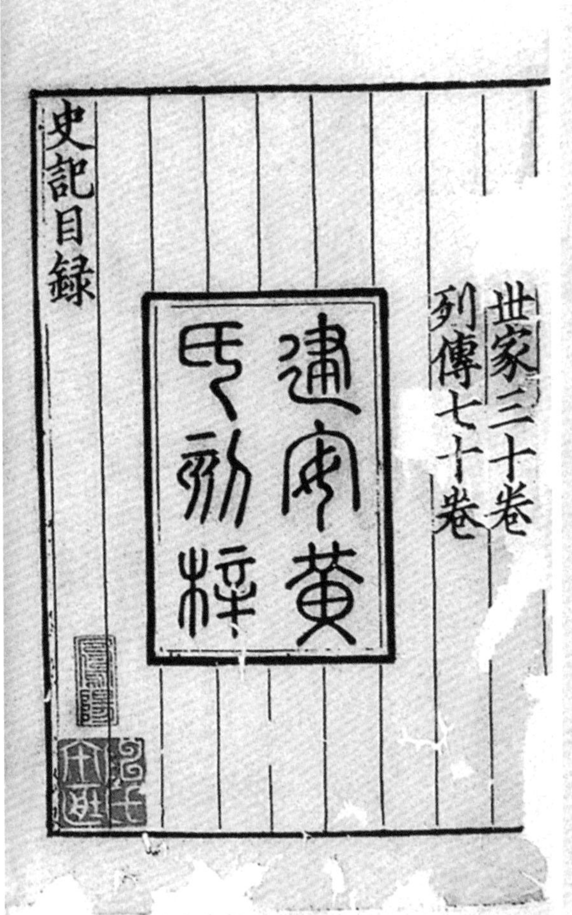

史記目錄

世家三十卷
列傳七十卷

建安黃氏刻梓

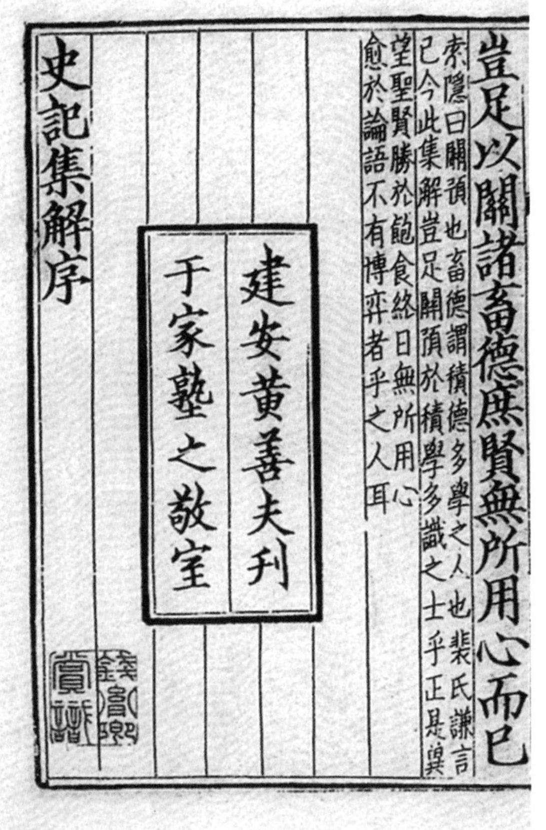

史記集解序

建安黃善夫刊于家塾之敬室

豈足以關諸畜德庶賢無所用心而已
索隱曰關預也畜德謂積德多學之人也裴氏謙言
己今此集解豈足關預於積學多識之士乎正是與
望聖賢勝於飽食終日無所用心
愈於論語不有博弈者乎之人耳

图3-116 《史记》，宋建安黄氏刻本，目录后有篆书牌记。

在书籍的卷首或卷尾，后人称为“刊语”。如现存唐印本《金刚般若波罗蜜经》卷末，就有一行文字：“咸通九年四月十五日王玠为二亲敬造普施。”研究者多认为，六朝人抄写佛经常留下这样的题识，印本是对抄本的沿袭。刊语形式一直延续到南宋初期，可能是为了使刊语更加醒目，有些刻书者开始在刊语四周环以墨围，使其成为一个独立的单元，便是后世所说的牌记。从现存早期牌记看，多出现于临安和建安的坊刻本和私刻本上。这两地都是当时的出版中心，可见是同业竞争的激烈，促使牌记形式更加完善。

牌记具有重要的版本价值，主要体现在版本鉴定、艺术欣赏以及提供研究数据等方面。因此，牌记是版本学、出版史等研究领域的重要研究内容之一。学界对宋元牌记的研究比较关注。

随着宋代民间书坊印书的兴盛，开始出现了初期的版权保护。特别是印刷出版业较为集中的杭州、建阳和成都的眉山，版权的保护问题更为明显。今天我们还能从一些宋版书的牌记和广告中，看到当时版权保护的痕迹。

在书后印刷广告，进行自我宣传，是版权保护的一种常见形式。例如，

图 3-117 “济南刘家功夫针铺”铸广告铜印版。上图为铜版，下图为铜版印件。

杭州沈二郎经坊在自家刻印的《莲经》后的广告云：“本铺将古本《莲经》一一点句，请名师校正重刊，选拣道山场抄造上等纸札，志诚印造。见住杭州大街棚南钞库相对沈二郎经坊新雕印行。望四远主顾，寻认本铺牌额请赎。谨白。”这是典型的书籍广告，是出版印刷业竞争的产物。

翻刻别家的畅销书，在当时可能不是个别现象，所以有的出版家就希望能得到政府的保护。当时各级政府虽未设专门机构，但对民间的要求，还是给以过问。在眉山程舍人刻印的《东都事略》一书后，就刻有“眉山程舍人宅刊行，已申上司，不许覆板”。这是宋版书中最典型的版权保护声明。

在浙江刻本《方舆胜览前集》、《后集》、《续集》的自序后，刻有长篇版权保护的录白：“本宅见刊《方舆胜览》及《四六宝苑》、《事文类聚》凡数书，并系本宅贡士私自编辑，积岁辛勤。今来雕板，所费浩瀚。窃恐书市嗜利之徒，辄将上件书板翻开，或改换名目，或以节略《舆地纪胜》等书为名，翻开搀夺，致本宅徒劳心力，枉费钱本，委实切害。照得雕书，合经使台申明，乞行约束，庶绝翻板之患。乞给榜下衢、婺州雕书籍处张挂晓示，如有此色，容本宅陈告，乞追人毁板，断治施行。奉台判，备榜须至指挥，右令出榜衢、婺州雕书籍去处张挂晓示，各令知悉。如有似此之人，仰经所属陈告追究，毁板施行。故榜。嘉熙二年十二月日榜。”这是政府出面保护版权的例证，说明当时在一些印刷业集中的地区，版权问题已引起政府的注意了。

北宋时，由于商品经济的发展，铜版印刷广泛应用于经济领域。中国历史博物馆藏有一件北宋（10 世纪 ~11 世纪）济南府刘家针铺铸造的方形广告铜印版（12.4 厘米 ×13.2 厘米），是印在纸上后，供该店产品包装用。这个名叫“济南刘家功夫针铺”的广告，包括了作坊名称、字号图识、广告词语及广告文字四部分，铜版印件中的释文称：“济南刘家功夫针铺。认门前白兔为记。收买上等钢条，造功夫细针，不误宅院使用，客转与贩，别有加饶，请记白。”版面除商标图外，共有 44 个字，内 8 字阴文。阴、阳文合铸在一块铜版上，有一定难度。这是迄今所见早期商业广告的铜铸印版。⑤

注释与参考书目：

①张秀民，韩琦.《中国印刷史》.杭州：浙江古籍出版社，2006：66.

②张秀民，韩琦.《中国印刷史》.杭州：浙江古籍出版社，2006：534.

③周心慧.《中国古版画通史》.北京：学苑出版社，2000：58-62.

④罗树宝.《中国古代图书印刷史》.长沙：岳麓书社，2008：103.

⑤潘吉星.《中国古代四大发明》.合肥：中国科学技术大学出版社，2002：183-184.

第四章 各具特色的辽、西夏、金代印刷

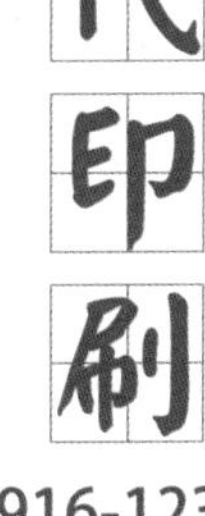

(916-1234)

第一节 辽、西夏、金代印刷概述

与两宋同时期存在的，有东北和西北几个少数民族建立的政权。依时间顺序分别是：由契丹族建立的辽国封建政权，由党项族为主体建立的西夏国和由女真族为主体建立的金国封建王朝。

契丹族在很长的历史时期内，都是以游牧和渔猎为主要社会生产活动的民族。五代后梁贞明二年（916）阿保机建立了契丹国，号“大辽”。辽在最强盛时，领土东临大海，西达天山，南至今河北、山西北部，北至大漠。党项族原先是一个以“羊马为国”的民族，其祖先是拓跋氏，唐末赐姓李，宋初赐姓赵。宋仁宗宝元元年（1038）元昊正式建国，史书称“西夏”。西夏在最强盛时期，其地域“东尽黄河，西界玉门，南接萧关，北控大漠，地方万余里，依贺兰山以为固”。女真族是以狩猎和农耕为主的民族，天庆五年（1115）阿骨打称帝，建国号“大金”。金最强盛时占据了外兴安岭以北、淮河以南地区。契丹族、党项族和女真族在中国北方的广大地区和汉族一起，不仅发展着社会生产，还创造了各具特色的民族文化。

契丹族、党项族和女真族建立政权有一个共同特点，都积极吸收中原文化，倡导佛教和儒家思想，重视教育，在发展文化上有新的建树，先后创造出了自己本民族文字。同时，在汉族先进文化的影响和带动下，他们也形成和发展了本民族的印刷事业，印刷了大量儒家、佛经等多种类的典籍，甚至还在印刷事业中有很多创举，取得了令人瞩目的成绩，推动了中国印刷术的进一步发展，促进了民族文化的繁荣，为印刷术的普及和发展作出了一定的贡献。

第二节 辽国的印刷

一、辽国的印刷文化背景与印刷事业概况

辽国是以契丹族为主体建立的政权。契丹族是长期活动在辽河上游的古老民族。唐朝后期，契丹族势力开始壮大，逐渐向南扩展。五代后梁贞明二年（916），耶律阿保机登上可汗宝座，建立了契丹国。五代后晋时，石敬瑭向契丹国献燕云十六州，使契丹国拥有山西、河北北部大片土地，契丹继而将政治中心南迁到燕京。辽景宗十一年（979）和辽圣宗统和四年（986），辽军两次大败宋兵，直至统和二十二年（1004），辽与宋订立澶渊之盟。

尽管辽太祖起用汉人，“以隶书之半增损之，制契丹文字数千”，但在日常行文中仍普遍使用汉字，留存至今的辽国印本和写本，也充分反映出这一点。近年来不断有契丹文物出土，但由于契丹语言文字尚不能通解，契丹文的资料，还有待于研究。

辽国原无科举考试制度，辽圣宗时开始设置科举录用人才。分别设进士科，分甲、乙两科，考试分为乡试（乡贡）、礼部试和廷试（殿试）。辽国科举只限汉人文士考试，契丹人不得应试。这种制度极大地促进了汉字印刷业的发展。

图4-1 契丹文石刻拓片，契丹大字，字数3000多字，笔画比汉字简单。

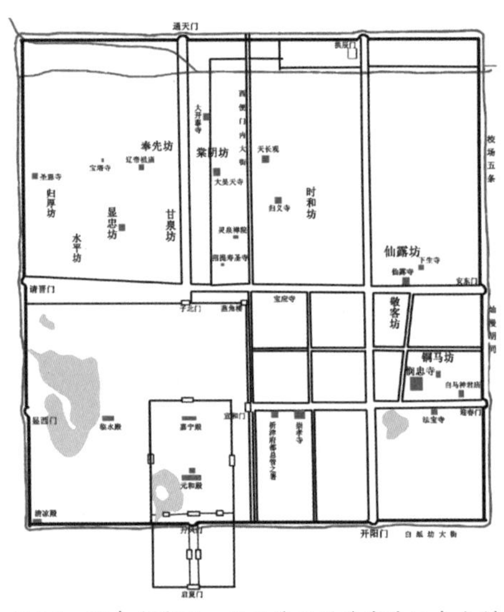

图4-2 辽南京城图，图示为当时燕京地区各大刻印书籍的寺院。

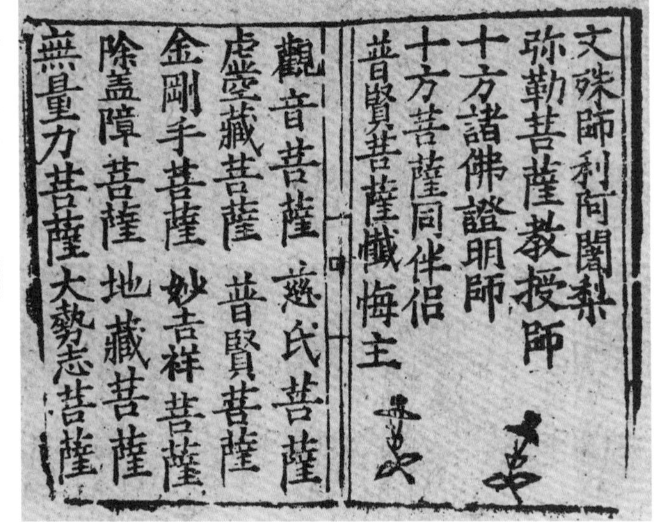
文殊師利阿闍梨
弥勒菩薩教授師
十方諸佛證明師
十方菩薩同伴侶
普賢菩薩懺悔主

觀音菩薩　慈氏菩薩
虚空藏菩薩　普賢菩薩
金剛手菩薩　妙吉祥菩薩
除盖障菩薩　地藏菩薩
無量力菩薩　大勢志菩薩

图 4-3 《佛名集之三》，版心有页码，上下单线边框，左右双线边框。山西应县木塔宝藏。

辽太祖称帝后，提倡尊孔崇儒，信奉佛教。燕京寺院林立，僧众人数大增。辽圣宗以后，对佛教典籍的刊校，作出两大业绩：一是石经的刊刻，二是雕印大藏。辽圣宗时重修云居寺，发现石室。辽圣宗便命僧人可玄继续刊刻经版。经辽兴宗、道宗两朝，刻完《大般若经》、《大宝积经》等经石 600 块。兴宗时开始校印佛经总集《大藏经》。佛经以木板雕印，全用汉文，并经僧人详细校勘，共完成 597 帙。①

公元 975 年，辽宋两国签订和平协议，之后近百年辽宋边界呈现出较长时期的和平。因而，辽宋边界一带的贸易也日渐兴盛。在边界贸易中，图书是其中的一大品种。大批宋版书通过边界贸易流入辽国。

公元 1125 年辽国被女真人所灭。

由于辽的统治者倡导儒学和佛教，大兴教育，因而社会对书籍的需求越来越大。一方面燕京等地的印刷业得到很快发展，另一方面也通过边界贸易从宋朝购进大量的书籍。这种书籍贸易，使得大量的宋版书流向辽国。因而，宋真宗于景德三年（1006）下诏："民以书籍赴沿边榷场博易者，非《九经》书疏，悉禁之。"宋沈括曾说："契丹书禁甚严，传入中国者法皆死。"实际上宋朝要禁止的是有关军事边防以及涉及国家机密的图书。但实际上还是禁而不止，很多经史以外的书也流入辽国。苏辙在出使辽国后，曾说："本朝民间开板印行文字，臣等窃料北界无所不有。"②辽国的使臣到宋朝后，也往往提出需要书籍的要求，大都能得到满足。例如，有一次辽国使臣提出希望得到《魏野诗集》，宋皇帝满足了这个要求。据史书和文献记载，辽国刻书业相当繁荣和普遍。辽圣宗时不但刻印汉文佛教典籍，还刻印汉文《五经》传、疏，及《史记》、《汉书》等儒家经典史书，并颁发给学校作为课本。辽人还把他们喜欢的苏东坡、白居易的诗文刊刻出版。辽圣宗就曾把《贞观政要》、《通历》、医学书籍等译成契丹文刻印，把

图 4-4 《大方广佛花严经随疏演义钞卷第五上》之十七，每张纸均刻有小字“华严抄五上”及版码。山西应县木塔宝藏。

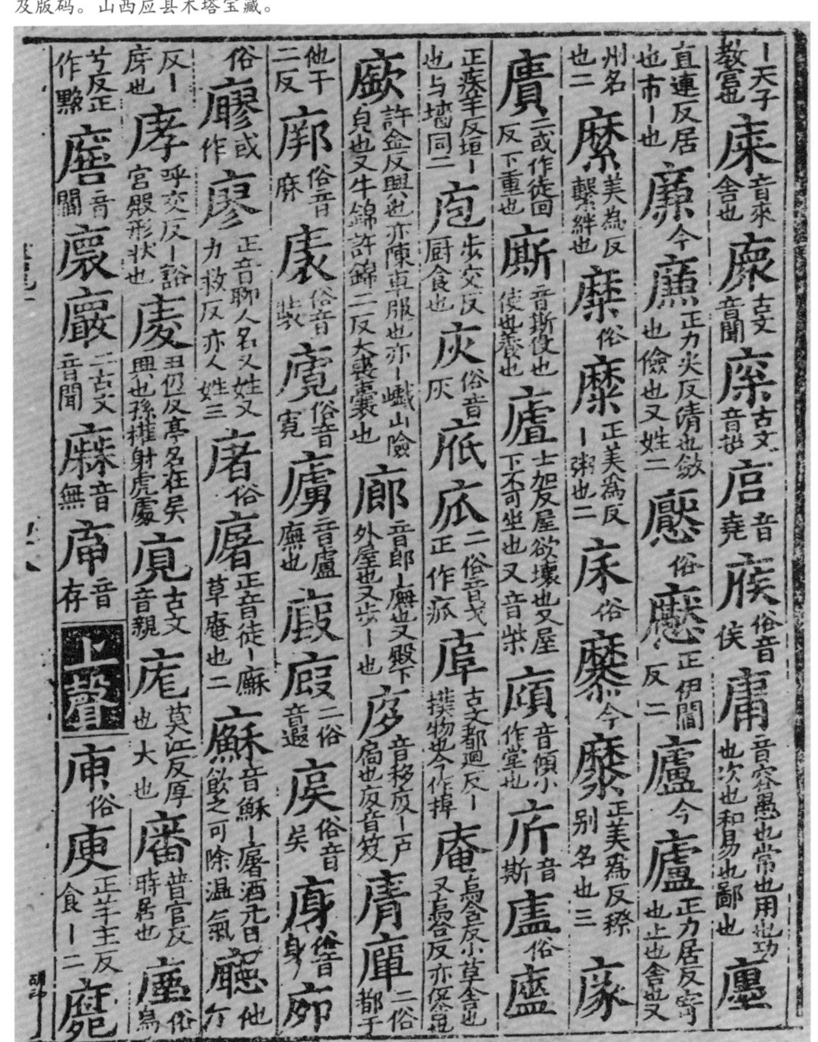

图 4-5 《龙龛手鉴》，字书，辽燕京僧人行均所编，辽统和年间（983—1012）曾刻印。该本为宋人依辽刻本《龙龛手镜》所刻。

白居易的《讽谏集》译成契丹文，雕刻成大字本印出来，让那些不懂汉文的大臣诵读。于是，辽国文化得以快速发展，印刷业也得到较大发展。同时，印刷业的繁荣，进一步促进了辽国社会文化的进步。

辽圣宗开泰元年（1012），圣宗一次就赐给护国仁王《易》、《诗》、《书》、《春秋》、《礼记》各一部。辽道宗清宁元年（1055），诏颁《五经传疏》。咸雍十年（1074）颁定《史记》、《汉书》。上述这些书，都是辽国自己刻印的。

从现有的资料来看，辽国的印刷业主要是集中在辽国的汉族集居地，即以范阳（今涿州）、山西以北及燕京（北京）为中心。辽国大量的书籍都是在这些地区印刷的，从印刷质量上来看，大部分普通书籍比起北宋时并不逊色，而且辽国在这些地区也有着雄厚的经济基础和各种先进的工艺技术。造纸制墨都十分精良，所印经卷皮纸、麻纸光洁柔韧，特制的入潢藏经纸近千年后未见虫蛀，墨色凝重黑亮。

辽国刻工人数众多，技艺优秀，有名有姓的人就有穆咸宁、赵守俊、李存让、樊遵、孙寿益、赵从业、赵从善等，还有“赵善等人雕”、“孙守节等四十七人同雕”、“赵俊等四十五人同雕”等雕刻集体。就印刷能力而言，辽国的实力也是相当雄厚，除官方印刷机构外，还有寺院印刷，如燕京弘法寺就有“奉宣雕印流通”、燕京大悯忠寺、燕京玉泉寺等。私人作坊有“燕京仰山寺前杨家印造”、“燕京檀州街显忠坊南颊住冯家印造”、“大昊天寺福慧楼下成造”等等。

二、丰润天宫寺塔和庆州白塔中发现的辽藏

河北丰润（辽之永济务）天宫寺塔建于清宁元年（1055），是当地盐监张成一家筹措所建，为十三层叠涩檐实心砖塔，后经过历代修缮，至今巍然屹立。

1987 年文物部门在维修天宫寺塔时，于四至八层间第二塔心室中发现《辽藏》一帙八册及其他佛教经卷、册 19 件。其中包括：《佛说阿弥陀经》，

图4-6　河北省丰润天宫寺塔，1987从第二塔心室中发现《辽藏》一帙八册及其他刻印佛教经卷、册19件。

图4-7 《大乘本生心地观经》，蝴蝶装，红绫函套，咸雍六年（1070）奉宣雕印，丰润天宫寺塔宝藏。（龙立新提供）

卷轴装，每行16字，卷首有护法神；《佛说圣光消灾》，蝴蝶装，小字本，每行10字，汉文和梵文相间排列；《大唐中兴三藏圣教》，蝴蝶装，封皮为深蓝色；《大乘本生心地观经》，蝴蝶装，红绫函套，咸雍六年（1070）奉宣雕印；《金刚般若波罗蜜经》，蝴蝶装，黄色封套；《大乘妙法莲华经》，蝴蝶装，咸雍五年（1069）雕造燕京弘法寺刻印；《一切佛菩萨名集》，蝴蝶装，重熙二十二年（1053）刻印。

天宫寺塔中，尤其特殊的一件印刷品为数册小字佛经，蝴蝶装，每函

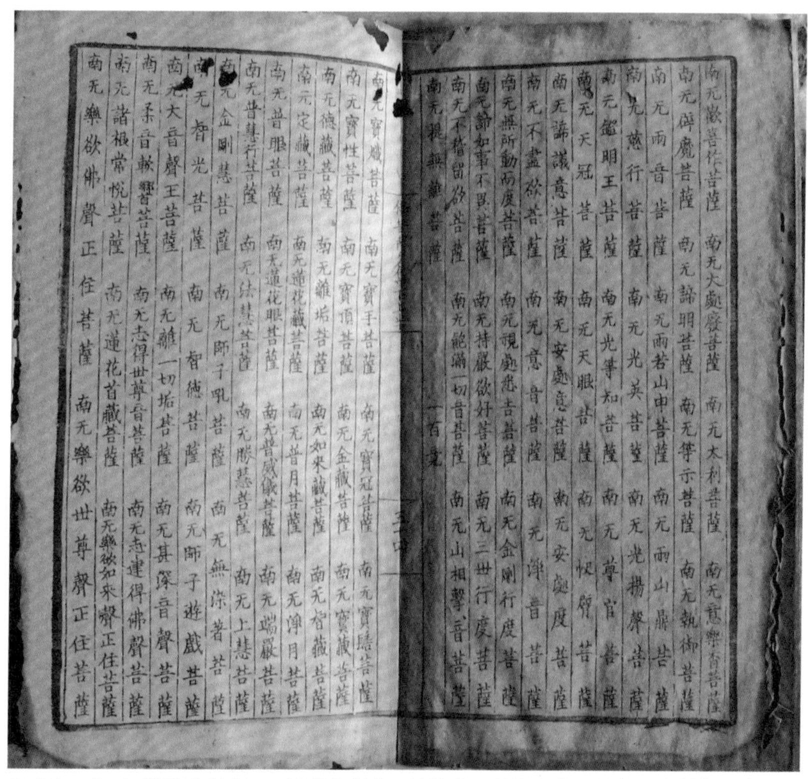

图4-8 《一切佛菩萨名集》，辽藏小字本，蝴蝶装，重熙二十二年(1053)刻印。丰润天宫寺塔宝藏。（龙立新提供）

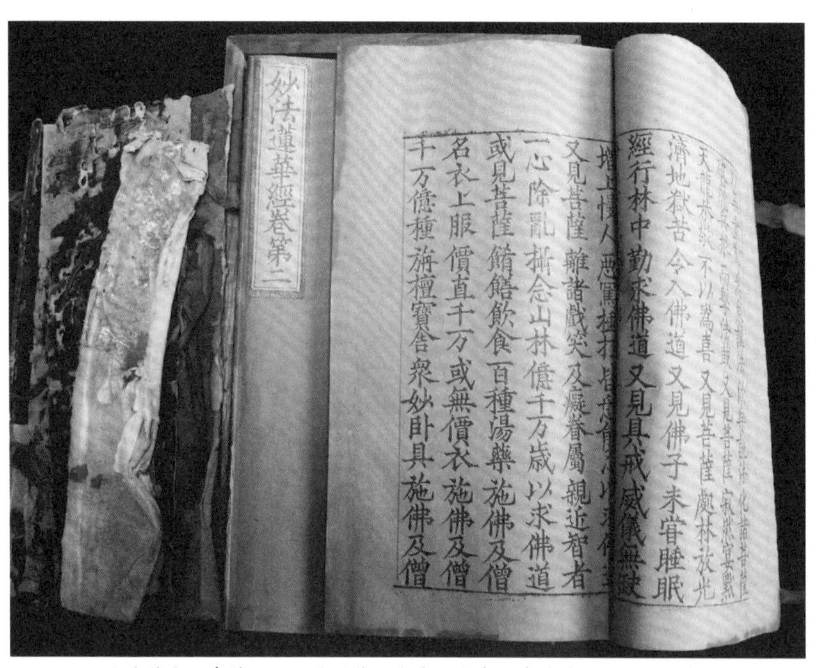
妙法蓮華經卷第二

濟地獄苦令入佛道又見佛子未嘗睡眠
天龍恭敬不以為喜又見菩薩處林放光
經行林中勤求佛道又見具戒威儀無缺
增上慢人惡罵捶打皆悉能忍以求佛道
又見菩薩離諸戲笑及癡眷屬親近智者
一心除亂攝念山林億千万歲以求佛道
或見菩薩餚饍飲食百種湯藥施佛及僧
名衣上服價直千万或無價衣施佛及僧
千万億種旃檀寶舍衆妙卧具施佛及僧

图 4-9 《妙法莲华经卷第二》，蝴蝶装，咸雍五年 (1069) 雕造，燕京弘法寺刻印，丰润天宫寺塔宝藏。（龙立新提供）

图 4-10 辽释迦佛舍利塔，俗称庆州白塔。1989 年从此塔中出土一批辽国印刷品。

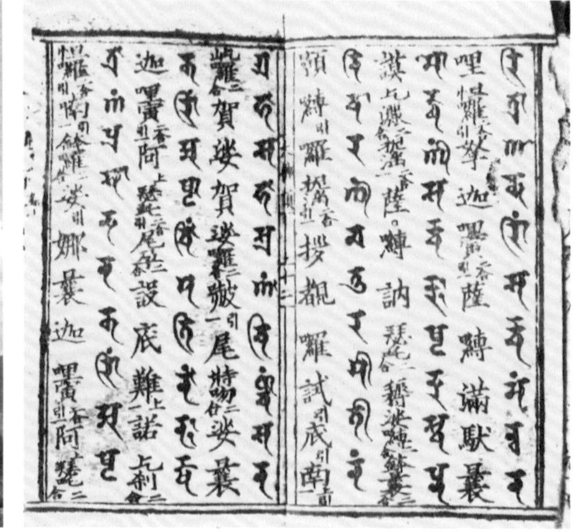
图 4-11 《大佛顶》，有汉字注音的梵文佛经刻本，河北丰润天宫寺塔出土。（龙立新提供）

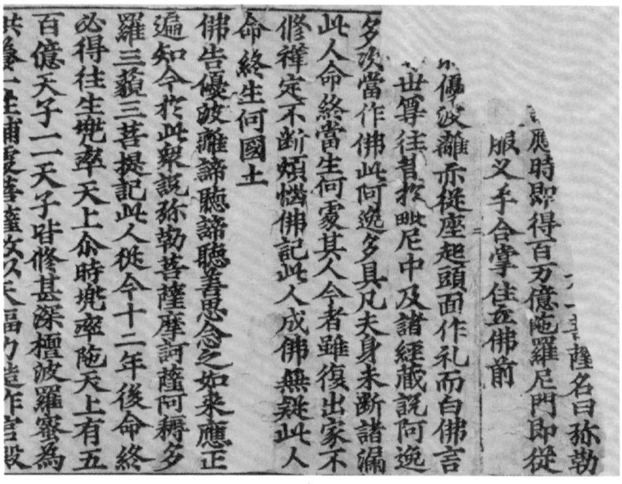

图 4-12 《观弥勒菩萨上生兜率天经疏》卷首，卷轴装，共 13 纸，首纸残，存 12 纸。无千字文帙号。尾有刻工题记“隰州张德雕板”，有学者认为此经卷为唐刻本。

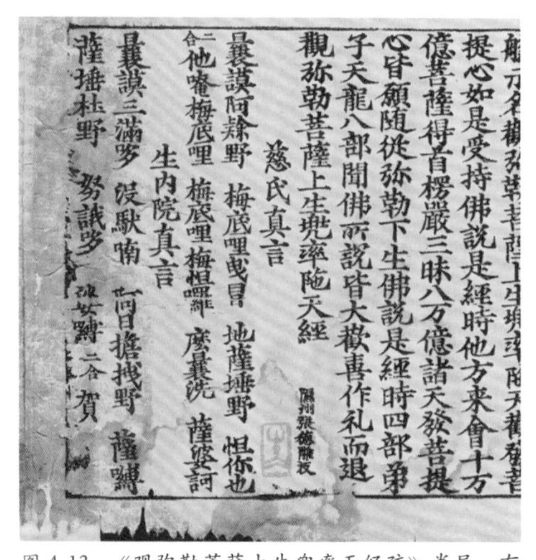
提心如是受持佛說是經時他方來會十方
億菩薩得首楞嚴三昧八万億諸天發菩提
心皆願隨從弥勒下生佛說是經時四部弟
子天龍八部聞佛所說皆大歡喜作礼而退
觀弥勒菩薩上生兜率陁天經

图 4-13 《观弥勒菩萨上生兜率天经疏》卷尾。有学者认为此经卷为唐刻本。

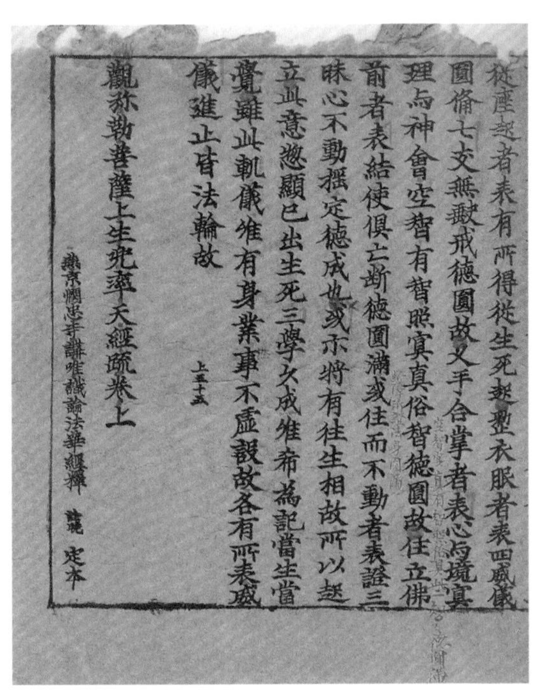
從座起者表有所得從生死起整衣服者表四威儀
圓脩七支無缺戒德圓故叉手合掌者表心与境冥
理与神會空智有智照冥真俗智德圓故住立佛
前者表結使俱亡斷德圓滿或住而不動者表證三
昧心不動搖定德成也或亦將有往生相故所以起
立此意總顯已出生死三學久成唯希爲記當生當
覺雖此軌儀唯有身業事不虛設故各有所表威
儀進止皆法輪故

上五十五

觀弥勒菩薩上生兜率天經疏卷上

燕京憫忠寺講唯識論法華經釋詮曉定本

图 4-14 《观弥勒菩萨上生兜率天经疏》芷兰斋藏，辽刻本。

图 4-15 木质法舍得塔和经卷，1989 年于庆州白塔内发现，木塔内藏雕版印刷陀罗尼经卷，此形制多样，彩绘华丽的小塔共 108 座。

八册。有文献记载，辽国除了刻印大部头的《契丹藏》外，还刻印过一部压缩了的《契丹藏》，称为小字本《契丹藏》。这部《大藏经》刻印完后，曾赠送高丽一部，当时高丽僧人密庵曾形容这部《大藏经》：“念慈大宝，来自异邦。帙简部轻，函未盈于二百；纸薄字密，册不满于一千，殆非人功所成，似借神七巧而就。”国家图书馆李致忠认为，天宫寺塔发现的这套佛经就是传说中的小字本《契丹藏》。《大佛顶》为现存唯一的一件有契丹文的印刷品。该佛经为蝴蝶装，半页 6 行，一行为契丹文，一行为对应的汉文。

位于内蒙古巴林右旗的辽释迦佛舍利塔，俗称辽庆州白塔。庆州城是辽国鼎盛时期的重要州城。释迦佛舍利塔是第三批国家重点文物保护单位。庆州在上京诸州中尤为富庶。

辽庆州白塔是一座造型玲珑秀美、八角七级、通高 73.27 米的砖木结构拱阁式塔。始建于重熙十六年 (1047) 二月，竣工于重熙十八年 (1049) 七月十五日。1989 年文物部门在对庆州白塔进行加固修缮过程中，在覆钵中相轮樘五室发现大批雕版印刷的陀罗尼咒及少量刻经，在覆钵内壁周围也发现一些散藏刻印的佛经，全部是汉文雕印的。

《观弥勒菩萨上生兜率天经疏》，卷轴装，存二卷。其中一卷长 435 厘米，为芷兰斋韦力收藏。第二卷《观弥勒菩萨上生兜率天经疏》长 381 厘米，纸张已入潢，质地较粗糙，与唐代生产的纸相似。此经卷为 2002 年由国家图书馆以 20 万元的价格从中国书店按照辽刻本购藏。但佛教学者方广撰文指出，此经卷从纸张、字体、格式、传本、总体风格乃至若干特征性表现看，与芷兰斋藏本完全不同，应当“与唐咸通九年（868）《金刚经》为同一时代”。

《金光明经卷》第四，卷轴装，每行16—17字，楷书麻纸入潢，印刷质量不太好，有脱墨漏印的地方。《大乘庄严宝王经六字大明陀罗尼》，每行27—30字不等，字径0.6厘米，楷书麻纸入潢，右为佛画，左为经咒，落款“上京僧录宣演大师赐紫沙门蕴圭施”。《佛说般若波罗蜜多心经》，卷轴装，每行14—16字，共4纸，楷书麻纸，为重熙庆州曲舜卿雕，卷尾有“庆州僧录宣演大师散施，曲舜卿雕”题记。《妙法莲华经》，卷轴装，共31纸，四周双线边框，内有金刚杵与莲花图案相间，转角为一法轮。此《妙法》经小字雕印，为开泰六年（1017）用印经纸印刷，共7卷28品，“后秦三藏法师鸠摩罗什奉诏译”。卷封贴以外粗内细双线框标签，题名《妙法莲华经卷第一》，并以彩色缥带相系，外包两层帙袱。卷尾有后记、续记两则，属前经后记体例。

这批面世的宝藏中数量最多的要数以下这两种佛经，其一是《佛形像中安置法舍利记》(集撰)，卷轴装，行字不等，多达107卷，经卷尺幅各异，纪年不同，刻印于不同地区，由不同的雕印工匠刻写。其二是《根本陀罗尼咒》(集撰)，卷轴装，麻纸，大字雕印，多达106卷，四周单线边框，框高8.4厘米，纸纵8.9厘米，单卷总长98厘米左右。

三、应县木塔中发现的辽国印刷品

山西应县(辽之应州)木塔建于辽清宁二年(1056)，是一座木结构佛塔，称佛宫寺释迦塔。1974年7月，在修缮佛塔时，在该塔四层主像(释迦牟尼像)腹内，发现了一批辽国的印刷品，是十分珍贵的辽国文物，也使人们看到品种丰富的辽国印刷品。从这些印刷品中，反映出辽国十分精良的刻印技艺。

从历史记载中可知，辽国印书不但品种多，而且数量大。可惜流传至

图4-16　山西应县木塔，原名佛宫寺释迦塔，建于1056年。

图4-17　应县木塔四层主像，为木架泥塑，1974年于此佛像内部发现辽国秘藏。

今者十分稀少。长期以来，许多学者甚至怀疑这些历史记载的真实性。直至山西应县木塔的发现，才揭开了辽国印刷之谜。山西应县木塔共发现各种印刷品61件，其中《契丹藏》12卷，其他佛经35件，书籍和杂刻8件，刻印敷彩佛像6件。可以说，这是印刷史上继敦煌藏经洞、西夏黑水城文献发现之后的又一重大发现。

（一）佛经印品

1.《契丹藏》

《契丹藏》又称《辽版大藏经》、《辽藏》，是辽政府印刷品的代表。从重熙初年兴宗开始敕令雕印，至道宗清宁九年(1063)完成，历时30余年。主持人为总秘大师、燕京圆福寺僧人觉苑(著有《大日经义释演秘钞》十卷)。

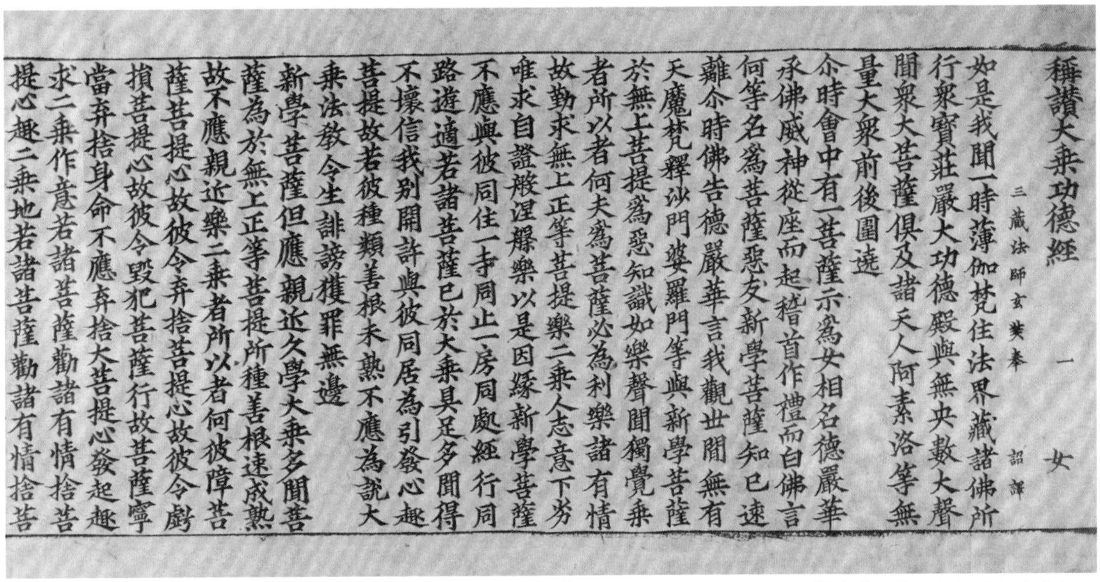

图4-18 《契丹藏·称赞大乘功德经》卷首，千字文排序“女”，是《契丹藏》中刻印最精致的一卷。印经用纸为麻纸，经过染潢防蠹处理。山西应县木塔宝藏。

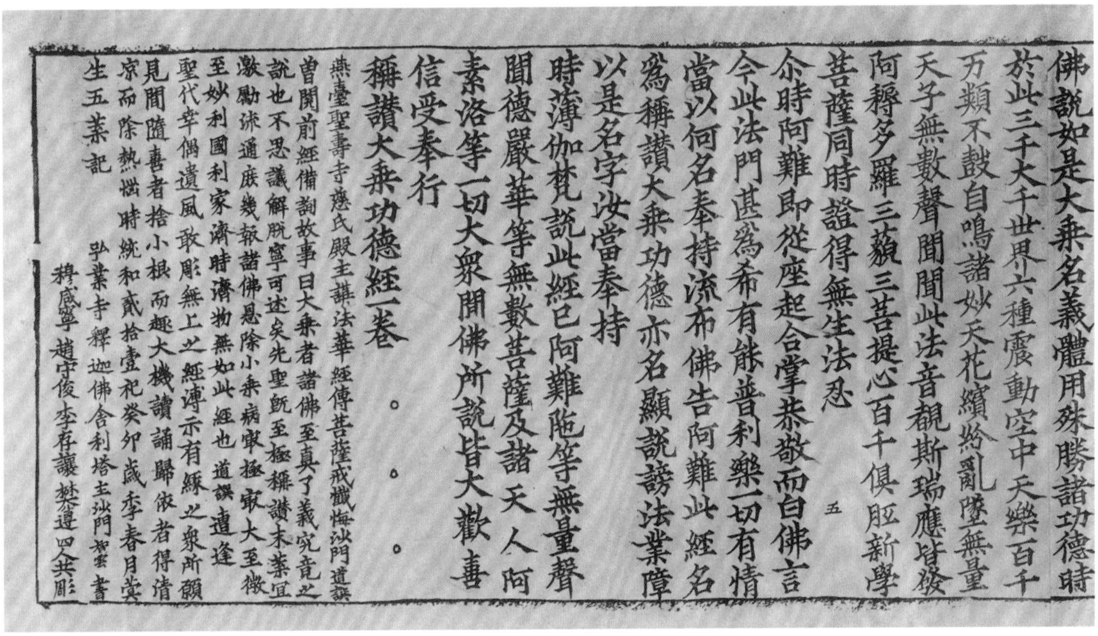

图4-19 《契丹藏·称赞大乘功德经》，这是该经卷末一版，经名后有题记。山西应县木塔宝藏。

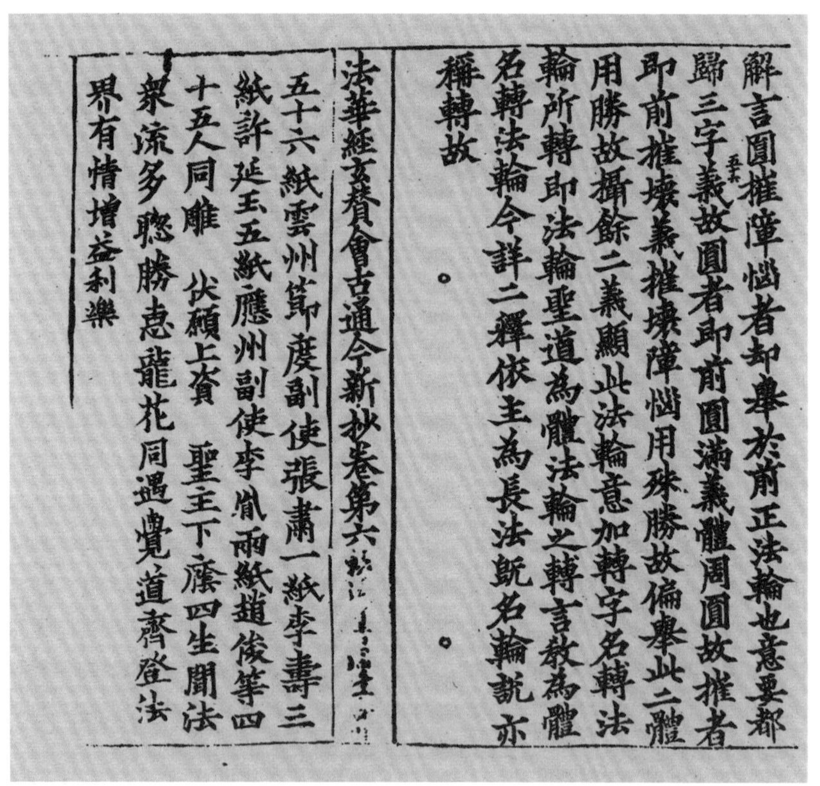
解言圓摧障惱者即舉於前正法輪也意要都
歸三字義故圓者即前圓滿義體周圓故摧者
即前摧壞義摧壞障惱用殊勝故偏舉此二體
用勝故攝餘二義顯此法輪意加轉字名轉法
輪所轉即法輪聖道為體法輪之轉言教為體
名轉法輪今詳二釋依主為長法既名輪訖亦
稱轉故
法華經玄贊會古通今新抄卷第六
五十六紙雲州節度副使張肅一紙李壽三
紙許延玉五紙應州副使李胤兩紙趙俊等四
十五人同雕　伏願上資　聖主下廕四生關法
衆流多聰勝慧龍花同遇覺道齊登法
界有情增益利樂

图 4-20 《法华经玄赞会古通今新抄卷第六之四十》，四周单线边框。山西应县木塔宝藏。

刻经的地点在燕京。

辽国是在圣宗太平二年即北宋仁宗乾兴元年(1022)得到宋朝赠送的《开宝藏》(天禧修订本)的。至兴宗朝，便命人搜集北方流传的写本佛经，由觉苑编纂经目(时称《太保大师入藏录》)，并开始雕藏。全藏总计579帙(据金代段子卿《大金国西京大华严寺重修薄伽藏经记》)。虽然也用千字文编帙号，但同一帙号内所收的经典与《开宝藏》有些出入。所收经典包括：《开元释教录略出》所录入藏经；《续开元释教录》所录入藏经；宋代新译经；新编入藏的中国佛教著作。其中，《大日经义释》(唐一行撰)、《往生集》(辽非浊撰)、《释教最上乘秘密藏陀罗尼集》(行琳撰)、《一切佛菩萨名集》(思孝撰)、《显密圆通成佛心要集》(道□撰)、《续一切经音义》(希麟撰)、《龙龛手鉴》(行均撰)等均为北方流传的特有的佛教著作。

《契丹藏》以及其他成卷的佛经，卷首大多数都配有精美的插图。有的插图场面宏大，人物众多，构图严密，刻版精良，刀法娴熟，表现了高超的刻版技艺。由于北宋前期的佛经插图多未能流传下来，应县木塔出土的这批辽国佛经插图更显珍贵，它代表了中国古代继唐、五代后，插图刻印技艺的新高度。

2.《妙法莲华经》

《妙法莲华经》在面世的辽国雕版印刷品中所占比例最大，总计18卷，虽然同号重复卷很多，但版本迥异，18卷18种版本，官版、私版都有。版式大多是硬黄纸，楷书，行格疏朗，有素雅单线边框的；有装饰着金刚

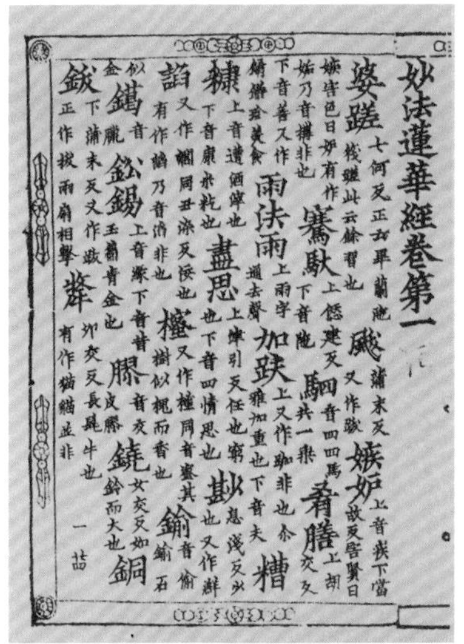

妙法蓮華經卷第一

图 4-21 《妙法莲华经卷第一》甲之十五，原大书影。山西应县木塔宝藏。

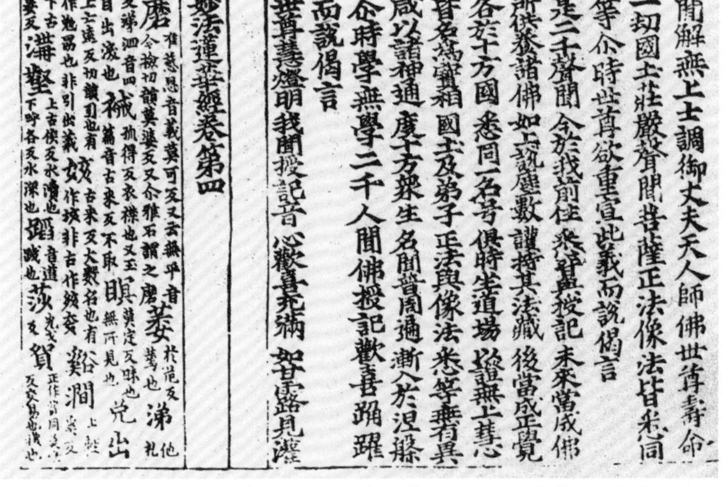

聞解無上士調御丈夫天人師佛世尊壽命
一劫國土莊嚴聲聞菩薩正法像法皆悉同
等爾時世尊欲重宣此義而說偈言
是二千聲聞 今於我前住 悉皆與授記 未來當成佛
所供養諸佛 如上說塵數 護持其法藏 後當成正覺
各於十方國 悉同一名號 俱時坐道場 以證無上慧
皆名為寶相 國土及弟子 正法與像法 悉等無有異
咸以諸神通 度十方衆生 名聞普周遍 漸入於涅槃
爾時學無學二千人聞佛授記歡喜踊躍
而說偈言
世尊慧燈明 我聞授記音 心歡喜充滿 如甘露見灌

妙法蓮華經卷第四

图 4-22 《妙法莲华经卷第四》，此经卷与左图同名，经卷为不同版本。此版版框为单线，没有花饰。卷首画左下角记樊绍筠雕。山西应县木塔宝藏。

图 4-23 《妙法莲华经卷第八》卷首插图。版面宏大，构图严谨，人物生动，表现了高超的刻版技艺。山西应县木塔宝藏。

图 4-24 《妙法莲华经化城喻品》第七，第四卷卷首插图。版框用花形图案装饰，经名下有小佛像，体现了辽国独特的版式风格。山西应县木塔宝藏。

杵和祥云纹双线边框的；有双线边框中饰以金刚杵和宝珠纹的；有在佛像或经名下刻着结跏趺坐小佛像的；有的卷首有经变相；有的卷尾有音义、题记、刻工姓名；还有经卷上盖有藏经寺院的戳记等等，内涵十分丰富。“燕京檀州街显忠坊门南颊住冯家印造”的《妙法莲华经卷第四》，是一件很有特色的卷轴装，刻印十分精良。在卷末的题记跋文中，提供了如下信息：写版者庞可升，雕版者孙寿益、赵从业、赵从善。刻经卷刻印年代为辽太平五年（1025）。出资刻印者为“国子祭酒兼监察御史冯绍文”。由此可知，冯家并不是一家刻印作坊，而是此经卷的出资委托人，刻版及印刷均为专业的技工。

3.《上生经疏科文一卷》及其他佛经印品

最著名的燕京私家印刷品是《上生经疏科文一卷》。《上生经疏科文一卷》为卷轴装，卷末有刻印者和刻印年代，即“时统和八年岁次庚寅八月癸卯朔十五日戊午故记，燕京仰山寺前杨家印造”。统和八年（990）是燕京有年款印刷品中年代最早的一件。这说明燕京印刷业的起源，应不晚于这个年代。这件印刷品，版式复杂，由一系列连线组成，刻工精良，印刷墨色匀称，体现了燕京民间印刷的高超水平。

在辽燕京刻本《佛说八师经一卷》末，刻有“李韩氏奉为亡夫应梦雕施，大昊天寺福慧楼下成造”字样。可以证明此经卷是由李韩氏出资，委托成姓作坊刻印的。

《释摩诃衍论通赞疏卷第十》、《释摩诃衍论通赞疏科卷下》，此两卷都是燕台永泰寺崇禄大夫守司徒通慧大师赐紫沙门守臻的著述。守臻是兴宗、道宗时期位列三公的高僧。两卷均为皮纸入潢、卷轴装，每纸28行，每行18字，四周单线边框，楷书，字体工整秀丽。其中“亿、光、明、贤、真”均缺笔避讳，每纸都有经名和版码。前者钤有“应州文书”，后者钤有“宣赐燕京”朱印。两卷均用纸考究，书写隽秀，雕印精良，代表了辽国鼎盛

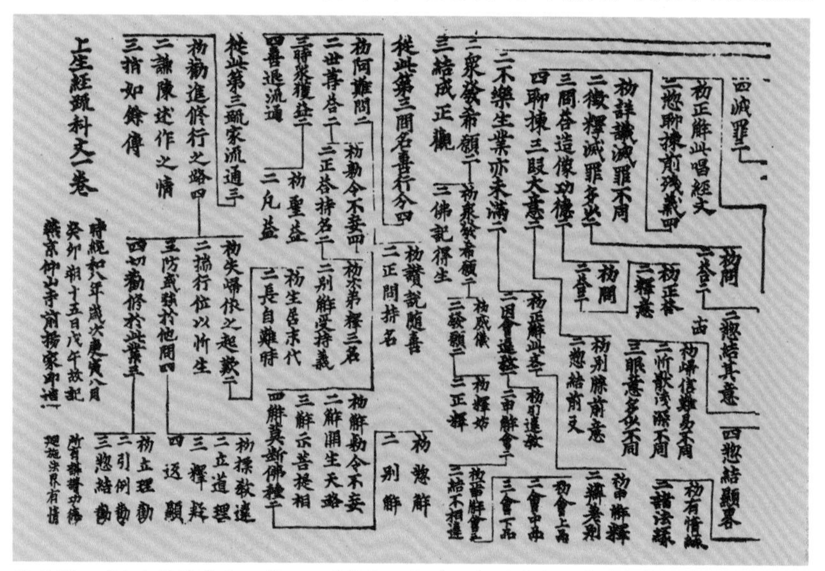

图4-25 《上生经疏科文一卷》，辽统和八年（990）燕京仰山寺前杨家印造，是有年代记载的燕京最早的刻本。山西应县木塔宝藏。

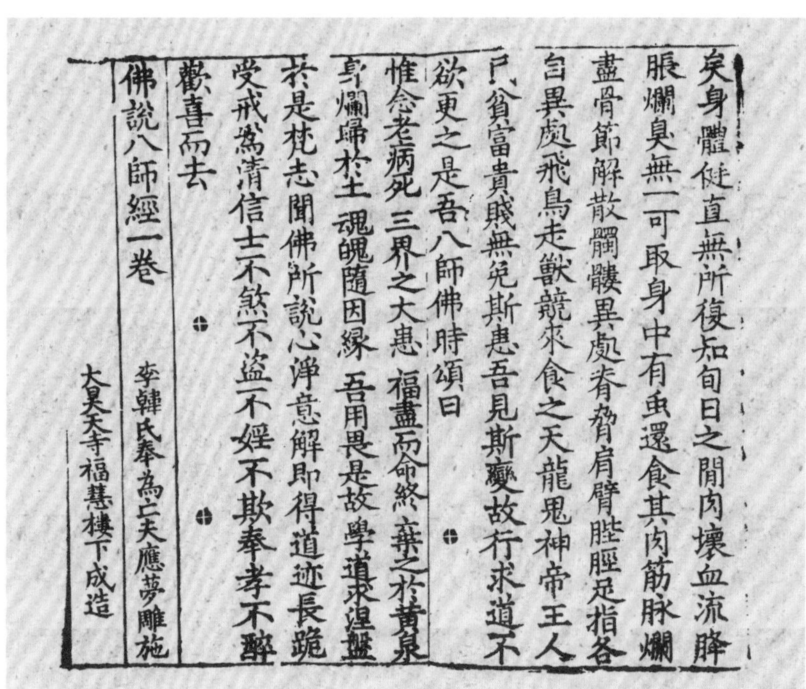

矣身體徒直無所復知旬日之間肉壞血流膖
脹爛臭無一可取身中有虫還食其肉筋脉爛
盡骨節解散髑髏異處脊脅肩臂髀脛足指各
自異處飛鳥走獸競來食之天龍鬼神帝王人
民貧富貴賤無免斯患吾見斯變故行求道不
欲更之是吾八師佛時頌曰
惟念老病死　三界之大患　福盡而命終　棄之於黃泉
身爛歸於土　魂魄隨因緣　吾用畏是故　學道求涅槃
於是梵志聞佛所說心淨意解即得道迹長跪
受戒爲清信士不煞不盜不婬不欺奉孝不醉
歡喜而去
佛說八師經一卷　李韓氏奉爲亡夫應夢雕施
大昊天寺福慧樓下成造

图 4-26 《佛说八师经一卷》之五，每纸均刻有版码，四周单线边框。山西应县木塔宝藏。

时期在造纸、书法、刻本印刷等方面的工艺发展水平。两经卷尾题记均为："咸雍七年十月　日。燕京弘法寺奉宣校勘雕印流通。殿主讲经觉慧大德臣沙门行安勾当。都勾当讲经诠法大德臣沙门方矩校勘。右街天王寺讲经论文英大德赐紫沙门志延校勘。印经院判官朝散郎守太子中舍骁骑尉赐绯鱼袋臣韩资睦提点。"由此可知燕京弘法寺在辽国是"奉宣校勘、雕印、流通"佛经之所，并有"印经院判官"提点，所印佛经自然是辽国官刻印刷品的精品。

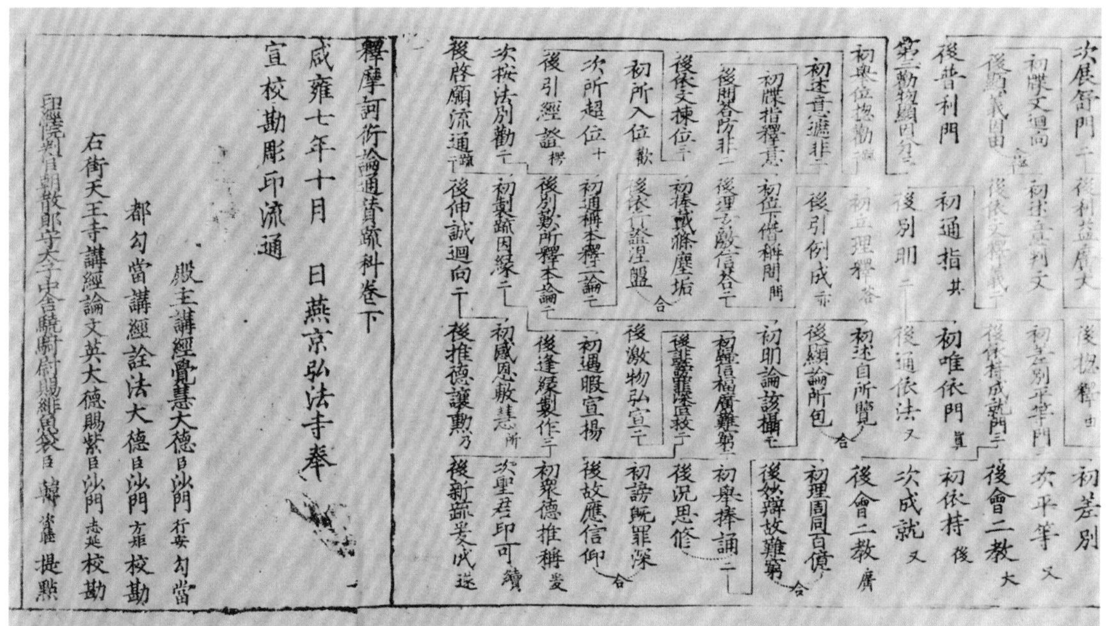

釋摩訶衍論通贊疏科卷下
咸雍七年十月　日燕京弘法寺奉
宣校勘彫印流通
殿主講經覺慧大德臣沙門行安勾當
都勾當講經詮法大德臣沙門方矩校勘
右街天王寺講經論文英大德賜紫臣沙門志延校勘
印經院判官朝散郎守太子中舍驍騎尉賜緋魚袋臣韓資睦提點

图 4-27 《释摩诃衍论通赞疏科卷下》，辽咸雍七年（1071）燕京弘法寺刻印，为辽政府印经院组织刻印的佛经。山西应县木塔宝藏。

（二） 杂刻印品

1.《蒙求》

在应县木塔中，还有辽刻本《蒙求》一书，是唯一一部佛教以外的印刷书籍，属于古代儿童启蒙读物。唐代李翰编撰。书中有大量的历史人物和故事，采用对偶押韵的句子，每句四字，上下两句成对，每句有一历史人物。

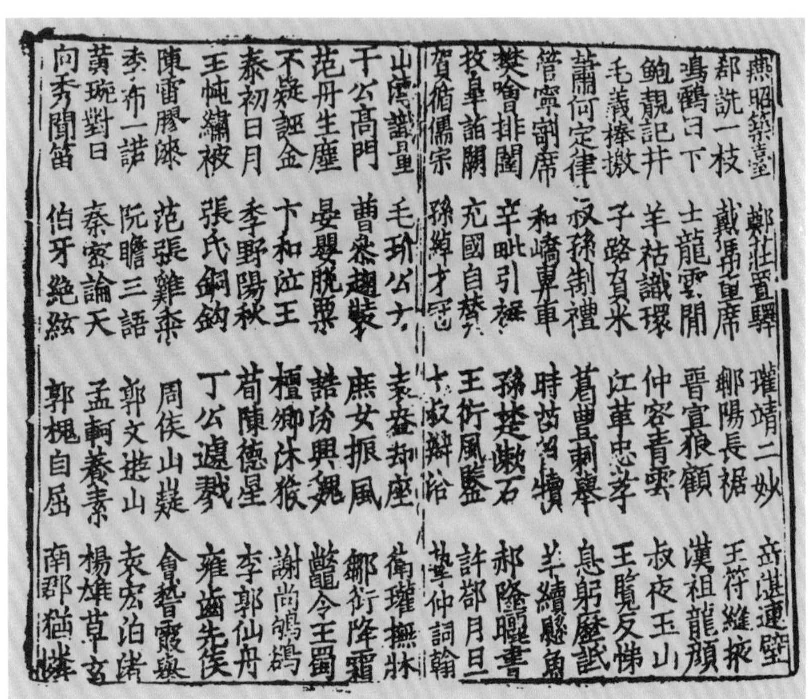
燕昭築臺 鄭莊置驛 瓘靖二妙 岳湛連璧
郗詵一枝 戴馮重席 鄒陽長裾 王符縫掖
鳴鶴日下 士龍雲間 晉宣狼顧 漢祖龍顏
鮑靚記井 羊祜識環 仲容青雲 叔夜玉山
毛義捧檄 子路負米 江革忠孝 王覽友悌
蕭何定律 叔孫制禮 葛豐刺舉 息躬歷詆
管寧割席 和嶠專車 時苗留犢 羊續懸魚
樊噲排闥 辛毗引裾 孫楚漱石 郝隆曬書
枚皋詣闕 充國自贊 王衍風鑒 許劭月旦
賀循儒宗 孫綽才冠 太叔辯洽 摯仲詞翰
山濤識量 毛玠公方 袁盎卻坐 衛瓘撫床
于公高門 曹參趣裝 庶女振風 鄒衍降霜
范冉生塵 晏嬰脫粟 詰汾興魏 鼈令王蜀
不疑誣金 卞和泣玉 檀卿沐猴 謝尚鴝鵒
泰初日月 季野陽秋 荀陳德星 李郭仙舟
王忳繡被 張氏銅鉤 丁公遽戮 雍齒先侯
陳雷膠漆 范張雞黍 周侯山嶷 會稽霞舉
季布一諾 阮瞻三語 郭文遊山 袁宏泊渚
黃琬對日 秦宓論天 孟軻養素 揚雄草玄
向秀聞笛 伯牙絕絃 郭槐自屈 南郡猶憐

图 4-28 《蒙求》，辽刻本儿童启蒙读物，蝴蝶装，版框尺寸 20.4 厘米 ×25.8 厘米。山西应县木塔宝藏。

由于它适合教育儿童识字，历来受到重视。此书中“明”、“真”、“镇”、“慎”等字缺笔避讳，证明其刻印时代当在辽兴宗耶律宗真时期（1031—1055）或稍后一些。此书的写、刻都不如同期的佛经水平，显然出自民间小书坊所刻印，但印刷还算清晰。《蒙求》一书的版式为蝴蝶装，上下单边，左右双边，中缝所留空隙较小。

2. 书单目录

在应县木塔的印刷品中，有一页刻印的书单目录，为“燕台大悯忠寺常住院内新雕诸杂赞”书目。该页排列大悯忠寺所刻各种佛教类图书 65 种。四周文武双边，呈蝴蝶装版式，有版心（中缝），细线黑口。此单页可能是装在一种或几种书的后面，起着刻书坊的宣传广告作用，也可能用于单独散发。其刻印年代约在辽咸雍年间（1065—1074）。它是现存最早的书籍广告印刷品。燕京大悯忠寺就是现在北京宣武门外菜市口南的法源寺，自唐代以来，就是有名的寺院。大悯忠寺有一个刻印作坊，常年从事各种佛经和书籍的刻印，属于经营性质。通过这种广告宣传，能扩大自己所印书籍的销量，获得一定的利益。

图 4-30　《玉泉寺菩萨戒坛所牒封》，封套形，有扁书条印，押署。山西应县木塔宝藏。

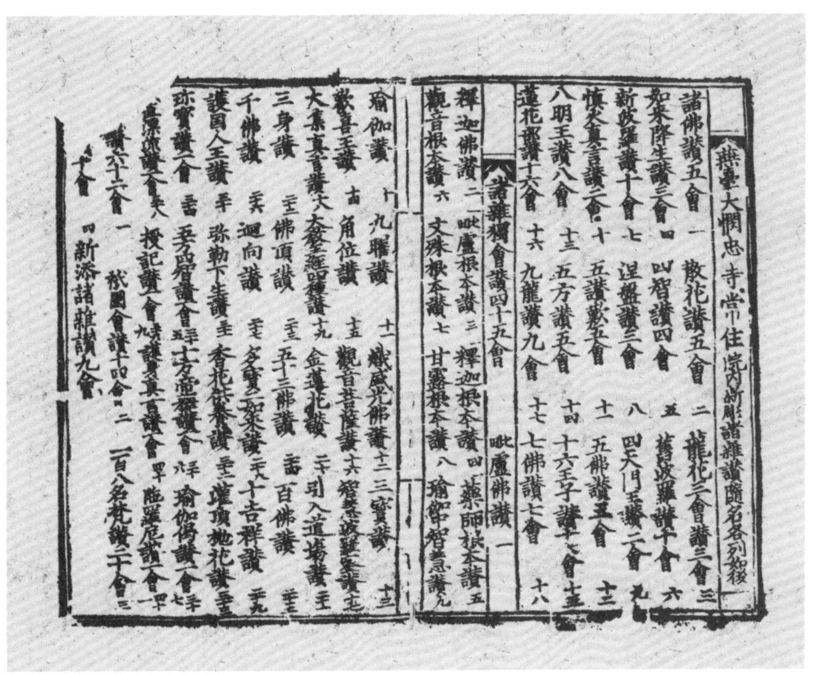

燕京大憫忠寺常住院內新雕諸雜讚隨名各列如後

諸佛讚五會　一　散花讚五會　二　龍花三會讚三會　三

图 4-29　《新雕诸杂赞书名》，这是一页历史上最早的印本书籍广告，为燕京大悯忠寺书坊的刻书目录。版式为蝴蝶装。山西应县木塔宝藏。

3. 残牒及牒封

《玉泉寺菩萨戒坛所牒》和《玉泉寺菩萨戒坛所牒封》及另一套残牒及牒封，此三件均为应县木塔所出。这是迄今为止存世最早的木版雕印戒牒实物，是宝贵的佛教文物，对研究中国度僧制度有重要价值。戒牒为一张纵36厘米、横37.8厘米的完整白麻纸，上为版刻墨印戒牒。四周单线边框。首题“菩萨戒坛所牒”；第二行为“受菩萨戒弟子”；三至十一行为骈体牒文。

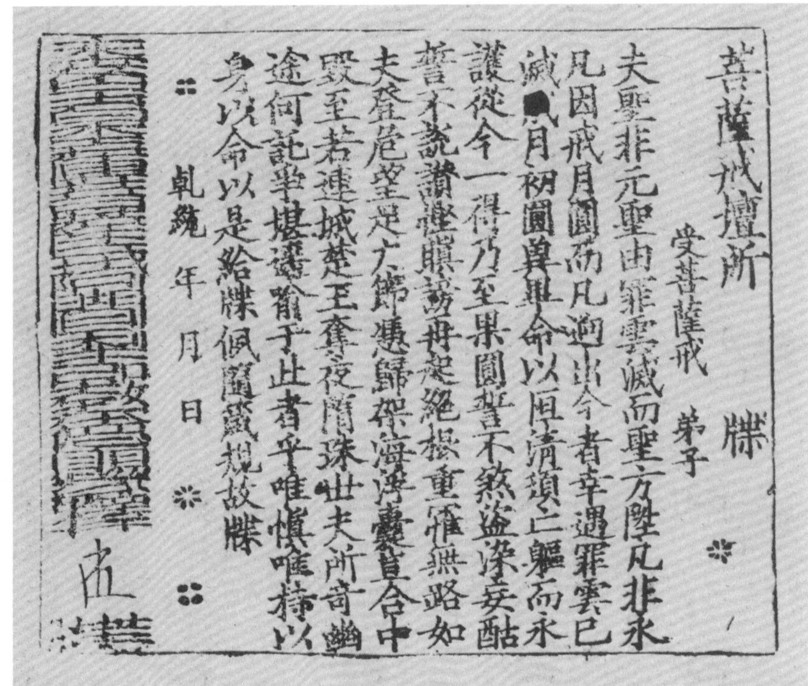

菩薩戒壇所　牒
受菩薩戒　弟子
夫聖非元聖由罪雲滅而聖方陞凡非永
凡因戒月圓而凡迴出今者幸遇罪雲已
滅▇月初圓冀畢命以厚清頭亡軀而永
護從今一得乃至果圓誓不煞盜淫妄酤
乾統　年　月　日

图 4-31　《玉泉寺菩萨戒坛所牒》，麻纸，略呈方形。山西应县木塔宝藏。

牒文后落款为“干统　年　月　日”，最后为扁书宋体条记“永安山玉泉寺传菩萨戒阿□梨弘教大德赐紫释省牒”。

牒封为长35.2厘米、宽5.4厘米的麻纸封套，上下开口，俗称筒子封。正面无文字，背面封合处，盖有扁书宋体“永安山玉泉寺传菩萨戒阿□梨弘教大德赐紫释牒封”条印。另一套虽年代、传戒寺院、牒文内容完全不同，但总的形制是相同的，都是菩萨戒坛所牒和牒封，版刻墨印、字体、边框，所盖条印都极像。均为辽末代皇帝耶律延禧年间所印，一定程度上反映了辽国末期的印刷水平。

4.《讲经启》

《讲经启》即请帖。长31.4厘米，宽14.5厘米，麻纸。版面残缺较重，仅存“五台山松子欲下水院讲经律论沙门崇□”、“大康　年　月　日”、“报人”、“僧果”等字。可知，此印品为五台山下水院沙门崇□讲经的通知单。此单空白处未经填写，说明尚未使用。这里的五台山指今天河北省蔚县境内的小五台山。

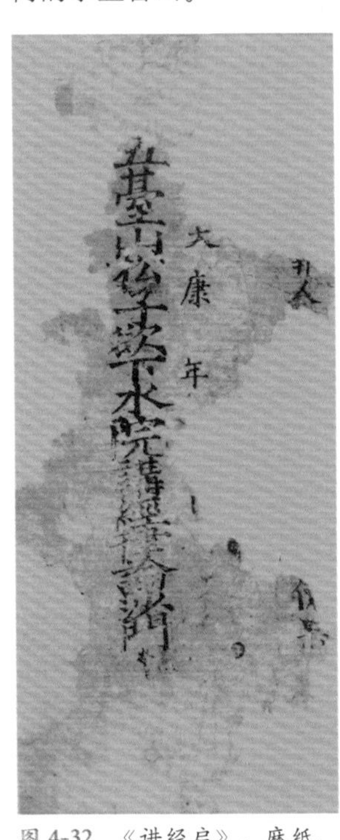

图4-32　《讲经启》，麻纸，长方形贴。山西应县木塔宝藏。

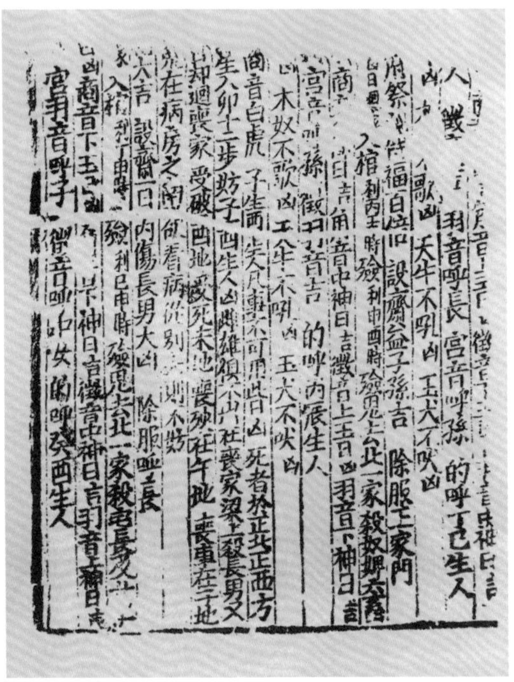

图4-33　《卜筮书》残页，麻纸，原为蝴蝶装。山西应县木塔宝藏。

5.《卜筮书》残页

《卜筮书》残页长17.2厘米，宽14.5厘米。辽国的文学作品，迄今尚未有发现流传于世。据《辽史》记载，《百中歌》是一部以诗歌形式写成的卜筮书。辽人王白就著有《百中经歌》。从此《卜筮书》残页来看，原书应为蝴蝶装，共16行，有行格及单线边框。很有可能就是传说中的《百中歌》中的某一页。③

（三）印刷敷彩佛像

在应县木塔的发现中，最具特色的是几幅大型单幅敷彩印刷佛画。其中《药师琉璃光佛说法图》两幅，《炽盛光佛降九曜星官房宿相》一幅，还有三幅《南无释迦牟尼佛》，都属于大型佛教版画。

《炽盛光佛降九曜星官房宿相》，长94.6厘米，宽50厘米，皮纸条幅。其印制工艺应是先印刷画面的黑色轮廓，再用手工涂设色彩，设色简单，

图4-34 《炽盛光佛降九曜星官房宿相》，辽燕京印刷敷彩佛像，先印画面的黑白轮廓，再用手工涂染色彩。是一种大型供养挂图。山西应县木塔宝藏。

图 4-35 《药师琉璃光佛说法图》，辽燕京印刷敷彩佛像，先印刷黑白轮廓，再以手工涂染色彩。

图 4-36 《南无释迦牟尼佛》，共存三幅。辽国燕京用夹缬印染红色，再用蓝、黄两色套印，最后用手工勾描黑线条。

勾勒有法，使人物自有体姿，各具神情。三界结构整齐，人物布置得当，烘托出炽盛光佛的威德。在天界相接处，作者将二十八个星宿分四组想象成为天蝎、朱雀、巨蟹、金牛四种美术形象，将二界十分巧妙地连接起来。此画为目前世存中国古代木刻着色立幅中时代最早、幅面最大、刻印最精的版画。

《药师琉璃光佛说法图》两幅，皮纸条幅。两幅佛画纸张尺寸略有不同，但其线条部分，包括题字及人物细节完全一致。线条遒劲圆润，顿挫有方，反映了雕刻者挥刀自如的高超技艺。全幅画面黑色线条均为一次印刷，然后再用朱砂和石绿两色填染而成。

存世的三幅《南无释迦牟尼佛》弥足珍贵。均为绢地，幅面较大，长66厘米，宽61.5厘米。画面为释迦扶膝端坐于莲台，披红色佛衣，头部光圈内红外蓝。顶部华盖饰宝相花，帛幔下垂，华盖两旁饰以天草，其外印有“南无释迦牟尼佛”七字，文字左正右反，佛前有比丘、比丘尼及男女居士四众，合十肃立于下两角。另有供养人合十肃立，头有钗饰。两个化生童子，身绕祥云。整个画面结构繁复，布局紧凑。其印制工序繁复，采用了染、印、绘相结合的工艺。先用夹缬印染出红色，再用两块雕版套印出蓝、黄两色，最后用墨笔勾描面部五官。织物印刷最早见于湖南长沙马王堆西汉墓出土的漏印敷彩纱。此种辽国的大型丝绢三色彩印品，在我国首次发现，在印刷、印染史上有着重要的科学研究价值。

四、辽国书籍印刷的装帧艺术

辽国书籍的装订形式主要是卷轴装和蝴蝶装。大部头的《契丹藏》及《妙法莲华经》等单卷佛经都用卷轴装。有的卷轴展开有20多米，装潢十分考究，体现了熟练的装帧技术。《辽文汇》卷八《妙行大师行状碑》形容《契丹藏》的装帧：“先如法造经……白檀木为轴，新罗纸为缥，云锦为囊，绮绣为巾帜，轻霞为条。”于此可见《契丹藏》的卷轴装装潢十分考究。缥带为丝织，卷成一卷后，贴上印好的书签。《契丹藏》刻版字体秀丽、书法遒劲、行款疏朗、大字悦目，确为精工细作。

图4-37 《大法炬陀罗尼经卷第十三》属《契丹藏》千字文顺号“靡”，卷首版画为灵山说法情景。经背每纸有长方形双边阳文楷书“神坡云泉院藏经记”朱印。山西应县木塔宝藏。

图4-38 《中阿含经第三十六》卷首扉画佛说法图。山西应县木塔宝藏。

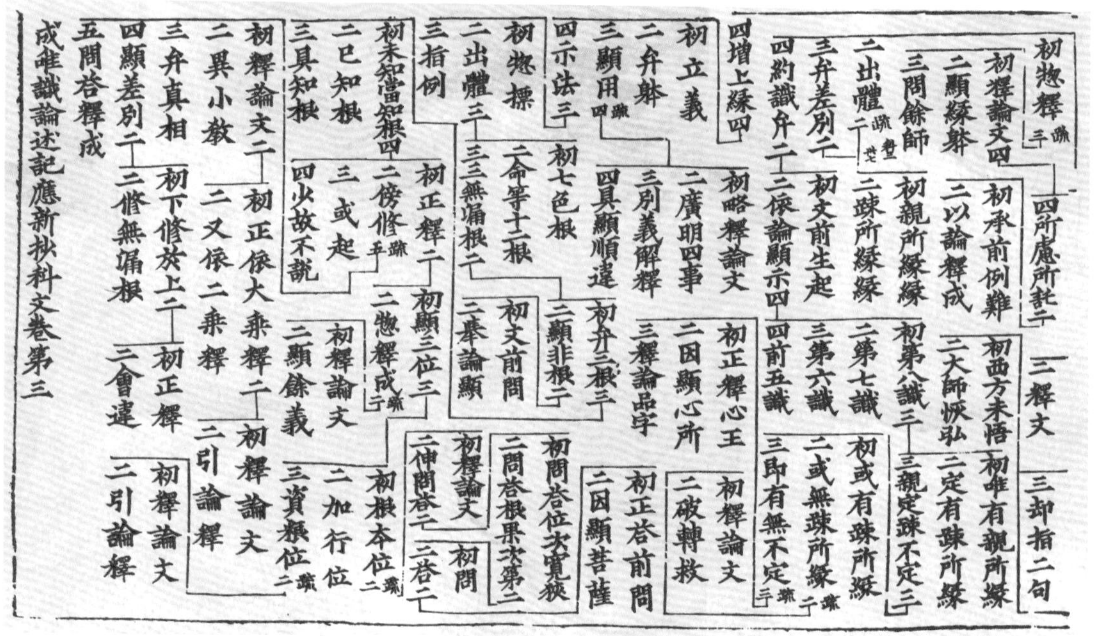

初揔釋三
初釋論文四
二顯緣躰
三問餘師
二出體二
三弁差別二
四約識弁二
四增上緣四
初立義
二弁躰
三顯用四
四示法三
初揔標
二出體三
三指例
初未知當知根四
二已知根
三具知根
初釋論文二
二異小教
三弁真相
四顯差別二
五問荅釋成
成唯識論述記應新抄科文卷第三

四所處所詮二
初承前例難
二以論釋成
初親所緣緣
二踈所緣緣
初文前生起
二依論顯示四
初略釋論文
二廣明四事
三別義解釋
四具顯順違
初七色根
二命等十二根
三三無漏根二
初正釋二
二傍修
三或起
四少故不説
初正依大乘釋二
二又依二乘釋
初下修於上二
二修無漏根

三釋文
初西方未悟
二大師恢弘
初第八識三
二第七識
三第六識
四前五識
初正釋心王
二因顯心所
三釋論品字
初弁三根三
二顯非根二
初文前問
二舉論顯
初顯三位三
二揔釋成二
初釋論文
二顯餘義
初釋論文
二引論釋
初正釋
二會違

三却指二句
初唯有親所緣
二定有踈所緣
三親定踈不定三
初或有踈所緣
二或無踈所緣二
三即有無不定二
初釋論文
二破轉救
初正荅前問
二因顯菩薩
初問荅位次寬狹
二問荅根果次第二
初釋論文
二伸問荅二
初問
二荅二
初根本位二
二加行位
三資糧位二
初釋論文
二引論釋

图4-39《成唯识论述记应新抄科文卷第三》，细皮纸入潢。本卷许多页面都雕有施资人姓名及所施纸数。山西应县木塔宝藏。

辽刻卷轴装的版式也比较特殊，除了常用的上下单边外，往往还有卷末经名和注释，其跋文之间，有竖向线条隔开。最有辽版特色的是在经名行下部刻有小佛像，例如《妙法莲华经卷第四》、《妙法莲华经化城喻品第七》、《妙法莲华经卷第三》等，都能看到这种装饰性的小佛像。另外四周有花边装饰的卷轴装经卷，也只在辽国印本中才开始看到。这种花边，内为细线，外为文武双线，两线之间刻有金刚杵、宝珠及祥云等纹饰。金刚杵原为古印度的一种兵器，佛教密宗也用此器表示摧毁魔敌的法器。佛经中刻印这种纹饰有配合经文增强消灾祈福的作用，也为以后图书版面的装饰开创了先例。在《契丹藏》各经卷之末，刻印有本经中出现的生僻词语注释。有字词的切音和解释，有利于读经时查阅。

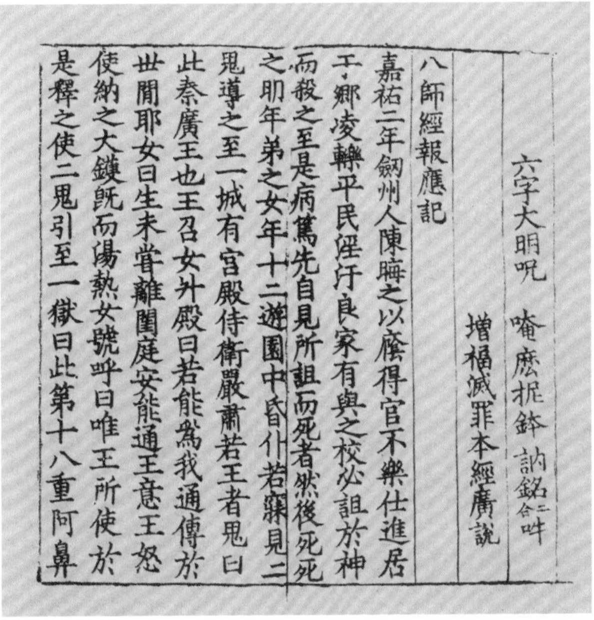

六字大明呪 唵麽抳鉢訥銘(合二)吽
增福滅罪本經廣說
八師經報應記
嘉祐二年劒州人陳晦之以蔭得官不樂仕進居
于鄉凌轢平民淫汙良家有與之校必詛於神
而殺之至是病篤先自見所詛而死者然後死死
之明年弟之女年十二遊園中昏仆若寐見二
鬼導之至一城有宮殿侍衛嚴肅若王者鬼曰
此秦廣王也王召女升殿曰若能為我通傳於
世間耶女曰生未嘗離閨庭安能通王意王怒
使納之大鑊既而湯熱女號呼曰唯王所使於
是釋之使二鬼引至一獄曰此第十八重阿鼻

图 4-40 《八师经报应记》，四周单线边框。山西应县木塔宝藏。

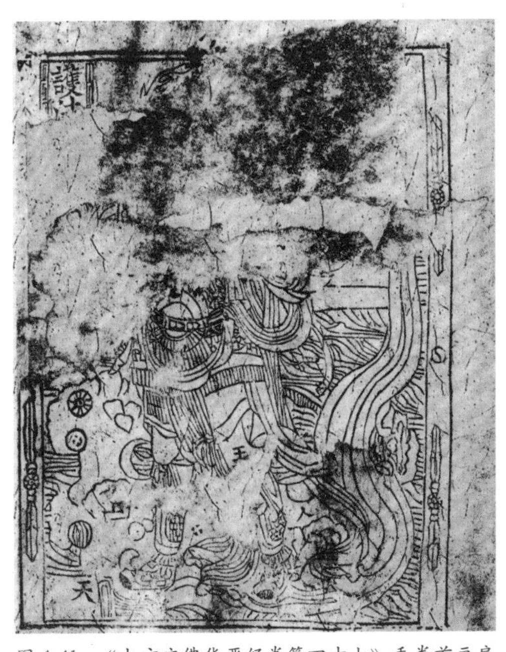

图 4-41 《大方广佛华严经卷第四十七》垂卷首画扉页版画。边框双栏，左右框内绘有金刚杵及宝珠纹饰，成对称性图案。山西应县木塔宝藏。

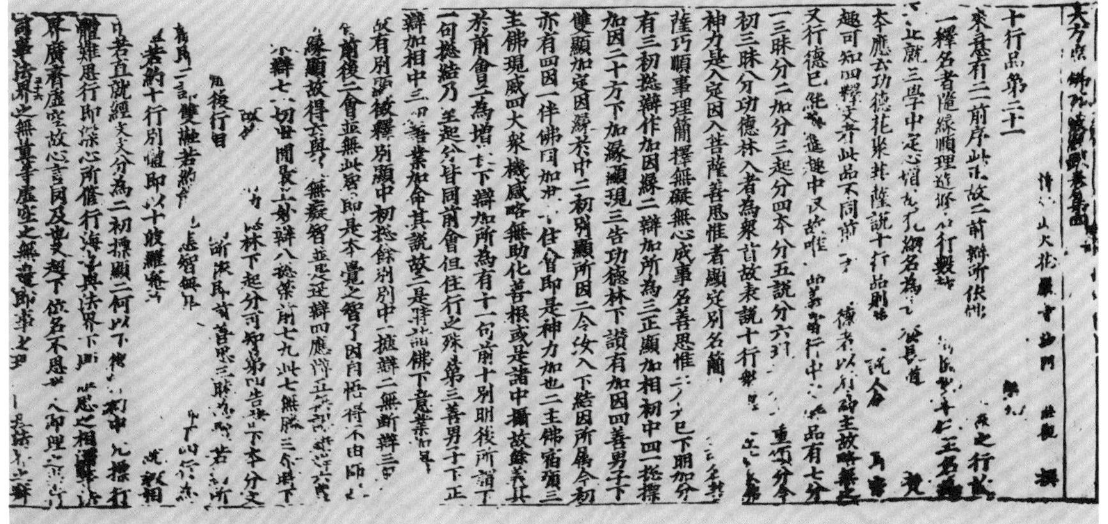

图 4-42 《大方广佛华严经疏卷第四下》之一，四周单线边框。山西应县木塔宝藏。

辽国刻本的装帧除卷轴装外，蝴蝶装占有很大比例，不但有佛经，也有一般图书。最有特点的辽刻蝴蝶装版式是《燕台大悯忠寺诸杂赞》一页，每半页 10 行，四周双边，版心中缝无鱼尾，上下有横隔线，书口有细线，首行有界线，上部有鱼尾，鱼尾下为标题文。第 8 行的左右又有界线，上部也有鱼尾，下刻书名。这里的鱼尾和一般在版心出现的鱼尾功能似有不同，它具有装饰和提示标题的作用，这在宋版书中很少看到。《上生经疏科文一卷》在版式上也有独到之处，全篇采用连线形式来疏解经文，是宋元时代唯一所见的版式。

《蒙求》一书也为蝴蝶装，版框高 20.4 厘米，宽 25.8 厘米。上下单边，左右双边。这种版式与当时北宋图书的版式相同。但中缝留空较小，内刻页码。版内四字一句，每句之间留有空格，每行四句 16 字。全书分上、中、下三卷，各卷之间不另页，“蒙求卷上、蒙求卷中”等字共占一行。书末刻有按韵排列的生字表，用切音或同音字标音，这和当时有的佛经习惯相同。

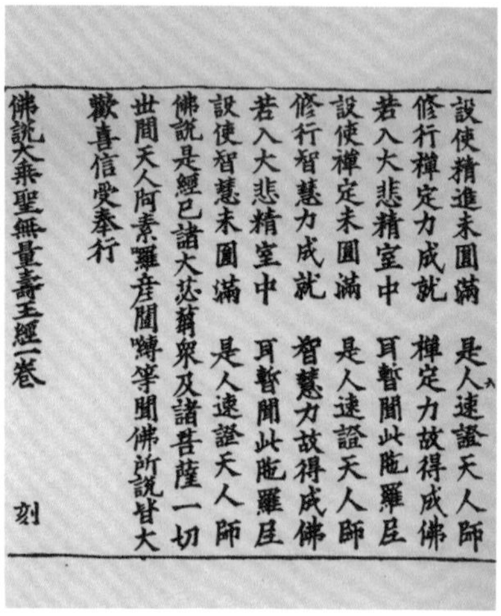
設使精進未圓滿　是人速證天人師
修行禪定力成就　禪定力故得成佛
若入大悲精室中　耳暫聞此陁羅尼
設使禪定未圓滿　是人速證天人師
修行智慧力成就　智慧力故得成佛
若入大悲精室中　耳暫聞此陁羅尼
設使智慧未圓滿　是人速證天人師
佛說是經已諸大苾蒭衆及諸菩薩一切
世間天人阿素羅彥闥嚩等聞佛所說皆大
歡喜信受奉行
佛說大乘聖無量壽王經一卷　刻

图 4-43 《佛说大乘圣无量寿王经一卷》，皮纸，卷轴装。山西应县木塔宝藏。

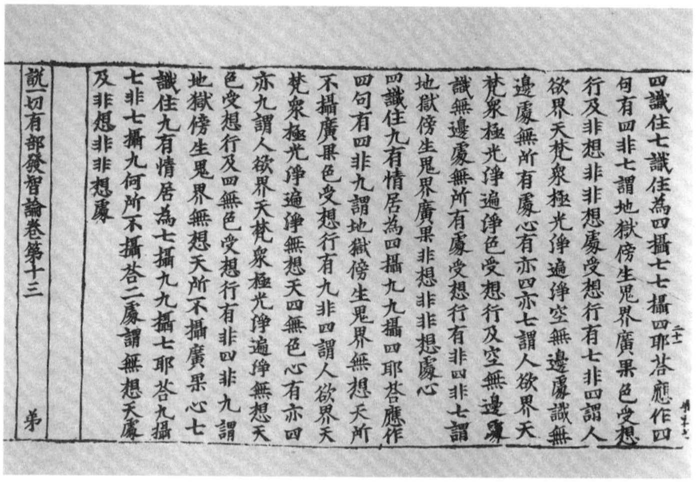
四識住七識住為四攝七七攝四耶荅應作四
句有四非七謂地獄傍生鬼界廣果色受想
行及非想非非想處受想行有七非四謂人
欲界天梵衆極光淨遍淨空無邊處識無
邊處無所有處心有亦四亦七謂人欲界天
梵衆極光淨遍淨色受想行及空無邊處
識無邊處無所有處受想行有非四非七謂
地獄傍生鬼界廣果非想非非想處心
四識住九有情居為四攝九九攝四耶荅應作
四句有四非九謂地獄傍生鬼界無想天所
不攝廣果色受想行有九非四謂人欲界天
梵衆極光淨遍淨無想天四無色心有亦四
亦九謂人欲界天梵衆極光淨遍淨無想天
色受想行及四無色受想行有非四非九謂
地獄傍生鬼界無想天所不攝廣果心七
識住九有情居為七攝九九攝七耶荅九攝
七非七攝九何所不攝荅二處謂無想天處
及非想非非想處
說一切有部發智論卷第十三　弟

图 4-44 《说一切有部发智论卷第十三》尾，每纸均刻版码及弟子号，四周单线边框。山西应县木塔宝藏。

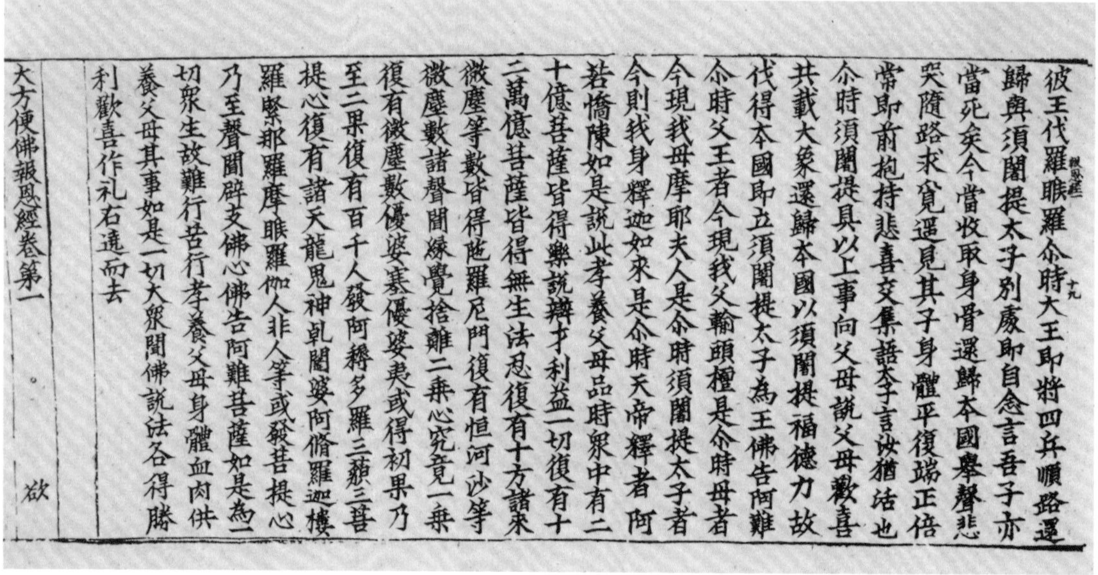
彼王代羅睺羅尒時大王即將四兵順路還
歸與須闍提太子別處即自念言吾子亦
當死矣今當收取身骨還歸本國舉聲悲
哭隨路求覓還見其子身體平復端正倍
常即前抱持悲喜交集語太子言汝猶活也
尒時須闍提具以上事向父母說父母歡喜
共載大象還歸本國以須闍提福德力故
代得本國即立須闍提太子為王佛告阿難
尒時父王者今現我父輸頭檀是尒時母者
今現我母摩耶夫人是尒時須闍提太子者
今則我身釋迦如來是尒時天帝釋者阿
若憍陳如是說此孝養父母品時衆中有二
十億菩薩皆得樂說辯才利益一切復有十
二萬億菩薩皆得無生法忍復有十方諸來
微塵等數皆得陁羅尼門復有恒河沙等
微塵數諸聲聞緣覺捨離二乘心究竟一乘
復有微塵數優婆塞優婆夷或得初果乃
至二果復有百千人發阿耨多羅三藐三菩
提心復有諸天龍鬼神乾闥婆阿脩羅迦樓
羅緊那羅摩睺羅伽人非人等或發菩提心
乃至聲聞辟支佛心佛告阿難菩薩如是為一
切衆生故難行苦行孝養父母身體血肉供
養父母其事如是一切大衆聞佛說法各得勝
利歡喜作禮右遶而去
大方便佛報恩經卷第一　欲

图 4-45 《大方便佛报恩经卷第一》，每纸均刻有小字“报恩经”、版码及“欲字号”，四周单线边框。山西应县木塔宝藏。

图 4-46 经折装《妙法莲华经》函套。

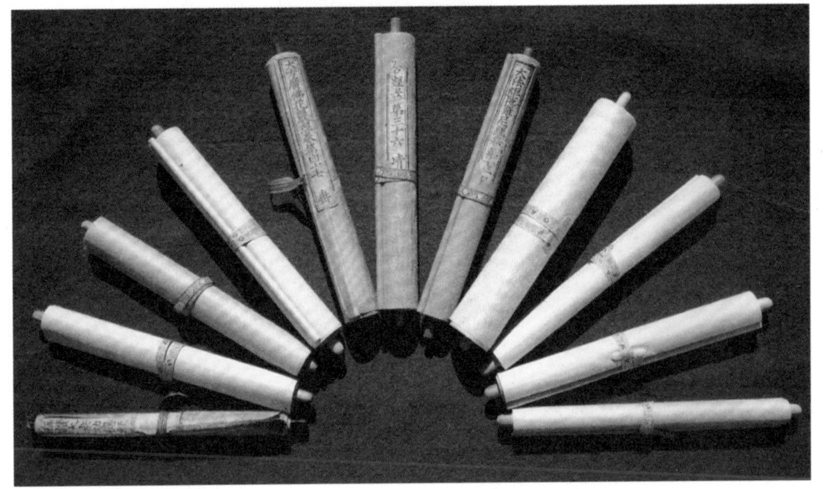

图 4-47 应县木塔宝藏中经修复后的部分辽藏，均为卷轴装，图中可见尺幅大小不一。

卷下末页书眉处刻有一手舞足蹈人像，可能是儿童读物的标志。页面空白处刻印图形装饰在辽国印刷品中多次出现，如有的佛经卷名下刻有佛像，《佛名集》一书的空白处刻有花枝等。

最典型的佛经蝴蝶装为《妙法莲华经》，版式为四周双边，中缝留空较宽，除两条竖向界线外，还有一条中线，并在方框内刻有页码，每半页8行，每行17—20字。有的佛经与常见的蝴蝶装佛经有所不同，中缝没有留空，只有一条竖向界线。

从装帧上看，辽国早期多为卷轴装，中期卷轴装、册装并存。最有意思的是在应县木塔中发现的写本《大方广佛华严经疏序》、《劝善文》的合订册，还有一册《妙法莲华经》，原本均为卷轴装，后被改为经折装。可以看到明显的补加书口和用墨线补画的边框，并用一线绳在书册右上方穿一提耳。可见书籍装帧由卷轴到册装的演变是人们实际生活的需要。

第三节 西夏的印刷

一、西夏印刷概述

西夏国是与宋同时期的以党项族为主体建立的少数民族政权。由于接受了汉族的文化，使其商业、农业、手工业等得到了发展，势力日渐强大。经五代发展，已形成具有一定实力的地方割据集团。宋仁宗宝元元年（1038）夏主李元昊（或作赵元昊，1003—1048）正式建国，国号“大夏”，史书称为“夏国”或“西夏”，建都兴庆府（今宁夏银川）。西夏传位十帝，于末主宝义二年（1227）被蒙古军所灭，西夏共存在190年。

西夏在吸取中原文化和其他民族文化营养的同时，也发展了本民族的文化，在继续使用汉字的同时，积极创制本民族文字番文，即西夏文。西夏文创制后不久就出现了西夏文书籍。因此，在西夏的印刷品中，汉字印品和西夏文印品都占有相当比例。

西夏政府十分重视书籍的收集和印刷。据《宋史》记载，西夏曾多次向北宋购买书籍。其中，1062年西夏向宋求购《九经》、《唐书》、《册府元龟》以及国子监所印的其他书籍，而数量最多的是各种佛教经卷。西

图4-48 西夏黑水城遗址一角

夏的印刷品过去流传下来的十分稀少，很难了解西夏的印刷概况。1909 年，俄国人科兹洛夫率领的考察队从西夏黑水城的一古塔内，发现了大批书籍文献，其中大量印刷品反映了西夏这一时期印刷业及印刷技术的繁荣，证明了西夏民族积极学习中原文化，建立了自己的印刷业，大量印刷佛经、儒家著作、军事著作、字书、历书及各种通俗读物，使西夏文化有了快速发展。

西夏的印刷中心在兴庆府，很大程度上控制着西夏重要典籍的印刷。设有“纸工院”、“刻字司”，分别委派数名“头监”，统管西夏的造纸、印刷事业。到西夏仁宗时（1140—1193）已发展到很高的水平。与此同时，西夏民间印刷业及寺院的印刷业也得到了发展。

二、西夏的雕版印刷

西夏的印刷业是西夏文化发达的重要标志。西夏印刷业的主体是雕版印刷，到了西夏中后期，活字版印刷也逐渐发展起来。西夏的印刷情况史料记载的较少，主要从俄藏黑水城文献中的印刷品实物进行分析，特别是一些印刷品的序言、尾跋、题款及字里行间都提供了一些关于西夏的印刷史料。

（一）西夏的文字

西夏原无文字。内迁后的西夏人在和汉、藏等族接触交往中，学会了汉、藏语言和文字，并用以书写记事，也逐渐感觉到建立本民族文字的必要性和重要性。西夏国正式立国前两年（1036），在国主元昊的倡导和支持下，由大臣野利荣创制了西夏文。西夏文字的创制，是党项族建立封建国家的迫切需要，是由党项文化发展为西夏文化的重要特色和标志。西夏文创制后，当时被称为“番书”，尊之为“国书”，后世称为西夏文。西夏文字属表意文字体系，字形方整，基本笔画与汉字相同，显系模仿汉字创制。文字

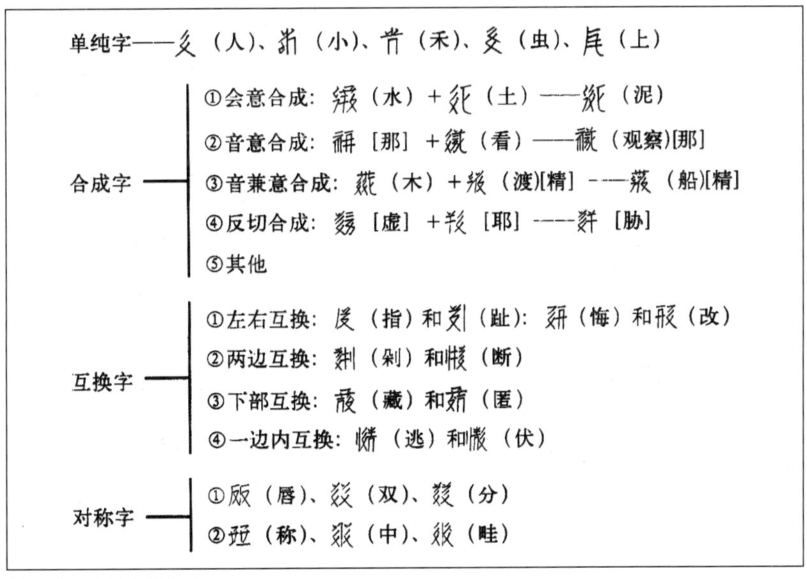

图 4-49 西夏文字组合

构成也多采用类似汉字构造“六书”的会意字和形声字等。但会意合成字和音意合成字较多，象形指事字极少，类似拼音构字法的反切上下字合成法是西夏文字构成的一大特点。西夏文书写自上而下成行，自右而左成篇。西夏文有楷书、行书、草书、篆书。楷书方正匀称，多用于刻印；行书自由舒展，多用于抄写；草书云龙变换，多用于文书；篆书屈曲婉转，用于印章和碑额。西夏文与汉文相比，笔画较适中，20 画以上和 5 画以下的字很少，斜笔较多，四角饱满。单看一个字感到方正匀称，阅读视觉舒朗大方。[④]

（二）西夏的雕版印刷场所

20 世纪以来，虽然西夏印本不断发现，但有明确刻印年代及刻印情况的不多。根据现有的记载有刻印单位、刻印者及刻印年代和刻印地区的印刷品进行分析，可知西夏的印刷机构有官方刻印场所、民间刻印场所和寺院刻印场所三类。

1. 官方刻印场所

官方刻印场所是西夏政府主管刻版印刷的刻字司。刻字司属政府机构，由两名头监负责，头监由“番大学士”之类的学者担任。西夏刻字司刻印了多少书籍难以估量，但现已知“刻字司”刻印的书籍并不少。如：正德六年（1132）刻印的《音同》，是现知刻字司刻印最早的书籍，有初编本、整理本、改编本、增订本、重校本等 5 种刻印版本。西夏仁宗时期重儒兴教，刻字司刻印了许多重要典籍。乾祐十二年（1181）六月二十四日刻印了译自唐于立政的《类林》；还有译刻本《六韬》等儒家著述；及译自汉籍的刻本《孙子兵法注》、《黄石公三略》、《十二国》、《经史杂抄》等适应于学校教学和科举实用的书籍。

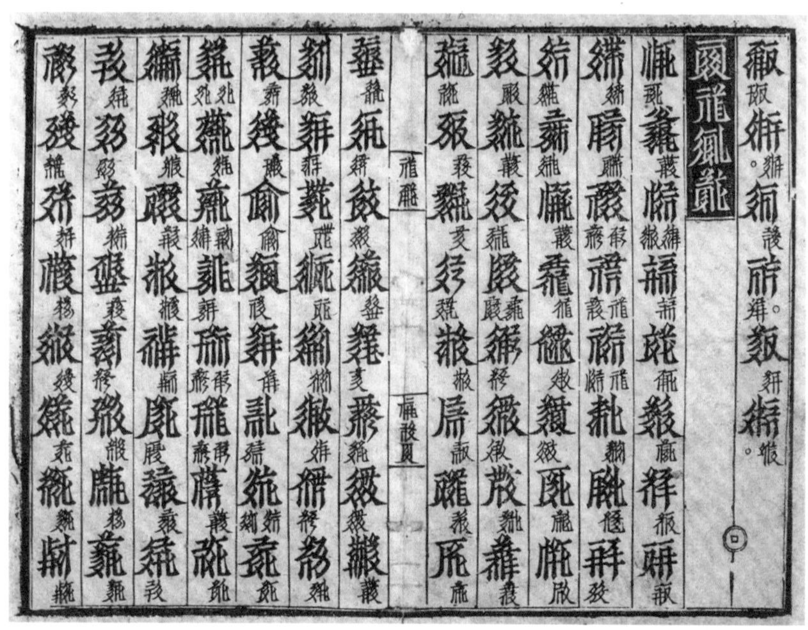

图 4-50 《音同》，该书刻印于西夏正德六年（1132）。蝴蝶装，四周双边，有行格线，中缝无鱼尾，用横线分隔上部两字、下部三字，标题用反白字刻成，整个版面刻印十分精细。黑水城出土。

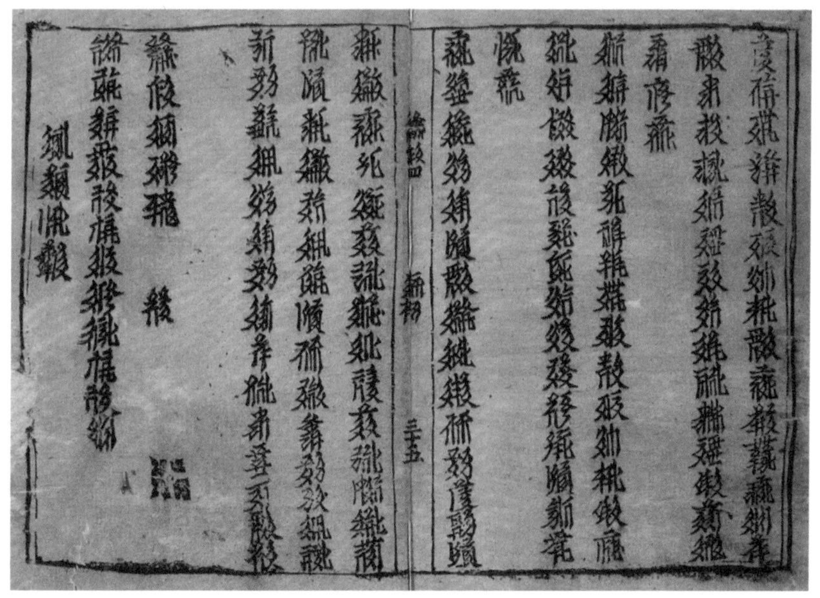

图 4-51 《类林》，西夏刻字司刻印的书籍。

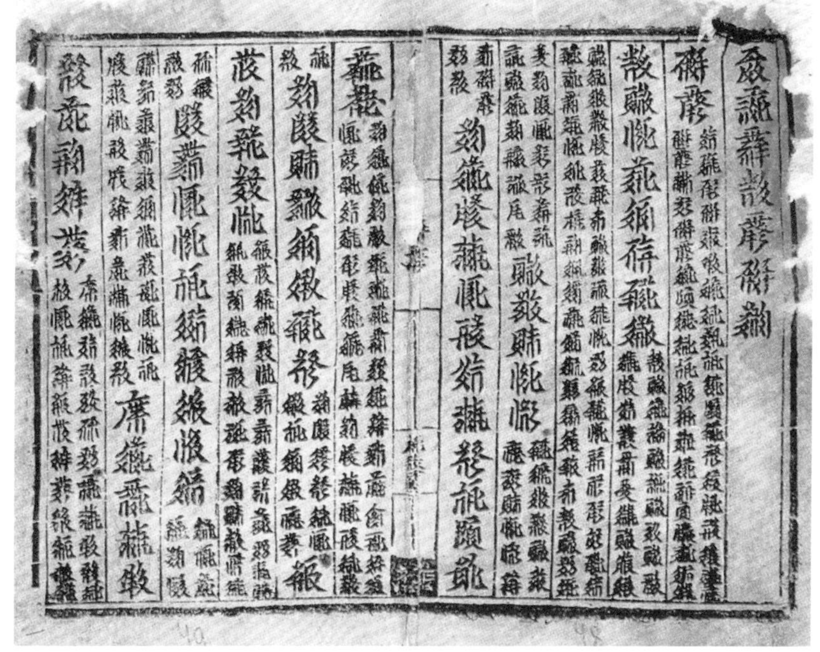

图 4-52 《黄石公三略》，由汉文翻译的西夏文刻本。

2．民间刻印场所

民间刻印场所刻印的书籍，大多为民间著述而不能在刻字司刻印，要由个人出资刻印。如由地位较高的御史承旨、番大学士梁德养初编，切韵博士王仁持增补而成的《新集锦合辞》。此书刊刻于乾祐十八年（1187），由“褐布商蒲梁尼寻印”，是两句一条、工整对仗的民间谚语、格言集，记载了大量的西夏谚语，表现了西夏的社会风情与党项族的民俗伦理、道德观念。

民间刻印的也有佛经，如惠宗天赐礼盛国庆五年（1073）八月由信徒陆文政为“意弘无濁之言，用报父母同拯之德”而发愿刊印汉文《大般若

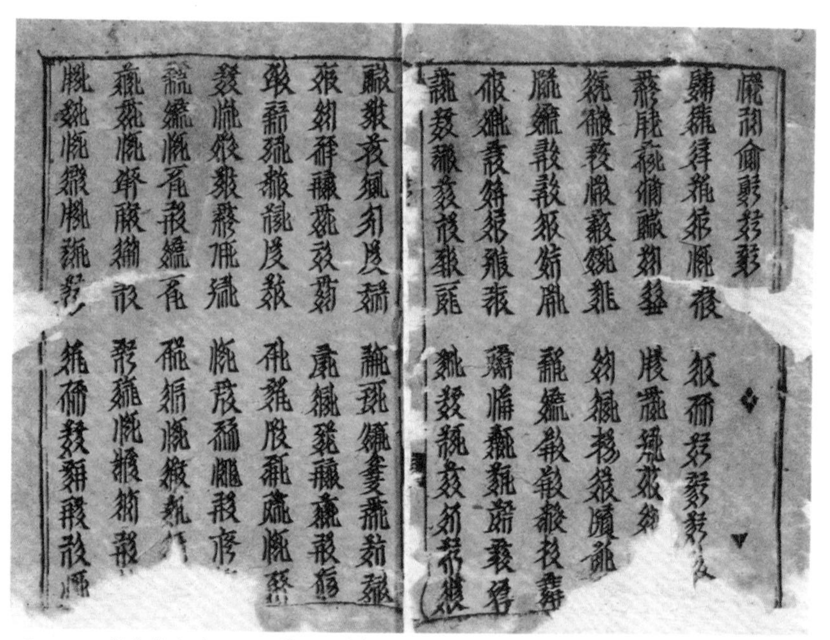

图4-53 《新集锦合辞》，西夏民间刻本，蝴蝶装，上下单边，左右双边。

图 4-54 《佛说父母恩重经》，西夏民间刻印的佛经。

波罗蜜多心经》，也是现知有明确纪年的西夏时期最早刻本；天盛四年(1152)八月梁吉祥为报先圣帝和父母之恩而刻印西夏文《佛说父母恩重经》，天庆七年（1200）哀子仇彦忠为资荐亡灵父母而印施的《圣六字增寿大明陀罗尼经》等。

3. 寺院刻印场所

西夏建国前后，就进行了广泛的赎买和翻译《大藏经》活动，西夏的赎经、译经活动，为西夏刻印佛经打下了基础。西夏寺院刻印佛经，大约有两种情况，一种是皇室重大法事活动需刻印佛经，一种是寺院弘扬佛法刻印佛经。皇室的法事活动有时是为了释囚、大赦等政治活动，或是为他

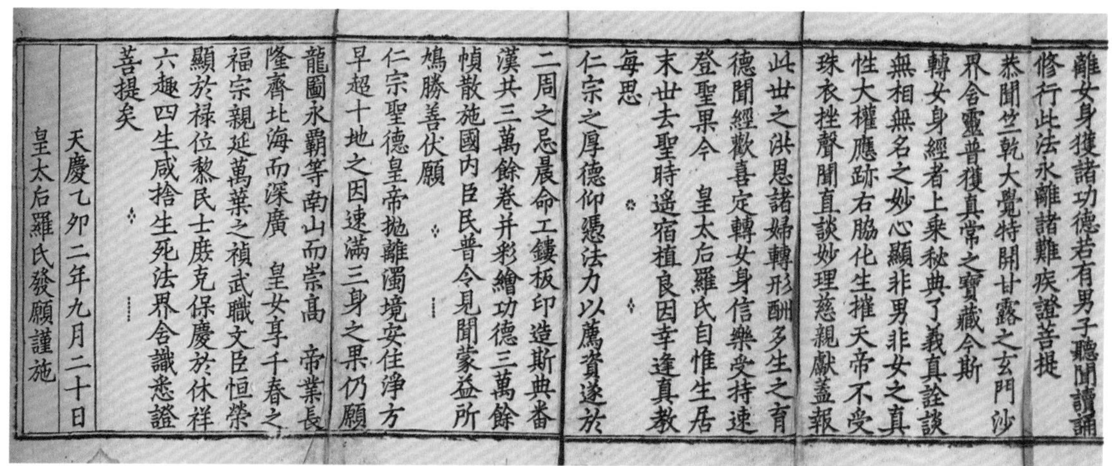

離女身獲諸功德若有男子聽聞讀誦
修行此法永離諸難疾證菩提
恭聞竺乾大覺特開甘露之玄門沙
界含靈普獲真常之寶藏今斯
轉女身經者上乘秘典了義真詮談
無相無名之妙心顯非男非女之真
性大權應跡右脇化生摧天帝不受
珠衣挫聲聞直談妙理慈親獻蓋報
此世之洪恩諸婦轉形酬多生之育
德聞經歡喜定轉女身信樂受持速
登聖果今 皇太后羅氏自惟生居
末世去聖時遥宿植良因幸逢真教
每思
仁宗之厚德仰憑法力以薦資遂於
二周之忌晨命工鏤板印造斯典番
漢共三萬餘卷并彩繪功德三萬餘
幀散施國内臣民普令見聞蒙益所
鳩勝善伏願
仁宗聖德皇帝拋離濁境安住淨方
早超十地之因速滿三身之果仍願
龍圖永霸等南山而崇高 帝業長
隆齊北海而深廣 皇女享千春之
福宗親延萬葉之禎武職文臣恒榮
顯於祿位黎民士庶克保慶於休祥
六趣四生咸捨生死法界含識悉證
菩提矣
天慶乙卯二年九月二十日
皇太后羅氏發願謹施

图 4-55 《佛说转女身经》，西夏天庆二年（1195）由皇太后罗氏发愿刻印。

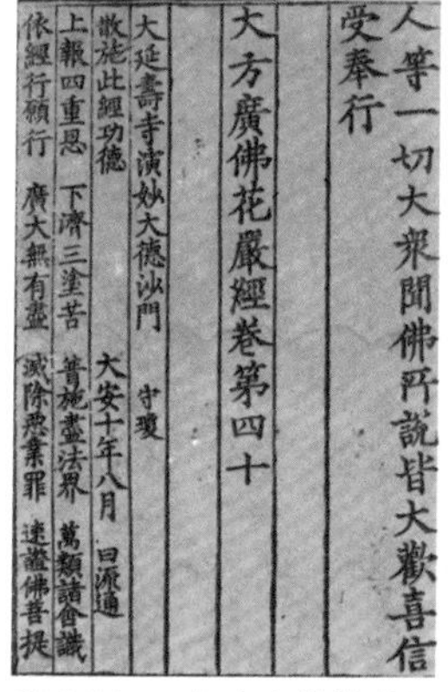

人等一切大衆聞佛所說皆大歡喜信
受奉行
大方廣佛花嚴經卷第四十
大延壽寺演妙大德沙門 守瓊
散施此經功德 大安十年八月 日流通
上報四重恩 下濟三塗苦 普施盡法界 萬類諸含識
依經行願行 廣大無有盡 滅除衆業罪 速證佛菩提

图 4-56 《大方广佛花严经卷第四十》，西夏大安十年（1084）大延寿寺刻印。

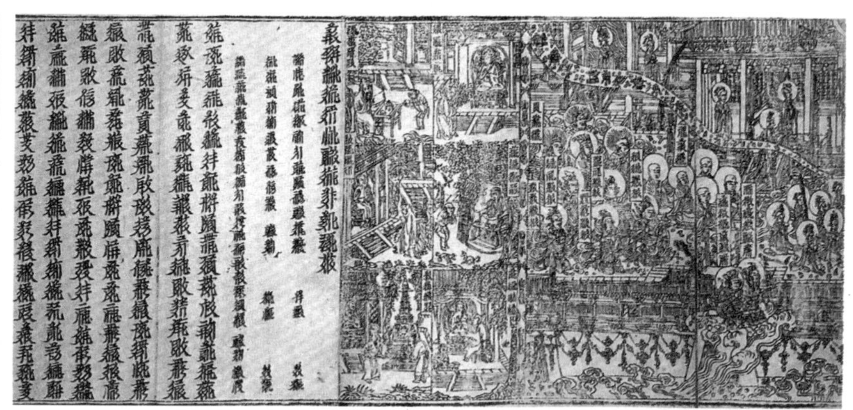

图 4-57 《观弥勒菩萨上生兜率天经》，西夏乾祐二十年（1189）刻印，经首有精美插图。

们的“本命之年”，皇帝“登基”纪念、帝后“周忌之辰”等活动，因此往往刻印大量佛经，为散施所用。如乾祐年间（1170—1193），仁宗为先皇早日“趋生三界”，“命工镂板”刻印《圣观自在大悲心总持》、《胜相顶尊总持》番汉 15000 卷。仁宗死后，罗太后为仁宗周年忌日，于天庆二年（1195）九月，散施了《佛说转女身经》。

寺院刻印佛经没有什么直接的目的，一般都是寺院弘扬佛法的正常业务。大多都是由相关高僧主持印施的。如：在乾祐十五年（1184）八月由尚座袁宗鉴等 17 人“重开板印施”的《佛说金轮佛顶大威德炽盛光佛如来陀罗尼经》；还有在惠宗大安十年（1084）八月由大延寿寺演妙大德沙门守琼印施的《大方广佛花严经》，是西夏早期佛经刻本之一。西夏乾祐二十年（1189）在大民寺刻印的西夏文佛经《观弥勒菩萨上生兜率天经》，此经一页 6 行，卷首有精美的插图，也是刻工精细、印刷清晰的西夏文刻本之一。这些佛经都是寺院所刻印。

（三）西夏的雕版印刷书籍

西夏文字创制后，在国内广为推行。西夏国学者使用西夏文记载国史，著书立说，编写刊出了各种类型的西夏文书籍，并用西夏文翻译大量的汉文典籍。从《俄藏黑水城文献》中可知，西夏雕版印刷的书籍品种范围较广，除佛经占有较大比例外，还有语言文字类、历史法律类、社会文学类等。

1. 西夏的语言文字类书籍

西夏为了发展民族文化，推行西夏文字，刻印了多种类型的字书和韵书。如：西夏文韵书《文海宝韵》，和汉文《切韵》韵书相类似。其中包括平声、上声、入声和杂类几部分，囊括了所有西夏字，对每个西夏字的字形、字义和字音作了注释，被注释字是大字，占满格；注释字是小字，双行占一格。同时，《文海宝韵》具有很高的学术价值，它不仅反映了西夏学者对本民族语言认识和研究的深度，也反映了那个时代对语言的认识和研究的水准。[⑤]另外，还有一种西夏文同义词词典《义同》，以及西夏文译汉字语音注释西夏文字义的字书《纂要》等。

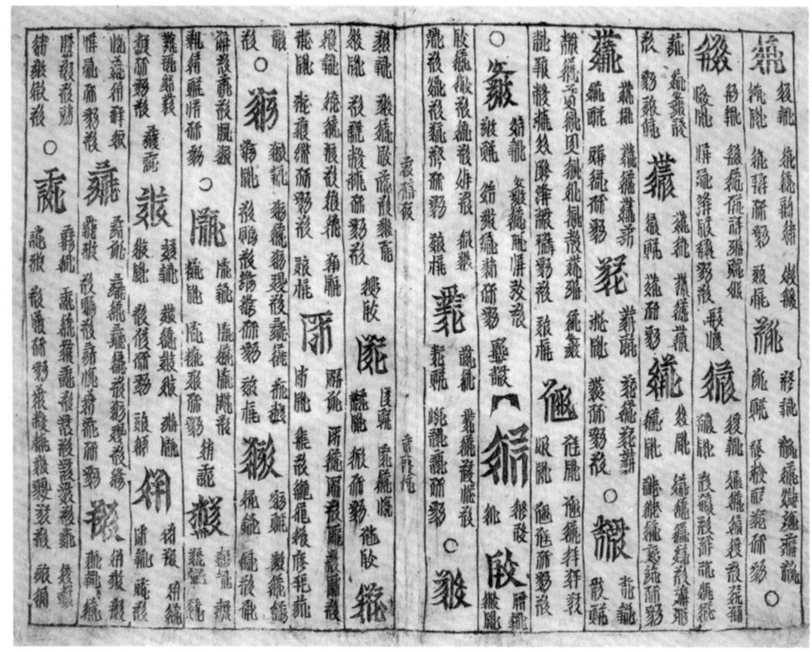

图 4-58 《文海宝韵》，西夏文韵书，解释了每一字的字形、字义和字音，蝴蝶装，四周单边，有行格线，中缝无鱼尾。整个版面刻印十分精细。黑水城出土。

2. 西夏法律、军事类书籍

西夏统治者积极吸收中原文化，仿中原制度建立了官制，完善了自己的法律制度。在黑水城文献中，有很多种记录西夏法律的刻本。如：《天盛改旧新定律令》(简称《天盛律令》)，此书是中国古代继印行《宋刑统》后公开刻印颁布的王朝法典，也是第一部用少数民族文字印行的最重要、最完备的法典。在形式上，与现代的法律很相近，层次清晰、纲目分明，其系统性和规范性在当时是绝无仅有的；在内容上别树一帜，在刑法、诉讼法方面严谨、细密，在行政法、经济法、民法、军事法方面更充实、更丰富，可谓是一部真正的诸法合体法典。另外还有有关西夏的军事法典《贞观玉镜统》，此书是西夏自己编写的专门军事著作，记载了西夏将帅士卒

图 4-59 《贞观玉镜统》，西夏自己编写的军事著作，黑水城出土。

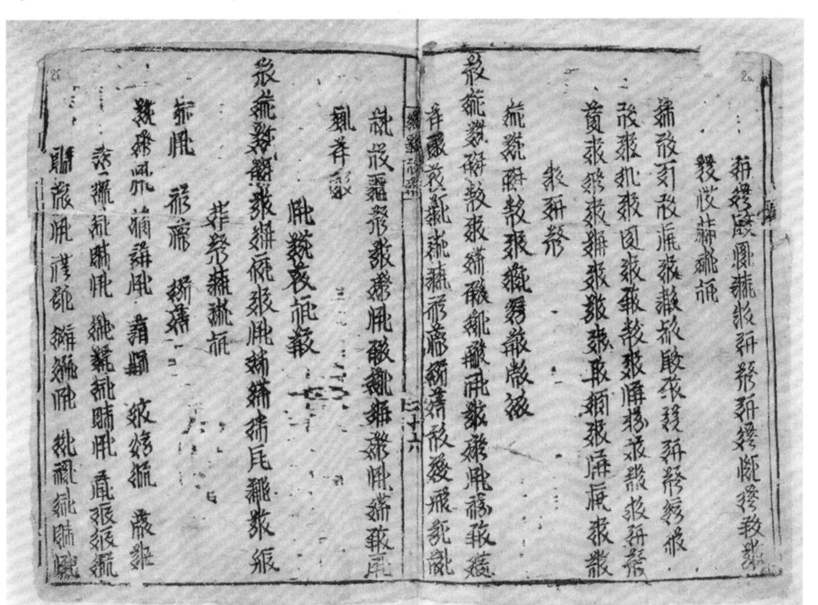

图 4-60 《天盛改旧新定律令》，西夏文法典，内分门，门下列条，全书共 117 门，1400 余条。黑水城出土。

攻守争战、赏罚等规定，是中国现存最早的、内容最丰富的一部专门军事法律著作。

3．西夏蒙书类书籍

西夏由于社会教育的需要，除官修的经、史等刻本外，又有多种初学文字的启蒙刻本，其中，最著名的是西夏人骨勒茂才编写的汉人学习西夏文、西夏人学习汉文的通俗字典《番汉合时掌中珠》。此书刊刻于乾祐二十一年（1190），37 页，按天、地、人分类排列，对每个西夏字和相应的汉字互为标音、标义的夏汉对照字典，蝴蝶装，四周双边，中缝无鱼尾，有页码。此书对研究西夏文起了极大的作用。

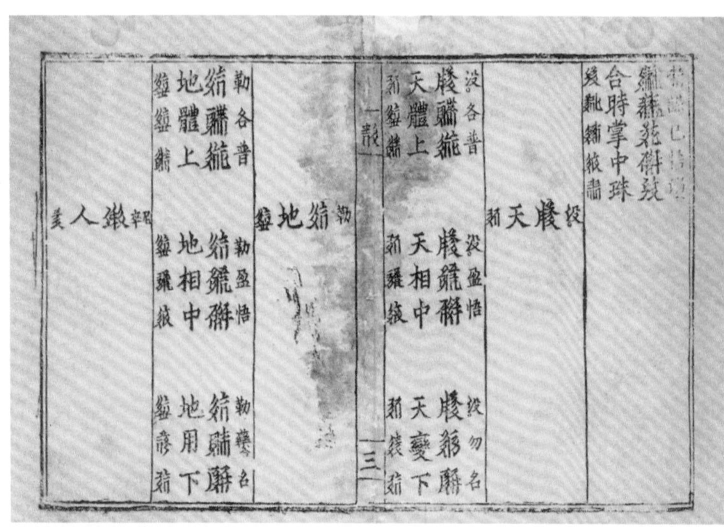

图 4-61 《番汉合时掌中珠》，西夏文、汉文双语对照词典，骨勒茂才编。

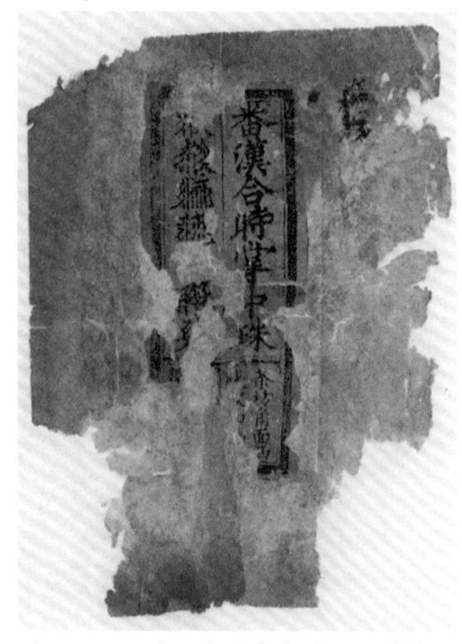

图 4-62 《番汉合时掌中珠》西夏文，汉文对照双语词典的封皮。黑水城出土。

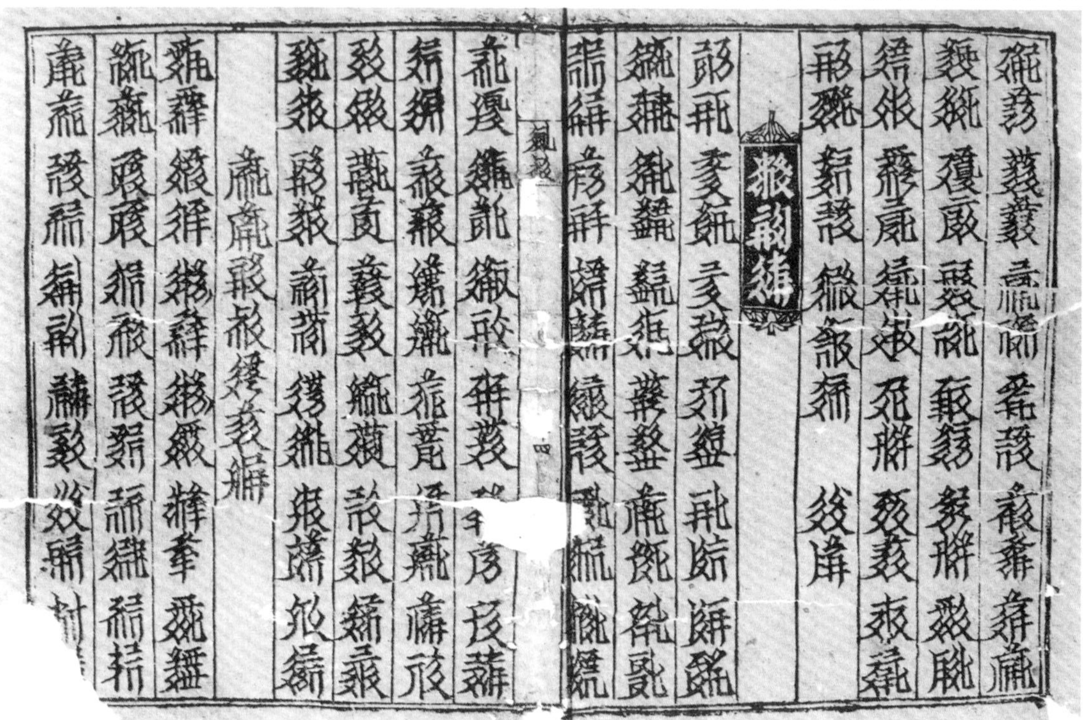

图 4-63 《三才杂字》，西夏的蒙书类书籍。黑水城出土。

另外，还有西夏文刻本《三才杂字》（简称《杂字》），其内容是西夏语的常用词语，以天、地、人分为三品，每品分为若干部，每部又包括若干词。此书有多种版本，在黑水城、甘肃武威和敦煌都有出土，可见此书适应了社会需要，流行较广。

4．西夏类书类书籍

西夏还刻印了一种大型西夏文类书《圣立义海》，全面记录了西夏的自然条件、社会制度、伦理道理和西夏人对自然、社会的认识。该书为 5 册，15 卷，每卷中又分为多少不同的类，共 142 类，每类中有若干词语，每个词语下有双行小字为注释。

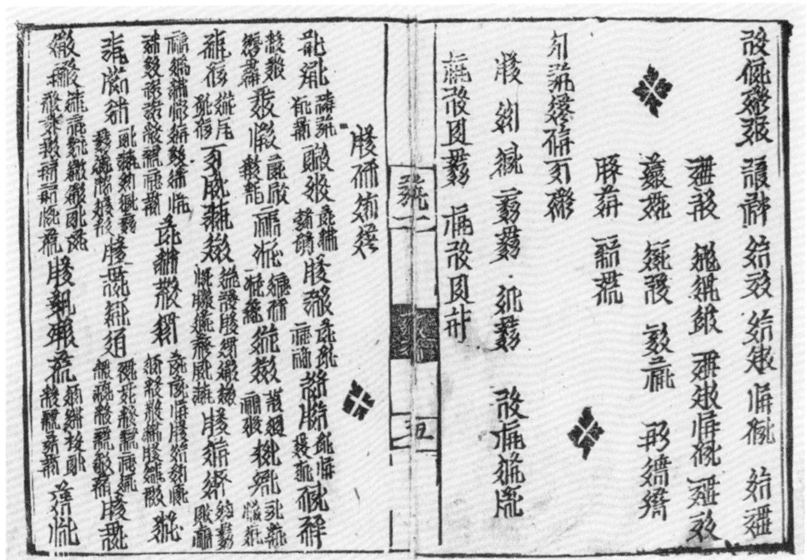

图 4-64 《圣立义海》印于乾祐十三年（1182），此书以事类带条目，条目下有详细注释，共 15 卷。是一种以特有的体裁比较全面记录西夏的自然和社会状况，从中可以了解到西夏人对自然、社会制度、人际关系、伦理道德等的认识。

5．西夏文学类书籍

西夏重视民族文化，把流行于社会的谚语编辑整理成书。《新集锦合辞》便是有代表性的书籍。另外，西夏也重视本土文学，主要表现在出版印刷诗歌集上。黑水城出土的文献中就有西夏文刻印的诗歌集，其中包括《赋诗》、《大诗》、《月月乐诗》和《道理诗》等。从题款可证明刻印于乾祐十六年（1185）。

6．西夏历书类书籍

党项羌建立夏州政权是中原王朝的一部分，奉中原正朔，采用汉地历法。夏前期所用历法为宋朝颁赐的历法。由于元昊称帝，宋朝视为逆反，因而停止了颁历。后西夏与宋朝的关系时好时坏，历书也时颁时停，这就促使西夏人编撰刻印自己的历书。历书是民间广泛使用的书籍，每年都要更新，为适应社会需要，不断印刷。现已发现的历书有汉文印本，也有西夏文印本。汉文历书有乾祐十三年（1182）刻印残页。西夏文历书有西夏光定五年（1215）御制光明万年历。这两种历书残片都有多处“明”字缺

图 4-65 《大诗》，西夏文学类刻本。黑水城出土。

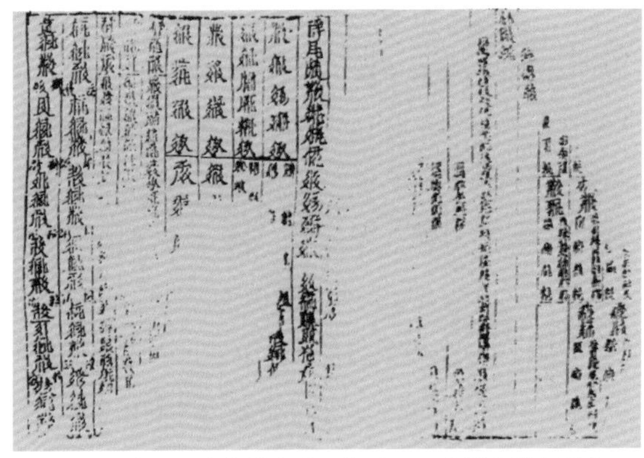

图 4-66 《光定五年御制光明万年历》，西夏文刻本历书。

笔避讳，这是避讳西夏太宗李德明名字中的“明”字，说明这些残片历书都是西夏的历书。

7．西夏的佛经类书籍

西夏统治者崇尚佛教，积极修建庙宇，重视佛藏经文印刷。西夏的印刷业发展起来后，首先刻印的就是佛经。刻印的佛经有译自汉文的，如：《大般若波罗蜜多经》、《大宝积经》、《大方广佛华严经》等；有译自藏文的，如：《种咒王阴大孔雀明王经》、《大密咒受持经》等；还有西夏自己刻印编撰的，如：《依金刚王亥母以净瓶亲诵仪轨》、《中有身要论》等。西夏人庆三年（1146）刻印的《妙法莲华经卷第七》，有刻印年款，并且还有“雕字人王善惠、王善圆、贺善海、郭狗埋等”人的姓名，从中可知西夏最早的刻工姓名。西夏翻译的最大工程是将汉文《大藏经》译成为西夏文。有的佛经还有不同的版本。从中可以看出西夏刻印佛经量很大，种类也十分丰富。

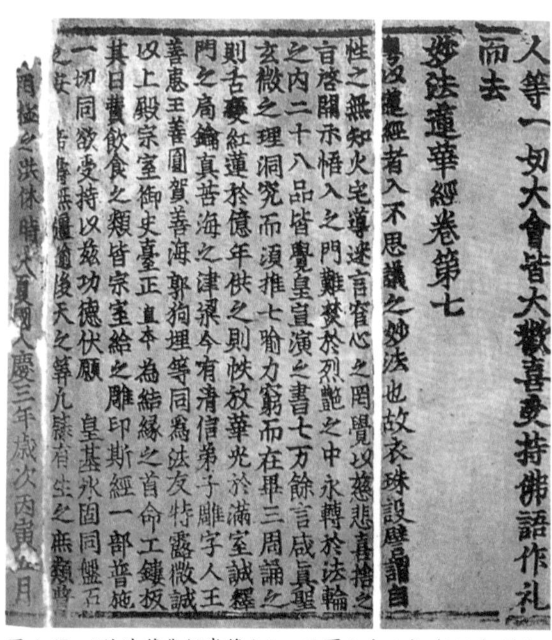

人等一切大會皆大歡喜受持佛語作礼
而去
妙法蓮華經卷第七
[illegible]以護經者入不思議之妙法也故衣珠設譬[illegible]自
性之無知火宅導迷言窅心之罔覺以慈悲喜捨之
旨啓開示悟入之門難芬於烈艶之中永轉於法輪
之內二十八品皆覺皇宣演之書七万餘言咸真聖
玄微之理洞究而須推七喻力窮而在畢三周誦之
則舌變紅蓮於億年供之則[illegible]放華光於滿室誠釋
門之扃鑰真菩海之津梁今有清信弟子雕字人王
善惠王善圓賀善海郭狗埋等同為法友特露微誠
以上殿宗室御史臺正直本為結緣之首命工鏤板
其日費飲食之類皆宗室給之雕印斯經一部普施
一切同欲受持以兹功德伏願 皇基永固同盤石
之安[illegible]
[illegible]時大夏國人慶三年歲次丙寅五月

图 4-67 《妙法莲华经卷第七》，西夏人庆三年（1146）刻印，卷末愿文中有雕字者王善惠、王善圆、贺善海、郭狗埋四人姓名。

图 4-68 《大藏》，西夏译经图，《现在贤劫千佛名经》上卷卷端。

8．西夏地区藏文刻本

西夏临近藏族地区，同时境内也有很多藏族居民。藏传佛教的发展，为刻印佛经打下了基础。而西夏地区又有发达的印刷事业，为藏文佛经在西夏的刻印创造了条件。近些年来，发现了西夏时期的藏文刻本，如《顶髻尊胜佛母陀罗尼功德依经摄略》。此刻本佛经中多处发现藏文厘定前的“i”字，可证明其为藏文，应属于西夏时期，是目前所知最早的藏文刻本。

此外，还有藏文刻本护轮图。画面画一背部张开的陆龟，内有 7 个同心圆，各圆圈内有藏文、梵文。护轮图雕刻出了复杂的动物图案和方形、圆形，文字也清晰、流利，特别是圆圈内雕刻的藏文，达到了纯熟精美的程度。

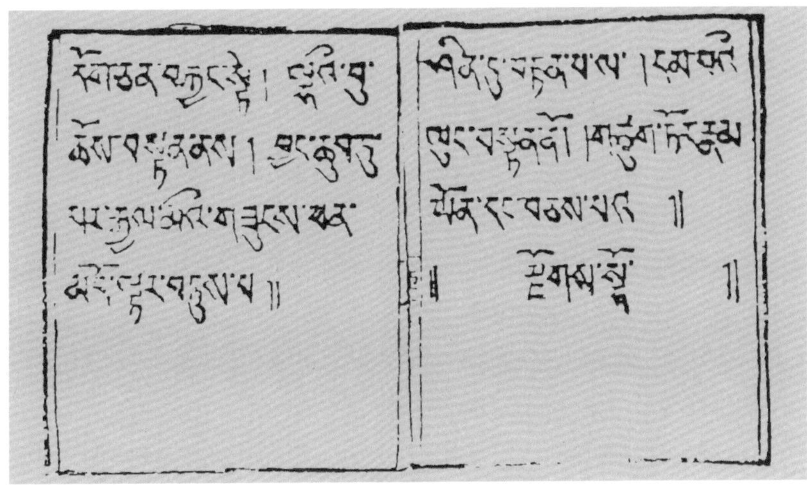

图 4-69 《顶髻尊胜佛母陀罗尼功德依经摄略》，西夏地区刻印的藏文刻本。

三、西夏的活字版印刷

近几年来，西夏文活字版印刷品有多处发现，不但有木活字版印刷品，而且有泥活字版印刷品。这些活字版印刷品实物的发现，不但填补了中国早期活字版印刷品的空白，而且将木活字版的历史，又向前推移了两百多年。这些早期的活字版实物，向我们展示了精致而独特的活字版风貌。更为重要的是，这些早期的活字版实物，有力地证明了毕昇的发明，还可以推断毕昇的泥活字发明后，很快就得到应用和传播，大约几十年后，就传到中国的西北地区。

（一）西夏的泥活字印刷

泥活字印刷发明于北宋庆历年间，之后从已知文献资料证明，泥活字版印刷多有应用。如：温州市白象塔内出土的回旋式北宋佛经《佛说观无量寿佛经》；南宋光宗绍熙四年（1193），周必大“以胶泥铜版，移换摹印”的《玉堂杂记》。西夏的泥活字版印刷品的发现，是印刷史上的一件大事。1987 年 5 月，考古工作者在甘肃武威市新乡亥母洞遗址出土西夏文《维摩

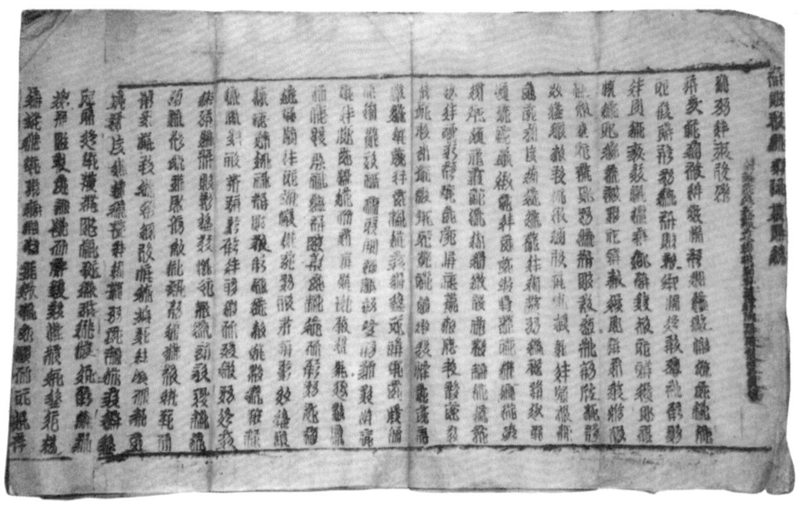

图 4-70 西夏泥活字印本《维摩诘所说经》

诘所说经》一卷。此经为经折装，共54面，每面7行，每行17字，每面高28厘米，宽12厘米。

此经出土后，据参加发掘并亲自整理、研究的孙寿岭先生介绍分析，该经为活字版。其特点是："经面印墨有轻有重，经背透印深浅有别。有的字模略高于平面，有的字体肥大，所以印墨厚重，并有晕染现象，经背透印也很明显。有的字体歪斜，竖不成行，横不成线，行距宽窄也极不规则。有的行宽1厘米，有的仅3毫米。"⑥

孙寿岭先生经进一步研究后，认定为泥活字印本。其理由是：该经"其字笔画生硬变形，竖不垂直，横不连贯，中间断、折，半隐半现。体现了泥活字印刷所具有的特点"。他还介绍此经："有的字因刀刃挤占，向内或向外偏斜，形成横不连贯，竖不垂直，方不成块，角不成角，中间断折或者极为薄俏之缺象。有的字明显有断边、碰碎剥落之痕迹；还有的字边缘有流釉现象，形成蜡痕状。"⑦这些都是泥活字版印刷的特征。国家文物局组织专家对此印件也做过鉴定，与会专家一致认定此西夏文印本为"公元12世纪中期的活字版印本"。

史金波在俄藏黑水城文献中，也发现多件西夏文活字版印刷品《维摩诘所说经》，并认定为泥活字版印刷品。

《维摩诘所说经》上卷残页，在俄罗斯科学研究院有收藏。此经经折装，上下单栏，不仅有活字版的特征，同时也有泥活字版的特征。如同一面各字体肥瘦不同，笔画粗细不一，字形歪斜；另外印面文字墨色不匀，笔画中有类似气泡、沙眼痕迹，这是泥活字版吸墨不均的特点。

此外，国家图书馆所藏两卷西夏文《现在贤劫千佛名经》，系西夏文《大方广佛华严经》卷第五十一、七十一。此经特点与前述泥活字版《维摩诘所说经》近似，不仅字间距宽疏、字列不正，而且多处字的边角笔画缺损明显，史金波认为是泥活字印本。

2005年9月，宁夏文物考古研究所在贺兰山东麓山嘴沟石窟中，发现了大量的

图4-71 《大方广佛华严经》，西夏文泥活字印本。

西夏文活字印本，其中《妙法莲华经要集义镜疏》第八、《圆觉注之略疏》第一上半为泥活字印本。

1983 年—1984 年，内蒙古考古研究所联合阿拉善文物工作站对黑水城遗址进行考古发掘，其中也出土了很多泥活字印刷残片。

（二）西夏的木活字印刷

西夏使用泥活字印刷的同时，也在发展木活字印刷。目前从宁夏、甘肃、黑水城出土的文献中相继发现了木活字本。这些重大发现，填补了早期活字印刷的空白，对研究中国古代活字印刷技术和印刷史具有重要意义。

1．宁夏贺兰山拜寺沟方塔出土的活字印本

1991 年 8 月，考古工作者在宁夏贺兰县拜寿沟方塔废墟中发现了西夏文佛经《吉祥遍至口和本续》（简称《本续》）。《本续》计有 9 册，约 10 万字，白麻纸精印、蝴蝶装；有封皮、扉页，封皮上贴有经名标签；书页高 30.5 厘米，宽 19.3 厘米；正文四边为双边栏，上下高 20.5 厘米，左右宽 31.6 厘米，中缝宽 1.2 厘米，无鱼尾，上部为经名简称，下部为页码；经文每半面 10 行，每行 22 字。文字工整秀丽，版面疏朗明快，纸质平滑，墨色清新，是中国古代的优秀版本之一。[⑧]此印本经牛达生教授研究认定为木活字印本。其主要依据为：《本续》卷第 4 第 5 页通版排印，漏排版心，最后一页为了节省省去版心，打破每面 10 行的规格，多加 1 行，成为每面 11 行。有的经卷最后一页左侧，无栏线，如《干文》最后一页，有的索性省去左侧，无栏线，如《解补》第五。这些都是雕版印刷中不会出现，而在活字印刷中才有的现象。此外，文中标示页码的汉字中，正字、倒字、形近的字如“二”、“四”等有倒置现象。文中还有栏线四角不衔接，文字大小不等，墨色浓淡不匀等活字版常见现象。因此，从中可以推断出为

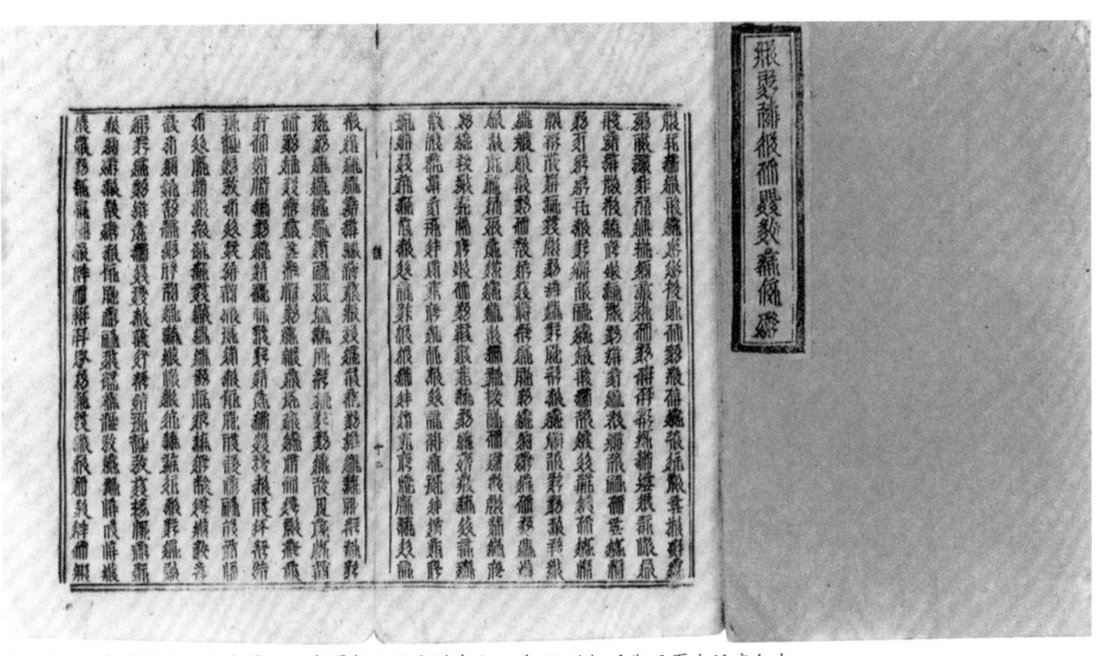

图 4-72 《吉祥遍至口和本续》，宁夏贺兰县方塔出土，为 12 世纪后期西夏木活字印本。

活字印本。[⑨]

1997年，由文化部主持的“西夏文木活字本鉴定会”上，与会学者一致同意牛达生先生的研究成果，认定西夏文佛经《吉祥遍至口和本续》为公元12世纪后期木活字版印本。

2．黑水城出土的活字印本

史金波在研究俄藏黑水城文献中，发现几件木活字印本，其中有《大乘百法明镜集》、《三代相照言文集》、《德行集》等。

《大乘百法明镜集》是西夏的木活字印本，原为经折装，纸幅高28.3厘米、宽50.3厘米，前面有残手，卷尾有经名。原每面8行，每行23字，上下单栏，版心高24.7厘米。其具备木活字本特征：第一，书中相邻或相近的字字体不同，肥瘦、浓淡不一。第二，此书正面墨迹和背面透墨以字为单位深浅不同，系初期活字印刷版面不平所致。第三，很多页面有活字稍微倾斜而造成的活字边缘印迹。有的空字处印出空材料的边缘印痕，甚至近于墨钉。这也是活字版印刷常有的现象。第四，书中还有由于活字排版不精或活字不规范而造成的字形歪斜、字列不正、每行左右不齐的现象。[⑩]

《三代相照言文集》也是木活字印本，原译为《三世属明言集文》，共41页，82面，蝴蝶装。每面纸幅宽15.5厘米，高24厘米，版心11.5厘米×17厘米，四周双栏，每面7行，每行16字。中缝白口，内有西夏文页码，唯最后第40、41页页码“四”字为汉文，“十”、“十一”用西夏文。从此书的行款、字形、透墨、补字等方面分析，都具有活字印本的特点。第一，此书文武双边线。其左右边线抵上下边线，造成边线交角处内线和内线、外线和外线不相衔接。另第4页左边线断折，文字向外斜挤。这是活字版边线拼版所致，若是雕版则不会有此现象。第二，文中有时以字为单位与周围的字墨色不同。这主要是新刻制的活字与原有活字规格不同之故。第三，有些字的边缘有明显印痕，这也是活字印刷排版时一些活字歪斜所致。第四，版心中的页码同一数字内既有西夏文，又有汉文，也

图4-73 《大乘百法明镜集》，黑水城出土，木活字本。

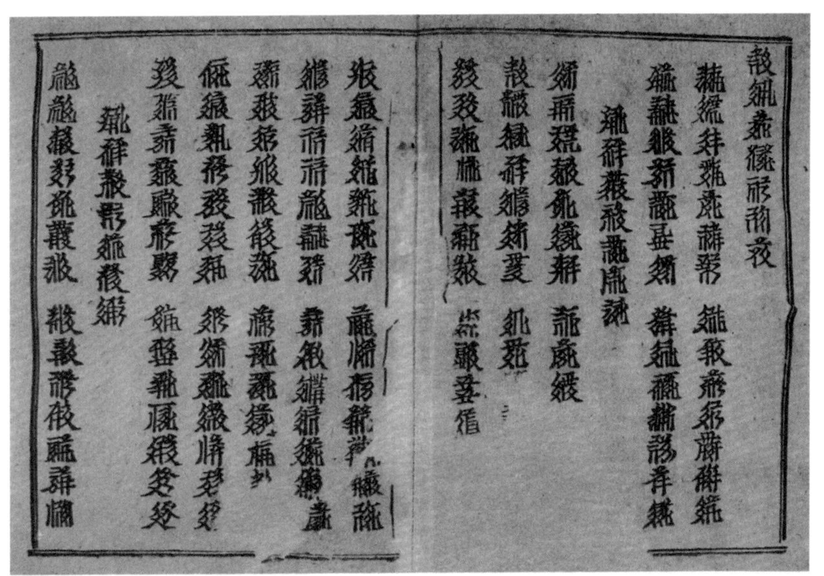

图 4-74 《三代相照言文集》，黑水城遗址出土，12 世纪后期西夏木活字印本，蝴蝶装。

是活字印刷容易造成的现象。第五，最重要的是发愿文末尾有三个题款，明确记载了“活字”二字。[11]

《德行集》也是黑水城文献中的西夏文木活字版，蝴蝶装，共 26 页，52 面，每面 7 行，每行 14 字，前面有序文 4 页 8 面，首尾俱全。四周单栏，版心白口，上有书名简称“行”，下有页码，有的为汉文，有的为西夏文。这是一部讲述统治者德行方面的著作，有明显的活字本特点，主要表现在以下几个方面：（1）四周栏线的交角处有明显的空缺，交角不连接，这种现象几乎每页都能看到。有的栏线超出应相交的垂直栏线，有的版心线与上下栏线不相交。这些都是活字版拼版框时边栏线条不规范，拼合不紧密所致。（2）同一号字，大小宽窄不等，这是因为活字大小一样，但在活字上所刻字大小不等所致。有的字有歪斜现象，系排版不精所致。（3）有的页面版心中的书名简称漏排。版心页码有的用西夏文，有的用汉文。这些也是容易发生在活字版中，而不容易发生在木雕版中的现象。（4）字与字之间距离较宽，无一字相连、相交。（5）有的字面有明显的边缘印痕，这是活字印刷的突出特点，也是印制不精的缘故。（6）卷末西夏文题款记有 3 个与印制此经有关的人名，每个人名前都有“印校发起者”的头衔，没有雕版印刷品题款中常有的书写者、雕刻者的人名。反映出活字印刷重视排印，而不标明写、刻者的特点。[12]

此书印制质量较好，文字点画到位，劲俏有力，为木活字印刷品。黑水城出土的这些活字印本，充分证明了西夏使用活字还是比较广泛的，也说明了西夏时期的印刷已达到了一定水平。

近年来，考古工作者从黑水城遗址中又发现了几件西夏文木活字版印刷品，有的印件虽已是残片，但字里行间活字版的特征还是十分明显的。

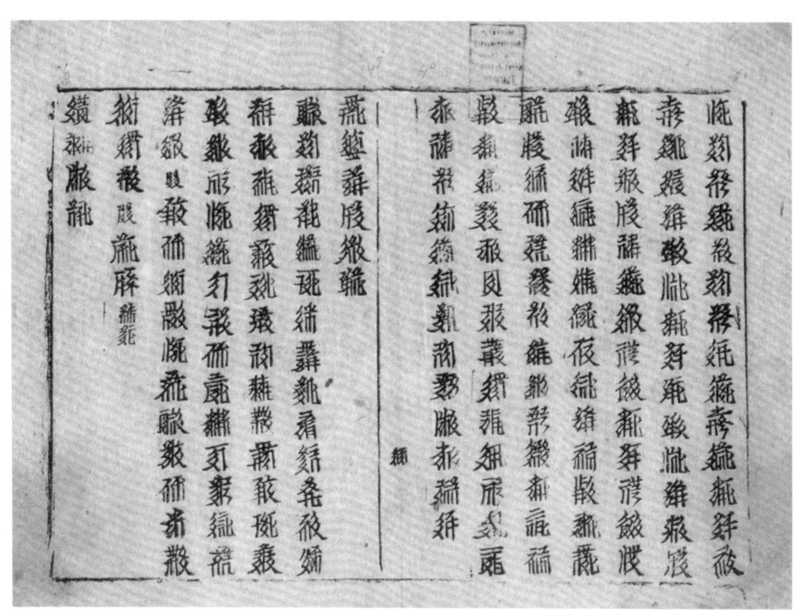

图 4-75 《德行集》，西夏木活字印本，12 世纪后期，蝴蝶装，版心有简化的书名和页码，页码有西夏文和汉文混用。黑水城出土。

图 4-76 近年来在黑水城出土的西夏文木活字印本残片。

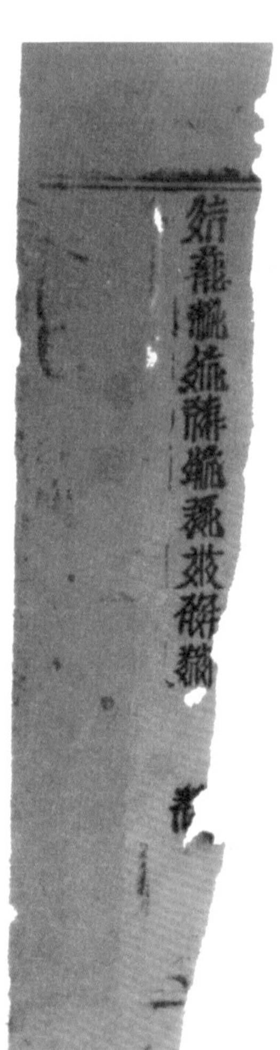

图 4-77 《地藏菩萨本愿经》，敦煌出土的木活字印本。

3．敦煌莫高窟出土的活字印本

20 世纪 90 年代以来，敦煌研究院在敦煌北区洞窟进行清理、考察时，发现了多种西夏文活字印本，除一些页面完整外，大多为残片。其中《地藏菩萨本愿经》有活字印刷的特点。如字形大小不匀，文字宽窄不等，墨色深浅不一，每一行上下字左右不齐，并上下绝无相交、相插现象。

4．宁夏灵武出土的活字版印本

1917 年，在离西夏首都中兴府不远的宁夏灵武县发现了一批西夏文佛经，其中数量最多的是西夏文《大方广佛华严经》，共 80 卷。经过几十

图 4-78 《大方广佛华严经》，正面。宁夏灵武出土。

图 4-79 《大方广佛华严经》，背面。宁夏灵武出土，元代木活字印本，经折装。注意背面文字墨色浓淡的差异，此为活字印刷的特征之一。

年来辗转传藏，分别藏在中国国家图书馆、日本京都大学、甘肃张思温和宁夏。这批经有活字本的特点，同一页面中一行内有字形歪斜现象，不少常用字与上下左右墨痕深浅差别明显，是因为常用字备用不足，后来个别补印。不少背面可以看到印字透墨深浅不一。

5．黑水城出土汉文历书活字印本残页

俄藏黑水城文献中收录有汉文历书残页，有明显的活字版特征。表格

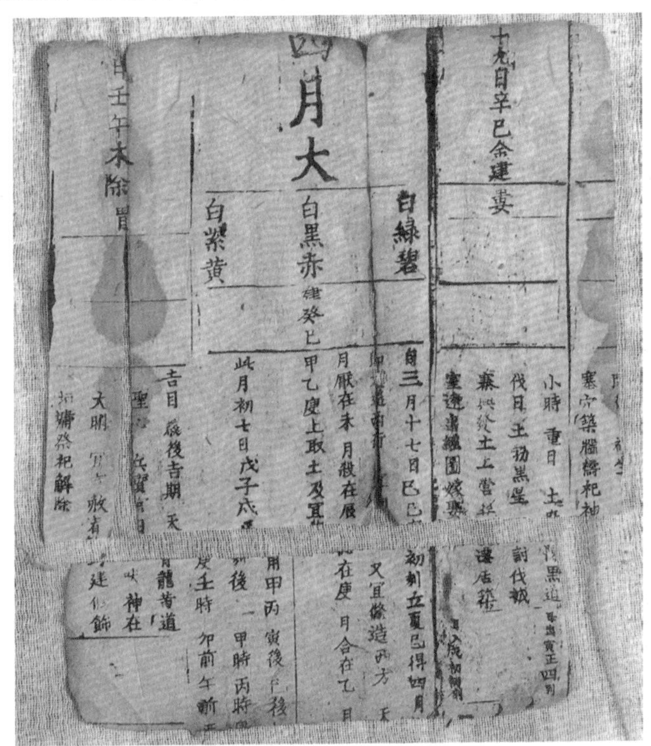

图 4-80 《西夏光定元年（1211）辛未岁具注历》，西夏活字版历书。黑水城出土。

的横竖线往往不相交，应属以相应长度横竖线的活版木条排版而成，尤其有倒置文字出现。此历书中多处讳“明”字，同时又出土于西夏所管辖的黑水城，可推断为西夏印刷历书。考证时间为西夏神宗遵顼光定元年(1211)，可称作《西夏光定元年辛未岁具注历》。此历书距北宋庆历年间活字印刷发明有160年，是目前最早的有确切年代的汉文活字印刷历书。

四、西夏印刷的艺术特点

西夏作为经济和文化相对落后于中原的少数民族地区，就其规模和技艺水平来说，已经达到很高的水平，它和宋、辽、金共同组成了这一时期印刷的辉煌历史。其艺术特点如下。

（一）西夏的版画印刷

西夏的版画内容十分丰富，这些图版多数都是佛经插图，少数为其他类书籍插图和单幅雕版佛画等形式。

1．佛经插图

佛经插图的刻印技术，往往表现了一个时代的刻印水平。佛经卷首插图最早见于唐代刻印的佛经《金刚经》，后来历代都继承了这一传统。北宋刻印的《开宝藏》，辽刻的《契丹藏》，金刻的《金藏》等，都有卷首插图。只是这些佛经插图，留存下来的十分稀少。但在黑水城西夏文献中，存有较多的佛经插图。这些佛经的插图，大多为经折装，插图的版面往往是以折页的幅面来确定，最少的横向占两页，最多的占到6个折页。西夏的佛经插图，既有西夏文的佛经，也有汉文的佛经。

早期西夏刻印的佛经，以汉文占多数。如：《大方广佛华严经普贤行

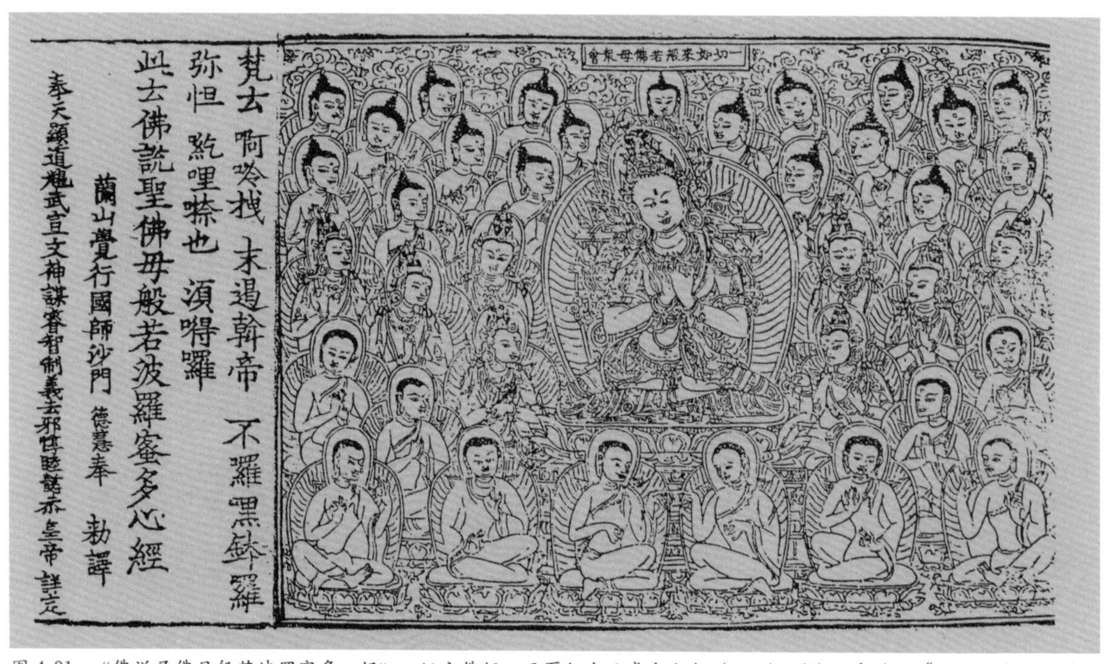

图 4-81 《佛说圣佛母般若波罗蜜多心经》，汉文佛经，西夏仁宗天盛十九年（1167）刊本。卷首绘“一切如来般若佛母众会”图，人物造型具有梵画风格，图案纹饰极为浓郁，是一幅很有特色的作品。

图 4-82 《大方广佛华严经·普贤行愿品疏序》版画，其画面构图吸收了壁画的风格，由几组佛经故事组成，刻印十分精良。

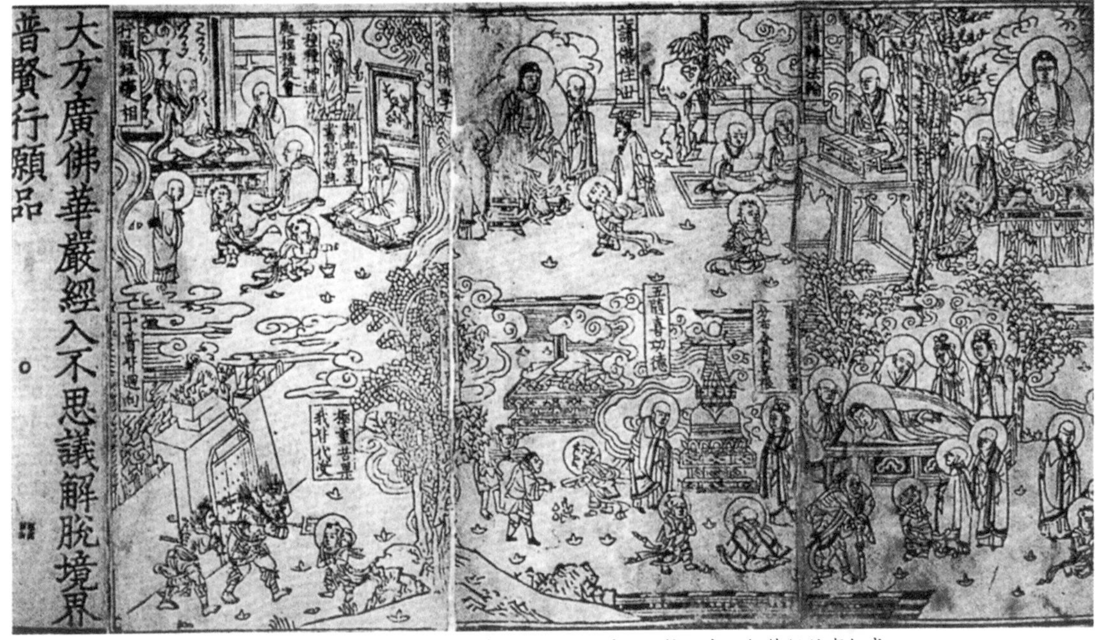

图 4-83 《大方广佛华严经·普贤行愿品》卷首图，其画面吸收了壁画风格，由几组佛经故事组成。

愿品》刻印于大安十年（1084），经折装，插图版面横向占 3 个页面，图中由六组佛经故事组成，各部分注有汉字，画面生动，祥云缭绕，充分体现了精湛的刻版技艺。此经的另一个版本则刻印于西夏天盛十三年（1161），其卷首插图的画面与另一版本完全不同，说明西夏的同一佛经曾多次刻印。《妙法莲华经卷第一》，刻印于西夏人庆三年（1146），其卷首插图横向上 4 个页，版面宏大，人物众多，构图巧妙。另一件西夏文刻本《观弥勒菩萨上生兜率天经》，刻印于西夏乾祐二十年（1189），卷首插图横向上 5 个折页。

西夏不但刻印汉文佛经，从西夏仁宗乾祐年间（1170—1193）开始，西夏文的佛经刻印逐渐增多。并且画面的人物除了佛家弟子外，还有西夏的皇家人物图像。有代表性的刻本如《佛说大威德炽盛光佛诸星宿调忧消灾吉祥陀罗尼经》，刻印于西夏乾祐十七年（1186）。

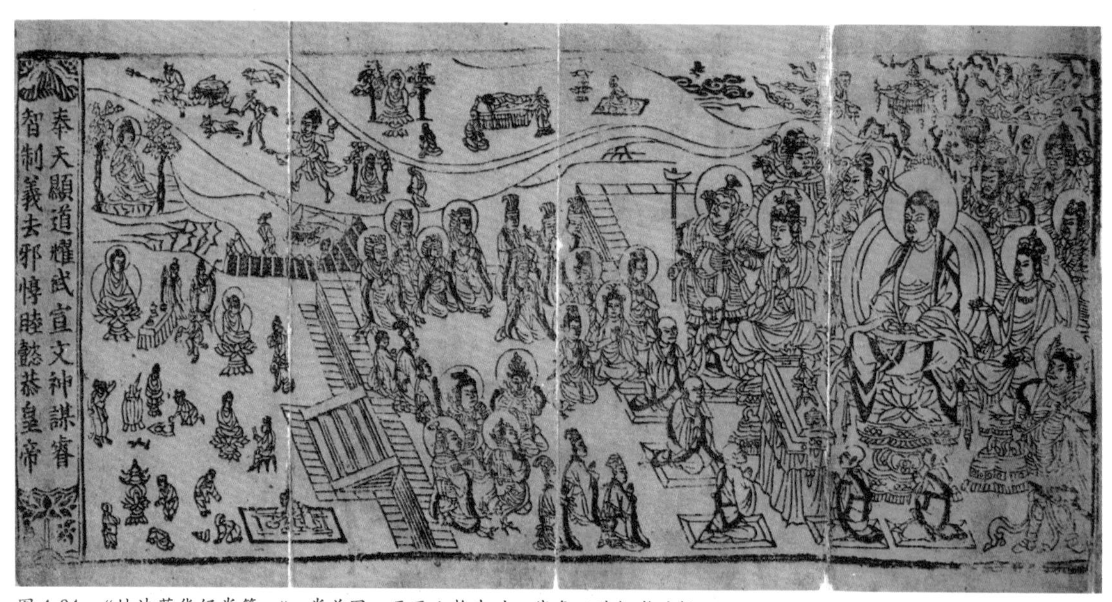

图 4-84 《妙法莲华经卷第一》卷首图，画面人物生动，线条刀法娴熟流畅。

2. 单幅佛画

西夏单幅佛画，20 世纪以来也有发现。1991 年宁夏贺兰县发现的幢形《顶髻尊胜佛母像》，图像版框高 55 厘米，宽 23 厘米，由宝盖、塔身、底座三部分组成。宝盖华美，帷幔上有六字真言，两侧流苏下垂，接近底座。塔身中心为佛像，三面三目八臂。环佛像为横向排列的梵文经咒，占有塔

图 4-85 《顶髻尊胜佛母像》，西夏单幅佛画。

图 4-86 《佛说大威德炽盛光佛诸星宿调忧消灾吉祥陀罗尼经》，西夏刻印的佛经版画。

身大部分画面。顶髻尊胜佛母像为藏传佛母尊像之一，也是藏传佛教中以此像为内容的最早版画，具有重要的研究价值。[13]

（二）西夏的书籍装帧

西夏的书籍装帧形式与北宋基本相同，有卷轴装、经折装、蝴蝶装、包背装等，也有大量的梵夹装，还出现了缝缋装。

1. 卷轴装

卷轴装是唐宋时期流行的一种装帧形式，在西夏时期也比较盛行。西

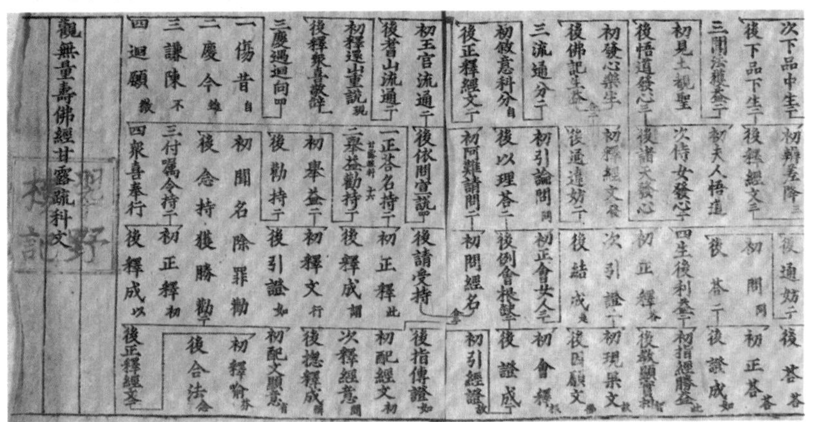

图 4-87 《观无量寿佛经甘露疏科文》，汉文刻本，卷轴装。

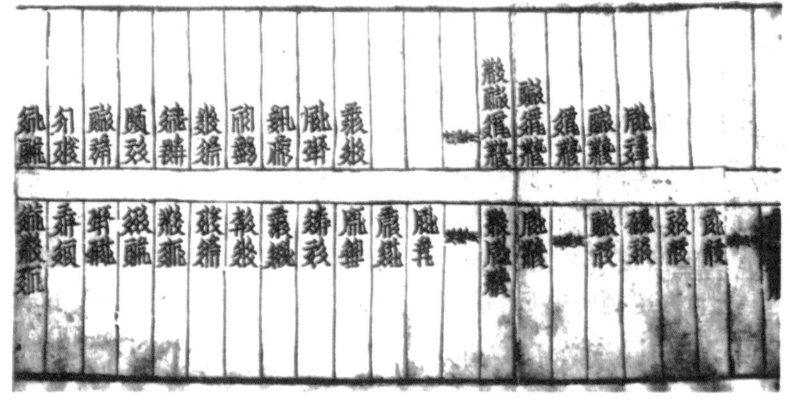

图 4-88 《官阶封号表》，西夏文刻本，卷轴装。

夏的卷轴装多为佛教著作。如《诸说禅源集都序干文》，此经因有表、图，难以按固定页面折叠，故采用卷轴装。还有世俗刻本《官阶封号表》，此表中有表格形式，不便分页，而采用卷轴装形式。另外，西夏刻印的汉文书籍也有卷轴装的，如《佛说圣大乘三归依经》、《观无量寿佛经甘露疏科文》和《圣六字增寿大明王陀罗尼》等。

2．经折装

经折装是将长卷按统一版面宽度反复折叠成册，多用于佛经。经折装的开本尺寸也各不相同，版式有上下单边和双边之分，每页有5行和6行不等。《妙法莲华经观世音菩萨普门品》，页面高20.5厘米，宽9厘米。卷首画《水月观音图》，占两页面，高15.5厘米，宽17.5厘米。经文图解部分，上下双边，天头3厘米，地脚2厘米，版面分上下两栏，上栏占4厘米，内刻图画，下栏约11.3厘米，刻印经文，经文每面5行，每行9—10字。

图4-89 《妙法莲华经观世音菩萨普门品》，经折装，前面为《水月观音图》，后面为上图下文，是古代最早的连环画式版画。

3．蝴蝶装

西夏所刻印的书籍，蝴蝶装占有很大比例，除少量佛经使用外，多为世俗类书籍。版框有上下单边、左右双边，也有四周单边不等。在西夏印

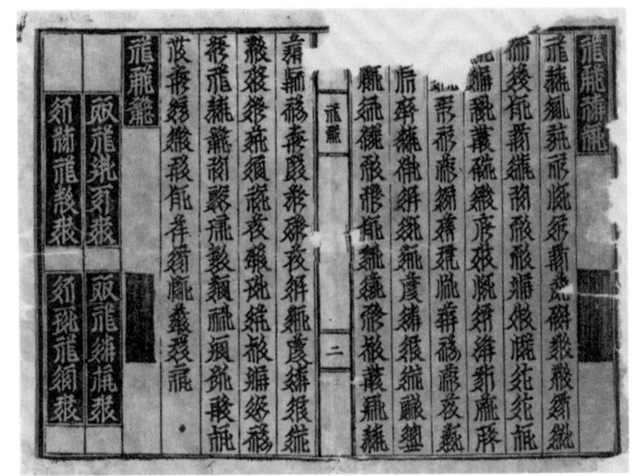

图4-90 《音同》，西夏文字书，为蝴蝶装，四周双边，有行格线，中缝无鱼尾。

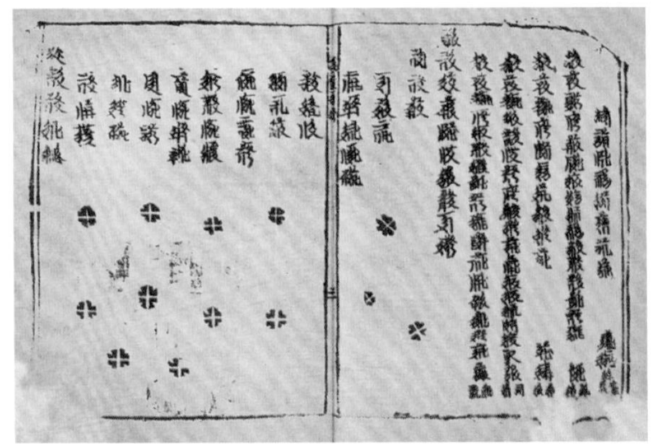

图4-91 《天盛改旧新定律令》，该书空白处刻有星花装饰，以示此处无文字。

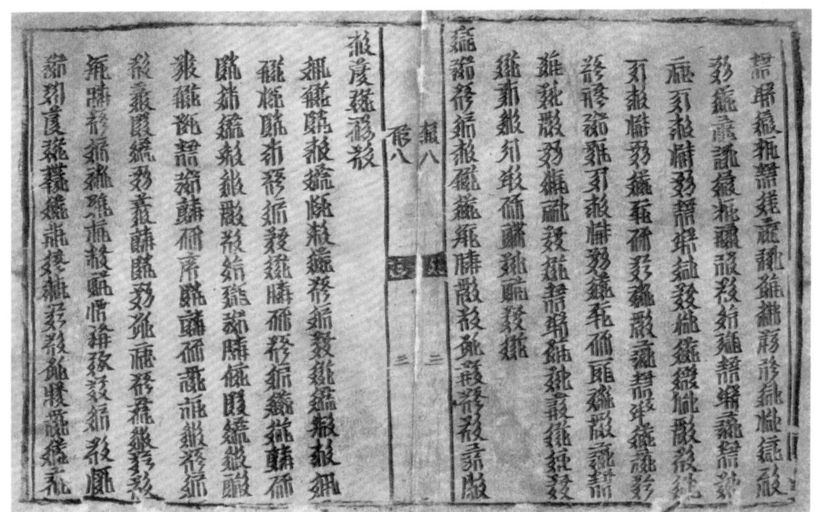

图 4-92 《论语全解》，约 12 世纪西夏文译刻本，为蝴蝶装，版心中缝较宽，篇名和页码都并列双刻，是西夏译刻儒家著作之一。

本中，版心中缝的形式变化较多，有独特的风格。首先是中缝留空大小不同，一般是上刻书名，下刻页码，多数无鱼尾，用横线上下隔开。《音同》为蝴蝶装，四周双边，中缝无鱼尾，有行格线。有的版心中缝留空较大，书名和页码并列双排，这种形式，在每半版中，都能看到书名和页码。西夏文刻本《论语全解》一书，版心中缝留空较大，齐中线两边刻有并列相同的篇名和页码。版内行数有 7—9 行不等，少数有行格线，多数无行格线。《天盛改旧新定律令》，在空白处刻印星花装饰，以示此处无文字。这种现象在宋版书中很少见到。

4．梵夹装

梵夹装起源于印度的贝叶书，后来藏族借鉴这种书籍装帧方式，现称为长条书。长条书是由很多规格相等的长条纸面组成。

西夏文印本的梵夹装与藏文长条书不同。藏文长条书是自左向右横写，自上而下排行。西夏文的梵夹装是自右向左排行，自上而下竖写，这是由于两种文字书写方式的不同而造成的。黑水城出土的西夏地区刻印的藏文《般若经》封面残页，即为梵夹装。[14]

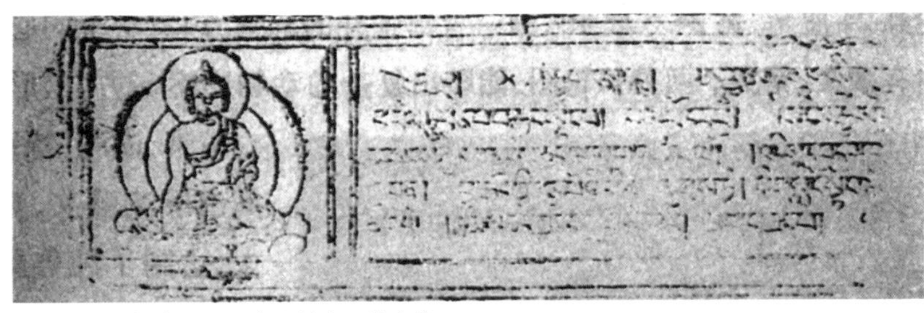

图 4-93 《般若经》，藏文刻本，梵夹装。

第四节 金国的印刷

一、金国的历史与文化

12 世纪初期，女真人兴起于白山黑水之间，其领袖完颜阿骨打在 1115 年统一了女真族各个部落。同年在会宁府(今黑龙江阿城)称帝，定国号为金。1126 年，金人占领了北宋的京城开封，入主中原地区，形成与南宋对峙的局面，从此，开始了历时近 120 年的金国历史。

由女真族建立的大金国，最强盛时其疆域北起外兴安岭以北，南以淮河为界，占据了大半个中国。在我国历史上，金国是一个非常重要的朝代，无论是在商业货币、政治制度、城市建设，还是历史文化上，它对中华民族文明史曾作出过不可磨灭的贡献。

1189 年之后，金国面对北方的蒙古人和南方的宋朝，两面作战，在蒙古人的攻击下，1215 年不得不把京城（北京）迁移到了开封。1234 年，蒙古人灭了金国。

在金国建立以前，女真人是没有文字的，天辅三年（1119）完颜希尹

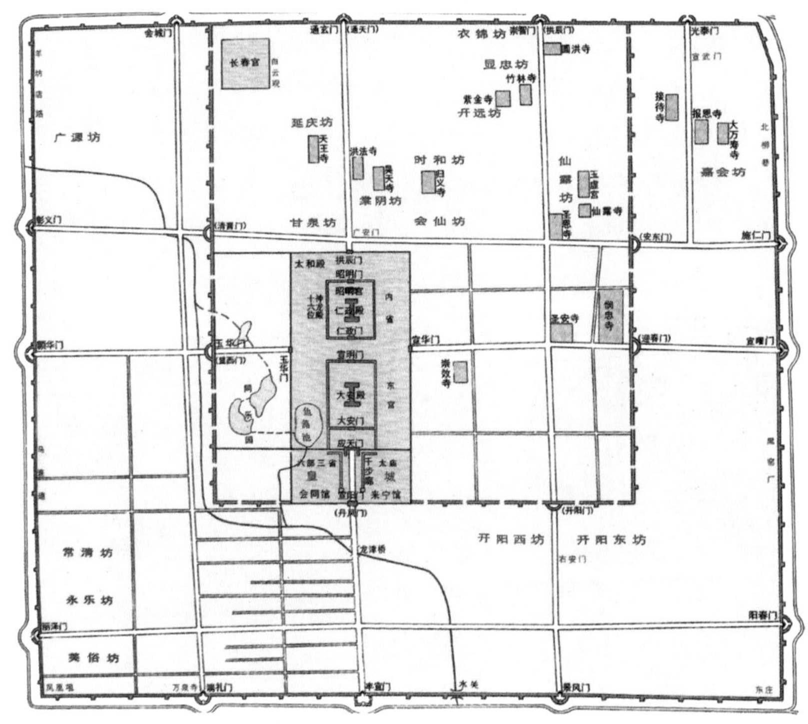

图 4-94 金中都城复原图

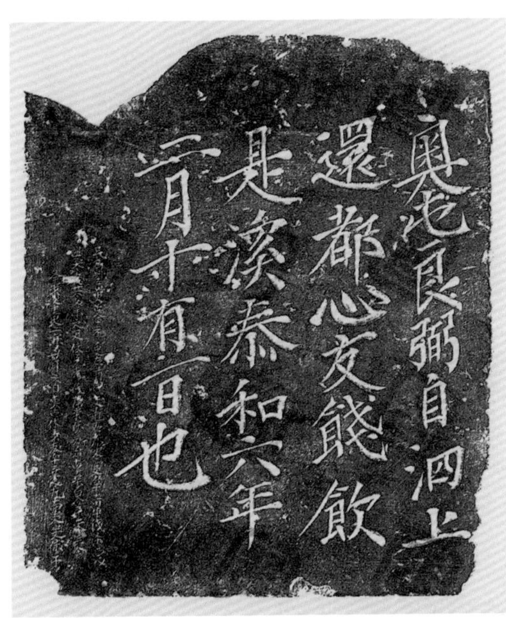

图4-95 奥屯良弼饯饮题名跋，金泰和六年（1206）刻石，此为清拓本。碑石现藏于国家博物馆。

图4-96 存世的金国陶版，四件。与雕印版一样，图像部分凸起，区别在于画面的正反不同。

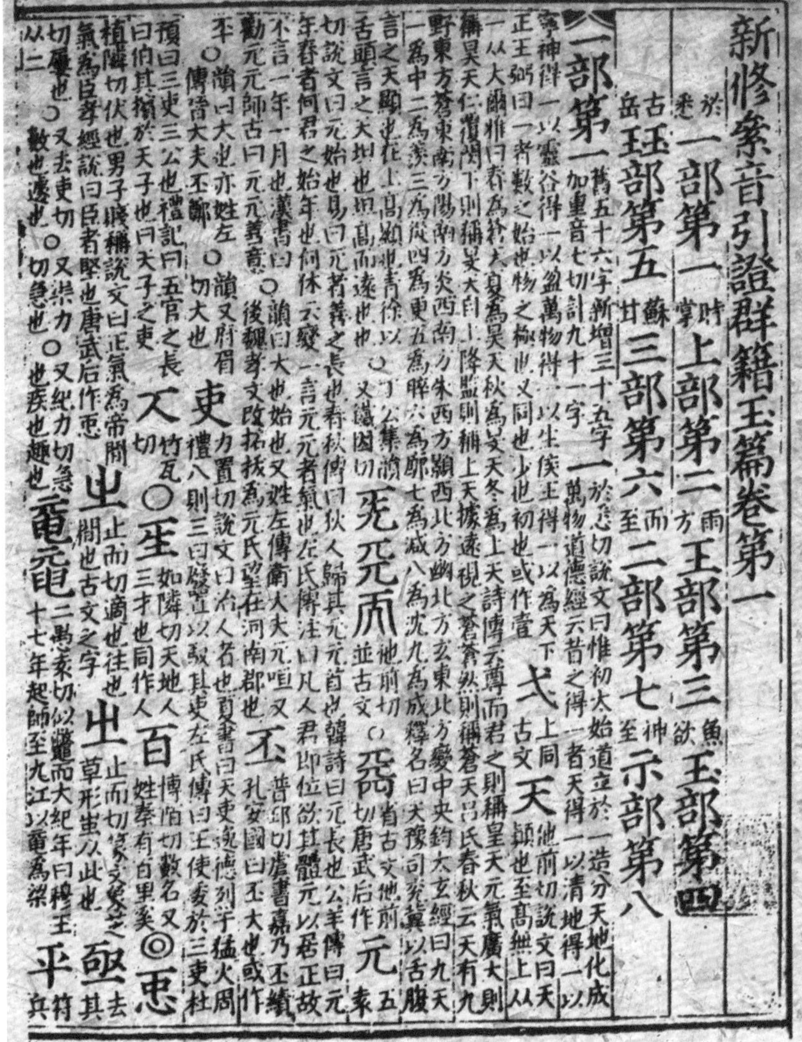

新修絫音引證群籍玉篇卷第一

於悉一部第一 時掌上部第二 雨方王部第三 魚欲玉部第四

古岳玨部第五 蘇甘三部第六 而至二部第七 神至示部第八

一部第一 舊五十六字新增三十五字加重音七切計九十一字

一 於悉切說文曰惟初太始道立於一造分天地化成萬物道德經云昔之得一者天得一以清地得一以寧神得一以靈谷得一以盈萬物得一以生侯王得一以為天下正王弼曰一者數之始也物之極也又同也少也初也或作壹

弌 上同 弌 古文 天 他前切說文曰天顛也至高無上从一

图4-97 《新修絫音引证群籍玉篇》，为金人所撰写的经部小学类字书，原30卷，今存29卷。体例仿《说文》，滂喜斋藏书记有著录，谓其“稀世秘笈矣”。

图 4-98 《新刊补注铜人俞穴针炙图经》，金明昌间（1190—1196）刻本。

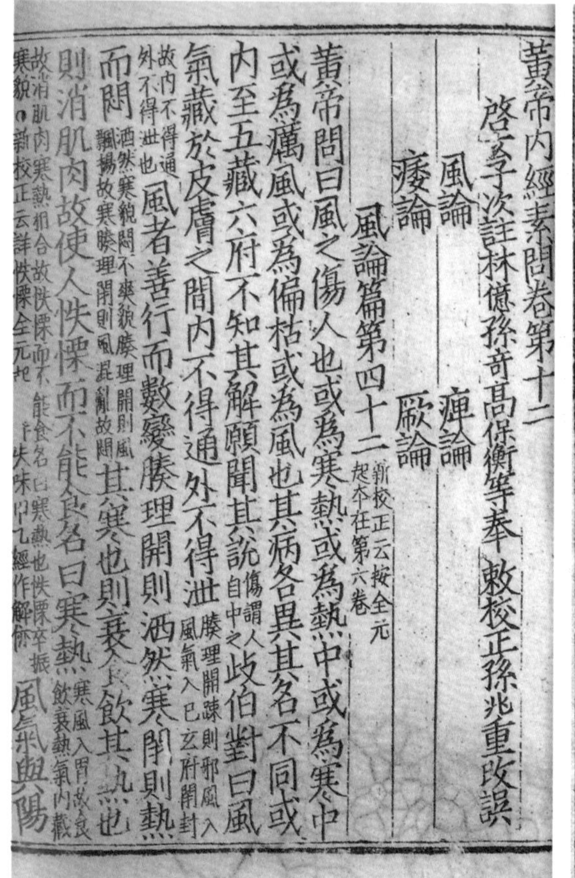

黃帝內經素問卷第十二
啓玄子次註林億孫奇高保衡等奉敕校正孫兆重改誤
風論 痺論
痿論 厥論
風論篇第四十二 新校正云按全元起本在第六卷
黃帝問曰風之傷人也或爲寒熱或爲熱中或爲寒中
或爲癘風或爲偏枯或爲風也其病各異其名不同或
內至五藏六府不知其解願聞其說岐伯對曰風
氣藏於皮膚之間內不得通外不得泄
風者善行而數變腠理開則洒然寒閉則熱
而悶其寒也則衰食飲其熱也
則消肌肉故使人怢慄而不能食名曰寒熱

图 4-99 《黄帝内经·素问》24 卷，亡篇 1 卷。

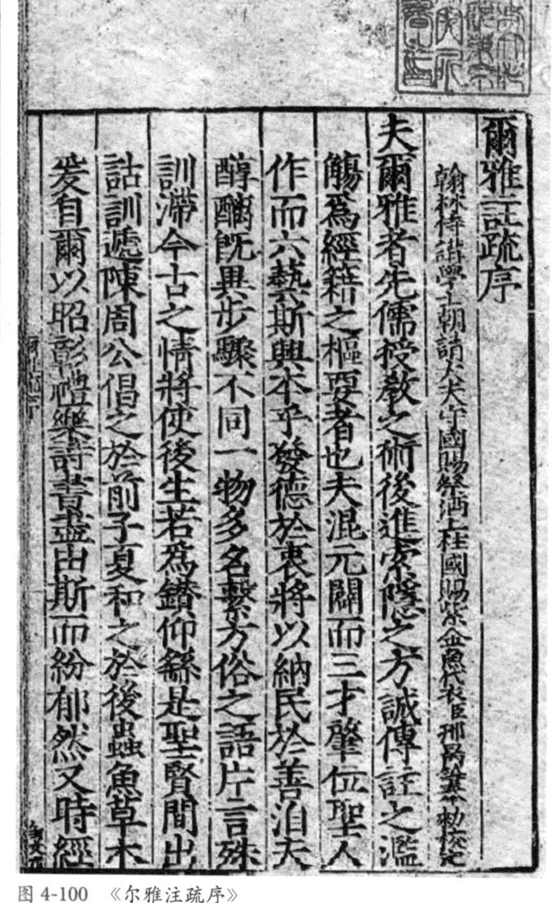

爾雅註疏序
翰林侍講學士朝請大夫守國子祭酒上柱國賜紫金魚袋臣邢昺等奉敕校定
夫爾雅者先儒授教之術後進索隱之方誠傳註之濫
觴爲經籍之樞要者也夫混元闢而三才肇位聖人
作而六藝斯興本乎發德於衷將以納民於善洎夫
醇醨既異步驟不同一物多名繫方俗之語片言殊
訓滯今古之情將使後生若爲鑽仰繇是聖賢間出
詁訓遞陳周公倡之於前子夏和之於後蟲魚草木
爰自爾以昭彰禮樂詩書盡由斯而紛郁然又時經

图 4-100 《尔雅注疏序》

创制了女真字，称作女真大字。在这之后，天眷元年（1138）金熙宗又创造了一种女真字，称作女真小字。以上两种女真字都是仿汉字和契丹字创制。女真大、小字，成为金国官方文字，与契丹字和汉字在金国境内通用。

金国用女真字撰写国书、谕令和文告，并设学校教女真字。

金国建国之初，女真人较快地接受了汉文化，甚至通用汉族的语言，但是女真族的文化还很落后。入主中原后，征集到大批汉族图书，一批汉族文人前来归附，使女真文化迅速发展起来。此后，金文化虽然保留和吸收了女真族的某些文化传统，但基本上继承了辽、宋的汉族文化。

女真族原来只有原始的萨满教。灭辽后，辽代兴盛的佛教在上京等地继续发展；灭北宋后，北宋的儒学逐渐在金国文化思想中占统治地位。金初行科举，即以“经义”录用人才。金熙宗在上京建孔庙，以女真字翻译儒家经书，学校以《论语》和《孝经》为课本。

金国的史学不是很发达。金灭辽后，命广宁户耶律固根据契丹《记注》、《实录》修辽史。耶律固去世后，其弟子契庙人萧永棋继其师编修《辽史》715 卷，但基本上是根据辽耶律严《实录》改编。

金上京一直是女真人教育和考试中心。太宗时，曾命广宁户耶律固翻译经书作为教材。叶鲁等一批精通女真文教师的出现，为女真学校的创立提供了条件。海陵天德三年（1151），设立养士之所国子监，这是金国第一所国立高等学府，后成为教育管理机构，管理国子学和太学。

二、金国的官方书籍印刷

金国政府的印刷事业是在原辽国、北宋占领区印刷业的基础上发展起来的。特别是金兵攻占北宋京城开封后，将北宋国子监、秘阁、三馆、秘书省书籍连同开封府书铺之书籍都集中运至中都。国子监印版、鸿胪寺经版全部运至燕京，存放于金国子监。[15]金国政府不仅大力收集宋代现有藏书，

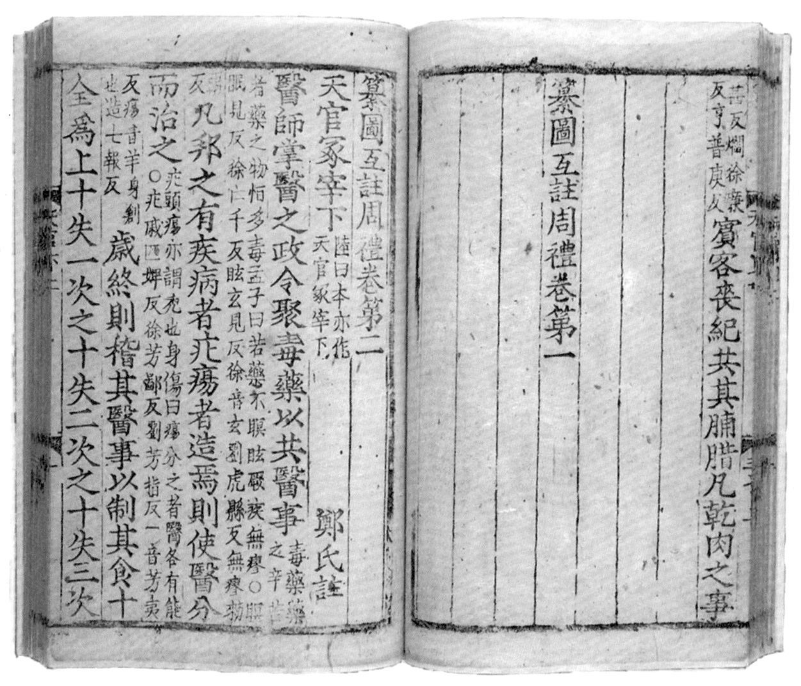
賓客喪紀共其脯腊凡乾肉之事
纂圖互註周禮卷第一
纂圖互註周禮卷第二
天官冢宰下 陸曰本亦作天官冢宰下
鄭氏註
醫師掌醫之政令聚毒藥以共醫事
凡邦之有疾病者疕瘍者造焉則使醫分
而治之
歲終則稽其醫事以制其食十
全爲上十失一次之十失二次之十失三次

图 4-101 《纂图互注周礼》，汉郑玄注，唐陆德明释文，金刻本，1 函 6 册。

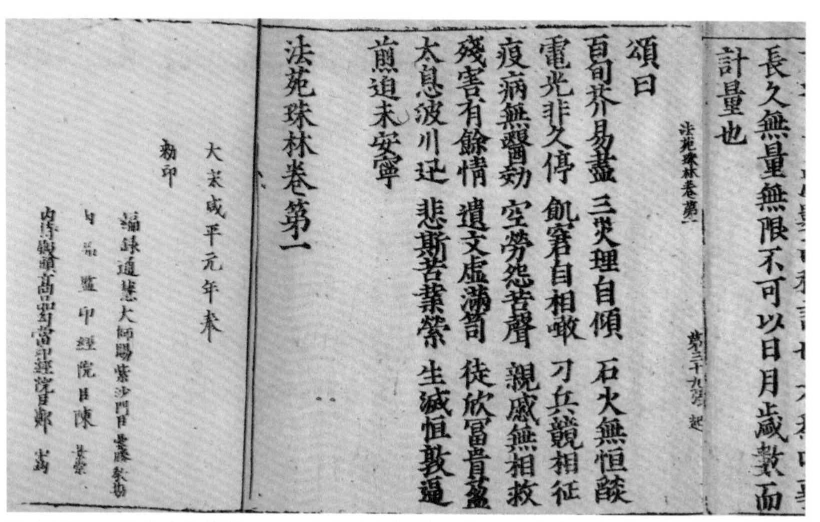

長久無量無限不可以日月歲數而
計量也
頌曰
百司芥易盡　三災理自傾　石火無恒焰
電光非久停　飢窘自相噉　刀兵競相征
瘦病無醫効　空勞怨苦聲　親戚無相救
殘害有餘情　遺文虛夢罰　徒欣冒貴蒸
太息波川逝　悲斯若葉榮　生滅恒數遍
煎迫未安寧
法苑珠林卷第一
大宋咸平元年奉
勅印

图 4-102　《法苑珠林卷第一》，金皇统九年（1149）至大定十八年（1178）解州天宁寺刊本大藏经本。

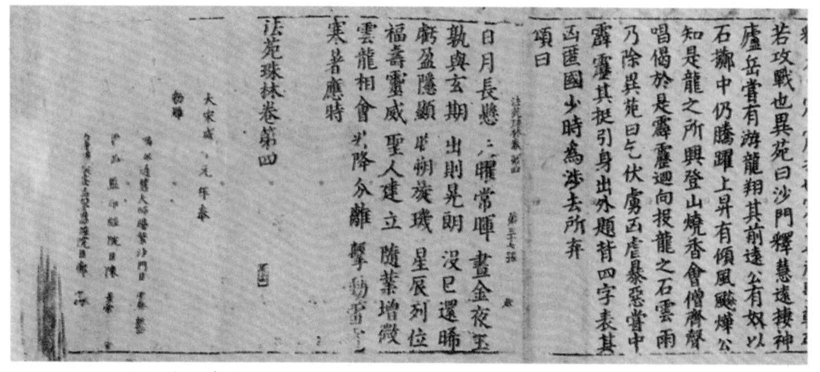

若攻戰也異苑曰沙門釋慧遠捿神
廬岳甞有游龍翔其前遠公有奴以
石擲中仍騰躍上昇有傾風飈燁公
知是龍之所興登山燒香會僧齊聲
唱偈於是霹靂迴向投龍之石雲雨
乃除異苑曰乞伏虜凶虐暴惡甞中
霹靂其挻引身出外題背四字表其
凶匿國少時為涉去所弃
頌曰
日月長懸　二曜常暉　晝金夜玉
孰與玄期　出則晃朗　沒巳還晞
虧盈隱顯　尋朔旋璣　星辰列位
福壽靈威　聖人建立　隨葉增微
雲龍相會　米降分離　擊動雷
寒暑應時
法苑珠林卷第四
大宋咸平元年奉
勅印

图 4-103　《法苑珠林卷第四》，金皇统九年（1149）至大定十八年（1178）解州天宁寺刊本大藏经本。

而且对于《崇文总目》内所缺少的书籍，也下令予以购求、补充，并广泛收购民间藏书。如果藏书家珍惜自己的书籍，不愿意售卖，政府还有规定，借抄之后，原书可归还本人。这样，一方面收书、购书，另一方面不断翻译、刻印新的书籍，于是金国政府藏书得以迅速增加，社会上的图书存量也日益增多。

天德三年（1151），政府扩建辽代的南京（今北京）为中都，贞元元年（1153）迁都南京，建立中都国子监。国子监只招收“宗室及外戚皇后大功以上亲，诸功臣及三品以上官兄弟子孙”（《金史·选举志》）。据《金史》记载，金国子监所印经史 29 种，以及《老子》、《荀子》、《杨子》等书。这些书多用所得北宋印版所印。在《金史·选举志》中，列出了金国子监印书的目录，其中有《易》、《书》、《诗》、《春秋左氏传》、《礼记》、《周礼》、《论语》、《孟子》、《孝经》、《三国志》、《晋书》、《宋书》、《齐书》、《梁书》、《陈书》、《周书》、《隋书》、《唐书》、《五代史》等。这些书基本上包括了经、史、子诸书。金国子监除了用北宋国子监的印版印书外，自己也有少量的刻版。只是这些金国子监刻印本，没有流传至今。

金政府机构中还设置有弘文院，专门负责翻译、校勘儒家经典。金世祖曾一再对群臣讲述令人翻译五经是为了让女真人懂得仁义道德之所在，为了巩固政权，培养服务于政府的有用人才。金统治者接受辽国的经验，兴办学校，提倡发展教育事业。据《金史》记载，金国的皇帝大多读经习史，很注意提高本身的文化素养和统治国家的能力。熙宗曾感叹自己读书甚少："幼年游佚，不知志学，岁月逾迈，深以为悔。"他认识到"孔子虽无位，其道可遵，使万世景仰"，因此亲祭孔庙，日夜攻读《尚书》、《论语》、《五代史》、《辽史》。

金政府国子监、弘文院刻印书籍，秘书监掌管经籍图书。另外，著作局、书画局、司天台等均有印书活动。金政府既有司天台，又有掌修日历的机构。金初无历法，女真人也不知生年，"唯见草复青，谓之一岁"。在天会十五年（1137）始行历法，这是女真社会发展中的一大进步。赵知微重修的《大明历》，后来不断刊刻，直至元代初年仍在使用。

金国道教盛行，对于道教典籍的刻印也十分积极。道教的发展当然也得力于统治者的支持。金世宗完颜雍就曾出资刻印道经，并于大定二十年（1180）下诏将南京（开封）道藏经版调至中都大天长观，在住持道士孙明道、赵道真等人的组织下，将南京运来的道藏经版进行修理补刻，两年完工，共得遗经1074卷，补版21800版，总共为6455卷，分为602帙，定名为《大金玄都宝藏》。

三、金国的纸币印刷

与宋同时期的金国于公元1141年与宋议和后，关系暂趋缓和，农业、手工业得以恢复，金国的商品经济快速发展。因此，金国对货币的需求越来越迫切，纸币印刷势在必行。金国百余年间，曾发行纸币交钞、贞祐宝券、贞祐通宝、兴定宝泉、元光重宝、元光珍宝等多种。其中在印钞史上首创的是绫币元光珍宝，应用时间最长的是交钞。

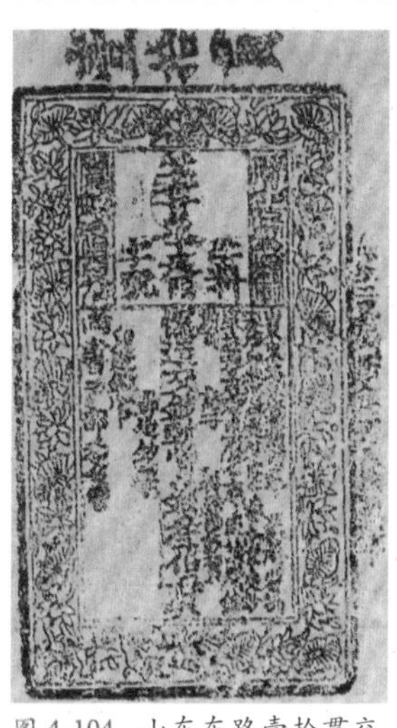

图 4-104　山东东路壹拾贯交钞版印样。

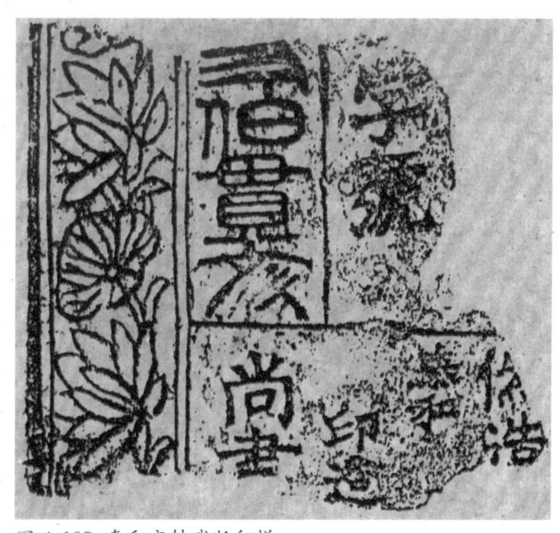

图 4-105　泰和交钞残版印样。

（一）交钞

金贞元二年(1154)，政府决定设立交钞库印发纸币交钞，先在黄河以南通行，后来逐渐推向全国。最先发行的纸币交钞，分大钞、小钞两种。一贯、二贯、三贯、五贯、十贯，谓之大钞；一百、二百、三百、五百、七百，称作小钞。钞券与钱并行，7年为限，到期强制作废换新钞。金世宗大定二十九年(1189)，取消7年必须更换的限制，改为无限期流通。但如果由于流通时间太长而字迹不清的，准许向官库以旧换新，但需收印刷工本费15文，后来又改收6文。

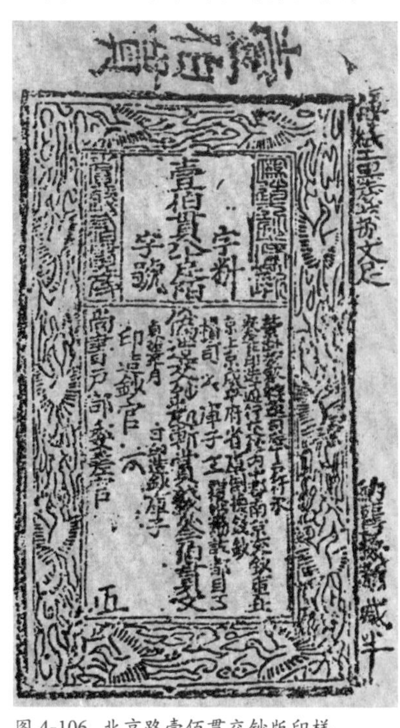

图 4-106 北京路壹佰贯交钞版印样

图 4-107 陕西东路壹拾贯交钞版印样

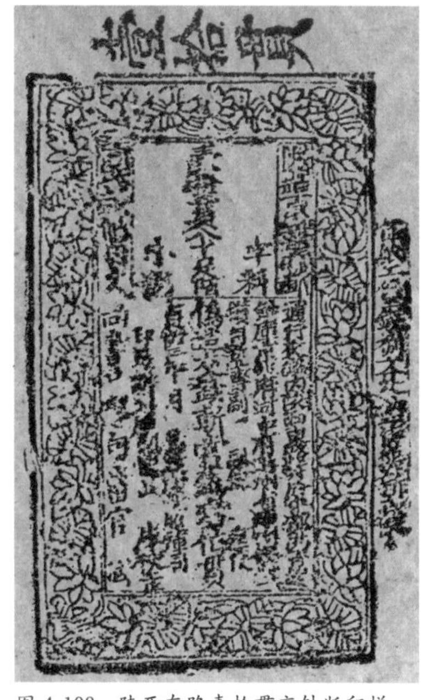

图 4-108 陕西东路壹拾贯交钞版印样

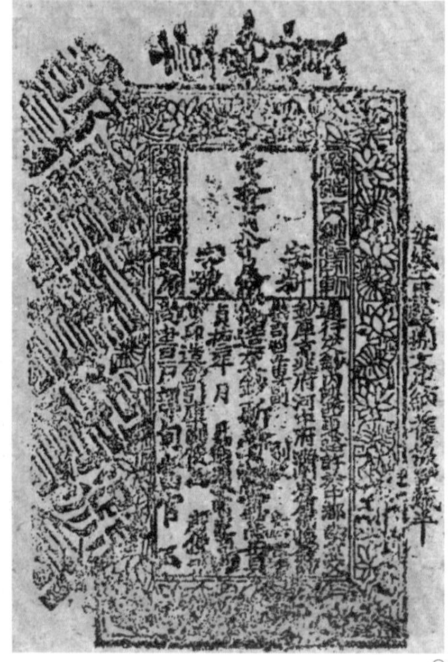

图 4-109 陕西东路壹拾贯五合同交钞版拓片[16]

交钞是金代盛行的纸币流通券，发行时间大约有80年，曾经流通金国，在金代货币中始终占据主导地位，交钞作为交易的主要媒介，与钱并用。为加强纸币印制与发行的管理，中央政府设置了印造钞引库和交钞库。同时还设有抄纸房，生产钞引专用纸，由印造钞引库兼管。

金代交钞还没有纸质实物发现，但印版却早已发现多件。风格大同小异。由于金钞没有兑界制度，是中国历史上最早的无限流通货币。但金政府经常印发新钞，钞名亦不断更新，这样，各种不同名称的旧钞、新钞在市场上同时流通。其数量越积越多，其值自然越来越低，到元光元年(1222)，万贯交钞买不到一张饼。到了最后，金钞几乎变成废纸。金交钞最终创造了60000000:1的空前的贬值纪录。

交钞的形制，据《金史·食货志》载："交钞之制，外为阑，作花纹，其上横书贯例，左曰'某字料'，右曰'某字号'。料号外，篆书曰'伪造交钞者斩，告捕者赏钱三百贯'。料号横栏下曰'中都交钞库，准尚书户部符，承都堂札付，户部覆点勘，令史姓名押字'。又曰：'圣旨印造逐路交钞，于某处库纳钱换钞，更许于某处纳钞换钱，官私同现钱流转。'印造钞引库子、库司、副使各押字，上至尚书户部官亦押字。"

现出土的金国钞版"北京路壹佰贯交钞版"、"陕西东路壹拾贯交钞版"、"陕西东路壹拾贯五合同交钞版"证明，《金史·食货志》的上述记载是符合历史事实的。交钞版均为铜版。由此可见，从北宋开始发行的交子印版采用铜材质，金沿用。这充分说明，当时已经能够生产适用于金属印版的印刷油墨。

（二）贞祐至元光年间发行的纸币

金贞祐三年至元光二年（1215—1223），短短八年时间里，金国发行货币竟达五种之多。其间，贞祐三年(1215)发行贞祐宝券；兴定元年（1217），发行贞祐通宝，并与宝券并行；兴定六年(1222)，发行兴定宝泉，并与通宝并行；元光二年（1223）发行元光重宝；同年，又发行绫币元光珍宝。值得指出的是，金元光二年发行的元光珍宝，是以丝织物绫为承印物的绫币，并不是纸币。以织物为承印物印制货币，在中国印钞史上此为首创，[17]在中国印刷术的织物印刷之中占有一席之地，可作为织物印刷之一证，供印刷史研究者探讨。

图4-110 陕西东路壹拾贯交钞版

法国人缪勒在于《通报》33卷发表过一件出土于金北京大定府旧址（今内

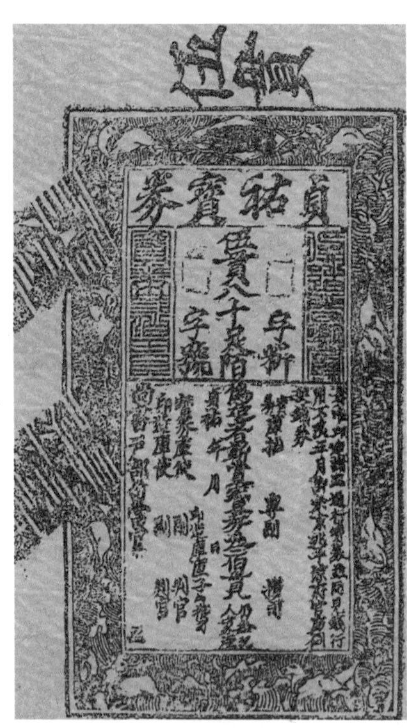

图 4-111　贞祐宝券伍贯两合同印样

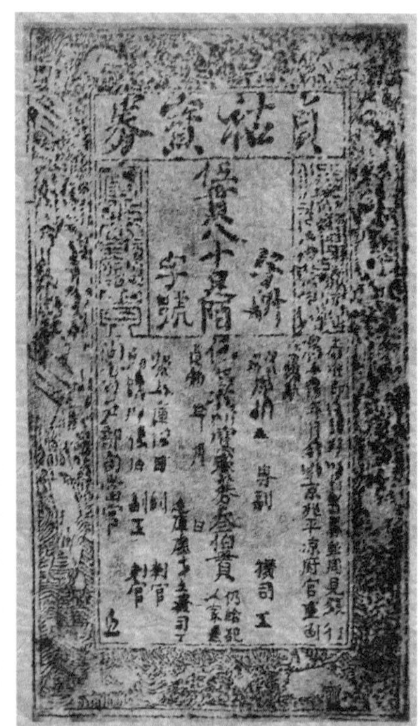

图 4-112　贞祐宝券伍贯印样

图4-113　贞祐宝券伍拾贯铜版印样

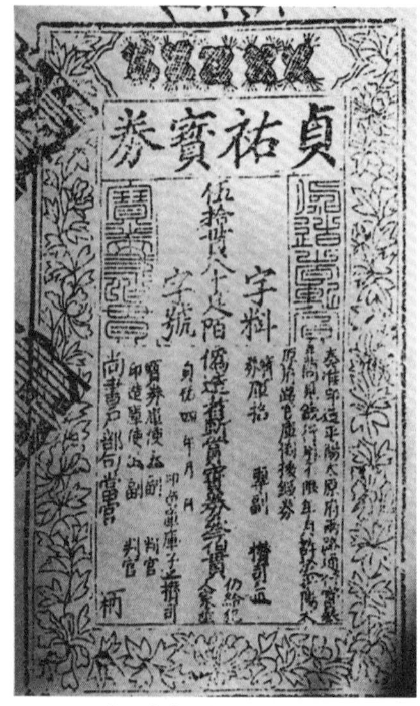

图 4-114　贞祐宝券伍拾贯印样

蒙古宁城）的贞祐交钞版，其下半部的起头文字是："北京路□察□□司奉户符承圣旨印造通行交钞内中都南京交钞库北京上京咸平府省库倒换钱钞……"

2005 年中央电视台《鉴宝》栏目发布了一件"上京印造交钞库之印"印鉴。该印章被专家团认定为真品。这方印，通高 5.5 厘米，印钮为板状，底部为正方形，边长 5 厘米，有"上京印造交钞库之印"字样；印的背面两侧分别刻有“行部造”和“上京路印造交钞库之印”字样，在印的一个侧面刻有“贞祐二年五月□日”字样，表示日期的数字已模糊不清；印钮顶部刻有表示方向的“上、下”两个字。这一发现成为金朝曾经设立管理纸币的金融机构的有力物证。

古代钞票防伪的手段还有一种就是在钞票上加盖合同印。从已经出土的文物来看，现存最早使用合同印的纸币是金代发行的贞祐宝券。而且这种合同印直接随着铜印版一起铸造出来。如图所示，这种骑缝合同半印铸造于钞版边缘，但因纸币发行量极大，导致这种辨伪功能微乎其微，甚至无法显现。这样一来，合同印成了一种没有实际功用的装饰。

（三）金国最后发行的纸币——天兴宝会

金国纸币有较大发展，突出一点体现在纸币与贵金属的关系上。在金宣宗贞祐五年（1217）发行贞祐通宝，规定通宝四贯，相当于白银一两；兴定六年(1222)发行兴定宝泉，二贯当白银一两。而金末在纸币面值上直接“见银流转”，以重量为面值单位。称谓为“钱”的纸币是天兴二年（1234）发行的天兴宝会，这是金廷发行唯一的一张，也是最后的一张纸币。

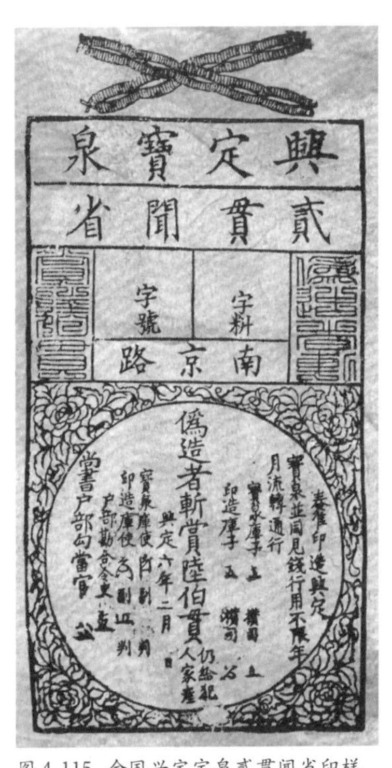

图 4-115 金国兴定宝泉贰贯闻省印样

壹钱合同是金行将灭亡前发行的最后一张纸币的相关用印。在印文中未见有明示地区，可谓天下通行。此印是以银的重量单位为标准称谓的合同印，属于一个新的类型标准，它的发现极具文物价值和学术价值。流传于世的“壹钱

图 4-116 金国上京印造交钞库之印

图 4-117 “壹钱合同”印，为钤印在金国天兴宝会纸币上的官用印。

合同”铜印共两块。较小的印近似长方形，上端呈尖角，橛钮。印面无边栏，长4.5厘米，宽2.6厘米，高4.6厘米。印背凿刻有“上”字以指示正位。印台厚实，四周呈斜坡状。印文“壹钱合同”朱文楷书直读，其中“合同”两字为合体“合同印”，应当为在金天兴宝会纸币上钤用。印文竖式直读，无边栏，印面为束腰锭形，字形接近黑体字，横笔画细而竖笔画粗。“壹贯背合同”印，为合同类型印于资料中所见的第一例，也是唯一的一例。

从交钞开始，金代纸币就保持了在花阑顶部横写“贯例”（也就是面值的样式）这样的特征。这种特殊样式在已知的宋代、元代乃至明代纸币中是从未有过的。在金代的钞版上，有时会在字料或字号上方留有一个四方浅槽。潘吉星认为是放置活字的地方。浅槽一般是在字料上方，因为如果按照千字文排序的话，放置一个活字后可以印刷一千张而不用处理印版。也有字料、字号上方各有一个方槽的。罗振玉《四朝钞币图录》收录了一张金代两合同贞祐宝券版，字料上方甚至还保留了活字“輶”。字在“千字文”中是第794字，如果这种纸币的编号是按理想方式进行的话，这种贞祐宝券就至少发行了近80万张了。

四、金国的民间书籍印刷

（一）平阳地区印刷

宋高宗南渡临安时，原开封的书肆和雕版印刷工人，一部分随政府南迁，一部分则移往北方金国的刻书中心平阳（平阳亦名平水，今山西临汾）。从此山西平阳成为黄河以北的雕版印刷中心。

平阳生产的黄麻纸、白麻纸和稷山竹纸，质量不亚于江南。平阳黄麻纸薄而且略脆，表面有明显的竹类粗纤维，编织纹距均匀，帘纹一指宽，以麻料与竹类搭配制成。现存金国平阳珍本，多用此纸印刷。（如图4-118山西黄麻纸，图4-119《泰和五音新改并类聚四声篇》用纸）

图4-118　山西黄麻纸，金代平阳地区刊印的书多用此纸，如《泰和五音新改并类聚四声篇》。

平阳有钱人家藏书的风气很普遍，所谓“家置书楼，人蓄文库”就是这一带文化风气的写照。再加上这里避开了连年的战火，为印刷业的发展创造了良好的条件。正如《金史》记载，平阳“有书籍”，表明政府也在这里设置了出版印书管理机构。从现存的金国刻书来看，绝大多数为平阳刻本。有些著名的坊家在这里经

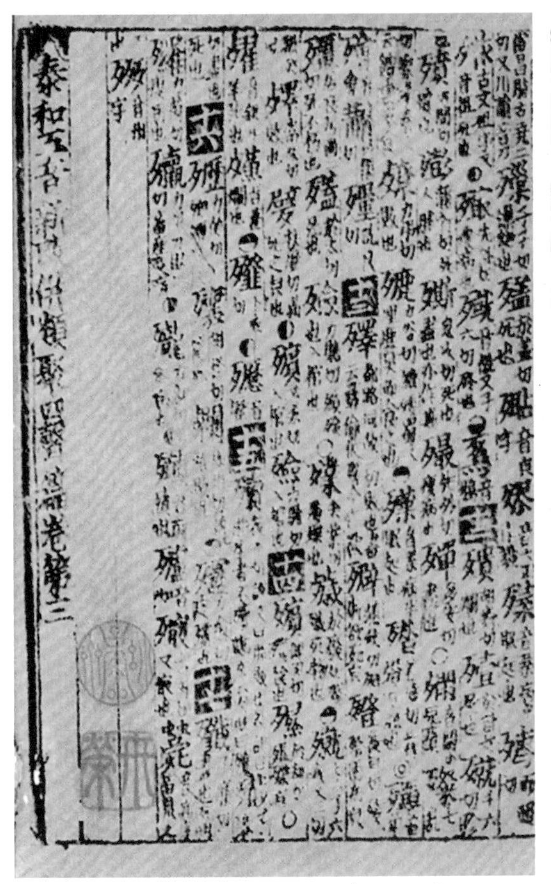

图 4-119 《泰和五音新改并类聚四声篇》，金山西平阳刊本（或称平水本）。山西黄麻纸印刷，半框：21.4 厘米×14.8 厘米。

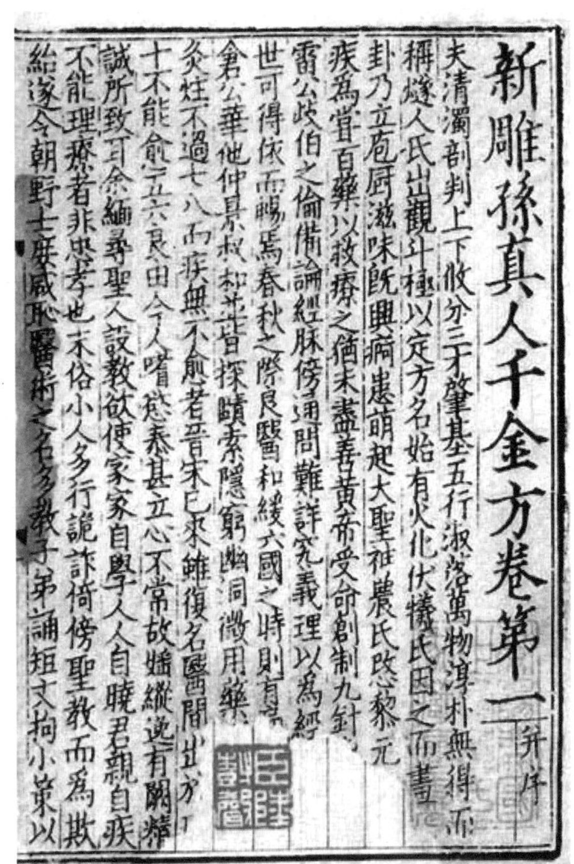

图 4-120 《新雕孙真人千金方》，有学者认为此版本为金民间坊刻本。

营时间十分长久，往往子承父业，世代相传。如晦明轩张氏、中和轩的王宅。在金国灭亡后，他们继续刻书、卖书，影响深远。一些著名的书坊主为平阳的印刷事业作出了很大贡献，直到元朝，平阳仍是全国刻书事业最发达的地区之一。

平阳书坊中最有名的有：平水王文郁所印书籍《大观本草》、《新刊韵略》；平阳张存惠（魏卿）晦明轩刻印活动延续到元朝，在金时，曾刻印过《滏水文集》、《丹渊集》、《通鉴节要》等书；平水中和轩王宅刻印过《道德宝章》；平阳李子文刻印有《增广分门类林杂说》；平水刘敬促刻印过《尚书注疏》；在平阳书坊刻本中，还有《地理新书》、《春秋纂例》、《明堂灸经》等书。

平阳坊刻本中，最著名的就是张存惠晦明轩于泰和四年（1204）刻印的《重修政和经史证类备用本草》，这是将北宋政和年间刻印的《本草》一书加以修订而刻印的。该书为张宅的重点图书，并多次修订刊印。

现藏国家图书馆的《刘知远诸宫调》，共 12 卷，版框高 10.3 厘米，宽 7.8 厘米，存 5 卷 42 叶，金平阳刻本。诸宫调为宋、金、元三朝民间说唱文学。原书清光绪三十三年（1907）于黑水城出土。20 世纪 50 年代，由苏联国家对外文化联络委员会赠还我国。

图 4-121　金国刊本《经史证类本草》中的《解盐图》，印于 1204 年。

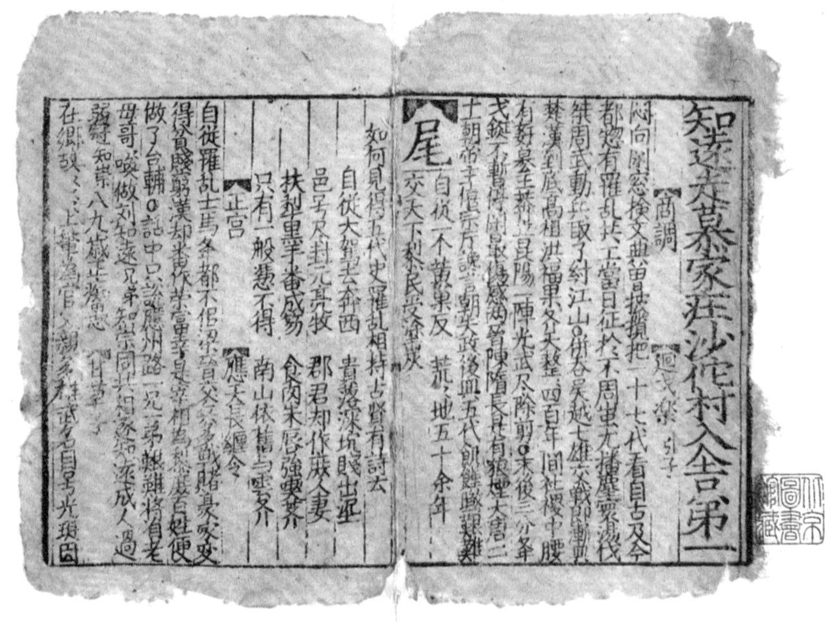

知遠走慕家莊沙佗村入舍第一

【商調】【迴戈樂】引子

【尾】交天下黎民受塗炭

自後一个黃巢反　荒荒地五十余年

如何見得五代史羅乱相持古賢有詩云

自從大駕去奔西　貴落深坑賤出泥

邑号尽封元亮妓　郡君却作庶人妻

只有一般憑不得　南山依舊与雲齊

【正宮】【應天長纏令】

图 4-122　《刘知远诸宫调》，12 卷，存 5 卷 42 叶，金平阳刻本。

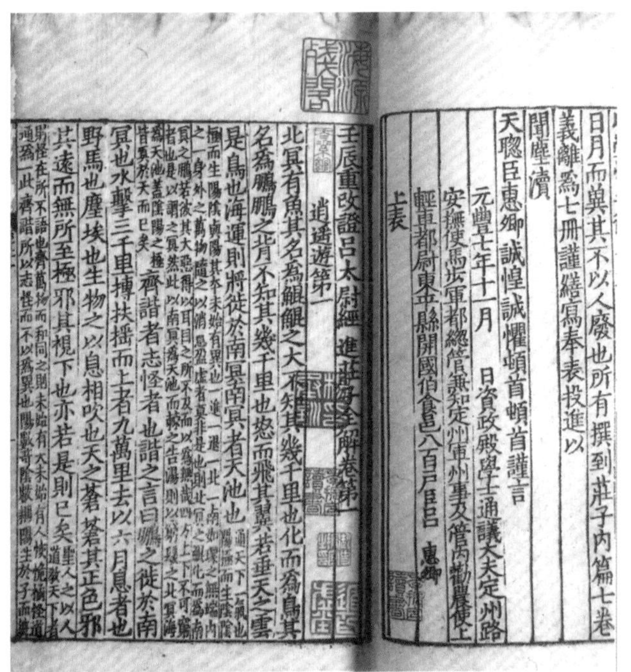

壬辰重改證呂太尉經進莊子全解卷第一

逍遙遊第一

北冥有魚其名為鯤鯤之大不知其幾千里也化而為鳥其名為鵬鵬之背不知其幾千里也怒而飛其翼若垂天之雲是鳥也海運則將徙於南冥南冥者天池也……冥也水擊三千里摶扶搖而上者九萬里去以六月息者也野馬也塵埃也生物之以息相吹也天之蒼蒼其正色邪其遠而無所至極邪其視下也亦若是則已矣

日月而爽其不以人廢也所有撰到莊子內篇七卷義離為七冊謹繕寫奉表投進以

聞塵瀆

天聰臣惠卿誠惶誠懼頓首頓首謹言

元豐七年十一月　日資政殿學士通議大夫定州路安撫使馬步軍都總管兼知定州軍州事及管內勸農使上輕車都尉東平縣開國伯食邑八百戶臣呂　惠卿

上表

图 4-123　《壬辰重改证吕太尉经进庄子全解》，金平阳刻印本。

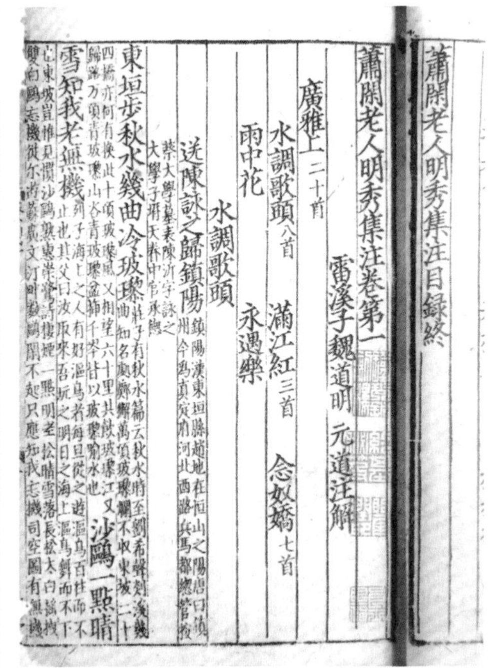

蕭閑老人明秀集注目錄終

蕭閑老人明秀集注卷第一

雷溪子魏道明元道注解

廣雅上 二十首

水調歌頭 八首　滿江紅 三首　念奴嬌 七首

雨中花　永遇樂

水調歌頭

送陳詠之歸鎮陽

東垣步秋水幾曲令玻瓈……

雪知我老無譏……沙鷗一點晴

图 4-124　《萧闲老人明秀集注》，3 卷。蔡松年撰，魏道明注。字体瘦劲，刻印精工。

平阳金国刻本中，有《壬辰重改证吕太尉经进庄子全解》一书，由国家图书馆收藏，为金大定十二年（1172）平阳坊刻本。在《俄藏黑水城文献》中，有一种《吕观文进庄子内篇义卷》，风格相同，也是金平阳刻本。

平阳刻本《萧闲老人明秀集注》，为蔡松年的乐府诗集，由魏道明作注。蔡松年，字伯坚，今河北正定人，金时官至尚书右丞相，自号萧闲老人，

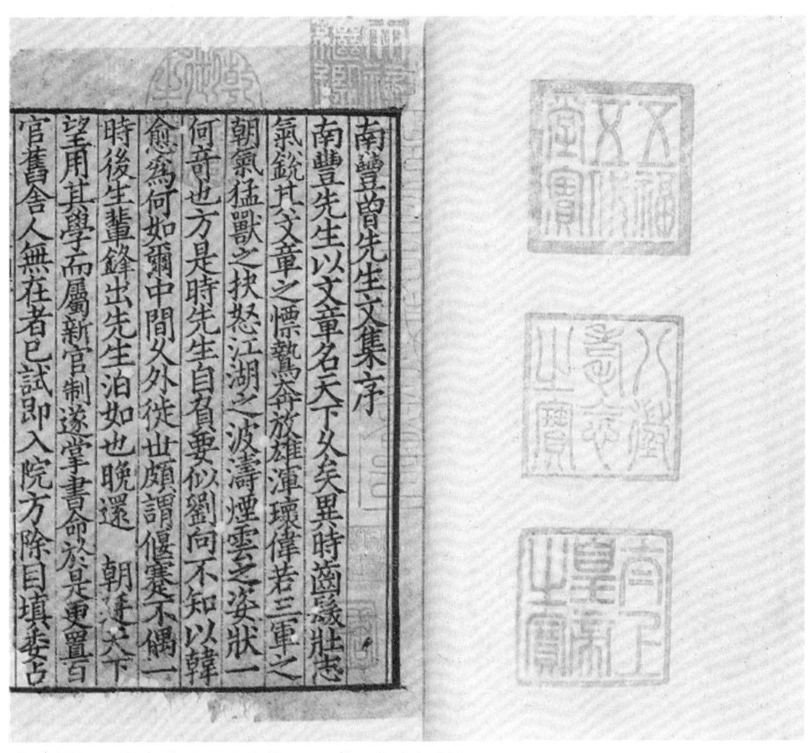

南豐曾先生文集序

南豐先生以文章名天下久矣異時齒髮壯志氣銳其文章之慓鷙奔放雄渾瓌偉若三軍之朝氣猛獸之抉怒江湖之波濤煙雲之姿狀一何奇也方是時先生自負要似劉向不知以韓愈為何如爾中間久外徙世頗謂偃蹇不偶一時後生輩鋒出先生泊如也晚還　朝廷天下望用其學而屬新官制遂掌書命於是更置百官舊舍人無在者已試即入院方除目填委占

图 4-125　《南丰曾子固先生集》34 卷，金平阳刻印。

他也是金国著名书法家。《南丰曾子固先生集》，为宋人曾巩撰，版框高16.7厘米，宽12厘米，是平阳刻本的代表作品，为海内外孤本。书中钤有“乾隆御览之宝”、“太上皇帝之宝”、“八徵耄念之宝”、“五福五代堂宝”、“天禄琳琅”、“天禄继鉴”等印。

（二）金国其他地方的印刷

存世的金国善本，大部分存于中国国家图书馆和俄罗斯东方研究院。俄罗斯的那部分珍品主要来源于科兹洛夫对黑水城宝藏的掠夺。如今中国国家图书馆已将其中的十多种金版书籍分三批通过再造善本项目进行高仿真复原，使世人得以欣赏和研究。

金国的刻书地区是比较广泛的。如中都路（北京），南京路（汴京），今山西的平阳、解州、榆次，河北宁晋，陕西的华阴，都有图书的雕版印刷。赵万里先生称“金本相当于宋本”，只是指金本书的印刷工艺水平同宋版书相似。今天，由于金版书籍的稀少，其价值有的甚至超过了宋本。

在遍布各地的民间刻印书籍活动中，非常著名的有河北西路宁晋县唐城荆里庄人荆祜。他的祖上是做陶器的，到其祖父、父亲时，已刊行《五经》等书，20年间荆氏刻本满布河朔。贞祐年间（1213—1216）蒙古兵南侵，他将《五经》、《泰和律义篇》、《广韵》等书版隐藏在废墟中，过后发掘出来补版。因为荆家所刻印的书质量好，价格便宜，因而销路很广，获利颇丰。荆氏刻本流传至今者，只有《崇庆新雕改併五音集韵》一书。

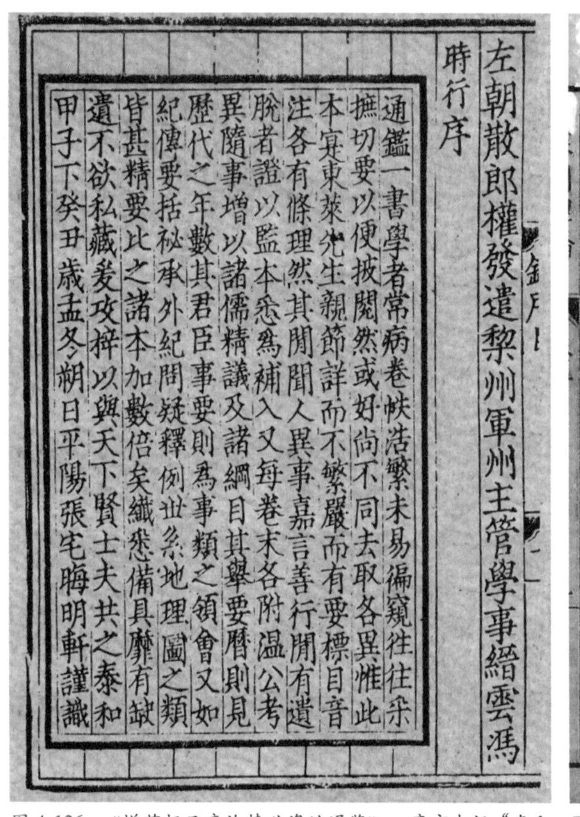
左朝散郎權發遣梨州軍州主管學事縉雲馮
時行序
通鑑一書學者常病卷帙浩繁未易徧窺往往采
摭切要以便披閱然或好尚不同去取各異惟此
本寔東萊先生親節詳而不繁嚴而有要標目音
注各有條理然其間閒人異事嘉言善行間有遺
脫者謹以監本悉為補入又每卷末各附温公考
異隨事增以諸儒精議及諸綱目其舉要曆則見
歷代之年數其君臣事要則為事類之領會又如
紀傳要括秘承外紀問疑釋例世系地理圖之類
皆甚精要比之諸本加數倍矣纖悉備具靡有缺
遺不欲私藏爰攻梓以與天下賢士夫共之泰和
甲子下癸丑歲孟冬朔日平陽張宅晦明軒謹識

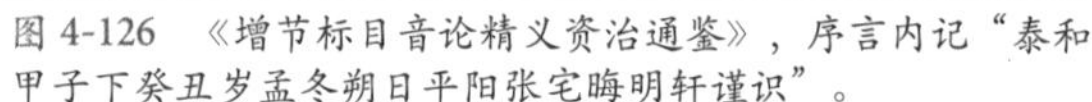
图4-126 《增节标目音论精义资治通鉴》，序言内记“泰和甲子下癸丑岁孟冬朔日平阳张宅晦明轩谨识”。

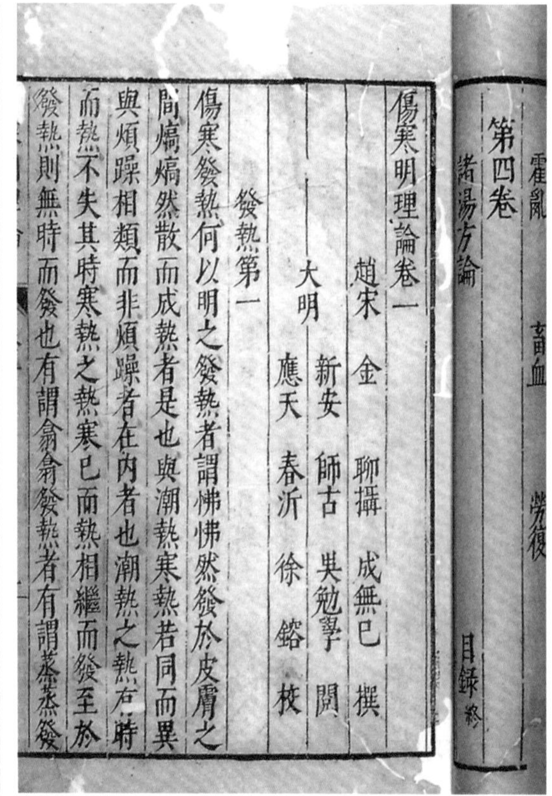
第四卷 諸湯方論
霍亂 蓄血 勞復
目錄終
傷寒明理論卷一
趙宋 金 聊攝 成無已 撰
大明 新安 師古 吳勉學 閱
應天 春沂 徐 鎔 校
發熱第一
傷寒發熱何以明之發熱者謂怫怫然發於皮膚之
間熇熇然散而成熱者是也與潮熱寒熱若同而異
與煩躁相類而非煩躁者在內者也潮熱之熱有時
而熱不失其時寒熱之熱寒已而熱相繼而發至於
發熱則無時而發也有謂翕翕發熱者有謂蒸蒸發

图4-127 《伤寒明理论》4卷，金成无已撰，明刊本竹纸。

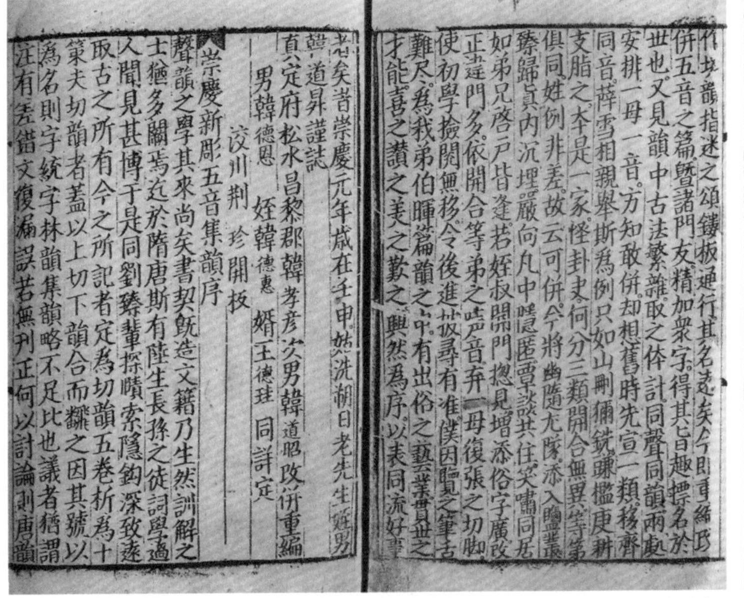

图 4-128 《崇庆新雕改併五音集韵》，金崇庆元年（1212）河北宁晋地区荆珍刻本。

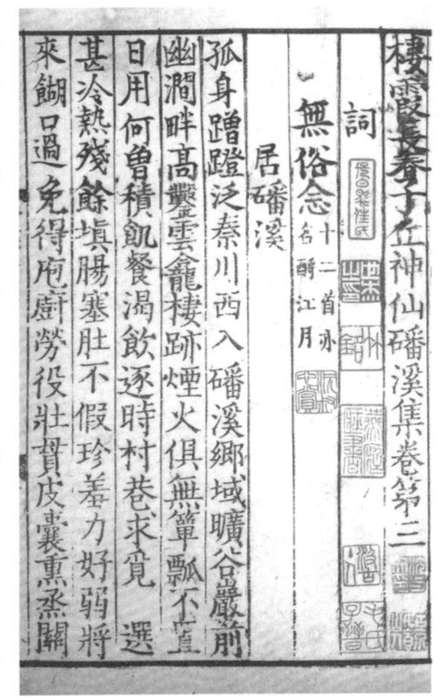

图 4-129 《栖霞长春子丘神仙磻溪集》，丘处机撰，金刻本，线装 1 函 3 册。

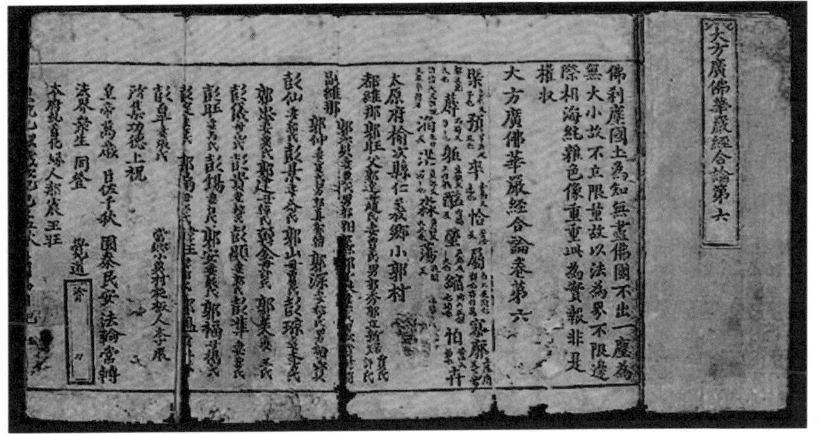

图 4-130 《大方广佛华严经合论第六》，经折装，皇统九年（1149）山西太原府榆次县刻印。

书中有“韩道昭重编”，“川荆珍开板”等文字。川为宁晋的别名，荆珍当为荆祐的家人。此书应刻印于金崇庆年间（1212—1213）。

山西省图书馆藏《大方广佛华严经合论》卷六，为金皇统九年（1149）太原府榆次县仁义乡小郭村都维那、郭旺等刻版，当乡小异村人李展出资印刷。此书为经折装，每版 25 行，每行 16 字，版框高 25 厘米，宽 48 厘米，麻纸刷印，入潢。书中夹带日本人的题记纸条，记有“金版华严经二册，六百六十余年前”等文字，说明 19 世纪初此本曾被日本人收藏。

（三）《金藏》的刻印

《金藏》也称《赵城藏》，是继宋《开宝藏》、辽《契丹藏》之后，由民间集资刻印的又一部《大藏经》，该经约有 7000 余卷，为卷轴装。在该藏经的一些经卷中，还保留有《开宝藏》的痕迹。如“大宋开宝六年癸酉敕雕”字样，证明它是以《开宝藏》为底本而翻刻的。《金藏》的雕刻约始于金天眷年间（1138—1140），完成于金大定十三年（1173）。经历

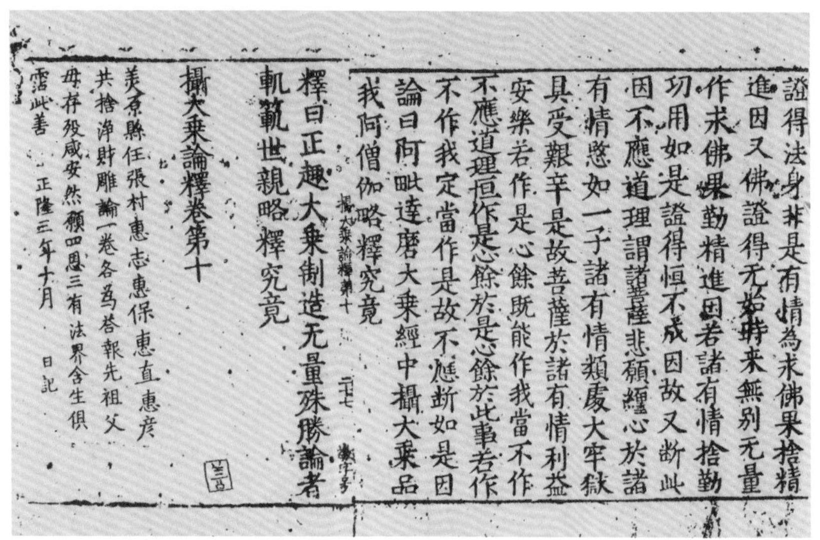
證得法身非是有情為求佛果捨精
進因又佛證得无始時来無別无量
作求佛果勤精進因若諸有情捨勤
功用如是證得恒不成因故又斷此
因不應道理謂諸菩薩悲願纏心於諸
有情慜如一子諸有情類處大牢獄
具受艱辛是故菩薩於諸有情利益
安樂若作是心餘既能作我當不作
不應道理恒作是心餘於此事若作
不作我定當作是故不應斷如是因
論曰阿毗達磨大乘經中攝大乘品
我阿僧伽略釋究竟
釋曰正趣大乘制造无量殊勝論者
軌範世親略釋究竟
攝大乘論釋卷第十
美原縣任張村惠志惠保惠直惠彦
共捨淨財雕論一卷各為荅報先祖父
母存殁咸安然願四恩三有法界含生俱
霑此善　正隆三年十月　日記

图 4-131 《金藏·摄大乘论释卷第十》，金正隆三年（1158）刻印于晋南绛州太平县天宁寺。

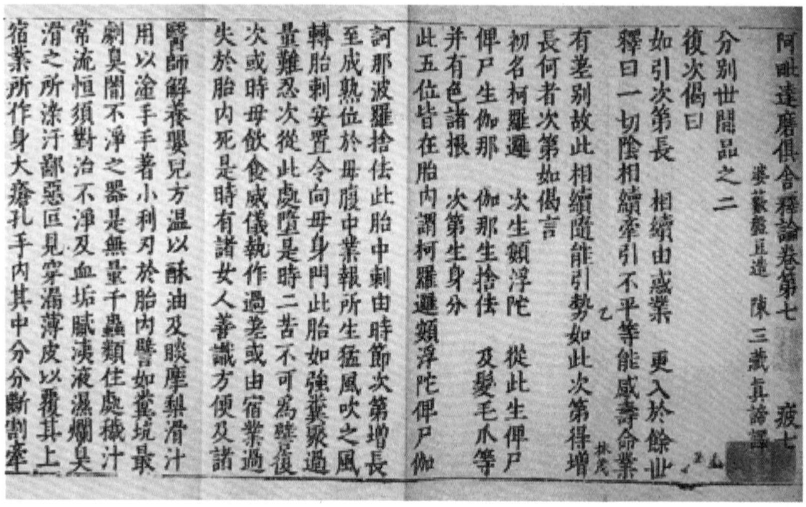

图 4-132 《金藏·阿毗达磨俱舍释论卷第七》

了三十多年时间，才完成这一庞大的刻印工程。《金藏》的刻印地点为晋南绛州太平县天宁寺，由大藏经版会主办。此经为卷轴装，卷芯用细木棍，十分朴素。这批出自民间的印刷品，无论在用纸、用墨和装裱方面都比官方印造的《开宝藏》略逊一筹。

相传潞州长子县崔进之女，名法珍，自幼好道，13 岁断臂出家，发愿雕造藏经，垂三十年方成。由于她的真诚，感动了河东南路的男女信徒，不但富有者捐施，即便贫穷者也尽力所及。有捐驴子的，有捐布匹的，有施梨树 50 根的，有施经版 20 片或 30 片的，也有施雕字刀子的。在《金藏》很多经卷后面，都刻印有该经布施者的姓名。从中可知捐施者多为山西南部一带的信徒，北面远到太原府，西面远到陕西蒲城一带。

金大定十三年（1173），《金藏》全部刻成，共刻经版 168113 件，计 6980 卷。金大定十八年（1178），崔法珍将印成的一部《大藏经》进奉朝廷，受到金世宗完颜雍的高度重视。当时中都的十大寺僧持香花迎经于大圣安寺。大定二十一年（1181）崔法珍将全部经版运到京城，存放于燕京大昊天寺，

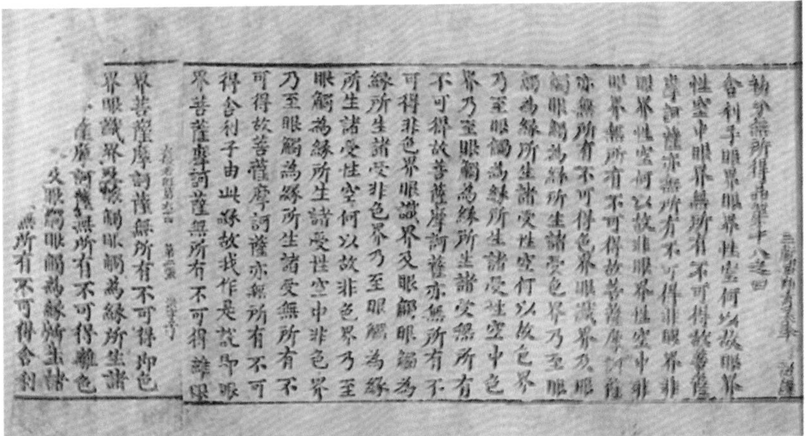

图 4-133 《金藏·大般若波罗蜜多经卷》第六十四卷尾

并设印经坊，大量印刷，故而得名为《弘法藏》。大定二十三年（1183）崔法珍被赐紫衣，并受封为“弘教大师”。

1938 年 2 月，日本侵略军占领赵城。广胜寺距最近的日军据点仅 2 公里，为防日军掠夺，广胜寺力空法师将《金藏》砖砌封存于广胜寺飞虹塔内。1942 年 4 月，日本政府派遣“东方文化考察团”到赵城活动，并扬言要在 5 月 2 日上飞虹塔游览。为了《金藏》的安全，广胜寺力空法师立即向八路军求助。在当时的太岳军区政委薄一波的指示下，军分区、县游击大队和僧众配合，于 4 月 27 日夜紧急将《金藏》运出。在接下来的 5 月反“扫荡”中，地委机关的同志背着经卷，在崇山峻岭中与敌人周旋。由于战斗频繁，行军携带不便，深恐散失，这些经卷被藏在山洞、废煤窑内，派人看管。1949 年北平解放后，《金藏》运至北平，移交当时的北平图书馆（今国家图书馆）收藏。

《金藏》是新中国成立后第一个由国家拨款的大型古籍整修项目。1949 年 4 月 30 日，当 4300 多卷、9 大包《金藏》运抵北平时，人们难

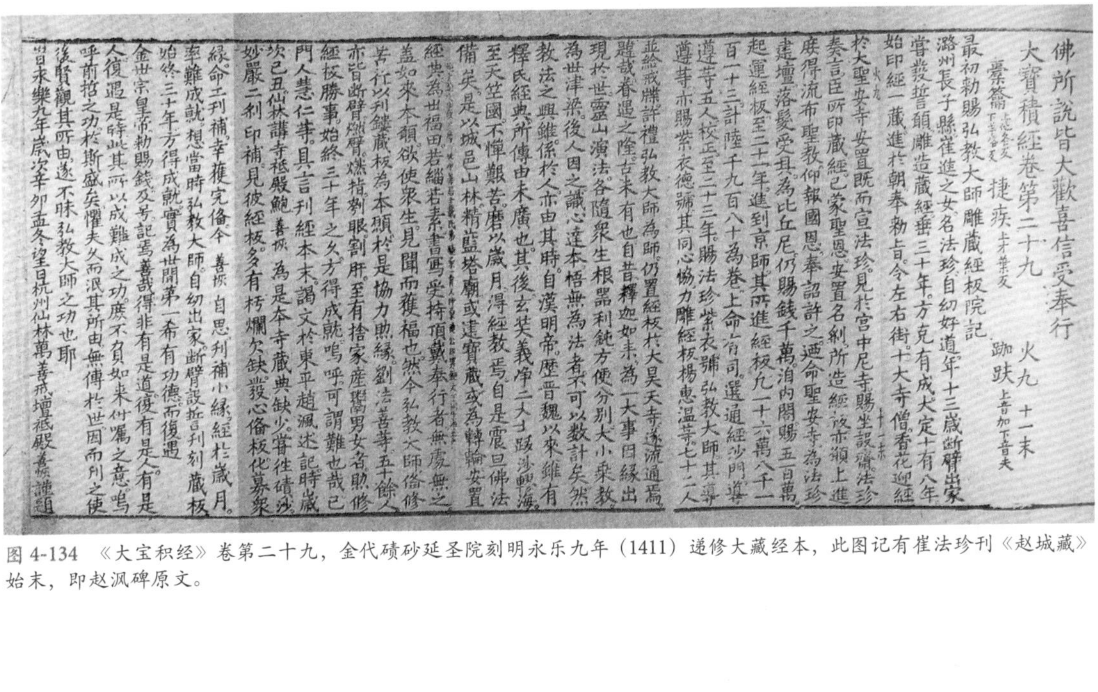

图 4-134 《大宝积经》卷第二十九，金代磧砂延圣院刻明永乐九年（1411）递修大藏经本，此图记有崔法珍刊《赵城藏》始末，即赵沨碑原文。

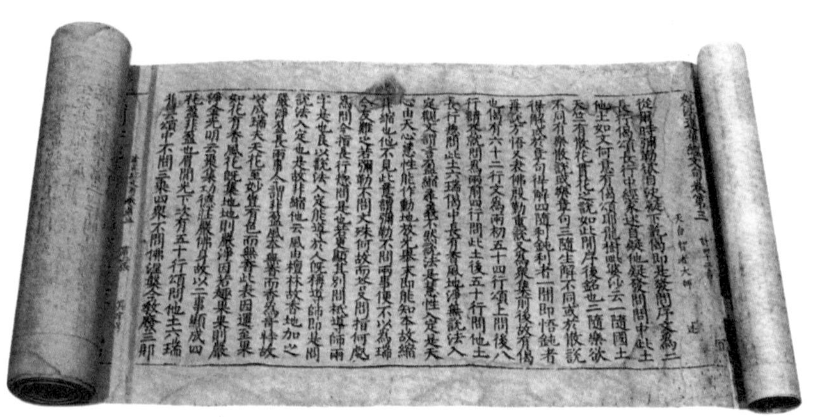

图 4-135 《金藏》的装帧形式：卷轴装

过地发现，由于多年保存条件恶劣，多数经卷潮烂断缺，粘连成块，十之五六已经不能打开。国家专门组织了 4 位富有经验的装裱老师傅修复，历时近 17 年，终于在 1965 年修复完毕。《金藏》共有 6980 卷，6000 多万字。今存 4000 余卷，全世界只此一部，因而被视为稀世珍宝。

五、金国的版画印刷

山西民间木版画历史悠久，宋山西绛州著名的画工杨威，因画《村田乐》而闻名京华，他的作品是汴梁城纸画市场上的抢手货。1127 年金灭北宋，将从汴梁掳来的刻印工人迁到平阳，这里成为继汴梁之后的北方重要雕版中心。从现存的实物来看，金是中国木刻版画起源发展的重要历史时期。

图 4-136 《灵山说法变相图》，独幅佛画，出土于日本京都清凉寺释迦牟尼像内。上刻赵城县广胜寺字样，与国家图书馆内一卷《金藏》的卷首图完全一致。

图 4-137 《四美图》，金平阳姬家雕印，出土于西夏黑水城。

图 4-138 《四美图》木雕版，复制品。野生老梨木雕刻。

1909 年在内蒙古黑水城发现的金木刻版画《四美图》，上面刻有“平阳姬家雕印”的字样。它以优美丰满的造型，准确的比例结构，不同时空人物的组合，合理的人物和景物造型的对比，健美流畅的刻线，把汉、晋时期的历史人物王昭君、班姬、绿珠、赵飞燕塑造得顾盼生辉，成为我国雕刻印刷史上一座里程碑。从而也使我国的雕版印刷术从宗教题材转向世俗内容，为中国年画史上仕女画开了先河。

在甘肃发现的《义勇武安王位》也是金平水刻印的版画，上面刻有“平阳府徐家印”的字样，已被窃往俄国，现存于圣彼得堡东方研究院。对此刻本，专家们给予了极高的评价。认为版画镌刻人物形象逼真，栩栩如生，雕绘技术精良。这两幅版画各具不同刻风。反映了金国雕版艺术已达到相当高的水平。唐、宋时期的版画多为宗教佛像绘刻，金国已出现世俗人物版画的刻印，标志着中国版画艺术已开始进入了新的阶段。

1973 年陕西文管会在修整《石台孝经》石碑时，于碑身后面与中心石柱相连接处发现了金国彩印纸制版画《东方朔偷桃图》。画高 100.8 厘米，宽 55.4 厘米。这是一幅具有吉祥喜庆性质的年画，原件藏于陕西省博物馆。关于这件印刷品的印制方法，有专家认为是雕刻人物线条之后，以手工进行描绘，形成了彩色版画；也有专家认为是用浓墨、淡墨及浅绿色套印在淡黄色细麻纸上而成。两种方法均可说明，中国最晚在 12 世纪已开始了彩色印刷的试验。

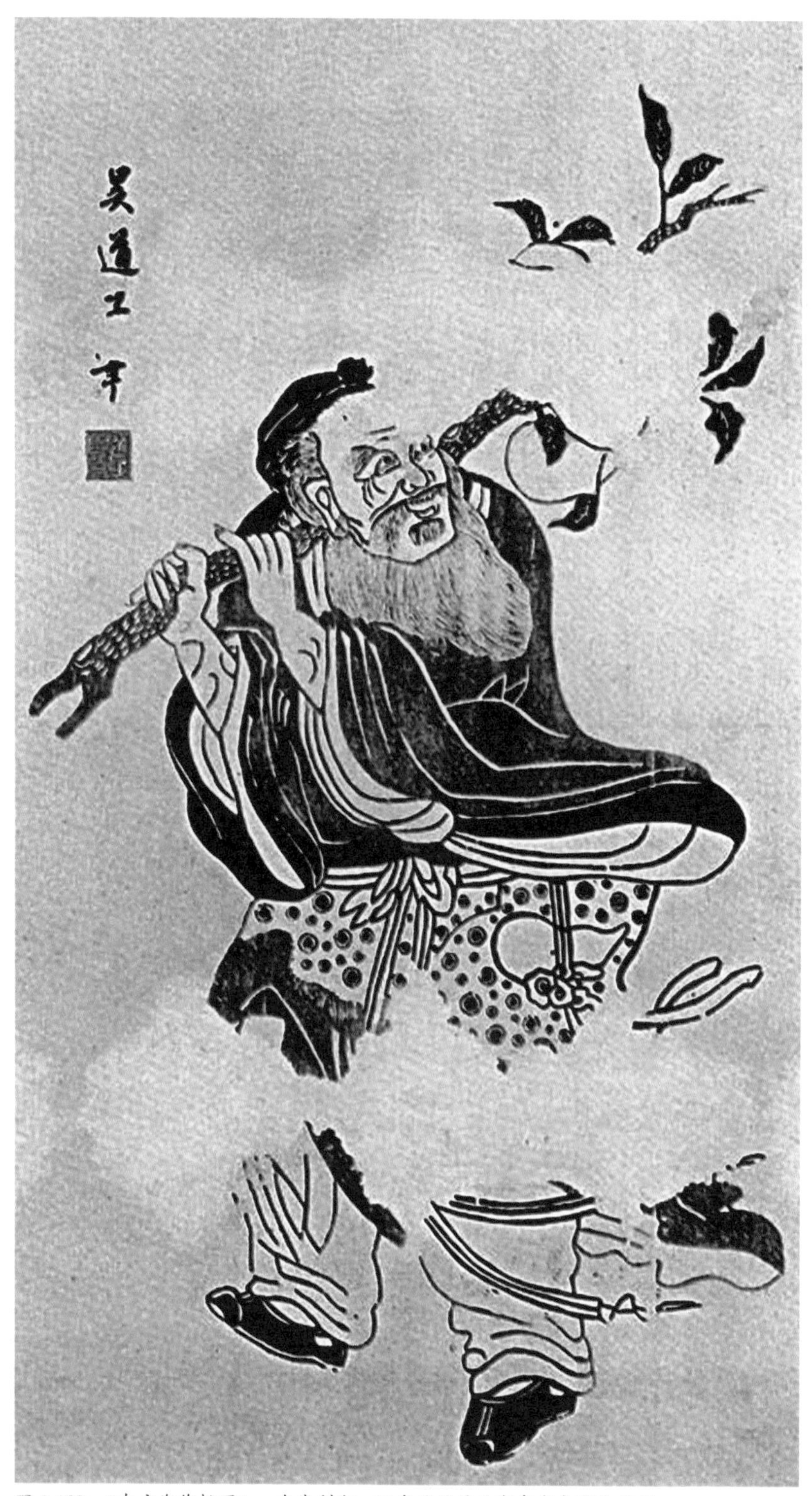

图 4-139 《东方朔偷桃图》，金代刻印。现存最早的具有吉庆内容的年画。

同样精美的还有《妙法莲华经》卷第一扉画。本卷为蝴蝶装，是山西应县释迦塔秘藏中唯一以册页形式出现的单刻佛典。版画右侧绘持剑天王坐像，背光表示为在上方作图案状扩展的云气纹，一双髫童子双手托盘立于左侧。线刻简劲有动感，天王形象严肃威猛，在《妙法莲华经》扉画中，此种风格的作品不多见。经中有墨书“天会”字样。《辽史·天祚帝纪》载，

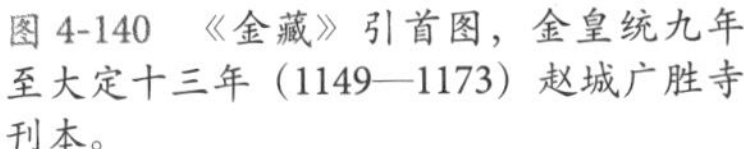

图 4-140 《金藏》引首图，金皇统九年至大定十三年（1149—1173）赵城广胜寺刊本。

图 4-141 《义勇武安王位》，60 厘米 ×31 厘米。边框刻有“平阳府徐家印”小字一行，出土于黑水城。

天祚帝于保大五年（1125）被掠于金，辽国灭时已是金国天会三年（1125），故书以金国年号。

图 4-142 《妙法莲华经》扉画，天会三年（1125）山西应县木塔宝藏。

《金藏》卷首图，此图为赵城县广胜寺刻印的《灵山说法变相图》，构图严谨而简洁。释迦牟尼佛端坐须弥座上，位置突出，背绕佛光，胸藏万法，怡然传教。1954 年日本京都清凉寺释迦牟尼的“佛脏”发现五种佛版画，此为一种独幅佛画，与国家图书馆藏《金藏》卷首图完全一致。因此，可以证明《赵城金藏》的卷首图是入藏赵城县广胜寺后所补刻刷印后，裱装入经卷。

注释与参考书目：

①罗树宝.《中国古代印刷史》，北京：印刷工业出版社.

②张秀民，韩琦.《中国印刷史》上，杭州：浙江古籍出版社.

③陕西省文物局，中国历史博物馆主编.《应县木塔辽代秘藏》，北京：文物出版社.

④史金波.《中国活字印刷术的发明和早期传播》.北京：社会科学文献出版社，2000：24.

⑤史金波.《西夏出版研究》，银川：宁夏人民出版社，2004(12)：35.

⑥孙寿岭.《西夏泥活字版佛经》.《中国文物报》，1994-3-27.

⑦史金波.《中国活字印刷术的发明和早期传播》.北京：社会科学文献出版社，2000：48-49.

⑧张树栋，庞多益，郑如斯.《中华印刷通史》.北京：印刷工业出版社，1999：331.

⑨牛达生.《西夏文佛经 < 吉祥遍至口和本续 > 的学术价值》.《文物》，1994(9).

⑩史金波.《中国活字印刷术的发明和早期传播》.北京：社会科学文献出版社，2000：40.

⑪史金波.《中国活字印刷术的发明和早期传播》.北京：社会科学文献出版社，2000：41.

⑫史金波.《中国活字印刷术的发明和早期传播》.北京：社会科学文献出版社，2000：42-43.

⑬宁夏文物考古研究所.《拜寺沟西夏方塔》.北京：文物出版社，2005：286.

⑭史金波.《西夏出版研究》.银川：宁夏人民出版社，2004：145-146.

⑮张树栋，庞多益，郑如斯.《中国印刷通史》.北京：印刷工业出版社.

⑯张秀民，韩琦.《中国印刷史》.杭州：浙江古籍出版社，2006：189.

⑰中国人民银行《中国历代货币》编辑组.《中国历代货币》.北京：新华出版社，1999.

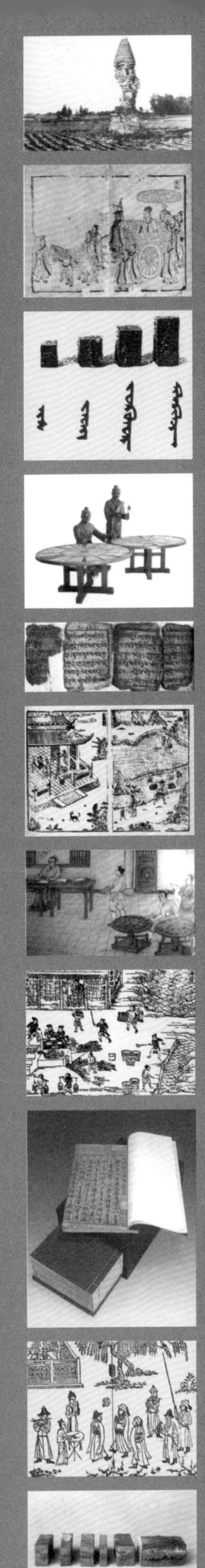

第五章　有所创新的元代印刷

（1271-1368）

第一节 元代印刷概述

元代是中国历史上由蒙古族贵族建立的统一王朝。1206年，蒙古族首领成吉思汗建国于漠北，号大蒙古国。1235年窝阔台建哈喇和林城（即和林）为国都。1260年，忽必烈即位，遵用汉法，改革旧制，军事实力不断增强，并逐渐向南扩展，以开平（今内蒙古正蓝旗东）为上都，燕京（今北京）为中都。南宋咸淳七年（1271）改国号为大元，次年升中都为大都。至元十六年（1279）灭南宋，使中国又出现统一的局面。元朝传位十一帝，元惠宗至正二十八年（1368），明军攻入大都，元朝在中原的统治终结。

元朝建国，采纳了辽贵族耶律楚材的建议，一改过去穷兵黩武的方针政策，开始重视文化建设，尊经崇儒，大兴学校，推行科举。据《元史》记载，至元二十三年（1286），各路有学校20166所，书院100余处。学校和书院配有一定的田产，有足够的经费，有余资可以刻印书籍。

元代在科学技术方面有成就的有郭守敬、王祯、朱世杰等；文学艺术家有元好问、耶律楚材、赵孟頫、王恽、虞集、揭傒斯、杨维祯等。元代最有成就的是戏曲，著名的作家有关汉卿、王实甫、马致远等。据统计，元代杂剧总数有560种，元曲在文学史上占有重要地位。

元政府于皇庆二年（1313）开始推行科举制度，以儒学取士，朱熹的《四书集注》及各种儒家经典成为学校的必读书。为满足学生的需要，儒家著作刻印遍及全国，数量很大。

图5-1 内蒙古元上都遗址

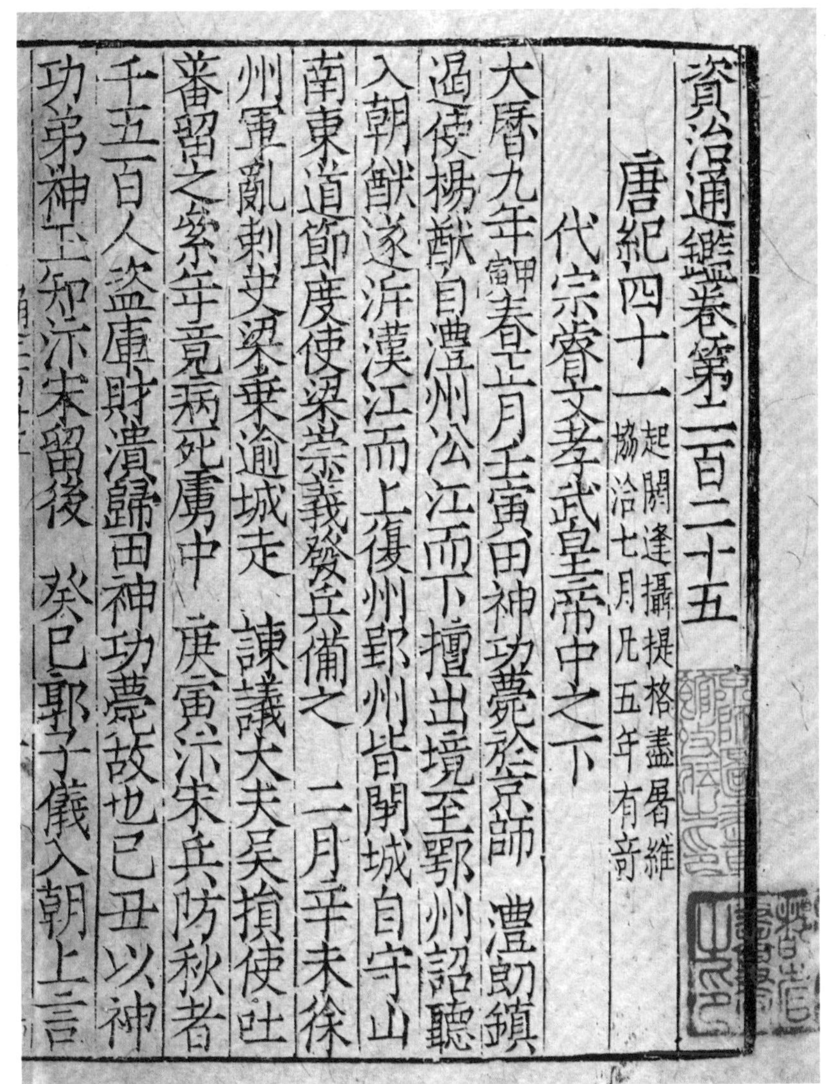

資治通鑑卷第二百二十五

唐紀四十一 起閼逢攝提格盡屠維協洽七月凡五年有奇

代宗睿文孝武皇帝中之下

大曆九年甲寅春正月壬寅田神功薨於京師 澧朗鎮遏使楊猷自澧州沿江而下擅出境至鄂州詔聽入朝猷遂泝漢江而上復州郢州皆閉城自守山南東道節度使梁崇義發兵備之 二月辛未徐州軍亂刺史梁乘逾城走 諫議大夫吳損使吐蕃留之累年竟病死虜中 庚寅汴宋兵防秋者千五百人盗庫財潰歸田神功薨故也己丑以神功弟神玉知汴宋留後 癸巳郭子儀入朝上言

图 5-2 《资治通鉴》，宋司马光撰。元至元二十六年（1289）至二十八年（1291）魏天祐刻本。

由于元政府采取了一系列的发展经济和文化的政策，社会对书籍的需求量不断增加，从而在一定程度上促进了印刷业的发展。

一是重视书籍收藏。元代的统治者，在没有统一中原之前就已经非常注重官方藏书，攻克南宋都城之后，将宋朝从中央至地方郡县政府所珍藏的图书全部运往元大都。据《元史》记载，至元十三年（1276），元军渡江南下，攻破临安。世祖命焦友直括宋秘书省禁书图籍。伯颜入临安，括宋秘书省，国子监、国史院、学士院图书，由海道运至大都，再加上所收集的民间典藏，使得元朝的藏书数量有所增加。当时在中央政府主要由秘书监、奎章阁等重要机构管理典藏书籍。地方政府的藏书机构主要有各个行省设置的架阁库，各道所设置的宣慰司，各行省儒学提举司等地方文化行政部门负责书籍收藏。由于连年征战，皇室的藏书一直没有组织力量进行校勘、整理。在政府的带动下，民间私人藏书不仅没有中断，而且藏品也不断丰富。

图 5-3 元代王祯设计的转轮排字盘。中国印刷博物馆仿制。

二是保护百工技艺，印刷工艺有所创新。由于政府采取了发展生产、兴教立学、重用人才的正确方针，元代社会的经济、文化、文学、艺术、科学技术等都获得比较全面的发展进步。各学科领域内的新著述纷纷问世。元曲、小说有了相当的发展，郭守敬的历法著作、王祯的《农书》，都是具有较高科学价值的论著，在中国文化史上占有重要的地位。在这种经济、文化背景条件下，自然也促进了印刷事业和技术的发展。

进入元代后，印刷业继承了宋代的传统，官方印书、民间书坊印书、学校印书以及私家印书等都很活跃。在印刷技术方面，还有新的发展。图书刻印的新品种是各种戏曲本。据清钱大昕《补元史艺文志》的统计，元代刻印书籍的总数为 3124 种，其中经部为 804 种，史部为 477 种，子部为 763 种，集部为 1098 种。在不到百年的时间，刻印了这么多的书籍，可谓盛况空前。印刷出版事业方面有了较大的发展，印刷技术工艺也有新的突破。

三是儒学刻书兴盛。元代统治阶级重视兴学立教，这是实施尊孔崇儒方针的重要组成部分和具体体现。太祖时期，即重视建学，设科取士。元世祖至元初年，设立国子监，以儒学大师许衡为集贤馆大学士、国子祭酒，教授经学，培养国子生徒与蒙古大姓人员。在地方上大力兴办学校，全国各路、府、州设立儒学。世祖中统二年（1261），始命诸路学校官，凡诸生进修者，严加训诲，务使成材，以备国家选用。《元史 · 世祖本纪》载："至元二十三年（1286），大司农统计诸路儒学已达二万一百六十六所。"

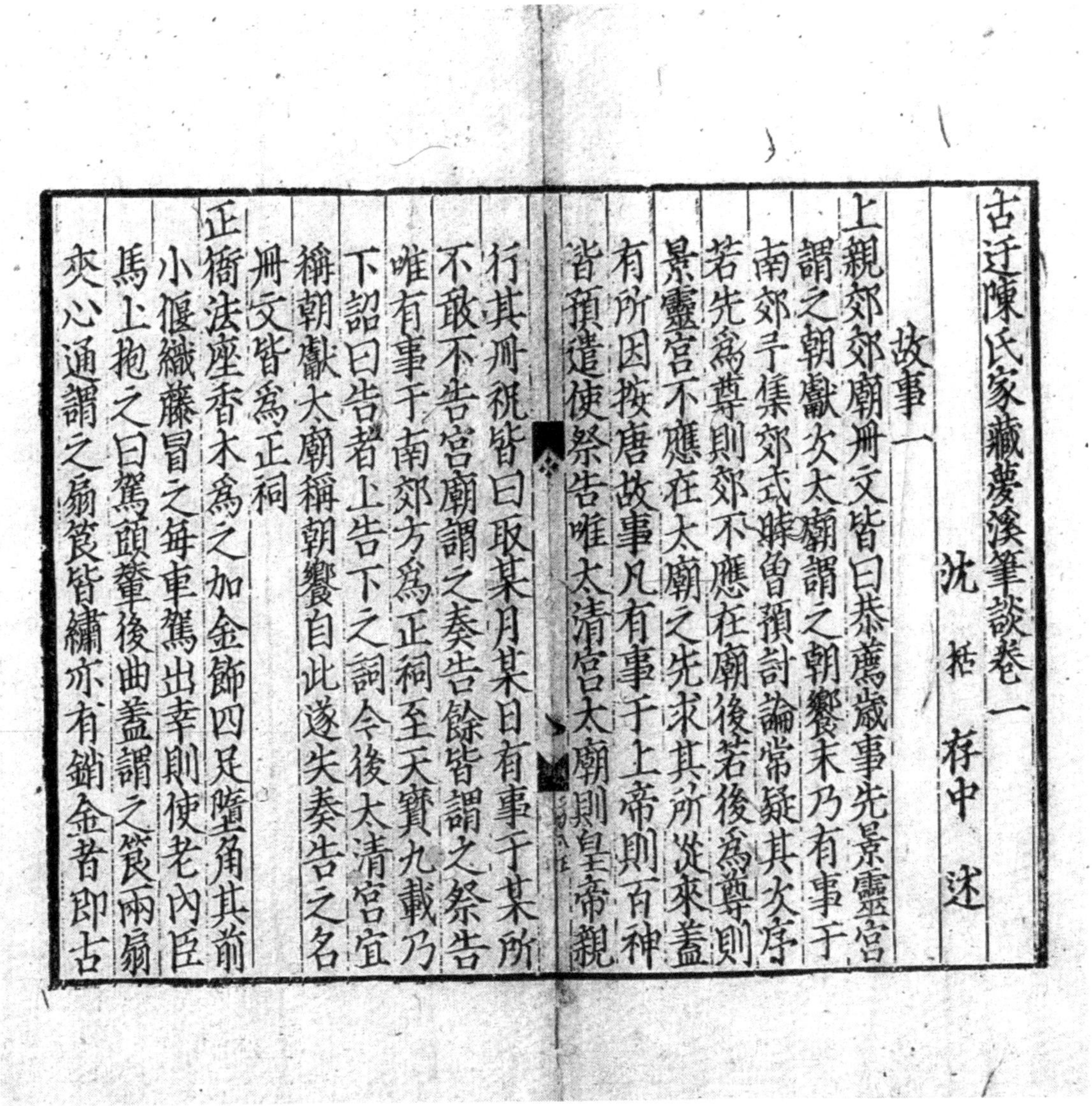

古迂陳氏家藏夢溪筆談卷一
沈 括 存中 述
故事一
上親郊郊廟冊文皆曰恭薦歲事先景靈宮謂之朝獻次太廟謂之朝饗末乃有事于南郊予集郊式時曾預討論常疑其次序若先爲尊則郊不應在廟後若後爲尊則景靈宮不應在太廟之先求其所從來蓋有所因按唐故事凡有事于上帝則百神皆預遣使祭告唯太清宮太廟則皇帝親行其冊祝皆曰取某月某日有事于某所不敢不告宮廟謂之奏告餘皆謂之祭告唯有事于南郊方爲正祠至天寶九載乃下詔曰告者上告下之詞今後太清宮宜稱朝獻太廟稱朝饗自此遂失奏告之名冊文皆爲正祠

正衙法座香木爲之加金飾四足墮角其前小偃織藤冒之每車駕出幸則使老內臣馬上抱之曰駕頭輦後曲蓋謂之筤兩扇夾心通謂之扇筤皆繡亦有銷金者即古

图 5-4 《古迂陈氏家藏梦溪笔谈》，宋沈括撰，元大德九年（1305）陈仁子东山书院刻本。

仅两年以后，“至元二十五年（1288），即为二万四千四百余所”。与此同时，政府还鼓励兴办书院作为正规学校的补充。书院历来是儒士文人聚集的场所，元代统治者初入中原，对原有的一切文化教育采取了保护政策，包括宋代已有的书院在内，不予破坏，安定民心，争取团结知识分子为其效力。太宗时，即建立了元代第一个书院——太极书院，由名儒赵复讲授经学。之后，仁宗时又命许衡主办鲁斋书院。

第二节 元代政府印刷

元代的政府印刷不仅包括经政府相关部门审核批准并出资刻印的书籍，也涵盖了由政府建立的儒学和书院所进行的印刷活动。从政府结构上可以分为中央政府印刷、地方政府印刷。中央机构印刷，都要请中书省批准并由中书省以公文命令或通知具体部门才许刊行。地方政府印刷主要以儒学印刷和书院印刷为主。由于元政府重视教育，除著名的八大书院外，各级地方政府也都办有学校，这些书院和地方学校有一定的田产，可将一部分收入用于刻印书籍。因此，元代学校刻印书籍十分活跃。另外还有一种特殊印刷品——纸币，也是由政府统一管理印制。

一、元代中央政府印刷活动

元代统治者对于刻书、印书非常重视。早在入主中原之前，就进行官方刻书。太宗八年（1236）耶律楚材奏请在大都（今北京）成立编修所，在平阳成立经籍所，编辑、印刷经史书籍。编修所的设立为一些重要书籍的刻印提供了重要条件。

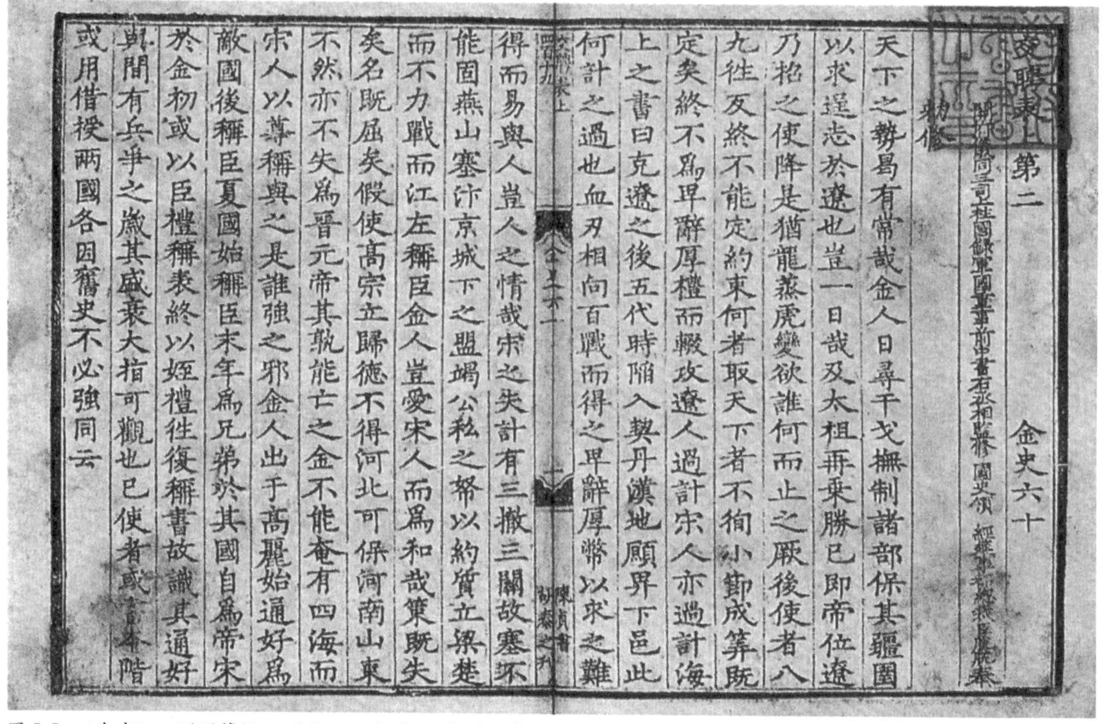

交聘表上 第二 金史六十

開府儀同三司上柱國錄軍國重事前中書右丞相監修國史領經筵事臣脫脫等奉勅修

天下之勢曷有常哉金人日尋干戈撫制諸部保其疆圉以求逞志於遼也豈一日哉及太祖再乘勝已即帝位遼乃始之使降是猶龍蒸虎變欲誰何而止之厥後使者八九往反終不能定約束何者取天下者不徇小節成算既定矣終不爲卑辭厚禮而輟攻遼人過計宋人亦過計海上之盟曰克遼之後五代時陷入契丹漢地願畀下邑此何計之過也血刃相向百戰而得之卑辭厚幣以求之難得而易與人豈人之情哉宋之失計有三撤三關故塞坏能固燕山塞汴京城下之盟竭公私之帑以約質立楚而不力戰而江左稱臣金人豈愛宋人而爲和哉策既失矣名既屈矣假使高宗立歸德不得河北可保河南山東不然亦不失爲晉元帝其孰能亡之金不能奄有四海而宋人以尊稱與之是誰強之邪金人出于高麗始通好爲敵國後稱臣夏國始稱臣末年爲兄弟於其國自爲帝宋於金初或以臣禮稱表終以姪禮往復稱書故識其通好與聞有兵爭之歲其盛衰大指可觀也已使者或[illegible]年一階或用借授兩國各因舊史不必強同云

图 5-5 《金史》，脱脱等撰。元至正五年（1345）浙江等处行中书省刻本，白麻纸本，蝴蝶装。

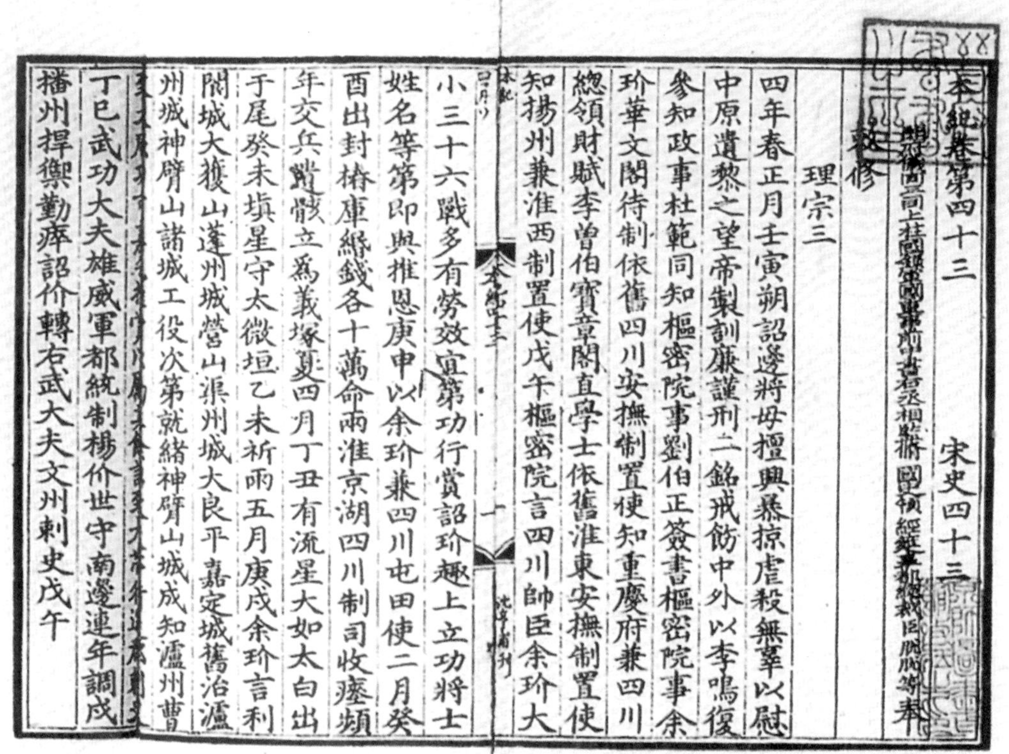

本紀卷第四十三　宋史四十三

開府儀同三司上柱國錄軍國重事中書右丞相監修國史領經筵事都總裁臣脫脫等奉

勅修

理宗三

四年春正月壬寅朔詔邊將毋擅興暴掠虐殺無辜以慰中原遺黎之望帝製訓廉謹刑二銘戒飭中外以李鳴復參知政事杜範同知樞密院事劉伯正簽書樞密院事余玠華文閣待制依舊四川安撫制置使知重慶府兼四川總領財賦李曾伯寶章閣直學士依舊淮東安撫制置使知揚州兼淮西制置使戊午樞密院言四川帥臣余玠大小三十六戰多有勞效宜第功行賞詔玠趣上立功將士姓名等第即與推恩庚申以余玠兼四川屯田使二月癸酉出封樁庫緡錢各十萬命兩淮京湖四川制司收瘞頻年交兵暴骸立爲義塚夏四月丁丑有流星大如太白出于尾癸未塡星守太微垣乙未祈雨五月庚戌余玠言利閬城大獲山蓬州城營山渠州城大良平嘉定城舊治瀘州城神臂山諸城工役次第就緒神臂山城成知瀘州曹

丁巳武功大夫雄威軍都統制楊价世守南邊連年調戍播州捍禦勤瘁詔价轉右武大夫文州刺史戊午

图 5-6 《宋史》，元脱脱等撰，元至正六年（1346）江浙等处行中书省刻印于杭州。

元代中央政府同时也非常注重书籍的印刷管理，对于官刻出版物都要进行严格的审核。在书籍刻印前都要经过中书省正式审批并以“牒”这种公文形式通知，才许刊印。清蔡澄《鸡窗丛话》中载：“元时人刻书极难，如某地某人有著作，则其地之绅士呈词于学使，学使以为不可刻则宜已。如可，学使备文咨部。部议以为可，则刊板行世，不可则止。”①由此可见元代印刷管理的严格和出版制度的完备。

宋代是我国古代印刷的高峰，元代建立后多次收集南宋时期的印版继续使用，至元十五年（1278），遣使取杭州、江南和江西的宋版，运至大都用于印刷，因此元代初期大多数印版都是沿用宋版印刷的出版物。出现了中国古代印刷史中常见的“古版今用”现象。

元定都北京后，随着政权的巩固，各种专门负责书籍收集、整理、印刷的机构，陆续建立。中央政府不断在不同部门设立专门的印刷机构：秘书监的兴文署，艺文监的广成局，太史院的印历局，太医院的广惠局、医学提举司等。兴文署掌管雕印文书，该署设官员三员，令一员，丞三员，校理四员，掌记一员，镌字匠 40 名，作头 1 人，匠户 19 人。隶属秘书监印匠 16 人。②至元十一年（1274），以兴文署隶秘书监。中央官刻书以兴文署刻本为最著名，现存最早的有兴文署至元二十七年（1290）刻印的《资治通鉴》。艺文监掌儒学之蒙文翻译和儒经的校勘，刻书流传很少。《元史》记载，艺文监于至顺三年（1332）印过《燕铁木儿世家》。国子监于延祐三年（1316）刻《伤寒论》十卷。其他官刻书如《至元新格》、《大元通制》等都是当时的中央机构所刻，或由中央委派地方行省承刻。

随着元代政府出版物数量的不断增长，兴文署只有有限的印版、印刷人员和刻字匠人 40 人，难以满足不断增长的出版需求。因此，中央政府将一些书籍送至印刷力量较强的杭州刻印。大德三年（1299），《大德重校圣济总录》就是由中书省到杭州刻印的。元政府十分重视农业，专门设立司农司，编印过一些农业的书。延祐二年 (1315)，仁宗下令于杭州印刷《农桑辑要》万部。至正五年（1345）在杭州刻印《辽史》、《金史》。后又将《宋史》送至杭州，请刻版高手制版。

元代各中央机构功能及所刻图书：

秘书监：掌管历代图籍和阴阳禁书的机构，负责历书的印造。始终参与编纂《大元大一统志》的工作，最后成书 1000 卷，是印刷史上的一大工程。

太史院：专门掌管天文历书的机构，院下设有印历局，专门印造历书，并规定“诸告获私造历日者，赏银一百两。如无太史院历日印信，便同私历造者，以违制论”。从《元史 · 刑法志》中的这些记载可见，元代历书的印制是由太史院印历局所垄断的。元朝又设回回、汗儿两个司天台，所印日历分《大历》、《小历》、《回回历》三种。

兴文署：编印书籍的机构之一。设有令、丞及校理，主持刻印经、史等书。所刻印的第一部书是司马光的《资治通鉴》。至元十年（1273），兴文署设立印书机构，有官员 12 名，刻字匠 40 名，印刷匠 16 名，共有 68 人，已具有一定的印刷规模。后来，兴文署的印刷机构除了刻印经史书籍外，还刻印历日。

广成局：隶属艺文监，专事刻书。主要任务是印行祖宗圣训、译刻儒家经典及印造之事。广成局刻印的蒙文译本主要有《尚书》、《孝经》、《百

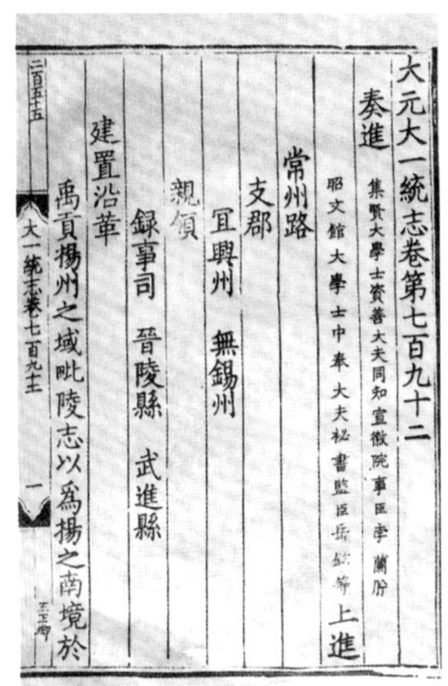
大元大一統志卷第七百九十二
奏進　集賢大學士資善大夫同知宣徽院事臣孛蘭肹
昭文館大學士中奉大夫秘書監臣岳鉉等上進
常州路
支郡　宜興州　無錫州
親領　錄事司　晉陵縣　武進縣
建置沿革
禹貢揚州之域毗陵志以爲揚之南境於

图 5-7 《大元大一统志》，元至正七年（1347），政府在杭州刻印。

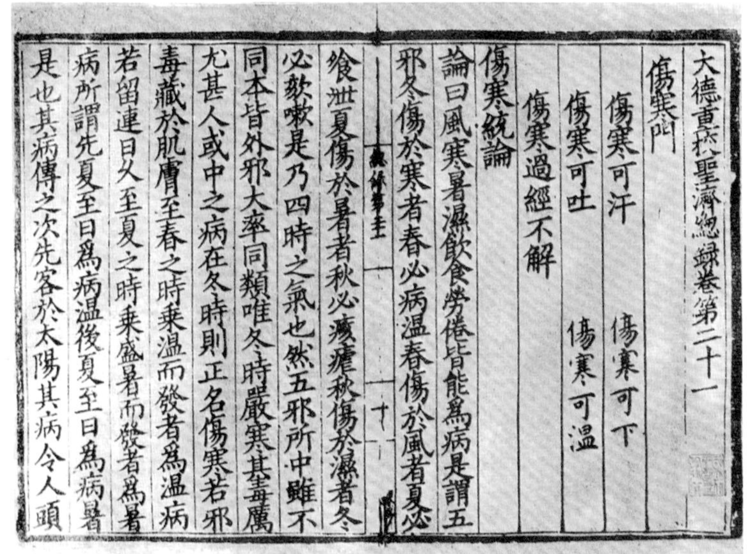
大德重校聖濟總錄卷第二十一
傷寒門
傷寒可汗　傷寒可下
傷寒可吐　傷寒可溫
傷寒過經不解
傷寒統論
論曰風寒暑濕飲食勞倦皆能爲病是謂五
邪冬傷於寒者春必病溫春傷於風者夏必
飧泄夏傷於暑者秋必痎瘧秋傷於濕者冬
必欬嗽是乃四時之氣也然五邪所中雖不
同本皆外邪大率同類唯冬時嚴寒其毒厲
尤甚人或中之病在冬時則正名傷寒若邪
毒藏於肌膚至春之時乘溫而發者爲溫病
若留連日久至夏之時乘盛暑而發者爲暑
病所謂先夏至日爲病溫後夏至日爲病暑
是也其病傳之次先客於太陽其病令人頭

图 5-8 《大德重校圣济总录》，宋徽宗时官修，元大德时重又校订，于元大德三年（1299）由江浙等处行中书省刻印于杭州。

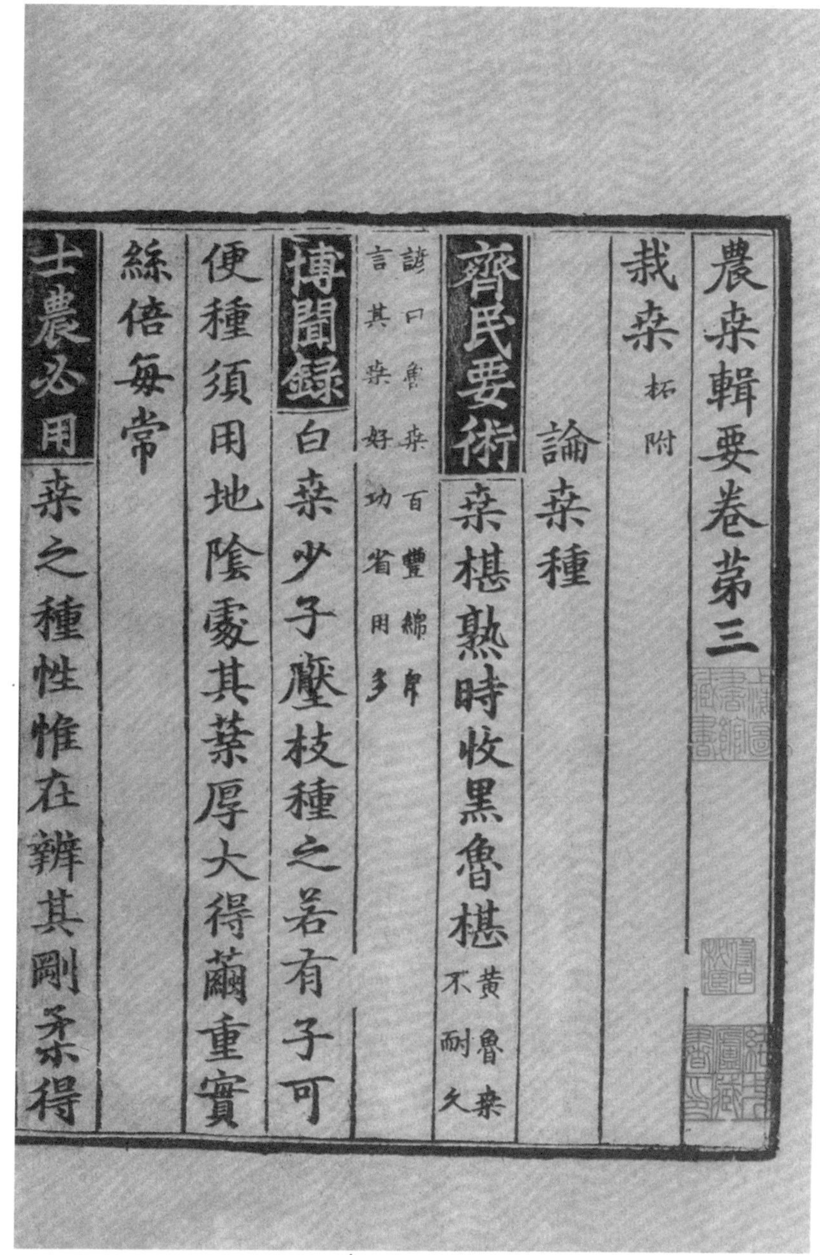

農桑輯要卷第三

栽桑 柘附

論桑種

齊民要術 桑椹熟時收黑魯椹 黄魯桑不耐久 諺曰魯桑百豐綿帛言其桑好功省用多

博聞録 白桑少子壓枝種之若有子可便種須用地陰處其葉厚大得繭重實絲倍每常

士農必用 桑之種性惟在辨其剛柔得

图 5-9 《农桑辑要》，元司农司编纂，编成于至元十年（1273），后至元五年（1339）由江浙等处行中书省刻印于杭州。

家姓》、《千字文》、《忠经》等。

太医院：医药管理机构。其下属的医学提举司也可印医书、药书、方剂。曾刻印《圣剂总录》。

国子监：国子监历来都兼事刻印书籍。元代国子监刻印过小字本医书《伤寒论》。

御史台：元代的最高监察机构。元至治元年（1321）刻印《秋涧先生大全集》50 卷。

司农司：元代的农业管理机构。至元十年（1273）刻印《农桑辑要》7 卷。

二、儒学和书院的刻书活动

元代政府为了巩固政权，大力启用汉族知识分子，推崇儒家经典，并在全国范围内设立儒学，发展教育事业。同时兴建书院，补充正规教育的不足，形成了上有国子监，下有儒学、书院的全国教育网。

（一）儒学刻书

元朝政府在全国设立儒学，据《元史·世祖本纪》记载，至元二十三年（1286），“诸路学校凡二万一百六十六所，储义粮九万五百三十石，植桑枣杂果诸树两千三百零九万四千七百六十二株”，足见元朝儒学之盛。同时设立“学田制”，政府划拨一部分田地作为学校经费，应付日常支出，有余者可用作刻书费用。③

有些儒学刻印书籍，是当地官府下达的任务。如后至元五年（1339），江北淮东道肃政廉访司，根据本道廉访使苏嘉的呈请，移文扬州路总管府，照行本路儒学刻印马祖常《石田先生文集》。由此可见，凡儒学刻本大约都要经过呈请批准后才能实施刻印。儒学刻本还有至正十四年（1354）嘉兴路儒学刻印的汉戴德撰、北周卢辩注的《大戴礼记》。元泰定二年（1325），庆元路儒学刻印宋王应麟撰《困学纪闻》20卷。

元代儒学刻书包括经、史、子、集四类。

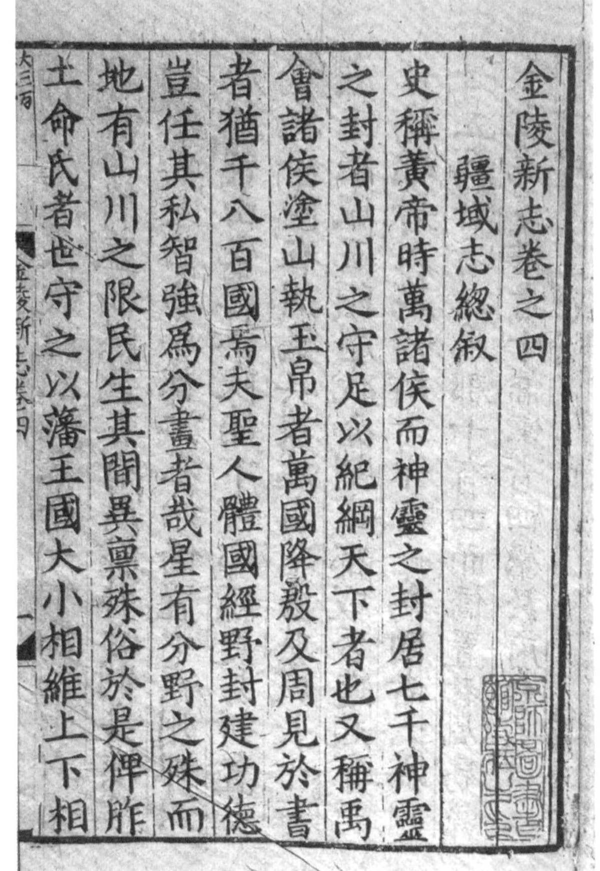
金陵新志卷之四
疆域志總敘
史稱黄帝時萬諸侯而神靈之封居七千神靈
之封者山川之守足以紀綱天下者也又稱禹
會諸侯塗山執玉帛者萬國降殺及周見於書
者猶千八百國焉夫聖人體國經野封建功德
豈任其私智強爲分畫者哉星有分野之殊而
地有山川之限民生其間異禀殊俗於是俾胙
土命氏者世守之以藩王國大小相維上下相

图 5-10 《金陵新志》，元至正四年（1344）集庆路儒学刻本。

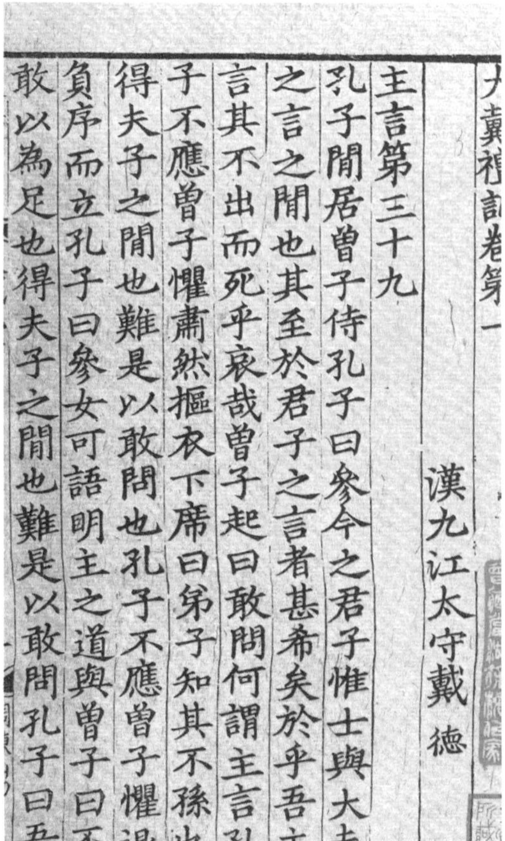

大戴禮記卷第一
漢九江太守戴德
主言第三十九
孔子閒居曾子侍孔子曰參今之君子惟士與大夫
之言之閒也其至於君子之言者甚希矣於乎吾主
言其不出而死乎哀哉曾子起曰敢問何謂主言孔
子不應曾子懼肅然摳衣下席曰弟子知其不孫也
得夫子之閒也難是以敢問也孔子不應曾子懼退
負序而立孔子曰參女可語明主之道與曾子曰不
敢以為足也得夫子之閒也難是以敢問孔子曰吾

图 5-11 《大戴礼记》，元至正十四年（1345）嘉兴路儒学刻本。

图 5-12 《吴越春秋》，元大德十年（1306）绍兴路儒学刊刻本。

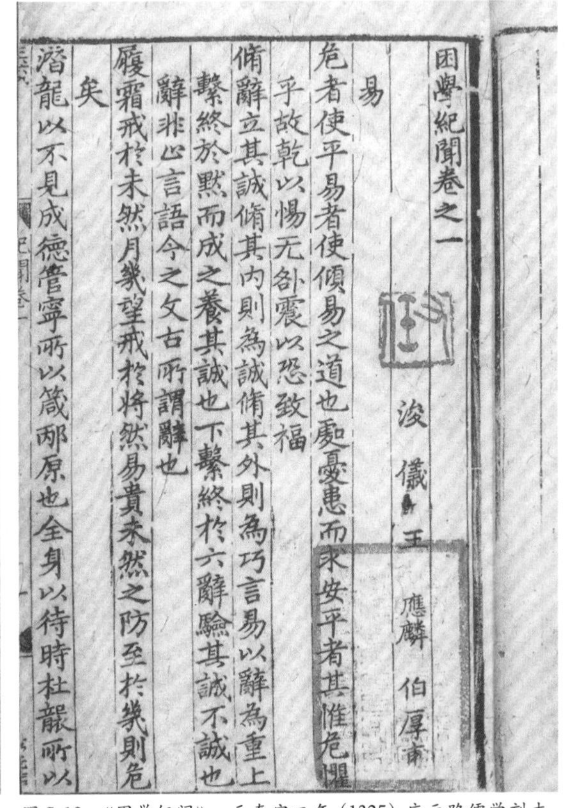

图 5-13 《困学纪闻》，元泰定二年（1325）庆元路儒学刻本。

经部：中兴路儒学于至元十六年 (1279) 刻《春秋比事》20 卷；赣州路儒学于至元二十九年（1292）刻《南轩易说》3 卷；武昌路儒学于皇庆二年（1313）刻王申《大易辑说》10 卷；临江路儒学于延祐六年 (1319) 刻张洽《春秋集传》22 卷；婺州路儒学于至元三年（1266）刻金履祥《论孟集注论证》10 卷。

史部：太平路儒学于大德九年（1305）刻《汉书》120 卷；宁国路儒学刻《后汉书》120 卷；瑞州路儒学刻《隋书》85 卷；建宁路儒学刻《新唐书》225 卷；池州路儒学于大德五年（1301）刻《三国志》65 卷；信州路儒学刻《北史》100 卷，《南史》80 卷；杭州路儒学于至正三年（1343）刻《辽史》161 卷，《金史》135 卷，《宋史》496 卷。

子部：庆元路儒学于后至元六年（1340）刻《玉海》200 卷、《附词学指南》4 卷，泰定二年 (1325) 刻《困学纪闻》20 卷；平江路儒学于至正二十五年（1365）刻《吴师道校正鲍彪注战国策》10 卷；龙兴路儒学于泰定四年（1327）刻《脉经》10 卷。

集部：嘉兴路儒学于至大四年（1311）刻《陆宣公集》22 卷；漳州路儒学于至正元年 (1341) 刻陈淳《北溪先生大全文集》50 卷；扬州路儒学于后至元五年（1339）刻《马石田文集》15 卷。

儒学刻书的显著特点就是合作刻书，例如，庆元路儒学联合附近七所儒学共同出资，分工刻印了宋王应麟的一批著作。其中《玉海》一书就刻

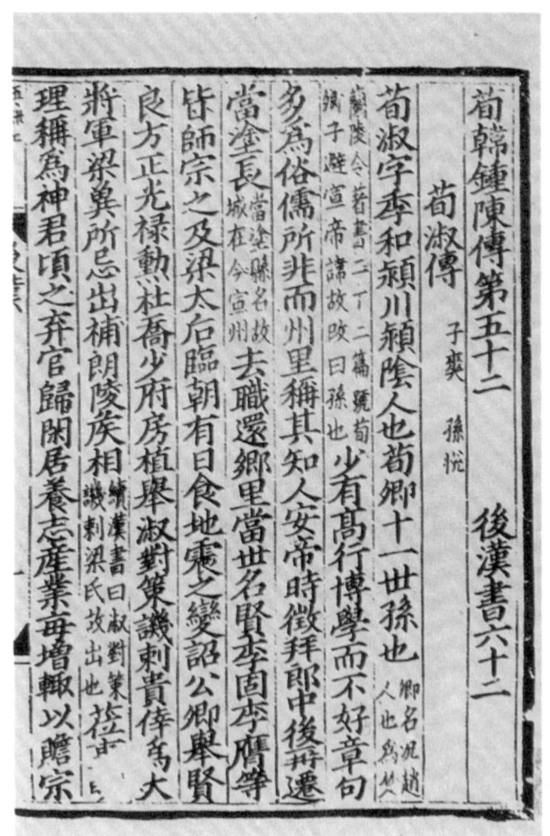

荀韓鍾陳傳第五十二　後漢書六十二
荀淑傳　子爽　孫悅
荀淑字季和潁川潁陰人也荀卿十一世孫也（卿名况趙人也爲楚蘭陵令著書二十二篇號荀卿子避宣帝諱故改曰孫也）少有高行博學而不好章句
多爲俗儒所非而州里稱其知人安帝時徵拜郎中後再遷
當塗長（當塗縣名故城在今宣州）去職還鄉里當世名賢李固李膺等
皆師宗之及梁太后臨朝有日食地震之變詔公卿舉賢
良方正光祿勳杜喬少府房植舉淑對策譏刺貴倖爲大
將軍梁冀所忌出補朗陵侯相（續漢書曰淑對策譏刺梁氏故出也）莅事
理稱爲神君頃之弃官歸閑居養志產業每增輒以贍宗

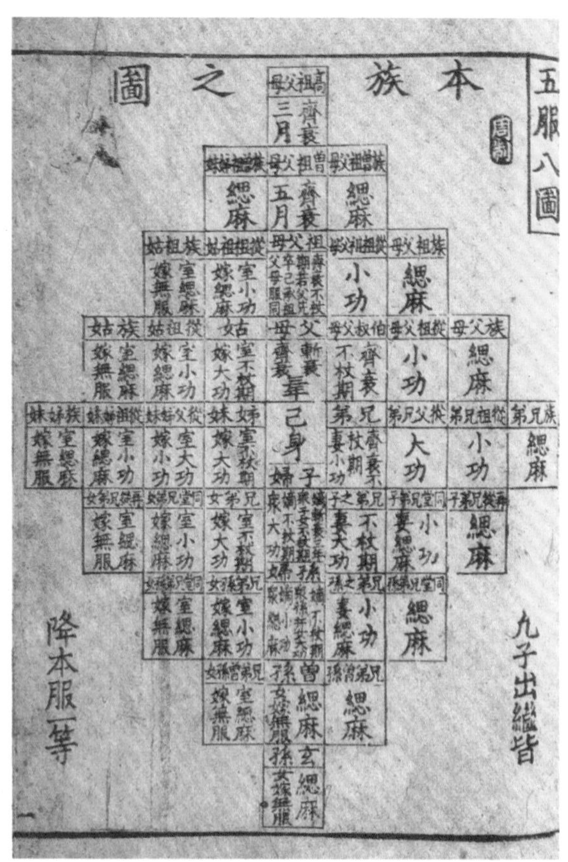

图 5-14 《后汉书注》，90 卷，唐李贤注，元大德九年（1305）宁国路儒学刻印。

图 5-15 《五服图解》，元泰定元年（1324）杭州路儒学刻本。

版 4470 块，工价用钞 763 锭 6 两 5 分；《困学纪闻》231 块版。

多路儒学联合印书的最大工程，是元大德九年（1305）江东建康道肃政廉访司副使伯都发起，联合江东八路一州儒学，分工联合刻印大型丛书《十七史》。江东道所辖为宁国、徽州、饶州、集庆、太平、池州、信州、广德八路，另外加一个铅山州。在刻印之前进行了分工，统一了版式、字体。从大德九年（1305）开始，先后刻印完成的有：太平路儒学刻印《汉书》120 卷，宁国路儒学刻印《后汉书注》90 卷，瑞州路儒学刻印《隋书》85 卷，建康路儒学刻印《新唐书》225 卷、《晋书》130 卷、《新五代史》74 卷。大德十年（1306）池州路儒学刻印《三国志》65 卷，信州路儒学刻印《北史》100 卷、《南史》80 卷。只用了两年时间新刻印出版了大型丛书《十七史》。这种联合分工快速出书的形式，在印刷出版史上是具有开创性的，也是元代出版印刷业的一大首创。

从以上可以看出，元代儒学刻书的数量大，内容涉及各个知识门类，地方也较普遍。所刻印的书籍质量上乘，因而受到了历代藏书家的重视。元代儒学刻书的数量，据《书林清话》所载约 59 种，共 3249 卷。

（二）书院印书

书院不仅讲学教学，也重视学术交流与传播。无论官立、私立书院、山长、教授都“亦从官授，有禄，命于礼部行省及宣慰司”。其毕业生“守

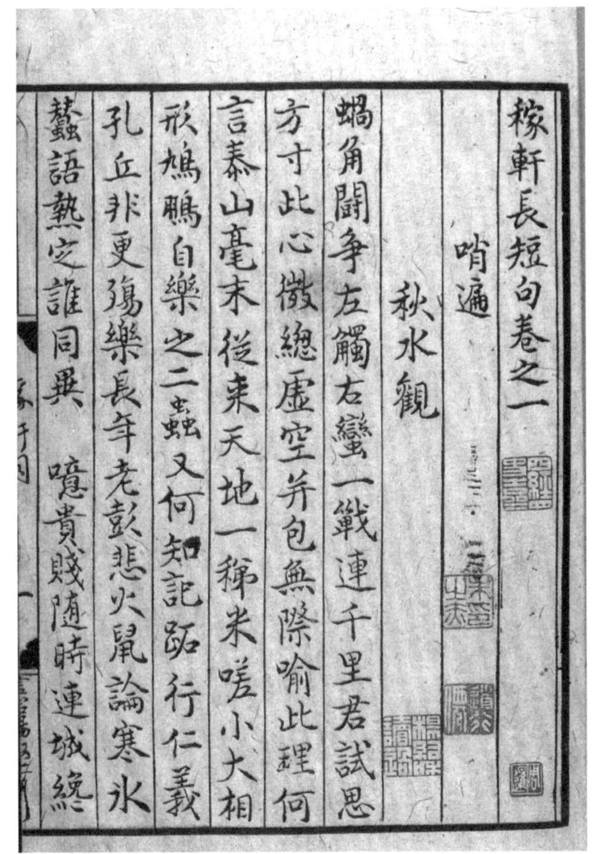
稼軒長短句卷之一
哨遍
秋水觀
蝸角鬬爭左觸右蠻一戰連千里君試思
方寸此心微總虛空并包無際喻此理何
言泰山毫末從來天地一稊米嗟小大相
形鳩鵬自樂之二蟲又何知記跖行仁義
孔丘非更殤樂長年老彭悲火鼠論寒氷
蠶語熱定誰同異 噫貴賤隨時連城纔

图 5-16 《稼轩长短句》，宋辛弃疾撰，元大德三年（1299）广信书院刻本。

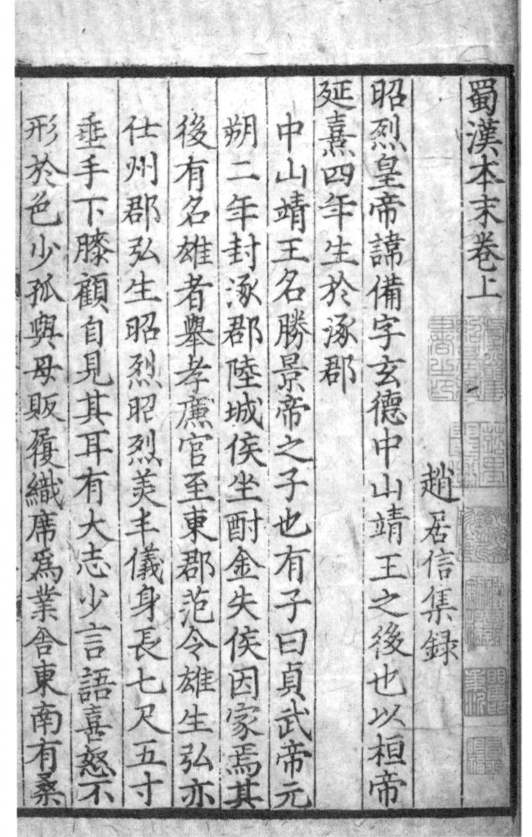
蜀漢本末卷上
趙居信集録
昭烈皇帝諱備字玄德中山靖王之後也以桓帝
延熹四年生於涿郡
中山靖王名勝景帝之子也有子曰貞武帝元
朔二年封涿郡陸城侯坐酎金失侯因家焉其
後有名雄者舉孝廉官至東郡范令雄生弘亦
仕州郡弘生昭烈昭烈美丰儀身長七尺五寸
垂手下膝顧自見其耳有大志少言語喜怒不
形於色少孤與母販屨織席爲業舍東南有桑

图 5-17 《蜀汉本末》，元至正十一年（1351）建宁路建安书院刻本。

令举之，台宪考核之，或用为教官，或取为吏属，皆有仕途之路”。据统计，元代书院约有 400 多所。书院亦实行学田制，用于日常开销和刻书经费，正是因为有着与儒学教育的同等经济待遇，所以书院刻书才得以兴盛。

元代书院刻书中有特色的印本有：方回虚谷书院大德三年（1299）刻《筠溪牧潜集》七类不分卷；茶陵陈仁子东山书院于大德三年（1299）刻《增补文选六臣注》60 卷，大德九年（1305）刻沈括《梦溪笔谈》26 卷；詹民建阳书院大德年间刻《古今源流至论前集》10 卷、后集 10 卷、续集 10 卷、别集 10 卷；潘平山山圭书院至正八年（1348）刻《集千家注分类杜工部集》25 卷；刘氏梅溪书院刻《郑所南先生文集》1 卷；郑玉师山书院刻《春秋经传阙疑》45 卷。

元代的书院刻书，最为著名的是在原南宋国子监的基础上建立的杭州西湖书院。至元二十八年 (1291) 起开始刻印书籍，第一项工程，就是修补南宋国子监所存书版，共约 120 种。从事刻版工匠 92 人，补刻缺版 7893 块，字数约 3436000。用粟 1300 石，用木 930 株。[④]以后又新刻了《国朝文类》等书。西湖书院刻印新书的最大工程，是刻印元代马端临编撰的《文献通考》348 卷。作者在自序中称，“引古经史谓之文，参以唐宋以来诸臣奏疏、诸儒之议论谓之献”，所以书名为《文献通考》。马端临（1254—1323），字贵兴，入元后曾任衢州路柯山书院山长，以授徒著书为事，《文献通考》用 20 多年撰成。元泰定元年（1324）杭州西湖书院刻印了《文献通考》，此时马端临已去世一年了，这应是此书最早的刻本。

《文献通考》版式考究，中缝双鱼尾，半页 13 行，每行 26 字，左右双边，版框高 26 厘米，宽 19.2 厘米，字体端楷，刻印精良，为西湖书院刻本之代表。

书院印刷最活跃的是今浙江、江苏、江西、安徽等地。著名书院刻本有：

庐陵兴贤书院于至元二十年（1283）刻王若虚《滹南遗老集》45 卷；广信书院于大德三年（1299）刻《稼轩长短句》12 卷；宗文书院于大德六年（1302）刻《经史证史大观本草》31 卷；梅溪书院于大德十一年（1307）刻《校证千金翼方》30 卷，元统二年（1334）刻《韵府群玉》20 卷，后至元三年（1337）刻《皇元风雅》30 卷；园河书院于延祐二年（1315）刻《大广益会玉篇》30 卷，延祐四年（1317）刻《新笺注科古本源流至论前集》10 卷、后集 10 卷、续集 10 卷、别集 10 卷，延祐七年（1320）刻《山堂考索》前集 66 卷、后集 65 卷、续集 56 卷、别集 25 卷，泰定二年（1325）刻《广韵》5 卷；龟山书院于元统元年（1333）刻《李心传道命录》10 卷；建安书院于至正九年（1349）刻赵居信《蜀汉本末》3 卷；豫章书院于至正二十五年（1365）刻《豫章罗先生文集》17 卷；南山书院于至正二十六年（1366）刻《广韵》5 卷；梅隐书院刻《书集传》6 卷；雪窗书院刻《尔雅郭注》3 卷。

元代书院有学田收入以为资本，主持书院的山长大都由著名学者担任，

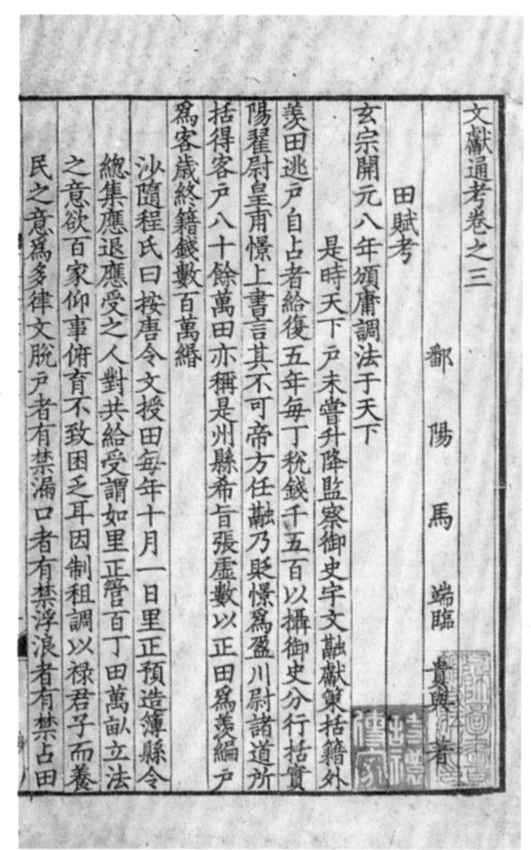
文獻通考卷之三
鄱陽　馬　端臨　貴與　著
田賦考
玄宗開元八年頒庸調法于天下
是時天下戶未嘗升降監察御史宇文融獻策括籍外
羨田逃戶自占者給復五年每丁稅錢千五百以攝御史分行括實
陽翟尉皇甫憬上書言其不可帝方任融乃貶憬爲盈川尉諸道所
括得客戶八十餘萬田亦稱是州縣希旨張虛數以正田爲羨編戶
爲客歲終籍錢數百萬緡
沙隨程氏曰按唐令文授田每年十月一日里正預造簿縣令
總集應退應受之人對共給受謂如里正管百丁田萬畝立法
之意欲百家仰事俯育不致困乏耳因制租調以祿君子而養
民之意爲多律文脫戶者有禁漏口者有禁浮浪者有禁占田

图 5-18 《文献通考》，元马端临撰，泰定元年（1324）杭州西湖书院刻印。

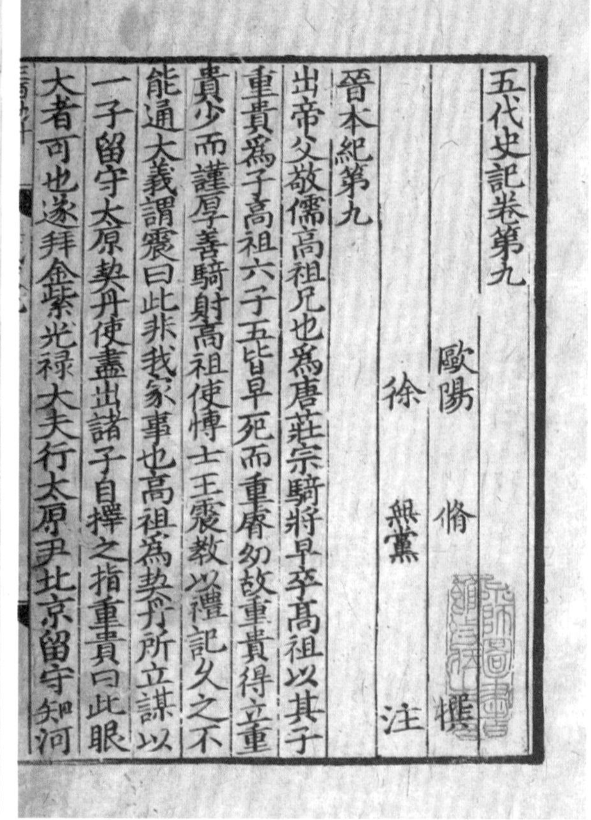
五代史記卷第九
歐陽　脩　撰
徐　無黨　注
晉本紀第九
出帝父敬儒高祖兄也爲唐莊宗騎將早卒高祖以其子
重貴爲子高祖六子五皆早死而重睿幼故重貴得立重
貴少而謹厚善騎射高祖使博士王震教以禮記久之不
能通大義謂震曰此非我家事也高祖爲契丹所立謀以
一子留守太原契丹使盡出諸子自擇之指重貴曰此眼
大者可也遂拜金紫光祿大夫行太原尹北京留守知河

图 5-19 《五代史记》，宋欧阳修撰，元宗文书院刻本。

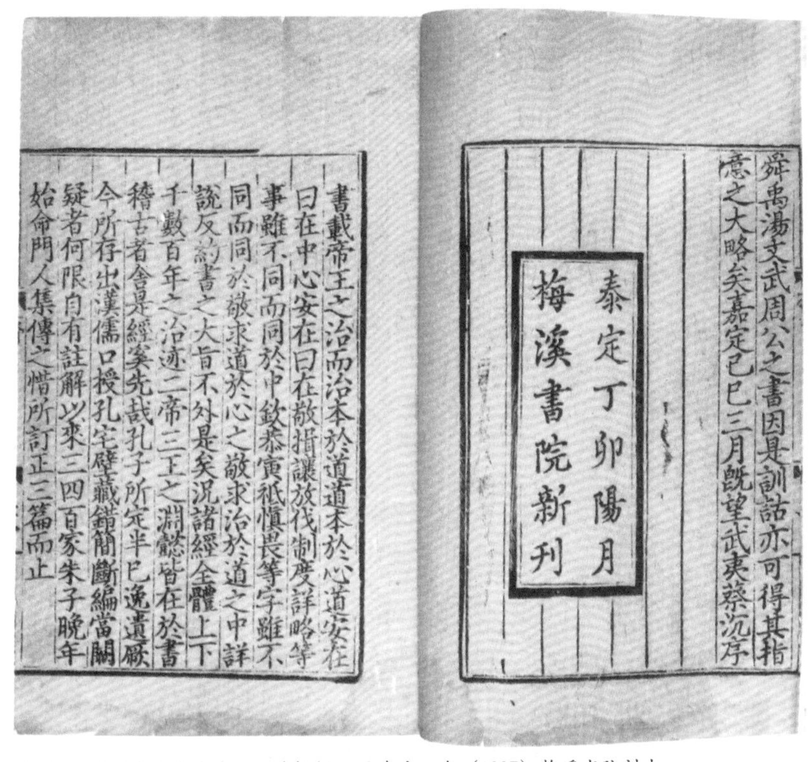
舜禹湯文武周公之書因是訓詁亦可得其指
意之大略矣嘉定己巳三月既望武夷蔡沈序

泰定丁卯陽月
梅溪書院新刊

書載帝王之治而治本於道道本於心道安在
曰在中心安在曰在敬揖讓放伐制度詳略等
事雖不同而同於中欽恭寅祇慎畏等字雖不
同而同於敬求道於心之敬求治於道之中詳
說反約書之大旨不外是矣況諸經全體上下
千數百年之治迹二帝三王之淵懿皆在於書
稽古者舍是經奚先哉孔子所定半已逸遺厥
今所存出漢儒口授孔宅壁藏錯簡斷編當闕
疑者何限自有註解以來三四百家朱子晚年
始命門人集傳之惜所訂正三篇而止

图 5-20 《书蔡氏传纂疏》，陈栎撰，元泰定四年（1327）梅溪书院刻本。

他们注重学问，勤于校勘，有条件从事刻书事业。书院刻本中有不少是内容文字、雕镌、印刷、纸墨用料均属上乘之作的佳品。例如：西湖书院刻马端临《文献通考》，字体书写优美，行款疏朗悦目，刻印俱精；东山古迂书院刻《梦溪笔谈》，版心小、开本大、蝴蝶装，风格迥异，别具特色；广信书院刻《稼轩长短句》，行书写刻，字画圆润秀丽，流传最为广泛。清代著名学者顾炎武《日知录》第 18 卷中载：“山长无所事，则勤于校雠，一也；不惜费，而工精，二也；版不贮官，而易印行，三也。”清代叶德辉在《书林清话》中也曾说过：“元时讲学之风大昌，各路各学官私书院林立，故习俗移人，争相模仿。”⑤可见，元代的书院不仅数量多，而且刻书质量甚佳，为后世学者所普遍赞誉。

三、元代纸币印刷

元朝是中国古代史上纸币的鼎盛时代。蒙古国以白银为市贸流通，其后受宋、金影响，开始在占领区内发行纸币。宪宗三年（1253）中央设立交钞提举司，管理印钞和发行。中统元年（1260），忽必烈登基后，曾想仿效宋朝以铜钱为主要流通货币，但有大臣劝阻道：“铜钱乃华夏阳明政权之用，我们起于北方草原地区，属于幽阴之地，不能和华夏阳明之区相比，我国适用纸币。”忽必烈认为有理，便决定用纸钞而不用铜钱了。同时设置货币管理、印造、发行、换旧的机构。同年，在北京的行中书省下设置诸路交钞提举司，以户部官兼提举交钞事。

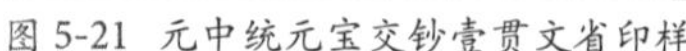
图 5-21 元中统元宝交钞壹贯文省印样

图 5-22 元中统元宝交钞贰贯文省版

元代的纸币，由于有一套比较严密的管理制度，加上中期以前经济实力比较雄厚，所以“中统”和“至元”两种钞币在较长时间流通。但是到了后来纸币在流通的过程中出现了伪造假钞的现象，促使元政府采取措施阻止这一行为的发生。为此，元政府详细规定了纸币的制作、发行、流通以及伪造的处理方法。

元朝在纸币的印刷和发行上都有一整套的制度，在全国各地设置有交钞库和平准库等机构，掌管纸币的发行及兑换事宜。并且规定在哪一路府发行、换易的“至元通行宝钞”或“中统元宝宝钞”，便在该钞的左上角斜捺一方标明该地点的长方形印记，即“合同印”，相当于现在的防伪标记。元代初年还规定，制造伪钞猖獗的人，为首的处以死刑或者流放，从犯处以仗断，对检举者奖赏五锭银子。由于惩罚过轻，伪造假钞的现象日益增多，政府不得不加重对伪造者的惩罚，凡是制造伪钞的不论严重与否为首的都处以死刑，从犯都仗断，对制止伪钞有功的人奖赏十锭银子。至元十五年(1278)再次加刑，凡是制造伪钞的人，都处以死刑。尽管刑法已经十分严厉，但是由于制造伪钞有利可图，所以造伪的现象仍然层出不穷。据《元典章》记载，大德初年，杭州等路囚禁伪造囚徒 88 起，274 人。大德七年（1303）金溪县丞衢州开化人郑介夫在《太平策》奏议中说：“天下真伪之钞几若相伴。”说明在元代初，钞币的伪造现象已十分严重。

至元二十二年（1285）起，全国禁用银钱市货，中统元宝交钞成为国内唯一合法的流通货币。这在世界货币史上是一个伟大创举，除蒙古占领

图 5-23 元至元通行宝钞壹贯

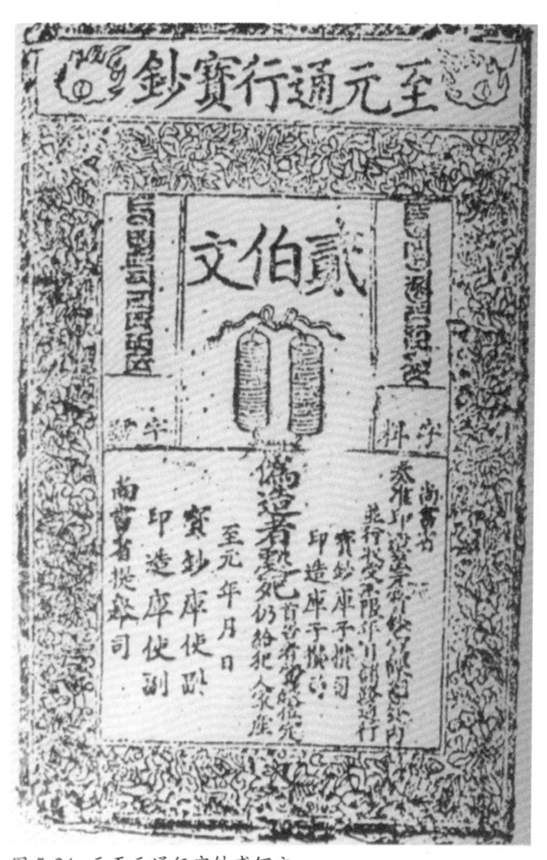

图 5-24 元至元通行宝钞贰佰文

区的伊儿汗国发行纸币以外，印度、朝鲜、日本等国也效仿元朝发行过纸币。《马可·波罗游记》中的“大汗的纸币”更是令欧洲人惊叹。此纸币为了防伪，在纸币的背面也有同值的图形，两面盖上三方管理机关的红印，正背两面的左上方还盖有黑色骑缝印，并在中央明显的位置上印有“伪造者斩……”等警示句。

当元初发行的“中统元宝交钞”贬值后，需要改革币制以满足当时经济发展的需要，于是在至元二十四年（1287）又印造发行“至元通行宝钞”，该钞是在原南宋钞样的基础上略作变动而成。“至元通行宝钞”面额分为伍文、拾文、贰拾文、叁拾文、伍拾文、壹佰文、贰佰文、叁佰文、伍佰文、壹贯、贰贯等11种，发行额共达3618万余锭，成为元代流通的重要纸币。“至元通行宝钞”俗称“金钞子”，一贯当“中统元宝交钞”五贯。

至大二年（1309）开始，至元钞日渐贬值，物价随之飞涨，元朝政府决定发行新的银钞，因为这一年年号为“至大”，所以被称为“至大银钞”，面值分为13种，当时官定的至大银钞和至元钞的比价为1:5，可以兑换一两白银，一钱黄金。至大三年（1310）八月，又取消了禁止使用铜钱的禁令，并铸大元通宝和历代古钱并行。“至大银钞”的出现以及种种新政，并没有解决准备金不足和发行数过大的根本问题，单纯地企图以更高面值的虚钞来平抑通货膨胀解决财政困难，是不太现实的。而且将历代轻重不一的铜钱一体通用、放任流通，不但没有解决原有的问题，反而造成了更大的混乱，物价的上涨更加不可遏止，挽救钞法的努力最终归于失败。至大四年（1311）三月，新即位的仁宗下令废止“至大银钞”、铜钱，回收已发行的钞和钱，取消金银私买的禁令，重新使用原来的中统钞，使元朝的流通货币又恢复到中统、至元两钞并行的状况。至此，发行、使用不过一年多的至大银钞被完全废止，元政府也从此放弃了通过银钞兑换来维持钞值、控制通货膨胀的调节手段，只能通过控制盐茶引和官定粮米价等间接调节手段来调节钞价，由此，国家对通货膨胀的调节能力大大下降了。

至正十年（1350），因国家财力匮乏，元政府决定调改钞法，新制“至正交钞”，规定一贯（一千文）相当于之前发行的“至元宝钞”的两贯。新的“至正交钞”实际是于旧中统交钞上加盖“至正交钞”的字样。“至正交钞”的印行既无实本，又无限滥发。百姓用至元宝钞换“至正交钞”，就会折蚀一半，货物改用“至正交钞”标卖，还会折蚀一半；加之印制交钞的钞纸极劣，周转不久，便磨损模糊成“昏钞”不能再使用。至正十二年（1352），印造至正钞 190 万锭，至元钞 10 万锭。至正十五年（1355），印造至正交钞多至 600 万锭。交钞大量印行，无钞本抵换，于是物价飞涨十倍，百姓拒绝用钞票进行交易，而是退回到“以货易货”的时代，出现了“斗米斗珠”的局面，加之不久之后又发行“至正通宝”钱，新旧钞钱并行通用，致使币值大贬，物价腾涌。

在中统元年（1260）印行中统钞纸币的同时，还发行了一种用绫绢织成的大面额货币，面值有 1、2、3、5、10 两，每一两同白银一两。这种货币为中统银货，是用绫织的，不像金代是用绫印的。据《中国印刷术的发明和它的西传》一书引各种资料推算，自中统元年（1260）至泰定元年（1324）印造纸币的面值总数达 23 亿 8056 万 3800 两。平均每年的印行量在 3700 万两以上。这是以面值折合银两计算的。由于纸币有不同的面值，纸币的张数就很难推算，每年印行的纸币张数肯定远远超过 3700 百万。

元代纸币的印刷最初的中统钞使用木刻版印刷，但只使用了较短的时间就改为铜版，以后所印各版钞币几乎都用铸造的铜版印制。

第三节 元代的民间印刷

元代的民间刻书地区在宋、金刻书地区分布的基础上，进一步发展。民间印刷业较为集中的地方有平阳、杭州、建宁三处，除此之外在其他地区也分布有一定的印刷业，甚至在偏远的新疆、西藏等地，也有印刷活动。

一、书坊印书

元朝政府对民间印刷基本上采取开放政策，因此，民间印刷业十分活跃。在数量上，坊刻书比官刻、家刻本数量多、规模更大，流传比较广远，仍然以福建建宁和山西平阳最为繁荣兴盛。形成南有麻沙，北有平阳，遥遥相对的两个刻书中心。山西平阳自金以来就是北方印刷中心。福建建宁府是书坊集中的地方，刻书最多，而建阳、建安两县尤为出名，这是沿袭

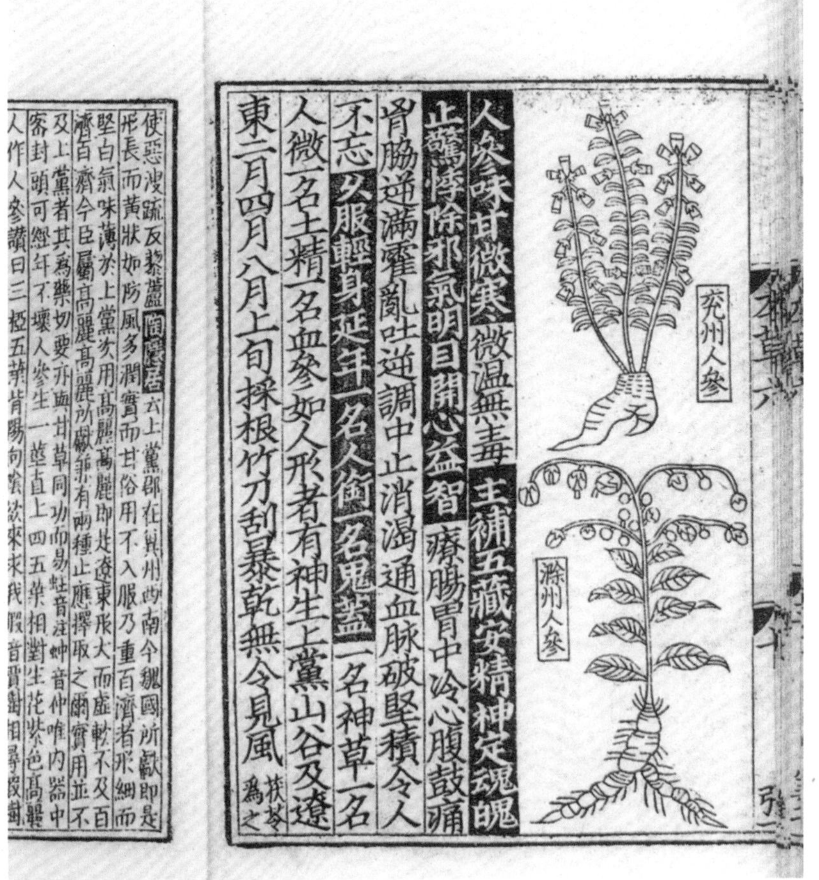

人參味甘微寒微溫無毒主補五藏安精神定魂魄止驚悸除邪氣明目開心益智療腸胃中冷心腹鼓痛胷脇逆滿霍亂吐逆調中止消渴通血脉破堅積令人不忘久服輕身延年一名人銜一名鬼蓋一名神草一名人微一名土精一名血參如人形者有神生上黨山谷及遼東二月四月八月上旬採根竹刀刮暴乾無令見風 茯苓為之使

使惡溲疏反藜蘆 圖經曰 人參生上黨郡在冀州西南今魏國所獻即是形長而黃狀如防風多潤實而甘俗用不入服乃重百濟者形細而堅白氣味薄於上黨次用高麗高麗即是遼東形大而虛軟不及百濟百濟今臣屬高麗高麗所獻兼有兩種止應擇取之爾實用並不及上黨者其為藥切要亦與甘草同功而易蛀音注蚛音仲唯內器中密封頭可經年不壞人參生一莖直上四五葉相對生花紫色高麗人作人參讚曰三椏五葉背陽向陰欲來求我椵音賈樹相尋

图 5-25 《重修政和经史证类备用本草》，平阳张存惠晦明轩刻印。

南宋风气发展而来的。浙江、江西，自宋以来就是刻书比较发达的地方，元代许多官刻书都是奉诏下杭州刻版。此外，江南、江东、湖广各地在刻书方面也都有所发展。叶德辉在《书林清话》中说：“元时书坊所刻之书，较之宋刻尤夥，盖世愈近则传本多，利愈厚则业者众，理固然也。”[⑥]客观上有利于民间印刷业的发展。

（一）平阳印刷概况

位于今山西南部的临汾，古代称平阳。自金代以来，这里的印刷业就很发达，私人开设的印刷作坊林立，成为当时的印刷中心。公元 1231 年，蒙古军占领平阳，即在这里设立经籍所，负责编辑经史，在当地刻印。在蒙古军统一中国前，这里成为当时的主要印刷基地，政府的许多书籍都是在这里印制的。在金代，这里就刻印过《赵城藏》这样巨大的工程，可见这里汇集了一大批刻版工匠。

元代平阳的著名印刷作坊有：平阳晦明轩张宅（即张存惠堂）、平阳府梁宅、平水中和轩王宅、平水许宅、平水曹氏进德斋、平水高昂霄尊贤堂、平阳段子成、平水刘敏仲、平阳司家颐真堂等，其中平阳晦明轩张宅、平水中和轩王宅等都是金代就有的老字号。

平阳书坊刻书最著名的是平阳晦明轩张宅，店主张存惠，字魏卿。他的书坊在金代刻印了不少书籍，金亡后继续从事刻书事业，但仍用金代年号，往往被误为金版。例如晦明轩刻的《重修政和经史证类备用本草》13 卷，印有“泰和甲子下己酉冬日”。平水中和轩王宅也有百年历史，是跨金、

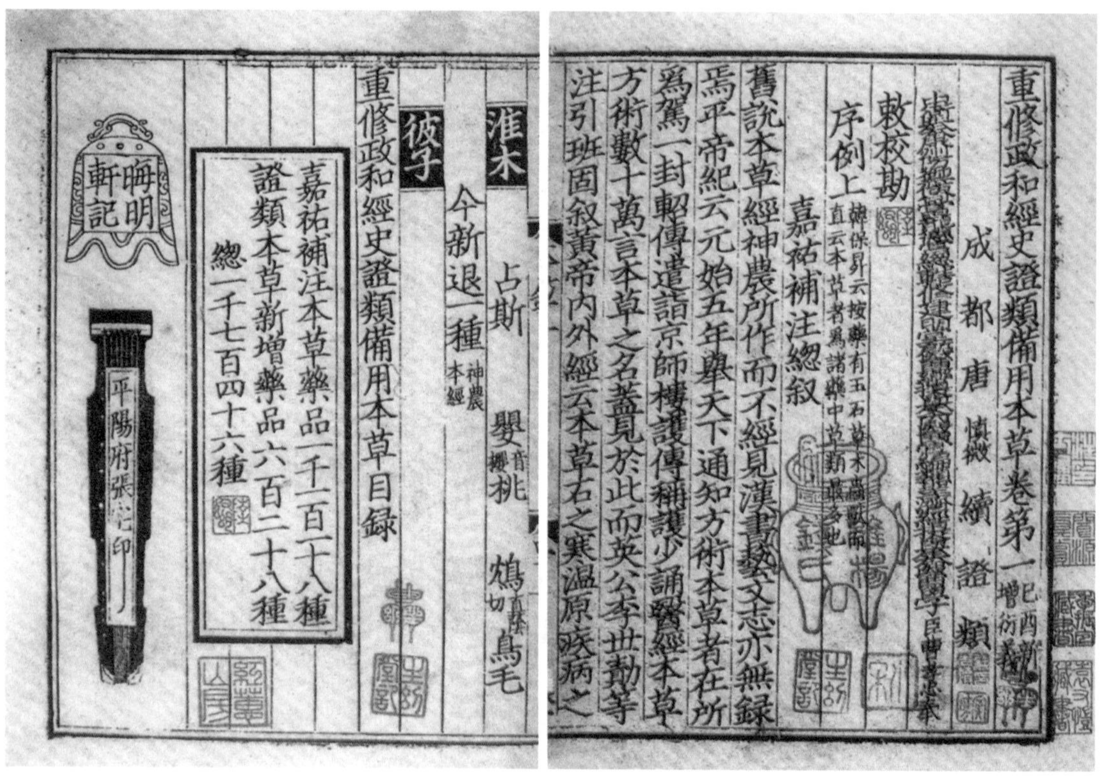

图 5-26 《重修政和经史证类备用本草》目录，平阳张存惠晦明轩刻印。

元两代的老铺，元代以来，于大德十年（1306）刻《新刊韵略》，元统二年（1334）刻《滏水文集》。平水曹氏进德斋于至大三年（1310）刻印巾箱本《尔雅郭注》，元好问的翰苑英华《中州集》、《中州乐府》等。平阳府梁宅于元贞二年（1296）刻印《论语注疏解经》。平水高昂霄尊贤堂于皇庆二年（1313）刻印《河汾诸老诗集》。平阳司家颐真堂刻印《新刊御药院方》11卷。平水刘敏仲刻印《尚书注疏》20卷。平阳段子成于中统二年（1261）刻印《史记集解附索隐》131卷。[⑦]

（二）杭州印刷概况

宋代以来，杭州就是全国主要的印刷基地，这里不但汇集着一大批技艺精湛的刻版工匠，而且盛产优质的纸张和印墨，再加上当地商业和手工业的发达以及水陆交通的便利，为印刷业的发展创造了良好的条件。

在元灭南宋的战争中，杭州的印刷业虽受到一定的破坏，主要是印版散失，但生产力并未受到多大损失。因而，进入元朝后，这里的印刷业虽不及南宋兴盛，但仍居全国之首。元代政府所刻印的很多大部头书，仍拿到杭州组织刻印。例如，大德三年（1299）中书省在此刻印了《大德重校圣济总录》，延祐二年（1315）元仁宗命江浙等处行中书省在此刻印了《农桑辑要》万部，延祐五年（1318）刻印了《大学衍义》。而在杭州刻印的最大工程，是至正五年（1345）起，陆续刻印《辽史》、《金史》和《宋史》。元朝政府在杭州刻印的书籍还有《大元一统志》、《说文解字》、《礼经会元》、《六书统》、《六书正韵》、《平宋录》、《五服图解》等书。[⑧]

除了元中央政府在这里组织刻印的大量书籍外，地方政府及地方学校

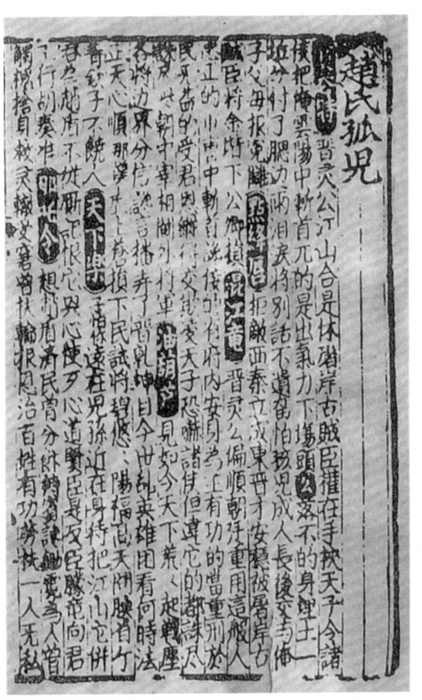
趙氏孤兒

图5-27 《赵氏孤儿》，元杭州坊刻本。

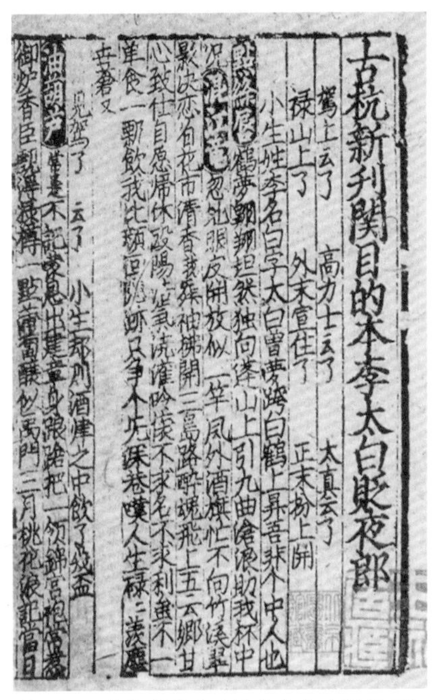
古杭新刊関目的本李太白貶夜郎

图5-28 《古杭新刊关目的本李太白贬夜郎》，元杭州坊刻本。

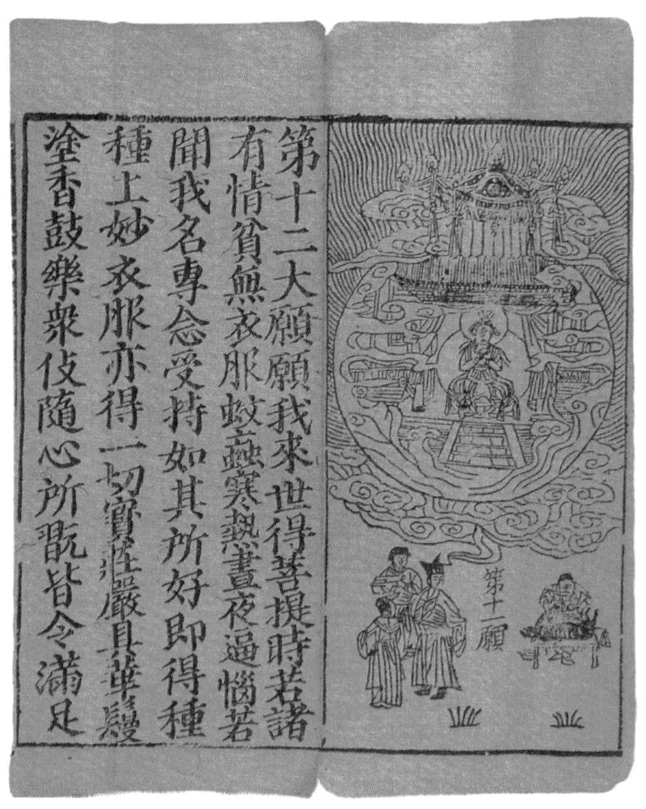
第十二大願願我來世得菩提時若諸有情貧無衣服蚊䖟寒熱晝夜逼惱若聞我名專念受持如其所好即得種種上妙衣服亦得一切寶莊嚴具華鬘塗香鼓樂衆伎隨心所翫皆令滿足

第十二願

图 5-29 《药师琉璃光如来本愿功德经》，唐玄奘译。元杭州大街众安桥北沈七郎经铺刻本。

和书院的刻书活动，也十分活跃。其中刻书最多的是杭州西湖书院。一些私人家塾及个人藏书家的刻书也不少。

杭州的印刷业占主导地位的，仍是民间的印刷作坊。由于他们的存在，才得以储备了大量的刻版、印刷、装订工匠，使这里的印刷业长盛不衰。正是有了一大批技艺精湛的刻印工匠，才为政府在这里印刷大量书籍创造了条件。

元代杭州有刻书记载的书坊主要有：杭州书棚南经坊沈二郎、杭州睦亲坊沈八郎、杭州勤德堂、武林沈氏尚德堂等四家。其中沈二郎、沈八郎刻印《妙法莲华经》7 卷，沈氏尚德堂刻印《四书集注》。另外，元代杭州刻本中还有七种戏曲本，均冠以“古杭新刊”字样，均未载何家所刻。由此可知，杭州当时的刻书作坊，当时不限于以上四家，只因年代久远，所刻书籍未能流传下来罢了。由于政府、学校在杭州大量刻书，使得这里的绝大多数刻印工匠都为政府所雇用，相对影响了民间作坊的发展。另外，这一带还有相当数量的刻印工匠被寺院所雇用，从事佛经刻印。

（三）建宁民间印刷

南宋时，建宁路的建安、建阳两县，就以书坊林立、出书数量多而闻名，当时这里有书坊 37 家。建宁刻印的书称为建本，往往有粗制滥造的现象，而受到藏书家的批评，其中“麻沙本”几乎成了质量低劣书籍的代名词。但实际上建本往往也有上品，不能一概否定。

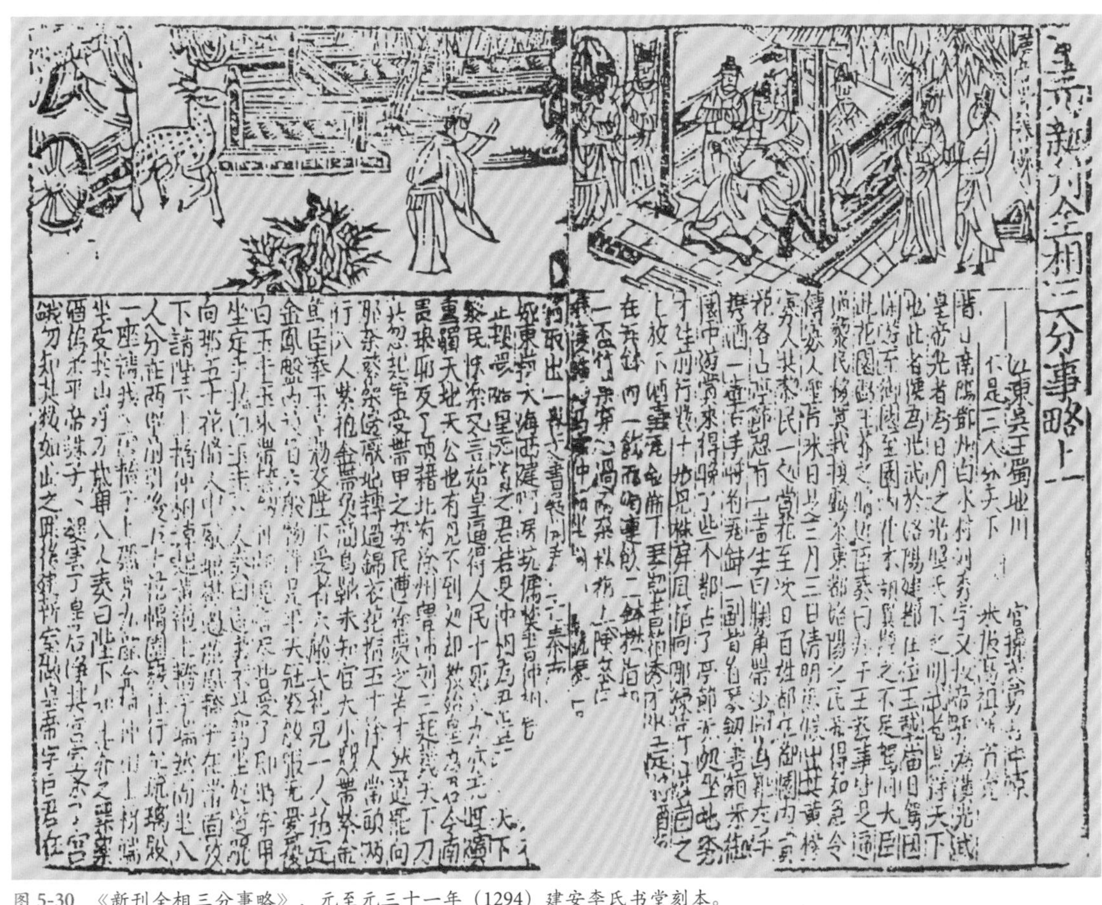

图 5-30 《新刊全相三分事略》，元至元三十一年（1294）建安李氏书堂刻本。

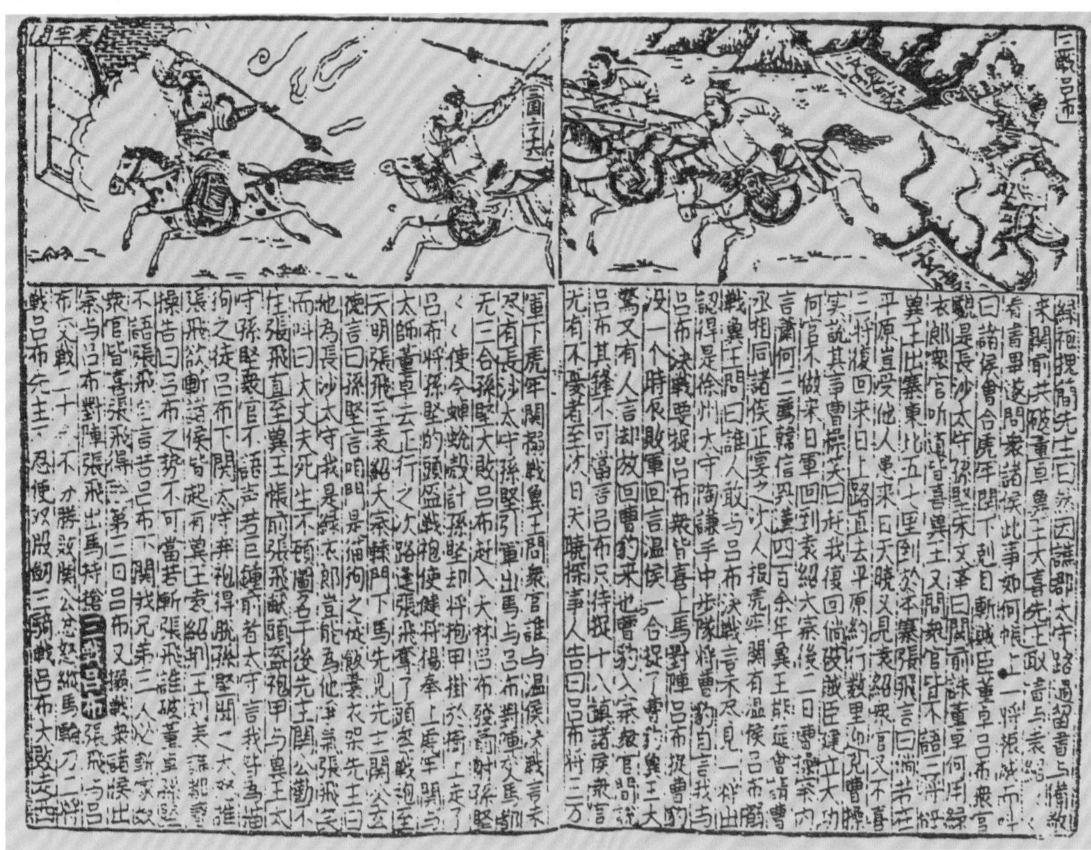

图 5-31 《新刊全相三国志平话》，元至治年间（1321—1323）建安虞氏刻本。

进入元代以后，建宁的书坊增加到42家，印刷业似乎更加繁荣。这可能是由于在宋末元初的战争中，其他地区的印刷业都不同程度地受到了破坏，而这里则免受战争之害；再加上这里远离元朝统治中心，各地书商云集，促使了印刷业的持续发展。

元代建宁书坊中南宋时就从事刻印书籍的有刘、余、虞、魏、蔡、王、陈等姓的作坊，其中刘氏、余氏、虞氏三家，进入元代以来仍保持了兴盛的势头，成为建宁印刷业的主要力量。在宋代时，刘氏有九家字号，余氏

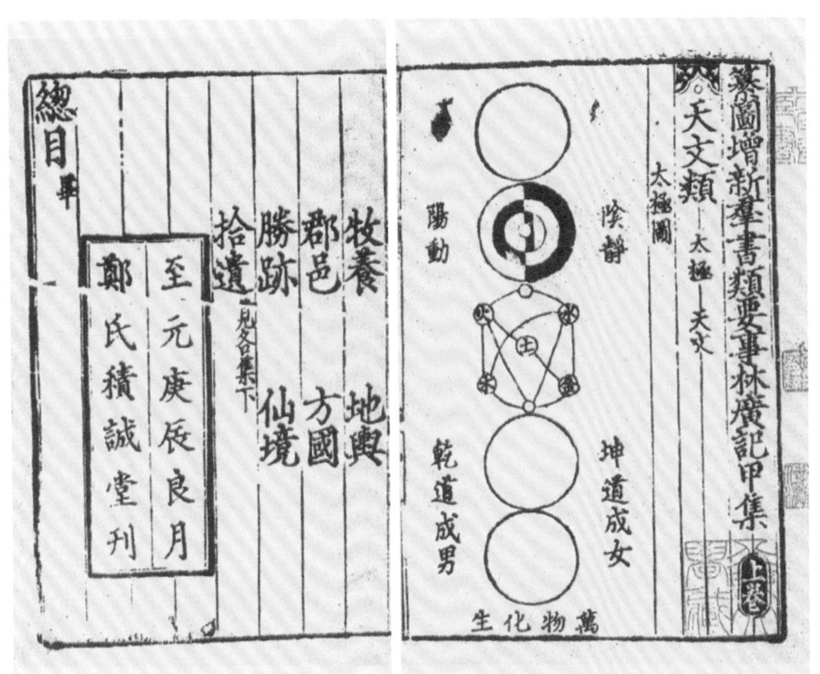
纂圖增新羣書類要事林廣記甲集 上卷
天文類 太極 天文
太極圖
陰靜 陽動
坤道成女 乾道成男
萬物化生
總目
牧養 地輿
郡邑 方國
勝跡 仙境
拾遺
至元庚辰良月
鄭氏積誠堂刊

图 5-32 《事林广记》，元至元六年（1269），建阳郑氏积诚堂刻本。

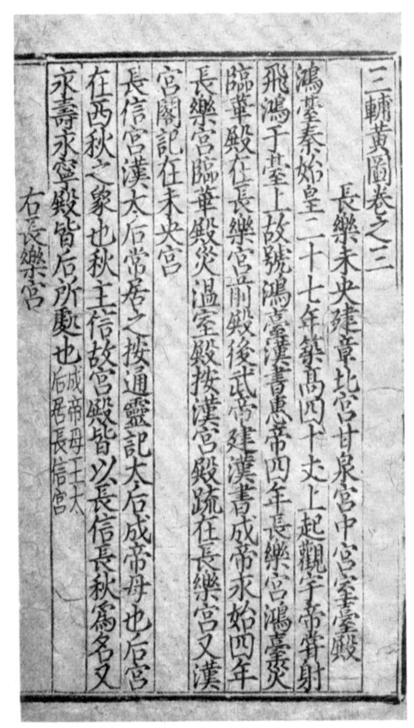
三輔黃圖卷之三
長樂未央建章北宮甘泉宮中宮室臺殿
鴻臺秦始皇二十七年築高四十丈上起觀宇帝嘗射
飛鴻於臺上故號鴻臺漢書惠帝四年長樂宮鴻臺災
臨華殿在長樂宮前殿後武帝建漢書成帝永始四年
長樂宮臨華殿災溫室殿按漢宮殿疏在長樂宮又漢
宮閣記在未央宮
長信宮漢太后常居之按通靈記太后成帝母也后宮
在西秋之象也秋主信故宮殿皆以長信長秋爲名又
永壽永寧殿皆后所處也成帝母王太后居長信宮
右長樂宮

图 5-33 《三辅黄图》，元致和元年（1328）余氏勤有堂刻本。

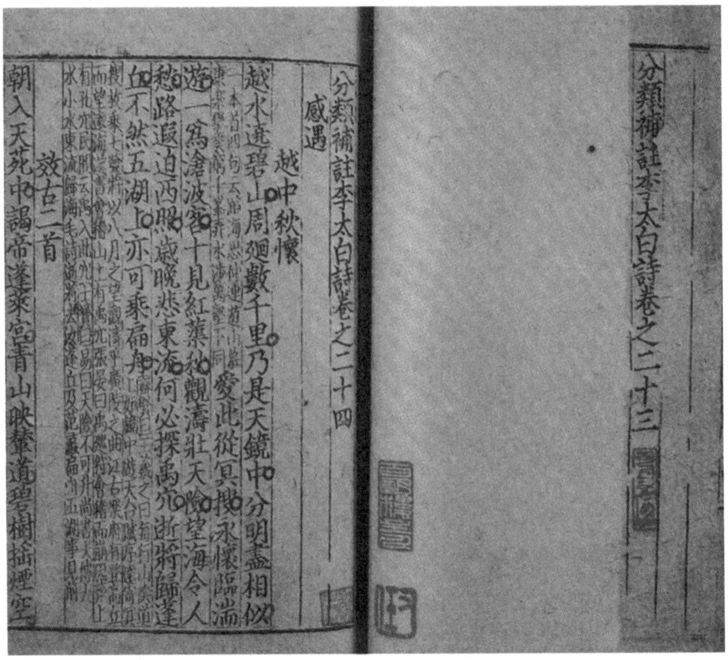

图 5-34 《分类补注李太白诗》，宋杨齐贤集注，元建安余氏勤有堂刻本。

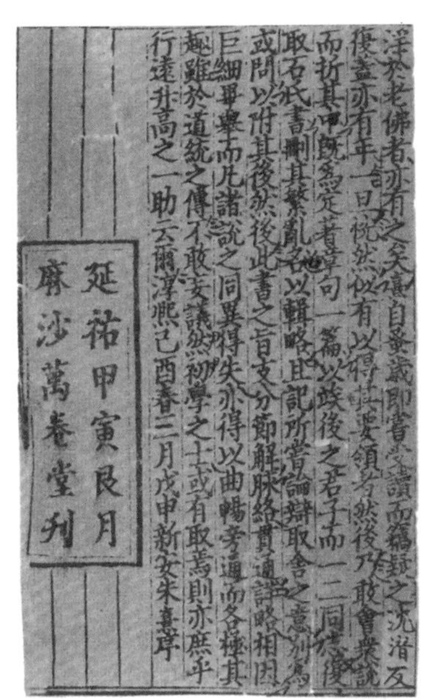
延祐甲寅良月
麻沙萬卷堂刊

图5-35 《中庸章句或问》，朱熹撰，元延祐元年（1314）福建麻沙万卷堂刻本，黄麻纸。

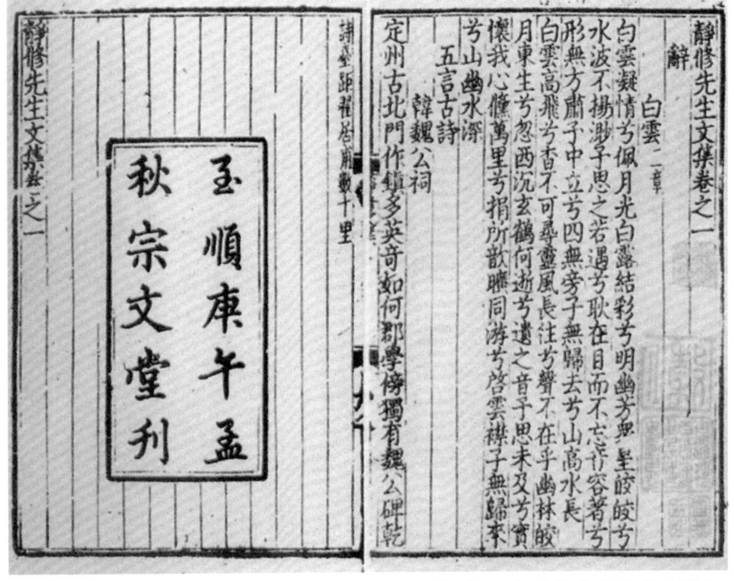
靜修先生文集卷之一
辭
白雲二章
五言古詩
韓魏公祠
至順庚午孟秋
宗文堂刊
靜修先生文集卷之一

图 5-36 《静修先生文集》，元刘因撰，至顺元年（1330）建阳郑氏宗文堂刻印。

有六家，虞氏有三家；进入元代后，刘氏有十家字号，余氏有五家，虞氏有四家。在元代，这三家字号总数几乎占建宁书坊的一半，这足以证明古代印刷业世代相传的特点。

元代余氏书坊中，崇化余志安勤有堂所刻之书不但数量多，而且质量高。自大德八年（1304）至元末，先后刻印的书籍有：《增注太平惠民和济局方》30 卷，《李太白诗集》25 卷，《唐律疏义》，《李杜诗》，《国朝名臣事略》，《杜工部诗》25 卷，辅广《诗童子问》10 卷，《汉书考正》等 14 种。泰定三年（1326），又为政府刻印了胡炳文的《四书通》26 卷，用了三年时间完成。

在元代建宁刘氏书坊中，最著名的是刘君佐的翠岩精舍。这是一家在南宋就已刻书的老字号，其印刷活动一直延续到明代中期，有近二百年的历史。在元代，刘君佐刻印的最有代表性的书是刻于至正十六年（1356）的《广韵》。该书刻印精美，版式新颖，版面对称严谨，字体大小、布局十分讲究，在正文页版中，采用了反白字，以活跃版面，为建宁书坊印刷品中的代表。

刘锦文日新堂于后至元四年（1338）刻俞皋《春秋集传释义大成》12 卷；至正六年（1346）刻《汉唐事笺对策机要前集》12 卷；至正七年（1347）刻朱倬《诗经疑问》7 卷、附录 1 卷；至正八年（1348）刻汪克宽《春秋胡氏传纂疏》30 卷；至正九年（1349）刻元赵麟《太平金镜策》8 卷；至正十二年（1352）刻刘瑾《诗传通释》20 卷；至正十六年（1356）刻《新增说文韵府群玉》20 卷，等等。刘氏日新堂刻书多在元代的稍后时期，至正期间差不多每年一部刻本，实为多产坊家。刘氏刻书至明初仍继续进行。其刻书多有牌记题示：“建安刘叔简（锦文字）刊于某年”或“某年建安

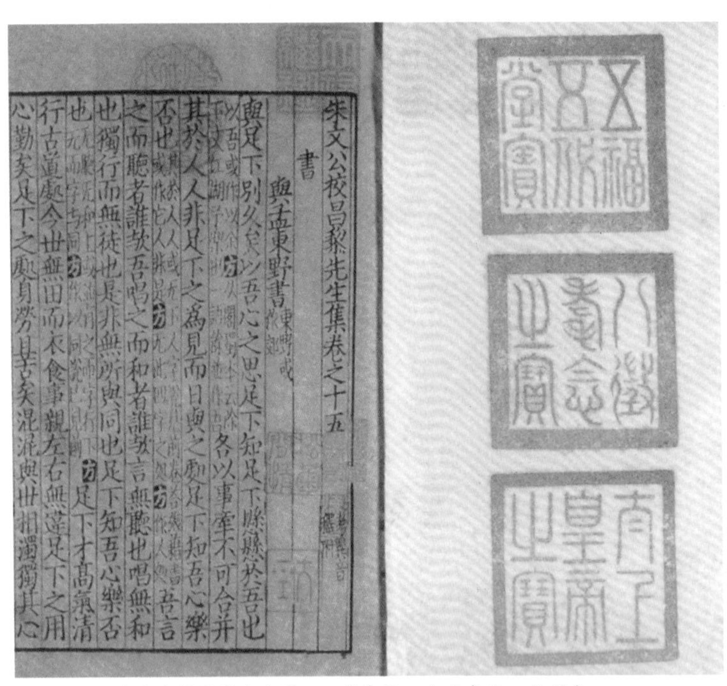

朱文公校昌黎先生集卷之十五

書

與孟東野書

與足下別久矣以吾心之思足下知足下懸懸於吾也

各以事牽不可合并

其於人人非足下之為見而日與之處足下知吾心樂

否也 吾言

之而聽者誰歟吾唱之而和者誰歟言無聽也唱無和

也獨行而無徒也是非無所與同也足下知吾心樂否

也 足下才高氣清

行古道處今世無田而衣食事親左右無違足下之用

心勤矣足下之處身勞且苦矣混混與世相濁獨其心

图 5-37 《朱文公校昌黎先生集》，韩愈撰，朱熹考异，元刻本。

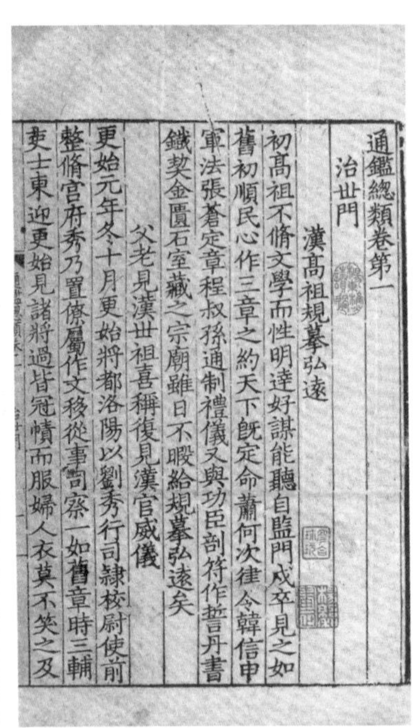

通鑑總類卷第一

治世門

漢高祖規摹弘遠

初高祖不脩文學而性明達好謀能聽自監門戍卒見之如

舊初順民心作三章之約天下既定命蕭何次律令韓信申

軍法張蒼定章程叔孫通制禮儀又與功臣剖符作誓丹書

鐵契金匱石室藏之宗廟雖日不暇給規摹弘遠矣

父老見漢世祖喜稱復見漢官威儀

更始元年冬十月更始將都洛陽以劉秀行司隸校尉使前

整脩官府秀乃置僚屬作文移從事司察一如舊章時三輔

吏士東迎更始見諸將過皆冠幘而服婦人衣莫不笑之及

图 5-38 《通鉴总类》，元至正二十三年（1363），吴郡庠刻本。

刘锦文刊于日新堂”、“建安刘氏日新堂校刊”、“某年日新堂刻梓”等。

建安叶日增的广勤书堂，是元代中期兴起的一家印刷作坊。但是所刻印的书籍留存较少，只有天历三年（1330）刻印的《新刊王氏脉经》一本。

虞氏是自南宋就从事刻书业的老字号，进入元代以来，其中最有名的是虞氏务本书堂。务本书堂的主人是虞平斋。元代所刻印的书籍有：至元七年（1270）刻印《赵子昂诗集》7 卷，泰定四年（1327）刻印《新编四书待问》22 卷，至正六年（1346）刻印《周易程朱传义》14 卷及吕祖谦《音训毛诗朱氏集传》8 卷。另有《河间刘守贞伤寒直格方》5 卷，《张子和心镜》1 卷，《东坡先生诗》25 卷。

郑天铎宗文书堂也是元代经营刻书时间较长的一家。至顺元年（1330）刻元刘因《静修先生文集》22 卷、补遗 2 卷，又刻《增广太平惠民和剂局方》10 卷、《指南总论》3 卷。郑氏宗文书堂从元代后期至明嘉靖间，均有刻书印书流传，时间近二百年。

此外，建安高氏日新堂，陈氏余庆书堂，双桂书堂，南涧书堂，朱氏与耕堂，同文堂，万卷堂等，多为建安书坊，也都刻有经学、医药、诸子、文集等各类书籍传世。[⑨]

元代的民间印刷活动，除了上述平阳、杭州和建阳三地外，实际上在很多地区都分布有印刷作坊或私人刻书者，而且这些刻本的刻印质量都达到很高水平，都有很高的版本价值。

二、元代私家印书

在政府刻书风气影响之下，元代私家刻书比宋代有一定的发展，私人刻书家有所增加，刻印书籍品种齐全，质量也在不断提高。仅《书林清话》

就收录元代私人刻书者40余家。

作为元代京城的大都，私人刻印本流传下来的极为稀少。今天所见的只有国家图书馆藏《歌诗编》一书，为唐李贺（字长吉）诗集。刻印者赵衍在后序中所署的年代为“丙辰秋日”，由此推断此书刻印于蒙古宪宗六年（1256）。版式左右双边，半页10行，有行格线，中缝无鱼尾，只有简化书名卷次“贺一”、页码及刻工姓。字体端楷古朴，刻、印都达到很高水平，代表了北京地区元代的刻印风格。

元代宜兴岳氏，是著名的私人刻书家，所刻印的书都有“岳氏荆溪家塾”牌记。岳氏刻印的书以各种经书最为著名，如《春秋经传集解》、《论语集解》、《孝经》等。岳氏主人岳浚，字仲远，为岳飞九世孙，家藏书万卷，岳氏刻书校勘、刻印都十分精美。

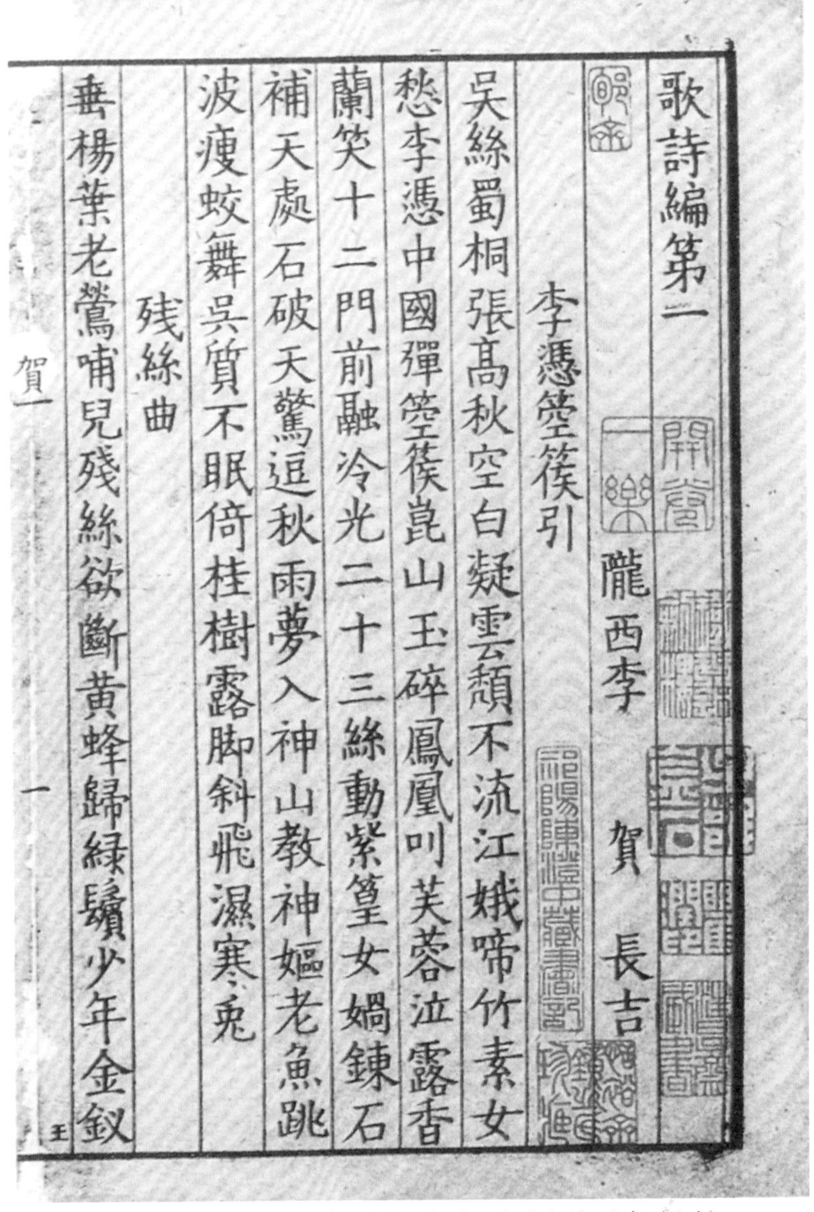
歌詩編第一
李憑箜篌引　隴西李賀長吉
吳絲蜀桐張高秋空白凝雲頹不流江娥啼竹素女
愁李憑中國彈箜篌崑山玉碎鳳凰叫芙蓉泣露香
蘭笑十二門前融冷光二十三絲動紫皇女媧鍊石
補天處石破天驚逗秋雨夢入神山教神嫗老魚跳
波瘦蛟舞吳質不眠倚桂樹露脚斜飛濕寒兎
殘絲曲
垂楊葉老鶯哺兒殘絲欲斷黃蜂歸緑鬚少年金釵
賀一　一　王

图5-39 《歌诗编》，唐李贺撰，蒙古宪宗六年（1256）赵衍刻于大都（北京）。

其他比较著名的私人刻书家有：中统二年（1261）平阳道参幕段子成刻《史记集解附索引》120卷；至元二十六年（1289）熊禾武夷书堂刻胡方平《易学启蒙通释》2卷；元贞二年（1296）平阳府梁宅刻《论语注疏》20卷；大德十年（1306）刘震卿刻《汉书》120卷；至大三年(1310)龙山赵氏国宝刻翰苑英华《中州集》10卷；皇庆二年（1313）平水高昂霄尊贤堂刻《河汾诸老诗集》8卷；延祐四年（1317）精一书舍刻《孔子家语》3卷。

元代后期，著名的私人刻书者有：至治二年（1322）云衢张氏刻《宋季三朝政要》6卷，刘时举《续宋中兴编年资治通鉴》15卷，李焘《续宋编年资治通鉴》18卷。泰定四年（1327）刘君佐翠岩精舍刻胡一桂《朱子诗集传附录纂疏》20卷，刻王应麟《三家诗考》6卷；天历二年（1329）刻《新编古赋解题前集》10卷、后集8卷，至正十四年（1354）刻董鼎《尚书辑录纂注》6卷、宋郎晔注《陆宣公奏议》15卷；至正十六年（1356）刻《大广益会玉篇》30卷。天历元年（1328）建安郑明德宅刻陈灏《礼记集说》16卷。天历三年（1330）陈忠甫宅刻《楚辞朱子集注》8卷、辨证3卷、后语6卷。天历元年（1328）范氏岁寒堂刻《范文正公集》20卷、别集4卷。后至元五年（1339）沈氏家塾刻赵孟頫《松雪斋集》10卷、外集1卷、附录1卷。后至元三年（1337）复古堂刻《李长吉歌诗》4卷、外集1卷。至正二十年（1360）南山书塾刻赵汸《春秋属辞》18卷、《春

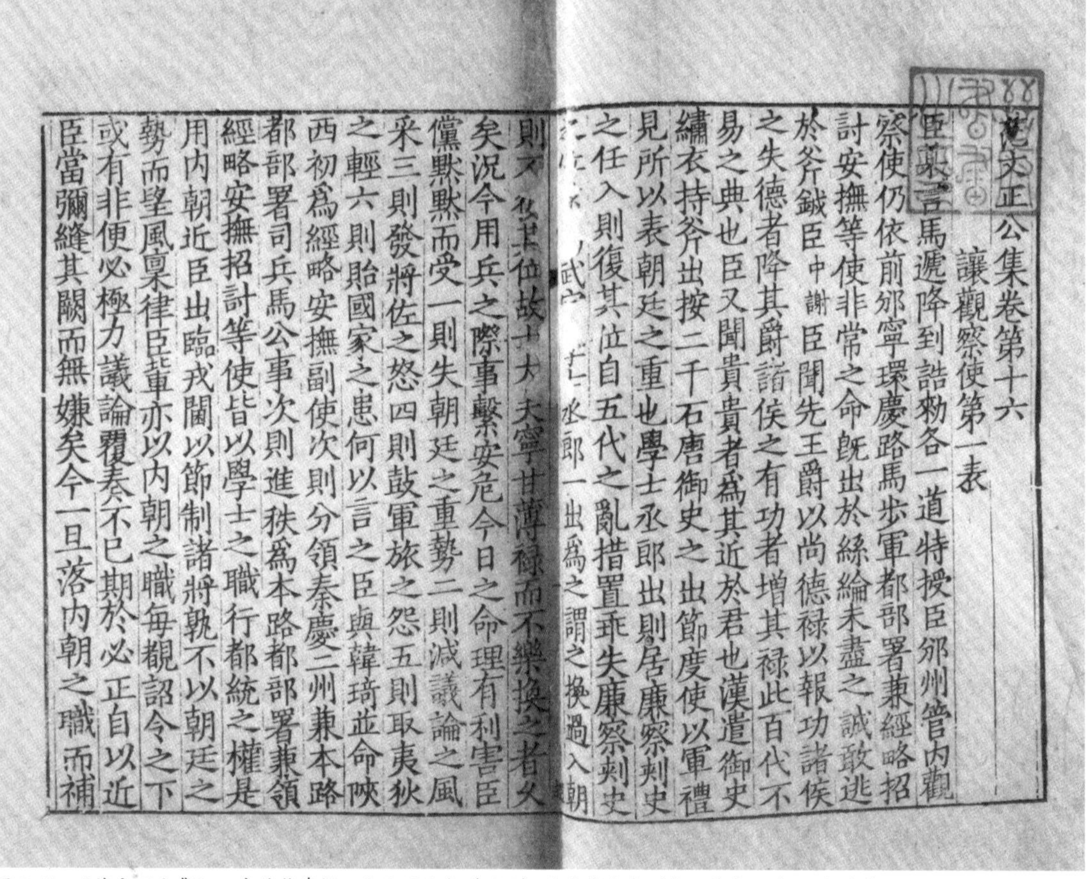
范文正公集卷第十六
讓觀察使第一表
臣某言馬遞降到誥勑各一道特授臣邠州管内觀察使仍依前邠寧環慶路馬步軍都部署兼經略招討安撫等使非常之命既出於絲綸未盡之誠敢逃於斧鉞臣中謝臣聞先王爵以尚德禄以報功諸侯之失德者降其爵諸侯之有功者增其禄此百代不易之典也臣又聞貴貴者爲其近於君也漢遣御史繡衣持斧出按二千石唐御史之出節度使以軍禮見所以表朝廷之重也學士丞郎出則居廉察刺史之任入則復其位自五代之亂措置乖失廉察刺史[illegible]水郎一出爲之謂之換過入朝則[illegible]仕故士大夫寧甘薄禄而不樂換之者久矣況今用兵之際事繫安危今日之命理有利害臣儻默默而受一則失朝廷之重勢二則減議論之風采三則發將佐之怒四則鼓軍旅之怨五則取夷狄之輕六則貽國家之患何以言之臣與韓琦並命陝西初爲經略安撫副使次則分領秦慶二州兼本路都部署司兵馬公事次則進秩爲本路都部署兼領經略安撫招討等使皆以學士之職行都統之權是用内朝近臣出臨戎閫以節制諸將孰不以朝廷之勢而望風稟律臣輩亦以内朝之職每覩詔令之下或有非便必極力議論覆奏不已期於必正自以近臣當彌縫其闕而無嫌矣今一旦落内朝之職而補

图5-40 《范文正公集》，宋范仲淹撰，元天历元年（1328）范氏岁寒堂刊本。黄麻纸本，蝴蝶装。

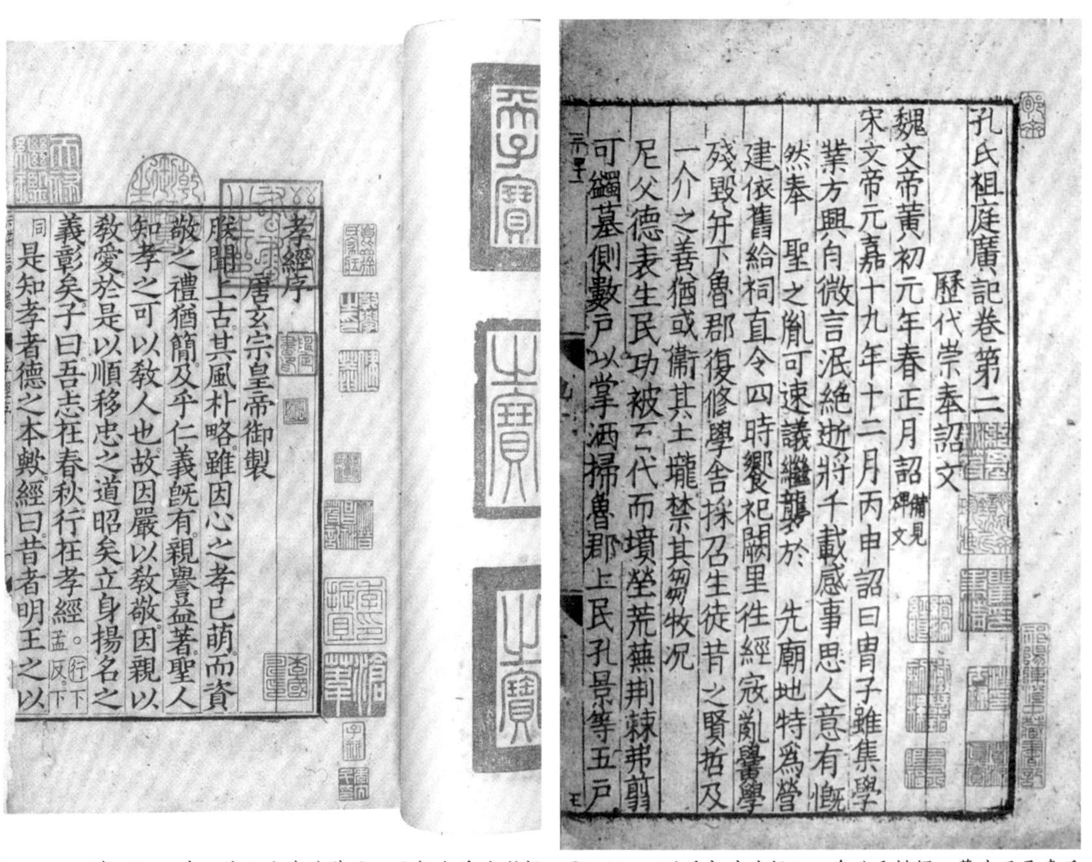

图 5-41 《孝经》一卷，唐玄宗李隆基注。元相台岳氏荆裕家塾刻本。

图 5-42 《孔氏祖庭广记》，金孔元措撰，蒙古乃马真后元年（1242）山东曲阜孔氏家刻本。

秋左传补注》10 卷、《春秋师说》10 卷。至正二十三年（1363）丛桂堂刻《通鉴续编》24 卷。至正十二年（1352）崇川书府刻《李廉春秋传会通》24 卷。至正二十四年（1364）西园精舍刻元仇舜《臣诗苑珠丛》30 卷。至元三十年（1293）司马家颐真堂刻《新刊御苑药方》11 卷。段辅于泰定四年（1327）刻《二妙集》8 卷等数种。元代私家刻书，质量较高的为数不少。如平阳府梁氏刻《论语注疏》、平阳曹氏进德斋刻的《尔雅郭注》等书籍，镌刻极工，不亚于宋版，为元代私人刻书中的精品。

第四节 元代宗教印刷

一、佛经印刷

由于元政府积极倡导宗教，客观上对佛经印刷起到一定推动作用。这一时期不仅印制了从南宋开始雕印的《普宁藏》和《碛砂藏》，同时还使用蒙文、藏文、西夏文等少数民族文字刻印佛经。

《普宁藏》刻印于杭州路余杭县白云山的大普宁寺，南宋末期开始筹备，设立刊经局，但正式刻印工作，是从至元十二年（1275）开始，到泰定元年（1324）全部刻印完成，共560函，5368册。该藏为经折装，每版30行，版框高25厘米，每行17字，折后每面6行。刻印于平江府碛砂延圣院的《碛砂藏》，有一半工程是在元代完成的。该部经卷为经折装，千字文编号，由“天”字开始，至“烦”字结束，共591函，1532部，6362卷。[10]

元代北京地区曾刻印过多部《大藏经》，并对金《赵城藏》作了补刻和刷印。至元十四年（1277）元世祖曾命印《大藏经》36部，元文宗（1328—1332）时也曾命印《大藏经》36部，这两次各印的36部大藏，分送归化外方和各寺院。但对6000多卷的《大藏经》一次就刷印36部，可见工程之浩繁。金代的《赵城藏》经版遭战火损坏近四分之一，元世祖命进行补写、补刻。1979年在云南图书馆发现元代官刻《大藏经》32卷，根据现有的残卷推测，约有651函，6510卷，规模很大，仅次于《赵城金藏》。这部《大藏经》的刊印主要是由元代专司太后事务的徽政院在北京进行，其中有的是在弘法寺刻印的。除扉页有梵文外，经文全用汉字楷书，刻工精良，用

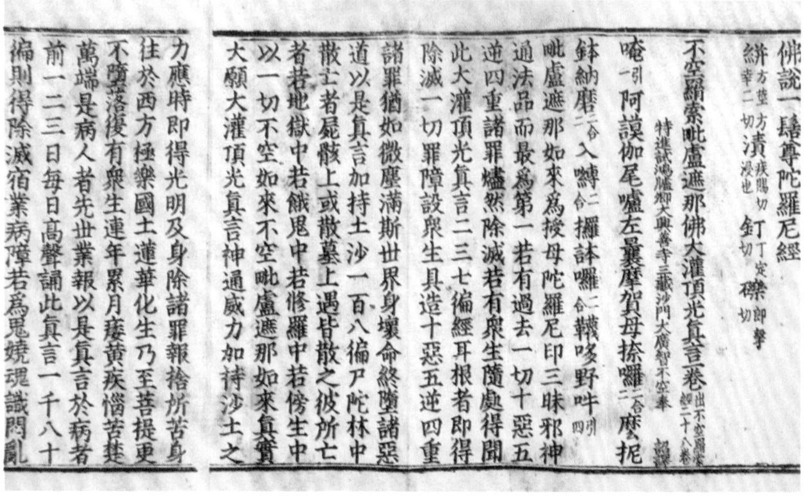

图5-43 《大藏经》，元刻官版《大藏经》本。

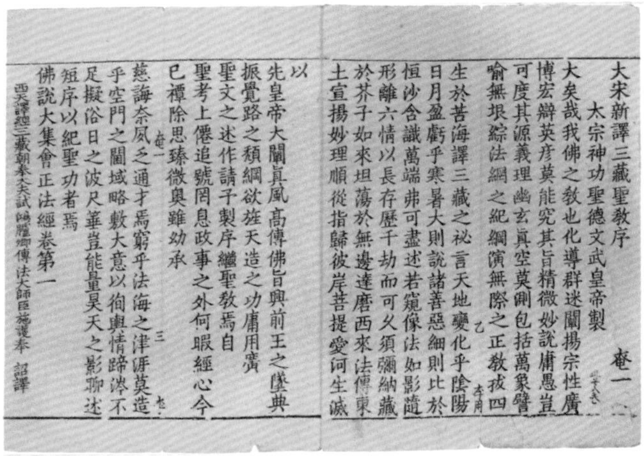

图 5-44　《普宁藏·佛说大集会正法经》，宋施蔓译。元至元二十七年（1290）杭州大普宁寺刻本。

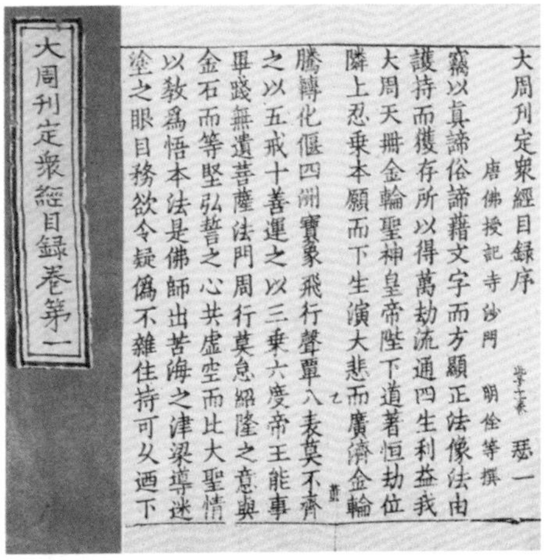

图 5-45　《普宁藏·大周刊定众经目录》，唐明佺等撰。元杭州大普宁寺刻本。

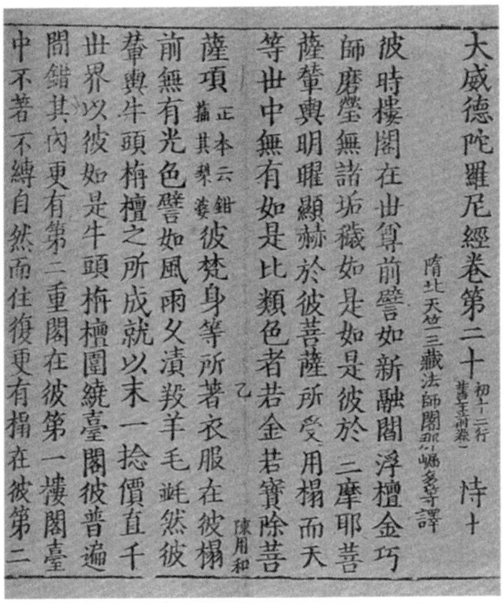

图 5-46　《大威德陀罗尼经》，阇崛那多等译，元平江府碛沙延圣院大藏经刻本。

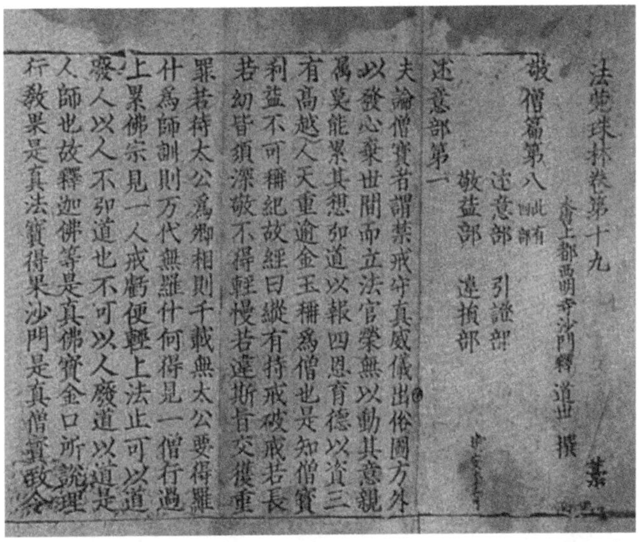

图 5-47　《碛砂藏·法苑珠林》，道世撰，平江府碛砂延圣院刻本，经折装。

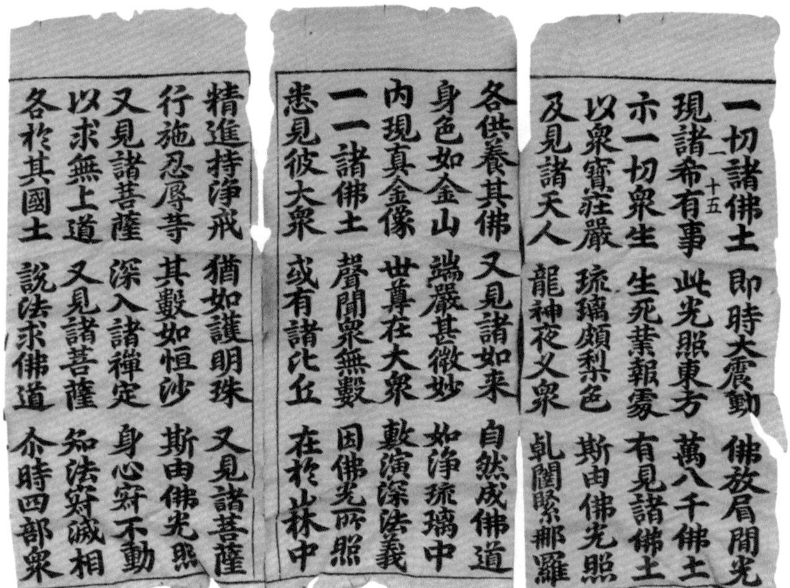

一切諸佛土　即時大震動　佛放眉間光
現諸希有事　此光照東方　萬八千佛土
亦一切衆生　生死業報處　有見諸佛土
以衆寶莊嚴　琉璃頗梨色　斯由佛光照
及見諸天人　龍神夜叉衆　乾闥緊那羅
各供養其佛　又見諸如來　自然成佛道
身色如金山　端嚴甚微妙　如淨琉璃中
內現真金像　世尊在大衆　敷演深法義
一一諸佛土　聲聞衆無數　因佛光所照
悉見彼大衆　或有諸比丘　在於山林中
精進持淨戒　猶如護明珠　又見諸菩薩
行施忍辱等　其數如恒沙　斯由佛光照
又見諸菩薩　深入諸禪定　身心寂不動
以求無上道　又見諸菩薩　知法寂滅相
各於其國土　說法求佛道　尒時四部衆

图 5-48　《妙法莲华经》序品第一残卷，后秦鸠摩罗什译，元刻本，字体兼具颜、赵韵味。

纸考究，全部经折装。1984 年在北京智化寺如来佛像中清理出三册藏经，据考证，此藏经并非零星刻本，而是一部《大藏经》的一部分，开雕于至元二十六年（1289），竣工于文宗临朝之前，这是首次发现的一种元刻藏经版本。

二、　道藏的印刷

蒙古太宗九年（1237），道士宋德方、秦志安，在平阳开始《道藏》的刻版印刷。当时雇佣工匠 500 多人，分为 27 个局，刻书地点设在平阳玄都观内。历时八年才刻印完成这部 7800 余卷的《道藏》，由于刻于玄都观，也称《玄都道藏》。这部《道藏》刻印工程之大，用工之多，都足以证明平阳有着雄厚的印刷力量。

有常耶俱無常耶常無常耶非常非無常耶
爾時天尊安心含笑荅海空言善哉善哉善
男子一切凡夫有身無身煩惱之身何以故
煩惱身者囊裹膿血障於道性是故衆生不
悟煩惱有真道性真道之性不在內耶不在
外耶不在中間亦不有耶亦不無耶非過去
耶非見在耶非未來耶非色心耶非自他耶
非有命耶非無命耶非有身耶非無身耶非
有常耶非無常耶爾時海空稽首作禮白天
尊言如是所說非有身耶非無身耶云何煩
惱障於道性道性之身從父母耶從微塵耶
從幻化耶從自然耶從虛空耶從變易耶從
善生耶從惡生耶從畜生耶從地獄耶從天
上耶若從父母生道性者云何父母是煩惱
耶非煩惱耶若是煩惱云何能生真道性者
若是真生真性應常云何真性從煩惱生若
從煩惱煩惱之障或墮於地獄道性之生亦

图 5-49 《云笈七签》，蒙古乃马真后三年（1244）平阳刻本。每版高 21.3 厘米，宽 56.2 厘米，每行 17 字，四周单边。太宗九年（1237）开刻于平阳玄都观，名《玄都宝藏》，至元十八年（1281）经版焚毁。

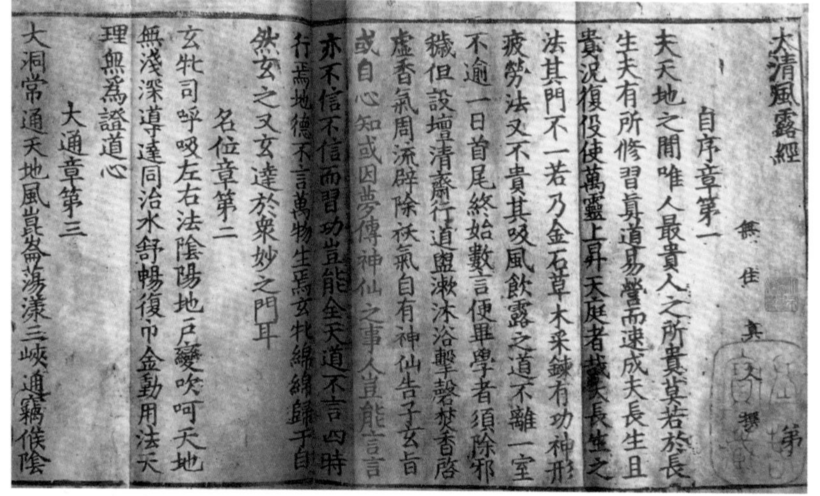

太清風露經
自序章第一　無住真人撰
夫天地之間唯人最貴人之所貴莫若於長
生夫有所修習真道易營而速成夫長生且
貴況復役使萬靈上昇天庭者哉長生之
法其門不一若乃金石草木采鍊有功神形
疲勞法又不貴其吸風飲露之道不離一室
不逾一日首尾終始數言便畢學者須除邪
穢但設壇清齋行道盥漱沐浴擊磬焚香啓
虛香氣周流辟除祅氣自有神仙告子玄旨
或自心知或因夢傳神仙之事人豈能言
亦不信不信而習功豈能全天道不言四時
行焉地德不言萬物生焉玄牝綿綿歸于自
然玄之又玄達於衆妙之門耳
名位章第二
玄牝司呼吸左右法陰陽地戶變吹呵天地
無淺深導達同治水舒暢復巾金勤用法天
理無爲證道心
大通章第三
大洞常通天地風炁喬蕩漾三峽通竅倏陰

图 5-50 《太清风露经》，题无住真人撰，太宗九年至乃马真后三年（1237—1244）宋德方等刻，玄都宝藏本。

第五节 少数民族文字印刷

一、八思巴文的创制和印刷

公元 1260 年，忽必烈认为文字不足有碍蒙古文化的传播发展，命国师八思巴创造一种能“译写一切的文字”。国师八思巴是藏传佛教萨迦派领袖，他仿照藏文字母形式创制了蒙古新字“八思巴文”。元政府非常重视汉、藏文字的经典蒙文翻译工作，天历二年（1329）创立艺文监。我们现今只能识读极少的纸质印刷本蒙文书籍。

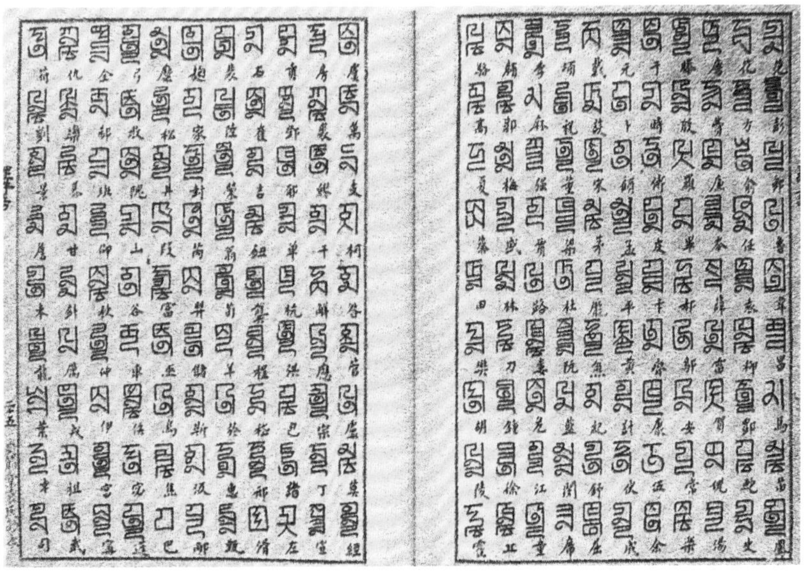

图 5-51 八思巴文《百家姓》

二、蒙文印刷

《萨迦格言》亦名《善说宝藏》，是藏传佛教萨迦派的文学名著，元代被译为蒙古文，用八思巴文雕版刊印，经折装。20 世纪初德国考古队在新疆吐鲁番发现其部分残页。同时期出土的还有蒙古文《入菩提行经注疏》，刻于元皇庆间，残存 12 页，现藏于德国柏林。蒙古文《大藏经》是 14 世纪初西藏喇嘛乔依奥受尔与藏、蒙、维等学者共同翻译，刊印于元至大年间（1308—1311）。《蒙古韵字》是用八思巴文写的汉语韵书，元刻本一直流传到清代，现在大英博物馆仅存抄本。《百家姓》也有蒙古文译本，有单译本也有蒙汉对照本。现从《事林广记》中可以看到双语对照本。翻译的儒学书籍有《尚书》、《忠经》、《大学衍义》、《帝范》、《千字文》、

《孝经》、《图像孝经》、《通鉴节要》、《贞观政要》、《图像烈女传》、《皇图大训》、《申鉴》、《难经》、《本草》等。如今传世的有汉、蒙文的双语刻本《孝经》残本，每面 7 行，框高 24 厘米，宽 17 厘米，四周双栏，白口，双鱼尾。[11]

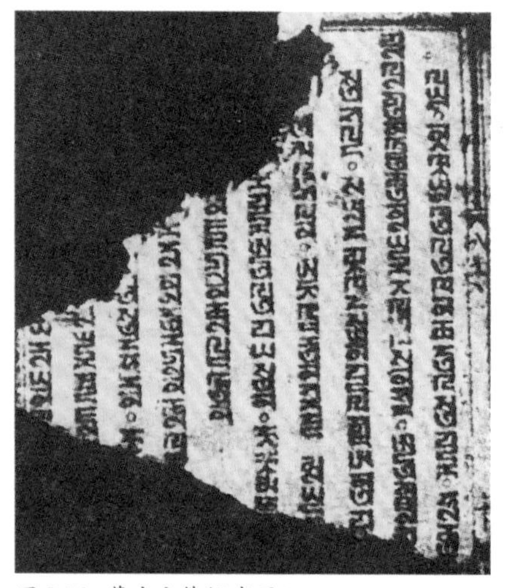

图 5-52 蒙古文佛经残页

三、藏文印刷

元朝加强了对吐蕃地区的管理，在藏区分设宣慰使司都元帅府。同时印刷术也在这一时期传入藏族地区，此后藏族地区的印刷业逐渐兴盛，各

图 5-53 藏文刻本残页，元代刻本。黑水城出土。

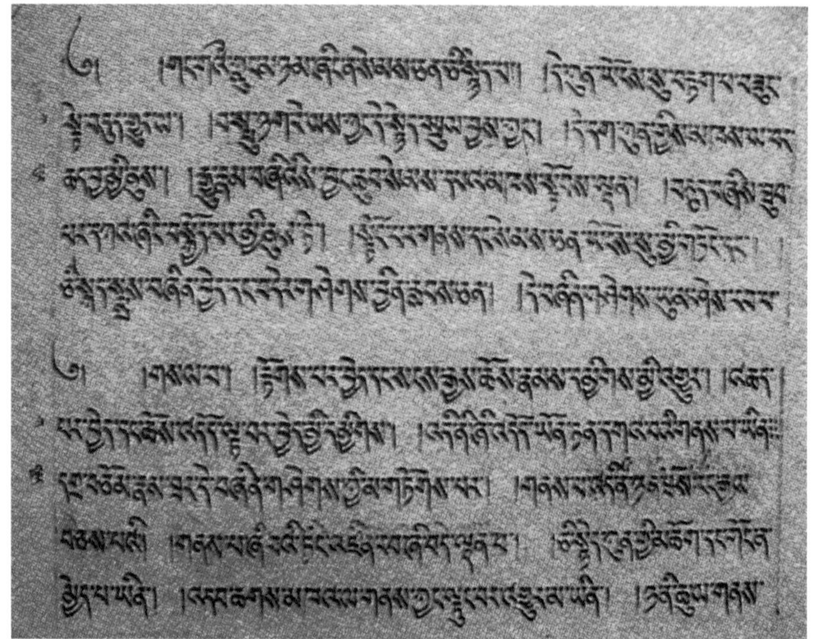

图 5-54 藏文《般若波罗蜜经》，元代刻本。

地都出现了许多印刷场所。由于藏传佛教向内地传播，内地也开始印刷藏文佛经。元皇庆二年（1313）至延祐七年（1320），搜集各地经、律、密咒校勘，在那塘寺雕印了第一部木刻本《大藏经》。此经为梵夹装，长方形散叶，两面印刷。

四、回鹘文印刷

元代时畏兀儿佛教处于鼎盛阶段，佛教的兴盛推动了印刷业的发展。元代出现的雕版印刷和活字印刷技术也应用到畏兀儿文佛经的印刷中。吐鲁番一带出现了高度发达而且分布较广的印刷手工业，这里出土了数量较多的木刻印刷品，有回鹘、汉、梵、西夏、蒙古、突厥等各种文字。元代的敦煌、吐鲁番、大都、杭州、甘州等地都有回鹘文佛经的印刷活动。在吐鲁番出土的回鹘文佛经残卷中，木刻本佛经占有相当大的比例。敦煌还发现元代的回鹘文木活字1152枚。

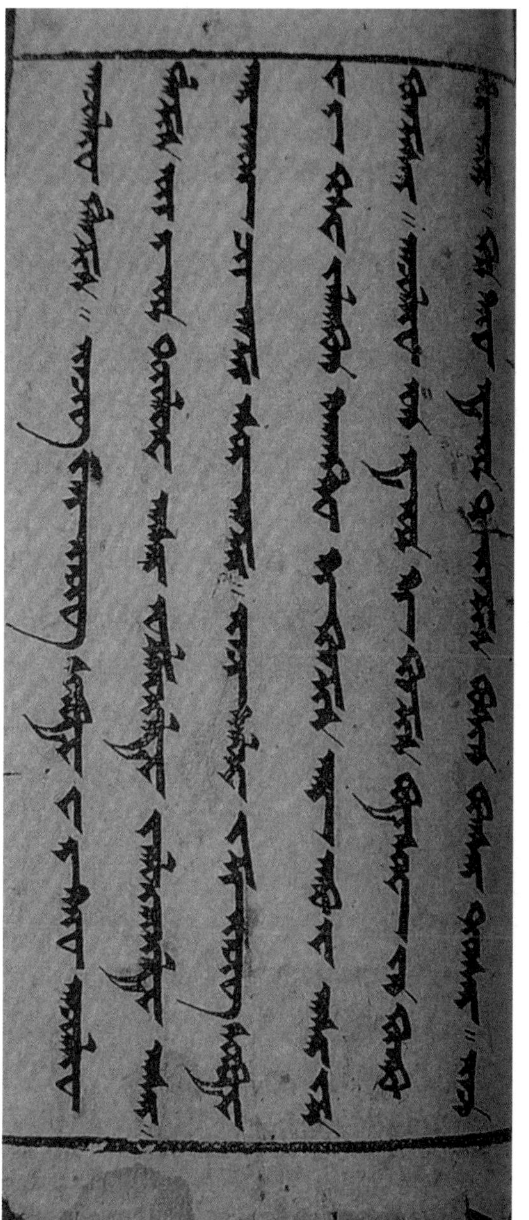

图 5-55 回鹘文刻本残页

汉文史籍《元史》、《新元史》及《佛祖历代通载》中记载了阿鲁浑萨里、必兰纳识里、舍蓝蓝和迦鲁纳答思等几位著名畏兀儿高僧。吐鲁番出土的大量回鹘文木刻本《文殊所说最胜名义经》残卷，可能是他们的译本。元代，许多畏兀儿人既是虔诚的佛教徒，又是儒家文化的倡导者，他们不仅用汉文翻译《圣救度佛母二十一种礼赞经》，随后又译为回鹘文本，并用回鹘文翻译了80卷本《大方广佛华严经》。

五、西夏文印刷

元世祖忽必烈曾下令在杭州路大万寿寺刻印西夏文《大藏经》，开雕于至元初年（1264），完成于大德十年（1306）。据记载，西夏文《大藏经》刻成之后不断印刷，至少印刷5次，共印190部，仅宁夏、永昌等地就得到3600多卷西夏文《大藏经》。

国家图书馆现存元刻本西夏文经藏有：蒙古国时期《金光明最胜王经》、《悲华经》第九卷经折装、《说一切有部阿毗达磨顺正理论》第五卷经折装、《妙法莲华经》第二卷经折装。

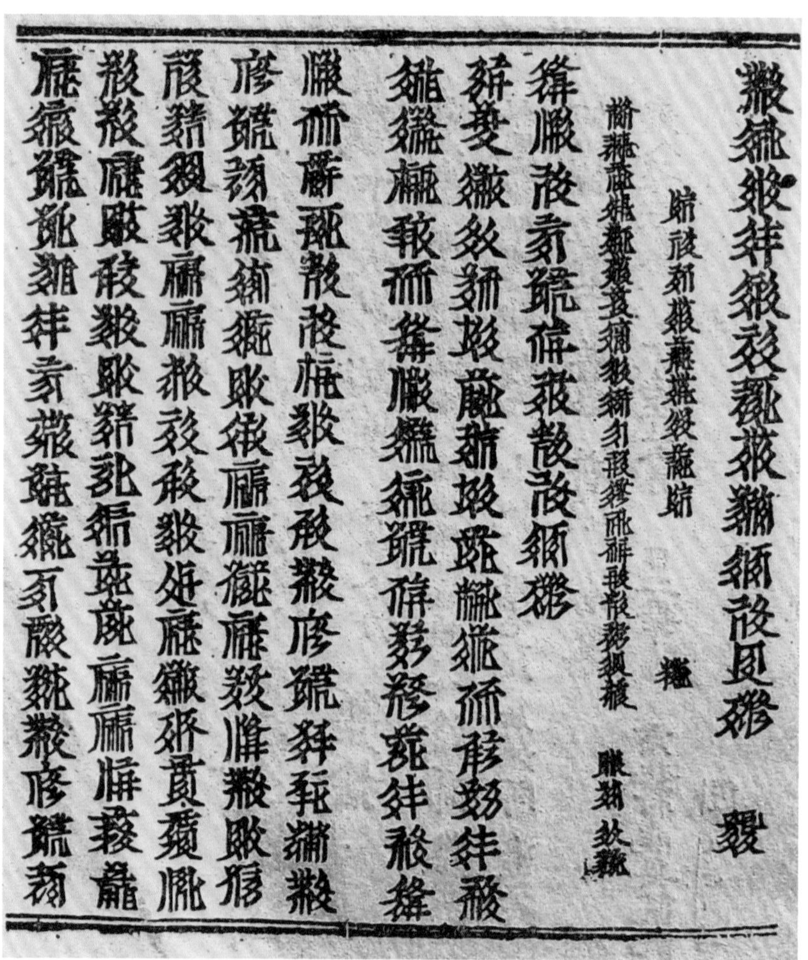

图5-56 元代杭州刻印的西夏文《大藏经》，上图为卷首插图，下图为《慈悲道场忏罪法》，元大德十年（1306）刻印，版内有汉文刻工何森秀名。

第六节 元代木活字

一、王祯与木活字

王祯（1271—1368），山东东平人，精通农学、机械学与印刷术，不仅撰写了一部总结古代农业生产经验的著作——《农书》，同时还创制了木活字。王祯总结他制作木活字的经验，写成《造活字印书法》一文，内容包括刻字、修字、选字、排字、印刷等，附在《农书》内。使后人得窥木活字印刷技术之真谛，为活字印刷术的传播与发展作出了不朽的贡献。王祯在安徽旌德任县尹时请工匠刻木活字3万多个，于元大德二年（1298）试印了6万多字的《旌德县志》，不到一个月就印了一百部，可见效率之高。

王祯造木活字印刷法是“造板木作印盔，削竹片为行，雕板木为字，用小细锯锼开，各作一字，用小刀四面修之，比试大小高低一同，然后排字作行，削成竹片夹之。盔字既满，用木榍掮之，使坚牢，字皆不动，然后用墨刷印之”。从技术史的角度来看，王祯《农书》所载的木活字印刷术已与现代的活字印刷术相差无几，后世的木、泥、锡、铜等活字印刷术虽然在材料使用及制作技术上有所改进，但基本上是王祯木活字印刷范式的延续。

王祯在印刷技术上的另一个贡献是发明了转轮排字盘。用木材做成一个大轮盘，直径约七尺（1尺约等于31.2厘米），轮轴高三尺，轮盘装在轮轴上可以自由转动。把木活字按韵书的分类法，分别放入盘内的一个个格子里。他做了两个这样的大轮盘，排字工人坐在两个轮盘之间，转动轮

图5-57 依王祯《农书》所述而绘制的木活字操作图

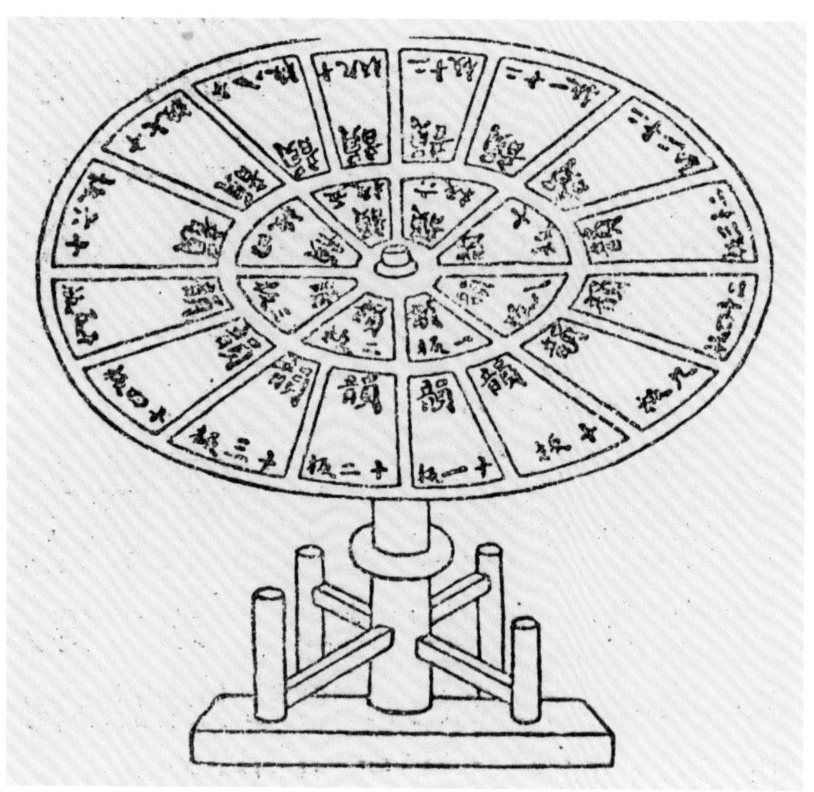

图 5-58 王祯的转轮排字盘

盘即可找字，这就是王祯所说的“以字就人，按韵取字”。这样既提高了排字效率，又减轻了排字工的体力劳动，是排字技术上的一个创举。元代木活字印本书虽已失传，但当时维吾尔文的木活字则有几百个流传下来。

二、木活字印刷技术

王祯将其发明的木活字印刷技术详细记录，总结成《造活字印书法》一文，成为我国历史上最早、最详细地介绍印刷技术的文献之一。现将《农书》中《造活字印书法》原文节录于下：

五代唐明宗长兴二年，宰相冯道、李愚请令判国子监田敏校正九经，刻板印卖，朝廷从之。锓梓之法，其本于此。因是天下书籍遂广。然而板木工匠所费甚多，至有一书字板，功力不及，数载难成，虽有可传之书，人皆惮其工费，不能印造传播。后世有人别生巧技，以铁为印盔，界行内用稀沥青浇满，冷定，取平火上再行煨化，以烧熟瓦字排于行内，作活字印板。为其不便，又有以泥为盔，界行内用薄泥将烧熟瓦字排之，再入窑内烧为一段，亦可为活字板印之。近世又有铸锡作字，以铁条贯之作行，嵌于盔内界行印书。但上项字样难于使墨，率多印坏，所以不能就久行。今又有巧便之法，造板木作印盔，削竹片为行，雕板木为字，用小细锯锼开，各作一字，用小刀四面修之，比试大小高低一同，然后排字作行，削成竹片夹之。盔字既满，用木榍掮之，使坚牢，字皆不动，然后用墨刷印之。

写韵刻字法：先照监韵内可用字数，分为上下、平、上、去、入五声，各分韵头，校勘字样，抄写完备，择能书人取活字样，大小写出各门字样，

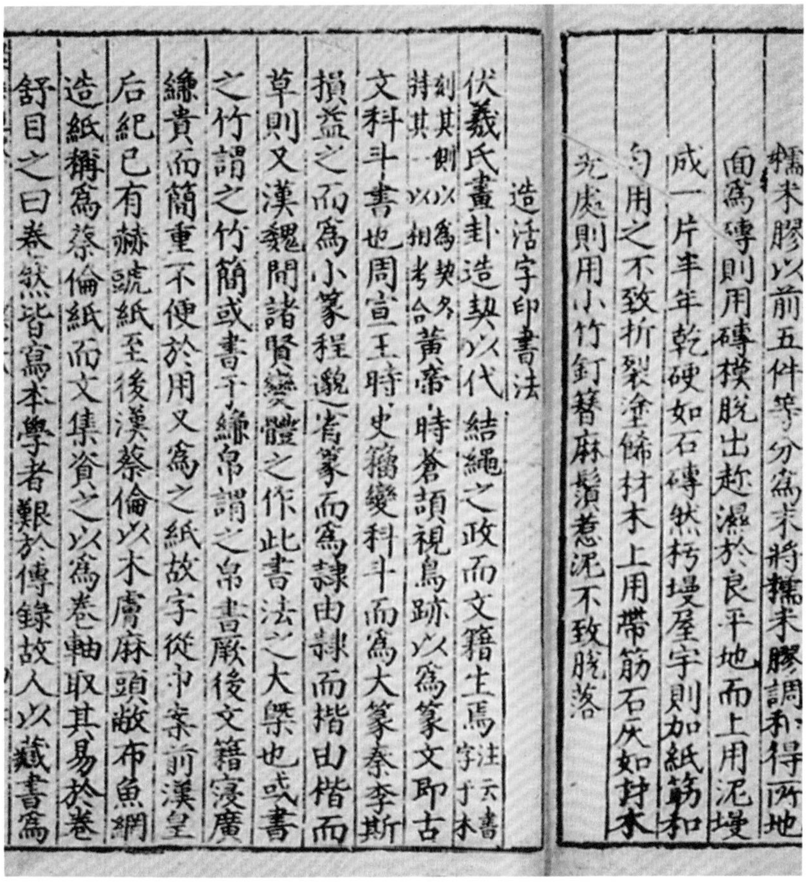

图 5-59 载于《农书》中的《造活字印书法》

糊于板上，命工刊刻，稍留界路，以凭锯截。又有如语助辞“之、乎、者、也”字及数目字，并寻常可用字样，各分为一门，多刻字数，约有三万余字。写毕，一如前法。今载立号监韵活字板式于后，其余五声韵字，俱要仿此（韵字略）。

镂字修字法：将刻讫板木上字样，用细齿小锯，每字四方镂下，盛于筐筥器内。每字令人用小裁刀修理齐整。先立准则，于准则内试大小高低一同，然后另贮别器。

作盔嵌字法：于元写监韵各门字数，嵌于木盔内，用竹片行行夹住，摆满，用木榍轻掮之，排于轮上，依前分作五声，用大字标记。

造轮法：用轻木造为大轮，其轮盘径可七尺，轮轴高可三尺许。用大木砧凿窍，上作横架，中贯轮轴，下有钻臼。立转轮盘以圆竹笆铺之，上置活字，板面各依号数。上下相次铺摆。凡置轮两面，一轮置监韵板面，一轮置杂字板面，一人中坐，左右俱可推转摘字。盖以人寻字则难，以字就人则易，此转轮之法，不劳力而坐致。字数取讫，又可铺还韵内，两得便也。

取字法：将元写监韵另写一册，编成字号，每面各行各字，俱计号数，与轮上门类相同。一人执韵，依号数喝字，一人于轮上元布轮字板内取摘字只，嵌于所印书板盔内。如有字韵内别无，随手令刊匠添补，疾得完备。

作盔安字刷印法：用平直干板一片，量书面大小四围作栏，右边空。候摆满盔面，右边安置界栏，以木榍掮之。界行内字样需要个个修理平正，先用刀削下诸样小竹片，以别器盛贮，如有低邪，随字形衬贴掮之至字体平稳，然后刷印之。又以棕刷顺界行竖直刷之，不可横刷。印纸亦用棕刷顺界行刷之。

此用活字板之定法也。

前任宣州旌德县尹时，方撰《农书》，因字数甚多，难于刊印，故尚己意，命匠创活字，二年而工毕。试印本县志书，约计六万余字，不一月而百部齐成，一如刊板，始知其可用。后二年，予迁任信州永丰县，挈而之官。是时《农书》方成，欲以活字嵌印，今知江西见行命工刊板，故且收贮，以待别用。然古今此法，未见所传，故编录于此，以待世之好事者，为印书省便之法，传于永久。本为《农书》而作，因附于后。

王祯这里介绍的“造活字印书法”、“写韵刻字法”、“锼字修字法”、“作盔嵌字法”、“造轮法”、“取字法”、“作盔安字刷印法”等七个方面的内容，是一套完整的木活字排版印刷工艺。木活字的制作方法是先将所需文字刻在一块整板上，与雕版工艺所不同的是字与字之间要留一定的空隙，以便用小锯将其分开成为“活字”。为了保证印刷质量使每个活字大小、高低一致，必须逐个修正，并用“准则”来测量活字的大小高低。王祯的木活字克服了以前木活字的缺点，加大了活字的高度，用挤紧的方法来固定活字，同时由于活字的体积加大，字面刷墨不会引起活字变形。在造活字印刷法中提到了一个“盔”将文字排在其中，“盔，可能是三边有挡栏的版盘，行间的嵌条是用竹片制成，当排满一版后，在一边‘安置界栏’，用木塞紧固，即可印刷”。[12]

木活字在排版上的诸多优势，使其迅速推广，甚至还流传到少数民族地区。法国人伯希和曾在敦煌发现了元代维吾尔木活字几百个。另据《中国通史》记载：“在敦煌一个地窖中曾发现一桶维吾尔文木活字，据考定为1300年的遗物。库车与和田地区也曾发现汉字、八思巴文字和古和田文的木活字印刷品。”可见木活字出现后的传播范围相当广泛。近代考古发现表明，元代的木活字，除了汉文、蒙古文、回鹘文、西夏文之外，还有其他文种。总之，元代木活字的使用是相当普遍的。

三、回鹘文木活字

元代初期，木活字技术传到河西走廊及吐鲁番地区。居住在吐鲁番地区的回鹘人(维吾尔族)，改革了木活字技术，刻制成世界上最早的字母活字，

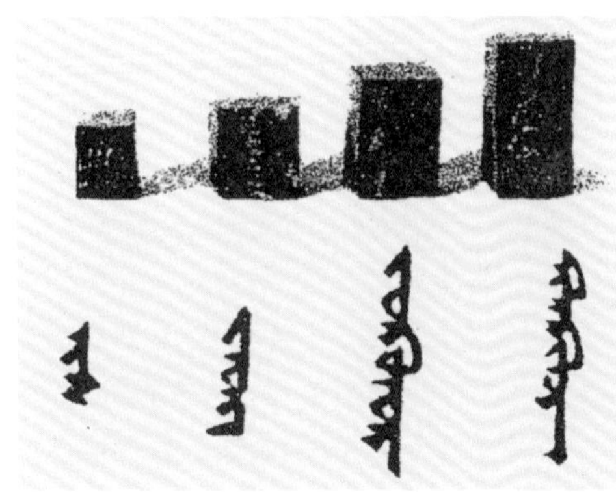
图 5-60 美国人卡特最早介绍的4枚木活字印样

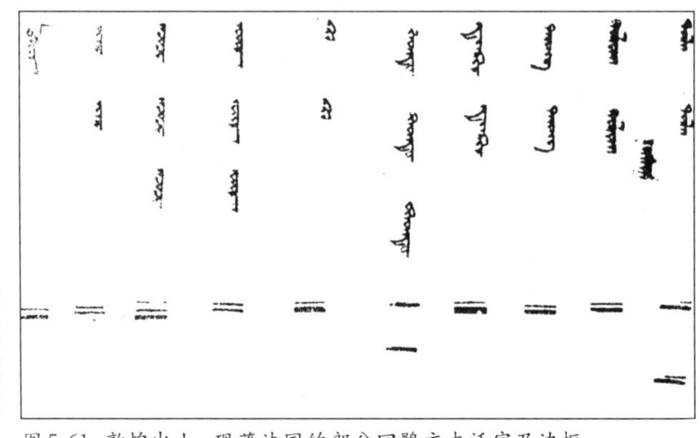
图 5-61 敦煌出土，现藏法国的部分回鹘文木活字及边框。

图 5-62 敦煌研究院原藏的 6 枚回鹘文木活字

从事排印佛经和各种书籍。

20 世纪初期，法国人伯希和从敦煌洞窟中盗去回鹘文木活字近千枚，现藏于法国巴黎吉美艺术博物馆。美国人卡特在 1925 年出版的《中国印刷术的发明和它的西传》一书中，首先介绍了 4 枚回鹘文木活字（见图 5-60），而且说是在敦煌发现的，并指出："畏吾尔字的构字精神虽和汉字不同，也已有整套活字制造……畏吾尔文是按字母拼音的。"[13]美籍华人学者钱存训在介绍回鹘文木活字时，指出"在敦煌发现的公元 1300 年左右的全套木活字，共数百枚"。

1995 年，我国维吾尔族学者亚森·吾守尔，在法国巴黎吉美艺术博物馆的仓库内，见到了 960 枚回鹘文木活字，并逐一捺印于宣纸上。原来这就是 1907 年伯希和从敦煌洞窟中盗走的。近年来，敦煌研究院又在其北区的洞窟内，发现了 48 枚回鹘文木活字。这些活字的规格为：宽 1.3 厘米，高 2.2 厘米，其字幅依字母的大小而定。根据亚森的研究，这些活字既有字母活字，也有以词冠组成的活字，还有边线、花饰活字。说明回鹘人的字母活字已十分完整。由于吐鲁番地区处于古丝绸之路的要地，这种字母木活字技术从这里传向西方，对欧洲的活字版技术有一定的影响。

第七节 元代的印刷技术

一、具有时代特色的刻书字体

元版书的字体，除继承宋版，多用欧、颜、柳等名家书体外，选用当时书法家赵孟頫书体刻版，成为一种风气。赵孟頫的书法吸收了历代名家所长，自成一体。

赵孟頫，字子昂，宋代皇室后裔，擅长书法、绘画。仕元后，赵的书法在社会上产生很大影响。赵体字圆润秀丽、外柔内刚，骨架挺劲有力。元代刻书，无论官刻、私镌，其字体多是赵字风貌。如嘉兴路刻《大戴礼记》、丁思敬刻《元丰类稿》，字体颇似赵氏手笔，神韵俱在。最有特点的是元大德三年（1299）广信书院刻印的《稼轩长短句》，字体用赵孟頫风格，

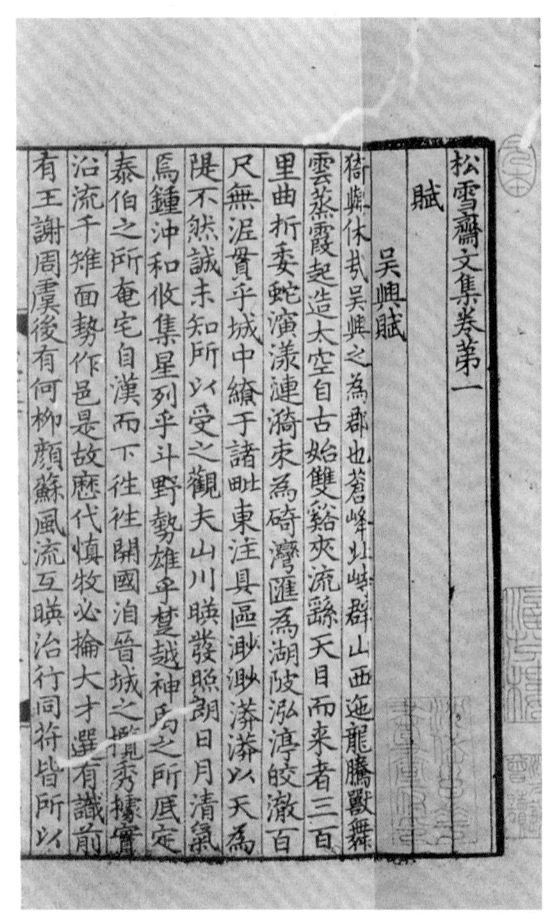

松雪齋文集卷第一
賦
吴興賦
猗歟休哉吴興之為郡也蒼峰北峙群山西迤龍騰獸舞
雲蒸霞起造太空自古始雙谿夾流縣天目而來者三百
里曲折委蛇演漾漣漪束為碕灣匯為湖陂泓渟皎澈百
尺無泥貫乎城中繚于諸毗東注具區渺渺瀰瀰以天為
隄不然誠未知所以受之觀夫山川映發照朗日月清氣
焉鍾沖和攸集星列乎斗野勢雄乎楚越神禹之所底定
泰伯之所奄宅自漢而下往往開國洎晉城之攬秀據實
治流千雉面勢作邑是故歷代慎牧必掄大才選有識前
有王謝周虞後有何柳顏蘇風流互映治行同符皆所以

图5-63 《松雪斋文集》，元赵孟頫撰，元后至元五年（1339）花溪沈伯玉家塾刻本，书中用赵孟頫字体刻版。

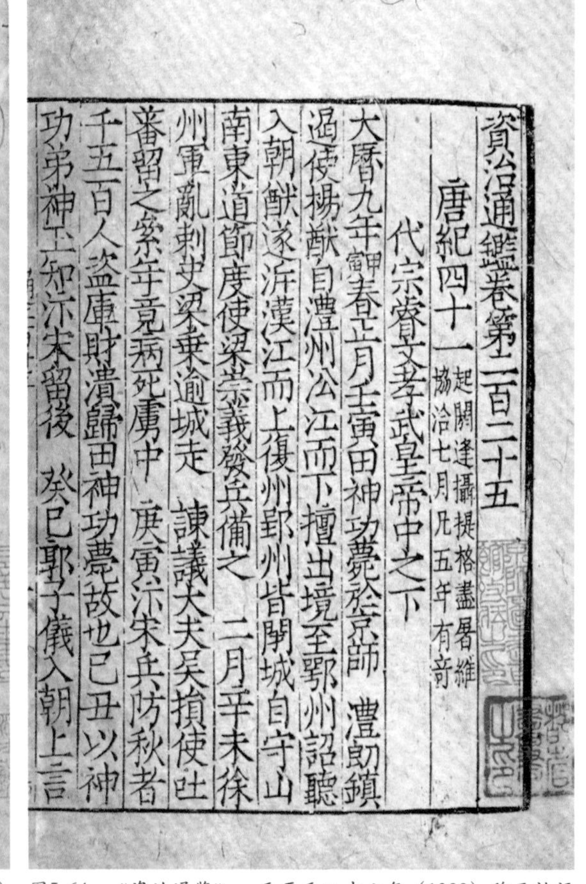

資治通鑑卷第二百二十五
唐紀四十一 起閼逢攝提格盡屠維協洽七月凡五年有奇
代宗睿文孝武皇帝中之下
大曆九年甲寅春正月壬寅田神功薨于京師 澧朗鎮
遏使楊猷自澧州沿江而下擅出境至鄂州詔聽
入朝猷遂泝漢江而上復州郢州皆閉城自守山
南東道節度使梁崇義發兵備之 二月辛未徐
州軍亂刺史梁乘逾城走 諫議大夫吴損使吐
蕃留之累年竟病死虜中 庚寅汴宋兵防秋者
千五百人盜庫財潰歸田神功薨故也 己丑以神
功弟神玉知汴宋留後 癸巳郢王儀入朝上言

图5-64 《资治通鉴》，元至元二十六年（1289）魏天祐福州官刻本，其字体有"宋体"风格。

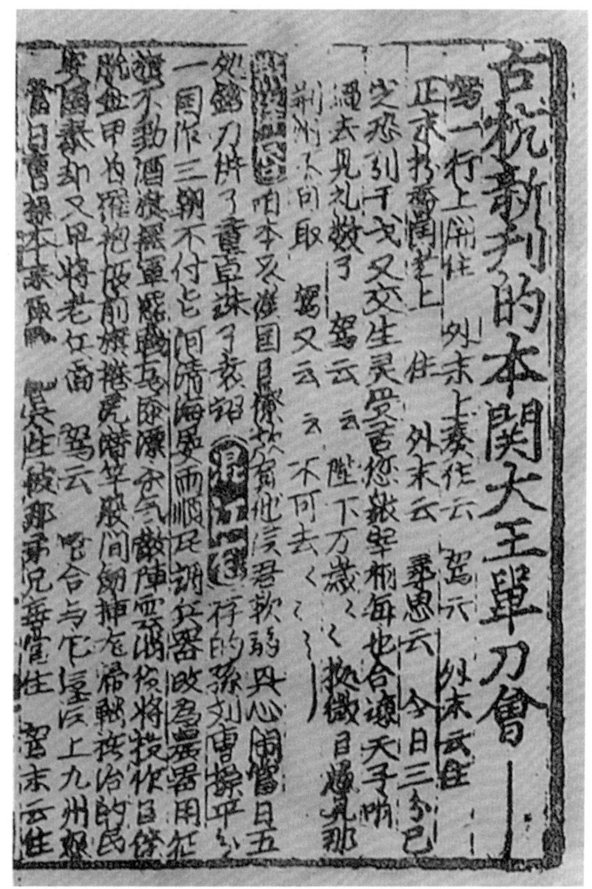

图 5-65 《古杭新刊的本关大王单刀会》，元杭州书坊刻本，其中有许多简体字。

其字体近似行书，流丽隽秀，是元版赵体刻本的代表。这种风气一直延续到明初[14]。清徐康在《前尘梦影录》中说："元代士大夫竞学赵松雪书法，其时如官刻本经史，私刻诗文集，亦皆摹吴兴体。"这种仿赵体字刻书的风气，风行于整个元代。典型的赵体刻本，还有四明袁桷《清容居士集》，字体端楷，仿赵子昂字体。元后至元五年（1339），花溪沈伯玉家塾刻本《松雪斋文集》，不但是赵氏文集的最早刻本，而且也用赵体刻板，很有特色。还有元至正二十三年（1363）吴郡庠刻本《通鉴总类》（图 5—38），也是仿赵体字刻版。元版书字体的另一特点是无讳字，即不避讳。元人礼制观念比较淡薄，避讳要求不严，所以元刻本中几乎见不到避讳的痕迹。元版书中多用草体、简体字和异体字。元代刻书行、草体多用于书后的牌记，简体字和异体字多在坊刻本中使用。这种现象，官刻、私家刻书比较少见，坊刻本较多；经史文集中较少，而类书、小说、戏曲书中较多。元代政府把蒙古新字作为通用国字，对汉字的书写传刻要求不十分严格，加之书肆刻书的目的在于营利，力求印书周期短、出书快，所以在刻书中，笔画繁琐的汉字被简化了，出现了简化字，如"無"作"无"、"龐"作"庞"，"馬"作"马"等。建阳刻本《乐府新编阳春白雪》、《古今翰墨大全》、《古今源流至论》中有许多简体字，杭州坊刻本《古杭新刊的本关大王单刀会》等书中简体字使用更多。

萌芽于宋的宋体字，在元代也有应用，特别是元至元二十六年（1289）魏天祐福州官刻本《资治通鉴》的字体，笔画横平竖直，字形方正，横画落笔处，有明显的装饰，整体有宋体字风格。

二、书籍的双色套印技术

套印的目的是为了使同一版面上不同作用的文字或图像内容对比鲜明、醒目。套印技术的关键是套印时一定要将纸张与套印的版块做到天衣无缝，精准吻合。在古代写本中，不乏以朱、墨两色来区分原文和注释的先例。雕版印刷术发明以来，由于技术的限制，长时间都是单色印刷。多色套印技术，起源于宋代，当时印制纸币，为加强防伪功能，曾采用多色套印。在出土的实物中，就有宋代纸币套色铜印版。在应县木塔出土的辽代文物中，就有几件三色套印佛像。辽代佛教印刷品和敦煌五代时期的印刷品中，出现过以单色印制佛像轮廓、手工填色的实物。

现存最早的书籍朱墨套印本，为元至正元年（1341）中兴路资福寺刻印的《金刚经注》。经文字用红色，注文小字用黑色。书内插图中松树黑色，其他部分皆为红色。画中无闻和尚居中，一侧侍者，另一侧立一俗家人士，书案、方桌、祥云、灵芝等物均刀工细腻，层次分明。此书表明我国套印技术在元代就已经相对成熟，但是到了明代晚期套印技术才被广泛使用。

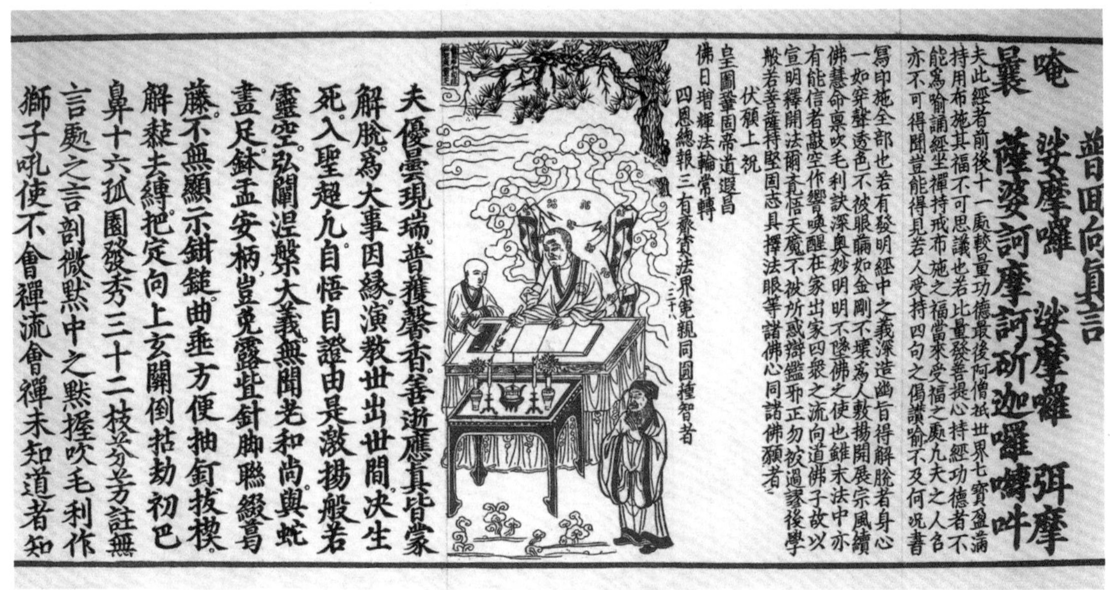

普回向真言
唵 娑摩囉 娑摩囉 弭摩
曩 薩婆訶摩訶斫迦囉嚩吽
夫此經者前後十一處較量功德最後阿僧祇世界七寶盈滿
持用布施其福不可思議也若比量發菩提心持經功德者不
能為喻誦經坐禪持戒布施之福當來受福之處凡夫之人名
亦不可得聞豈能得見若人受持四句之偈讚喻不及何況書
寫印施全部也若有發明經中之義深造幽旨得解脫者身心
一如穿聲透色不被眼瞞如金剛不壞爲人敷揚開展宗風續
佛慧命禀吹毛利訣深奥妙明明不墜佛之使也雖末法中亦
有能信者敲空作響喚醒在家出家四衆之流向道佛子故以
宣明釋開法爾覺悟天魔不被所惑辯鑑邪正勿致過謬後學
般若菩薩持堅固志具擇法眼等諸佛心同諸佛願者
伏願上祝
皇圖鞏固帝道遐昌
佛日增輝法輪常轉
四恩總報三有齊資法界冤親同圓種智者
夫優曇現瑞普獲馨香善逝應真皆蒙
解脫爲大事因緣演教世出世間決生
死入聖超凡自悟自證由是激揚般若
靈空弘闡涅槃大義無聞老和尚與蛇
畫足鉢盂安柄豈免露壯針脚聯綴葛
藤不無顯示鉗鎚曲垂方便抽釘拔楔
解黏去縛把定向上玄關倒拈劫初巴
鼻十六孤園發秀三十二枝葉分芳註無
言處之言剖微黙中之黙握吹毛利作
獅子吼使不會禪流會禪未知道者知

图 5-66 朱墨双色套印《金刚经注》，元至正元年（1341）中兴路资福寺刻本。

三、元代刻书版式和著作权保护

元初期刻书版式接近宋本，字大行宽，疏朗醒目，多为白口、双边。中期以后，发生变化，版式行款逐渐紧密，字体缩小、变长。改左右双边为四周双边，粗黑口。目录和文内篇名上常刻鱼尾，多为双鱼尾或花鱼尾。版心记卷数、字数、叶数、刻工姓名，私家刻书或坊刻本，书内多刻有牌记。例如，岳氏荆溪家塾刻本《春秋经传集解》，半页 8 行，行 17 字，小黑口，四周双边，版心上记卷数、字数、叶数，下记刻工姓名。每卷末有“相台岳氏刻荆溪家塾”双行篆文长方形牌记。岳氏另一刻本《周易》10 卷，版式行款与上部书相同，但是牌记则改为十字亚形。

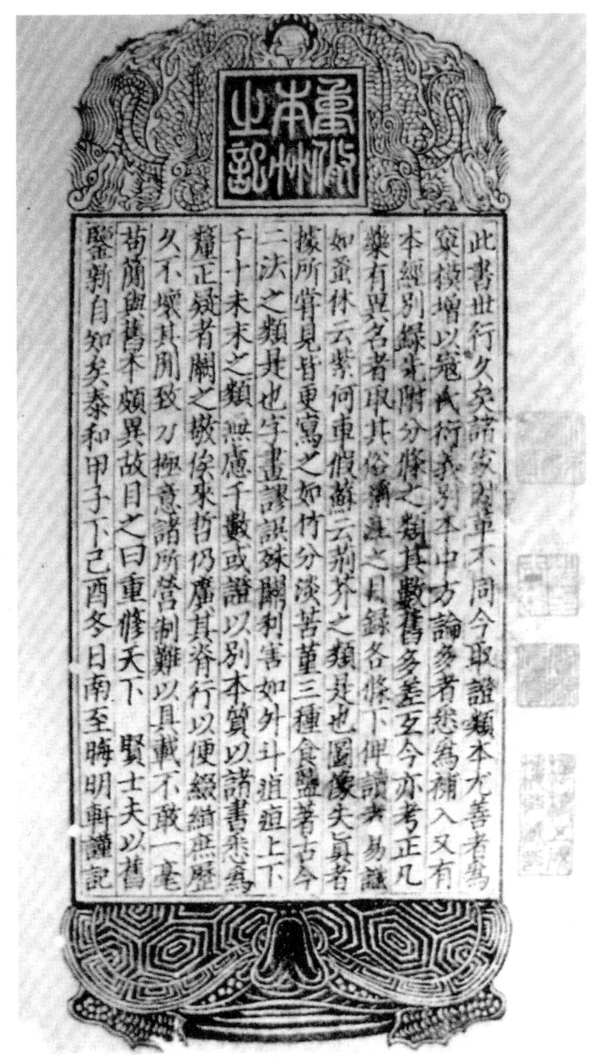

重修本草之記

此書世行久矣諸家因革不同今取證類本尤善者為窠模增以寇氏衍義別本中方論多者悉為補入又有本經別錄先附分條之類其數舊多差互今亦考正凡藥有異名者取其俗稱注之目錄各條下俾讀者易識如蚤休云紫河車假蘇云荊芥之類是也圖像失真者據所嘗見皆更寫之如竹分淡苦堇三種食鹽著古今二法之類是也字畫謬誤殊關利害如升斗疽疸上下千十未末之類無慮千數或證以別本質以諸書悉為釐正疑者闕之敬俟來哲仍廣其脊行以便綴緝無歷久不壞其用致力極意諸所營制難以具載不敢一毫苟簡與舊本頗異故目之曰重修 天下 賢士夫以舊鑒新自知矣泰和甲子下己酉冬日南至晦明軒謹記

图5-67 《重修政和经史证类备用本草》牌记

元代最有特色的版式，是茶陵东山书院刻本《梦溪笔谈》，26卷，宋沈括撰，刻于大德九年（1305），蝴蝶装，版心中缝双鱼尾，半版10行，每行17字。版框高15.5厘米，宽20.2厘米。装订成书后，版框的周围留有很大的空白，这在以往的书籍装帧中是十分少见的。

元代刻书中，有的版式很有特点。如皇庆元年（1312）刻本《佩韦斋文集》，半页11行，每行19字，小黑口，四周双边，版式殊大；至正间刻本《金陵新志》，半版9行，每行18字，大版心，细黑口，四周双边，版心记字数及刻工；《贞观政要集论》，半版10行，行20字，细黑口，左右双边，版心记字数、刻工姓名，版式宽大，颇具特色。

元代刻本中已经开始重视著作权和版权的保护，这一点在书籍的牌记中得以充分体现。牌记一般位于刻印图书的序目或卷末，其内容为刻印者的堂号、姓名、刻版年代等信息，有时还刻印印刷声明，明确提出禁止翻刻、刷印、改编、节选等行为，注重版权保护。牌记设计多为四周单边或双边，也不乏图案装饰，多为钟式、鼎式、荷花式、牌式等样式。

四、元代书籍插图和封面装饰

书籍插图的历史十分悠久，历代都有创新。进入元代后，书籍插图呈现繁荣的景象。最有特色的是在《金刚经注》中，出现双色套印插图。蒙古定宗四年（1249），平阳张存惠晦明轩刻本《重修政和经史证类备用本草》一书，配有较多的插图。有的草药图根据画面大小占一定的版面，有的图占半版或整版，如人参图占了半版的一半。其中的《海盐图》占一整版，中缝处上刻简化书名卷次“本草四”，下刻页码，整版为一完整的描绘制海盐的劳动场面的插图。

图 5-68 《新刊足注明本广韵》，元建阳刘氏翠岩精舍刻印。该书的封面，是出版印刷史上最早载有书名、出版刻印者、刻印年代以及广告内容的封面形式。

元代书籍的版式，仍继承宋代风格，而最大的改革是书籍的封面版式，这种封面版式一般为四边加框装饰，书名位于中心，用大字雕刻突出书名，上部刻有书坊名并用小字刻出印刷时间。有的为了增加装饰效果，扩大宣传，还专门在封面上刻印插图，

图 5-69 《资治通鉴》一书的封面，元余庆书堂刻印。

图 5-70《新全相三国志平话》一书的封面，是出版史上最早有插图的书籍封面，元至治年间建安虞氏刻印。

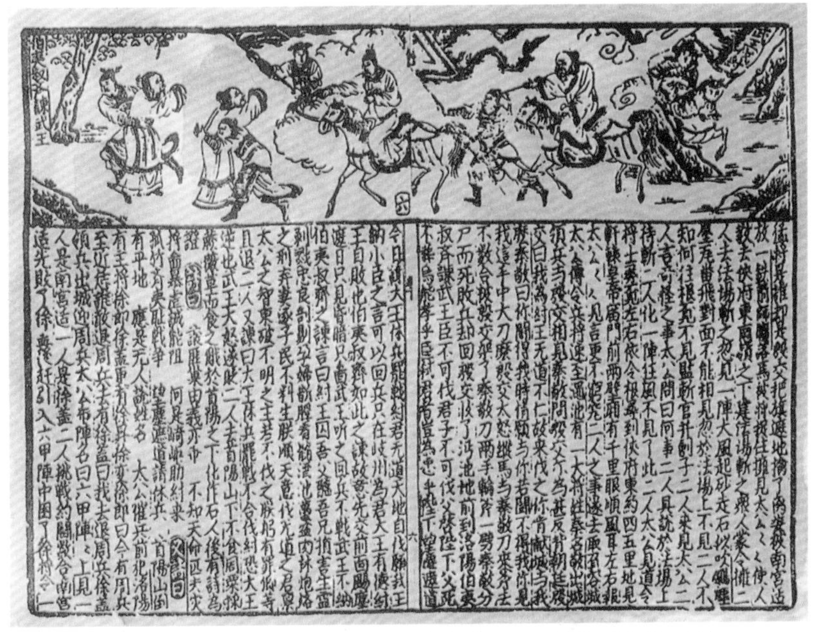

图 5-71 《全相武王伐纣平话》插图，元至治年间（1321—1323）建安虞氏刻印。

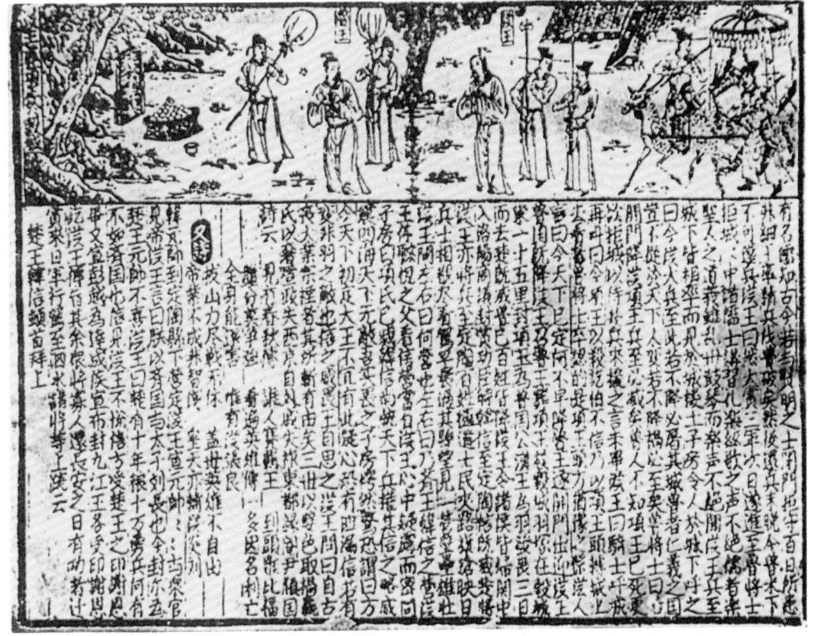

图 5-72 《全相续前汉书平话》插图，元至治年间（1321—1323）建安虞氏刻印。

图文并茂。现今发现最早的插图封面是建安虞氏书堂刻于至元三十一年（1294）的《新全相三国志平话》，该封面有四周边框，用线条分割为上、中、下三部分。分别刻印出版者、书名和刻印年代，最有特点的是在中间刻有插图，内容为该书的典型场面。这种形式，对读者很有吸引力，有很强的宣传效果。这在出版印刷史上是有开创性的。

元代书籍插图印本中，最有时代特征的是上图下文的“平话”刻本。这些平话本的插图，图约占版面的三分之一，每图绘一书中故事场景。在绘画方面，人物形象、动作生动活泼，变化传神，可能出自民间艺人之手。他们根据民间传说或说书人的叙述，结合自己的想象而绘制，所以这些插

图 5-73 《孔氏祖庭广记》一书中的《乘辂图》，蒙古乃马真后元年（1242）孔氏刻本。

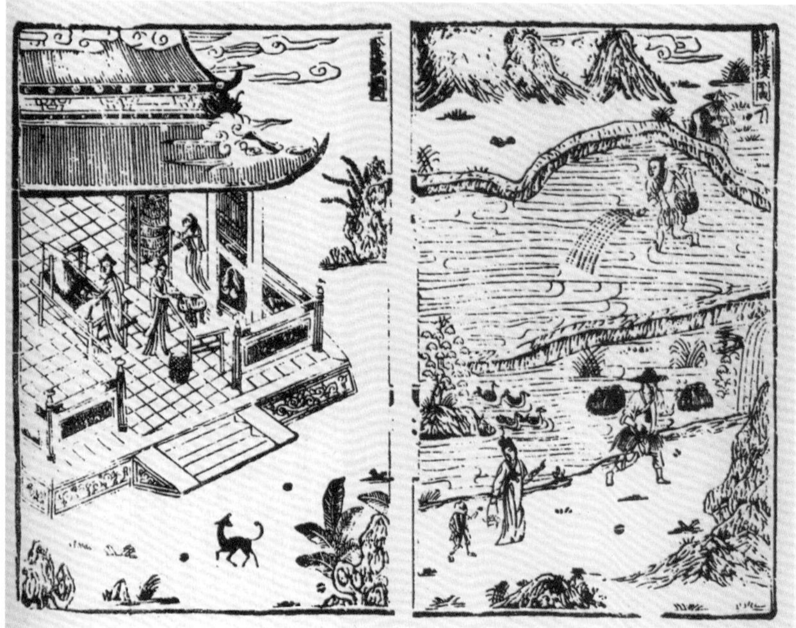

图 5-74 《纂图增新群书类要事林广记》一书中的《耕获图》和《蚕织图》，元后至元六年（1340）建阳郑氏积诚堂刻印。

图都具有浓厚的民族色彩和民间艺术风趣。这几种书的字体和刻版刀法风格相同。刻版者为当时建安良工吴俊甫、黄叔安等人。这种上图下文的版面形式，开创了通俗读物的新形式，在出版印刷史上有划时代意义，为明

图 5-75 《纂图增新群书类要事林广记》插图，元陈元靓撰。元至顺年间（1330—1333）椿庄书院刊本。

图 5-76 《重修政和经史证类备用本草》插图，定宗四年（1249）平阳晦明轩刻本。

代戏曲、小说等插图本的大量出现打下了基础。

至治年间（1321—1323）建安虞氏又刻印了《武王伐纣书》、《秦并六国》、《新全相三国志平话》、《乐毅图齐七国春秋后集》、《吕后斩韩信前汉书续集》等五种平话。这五种平话书，各有三卷，格式相同。以《三国志》为例，其封面题有“新全相三国志平话”两行八个大字，中间上下花鱼尾间刊有稍小一些的“至治新刊”四字，封面上半部分横书“建安虞氏新刊”六字，字下为“三顾茅庐图”。如翠岩精舍刻印的《广韵》的封面，这种封面形式的改革，说明书籍在销售流通方面的需要。建宁坊刻本中，有的刻有和书内容相关的插图，有的除刻有书名外，还有刻印者名称、年代，以及广告宣传性的文字。[15]

图 5-77 《碛砂藏》卷首图，平江府碛砂延圣院，元至治二年（1322）刊本。

元代图书封面，尤其是带图封面的出现，是中国书籍装帧形式演变中的一大进步，对书籍装帧的进一步发展作出了重要贡献。

插图在中国古代印刷史上一直占有独特地位，自雕版印刷发明以来一直非常重视插图在书籍当中的使用。元代插图的使用从原有的佛教经典拓展到小说、医学、技术类书籍，甚至在儒家经典中也大量使用插图。如至大元年（1308）刻印的《新刊全相孝经直解》就是根据《孝经》中的 15 个故事配以 15 幅插图，无论是刻版技术还是艺术价值都可以称得上是连环画的先驱。

五、书籍装订之包背装

元以前的书籍装帧形式，经历了卷轴装、经折装和蝴蝶装等。元代出现了包背装。社会上包背装盛行，蝴蝶装仍兼而有之，佛经则多用经折装。譬如，元代刻印完成的平江府《碛砂藏》，补刊印刷的福州东禅寺、开元寺两藏，以及杭州的《普宁藏》等，仍采用经折装。

包背装是元代兴起的一种新的书籍装帧形式。包背装与蝴蝶装的折页方法相反，它是印刷面向外折叠。中缝边是外书口，空白边为订口，按书页顺序配页后，撞齐，再用纸捻穿订牢固后，裁切订口边，再贴书皮，最后裁切上下书口，即为成品。包背装起于元初，到元代中期后，则普遍使用，它为后来的线装提供了经验。包背装和蝴蝶装相比，有很大的进步，它装订牢固，外观雅致，阅读方便，受到藏书家的好评。在元代文献中还记载有装订用糨糊的配方。如元《秘书监志》卷六，载有表背匠焦庆安的配方，

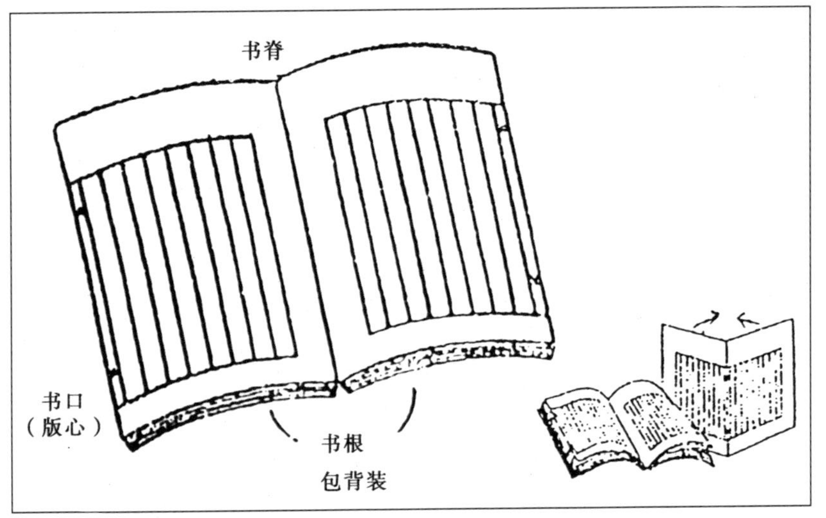

图 5-78 包背装形式示意图

内有打面糊物料为：黄蜡、明胶、白矾、白芨、藜蒌、皂角、茅香各一钱，藿香半钱，白面五钱，硬柴半斤，木炭二两。这里包括了黏合剂、防腐剂和芳香剂三部分，证明当时的装订用料已十分考究。[16]包背装到明、清时代还在使用，很多著名的经厂本、永乐大典、清代的《四库全书》等，都是极考究的包背装。

六、印刷用纸、墨

中国古代，浙江、江西、湖广、四川以及山西、河北等广大地区都生产纸张。宋元以来，楮、竹为主要造纸原料。同时还有传统的麻纸、藤纸，以及其他混合原料造纸。机构设置上，元代于户部之下设广源库，掌管香料、纸札等物。在元大都（今北京）设有白纸坊，掌造诏旨宣敕纸札。元代福建造纸原料丰富，造纸业发达，纸张产量大，致使福建书坊多，刻本数量大，传世较多。元代书籍比较少见麻纸刻本。其他地区有时也用福建造纸印书。福建纸质比较粗糙，有时颜色较深，呈褐色。明代著名书法家董其昌曾说："元有黄麻纸、铅山纸、常山纸、英山纸、上虞纸，皆可传至百世。"明高奭亦云："元有彩色粉笺、蜡笺、黄笺纸、花笺、罗纹笺，皆出绍兴；有白箓笺、观音纸、清江纸，皆出江西。"这证明元代名纸多出于江南。

元代制墨名家有：钱塘林松泉，天台黄修之，开化金溪邱可行及子世英、南杰，宜兴于材仲，松江卫学古，武夷杜清碧，豫章朱万初，清江潘云谷等；还有歙州的制墨良工狄仁遂、高庆和、戴彦衡、吴滋、胡智等。[17]

注释与参考书目：

①田建平.《元代出版史》. 石家庄：河北人民出版社，2003：1.

②罗树宝.《中国古代印刷史》. 北京：印刷工业出版社，1993：220-221.

③田建平.《元代出版史》. 石家庄：河北人民出版社，2003：23.

④田建平.《元代出版史》. 石家庄：河北人民出版社，2003：43.

⑤田建平.《元代出版史》. 石家庄：河北人民出版社，2003：44-45.

⑥叶德辉.《书林清话》. 北京：古籍出版社，1957：103-114.

⑦罗树宝.《中国古代印刷史》. 北京：印刷工业出版社，1993：233-234.

⑧罗树宝.《中国古代印刷史》. 北京：印刷工业出版社，1993：235-236.

⑨罗树宝.《中国古代印刷史》. 北京：印刷工业出版社，1993：237-240.

⑩罗树宝.《中国古代印刷史》. 北京：印刷工业出版社，1993：248-249.

⑪史金波，黄润华.《少数民族古籍版本》. 南京：江苏古籍出版社，2002：28-29.

⑫罗树宝.《中国古代印刷史》. 北京：印刷工业出版社，1993：283-286.

⑬卡特.《中国印刷术的发明和它的西传》. 上海：商务印书馆，188.

⑭田建平.《元代出版史》. 石家庄：河北人民出版社，2003：232.

⑮罗树宝.《中国古代印刷史》. 北京：印刷工业出版社，1993：260-261.

⑯罗树宝.《中国古代印刷史》. 北京：印刷工业出版社，1993：265.

⑰罗树宝.《中国古代印刷史》. 北京：印刷工业出版社，1993：267.

第六章 全面发展的明代印刷

（1368-1644）

第一节 明代印刷业兴盛的社会条件及其特点

公元1368年，朱元璋推翻元朝统治建立明王朝之后，采取了一系列与民生息的方针政策，社会生产力得到较快的提高。明王朝历时200多年，大部分时间社会安定，农业经过战乱后得到了恢复和发展；商业和手工业由于轻税薄赋、自由贸易等政策的实施而逐步繁荣；一大批商业、手工业城镇相继诞生，我国最早的资本主义萌芽开始出现，这些都为明代印刷业的繁荣发展奠定了坚实的经济基础。明代初期的几代帝王十分重视图书的印刷和出版，洪武年间（1368—1398）刊印过《十七史》、《醒贪录》等十多种大部头书，颁发给各司；又令刊印《大明令》、《大明律》、《大诰》等法律制度方面的书。由皇家印制的《大诰》一书，将受处罚的贪官姓名记录于诰中，户发一册，要求家藏人诵，以为鉴戒。可见其发行之广，印数之大。

明代印刷业的发展，得力于政府实行了一系列比较开明的文化政策。明洪武元年（1368），朝廷下令“书籍田器不得征税”，并取消了元代刻书要逐级审批的制度，为印刷出版业的发展创造了较为宽松的环境。明代重视科举，科学技术繁荣，学术空气浓厚，在思想文化领域和科学技术领域产生了一大批杰出的人才。诸如，经学和哲学家刘三吾、胡广、罗伦、黄道周等；史学家宋濂、朱权、王世贞等；科技界数学家程大位、朱载堉，农学家徐光启，工学家宋应星，地理学家徐宏祖、费信等，军事学家戚继光、茅元仪，医学家王肯堂、李时珍等；文学家宋濂、刘基、高启、李梦阳、李攀龙、袁宗道、谭元春等。其中，著名小说家有罗贯中、施耐庵、吴承恩等，戏曲家有汤显祖、朱有燉等。著书立说、刻版印刷成为明人的一种时尚，这同时也为官私出版者提供了充足的稿源，从而大大推动了印书事业的发展。清代学者黄虞稷《千顷堂书目》中收录的明代著作多达15725种。

纵观明代印刷，具有极鲜明的特点：第一，印刷体系空前细密和完善。明代的印刷系统仍主要为官刻、私刻和坊刻三种，但它的普及率和完善程度大大超过之前的历代。明代政府从中央到地方，不仅建有相应规模的印刷机构，还有相当数量的书院也从事印刷活动。明代特有的藩王府印书，数量和规模也十分可观。民间印刷遍及全国各地，印刷重镇由南到北不断涌现。私人刻书在明代蔚然成风，成就斐然；传统的家庭作坊式印刷，到明代也开始有了分工，其制版（印前）、印刷（印中）、装订（印后），也往往由各家来分别完成。专业商贩的出现，打破了过去自印自销的经营模式，从而使书籍的普及率大大提高。随着印刷业的发展，也促进了造纸业和制墨业的发展。

第二，著述丰富，印本种类繁多。明代的印本内容有制书、丛书、一般“四部书”；有方志、八股文、登科录、乡试录；有小说、戏曲、音乐、科技、医药类刊本，其代表作如：长篇小说《三国演义》、《水浒传》、《西游记》、《金瓶梅》等；科技著作《本草纲目》、《农政全书》、《天工开物》、《徐霞客游记》等。前所未见的航海记志、造船术以及西方的科学论著等，也在这一时期出现。版画印刷、历书印刷、宗教印刷、少数民族文字印刷空前繁荣。古代名著多次刊刻，有的一书多达数十版，为历代少有。据统计，明代所印书籍总数超过两万种，极大地满足了社会需求。

第三，印刷工艺和技术有新的突破。明代的雕版、活字版和彩色套印术都有了普遍的发展。除传统的雕版印刷外，木活字印刷以及铜、锡等金属活字印刷均有不同规模的应用。版印刷是在雕版印刷的基础上，采用多色分版套印而生产出五彩缤纷印刷品的技术，这一技术在明代取得了长足的发展。拱花印刷在明代成为一门更加成熟的工艺。遍布全国的刻书家，特别是徽派刻工的崛起，直接推动了明代雕版技术的发展。

第四，明代印刷品的普及程度超过了历史上任何朝代。为满足社会中下层人们读书的要求，一些印刷作坊编印了大量的通俗读物。配有插图的平话、小说类作品，受到民众的欢迎，从而扩大了书籍的发行量。此外，一些儒家经典、历史著作，也往往以通俗化的形式出版发行。一些启蒙读物，更是遍及千家万户。

第二节 盛况空前的政府印刷

明代政府十分重视印刷，除了设定专门的官刻印刷机构外，政府其他许多部门也往往根据自身需要，设立一些从事印刷活动的机构，形成了从中央到地方的刻书网络。明太祖定都南京时，即在宫廷内府刊行“内府本”。迁都北京后，司礼监经厂成为宫廷最大的印书机构，“内府本”又被称为“经厂本”。中央政府的其他印刷机构还有南京国子监和北京国子监；政府各部门如礼部、户部、都察院、大理寺、兵部、工部、钦天监等机构也都从事与各自业务相关的印刷活动。明代地方政府效仿中央，各省府以及所属书院刻书蔚然成风。而由皇帝分封到各地的藩王刻书，更是明代印刷业所独有。由此可见，明代政府刻书，其体系之完善，其内容之丰富，其数量之庞大，堪称历代官刻之最。

一、中央政府的出版印刷

（一）司礼监刻书

明代宫廷印刷主要由司礼监掌管。司礼监是明朝内廷特有的建置，始建于洪武年间，永乐以后太监权重，司礼监居内务府十二监之首，二十四衙门之一，权势最为显赫，其不仅代皇帝批阅奏章，传达诏令，亦掌管刻书。

图 6-1 明代司礼监经厂印制工艺流程图

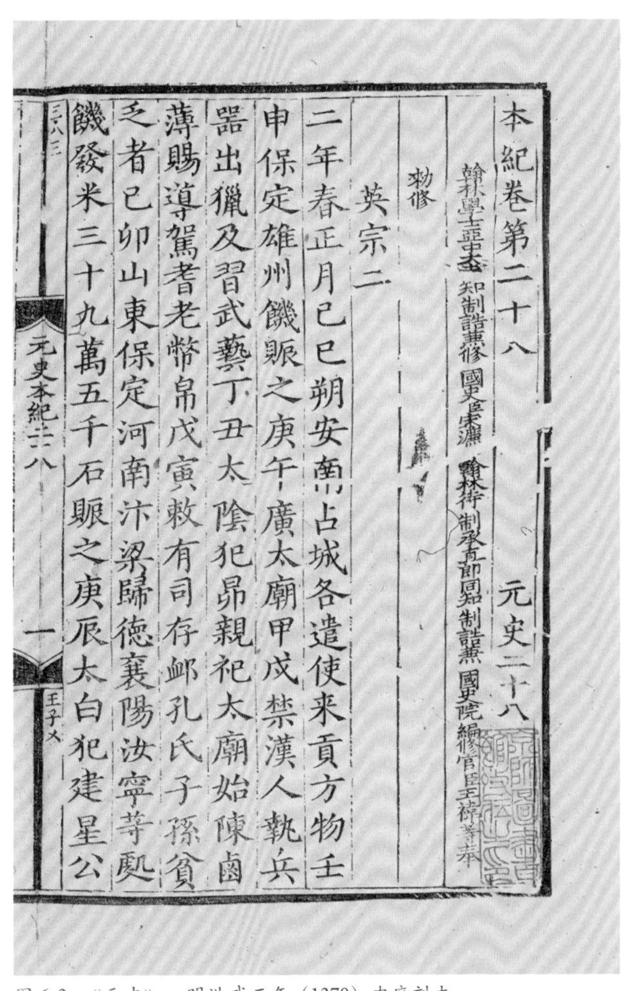
本紀卷第二十八　　元史二十八

翰林學士亞中大夫知制誥兼修國史臣宋濂　翰林待制承直郎同知制誥兼國史院編修官臣王禕等奉

勑修

英宗二

二年春正月己巳朔安南占城各遣使來貢方物壬申保定雄州饑賑之庚午廣太廟甲戌禁漢人執兵器出獵及習武藝丁丑太陰犯昴親祀太廟始陳鹵薄賜導駕耆老幣帛戊寅敕有司存卹孔氏子孫貧乏者己卯山東保定河南汴梁歸德襄陽汝寧等郡饑發米三十九萬五千石賑之庚辰太白犯建星公

三八三　元史本紀二十八　一　王子文

图 6-2　《元史》，明洪武三年（1370）内府刻本。

由宦官掌管中央政府的刻书事业，是明王朝的一大发明，也是中国刻书史上绝无仅有之现象。

司礼监下设经厂库，置提督 1 名总其事，下有掌司 6 名左右，在经厂居住，其职责是："只管一应经书印板及印成书籍、佛、道、番藏，皆佐理之。"（见明代吕毖《国朝宫史》）据万历年间《大明会典》（卷 189）记载，嘉靖十年（1531），司礼监内有刊字匠 315 名，笺纸匠 62 名，刷印匠 134 名，折配匠 189 名，裁历匠 81 名，裱褙匠 293 名，笔匠 48 名，黑墨匠 77 名，画匠 76 名。16 世纪初叶的司礼监居然有超过千人的印刷厂，而且分工精细，在当时世界印刷界所未有。司礼监所刻称"经厂本"，主要包括朝廷颁布的官书、"四部书"和宗教书。

1. 经厂的制书和四部书的刻印

司礼监经厂以刻印制、诰、律、令等政令典章和经、史、子、集四部书为主。经厂内设有中书房，专门代书书籍、敕文，以期用最快的速度将之付印。中书房的工作人员由太监充任，他们临摹元代赵孟頫的字体，从事书写上版，所以经厂印书大多是赵体字。经厂所刻之书，工料考究、质量最高的首推制书，即"国朝颁降官书"，是由皇帝御撰、御注，或由大

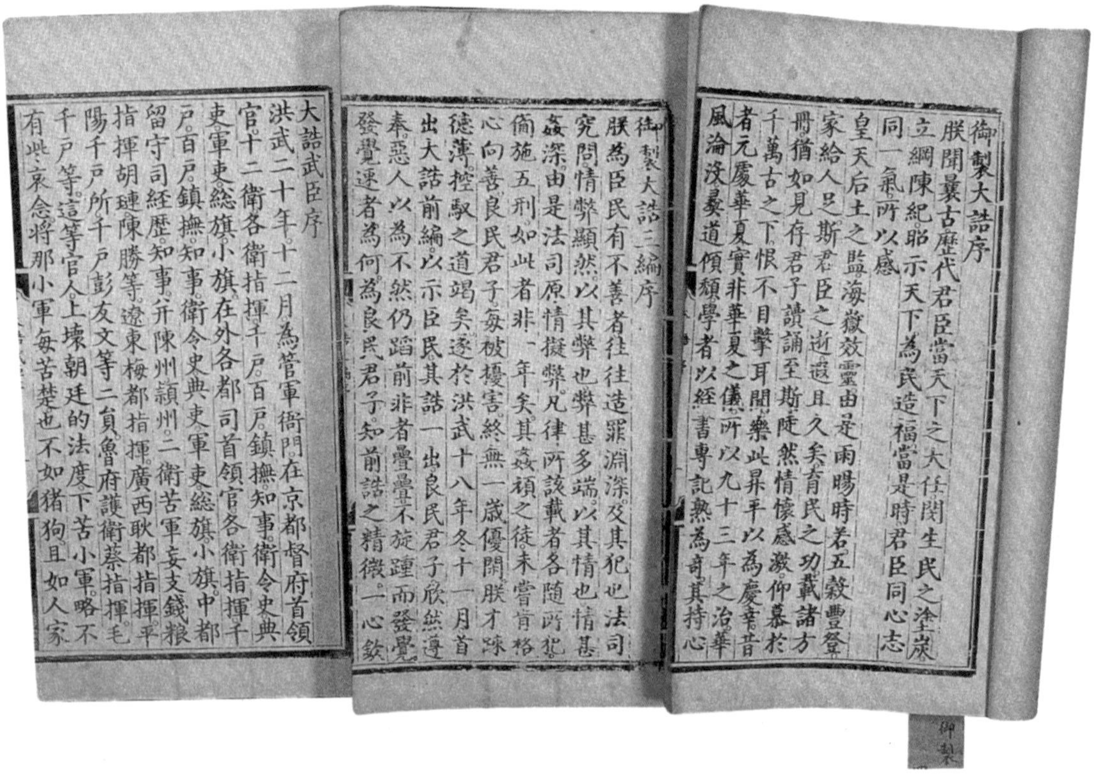

御製大誥序
朕聞曩古歷代君臣當天下之大任閔生民之塗炭
立綱陳紀昭示天下為民造福當是時君臣同心志
同一氣所以感
皇天后土之監海嶽效靈由是雨暘時若五穀豐登
家給人足斯君臣之逝遠且久矣育民之功載諸方
冊猶如見存君子讀誦至斯徒然情懷感激仰慕於
千萬古之下恨不目擊耳聞樂此昇平以為慶幸昔
者元處華夏實非華夏之儀所以九十三年之治華
風淪沒彝道傾頹學者以經書專記熟為奇其持心

御製大誥三編序
朕為臣民有不善者往往造罪淵深及其犯也法司
究問情弊顯然以其弊也弊甚多端以其情也情甚
姦深由是法司原情擬弊凡律所該載者各隨所犯
備施五刑如此者非一年矣其姦頑之徒未嘗肯格
心向善良民君子每被擾害終無一歲優閒朕才疎
德薄控馭之道竭矣遂於洪武十八年冬十一月首
出大誥前編以示臣民其誥一出良民君子欣然遵
奉惡人以為不然仍蹈前非者疊疊不旋踵而發覺
發覺逮者為何為良民君子知前誥之精微一心欽

大誥武臣序
洪武二十年十二月為管軍衙門在京都督府首領
官十二衛各衛指揮千戶百戶鎮撫知事衛令史典
吏軍吏総旗小旗在外各都司首領官各衛指揮千
戶百戶鎮撫知事衛令史典吏軍吏総旗小旗中都
留守司經歷知事幷陳州潁州二衛苦軍妄支錢粮
指揮胡璉陳勝等遼東梅都指揮廣西耿都指揮平
陽千戶所千戶彭友文等二員魯府護衛蔡指揮毛
千戶等這等官人上壞朝廷的法度下苦小軍略不
有些哀念將那小軍每苦楚也不如猪狗且如人家

图 6-3 《御制大诰》，明太祖朱元璋撰，洪武十八年（1385）内府刻本。

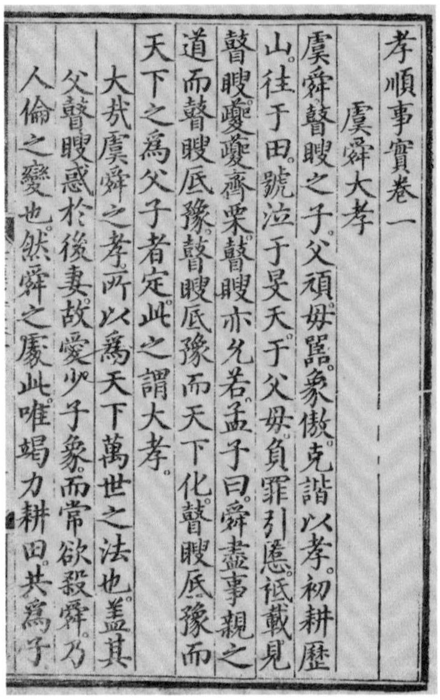

孝順事實卷一
虞舜大孝
虞舜瞽瞍之子父頑母嚚象傲克諧以孝初耕歷
山往于田號泣于旻天于父母負罪引慝祗載見
瞽瞍夔夔齊栗瞽瞍亦允若孟子曰舜盡事親之
道而瞽瞍厎豫瞽瞍厎豫而天下化瞽瞍厎豫而
天下之為父子者定此之謂大孝
大哉虞舜之孝所以為天下萬世之法也蓋其
父瞽瞍惑於後妻故愛少子象而常欲殺舜乃
人倫之變也然舜之處此唯竭力耕田共為子

图 6-4 《孝顺事实》，明永乐十八年（1420）内府刻本。

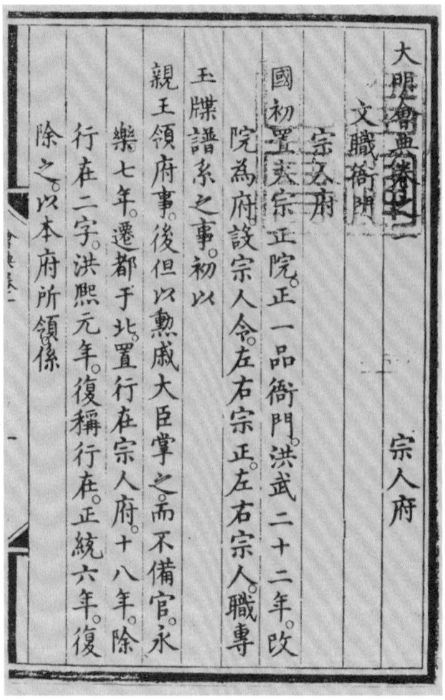

大明會典卷之一
文職衙門
宗人府
國初置大宗正院正一品衙門洪武二十二年改
院為府設宗人令左右宗正左右宗人職專
玉牒譜系之事初以
親王領府事後但以勲戚大臣掌之而不備官永
樂七年遷都于北置行在宗人府十八年除
行在二字洪熙元年復稱行在正統六年復
除之以本府所領係

图 6-5 《大明会典》，明李东阳等撰修，明正德四年（1509）司礼监刻本，钤有“广运之宝”等印。

臣撰修后钦定刻印的书。仅皇史通籍库藏明代制书就有 160 种，以明太祖朱元璋最多，有 70 余种，明成祖朱棣约有 25 种，以后历朝都刻印、颁行过制书。这些制书多为司礼监刊印。此外，司礼监还大量刻印了“四书”、“五经”等儒家经典。据诸家书目所记，较著名的刻本有《大诰》、《大明律》、《大明令》、《御制文集》、《大明集礼》、《大明官制》、《洪武理制》、

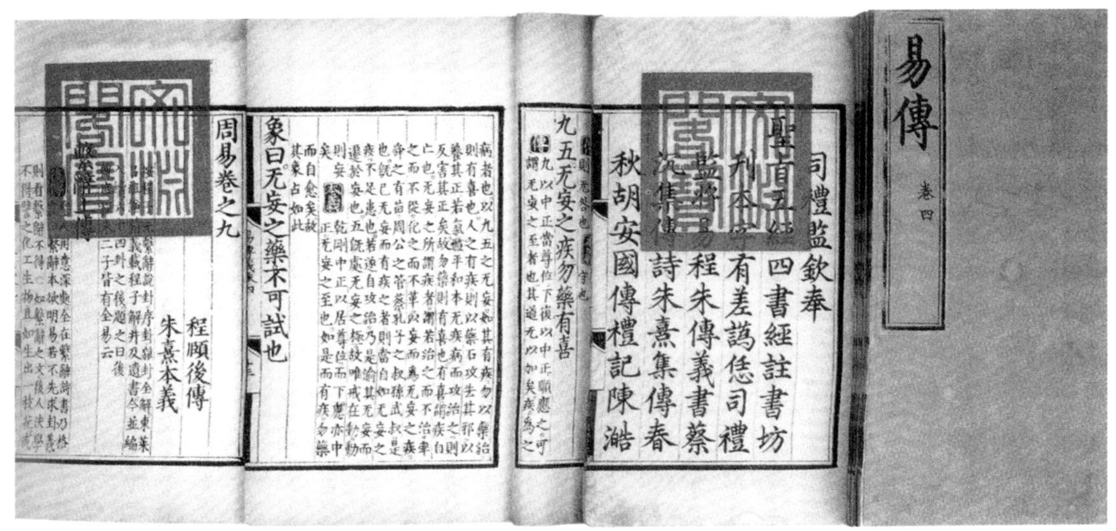

图 6-6 《易传》，明正统十二年（1447）司礼监刊本。

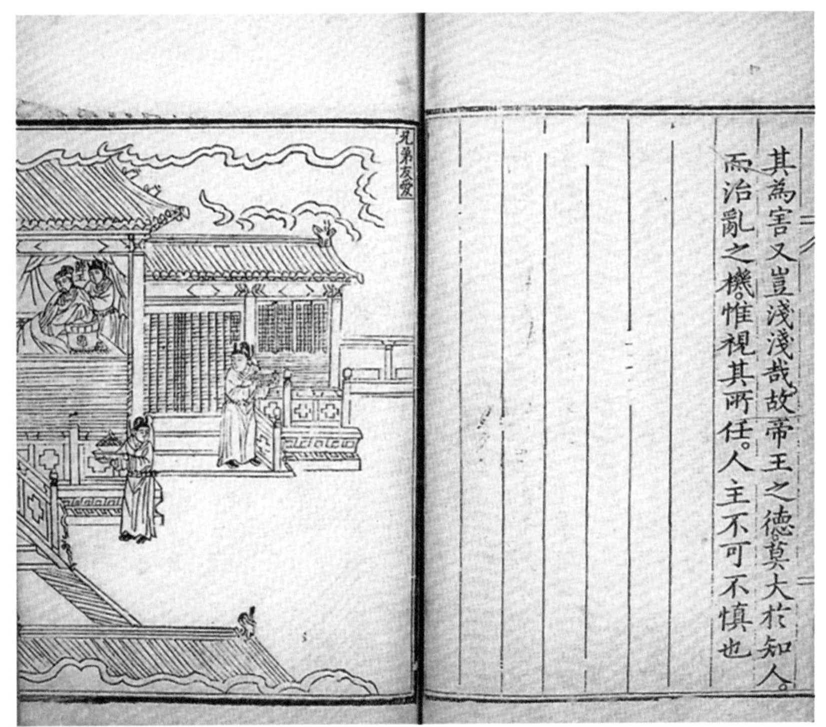

图 6-7 《帝鉴图说》，明张居正、吕调阳撰，明万历元年（1573）经厂刻本。半版 9 行，每行 19 字，四周双边，白口，单鱼尾。取尧舜以来善可为法者八十一事、恶可为戒者三十六事，每事绘一图，后录传记本文，而为之直解。图为其中《兄弟友爱图》。

《孝顺事实》、《诸司职掌》、《内训》等 30 余种。又刻有《君鉴录》、《朱子纲目》、《续通鉴》、《贞观政要》、《文献通考》、《大学衍义》、《详明算法》、《李诗》、《杜诗》、《寰宇通志》、《酌中志》、《孟子集注》、《礼记集说》、《四书》、《大明一统志》等。

从宣德四年（1429）始，宫内特设内书堂，命大学士陈山教授之，专选 10 岁左右的小太监在其中读书。内书堂有学生二三百人，每人发《内令》一册，其所需课本即由经厂刻印供给，主要有《新编古今事文类聚》、《居家必用事类全集》、《三国演义》、《百家姓》、《千字文》、《孝经》、《大学》、

《中庸》、《论语》、《孟子》等等。宫中的宫女也读书，课本基本与太监相同，另发《女诫》、《女训》等读物，也由经厂供给。值得一提的是，司礼监有裁历匠多达 81 人，证明司礼监刻印的历书数量也为数不少。

2. 宗教书的刻印

明朝皇帝非信佛即崇道，宫廷所属的番经厂和道经厂，则主要刻印佛典和道家书。

《大藏经》的刻印：明初内府接连刻印三部释家大藏，即《洪武南藏》、《永乐南藏》、《永乐北藏》，可谓成就斐然。其中永乐二藏流传较广，独《洪武南藏》，则几近湮没。

明太祖朱元璋于洪武五年至三十一年（1372—1398），在南京集合众僧刻印了一部《大藏经》，称为《大明三藏圣教南藏》，简称《洪武南藏》。全藏 678 函，千字文编次“天”字至“鱼”字，1600 部，7000 多卷，共用

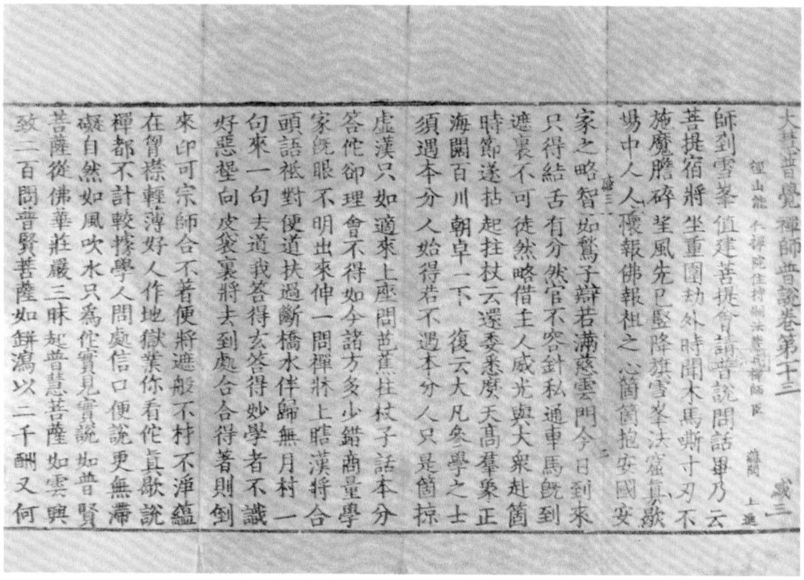
大慧普覺禪師普說卷第十三
徑山能仁禪院住持嗣法慧日禪師臣 蘊聞 上進
師到雪峯值建菩提會請普說問話畢乃云
菩提宿將坐重圍劫外時聞木馬嘶寸刃不
施魔膽碎望風先已豎降旗雪峯法窟真歇
場中人人擬報佛報祖之心箇箇抱安國安
家之略智如鶖子辯若滿慈雲門今日到來
只得結舌有分然官不容針私通車馬既到
遮裏不可徒然略借主人威光與大衆赴箇
時節遂拈起拄杖云還委悉麼天高羣象正
海闊百川朝卓一下復云大凡參學之士
須遇本分人始得若不遇本分人只是箇掠
虛漢只如適來上座問芭蕉拄杖子話本分
答他卻理會不得如今諸方多少錯商量學
家既眼不明出來伸一問禪牀上瞎漢將合
頭語祗對便道扶過斷橋水伴歸無月村一
句來一句去道我答得玄答得妙學者不識
好惡担向皮袋裏將去到處合合得著則劉
來印可宗師合不著便將遮般不淨不淨蘊
在胸襟輕薄好人作地獄業你看他真歇說
禪都不計較據學人問處信口便說更無滯
礙自然如風吹水只爲他實見實說如普賢
菩薩從佛華莊嚴三昧起普慧菩薩如雲興
致二百問普賢菩薩如缾瀉以二千酬又何

图 6-8 《大慧普觉禅师普说》卷十三，明永乐南藏本，经折装。

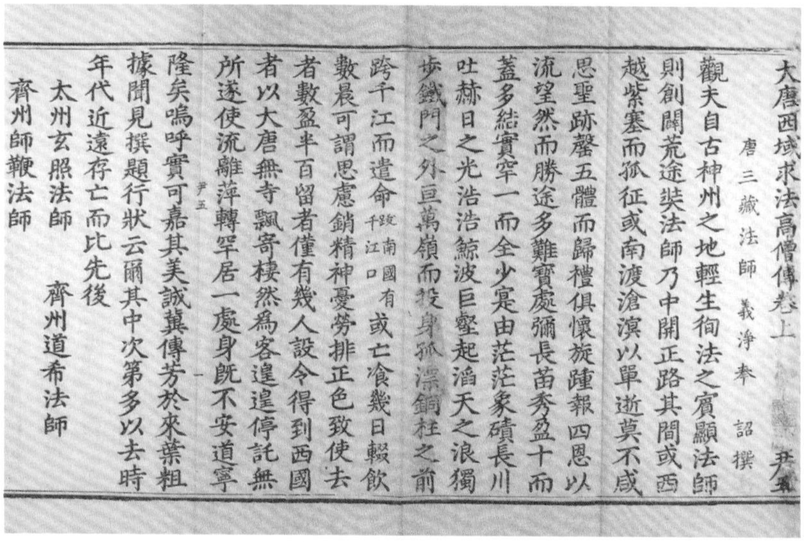
大唐西域求法高僧傳卷上
唐三藏法師義淨奉 詔撰
觀夫自古神州之地輕生徇法之賓顯法師
則創闢荒途奘法師乃中開正路其間或西
越紫塞而孤征或南渡滄溟以單逝莫不咸
思聖跡罄五體而歸禮俱懷旋踵報四恩以
流望然而勝途多難寶處彌長苗秀盈十而
蓋多結實罕一而全少寔由茫茫象磧長川
吐赫日之光浩浩鯨波巨壑起滔天之浪獨
步鐵門之外亘萬嶺而投身孤漂銅柱之前
跨千江而遺命 或亡食幾日輟飲
數晨可謂思慮銷精神憂勞排正色致使去
者數盈半百留者僅有幾人設令得到西國
者以大唐無寺飄寄棲然爲客遑遑停託無
所遂使流離萍轉罕居一處身既不安道寧
隆矣嗚呼實可嘉其美誠冀傳芳於來葉粗
據聞見撰題行狀云爾其中次第多以去時
年代近遠存亡而比先後
太州玄照法師 齊州道希法師
齊州師鞭法師

图 6-9《大唐西域求法高僧传》卷上，北藏本，明永乐年间（1403—1424）至正统年间（1436—1449）内府刻本。

版 57160 块，每版 5 个面，每面 6 行，每行 17 字，字体为仿颜体，经折装。永乐六年（1408）遭火焚毁，保留下来的印本极少。

由于《洪武南藏》的损毁，永乐初年，明成祖敕令重新雕印《南藏》。新雕的《南藏》于永乐十年至十五年（1412—1417）历时 5 年时间完成，名《永乐南藏》。《永乐南藏》是在《洪武南藏》所收典籍的基础上，重新分类，并略有增删编成的。刻藏的地点和经版收藏处在南京大报恩寺。此藏至明末清初仍在印行。全藏共装成 636 函，千字文编号始于“天”字终于“石”字，6331 卷，收经 1610 部，每面 6 行，每行 17 字，经折装。后此版在万历年间广为印行，每年约印 20 藏。三保太监郑和曾出资印造 10 部，舍入南北大寺和他的家乡云南五华寺。

明成祖迁都北京前后，又刻印了一部大《大藏经》。这部《大藏经》从永乐十七年（1419）雕刻，直至英宗正统五年（1440）刻成，称为《大明三藏圣教北藏》，因雕竣于北京，故简称《北藏》。明神宗时，神宗母圣宣文明肃皇后又续刻 41 函、410 卷，续入《北藏》。故全藏之卷数较《南藏》为多，共收经 1657 部，6771 卷，677 函，千字文始“天”终“史”。经折装本，楷书，每函之首有精制的插图和标列“御制”的书牌，封面用不同花色的织锦包装，甚为精美。《北藏》刻成后曾多次印刷，颁赐天下寺院，故名山大刹多有藏本。今洛阳白马寺，南通广教寺，镇江超岸寺、定慧寺，河南新乡市图书馆和重庆市图书馆有藏。

司礼监番经厂还刻印过藏文《大藏经》（具体内容见本书《明代的少数民族文字印刷和外文印刷》一节）。

《道藏》的刻印：明代宫廷对道教典籍的刊刻也是非常重视的。明太祖刻印《南藏》，又注《道德经》；明成祖御制《神僧传》，又撰《神仙传》。永乐四年（1406），成祖朱棣敕第四十三代天师张宇初主持刊行《道藏》事宜，永乐八年（1410）宇初卒，第四十四代天师张宇清继其事，直至英

图 6-10 《道藏》中的三清图和“御制”龙纹牌记。

宗正统九年（1444）由邵以正督校定本付梓，次年竣工，收书4431种，共5305卷，分装480函，沿袭北宋时编修《大宋天宫宝藏》创始的方法编次，千字文号始“天”终“英”。但由于宋、金、元三朝递修本道藏几无所遗，《正统道藏》已是现存唯一的官修道教经书总集，且传世极稀，故更显珍贵。明万历三十五年（1607），神宗又敕第五十代天师张国祥续刻《道藏》，共32函，称《万历续道藏》。正、续《道藏》共刻版12万余片，入清后版存于北京西安门内大光明殿，1900年，八国联军入京，存版尽毁。现北京图书馆藏有全藏（原北京白云观藏本），上海图书馆藏有明版清印本（原上海白云观藏本）。

司礼监刻印书多取上好洁白绵纸，以佳墨精印，早期印本多为包背装，版式阔大，行格疏朗，字体上承元代遗风，喜用赵体，字大如钱，读来悦目醒神。版式常见有四周双边，大黑口，双鱼尾，首页钤以“广运之宝”朱文玺印，气象凝重、恢弘，观感上庄严、华美、凝重，有很强的艺术性。可惜的是，明神宗万历年间，司礼监经厂所藏典籍及印版损失严重，加之宫中火灾和战乱浩劫，使经厂印本及书版全貌现已难得一见了。司礼监经厂印书的总数，各种文献资料记载稍有差异。如明《内府经厂书目》，著录经厂贮版书114种。明宦官刘若愚《酌中记》卷十八《内板经书经略》所载书目，约有172种。据《明宫史》统计，至明末版本尚有164种，书版多达56万余件。根据各种记载统计，除去重复的部分，内务府司礼监刻书约200余种，数十万书版。

（二）国子监刻书

国子监是皇家的最高学府，也是主管教育、编印教科书的主管部门。洪武时，南京国子监不但有国内学生，也有朝鲜、日本、暹罗、琉球的留学生。

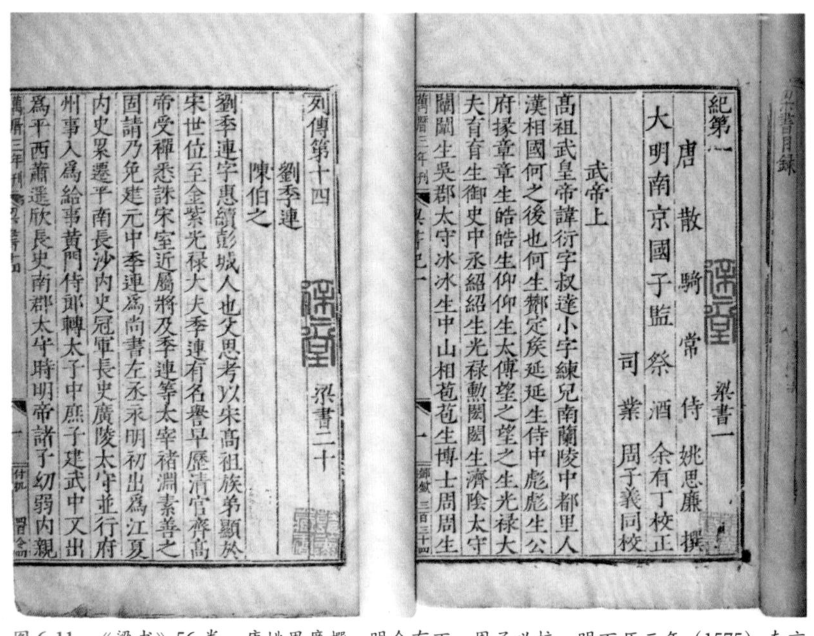
紀第一　梁書一
唐　散騎常侍　姚思廉　撰
大明南京國子監祭酒　余有丁校正
司業　周子義同校
武帝上
高祖武皇帝諱衍字叔達小字練兒南蘭陵中都里人
漢相國何之後也何生酇定侯延延生侍中彪彪生公
府掾章章生皓皓生仰仰生太傅望之望之生光祿大
夫育育生御史中丞紹紹生光祿勳閎閎生濟陰太守
闡闡生吳郡太守冰冰生中山相苞苞生博士周周生

列傳第十四　梁書二十
劉季連
陳伯之
劉季連字惠績彭城人也父思考以宋高祖族弟顯於
宋世位至金紫光祿大夫季連有名譽早歷清官齊高
帝受禪悉誅宋室近屬將及季連等太宰褚淵素善之
固請乃免建元中季連爲尚書左丞永明初出爲江夏
內史累遷平南長沙內史冠軍長史廣陵太守並行府
州事入爲給事黃門侍郎轉太子中庶子建武中又出
爲平西蕭遙欣長史南郡太守時明帝諸子幼弱內親

图6-11　《梁书》56卷，唐姚思廉撰，明余有丁、周子义校。明万历三年（1575）南京国子监刻本。万历三十三年（1605）北京国子监据此本重刻。

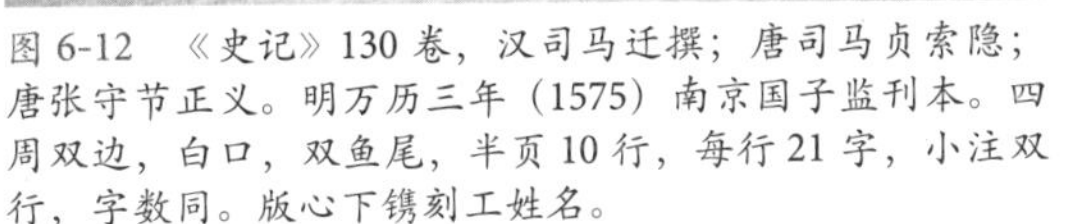

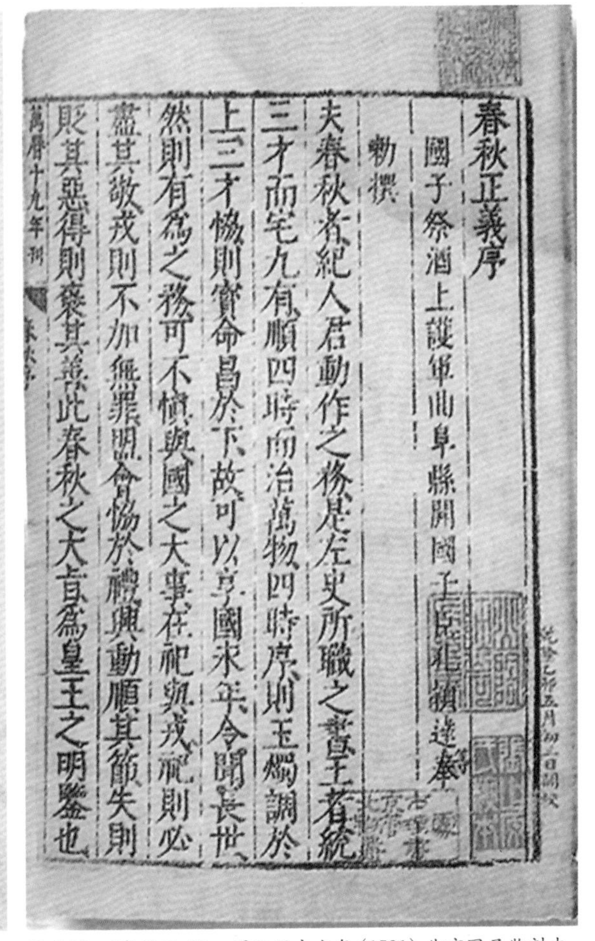

春秋正義序

國子祭酒上護軍曲阜縣開國子臣孔穎達奉

勑撰

夫春秋者紀人君動作之務是左史所職之書王者統三才而宅九有順四時而治萬物四時序則玉燭調於上三才協則寶命昌於下故可以享國永年令聞長世然則有爲之務可不慎與國之大事在祀與戎祀則必盡其敬戎則不加無罪盟會協於禮興動順其節失則貶其惡得則褒其善此春秋之大旨爲皇王之明鑒也

图 6-12 《史记》130 卷，汉司马迁撰；唐司马贞索隐；唐张守节正义。明万历三年（1575）南京国子监刊本。四周双边，白口，双鱼尾，半页 10 行，每行 21 字，小注双行，字数同。版心下镌刻工姓名。

图 6-13 《春秋正义》，明万历十九年（1591）北京国子监刻本。

永乐十八年（1420），学生达到 9000 多人，成为当时亚洲乃至世界的最大学校。

明代的国子监也是官方刻书的重要机构。明成祖朱棣迁都北京，南京成为陪都。故明代国子监有南京、北京两处，南京国子监简称“南监”或“南雍”，北京国子监简称“北监”或“北雍”。所以，国子监所刻之书，有“南监本”和“北监本”之别。

南京国子监收藏了宋、元以来的很多书版，继续刷印。对于一些残缺不全、字迹漫漶的旧版，进行修补或重刻、新刻。南京国子监从嘉靖以后对史书进行了较大规模的重刻。南监汇编刊印《二十一史》，又刊印《通鉴》、《通鉴纪事本末》、《通鉴纲目》、《贞观政要》、《通典》、《通考》、《古史》、《南唐书》等，对于保存我国重要史书，有很大贡献。还出版有虞世南、欧阳询、赵孟頫写的《百家姓》、《千字文》等法帖多种；还雕印有《天文志》、《营造法式》、《农桑撮要》、《算法》、《河防通议》、《大观本草》、《脉诀刊误》、《寿亲养老新书》等一批科技、医学书籍。据明代周弘祖的《古今书刻》记载，南京国子监印刷书籍 271 种，包括制书、杂书、类书、韵书，以及经、史、子、集等八大类。说明当时的印刷量是很大的。南京国子监在补刊各种史书过程中，还动员了近百名监中学生参加写字、校对和刻字。

北监设置于明成祖永乐元年（1403）。在刻书数量上，北监刻书远比南监少。根据《国子监通志》、《古今书刻》等文献记载，明代北京国子监刻印的书籍有《仪礼》、《务本直言》、《敕谕授职到任须知》、《新刊大明律》、《本草方》、《幼小方》、《楚辞》、《唐诗》、《樊川集》、《临川集》、《淮海集》、《东莱集》、《类林杂说》、《古史》、《山海经》、《千字文》、《大学衍义》、《四书》、《书传》、《周易》、《四书集义》、《论语白文》等近百种图书。万历年间（1573—1620），北监刻印的重要图书有由司业张位主持雕刻印刷的《十三经注疏》和《二十一史》。这两项工程从万历十四年（1586）开雕，至万历三十四年（1606）完成，历时二十年，花费六万金。

（三）部院刻书

明代的中央政府除了司礼监和国子监两个设有较大印刷机构的部门外，政府的其他部门也从事与各自业务有关的印刷。明代中央六部及都察院、太医院等机构的出版物，一般称“部院本”。其中尤以礼部、工部、兵部及都察院所刻为多。

都察院是国家的最高监察机构。据《古今书刻》载，其所刻有 33 种，如《算法大全》、《七政历》、《潜夫论》、《千金宝要》、《武经直解》、《三国志通俗演义》等，其内容五花八门，兵书、医书、科技书、总集、别集等都有，似不完全与都察院的业务有关。

礼部刻印书始于明成祖迁都北京之后。礼部印刷过《通鉴》、《世臣

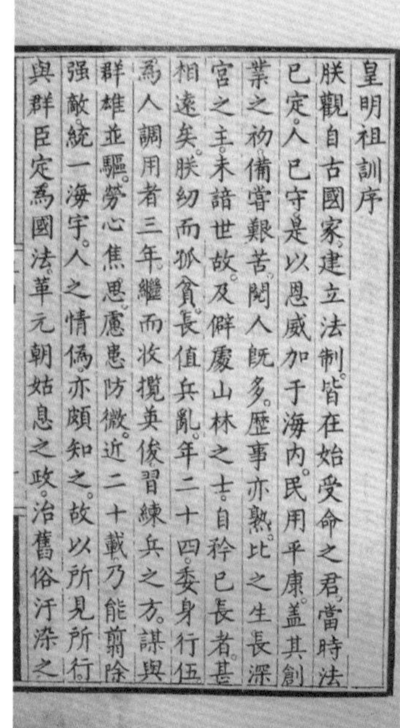

皇明祖訓序
朕觀自古國家建立法制皆在始受命之君當時法
已定人已守是以恩威加于海內民用平康蓋其創
業之初備嘗艱苦閱人既多歷事亦熟比之生長深
宮之主未諳世故及僻處山林之士自矜已長者甚
相遠矣朕幼而孤貧長值兵亂年二十四委身行伍
為人調用者三年繼而收攬英俊習練兵之方謀與
群雄並驅勞心焦思慮患防微近二十載乃能翦除
强敵統一海宇人之情偽亦頗知之故以所見所行
與群臣定為國法革元朝姑息之政治舊俗汙染之

图 6-14　《皇明祖训》，明太祖朱元璋撰，明礼部洪武六年（1373）刻本。

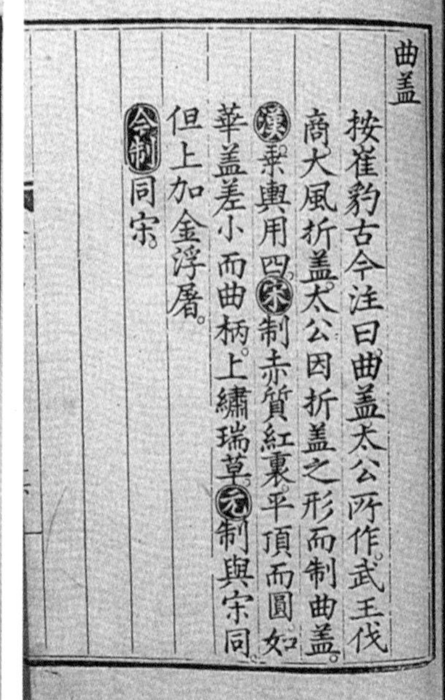

曲蓋
按崔豹古今注曰曲蓋太公所作武王伐
商大風折蓋太公因折蓋之形而制曲蓋
漢乘輿用四宋制赤質紅裏平頂而圓如
華蓋差小而曲柄上繡瑞草元制與宋同
但上加金浮屠
今制同宋

今制亦與宋同上加雲氣花藹金浮屠

图 6-15　《大明集礼》明礼部嘉靖九年（1530）刻。该图为《大明集礼》中的“曲盖图”。

总录》、《大法武臣》、《臣戒录》、《志戒录》、《武士训诫录》、《为政要录》、《大狩龙飞集》、《大礼集议》、《素问钞》、《医方选要》、《登科录》、《会试录》等书。其中后两种书每届科举和会试都要编印一次。礼部刻印过一些儒家典籍，也印过一些与本身业务无关的书。

户部也刻印了一些书籍。如《醒贪录》发给各级官员，《教民榜文》和《务农技艺商贾书》发给民间。此外，还编印了一批有关明代典章制度和法令汇集的书，如御制《大诰》一书，从洪武十八年（1385）颁布天下，后来陆续刊印了《续编》、《三编》，要求"一切官民，户户须有此书一本"，可见其印刷量之大。

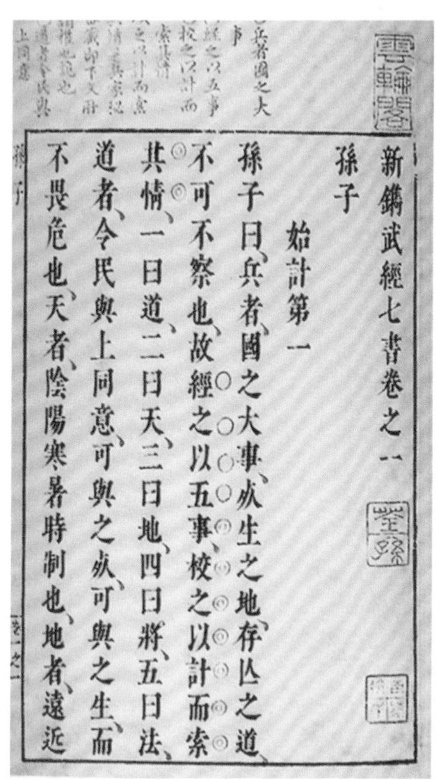
新鐫武經七書卷之一
孫子
始計第一
孫子曰兵者國之大事死生之地存亡之道不可不察也故經之以五事校之以計而索其情一曰道二曰天三曰地四曰將五曰法道者令民與上同意可與之死可與之生而不畏危也天者陰陽寒暑時制也地者遠近

图 6-16 《武经七书》，明兵部万历年间刻，朱墨双色套印本。

兵部于隆庆二年（1568）刻印《大阅录》，三年（1569）刻印《九边图说》、《九边图》、《历科武举录》。此外还刻印《军令》1 卷，《营规》1 卷，《武经七书》等。

工部在嘉靖十三年（1534）刻印过《御制诗》，万历四十三年（1615）刻印过《工部广库须知》12 卷。

明代太医院刻印过《铜人针灸图》、《医林集要》。此外，成化七年（1471）刻印《经验奇效良方》96 卷，嘉靖四十一年（1562）刻印《卫生易简方》12 卷，万历二年（1574）刻印《补要袖珍小儿方论》10 卷等。

钦天监掌管天文历数和印造历书等事宜。《大明会典》载，钦天监有裁历匠 2 名、裱褙匠 1 名、刷印匠 28 名。明代沿用元代郭守敬《授时历》称为《大统历》。每年造《大统历》时，先呈来年历书样本，然后印造 15 本送礼部，礼部行文

图 6-17 《崇祯历书》，徐光启等修。明钦天监崇祯年间刻。

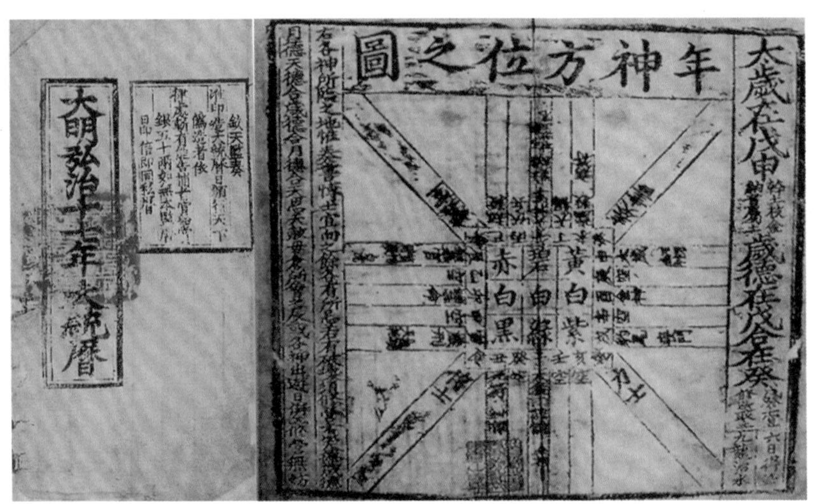

图 6-18 《大统历》，明弘治十七年（1504）钦天监刻。

发两京十三省照样刊行。历书自唐代以来就严禁私印。明代私印历书与私印纸币之罪相同。明代历书封皮上印有“钦天监奏准印造历日颁行天下，伪造者依律处斩，告捕者官给赏银五十两。如无本监历日印信，即同私历”。

《大统历》由钦天监监制，又分《王历》和《民历》。《王历》专门印送各地藩王及附属国。自洪武、永乐开始，颁发给朝鲜、安南（越南）、琉球（冲绳）、真腊（柬埔寨）、暹罗（泰国）、爪哇和旧港（在今印度尼西亚）。《民历》则在国内通行，印量更大。崇祯二年（1629），徐光启奉旨督修历法，与李之藻和传教士熊三拔、汤若望、龙华民、邓玉函等人译著历书数十种，最终刊成《崇祯历书》126卷。这套历书未及采用，明即亡，清代改为《新法历书》予以发行。

明代历书多是黄绫包背装，也有纸面的。除墨印外，还有蓝印的。北京图书馆藏有成化四年（1468）至崇祯八年（1635）钦天监刻印的历书若干种。瑞士耶稣会传教士邓玉函除参与历法改革外，还通过雕版印刷，著述有介绍西方科学技术的书籍《泰西人身说概》、《远西奇器图说录最》等。

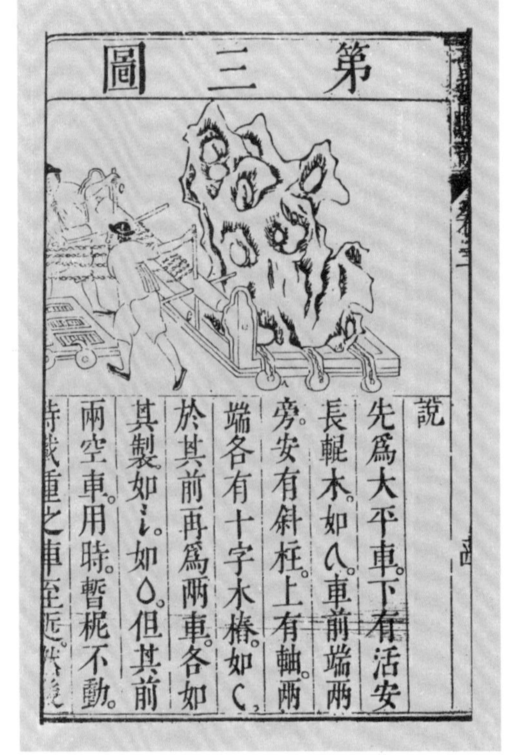

图 6-19 《远西奇器图说录最》。明末瑞士传教士邓玉函口授，王征译绘，汪应魁订，黄惟敬刻。明天启七年（1627）刻本。

（四）南京宝钞局与纸币印刷

明太祖洪武七年（1374）立钞法，在南京设宝钞提举司，下设钞纸和印钞二局，宝钞、行用二库，从洪武八年（1375）起印发纸币“大明通行宝钞”。面额分一百文、二百文、三百文、四百文、五百文、一贯，计六种。币值每贯等于一千文或白银一两，四贯合黄金一两。

南京印钞局有钞匠580名，专司钞票印制。据洪武《御制大诰·伪钞第四十八》记载，仅洪武十八年（1385）二月二十五日至十二月，所造钞共694.6599万锭。如将每年累计，其数量十分惊人。在14世纪末就有如此规模的印钞厂，是印刷史上罕见的。

明代印发的“大明通行宝钞”为明代发行的唯一货币，其使用贯穿明朝始终，为历代印钞史上所独有。洪武二十二年（1389）户部又加发十文至五十文小钞。同时，一贯的大明通行宝钞下有“户部奏准印造”字样，当为洪武十三年（1380）政府废中书省设户部之后印制。此币票面形式与元币相似，呈竖长方形，高一尺，宽六寸，质青色，周边刻有龙纹花栏。票面上方横书“大明通行宝钞”六个大字；中部为面额“壹贯”文及十串铸钱（十串为一贯），两侧为“大明宝钞、天下通行”八个篆字；下部为竖行楷书“户部奏准印造大明宝钞，与制钱通行使用。伪造者斩，告捕者赏银贰佰伍拾两，仍给犯人财产。洪武　年　月　日”。票面上盖“宝钞提举司印”两个大方红印。这是中国印钞史上最大的纸币。

明朝对造伪钞币者采取了严厉的制裁措施，但由于利益的驱动，造伪者不惜以身试法，屡禁不止。例如：在明朝，江苏句容县有个叫杨馒头的人，为牟取暴利，他和一个银匠合伙用锡制作宝钞印版，印刷假钞，后来被官府发现，按律斩首。可他所制的锡版印出来的伪钞“文理分明”，技术上是成功的，给我们提供了明代有人用锡版印刷纸币的史实。

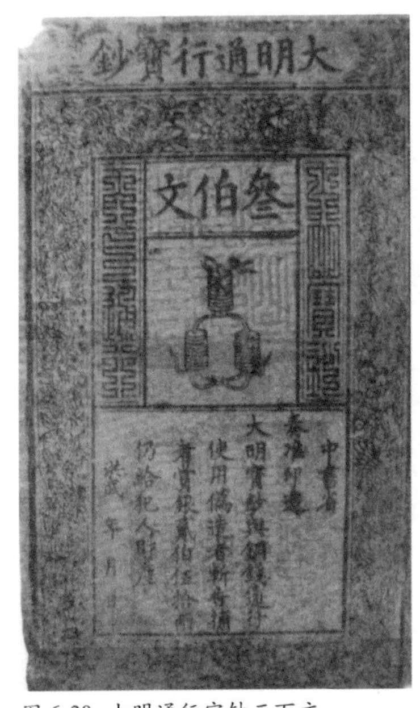

图6-20　大明通行宝钞三百文

图6-21　大明通行宝钞一贯

图6-22　大明通行宝钞一贯铜版

由于明代纸币只发不收，市场上流通的纸币越来越多，宝钞泛滥成灾，致使明代中后期纸币的发行时断时续，终以恶性通货膨胀而告终。

二、藩王府印刷

明代官刻中有一种特有的现象，即藩王刻书，其版本称为“藩府本”。

明建国之初，太祖朱元璋认为异姓功臣不可靠，为维护其家天下之政权，先后封子侄 25 人为王，分驻全国要地。后来各代皇帝，承太祖之风，也都封自己的子侄为藩王，致使藩王数量越来越多，形成了一个庞大的贵族集团。从永乐年间（1403—1424）起，规定驻各地藩王，不得干预地方军政事项，以吸取前朝教训，防止藩王作乱，但藩王的待遇还是优厚的。在这种环境下，有的藩王养尊处优，锦衣玉食，以声色犬马自娱，但更多的则喜欢读书，研究各种学问，著书立说。由于明代政府的倡导，很多藩王成为刻书爱好者。据有关资料统计，明代 60 余家藩王，大都刻印过书，印书总数超过 500 种，其刻本中有很多精品书，历来受到藏书家的重视。

明藩府刻书始于洪武元年（1368），延至明末。以嘉靖年间（1522—1566）、万历年间（1573—1620）最为兴盛。刻书最早的有周、蜀、庆、宁、楚等府，有的王府刻书数十年而不辍，其中周、蜀、宁三府刻书曾延续 200 年左右。刻书最多的有南昌宁王府，共刊印 137 种。蜀、周、楚等

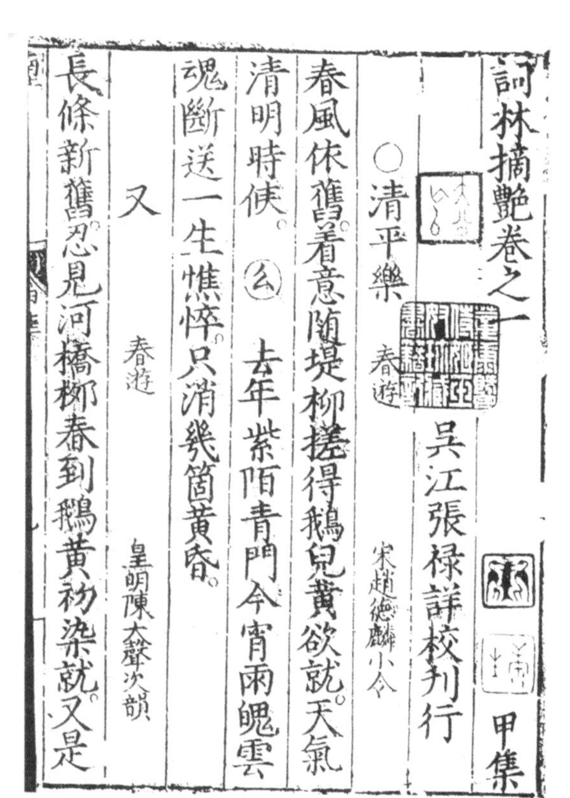
詞林摘艷卷之一　甲集
吳江張祿詳校刊行
○清平樂　春遊　宋趙德麟小令
春風依舊著意隨堤柳搓得鵝兒黃欲就天氣
清明時候　去年紫陌青門今宵雨魄雲
魂斷送一生憔悴只消幾箇黃昏
又　春遊　皇明陳大聲次韻
長條新舊忍見河橋柳春到鵝黃初染就又是

图 6-23 《词林摘艳》，明张禄校。明嘉靖三十年（1551）徽藩刻本。白棉纸，白口，单鱼尾，四周单栏。

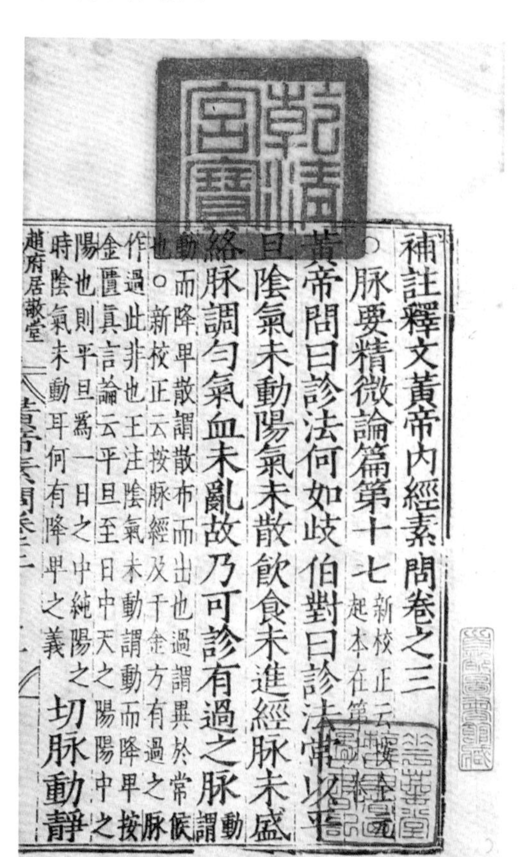
補註釋文黃帝內經素問卷之三
○脉要精微論篇第十七　新校正云按全元起本在第六卷
黃帝問曰診法何如岐伯對曰診法常以平
旦陰氣未動陽氣未散飲食未進經脉未盛
絡脉調勻氣血未亂故乃可診有過之脉　動謂動而降卑散謂散布而出也過謂異於常候也○新校正云按脉經及千金方有過之脉作過此非也王注陰氣未動謂動而降卑按金匱真言論云平旦至日中天之陽陽中之陽也則平旦爲一日之中純陽之時陰氣未動耳何有降卑之義
切脉動靜
趙府居敬堂

图 6-24 《补注释文黄帝内经素问》，唐王冰注，明嘉靖年间（1522—1566）赵府居敬堂刊本。

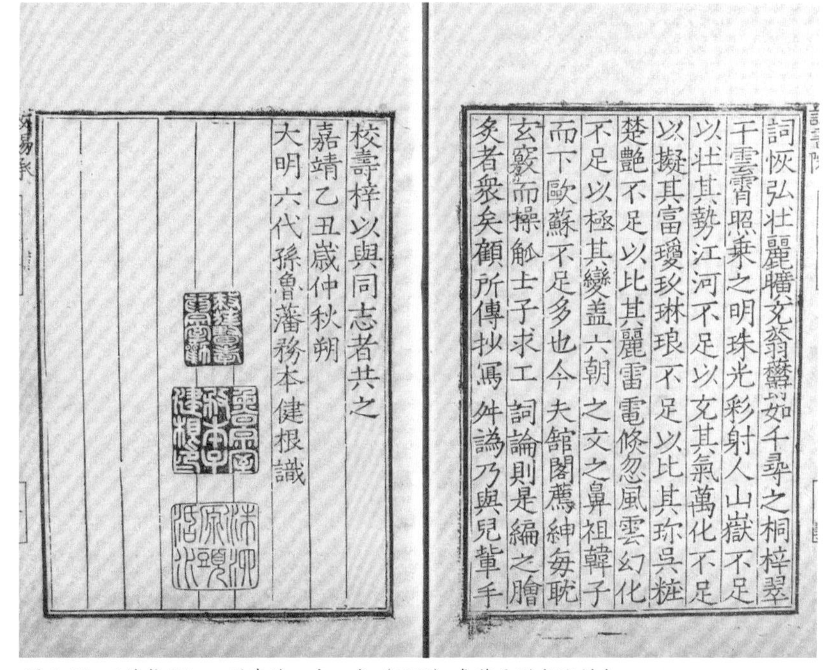
詞恢弘壯麗驥充翁韓如千尋之桐梓翠
干雲霄照乘之明珠光彩射人山嶽不足
以壯其勢江河不足以充其氣萬化不足
以擬其富瓊玖琳琅不足以比其珎異粧
楚艷不足以比其麗雷電倏忽風雲幻化
不足以極其變蓋六朝之文之鼻祖韓子
而下歐蘇不足多也今夫館閣薦紳每耽
玄竅而操觚士子求工詞論則是編之膾
炙者衆矣顧所傳抄寫舛譌乃與兒輩手
校壽梓以與同志者共之
嘉靖乙丑歲仲秋朔
大明六代孫魯藩務本健根識

图 6-25 《抱朴子》，明嘉靖四十四年（1565）鲁藩承训书院刻本。

王府刻书也都在 30 种以上。据张秀民先生在《中国印刷史》中的统计，明代有记载的藩府刻书有 43 府，刻印古代及明代的各种著作 500 余种，其中有许多是各藩自著。

藩府刻本题材丰富，品种很多，除经、史、子、集外，还有当朝律典、医学、养生、参玄、音乐、游戏、地理、花卉、小说、人物、宗藩训典、女子闺课等各种题材。其中著名的作者有宁献王朱权，他在军事、历史、地理、农业、医药、文学、音乐等方面都很有成就，著书 50 余种，代表作有《古今武考》、《寿域神方》、《汉唐秘史》、《异域志》、《太和正音谱》及《荆钗记》等杂剧 12 种。周宪王朱有燉更喜好文辞、能书画、晓音律，代表作有《诚斋乐府》、《新刊袖珍方大全》、《关云长义勇辞金传奇》、《孟浩然踏雪寻梅传奇》等 31 种。郑恭王长子朱载堉擅长音律学、数学、物理学、天文学等，自著自刻《乐律全书》、《图解周髀算经》、《嘉量算经》等书。周宣王朱肃考察可佐饥馑的野草 400 余种，图文绘成《救荒本草》。徽王府所刊分类辞书《锦绣万花谷》；益王府刊有《香谱》和《茶谱》；秦王府刻印《饮膳正要》。据记载，明代藩王及宗室有著作者约 93 人，共著书 359 种，大部分由本藩自刻出版。

藩王府刻书之盛，一是得益于其丰富的藏书。据史料载，藩王府中藏书万卷者大有其人。这些书籍或购自民间，或来自内府赏赐，为刊书提供了充足的范本。二是藩王们组织了一批高水平的编校人员。王府官属中设有长史、记善、伴读、教授等职，相当于藩王的秘书与教员，其中不少是著名的学者。因此使得藩府本校勘认真，错误较少，历来为藏书家所珍重。三是得益于雄厚的财力，藩府刻书往往不计工本，刻、印、装及纸、墨都

图 6-26 《古先君臣图鉴》，明万历十二年（1584）益藩刊本，绘自太古至元代君臣 143 位像，此选“元世祖”一幅，是元代开国皇帝忽必烈像。

图 6-27 《清时乐事》，明清慎子撰，明隆庆五年（1571）衡藩刻本，白棉纸，有图，版心上方镌“时习书堂”四字。

图 6-28 《清时乐事》中的奏乐图，明清慎子撰，明隆庆五年（1571）衡藩刻本。

嘉量筭經序
或問於余曰昔周公作嘉量何爲而作也曰
余聞諸先儒曰聲無形而樂有器古之作樂
者知器之必有敝而聲不可以言傳懼器失
而聲遂亡也乃多爲之法以著之故始求聲
者以律而造律者以黍自一黍之廣積而爲
分寸一黍之多積而爲龠合一黍之重積而
爲銖兩此造律之本也故爲長短之法而著

勾實之矩圖

趙君卿註曰勾實之矩以股弦差爲廣股
弦幷爲袤而股實方其裏減矩勾之實於
弦實開其餘即股倍股在兩邊爲從法開
矩勾之角即股弦差加股爲弦以差除勾
實得股弦幷以幷除勾實亦得股弦差令
幷自乘與勾實爲實倍幷爲法所得亦弦
勾實減幷自乘如法爲股
載堉圖解曰股弦差即今筭家所謂股弦

图 6-29 《嘉量算经》，明郑王府朱载堉万历三十八年（1610）刻本。

力求精良。有的藩府还到外地雇请刻版高手，如济南德王府就从苏州请来李泽、李受、张敖等良工刻《汉书》。因此，藩刻本的印装质量在当时都是一流的。四是朝廷的倡导。明代皇帝希望将诸藩的精力吸引到研究学问、刻书印书上来，这样也有利于政权稳固和社会安定。

三、明代地方政府的印刷

地方政府印刷，包括各级地方政府和由政府主办的书院的印刷。明代的十三省和两个直隶区几乎都有印书活动，各省的印书一般由省属布政司、按察司以及一些盐运司来完成，绝大部分的政府也有印刷活动。

地方政府印刷的主要内容是各地地方志，皇帝颁发的书，经、史、子、集以及丛书、类书等，有时也刻印其他方面的书。如应天府（南京）就曾刻印过《茅山志》、《句容志》、《文公家礼仪节》等十几种书；顺天府刻有《顺天府志》、《金台八景诗》、《大宝箴帖》等书；山东布政司刊印过《农书》等书。

据李致忠《古代版印通论》，明代地方政府刻书种数为1728种，首推南直隶，然后是江西、浙江，这三处刻书约占全国刻书总数的2/3。

书院刻书，起自宋、元，至明代，已有书院700余处，以嘉靖时为最盛，刻书也多在其时。① 明代的书院刻书大多属政府刻书的一部分。在明代，书院由政府管理，所印书大都是政府批准的学生必读之书。如紫阳书院于成化三年（1467）刻印《瀛奎律髓》49卷，义阳书院于嘉靖十年（1531）刻印《大复集》26卷，无锡崇正书院于嘉靖十一年（1532）刻印《事类赋》30卷。广东崇正书院嘉靖年间（1522—1566）刻《四书集注》、《汉书》、《通典》等，白鹿书院正德十年（1515）刻《史记集解》，福州五经书院刻《十三经注疏》等。

据邓洪波《中国书院史》介绍，“明代书院在数量上大大超过了以前各代。根据最新材料，明代书院约有1500所，这些书院分布：北京3所，河北62所，山西53所，辽宁7所，上海4所，江苏49所，浙江173所，安徽95所，福建99所，江西265所，山东66所，河南109所，湖北66所，湖南97所，广东129所，广西61所，四川62所，贵州28所，云南66所，陕西24所，甘肃8所，青海1所，宁夏2所，海南20所，香港1所”。明代书院的用书和藏书是一个很大的数字，仅仅书院刻书是满足不了需要

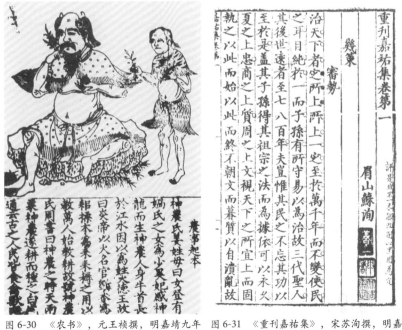

農事起本
神農氏姜姓母曰女登有
媧氏之女為少典妃感神
龍而生神農人身牛首長
於江水因以爲姓火德王故
曰炎帝以火名官斲木爲
耜揉木爲耒耒耨之用以
教萬人始教耕故號神農
氏周書曰神農之時天雨
粟神農遂耕而種之

图6-30 《农书》，元王祯撰，明嘉靖九年（1530）山东布政司版，此本为农业类书，书内插图古朴，版面阔大，为北方版画。

重刊嘉祐集卷第一　　眉山蘇洵
幾策
審勢
治天下者定所上所上一定至於萬千年而不變使民
之耳目純於一而子孫有所守易以為治故三代聖人
其後世遠者至七八百年夫豈惟其民之不忘其功以
至於是蓋其子孫得其祖宗之法而為據依可以永久
夏之上忠商之上質周之上文視天下之所宜上而固
執之以此而始以此而終不朝文而暮質以自潰亂故

图6-31 《重刊嘉祐集》，宋苏洵撰，明嘉靖十一年（1532）太原府刻本。

图 6-32 《古今说海》，明陆楫辑。明嘉靖二十三年（1544）云间陆氏俨山书院刻本，钤有“吴兴沈氏万卷楼珍藏”等印。

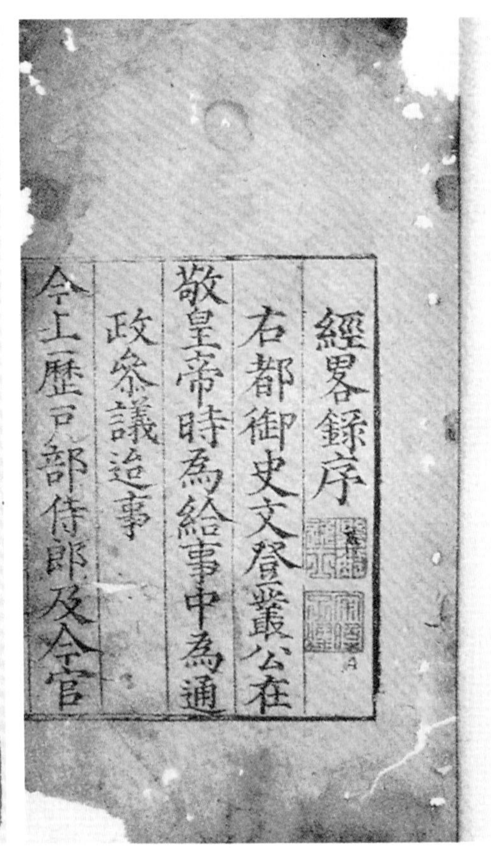

經畧錄序

右都御史文登叢公在

敬皇帝時為給事中為通

政參議造事

今上歷戶部侍郎及今官

图 6-33 明正德年间（1506—1521）刊书帕本，取自韦力《古籍善本》。

的，书院刻书往往与政府刻书相结合。书院藏书“大体可分为皇帝赐书、地方政府拨款购置、书院自置、社会人士捐置等五种途径。”②

明代官刻还催生了一种独特的版本名目——“书帕本”。顾炎武《日知录》云：“昔时入觐之官，其馈遗，一书一帕而已，谓之书帕。自万历以后，改用白金。”明初，洪武帝朱元璋整顿吏治，严刑峻法。书帕本的出现，不仅说明当时刻书之盛，亦反映出明初官场还是比较清明的。隆庆、万历间，承嘉靖余风，皆喜刻书。但大多刻而不校，甚或妄加删削，以之馈遗当道官员，附之一帕，故有一书一帕之称。可见书帕本是明代官样例行礼品，多数只注意表面装潢，不注重文字内容。晚明后，馈赠品改为白金，吏治之腐败，亦略见一斑。

图 6-34 明代徽州府重要官刻机构——徽州古紫阳书院。

第三节 蓬勃兴起的民间印刷

一、盛极一时的私家刻印

明代私家刻书非常盛行。他们刻书不以赢利为主要目的，意在传世，书史留名。初期刻本种类不多，明代中期以后，日渐兴盛。学者、世家、藏书家、儒商、私塾乃至禅林道观皆从事刻书事业，他们以宣传教化为宗旨，往往校勘细密，刻印精美，质量较高。私人刻书家往往又是著名藏书家，有丰富的藏书为依据，书源多，而且本人也学识渊博，刻书态度比较认真严肃。不仅刻书数量增多，而且推出了不少佳品，为中国古代的刻书事业作出了杰出的贡献。

明代在近300年的时间里，私人刻书家层出不穷，灿若星河，分布全国各地。比较著名的私人藏书家及刻书家有：正统年间（1436—1449）昆山进士叶盛及其后裔叶恭焕，正德年间（1506—1521）北京武定侯郭勋，正德年间（1506—1521）进士胡缵宗，嘉靖年间（1522—1566）进士王世贞，万历年间（1573—1620）进士李之藻、曹学佺，崇祯年间（1628—1644）进士张溥，三宝太监郑和，浙江鄞县范钦，江阴朱承爵、涂祯，浙江钱塘胡文焕，震泽王延喆，福建汪文盛，余姚闻人铨等。比较有名的私人刻书堂号有：昆山叶氏菉竹堂，常熟毛晋汲古阁，顾春世德堂，徐时泰东雅堂，吴县郭云鹏济美堂，苏献可通津草堂，晁瑮宝文堂，浙江钱塘洪楩清平山堂，王世贞世经堂，张佳胤双柏堂，顾起纶、顾起经奇字斋，吴琯西爽堂，汪廷讷环翠堂，冯梦祯快雪堂等。

图6-35 明藏书家叶盛。

（一）藏书家叶盛与菉竹堂

叶盛（1420—1474），明江苏昆山人。正统十三年（1448）进士，后官至吏部左侍郎。王世贞《菉竹堂记》云：“生平无他嗜好，顾独笃于书，手自抄雠，至数万卷。”至晚年，叶盛藏书积至4600余册，共

22700多卷，为当时江苏藏书之首。

叶盛去世后，其孙叶恭焕竟其遗志，终于建成了书楼菉竹堂。刻印有《菉竹堂书目》6卷、《两广奏草》16卷、《菉竹堂稿》8卷，著有《水东日记》38卷、《水东诗文稿》4卷、《文庄奏疏》40卷、《秋台诗话》、《卫族考》1卷、《经史言天录》、《宣镇诸序》1卷等。

（二）为彰显祖先功德而刻书的郭勋

明代北京著名的私人刻书家郭勋为开国元勋郭英后代，正德三年（1508）袭封武定侯，所刻书人称“武定版”。他自刻作品有《三家世典》、《皇明英烈传》，以彰显祖先之功，刻印极精。刻有《家刻书目》，传世本有《元次山文集》、《白乐天文集》、《白香山诗集》、《三国志通俗演义》、《忠义水浒传》、《雍康乐府》等。

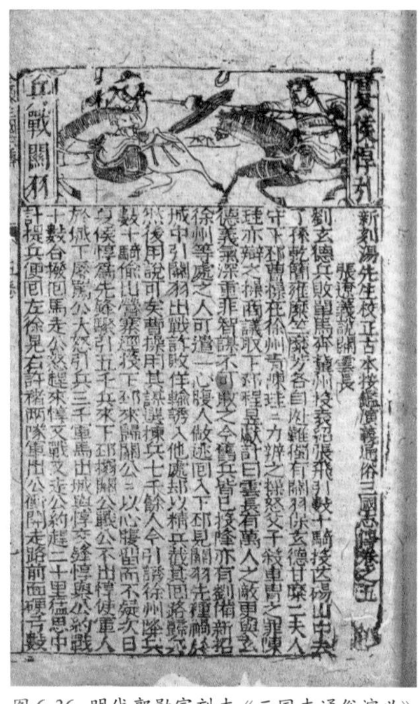

图6-36　明代郭勋家刻本《三国志通俗演义》

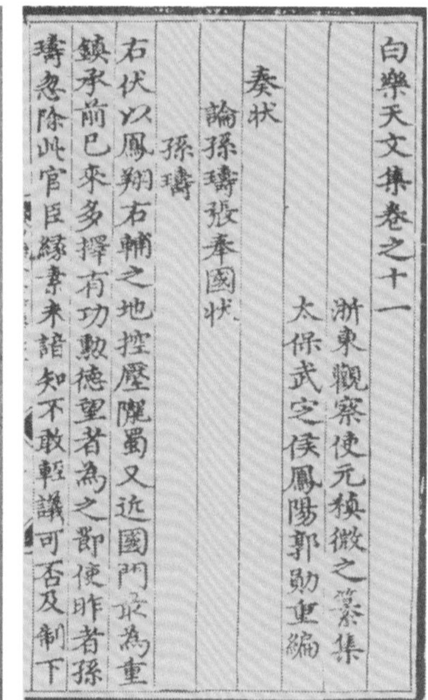

白樂天文集卷之十一
浙東觀察使元稹微之纂集
太保武定侯鳳陽郭勛重編
奏状
論孫璹張奉國狀
孫璹
右伏以鳳翔右輔之地控壓隴蜀又近國門所為重
鎮承前已來多擇有功勲德望者為之卽使昨者孫
璹忽除此官臣緣素未諳知不敢輕議可否及制下

图6-37　明代郭勋家刻本《白乐天文集》

（三）建造藏书楼天一阁的著名藏书家、刻书家范钦

明代浙江鄞县人范钦（1506—1586），嘉靖十一年（1532）进士，官至兵部右侍郎，著有《天一阁集》，生平喜访求真本秘籍，建天一阁以藏之。“天一阁”名从范钦获元揭傒斯书“龙虎天山一池”石刻而来。原有藏书7万多卷，清代编修《四库全书》时，其后人进献藏书600余种。新中国成立后列为重点文物保护单位。天一阁曾刻印范钦手订《范氏二十一种奇书》、自撰《古今谚》1卷、自辑《烟霞小说》13种23卷、自撰自刻《天一阁集》32卷。范氏刻印的其他作品有《孙子集注》13卷、李翱《论语笔解》2卷、刘向《说苑》20卷、刘次庄《法帖释文》10卷、司马光《司马温公稽古录》20卷等。范钦及其后人以天一阁名义抄写的抄本多达数百卷。

明天一阁主人范東明肖象

图 6-38 明代天一阁藏书楼

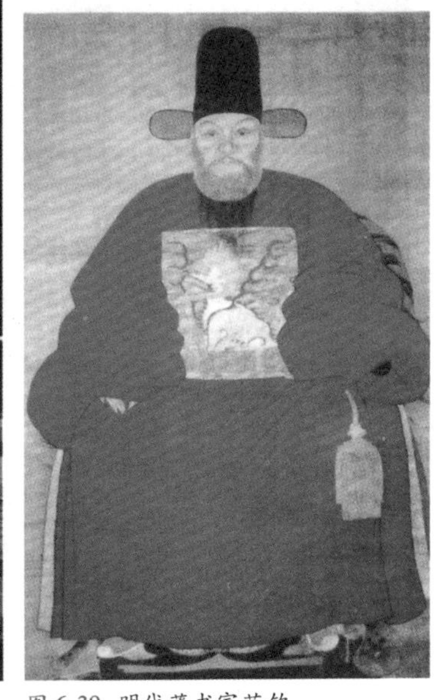

图 6-39 明代藏书家范钦

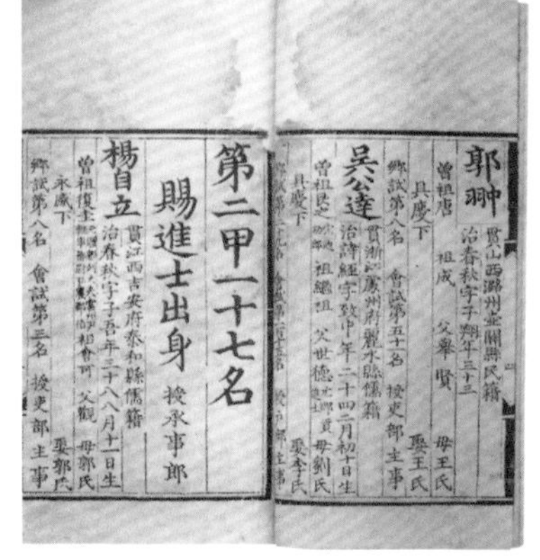

郭翀

吳達

第二甲一十七名
賜進士出身

楊自立

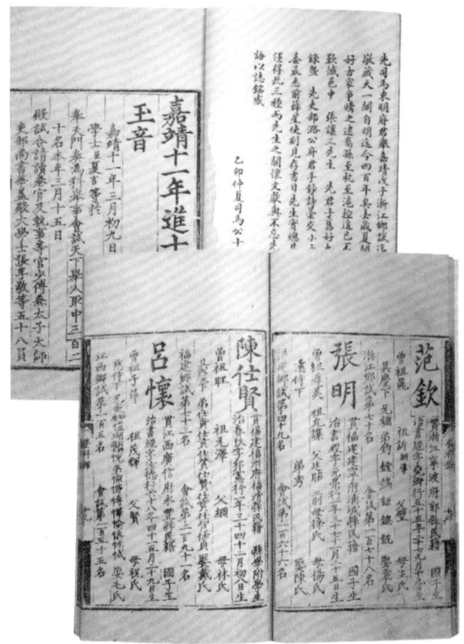

嘉靖十一年進士

玉音

范欽

張明

陳仕賢

呂懷

图 6-40 天一阁藏明代刻本《洪武四年进士登科录》和《嘉靖十一年进士登科录》。

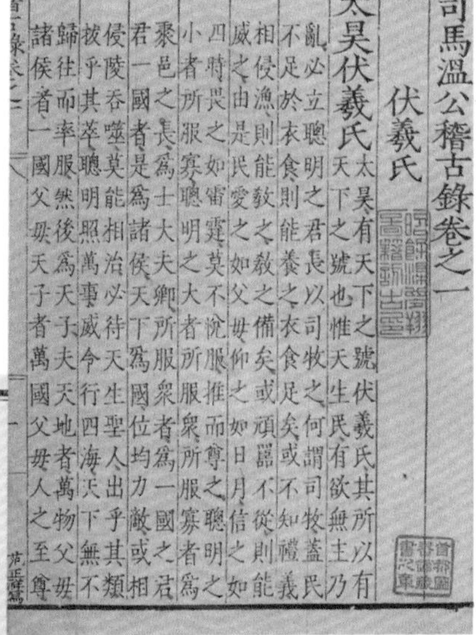

稽古錄
天一閣藏板

司馬溫公稽古錄卷之一
伏羲氏
太昊伏羲氏太昊有天下之號伏羲氏其所以有天下之號也惟天生民有欲無主乃亂必立聰明之君長以司牧之何謂司牧蓋民不足於衣食則能養之衣食足矣或不知禮義相侵漁則能敎之敎之備矣或頑嚚不從則能威之由是民愛之如父母仰之如日月信之如四時畏之如雷霆莫不悅服推而尊之聰明之小者所服寡聰明之大者所服衆服寡者爲一衆邑之長爲士大夫卿服衆者爲一國之君君一國者是爲諸侯天下爲國位均力敵或相侵陵吞噬莫能相治必待天生聖人出乎其類拔乎其萃聰明照萬事威令行四海天下無不歸往而率服然後爲天子夫天地者萬物父母諸侯者一國父母天子者萬國父母人之至尊

图 6-41 《司马温公稽古录》20 卷，宋司马光撰，明天一阁刊本，四周单边，白口，单鱼尾，半页 9 行，每行 19 字，小注双行，字数同，范正祥写，版心下镌刻工名字姜培、郭珙、郭才等。

（四）学者型官员刻书家王世贞、李之藻、胡缵宗等

明南直隶太仓人王世贞（1526—1590），嘉靖二十六年（1547）进士，累仕刑部尚书，好为诗词古文，与李攀龙齐名，为明代“后七子”首领。以“世经堂”为室名，编撰并刻印过《弇山堂别集》、《弇州山人四部稿》、《王氏书苑·画苑》、《世说新语补》等。

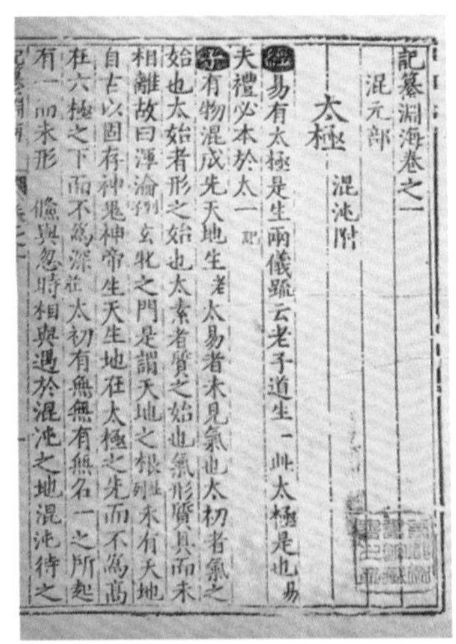

图 6-42 《弇州山人四部稿》，明王世贞撰，明万历五年（1577）王氏世经堂刊本。

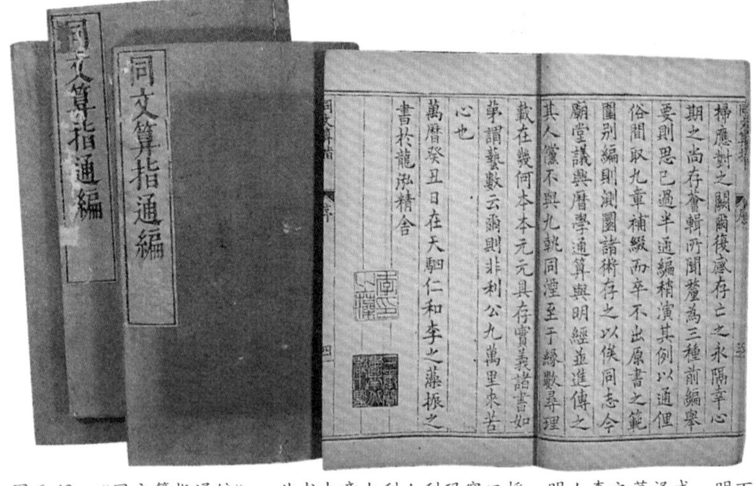

图 6-43 《同文算指通编》，此书由意大利人利玛窦口授，明人李之藻译成，明万历四十二年（1614）李氏自刻本，是明代中外学者共同合作的科学成果。

李之藻（1565—1630），浙江仁和（今杭州）人。明代科学家，也是著名的私人刻书家。万历二十六年（1598）进士，官至太仆寺少卿。李之藻学识渊博，精于历算，与徐光启齐名。万历四十一年（1613）与利玛窦合译《同文算指》，是中国编译西方数学的最早著作。主要著作有《新历算法》、《天学初函》、《浑盖通宪图说》、《圜容较义》等，均收在自辑的《天学初函》52 卷中。自刻有《淮海集》以及利玛窦口授、李之藻本人译成的《同文算指通编》、徐光启译著的《泰西水法》、利玛窦译介的《万国舆图》等。他还协助徐光启修订《大统历》，并编撰《崇祯历法》。徐光启亦刻印过本人自撰《甘薯疏》1 卷、《农遗杂疏》5 卷、欧几里得《几何原本》6 卷。

胡缵宗（1480—1560），号鸟鼠山人，明陕西省巩昌府秦州（今甘肃天水市）秦安县人。正德三年（1508）进士，授翰林院检讨。累迁至山东、河南巡抚，右副都御史，治河都御史，明代著名的学者、诗人、书法家与出版家。时任河南巡抚时因衙门失火而引咎辞职，归田著书，并在家乡秦安鸟鼠山房自刻自印，著有《鸟鼠山人集》等著作多种，是当时有名的私家印书者之一。75 岁时，刻印完成最后一部学术著作《愿学编》。

明代进士及第的许多官员在任或卸职后，都以治学刻书为乐事，自撰自刻了不少图书，成为流传后世的佳话。这里用图版记录涂祯、李熙、李长庚等人的刻书简况。

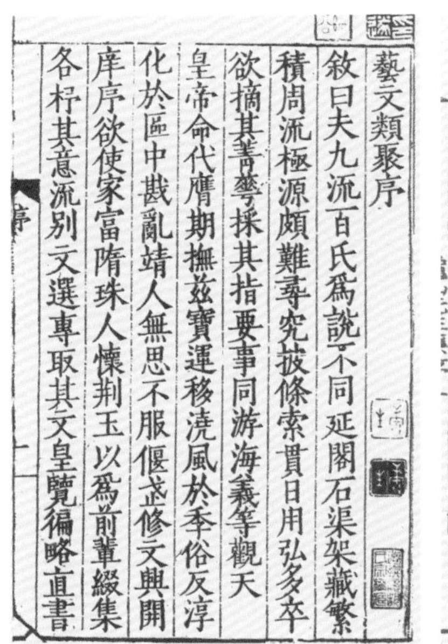

藝文類聚序
敘曰夫九流百氏爲說不同延閣石渠架藏繁
積周流極源頗難尋究披條索貫日用弘多卒
欲摘其菁華採其指要事同游海義等觀天
皇帝命代膺期撫茲寶運移澆風於季俗反淳
化於區中戡亂靖人無思不服偃武修文興開
庠序欲使家富隋珠人懷荆玉以爲前輩綴集
各杼其意流別文選專取其文皇覽徧略直書

图 6-44 《艺文类聚》100 卷，唐欧阳询撰，明嘉靖六年至七年（1527—1528）胡缵宗等刻印。

图 6-45 《龟山先生集》，宋杨时撰，明弘治十五年（1502）李熙刻本。此书为其任将乐知县时所刻。

鹽鐵論卷第一　　漢桓寬
本議第一　力耕第二　通有第三
錯幣第四　禁耕第五　復古第六
本議第一
惟始元六年有詔書使丞相御史與所舉賢良文學
語問民間所疾苦文學對曰竊聞治人之道防淫佚
之原廣道德之端抑末利而開仁義毋示以利然後
教化可興而風俗可移也今郡國有鹽鐵酒榷均輸
與民爭利散敦厚之樸成貪鄙之化是以百姓就本

图 6-46 《盐铁论》10 卷，汉桓宽撰，明弘治十四年（1501）涂祯刻本。任江阴县令时刻印。

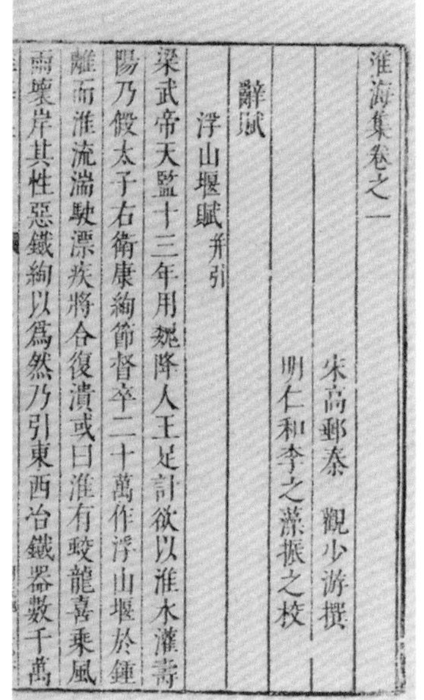

淮海集卷之一
宋高郵秦　觀少游撰
明仁和李之藻振之校
辭賦
浮山堰賦并引
梁武帝天監十三年用魏降人王足計欲以淮水灌壽
陽乃假太子右衛康絢節督卒二十萬作浮山堰於鍾
離而淮流湍駛漂疾將合復潰或曰淮有蛟龍喜乘風
雨壞岸其性惡鐵絢以爲然乃引東西冶鐵器數千萬

图 6-47 《淮海集》，明万历四十六年（1618）李之藻自刻本，版心下方有刻工名“周孟旭”。

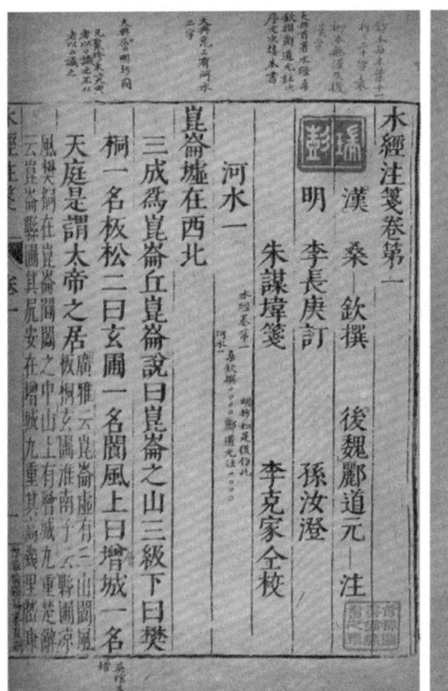

水經注箋卷第一
漢　桑　欽撰
後魏酈道元注
明　李長庚訂
孫汝澄
朱謀㙔箋
李克家仝校
河水一
崑崙墟在西北
三成爲崑崙丘崑崙說曰崑崙之山三級下曰樊
桐一名板松二曰玄圃一名閬風上曰增城一名
天庭是謂太帝之居

图 6-48 《水经注笺》40 卷，明朱谋㙔撰，明万历四十三年（1615）李长庚刊本，王国维批校。李长庚，明湖广麻城人，万历二十三年（1595）进士，累仕吏部尚书。

（五）医学出版家汪机

汪机（1463—1539），明代著名的医学出版家，徽州祁门县朴野人，号石山居士，刻书堂号朴野斋。汪机出身医儒世家，“精通医术，治病多奇中”。著刻有《黄帝内经素问钞》、《外科医例》、《医学原理》、《针灸问对》等数十种百余卷。他的学生于嘉靖十三年（1534）将他的主要著作整理为《汪石山医书七种》23 卷刊行于世。

《明史李时珍传》说：“吴县张颐、祁门汪机、杞县李可大、常熟缪希雍，皆精医术”，为当时名冠全国的 4 位医学大师。

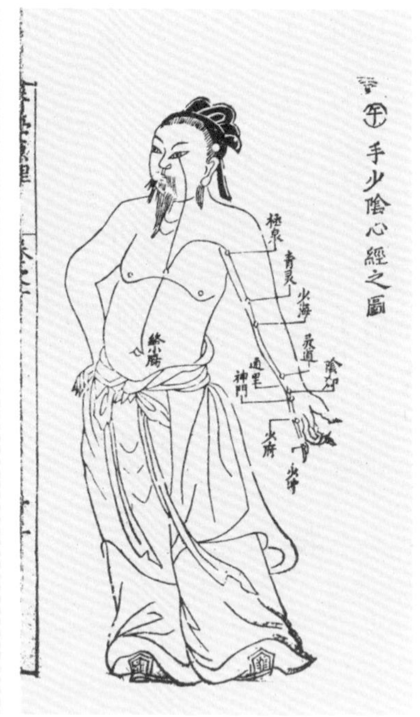

图 6-49 《新刻汪先生家藏医学原理》，明祁门汪机撰，明崇祯年间刻本，序文署“祁邑朴野石山居士自序”。

图 6-50 《新刻汪先生家藏医学原理》附图

（六）集藏书家与印书家于一身的毛晋

明代家刻中最有名的人物首推江苏常熟的毛晋（1599—1659）。毛晋，字子晋，原名凤苞，号潜在，虞山人。室名有汲古阁、绿君亭、世美堂、读礼斋、续古草庐等，以汲古阁和绿君亭最著名。毛晋博览群书，广为藏书，而且从事印书，毛晋曾有田数千亩，当铺数所，不惜变卖为买书、刻书之用。他的书坊兼书斋取名汲古阁，藏书 84000 册。在其 40 年刊刻生涯中，刊印宋、元珍本 600 多种，刊印书版逾 10 万块，包括多卷本的经、史、文集和丛书。著名的有《十三经注疏》、《十七史》、《津逮秘书》、《群芳清玩》、《宋名家词六十一种》、《六十种曲》及唐、宋、元人别集等。仅《十三经》和《十七史》两大著作，始于崇祯元年（1628），完工于顺治十三年（1656），

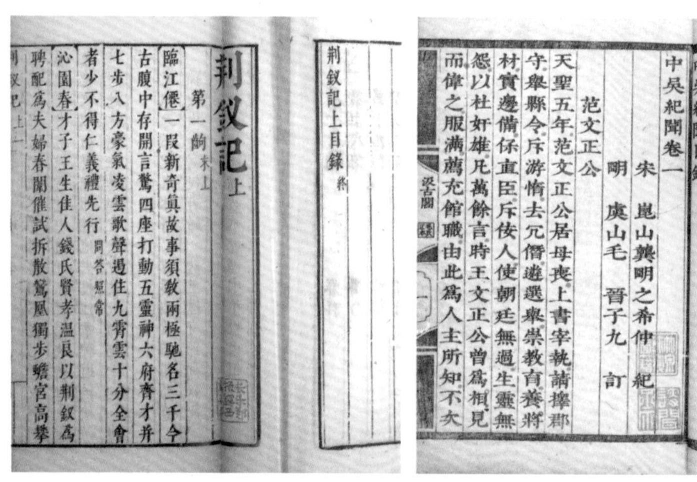
荊釵記上目錄

荊釵記 上

第一齣

臨江僊 一段新奇真故事須教兩極馳名三千今古腹中存開言驚四座打動五靈神六府齊才并七步入方豪氣凌雲歌聲遏住九霄雲十分全會者少不得仁義禮先行

沁園春 才子王生佳人錢氏賢孝温良以荊釵爲聘配爲夫婦春闈催試拆散鸞鳳獨步蟾宮高攀

图 6-51 明末毛晋汲古阁刻本《绣刻演剧》（60 种，130 卷）之《荆钗记》（明毛晋编）（左图）和《中吴纪闻》（右图）。

图 6-52 明毛晋汲古阁全景图

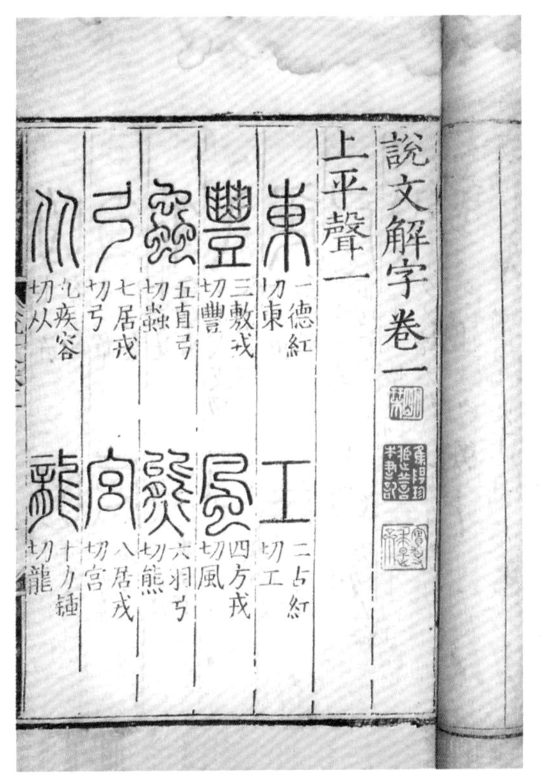

說文解字卷一

上平聲一

图 6-53 《说文解字》12 卷，汉许慎撰，宋徐铉增正，明万历二十六年（1598）毛晋汲古阁据北宋“大徐本”影刻宋原本。

陶淵明集卷第一

詩九首 四言

停雲一首 并序

停雲思親友也罇湛新醪園列初榮願言不弗一作從歎息想一作彌襟

靄靄停雲濛濛時雨八表同昏平路伊阻靜寄東軒春醪獨撫良朋悠邈搔首延佇

停雲靄靄時雨濛濛八表同昏平陸成江有酒有酒閑飲東牕願言懷人仁一作舟車靡從

東園之樹枝條葉一作載榮競用新好

图 6-54 《陶渊明集》10 卷，晋陶潜撰，明末毛晋汲古阁影宋抄本。版心下方刊刻工姓名，钤有“毛晋私印”等藏印。

用时 28 年。前者用版 11846 块，后者用版 22293 块。[③] 汲古阁设有印书作坊，常雇刻印装工匠 20 余人，还有百余童仆参与抄书、印书工作，可见其规模之大。

毛晋十分重视印书质量，延请名家校勘，印纸用江西特造的毛边纸（厚）或毛太纸（薄）。用墨也多为优质墨，故毛氏刻书大多质量优良，很受学者重视，对古代文化的保存和流通起到良好的作用。明末毛氏印本不仅流传大江南北，还传到琉球国。

毛晋汲古阁，不仅抄书、刻书，也出售书籍，这一点与一般私人刻书有所不同，它兼备私刻与坊刻的性质。其所刊刻本从投资、招聘人才，到组稿、校勘、编审、书写、镌刻、印刷、装帧，分工细致，工序环节紧密。书籍刻成之后，直接进行销售，这在当时封建制度时期，无疑是一种迈向进步发展的倾向，是对印刷出版事业的有力促进。

書佛國記後
書記所載竺國取經惟藏本顯奘兩法師傳及
洛陽伽藍記宋雲惠生事稱佳耳然伽藍記雖
翼翼婉秀而三藏傳極爲詳縟要之不若佛國
記玄致簡盡不失晉人執度第所游歷微有不
同如顯法師由燉煌而西從師子國汎海還奘
法師由京州出玉門從于闐還宋雲由赤領至
吐谷渾尋本路而還此釋迦方志所謂其道衆
多未可盡言者也至若沙河葱嶺懸度雪山則

图 6-55 《佛国记》，东晋法显撰，明胡震亨、毛晋同订，明汲古阁毛晋刻本。

（七）商人刻书家吴养春

明代安徽歙县人，家世盐业，有黄山山场 2400 亩，家资殷富。以泊如斋为刻书堂号。万历十六年（1588）刻有宋人撰，明代画家丁云鹏、吴左干绘图的《泊如斋重修宣和博古图》30 卷；万历十八年（1590）刻印吕

泊如齋藏
博古圖
丁南羽
吳左干
繪圖

图 6-56 《博古图》，明万历十六年（1588）歙县吴养春泊如斋刻本。

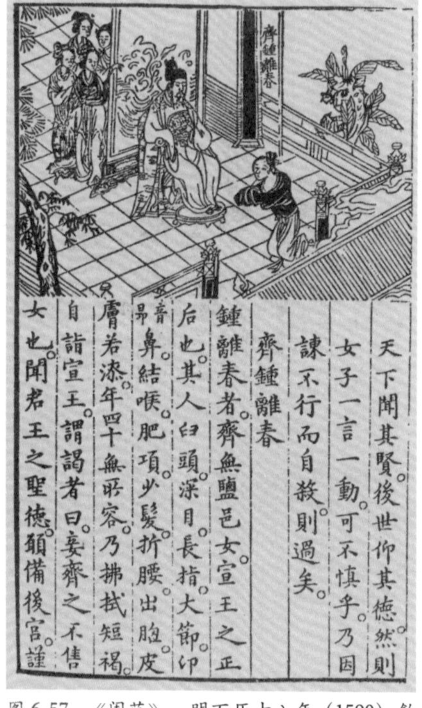
天下聞其賢。後世仰其德。然則
女子一言一動。可不慎乎。乃因
諫不行而自殺。則過矣。
齊鍾離春
鍾離春者。齊無鹽邑女。宣王之正
后也。其人臼頭深目。長指大節。卬
鼻結喉。肥項少髮。折腰出胸。皮
膚若漆。年四十無所容。乃拂拭短褐。
自詣宣王。謂謁者曰。妾齊之不售
女也。聞君王之聖德。願備後宮。謹

图 6-57 《闺范》，明万历十八年（1590）歙县吴养春泊如斋刻本。

坤注《闺范》。另有《古今女范》10 集 6 卷。万历间（1573—1620），吴养春与吴勉学合刻宋朱熹撰《朱子大全集》60 种 112 卷。《博古图》和《闺范》均由歙县黄氏高手刻版，为徽派版画中的白眉。《闺范》还首次采用套版双印法印制，是徽州最早的套印本，时年约在 1602 年至 1607 年之间。此外，泊如斋还以类书的形式出版有连续性出版物——《朱翼》，每月 1 期，共 12 册，类似于现代的期刊，刊载了由西方传来的许多新思想、新知识。

（八）顾春世德堂等自撰自刻的民间出版家

明吴郡人顾春辑、明嘉靖十二年（1533）吴郡顾春世德堂刻配补明刻本《六子全书》60 卷，白棉纸，线装 28 册，其中有《老子道德经》2 卷、

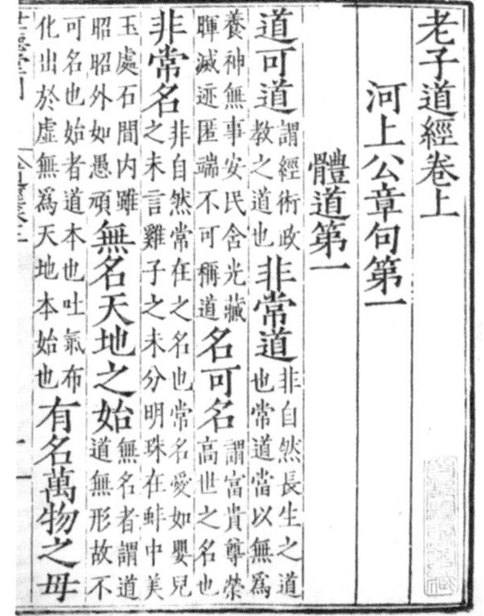
老子道經卷上
河上公章句第一
體道第一
道可道謂經術政教之道也非常道非自然長生之道也常道當以無爲養神無事安民含光藏暉滅迹匿端不可稱道名可名謂富貴尊榮高世之名也非常名非自然常在之名也常名愛如嬰兒之未言雞子之未分明珠在蚌中美玉處石間内雖昭昭外如愚頑無名天地之始無名者謂道道無形故不可名也始者道本也吐氣布化出於虚無爲天地本始也有名萬物之母

图 6-58　《六子全书》60 卷，明顾春辑，明嘉靖十二年(1533)吴郡顾春世德堂刊本。

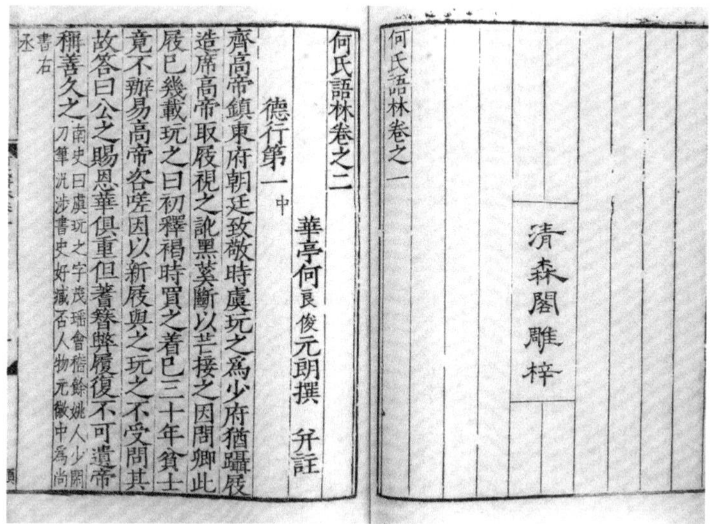
何氏語林卷之一
清森閣雕梓

何氏語林卷之二
華亭何良俊元朗撰　并註
德行第一中
齊高帝鎮東府朝廷致敬時虞玩之爲少府猶躡屐造席高帝取屐視之訛黑斜斷以芒接之因問卿此屐已幾載玩之曰初釋褐時買之着已三十年貧士竟不辦易高帝咨嗟因以新屐與之玩之不受問其故答曰公之賜恩華俱重但著簪弊履復不可遺帝稱善久之南史曰虞玩之字茂瑶會稽餘姚人少閑刀筆汎涉書史好臧否人物元徽中爲尚書右丞

图 6-59　《何氏语林》30 卷，明嘉靖二十九年（1550）华亭人何良俊清森阁自撰自刻本。何氏藏书 4 万卷，涉猎颇广。

图 6-60　《太古正音琴谱》4 卷，明张石衮于万历三十九年（1611）自刻本，附图 21 幅。

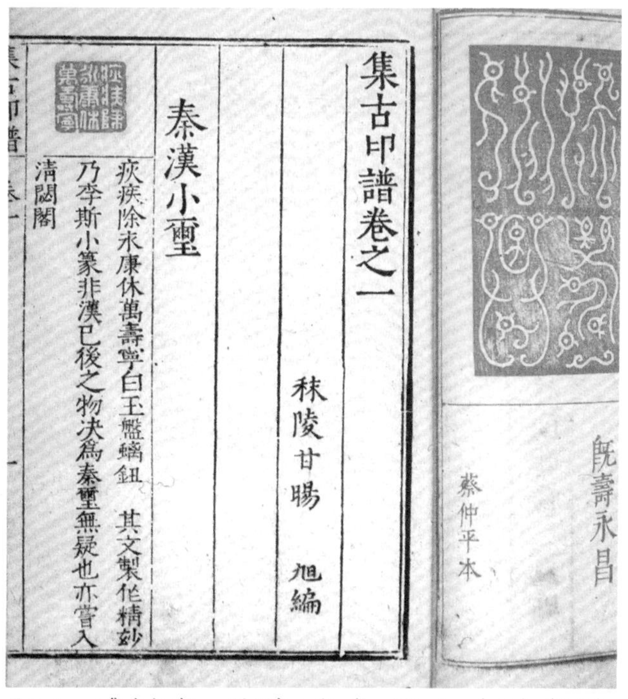
集古印譜卷之一
秣陵甘暘　旭編
秦漢小璽
疢疾除永康休萬壽寧白玉盤螭鈕　其文製作精妙乃李斯小篆非漢已後之物决爲秦璽無疑也亦嘗入清閟閣

蔡仲平本
既壽永昌

图 6-61　《集古印谱》，明江宁人甘旸辑，明万历二十四年（1596）自刻钤印本，有“吕氏书巢珍藏”等藏印。

《南华真经》10 卷、《冲虚至德真经》8 卷、《荀子》20 卷、《新纂门目五臣音注杨子法言》10 卷、《中说》10 卷。顾氏世德堂刻《六子全书》因源出古本，“参文群籍，考义多方”，校刻精良，叶德辉《书林清话》将其列入明代私家版刻之精品。

此外，明代华亭人何良俊清森阁自撰自刻了《何氏语林》、明代福建建溪人张石衮自撰自刻了《太古正音琴谱》、明代上海人顾从德芸阁编辑刻印了《集古印谱》、明代江宁人甘旸自辑刻印《集古印谱》等。

（九）隐居不仕、潜心著书的张燮

明万历年间（1573—1620）漳州府龙溪县（今福建漳州）人张燮（1574—1640），万历二十二年（1594）举人。志尚高雅，隐居不仕，历览天下名山，博学多识，通贯史籍，著述丰富。自刻有记述明代海上贸易的史书《东西洋考》12 卷。

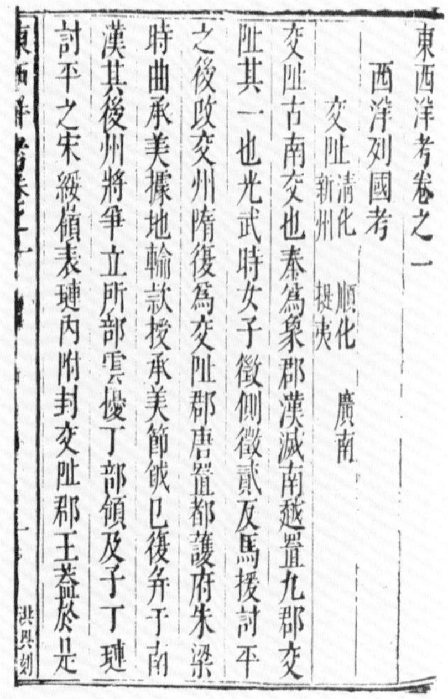
東西洋考卷之一
西洋列國考
交阯 清化 順化 廣南 新州 提夷
交阯古南交也秦爲象郡漢滅南越置九郡交阯其一也光武時女子徵側徵貳反馬援討平之後改交州隋復爲交阯郡唐置都護府朱梁時曲承美據地輸款授承美節鉞已復弁于南漢其後州將爭立所部雲擾丁部領及子丁璉討平之宋綏嶺表璉內附封交阯郡王薨於是
洪興刻

图 6-62 《东西洋考》，明张燮撰，明万历四十六年（1618）自刻本，版心下方刊刻工姓名。

（十）为老师和友人刻书的郑氏兄弟、陈子龙、涂伯聚

明初洪武十年（1377）浦江人郑济、郑洧两兄弟约同门刘刚、林静、楼玉连等共同手写上版，为老师宋濂刻印《宋学士文粹》。他们都是宋濂的学生，为表达对老师的尊重和对老师学问的尊重，他们的刻版书写认真，字体娟秀，版式精雅，并在序中详述了业师的生平和著作。

明徐光启著的《农政全书》（60 卷）最早的刊印本是崇祯十三年（1640）由其弟子陈子龙刻印的平露堂本。

明宋应星编纂的《天工开物》是我国古代综合介绍工农业技术的专著，3 卷本，总结了明代及以前有关农业、工业、矿业、制造业的生产经验，记载了饮食、衣服、染色、烧瓷、采矿、冶炼、兵器、舟车、纸墨、珠玉等原料出产和制作过程，并一一绘图说明。初刻本为崇祯十年（1637）由宋应星的友人涂伯聚刊印，又有书林杨素卿刻本。日本明和八年（1771）有译刻本。法国有人于 1869 年把它译成法文，名为《中华帝国古今工业》。后又有德文、英文译本。

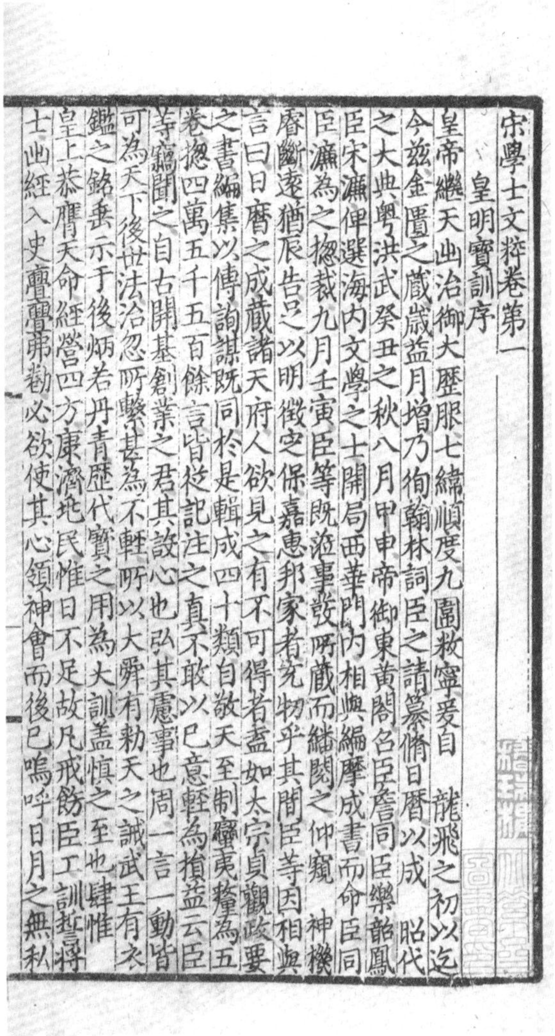
宋學士文粹卷第一
皇明寶訓序
皇帝繼天出治御大歷服七綿順度九圍敉寧爰自 龍飛之初以迄
今茲金匱之藏歲益月增乃徇翰林詞臣之請纂脩日曆以成 昭代
之大典粵洪武癸丑之秋八月甲申帝御東黃閣名臣詹同臣樂韶鳳
臣宋濂俾選海内文學之士開局西華門内相與編摩成書而命臣同
臣濂為之總裁九月壬寅臣等既竣事發所藏而紬閱之仰窺 神機
睿斷遠猶辰告足以明徵定保嘉惠邦家者究物乎其間臣等因相與
言曰日曆之成藏諸天府人欲見之有不可得者盍如太宗貞觀政要
之書編集以傳詢謀既同於是輯成四十類自敬天至制蠻夷釐為五
卷總四萬五千五百餘言皆從記注之真不敢以已意輕為損益云臣
等竊聞之自古開基創業之君其設心也弘其慮事也周一言一動皆
可為天下後世法治忽所繫甚為不輕所以大舜有勅天之誡武王有衣
鑑之銘垂示于後炳若丹青歷代寶之用為大訓蓋慎之至也肆惟
皇上恭膺天命經營四方康濟兆民惟日不足故凡戒飭臣工訓誓將
士出經入史亹亹弗勸必欲使其心領神會而後已嗚呼日月之無私

图 6-63 《宋学士文粹》，明宋濂撰，明洪武十年（1377）郑济刻本。有“稽瑞楼”等藏印。

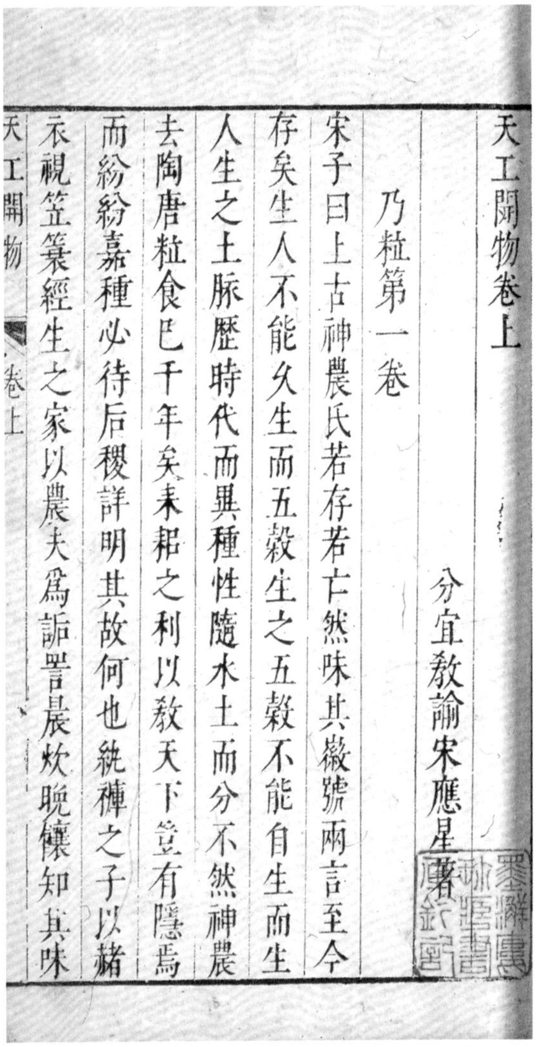
天工開物卷上
分宜教諭宋應星著
乃粒第一卷
宋子曰上古神農氏若存若亡然味其徽號兩言至今
存矣生人不能久生而五穀生之五穀不能自生而生
人生之土脉歷時代而異種性隨水土而分不然神農
去陶唐粒食已千年矣耒耜之利以教天下豈有隱焉
而紛紛嘉種必待后稷詳明其故何也紈袴之子以赭
衣視笠簑經生之家以農夫爲詬詈晨炊晚饟知其味
天工開物 卷上

图 6-64 《天工开物》，明宋应星撰，明崇祯十年（1637）宋应星自刻本。

（十一）无锡奇字斋顾氏兄弟为刻书不惜工本

明嘉靖年间（1522—1565）无锡人顾起经、顾起纶兄弟创奇字斋，他们在嘉靖三十五年（1556）请名工巧匠刻成《类笺唐王右丞诗集》，后附一姓名表：

无锡顾氏奇字斋开局氏里

写勘：吴应龙、沈恒，具长洲人。陆延相，苏州人。

雕梓：应钟，金华人；章亨、李焕、袁宸、顾濂，具苏州人；陈节，武进人；陈汶，江阴人；何瑞、何超忠、王浩、何应允……具无锡人。

装潢：刘观，苏州人；赵经、杨金，具无锡人。

程限：嘉靖三十四年十二月望授浸，至三十五年六月朔完局。冠龙山外史谨记。

由此可见奇字斋的组织规模、人员配备和分工计划的严密。该书不过五六百页，雕梓工匠却有24人，用了五个半月的时间方完成，可谓精工细刻。

（十二）郑和刻经

明代信佛者众，上自达官显宦，下至百姓庶人，多有捐资以施刊经书者，其中最值得一提的是明代著名的航海家郑和，他自永乐三年（1405）始，其后28年中，先后7次通使“西洋”。他本是伊斯兰教徒，又笃信佛、道，自称“奉佛信官”。郑和于永乐元年（1403），师从道衍和尚姚广孝，皈依佛门，成了一名虔诚的佛教信徒，做了许多积美行善、广修佛寺、布施刻经等功德之事，于永乐元年施刊《佛说摩利支天菩萨经》。又自永乐五年至宣德五年（1407—1430），先后八次印造《藏经》，在私人刊施经藏中，数目是相当大的。

2001年9月，浙江平湖市文物部门在修缮平湖报本塔时，于塔刹内发现了一个木钵，内藏有一部郑和让人手书的巨幅经卷《妙法莲华经》。书成于宣德七年（1432），经卷磁青纸质，长4030厘米，宽10.1厘米，共有7万多字，全部用金粉写就。从经卷内容可知，郑和第七次航行（1433年）之前，曾发起一次募捐刻经活动，刊印《妙法莲华经》5048部，散施十方。

图6-65 浙江平湖报本塔原貌

他另刊有《天妃经》，为道家经，也很有名。

（十三）罗洪先、胡宪宗的地图印刷

明人罗洪先（1504—1564），字达夫，号念庵，江西吉水人。明嘉靖八年（1529）进士第一，授修撰职。因上疏得罪皇帝被贬，自此不仕。罗根据元人朱思本的《舆地图》，“积十余寒暑”，于嘉靖三十四年（1555）改制成书本形式的《广舆图》，成为我国现存最早的刻本地图集。该图以计里画方法将《舆地图》总图、两直隶及十三布政司图缩编，另增绘九边、漕河、四极等图幅，汇总成《广舆图》，计有地图45幅、附图68幅，共计地图113幅。每个舆图都有数千字的文字说明，包括该地区的军事、行署、盐政及其他纪事，对研究当时的历史概况有很高的参考价值。该图绘画工整、刻镌精细，并首次采用24种地图符号，其中部分符号已抽象化，丰富了该图内容，提高了其科学性。《广舆图》自创刻至清嘉庆四年（1799）的244年内，前后刻印过6次不同的版本，流传甚广，在美国、日本、苏联等国都藏有不同的版本和抄本，此图在我国古代地图印刷史上具有里程碑的意义。

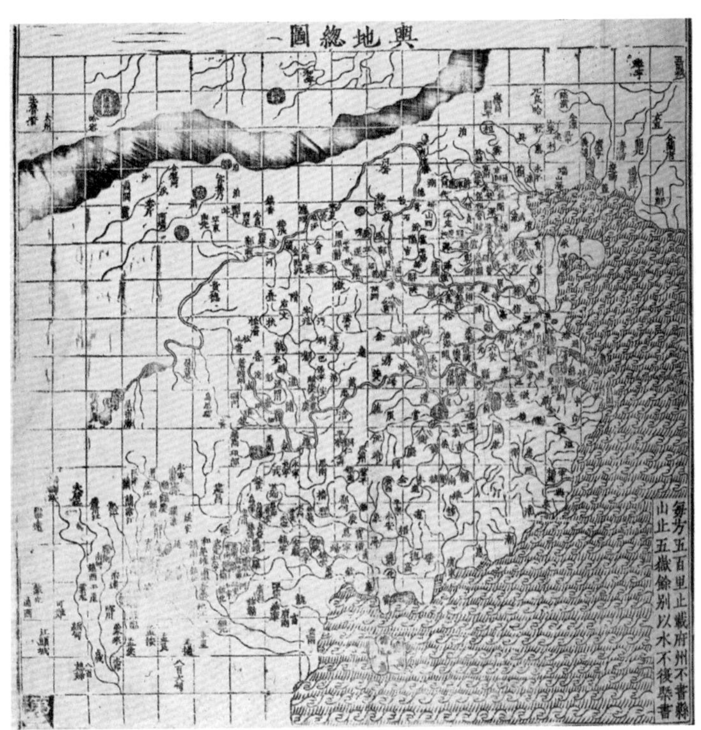

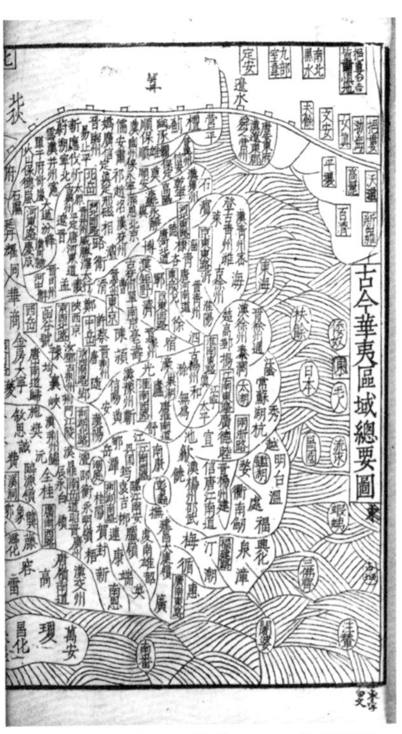

图 6-66 《广舆图》，明罗洪先依据元人朱思本《舆地图》增补编绘，嘉靖三十二年至三十六年间（1553—1557）刻本。一册。图纵 34 厘米，横 34 厘米。包括政区、边防、专题、邻国及周边地区图四大部分，是我国最早的综合性地图集。

图 6-67 《历代地理指掌图》，宋苏轼撰，明嘉靖年间（1522—1566）刻本。4 册，凡 44 幅，图纵 20.3 厘米，横 17 厘米，国内现存最早的历史地图集。

明代徽州籍军事出版家胡宪宗曾于嘉靖四十一年（1562），将自己在抗倭斗争中绘制的海防战事资料汇集刻印成《筹海图编》13 卷，其中绘有许多双连式插图形式的地图。

二、各领风骚的书坊刻印

明代的书坊刻书，沿袭宋元风气。明代初期的坊刻主要集中在建阳、金陵、杭州、北京等地区。嘉靖之后，湖州、歙州的刻书事业迅速发展，刻工于万历、崇祯年间（1573—1644）多向南京、苏州一带移居，因此，南京、苏州、常熟等地方的书坊刻书兴盛起来。

（一）建阳书坊刻印

建阳是中国古代雕版印刷事业最繁荣发达的地区之一。建阳书坊，从宋到明，经历几百年而不衰。建阳在明代有堂号姓名可查的书坊有 100 多家。著名书坊如勤有堂、尊德书堂、敬善书堂、清江书堂、种德堂、慎独斋、归仁斋等，历史悠久，刻书时间长。建阳书坊刻印了大量的为社会所需的通俗读物。如启蒙类书《天下难字》、《初学绳尺》、《诗对押韵》等；为学生考试提供的书《献廷策表》、《答策秘诀》等；家庭日用书《事林广记》、《居家必用》、《详刑要览》、《详明算法》、《便民图纂》、《田家历》、《牛经》、《马经》等；小说、故事、平话类的《皇明英烈传》、《西汉志传》、《新增补相剪灯新话大全》、《唐诗鼓吹》、《水浒注评传》、

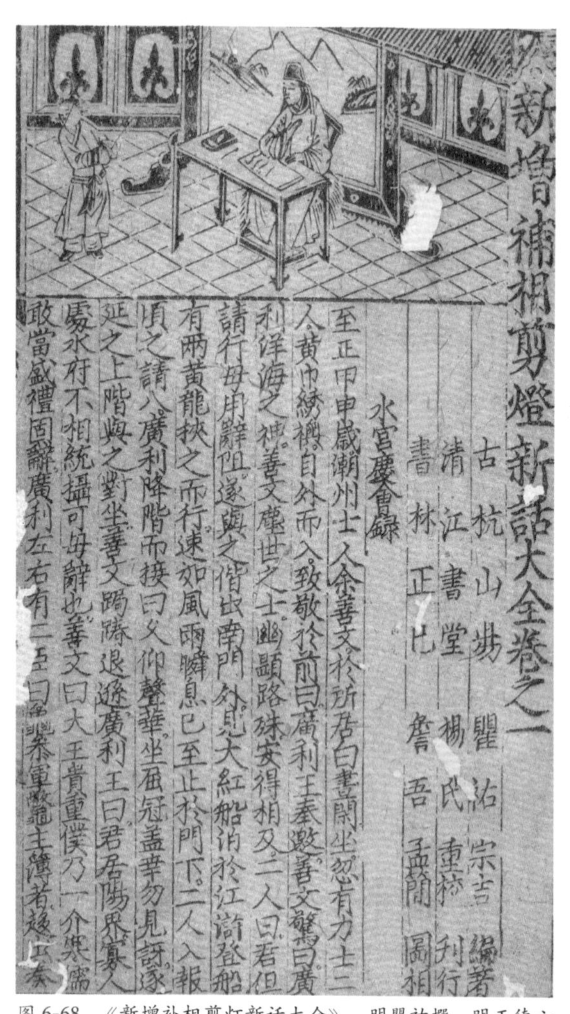

新增補相剪燈新話大全卷之一

古杭山樵瞿佑宗吉編著

清江書堂楊氏重梓刊行

水宮慶會錄

至正甲申歲潮州士人余善文於所居白晝閑坐忽有力士二人黃巾繡襖自外而入致敬於前曰廣利王奉邀善文驚曰廣利洋海之神善文塵世之士幽顯路殊安得相及二人曰君但請行毋用辭阻遂與之偕出南門外見大紅船泊於江滸登船有兩黃龍挾之而行速如風雨瞬息已至止於門下二人入報頃之請入廣利降階而接曰久仰聲華坐屈冠蓋幸勿見訝遂延之上階與之對坐善文踧踖退遜廣利王曰君居陽界寡人處水府不相統攝可毋辭也善文曰大王貴重僕乃一介寒儒敢當盛禮固辭廣利左右有二

图 6-68 《新增补相剪灯新话大全》，明瞿祐撰，明正德六年（1511）建阳杨氏清江书堂刻本。上栏图，下栏文。

大學 大舊音泰今讀如字

子程子曰大學孔氏之遺書而初學入德之門也於今可見古人為學次第者獨賴此篇之存而論孟次之學者必由是而學焉則庶乎其不差矣

大學之道在明明德在親民在止於至善

程子曰親當作新○大學者大人之學也明明之也明德者人之所得乎天而虛靈不昧以具衆理而應萬事者也但為氣稟所拘人欲所蔽則有時而昏然其本體之明則有未嘗息者故學者當因其所發而遂明之以復其初也新者革其舊之謂也言既自明其明德

图 6-69 《四书》19 卷，明代建阳熊氏种德书堂刊本，宋朱熹集注。版心下刊“种德书堂”四字。

《岳飞传演义》、《封神榜》等。建阳书林镇余氏勤有堂等几家家族式书坊，是著名的刻书世家，从宋到清六七百年间世代相沿，但以明代刻书最多，共刻印 156 种，其中通俗文艺书籍最多。现在通行本《三国志演义》、《水浒传》、《西游记》等著名小说，余氏都有刻本。明代余氏刻书家达数十人之多，他们有的父子各立门户，有的兄弟各自开业，还有祖孙几代都用一个堂名。熊氏种德书堂以出版医学书籍著名，有《名方类证医书大全》、《内经素问》、《小儿方诀》、《外科备要》等，还刻有朱熹注《四书》等。刘氏慎独斋刻书认真精细，所刻多为大部头的史书，如《十七史详节》、《明统一志》、《宋文鉴》等，为后来藏书家所称赞。明嘉靖间（1522—1566）的《建阳县志》中说：“书籍出麻沙、崇化两镇，昔号图书之府……足以嘉惠四方。”又说：“此屋皆鬻书籍，天下客商贩者如织，每月以一、六日集。”所购图书通过水、陆交通，行销全国各地，甚至远销到日本、朝鲜等国。当时可提供的图书在千种以上。但为利益所驱，建阳书坊刻本也存在粗制滥造的情况，当时和后来的藏书家对此多有诟语。

建阳印刷业的兴盛，得益于它得天独厚的自然条件、社会条件和历史

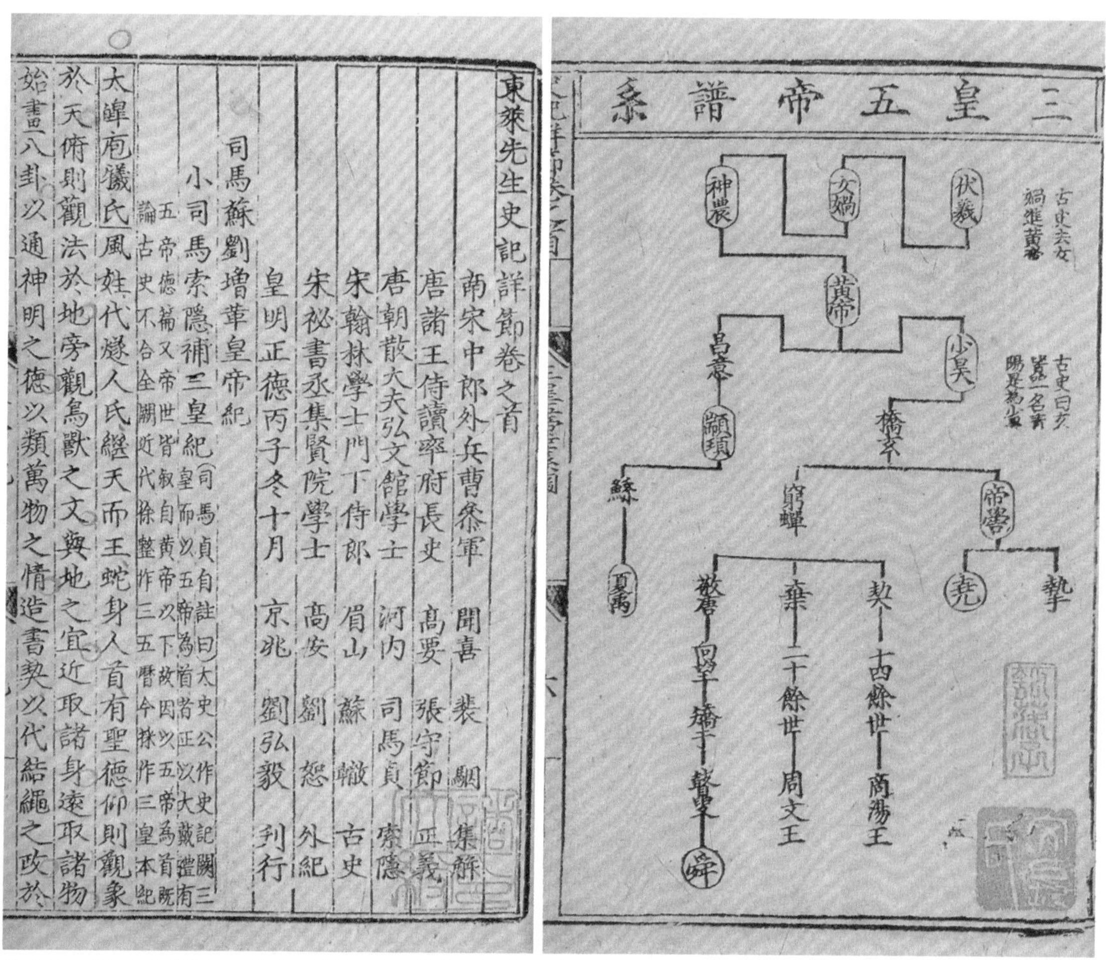

图 6-70 《十七史详节》，宋吕祖谦编，明正德十一年（1516）闽书林刘弘毅慎独斋刊本。

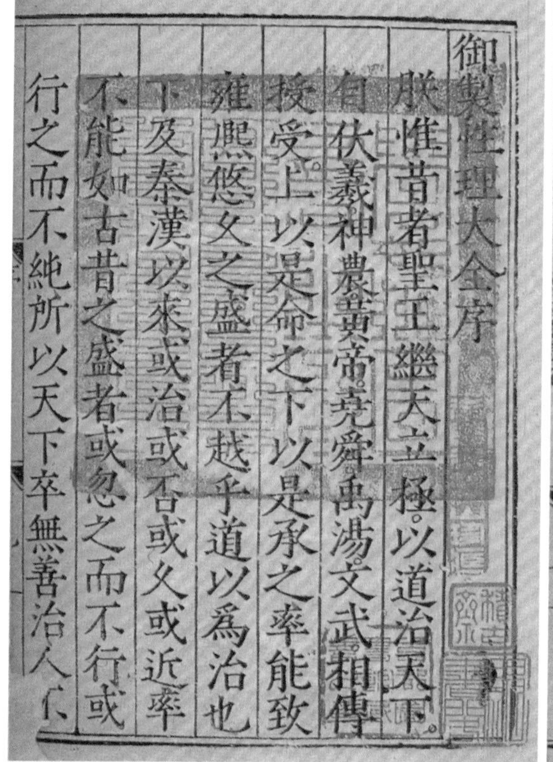

图 6-71 《新刊宪台厘正性理大全》，明胡广等编，明嘉靖三十一年（1552）闽书林余氏自新斋刊本。四周双边，白口中，双鱼尾，半页 11 行，每行 24 字，小注双行，字数同，框高 18 厘米，宽 13 厘米。

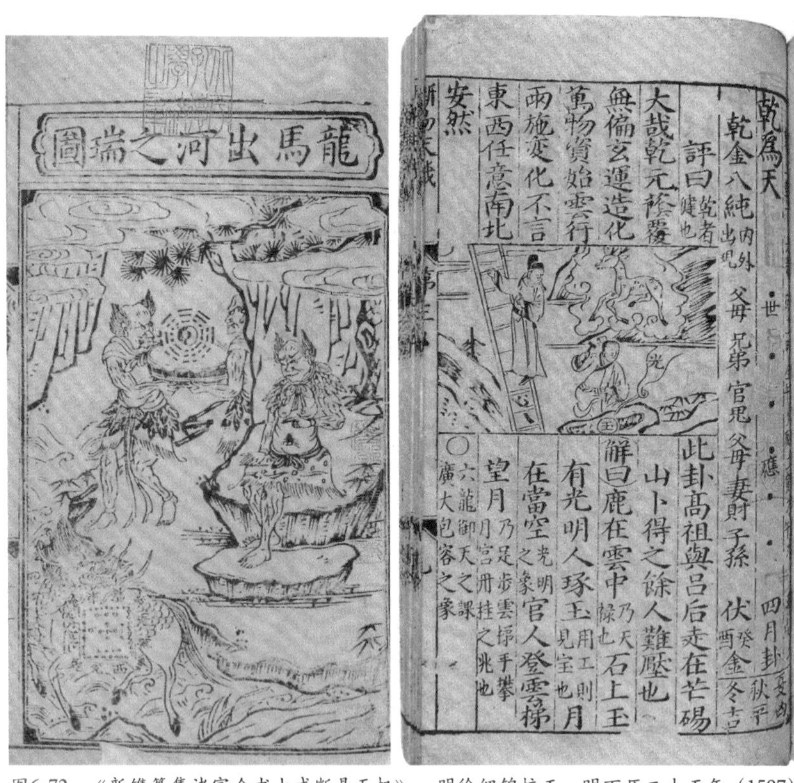

图6-72 《新镌纂集诸家全书大成断易天机》，明徐绍锦校正，明万历二十五年（1597）闽书林郑氏云斋刊本。卷首冠图，书内插图。

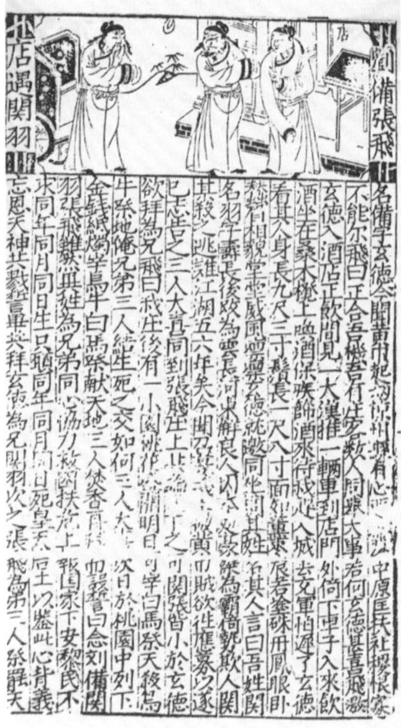

图 6-73 《三国志传》，元罗贯中撰，明万历三十三年（1605）书林郑少垣联辉堂梓行，全书上图下文。

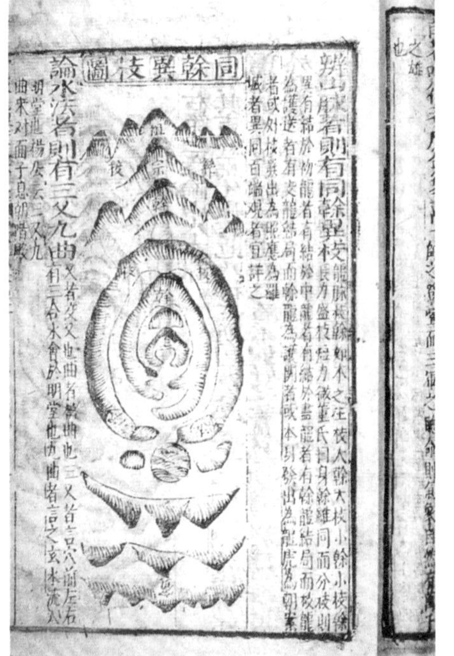

图 6-74 《重镌官板地理天机会元》，明万历书林陈孙贤刻本，刻版粗糙，纸质薄劣。

条件，即便利的水陆交通、盛产竹子为造纸提供了丰富的原料、唐宋元以来长期的和平环境、大量文人学士对刻书事业的积极参与等等。明代末年，建阳印刷业逐渐衰败。

中国印刷发展史图鉴

（二）金陵书坊刻印

金陵是古代历史名城，刻书事业自宋、元以来就比较发达。明太祖定都南京后，金陵成为政治、经济、文化中心。迁都后，南京的印刷业反而更加兴盛，自万历至崇祯年间，坊刻盛行一时。加之湖州、歙县刻工为开辟新领域而转聚到此，更促进了金陵雕版事业的发展。

金陵著名的书坊很多，如唐姓的富春堂、广庆堂、世德堂、文林阁，周姓的万卷楼、大业堂，陈氏的继志斋等。此外，还有长春堂、人瑞堂、汇锦堂等。按姓氏划分，唐姓最多，有 15 家；周姓有 14 家；王姓有 7 家。据张秀民先生统计，南京书坊在明代有 94 家。南京书坊刻书多为民间所需的各种评话、小说、故事、戏曲、传奇等通俗读物，还有医书、经书、文集、尺牍、琴谱、绘画等书。唐对溪富春堂就刻印有近百种书，如《三顾草茅记》、《新刻出像增补搜神记》、《岳飞破虏东窗记》、《韩信千金记》等。唐绣谷世德堂有《皇明典故纪闻》、《赵氏孤儿记》、《荆钗记》、《西游记》、《南华真经旁注》等。陈氏继志斋有《新镌古今大雅》、《旗亭记》、《黄粱梦记》等。刻印的医书有：富春堂刻《妇人大全良方》，三多斋刻《针灸大全》，文枢堂刻《万氏家钞济世良方》等等，不一而足。我国现存最大的一部中草药书是明代李时珍历时 33 年编撰的《本草纲目》，在李氏死后三年由南京藏书家、刻书家胡承龙刻印，至万历二十四年（1596）出版，这部始刻本，世称“金陵版”。全书 52 卷，190 万字，共收药物 1892 种，医方 8160 则，附图 1100 多幅。后又有江西刻本、湖北刻本、武林刻本。18 世纪末先后翻译成日、拉丁、德、英、法、俄文字，风行全球。

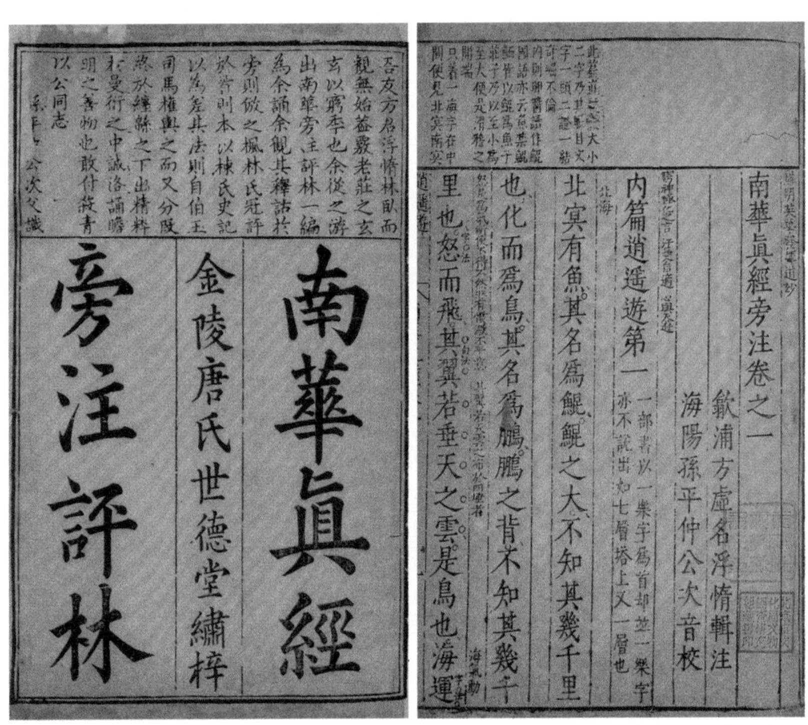
南華眞經
金陵唐氏世德堂繡梓
旁注評林
南華眞經旁注卷之一
歙浦方虚名浮情輯注
海陽孫平仲公次音校
内篇逍遥遊第一
北冥有魚其名爲鯤鯤之大不知其幾千里
也化而爲鳥其名爲鵬鵬之背不知其幾千
里也怒而飛其翼若垂天之雲是鳥也海運

图 6-75 《南华真经旁注》，明方虚名辑注，明万历二十二年（1594）金陵唐氏世德堂刻本。左右双边，白口，单鱼尾，有上眉栏，框高 23.6 厘米，宽 15.7 厘米。

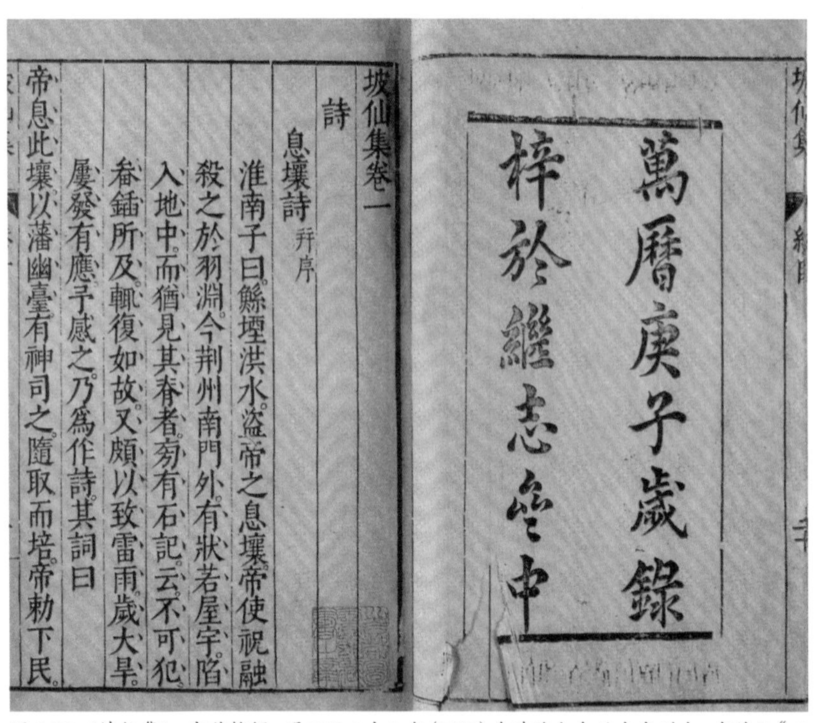

萬曆庚子歲錄
梓於繼志齋中

坡仙集卷一
詩
息壤詩 并序
淮南子曰鯀堙洪水盜帝之息壤帝使祝融殺之於羽淵今荊州南門外有狀若屋宇陷入地中而猶見其脊者旁有石記云不可犯畚鍤所及輒復如故又頗以致雷雨歲大旱屢發有應予感之乃爲作詩其詞曰
帝息此壤以藩幽臺有神司之隨取而培帝勅下民

图 6-76 《坡仙集》，宋苏轼撰，明万历二十八年（1600）金陵陈大来继志斋刊本，有牌记“万历庚子岁录梓于继志斋中”。

图 6-77 《新刻出像增补搜神记》，明金陵三山唐对溪富春堂刻插图本。

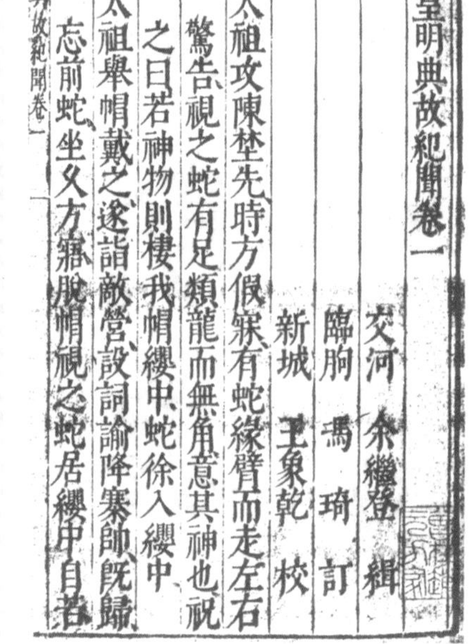

皇明典故紀聞卷一
交河 余繼登 輯
臨朐 馮琦 訂
新城 王象乾 校
太祖攻陳埜先時方假寐有蛇緣臂而走左右驚告視之蛇有足類龍而無角意其神也祝之曰若神物則棲我帽纓中蛇徐入纓中太祖舉帽戴之遂詣敵營設詞諭降寨帥既歸忘前蛇坐久方寤脫帽視之蛇居纓中自若

图 6-78 《皇明典故纪闻》，明余继登撰，冯琦订，王象乾校，明万历二十九年（1601）金陵唐氏世德堂刻本。

（三）杭州书坊刻印

杭州刻书事业自南宋起就十分发达。明代较著名的书坊有古杭勤德书堂、杨家经坊、平山堂、曲入绳、容与堂、杨春堂、双桂堂、文会堂、卧龙山房等 25 家。

在杭州书坊中刻书最早的是勤德书堂，于洪武十一年（1378）刻印杨辉《算书五种》7 卷等。杨家经坊主要以刻印佛经为主，于洪武十八年（1385）

刻印了《天竺灵签》及《金刚经》。平山堂刻有《绘事指蒙》、《路史》等书。曲入绳于嘉靖年间（1522—1566）刻《皇明经济文录》，双桂堂刻《历代名公画谱》，泰和堂刻《牡丹亭还魂记》，卧龙山房刻《吴越春秋音注》，容与堂刻《李卓吾先生批评忠义水浒传》、《红拂记》、《琵琶记》等。

杭州书坊中刻书最多的是胡文焕的文会堂。胡文焕博学多才，精通诗文、医学，早年经商致富后，在金陵、杭州专事刻书业。他的刻印活动约在万历至天启年间，是当时杭州有名的藏书家和出版印刷家。据记载，他所刊印的书籍约有450种，其中《格致丛书》200多种，《百家名书》103种，

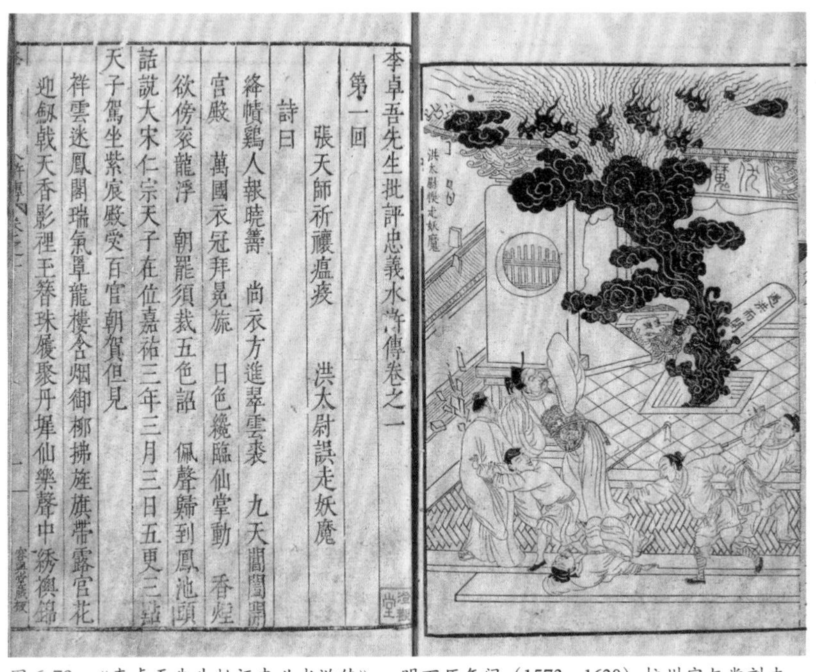
李卓吾先生批評忠義水滸傳卷之一
第一回　張天師祈禳瘟疫　洪太尉誤走妖魔
詩曰
絳幘雞人報曉籌　尚衣方進翠雲裘　九天閶闔開
宮殿　萬國衣冠拜冕旒　日色纔臨仙掌動　香煙
欲傍袞龍浮　朝罷須裁五色詔　佩聲歸到鳳池頭
話說大宋仁宗天子在位嘉祐三年三月三日五更三點
天子駕坐紫宸殿受百官朝賀但見
祥雲迷鳳閣瑞氣罩龍樓含煙御柳拂旌旗帶露宮花
迎劍戟天香影裏玉簪珠履聚丹墀仙樂聲中繡襖錦

图6-79　《李卓吾先生批评忠义水浒传》，明万历年间（1573—1620）杭州容与堂刻本，代表了明代杭州印本的高质量。

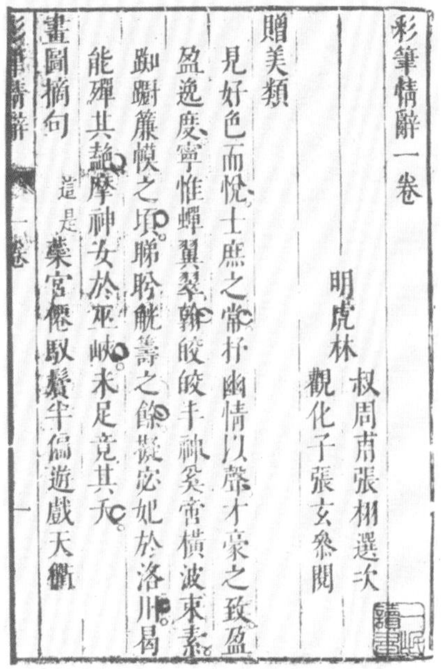
彩筆情辭一卷
明虎林　叔周甫張栩選次
覲化子張玄參閱
贈美類
見好色而悅士庶之常抒幽情以聲才豪之致盈
盈逸度寧惟蟬翼翠鬟皎皎丰神奚啻橫波束素
踟躕簾幙之頃睇盻觥籌之餘擬宓妃於洛川局
能殫其態摩神女於巫峽未足竟其
畫圖摘句

图6-80《彩笔情辞》，明张栩编次，张玄参阅。明万历年间（1573—1620）虎林刻本，有图一篇，竹纸。

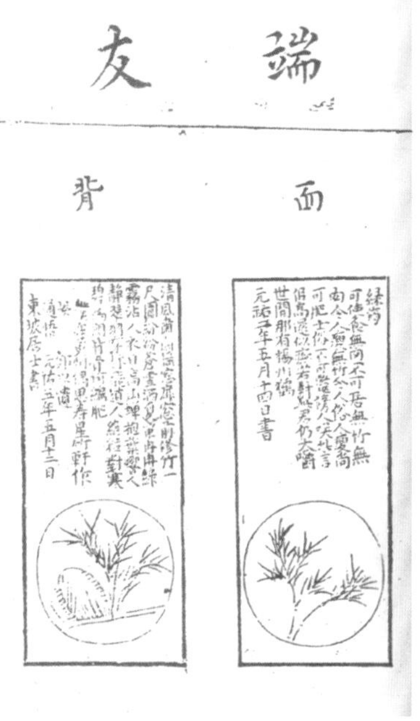

图6-81《山房十友图赞》，明顾元庆编辑，胡文焕校正，明万历年间（1573—1620）武林胡文焕刊《格致丛书》本。

又有《文会堂诗韵》、《文会堂词韵》、《文会堂琴韵》、《华夷风土志》等，有不少书是胡文焕自编、自著、自刻的。其在医学和图画书的编刻方面也很有特点。

（四）苏州书坊刻印

从南宋开始，苏州就出现了印刷业。进入明代，苏州成为印刷业比较集中的地区。所印书籍质量精良，为当时的藏书家所重视。苏州书坊多冠以“金阊”之名，是因为这里的书坊多集中于金门和阊门一带。据统计，苏州书坊计有东吴书林、金阊书林叶显吾、阊门书林叶龙溪等37家。

苏州书坊印书的品种较多，以小说及民间读物为主。如舒载阳、舒仲甫刻印《封神演义》，叶昆池刻印《绣像南北宋传》，叶敬池刻印《醒世恒言》、《新列国志》、《石点头》，龚绍山刻印《春秋列国志传》，五雅堂刻印《列国志》，嘉会堂刻印《三遂平妖传》，映雪草堂刻印《水浒全传》，书业堂刻印《南柯记》，安少云刻印《拍案惊奇》等。由于小说戏曲类书籍民间需量很大，各地书坊竞相刻印，往往有几家书坊同刻一种书，苏州书坊也有这类现象。其他如历代名人诗文集、经史、医学等类书籍，也占有一定的比重。例如东吴书林刻印过《薛方山文录》，叶显吾刻印《张阁老经筵四书直解》，叶瑶池刻印《五车韵瑞》，叶龙溪刻印《万病回春》，叶启元刻印《尺牍双鱼》，黄玉堂刻印《盛明万家诗选》，世裕堂刻印《姓源珠玑》、《六朝文集》，定翰楼刻印《东坡先生全集》，十乘楼刻印《武经七书》，童涌泉刻印《类经》，唐廷杨刻印《云林医圣普渡慈航》，五云居刻印《工部七言律诗分类集注》，常春堂刻印《苏长公合集》，兼善堂刻印《古文各体奇钞》等书。吴县袁氏嘉趣堂刻印有《六家文选》、《世说新语》、《金声玉振集》等。

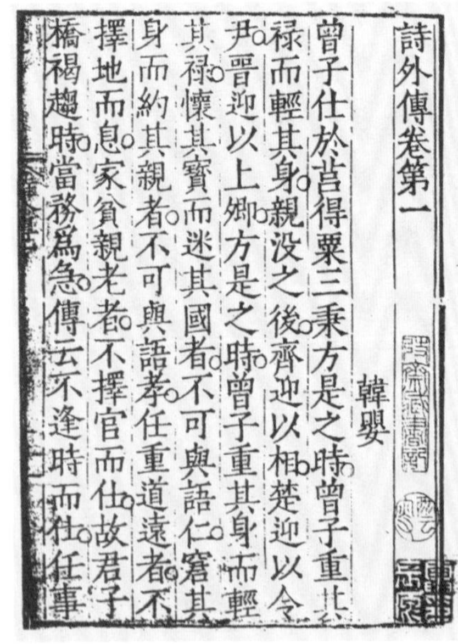

詩外傳卷第一　韓嬰
曾子仕於莒得粟三秉方是之時曾子重其
祿而輕其身親沒之後齊迎以相楚迎以令
尹晉迎以上卿方是之時曾子重其身而輕
其祿懷其寶而迷其國者不可與語仁窘其
身而約其親者不可與語孝任重道遠者不
擇地而息家貧親老者不擇官而仕故君子
橋褐趨時當務為急傳云不逢時而仕任事

图 6-82　《诗外传》，汉韩婴撰，明嘉靖沈氏野竹斋刻本。前有序，序后有牌记“吴郡沈辨之野竹斋校雕”。

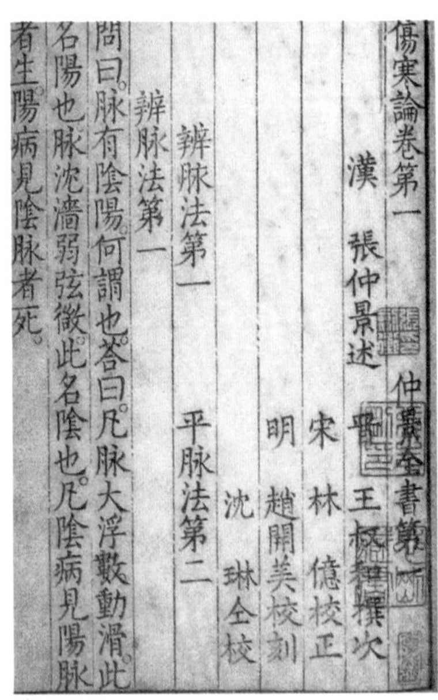

傷寒論卷第一
漢　張仲景述
仲景全書第一
晉　王叔和撰次
宋　林　億校正
明　趙開美校刻
沈　琳仝校
辨脉法第一　平脉法第二
辨脉法第一
問曰脉有陰陽何謂也答曰凡脉大浮數動滑此
名陽也脉沈濇弱弦微此名陰也凡陰病見陽脉
者生陽病見陰脉者死

图 6-83　《伤寒杂病论》，汉张仲景撰，明虞山赵开美校刻。

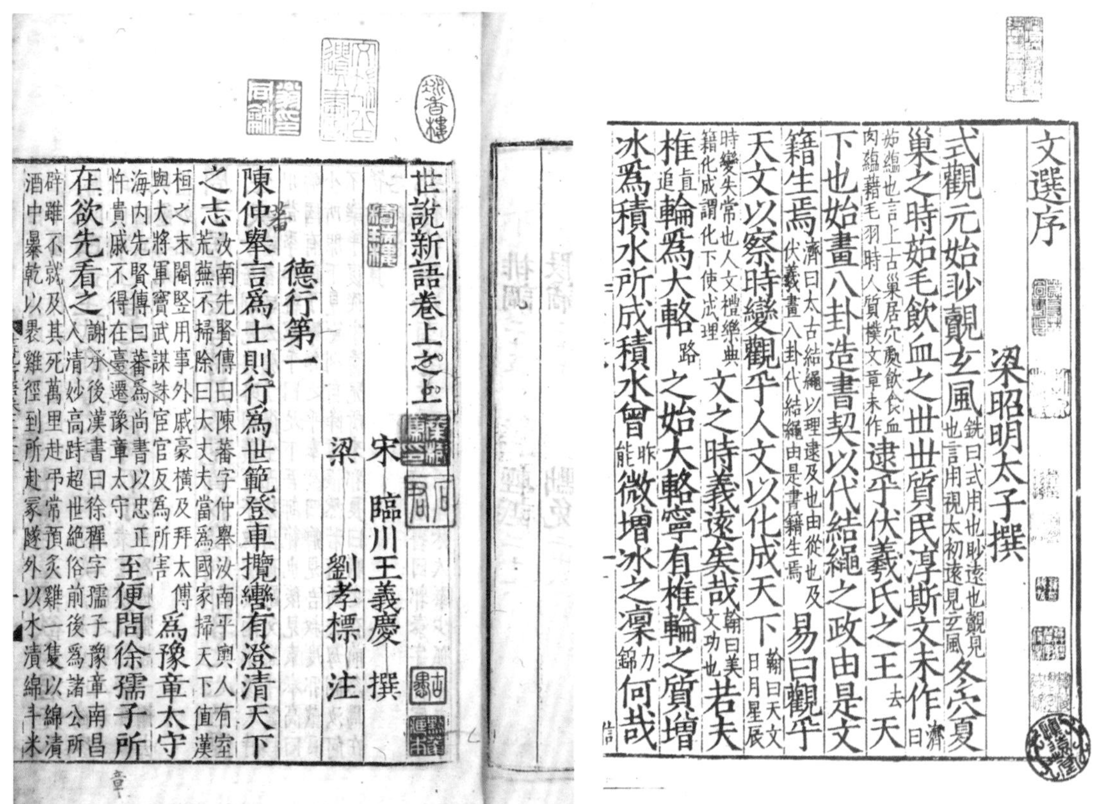

图 6-84 《世说新语》，南朝刘宋、刘义庆撰，梁刘孝标注，明嘉靖十四年（1535）吴郡袁氏嘉趣堂刻本。

图6-85 《六家文选》，南朝梁萧统撰，唐李善等注，明嘉靖十三年至二十八年（1534—1549）吴郡袁氏嘉趣堂覆宋广都斐氏刻本。

（五）北京书坊刻印

自明永乐迁都后，北京作为政治、文化中心，刻书事业迅速发展，坊间刻书非常活跃，特别是在正阳门、宣武门琉璃厂一带地区，书铺林立。比较著名的如永顺书堂、岳家书坊、金台汪谅、铁匠胡同的叶氏书铺等等。

其中，宣武门铁匠胡同叶氏书铺于万历十二年（1584）刊有《新刊真楷大字全号缙绅便览》。该书为蓝印本，半页 10 行，版式宽大，卷末刻有“北京宣武门里铁匠胡同叶铺刊行麒麟为记”一行题字。同年又刊《南北直隶十三省府州县正佐首领全号宦林便览》二卷。北京国子监前赵铺，于明弘治十年（1497）曾刻印过《陆放翁诗集》。金台岳家书坊于弘治十一年（1498）刻印过新刊大字魁本《奇妙全相注释西厢记》，1955 年商务印书馆曾经影印此本。汪谅主办的金台书铺，从正德五年至万历元年（1510—1573）的几十年间，刻印各类书籍数十种、数百卷，比较有名的有《文选注》60 卷、《正义注解史记》130 卷、《武经直解》23 卷。文萃堂于万历年间（1573—1620）刻有幼学启蒙书《杂字大全》。

当时北京隆福寺、白塔寺、护国寺就有不少书摊，书籍销售市场非常繁荣。但北京本地刻印的书籍有限，大部分书籍是从吴越等地贩运来的。

明万历二十九年（1601），意大利天主教传教士利玛窦到了北京，并于 1605 年创建了地处宣武门内的南堂。我国最早的汉译西方数学著作《几

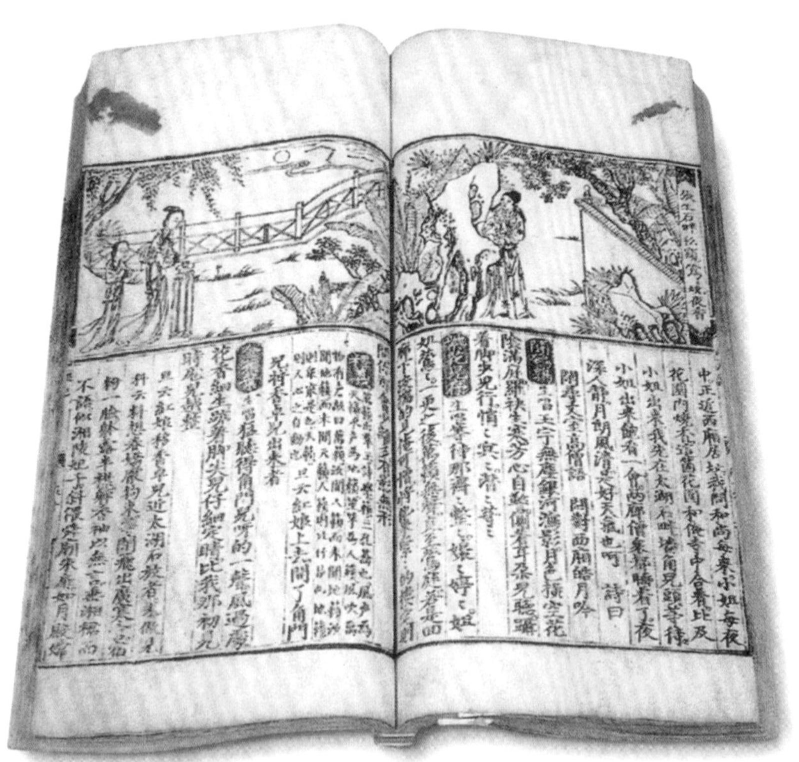

图 6-86 《奇妙全相西厢记》，明弘治十二年（1499）京师书坊金台岳家刻本。

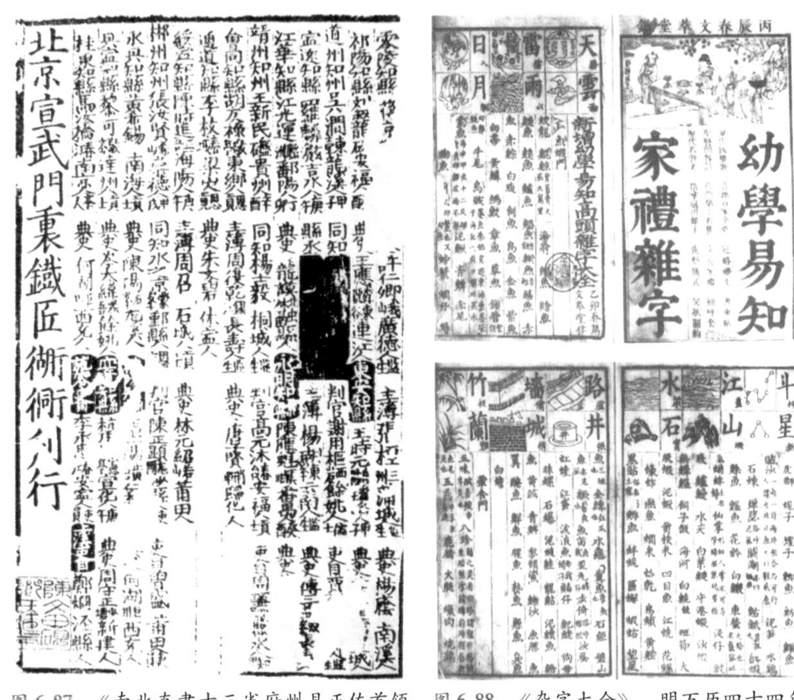

图 6-87 《南北直隶十三省府州县正佐首领全号宦林便览》，明万历十二年（1584）北京叶氏书铺刻本。

图 6-88 《杂字大全》，明万历四十四年（1616）文萃堂版。

何原本》，就是他和我国著名科学家徐光启合译的，于万历三十一年（1603）刻版印行。利玛窦还编绘过汉文世界地图，在广东肇庆、南京、北京等地刻版印刷。利玛窦编辑的《天学实义》就在南堂出版过两次。据《耶稣会士著述目录》记载，南堂共出版、印刷《圣经直解》等教会书籍 39 种。

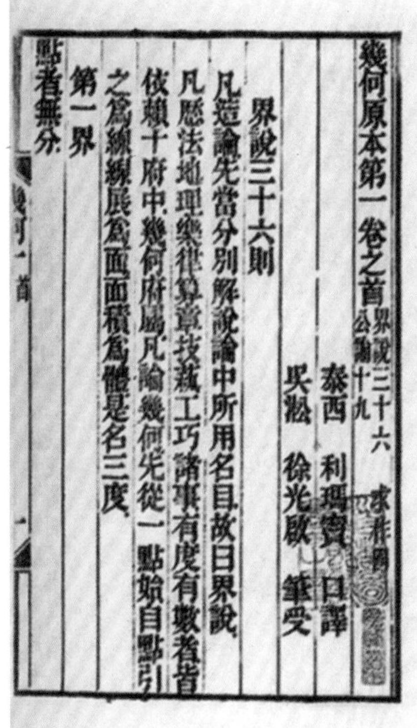

幾何原本第一卷之首 界說三十六 求作四 公論十九

泰西 利瑪竇 口譯

吳淞 徐光啟 筆受

界說三十六則

凡造論先當分別解說論中所用名目故曰界說

凡歷法地理樂律算章技藝工巧諸事有度有數者皆

依賴十府中幾何府屬凡論幾何先從一點始自點引

之為線線展為面面積為體是名三度

第一界

點者無分

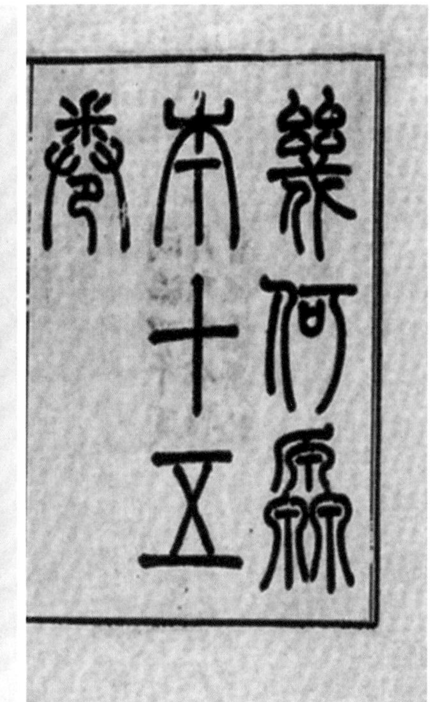

幾何原本十五卷

图 6-89 《几何原本》，明传教士利玛窦和徐光启合译，明万历三十五年（1607）刻本。

（六）徽州书坊刻印

明代徽州盛产纸、墨和适于雕版的木材，随着明代印刷业的繁荣和发展，徽州的雕版印刷业也发展起来。据统计，有明一代，徽州民间刻书有姓氏可考者达 53 姓，500 余家，达到了“家传户习”、“村墟刻镂”的程度。[④] 徽州书坊可考者有：歙西鲍氏耕读书堂、歙县吴勉学师古斋、新都吴继仕熙春堂、新都吴氏树滋堂、休阳吴氏潄玉斋、书林新安余氏双荣精舍、歙岩镇汪济川主一斋、新安黄诚、休邑屯溪高升铺等。

徽州坊刻业兴盛于明代中期。当时，徽州出现了一批技术精湛的刻工，特别是歙县虬村的黄姓刻工，以技艺精良、雕镂精细而闻名，从而自成一派。明最早记载黄氏刻版的是弘治二年（1489）由黄文敬、黄文汉刻版的《雪峰胡先生文集》。

胡应麟说：“近湖刻、歙刻骤精，遂与苏、常争价。”徽州刻工还到其他地区刻版，南京、苏州、杭州当时就有不少徽州刻工。

徽州书坊刻书最多的是歙县吴勉学师古斋。吴勉学初期以刻印医书而著名。他所刻印的医书有《古今医统正脉》44 种、204 卷，为我国最早刻印的医学丛书之一。刻医书获利后，他转而刻印古今典籍，有《河间六书》、《二十子》、《性理大全》、《礼记集说》、《初唐汇诗》、《战国策》、《近思录》、《世说新语》、《徽郡注释对类大全》等书。他一生刻书 300 余种（含丛书子目）、3500 多卷，为明代坊刻所少见。[⑤] 此外，鲍氏耕读堂刻印《天原发微》，吴氏潄玉斋刻印《王维诗集》，吴氏树滋堂刻印《秦汉印统》，汪氏主一斋刻印《巢氏诸病源候总论》，休邑屯溪高升铺刻印《新刻照千

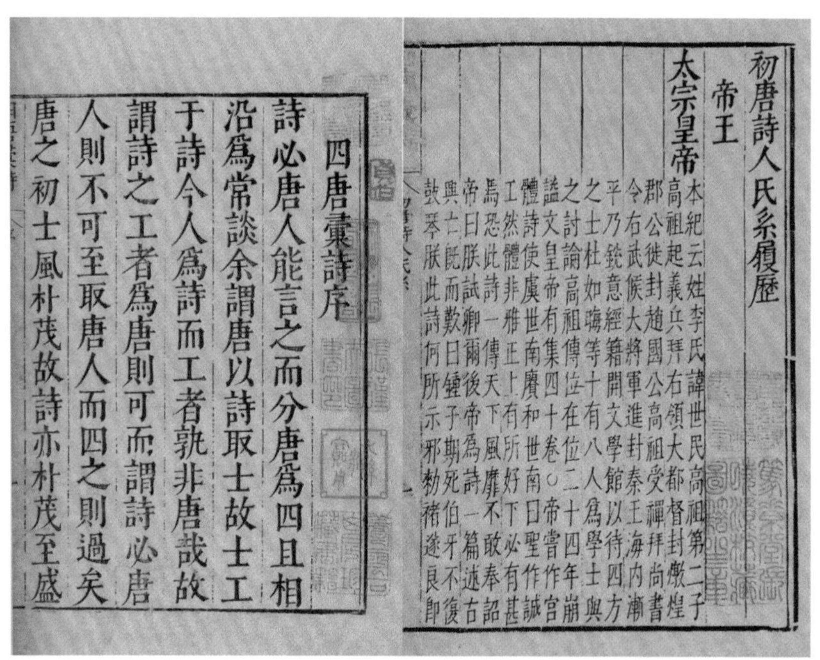
初唐詩人氏系履歷
帝王
太宗皇帝
本紀云姓李氏諱世民高祖第二子
高祖起義兵拜右領大都督封燉煌
郡公徙封趙國公高祖受禪拜尚書
令右武侯大將軍進封秦王海內漸
平乃鋭意經籍開文學館以待四方
之士杜如晦等十有八人爲學士與
之討論高祖傳位在位二十四年崩
謚文皇帝有集四十卷○帝嘗作宮
體詩使虞世南和世南曰聖作誠
工然體非雅正上有所好下必有甚
焉恐此詩一傳天下風靡不敢奉詔
帝曰朕試卿爾後帝爲詩一篇述古
興亡既而歎曰鍾子期死伯牙不復
鼓琴朕此詩何所示邪勑褚遂良卽

四唐彙詩序
詩必唐人能言之而分唐爲四且相
沿爲常談余謂唐以詩取士故士工
于詩今人爲詩而工者孰非唐哉故
謂詩之工者爲唐則可而謂詩必唐
人則不可至取唐人而四之則過矣
唐之初士風朴茂故詩亦朴茂至盛

图 6-90 《初唐汇诗》70 卷，明吴勉学辑，明万历十三年（1585）吴勉学刊《四唐汇诗》本。左右双边，白口，单鱼尾，半版 9 行，每行 18 字，框高 19.6 厘米，宽 13.6 厘米。

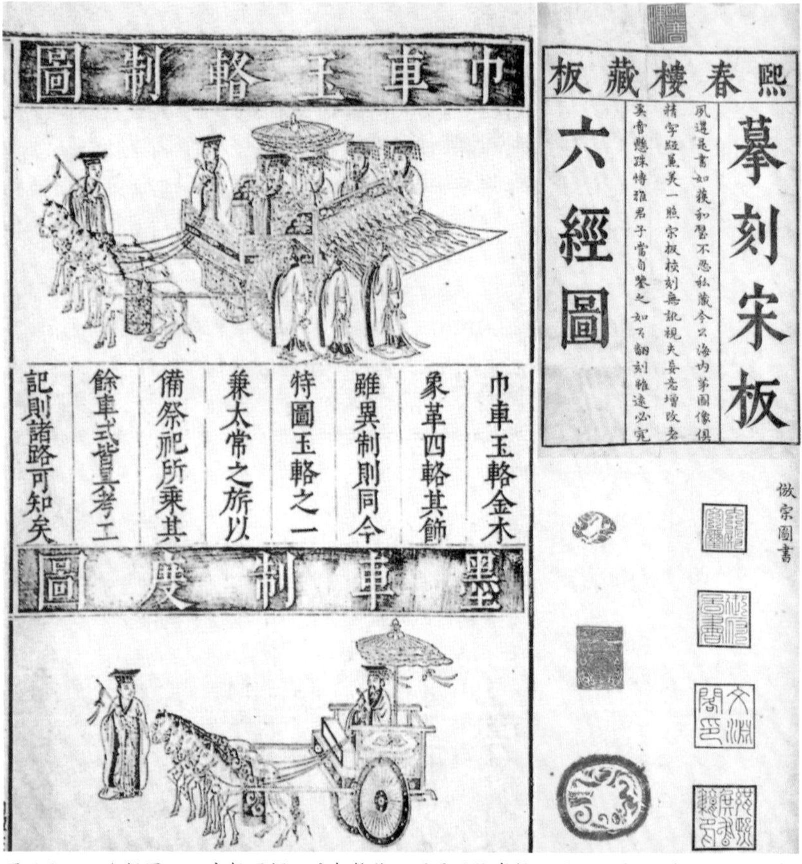
巾車玉輅制圖
巾車玉輅金木
象革四輅其飾
雖異制則同今
特圖玉輅之一
兼太常之旂以
備祭祀所乘其
餘車式皆具考工
記則諸路可知矣
墨車制度圖

熙春樓藏板
摹刻宋板
夙遘是書如獲和璧不忍私藏今以海內第圖像俱
精字經篆美一照宋板校刻無訛視夫妄意增改者
奚啻懸殊博雅君子當自鑒之如有翻刻雖遠必究
六經圖

图 6-91 《六经图》，宋杨甲撰，毛邦翰补，明吴继仕考校，明万历年间（1573—1620）新安吴继仕熙春堂仿宋刻本。四周单边，白口，框高 35.8 厘米，宽 24.9 厘米。

字文集音辨义》，余氏双荣精舍刻印《地理大全》，吴氏熙春堂刻印《六经图》、玩虎轩刻印《琵琶记》等等。

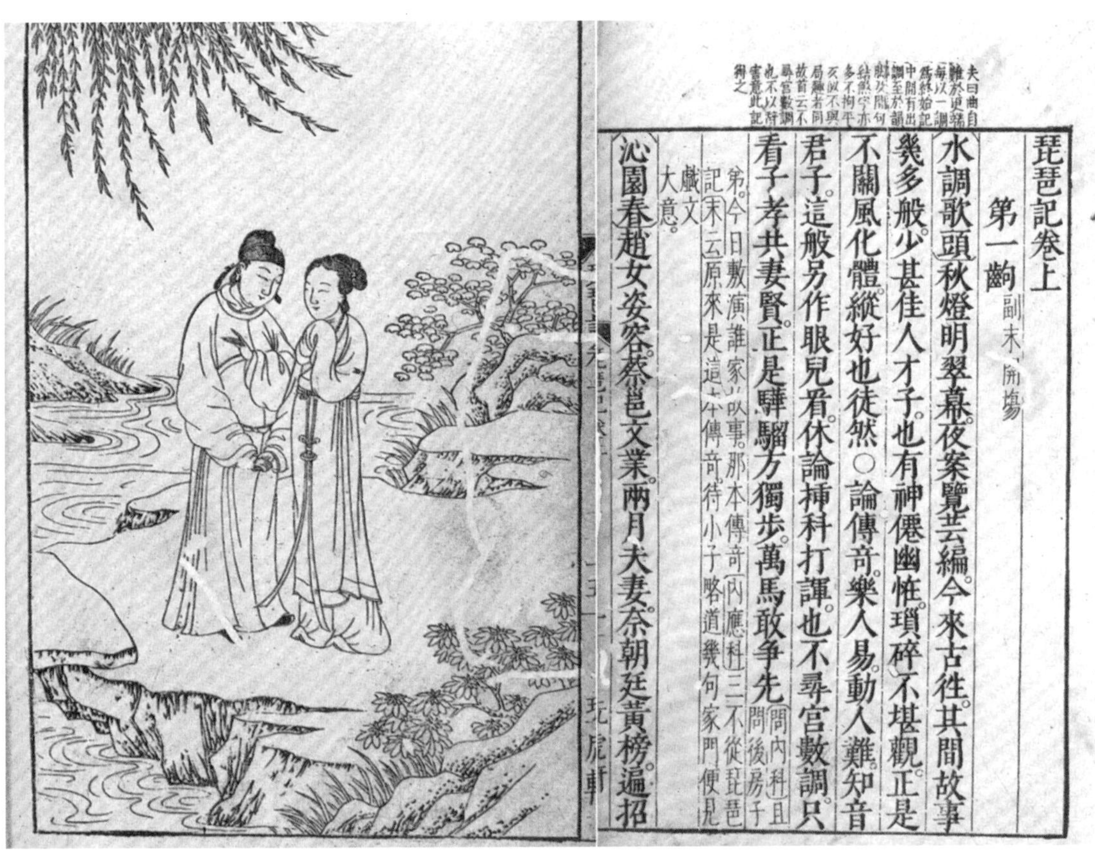
琵琶記卷上

第一齣 副末開場

水調歌頭 秋燈明翠幕。夜案覽芸編。今來古往。其間故事幾多般。少甚佳人才子。也有神僊幽怪。瑣碎不堪觀。正是不關風化體。縱好也徒然。○論傳奇。樂人易。動人難。知音君子。這般另作眼兒看。休論挿科打諢。也不尋宫數調。只看子孝共妻賢。正是驊騮方獨步。萬馬敢爭先。(問內科)且問後房子弟今日敷演誰家故事。那本傳奇。(內應科)三不從琵琶記。(末云)原來是這本傳奇。待小子略道幾句家門便見戲文大意。

沁園春 趙女姿容。蔡邕文業。兩月夫妻。奔朝廷黃榜。遍招

图 6-92 《琵琶记》，明万历二十五年（1597）新安汪光华玩虎轩刻本。该书图文由徽派刻工黄一楷、黄一凤刻版，表现了徽派的高超技艺，书中使用了粗细两种风格的宋体。

道元一炁序集

新安叅學弟子曹士珩謹述

雉皋後學弟子張延搴 較

證道說

图6-93 《道元一炁》，明新安曹士珩撰，明崇祯九年（1636）方逢时刊本，为明代道家炼丹术专著。内有版画多幅，曹士珩绘图。

（七）其他地方的坊刻

除以上坊刻名城以外，明代的江苏、江西、湖北、四川等地书坊还刻印有异侠小说类书《锦绣万花谷》、戏曲类书《牡丹亭还魂记》、医药学类书《先醒斋笔记》以及《赤风髓》等等。

总之，明代的坊间雕版印刷，对于文化的传播有很大贡献，现在流传下来的农书、医书、古典小说、元曲、明人杂剧等书，最早的刊本，大都是明代的。

錦繡萬花谷前集卷之一

天

九關虎豹　虎豹九關啄害下人些（虎豹九關言天門九重虎豹守之出楚辭）

磨蟻　天圓如倚蓋地方如棊局天旁轉半在地上半在地下日月本東行天西旋入于海牽之以西如蟻行磨上磨左旋蟻右行磨疾蟻遲蟻不得不西（出晉天文志吳王蕃傳）

銀黃左界　河漢水之精發而浮上宛轉隨流名曰天河一曰雲漢詩疏亦名銀潢謝莊月賦斜漢左界北陸南躔亦曰銀灣出許洞詩亦曰銀浦出李賀詩

金階兩闕　神異經東北大荒中有金闕高千丈上有明月珠徑三丈光照千里中有金階兩闕名天門（出杜詩）

通明殿　通明玉帝殿名常有紅雲捧之坡詩云侍臣鵠

图 6-94 《锦绣万花谷》，前集 40 卷，后集 40 卷，续集 40 卷，别集 30 卷，宋佚名撰，明王平等校，明嘉靖十五年（1536）江苏锡山秦汴绣石书堂刻本。

先醒齋筆記

吳興丁元薦長孺甫輯
海虞李枝季虬甫參訂

中風

治法大畧

凡言中風有真假內外之別差之毫釐謬以千里何者西北土地高寒風氣剛猛真氣空虛之人猝為所中中臟者死中腑者成廢人中經絡者可調理而瘳治之之道先以解散風邪為急次則補養氣血此真中外來風邪之候也其藥以小續命湯桂枝麻黃生

图 6-95 《先醒斋笔记》，中医药书，明崇祯年间浙江长兴人丁元荐先醒斋辑刻本。（韦力提供）。

牡丹亭還魂記卷上

明臨川湯顯祖若士編　歙縣玉亭朱元鎮較

第壹齣　標目

蝶戀花（末上）忙處拋人閑處住百計思量沒箇為歡處白日消磨腸斷句世間只有情難訴　玉茗堂前朝復暮紅燭迎人俊得江山助但是相思莫相負牡丹亭上三生路

漢宮春　杜寶黃堂生麗娘小姐愛踏春陽感夢書生折柳竟為情傷寫真留記葬梅花道院淒涼三年上有夢梅柳子於此赴高唐果爾回生定配赴臨安取試寇起淮揚正把杜公圍困小姐驚惶教柳郎行探返遭疑激惱平章風流況施行正苦報中狀元郎

杜麗娘夢寫丹青記　陳教授說下梨花槍

图 6-96 《牡丹亭还魂记》，明汤显祖撰，朱元镇校，明万历二十六年（1598）吴兴朱氏玉海堂刊本。四周单边，白口，单鱼尾，半版 10 行，每行 22 字，小字双行，字数同。框高 21.1 厘米，宽 13.1 厘米。冠图 40 幅，黄德修、黄凤歧、黄端甫、黄一凤等刻版。

图 6-97 《赤风髓》一书中的《五禽戏图》，明万历年间（1573—1620）浙江嘉兴人周履靖撰刻。

（八）寺院刻经

明代寺院，由于信施者众，财力雄厚，刻施经典蔚然成风。南方的江浙一带，北方的北京等地，刊施更甚。

明代最有代表性的寺院刻经有《径山藏》。万历七年（1579），冯梦龙、幻余等人提出重刻方册藏经，万历十七年（1589），在山西五台山妙德庵开工兴雕，后因苦于冰冻，南迁于浙江余杭县的径山寂照庵、兴圣万寿禅寺内继续刊刻。万历三十一年（1603），因主要的几位刻经发起人遭冤狱，遂分别在嘉兴、吴江、金坛等地随施散刻。直到清康熙十六年（1677）正藏才全部告成。此经从筹划起至全藏雕刻完成，历经明清两个朝代（1579—1677），历时 98 年，其间，碾转数地，经几代僧人不懈努力，备受艰辛，方得完工。因嘉庆七年（1802）将化城、寂照两寺经版尽数运归楞严寺，又称楞严寺本，或称《嘉兴藏》。又因该藏为现存佛藏中唯一的线装本，又叫《方册藏》。全藏共计 352 函、12600 余卷，在各藏中收书最多。

此外，杭州昭庆寺还刻有《仪注备简》和《教乘法数》；武林报国院刻有《圆觉经略释》等。随着天主教的传入，杭州的天主教堂也从事宗教

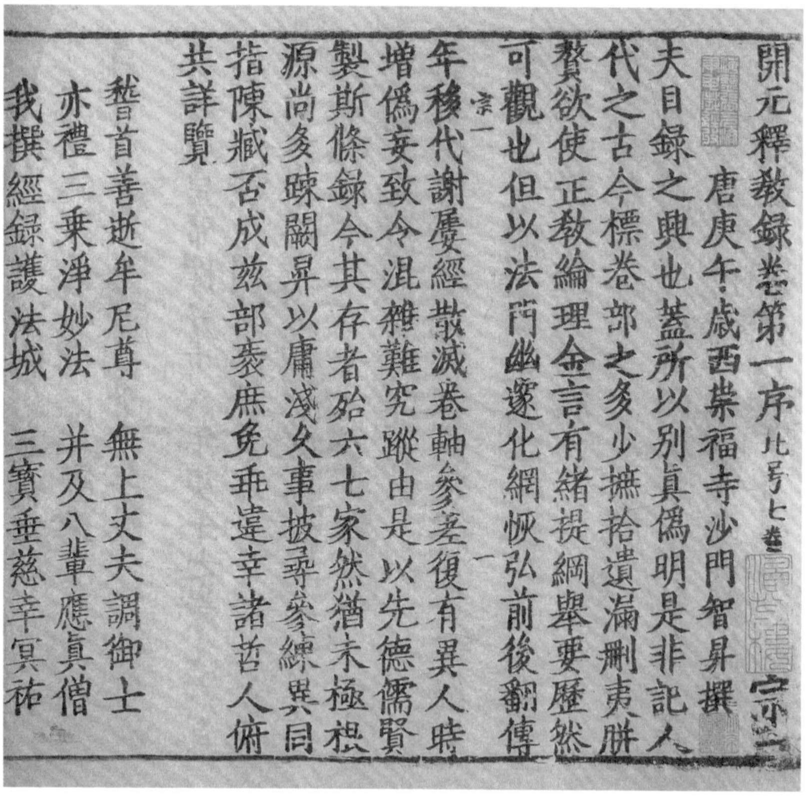

图 6-98 《开元释教录》卷第一，方册本。

图 6-99 《摩诃般若波罗蜜经》30 卷，明万历三十四年（1606）刊《径山藏》本。

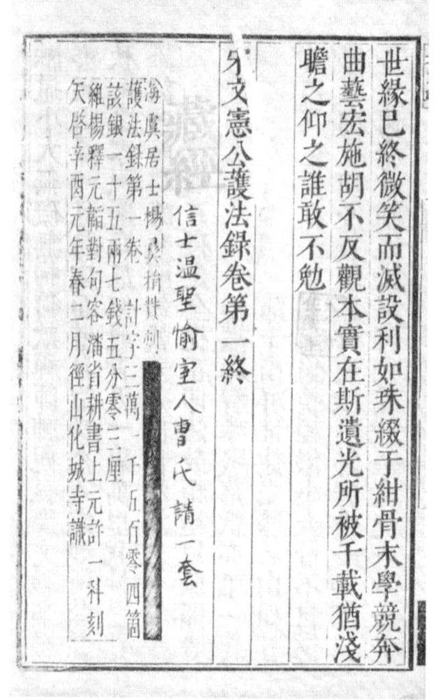

世縁已終微笑而滅設利如珠綴于紺骨末學競奔
曲藝宏施胡不反觀本實在斯遺光所被千載猶淺
瞻之仰之誰敢不勉

宋文憲公護法録卷第一終

信士温聖倫室人曹氏請一套

海虞居士楊某捐貲刻
護法録第一卷計字三萬一千五百零四箇
該銀一十五兩七錢五分零二厘
維揚釋元輪對句吝滿省耕書上元許一科刻
天啓辛酉元年春二月徑山化城寺識

图6-100 《宋文宪公护法录》10卷，明天启元年至三年（1621—1623）径山化城寺刻径山藏本。

读物的刻印。这类书有《职方外纪》、《西学凡》、《三山论学记》、《天主教圣人行实》等 40 余种。

除南方外，北方寺庙刻经业也很兴盛。北京的法源寺、龙华寺、嵩祝寺，遵化的禅林寺，以及山西五台山妙德庵等，也都刊有一定量的佛典。

第四节 独具神韵的版画印刷

一、明代版画的兴起和发展

我国自发明雕刻印刷术以来，文字印刷与图画的刻印几乎同步进行。产生于隋代大业三年（607）的《敦煌隋木刻加彩佛像》，既是我国雕印术“肇自隋时”的力证，也是我国雕印版画中有实物可查的最早作品。唐初至德年间（约757）成都刻《陀罗尼经咒图》中画有佛像。唐玄奘施印普贤菩萨像，广散民间。唐咸通本《金刚经》中，插图精美。此后，唐、五代时期的佛教印刷品，大都配以插图。两宋时期，官刻和民刻印本中，又刊印不少版画，出现了图文并茂的通俗读物，版画印刷开始兴盛起来。辽、金、元代的宗教书和戏曲、小说、历史故事等出版物中，也都配有相当数量的插图。

明代的版画刻印事业在历代发展的基础上有了异常迅猛的发展，艺术成就达到了中国历史上的顶峰。

究其原因，首先是社会需求使然。明代大部分时间内，政治安定，经济发展，刻书、藏书、买书成为一种社会时尚。这期间，新兴的市民阶层读者群崛起，他们渴求阅读消遣、娱情、养性的作品，插图书受到欢迎。

图 6-101 明代著名画家陈洪绶绘《水浒叶子》图

图 6-102 表现社会风俗图画之《西湖二集》，明周楫撰，明崇祯年间（1628—1644）武林云林聚锦堂刻本。

图6-103　表现科学技术的图画之《天工开物》“锤锚图”，明崇祯十年(1637)宋应星初刻本，涂伯聚绘刻。此图为当时生产实际的纪实，对研究我国古代科学技术的发展尤为珍贵。

其次，明代的印刷业发展到鼎盛时期，私人印刷作坊林立，竞争激烈。为了能在竞争中取胜，赢得读者，各家印刷作坊除了不断推出新的书籍、提高印刷质量外，也在书籍的形式上不断推出新的花样。其中最突出的，就是在书籍的插图上下工夫，以精美的插图来吸引读者。为此，不少印刷作坊都争相聘请技艺精湛的图版绘画和雕刻能手。这也促进了一大批图版雕刻能工巧匠的涌现。

第三，明代版画雕刻水平的提高，还得力于一批名画家为图版起稿画样。例如，有名的吴派画家唐寅，就曾为《西厢记》一书画过插图。风俗画家仇英曾为《列女传》的插图起稿。陈洪绶所画的《博古叶子》、《水浒叶子》以及《离骚》的插图，更是别开新径，放射出异样的光彩。另外，如郑千里、赵文度、刘叔宪、蓝田叔、顾正谊、汪耕、陈询、刘明素、蔡元勋、赵璧、陆武清、程起龙、丁云鹏等一代名画家，都曾为图版印刷品画稿。在此以前，图版都是由刻工亲自画稿的，这虽然也出现过画、刻基本功都很好的名手，但毕竟人数不多。而明代中、后期出现的画、刻分工，特别是一批名画家的介入，则使图版的雕版、印刷水平，产生了一个质的飞跃。最突出的表现则是从以往那种不求细节、刀锋稳健朴拙、线条呆板劲整的单一手法，一变而为手法各殊、风格各异、百家林立、争奇斗艳的新局面。

明代版画的题材内容极为丰富多彩，除地理书与地方志有大量插图外，附刻插图的书籍多为小说、传奇、戏曲杂剧、诗词、美术图集、科学博物、人物传记等。每刻一部，大都缀以说明故事内容的插图，少则数幅，多则数十幅，有时多至百余幅甚至数百幅。有圣贤名人图、故事传说图、仙佛神话图，其他如表现祖国山川名胜、鸟兽虫鱼、草木花卉、农工生产、交通工具、社会风俗、音乐舞蹈、杂技烟火等的图书中也都画有生动具体的图像。仅《西厢记》一书明代的插图本就不下十种。《水浒传》的插图版本也在七八种左右。科学技术书籍中的插图，则成为书籍的有机组成部分，更有利于读者的理解。如明代前期出版印刷的《武经总要》，就以大量的插图，反映了重要的军事技术和武器的面貌。嘉靖年间翻刻的元王祯的《农书》一书中的大量插图，形象地介绍了农业技术。万历年间（1573—1620）印刷的李时珍《本草纲目》绘有各种药用植物 1100 多种，其效果是文字无法达到的。这类出版物还有徐光启的《农政全书》和宋应星的《天工开物》等。

因为中西文化交流，在插图上也出现了西洋的鸟铳、佛郎机（火炮）、甲板大船，以及天平、起重机、虹吸等图。黄鏻、黄应泰所刻《程氏墨苑》，还出现了耶稣涉海、圣母抱幼主等宗教画四幅，在中文出版品中第一次出现了西方雕刻的精美画面。

插图书的大量刊印，催生了版画专集的出现。明代刊印的以图画为主要内容的画谱即达十余种。例如：嘉靖二十九年（1550）刻印专绘花卉禽兽的《高松画谱》；万历三十一年（1603）顾炳绘制刻印的、顾祖训编的印有 1436—1521 年间历次殿试中夺魁的 29 名士子肖像的《状元图考》；万历四十八年（1620）刻印的《集雅斋画谱》；万历四十年（1612）刻印的《诗余画谱》；万历初年（1573）刻印的《雪湖梅谱》；万历二十五年（1597）刻印的《画薮》等书，都是以画为主的画册。这在印刷史上，也是前所未有的。这些书都是画家与刻工合作的成果。

图 6-104 表现西方雕刻的版画之《程氏墨苑》，明万历三十四年（1606）刊本。

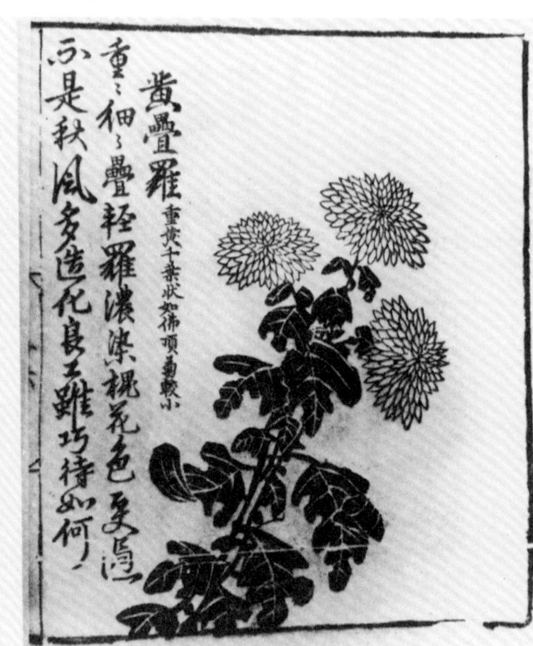

图 6-105 表现画谱的版画集之《高松画谱》，明嘉靖二十九年（1550）刊本。

明代还创造出了一种新的印刷品形式就是游戏用的纸牌，称为“叶子”，每叶上都刻印有人物故事。最有名的是当时的画家陈洪绶画的《水浒叶子》和《博古叶子》。水浒叶子画的是梁山好汉 40 人；博古叶子共 48 页，画的是古代名人。

据统计，我国历代有插图的书籍大约有 4000 种，而明代约占一半。

二、明代版画印刷的主要流派及其特点

明代版画的技术流变，大概可以分为三个阶段。初期，木刻技巧及题材继承了宋元时期朴拙简练的风格，线条粗犷，构图简拙，图版的构图、画样和版式设计都是出于刻工一人之手。大多是有关宗教和儒学的经书与文集，大部分书还只配少量的插图。

明代中期，也就是 15 世纪末及 16 世纪，对插图的需求，随着通俗文学、美术图谱以及供消遣观赏的图画兴起而日渐增加，图案设计也随之更加复杂精美。这时最大的特点是一批画家参与到印刷行业中来，为各种书籍插图画稿，画家和刻工开始分工合作，这无疑大大提高了图版的艺术效果。特别是在人物的刻画、构图的特点、景物的衬托、雕刻的刀法等方面，都出现了不同风格、不同派别的百花齐放景象。明代中期可以说是单色图版的雕刻技术的成熟时期，在工整秀丽、大刀阔斧、黑白对比、利用木纹等雕刻技法上，都有所继承和创新。在图版的幅面上也有所扩大，除用正幅版外，还有双幅对版，扩大了图幅的面积，甚至有一幅图连续占几页的。再一个特点就是数量的增加。

明代后期数十年中，木刻版画的印制出版达到极盛时期，不但数量空

前，而且新的技术层出不穷，艺术上日趋精美，线条细腻，设计构图繁密，刀法高妙。这一时期可称为中国版画史上木刻及插图的黄金时代。在这个时期，南京、杭州、徽州的版画，都趋向一个共同点——以精取胜。版画印刷的重点仍以戏曲、小说的插图为主，而且着力于刻画人物。当然，明代后期版画印刷的最高峰，就是以胡正言、吴发祥等为代表的彩色版画印刷的出现。

明代的版画印刷，多集中于南京、新安、杭州、建阳等地。北方的平阳、北京、山东等地也有多所书坊刊印带有插图的书籍。在竞相发展、不断提高的基础上，逐渐形成了各地区不同的派别和雕刻艺术上的不同风格。如南京派、建阳派以古朴豪放、线条遒劲著称；杭州、苏州版画以缜密流畅见长；而徽派则以精致婉丽、神韵生动、刀法纤细而引人入胜。北方版画仍保持着固有的粗犷风格，但在雕印技巧方面没有大的发展。

（一）南京版画

南宋时南京（金陵）的印刷业就已很发达，到了明代，这里成为江南政治、经济、文化的中心，也成为全国出版印刷的中心。明代，南京聚集了一大批学者、剧作家、小说家。知名的有张居正、顾仲方、汤显祖、周履靖、李春芳、冯梦龙等。著名画家有唐寅、仇英、王希尧、王徵、汪耕、郑千里、胡正言等。雕刻家更是高手云集，除新安黄氏一族的众多名家外，金陵的

图 6-106 《金童玉女娇红记》插图，明宣德十年（1435）金陵积德堂刊本。

图 6-107 《古今列女传》插图，汉刘向撰，明茅坤补，明万历十五年（1587）金陵书坊唐对溪富春堂版。

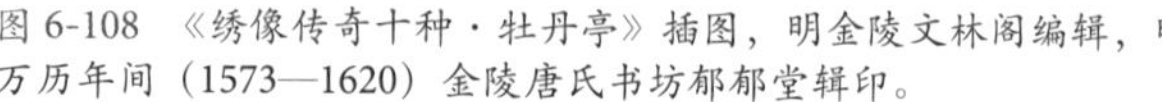
图 6-108 《绣像传奇十种·牡丹亭》插图，明金陵文林阁编辑，明万历年间（1573—1620）金陵唐氏书坊郁郁堂辑印。

图 6-109 《三才图会》插图，明王圻辑，金陵吴云轩，秣陵陶国臣、晦之等刻，明万历三十七年（1609）版。

名刻手有刘玉素、刘玉明、刘君裕、魏少峰、陈聘洲、吴云轩等。遍布金陵的众多书坊，出版了许多附有插图的书籍；而且不少金陵版画的出版者又往往是编著者和绘画者，如荆山书林主人周履靖自编自绘了《画薮》五种，十竹斋主人胡正言不仅自编自绘，还自行雕刻……正是他们，共同推动了金陵书业和版画业的繁荣。在南京及附近的一些城市，版画印刷也很兴盛。

明初南京图版印刷中最有代表性的是宣德十年（1435）金陵积德堂刻印的《金童玉女娇红记》，该书内附有半幅版插图 86 幅，首创了大量配图的书籍印刷形式。在此之前，还未有这样多插图的书。这些图版的内容构图繁复多变，以背景衬托人物，其中厅堂池馆、画廊帘幕、车马秋千、花草树木等景物，也都为突出人物服务。从雕刻的刀法来看，顿挫钩斫运用自如，重用图案纹样以作为补白，其风格近似于宋元经卷插图，但也有新意，表现了从宋元风范向清代精细刀法的过渡。

明代中后期，南京的图版刻印更加繁荣，图版的构图风格和刻版刀法，已自成风格。其中最有名的是唐姓诸家，例如富春堂、世德堂、广庆堂、郁郁堂、文林阁等，都刻印了插图较多的书籍。如《古今列女传》、《分金记》、《虎符记》、《绣像传奇十种》、《玉玦记》、《韩信千金记》、《绨袍记》、《岳飞破虏东窗记》、《拜月亭记》等一百多种附有较多插图的书。唐氏所刻图版，风格自成一体，宋元时期的上图下文的版式，已扩大为半幅或整幅版面。构图以人物为主，运用粗毫大笔，表现了庄整、雄健、劲挺之趣。有时也以黑白对比，以大片墨地来显出铁划银钩的刻线，使画

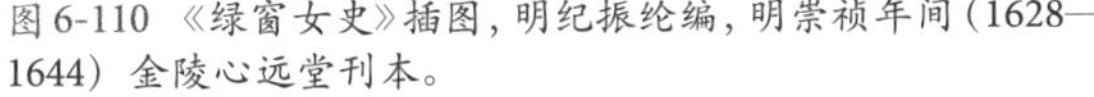

图 6-110 《绿窗女史》插图，明纪振纶编，明崇祯年间（1628—1644）金陵心远堂刊本。

图 6-111 《隋炀帝艳史》插图，明崇祯年间（1628—1644）金陵人瑞堂刊本。

图 6-112 明万历年间（1573—1620）金陵陈氏继志斋刻本《新镌古今大雅》中的插图。

图 6-113 《北西厢记》插图，明万历年间（1573—1620）金陵陈氏继志斋版。

面鲜明和谐，一扫过去贫乏无味、呆板的构图及刀法。特别值得一提的是，刻工以简明的刀锋，使人物面貌生动，并能表达人物的内心情感，这不得不称赞唐氏刻工的技艺精湛。

金陵陈氏继志斋所刻图版，则接近于杭州、徽州派的风格，具有代表性的有万历年间（1573—1620）刻印的《香囊记》、《玉簪记》、《北西厢记》等，图版构图布局讲究、刀锋明朗、婉劲有力，树立了新的风范。

（二）杭州版画

明代万历至明末期间，杭州书籍插图内容非常丰富。主要表现在戏曲、小说、诗词以及一些画谱类的插图创作方面。刻、绘高手除徽州刻工外，本地也涌现出了不少名家。其构图多取地方嘉山秀水，其技法以绵密婉约见长。

图 6-114 《娇红记》插图，明崇祯十二年（1639）刊本，陈洪绶绘，杭州项南洲刻。此“娇娘”像造型高贵典雅，独具东方女性神韵。

图 6-115 《吴骚合编》插图，明张楚叔选，张旭初订，明崇祯十年（1637）杭州张氏白雪斋刻本。项南洲、洪国良、洪成甫等绘刻。

图 6-116 《古杂剧·唐明皇秋夜梧桐雨》插图，明王骥德选辑，明万历年间（1573—1620）顾曲斋刻本。黄桂芳、黄端甫、黄一凤等刻。

图 6-117 明顾炳绘画本《顾氏画谱》插图，明万历三十一年（1603）杭州双桂堂刻本。

图6-118 《张深之先生正北西厢记秘本》插图，元王实甫撰，明崇祯十二年(1639)武林刻本。陈洪绶绘，项南洲刻。

夷白堂主杨尔曾于万历年间（1573—1620）雕印《李卓吾先生批评西游记》百回本，有图200幅，画面怪诞奇诡。又刻《海内奇观》，130多幅图，图为多页连式。万历年间（1573—1620）容与堂雕印的《李卓吾先生批评忠义水浒传》有插图200幅，由黄应光、吴凤台等雕刻，以高超的技艺刻画出了各种不同性格的人物形象，其线条疏朗劲健，主题突出。万历年间（1573—1620）顾曲斋刻印的《古杂剧》中的插图，绘刻绝佳。如《唐明皇秋夜梧桐雨》中人物的眉眼、服饰花纹都雕刻得非常精细，其刻工皆为寓居杭州的歙县黄氏一族。万历年间（1573—1620）杭州人刘素明，自画自刻，显为大家，他刻有《凌刻琵琶记》、《红杏记》、《丹青记》、

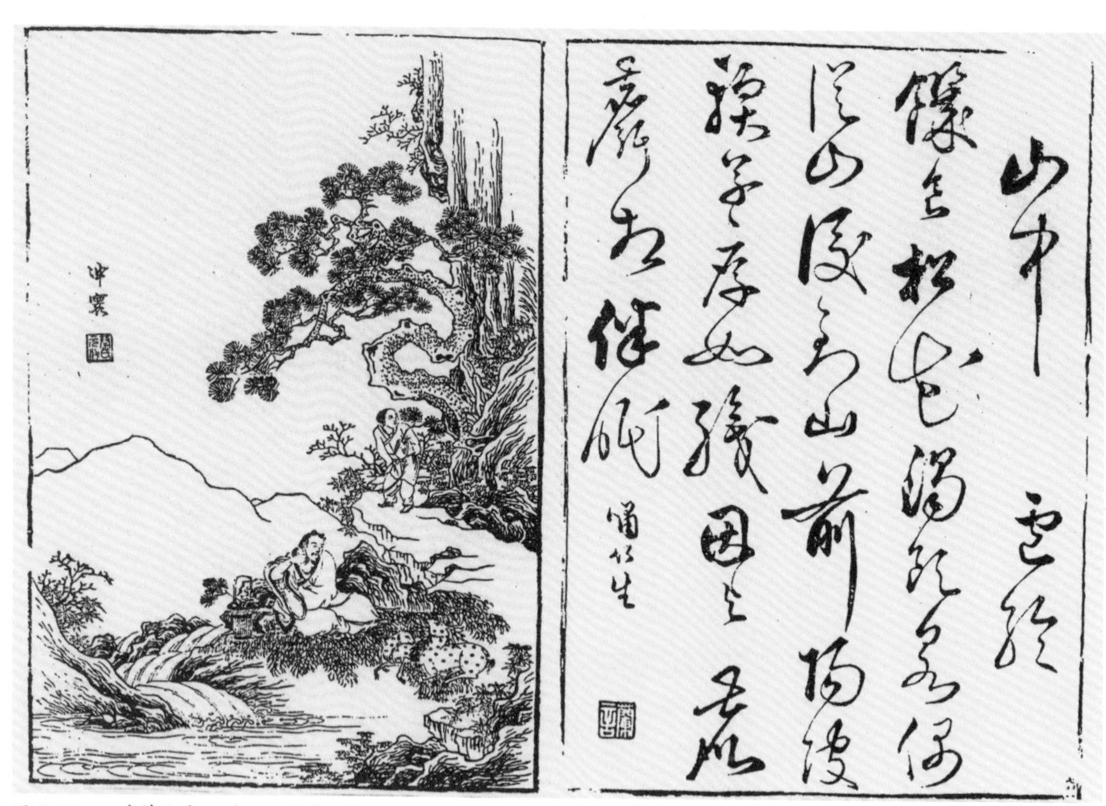

图 6-119 《唐诗七言画谱》，明黄凤池辑。明天启年间（1621—1627）武林集雅斋刊本。蔡冲寰、孙继先等绘，刘次泉、汪士衡、刘素明等刻。

《丹桂记》等书的插图，有的本子“历五寒暑，始可竣工”。他与陈聘洲、陈凤洲还刻有《六合同春》的六种传奇，即《西厢记》、《琵琶记》、《幽闺记》、《玉簪记》、《红拂记》、《绣襦记》，其风格熔金陵、徽州刻风于一炉，精妙无比。刘素明还参与了其中许多本子的绘图。武林雕刻名家项南洲刻《吴骚合编》、《正北西厢记》、《燕子笺》等书的插图，成为绘画家、木刻家珠联璧合的杰作。

明代印本中依诗作画蔚然成风。武林张梦征自选自画《青楼韵语》插图，十分精工。又有集雅斋主人黄凤池辑、蔡冲寰等绘、刘次泉等刻《唐诗画谱》，分五言、六言、七言三种各一卷，按诗意画图，很受欢迎。

虎林双桂堂刊印的名画家顾炳的《历代名工画谱》（顾氏画谱），收上自晋代顾恺之，下至明代董其昌凡 106 名画家笔意，刻工极其传神，不失原画神韵，彰显雕镌之功力。明代最高产的画家陈洪绶留居杭州二十年，绘有《九歌图》、《张深之正北西厢记》、《水浒叶子》、《博古叶子》等脍炙人口的插图作品，为杭州版画的发展作出了杰出贡献。

（三）苏州、吴兴等地的版画

除了南京、杭州的图版印刷外，在其附近的苏州（含常州和松江）、吴兴、海昌等地，也刻印了一些极为精致的书籍插图。

苏州有很长的雕印历史，明万历以后出版了不少具有地方特色的版画插图。万历二十四年（1596）顾仲方撰刻了《笔花楼新声》和《百咏图谱》，

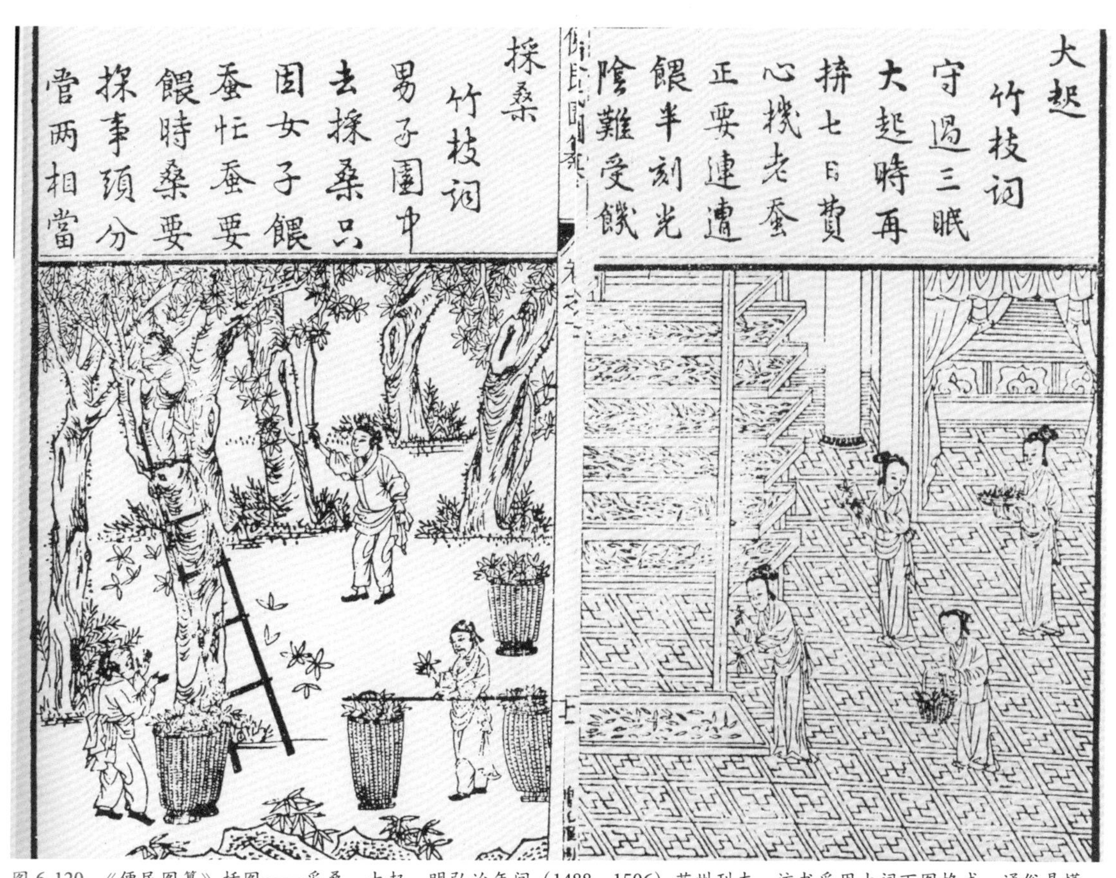

图 6-120 《便民图纂》插图——采桑、大起，明弘治年间（1488—1506）苏州刊本。该书采用上词下图格式，通俗易懂，刻绘风格工丽绵密。

图 6-121 《历代史略词话》插图，明万历年间（1573—1620）苏州刊本。

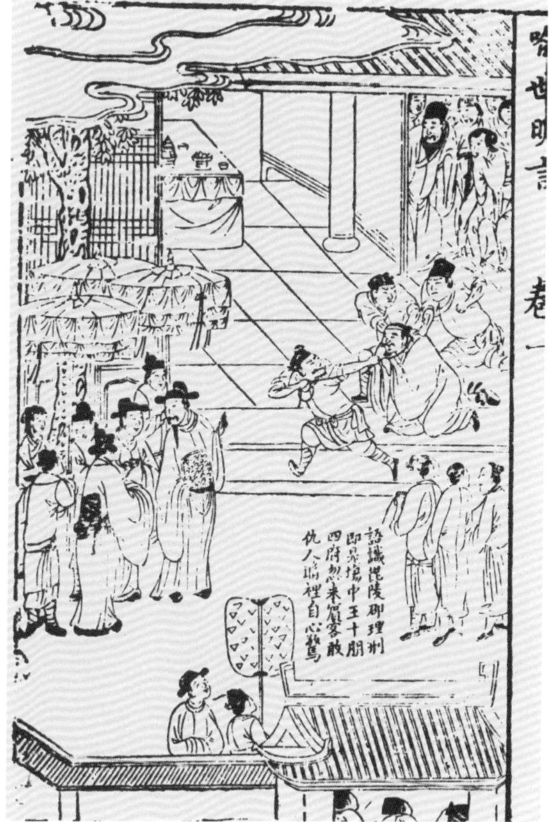

图 6-122 《喻世明言》插图，明冯梦龙撰，可一居士评，墨浪主人校，明末苏州衍庆堂版，日本公文书馆藏书。

图 6-123 《红拂记·谭霞》插图，明天启年间（1621—1627）吴兴闵氏刻朱墨套印本。

图 6-124 《西厢五剧》插图，元王实甫撰，关汉卿续。明凌濛初改正并批评。明天启年间（1621—1627）吴兴凌氏朱墨套印本。王文衡绘，黄一彬刻。

其风物景色极具吴中特色。万历至天启年间（1573—1627），又有《吴骚集》、《历代史略词话》、《清凉引子》等插图本问世，多呈清秀俊巧之貌。明末刻有冯梦龙著《喻世明言》等小说中的插图。苏州木刻家郭卓然曾刻过许多双叶连式的插图，如《宣和遗事》等，刀法洗练，刚柔兼济。刻工除徽州黄氏外，本地的有刘君裕、李青宇、章镛等。

吴兴版画，吸收诸地之长，清晰娟丽，线条柔媚。作品多出自闵、凌两家，有《西厢记》、《牡丹亭还魂记》、《红拂记》等。

海昌陈氏刻印的《灵宝刀》、《樱桃梦》等都有大量精美的插图。

（四）建阳版画

元代建安首创连环画式的图书，上图下文。明建阳书林继承了这个传统，嘉靖、隆庆、万历年间此风尤盛。主要作品有：乔山堂刻《西厢记》，双峰堂刻《水浒志传评林》、《万锦情林》，三槐堂刻《唐诗鼓吹》，潭邑书林刻《天妃出身传》，清白堂刻《茶酒争奇》。其他小说如《三国志演义》、《列国志》、《全像牛郎织女传》、《唐三藏西游释厄转》、《琵琶记》等，大多为上图下文连环画式，成为畅销书。其他图书也往往冠以全像、绘像、绣像、象、全相、出相、补相等字样，以资号召。如《绣像古文大全》、《出相唐诗》、《新刊图象音释唐诗鼓吹大全》等等。他们能够在很小的画面上，描绘出与正文有关的主要情节。印本虽粗劣，但木刻家依文变相的艺术才能却是高超的。也有框分三栏的，如《水浒志传评林》，上栏评语，中栏图画，下栏文字，图的两旁刊刻大字标题，使得插图的标题非常突出。

图 6-125 《词林一枝》插图，明黄文华辑，陈腾云、陈聘洲镌，明万历年间（1573—1620）建安书林叶志元版。

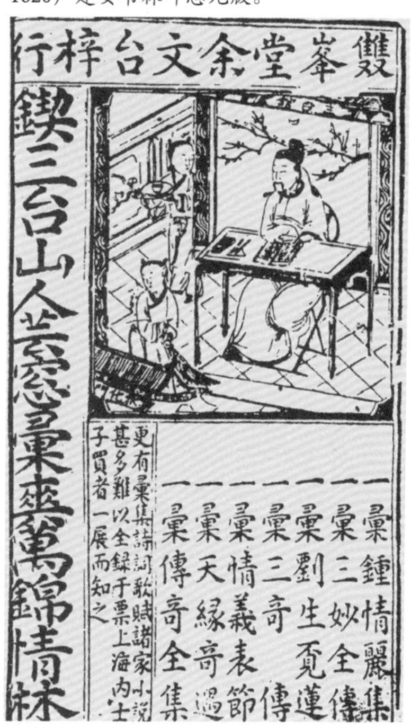

图6-126 《万锦情林》插图，明余象斗撰，明万历二十六年（1598）建安余文台双峰堂版。

图6-127 《西厢评林大全》插图，元王实甫撰，关汉卿续，明万历二十年（1592）建安熊光峰忠正堂版。

建阳书林刘龙田于万历元年（1573）在乔山堂刊刻了《古文大全》，此书插图由半版改为全版，变粗犷为工致，从而产生了建阳版画插图的新版式。后来他刻的《西厢记》插图重视人物感情刻画，阴刻阳刻并有，线条泼辣，画面生动，成为后来金陵书坊雕印戏曲插图的一个范本。受刘龙田风格的影响，建阳其他名书坊也纷纷效仿。如双峰堂余文台刻本《万

图6-128 《新镌考工绘图注释古文大全》插图，明万历年间（1573—1620）建阳书林刘龙田乔山堂刻本。

图 6-129 《精镌合刻三国水浒全传·英雄谱》插图，明刘玉明刻，明崇祯年间（1628—1644）书林雄飞馆熊赤玉刻本。

图 6-130 《山水争奇》3卷，明邓志谟编，明天启年间（1621—1627）清白堂刻本，附图四篇。

图 6-131 《茶酒争奇》插图，明宋永昌编，明天启四年（1624）建阳清白堂刻本。

锦情林》、叶志元刻本《词林一枝》、萃庆堂余氏刻本《大备对宗》以及天启年间（1621—1627）清白堂刻印的七种《争奇》，崇祯年间（1628—1644）存诚堂刻印的《五朵云》等书中都刊有精美的整版插图。这些插图，生动活泼，人物面目表情生动，线条工细而潇洒，至今仍熠熠发光。

建阳版画线条粗放，简洁朴实，古趣盎然。

（五）徽州版画和黄氏刻工

在明代版画诸流派中，徽派版画最为有名。素有“徽刻之精在于黄，黄刻之精在于画”之说。他们所刻版画，不仅是明代的扛鼎之作，也代表着我国古代版画印刷史上的最高水平。

明代徽州生产优质的纸与墨，其造纸、制墨、石雕、砖雕、木雕诸业都很发达，为雕版印刷业的发展提供了良好的条件。最初的徽州刻版手便从此产生。徽州的版画雕刻业发端于明初，其刻版工多集中在歙县、休宁两地，而又以歙县为最多。根据《徽州府志》所载，歙县城内“刻铺比比皆是”。明代中期徽州歙县刻工便有版画创作问世。最初是为了夸耀门宗，

图 6-132　《黄山图经》，明天顺六年（1462）徽州刻本。

图 6-133　《休宁流塘詹氏宗谱》，詹贵纂补，明弘治十二年（1499）家刻本，虬村黄氏刻工刊。

图 6-134　《筹海图编》，明胡宗宪编，明嘉靖四十一年（1562）刻本，黄铤、黄瑄、黄瑜等刻。

图 6-135 《养正图解》插图，明焦竑撰，明万历十一年（1583）玩虎轩刻本，丁云鹏绘图，黄鏻刻。

图 6-136 《目莲救母劝善戏文》插图，明郑之珍编，明万历十年（1582）徽州刻本，黄鋌刻。

将历史上一些同姓的名人画像刻印，传之后代，名为“报功图”。现藏于安徽、上海博物馆的《石氏忠良报功图》、《胡氏忠良报功图》，大约完成于明代成化至嘉靖年间（1465—1566）。早期的徽州版画还有天顺六年（1462）刻印的《黄山图经》。歙县刻版工又以虬村仇姓和黄姓的刻工为最著名。后来虬川仇氏衰落，黄氏代而兴之。黄氏刻工以图版雕刻而闻名于世。他们同姓结帮，刻工技艺通过家传亲授而学得。明确记载黄氏刻工的版画作品有：弘治四年（1491）刻印的《詹氏宗谱》以及嘉靖三十九年（1560）刻印的《筹海图编》。从此，徽派版画风靡明清数百年而不衰，其薪火相传于大江南北，创造了中国版画事业的辉煌历史。

版画的繁荣有赖于优美的绘画作品和优秀的刻版能手，两者缺一不可，而徽州正是具备了这两个最基本的条件。黄氏版画刻工大都掌握一定的绘画基础，有的人甚至是有一定水平的画家。如黄氏一门中的黄应澄，就是名刻手黄应瑞、黄德修的堂兄弟。黄应澄在绘画、书法上都很有成就，不少黄氏的刻版就是由他绘稿的。另外，他们也常与当时的名画家合作，创作出绘刻双精的作品。例如由丁云鹏绘《墨苑》、《博古图录》，汪耕绘《人镜阳秋》，张梦征绘《青楼韵语》，程起龙绘《女范编》，王文衡绘《西厢五剧》，陈洪绶绘《水浒叶子》等，这些画稿经黄氏刻工的精雕细刻，笔笔传神，刀刀得法，以刀来表现原画，或借刀功来补偿画稿笔触未尽之处，甚至能够刻画出画中人的内心世界，达到了绘画和雕刻的完美结合，成为绘、刻双绝的印刷品。

黄氏刻版最兴盛的时期是万历至崇祯年间。这时黄氏的版画技艺达到了很高的水平，在构图、刀法上经过长期的钻研和实践，形成了自己独特

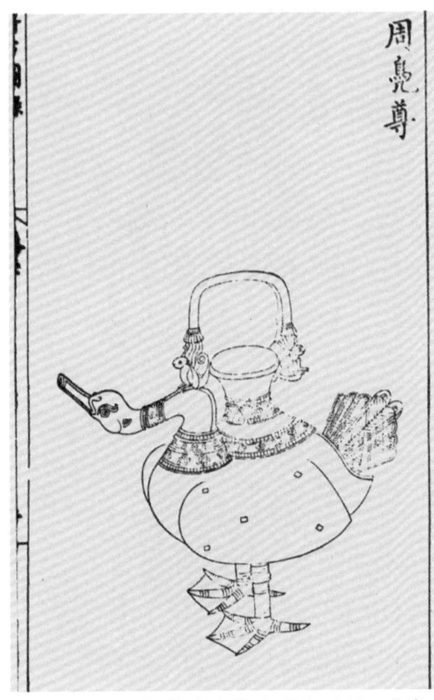

图6-137 《泊如斋重修宣和博古图录》30卷，明丁云鹏、吴廷羽绘，黄德时刻，明万历十六年（1588）新安吴氏泊如斋版。此图为其中版之"周凫尊"。

图6-138 《方氏墨谱》6卷，明方于鲁撰，明万历十六年（1588）方氏美荫堂刊本。丁南羽、吴左千、俞仲康等绘，黄德时刻。

的风格——精密细巧、俊逸秀丽，世称"徽派版画"。万历十年（1582），郑氏高石山房刻自编《目连救母劝善戏文》，其插图由黄铤主刀，多达57幅，刀法粗犷有力，构图生动活泼，富于变化。万历十六年（1588），由徽州名画家丁南羽、吴左千、汪耕等绘，黄德时、黄德懋等刻的《泊如斋博古图》，精整细密，为古代器物珍玩图谱版画的上乘之作。万历年间（1573—1620）刊印的《程氏墨苑》、《方氏墨苑》是徽州画家和黄氏刻工联手创作的明刊墨谱中的版画名作。《程氏墨苑》还首次引入四幅天主教题材的作品，这也是西洋铜版画第一次被移植于中国木刻画艺苑。万历二十二年（1594）黄鏻雕刻《养正图解》时，其刀法已显出细密而有动感的特点。万历二十八年（1600）黄一木刻《列仙全传》、黄一林刻《剪灯余话》中的插图，构图得法，线条曲直得当，景物工致细腻，人物生动传神，惟妙惟肖地再现出画稿气韵。崇祯年间（1628—1644）黄诚刻《忠义水浒传》、黄子立刻《水浒叶子》，打破千人一面套式，雕镌的英雄个个独具特色。

汪氏环翠堂的图版雕刻，更是独树一帜。戏曲作家、出版家汪廷讷（1573—1619），明代徽州休宁人，以业盐致富，曾官南京盐运使、宁波府同知。归隐后，在家乡经营坐隐园，主厅为环翠堂。在金陵开设环翠堂书坊。著有《环翠堂集》及集18种传奇的《环翠堂乐府》和9种杂剧。传世有《狮吼记》、《投桃记》、《义烈记》等。

汪氏所刻书大多附有精美插图，成为黄氏刻工和名画家合作的代表作品。著名的有《环翠堂园景图》、《坐隐先生精订捷径棋谱》、《人镜阳秋》，均为徽派版画的上乘之作。万历年间（1573—1620）钱贡绘图、黄

图 6-139 《环翠堂园景图》(局部)，明吴门钱贡画，黄应祖镌，明万历年间汪氏环翠堂刻本。此本长1468厘米，高24厘米，为中国版画史中之杰作。

图 6-140 《环翠堂园景图》之部分

图 6-141 《坐隐先生精订捷径棋谱》插图，明汪廷讷撰，汪耕画，黄应祖刻，明万历三十七年（1609）汪氏环翠堂刻版。

应祖刻的《环翠堂园景图》长达 14.86 米，图绘景观 50 余处、人物 300 余人。其刻图之精美，篇幅之长度，人物之众多，为当时世界所罕见。万历年间（1573—1620）汪氏著、汪耕画、黄应祖刻的《坐隐先生精订捷径棋谱》为方册大版，其图画为六面连式，构图采用明暗对比之手法，画面情景交融，点画精细入微。由汪氏著、汪耕画、黄应祖刻的《人镜阳秋》凡 22 卷，叙有关历史故事，每事一图，多达数百幅，皆双幅大版，以人物活动为主体。所画人物修颈长身，眉目清秀，堪称徽派版画中的鸿篇巨制。今传世有 40 余种 120 余卷，列入国家级善本书目中。

环翠堂版画大多出自名画家之手，画风富丽堂皇，纤细入妙。刻工多为徽派黄氏名手，刀锋整齐流利，忠实地再现了原作，成为不可多得的艺术品。汪氏的图版印刷，往往不惜工本，力求以质量取胜。

纵观黄氏一族所镌刻的版画，正如张秀民先生所言：其作品“纤丽细致，姿态妍美，不但眉目传神，栩栩如生，帘纹窗花，也刻镂入微，线条细若毛发，柔如绢丝，穷工极巧，所谓刀头有眼，指节灵通，得心应手，曲尽其妙，是名副其实的绣像绣梓，开卷悦目，引人入胜”。黄氏刻工因此被人们誉为“雕龙手”、“宇内奇士”。

黄氏刻工的精绝技艺，被全国许多地方的著名书坊所倚重，不惜重金延聘，特别是南京、苏州、杭州、湖州、北京等地，都有黄姓版画刻工完成的许多经典作品传世。他们外出刻版，往往是几人为一组，在这个组里技艺最精或年长者为首，一般是搭配不同技术档次及不同专长的刻手，以便承担各种书版的雕刻，并在实践中培养新手。如黄应瑞、黄应宠、黄应光、

图 6-142 《人镜阳秋》插图，明汪廷讷撰，汪耕画、黄应祖刻。明万历二十八年（1600）休宁汪氏环翠堂刊本。

黄一彬、黄子立、黄一凤、黄一楷等就曾寓居杭州，雕刻了《李卓吾批评西厢记》、《古杂剧》、《原本牡丹亭还魂记》、《图绘宗彝》、《玉合记》、《琵琶记》等。明代杭州最盛行的雕版画，几乎全出自于徽派名刻工之手。黄德宪常居苏州，刻《仙媛纪事》，为徽派刻风转变的代表人物。有名的刻工黄铤也曾献艺于北京。

有明一代，黄氏一族所刻书目约200余部，刻工约300人；黄氏家族

图 6-143 《孔圣家语》，明吴嘉谟编，明万历年间（1573—1620）徽州刊本。程启龙等写，黄应祖镌刻。

图 6-144 《明状元图考》，明顾鼎臣编，吴承恩、程一桢校，明万历年间（1573—1620）刊本。黄应澄绘，黄应瑞、黄元吉、黄德修等刻。

图 6-145 《古列女传》插图，汉刘向撰，明万历三十四年（1606）黄嘉育刊本，黄镐刻。

中曾有百余人为版画刻工，所刻插图书达数百种；其中至少有 31 人参与亲手刊刻明代插图印本中的大部分。据张秀民《明代徽派版画黄姓刻工考略》统计，明代最后 70 年中印行的书籍中，就有 50 种为黄家所刻。

在我国古代历史上，各种名工巧匠多不被人们所重视，雕刻工被认为是雕虫小技，无足轻重，所喜留传下来的《虬川黄氏宗谱》，较详细地记载了黄氏刻工的姓名、生卒年月、世系关系，所刻书目等也有详细的介绍。现依据史料文献，就万历至天启年间（1573—1627）有记载的黄氏主要版画刻工及作品记录如下。

黄浚，刻有《剪灯新话》、《帝鉴图说》、《寂光镜》等。

黄鏻，刻有《养正图解》、《程氏墨苑》等。

黄铤，卒于北京，1582 年刻《目莲救母劝善戏文》中插图 57 幅。

图 6-146 黄一中刻《水浒传》插图。

黄镐，生卒不详，1606年刻《古列女传》。

黄尚润，后寓杭州，万历七年（1579）刻《九华山志图》。

黄德时，万历中刻《博古图录》、《考古图》、《古玉图》、《方氏墨谱》及《女贞观重会玉管记》。

黄德宠，常居苏州，万历三十年（1602）刻《仙媛纪事》，为徽派刻风转变的代表人物。

黄应祖，万历二十七年（1599）刻《人镜阳秋》，万历三十八年（1610）刻《坐隐园戏墨》及《孔圣家语》、《环翠堂园图景》、《古今女苑》、《捷径弈谱》等。

黄应绅，万历末刻《酣酣斋酒牌》。

黄应济，万历三十年（1602）刻《女范编》。

黄应淳，万历年间（1573—1620）（刻《闺范图说》、《牡丹亭记》。

图 6-147 《金瓶梅》插图，明崇祯年间（1628—1644）徽州版，所选 4 图为黄启先、黄汝耀等刻。

黄应渭，万历年间刻《闺范图说》、《明状元图考》、《牡丹亭还魂记》。

黄德新，万历四十七年（1619）刻《顾曲斋元人杂剧》。

黄德修，万历年间刻《明状元图考》、《元人杂剧》、《牡丹亭还魂记》。

黄应熊，万历年间刻《玉玦记》。

黄应瑞，万历年间刻《大雅堂杂剧》、《闺范图说》、《明状元图考》、《性命双修万神圭旨》、《女范编》、《四声猿》。

黄应泰，万历年间刻《明状元图考》、《女范编》、《程氏墨谱》。

黄应祥，万历四十年（1612）刻《闺范图说》。

黄应孝，万历三十二年（1604）刻《帝鉴图说》。

黄应秋，住杭州，万历四十四年（1616）刻《青楼韵语》。

黄应光，住杭州，万历至天启年间刻《昆仑奴》、《新校注古本西厢记》、《陈眉公选乐府先春》、《李卓吾批评玉合记》、《琵琶记》、《北西厢记》、《小瀛洲社会图》、《元曲选》、《订正批点画意北西厢》。

黄应臣，天启七年（1627）刻《远西奇器图说》。

黄守言，万历年间刻《剪灯新话余话》、《方氏墨谱》。

黄一木，万历年间刻《剪灯新话余话》、《顾曲斋元人杂剧》、《有像列仙传》。

黄一林，刻《剪灯新话余话》。

黄一森，刻《剪灯新话余话》、《仰山乘》。

黄一楷，住杭州，刻《王李合评北西厢记》、《闺范图说》、《顾曲斋元人杂剧》、《牡丹亭还魂记》、《梵刚经菩萨戒》、《吴越春秋乐府》。

黄一彬，住杭州，刻《青楼韵语》、《西厢记》。

黄一凤，刻《顾曲斋元人杂剧》、《牡丹亭还魂记》。

黄一中，刻《水浒传》。

黄建中，住杭州，刻《九歌图》、《隋炀帝艳史》。

徽州刻工除了虬村黄氏之外，还有汪、刘、郑等姓，也有不少刻版名手。现选其要者列举如下：汪忠信刻《海内奇观》，汪文宦刻《仙佛奇踪》，汪士珩刻《唐诗画谱》，汪成甫刻《万宝图》，汪光华刻《琵琶记》，汪楷刻《十竹斋书画谱》。刘君裕刻《忠义水浒全传》，刘启先刻《水浒传》，刘振之刻《女范编》，刘次泉刻《集雅斋画谱》。郑圣卿刻《琵琶记》，洪国良刻《吴骚合编》、《沿春锦》，杨尚刻《太平山水图》，汤复刻《离骚图》，谢茂阳刻《幽闺记》，姜体乾刻《红拂记》等。

三、明代版画雕刻的技艺特点

其一，图版的形式更加丰富多彩。有上图下文式：这是继承了宋元版式的风格，一种是图占的位置较小，以文字为主；另一种是图幅占位超过版面的一半，下配少量的文字。有图文对照式：在一幅对页版中，一面为图，一面为文。有图版相连式：有的图幅连续八面，形成一幅画卷。有纯装饰性图版式：其特点是一面为与书的内容相关的插图，一面为与读书内容无关的山水、花鸟等图版。有多形状图式：除有长方形、方形外，也有圆形。

有图中题字式：在图版的空白处刻上少量文字或诗句。

其二，几乎各种雕刻手法都有所采用。阳图刻版是忠实反映原稿的一种传统的形式，也是我国民间喜闻乐见的形式。到明代，图版的雕刻呈现着两种倾向，一种是大刀阔斧，线条粗放，虽显得粗糙，但也体现了木刻的刀味。有时还以木板底纹作底色，呈现出黑白对比的效果。另一种则是纤细精美，对人物、景物都刻画得细致入微。这在明代中后期的版画印刷品上，都有充分的反映。

其三，绘画艺术和雕刻艺术的完美结合。画家们的参与以及画家和刻工们的合作，也是推动版画雕刻技艺提高的一个重要因素。这种合作无疑也提高了刻工的艺术水平和鉴赏能力，如刘素明、黄铤等能画能刻的人也不断涌现。最典型的是胡正言与刻工汪楷的合作而产生的精美印刷品。

其四，刀法更加精练圆熟。明代图版印刷的发展，造就了一大批优秀的刻工，他们世代相传，吸收各家的优点，再融会贯通，使刀刻线条呈现出一种节奏感，点画起伏以及拂披的刀法，都能得心应手。所谓“千容百态，远近离合，俱在刀头之精”。在刻版刀法上，刻工们经过长期的实践和总结，形成一套专门的刀法术语，如双刀平刻、单刀平刻、流云刀、欹刀、斜刀、整刀、敲刀、卧刀、添刀、旋刀、卷刀、尖刀、转刀、跪刀、逆刀等等。这也说明，到了明代刻版技艺已达到高峰，不但总结了前代的经验，而且有所创新。

《中国印刷发展史图鉴》编委会

主　　编／ 曲德森
执行主编／ 胡福生

编委（以姓氏笔画为序）

曲德森　许文才　李　英　杨　雯　罗树宝
胡福生　赵春英　施继龙　彭俊玲　魏志刚

中国印刷发展史图鉴（下）

主编 曲德森
执行主编 胡福生

国家社会科学基金项目
『十二五』国家重点图书出版规划项目

山西出版传媒集团 山西教育出版社
北京艺术与科学电子出版社

目录

第六章 全面发展的明代印刷

（1368-1644）

第五节 异彩纷呈的多色套印技术

一、多色套印技术的发展过程

多色套印技术与雕版印刷、活字印刷一样，是中国古代劳动人民首先发明的。这项技术发明，起源于汉唐，发端于宋辽，鼎盛于明代，沿用至今。

早在先秦时期起，我国学者就有了用不同颜色的文字批点文本的做法。这促进了多色套版印刷的产生。大体来讲，多色套印技术经历了三个阶段。第一阶段是在一块版上涂上几种颜色，一次印成，称为“涂版”或“套色”。第二阶段是将在同一版面上需用的不同颜色分别刻成不同的版，刷印出几种不同的色彩，然后依次加印在同一张纸上，称作“套版”或“套印”。前两个阶段的多色套印技术多用于以不同颜色标出文字版本中的句读、标点、评语及注释，也用于以黑色轮廓线条为主的木刻版画的印刷。第三阶段发展为多色木刻版画的印刷。即以一套位置准确而可重叠的多块木版，每版分别刷上不同颜色的水彩，相续就印于同一张纸上。每套中的木版两三块至数十块不等，视所需颜色种类及色调而定。主要用于印刷地图、纸钞、书籍插图、信笺、年画、图画以及装饰性的美术作品等。

多色套印技术的产生，源远流长。我国的多色套印技术首先施印于布帛。长沙马王堆汉墓中出土的印有两色图案的泥金银印花纱，是用凸版套印加工的。在敦煌发现的刻印于隋代大业三年（607）的《敦煌隋木刻加彩佛像》，就是刻印后再填色的一幅彩画。它既是中国雕印术“肇自隋时”的实物依据，又是套印术的最原始的表现。唐代的“夹缬”印染，对多色套印术，具有启示意义。五代的“印线填色”，可谓是“多色套印”术的先声。宋初巴蜀流行“交子”，“制楮（纸）为券，表里印记，隐密题号，朱墨间错”。（见元费著《楮币谱》）说明这种早期的纸币已经采用朱墨两色套印了。

据明曹学诠《蜀中广记》载，宋大观二年（1108），徽宗下令改“交子务”为“钱引券”，当时铸有六块铜铸的印版来印制纸币，这六颗印上各刻有不同的图案纹饰，其中敕字、大料例、年限、背印四印均用黑色，青面印用蓝色，红团印用朱色。这种三色纸币如何施印，说得不清楚，但在币面上追求色彩的变化是无疑的。

现存最早的彩色印刷实物之一，是1973年在陕西西安发现的宋、金

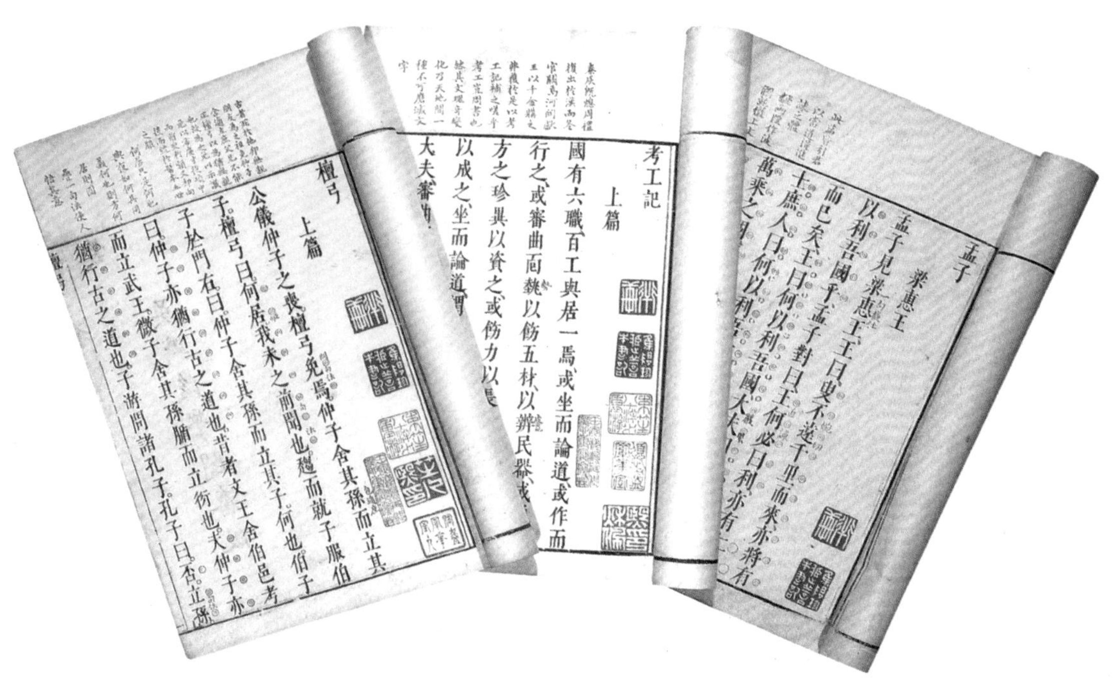

图 6-148 《三经评著》三种四卷（檀弓一卷、孟子一卷、考工记二卷），明万历四十五年（1617）闵齐伋刻三色套印本。所刻各书多有名家评注、圈点，并用朱墨或加黛蓝等色套印，不加行格，用纸洁白坚韧，字体疏朗，色彩鲜明。

时所刊彩印版画《东方朔盗桃图》，该图以黑、灰、绿三色印刷，并捺一朱印，当为室内装饰或坊间年画。

在山西应县木塔中发现的辽代大型敷彩画《炽盛光佛降九曜星官方塑相》和《药师琉璃光佛说法图》均为雕版印刷后手工涂上红、黄、蓝三色。《释迦说法相》则系绢本三色彩印。难能可贵的是，在中国古代版画遗存中，这是唯一由色块组成，而非线条勾勒的作品。

元代的套印技术又有了新的发展，主要的标志是图书采用朱墨套印。元后至元六年（1340），中兴路（今湖北江陵）资福寺刻无闻和尚注解的《金刚经注》，经文、卷首灵芝图用红色，注文用小字黑色，两色套印。这是目前所知最早的雕版彩色套印图书。有人认为，这是在一块雕版上，在不同区域的印刷部分分别涂上不同颜色而一次印刷出来的。但也有人认为，是分色分版套印。

到了明代，多色套印技术迅猛发展。套印图书不但成为一种风尚，更为普遍，而且出现了图画的彩色套印。主要表现为：在吴兴地区，出现了以闵、凌氏为代表的对以文字为主的不同颜色的印刷；在徽州地区，出现了以《程氏墨苑》为代表的套色版画印刷；在南京地区，出现了以胡正言为代表的以色块印染法即“饾版”、“拱花”为主的彩色版画印刷，从而将明代的套色印刷推向了最高峰。

二、吴兴闵、凌氏的多色套印本

明代中叶是套色印刷的黄金时代，不少印刷作坊竞相推出套印本图书。今天常见的套印本，绝大部分是明万历年间（1573—1620）吴兴（今浙江湖州）

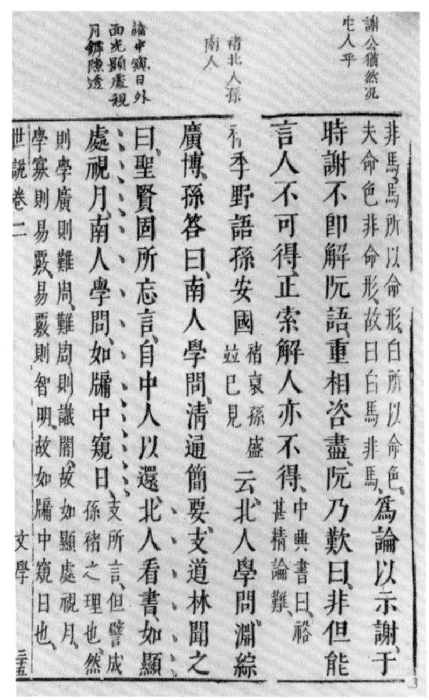

謝公猶然況乜人乎

褚北人孫南人

論中窺日外面光顯處視月鄰隙透

非馬馬所以命形白所以命色為論以示謝于
夫命色非命形故曰白馬非馬
時謝不即解阮語重相咨盡阮乃歎曰非但能
言人不可得正索解人亦不得 中興書曰裕甚精論難
褚季野語孫安國 褚裒孫盛並已見 云北人學問淵綜
廣博孫答曰南人學問清通簡要支道林聞之
曰聖賢固所忘言自中人以還北人看書如顯
處視月南人學問如牖中窺日 支所言但譬成孫褚之理也然
則學廣則難周難周則識闇故如顯處視月
學寡則易覈易覈則智明故如牖中窺日也

世說卷二 文學 三五

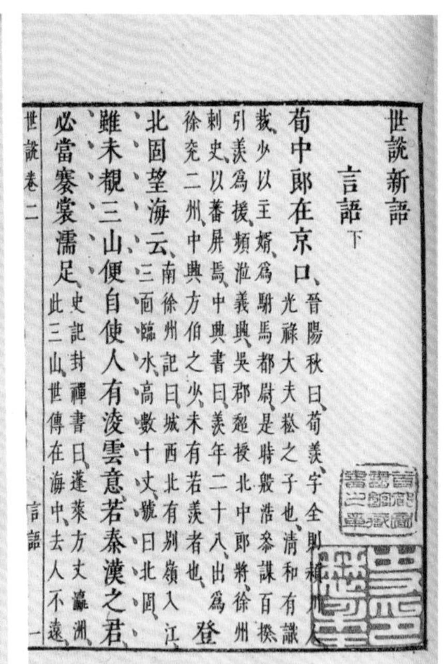

世說新語

言語下

荀中郎在京口 晉陽秋曰荀羨字令則潁川人光祿大夫崧之子也清和有識
裁少以主婿為駙馬都尉是時殷浩參謀百揆
引羨為援頻泣義與吳郡郗超授北中郎將徐州
刺史以蕃屏焉中興書曰羨年二十八出為
徐兗二州中興方伯之少未有若羨者也 登
北固望海云 南徐州記曰城西北有別嶺入江三面臨水高數十丈號曰北固
雖未覩三山便自使人有凌雲意若秦漢之君
必當褰裳濡足 史記封禪書曰蓬萊方丈瀛洲此三山世傳在海中去人不遠

世說卷二 言語 一

图 6-149 《世说新语》，南朝宋刘义庆撰，宋刘振翁评，明乌程凌氏刻四色套印本。

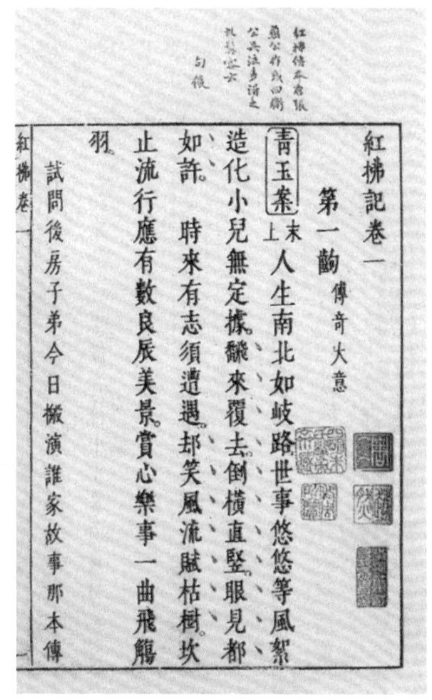

紅拂記卷一

第一齣 傳奇大意

青玉案 末上 人生南北如岐路世事悠悠等風絮
造化小兒無定據翻來覆去倒橫直豎眼見都
如許 時來有志須遭遇却笑風流賦枯樹坎
止流行應有數良辰美景賞心樂事一曲飛觴
羽
試問後房子弟今日搬演誰家故事那本傳

紅拂卷一 一

图 6-150 《红拂记》4 卷，明张凤翼撰，汤显祖评。明万历年间（1573—1620）凌濛初刻套印本。

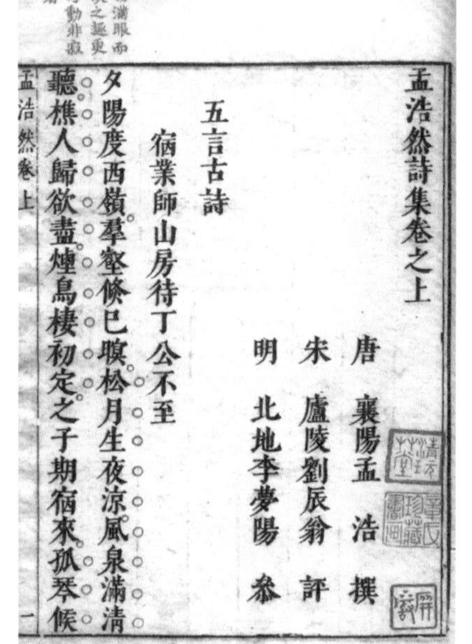

景物滿眼而清曠之趣更自浮動非寂寞者

孟浩然詩集卷之上

唐 襄陽孟 浩 撰
宋 廬陵劉辰翁 評
明 北地李夢陽 參

五言古詩

宿業師山房待丁公不至

夕陽度西嶺羣壑倏已暝松月生夜涼風泉滿清
聽樵人歸欲盡煙鳥棲初定之子期宿來孤琴候

孟浩然卷上 一

图 6-151 《孟浩然诗集》，明万历年间（1573—1620）凌濛初刻套印本。

闵氏、凌氏刻本。闵、凌是吴兴望族，也是著名的套印刻书世家，有刻书业绩可考的有数十位之多。两姓同邑，共操一业，世代相传，堪称中国印刷史上的一段佳话。

当时有名的出版印刷家闵齐伋、闵昭明、凌汝亨、凌濛初、凌瀛初等，都曾用朱墨二色或三色、四色印刷过图书，称为朱墨刊本，尤以闵刻为最著名。弘治年间（1488—1506）出版的《本草品汇精要》，书中附有较多的插图，其图为雕版印刷线条轮廓，再由人工敷彩。《乌程县志》曾称赞

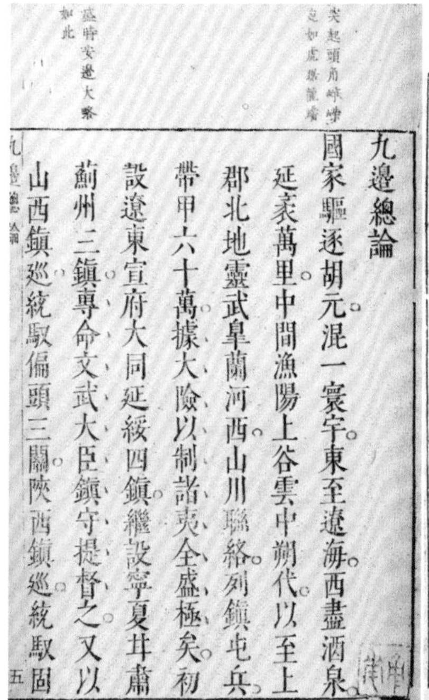

九邊總論

國家驅逐胡元混一寰宇東至遼海西盡酒泉延袤萬里中間漁陽上谷雲中朔代以至上郡北地靈武皋蘭河西山川聯絡列鎮屯兵帶甲六十萬據大險以制諸夷全盛極矣初設遼東宣府大同延綏四鎮繼設寧夏甘肅薊州三鎮專命文武大臣鎮守提督之又以山西鎮巡統馭偏頭三關陝西鎮巡統馭固

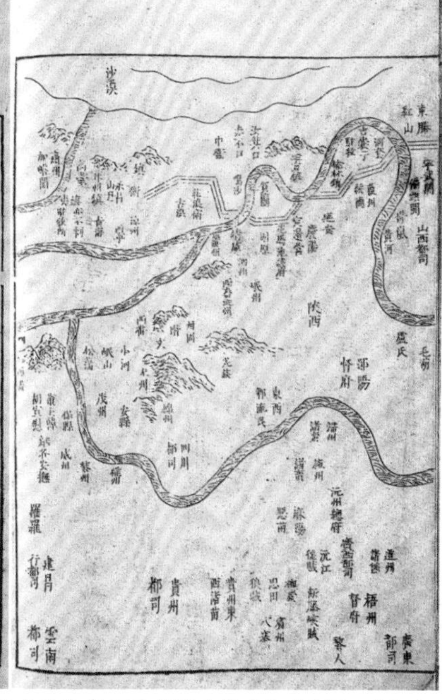

图 6-152 《九边总论》1 卷，明许论撰，明天启元年（1621）闵氏朱墨套印《兵垣四编》本。

这本书的印刷为“闵本五色字版，雅丽精美，足为千古传颂”。这种用雕版印刷图画的线条轮廓，再用人工涂上彩色的工艺方法，为后来的木版年画印刷所广泛采用，其中最有名的是苏州的桃花坞、天津的杨柳青和山东潍坊的杨家埠。

明代闵氏刻书内容以经、史、子、集为主。闵齐伋就曾经用套色法印刷了《左传》、《老子》、《庄子》、《列子》、《楚辞》、《东坡易传》，以及陶、韦、苏、王、韩、孟、柳诸家的诗文集。凌汝亨用双色套印了《管子》。凌濛初用双色套印了《韩非子》、《吕氏春秋》、《淮南子》等书。除了双色套印外，当时还出现过三色套印和四色套印的书。例如万历九年（1581）凌濛初刻印的《世说新语》，就是用四色套印的，其中黑色印原文，用红、蓝、黄色分别印诸家的批注。凌濛初是著名的戏曲小说家兼出版家，所编“二拍”（《初刻拍案惊奇》和《二刻拍案惊奇》）较为著名。他刻印的书中，以戏曲、小说为多，且多套印并有插图，字迹笔画工致，绘图人物神态秀逸。其传世品有《虬髯客传》、《红拂记》、《琵琶记》、《明珠记》、《幽闺记》和《南柯记》等。

据近人陶湘的不完全统计，闵、凌两家共刻印 117 部，计 145 种套印书籍，其中已知有三色套印本 13 种，四色套印本 4 种，五色套印本 1 种。[⑥] 除闵、凌两家外，当时刻过套版书的还有吴兴茅兆河、唐建元、苏之轼、程氏滋兰堂，南京王凤翔和庆云馆等。

明代闵氏、凌氏套印本的特点是：四周有版框，中间无界行，纸张洁白如玉。就质量而言，闵氏比凌氏好。套印本书籍的出现，使我国传统雕版印刷的技艺因不同颜色的文字和线条的出现而大大提高了一步。

三、《程氏墨苑》等图书与套色版画的印刷

明万历（1573—1620）以后，戏曲、小说及其他通俗读物的出版印刷占有很大的比重。为了吸引读者，书中不但配有插图，有的还采用多色套印。如万历末年由刘素明刻版的《西厢记》，吴兴凌氏出版的《西厢五剧》，卷首附图20幅，朱墨两色套印。再如汤显祖的《邯郸梦》、《牡丹亭记》，

图6-153 《西厢记图》，明崇祯十三年（1640）吴兴闵氏寓五本。

图6-154 彩色木刻版画《风流艳畅图》，编绘者佚名，黄一明刻，明崇祯年间武林养浩斋版。

张凤翼的《红拂记》等书，其中插图多为双色套印，雕工和印刷都十分精美。万历年间新安黄一明为武林养浩斋刻的《风流艳畅图》，除墨印本外，又有彩印本，人物之衣履窗帷，乃至肤色目光，都印得很出色，而最具代表性的彩色印刷品是《程氏墨苑》。

明万历三十三年（1605），安徽歙县程氏滋兰堂刻印的《程氏墨苑》

图 6-155 《程氏墨苑》之“天老对庭”图，程氏滋兰堂彩色套印本。丁云鹏绘图，黄鏻、黄应泰、黄应道、黄一彬刻。

图 6-156 《程氏墨苑》之“飞龙在天”图

图 6-157 《程氏墨苑》之“玄国香”图

图 6-158 《程氏墨苑》之“巨川舟楫”图

一书，附有近50幅彩色插图，多为四色、五色印成。《程氏墨苑》内的“天老对庭”图，有红色、黄色的凤凰和绿色的竹子，用五色墨，模印数十幅。该书是由徽派刻版名手黄鏻亲手雕刻，再加上印刷色彩的精良，使这件印刷品达到了很高的艺术水平。《程氏墨苑》中的其他比较有名的作品还有“巨川舟楫图”、“五色风池云图”、“落日放船图”、“三生图”等。《程氏墨苑》一书的编者为滋兰堂的主人程大约，是当地知名的墨商，他所以不惜工本精印这部书，主要为提高其字号声誉，以便在与同业竞争中取胜，但在客观上也推动了彩色印刷技术的发展。

同在歙县的另一墨商方于鲁及其书坊方氏美荫堂，撰刻有《方氏墨谱》6卷，与《程氏墨苑》一样，其作品多为高手绘画、雕刻的彩色套印作品。约万历二十八年（1600）刻印的《花史》，内有红色荷花，绿色叶子。

图6-159 《方氏墨谱》6卷，明方于鲁辑，明万历年间（1573—1620）方氏美荫堂刊本。丁南羽、吴左千、俞仲康绘，黄德时刻。

图6-160 《花史》，明万历年间（1573—1620）刊设色套印图。

《程氏墨苑》和《花史》是两部彩色套印版画的范本。在这两部作品中都刊有精美的彩印版画，关于这些彩印版画的印制方法，素有两种说法。一种是说在刻好的印版上，根据原画上的色彩，分涂于版面的各个部位，如树干涂棕色，花叶子涂绿色，然后，覆纸刷印；一种说法，则认为就是“版套印”。

有学者经过研究认为，两部作品中的彩色版画，凡画面色彩少者，可一版涂色刷印而成；凡色彩繁多者，非多版套印不能成其事。[7] 也就是说，两部作品中的彩色图版，视色彩的简繁，分别采用了涂色的方法和“饾版”的方法。

张秀民先生也认为，像《花史》一书的彩印，“最初是用几种颜色涂在同一块雕版上，如用红色涂在花上，绿色涂在叶上，赭色涂在树枝上，但这样印出来容易混淆不清。所以又进一步把每种颜色各刻一块木版，印刷时依次逐色套印上去，因为它先要雕成一块块的小版，堆砌拼凑，有如饾饤，故明人称为‘饾版’”。[⑧]可见，在胡正言的“饾版”和“拱花”技艺施行之前，在明代已有人开始使用这种技术了，而且是颇为流行的一种印刷术。

四、胡正言与饾版、拱花印刷

早在宋代，我国就出现了朱墨套印技术。明代中期，多色套印术发展很快。开始多为文字和线条的多色套印。万历年间（1573—1620），人们开始将不同色彩以不同的深浅颜色涂刷在一块木雕版上，经一次印刷后，成为一幅彩色印刷品。但由于各色边界处互相混淆，使印出的产品并不理想。为了解决这个问题，有人曾试验用一色一版的方法来进行彩色印刷，从而达到了较为理想的印刷效果。但由于文献记载缺乏，我们今天还不知道最早试用“饾版”印刷者的姓名和它的首创者。

所谓“饾版”印刷，就是按照彩色绘画原稿的用色情况，经过勾描和分版，将每一种颜色都分别雕一块版，然后再依照“由浅到深，由淡到浓”的原则，逐色套印，最后完成一件具有深浅、浓淡层次的近似于原作的彩色印刷品。由于这种分色印版类似于五色小饼摆设于食盘内的饾饤，所以明代称这种印刷方式为“饾版”印刷，清代中期以后，才称为木版水印。用“饾版”技术复制出来的画，最能保持中国绘画的本色和精神，因为所用的颜料和宣纸，都是和原画所用的相同，具有民族艺术的特色。

图 6-161 《十竹斋书画谱》8 卷，明胡正言辑，明崇祯年间（1628—1644）胡氏十竹斋刻套印本。

“拱花”之法为中国印刷术的又一发明。此法称为“拱版”或“拱花”，拱花是一种无色印刷，即将雕版压在纸上，通过砑印，使画面出现微凸的线条或花纹的方法。也有用凹凸两版嵌合，通过压制，使纸面拱起而有立体感，类似于现在的钢印。多用于衬托画中的白云、流水以及花叶的脉纹，使画面更富于表现力。

据考证，拱花术在我国具有悠久的历史，有史料记载和遗存实物为证。早在唐代宪宗元和年间（806—820），就出现了压花水纹纸“鱼子笺”。至宋代，记载有“砑光小本”（一种印有微凸纸面图案的笺纸）和蜀人造“十色笺”。故宫博物院藏有宋代的《同年帖》，该帖上印有波浪纹图案的水纹纸。又宋末元初的《墨竹》图上压有云中飞雁和鱼翔水底的图案。这一伟大发明可能出自我国古代雕版刻印工匠之手，但究竟出自何人，史无记载。一直到今天，压凸印刷还广泛地应用于各种装潢印刷。

在明代后期，对雕版印刷技术的改进作出巨大贡献的是胡正

图 6-162 《十竹斋笺谱初集》4 卷，明胡正言辑，明崇祯十七年（1644）胡氏十竹斋刻，饾版拱花套印本。

图 6-163 明胡正言《十竹斋书画谱》之花图

图 6-164 明胡正言《十竹斋书画谱》之桃图

图 6-165 明胡正言《十竹斋书画谱》之石图

图 6-166 明胡正言《十竹斋书画谱》中的单色水墨画图

言。他所采用的“饾版”与“拱花”印刷工艺，将我国古代的印刷技术提高到一个新的水平。

胡正言（1581—1672），字曰从，徽州休宁人，后移居南京鸡笼山侧，因房前种竹十余株，故将其居室命名为“十竹斋”，自号“十竹主人”。胡正言曾官至中书舍人，后弃官，以医为业，并专心从事书画、篆刻等方面的创作和研究。胡正言博学多才，精于六书，巧于刻印，擅长绘画，又能自造好纸、好墨，后来成为富有艺术天才的治印家、书画家、笺纸设计家和印书家。他主持雕版印刷的《十竹斋书画谱》和《十竹斋笺谱》，通过创造性地运用“饾版”和“拱花”技艺，成为印刷史上划时代的作品，堪称中华民族之瑰宝。其中许多作品，由他本人自画自刻。自著有《印存玄览》、《胡氏篆草》，刻有《六书正讹》、《牌孚统玉》。明亡之后，隐居于小楼，30 年不出门，活到 91 岁。

《十竹斋书画谱》创作于 1619 年至 1633 年之间，前后历时 14 年，收有他本人和其他 30 多位书画家的作品。1627 年首印，1633 年将历年印成的书结集出版，全书分为书画谱、竹谱、梅谱、兰谱、石谱、果谱、翎毛谱、墨华谱 8 种。由 180 幅版画及约 140 首题诗和书法组成，每类收有绘画或书法 40 例。这部卷帙浩繁的彩色印刷巨作，主要采用“饾版”方法印制，是中国印刷史上第一部能表现深浅层次的彩色印刷品。此书出版后不久，就有人仿照“饾版”印刷法翻印此书，但并未达到胡正言的印刷水平。

胡正言印造的《十竹斋笺谱》刊成于 1644 年至 1645 年，分 4 卷，收图 279 幅，图样分为清供、华石、博雅、古玩、风景、人物、花卉、草木等 8 类。《笺谱》更为精致艳丽，受到时人的很高评价。如《十竹斋笺谱》“花石八种”中紫薇花的印刷，采用一版多色技术，即在一块印版的某一部位刷上红色，另一部位刷上绿色，两色之间留有空隙，待两色互相扩散

图 6-167 《十竹斋笺谱》中的拱花印刷品

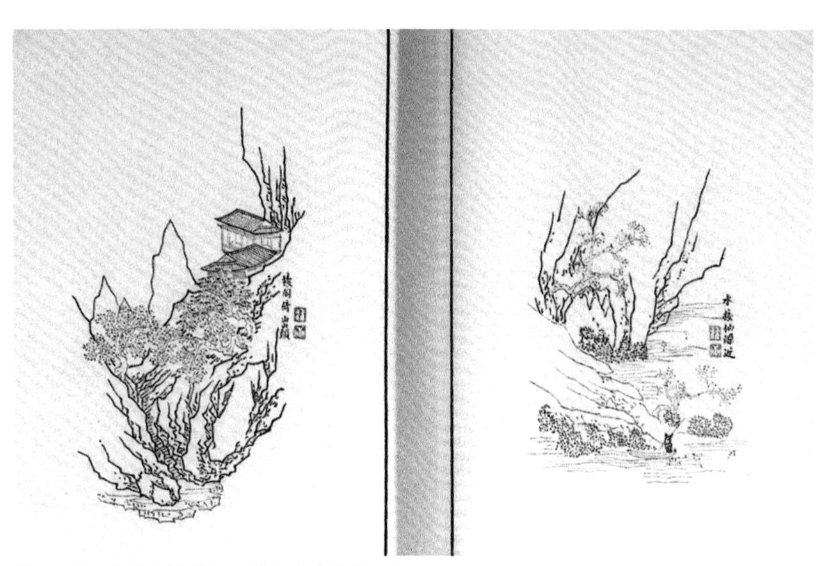

图 6-168 明吴发祥刻印《萝轩变古笺谱》之一

渗透后再覆纸印刷，便产生了花瓣由绿变红、中间色彩过渡平滑、不留套印痕迹的艺术效果。印制方法除采用“饾版”术之外，其中若干笺谱是用“拱花”方法印成，或着色，或素纸。

胡氏二谱，原稿画得好，刻时得心应手，刀下传神，印时用棕刷帚代笔，先后浓淡，手势轻重，恰如其分。胡氏与良工朝夕研讨，十数年如一日，能匠心独运，做到画、刻、印三绝。所以不论花卉羽虫，均神韵生动，色彩逼真，栩栩如生。杨龙友说：“曰从巧心妙手，超越前代，真千古一人哉！”他的作品受到大江南北人们的欢迎，初学画的人奉它为临摹范本，对绘画教育起了很大的作用。

胡正言还采用“饾版”法，印刷单色水墨画，经过分版套印，来体现画面的焦、浓、重、淡、轻等不同的水墨层次。在《笺谱》的印刷中，就使用了这种技法，从而使我国古代的各种绘画形式，都可以用“饾版”印刷来进行复制。

然而，胡正言并不是“饾版”、“拱花”技术的发明者，《十竹斋笺谱》也不是这类作品的第一种，与它同时或较其更早，至少已有两种笺谱版印成集，一为《萝轩变古笺谱》，1626年由南京吴发祥（号萝轩，生于1578年）纂印，其中收彩图182幅，均为山水花草动物图，用版、拱花法套印。另有《殷氏笺谱》，其中收有拱版花色的诗笺，大致与《十竹斋笺谱》同时印刷。

毫无疑问，在印刷史上影响最大的还是胡正言。他不但组织了《笺谱》和《书画谱》的刻印工程，而且亲自从事刻、印，对木版彩色印刷技术进行了多方面的创新和发展，其技法和工艺水平，达到了我国古代印刷技术发展的最高峰。

第六节 技艺精湛的活字版印刷

活字印刷术自毕昇发明以来，经历了泥活字、木活字、金属活字的发展过程。今有12世纪中期西夏文泥活字印本出土。木活字约出现于12世纪中期，在宁夏的出土文物中和黑水城文献中，有多种12世纪后期的木活字本。元代王祯对木活字作了改良，工艺已很精良。元代初期，已有人用锡为活字。明代，木活字印刷更为广泛，铜活字印刷兴盛一时。

一、木活字印刷

明代随着社会经济与文化的发展，木活字印刷比元代更为流行，尤以万历年间（1573—1620）的印本最多。

书院印书自宋、元以来一直很兴盛，但用活字版印书，却是从明代开始的。明正德五年（1510）印刷的黄希武编《古文会编》，嘉靖十六年（1537）印刷的钱璠编《续古文会编》五卷，都是由东湖书院活字印行，而且在每页版心下方印有“东湖书院活字印行”字样。常熟钱梦玉就曾以东湖书院活字，排印过其师薛应旂（字方山）中魁的三试卷。

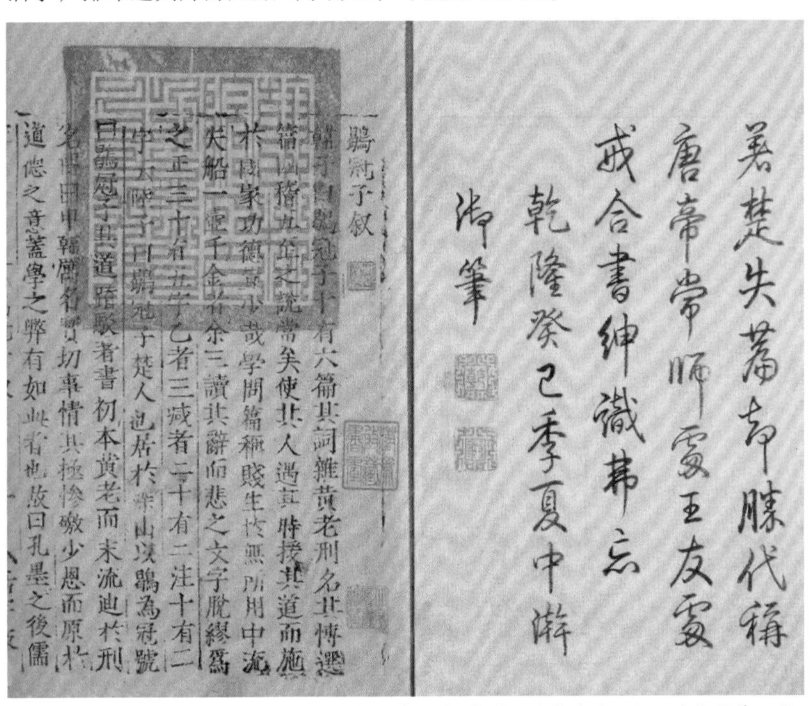

鶡冠子敘
鶡冠子十有六篇其詞雜黃老刑名其博選
篇[illegible]稽五至之說當矣使其人遇其時援其道而施
於國家功德豈小哉學問篇稱賤生於無所用中流
失船一壺千金者余三讀其辭而悲之文字脫繆爲
之正三十有五字乙者三減者二十有二注十有二
字太史公曰鶡冠子楚人也居於深山以鶡爲冠號
曰鶡冠子其道踳駁著書初本黃老而末流迪於刑
名[illegible]切事情其極慘礉少恩而原於
道德之意蓋學之弊有如此者也故曰孔墨之後儒

若楚失篇卽膝代稱
唐帝常師爰王友爰
戒合書紳識弗忘
乾隆癸巳季夏中澣
御筆

图6-169《鶡冠子》，明弘治年间碧云馆木活字印本。书首页有乾隆癸巳（1773）御题诗一首。

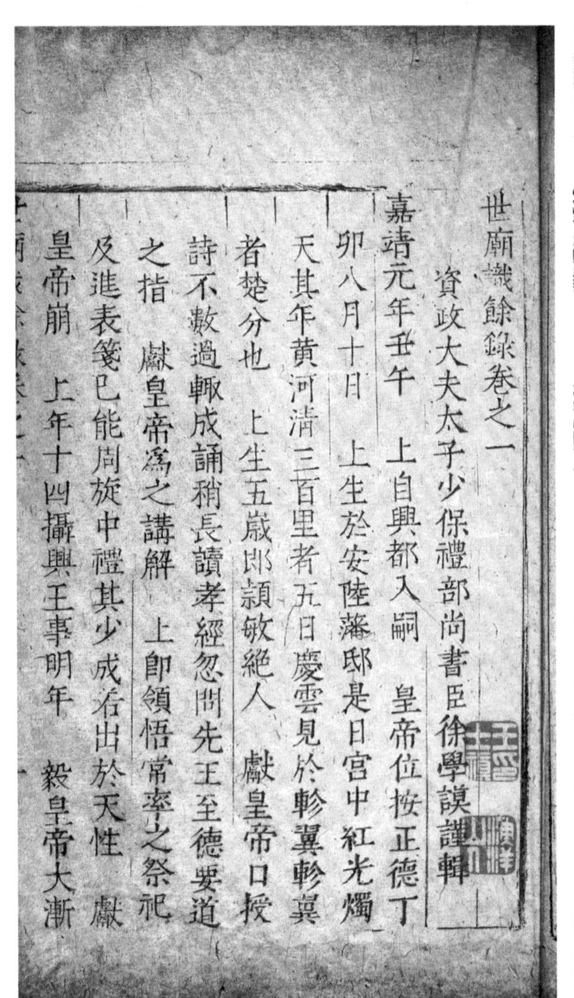
世廟識餘錄卷之一
資政大夫太子少保禮部尚書臣徐學謨謹輯
嘉靖元年壬午　上自興都入嗣　皇帝位按正德丁
卯八月十日　上生於安陸藩邸是日宮中紅光燭
天其年黃河清三百里者五日慶雲見於軫翼軫翼
者楚分也　上生五歲即穎敏絕人　獻皇帝口授
詩不數過輒成誦稍長讀孝經忽問先王至德要道
之指　獻皇帝為之講解　上即領悟常率之祭祀
及進表箋已能周旋中禮其少成若出於天性　獻
皇帝崩　上年十四攝興王事明年　毅皇帝大漸

图 6-170　《世庙识余录》，明徐学谟辑，其子徐兆稷自刻活字印本。

欒城集卷第一
詩五十三首
郭綸 綸本河西弓箭手屢戰有功官自黎州都監官滿貧不能歸權加州監稅
郭綸本蕃種。騎鬭雄西戎。流落初無罪。因循遂龍鍾。
嘉州已經歲。見我涕無窮。自言將家子。少小學彎弓。
長遇西鄙亂。走馬救邊烽。手挑丈八矛。所往如投空。
平生事苦戰。數與大寇逢。昔在定川寨。賊來如群蜂。
萬騎擁酋帥。自謂白相公。揮兵取其元。模糊腥血紅。
戰勝士氣振。越敵如旋風。蚩蚩氈裘將。不信勇且忠。
逆語相勸誘。一矢摧厥胸。短兵接死地。日落沙塵蒙。
欒城集卷一　一

图 6-171　《栾城集》，宋苏辙撰，明嘉靖二十年（1541）蜀藩木活字印本。

明代的藩府印书十分活跃，除大量使用雕版印刷外，也有用木活字版印刷的。藩王所造活字可考的有蜀府活字和益府活字。如蜀王朱让栩于嘉靖二十年（1541）印刷的苏辙《栾城集》84 卷，就是用木活字印刷的。由于该印本的边栏线四角有缺口，是因字的高低有误差造成墨色不匀，因而证明是木活字本。益王朱一斋于万历二年（1574）“命世孙以活字摹而行之”谢应芳的《辨惑篇》。在该书的末页印有“益藩活字印行”字样。

明代的私人用活字版印书，据有关资料记载，遍及成都、南京，甚至江苏、浙江、福建、江西、云南等地。例如，万历年间，南京李登（字士龙）曾用自己家藏活字，排印了自著的《冶城真寓存稿》8 卷数百本。明万历年间嘉定人徐兆稷，曾以活字刻印过其父徐学谟《世庙识余录》26 卷 100 部。徐氏在刻本的封底，专门刻录了一段话，记述了活字制作的艰难。明弘治年间一刻书家用木活字排印的《鹖冠子》，版心下方有“活字板”、“弘治年”及“碧云馆”等字样。由于清代乾隆帝曾提及此书，所以它颇负盛名。

明末南方开始用木活字排印家谱，如《曾氏家谱》（隆庆五年（1571））、《方氏宗谱》（崇祯八年（1635））、《东阳卢氏宗谱》（万历三十四年（1606））

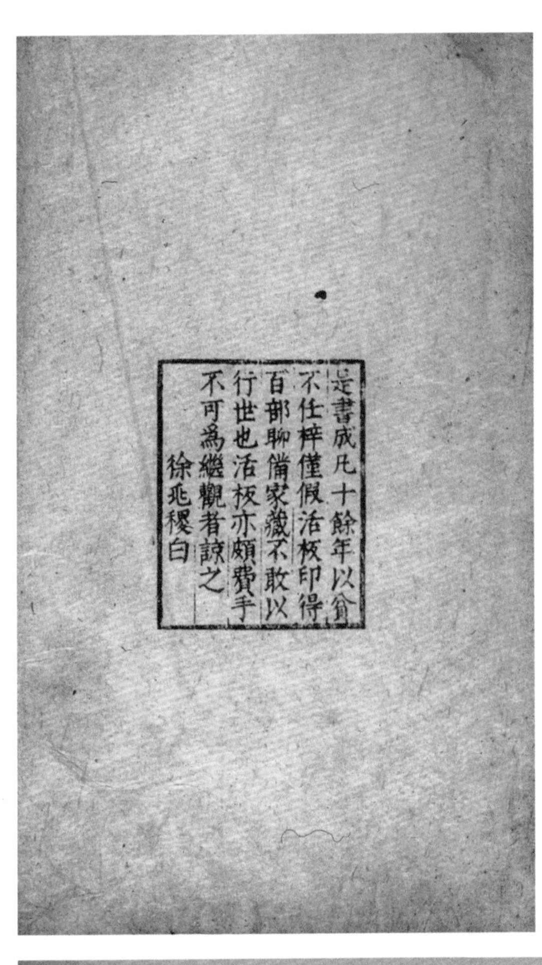

是書成凡十餘年以貧
不任梓僅假活板印得
百部聊備家藏不敢以
行世也活板亦頗費手
不可為繼觀者諒之
徐兆稷白

图 6-172 徐兆稷自刻活字本《世庙识余录》，徐兆稷在此书封底自白：“是书成凡十余年，以贫不任梓，仅假活板印得百部，聊备家藏，不敢以行世也。活板亦颇费手，不可为继，观者谅之。”

等。这种风行极广的家谱排印，促进了木活字印刷的推广和普及。

明代末年，还出现了用活字排印的《邸报》。清代学者顾炎武说：“忆昔时邸报至崇祯十一年（1638）方有活板，自此以前并是写本。”

现存实物中，有一本明代用木活字排印的《毛诗》，其末行“自”字横排；《鹤林玉露》书页中右数第三列“駛”字倒排。

综上所述，可见明代的木活字印刷确有很大的发展，有书名可考的木活字本约一百多种。但总体来讲，其比例不大。藏书家认为活字本的质量不如雕版，一般是需要快速出书时才使用活字版印刷。到了清代，由于武英殿木活字印刷的大规模使用，再加上统治者的提倡，木活字印刷才广为使用。

大車以載月出方歸及夫定之方中農隙多暇則呼
盧令携兎罝挾角弓既張九彀施畋罟以獵以漁其
富者或駕駟鐵乘四牡有車轔ヒ有馬駰ヒ車攻原
野網交淇澳醲風湛露角勝校獲何其樂也至有得
時遇主取相封侯入貫彤弓出建干旄被絲衣曳紈
袴武夫前呵莫敢執鞭有女同車有手其姿窈窕由
儀思與君偕老如燕之飛彼何人斯蓮其肯豈子之
所難哉夫盖世勲名權輿一念傳說胥靡相因武丁
天作尚父文王有聲雖維天之命亦有志竟成今子
幸遭時清平左武右文不能小毖于心奮取富貴而
維清泉白石以自潔終風苦霧以自隱不與賓登于
朝顧與我行于野徒嘆昊天有成命之不可易而不
知所欲之必從也以于世不以左手籍曰無意埘世
則相鼠有穴况於人乎未辦脱有小ヒ戎冠子将奚
歸惟君簡兮毋謂我生坎田庚甲之利不利也子衿
曰諾哉二子行矣我将思之傳不記其人之所終用
史記體賛曰異哉子衿之為人也其孔北海李太白
之流乎觀其抗志青雲之上睥睨宇宙以為小而不
免為旅人謗曰用之則為虎不用則為鼠君子衿者
豈以用與其心哉

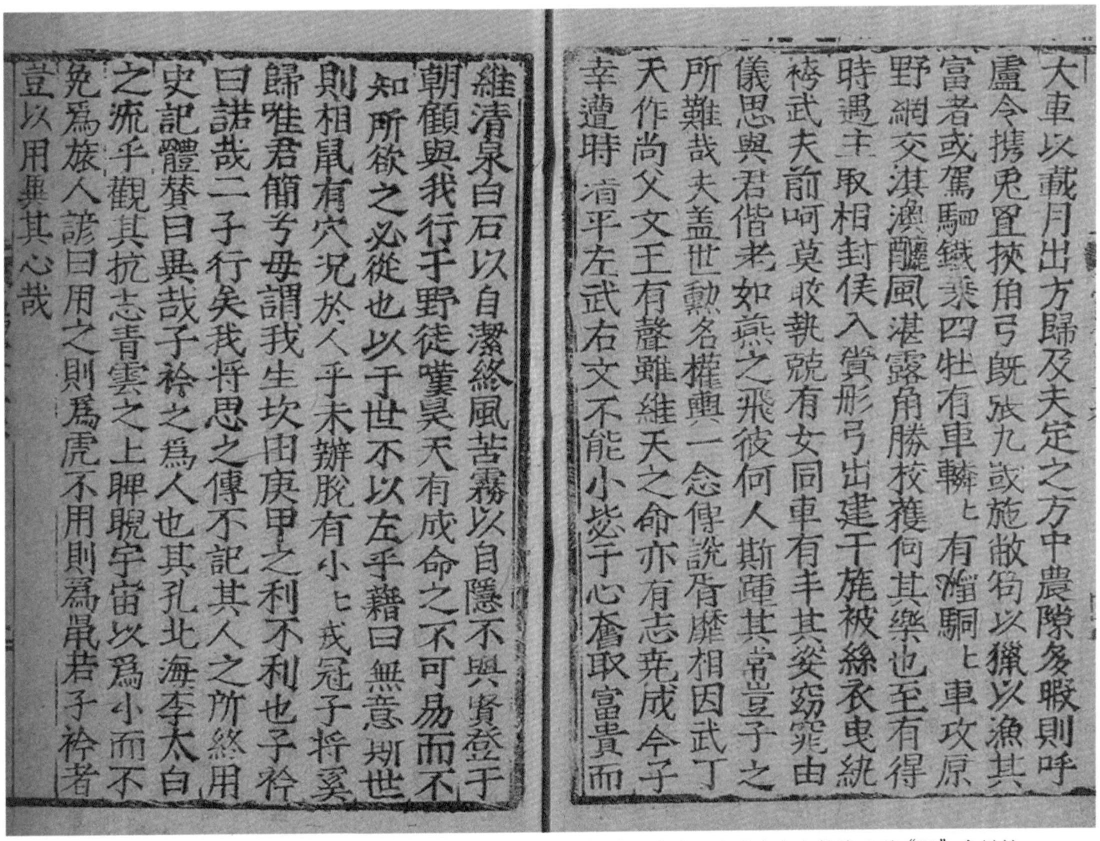

图 6-173 《鹤林玉露》，宋罗大经撰，明万历年间（1573—1620）木活字本，注意书中右数第三列“駛”字倒排。

二、铜活字印刷

早在宋代，我国就已开始用铜版印刷纸币，这是世界上最早的金属版印刷，说明当时适于金属版印刷的用墨问题已经解决。元、明两代更是大规模地用整块铜版印刷纸币，说明金属版的印刷适性技术已得到解决，这也为金属活字的应用创造了条件。

我国铜活字的使用在明代最为流行。特别是明代的弘治至万历年间（1488—1620），是铜活字印刷的黄金时代，不但地域分布很广，而且印书的数量也很大，其中很多铜活字印本流传至今，成为很珍贵的古籍版本。综合有关资料的统计，明代的铜活字印本约有 110 多种，计 2700 多卷；印刷的地区分布在无锡、常州、苏州、南京、杭州、建宁、广州等地。

（一）无锡华氏的铜活字版印刷

明代最早使用铜活字，而且印刷规模最大的，当推明代无锡的华氏。华氏家族中，又以华燧的会通馆为最早。

华燧（1439—1513），字文辉，号会通，江苏无锡人。他几乎用了大半生的精力，来从事铜活字的制造和印刷（今人潘天祯曾提出会通馆“铜版铸锡字”之说）。

华燧先后制成大、小两副铜活字，每副活字的数量未见有历史记载，但要满足印书，应当有一定的基本数量。

华燧会通馆用铜活字排印的第一部书，是《宋诸臣奏议》150 卷，于明弘治三年（1490）印成 50 套。这部书排字参差不齐，墨色模糊，脱文误字较多，印刷质量并不理想，但它却是我国现在所知最早的铜活字印本。

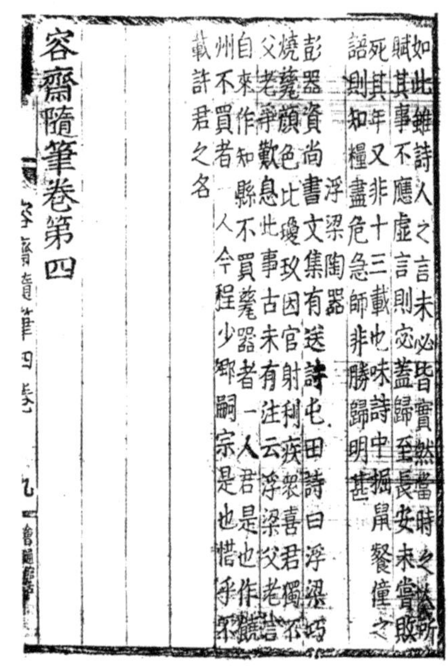
容齋隨筆卷第四

图 6-174　《容斋随笔》16 卷，宋洪迈撰，明弘治八年（1495）会通馆铜活字印本。白棉纸，版框高 23.7 厘米，宽 16.2 厘米，每行 17 字，注小字双，白口，单鱼尾，四周单栏。

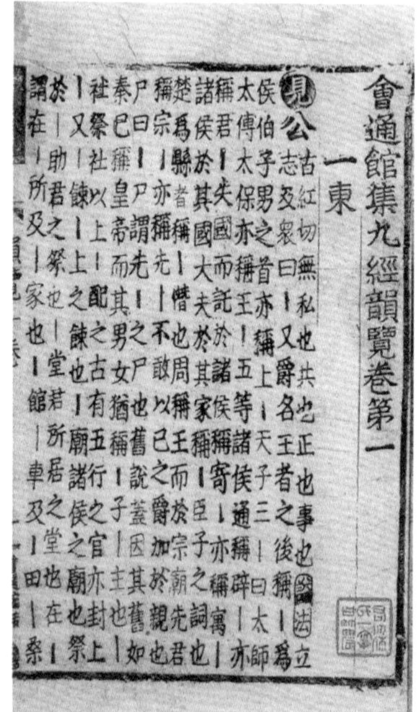
會通館集九經韻覽卷第一

一東

图 6-175　会通馆集《九经韵览》，明弘治十一年（1498）华氏会通馆铜活字印本。

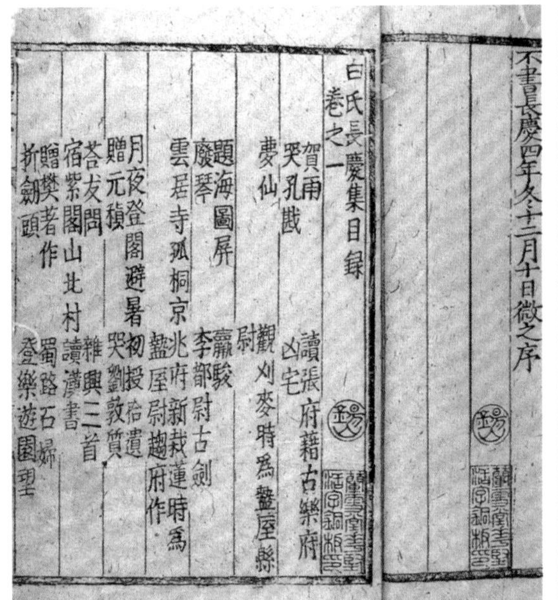

不書長慶四年冬十二月十日微之序

白氏長慶集目録
卷之一
賀雨　讀張籍古樂府
哭孔戡　凶宅
夢仙　觀刈麥 時爲盩厔縣尉
題海圖屏　羸駿
廢琴　李都尉古劍
雲居寺孤桐　京兆府新栽蓮 時爲盩厔尉趨府作
月夜登閣避暑　初授拾遺
贈元稹　哭劉敦質
答友問　雜興三首
宿紫閣山北村　讀漢書
贈樊著作　蜀路石婦
折劍頭　登樂遊園望

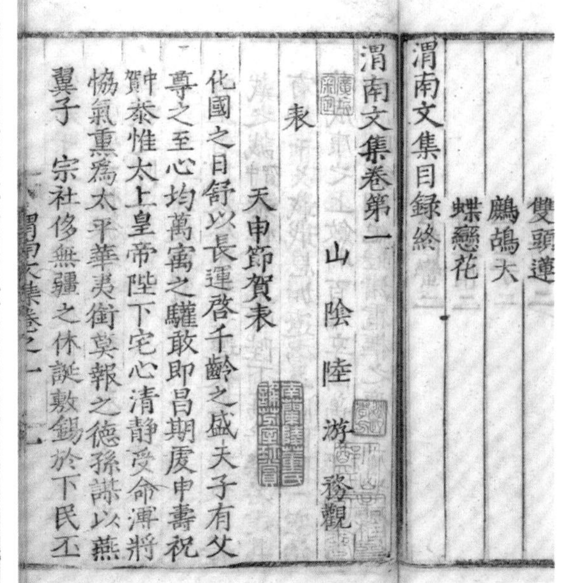

雙頭蓮
鷓鴣天
蝶戀花
渭南文集目録終

渭南文集卷第一
山陰陸游務觀
表
天申節賀表
化國之日舒以長運啓千齡之盛天子有父
尊之至心均萬寓之驩敢即昌期虔申壽祝
對恭惟太上皇帝陛下宅心清靜受命溥將
協氣熏爲太平華夷銜莫報之德孫謀以燕
翼子　宗社侈無疆之休誕敷錫於下民丕

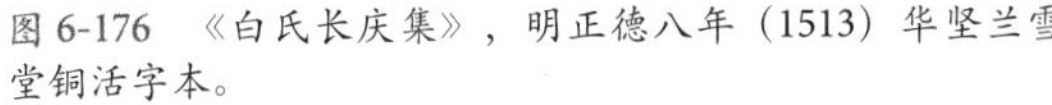

图 6-176 《白氏长庆集》，明正德八年（1513）华坚兰雪堂铜活字本。

图 6-177 《渭南文集》50卷，宋陆游撰，明弘治十五年（1502）锡山华珵铜活字印本，有“广圻审定”等藏印。

华燧会通馆后来又陆续印行十余种铜活字印本。弘治五年至十八年（1492—1505）排印的有：《锦绣万花谷》120卷，《容斋随笔》74卷，《文苑英华纂要》84卷，《古今合璧事类前集》63卷，《百川学海》、《音释春秋》10卷，《校正音释诗经》20卷，《九经韵览》14卷（华燧著），《盐铁论》10卷，《校正音释书经》10卷，《十七史节要》（华燧著）、《纪纂渊海》200卷，《会通馆校正选诗》、《校正音释春秋》12卷等。正德元年（1506）排印《君臣政要》时，华燧已68岁。

会通馆用铜活字印书可考者约19种，在明代铜活字印本中数量最多，其版本更为珍贵。

华燧的叔父华珵和侄子华坚，也用铜活字印了不少书。华燧的叔叔华珵（字汝德，号尚古），曾于弘治十五年（1502）用铜活字排印过陆游的《渭南文集》50卷、《剑南续稿》8卷。他年逾七十而好学，又制活字版，且“所制活版甚精密，每得秘书，不数日而印本出矣”（见康熙间版《无锡县志》），可见其印制速度之快。从华珵所印的《渭南文集》来看，其字体完全不同于其他华氏的字体，说明这套活字是他自己刻制的。

华燧的侄子华坚兰雪堂的铜活字印刷活动，比会通馆要晚些，印书的数量也不如华燧的多。华坚兰雪堂所印的书，多有“锡山兰雪堂华坚允刚活字铜板（校正）印行”的牌子和刊语。兰雪堂本一行内排印两行文字，被称为“兰雪堂双行本”，传世稀少，颇得藏书家的好评。主要印本有于正德年间（1506—1522）印成的《白氏长庆集》、《元氏长庆集》、《蔡中郎文集》、《艺文类聚》、《春秋繁露》、《意林》、《容斋五笔》等。在古籍书目中还有《史鉴》和《晏子春秋》二书，也可能为华坚铜活字印刷。

有人认为，兰雪堂所用铜活字是继承了会通馆的铜活字，从他们的印书年代和其家族关系上分析，都是很有可能的。

（二）无锡安国的铜活字版印刷

安国（1481—1534），明无锡人，字民泰，号桂坡，以“桂坡馆”为室名，是当地有名的富户。以布衣经商起家，曾捐款助平倭寇，疏浚白茆海口，修筑常州府城，出银米赈济灾荒，因此，深得当地人的好评。安国在印刷史上贡献最大的是铜活字印刷。

图 6-178　明安国像，据民国年间印制的《胶山安氏宗谱》。

安国制造铜活字，约开始于正德七年（1512）。他用铜活字排印的第一部书，是当时南京吏部尚书廖纪修的《东光县志》6 卷，于正德十六年（1521）全部印成。这是我国历史上最早用铜活字印刷的地方志，可惜未能流传下来。嘉靖三年（1524），安国又用铜活字排印了《吴中水利通志》17 卷，并于

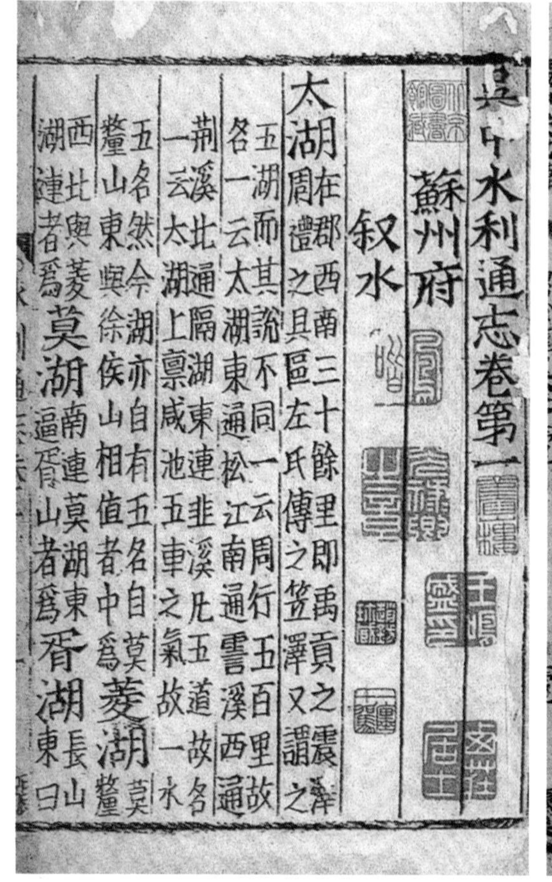

吳中水利通志卷第一
蘇州府
叙水
太湖在郡西南三十餘里即禹貢之震澤周禮之具區左氏傳之笠澤又謂之
五湖而其說不同一云周行五百里故名一云太湖東通松江南通霅溪西通
荆溪北通隔湖東連韭溪凡五道故名一云太湖上稟咸池五車之氣故一水
五名然今湖亦自有五名自莫湖莫鼇山東與徐侯山相值者中爲菱湖莫鼇
西北與菱湖連者爲莫湖南連莫湖東逼胥山者爲胥湖東長山曰

图 6-179　《吴中水利通志》，明嘉靖三年（1524）锡山安国铜活字印本。

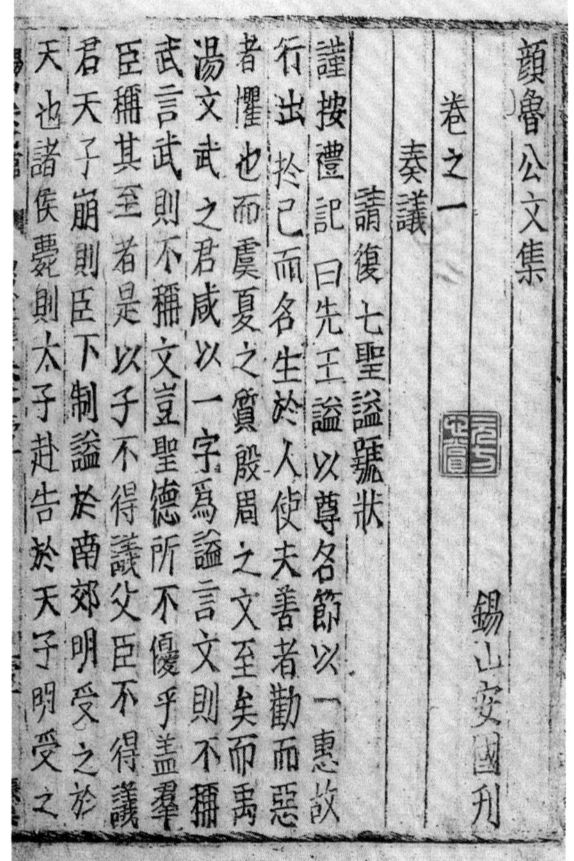

顏魯公文集
卷之一　錫山安國刊
奏議
請復七聖謚號狀
謹按禮記曰先王謚以尊名節以一惠故
行出於己而名生於人使夫善者勸而惡
者懼也而虞夏之質殷周之文至矣而禹
湯文武之君咸以一字爲謚言文則不稱
武言武則不稱文豈聖德所不優乎蓋羣
臣稱其至者是以子不得議父臣不得議
君天子崩則臣下制謚於南郊明受之於
天也諸侯薨則太子赴告於天子明受之

图 6-180　《颜鲁公文集》，明嘉靖年间（1522—1567）锡山安氏铜活字印本。

书中注明“嘉靖甲申安国活字铜板刊行”。安氏铜活字印本还有：《重校魏鹤山先生大全》110卷，《古今合璧事类备要前集》69卷、《初学记》30卷，以及《春秋繁露》、《五经说》、《熊明来集》、《石田诗选》等十余种。他除用铜活字印书外，还用雕版印书。安国所印的书校勘较为精良，为后来藏书家所重视。

（三）明代其他地区的铜活字版印刷

明代的铜活字印刷，除无锡华氏和安氏外，在苏州、常州、杭州、建宁、南京、广州等地，也有用铜活字印刷的记载。

无锡近旁的常州也有铜版，称“常州铜板”。有《杜氏通典纂要》、《艺文类聚》二书，但未注出于何家。

在苏州，铜活字印刷也很活跃。五云溪馆印有《玉台新咏》、《襄阳耆旧传》，前者版心上方有“五云溪馆活字”二行。五川精舍活字印行印有《王岐公宫词》。

在南京，有建业张氏印的《开元天宝遗事》一书，首页印有“建业张氏铜板印行”字样。

上海图书馆藏有铜活字本《诸葛孔明心书》一卷，题有“浙江庆元学教谕琼台韩袭芳铜板印行”，在书前的韩氏题识中说：“兹用活套书板翻印，以与世之志武事者共之，庶亦得平安不忘危之意云。”书末有“正德十二年丁丑夏四月之吉，琼台韩袭芳题于浙东书舍”。说明该书印于正德十二年（1517）。

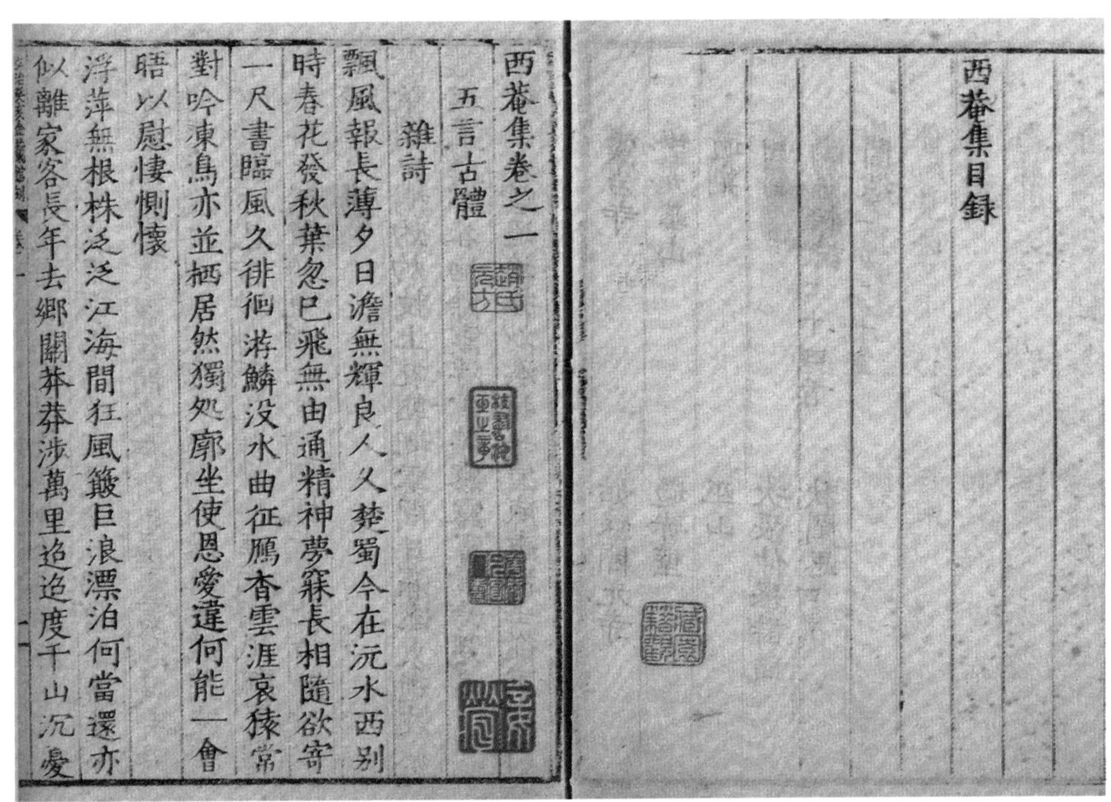
西菴集目録

西菴集卷之一
五言古體
雜詩
飄風報長薄夕日澹無輝良人久楚蜀今在沅水西别
時春花發秋葉忽已飛無由通精神夢寐長相隨欲寄
一尺書臨風久徘徊游鱗没水曲征鴈杳雲涯哀猿常
對吟東鳥亦並栖居然獨処廓坐使恩愛違何能一會
晤以慰悽惻懷
浮萍無根株泛泛江海間狂風簸巨浪漂泊何當還亦
似離家客長年去鄉關莽莽涉萬里迢迢度千山沉憂

图6-181 《西庵集》，明弘治十六年（1503）吴郡金兰馆铜活字印本。

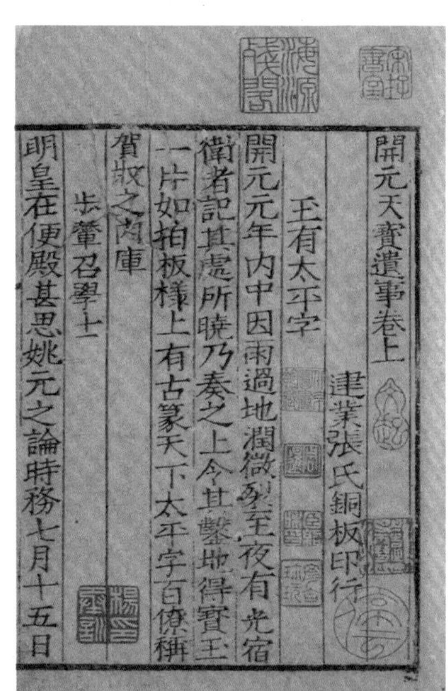

開元天寶遺事卷上
建業張氏銅板印行
玉有太平字
開元元年內中因雨過地潤微裂至夜有光宿
衛者記其處所曉乃奏之上令其掘地得寶玉
一片如拍板樣上有古篆天下太平字百僚稱
賀收之內庫
步輦召學士
明皇在便殿甚思姚元之論時務七月十五日

图 6-182 《开元天宝遗事》，明南京张氏铜活字印本，不记年月，有玉兰堂印，或为明弘治至嘉靖年间印本。

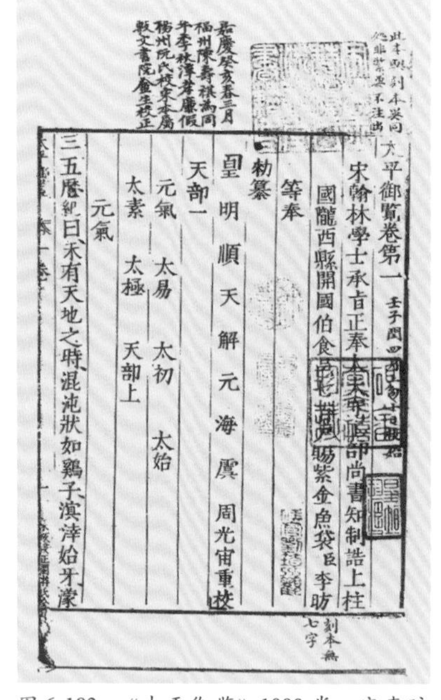

太平御覽卷第一
宋翰林學士承旨正奉大夫守禮部尚書知制誥上柱
國隴西縣開國伯食邑[illegible]賜紫金魚袋臣李昉
等奉
勅纂
皇明順天解元海虞周光宙重校
天部一
元氣 太易 太初 太始
太素 太極 天部上
元氣
三五曆紀曰未有天地之時混沌狀如雞子溟涬始牙濛

图 6-183 《太平御览》1000 卷，宋李昉等撰修，明万历二年（1574）铜活字本，白棉纸，框高 21.5cm，宽 15.0cm。

芝城（福建建宁，即现在的建瓯县）的铜活字本有《墨子》15 卷，其中卷 8 的末页中有“嘉靖三十一年(1552)岁次壬子季夏上吉，芝城铜板活字”一行，卷 15 末页中有“嘉靖壬子岁夷则月中元乙未之吉，芝城铜板活字”字样。《墨子》一书，白纸，蓝色印刷，历来为藏书家所珍重。

建宁府的建阳县，于万历二年（1574）印有《太平御览》1000 卷，在版内中缝下方印有“宋板校正，闽游氏仝板活字印一百余部”字样，“仝”即“铜”字的简写，证明为铜活字所印。该书的有些卷中，版内中缝下印有“宋板校正，饶氏仝板活字印行一百余部”字样，这说明这副铜活字为游、饶两家所共有。

这里要说明的是，我国自制的铅活字最早见于明弘治末至正德初年（1505—1508）。明代陆深《金台纪闻》云：“近日毗陵人用铜、铅为活字，视板印尤巧便，而布置间讹谬尤易。”毗陵即晋陵，在常州一带，当时曾用铅活字印书是可信的，可惜当时的铅活字印本未能流传下来。

第七节 明代的少数民族文字印刷和外文印刷

明代，我国少数民族的经济、文化有了进一步发展，也促进了少数民族文字印刷的繁荣。同时外文印刷出版物也在明代首次出现。

一、蒙古文印刷

明洪武十五年（1382）翰林院刊印《华夷译语》一本，88 页，作为蒙汉文翻译课本，供学习蒙文的汉族学生使用。该书的刊印，为明清两代编纂同类书提供了范例。

万历年间太监刘若愚所著《酌中志》记载的明内廷刻印“内版”数目，其中有“《华夷译语》一本，八十八页，达达字《孝经》一本，四十二页”。《华夷译语》后又增订 11 本，1708 页。万历年间又补译刊印有元代在西藏开雕的藏文《大藏经》。

图 6-184 明代学习蒙古语辞书《华夷译语·鞑靼馆》3 种

二、藏文印刷

13 世纪以前，藏文《大藏经》多以抄本形式流传。元代皇庆二年（1313）至延祐七年（1320）间，在江河尕布的主持下，搜集各地经、律、密咒校勘雕印，为第一本藏文版大藏经，称奈唐古版。藏文大藏经的内容分为甘珠尔、丹珠尔和松绷三大类。甘珠尔又名佛部，也称正藏，收入律、经和密咒三部分。丹珠尔又名祖部，也称续藏，收入赞颂、经释和咒释三部分。松绷即杂藏，收入藏、蒙佛教徒的有关著述。明永乐九年（1411），由内

图 6-185 永乐版藏文《大藏经》

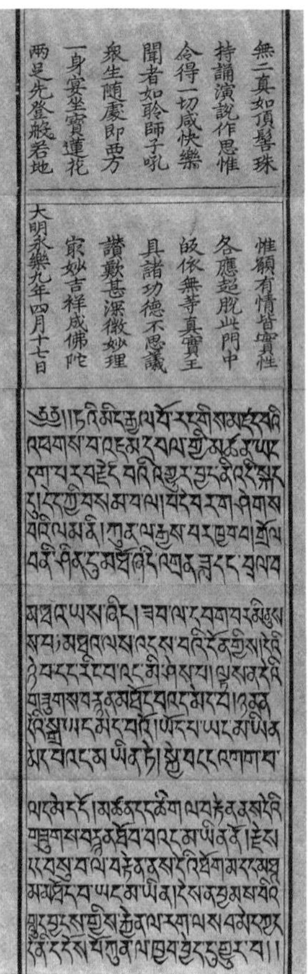

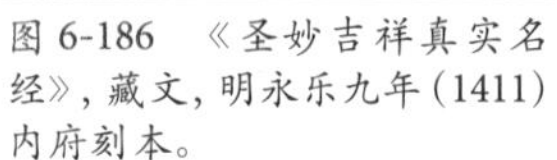

图 6-186 《圣妙吉祥真实名经》，藏文，明永乐九年(1411)内府刻本。

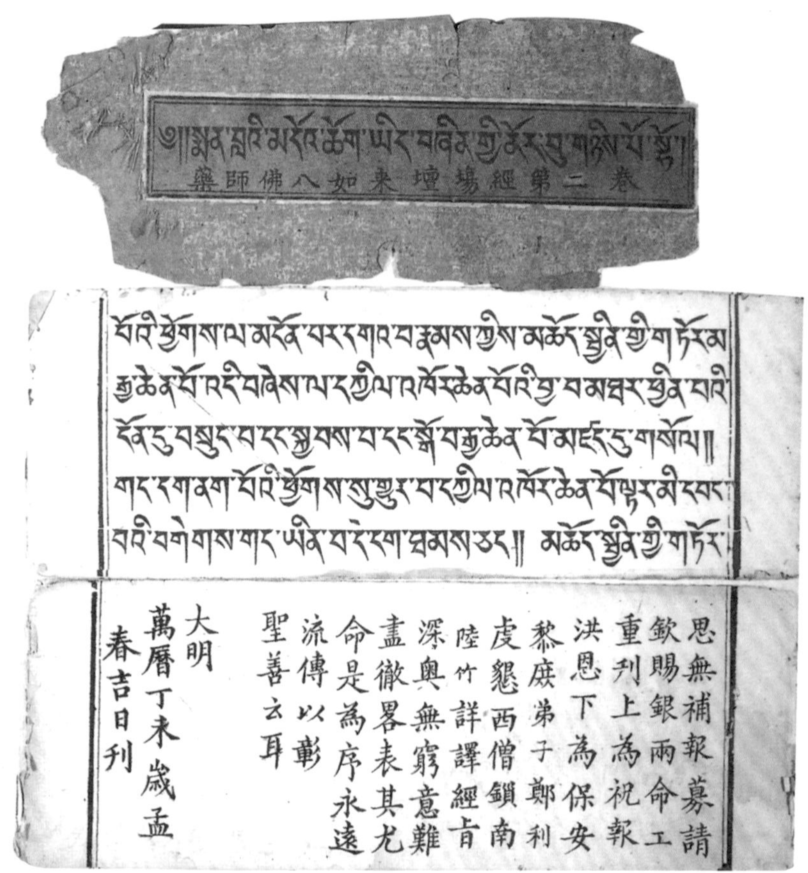

图 6-187 《乐师佛八如来坛场经》，藏文，明万历三十三年（1605）西番经场刻。

府在南京付梓的永乐版藏文《大藏经》，是目前我国保存最早的一部藏文大藏经，共 108 帙，称“永乐《番藏》”。永乐《番藏》现存两部，一部存布达拉宫，一部存色拉寺。至万历三十三年（1605），根据永乐版在北京又重新翻刻，并添 42 帙《续藏》，计 147 函，150074 页，称“万历《番藏》”。万历三十七年（1609），云南丽江土司索南热丹刻印藏文大藏经《甘珠尔》，史称理塘版藏文《大藏经》。天启三年（1623），丽江纳西族土司刻制丽江版藏文《大藏经》。现存中国国家图书馆的藏文刻本有永乐九年（1411）北京刻印的藏汉对照本《圣妙吉祥真实名经》和万历三十一年（1603）刻印的《七佛如来本愿经》。

除藏经外，明代藏文刻印的其他书籍还有：明万历元年（1573）刻印的《扎当居悉》，为最早反映《四部医典》的著作；弘治元年（1488）刻印由僧人桑杰坚赞编著的纪传体史书《米拉日巴传》；成化十二年（1476）刻印由觉顿蒙珠·仁钦扎西著的古藏文工具书《藏语新旧词辨异·丁香帐》等。

三、彝文印刷

居住在我国西南一带的彝族，很早就创制了本民族的文字——彝文。用彝文书写的古籍多达数千卷。据史料记载，彝族至少在明代已有了木版印刷。所见文献中，有国家图书馆藏彝文刻本《太上感应篇》，该文从汉文《劝善经》翻译而来。刊印时间大约在正德十二年（1517）至万历三年（1575）之间。此书于20世纪中叶发现于云南禄劝、武定一带，为明代云南武定刻本。

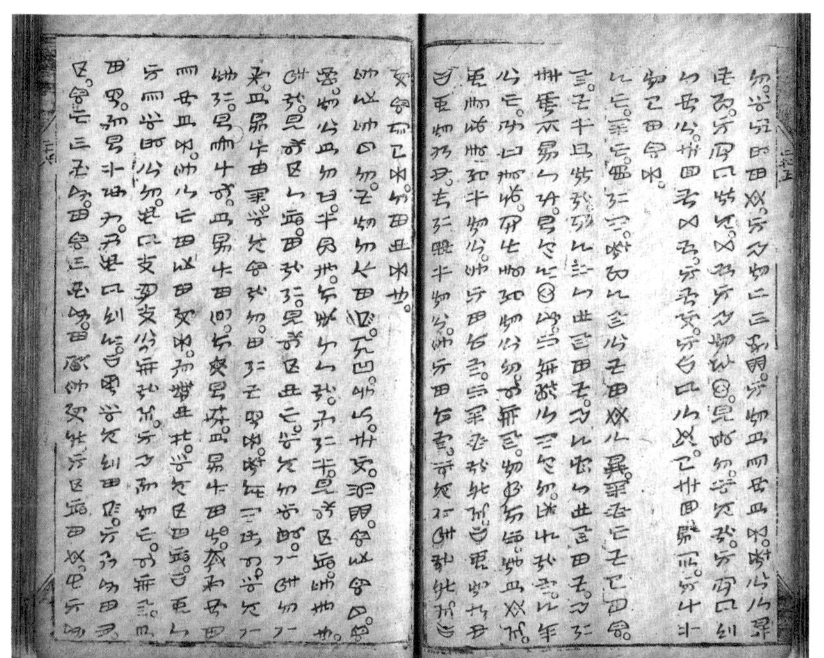

图6-188 《太上感应篇》，彝文，明刻本，彝族称《劝善经》。书高25厘米，宽17.5厘米。通篇以道家《太上感应篇》章句为题，每章之后结合彝族风俗加释义与解说，内容多为宣教说理，传授知识。

四、西夏文印刷

北京故宫博物院藏有木刻版西夏文《高王观世音经》一卷，为洪武五年（1372）刻本。该经字体规范、刻印清晰。“令刻者”人名中，有些是党项人姓。

五、外国文字印刷

据史料记载，明代外国文字的印刷涉及日本文、梵文、波斯文、拉丁文及阿拉伯数字。这在中国古代印刷史上也是空前的。其中，建阳书林双峰堂在万历年间刻的《海篇正宗》中载有“琉球国夷字音释”，即日本片假名文字。梵文，唐宋以来就有，明代的一些经卷中刻有梵文。波斯文仅

图 6-189 《程氏墨苑》中的拉丁文注音

见于国家图书馆藏明抄本《回回药方》。拉丁文字在中国印本上首次出现，见于《程氏墨苑》于万历三十三年（1605）刻印的利玛窦写的一篇文章，名为《述文赠幼博程子》，表现了利玛窦和程君房的良好关系。《程氏墨苑》刻印的圣母图中有“SMARIA”（圣玛利亚）字样，还首次出现了阿拉伯数字“1597”，“1597”即万历二十五年。

图 6-190 明万历二十五年（1597）《程氏墨苑》刻印的圣母图

第八节 明代的印刷物料

“工欲善其事，必先利其器。”这里所说的“器”指的是雕版印刷所用的版木、雕刀、纸、墨、笔、砚等关系书业兴衰的物质材料，也是书业发展的最基本条件之一。

明代印刷所用物料其数量之大、制作之精、品种之丰富，皆前所未有。

版木。我国雕版用的木材，古代多用梓木，故刻版称“刻梓”、“付梓”，又用梨木、枣木，故称“付诸梨枣”。一般一块梨木版最多可以印刷两万次。明代刻版基本上以这几种木材为主，但因地区不同，也有用当地出产较多而又适用于刻版的木材。例如南方一些地区有的用黄杨木刻版或刻制活字，黄杨木木纹较细，可以雕刻精细印版，在南方也用于刻制木活字。徽派版画细如毫发，可能采用了黄杨木。江浙一带自明代开始用白杨木和乌桕木。乌桕木，南方种植较多，就地取材用于刻版，可以降低成本。北方则以梨、枣木为主。枣木性脆，故一般多用梨木版。雕版选材比较严格，凡厚不及寸者，湿用干缩者，节多者，镶嵌补接者，一概不用。为了使印版不被虫蛀，对于需要久存的印版，木料需经石灰盐水蒸煮，不但可以长久存放，刻版也比较容易。

雕刀。古代将雕刻用的刻刀称为剞劂。明彭大翼《山堂肆考》云：“剞，

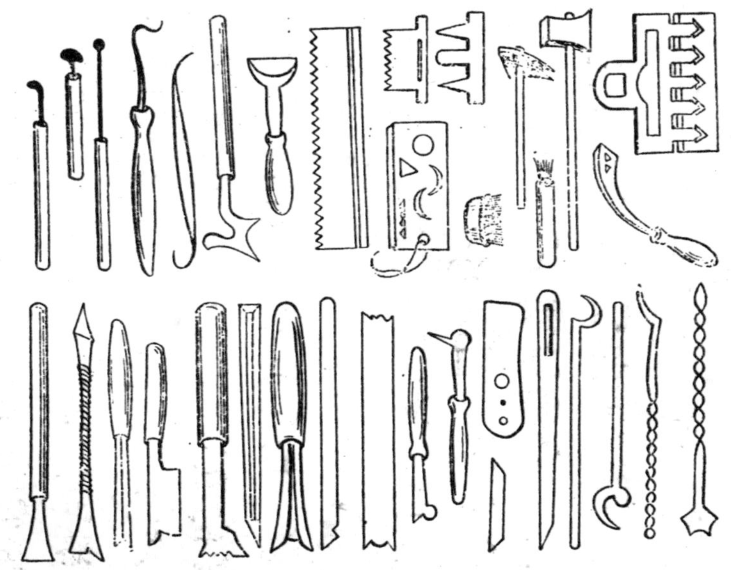

图 6-191 明代徽州刻工所用刀具

曲刀；劂，曲凿也，皆镂刻之器。今人以书雕板为欹劂。”明代刻字工匠，自称“欹劂氏”。明代桐城人方以智《物理小识》中讲到刻字用的刀子有三种：一曰旌德拳刀；二曰雀刀，金陵、江、广用之；三曰挑刀，福建人所用。各处刻书人所用雕刀并不一样。在刻版刀法上，明代刻工们经过长期的实践和总结，也形成一套专门的刀法术语，如双刀平刻、单刀平刻、流云刀、欹刀、斜刀、整刀、敲刀、卧刀、添刀、旋刀、卷刀、尖刀、转刀、跪刀、逆刀等等。这也说明，到了明代，刻版技艺已达到高峰，不但总结了前代的经验，而且有所创新。

笔。明笔一改元时笔毫软散的习尚，硬毫成为时兴。明陈继儒《泥古录》称：“笔有四德，锐、齐、圆、健。”尤以锋齐腰强为最佳。强调的就是笔毫要劲健有力，富有弹性。元及明初刻书，盛行赵孟頫体，赵体纤弱，笔毫宜柔；明中叶之后，仿宋刻本蔚然成风，字多为欧、颜体。欧、颜体遒劲有力，笔毫宜硬。可见，制笔工艺的改革，实则就是当时书法风格的反映，当然也影响到刻书的用字。

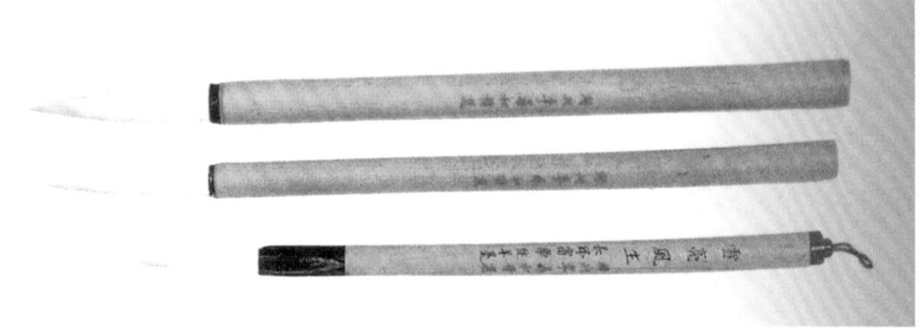

图 6-192 湖州笔

明代笔业生产规模大，分布地域广，新品名笔后来居上。其时，有“天下笔工惟称吴兴”之说。吴兴善涟村陆氏以制笔闻名天下，后继者不乏其人，世传笔法，如出一手，其创制的“湖笔”在福建沿海一带交易时，居然能以“百金易之”。吴兴又有张天锡笔、茅氏笔。湘笔之盛，几可与湖笔比肩。吉水郑伯情永乐初年时用猪鬃造笔，以健为长。弋阳及永丰东乡等地也造笔，然均不及湖笔之多而精。画笔以杭州之张文贵为首称。与此同时，京笔异军突起，成为北方笔业的中坚，时人称“南有湖笔，北有京笔”。名笔佳品增多，书家誊稿，根据所书字体需要用笔有了更大的选择余地。明代尤其是晚明有不少精美的写刻本传世，和笔业的进步是分不开的。毛笔易蛀，不易保存，明代笔流传最古者，所见有大明宣德黑漆描金云龙管兼毫笔与嘉靖、万历笔。笔管有剔红（雕漆）、玳瑁、檀香木或瓷管，为帝王御用，力求外表美观，民间所用不过普通竹管笔而已。

墨与印刷原料。墨是印刷的主要材料之一。明代的印刷业发达，对墨的需求量很大，南北各地都有相当规模的制墨业。明代制墨名家辈出，流派众多，墨质精良，墨式新奇。明代造墨仍以徽州为第一。北方有京墨，南方有松江墨，衢州府西安、龙游俱出墨，玉山造齐峰墨，建阳墨窑出墨，

图 6-193 明代黄一卿款墨，1 锭 106.5 克，直径 9 厘米，有伤。此墨铭文曰：“天保定，尔以莫不兴，如山，如阜，如冈，如陵，如川之方至以莫不增。如月之恒，如日之升。如南山之寿，不骞不崩；如松柏之茂，无不尔或承。黄一卿制。”黄一卿或为黄昌伯，字一卿。

然均不及徽墨之精与多。

明代徽州墨不但产量大，而且质量好。据有关资料记载，这里的制墨作坊有近百家，所产的墨行销全国，甚至出口到国外。徽州制墨最有名的是程君房（或称程大约，字幼博）与方于鲁。他们所制的墨有几百种不同的规格和形制。为了宣传他们的墨，程氏刻印有《墨苑》，方氏刻印有《墨谱》。当时人认为，程氏的墨质量最好，即使是最下等墨，质量也都很好。而方氏的墨，则以品种多见长，其中难免夹杂着次等墨。屠隆在《墨苑序》中说：“新都制墨者无虑百十家，今以君房为第一，至海外岛国夷王皆争购之。其制作精良，实有神投妙解不传之诀。”可见程氏的墨在当时声誉最高。以晚明印本而论，距今已逾数百年，不少传世之本墨色仍显莹润亮泽，宛若新印，可见墨质之佳。

徽州制墨多以黄山松为主要原料。宋应星在《天工开物》一书中介绍了松烟制墨的方法，“凡烧松烟，放火通烟，自头彻尾，靠尾一二节者为清烟，取入佳墨为料；中节者为混烟，取为时墨料；若近头一二节，只刮取为烟子，货卖刷印文书家，仍取研细用之。”可见印刷所用的墨只是在制墨过程中所取的最下等墨。这种墨的产量最大，价钱较低，在用于印刷前还要经过研细，特别是书坊印刷，考虑到成本，往往选用价廉的下等墨。但有些私刻本或官刻本，为保证印刷质量，往往选用上等墨。

除徽州的制墨业外，在其他印刷业较集中的地区，也都有一定数量的制墨作坊。嘉靖间（1522—1566）司礼监除刊字匠、刷印匠数百名外，又有笔匠 48 人，黑墨匠 77 名，可知北京也造笔墨，以供内府之用。

明代还出现用蓝靛印刷书籍的现象。成化年间（1465—1487）起，在建阳的坊刻本中出现了这种印本。嘉靖本白棉纸蓝印，最为有名。有印于嘉靖十三年（1534）的《乡试录》等。明活字本中也有少数蓝印的，如《毛诗》、《墨子》等。这种采用植物颜料蓝靛印刷出白纸蓝字的印刷品形式，实为很有特色的印本。

在明代也出现使用银粉印经。云南丽江木增土司曾用白色银粉在磁青棉纸上印成《大乘观音菩萨普门经》，有万历二十七年（1599）木增的题识，[⑨]这在中外古代印刷史上是绝无仅有的。

纸。明代纸张的产量和质量都超过宋、元。纸张的产地主要在江南一带，北方只有少量的造纸业。江西、福建、浙江、安徽是明代纸张的四大产地。在纸张生产较集中的地区，政府还设有专门机构管理当地的造纸业，有些上等纸由政府收购，供宫廷使用。清康熙年间（1662—1722）《上饶县志》记载，明时江西上饶县石塘镇“纸厂槽不下二十余槽，各槽帮工不

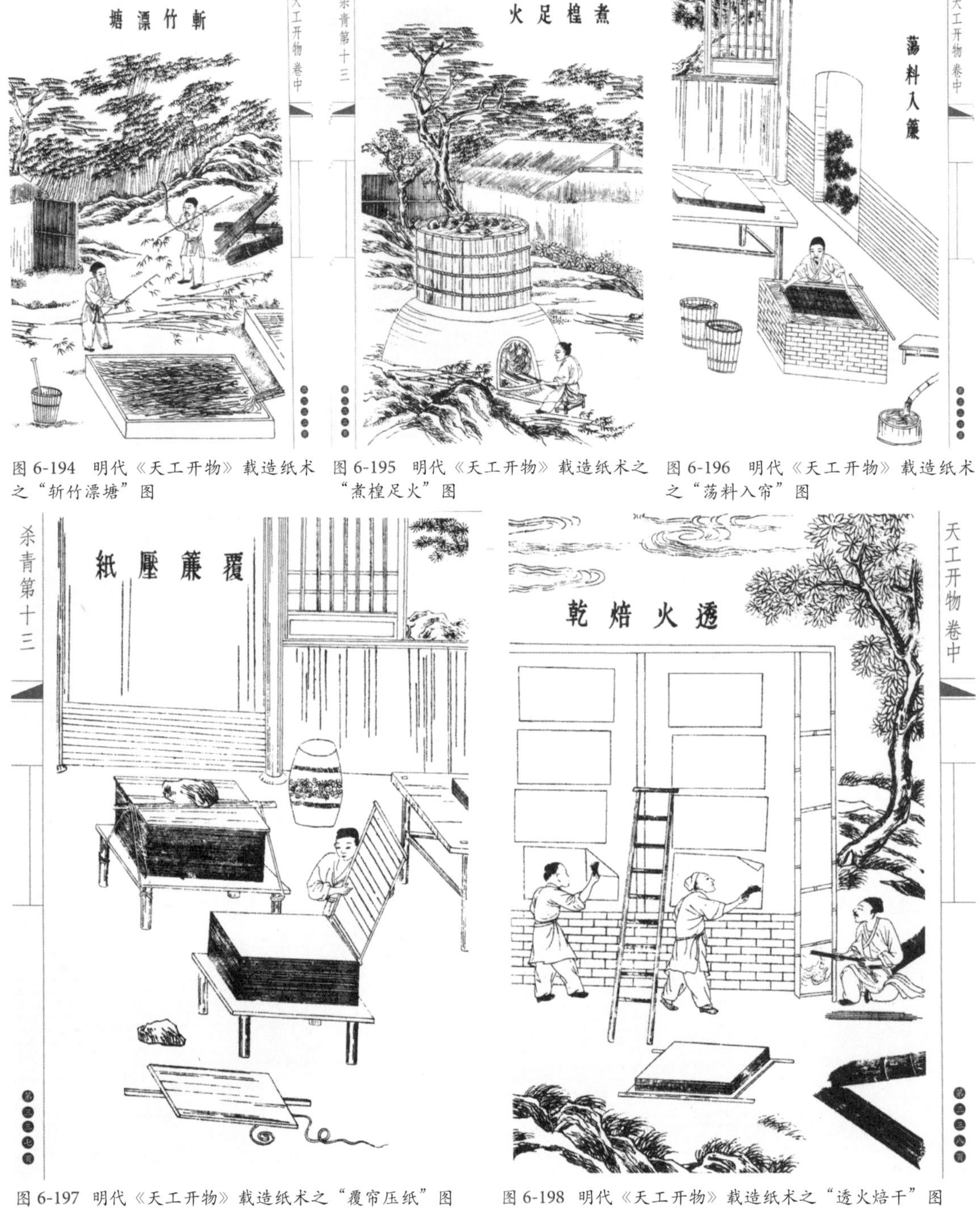

图 6-194　明代《天工开物》载造纸术之“斩竹漂塘”图

图 6-195　明代《天工开物》载造纸术之“煮楻足火”图

图 6-196　明代《天工开物》载造纸术之“荡料入帘”图

图 6-197　明代《天工开物》载造纸术之“覆帘压纸”图

图 6-198　明代《天工开物》载造纸术之“透火焙干”图

下一二十人”。也就是说，一地纸坊用工，多达三百至六百人，推及全国，纸业规模之大，可以想见。造纸原料有竹、草、树皮、破棉等。南方以竹为主要原料造纸，为了提高纸张的性能，多以几种原料混合使用，如以竹、树皮和稻草混合，以提高纸张的韧性。宋应星在《天工开物》中介绍了竹、树皮造纸的方法，即“凡皮纸，楮皮六十斤（1斤约等于590克），仍入绝嫩竹麻四十斤，同塘漂浸，同用石灰浆涂，入釜煮糜。其纵文扯断如绵丝，故曰绵纸，横断且费力”。可见这种纸的韧性很强，是用于印刷的上等纸。

明代纸张的品种有一百多种，用于印刷者只有一部分。其以产地命名者有吴纸、衢红纸、常山柬纸、安庆纸、新安土笺、池州毛头纸、广信青纸、永丰纸、南丰纸、九江纸、清江纸、龙虎山纸、顺昌纸、将乐纸、光泽纸、湖广呈文纸、宁州纸、宾州纸、杭连纸、川连纸、贡川纸。其中吴纸，明人以为天下第一。按照其用途又可分为金榜纸、黄册纸、军册纸、历日纸、宝钞纸、铅山奏本纸、勘合纸、行移纸、呈文纸、堂本纸、糊窗纸、神马纸、锡箔纸等。又有建阳书籍纸、顺昌书纸、永丰绵纸等。[10]

明代不仅民间造纸，宫廷内府也造纸。据万历（1573—1620）《大明会典》等书载，司礼监有制纸匠六十二人，所制纸品有宣德纸、大玉版纸、大白版纸、大开化纸、毛边纸等。明代的“大明宝钞”用纸，由专门的造纸作坊生产。

总之，明代的造纸业十分发达，不但产地分布很广，而且品种齐全，质量精良，为印刷业提供了足够的原材料。

第九节 明代刻本的字体、版式和装帧

一、字体

明代初期的印刷字体以楷书为主，除使用当时名书法家字体外，最常用的是欧阳询、颜真卿、柳公权、赵孟頫、褚遂良等名家书体。

明代有草书刻本、篆书刻本，也有汇真、草、隶、篆于一体的刻本，如万历年间（1573—1620）精刊的《文字会宝》。

明代在印刷字体方面的最大成就是“宋”体字的形成。宋体字萌芽于宋，由于还不成熟而未能推广。到了明代，对这种字体进行了大胆的改革，使其完全跳出了传统楷书的模式，成为独立的印刷字体。明正德末年（1522）出现了仿宋字，这个时候，已注意笔画的“横平竖直，横轻竖重”。嘉靖年间（1522—1566），宋体字开始成熟，江浙一带的书坊中广泛使用。明正统十二年（1447）司礼监刻本《周易传义》中，宋体字已见雏形。成化年间（1465—1487），国子监、经厂的版本中开始使用宋体字，并很快在全国推广，字体有粗体、中粗体和细体几种。清蒲松龄在《聊斋笔记》中说：“隆、万时有书工专写肤郭字样，谓之宋体。刊本有宋体字，盖昉于此。”这种字体，当时又称“宋板字”、“匠体字”。虽然开始有人认为它“非

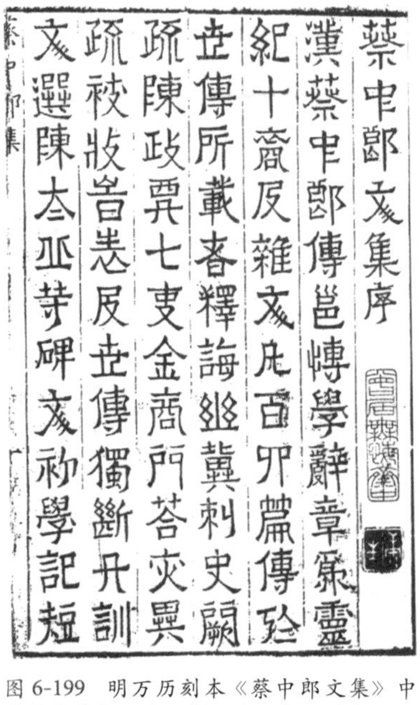
蔡中郎文集序
漢蔡中郎傳邕博學辭章

图 6-199　明万历刻本《蔡中郎文集》中的隶书字体，具汉简风骨，却不泥古人。

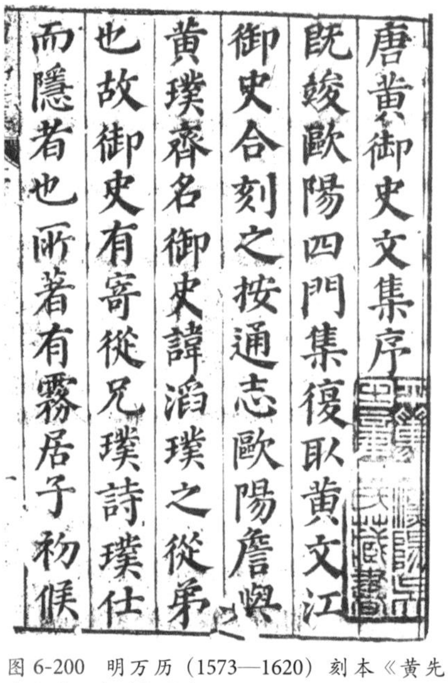
唐黄御史文集序
既竣歐陽四門集復取黄文江
御史合刻之按通志歐陽詹與
黄璞齊名御史諱滔璞之從弟
也故御史有寄從兄璞詩璞仕
而隱者也所著有霧居子初候

图 6-200　明万历（1573—1620）刻本《黄先生文集》中的颜体字。

中国印刷发展史图鉴

颜非欧”，但它在雕版史上却是一大进步。因为这种脱离于手写体之外，专门用于印刷的字体，既能使普通工匠照样写好字样，又便于刻工根据笔画的横轻竖重施刀刻字，可提高效率。到明代后期，宋体字已很成熟，明人普遍认可，认为“字贵宋体，取其端楷庄严，可垂永久”。

明万历年间（1573—1620）是宋体字的黄金时代，各家不但竞相使用，而且力求精益求精，从而奠定了宋体字的地位。宋体字刻本中

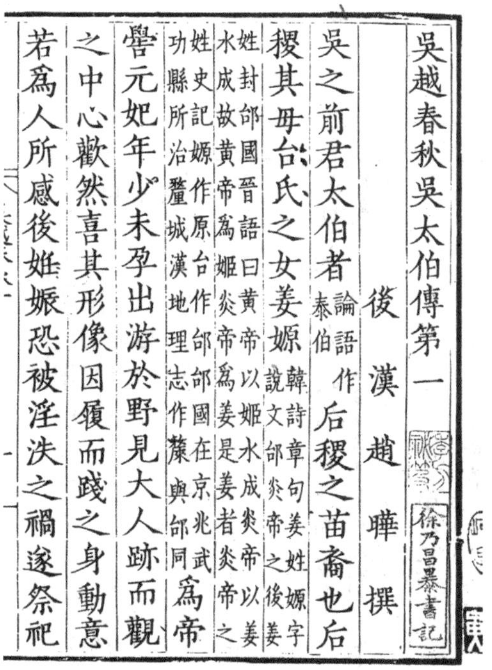
吳越春秋吳太伯傳第一
後漢趙曄撰
吳之前君太伯者后稷之苗裔也后
稷其母台氏之女姜嫄
嚳元妃年少未孕出游於野見大人跡而觀
之中心歡然喜其形像因履而踐之身動意
若爲人所感後姙娠恐被淫泆之禍遂祭祀

图 6-201 明嘉靖年间（1522—1566）复刻元代刊本《吴越春秋》中的楷体字。

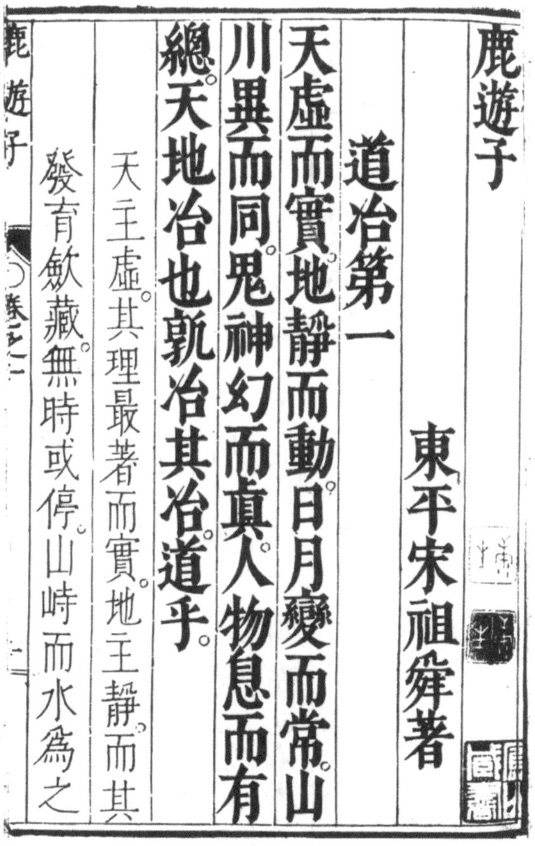
鹿游子
東平宋祖舜著
道冶第一
天虛而實地靜而動日月變而常山
川異而同鬼神幻而眞人物息而有
總天地冶也孰冶其冶道乎
天主虛其理最著而實地主靜而其
發育歛藏無時或停山峙而水爲之

图 6-202 《鹿游子》，明代万历四十七年（1619）刻本。其中，粗体宋字笔画道劲而饱满；细笔宋体字体纤秀而匀称。

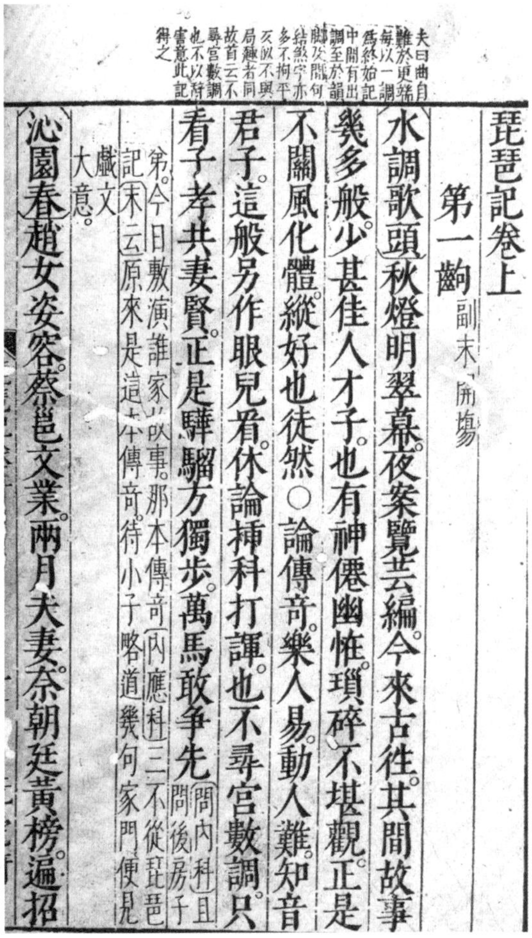
琵琶記卷上
第一齣 副末開場
水調歌頭秋燈明翠幕夜案覽芸編今來古往其間故事
幾多般少甚佳人才子也有神僊幽怪瑣碎不堪觀正是
不關風化體縱好也徒然○論傳奇樂人易動人難知音
君子這般另作眼兒看休論插科打諢也不尋宮數調只
看子孝共妻賢正是驊騮方獨步萬馬敢爭先（問內科）且問後房子
第今日敷演誰家故事那本傳奇（內應科）三不從琵琶記（末云）原來是這本傳奇待小子略道幾句家門便見
戲文大意
沁園春趙女姿容蔡邕文業兩月夫妻奈朝廷黃榜遍招

图 6-203 明万历年间《琵琶记》中的宋体字已很成熟。

最具代表性的是万历二十五年（1597）汪光华玩虎轩刻本《琵琶记》一书。该书使用粗细两种宋体字，字体端庄，结构严谨，比例适中，笔画粗细合理，有较好的阅读适性，给人以整体的美感。其中的细体字更是明代刻本中所少见，字形略长，字体清秀明朗，应为现代仿宋体的前身。

宋体字一经出现，便显示了它强大的生命力。到了清代，宋体字使用范围更广，现代铅活字使用后，宋体字更成为书刊正文最常用的字体。

二、版式

明代书籍版式基本上继承了宋元以来所形成的传统，但在许多方面有所创新。

版框。细线单边、粗线单边、文武边等形式在明代都有使用。但使用最多的是上下单边、左右双边。大部分书都有行线，只有少部分书没有行线。明代还出现了一种花边版框，南京唐氏富春堂刊本，创为雉堞形花边，在书名上特别标出“花栏”，这是以前所没有的。

中缝。明代书版的中缝以单鱼尾和双鱼尾较多。单鱼尾者多放在上部，下部为一细线隔开不同的内容；双鱼尾者有对向排列和顺向排列两种。中

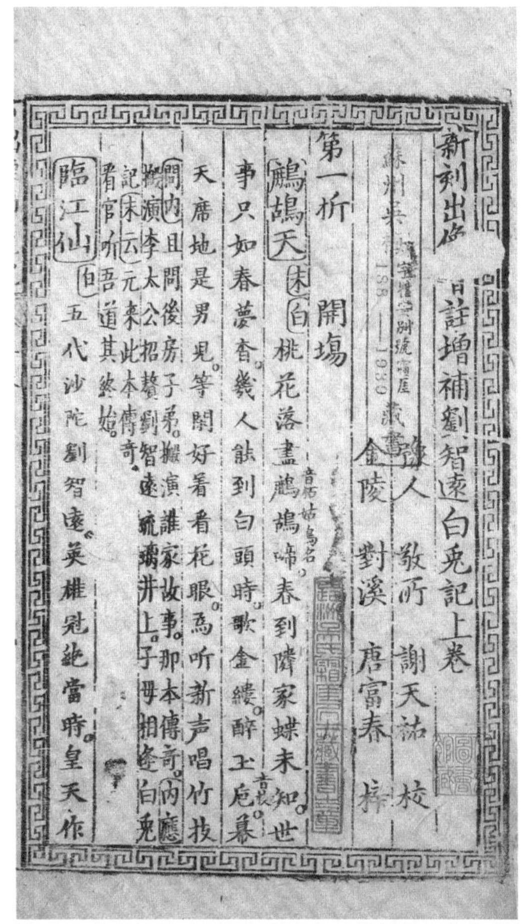

图 6-204　明万历年间（1573—1620）刻本中带有图案花纹的版框，四周有花纹花边。

图 6-205　明代书牌，明万历七年（1579）富春堂刊《新刊古今名贤品汇注释》卷尾长框两行字“万历已卯孟冬之吉　金陵三山富春堂梓”即是牌记。

缝内的文字有书名、卷次、刻印年代、出版者、页码等内容，少数书有刻工姓名。个别的书鱼尾超过两个，如崇祯十年（1637）刻印的《瑞世良英》一书，中缝有六个鱼尾，成三对排列，第一对鱼尾内刻书名，第二对内刻卷次，第三对内刻页码和刻工名。这在古代版刻中是少见的。

书牌。明代的书牌形式较多，有龟趺形、钟形、鼎形、琴形、莲花荷叶形等（见本章有关图录）。明内府印佛经、道经有龙牌，一版书籍有莲花荷叶牌。

嘗謂古人之歌詩即今人之歌曲，歌曲雖所以
吟咏人之性情蕩滌人之心志亦關於世道
不淺矣世治歌曲之者猶多若西廂曲中之
翹楚者也況閭閻小巷家傳人誦作戲搬演
切須字句真正唱與圖應然後可今市井刊
行錯綜無倫是雖登壟之意殊不便人之觀
反失古制本坊謹依經書重寫繪圖參訂編
次大字魁本唱與圖合使寫於客邸行於舟
中閑遊坐客得此一覽始終歌唱了然爽人
心意命鋟梓刊印便於四方觀云
弘治戊午季冬金臺岳家重刊印行

图 6-206　明金台岳家刻印《西厢记》书牌

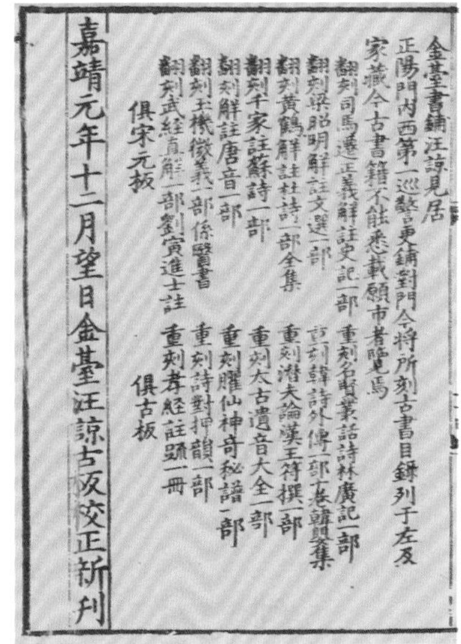
金臺書鋪汪諒見居
正陽門內西第一巡警更鋪對門今將所刻古書目錄列于左及
家藏今古書籍不能悉載願市者覽焉
翻刻司馬遷正義解註史記一部　重刻名賢叢話詩林廣記一部
翻刻梁昭明解註文選一部　重刻韓詩外傳一部
翻刻黃鶴解註杜詩一部全集　重刻潛夫論漢王符撰一部
翻刻千家註蘇詩一部　重刻太古遺音大全一部
翻刻解註唐音一部　重刻臞仙神奇秘譜一部
翻刻玉機微義一部係醫書　重刻詩對押韻一部
翻刻武經直解一部劉寅進士註　重刻孝經註疏一冊
俱宋元板　俱古板
嘉靖元年十二月望日金臺汪諒古板校正新刊

图 6-207　明北京汪谅书坊刻印的书目广告

广告和版权。在书籍的前面或后面刊印广告和版权，在宋代的坊刻中就已出现。到了明代，在坊刻书中，刊印版权和广告者就越来越多。广告刊印本字号的地址及所印书籍的目录，以扩大自己所印书籍的销量。明代的广告内容更为广泛，除新书预告外，还有书目介绍、宣传广告、商标标记、征稿广告等等。还有的出版家为了自我宣传，把自己的小像刻在书上。万历年间（1573—1620）建阳书林余氏自己编刻有《三台山人余仰止影图》，图绘余仰止高坐三台馆中，女婢捧砚，童子烹茶，自己在书桌上写文章状，图旁书“仰止余象斗编辑”，这样突出宣传自己的作家兼出版家，在中国书史上属首创。

也有金陵书商把自己小像刻成大木戳，用米色印在黑色方木戳的广告上。如万历四十三年（1615）汪瑗的《楚辞集解》，有唐少村（即唐少桥）小影半身像，戴笠，手执书册，上栏有“先知我名，现见吾影，委办诸书，专选善本”四行小字，在广告上可以说是创新。

所谓版权，其内容多为“不许翻刻”、“不许重刻”、“敢有翻刻必究”、“翻刻千里必究”等。

标点符号。在宋版书中，偶尔也出现过断句符号。元代的书籍中，也曾使用过断句符号。在明代的刻本中，符号使用得越来越多，但很不统一。

断句符号，有“。”、“·”、“◎”等形式。例如松筠馆刻本《孙子参同》一书，就用了几种符号，其中断句号为“。”，着重号用“△”两种，特别重要的语句在字行旁加双线。而使用最多的是“。”、“·”两种断句符号。虽然现在所用的汉语标点符号多从西方引进，但在古代，我国的出版印刷工作者已认识到标点符号有利于阅读的重要意义。

三、明代的书籍装帧

我国古代的书籍装帧形式，大致经历了卷轴装（隋代）、经折装（唐代）、旋风装（唐代）、蝴蝶装（宋代）、包背装（元代）的一个演进过程。历代各种书籍的装订形式，在明代都有使用。其中最流行的是蝴蝶装和包背装，卷轴装只有少量使用，经折装则主要用于佛教经卷。

包背装是明代最流行的装订形式，经厂本、藩府本和各地的坊刻本，几乎都用包背装。

线装是明代兴起的一种新的装订形式。根据记载，在北宋时就曾出现过线装书，当时称为“缝缋”，但未能推广开来。元代也曾有人使用过这种装订方法，称为“方册”，《至元法宝勘同总录》曾用这种方法装订，只是偶尔使用。到了明代，这种装订方法才逐渐推广开来。明正统年间（1436—1449），杭州有《方册藏》，用的就是线装。随后，不少佛经都用线装。正德元年（1506），司礼监刻印的《少微通鉴节要外记续编》，以及正德六年（1511）刊印的《大明会典》等书，均采用线装方法。万历年间（1573—1620）开始，线装已普遍应用，逐渐成为主要的装订形式。

明代后期的线装书工艺已十分成熟，所用的订线有棉线和丝线，订孔有四眼或六眼不等。有的书也有五眼、七眼、八眼，有的甚至多到十眼。

图 6-208 明嘉靖（1522—1567）刻本《大明集礼》为包背装

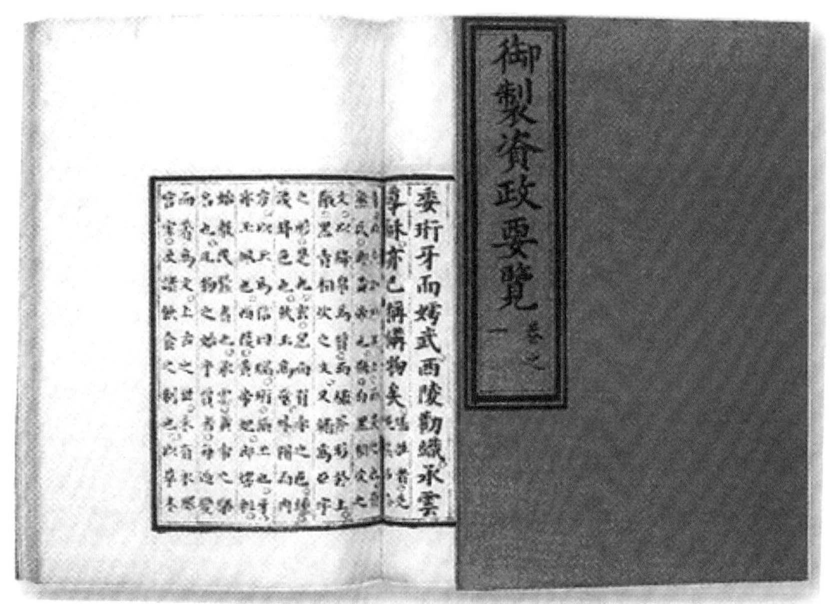

图6-209 明代蝴蝶装本

图 6-210 明代线装本

书皮一般多用较厚的纸张，有的是几层纸裱在一起。比较考究的线装书，书皮用丝绸裱成，书名多为印好后剪贴在书皮上。一般的坊刻本为了降低成本，还是用纸面。

线装书的推广普及，标志着我国古代书籍装订技术的成熟。由于它可以将一部书的数册，装于函套之中，便于保管和阅读，而且还可以根据书籍的不同用途，选用不同档次的面料，因而受到读者和藏书家的喜爱。

注释与参考书目：

①张秀民，韩琦．《中国印刷史》．杭州：浙江古籍出版社，2006：308.

②杨慎初．《岳麓书院史略》．长沙：岳麓书社，1986.

③钱存训．《中国纸和印刷文化史》．桂林：广西师范大学出版社，2005：128.

④据徐学林《徽州刻书》统计，有明一代，徽州民间刻书有姓氏可考者达 53 姓，500 余家．

⑤徐学林．《徽州刻书》．合肥：安徽人民出版社，2005：85.

⑥肖东发．《中国图书出版印刷史论》．北京：北京大学出版社，2001：99.

⑦肖东发．《中国图书出版印刷史论》．北京：北京大学出版社，2001：109.

⑧张秀民，韩琦．《中国印刷史》．杭州：浙江古籍出版社，2006：314.

⑨斯年．《迤西采访工作报告·图书季刊》，1944(5)：2-3.

⑩张秀民，韩琦．《中国印刷史》．杭州：浙江古籍出版社，2006：386.

第七章 持续繁荣的清代印刷

（1644-1911）

第一节 清代印刷概述

公元1644年，清军攻占北京，建立清王朝。清初，统治者接收了明朝皇室的全部藏书，并着手对历代书籍进行收集和整理，同时成立了中央的编辑和印刷机构。康熙、雍正、乾隆三朝社会稳定，经济繁荣，百业兴旺，印刷业在这一时期也有了大的发展，以武英殿为代表的皇家印刷盛行，并逐步形成了从中央到地方、从作坊到私家的出版印书网。

清代是中国古代印刷与现代印刷的交替时期，也是中国传统印刷业发展的最后阶段。在清代，我国古代发明的印刷技术得到了充分的应用，一些技术有了进一步的发展。特别是活字版印刷，不但使用比例大大增加，而且各种活字都有使用，木活字、铜活字、泥活字等都达到很高的技术水平。印书的品种和数量，超过了前代。这时的印刷字体以及出版物的开本和版式逐渐规范起来。雕版彩色印刷更为普及，印刷质量更好，特别是年画印刷已经发展成一个规模很大的行业门类。

另一方面，清廷大兴文字狱，实行闭关锁国政策，严重影响了印刷业的发展，拉大了中国与西方国家在印刷技术方面的差距。1840年鸦片战争以后，由于外国资本主义的入侵，中国走向半殖民地半封建社会，各通商口岸及大城市纷纷出版报纸、期刊，从此开始，传统的雕版和活字印刷由盛而衰，逐渐由西方传入的石印、铅印术所代替。

由于清代的绝大部分时间都在使用中国古代的传统印刷技术，只是到了清代末期，西方的铅活字版和石印技术才传入中国，因此，我们在谈清代印刷时，还是主要论述其传统的印刷技术。

第二节 清代政府印刷

一、清代初期的内府印刷

清顺治年间，内府刻印书籍，基本沿用明朝经厂的技术力量，无论版式、字体等，都明显带有明代风格。

顺治元年（1644）六月九日，也就是清军进入北京后的第四天，清政府就刻印了进京后的第一件印刷品——《安民告示》，宣传其方针政策，以安定民心。此件为整块木板雕刻，横180厘米，纵55厘米，四周云龙边框，镌刻精细，为古代整幅版面最大的印刷品；从字体和刻印风格来看，应为明经厂的工匠所为。清顺治三年（1646）修成《大清律》，同年刻印，

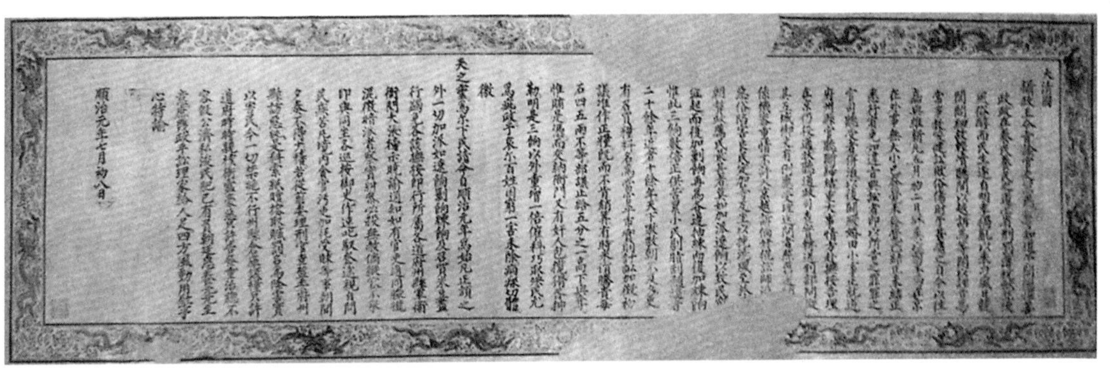

图7-1 《安民告示》，清顺治元年（1644）刻印。

图7-2 《大清律集解附例》31卷，清刚林等纂修，清顺治四年（1647）内府刻本。

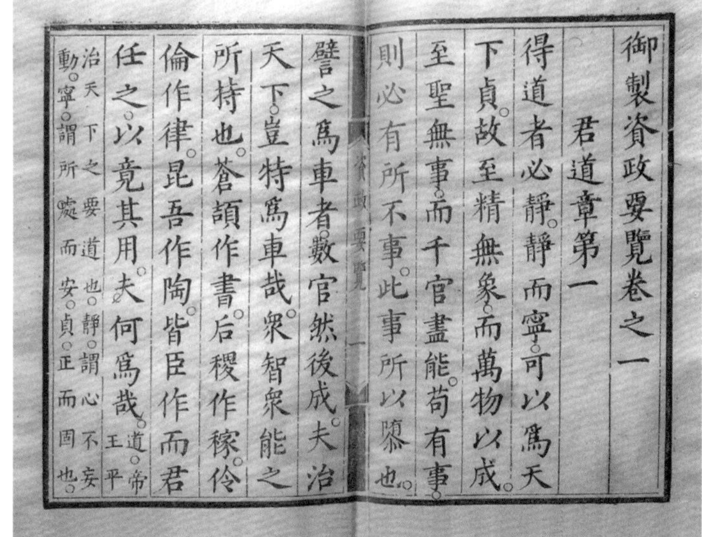

御製資政要覽卷之一
君道章第一
得道者必靜靜而寧可以爲天
下貞故至精無象而萬物以成
至聖無事而千官盡能苟有事
則必有所不事此事所以隳也
譬之爲車者數官然後成夫治
天下豈特爲車哉衆智衆能之
所持也蒼頡作書后稷作稼伶
倫作律昆吾作陶皆臣作而君
任之以竟其用夫何爲哉道帝王平
治天下之要道也靜謂心不妄動寧謂所處而安貞正而固也

图7-3 《御制资政要览》，清世祖福临撰，清顺治十二年（1655）内府刻本。

御註道德經 上篇

第一章

道可道。非常道。上道字。乃制行之道。可道。行之也。常道。乃真常不變之道也。名可名。非常名。上名字。乃立言之名。可名。言之也。常名。即常道之名。無名天地之始。無名者。道也。所以生天地也。有名萬物之母。有名者。道所生也。所以化生萬物也。故常無欲以觀其妙。常無者。法道之無也。妙者。道之微妙也。常有欲以觀其徼。常有者。法道之有也。徼者。道之邊際也。此兩者同出

图 7-4 《御注道德经》1卷，清世祖福临撰，清顺治十三年（1656）内府刻本。版心双鱼尾，粗黑口，四周双边，外边线较粗，文内刻有断句圈号，有明经厂刻本风格。

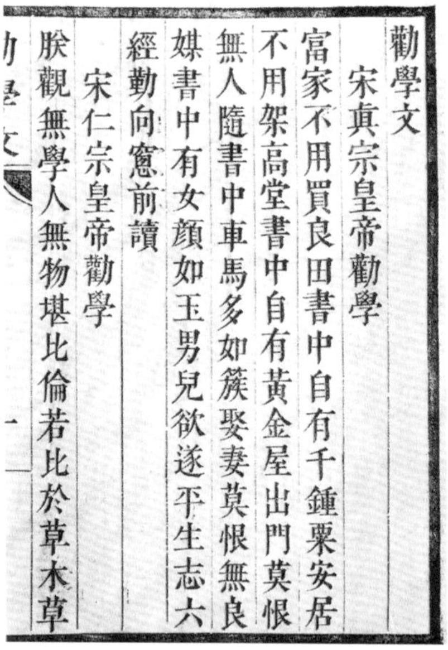

勸學文

宋真宗皇帝勸學

富家不用買良田書中自有千鍾粟安居不用架高堂書中自有黃金屋出門莫恨無人隨書中車馬多如簇娶妻莫恨無良媒書中有女顏如玉男兒欲遂平生志六經勤向窗前讀

宋仁宗皇帝勸學

朕觀無學人無物堪比倫若比於草木草

图 7-5 《劝学文》1卷，清世祖福临辑，清顺治十三年（1656）内府刻本。

颁布全国，这是清入关后最早的内府刻本。此书也在明经厂刻印。顺治朝刻印的汉文书籍有17种，如《御制资政要览》、《御注孝经》、《御注道德经》、《内政辑要》、《劝善要言》等。其风格与明经厂本十分相似。

二、武英殿印书

（一）武英殿的机构设置和印书历史

据《日下旧闻考》卷七十一载：“康熙十九年（1680）始以武英殿左右廊房共六十三楹为修书处，掌刊印及装潢书籍之事。”从此，武英殿便

图 7-6　武英殿

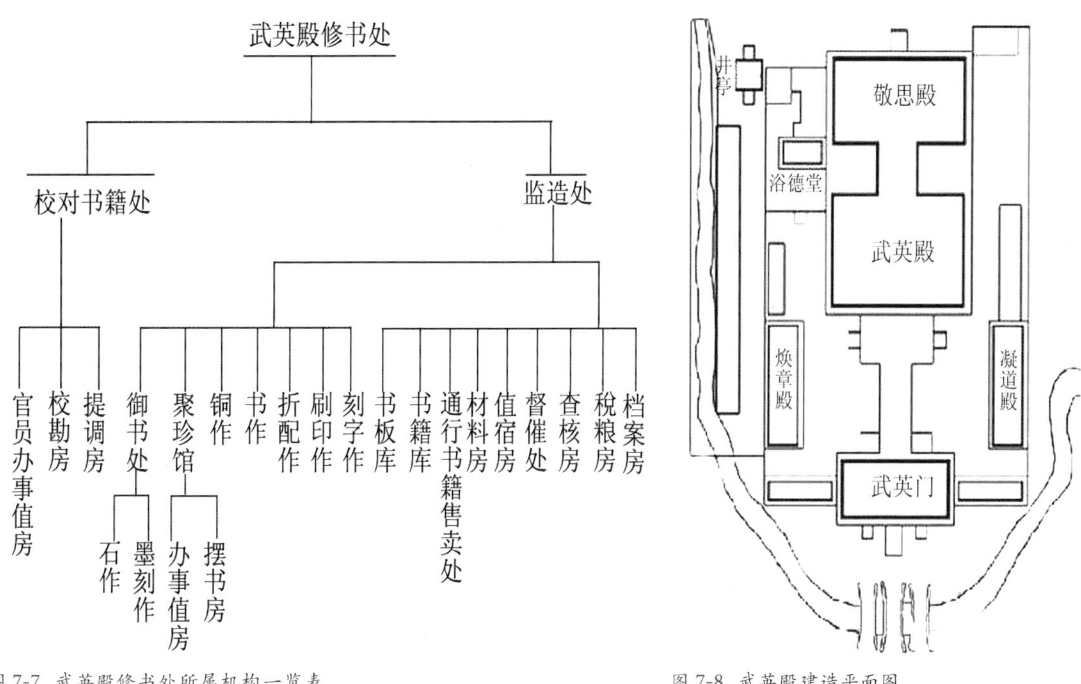

图 7-7　武英殿修书处所属机构一览表

图 7-8　武英殿建造平面图

成为清朝历代皇家的出版中心，皇家、内府、御制、钦定的各种书籍，大都由这个机构负责刊印。

武英殿位于紫禁城西南角西华门内，初建时有前后两重，由武英门、武英殿、敬思殿、凝道殿、焕章殿、恒寿殿、浴德堂等殿堂以及左右廊房组成。武英殿、敬思殿一般用于贮存藏书及书版，其他的殿、房则是修书处的办公场所，用于校对文字、书籍装帧、印刷、刊刻书版、折配书页等。

武英殿修书处隶属于内务府营造司。修书处内部又设有监造处和校对书籍处两大部门。监造处下设刷印等部门，其组织和人员状况，各时期不尽相同。

监造处的书作负责新旧书籍的界画、装帧、托裱、修补等工作；刷印作负责印刷和装订；折配作负责折配书页、经页等；刻字作专管钩摹御书、缮写版样、刊刻书版；铜作专管铜字、铜盘及摆字；御书处负责拓刻、临摹皇帝手迹。监造处下有机构负责档案的记录、修书流程的监督、各项物料的采购管理及人员开支、书籍的发行等事宜。其匠役有：书匠、刻字匠、界画匠、托裱匠、合背匠、齐栏匠、补书匠、平书匠、印刷匠等，分办各作之事。

校对书籍处的职能比较单一，专管校对文字、刊修书籍等。在这里供职的大多为学识渊博的翰林。

武英殿修书处聚集了全国博学之士在这里编纂和校勘，也汇聚了刻、印、装的各种能工巧匠。这一机构从建立开始一直不断地扩大。乾隆时期，排印《武英殿聚珍版丛书》时，作坊达二十余个，下设各类人员已达上千人，级别最高的总理大臣已经位居正二品。

御製文獻通考序
朕惟治天下之道莫詳於
經治天下之事莫備於史
人主總攬萬幾考証得失
則經以明道史以徵事二
者相爲表裏而後郅隆可

文獻通考
自序　鄱陽馬端臨貴與著
昔荀卿子曰欲觀聖王之跡則於其粲然者矣後王
是也君子審後王之道而論於百王之前若端拜而
議然則考制度審憲章博聞而強識之固通儒事也
詩書春秋之後惟太史公號稱良史作爲紀傳書表
紀傳以述理亂興衰八書以述典章經制後之執筆
操簡牘者卒不易其體然自班孟堅而後斷代爲史
無會通因仍之道讀者病之至司馬溫公作通鑑取

图 7-9 《御制文献通考》，元马端临撰，明嘉靖三年（1524）司礼监刻本，清康熙十三年（1674）内府重修本。

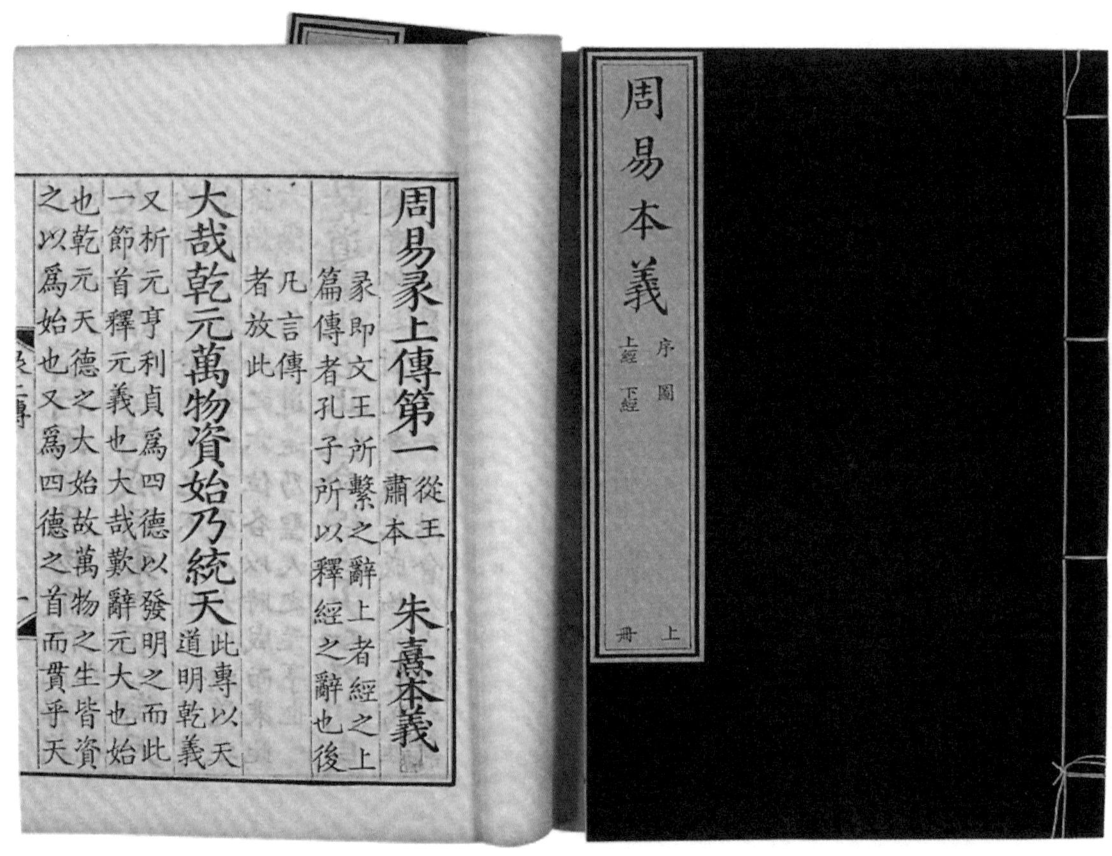
周易本義
序 圖
上經 下經
上 冊

周易彖上傳第一 從王肅本 朱熹本義
彖即文王所繫之辭上者經之上篇傳者孔子所以釋經之辭也後凡言傳者放此
大哉乾元萬物資始乃統天 此專以天道明乾義又析元亨利貞爲四德以發明之而此一節首釋元義也大哉歎辭元大也始也乾元天德之大始故萬物之生皆資之以爲始也又爲四德之首而貫乎天

图 7-10 《周易本义》，宋朱熹撰，清康熙内府大字本。此书有本义 12 卷、易图 1 卷、五赞 1 卷、巫仪 1 卷。

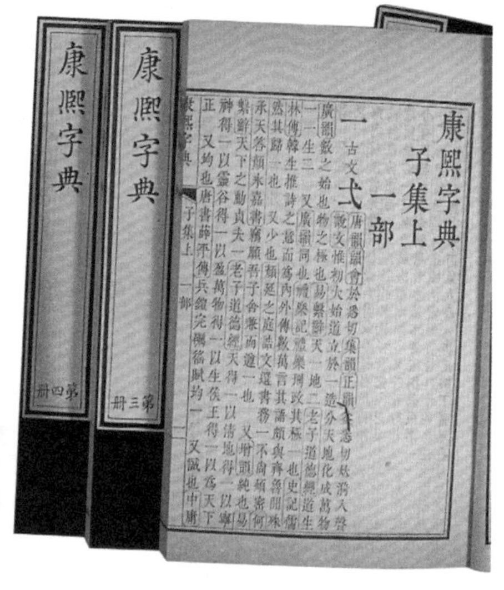

图 7-11 《康熙字典》，清康熙五十五年（1716）内府刻本。张玉书、陈廷敬等奉诏编辑，根据明代《字汇》和《正字通》二书增订而成，体例也相沿用，分 12 集，按 214 个部首排列。全书共收单字 47035 个（外附古文字 1995 个）。

据 1931 年陶湘《故宫殿本书库现存目》统计，清代十朝，各种内府本和殿本书总数为 520 种，52926 卷。其中，康熙、雍正、乾隆三朝刻书就达 436 种，占刻书总数的 83.7%，是武英殿刊印书籍最为兴盛的时期，出书品种之多，校阅、刻印之精，超过历史上任何时代。

康熙朝共 61 年（1662—1722），是武英殿刻书业兴起的时期，共刻印殿版书 56 种，其中最著名的版本有《古文渊鉴》、《周易本义》、《御撰朱子全书》、《御选唐诗》、《御制耕织图》、《万寿盛典初集》、《御制避暑山庄诗图》等，都是刻印精良的版本。铜活字印书，也开创了皇家用铜活字的先河。康熙年间，武英殿还出版了收字最多的字典《康熙字典》和体例最为详明的类书《分类字锦》。

重農桑以足衣食

朕聞養民之本在於衣食農桑者衣食所由出也一夫不耕或受之饑一女不織或受之寒古者天子親耕后親桑躬爲至尊不憚勤勞爲天下倡凡爲兆姓圖其本也夫衣食之道生於地長於時而聚於力本務所在稍不自力坐受其困故勤則男有餘粟女有餘帛不勤則仰不足事父母俯不足畜妻子其理然也彼南北地土雖有

图 7-12 《圣谕广训》，清圣祖玄烨撰，雍正三年（1725）内府刻本。

雍正时期（1723—1735），是殿版书进一步发展的时期，共刻印图书 72 种。这一时期，殿版书的款式有所变化，字体方正，笔法、刀法力求匀净，自有特点。其刊刻的殿本书，既有雕版，也有活字版。雍正在位时期完成了很多著名的出版工程，如编印了《硃批谕旨》、《上谕内阁》、《子史精华》、《骈字类编》等书，特别是他倡导刻印了大部头佛经总集《龙藏》及其佛教经典 30 种，并继康熙朝用铜活字印成《古今图书集成》，从而完成了我国印刷史上第一部用铜活字印刷的上万卷巨著。

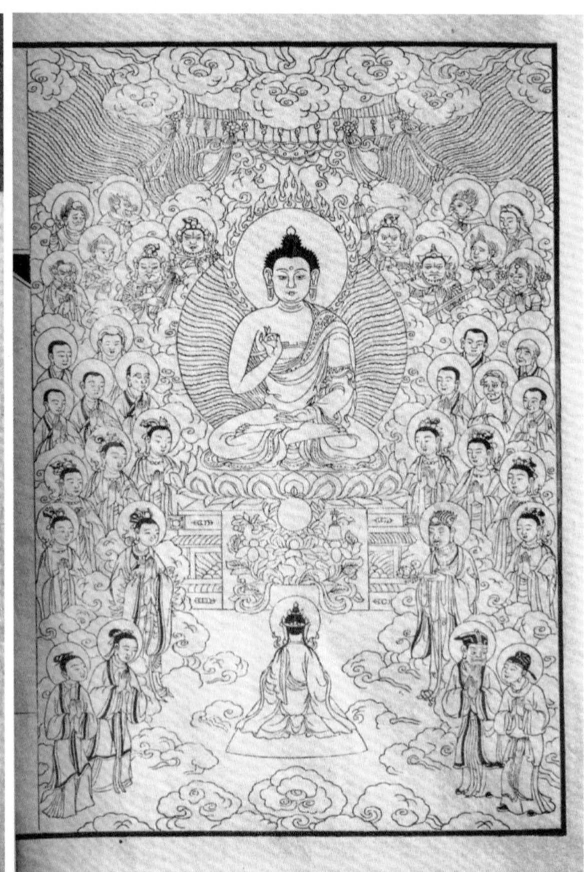

图 7-13 《二十八经同函》，清雍正十三年（1735）内府刻本。

乾隆朝（1736—1795）共60年，是武英殿刻书业最辉煌的时期。刻印图书308种，占清代总刻书数的59.2%。当时刻印的书籍不但品种多，而且校刊、刻印都力求精工。乾隆本人又擅长诗文书画，博学多才，著诗四万余首。在编辑出版书籍上，他更是大力倡导，从而成为历史上皇家印书最为兴盛的时代。这一时期，也是武英殿最为繁忙、出书最多的时期。乾隆时期，武英殿刻印的重点书籍有《十三经注疏》、《二十一史》、《明史》、《大清一统志》、《大清会典》、《文献通考》、《清通典》等。其中，大型的工程有继雍正末年开雕的《汉文大藏

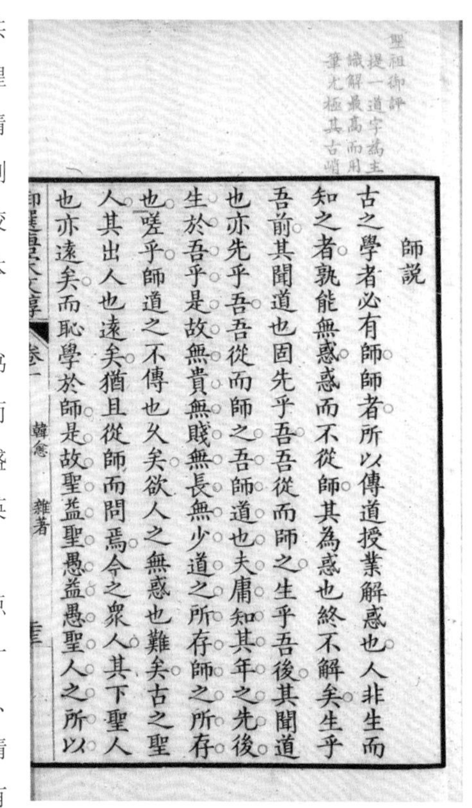

聖祖御評
提一道字為主
識解最高而用
筆尤極其古峭

師說

古之學者必有師。師者所以傳道授業解惑也。人非生而知之者。孰能無惑。惑而不從師。其為惑也終不解矣。生乎吾前。其聞道也固先乎吾。吾從而師之。生乎吾後。其聞道也亦先乎吾。吾從而師之。吾師道也。夫庸知其年之先後生於吾乎。是故無貴無賤。無長無少。道之所存。師之所存也。嗟乎。師道之不傳也久矣。欲人之無惑也難矣。古之聖人。其出人也遠矣。猶且從師而問焉。今之衆人。其下聖人也亦遠矣。而恥學於師。是故聖益聖。愚益愚。聖人之所以

御選唐宋文醇 卷一 韓愈 雜著

图 7-14 《唐宋文醇》58卷，清高宗弘历撰，清乾隆三年（1738）武英殿刻多色套印本。

太祖高皇帝聖訓序
朕惟帝王創業垂統傳之無窮非獨世德
茂也蓋亦有典則之貽焉其運之一心播
爲成憲恆足以示道揆於子孫昭法守於
臣庶盱衡千古載籍具存矧其爲大聖受
命而興者乎皇哉何規模之弘遠也我
太祖承天廣運聖德神功肇紀立極仁孝睿武
弘文定業高皇帝靈承休命誕受多方經綸於
天造草昧之年締構於王業艱難之日除

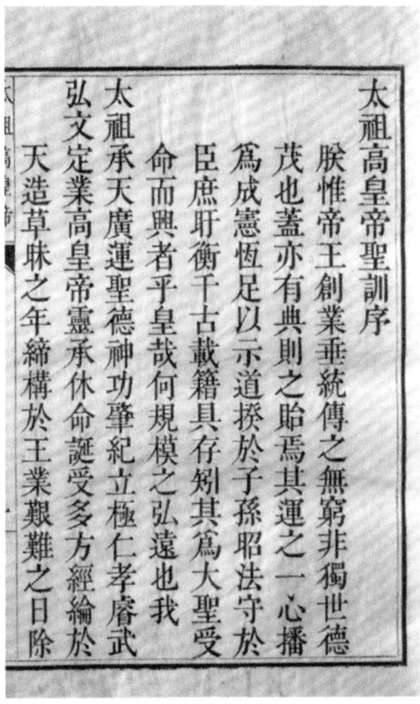

图 7-15 《太祖高皇帝圣训》4 卷，清太祖努尔哈赤撰，清乾隆四年（1739）武英殿刻本。

欽定公羊注疏
春秋公羊傳注疏卷一
漢何休學
唐陸德明音義

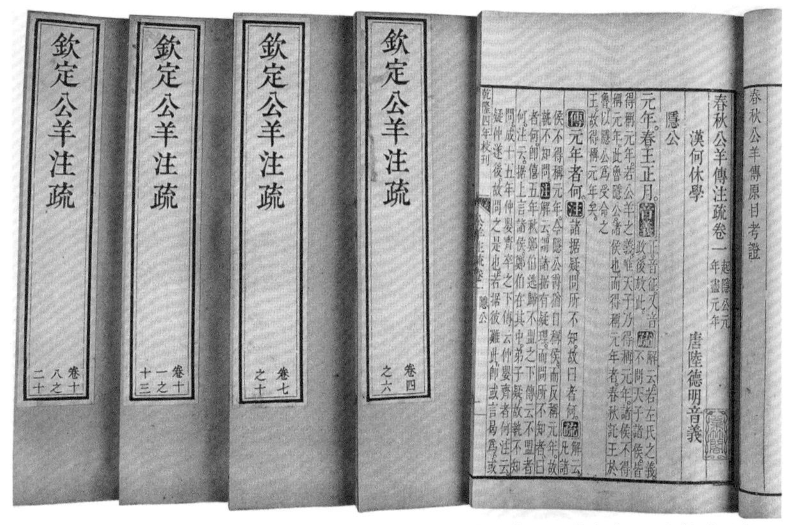

图 7-16 《钦定公羊注疏》28 卷，汉何休注，唐陆德明音义，清内府 38 名翰林编校。清乾隆四年（1739）武英殿刻本。

乾隆四十九年十月初九日奉
千叟宴詩 乾隆五十年
卷首一
御製詩
千叟宴恭依
皇祖原韻

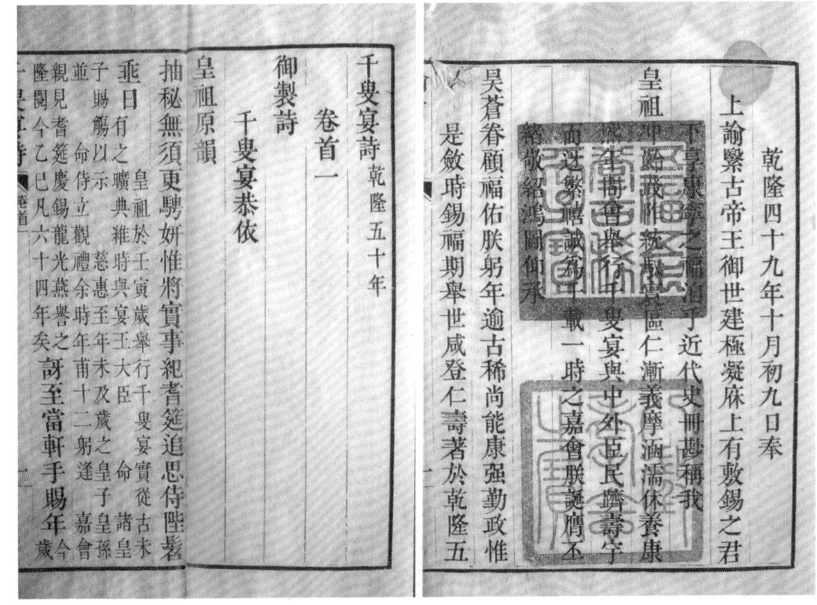

图 7-17 《千叟宴诗》34 卷，清高宗弘历等撰，清乾隆五十年（1785）刻本。钤有“五福五代堂古稀天子宝”、“八徵耄念之宝”的帝王藏书印。

经》、《满文大藏经》。乾隆三十六年（1771），高宗弘历下令开四库全书馆，编成大型类书《四库全书》。乾隆三十八年（1773），皇帝亲自批准金简的奏章，在武英殿刻制木活字 25 万余个，排印了《武英殿聚珍版丛书》139 种，并亲自为活字版定名为“聚珍版”。乾隆朝，在精印精装的 9 本书中，还出现了许多精美的彩色套印和版画插图，还有 23 排连印的地图，把我国古代的雕版和活字印刷术发展到了最高的水平。

嘉庆时期，武英殿印书的规模远低于前朝，仅刻印图书 29 种。嘉庆初年，续修了《大清会典》、《皇清文颖续编》、《续纂八旗通志》等几部大书。之后编刊书籍就每况愈下，而且在写刻、纸墨、印刷、校勘、装帧方面都不如前朝考究。

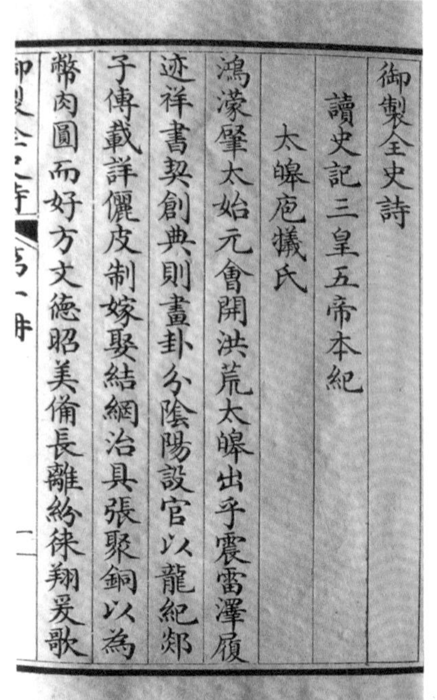
御製全史詩

讀史記三皇五帝本紀

太皞庖犧氏

鴻濛肇太始元會開洪荒太皞出乎震雷澤履迹祥書契創典則畫卦分陰陽設官以龍紀郊子傳載詳儷皮制嫁娶結網治具張聚銅以為幣肉圓而好方文德昭美備長離紛徠翔爰歌

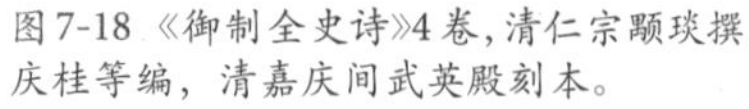
图7-18 《御制全史诗》4卷，清仁宗颙琰撰，庆桂等编，清嘉庆间武英殿刻本。

图7-19 《钦定春秋左传读本》30卷，清英和等撰，清道光二年（1822）武英殿刻本。正文及注文都刻有句读圈号。

道光、咸丰、同治三朝，武英殿刻书走向衰败，刻印图书总数15种。道光在位30年，只刻书12种，其中包括重印《康熙字典》、《二十四史》等书。咸丰朝20年，武英殿刻书基本停止，只刻印了两种书。同治八年（1869），武英殿失火，殿内各种书版、木活字、材料、图书等几乎全部焚毁。虽然重建武英殿，但刻书活动基本停止。

光绪朝引进西方的石印、铅印技术。石印作品有《钦定古今图书集成》、《钦定书经图说》等，重刻的《武英殿聚珍版丛书》称其为“外聚珍本”。虽然也刻印过22种书，但大不如前。光绪三十二年（1906）后，清政府增设图书编译局等出版机构，武英殿修书处逐渐名存实亡。

武英殿刻书采用了雕版、多色套印、铜版、铜活字、木活字、石印及光绪时引进的西方铅印技术，尤以铜活字铜版印刷、木活字套印为突出；内容校勘精审，形式精美多样，在中国印刷史上占有重要地位。

武英殿所刻书籍的流通面比较广泛，上至皇帝、下至文人雅士，它不但代表了清代宫廷刻书的水平，也体现出清王朝在学术上的重视程度，推动了清代文化学术的发展。

武英殿刻书选料上乘。武英殿书版主要选用纹理细致的枣木、梨木、杨木等，采用水浸和蒸煮等办法使之干燥，再用植物油进行打磨、抛光，而后才可以用于制作刻版。武英殿用纸均为当时我国上好的开化纸和连史纸。根据康熙朝的宫廷档案记载，印书用纸品种多达18种。

武英殿印书用墨一般都选用上等松烟徽墨和银朱、红花水、白芨、雄黄、靛末、广胶等上等颜料，并定量配制，使墨色如漆，久不变色，开卷自有墨香。

图 7-20 《养正图解》（不分卷）。明焦竑撰，清光绪二十一年（1841）武英殿刻本。此本绘刻精细，纸墨用料上乘，是清末版画白眉。其外用黄色绸缎包裹，另有附刻字楠木夹板，装潢考究，显出皇家的豪华气派，是典型的宫内度藏之物。

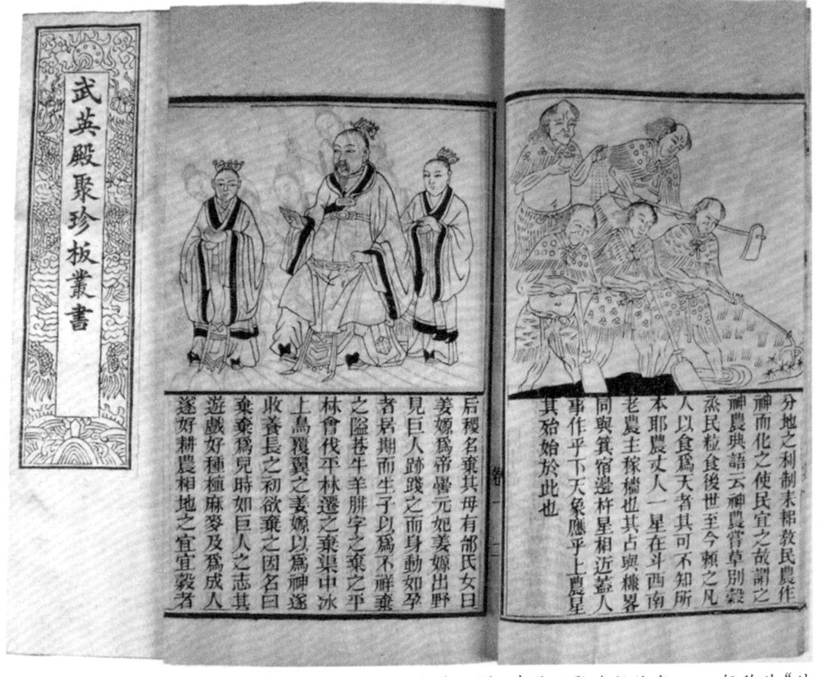

分地之利制耒耜教民農作
神而化之使民宜之故謂之
神農典語云神農嘗草別穀
烝民粒食後世至今賴之凡
人以食爲天者其可不知所
本耶農丈人一星在斗西南
老農主稼穡也其占與糠畧
同與箕宿邉杵星相近蓋人
事作乎下天象應乎上農星
其殆始於此也

后稷名棄其母有邰氏女曰
姜嫄爲帝嚳元妃姜嫄出野
見巨人跡踐之而身動如孕
者居期而生子以爲不祥棄
之隘巷牛羊腓字之棄之平
林會伐平林遷之棄渠中冰
上鳥覆翼之姜嫄以爲神遂
收養長之初欲棄之因名曰
棄棄爲兒時如巨人之志其
遊戲好種植麻麥及爲成人
遂好耕農相地之宜宜穀者

图 7-21 《农书》1 函 10 册，清光绪间刻本。此书为仿刻《武英殿聚珍版丛书》，一般称为“外聚珍本。”

武英殿刻印书籍的版式风格和字体特点，各时期也各有区别。顺治、康熙朝的满文本字体秀丽，写刻严整，如行云流水，将书法艺术融于写刻之中，是当时少数民族文字刊刻的代表之作。汉文本字体横细竖粗，撇捺落笔尖劲展开，版式字大行宽。康熙后期，武英殿刻印书籍数量大增，除活字版使用宋体字外，刻本书多为手书上版，字体选用唐欧阳询、元赵孟頫的字体，以及当时的馆阁体，力求精写、精刻、精校、精印、精装。刊

图 7-22 “方维甸款”朱砂墨。此墨铭文“大清乾隆年造”、“臣方维甸恭进”，为安徽桐城人方维甸仿方氏墨谱制的宫廷专用墨。方维甸在乾隆间曾官至光禄寺正卿、直隶总督等职。

图 7-23 清代晚期胡开文制墨—双龙图墨。1 盒 8 锭，253.6 克。

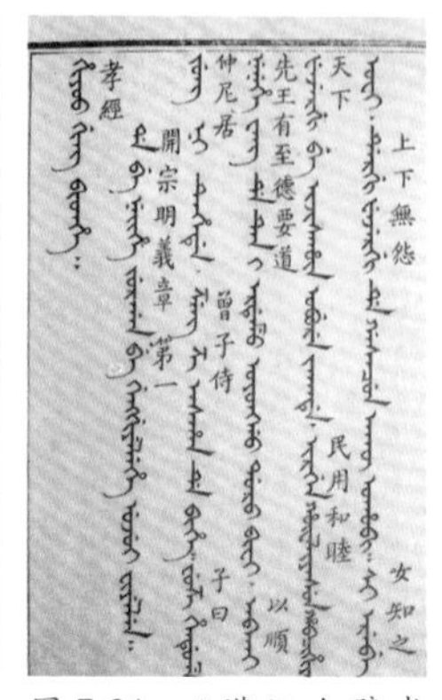

图 7-24 《满汉合璧孝经》，清康熙四十七年（1708）内府刻满汉合璧本。武英殿刻满汉文印刷字体达到了很高的水平。

刻书籍走向规范化。另外，书籍装潢非常考究，以包背装和线装为主。

武英殿刻书处作为中国最后一个封建王朝的宫廷出版机构，存在近300年，贯穿整个清王朝历史，它不仅创造了出版印刷史上的辉煌业绩，更为清代文化的发展、繁荣起到了重要的作用。

（二）武英殿铜活字版印刷

用铜活字版印书，明代已很兴盛。清廷用铜活字版印书，起于清康熙后期。大约在康熙四十九年（1710），武英殿已刻制铜活字大小各一副，并于康熙五十年（1711）排印过《御制数理精蕴》、《律吕正义》等书。康熙五十二年（1713）排印《星历考原》。同年，陈梦雷用内府铜活字排印过他自己写的《松鹤山房诗集》9 卷和《文集》20 卷。康熙五十九年（1720）开始排印大型类书《古今图书集成》，到雍正四年（1726）印制完成，前后用了 6 年时间，这是历史上规模最大的一次铜活字印书工程。

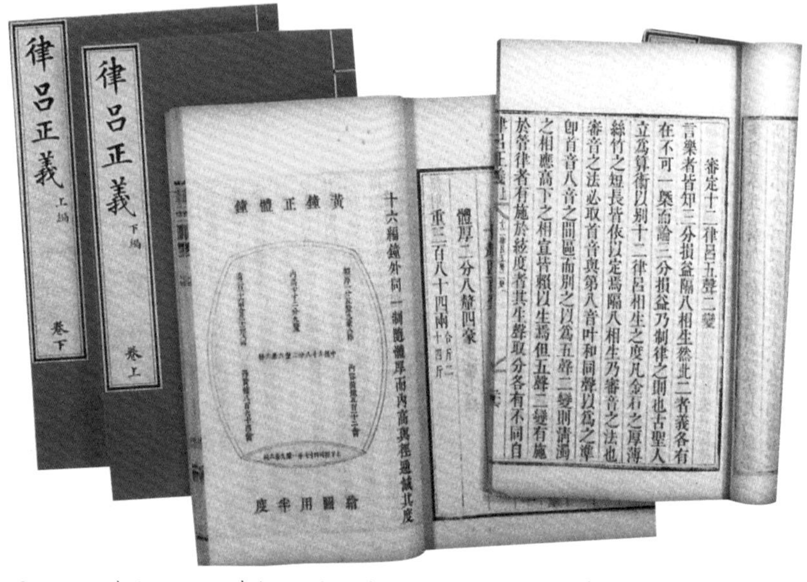

图 7-25 《律吕正义》，清康熙五十年（1711）内府铜活字本。清允禄、允祉等撰，半页9 行，每行 20 字，四周双边，白口，双鱼尾。版框 21.4 厘米 ×14.8 厘米。

傷心涙落何一非至性所鍾若夫遯世無悶樂天知
命是又在先生之自處則余所不能測先生矣余何
能爲斯集序哉長白弟能吉圖拜書

松鶴山房文集序

之聲也行乎所當行止乎其所不得不止非開拓其
心志則氣不振然山川者天地之恒象也人生而不
閲乎窮通憂樂榮辱死生之變則其識不堅凡欲養
其氣廣其識要非治心不能　省齋先生向脱西曹
單車就道吾兩人判袂都門俱壯歲二十年後復聚
首長安顧我貧病衰老幾不可復識而先生亦修髯
玉立頗不似當日尫羸纖弱之狀握手凝睇既悲且
慰坐我半圃齋中撫今感昔暇日出別後所爲古文

图 7-26　《松鹤山房文集》。清陈梦雷铜活字印本。

牽牛織女記
牽牛織女記
牽牛織女星
牽牛織女星
天七日云名
天七日云名
天七月云會
天七月聚會
天七月聚會

图 7-27　《古今图书集成》中同一字的不同字形，说明这一批铜活字是手工刻制而不是用字模浇铸的。

《古今图书集成》的编者为陈梦雷，字省斋，福建侯官人，康熙九年（1670）进士。从康熙三十七年（1698）开始，陈梦雷在辅导皇三子胤祉读书期间，利用诚亲王府和他自己的藏书，着手编辑了一部包罗万象的类书，至康熙四十五年（1706）全书告成，共 3600 余卷，名为《汇编》。康熙五十五年（1716）进呈，由康熙钦定，赐名《古今图书集成》，并于同年设馆，配备 80 余人协助陈梦雷修订该书，约于两年后完成。康熙五十九年（1720）开始用内务府铜活字排印。雍正三年（1725）全书刊成。雍正四年（1726）加御制序文予以颁发。这部巨大的综合性类书共计 1.6 亿字，分 6 编、32 典、6109 部，每部都有汇考、总论、图表、列传、艺文、造句、纪事、杂录、外编。全书共 10064 卷。《古今图书集成》分类细致，条理明晰，在组织体系和编排体例上远胜过以前的类书，西方人称它为“康熙百科全书”。

当时，《古今图书集成》印成 66 部。国内所存约有 12 部。印成的《古今图书集成》每部装 525 函，

图 7-28　《钦定古今图书集成》封面

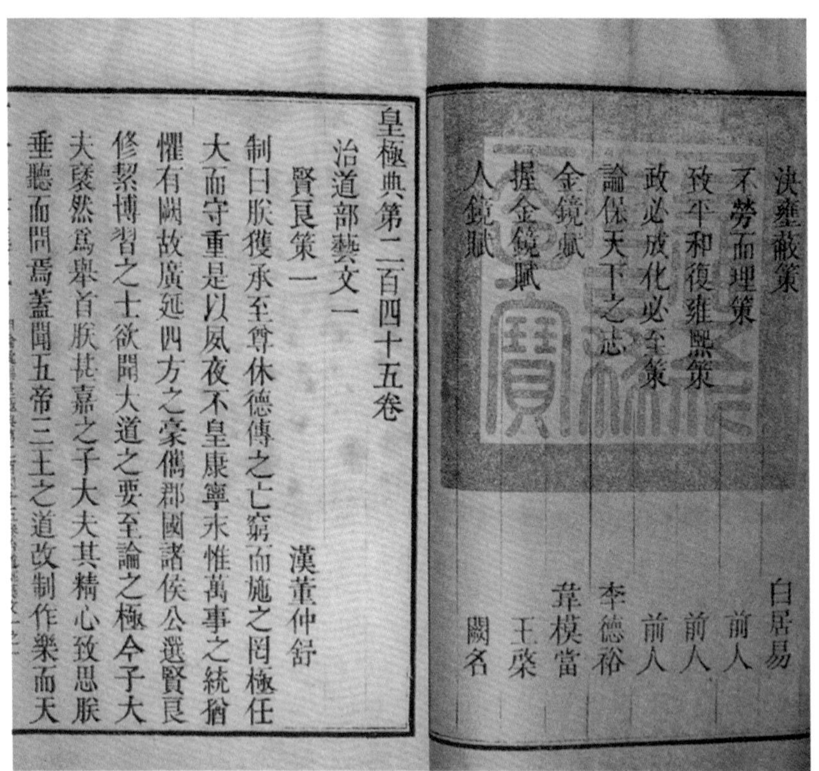

皇極典第二百四十五卷
治道部藝文一
賢良策一　漢董仲舒
制曰朕獲承至尊休德傳之亡窮而施之罔極任
大而守重是以夙夜不皇康寧永惟萬事之統猶
懼有闕故廣延四方之豪儁郡國諸侯公選賢良
修絜博習之士欲聞大道之要至論之極今子大
夫褎然爲舉首朕甚嘉之子大夫其精心致思朕
垂聽而問焉蓋聞五帝三王之道改制作樂而天

決壅蔽策　白居易
不勞而理策　前人
致平和復雍熙策　前人
政必成化必至策　前人
論保天下之志　李德裕
金鏡賦　[illegible]模當
握金鏡賦　王棨
人鏡賦　闕名

图 7-29 《钦定古今图书集成》正文页面

共 5020 册，分黄纸、开化纸两种印本。印刷清晰，装潢精美。

这次印书所用的铜活字系“刻铜字为活版”（乾隆语）。武英殿刻铜字人工银二分五厘，比刻木活字的工价贵几十倍，因金属坚硬，比木版难刻，工价自然倍增。当时不说铸铜字人，而说“刻铜字人”，可见铜字是刻的。从成书中相同字形的变异也可以看出，这一批铜活字属手工刻制而非字模浇铸。

关于这次刻铜活字的数量，较为可靠的说法为 25 万个，有大、小两种字号，正文用大字号，约 1 厘米见方；注文用小字号，约为大字之一半。

该书版式为半页 9 行，每行 20 字，有行线，四周双边。根据该书边框四角的接缝严密情况来看，这次铜活字印刷，其行格边框可能为套版两次印刷而成。

当《古今图书集成》一书排印完成后，这批铜活字贮藏在武英殿的铜字库，后于乾隆九年（1744）改铸为铜钱，今无一所存。

自铜活字本后，《古今图书集成》又有几种版本。光绪十年（1884），设立图书集成印书馆，用三号扁体铅活字排印，约用四年印成。绘图部分为石印，用的是连史纸。共印 1500 部，另有 8 册目录。

光绪十六年（1890），光绪皇帝下令石印《古今图书集成》，由上海同文书局承办，于光绪二十年（1894）完成，照殿本原式印出 100 部。此版增刊了《考证》24 卷，以纠谬补缺。这是“铜活字版”和“扁字体版”所不具有的。此次印刷校证详细，精细加工，所以印出的木子墨色鲜明，胜过殿本。这个印本，一部分运到外地，留存上海栈房的后被火烧毁，所以这个本子流传稀少。

（三）金简与武英殿木活字印刷

清代武英殿用木活字版印刷的《武英殿聚珍版丛书》，是印刷史上规模最大的一次木活字版印刷，也是历史上唯一一次皇家使用木活字版印刷，而这次彪炳史册的印刷活动就是在金简的提议和其创制的《武英殿聚珍版程式》的指导下完成的。

金简（1724—1794），祖籍盛京（今沈阳），其父金三保任内务府武备院卿。金简自幼随父从军，初隶内务府汉军，乾隆中授笔帖式，掌满汉文奏章、文书对译。后来升为内务府奉宸院卿（正三品），掌管苑囿事务。乾隆三十七年（1772）升为总管内务府大臣（正二品）兼武英殿修书处事务，正是在这个职位上，他对木活字印刷作出历史性的贡献。乾隆三十九年（1774）金简为户部侍郎兼镶黄旗汉军副都统，成为万名汉人皇家御林军副帅，集文武二职于一身。乾隆四十六年（1781）命总理工部，四十八年（1783）擢工部尚书（从一品）兼镶黄旗汉军都统。乾隆五十七年（1792）调任吏部尚书，五十九年（1794）卒，谥勤恪。据《清史稿·金简传》及《高宗纪》记载，金简一族于康熙末年已受命改入满洲籍，赐姓金佳氏。在印刷史上，金简应与毕昇、王祯齐名，都对活字版技术作出过重大贡献。所

图 7-30 中国印刷博物馆制作的清代武英殿“聚珍馆”官员蜡像

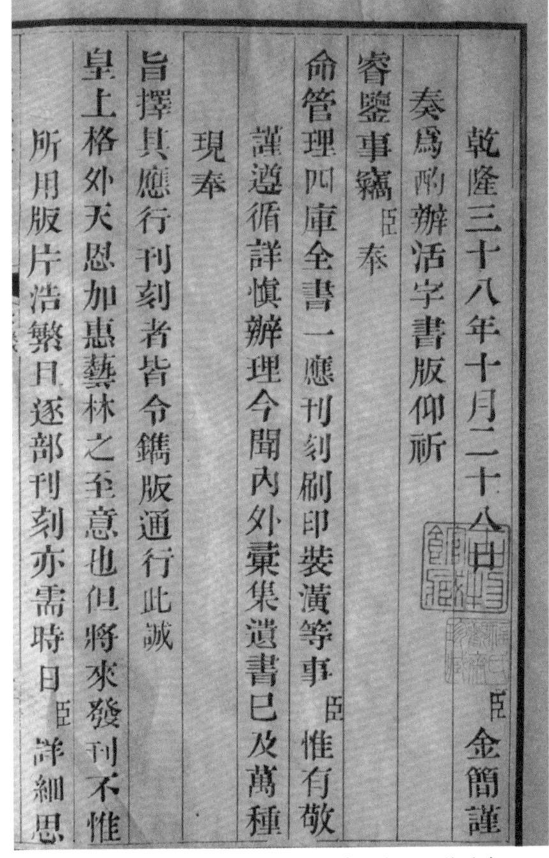

乾隆三十八年十月二十八日 臣金簡謹
奏為酌辦活字書版仰祈
睿鑒事竊 臣 奉
命管理四庫全書一應刊刻刷印裝潢等事 臣 惟有敬
謹遵循詳慎辦理今聞內外彙集遺書已及萬種
現奉
旨擇其應行刊刻者皆令鐫版通行此誠
皇上格外天恩加惠藝林之至意也但將來發刊不惟
所用版片浩繁且逐部刊刻亦需時日 臣 詳細思

图 7-31 金简奏请用木活字刊印《四库全书》要籍的奏议

图 7-32 中国印刷博物馆清代馆展出的武英殿木活字制作间模型

不同的是，毕昇、王祯都是靠自己的财力，而金简则是得到当时最高统治者的支持，以政府阁臣的身份动用国家资财，进行木活字工艺的研究。由于资金可以保证，他的活字可以精工细作，而且可以雇请到一流水平的写、刻、排印等工匠。当然，也印出了一流水平的木活字本——《武英殿聚珍版丛书》。它的一流的木活字版印刷水平，为藏书家所珍重，也可视为金简的“丰碑”。

乾隆三十八年（1773），四库全书馆开馆伊始，馆臣从《永乐大典》中辑出不少佚书。乾隆皇帝认为其中有些世所罕见、有裨世道人心并足资考镜者，应先行版刻流通，嘉惠士林，故命发至武英殿雕版印行。当时负责管理武英殿刻印书事务的四库馆副总裁金简，在遵命雕版印造四种书之后，觉得如此雕印下去，“不惟所用雕板浩繁，且逐部刊刻，亦需时日。……莫若刻做枣木活字板一份，刷印各种书籍，比较刊板工料省简悬殊”。金简的这些理由，说服了乾隆，乾隆当即批准武英殿雕刻活字，并指出在原计划刻制 15 万个枣木活字的基础上，再增加 10 万个活字。

乾隆三十九年（1774）五月，在金简的策划组织下，武英殿共刻制成大小枣木活字 25 万余个，实用银 1749 两，连同备用木子、楠木摆字槽板、夹条、字柜等，总计实用银 2339 两。乾隆认为“活字”的名称不雅，亲自将活字版命名为“聚珍版”。用这套木活字印的书，统称为《武英殿聚珍版丛书》。

乾隆四十一年（1776），金简总结了武英殿木活字印书的经验，编成《武英殿聚珍版程式》一书，经乾隆批准，向全国发行，以推广这一木活字排版印书的工艺技术。

该书除前面的奏章及乾隆批复等内容外，主要是介绍武英殿的木活字版印刷的工艺技术。全书用 19 个部分介绍木活字的选料、规格、刻字、活字标准、测量工具、活字的贮存、排版、印刷等全套工艺。具体内容包括：造木子（即造活字字坯）、刻字、字柜（活字贮存设备）、槽版（排版盘）、夹条、顶木（版内填空材料）、中心木（版心中缝填空材料）、类盘（检字用托盘）、套格（套印边框行格的木雕版）、摆书（排版）、垫版（垫平字面高度）、校对、刷印、归类（印完后拆版，并将活字归还原处备用）、逐日轮转办法等。以上分别条款，一一绘图说明，是我国活字印刷史上的重要文献。

《武英殿聚珍版程式》是在元王祯的活字印刷方法的基础上加以发展与改进的。如王氏先在一块整版上雕字，用细锯锯开；而这次则先做一个个独立的木子，把字样贴于木子上刻字。王氏削竹片为界行；而这次则按书籍式样，每幅刻十八行格线名套版。王氏用转轮排字盘，以字就人；而这次则改用字柜，按照《康熙字典》分子、丑、寅、卯十二支名，排列十二个大字柜，每柜做抽屉二百个，每屉分大小八格，每格贮大小字各四个，俱标写某部某字及回数，则知在于何屉。应该说这在当时是一种较为科学的活字贮存和拣字方法。书中介绍的“逐日轮转办法”，讲到了各工序间的均衡生产，这是印刷史上第一次讲到生产管理的内容。《武英殿聚珍版程式》的最大特点，是对木活字版的全部工艺技术，包括大小活字的尺寸规格，都作了详细介绍，依照书中的介绍，就可以指导生产，比王祯的《造活字印书法》更为详明具体。

《武英殿聚珍版程式》出版后，各地官府、书坊纷纷购买，并参照该书的工艺方法，进行木活字印书。江南各地曾翻刻此书出版，先后被译成德文、英文、日文。

武英殿聚珍版程式，即武英殿木活字刻制印刷工艺图如图7-34至图7-44。

欽定武英殿聚珍版程式目錄　武英殿聚珍版
奏議
成造木子 有圖并木槽銅漏子式二
刻字 有圖并刻字木床式
字櫃 有圖并式
槽版 有圖并式
夾條 一分通長 半分通長 一分長短 半分長短
頂木 與夾條總圖總式
中心木 與夾條頂木總圖總式
欽定武英殿聚珍版程式 目錄 一 彭紹觀校
類盤 有圖并式
套格 有圖并式
擺書 有圖
墊版
校對
刷印
歸類
逐日輪轉辦法 附輪轉擺印課程

图7-33 《钦定武英殿聚珍版程式》目录

图 7-34　成造木子图：制造木活字的刻字坯

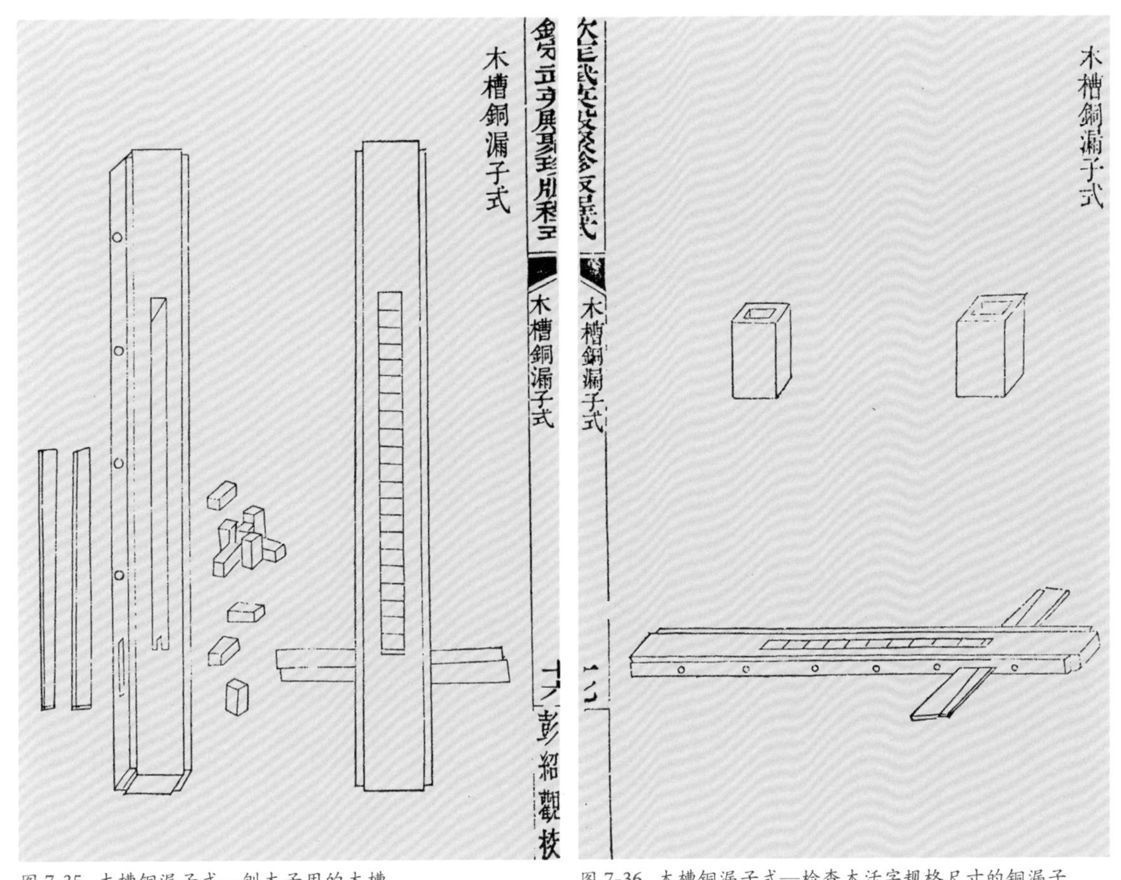

图 7-35 木槽铜漏子式—刨木子用的木槽

图 7-36 木槽铜漏子式—检查木活字规格尺寸的铜漏子

图 7-37 刻字图—刻木活字图

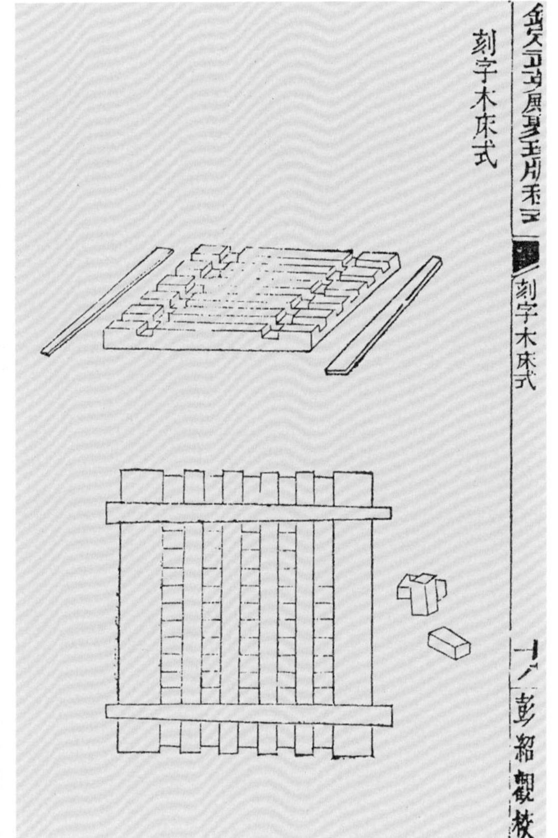

图 7-38 刻字木床式—刻字时固定木活字的木床

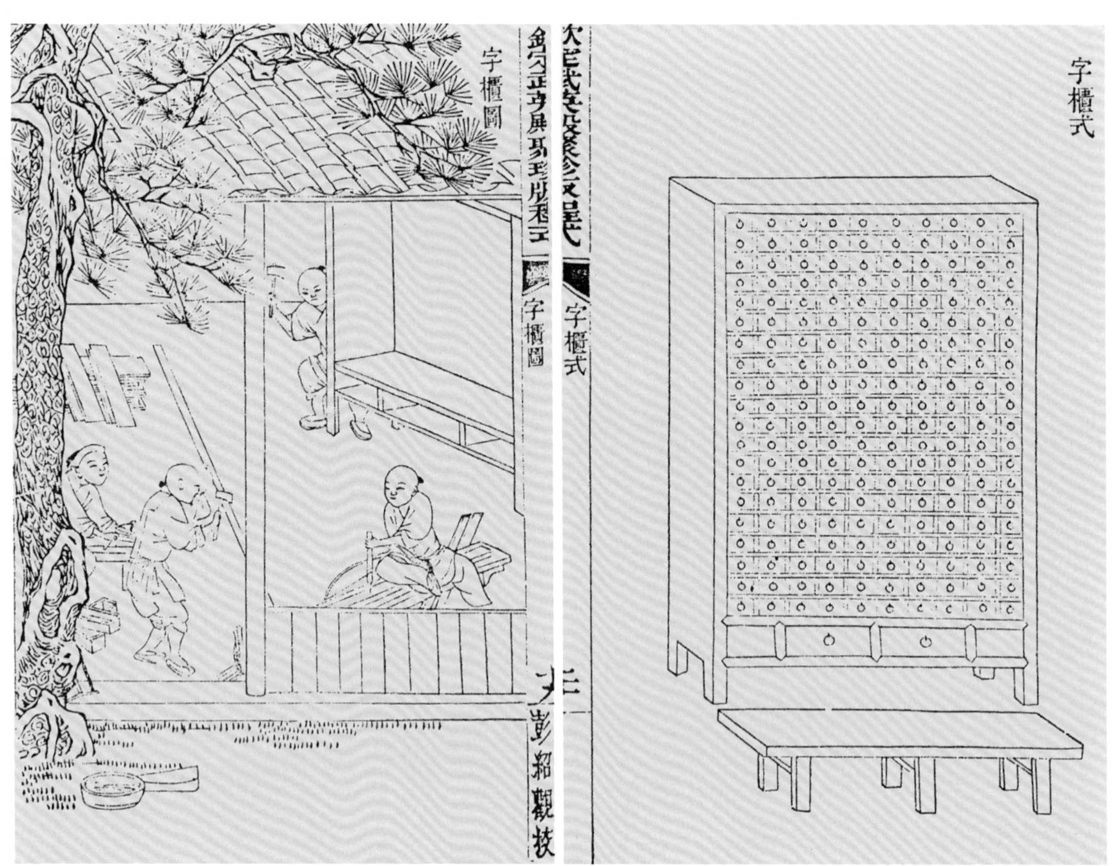

图 7-39 字柜图和字柜式图。字柜，存放木活字的设备。每柜设抽屉 200 个，每屉 8 格，每格同时贮存大、小活字。活字的存放顺序，按《康熙字典》的偏旁部首和笔画顺序排列，以方便查找。

图 7-40 槽版图和槽版式图。槽版，即排活字版的木盘。槽版的内口尺寸即是木活字版的版心尺寸。按一定格式排满一盘后，即可刷印。

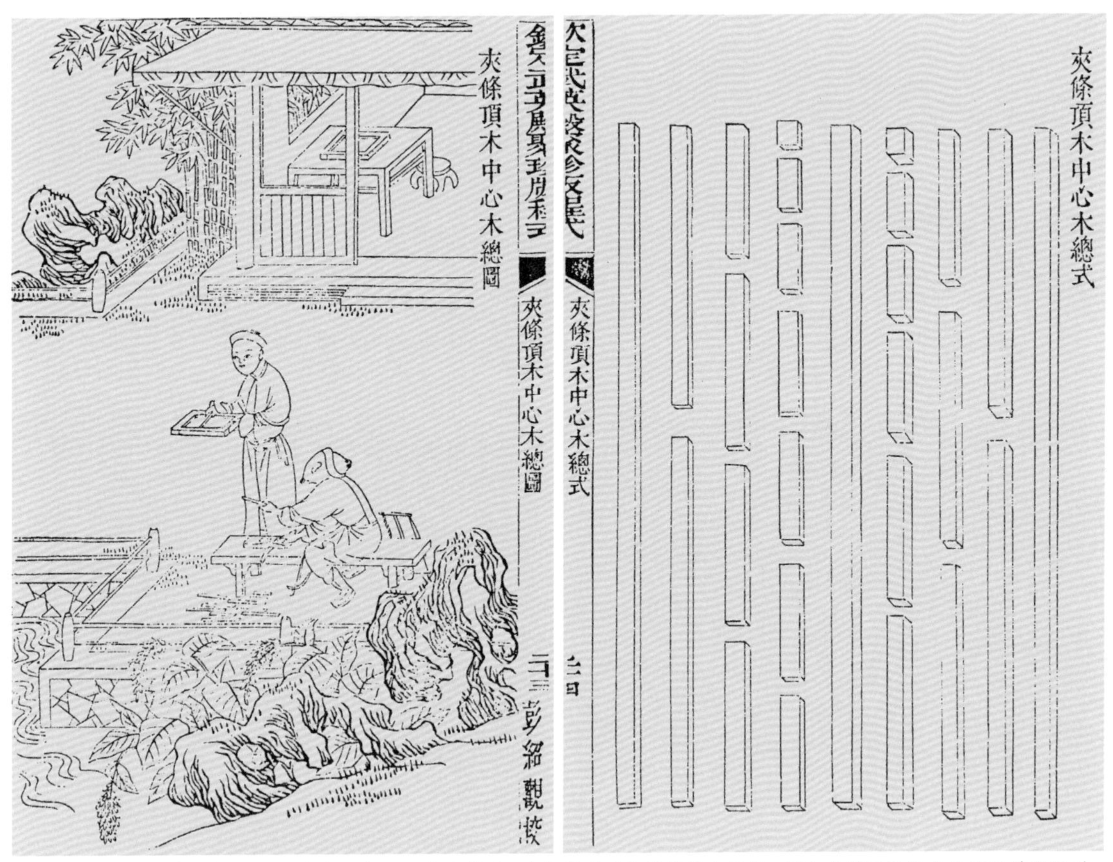

图 7-41 夹条顶木中心木总图和夹条顶木中心木总式图。夹条是用于行间的填空材料；顶木是用于字行内无字的填空材料；中心木是用来充填版心（中缝）的木条。

图 7-42 类盘图和类盘式图。类盘是排版拣字时存放活字的托盘。类盘内嵌木档数十根，以防止活字散乱。

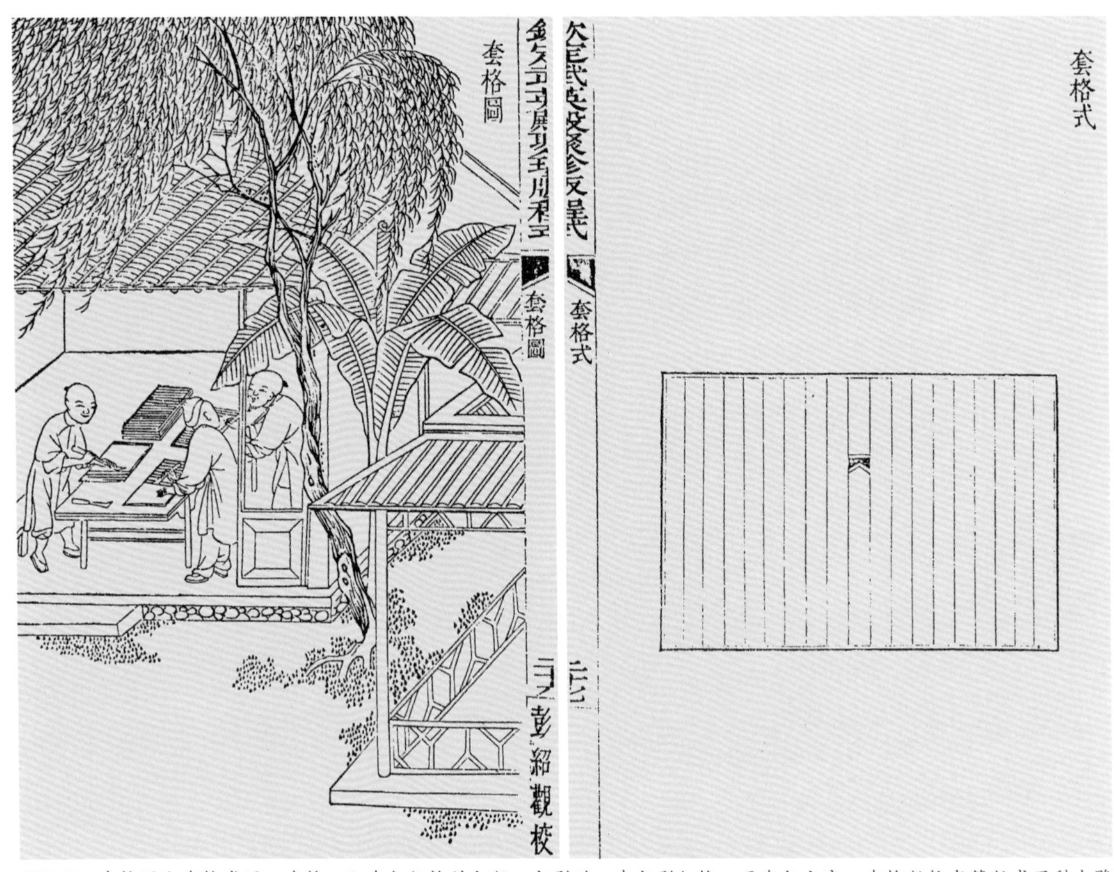

图7-43　套格图和套格式图。套格，即套印行格的印版。印刷时，先印刷行格，再套印文字。套格版按书籍版式用梨木雕成，尺寸要求十分准确。武英殿聚珍版，版心单鱼尾，半版9行，行格宽4分，版四周边框用文武线。

图7-44　摆书图。摆书即排版。分拣字和排版两道工序，应由粗通文义、明白字体之人担任，是活字版的重要工序。

中国印刷发展史图鉴

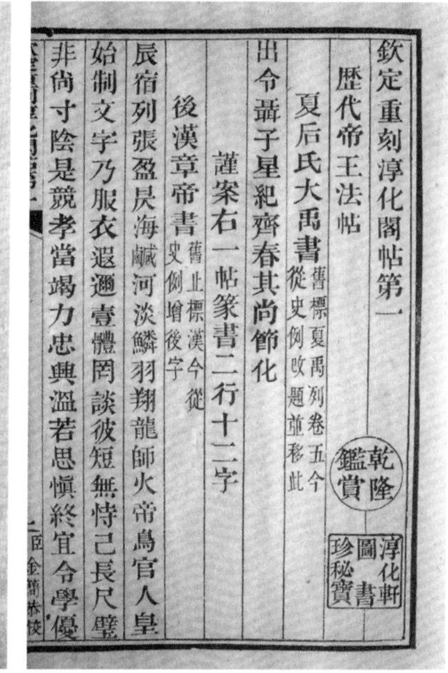
欽定重刻淳化閣帖第一
歷代帝王法帖
夏后氏大禹書 舊標夏禹列卷五今從史例改題並移此
出令聶子星紀齊春其尚節化
謹案右一帖篆書二行十二字
後漢章帝書 舊止標漢今從史例增後字
辰宿列張盈昃海鹹河淡鱗羽翔龍師火帝鳥官人皇
始制文字乃服衣退邇壹體罔談彼短無恃己長尺璧
非寸陰是競孝當竭力忠興溫若思愼終宜令學優

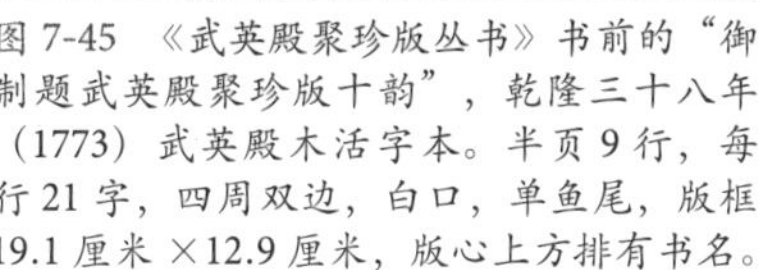
图 7-45 《武英殿聚珍版丛书》书前的"御制题武英殿聚珍版十韵"，乾隆三十八年（1773）武英殿木活字本。半页 9 行，每行 21 字，四周双边，白口，单鱼尾，版框 19.1 厘米 ×12.9 厘米，版心上方排有书名。

图 7-46 《钦定重刻淳化阁帖》10 卷。清乾隆间武英殿聚珍版印本。

印刷工序完成后，需先印一张草样进行校对，修改后还要印一张清样再校对。二校之后，才能正式印刷。武英殿的印刷一般是由两次套印完成的。印刷完成后，要将木活字重新放回字柜，以便下次使用。

《武英殿聚珍版丛书》到底包括哪些书，过去有各种不同的说法。据任松如《四库全书答问》一书所列为：经类 32 种、史类 30 种、子类 35 种、集类 42 种，总计 139 种，可称为小型《四库全书》。此书从乾隆三十九年（1774）下半年开始排印，到乾隆五十九年（1794）全部排印完成，共用了 20 年的时间，应该说这种速度在当时是相当快的，这充分体现了活字版印书快的优点。

《武英殿聚珍版丛书》所用字体为乾隆选定的宋体字，从而奠定了宋体字在印刷中的地位，并使其得到广泛的应用。

《武英殿聚珍版丛书》全部 139 种书用统一规格的版式，每半面 9 行，每行 21 字。每种书的首页首行下部都印有《武英殿聚珍版丛书》8 个字，每种书前都排有乾隆御制《题武英殿聚珍版十韵诗》及序。丛书采用套格两次印刷，即先印边框行格，再印文字版。行格边框版为雕版，称套格版。套格版面宽 7 寸 7 分（1 寸约等于 3.3 厘米），长 5 寸 9 分 8 厘，每版半版 9 行，全版 18 行，行格宽 4 分，四周边框为文武线。文字版排版尺寸，要求和套格版对应，以保证文字套印准确。

聚珍版丛书每种用两种材料刷印，一种用连史纸刷印 20 部，装帧用料考究，专供宫中等处陈设之用。另一种用竹纸刷印 300 部左右，可以定价通行，今日能见到的，多为黄色竹纸印本。

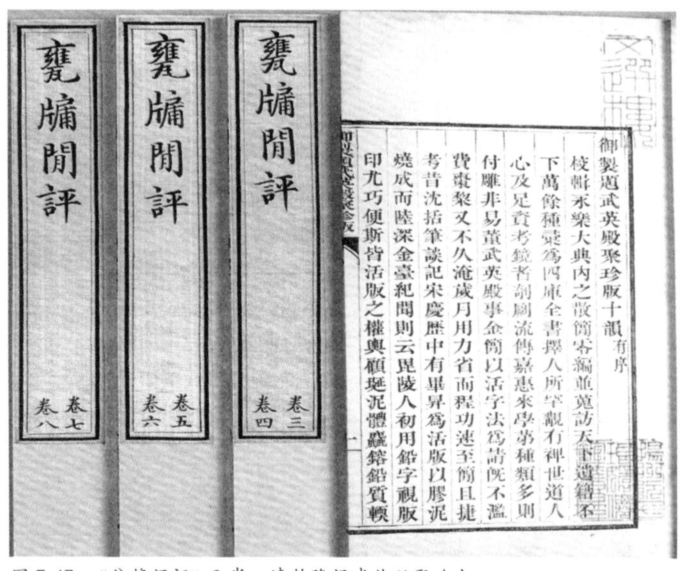
甕牖閒評 卷三 卷四

甕牖閒評 卷五 卷六

甕牖閒評 卷七 卷八

御製題武英殿聚珍版十韻有序

校輯永樂大典內之散簡零編並蒐訪天下遺籍不下萬餘種彙為四庫全書擇人所罕覯有裨世道人心及足資考鏡者剞劂流傳嘉惠來學第種類多則付雕非易董武英殿事金簡以活字法為請既不濫費棗梨又不久淹歲月用力省而程功速至簡且捷考昔沈括筆談記宋慶曆中有畢昇為活版以膠泥燒成而陸深金臺紀聞則云毘陵人初用鉛字視版印尤巧便斯皆活版之權輿顧埏泥體粗鎔鉛質輭

图 7-47 《瓮牖闲评》8 卷，清乾隆间武英殿聚珍本。

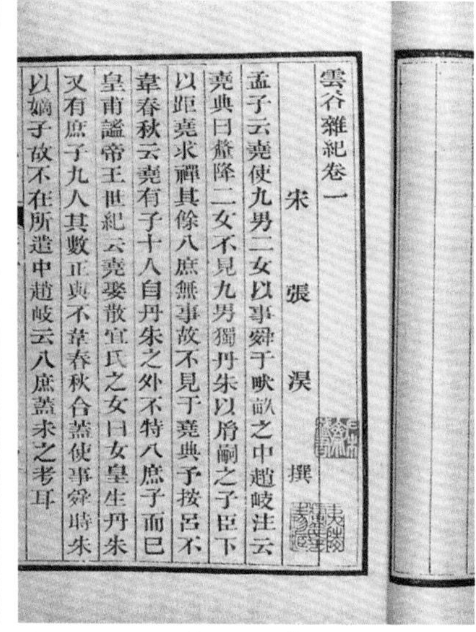
雲谷雜紀卷一

宋 張淏 撰

孟子云堯使九男二女以事舜于畎畝之中趙岐注云堯典曰釐降二女不見九男獨丹朱以胤嗣之子臣下以距堯求禪其餘八庶無事故不見于堯典予按呂不韋春秋云堯有子十人自丹朱之外不特八庶子而已皇甫謐帝王世紀云堯娶散宜氏之女曰女皇生丹朱又有庶子九人其數正與不韋春秋合蓋使事舜時朱以嫡子故不在所遣中趙岐云八庶蓋未之考耳

图 7-48 《云谷杂记》，清乾隆间武英殿聚珍版印本。

在武英殿木活字版印书中，于乾隆三十八年（1773）设立了专门以木活字摆印书籍的作坊——“聚珍馆”。道光年间，此机构逐渐缩小，木活字经整理后存入武英殿。同治八年（1869）武英殿失火，木活字全部被烧毁。

（四）清宫廷的多色套印

清代武英殿印书，继承了明代多色套印的技艺，多次采用多色套印法出书。由于殿本纸墨精良，色彩纯正，套印准确，多为印书之精品。殿版

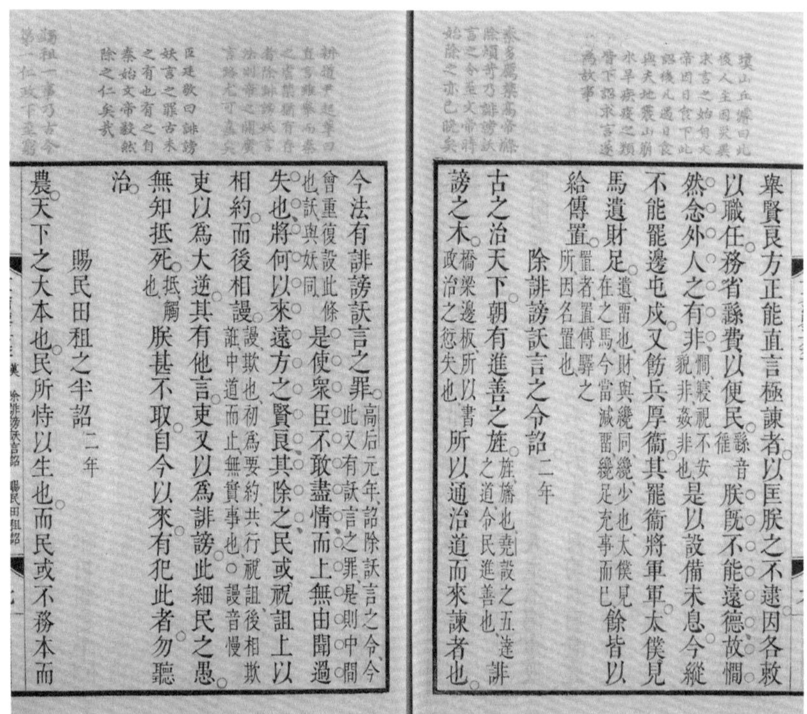
舉賢良方正能直言極諫者以匡朕之不逮因各敕以職任務省繇費以便民繇音徭朕既不能遠德故惆然念外人之有非惆惆然也非謂非違也是以設備未息今縱不能罷邊屯戍又飭兵厚衛其罷衛將軍太僕見馬遺財足遺留也財與纔同纔少也太僕見在之馬今當減留纔足充事而已餘皆以給傳置置者置傳驛之所因名置也

除誹謗訞言之令詔二年

古之治天下朝有進善之旌旌旛也堯設之五達之道令民進善也誹謗之木橋梁邊板所以書政治之愆失也所以通治道而來諫者也今法有誹謗訞言之罪高后元年詔除訞言之令今此又有訞言之罪是則中間曾重復設此條也訞與妖同是使衆臣不敢盡情而上無由聞過失也將何以來遠方之賢良其除之民或祝詛上以相約而後相謾謾欺也初為要約共行祝詛後相欺誑中道而止無實事也謾音慢吏以為大逆其有他言吏又以為誹謗此細民之愚無知抵死抵觸也朕甚不取自今以來有犯此者勿聽治

賜民田租之半詔二年

農天下之大本也民所恃以生也而民或不務本而

图 7-49 《御制古文渊鉴》，康熙二十四年（1685）清内府多色套印本。清圣祖玄烨选，徐乾学等辑并注，64 卷，半页 9 行，每行 20 字，小字双行，字数同，无行格。四周单边，细黑口，双鱼尾。版框 19 厘米 ×14 厘米。此书所录之文上起春秋，下迄于宋。有《左传》、《国语》、国策、诏、表、书、议、奏、疏、谕、序等。择其辞议精纯可以鼓吹六经者汇编为正集；瑰丽之篇列为别集；诸子列其要谕以为外集。正文黑色，朱笔圈点，并三色注释。前人注释及评语书眉，以黄、绿色标之，清代则用朱色。

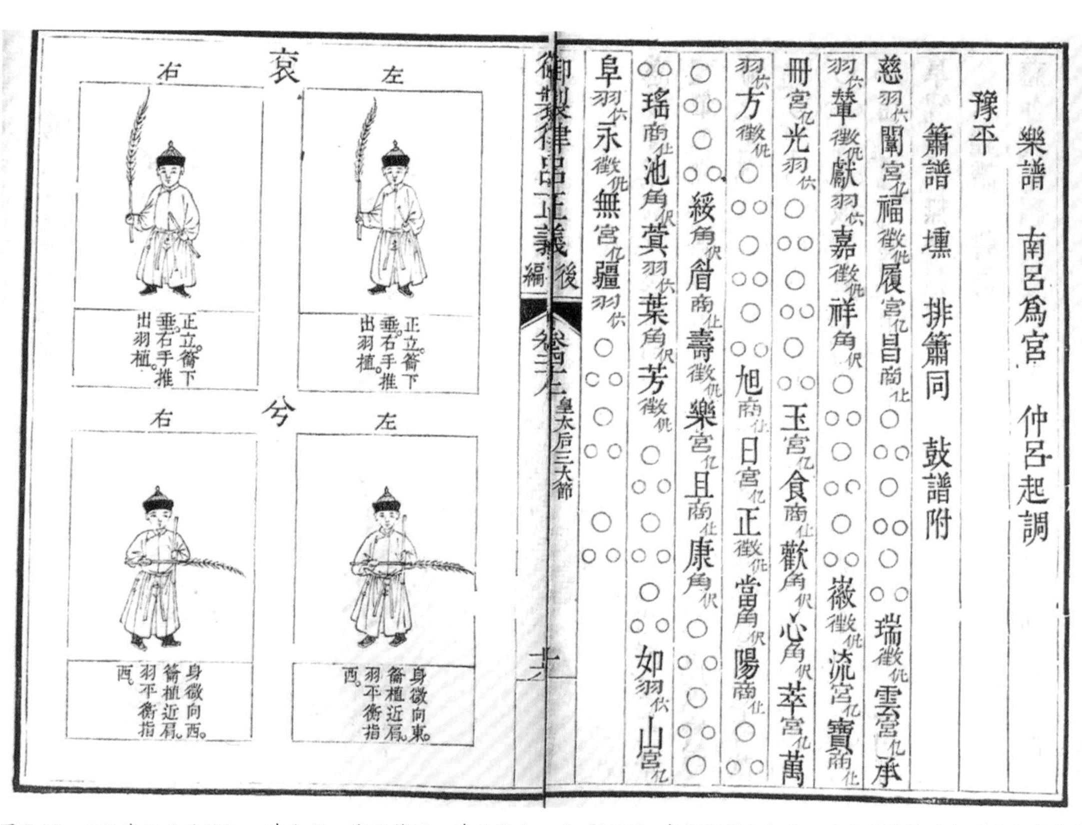

图 7-50 《吕律正义后编》，清允禄、张照等撰，清乾隆十一年（1746）武英殿刻套印本。此书所收均为朝廷举行的有皇帝参加的各种活动时演奏的乐章。

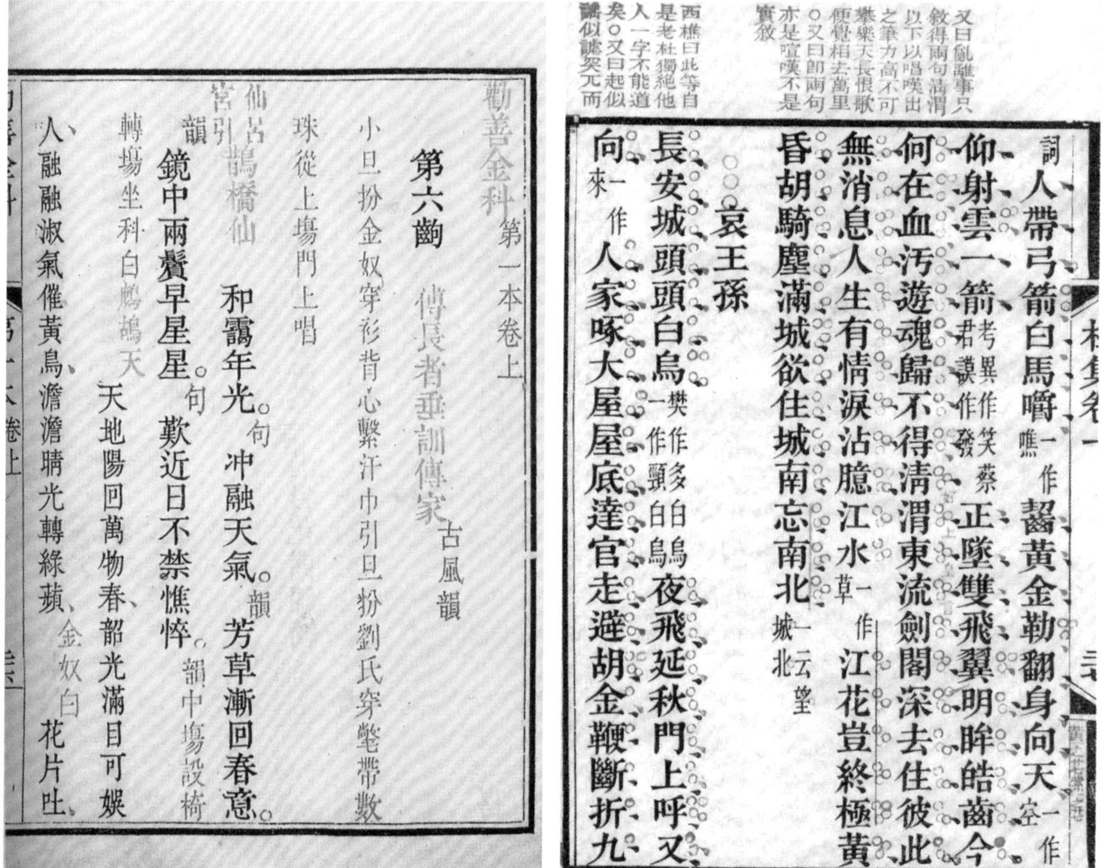

图 7-51 《劝善金科》10 本 20 卷，首 1 卷。清张照等撰，清乾隆间（1736—1795）内府刻五色套印本。

图 7-52 《杜工部集》。清道光十四年(1834)内府六色套印本。

套印本，以朱墨双色套印本为多，如《御制避暑山庄三十六景诗》、《御选唐诗》、《钦定词谱》、《御制盛京赋》、《圆明园四十景诗》等。四色套印本有《御选唐宋诗醇》等。五色套印本有《劝善金科》、《御制古文渊鉴》等。《御制古文渊鉴》是用朱、黑、黄、绿、蓝五色套印，其工艺是各色分版套印和一版设多色套印两种。主版黑色为一版，朱色为一版，蓝、绿、黄为一版，印刷时，在一版上分别涂以蓝、绿、黄色，一次可印出三色。书前有圣祖手书上版《御制序》，前后均钤有“稽古右文”、“惟精惟一”、“体元主人”、“万几余暇”等鉴藏玺印，以库瓷青绸面及洒金黄皮纸为书衣，色彩斑斓，外观雅致，具有极高的收藏和观赏价值。在清内府套印本中，最有特点的是活字版套印本，这是印刷史上前所未有的。在清代活字本中，现存有《御制律吕正义》、《万寿乐章》、《诗经乐谱》、《乐律正俗》四种书，为活字版套印本。

（五）清内府藏书玺印

收藏印章是中国千百年的传统习惯。我国古代书画上的钤印，肇始于唐代宗李世民的“贞观”二字。之后历代刻制藏书印已蔚然成风。其式样繁多，刻制精美，充分反映出中国文人雅士的审美情趣。藏书印常被当做鉴定版本的可靠佐证。

帝王收藏印玺一般都钤在书籍的卷首、卷末、御制序文后、前后副页或者是折装书籍的中折处等，包括珍藏、鉴赏、珍秘、楼阁、室、堂、轩

图 7-53 《圣祖仁皇帝庭训格言》，清雍正内府刻本。所钤“雍正尊亲之宝”，7.9 厘米见方。

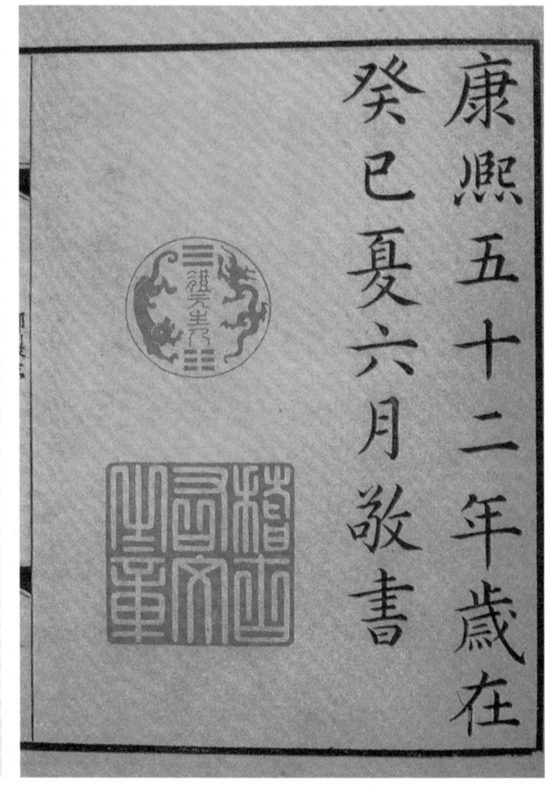

图 7-54 《渊鉴斋御纂朱子全书》，清康熙内府刻本。钤“体元主人”（直径 3.7 厘米）和“稽古右文之章”（4.8 厘米 ×4.8 厘米）两种印章。

名臣之後門

漢成帝封蕭何六世孫爲酇侯

永始元年初酇侯蕭何之子孫嗣爲侯者無子及有罪凡五絶祀高后文帝景帝武帝宣帝思何之功輒以其支庶紹封是歲何七世孫酇侯獲坐使奴殺人減死完爲城旦先是成帝有司訪求漢初功臣之後久未省録杜業説成帝曰唐虞三代皆封建諸侯以成太平之美是以燕齊之祀與周並傳子繼弟及歷載不墮豈無刑辟繇祖之竭力故支庶賴焉迹漢功臣亦皆剖符世爵受山河之誓百餘年間而襲封者盡朽骨孤於墓苗裔流於道生爲愍隸死爲轉屍以往況今甚可悲傷聖朝憐閔詔求其後四方忻忻靡不歸心出入數

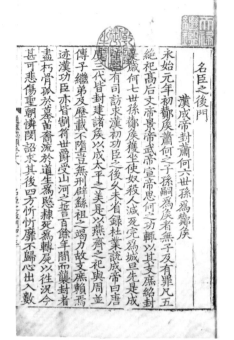

图 7-55 《通鉴总类》，元吴郡刻本。清代乾隆帝所钤“五福五代堂古稀天子宝”（8.1 厘米见方）、“八徵耄念之宝”（8.2 厘米见方）、“太上皇帝之宝”（8.1 厘米见方）、“天禄继鉴”（2.9 厘米见方）、“乾隆御览之宝”（高 4.2 厘米，宽 3.4 厘米）诸玺。

等各种励志、抒怀的闲文肖形印等，可以分为“名号印”、“齐号印”、“印押”和“诗文印”四种，它们的形制、质地、笔法等都没有统一的规定，全部据皇帝的喜好而定。内府书籍及各代的刊刻书籍中往往钤有历代帝王的藏书印，称之为“印玺”，或者“印记”。

清内府刻书中的印玺数量繁多，其中康、雍、乾、嘉四朝最为繁盛。著名的诗文印有“古稀天子”、“十全老人”、“五福五代堂古稀天子宝”等，体现了历代帝王的某种志向和文学情趣。而同样的内容，因形状、形式、字体的不同而呈现多姿的笔法和各异的形状：《钦定古今图书集成》首页正面钤有“重华宫宝”，反面钤有“五福五代堂古稀天子宝”，都是 13 厘米左右；《四库全书》的卷首钤有“文渊阁宝”，12.7 厘米左右，末页用“乾隆御览之宝”椭圆朱文印。

三、清代内府对汉文佛经、历书和纸币的印刷

（一）清《乾隆版大藏经》的印刷

清代帝王多信佛，内府曾多次刻印佛经，其中工程最大的是雍正帝下旨开雕的《乾隆版大藏经》，也称《清藏》，因此经页边栏上饰有龙纹，故又称《龙藏》。这一刻印工程，由和硕庄亲王允禄总理其事，抽调各业人员 133 人，自雍正十三年（1735）二月开雕，到乾隆三年（1738）十二月完成，共用了近四年时间。刻印的地点设在北京东安门外帅府胡同内贤良寺。据《大清重刻龙藏汇集》记载，雍正刊刻《龙藏》的主要原因，是

图 7-56 《龙藏》外观图

认为明永乐《北藏》“尚未经精密之校订，不足为据”。其实质原因是明代所刻大藏收有明末遗民宣传反清抗清思想，雍正欲借以重刊来抵消它的影响。《龙藏》的版面规格和明永乐《北藏》基本相同，框高 25.5 厘米，经折装，每块版 25 行，折为 5 个半页，每面 5 行，每行 17 字，字体为楷书，每卷首有佛说法图、御制龙饰书牌。《龙藏》以《千字文》编序，从“天”字开始，到“机”字结束，共 724 字，每字标一函，共 724 函。每函 10 卷，共计 7240 卷，全藏经版总计 79063 块，收录佛典 1670 种。

据清史档案记载，经版木材的选用非常严格，雕版所用的梨木需要在秋冬季节采伐，锯板方得平整不翘，所以不能用春夏所采之木。据史载，采办经版的全部用银 25290 余两。刻印工价费用 56900 余两。当时需要的

图 7-57 《大藏经》1670 种 7240 卷。清释超盛等编。清雍正十三年至乾隆三年（1735—1738）内府刻本。

图 7-58 《大藏总经目录》

刻字工匠数量庞大，在京城已招不到刻字工匠，只好从全国各地招集刻字工匠。从事《龙藏》编校、刻版、刷印、装裱等各类人员达 1000 多人，分析语录、校阅藏经者是来自全国 50 多个著名禅院的住持及其弟子，共 60 人。各种匠役 869 人，其中刻字匠 691 人、刷印匠 71 人、木匠 9 人、折配匠 50 人、界画匠 36 人、合背匠 12 人。①

《龙藏》刻成后，乾隆四年（1739）刷印 100 部，分发全国各名山大刹。此后至清末，各地又刷印了 31 部。最近的一次刷印是 1988 年至 1990 年由文物出版社组织能工巧匠，按照传统的印制工艺，对毁缺印版重新修刻后，在北京大兴韩营古籍印刷厂进行的，最终装成 73 部。

（二）清代历书的印刷

历书的印制与行销，历来都是皇家的特权。在印刷术发明初期，唐朝时皇帝曾下令民间不得私印历书，但由于印历书有利可图，往往是禁而不止。

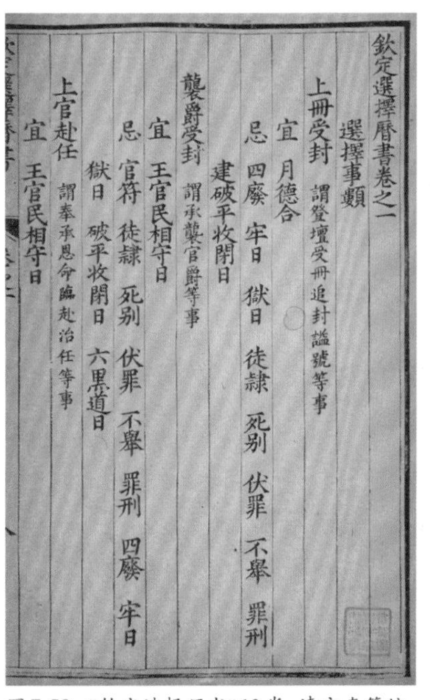
欽定選擇曆書卷之一
選擇事類
上冊受封　謂登壇受冊追封謚號等事
宜　月德合
忌　四廢　牢日　獄日　徒隸　死別　伏罪　不舉　罪刑
建破平收閉日
襲爵受封　謂承襲官爵等事
宜　王官民相守日
忌　官符　徒隸　死別　伏罪　不舉　罪刑　四廢　牢日
獄日　破平收閉日　六畏道日
上官赴任　謂奉承恩命臨赴治任等事
宜　王官民相守日

图 7-59 《钦定选择历书》10 卷，清安泰等编，清康熙间（1662—1722）内府刻本。

大清雍正二年歲次甲辰時憲曆
都城順天府節氣時刻
正月小　丙子　十一日乙酉酉正初刻六分立春正月節　二十五日庚子未正初刻二分雨水正月中
二月大　乙巳　十二日乙卯午正三刻八分驚蟄二月節　二十六日庚午未正一刻四分春分二月中
三月小　乙亥　十二日乙酉戌初一刻四分清明三月節　二十七日辛丑寅初二刻十一分穀雨三月中
四月大　甲辰　十三日丙辰申初一刻三分立夏四月節　二十九日壬申卯初三刻小滿四月中
閏四月小　甲戌　十四日丁亥亥正一刻五分芒種五月節
五月小　癸卯　一日癸卯申正一刻三分夏至五月中　十七日己未巳正三刻四分小暑六月節
六月大　壬申　四日乙亥寅正三刻四分大暑六月中　十九日庚寅亥初二刻三分立秋七月節

图 7-60 大清雍正二年（1724）时宪历

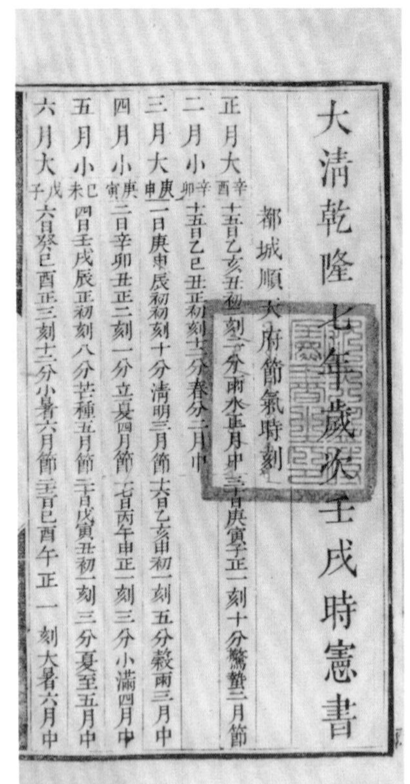
大清乾隆七年歲次壬戌時憲書
都城順天府節氣時刻
正月大辛酉 十五日乙亥丑初一刻二分雨水正月中 三十日庚寅子正一刻十分驚蟄二月節
二月小辛卯 十五日乙巳丑初初刻十一分春分二月中
三月大庚申 一日庚申辰初初刻十分清明三月節 十六日乙亥申初一刻五分穀雨三月中
四月小庚寅 二日辛卯丑正二刻一分立夏四月節 十七日丙午申正一刻三分小滿四月中
五月小己未 四日壬戌辰正初刻八分芒種五月節 二十日戊寅丑初一刻三分夏至五月中
六月大戊子 六日癸巳酉正三刻十一分小暑六月節 二十二日己酉午正一刻大暑六月中

图 7-61 大清乾隆七年（1742）时宪书

大清嘉慶元年歲次丙辰時憲書
都城順天府節氣時刻
正月小戊申 十一日戊午寅正初刻六分雨水正月中 二十六日癸酉丑正三刻三分驚蟄二月節
二月大丁丑 十二日戊子寅正一刻九分春分二月中 二十七日癸卯巳初初刻九分清明三月節
三月小丁未 十三日戊午酉初初刻七分穀雨三月中 二十八日甲戌寅正初刻七分立夏四月節
四月小丙子 十四日己丑酉初三刻小滿四月中
五月大乙巳 一日乙巳初一刻十四分芒種五月節 十七日辛酉丑正二刻五分夏至五月中
六月小乙亥 二日丙子戌正初刻十四分小暑六月節 十八日壬辰未初一刻四分大暑六月中

图 7-62 大清嘉庆元年（1796）时宪书

明朝皇家印行的《大统历》，上有榜文“私印历书者斩”。清朝的历书印发也为皇家特权，由钦天监负责，所印历书为避弘历名讳而改称《时宪书》，多为雕版印刷。《万年历》是清朝民间流行的一种历书，经清朝皇帝御定为《御定万年历》（万年是指统治江山社稷万年长久的意思）。现泛指“农历”、“阴历”、“夏历”、“旧历”等，我国在民国纪元前采用此历。

（三）清代纸币的印刷

清廷入关不久，于顺治八年（1651）在北京印行纸币“顺治钞贯”，约岁行 12 万余贯，顺治十八年（1661）即行废止。咸丰三年（1853），印制“户部官票”，票面有一两、三两、五两、十两、五十两五种，用皮纸印制，额题“户部官票”，左满文右汉文，中标“二两平足色银若干两”。下有律令曰：“户部奏行官票，凡愿将官票兑换银钱者，与银一律，并准按部定章程搭交官项。伪造者依律治罪不贷。”边纹为龙，花纹字画均为蓝色，银数有用墨戳钤印，也有临时填写的。咸丰四年，又印行“大清宝钞”，中间有“准足制钱若干文”，下面印有“此钞即代制钱行用，并准按成交纳地丁钱粮一切税课捐项，京外各库，一概收解，每钱钞贰千文抵换官票银壹两”。票面花纹字画均为蓝色，钱数有刻印的也有临时填写的，中间钤“大清宝钞之印”，朱方印，骑缝处钤圆形印，并且下有黑色长方印，编号用千字文，与号数均为木戳印。官票银一两抵制钱二千，宝钞二千抵银一两。

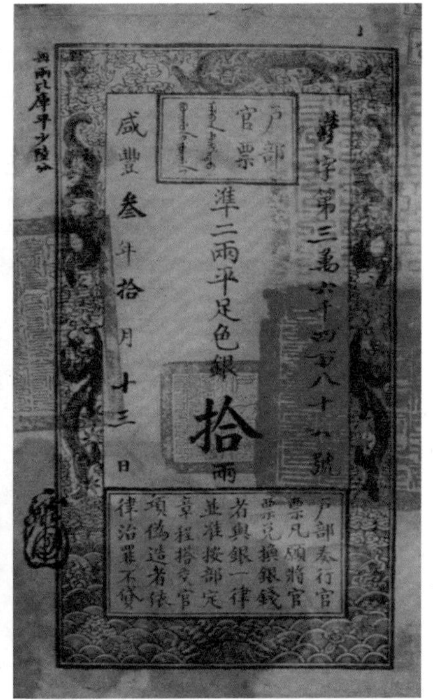

图 7-63 大清宝钞

图 7-64 户部官票

四、官书局刻书

清朝地方政府刻书，最早的刻本是康熙年间两淮盐政兼江宁制造的曹寅刻印的《全唐诗》等 10 种书籍。所刻印的书用端正楷体，十分精美，称为“扬州诗局本”。因扬州诗局所刻印的书经过皇帝的钦定，故“扬州诗局本”也成为内府刻本。清代后期，由于最高统治者的支持和地方主要官员的倡导，先后在各省设立出版印书机构，名“官书局”，主要刊印钦定、御纂诸书，其次为其他群书，其刊本称为“局刻本”或“书局本”。

最早成立的官书局是同治二年（1863）由曾国藩创办的金陵书局，初设于安庆，第二年迁往金陵之铁作坊，后移到江宁府学之飞霞阁，同治七年（1868）又移到冶城山，光绪初年（1875）改名为江南书局。

金陵书局成立后，各省纷纷仿效。同治六年（1867）成立浙江官书局。随后，苏州书局、崇文书局（武昌）、江西书局（南昌）、广雅书局（广州）、江楚编译官书局（江宁）、思贤书局（长沙）、存古书局（成都）、皇华书局（济南）、山西官书局（太原）、福州书局、云南书局（昆明）、淮南书局（扬州）、曲水书局（安徽）、贵州书局（贵阳）、直隶书局（天津）等都相继成立，从而形成了遍布全国的政府出版印刷网。

金陵书局刻印的第一部书是《王船山遗书》，曾国藩从个人俸禄中捐出三万金，支持这部书的刻印。其他刊本有《史记集解》、“四书”、“五经”、《文选》等。湖北崇文书局于同治八年（1869）开始，刻印了《文选》和《经典释文》、《国语注》、《百子全书》、《湖北通志》、《史记》、《天下郡国利病书》等 250 多种书。刻印书籍多而精的首推浙江书局，在巡抚

图 7-65 《全唐诗》，清代扬州诗局刻本。取自韦力《古籍善本》。

马新贻的支持下，聘请了一批著名学者，集刻工百数十人，20年间，刻印了经、史、子、集等约200多种图书。精选精刻精审，错讹极少，超过殿本。尤以《十三经古注》、《二十二子》、《浙江通志》等书最为著名。

清代官书局的印刷，最有名的是由几个书局分工刻印的《二十四史》。这一工程经当时江苏巡抚李鸿章奏请批准，由金陵、苏州、淮南、浙江、湖北五个书局分工刻印完成。由于各地官员的重视，经费又有保证，又请名家校勘，这套书的刻印质量很高。

官书局创建的宗旨是“刻书传世，提倡风雅”，不以营利为目的，其刊本以“平其值售之”，购书者十分踊跃。可见，官书局是集编辑、印刷、发行于一体的出版机构，这在政府印刷中也是前所未有的。

官书局所印之书，大多选用最好的底本，校阅精细，印刷精美，为藏书家所珍重。但也有为降低成本，纸黄字密，不为后人所重者。官书局印书种类约在1000种左右。

除了官书局的印刷外，各地的书院也从事书籍印刷。由于这些书院多为政府创办，因此书院印书也属于政府印刷的一部分。清代书院约780处，遍布各省，以康熙时最多。[②]康熙年间，紫阳书院刻印过《文嘻堂诗集》，东湖书院刻印过清王舟瑶《水云集》，新安书院刻印过汪璲《语余漫录》。乾隆五十五年（1790）紫阳书院用木活字印刷《婺源山水游记》。山西解州解梁书院从康熙至光绪年间刻印过《司马翁公传家集》等二十余种。武昌勺庭书院、湖南岳麓书院、广东曲江书院、昆明育才书院、四川尊经书

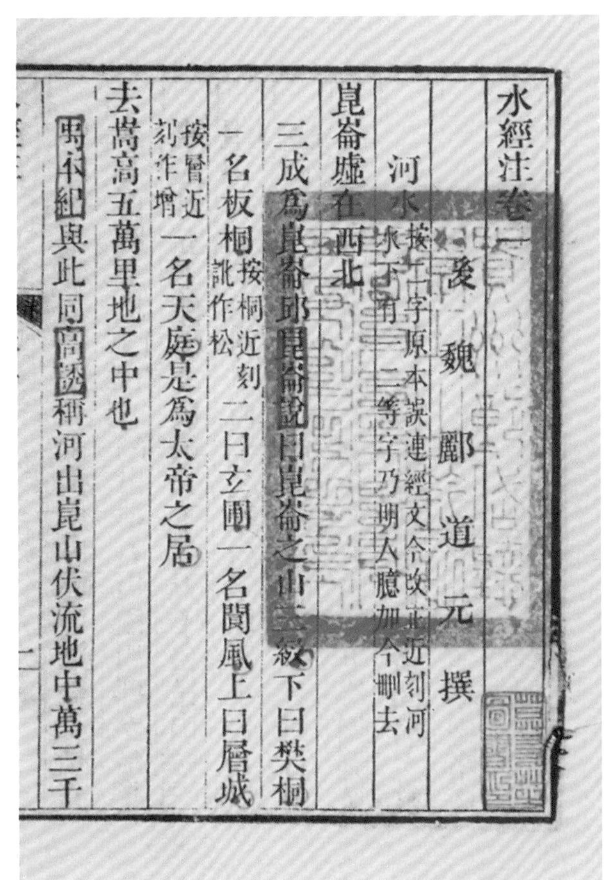
水經注卷一　後魏酈道元撰

河水(按：此二字原本誤連經文，今改正。近刻河水下有一二等字，乃明人臆加，今刪去)

崑崙墟在西北

三成爲崑崙丘。崑崙說曰：崑崙之山三級，下曰樊桐，一名板桐(按：桐近刻訛作松)，二曰玄圃，一名閬風，上曰層城(按：層近刻訛作增)，一名天庭，是爲太帝之居。

去嵩高五萬里，地之中也。

禹本紀與此同。高誘稱河出崑山，伏流地中萬三千

图 7-66 《武英殿聚珍版丛书·水经注》，清乾隆年间杭州官刻本（共刊刻 39 种）。此书为清政府令东南五省照武英殿旧版翻刻而成，又称"外聚珍版"。

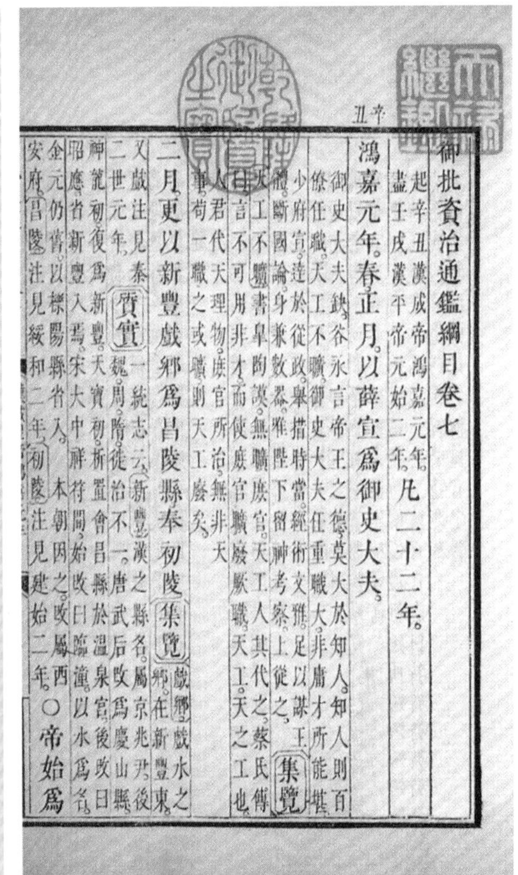
御批資治通鑑綱目卷七

起辛丑漢成帝鴻嘉元年，盡壬戌漢平帝元始二年，凡二十二年。

鴻嘉元年，春正月，以薛宣爲御史大夫。

二月，更以新豐戲鄉爲昌陵縣，奉初陵。

图 7-67 《御批资治通鉴纲目》。清宋荦等编，清康熙四十六年至四十九年 (1707—1710) 扬州诗局刊本。框高 19.4 厘米，宽 13.1 厘米。

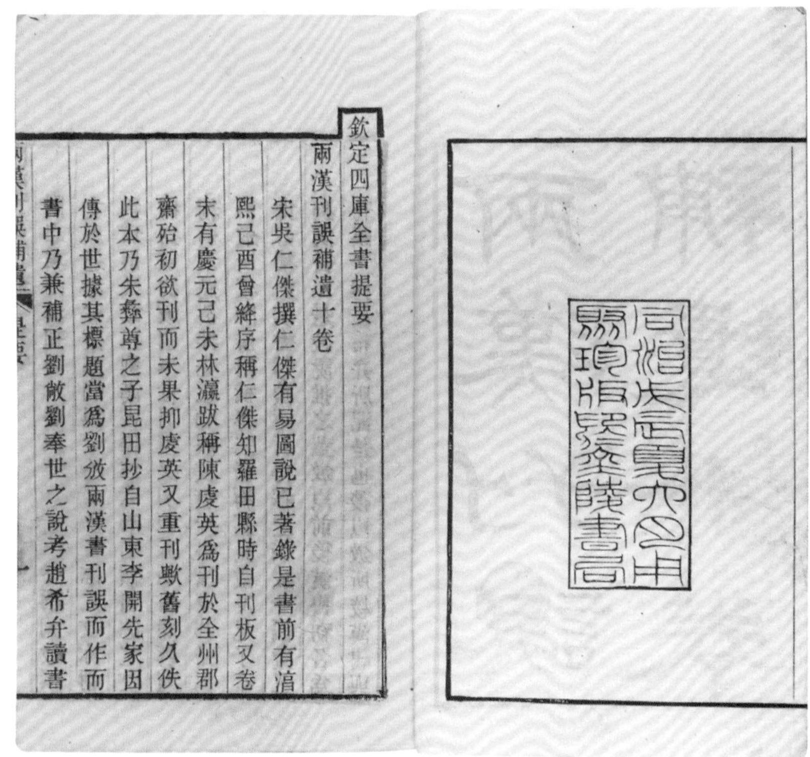
欽定四庫全書提要

兩漢刊誤補遺十卷

宋吳仁傑撰。仁傑有易圖說，已著錄。是書前有淳熙己酉曾絳序，稱仁傑知羅田縣時自刊板。又卷末有慶元己未林瀛跋，稱陳虔英爲刊於全州郡齋。殆初欲刊而未果，抑虔英又重刊歟？舊刻久佚，此本乃朱彝尊之子昆田抄自山東李開先家，因傳於世。據其標題，當爲劉攽兩漢書刊誤而作，而書中乃兼補正劉敞、劉奉世之說。考趙希弁讀書

图 7-68 《钦定四库全书提要》清同治七年（1868）金陵书局木活字印本。

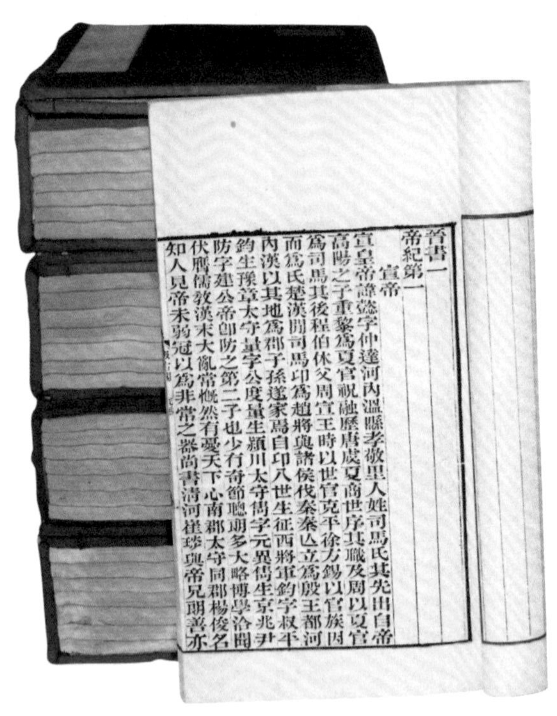

晉書一
帝紀第一
宣帝
宣皇帝諱懿字仲達河內溫縣孝敬里人姓司馬氏其先出自帝
高陽之子重黎爲夏官祝融歷唐虞夏商世序其職及周以夏官
爲司馬其後程伯休父周宣王時以世官克平徐方錫以官族因
而爲氏楚漢間司馬卬爲趙將與諸侯伐秦秦亾立爲殷王都河
內漢以其地爲郡子孫遂家焉自卬八世生征西將軍鈞字叔平
鈞生豫章太守量字公度量生潁川太守儁字元異儁生京兆尹
防字建公帝卽防之第二子也少有奇節聰朗多大略博學洽聞
伏膺儒教漢末大亂常慨然有憂天下心南郡太守同郡楊俊名
知人見帝未弱冠以爲非常之器尚書清河崔琰與帝兄朗善亦

图 7-69 《晋书》130 卷，唐房玄龄等撰，清同治十年（1871）金陵书局刻本。

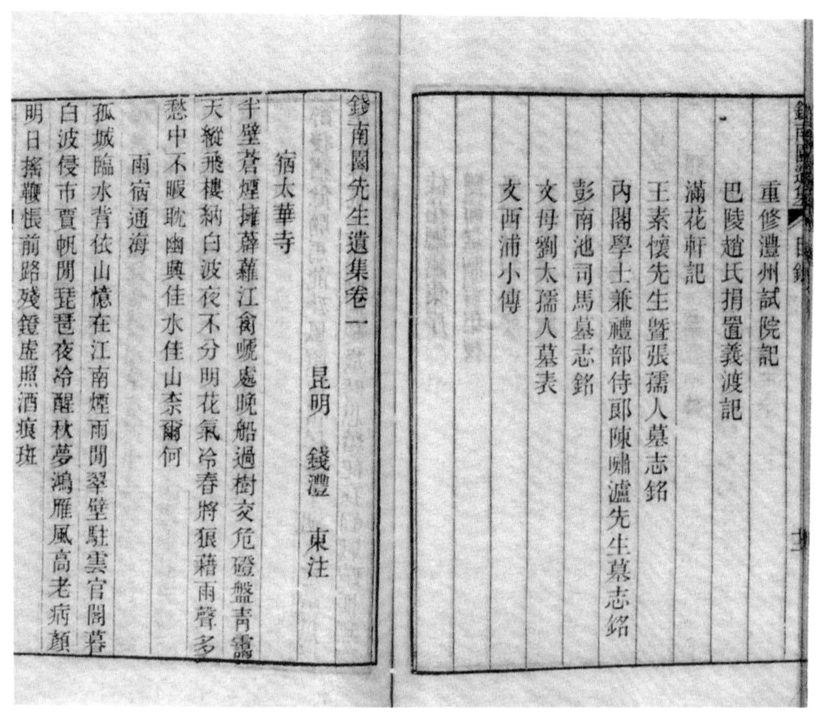

重修澧州試院記
巴陵趙氏捐置義渡記
滿花軒記
王素懷先生暨張孺人墓志銘
內閣學士兼禮部侍郎陳勷廬先生墓志銘
彭南池司馬墓志銘
文母劉太孺人墓表
文西浦小傳

錢南園先生遺集卷一
昆明 錢灃 東注
宿太華寺
半壁蒼煙擁薜蘿江禽喚處晚船過樹交危磴盤青靄
天縱飛樓納白波夜不分明花氣冷春將狼藉雨聲多
愁中不暇耽幽興佳水佳山柰爾何
雨宿通海
孤城臨水背依山憶在江南煙雨閒翠壁駐雲官閣暮
白波侵市賈帆閑琵琶夜冷醒秋夢鴻雁風高老病顏
明日搖鞭悵前路殘鐙虛照酒痕斑

图 7-70 《钱南园先生遗集》，清钱沣撰，清光绪十九年（1893）浙江书局刊本。

院以及五华书院、三闾书院、田雄书院、兰山书院、玉屏书院、建阳同文书院、正谊书院、五云书院等，都刻印过一定数量的书。成立较晚的南菁书院、两湖书院、格致书院，其刻印书籍的数量则超过其他书院。

第三节 清代民间雕版印书

明末清初的战乱，使一些地区的民间印刷业受到一定的破坏，特别是南京、杭州、建阳等印刷业较繁荣的地区，受到的破坏更大。再加上清初的文字狱，对民间的印刷业上有一定的影响。但是，随着清政权的巩固，全国和平环境的出现，民间印刷业也开始发展起来。

清代民间雕版刻书，分为私家刻书和书坊刻书。早期内容多为古代经、史、子、集等典籍，或训诂、考据类著作。清初的文字狱，是形成清代前期民间印刷内容较为单一的主要原因。清代中期以后，由于政府政策的放宽，民间印刷业不但数量大增，而且印书的品种也突破了经、史、子、集的内容，戏曲、小说等民间出版物大量印刷，使清代中后期的印书数量和品种大大地超过以前任何时代，仅清代的诗文集和民间文学类读物就均超过数万种。清代的民间印刷业，仍以江浙一带最为发达，北京坊刻后来居上，江西、广东的印刷业在乾隆以后开始发展，成为一枝新秀，福建建阳的印刷业则因兵火之灾等原因走向衰败。

一、私家印书

清代与前期各朝相似，由于中央政府倡导刻印书籍，在“殿本”和“书局本”的影响下，清代私人刻书风气大盛。尤其是清代中后期，刻家蜂起，成就斐然。

清代的一些文人学者和士大夫阶层，将刻印书籍作为一种有利于社会的高尚事业。张之洞认为，刊印古代文献是一种不朽的业绩，他在《书目问答》中说：“且刻书者，传先哲之精蕴，启后学之困蒙，亦利济之先务，积善之雅谈也。”江苏虞山人张海鹏也说：“藏书不如读书，读书不如刻书，读书以为己，刻书以利人。”在这种风气的影响下，许多官员、退隐田园的仕者、经商致富的藏书家，纷纷个人出资编书、印书。其印书动机各不相同：他们有的是印刷自己的著作，赠送亲友或官员，以图出名；有的是刊印古代文献，以传后人；有的因对明室怀有忠贞，以学术遁世；有的因避祸而远离政治，毕生钻研故纸堆。不论目的如何，他们的学术研究和编印活动，极大地推动了新书的刻印和古籍的重刊，对中国的文化事业作出了历史性的贡献。清代的私家印书大体上可分为以下几类。

（一）个人著作和前贤诗文集

清代的许多著名文人所刻印自己的著作和前贤诗文，这类书大都是手写上版，选用纸墨都比较考究，是刻本中的精品，世称“精刻本”。清代著名学者王士禛、沈德潜、林佶、顾广圻等人都刻印有自己的著作。清代官员中的书家年羹尧、张士范等，都刻印有前贤或自己的诗文。乾隆间平湖人陆烜刻印自著的诗文小品《梅谷十种书》，由他的爱妾沈彩手写上版，其小楷工整娟秀，镌刻聘请吴越高手李东来、汤良士等执刀，更为其作品

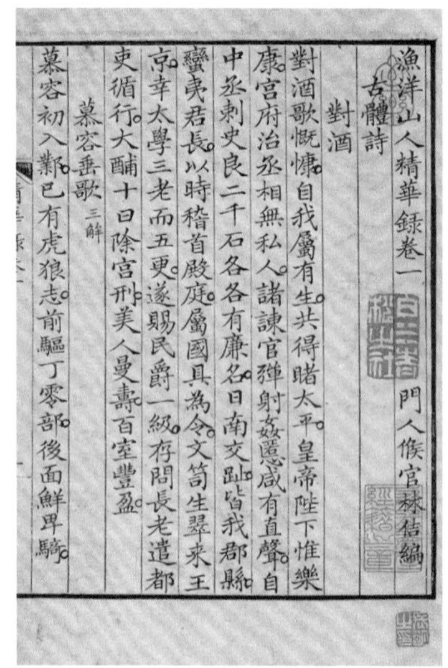
漁洋山人精華録卷一 門人候官林佶編
古體詩
對酒
對酒歌慨慷自我屬有生共得睹太平皇帝陛下惟樂
康宮府治丞相無私人諸諫官彈射姦慝咸有直聲自
中丞刺史良二千石各各有廉名日南交趾皆我郡縣
蠻夷君長以時稽首殿庭屬國具為令文筍生翠來王
京宰太學三老而五更遂賜民爵一級存問長老遣都
吏循行大酺十日除宮刑美人受壽百室豐盈
慕容垂歌 三解
慕容初入鄴已有虎狼志前驅丁零部後面鮮卑騎

图 7-71　《渔洋山人精华录》10 卷，清王士禛撰，林佶编，清康熙三十九年（1700）林佶写刻本。

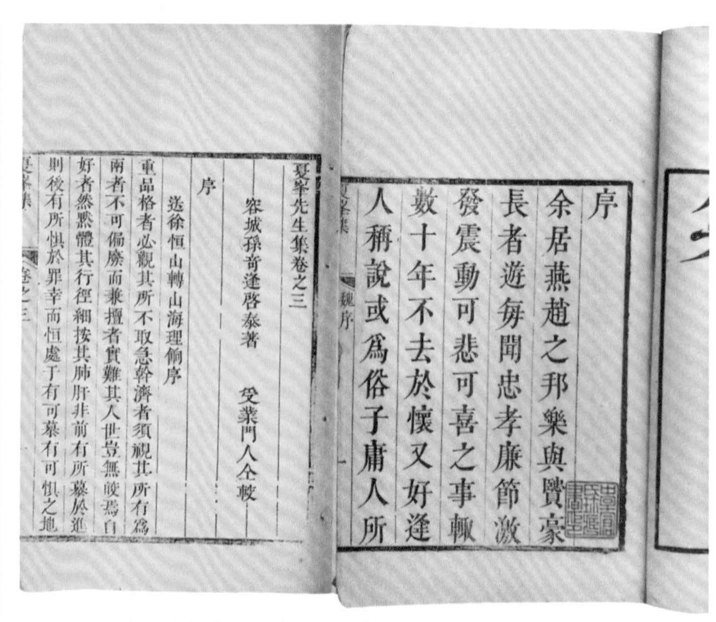
夏峰先生集卷之三
容城孫奇逢啓泰著　受業門人仝較
序
送徐恒山轉山海理餉序
重品格者必觀其所不取急幹濟者須視其所有為
兩者不可偏廢而兼擅者實難其人世豈無皎皎自
好者然黯黯其行徑細按其肺肝非前有所慕於進
則後有所惧於罪幸而恒處于有可慕有可惧之地

序
余居燕趙之邦樂與賢豪長者遊每聞忠孝廉節激發震動可悲可喜之事輒數十年不去於懷又好逢人稱說或為俗子庸人所

图 7-72　《夏峰先生集》14 卷，清孙奇逢撰，清康熙三十八年（1699）兼山堂刻本。孙奇逢为清初著名学者、理学家，与黄宗羲、李颙并称三大儒。

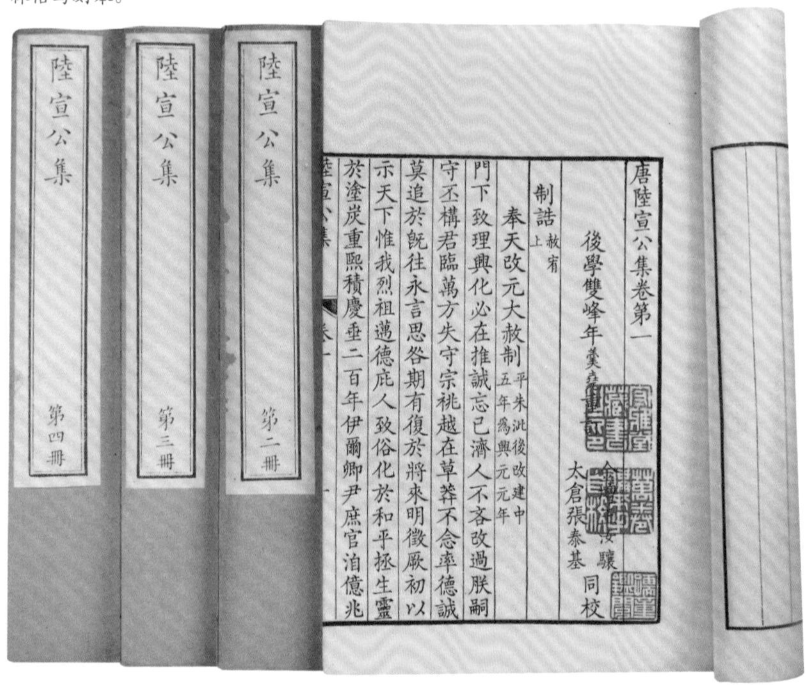
陸宣公集 第四冊

陸宣公集 第三冊

陸宣公集 第二冊

唐陸宣公集卷第一
後學雙峰年羹堯重訂
太倉張泰基 同校
制誥上 赦宥
奉天改元大赦制 平朱泚後改建中五年為興元元年
門下致理興化必在推誠忘己濟人不吝改過朕嗣
守丕構君臨萬方失守宗祧越在草莽不念率德誠
莫追於既往永言思咎期有復於將來明徵厥初以
示天下惟我烈祖邁德庇人致俗化於和平拯生靈
於塗炭重熙積慶垂二百年伊爾卿尹庶官洎億兆

图 7-73　《唐陆宣公集》，清康熙六十一年（1722）年羹尧刻本。此本字体精整，为清中期精写刻本。

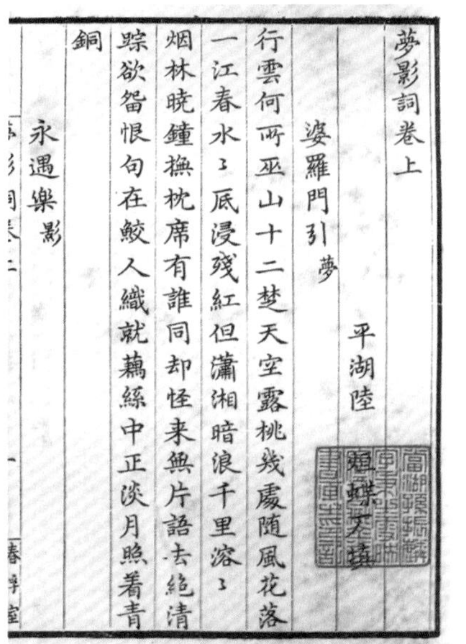

图 7-74 《梅谷十种书》，清陆烜撰，清乾隆间陆烜与其妾沈彩自刻本。刻工为吴越名匠李东莱、汤良士、程应寿、杨士尊等。

图 7-75 《吴越所见书画录》，清陆时化撰，清乾隆四十二年（1777）陆氏怀烟阁刻本。此书由陆时化亲自手书上版，苏州名匠汤士超执刀，写刻精美。

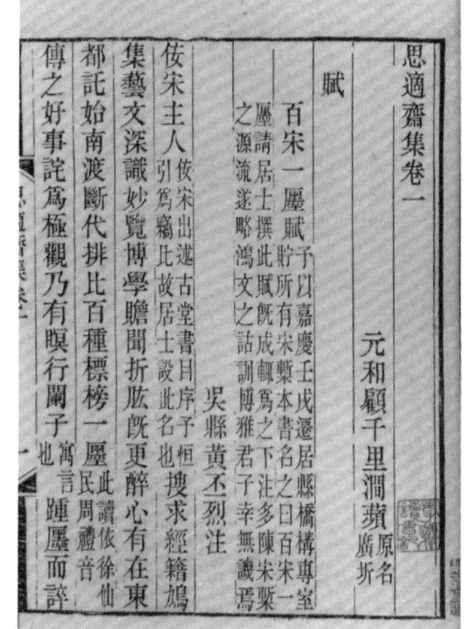

图 7-76 《思适斋集》18 卷，清顾广圻撰，清道光二十九年（1849）上海徐氏校刻本。

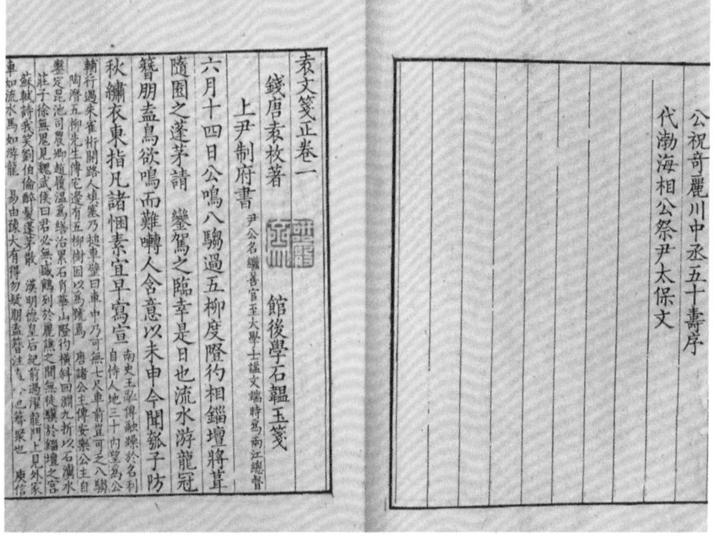

图 7-77 《袁文笺正》16 卷补遗 1 卷，清袁枚撰，石韫玉注，清嘉庆十七年（1812）鹤寿山堂刻本。此书专收清代著名文学家袁枚的骈体文。

锦上添花。在刻印史上，夫妾合作，由女子写版刻书者鲜见，一时传为美谈。乾隆间东南有名的鉴赏家、藏书家陆时化编撰的《吴越所见书画录》，就是由他本人手书上版，由苏州剞劂高手汤士超刻版的，写刻极精。据统计，在收录清代著述的 5 种全集中，记载了 1.4 万名清代的作者，其中有许多是个人的诗文集。[③]

（二）考据、校勘类丛书

这一类是在考据、校勘、辑佚学兴起之后，藏书家和校勘学家辑刻的丛书、佚书，或影摹校勘付印的旧版书。丛刊内容日益精粹。如纳兰性德的《通志堂经解》为经籍丛书；马国翰的《玉函山房辑佚书》为辑佚丛书；孙星衍的《平津馆丛书》为校雠丛书；鲍廷博的《知不足斋丛书》为版本丛书；王漠的《汉唐地理书钞》为断代专科丛书；王夫之《船山遗书》为自著丛书。已知收录的3000种（含7万种不同著作）丛书中，绝大部分为清代初刊或重版。[4]其中，鲍廷博《知不足斋丛书》、黄丕烈的《士礼居丛书》较为著名。在这一时期，由于尊重古刻本，发展出一种所谓影刻宋本的风气，就是摹写宋刻原版式样，上版雕印。这种风气起源于明代，例如汲古阁就曾影刻宋本，到乾嘉时代更为精审，这种刻印的古书，可以和原本丝毫不差。《士礼居丛书》中就有好几种是这样影刻的精本。乾嘉时代一些私人刻书家掀起的一次翻宋、仿宋潮流，对刻书事业产生了巨大的影响。鲍廷博、黄丕烈、顾广圻（千里）就是这一潮流的代表。

鲍廷博（1728—1814），清中叶徽州最大的藏书家、校勘编辑家、刻书家，以“知不足斋”堂号最有名。鲍氏三世以冶炼为业，家道殷实。乾隆三十七年（1772）诏修《四库全书》，他家精选庋藏秘籍600余种进呈。鲍氏毕生整理、刊刻旧籍，收书、校书、抄书、刻书一生不辍。所刻《知不足斋丛书》连同子目250种、1100余卷。曾为蒲松龄刊刻《聊斋志异》初本。鲍氏后人还于光绪十四年（1888）石印《详注聊斋志异图咏》16卷（见《徽州刻书》第118图 - 第119图）。

黄丕烈（1763—1825），清代江苏吴县人，以“士礼居”为室名，喜藏书，善鉴别。曾购得宋刻本百余种，辑刻《士礼居丛书》22种，是一种以版本、校雠为特色的丛书。其中所收《国语》、《集验方》等，为宋本中所罕见。所附校注，刊正谬误，在校勘学上有很大成就。他辑刻的许多书都是自己手写上版的。

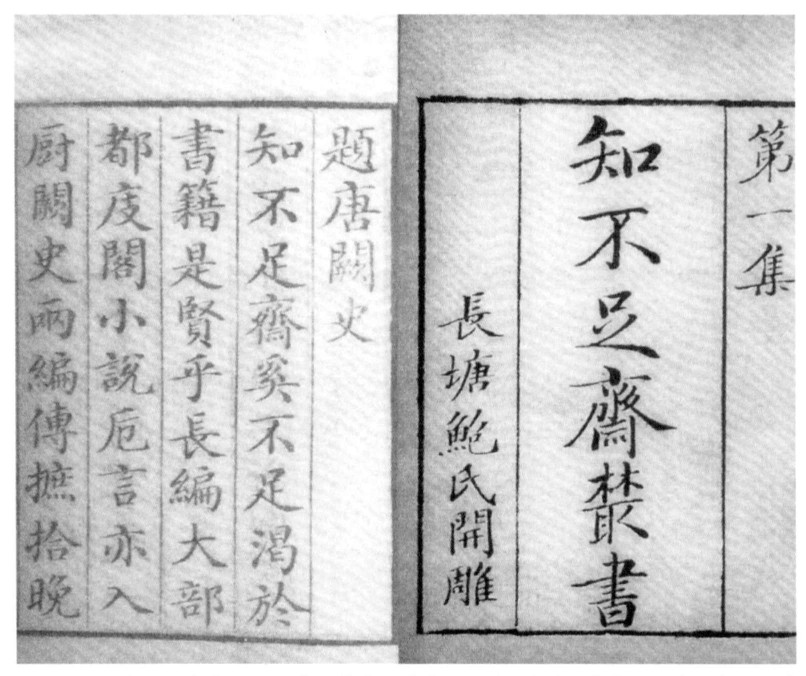

图 7-78 《知不足斋丛书》30集，清鲍廷博辑。此图为扉页及朱笔《题唐阙史》，清乾隆道光间鲍氏知不足斋刊。

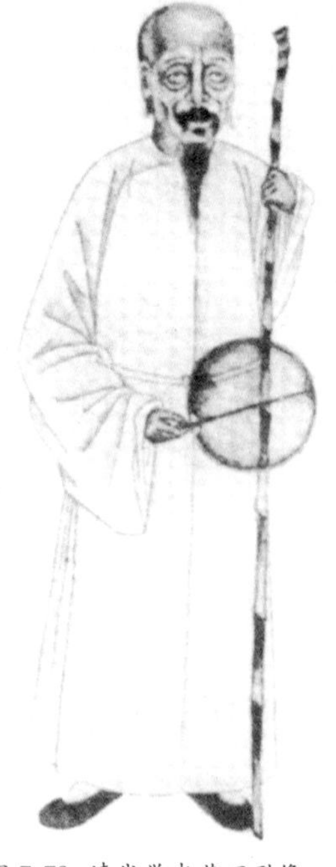

图 7-79 清代学者黄丕烈像

图 7-80 《士礼居丛书》之《仪礼》，清黄丕烈据家藏宋本影写重刻本，被世人称为“下真迹一等”的善本。嘉庆十八年（1813）刻印。

图 7-81 《资治通鉴》294 卷附《通鉴释文辩误》12 卷，宋司马光撰，元胡三省注，清嘉庆二十一年（1816）胡克家影元刊本。

图 7-82 《和靖先生诗集》，宋林逋撰，清嘉庆二年（1797）顾广圻影宋抄本。黄丕烈跋，有“顾广圻印”、“黄丕烈印”、“汪氏钟藏”、“杨氏海源阁藏”等藏印。

文選卷第一
梁昭明太子撰
文林郎守太子右內率府錄事參軍事崇賢館直學士臣李善注上
賦甲 賦甲者舊題甲乙所以紀卷先後今卷既改故甲乙並除存其首題以明舊式
京都上
班孟堅兩都賦二首 自光武至和帝都洛陽西京父老有怨班固恐帝去洛陽故上此詞以諫和帝大悅也
兩都賦序
班孟堅 范曄後漢書曰班固字孟堅北地人也年九歲能屬文長遂博貫載籍顯宗時除蘭臺令史遷爲郎乃上兩都賦大將軍竇憲出征匈奴以固爲中護軍憲敗

江寧劉文奎弟文楷鐫

图 7-83 《文选》60 卷，清顾广圻、彭兆荪校，清嘉庆十四年（1809）胡克家据宋淳熙本重刊。

顾广圻（1770—1839），清元和（今江苏苏州）人，以“思室斋”为室名。清代著名的校勘学家，著有《思室斋集》。他一生都为官员、乡绅、藏书家教书、校书、刻书，经他手校刻印的宋元本书皆极为有名。侧重于古书版本的考证，持论严谨。他所校印的精刻本，直到近代、现代还一再翻刻、影印。

更为可贵的是私家印书者为传承文化而前赴后继的精神。如清代常熟张海鹏以存亡继绝为己任，在明代万历年间胡震亨辑刻丛书《秘册汇函》、常熟毛晋又加刻而成《津逮秘书》的基础上，经过精选、补充，自购善本，再加上借自多为传世将绝的各家之本，增订而成《学津讨源》20 集，收书 173 种，1410 卷。张氏其他刻书不仅部头大，而且大都是流传绝少的罕见珍本，所收“书必完肤，不取节录”。如《墨海金壶》160 册，收书 117 种，700 余卷；《借月山房汇钞》16 集，102 册，收书 137 种，该丛书专收明清两代学者著述，其中有四库未收之书，刊为袖珍本，刻印甚佳，海内争睹，流布日广。此外，他还刻印了《太平御览》1000 卷，书中有 300 余卷系据宋小字本复刻。⑤

（三）家谱、宗谱和“郡邑丛书”

这类是家谱、宗谱和专刻地方先贤著作的“郡邑丛书”，如《台州丛书》、《浦城丛书》等等，这些书对于保存和研究地方文化是很有益处的。据查，世界各地公共机构所藏中国人家谱、宗谱至少有 4000 种，经考查明确的 1550 种中，清代所撰者有 1214 种。⑥

清代私家藏书目录，在类型和数量上远远超过了官修书目。据统计，共计有 220 余家，290 余种目录，对于深入了解中国古代典籍以及学术研究成果价值极大，堪称文献学和版本目录的宝库。

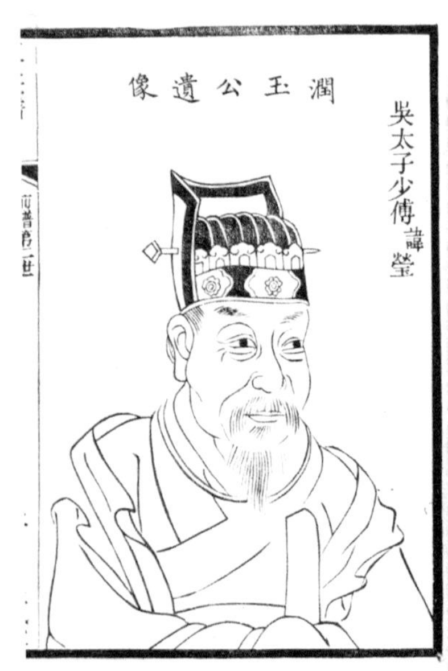

乾坤毓秀山岳鍾靈篤生薛公爲吳名臣內守其志外端其身殆所謂修天爵而人爵從之者與

張昭贊

图 7-84 《薛氏家谱》，清薛文森修撰，清同治十年（1871）刻本。此本首附薛氏先祖肖像 20 余幅，多数像后有赞。我国古代重视门阀，家谱概不外传，又以为祖宗之灵附之，故虽亲友亦不得借阅，而为子孙世袭珍藏。

图 7-85 《重修虬川黄氏家谱》，清道光十二年（1832）黄氏家族自刻本。

上述私刻丛书和私家书目，可以说是私人藏书家和私人印书家进行古籍整理和古书刻印活动的成果，而校勘学、版本学、考据学、目录学则是这些实践活动在理论上的总结。私人印书家在古籍整理和古书编印、扩大传播等方面的贡献尤其值得肯定。

二、坊肆印书

清代的坊间印书较之明代更为兴盛，印书数量很大。许多民间大众读物，诸如小说、戏曲、医方、星占、类书、日用杂字等，多由这些书坊刻印。反映民间生活、社会风俗习惯的资料，也从这些书中可以找到。虽然书肆多重营利，往往因降低成本而影响书品质量，不如官刻、家刻版本精美，但是，它在繁荣市场、普及文化方面所作的贡献是显而易见的。

（一）江浙一带的书坊印书

清代的坊间印书仍以江浙一带最为发达，多集中在杭州、金陵、苏州、常州、无锡等地。其中，苏州的坊刻发展最快，书坊林立，成为全国有名的印刷地区之一。主要书坊有扫叶山房、树叶堂、本立堂、黄金屋、绿荫堂等近70家。创建于明后期的席氏扫叶山房，收得明末毛晋汲古阁《十七史》等书版，刻印经、史、子、集四部之书以及笔记小说、村塾读本，多达数百种。至光绪年间，还在上海、汉口等处开设分号，并增添铅印和石印设备。苏州有名的老字号刻坊，如书业堂、金阊书坊黄金屋、姑苏聚文堂和苏州四美堂也刻印了不少书，以小说为重点。苏州的坊间印刷竞争也很激烈，这促使他们在刻印的花样上下工夫，如选择刻印吸引读者的书籍，增加精美的插图，力求好的印刷质量。另一方面，也出现了一些有不健康内容的淫词、小说、戏曲等书。

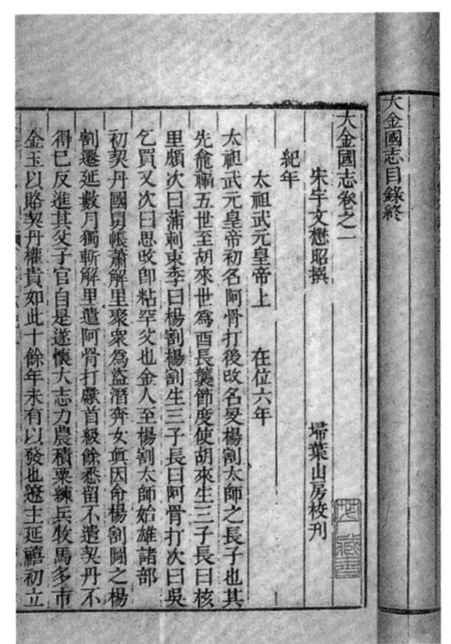
大金國志目錄終
大金國志卷之二
宋宇文懋昭撰　埽葉山房校刊
紀年
太祖武元皇帝上　在位六年
太祖武元皇帝初名阿骨打後改名旻楊割太師之長子也其
先龕福五世至胡來世為酋長襲節度使胡來生三子長曰核
里頗次曰蒲剌束季曰楊割楊割生三子長曰阿骨打次曰吳
乞買又次曰思改即粘罕父也金人至楊割太師始雄諸部
初契丹國舅帳蕭解里聚衆為盜潛奔女真因命楊割圖之楊
割遷延數月獨斬解里遣阿骨打獻首級餘悉留不遣契丹不
得已反進其父子官自是遂懷大志力農積粟練兵牧馬多市
金玉以賂契丹權貴如此十餘年未有以發也遼主延禧初立

图7-86 《大金国志》，清嘉庆三年（1798）苏州席氏扫叶山房刻印。

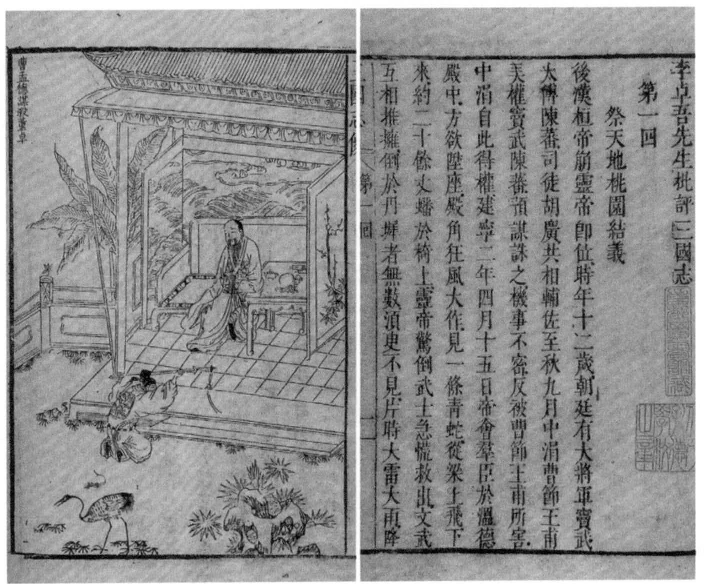
李卓吾先生批評三國志
第一回
祭天地桃園結義
後漢桓帝崩靈帝即位時年十二歲朝廷有大將軍竇武
太傅陳蕃司徒胡廣共相輔佐至秋九月中涓曹節王甫
弄權竇武陳蕃預謀誅之機事不密反被曹節王甫所害
中涓自此得權建寧二年四月十五日帝會群臣於溫德
殿中方欲陞座殿角狂風大作見一條青蛇從梁上飛下
來約二十餘丈蟠於椅上靈帝驚倒武士急慌救入文武
互相推擁倒於丹墀者無數須臾不見片時大雷大雨降

图7-87 《李卓吾先生批评三国志》120回，明罗贯中撰，李贽评。清康熙间（1662—1722）吴郡绿荫堂刊本。四周单边，白口，单鱼尾，半页10行，每行22字。框高20.5厘米，宽14.5厘米。

图 7-88 《南宋诗选》，清雍正九年（1731）扬州陆氏水云渔屋刻印。

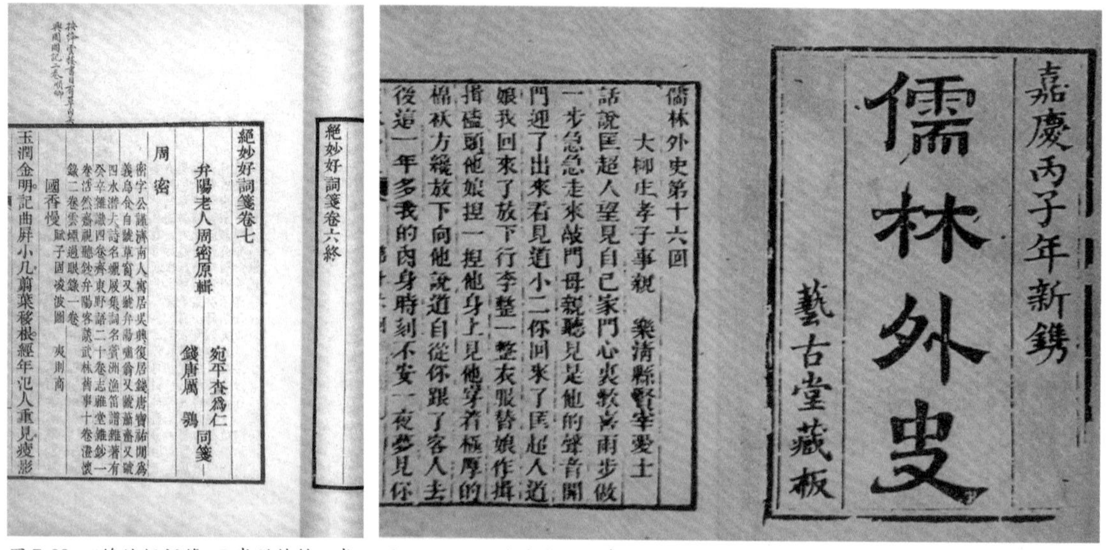

图 7-89 《绝妙好词笺》7 卷附续钞 2 卷，清代杭州爱日轩刊本。

图 7-90 《儒林外史》，清吴敬梓撰，清嘉庆二十一年（1816）艺古堂刻印。

清代南京、杭州的坊间印刷业，不如明代繁荣，但还是排在全国前列。南京有名的印刷作坊有荣盛堂、一得斋、江宁启盛堂、金陵奎壁斋、富文堂、聚锦堂、德聚堂等。其中李光明庄刻书约 160 余种，多为启蒙读物、医书、善书及诗集、文集等，所刻各书多印有广告文字，版心下刻“李光明庄”四字，有的还在刊页附刻目录，在当时坊本中是比较好的。杭州比较有名的印刷作坊有文宝斋、慧空经房、善书局、爱日轩等。刻印内容为戏曲、小说、佛经、启蒙读物及善书。在浙江的绍兴、宁波、余姚、慈溪、嘉兴，江苏的扬州、镇江、常州等地，也都有一定数量的印刷作坊。

（二）太平天国印书

太平天国起义军（1851—1864）占领南京后，将南京改称为天京，设有刷书衙，并从扬州等地招收刻版工匠，刻印了一大批图书。有对敌作战的《颁行诏书》，有关于军队编制、军纪的《太平军目》、《太平条规》等。政治经济书有《天朝田亩制度》、《资政新篇》，洪秀全撰有《太平诏书》。天国政府每年还颁发天历，以366日为一年，单月有31日，双月有30日。天国政府非常重视利用宗教发动群众、团结人民、训练士兵，在组织印制《圣经》时，就有近五百名刻印工匠，可见印刷规模之大。当地的民间印刷作坊，也多印刷太平天国所规定的书籍，多数为启蒙读物、医书、兵书等。可惜当时所印的书流传下来的不多。

1854年太平军北伐到天津后，在天津静海县杨柳青绘刻了许多太平天国年画，分送给人民。太平军年画不绘带有封建迷信色彩的内容，而以花

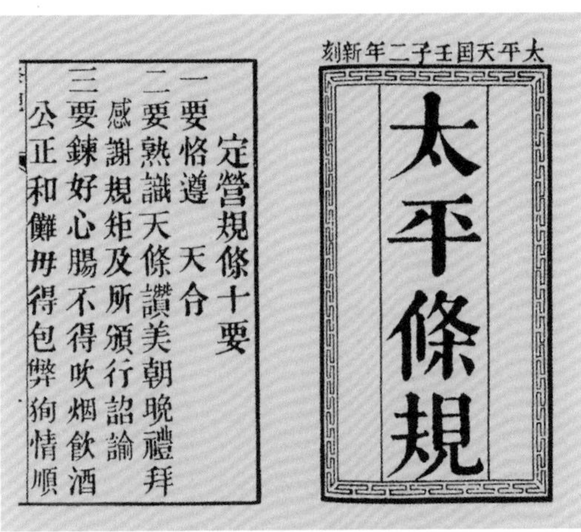

太平天国壬子二年新刻

太平條規

定營規條十要
一要恪遵天令
二要熟識天條讚美朝晚禮拜
感謝規矩及所頒行詔諭
三要鍊好心腸不得吹烟飲酒
公正和儺毋得包弊狥情順

图7-91 太平天国颁刻的《太平条规》

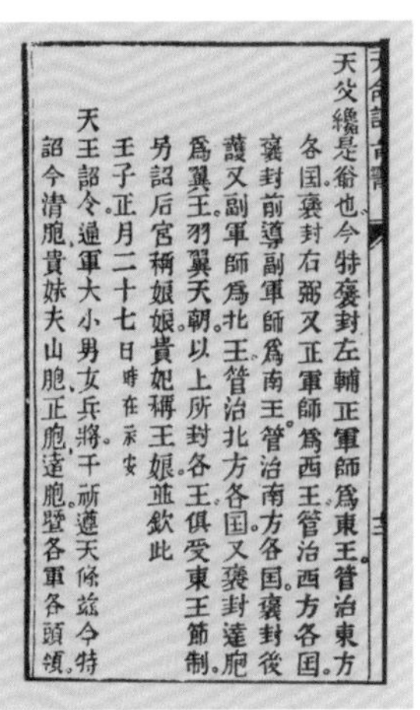

天父纔是爺也今特褒封左輔正軍師爲東王管治東方
各国。褒封右弼又正軍師爲西王管治西方各国。
褒封前導副軍師爲南王管治南方各国。褒封後
護又副軍師爲北王管治北方各国。又褒封達胞
爲翼王羽翼天朝。以上所封各王俱受東王節制。
另詔后宮稱娘娘貴妃稱王娘並欽此
壬子正月二十七日時在永安
天王詔令通軍大小男女兵將千祈遵天條茲今特
詔令清胞貴妹夫山胞正胞達胞暨各軍各頭領。

图7-92 1851年12月17日洪秀全在永安颁布的封王诏令，木刻活字本。

图7-93 《劝学诗》封面雕版，1851年太平天国刻制的幼教读物。

图7-94 《太平天国癸丑三年新历》，1853年太平军定都天京后颁刻的历书。

图 7-95 《英雄会》，太平天国年画。

卉鱼虫、山水风景为主要内容。今发现的有《英雄会》、《猴拉马》、《燕子矶》、《鱼乐图》等十多幅，均为彩色套印，绘刻极为精工。

（三）北京坊间印书

清代的北京，书坊最多，仅琉璃厂一带先后就有200多家书业堂店，也有从事版刻印刷者。如老二酉堂、聚珍堂、善成堂、文成堂、文宝堂、荣禄堂、文锦堂、文贵堂、文友堂、翰文斋等，都是刻印兼发行的。所刻书大部分是私塾常用的“五经”、“四书”和启蒙学的《三字经》、《百家姓》、《千字文》、《弟子规》、《七言杂字》以及初学书写临摹的字帖等，或者是医、卜、星相、佛经、善书、类书、小说、缙绅等。老二酉堂经营时期较长，刻书很多，行销华北各地。光绪十五年（1889）刻《聊斋志异》，朱墨套印，镌刻精审。北京的鸿远堂、瑞锦堂等书坊多刻印满汉文对照本。这些刻本，不为藏家所重视，大都行销民间，所以保存下来的也很少。

清朝的北京印刷业与琉璃厂是分不开的。这是因为清代宣武门外一带，多为汉族官员与文人居住，上京赶考的学生也多在这一带落脚。当时著名的文人王士祯、朱彝尊、孙星衍等都居住在这一带，从而吸引了不少书商在这一带开店。

琉璃厂的店铺大约分三类：第一类是经营文房四宝笔、墨、纸、砚为主；第二类是只卖书不印书，他们所售的书，大多数是南方运来的，有的店铺经营古旧书及宋元刻本；第三类是以印刷为主业的店铺，他们多数为前店后厂，刻印各种书籍。

教堂印刷也是清代北京印刷的特点之一。天主教会的印刷，清初主要是以南堂为中心，采用雕版印刷。清末，转以北堂为主，采用近代铅印技术印刷。

图 7-96 清代著名学者朱彝尊使用并存留于琉璃厂的砚台

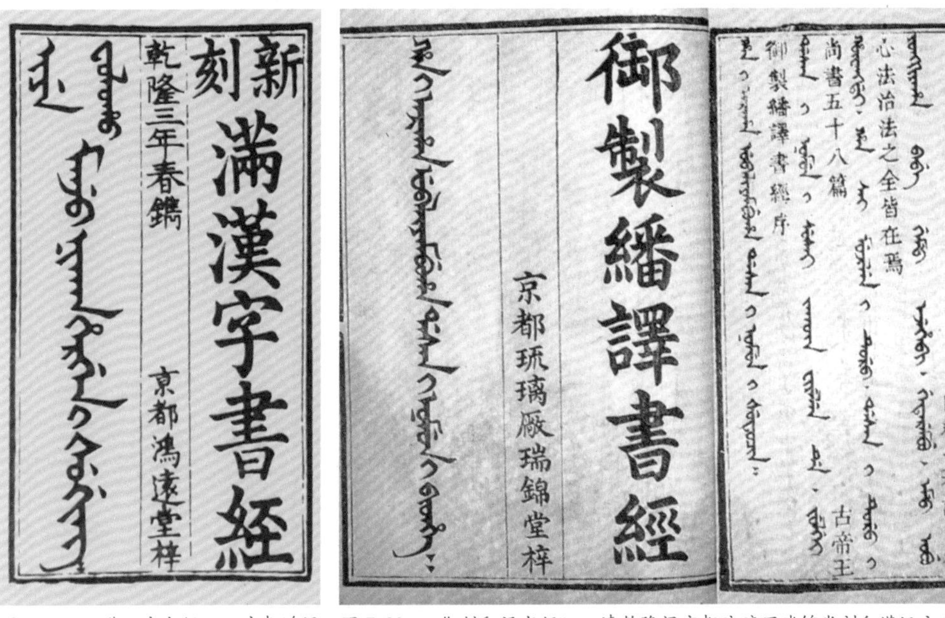

图 7-97 《满汉字书经》，京都鸿远堂刻本，清乾隆三年（1738）刻印。

图 7-98 《御制翻译书经》，清乾隆间京都琉璃厂瑞锦堂刻印满汉文对照本。

燕京開教畧　中篇　四

之墓。墓前有碑一通。高五尺。濶三尺。鐫有辣丁、葡萄牙、中國、與日本文。曰、近世大宗徒。方濟各沙勿畧之墓。先是聖多明我會之修士。傳教於亞細亞洲。已二百餘年之久。聖方濟各沙勿畧東來時。又有此會之修士十二名。亦至印度。內有一修士。名加斯巴。號十字聖架。於聖沙勿畧卒後之三年。欲入中國傳教。幸得遂願。明興以來。由海路入華傳教者。加斯巴乃第一人也。於其所作之中國傳教記中。歷言傳教之初。

图 7-99 《燕京开教略》，樊国梁（法）著。清光绪三十年（1904）北京救世堂铅活字排印本。此书详细记述天主教在中国的传播历程，收多幅人物的画像。存中篇、下篇。樊国梁，法国人，1862 年来中国，担任天主教北京教区主教。

天主教南堂即宣武门大教堂，明万历三十三年（1605）意大利传教士利玛窦来京后所建。明代时曾印行过教会书籍 124 种。进入清代后，从顺治到乾隆朝，南堂印书 70 余种。主要有：顺治十二年（1655）刻本《天主圣教引蒙要览》，康熙八年（1669）刻印南怀仁撰《妄占辨》，康熙十五年（1676）刻印意大利人利类思的《司铎典要》等书。

建成于康熙四十二年（1703）的天主教北堂，设在北京西安门内的西什库教堂，又称“救世堂”，刻印了大量的教会宣传品。北堂从 1864 年起，采用西方铅印技术印书，是所知北京地区较早采用铅印的机构之一。该堂的印书活动一直延续到 20 世纪 50 年代，前后有近百年的历史。

尤其值得一提的是，清代民间刻印《红楼梦》最为活跃。自北京的萃文书屋于乾隆五十六年（1791）和乾隆五十七年（1792）用木活字刻印了清曹雪芹撰、高鹗续《红楼梦》120 回的“程甲本”和“程乙本”后，又有多家出版雕刻本。乾隆六十年（1795）东观阁开始出《红楼梦》雕刻本，又有善因楼刻本及宝文堂刻本。嘉庆间，又有抱青阁雕本、九思堂刻本、金陵藤花榭本、耘备阁本等。此外，还刻印有许多关于《红楼梦》评赞的不同版本。据统计，在清代《红楼梦》约有 26 种版本。

图 7-100 位于北京西安门内的西什库教堂

图 7-101 《红楼二百咏》2 卷，清黄昌麟撰，丁日昌、黄钊评，清道光二十一年(1841)刻本。

图 7-102 《红楼梦偶说》2 卷，撰人佚，清晶三庐月草舍原本，清光绪二年（1876）賁覆山房刻本。

（四）广州坊刻

清乾隆年间，广东坊刻崛起。最初主要集中在顺德县，后来逐渐发展到广州和佛山。清代中后期，在广州坊可考者有三元堂、五桂堂、华经堂等 25 家。佛山的印刷作坊可考者有二十多家。这里所印的书不但销往内地各省，也被贩卖到南洋。佛山印书的内容多为通俗小说、日用医书，如《红楼梦》、《群英杰全传》、《慈云走国》、《金匮要略浅注》等。

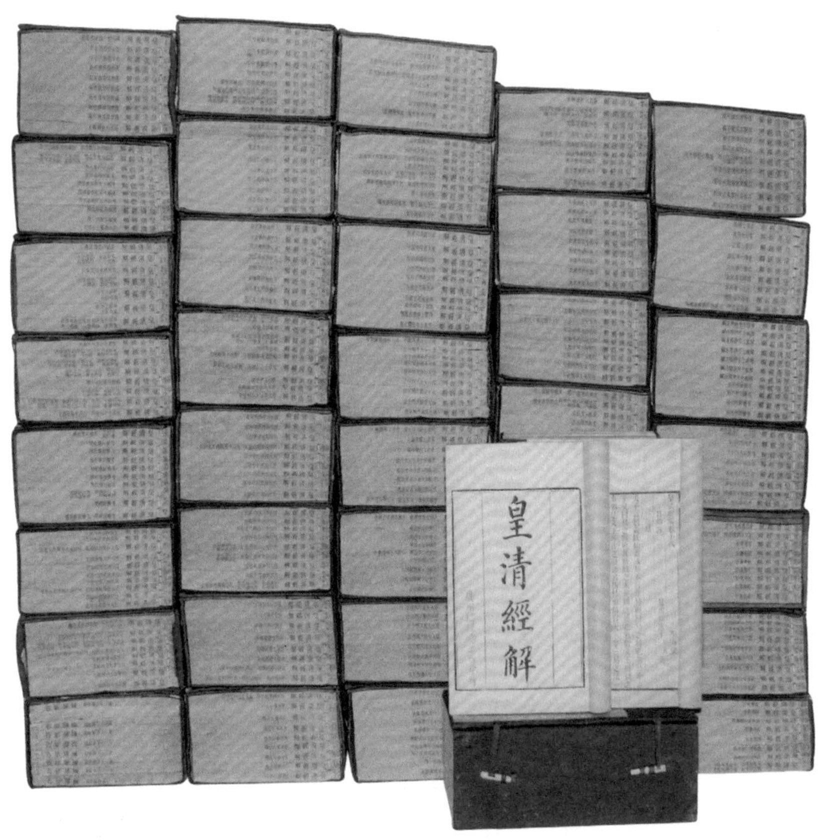

图 7-103　《皇清经解》，清咸丰十年（1860）广东学海堂补刊，为清代修撰的最大经学专题丛书，共收清代经学著作 180 余种。

李義山詩集卷上
吳江朱鶴齡箋註　武林沈厚塽輯評
錦瑟
錦瑟無端五十絃
一絃一柱思華年
莊生曉夢迷蝴蝶
望帝春心託杜鵑

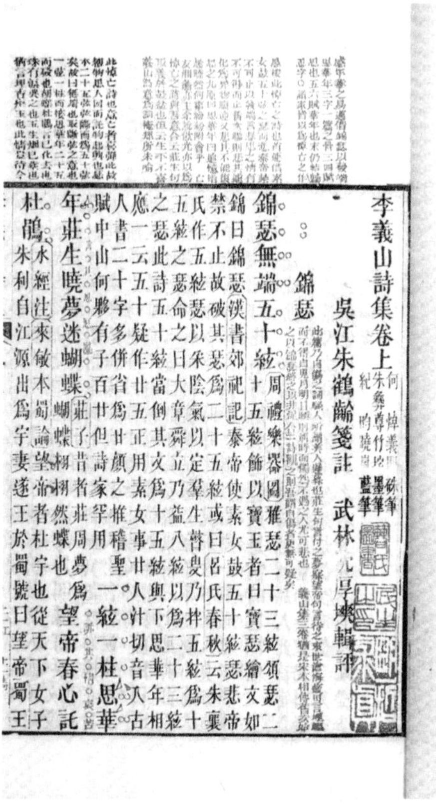

图 7-104　《李义山诗集》，清朱鹤龄笺注。清同治九年（1870）粤东羊城萃文堂刊三色套印本。

广东的刻工多有妇女参加，价格也较其他地区便宜，因而吸引了不少的出版者。苏杭一带的一些书商往往到广东刻版，再将版运回当地印刷。各地的一些官员也将自己的著作送到广东刻印。

（五）其他地方的坊刻

清代书坊遍布全国。在福建，虽然建阳的印刷业衰败了，但分布面更广，福州、泉州、厦门等地都有印刷业。江西金溪县的许湾，“男女皆善刻字，

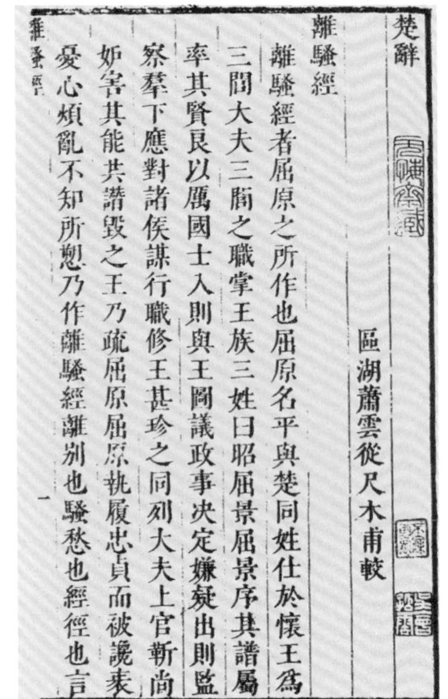
楚辭
離騷經　　區湖蕭雲從尺木甫較
離騷經者屈原之所作也屈原名平與楚同姓仕於懷王爲
三閭大夫三閭之職掌王族三姓曰昭屈景屈景序其譜屬
率其賢良以厲國士入則與王圖議政事決定嫌疑出則監
察羣下應對諸侯謀行職修王甚珍之同列大夫上官靳尚
妒害其能共譖毀之王乃疏屈原屈原執履忠貞而被讒衺
憂心煩亂不知所愬乃作離騷經離別也騷愁也經徑也言

图 7-105　《离骚经》1 卷，明末清初肖云从著。清顺治二年（1645）书林汤复精刻本。

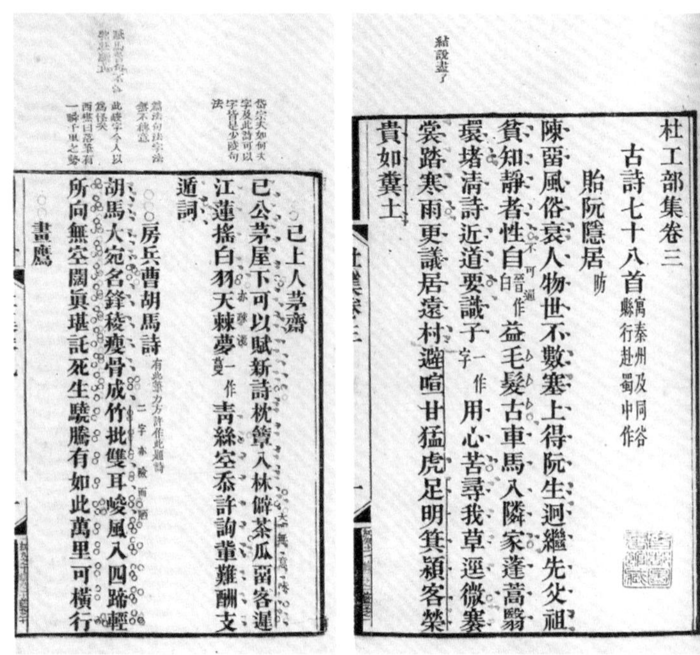
杜工部集卷三
古詩七十八首寓秦州及同谷縣赴蜀中作
貽阮隱居昉
陳留風俗衰人物世不數塞上得阮生迥繼先父祖
貧知靜者性自益毛髮古車馬入隣家蓬蒿翳
環堵清詩近道要識子用心苦尋我草逕微褰
裳踏寒雨更議居遠村避喧甘猛虎足明其潁客榮
貴如糞土

已上人茅齋
已公茅屋下可以賦新詩枕簟入林僻茶瓜留客遲
江蓮搖白羽天棘蔓一作夢青絲空忝許詢輩難酬支
遁詞
房兵曹胡馬詩
胡馬大宛名鋒稜瘦骨成竹批雙耳峻風入四蹄輕
所向無空闊眞堪託死生驍騰有如此萬里可橫行
畫鷹

图 7-106　《杜工部集》20 卷，首 1 卷，唐杜甫撰，明王世贞、王慎中，清王士禛、邵长蘅等评。清道光十四年（1834）芸叶盦六色套印本。

图 7-107　《金石索》12 卷，清冯晏海撰，清道光三年(1823)山东滋阳邃古斋刻本。此书为研究中国古代金石的主要参考资料之一。

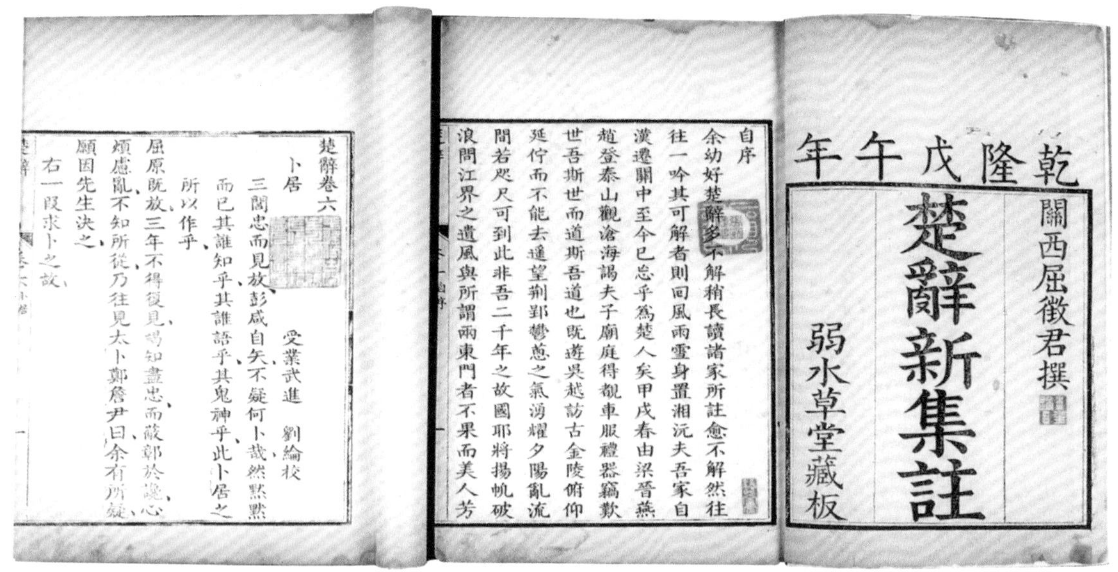

图 7-108 《楚辞新集注》8 卷，清屈复撰，清乾隆三年（1738）陕西蒲城弱水草堂刊本。

昔时通省书籍多出版于此”。山东的聊城、济南也有一定数量的印刷作坊。陕西的西安、安康也有印刷作坊。湖北的武昌、汉口、沙市，湖南的长沙、常德，四川的重庆、成都、德格，安徽的安庆，河南的开封、郑州、周口，奉天的盛京（沈阳）、辽阳，云南的昆明，以及吉林、山西、甘肃、西藏等地，都有一定数量的印刷。

第四节 清代民间的活字版印刷

一、清代民间的木活字印刷

由于乾隆帝提倡，用木活字排印了《武英殿聚珍版丛书》，因此民间多有仿效。清代木活字印刷在民间广泛使用，大大超过了元明时代。

北京是清代印书业较发达的地区，很多书坊都曾用木活字印书。萃文书屋于乾隆五十六年（1791）用木活字排印的《红楼梦》，是该书最早的印本，由程伟元、高鹗主持其事。封面题刻“新镌全部绣像红楼梦，萃文书屋”，卷末题“萃文书屋藏版”，世称“程甲本”。第一次排印后，因社会需要量大，于第二年再次校订排印，世称“程乙本”。

北京的聚珍堂曾用木活字版印刷过《红楼梦》、《儿女英雄传》、《蟋蟀谱》、《济颠大师醉菩提》等书。北京还有龙威阁、善成堂、荣锦书坊、琉璃厂半松居士等字号，均用木活字排印书籍。

在南方，苏州书坊排印过《佚存丛书》，常昭排印局印《通鉴论》，桐城吴大有堂书局印巾箱本《刘海峰文集》。道光十一年（1831）六安晁

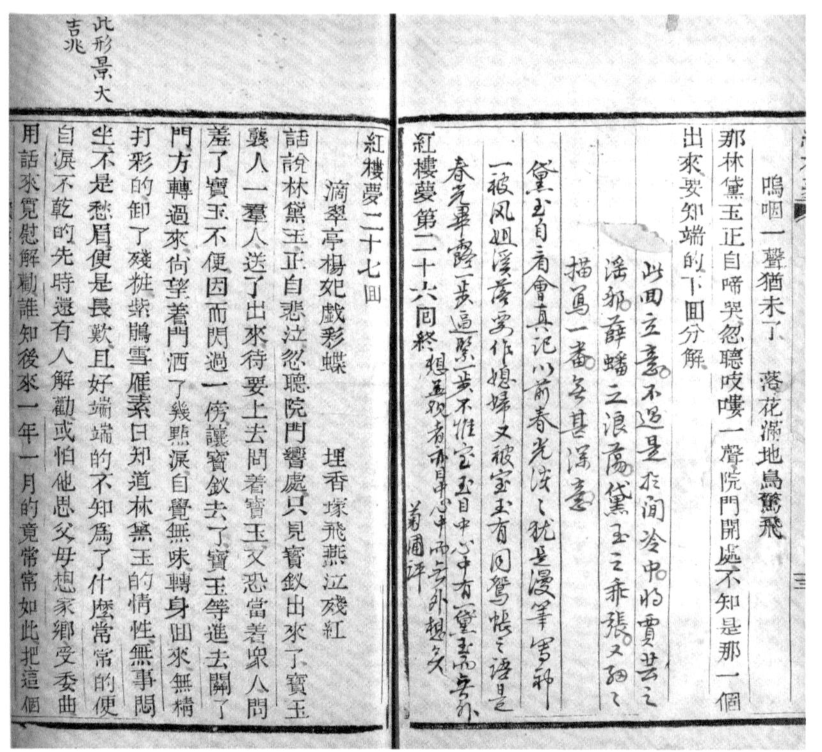
嗚咽一聲猶未了　落花滿地鳥驚飛
那林黛玉正自啼哭忽聽吱嘍一聲院門開處不知是那一個
出來要知端的下回分解
紅樓夢第二十六回終

此形景大
吉兆

紅樓夢二十七回
滴翠亭楊妃戲彩蝶　埋香塚飛燕泣殘紅
話說林黛玉正自悲泣忽聽院門響處只見寶釵出來了寶玉
襲人一羣人送了出來待要上去問着寶玉又恐當着衆人問
羞了寶玉不便因而閃過一傍讓寶釵去了寶玉等進去關了
門方轉過來尚望着門洒了幾點淚自覺無味轉身回來無精
打彩的卸了殘粧紫鵑雪雁素日知道林黛玉的情性無事悶
坐不是愁眉便是長歎且好端端的不知爲了什麼常常的便
自淚不乾的先時還有人解勸或怕他思父母想家鄉受委曲
用話來寬慰解勸誰知後來一年一月的竟常常如此把這個

图 7-109 《红楼梦》，清乾隆五十六年（1791）北京萃文书屋木活字刻本。

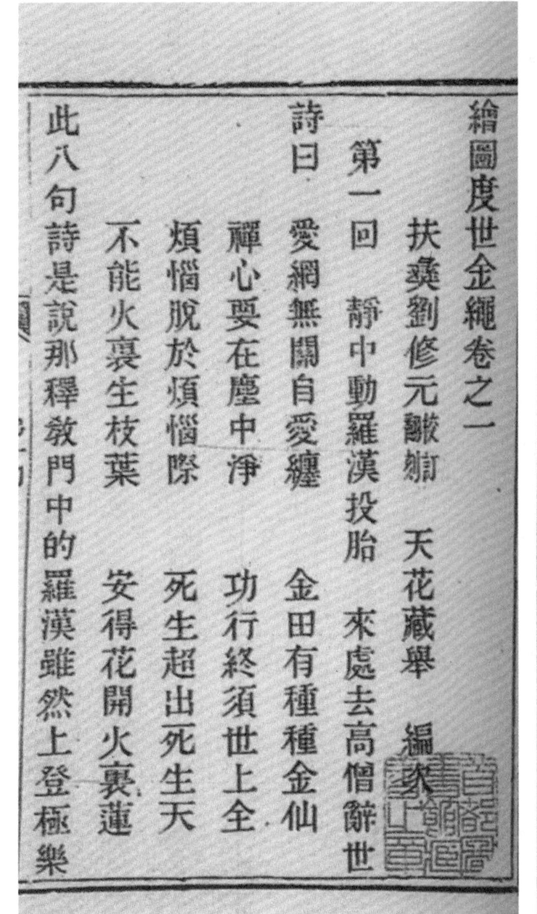

繪圖度世金繩卷之一

扶桑劉修元皺䏚 天花藏舉 編次

第一回 靜中動羅漢投胎 來處去高僧辭世

詩曰 愛網無關自愛纏 金田有種種金仙

禪心要在塵中淨 功行終須世上全

煩惱脫於煩惱際 死生超出死生天

不能火裏生枝葉 安得花開火裏蓮

此八句詩是說那釋教門中的羅漢雖然上登極樂

图 7-110 《绘图度世金绳》4 卷 20 回，清末金陵府东街王德源刻字印刷铺活字印本。

安化常豐鄉五甲蔣氏族譜

真 公 子 九

一派 二派 三派 四派 五派

榮九 王氏

如圭 陳氏

永誠 陳氏 粟氏 永詳

興宗 何氏 潮宗

鍾然

图 7-111 《蒋氏族谱》，清嘉庆二十五年（1820）浙江安化常丰乡木活字本。

氏排印的《学海类编》，共 807 卷，120 册，收书 420 种，为私人排印的大部头书。同治年间（1862-1874），泉州柯格刻制木活字一副，排印自己的著作。常熟张金吾是著名藏书家，他从无锡买得十万多个活字，排印过自著的《爱日精庐藏书志》和宋李寿的《续资治通鉴长编》520 卷，用 16 个月印成 120 册，为私人排印的大部头书。四川人龙万育于嘉庆十六年（1811）任甘肃巩秦阶道台时，曾用木活字排印过《方舆纪要》。他在四川老家也曾制造聚珍版，当完工时曾写过一篇《仿刊聚珍版技记》，记述了刻印之辛苦。他还排印过顾祖禹的《读史方舆纪要》，每页中缝印有“敷文阁”三字。在广东有某知县曾出资 1000 银元刻成木活字 36 万个，可见数量之大。此外，用活字版印书的还有：嘉兴王氏信芳阁，宁波文则楼，常州谢氏瑞云堂、汇珍楼，苏州徐氏灵芬阁、样尊山房，南京倦游阁、宜春阁，山东雅鉴斋，岭南寿经堂等。

清代木活字的使用遍及河北、山东、河南、江苏、浙江、安徽、江西、湖北、湖南、四川、福建、广东、陕西、甘肃等 14 个省。

在清代木活字也用来排印邸报。这种报纸是供官员参考的，由于时间要求紧，校对不精，印刷质量也不好。

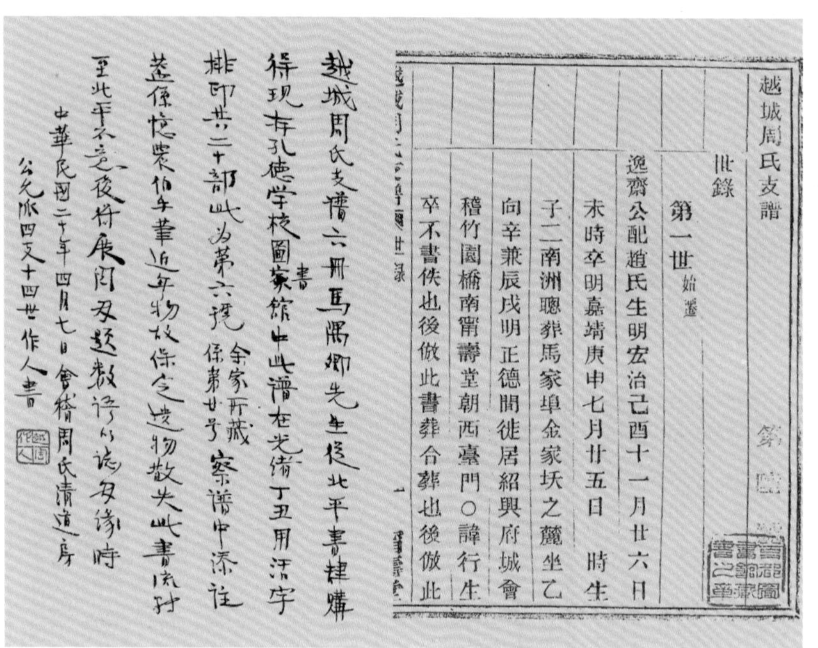
越城周氏支譜

世錄

第一世 始遷

逸齋公配趙氏生明宏治己酉十一月廿六日

未時卒明嘉靖庚申七月廿五日 時生

子二南洲聰葬馬家塢金家坂之麓坐乙

向辛兼辰戌明正德間徙居紹興府城會

稽竹園橋南甯壽堂朝西臺門○諱行生

卒不書佚也後倣此書葬合葬也後倣此

图 7-112 《越城周氏支谱》不分卷，清周以均撰，周锡嘉编订。清光绪三年（1877）周氏宁寿堂活字印本。扉页有周作人于民国二十年（1931）作的题跋。

清代用木活字排印家谱也很普遍。在北京图书馆收藏的家谱中，清代的木活字印本约有 500 多种。清代中后期，江西、湖南、湖北、福建等地的家谱印刷盛行。江浙一带的木活字印谱更为活跃，各地都有专门的印谱作坊和流动的印谱工匠。绍兴一带的印谱工人称为“谱匠”或“谱师”，农闲时他们担着活字和所需工具到各地印谱。他们的活字约有两万多，分大小两号，用梨木刻成。苏州、镇江、安徽、四川等地也有专门印谱的工匠。

二、清代民间的金属活字印刷

清代的金属活字印刷主要是铜活字印刷。除了政府有大规模的印刷外，民间的铜活字印刷也比较流行。

（一）铜活字

目前见到的清代最早的铜活字印本是常熟吹藜阁本《文苑英华律赋选》4 卷，为康熙二十五年（1686）印刷。字体为楷书，印刷清楚，可能是明代留传下来的铜活字。

在杭州，有咸丰二年（1852）吴钟骏用聚珍铜版印其外祖父孙云桂所著的《妙香阁文稿》3 卷、《诗稿》1 卷。咸丰三年（1853）麟桂排印《水陆攻守战略秘书》7 种，北大图书馆藏有该书的残本 4 种。

在常州，明代的铜活字印刷是很有名的，而在清代只发现《毗陵徐氏宗谱》30 册为铜活字印本，但未注明由何家印刷。

在台湾，有郑成功于 1661 年令户官刻颁“命令八条”。现存台湾的最早印本有《大明中兴永历二十五年（1671）大统历》。清泉州人龚显曾《亦园胜牍》卷一中说：“台湾镇武隆阿刻有铜字，尝见其《圣谕广训注》

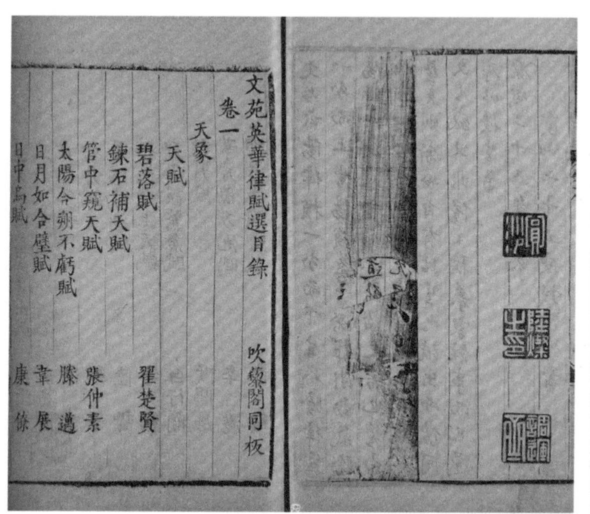

文苑英華律賦選目錄　吹藜閣同板

卷一

天象

天賦

碧落賦　翟楚賢

鍊石補天賦　張仲素

管中窺天賦　滕邁

太陽合朔不虧賦

日月如合璧賦　章展

日中烏賦　康僚

图 7-113 《文苑英华律赋选》，清钱陆灿辑。康熙二十五年（1686）苏州吹藜阁铜活字版印本。

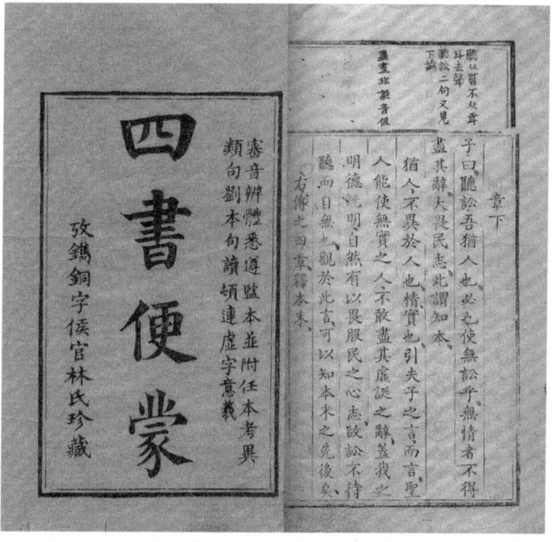

審音辨體悉遵監本並附任本考異

類句劉本句讀頓連虛字意義

四書便蒙

攷鐫銅字侯官林氏珍藏

子曰聽訟吾猶人也必也使無訟乎無情者不得

盡其辭大畏民志此謂知本

图 7-114 《四书便蒙》，清道光二十六年（1846）福清林春祺“福田书海”铜活字版印本。

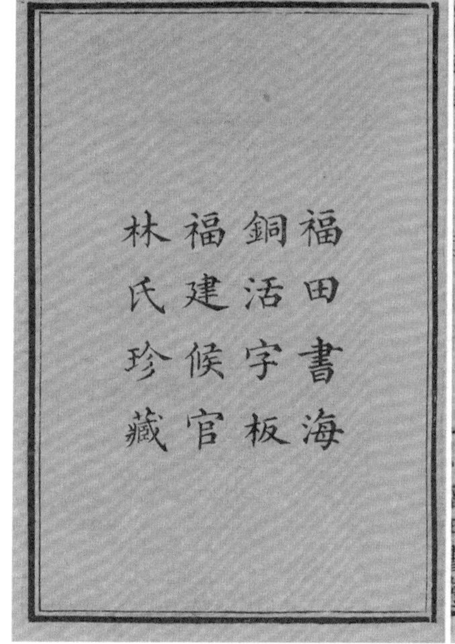

福田書海

銅活字板

福建侯官

林氏珍藏

銅板敘

世有銅板之書而銅板之傳甚少春祺齠年即聞

先大父與 先君論説古銅板書恒惋惜世無

銅板致古今宿儒碩彥有不刊之著述而無力刻

板與夫已刻有板而湮沒朽蠹終同於無板者難

更僕數春祺心焉誌之弱冠就學古杭姑蘇從

親官遊洛陽粵海每接見名公大人亦無不以古

銅板之書爲可寶貴然舉世刻之者卒罕覯歲乙

图 7-115 《音学五书》，清代福清林春祺“福田书海”铜活字版印本，此图为该书中《铜板叙》。

印本，字画精致。”武隆阿为清正黄旗人，嘉庆十二年（1807）任台湾总兵。安徽人姚莹在台湾做过官，也曾见到武氏铜活字。

清代民间铜活字印刷最著名者为“福田书海”的铜活字。福州人林春祺，从 18 岁开始请人刻铜活字，费时 21 年，耗白银 20 多万两，到道光二十六年（1846）完成正楷体大小活字 40 多万个，而且“古今字体悉备，大小书籍皆可刷印”。这项工程的规模之大可以说史无前例。他是福建福清县龙田人，因而把铜活字命名为“福田书海”。这批铜活字曾印过顾炎武的《音学五书》，所见者有《音论》、《诗本音》两种。林氏还印有《军中医方备要》两小册，黄纸封面题“侯官林氏铜摆本”。又印有《四书便蒙》14 册，版心有“福田书海”，扉页有“考镌铜字侯官林氏珍藏”。更值得称赞的是，林春祺还写了一篇《铜版叙》，记录了他刻制铜活字的原因和经过。这是

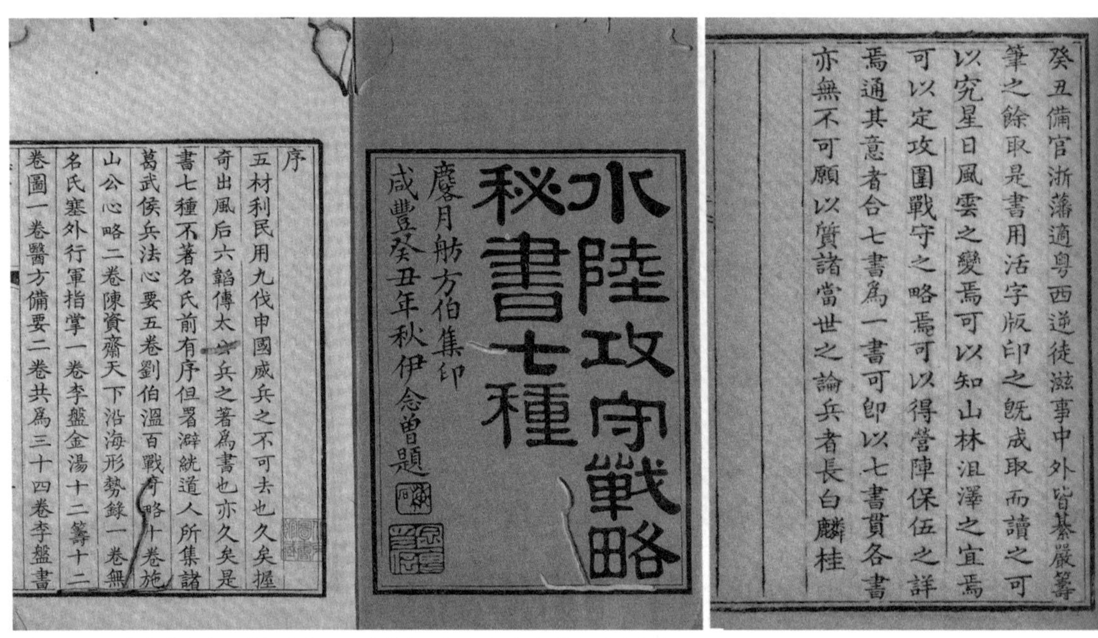
序
五材利民用九伐中國威兵之不可去也久矣握
奇出風后六韜傳太公兵之著爲書也亦久矣是
書七種不著名氏前有序但署澥綂道人所集諸
葛武侯兵法心要五卷劉伯溫百戰奇略十卷施
山公心略二卷陳資齋天下沿海形勢錄一卷無
名氏塞外行軍指掌一卷李盤金湯十二籌十二
卷圖一卷醫方備要二卷共爲三十四卷李盤書

水陸攻守戰略秘書七種
麐月舫方伯集印
咸豐癸丑年秋伊念曾題

癸丑備官浙藩適粵西逆徒滋事中外皆綦嚴籌
筆之餘取是書用活字版印之既成取而讀之可
以究星日風雲之變焉可以知山林沮澤之宜焉
可以定攻圍戰守之略焉可以得營陣保伍之詳
焉通其意者合七書爲一書可卽以七書貫各書
亦無不可願以質諸當世之論兵者長白麟桂

图 7-116 《水陆攻守战略秘书七种》，清咸丰三年（1853）麟桂铜活字印本。

继沈括记毕制泥活字，王祯、金简记述制木活字文献之后，记述制铜活字印刷技术的珍贵文献。林氏的今体铜活字本，楷书精美，纸墨上品，印刷清晰，版面四周双边，中缝下每页有“福田书海”四字。

当然，使用铜活字造价是很高的。因此，作为私人印书者来说，没有雄厚的资本，是难以制成一副铜活字的，这也是铜活字不如木活字使用普遍的主要原因。

（二）锡活字和铅活字

除了铜活字外，明清两代还有用锡、铅做的活字。

最早使用锡活字，当在元朝。王祯在《造活字印书法》中说：“近世又铸锡作字，以铁条贯之作行，嵌于盔内，界行印书。但上项字样难于使墨，率多印坏，所以不能久行。”这大约是最早使用锡活字的记载。到明代，华燧也曾制造过锡活字，但他还是以使用铜活字为主。清乾隆五十二年（1787），歙县程敦曾用锡翻铸法印成秦汉瓦当文字。清代道光三十年（1850），广东佛山镇一唐姓书商出资一万元铸造锡活字，计铸成扁体字、长体大字、长体小字三套，约有 20 多万个。其扁体字为楷体，两种长体字近似仿宋体，都较美观。

图 7-117 《秦汉瓦当文字》1 卷，清乾隆五十二年（1787）歙县程敦锡浇版印刷。

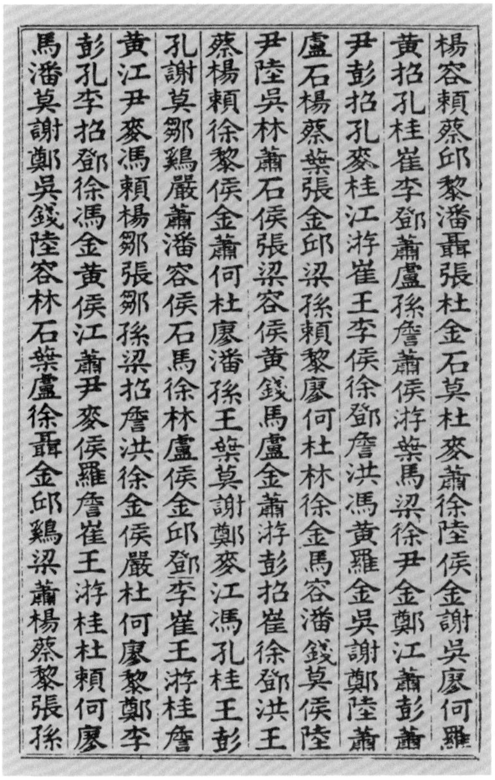

楊容賴蔡邱黎潘聶張杜金石莫杜麥蕭徐陸侯金謝吳廖何羅
黄招孔桂崔李鄧蕭盧孫詹蕭侯游葉馬梁徐尹金鄭江蕭彭蕭
尹彭招孔麥桂江游崔王李侯徐鄧詹洪馮黄羅金吳謝鄭陸蕭
盧石楊蔡葉張金邱梁孫賴黎廖何杜林徐金馬容潘錢莫侯陸
尹陸吳林蕭石侯張梁容侯黄錢馬盧金蕭游彭招崔徐鄧洪王
蔡楊賴徐黎侯金蕭何杜廖潘孫王葉莫謝鄭麥江馮孔桂王彭
孔謝莫鄒鷄嚴蕭潘容侯石馬徐林盧侯金邱鄧李崔王游桂詹
黄江尹麥馮賴楊鄒張鄒孫梁招詹洪徐金侯嚴杜何廖黎鄭李
彭孔李招鄧徐馮金黄侯江蕭尹麥侯羅詹崔王游桂杜賴何廖
馬潘莫謝鄭吳錢陸容林石葉盧徐聶金邱鷄梁蕭楊蔡黎張孫

图 7-118 广东唐氏锡活字印样

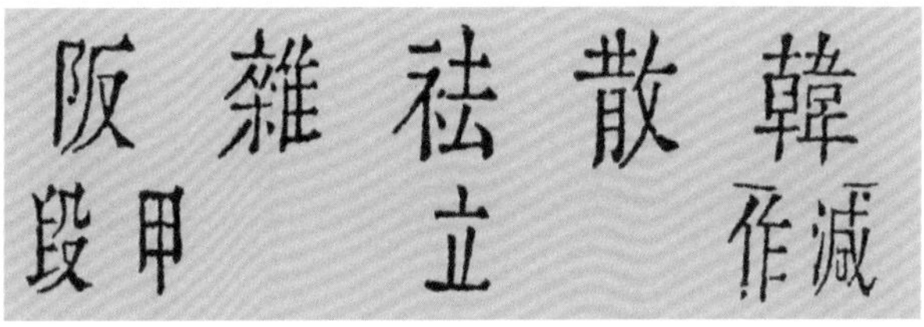

图 7-119 清道光三十年(1850)广东佛山唐氏制作的两种锡活字字体长体大字和长体小字。

唐氏锡活字的制造方法，是先刻出木字，再用澄浆泥制模，将木字印在模上，浇入锡熔液，待锡凝固后敲碎泥模，取出活字，再加以修整，使其高低一致，即可用于排版。排版方法是将活字排在木制字盘内，排满后四边扎紧，用铜制成排行格线的材料。咸丰元年（1851）该印工曾用这批锡活字印成马端临的《文献通考》348 卷，共 19348 页，订成 120 册。印刷墨色清晰，受到社会的好评。⑦清道光十四年（1834）湖南人魏崧在他所著的《壹是纪始》中说：“活板始于宋……今又用铜、铅为活字。”可见，早在现代铅合金活字传入我国之前，清明两代都已经有人用铅做活字了。清代于鸦片战争前，也有人用我国古代传统的方法，用铅活字印书。

三、清代民间的瓷、泥活字印刷

自北宋毕昇发明泥活字印刷术后，泥活字的使用较之铜、木活字不够普遍，但从南宋的周必大到元代的杨古，从西夏佛寺到朝鲜的金宗直，都有不间断的使用。清代康熙以来，民间泥活字的制作和印刷活动比较活跃，比较有名的从事瓷、泥活字印刷的人物有徐志定、吕抚、李瑶和翟金生。

（一）泰山徐志定的瓷版书

明朝有少数文人用的图章，有瓷印或宜兴紫砂印。清代除沿用毕昇泥字，还创用瓷字印书。发明并使用瓷版印刷的人是山东泰安人徐志定。

清会稽金埴《巾箱说》（抄本）记：“康熙五十六七年间，泰安州有士人忘其姓名，能锻泥成字为活字板。”金氏所说的泰安士人，大概指的是徐志定。徐志定，字静夫，山东泰安人，雍正元年（1723）举人，做过知县。他在康熙五十八年（1719）用瓷板印成他的同乡张尔岐的《周易说略》与《蒿庵闲话》两书，自称“泰山瓷版”。前者封面上横书“泰山磁版”四字，后者书末有“真合斋磁版”（真合斋为徐氏书斋名）五字。两书字体大小不匀，而两书相同之字大的都大、小的都小，是吻合的，墨色浓淡不匀，直行行线几成弧形，字印就随之歪斜，四周边栏有大缺口，参以金埴之言，均可证明其为活字。徐氏称瓷版，顾名思义是将泥字上釉再烧，便可成为瓷字。由泥活字上釉而烧制的瓷字，坚如石角，质量提高，刷印数量胜过木活字，

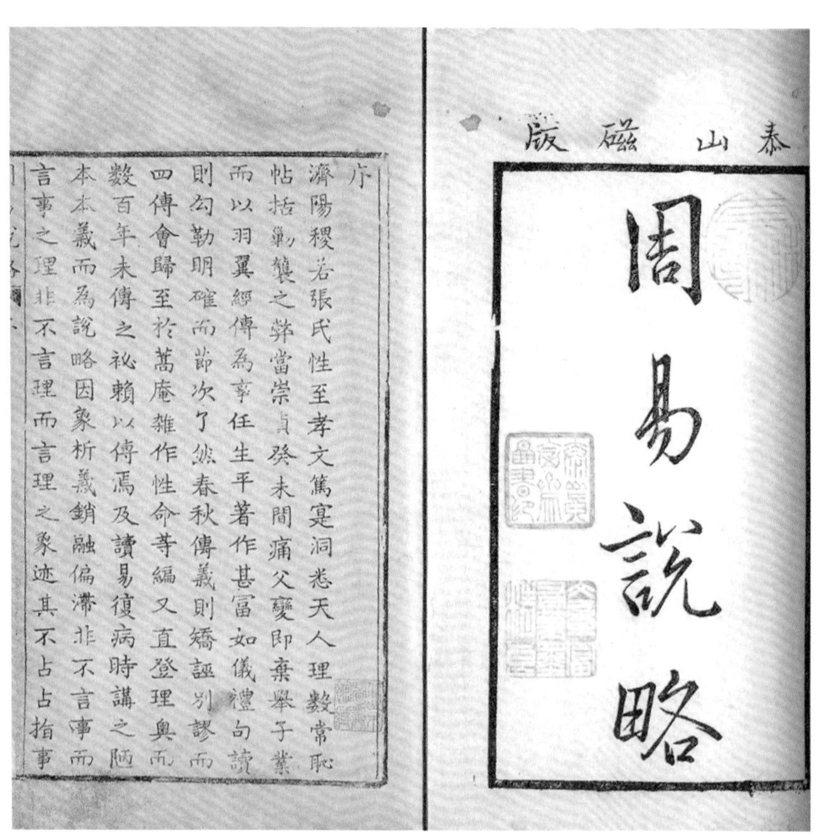

泰山磁版

周易說略

序

濟陽稷若張氏性至孝文篤寔洞悉天人理數常恥帖括勦襲之弊當崇貞癸未聞痛父變即棄舉子業而以羽翼經傳為事任生平著作甚富如儀禮句讀則勾勒明確而節次了然春秋傳義則矯誣別謬而四傳會歸至於蒿庵雜作性命等編又直登理奧而數百年未傳之祕賴以傳焉及讀易復病時講之陋本本義而為說略因象析義銷融偏滯非不言事而言事之理非不言理而言理之象迹其不占占指事

图 7-120 清代徐志定瓷版印本《周易说略》书名页和序

开辟了泥版活字印刷的一条新途径。瓷活字是我国独创的活字，印本流传很少。

（二）新昌吕抚的活字泥版印书

清代浙江新昌秀才吕抚，通经史百家，自著有《四大图》、《纲鉴通俗衍义》、《文武经论》等。但由于当时书籍印刷多以雕版刊刻方式，用工多且工价高，故一直未曾梓行。乾隆元年（1736），吕抚自制泥活字，印刷了他本人编著的《精订纲鉴二十一史通俗演义》，并在该书的卷二十五末，详细地介绍了印刷方法，并将所用工具绘制成图加以解说。

吕抚的活字，直接从雕版上取字，即先用泥压在雕版上做成阴文字模，再用字模印在泥片上，成为阳文，用以印刷。

吕抚的泥字模与泥版各用不同的方法制成。其中泥字模是用胶泥粉与秫米糊混合制成，泥版则是用胶泥粉与熟桐油制成。

他利用炼成的泥土“借他人刻就印版挤印，造成字模（单字）如图书（即图章）状”，这样便省去了书写雕刻的工序。又“阴干待燥”，而不用入炉煅烧，分行分格排列，制出了最为实用的字库。这种直接从其他雕版中制作的字母，可以在泥版上多次钤印，最为节约。使用后的泥版若不需保留，可以重新制成泥粉，经过筛后拌入熟桐油重新制成泥版。

吕氏在与他的家人和亲邻印刷时，有过这样的记载：“先用熟桐油练漂过，宁燥毋湿，待极粘腻，屈丝不断，将油泥打成薄薄方片，用飞丹刷格板，

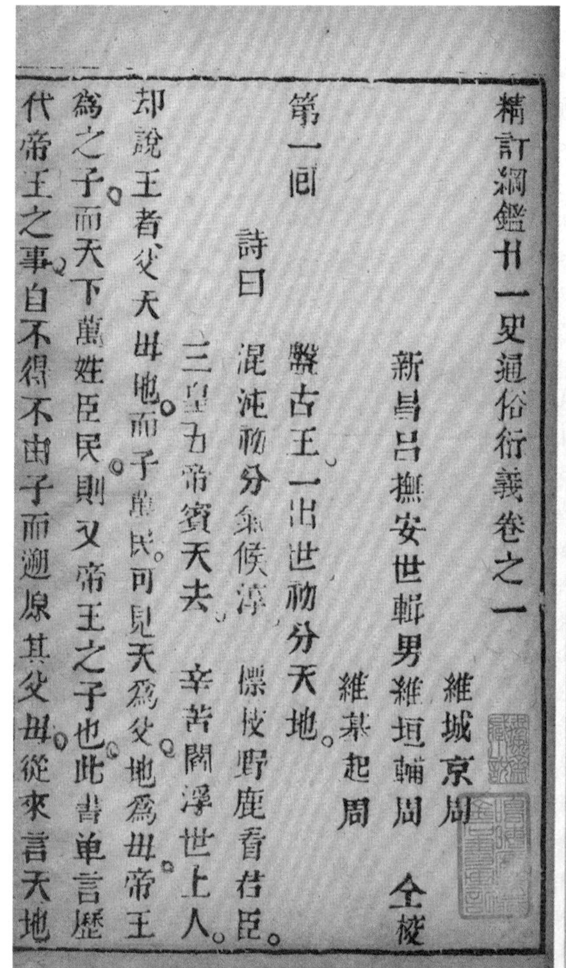

精訂綱鑑廿一史通俗衍義卷之一

新昌呂撫安世輯　男維垣輔周　維城京周　仝校

維某起周

第一回　盤古王一出世剏分天地

詩曰

混沌剏分氣候淳　標枝野鹿晉君臣

三皇五帝賓天去　辛苦閻浮世上人

却說王者父天母地而子庶民可見天爲父地爲母帝王爲之子而天下萬姓臣民則又帝王之子也此書单言歷代帝王之事自不得不由子而遡原其父母從來言天地

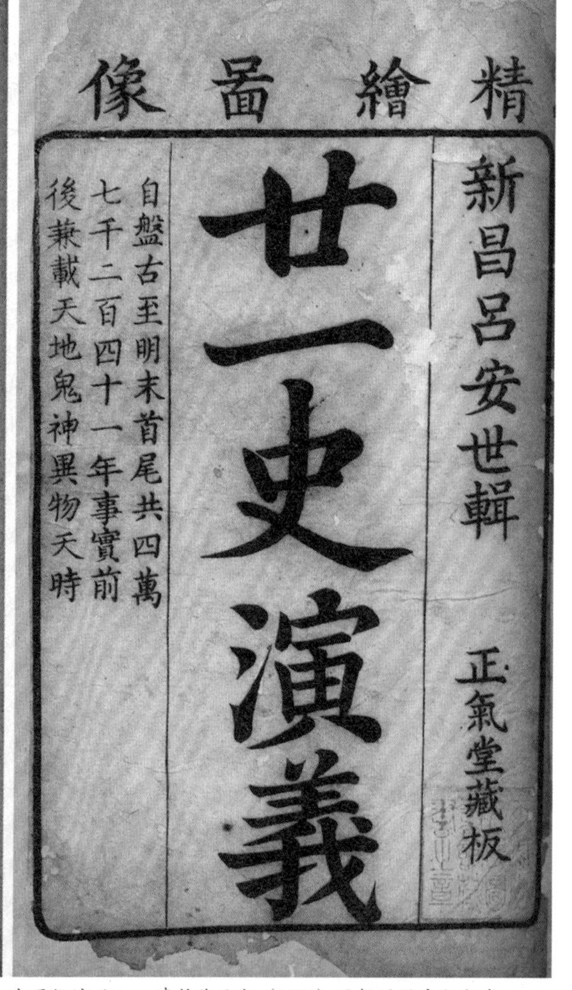

精繪圖像

新昌呂安世輯

廿一史演義

正氣堂藏板

自盤古至明末首尾共四萬七千二百四十一年事實前後兼載天地鬼神異物天時

图 7-121　《精订纲鉴二十一史通俗演义》，清乾隆元年（1736）吕抚泥活字版印本。

图 7-122　吕抚《精订纲鉴二十一史通俗演义》中关于泥活版工艺的记载。

乃用木板刷薄油一层，以泥片切齐铺板上，先做外方线撮字母，依书样用尺用线，照格逐字印之，其字母有高者，用砖略磨平之。印以平直为主，每印一行，用刻字小刀割清一行，若有歪斜，用字母套移端正，再用平头小竹针，于空处筑实……价甚廉，而工甚省，坚于梨枣。虽千篇数月立就。士人得书之易，无以加于此矣。”

吕氏经过与其子侄等试验，认为泥字坚于梨枣，因未经写刻与火烧，故价甚廉而工甚省，为最方便简易的印书方法。

泥版所用的制版工具也相当独特。据吕抚记载，主要工具有：分形铜管、竹针、放字格子、格板、托板、铁刮、平头小竹针、界方、小竹界方、线、清字小刀、撮字手格、放字板等。

总之，泥版印刷的应用是顺应时代发展潮流的一项重大发明，对于书籍的印刷、文化的传播、技术的改造等均功不可没，但由于记载泥版印书工艺的《精订纲鉴二十一史通俗演义》印本太少，传播范围太小，加上其他方面的影响，未能使这一技术得到及时的推广与应用。

（三）李瑶的泥活字印书

苏州人李瑶，于道光十年（1830）寓居杭州时，雇了10余个工匠，用泥活字排版，前后共用240多天，耗用30万钱，印成《南疆绎史勘本》58卷，共刷印了80部。封面背后有“七宝转轮藏定本，仿宋胶泥板印法”篆文两行。次年，李瑶又刷印了100部。道光十二年（1832），李瑶在杭州排印了一套《校补金石例四种》，共17卷，也称“仿宋胶泥版”。

李瑶所用泥活字的制作使用方法未见文献记载。从李瑶序中记述及对比两种《南疆绎史》的结构看，他是将书排好版后便像雕版那样整版整版地保存，活字不再拆做别用，这就需要大量的活字；而书中相同的字，其

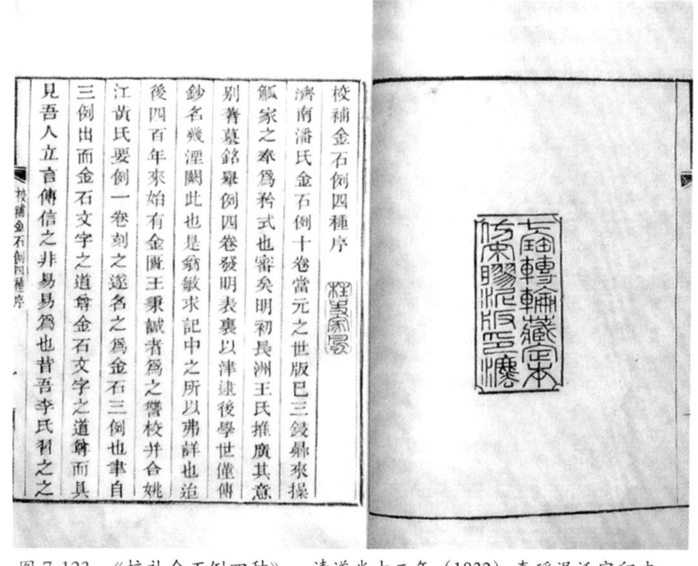
校補金石例四種序

濟南潘氏金石例十卷當元之世版已三鋟鼎來操觚家之奉爲矜式也審矣明初長洲王氏推廣其意別著墓銘舉例四卷發明表裏以津逮後學世僅傳鈔名幾湮闕此也是翁敏求記中之所以弗詳也迨後四百年來始有金匱王秉韜者爲之讐校并合姚江黃氏要例一卷刻之遂名之爲金石三例也事自三例出而金石文字之道與金石文字之道與而具見吾人立言傳信之非易易爲也昔吾李氏習之之

七寶轉輪藏定本
仿宋膠泥版印法

图7-123　《校补金石例四种》，清道光十二年（1832）李瑶泥活字印本。

南疆繹史勘本卷二十五

列傳十九

侯峒曾字豫瞻號廣成太倉嘉定人給事中震暘子也登天啓乙丑進士顧秉謙欲招致之畀以館選峒曾不往謁已授南京兵部武選主事以憂歸崇禎初尚書張鳳翼薦爲職方郎中辭改南京文選主事轉稽勳郎中江西提學參議尋拜浙江參政分守嘉湖漕卒擊傷秀水知縣李向中峒曾請於撫按捕戮首惡于是部內肅然吏部尚書鄭三俊舉天下賢能監

图7-124　《南疆绎史勘本》存3卷，清温睿临著，清道光十年（1830）李瑶泥活字印本。此本字体方正，墨色均匀，被誉为“中国胶泥版的标本”。

结构也大致相同，由此判断，李瑶很可能有一套活字字模，而不是一个个地刻出泥活字来。

（四）翟金生的泥斗版

清道光间安徽泾县秀才翟金生，以教书为生，能诗善画。他感到一般人的著作，因为雕版费用太大，无力刊行，往往被埋没，深为可惜。读了沈括《梦溪笔谈》所记的泥版，很感兴趣，就不顾“家徒壁立室悬罄”的生活困难，立志设法仿造。他终其一生精力，与其家人经三十年努力，亲手制作并烧炼了十万多个泥活字。这些活字均为宋体字，分大、中、小、次小、最小五种。

翟氏制泥活字的方法，是先刻泥字并翻成铜字，再将澄泥浆倒入范内，等干燥成为一块泥字版，入炉烧炼后，经过分开修整，就成为“坚贞如骨角”的单个活字了。20世纪60年代初，曾在安徽发现翟金生制作的泥活字（见图7-129），经研究，其中的五对阴阳文正反体字，完全可以配对，可知翟氏先做成阴文泥字模，再以字模制出阳文反体泥活字，确有“坚贞如骨角”之感，印刷后字画仍很清楚。

经过30年的不倦制作，到了道光二十四年（1844），翟氏已古稀之年时，才第一次试印自己写作的诗集。书上注明自造泥字，其子翟一棠、一杰、一新、发曾等同造泥字，孙子翟家祥、内侄查夏生拣字（排字），学生左宽等校字，外孙查光鼎等归字。用白连史纸印刷，字画精匀，纸墨清楚。他为纪念这

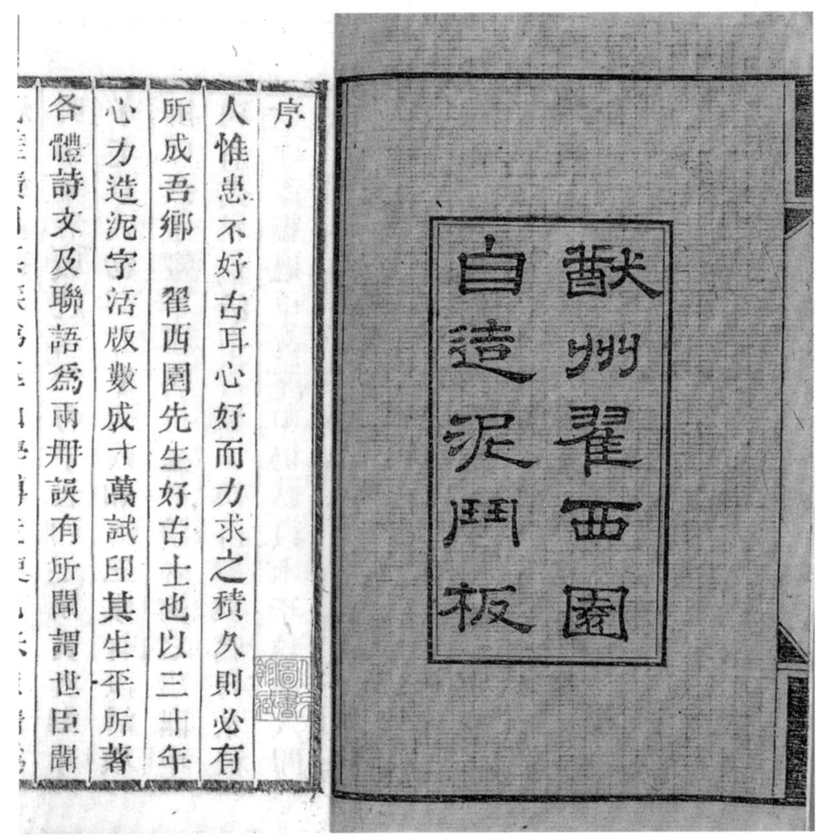
序
人惟患不好古耳心好而力求之積久則必有
所成吾鄉翟西園先生好古士也以三十年
心力造泥字活版數成十萬試印其生平所著
各體詩文及聯語爲兩冊誤有所聞謂世臣聞

歙州翟西園
自造泥斗板

图7-125 《泥版试印初编》封面及序，清道光二十四年（1844）翟金生泥活字版印本。

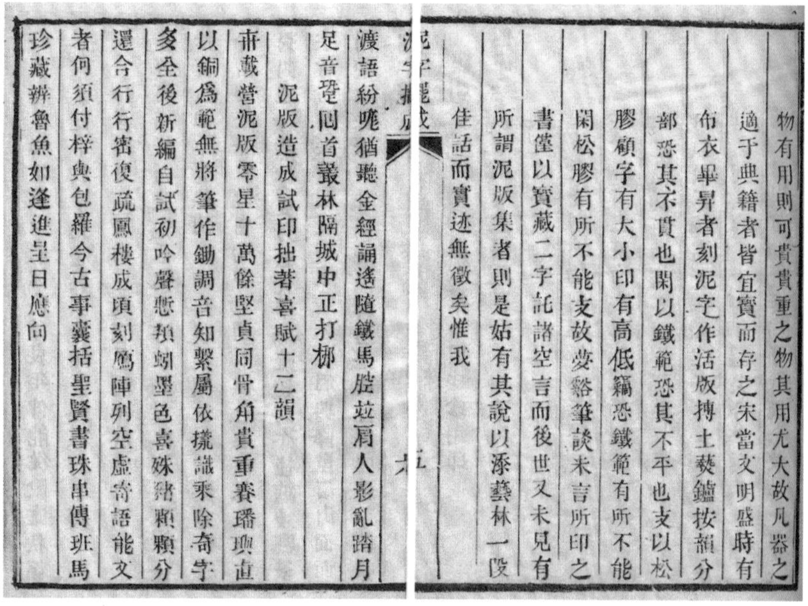
物有用則可貴貴重之物其用尤大故凡器之
適于典籍者皆宜寶而存之宋當文明盛時有
布衣畢昇者刻泥字作活版摶土爇鐘按韻分
部恐其不貫也閑以鐵範恐其不平也支以松
膠顧字有大小印有高低竊恐鐵範有所不能
閑松膠有所不能支故夢谿筆談未言所印之
書僅以寶藏二字託諸空言而後世又未見有
所謂泥版集者則是姑有其說以添藝林一段
佳話而實迹無徵矣惟我
泥字擺成
渡語紛哤猶聽金經誦遂隨鐵馬腔竝肩人影亂踏月
足音跫回首叢林隔城中正打梆
泥版造成試印拙著喜賦十二韻
卅載營泥版零星十萬餘堅貞同骨角貴重賽璠璵直
以銅爲範無將筆作鋤調音知繫屬依撓識乘除奇字
多全後新編自試初吟聲悲鞍蝌墨色喜殊豬顆顆分
還合行行密復疏鳳樓成頃刻鷹陣列空虛奇語能文
者何須付梓輿包羅今古事囊括聖賢書珠串傳班馬
珍藏辨魯魚如逢進呈日應向

图 7-126 《泥版试印续编》，翟金生泥活字印本。

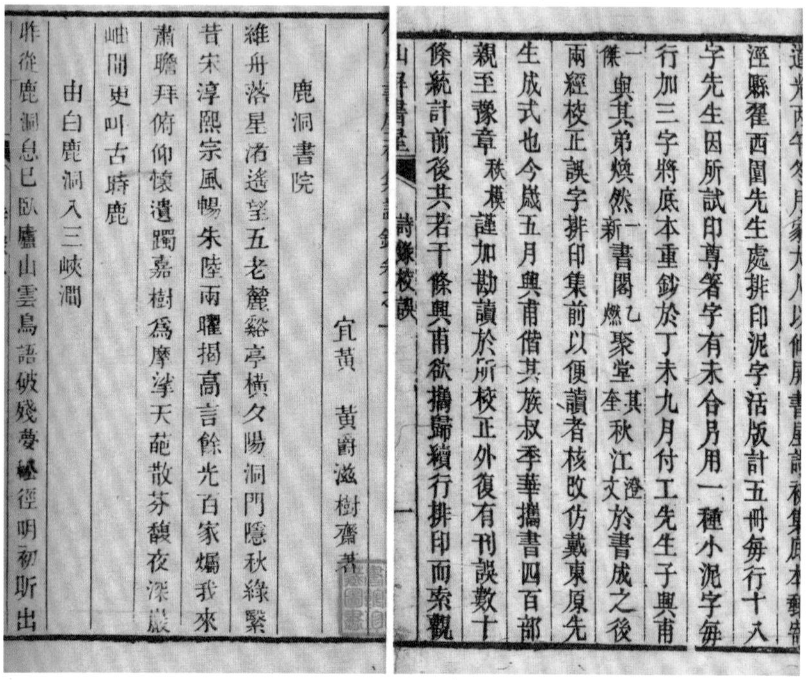
道光丙午冬月家大人以仙屏書屋詩初集底本幷
涇縣翟西園先生處排印泥字活版計五冊每行十八
字先生因所試印尊箸字有未合另用一種小泥字每
行加三字將底本重鈔於丁未九月付工先生子興甫
一傑其弟熾然一新書閣燃乙聚堂奎其秋江文澄於書成之後
兩經校正誤字排印集前以便讀者核改仿戴東原先
生成式也今歲五月興甫偕其族叔季華攜書四百部
親至豫章秋樵謹加勘讀於所校正外復有刊誤數十
條統計前後共若干條興甫欲攜歸續行排印而索觀
仙屏書屋初集詩錄 詩錄校誤
宜黃 黃爵滋樹齋著
鹿洞書院
維舟落星渚遙望五老巔谿亭橫夕陽洞門隱秋綠緊
昔宋淳熙宗風暢朱陸兩矔揭高言餘光百家燭我來
肅瞻拜俯仰懷遺躅嘉樹爲摩挲天葩散芬馥夜深巖
岫間吏叫古蒔鹿
由白鹿洞入三峽澗
昨從鹿洞息巳臥廬山雲鳥語破殘夢祕徑明初斫出

图 7-127 《仙屏书屋初集诗录》，清道光二十六年（1846）翟金生泥活字印本。

次试印成功，将其诗集定名为《泥版试印初编》。书中做五首绝句以吟志，题目有自刊、自检、自著、自编、自印。录其中三首于下：

《自刊》：一生筹活版，半世作雕虫。珠玉千箱积，经营卅载功。

《自检》：不待文成就，先将字备齐。正如兵养足，用武一时提。

《自印》：雁阵行行列，蝉联字字安。新编聊小试，一任大家看。

以作家而兼印工，在中国印刷史上是比较罕见的。翟氏把这套泥活字印本自称为“泥斗版”、“澄泥版”或“泥聚珍版”。有人想象泥字不坚固，施墨后会触手即碎，事实是：澄浆细泥经过烧炼后，硬得同石头骨角一样。同时，它比木字更耐印。据包世臣所作的《试印编序》云：“木字印二百部，

图 7-128 《水东翟氏宗谱》封面，清咸丰七年（1857）翟金生泥活字印本。

图 7-129 翟金生泥活字实物

字划就胀大模糊，终不若泥版之千万印而不失真也。”

印《泥版试印初编》后，他又排印了《泥版试印续编》。翟氏还于道光二十六年（1846）排印了友人黄爵滋的诗集《仙屏书屋初集诗录》，诗集封面上有“泾翟西园泥字排印”两行小字。总目后泥印排检名单中除翟金生本人外有其家属翟廷珍、一熙、家祥、文彪、一蒸、承泽、朝冠七人。这部诗集所用泥字较小，称“小泥字”，诗中小注字体更小，共五册。道光二十八年（1848），排印了族弟翟廷珍撰《修业堂集》，附其子《留芳斋遗稿》1 卷。咸丰七年（1857）翟金生 83 岁时，还叫孙子用泥字摆印《水

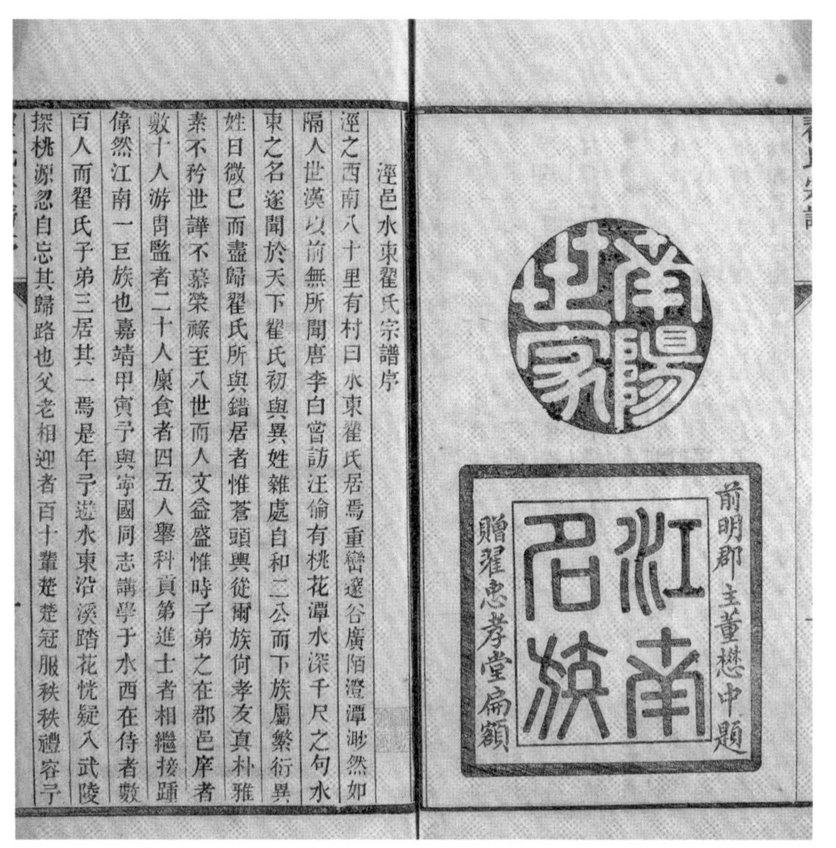

南陽世家

前明郡主董懋中題
江南名族
贈翟忠孝堂扁額

涇邑水東翟氏宗譜序
涇之西南八十里有村曰水東翟氏居焉重巒遶谷廣陌澄潭渺然如隔人世漢以前無所聞唐李白嘗訪汪倫有桃花潭水深千尺之句水東之名遂聞於天下翟氏初與異姓雜處自和二公而下族屬繁衍異姓日微已而盡歸翟氏所與錯居者惟蒼頭輿從爾族何孝友真朴雅素不矜世譁不慕榮祿至八世而人文益盛惟時子弟之在郡邑庠者數十人游冑監者二十人廪食者四五人舉科貢第進士者相繼接踵偉然江南一巨族也嘉靖甲寅予與寧國同志講學于水西在侍者數百人而翟氏子弟三居其一焉是年予遊水東沿溪踏花恍疑入武陵探桃源忽自忘其歸路也父老相迎者百十輩楚楚冠服秩秩禮容予

图 7-130 《水东翟氏宗谱》扉页和序，清咸丰七年（1857）翟金生泥活字印本。

东翟氏宗谱》。

此外，清代江苏无锡、江西宜黄等地，也用泥活字印书。20世纪90年代，皖南发现泥活字数百个，北京历史博物馆、中国科学院自然科学史研究所各购得若干，证明为泾县翟氏泥字。北京大学图书馆藏翟金生《试印续编》两册，道光二十八年（1848）泥活字印，共123页，版心上端有“泥字摆成”四字，有道光甲辰包世臣序和自序。现存李瑶和翟金生两家泥活字印本和泥活字实物，可以否定少数中外学者认为泥字脆弱、一触即碎、泥字不能印书的错误看法。事实雄辩地证实了沈括《梦溪笔谈》所记毕昇泥活字印书是完全可信的。

第五节 清代的版画印刷

一、木刻黑白版画的印刷

（一）清代宫廷木刻版画的印刷

清代宫廷木刻版画的印刷，无论在数量上和质量上都达到历史的高峰。由于清宫内府有雄厚的财力、人力，再加上各朝帝王的支持，刊刻出版了大量精美的宫廷图版画。这些版画，以绘图精美、镌刻精良、纸精墨润、印装考究而著称。这些宫廷版画，从内容方面看，题材多限于政教的宣扬，宫廷艺术表现浓厚，部分作品过于严肃，缺少活泼风趣的可观性。但从构图上看，描绘当时宫廷建筑、宫廷礼仪、宫廷器物、行宫苑囿、山川风物、市镇寺庙、风土人情、科技农业以及战争场面等等，有着重要的历史文献价值。宫廷版画，以刀代笔，以印代绘，集绘、刻、印为一体，为我们留

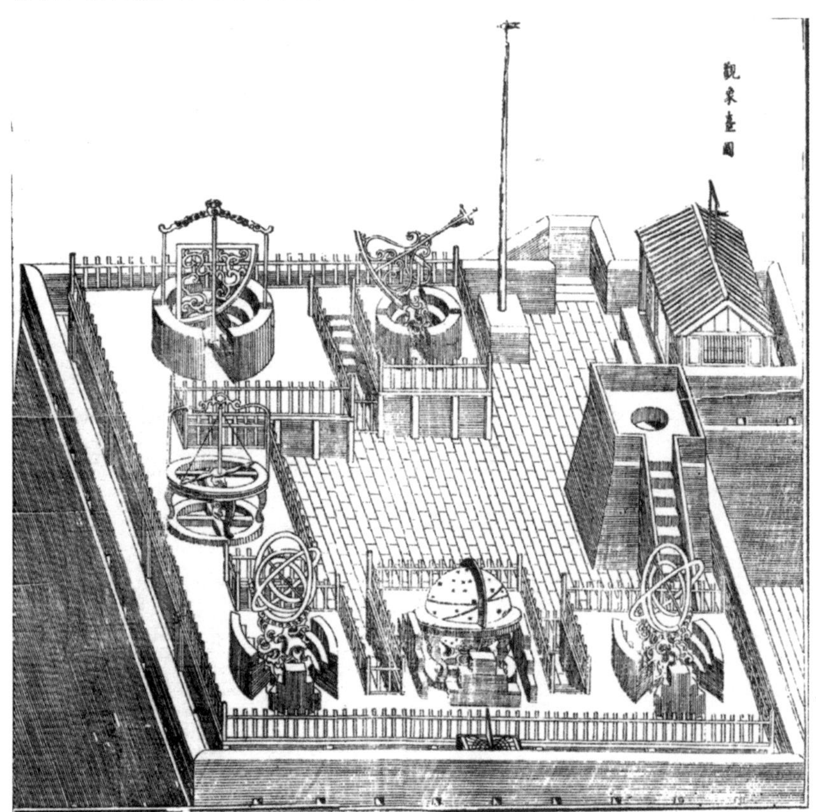

图 7-131 《新制仪象图》，比利时人南怀仁绘，康熙十三年（1674）内府刻本。卷前有南怀仁序。书中有 117 幅图，包括黄道仪、赤道仪、地平经仪、地平纬仪、纪限仪等。该书图版面阔大，镌刻极精，所绘仪器图形象逼真，为清代宫廷最早由外国传教士绘图、中国宫廷雕刻家合作完成的科技文物图像作品集。

图 7-132 《万寿盛典初集》120 卷，清王原祁、王奕清等撰绘，清康熙五十四年至五十六年（1715—1717）内府刻本。图版计 148 幅，连续绘刻，场面宏大，人物及景物布置精丽有致，反映出康熙朝宫廷版画的成就。

下了大量的精美绚丽的版画作品。

清代宫廷木刻版画的印刷品主要有两大类别：一类是以图版为主的图书中的绘画作品；一类是以文字为主的图书中的插图作品。

清政府为宣扬其文治武功，粉饰太平，绘刻的专集型的版画图录主要有：《御制耕织图诗》、《御制避暑山庄图诗》、《新制仪象图》、《御制圆明园四十景诗图》、《南巡盛典》、《万寿盛典》、《西巡盛典》等。其画面开阔，绘刻俱精，为殿版版画中的优秀代表作品。

清代的殿版图书无论是用铜活字还是用木活字，其插图都是用木版雕刻印刷的，形成了独具风格的“殿版版画”。如初期编纂的《历象考成》、《数理精蕴》、《律吕正义》、《西清古鉴》、《皇朝礼器图式》、《农书》、《墨法集要》、《棉花图》等。还有内府刻印的官修地理、方志书中的大量版画作品，著名的有《皇清职贡图》、《皇舆西域图》、《皇舆全图》、《盛京舆图》、《黄河源图》等，其绘图极为精致。此外，内府刻印的大型类书、

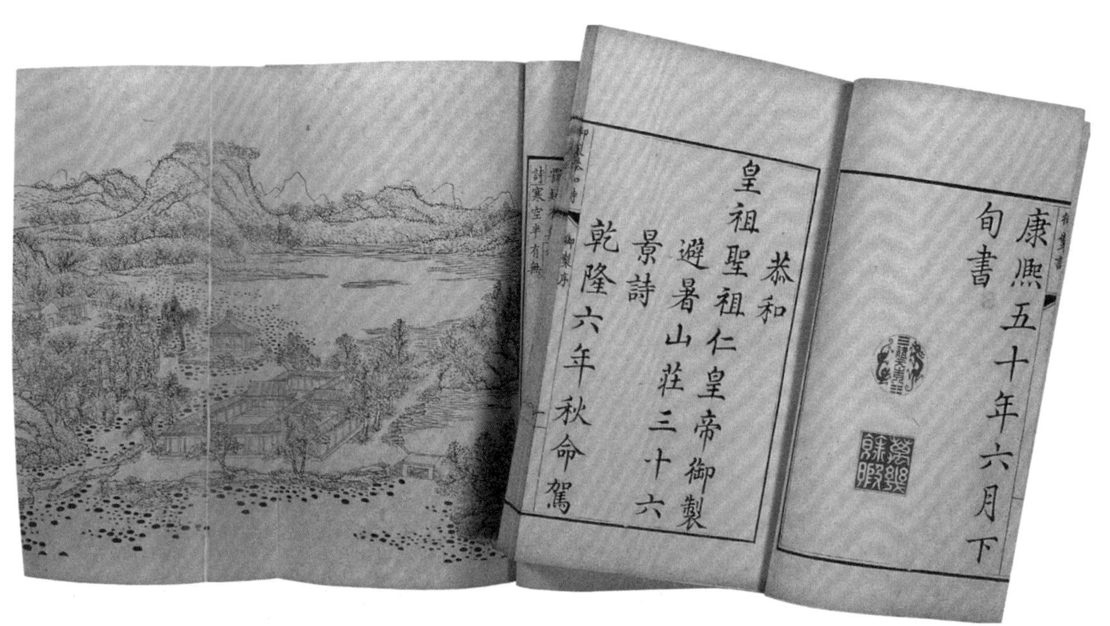

图 7-133 《御制避暑山庄三十六景诗二卷》，清圣祖玄烨、高宗弘历撰，揆叙、鄂尔泰等注，沈嵛绘图。清乾隆六年（1741）武英殿刻本。

图 7-134 《养正图解》，明焦竑撰。清光绪二十一年（1895）武英殿刻本。绘刻精细，纸墨用料上乘。

丛书以及《大藏经》中都附有精美的插图。如雍正年间以铜活字排印的《古今图书集成》中的插图，乾隆时用木活字排版印刷的《聚珍版丛书》中的插图等。这些插图，无论画面构图还是绘画水平以及印制装潢，都达到了很高的水平，与被称为版画顶峰的明代作品相比，一点都不逊色。

清嘉庆后，宫廷版画逐渐冷落，光绪二十一年（1895）刻印的《养正图解》绘刻还属上乘，可称为宫廷版画的最后之作。光绪朝，由于石印盛行，木版画已失去市场，文人雅士也趋于风尚，即使木版画也追求石印风格。光绪三十一年（1905），内府石印本《钦定书经图说》有图 570 幅。至此，宫廷木版画已完全为石印所取代。

朱圭是清代初期的雕版名手。朱圭，字上如，别署桂笏堂，江苏苏州人，康熙三十年（1691）前后入内府供职，任鸿胪寺序班，是当时著名的刻版高手。他除了雕刻《万寿盛典图》外，还雕刻了《凌烟阁功臣像》、《无双谱》、《耕织图》、《避暑山庄图诗》等图版。与朱圭齐名的梅裕凤也是供奉内廷的刻版高手之一，许多宫廷版画名作都是他与朱圭联手完成的。

（二）清代民间的版画印刷

清代初期，明末刻工大都健在，民间绘刻版高手冲破“文字狱”的禁锢，创作出了一批精品。这一时期的作品，大多由著名画家提供画稿底本，由镌刻名手雕版，刻印了一批高水平的版画印刷品。如：顺治二年（1645）由安徽芜湖人肖云从创作，歙县木刻家汤复精刻雕版印刷的《离骚图》，全书共收插图 64 幅，人物传神，线条遒劲酣畅。顺治五年（1648）肖云从创作，歙县刻家刘荣、汤尚、汤义等人镌刻的山水版画集《太平山水图》，收图 43 幅，刻工极细，惟妙惟肖地反映了书画原作的神韵。此外，顺治年间刻印的《张深之正北西厢秘本》，是由名画家陈洪绶绘画，武林名匠项南洲镌刻的优秀代表作品。康熙五十三年（1714），由吴铭绘画，休宁刘功臣镌刻的《白岳凝烟》，绘图 40 幅，镌刻精雅，为清代之典型作品。

图 7-135 《离骚图》之“东皇太一”图，清顺治二年（1645）刊本。安徽芜湖人肖云从绘，歙县刻工汤复刻。

1．人物画

这一时期，表现人物的版画，水平有了很大的提高。康熙七年（1668）吴中名工匠朱圭镌刻的《凌烟阁功臣图》，图绘唐代开国功臣长孙无忌、秦叔宝等 24 人像，末附观音、关羽等绘像共 30 幅人物图像，镌刻纤丽工致，为清代人物绘刻

图 7-136 《凌烟阁功臣像 · 秦叔宝》，清刘源绘、朱圭刻。清康熙七年（1668）苏州桂笏堂刻本。

图 7-137 《无双谱》之“国老狄梁公”图，金古良绘。清康熙中叶刻本。

图 7-138 《东轩吟社画像》（局部），清乌程费丹旭绘，清道光年间刻本。反映了清代晚期江浙一带民间文学团体人物群像。

艺术代表作品之一。乾隆八年（1743）刻印的《晚笑堂画传》，收有汉高祖、楚霸王等120余位历史人物的造像。其构图稳定、形象奇拔，人物身形比例也颇中法度，可称为清代人物图版印刷的典范。此类作品还有康熙年间金古良绘制的《无双谱》，收历代名人图40幅，其中人物图像细笔工写，栩栩如生。道光间费丹旭绘制的《东轩吟社画像》，“如镜取影”般地描绘了诗社中27人的形象，其人物姿态各异，眉宇传神；所刻线条流畅柔劲，体现了江浙木刻的特点。

2. 小说、戏曲和故事书中的插图

清代的民间版画大量表现在书籍的插图当中。其中，以小说、戏曲类和传记故事类书籍插图为最多，名山胜水、风景园林书籍插图次之。

清代前期也刻印了一批小说，其中所附插图，也多以人物为主。较为有名的有：长洲四雪堂于康熙年间刻印的《隋唐演义》，其插图由王祥宇、郑子文刻版。全书共100幅插图，皆细致入微，堪与明代高手并驱；四雪堂还刻印过《东西汉演义》、《水浒后传》、《玉娇梨》、《平妖传》等附了插图的小说，是清初图版印刷的珍品。

清代创作的小说名著《红楼梦》、《聊斋志异》、《儒林外传》、《镜花缘》等作品中，也附有大量刻印精美的插图。其中，由改琦绘图的《红楼梦图吟》，将人物置于特定的配景之中，独具光彩。

图7-139 《长生殿》插图之“定情”，清康熙十八年（1679）刊本。

图7-140 《红楼梦》插图之一，清乾隆五十六年（1791）程伟元萃文书屋刊本。

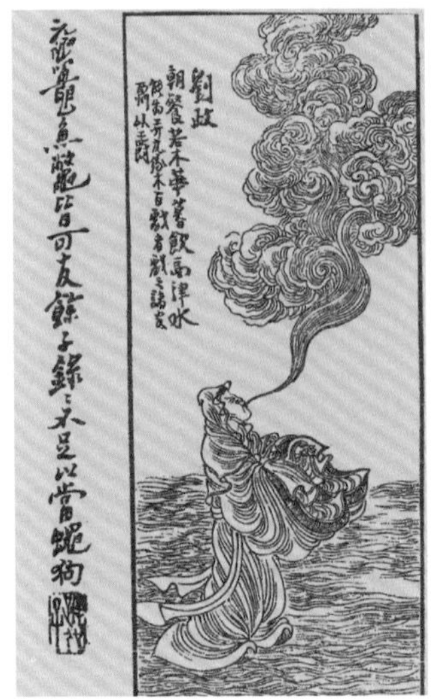

图7-141 《列仙酒牌》，清任熊绘，蔡照初刻。清咸丰四年（1854）刻本。

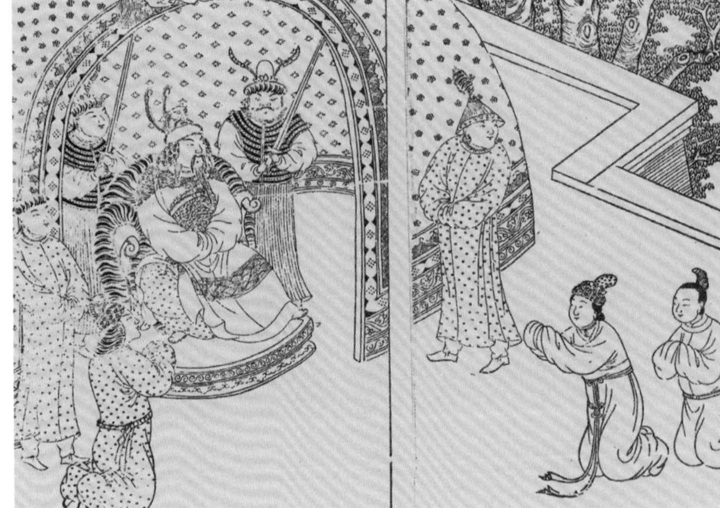

图7-142 《列女传·姚里氏》，明仇英等绘，清乾隆四十四年（1779）知不足斋刻本。

清代的戏曲书籍插图，大多刊印于顺治至乾隆年间。代表作有《秦楼月》、《长生殿》、《鸳鸯梦传奇》、《扬州梦传奇》、《笠翁十种曲》、《琵琶记》等。其中，康熙年间由著名徽派木刻家雕刻完成的《秦楼月》和《扬州梦传奇》，所刻插图线条刚柔适中，顿挫有度，人物、景色细腻生动，属版画中的上乘之作。

刻有精美插图的传记故事类书籍有《古圣贤传略》、《百孝图说》、

《列女传》、《剑侠传》、《列仙酒牌》等。其中，咸丰时画家任熊与雕刻家蔡照初完成的“四部杰作”（《剑侠像传》、《於越先贤像传赞》、《高士传图像》、《列仙酒牌》），笔笔有理，线线有神，达到了绘、刻合作的完美境界。

3. 山水名胜图

图绘名胜，历代不绝，明清为盛。清代反映这方面的作品有《太平山水图》、《灵隐寺志》、《天台山全志》、《扬州名胜图说》、《莲池书院图咏》、《西湖十景》、《汪氏两园图咏》、《峨山图说》等。书中版画，构图精巧，线条流畅，刻画入微，极富笔墨情趣，给人一种赏心悦目之感。特别是明末清初著名画家肖云从绘、徽州名刻手刘荣、汤尚、汤义镌刻于顺治五年（1648）的《太平山水图》，场面宏阔，笔触细腻，绘像准确，

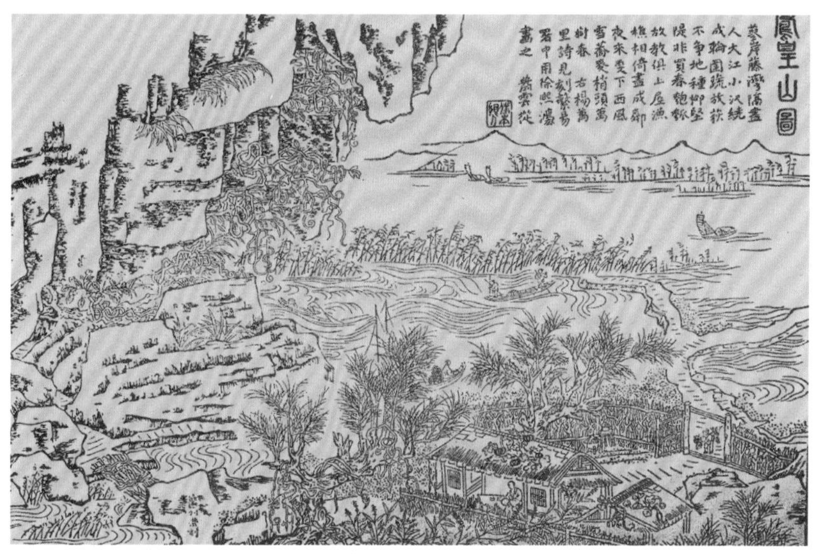

图 7-143　《太平山水图·凤凰山》，清肖云从绘，歙县刻工雕刻，清顺治年间济南张氏怀古堂刊本。

图 7-144　《西湖十景图》之“曲院风荷”图，清代雍正年间刊本。

图 7-145　《阴骘文图证》，清乌程费丹旭绘，钱塘汪氏监刻。清道光二十四年（1844）海昌蒋氏别下斋刻本。

刻线细致流畅，无一刀错乱。每图题有古代名家的诗作，融入了制作者对于家乡的深厚感情，代表了当时版画艺术的最高水平。

清代版画印刷，自嘉庆、道光之后，呈现衰退景况。其戏曲、小说等通俗读物中虽然也多有插图，但是刻印水平低下，已不为世人所重视。较可称道的如道光年间王希廉评本《红楼梦》插图64幅；教人行善积福的清道光二十四年（1844）海昌蒋氏别下斋刊本《阴骘文图证》，由清代乌程费丹旭绘，钱塘汪氏监刻，可以看做清代晚期版画中的上乘之作。

二、铜版画的印刷

从康熙后期开始，注意吸收西方的铜版镌刻技术。最早介绍铜版印刷的是意大利人马国贤，他在康熙时期在宫廷任职达13年之久，颇得康熙皇帝的赞赏。康熙五十二年（1713）印制的《御制避暑山庄三十六景诗图》，由宫廷画家沈喻绘图，木刻画由朱圭、梅裕凤所刻。后来，由马国贤和他所带领的中国学生完成了热河三十六图景的铜版镌刻工作（现藏于巴黎法国国家图书馆）。此图开创了铜版画技术在中国宫廷传播的先例。

雍正元年（1723）问世的《黄道总星图》是现知的我国第一副铜版星图，由德国耶稣会士戴进贤立法，利白明镌刻。

乾隆五十一年（1786），由宫廷满族画师伊兰泰起稿，由内府造办处工匠雕刻铜版，制成《圆明园西洋楼景》1组20幅铜版图。该图每一图幅面宽93厘米，高58厘米，为建筑立面透视图，依次描绘了长春园西洋楼诸景，

图7-146 《御制避暑山庄三十六景诗图》之“延薰山馆”图，清圣祖玄烨撰，沈喻、马国贤等绘图。清康熙五十二年（1713）内府铜版刊本。

图 7-147 《圆明园西洋楼景》之"谐奇趣北面"图，清乾隆五十一年(1786)内府刻印铜版画。

图 7-148 《圆明园西洋楼景》之"海晏堂北面"图，清乾隆五十一年(1786)内府刻印铜版画。

勾勒准确而又细腻，完整地保存了圆明园西洋楼全盛时期的景观。此图的刻版印刷，达到了很高的水平，就连当时的欧洲人看到后，都为中国技师的高超工艺而称奇。此图为中国人对于铜版阴刻（凹版）的初试。[⑧]

乾隆时期以及以后制作的铜版画代表作有表现收疆复土的武功图，大多为中外画师和工匠共同绘制镂刻完成。其中，《平定准噶尔回部得胜图》(这套组画共 16 幅）、《平定两金川得胜图》、《平定安南得胜图》、《平定台湾得胜图》、《平定苗疆战图》等铜版画，是由任职宫廷的西方传教士绘制，并送至法国雕版印刷后运回国内的。这批铜版画由于忠实地记录了清王朝统一中国的伟业，已经成为名副其实的国宝。铜版画的原版，现收藏在德国柏林的国立民俗博物馆中，那是 1900 年八国联军占据北京时，从大内西苑紫光阁中掠去的。

关于腐蚀铜版的制作法，清代学者赵学敏在《本草纲目拾遗》卷一序作（1765）中云：

王恬堂先生云："西人凡画洋画必须按版于铜上者，先以笔画铜，或山水人物，以此水渍其间一昼夜，其渍处铜自烂，胜于雕刻，高低隐显，无不各肖其妙。铜上有不欲烂处，先用黄蜡护之，然后再渍。俟一周时，

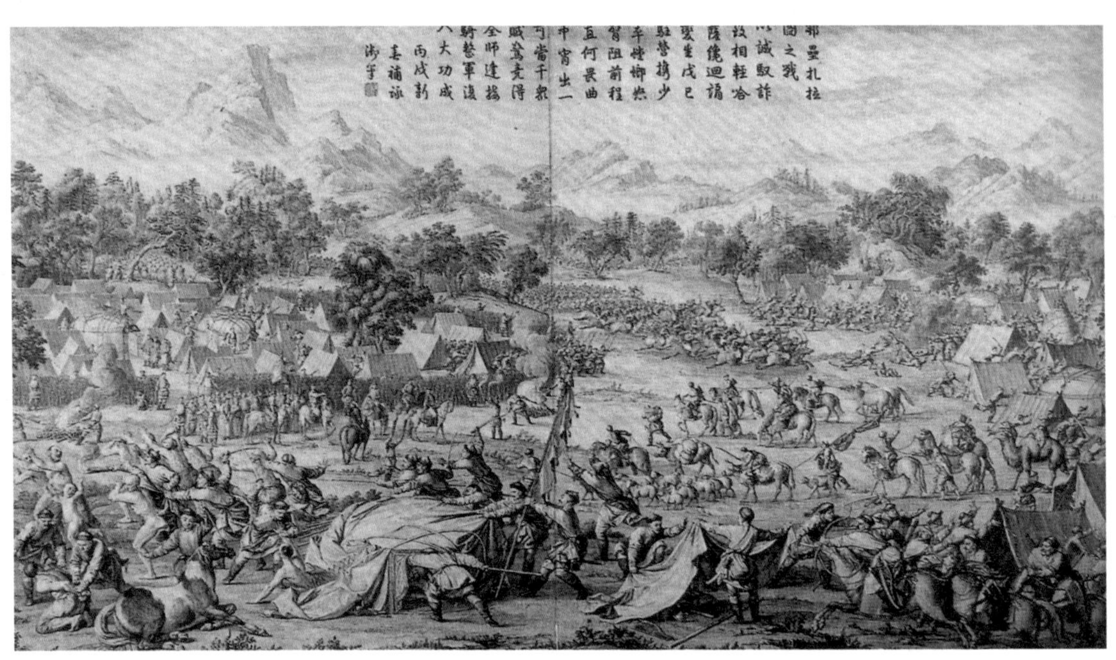

图 7-149 《御题平定伊犁战图》，清乾隆年间（1736—1795）法国巴黎铜版印本。框高 86 厘米，宽 50 厘米。

图 7-150 《平定台湾得胜图》，清乾隆五十三年至五十五年（1788—1790）内府铜版刊本。

着铜有烂痕，则以水洗去强水，拭净蜡迹。其铜版上画已成，绝胜雕镂，且易而速云。”

这里所说“强水”，即指硝酸。这是国人首次记述用强水腐蚀铜版技术。⑨

三、木刻彩色版画的印刷

明代的饾版彩印，清代更为发展。顺治时苏州刻《本草纲目》、《三国志演义》中的插图为彩色套印。康熙时刻印的《西湖佳话》中的插图以及乾隆时刻印的《古歙山川图》为五彩套印。18 世纪初期苏州新镌大幅面彩色版画《西厢记》，无论线条和色彩，都非常精美。在很长的一段时间内，没有人能达到胡正言的水平。清代彩色版画的代表作有宫廷画《耕织图》和民间画《芥子园画传》等。

（一）《耕织图》

《耕织图》是我国古代为劝课农桑，采用绘图的形式详实记录耕作与蚕织的系列图谱。最初起于南宋，元、明多有摹本。由于其“图绘以尽其状，诗文以尽其情”，形象生动、细腻传神地描绘了劳动者耕作与蚕织的场景和详细的生产过程，而起到了普及农业生产知识、推广耕作技术、促进社会生产力发展的巨大作用。康熙三十五年（1696）的内府刻印本《耕织图》，是一部反映农桑种植的专作，由著名画家焦秉贞绘图，名匠朱圭、梅裕凤镌刻，共有图46幅，其中，“耕图”和“织图”各23幅。人物刻画细腻，细节描绘传神。每图上加有康熙帝新题御制七言绝句诗一首。作品生动、形象地描绘了耕种、插秧、收割、入仓以及浴蚕、采桑、练丝、织布、成衣等生产劳动的过程。全部绘图应用套版彩色印刷，绘画、镌刻、印刷均达到了较高水平，可谓清初期继承胡氏饾版套印技术印刷的成功之作。自《耕织图》刻本首次出版后，又先后出现各种不同的版本，有木刻本、套印本、彩绘本、石刻拓本、墨本、石印本等。乾隆间有康、雍、乾三帝题诗本。

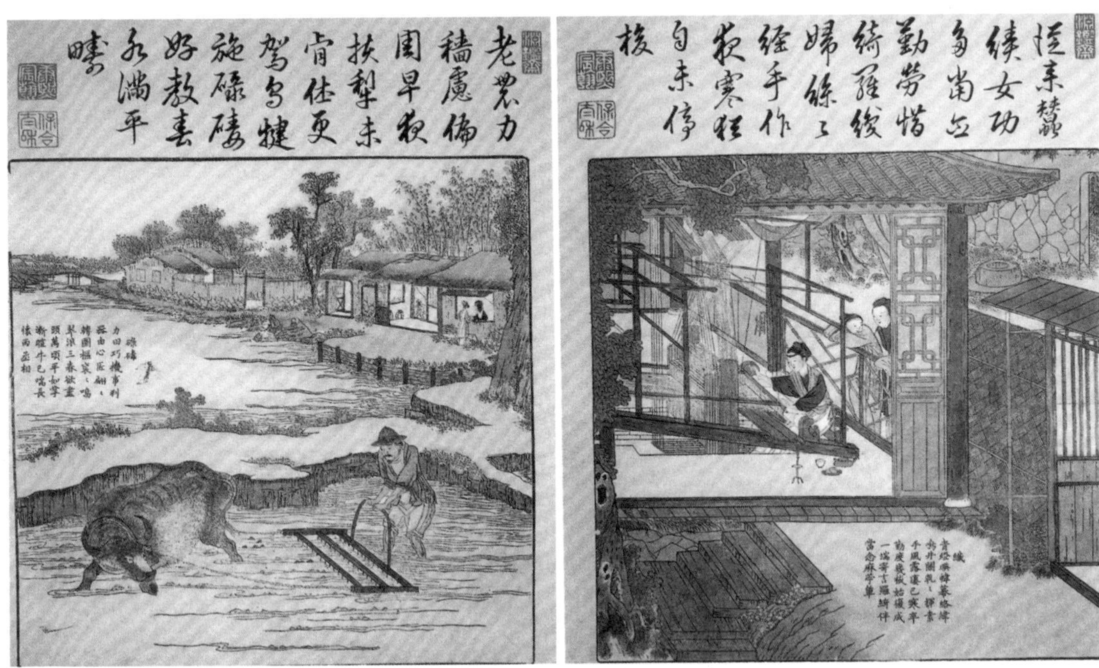

图7-151 《耕织图》1卷，清焦秉贞绘，朱圭、梅裕凤镌。清康熙三十五年（1696）内府印本。框高24.4厘米，宽24.3厘米。

（二）《芥子园画传》

在民间，清初戏曲作家李渔之婿沈因伯于康熙年间用饾版印刷了《芥子园画传》。该画传初集刻印于康熙十八年（1679），是由沈因伯聘请王概、王蓍、王臬三位画家，在他保存的明末画家李长蘅原有43幅画稿的基础上，继续补绘完成的，计133幅。由于此书在李渔的支持指导下完成，

图 7-152 《芥子园画传》初集之一，清王概辑，清康熙十八年(1679)刻本。白口，四周单边，框高 21.4 厘米，宽 14.6 厘米。

故以李氏在金陵的别墅“芥子园”命名，题为《芥子园画传》。初集分为五卷，分别为“画学浅说”、“树谱”、“山石谱”、“人物屋宇谱”、“摹仿各家画谱”。

该画传又于康熙四十年（1701）刊刻第二集，分上下册。上册介绍画法，下册辑古今名画，分“兰竹梅菊谱”和“虫草花鸟谱”。参加编绘的还有王概的两个弟弟王蓍和王臬及武林名画家王蕴庵、诸曦庵。

该画传第三集于康熙四十一年（1702）印刷完毕。分为四卷，卷一、二为“花卉草虫谱”，卷三、四为“花卉翎毛谱”。

《芥子园画传》前三集的编辑出版，主要归功于沈因伯及王概兄弟，主编者应为王概，他几乎用了大半生的精力来从事《芥子园画谱》的编绘工作。

《芥子园画传》第四集，于嘉庆二十三年（1818）刻版印行，距第三集的出版已时隔一百多年。它的编辑、刻版和印刷，都是由另外一批人来进行的。其编绘者为丹阳丁皋，由苏州小酉山房刻版印行。与前三集毫无关系。

由于沈因伯、王概等人对胡正言的饾版技术理论与方法有比较深入的研究和体会，掌握了套版彩色印刷关键性的工艺环节，使绘、刻、印三者之间做到有机的结合，所以《芥子园画传》的刻绘、印刷精美绝妙，达到了相当高的境界，是继《十竹斋画谱》之后的又一部彩色套版印刷艺术珍品，代表了清代彩印版画的高峰，对后世产生了深远的影响。嘉庆后该画传一

图 7-153 《芥子园画传》初集之二，清康熙十八年（1679）刻本。

图 7-154 《芥子园画传》初集之三，清康熙十八年（1679）刻本。

图 7-155 《芥子园画传》二集，清康熙四十年（1701）刻本。

图 7-156 《芥子园画传》三集，清康熙四十一年（1702）刻本。

再翻刻，成为初学画者的教科书。

沈因伯请来的刻版和印刷工匠，必定是当时的高手，他们“以刀代笔”、“以帚作染”，无论是单色的双刀平刻，或者是饾版水印套色，都可以与十竹斋的彩色饾版印刷媲美，很可能是当年从事过十竹斋饾版刻印的人，可惜他们的名字未能记录下来。

（三）苏州丁氏饾版印刷

清代民间彩色印刷卓有成效者还有乾隆时苏州的丁亮先、丁应宗。他们采用饾版印刷的花鸟画，雕刻精细，并采用了拱花技术，印在白色纸上，色彩绚丽，成为套色印刷中不可多得的精品。该作品在法国、英国、瑞典有馆藏和私藏。[10]

另外，清代制笺尤为兴盛，自康乾至晚清连绵不衰。相传名噪一时的《诒府笺》和《殷氏笺谱》，便是康熙乾隆年间印行的。其品类有人物笺、花鸟笺、花卉笺、蔬果笺、草虫笺、山水笺、彝器笺、玉石笺、瓦当笺、古迹笺等，可谓五彩缤纷。笺纸多为彩色套印，也有不少采用了饾版和拱花技术。正是此风的延续，才使饾版技艺得以保留。

图 7-157　清乾隆中叶苏州丁氏饾版拱花印刷花鸟画之一，巴黎法国国家图书馆藏。

图 7-158　清乾隆时苏州丁氏饾版拱花印刷花鸟画之二，冯德宝先生藏。

四、清代民间木版年画的雕版印刷

年画是中国特有的一种民间美术，多在夏历新年时张贴，所以称作年画。印刷术发明之后，年画由绘画发展为雕版印刷。年画经过画稿、勾线、木刻、制版、印刷、人工彩绘、装裱等几道工序。

年画的起源很早，可追溯到古代时在门上刻绘人物，表现出抵御鬼神、避邪祛灾、祈求吉祥、追求福泰康年的意图。后来内容逐渐广泛，包括有仕女、婴儿娃娃、花鸟鱼虫、风景名胜、社会风俗、历史故事等题材，大多含有祝福、更新的意义，为民间老百姓所喜闻乐见。传统年画多为木版刻印，其线条单纯，色彩鲜明，表现愉快、热闹的画面。我国宋代已有关于年画的记载，称其为“纸画”、“帖子”，明代开始出现专门印作年画的作坊，清代日渐繁荣，年画作坊遍布南北各地，并逐渐形成了几个区域性的年画生产基地。比较著名的有：天津的杨柳青，苏州的桃花坞，山东潍县的杨家埠，河南的朱仙镇。

（一）天津杨柳青年画

杨柳青是中国北方最早从事雕版印刷年画的集中地之一。明代后期已有专事印刷年画的作坊，清初进入全盛时期。主要采用套色木版刷印，然后加工填色，人物面部和衣饰多采用敷粉沥金加以渲染。杨柳青初期最有名的年画作坊有戴莲增年画铺和齐健隆年画铺。在年画印刷最兴盛的时候，这里聚集着数百名的画工和印刷工匠。较大型的作坊，往往雇用几十名工人，不停地在十多张印刷案台上忙碌。其中知名的画工有张祝三、张俊亭、戴立三、王少用、高荫章、徐荣轩等人；知名的雕工有张聋子、玉雕版、李文义、王永清、牛盛林、王文华、于振章等人。仅戴莲增一家，每年新印刷100余万张年画。在附近的村镇，年画印刷作为一种农余时的家庭副业，达到了“家家都会点染，户户全善丹青”的程度。

杨柳青年画的题材，多为“仕女戏婴”、“娃娃戏莲”、“娃娃戏鱼”、“五

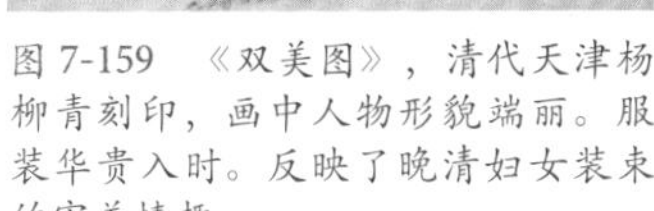

图 7-159 《双美图》，清代天津杨柳青刻印，画中人物形貌端丽。服装华贵入时。反映了晚清妇女装束的审美情趣。

图 7-160 《同拜天地》，清代天津杨柳青刻印。此图描绘的是婚礼仪式中男方将新娘娶进门后举行结拜仪式的喜庆气氛。

子夺魁”、“冠带流传”、“百子图”、“戏曲人物”等民间喜闻乐见的画面。它和苏州的桃花坞有着共同的题材，但在绘画、雕版、印刷方面，则有着南北不同的风格，杨柳青年画则多受北方雕版插图和画院传统的影响。

（二）苏州桃花坞年画

桃花坞为苏州城内北部的一条街。自明代以来，这里就有专门从事木版年画印刷的作坊。清代初年，这里发展到 50 多家年画印刷作坊。当时与杨柳青并驾齐驱，成为南北两大年画印刷中心。随着年画印刷的发展，这里也聚集了一批画家，他们的一些作品往往被印刷作坊所采用。这里主要

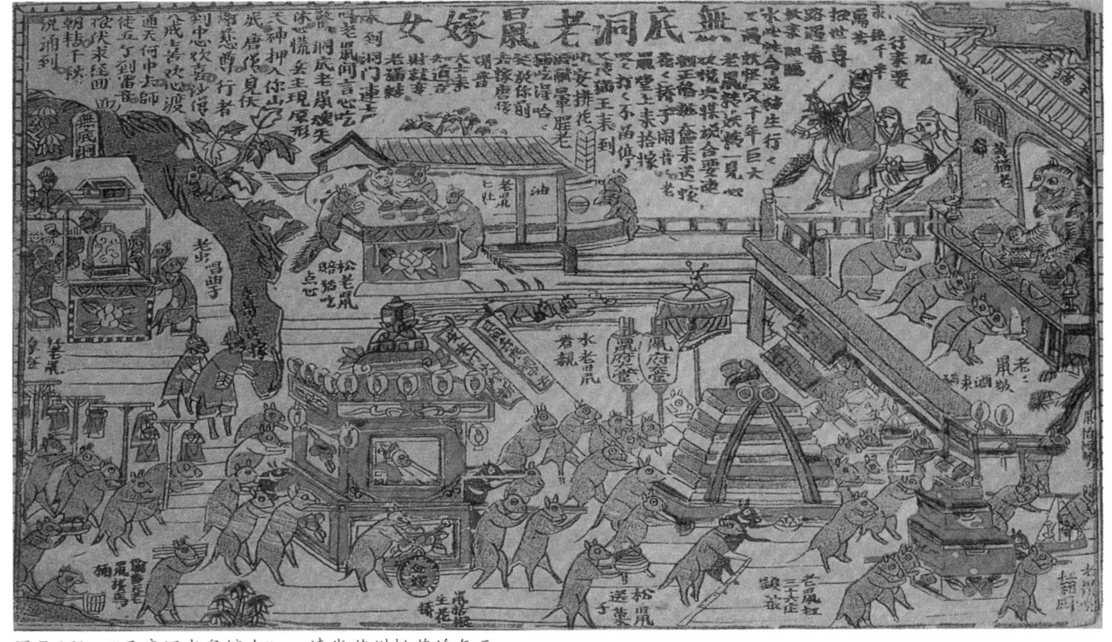

图 7-161 《无底洞老鼠嫁女》，清代苏州桃花坞年画。

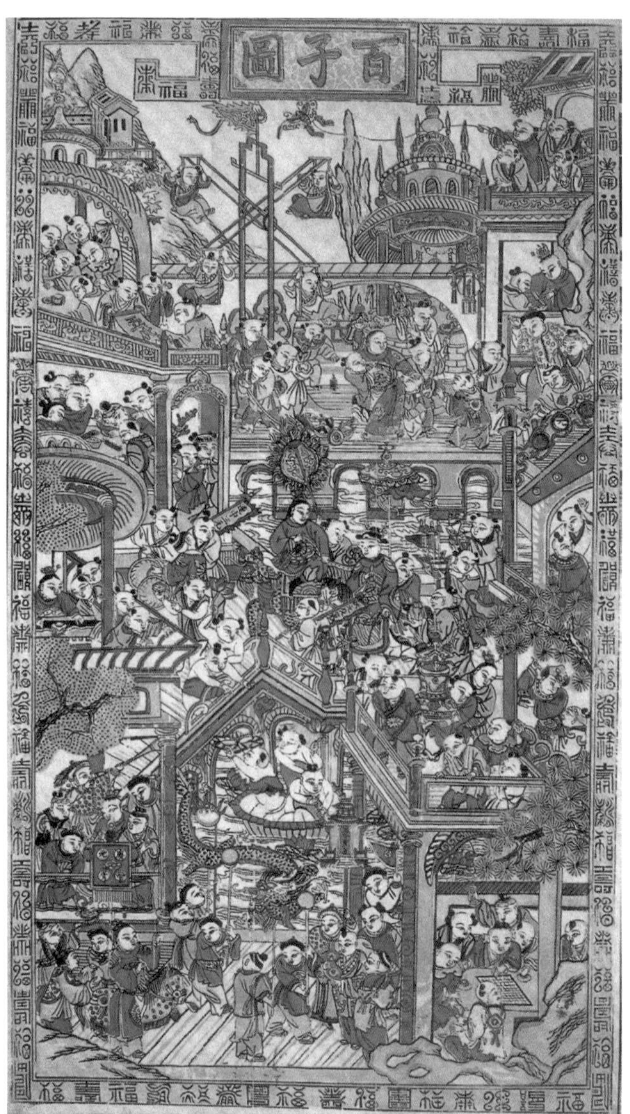

图 7-162 《百子图》，清代苏州桃花坞年画。图中 100 名天真活泼的儿童在庭院中尽情玩耍，放风筝、荡秋千、耍龙灯、斗蟋蟀……千姿百态，寓意子孙繁衍、多子多福。

图 7-163 《全本西厢记图》，清代苏州桃花坞年画。此图为清代初期流传到海外的珍品，吸取了西洋透视画法。

采用套版印刷，也兼用着色，以红、黄、蓝、绿、黑为基本色调。由于直接受到胡正言饾版技术和清初期《芥子园画传》的影响，其印刷年画，在构图、雕版、印刷等方面，都达到较高的水平。从乾隆五年（1740）刻印的《姑苏万年桥》中，可以看出当时的刻印水平是很高的。桃花坞的木版年画印刷，在技术上的最大突破，就是可以进行大幅面的印刷。其最大的印刷用纸幅面，可达 110 厘米 ×60 厘米。在印刷用色方面，力求鲜艳，以适应民间的喜好。在较大幅面的版面上，进行涂色，套印，从而获得十分精致的色彩。

桃花坞的年画，除了传统的三星图、百子图、麒麟送子图、天官赐福图等外，还有滑稽年画和常识年画。前者如“老鼠娶亲”、“五鬼闹判”、“怕老婆”等，皆寓有讽刺意味。后者如“百鸟图”、“众神图”、“西湖十八景”等，皆供人查考和欣赏。它也侧重戏画，如梁山伯与祝英台、穆桂英大破天门阵、西厢记等，都出自名画家手笔。

图 7-164 《众神图》，清代苏州桃花坞年画。此图为集民间信仰众神于一图的中堂年画，俗称“神轴”。图中神 分五层，最上层为如来佛、太上老君、孔夫子；第二层是观世音菩萨；第三层是玉皇大帝；第四层是关公；第五层是天、地、水三官，两侧为文武财神和城隍、土地诸路神明。此图人物众多，气势恢弘，颇为壮观。

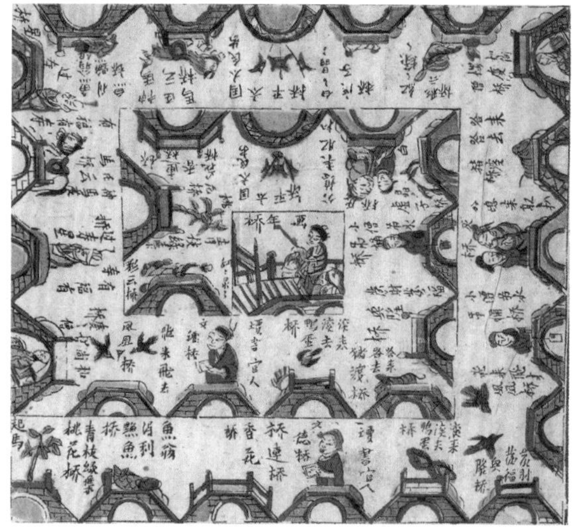

图 7-165 《姑苏名桥图》，清代苏州桃花坞刻印。

图 7-166 《麒麟送子》，清代苏州桃花坞年画。

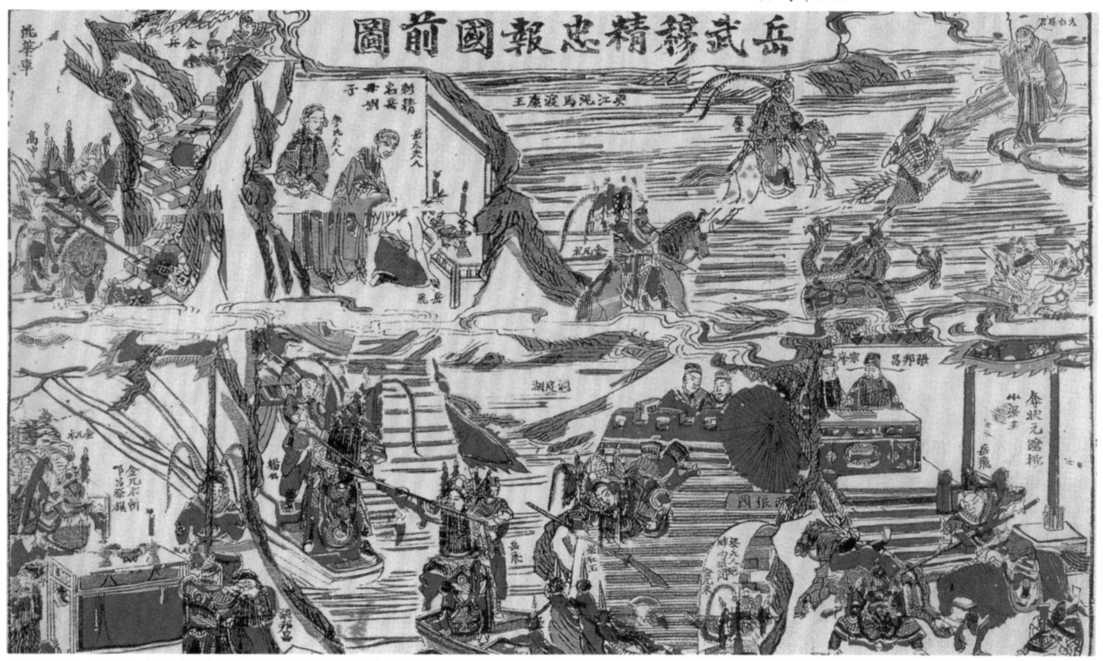

图 7-167 《岳武穆精忠报国图前图》，清代苏州桃花坞刻印。

（三）山东杨家埠年画

山东潍县、平武一带年画印刷较为发达，以杨家埠为代表。清代中后期最为兴盛。最初以雕版印刷画出轮廓，再以手工填着淡色，后来发展为套版彩色印刷，以饾版方法进行套印。印出的“门神”、“灶马”等年画颜色艳丽，销路很好。到了清代中期，这里已发展到几十家印刷作坊，当时最有名的有合兴德、公义画店、公兴画店、大顺画店、德盛画店、聚德堂、同顺堂等。最盛时一年的年画销售量竟达7000万张，除在山东当地销售外，还大量远销到山西、河北、河南、苏北、东北等地，可见其印刷规模之大。

杨家埠年画的形式和用处有多种。小横披、方贡笺、摇钱树、大老虎等，这些一般是用于张贴在炕头墙壁上的；戏出和大贡笺一般是贴在场院闲屋的；大鹰和月亮是用来遮掩窗户或墙壁上面的孔洞的；另外还有门神、福神、财神、牛子、福子等，也都是民间所喜购的。这些民俗年画的印刷多用红、黄、青、紫、绿五色，力求色彩鲜艳，画面的内容也多体现了民间所向往的丰收有余、家庭和睦、孝亲爱幼、勤劳节俭的积极内容。由于这一带流行放风筝，印风筝纸也是这里印刷的内容之一。

杨家埠年画生产分绘画、雕刻、印刷、装裱等几道工序，每一道工序都极为精细准确。做法是先将画稿勾出黑线稿，贴到刨平的梨木或棠木板上，雕刻出主线版。待印出主线稿后，再分别按不同颜色刻出色版，套色印刷，最后修版装裱而成。

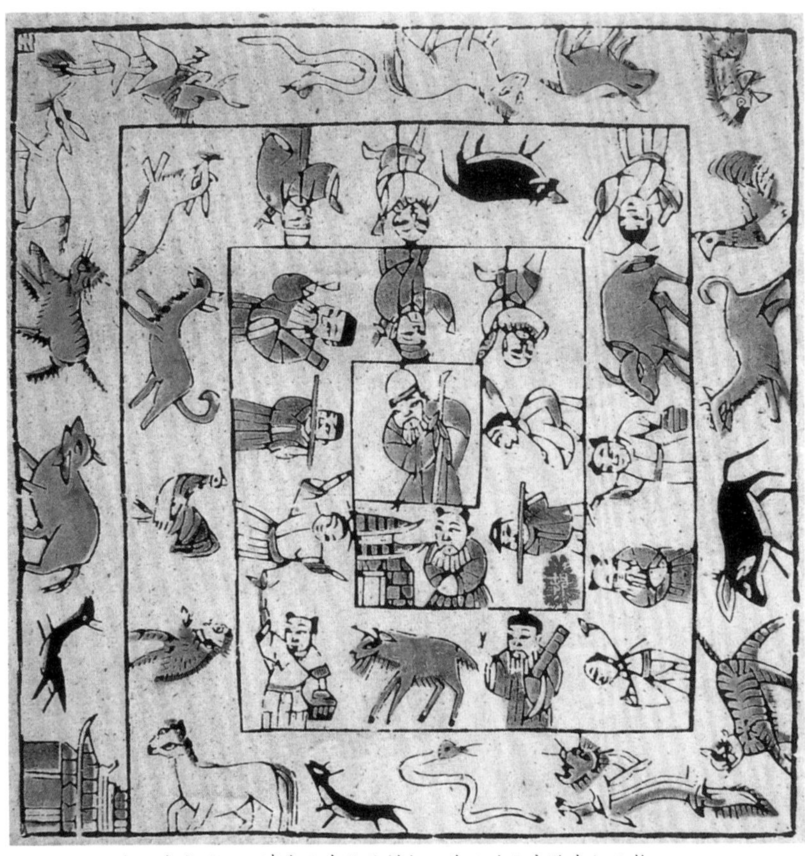

图7-168 《十二生肖图》，清代山东潍县刻印。为旧时儿童游戏之玩物。

图 7-169 《空城计》，清代山东平武刻本。

（四）河南朱仙镇年画

朱仙镇在河南省开封市城南 10 千米，虽然是个小镇，在古代却名列中国四大古镇之一。特别是北宋末年岳飞曾率军在这里大破兀术的金兵，朱仙镇更为国人所知。明、清时期，朱仙镇就有 300 多家木版年画作坊，至清末有 70 多家，其中以万通、天兴德、德胜昌、天义德等较为有名，其作品畅销各地。

朱仙镇木版年画分为阴刻、阳刻两种，有黑白画和套色画两种形式，以套版印刷为主，采用手工水印。它的特点是印刷时采用一种透明的水色，印出的年画版面略显木纹。所印作品以线条粗犷、形象夸张、色彩艳丽、对比强烈为其艺术特色。种类有文武门神、神像图、戏出和挂笺等，其中

图 7-170 《哪吒闹海》，清代河南开封朱仙镇木版套印与型版漏印年画。

图 7-171 《天河配》，清代河南开封朱仙镇年画。

以门神画最多。门神中以秦琼、尉迟敬德两位武将为主的不同样式图画就达二十余种。不同人的房门常贴不同内容的门神：已婚子女辈房门贴“天仙送子”、“连生贵子”、“三娘教子”；中年人房门贴“加官进禄”、“步步莲生”；老年人房门贴“松鹤延年”和“寿星”之类；少年儿童居室房门贴“五子夺魁”、“刘海戏金蟾”等。

（五）北京、武强、绵竹等地的年画

木版年画印刷发展到清代末期，全国各地拥有较大规模作坊的还有北京、河北武强、山西临汾、陕西凤翔、四川绵竹及成都、广东佛山、福建泉州、湖南邵阳、湖北汉阳、安徽阜阳、云南大理、台湾的台南等地。江苏扬州和浙江余杭等地，因受苏州桃花坞影响，年画印刷业也很发达。年画作为一个新的印刷门类，以它独特的艺术魅力，受到广大群众的喜爱。

北京的一些书坊、南纸店有不少家从事过年画印刷。每年进入腊月，除琉璃厂、隆福寺外，各庙会卖年画的很多。比较有名的作品有《对锤门神》、《福寿天官》等。

河北武强年画起源于元代以前，明代初期形成规模，到清康熙至嘉庆年间（1662—1820）进入鼎盛时期。直到清末民初，在武强县南关有字号可考的画店仍有 144 家，其周围 68 个村庄里共有 1587 个民间作坊从事画业生产与销售，从业者达数千人，在外地开设的批发庄有 180 余处，最高年销量达 1 亿张，行销当时大半个中国。武强年画主题突出，线条粗犷，

图 7-172 《福寿天官》图中手举“福”字的天官。清代北京刻印年画。

图 7-173 《福寿天官》图中手举“寿”字的天官。清代北京刻印年画。

图 7-174 《新正逛厂甸》，清代北京年画。

图 7-175 《陶潜爱菊》，清代河北武强年画。

兼施黑、红、绿、黄、紫、粉等色，对比明快，极富有装饰性。类别有门画、窗画、灯画、斗方、贡笺、中堂画、炕围画、顶棚画、囤画、对联、条屏等，甚至牛棚马厩也有专门张贴的年画。

四川绵竹年画在历史上曾与杨柳青、桃花坞、潍坊齐名。清代乾隆年间曾有大小作坊 300 余家，画店 30 余个，年销年画达 130 多万份，远销印度、缅甸及东南亚等国。画中人物突出，构图饱满，色彩鲜艳，对比强烈。绵竹年画与其他地方年画不同之处是，刻版一般只起打稿子的作用，以彩画见长。

年画印刷的兴起，开辟了一个新的印刷门类，有其突出的特点。一是

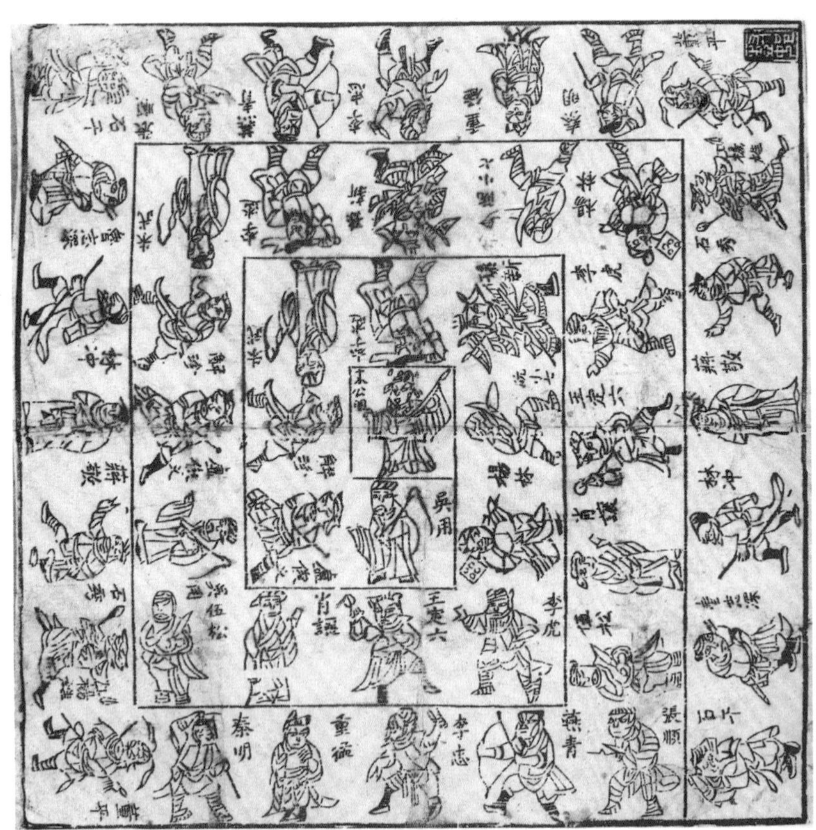

图 7-176 《水浒选仙图》，清代四川成都刻印年画。

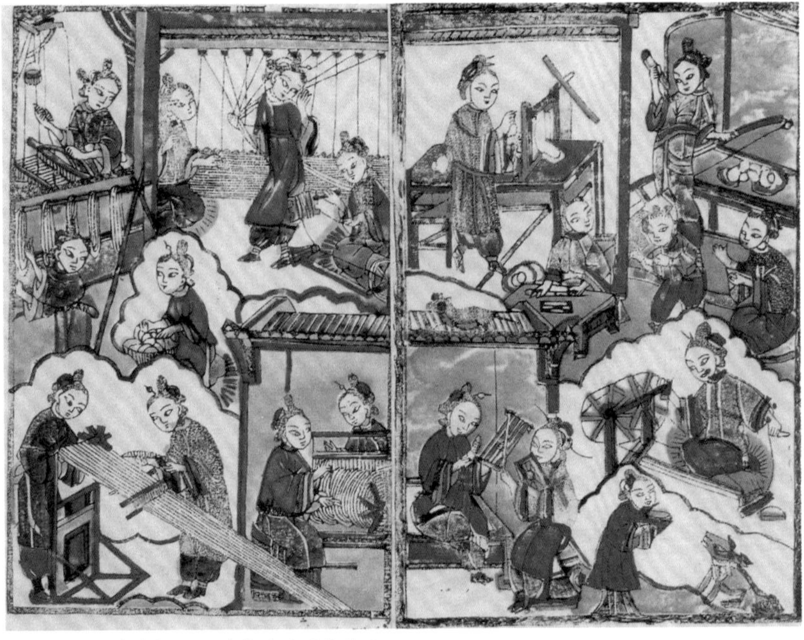

图 7-177 《女十忙》，清代陕西凤翔年画。

年画的印刷幅面比书籍插图要大得多，而且不同的用途幅面大小也不同。按其版面的大小有金贡笺、金三裁、大贡笺、三裁、屏幅、中堂、横披、对联、斗方等品种。二是在印刷方法上，多采用原色印刷，力求鲜艳热闹，套印颜色也不宜过多。为了便于饾版套印，多采用等色量的单线平涂。三是刻版刀法粗壮有力，讲求突出人物。四是在不同的地域形成了不同的风格。

图 7-178 《春牛图》，清代山西新绛年画。

图 7-179《五子夺魁》，清代江苏扬州年画。图中五个儿童在抢夺一头盔，暗喻儿辈应读书进取，力争夺魁。

江南年画以精细见长，用色力求轻清淡远；北方年画则浓墨重色，乡土气息更浓重些。总之，民间木刻版印年画为民间培养了一大批刻版和印刷工匠，对木刻套印的发展有一定的推动作用。

第六节　清代报纸、地图、契约、证件和广告的雕版印刷

一、清代的报纸印刷

清代采用传统工艺雕版印刷的报纸有《京报》、《宫门钞》、《塘报》、《辕门钞》等。

《京报》是清中央政府的官报。《京报》的内容为宫门钞、上谕、奏折，多登载官员升迁、某官谢恩、某官请假、销假以及皇室的生活细节等。这些消息每日由内阁发布。

《京报》为书本式小册子，每日发行。页数少则二三页，多则数十页不等；长约六七寸（1 寸约等于 3.2 厘米），宽约三寸；用薄竹纸印刷，外裹黄色薄纸，并盖有木戳朱印“京报”二字。《京报》的印刷由民营报房承担。因报纸的时间性较强，加之《京报》时有长过万余字者，故承印《京报》的报房不止一家。同治十二年（1873），北京已有报房 12 家，每日发行《京报》。

清代的《京报》多用木活字排印，字体歪斜，墨色漫漶，质量不佳；

图 7-180　《京报》外观图

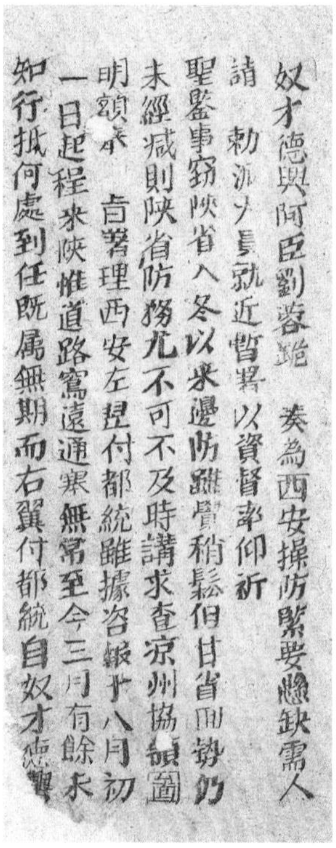

奴才德興阿臣劉蓉跪　奏為西安操防緊要懇飭需人
請　勅派大員就近暫署以資督率仰祈
聖鑒事竊陝省入冬以來邊防雖覺稍鬆但甘省匪勢仍
未經減則陝省防務尤不可不及時講求查涼州協領圖
明額奉　旨署理西安左翼副都統雖據咨報于八月初
一日起程來陝惟道路窵遠通塞無常至今三月有餘未
知行抵何處到任既屬無期而右翼副都統自奴才德興

图 7-181　清同治四年（1865）印《京报》单页图

加之为抢时间，校对不精，错字较多。然因内容新颖，销路不错，印数多达 1 万份。到光绪二十三年（1897）已出版 6077 期。随着西方近代印刷术的传入和发展，到清末，《京报》遂改用铅字版印刷。1911 年，清帝退位后，《京报》停刊。

《宫门钞》为随《京报》送阅的小页子，采用活字版和类似于蜡版的“豆干儿版”两种工艺印刷。其中“豆干儿版”为抢时间，直接由熟练刻工“刻于一种石膏类容易受刀之泥版上”，以火烙成型后立即印刷，质量自然难以保证。

《塘报》又称《提塘报》。清代兵部车驾司于北京东华门外设捷报处，负责收发公文，此类公文曰“提塘”，又通过沿途驿站逐站传递发行，故又称为《驿报》。

《辕门钞》为地方报，专门报道一省衙门内的消息，也由民间报房发行。道光初年广东衙门出版的《辕门钞》，为了快速出版，采用蜡版刻印。

清末民初，随着西方近代印刷术的传入和发展，中国传统的报纸印刷术最终退出历史舞台。

二、清代的地图印刷

清内府非常重视舆图的绘制。清代在全国范围内进行大面积实地测绘编制的康熙《皇舆全览图》、雍正《皇舆十排全图》和乾隆《皇舆全图》（即乾隆《十三排地图》），是历史上前所未有的。

康熙四十七年（1708），清廷委派西洋传教士雷孝思、白晋、杜德美等与中方官员何国栋、索柱、白映棠等十余人同赴全国各地测绘制图，康

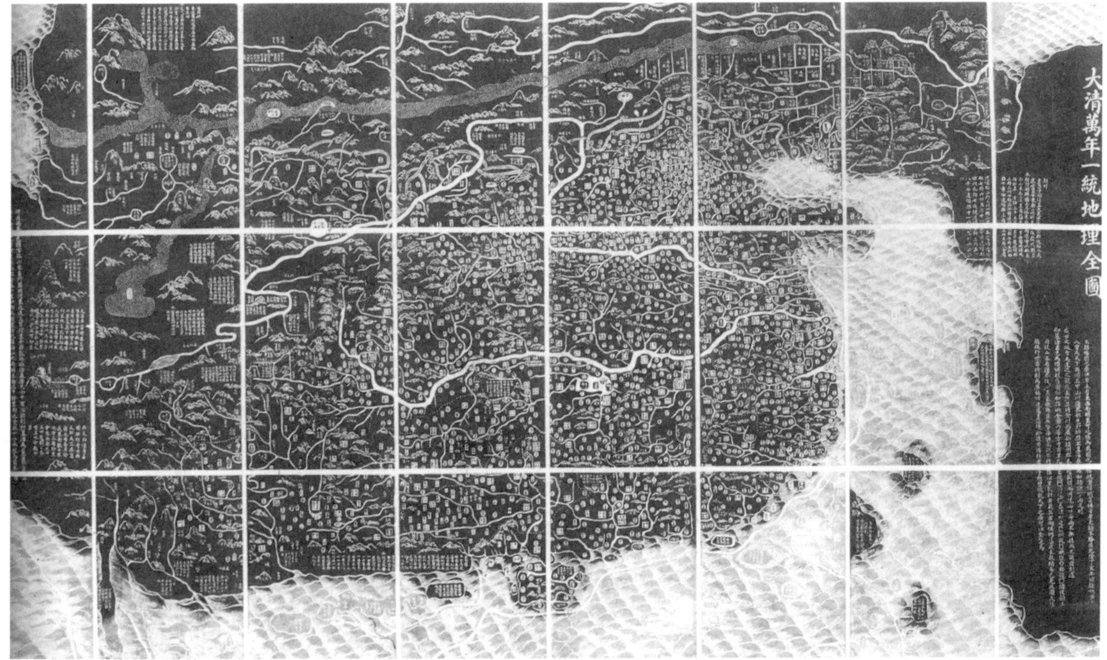

图 7-182 《大清万年一统地理全图》，清嘉庆年间（1796—1820）据乾隆三十二年（1767）黄千人刻本放大、增补重刻。纸本，图纵 134.5 厘米，横 236 厘米。图中还以简要文字叙述了四邻国家的大致情况，最西标出大西洋及英吉利、荷兰等国名。

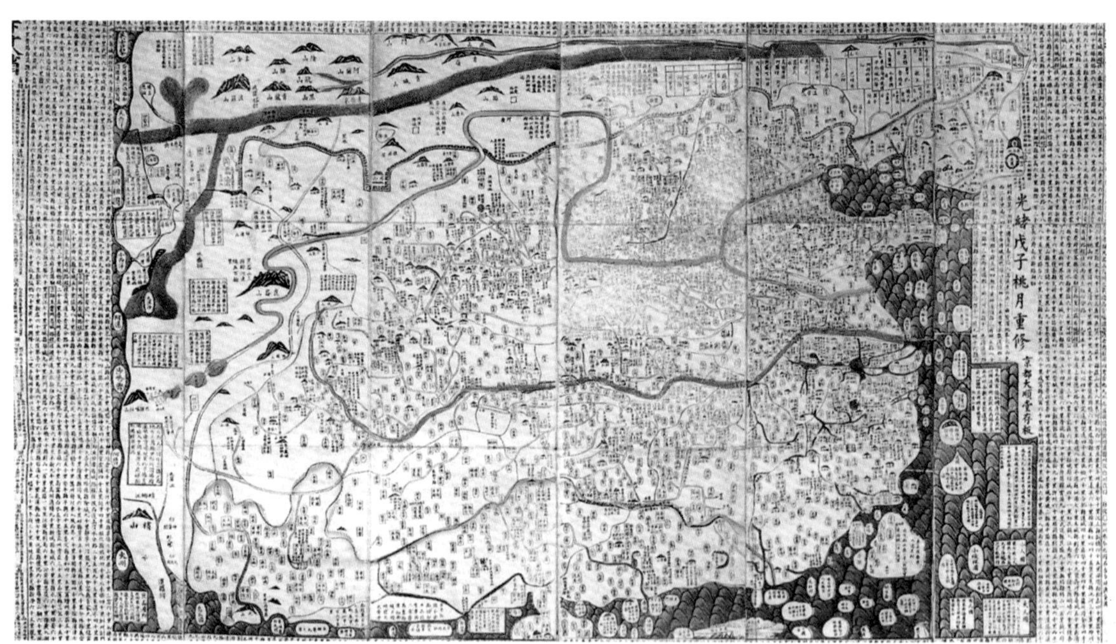

图 7-183　《古今舆地全图》，清光绪十四年（1888）京都大顺堂刊七色套印本。图纵 104 厘米，横 185 厘米。此图四周刊有京师至十八省各地里程，上起蒙古戈壁，下至南海万里石塘，左起大西洋英吉利，右止于日本。用绿色标注海洋，黄色标注黄河，蓝色标注长江，棕色标注沙漠，翠绿色标注山脉，淡黄色标注铁路。

熙五十六年（1717）出版木刻版《皇舆全览图》，有总图 1 幅，分省图和地区图 28 幅。此图采用经纬图法，梯形投影，比例为 1 ∶ 1400000。它是我国第一次经过大规模实测后绘制的地图。此图于康熙六十年（1721）又刊刻过雕版印刷版本。

康熙五十八年（1719），《皇舆全览图》用腐蚀法制成铜版刊印。该图以纬差 5 度为 1 排，共分 8 排 41 幅，这种以经纬度分幅的方法在中国是第一次。文字记注方面在内地各省注汉字，东北和蒙藏地区注满文。故后人又题名为《满汉合璧清内府一统舆地秘图》。此图已详绘有西藏和蒙古极西地方，分省图和地区图增至 32 幅，其范围东北至库页岛（萨哈林岛），东南至台湾，北至贝加尔湖，南至海南岛，西北至伊犁河，西南至列城以西。在西藏边境标注出朱母郎马阿林（珠穆朗玛峰）。图上以通过北京的经线为中经线，经纬网用梯形投影法。

另一次比较大的舆图制作是在雍正初年刻印的《皇舆十排全图》，每排 1 卷，共计 10 排。其范围比康熙图范围略大。

乾隆时期刊刻的《皇舆全图》又名“乾隆十三排地图”。乾隆三十五年（1770）在康熙《皇舆全览图》的基础上由法国传教士蒋友仁负责绘制完成了《乾隆内府舆图》，并镌刻铜版 104 块，刷印百套。此图以纬度 5 度为 1 排，共 13 排，故又称《乾隆十三排图》。这一舆图是在康熙图基础上，吸收了新疆等地区的资料绘制而成，包括了北冰洋、印度洋、波罗的海、地中海与红海之间的广大地区，是一幅名副其实的亚洲地图。由于进行了全国 631 个重要点的经纬度控制测量，所以新绘的《皇舆全览图》及后来的《乾隆内府舆图》具有相当高的准确度，成为以后多种中国地图的蓝本。

杨守敬编的《历代舆地图》是清代最著名的历史考证地图集。光绪五年（1879）杨守敬曾与东湖饶敦秩等同编《历代舆地沿革险要图》，采用朱墨双色雕版印刷。后在此基础上，杨守敬与熊会贞等人重新校订，补其缺略，扩大增补，编成《历代舆地图》，从光绪三十二年（1906）到宣统三年（1911）陆续刻印完成，仍为朱墨双色套印。

三、清代的契约、证件和广告印刷

清朝关于契约的印刷主要有三个方面，一是房契，二是地契，三是铺面契。所谓房契是指关于房屋的转让买卖的契约，并不涉及房屋的土地转让以及使用等；地契则是关于地皮本身的转让买卖等；铺面契则是一些用于商业的铺面房在租赁买卖等方面的契约。这些契约的不同版本则又可以分为官契和私契。官契是相对私契而言，它由官府统一印发给业主填写，填写后仍须粘贴布政司颁发的契尾。官契的格式，各地不一。中国印刷博物馆收集有大量的清代契约。其中，乾隆至道光年间的为木刻雕版印刷，

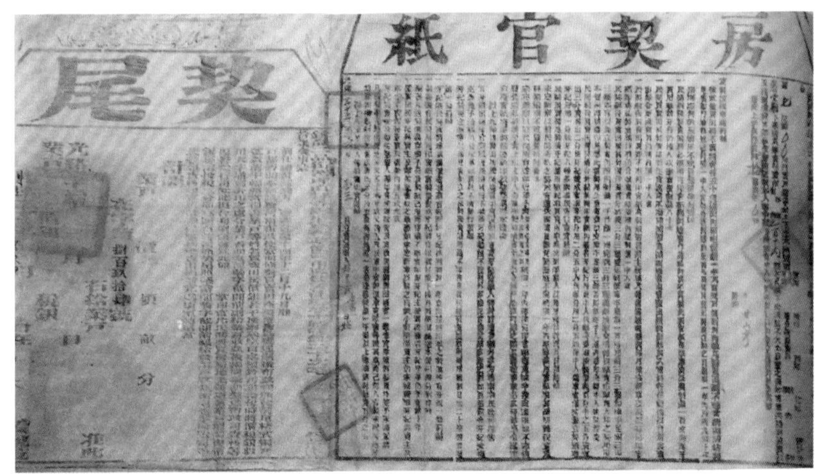
房契官紙

契尾

图 7-184 清代光绪年间北京印刷的房契

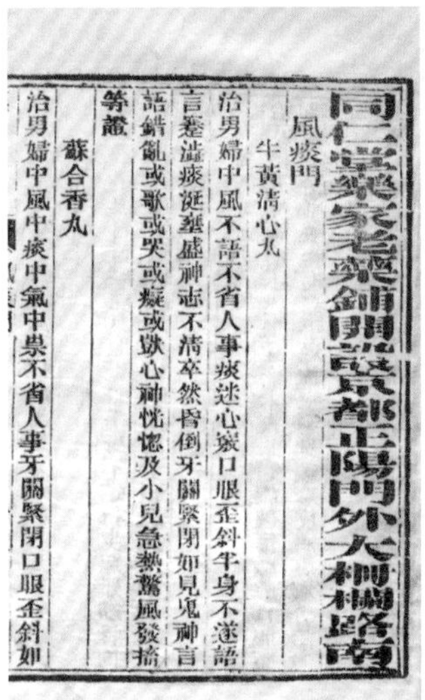
同仁堂樂家老藥鋪開設京都正陽門外大柵欄路南

風痰門

牛黃清心丸

治男婦中風不語不省人事痰迷心竅口眼歪斜半身不遂語
言蹇澁痰涎壅盛神志不清卒然昏倒牙關緊閉如見鬼神言
語錯亂或歌或哭或癡或獃心神恍惚及小兒急驚驚風發搐
等證

蘇合香丸

治男婦中風中痰中氣中祟不省人事牙關緊閉口眼歪斜如

图 7-185 清代末年北京同仁堂刻印的药类广告

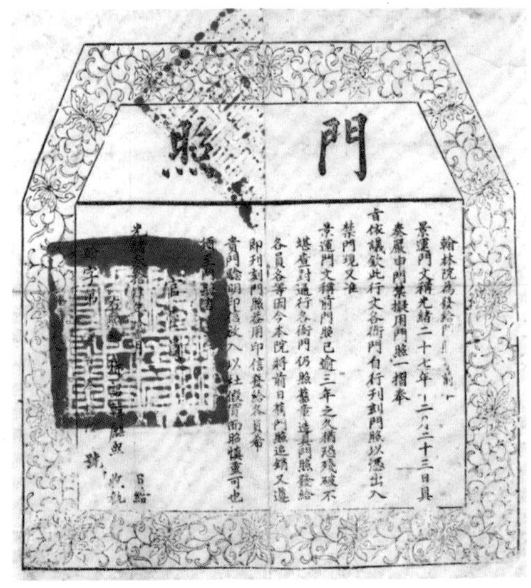
門照

图 7-186 清代光绪二十七年（1901）清廷颁发的京城门照

图 7-187 清代末年北京印刷的棉布标签广告

格式比较简单；光绪后期，自西方印刷技术传入后，也有用石印和铅活字印刷的。

除契约外，还有证件印刷，常见有各官府衙门的进出证件。广告印刷在明代已经初现端倪，真正意义上的广告印刷始见于清代。

第七节 清代少数民族文字和其它文字的印刷

一、满文印刷

满族早期用蒙古文字记录满族语言。明代万历二十七年（1599），努尔哈赤命额尔德尼和噶盖以蒙古字母为基础，结合女真语，创制了满文。关外时期就用满文翻译了很多汉籍，皇太极时成立了专门翻译汉籍的书房，乾隆年间又改为“文馆”。译成满文的书籍有：《素书》、《三略》、《万宝全书》、《通览》、《孟子》、《三国志演义》等。

满族入关后，大力推行“国语”，满汉合刻的书籍也很多，以内府刻本为主。如顺治三年（1646）刊印的《辽史》、《金史》、《元史》和《洪武要训》，顺治七年（1650）刊印的《三国演义》，后又刊印有《劝学文》、《御制人臣敬心录》、《资政要览》、《劝善要言》等。

清廷在内务府下设武英殿修书处后，大凡法令典章、经史子集，多由武英殿刊刻，有满汉合璧本《四书五经》、辞书《御制清文鉴》、散文汇集《御制古文渊鉴》等。在当时严禁“淫词小说”的气氛下，还出版了《金瓶梅》。

为推行佛教，清康熙年间开始翻译刊刻《满文大藏经》。《满文大藏经》

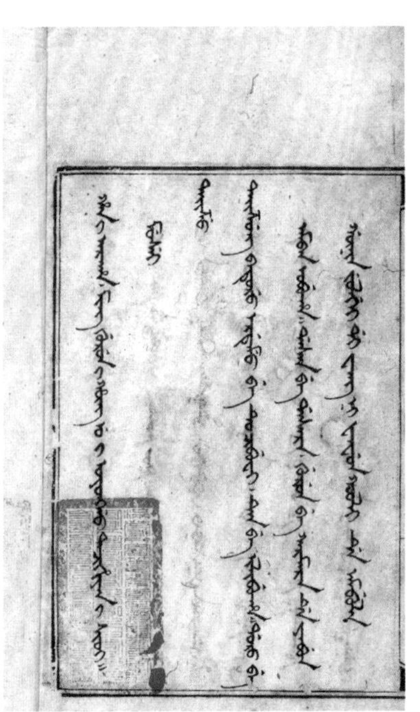

图 7-188 《洪武要训》，满文，清刚林等译校，顺治三年（1646）内府刻本。此书为清入关后翻译的第一部汉籍。

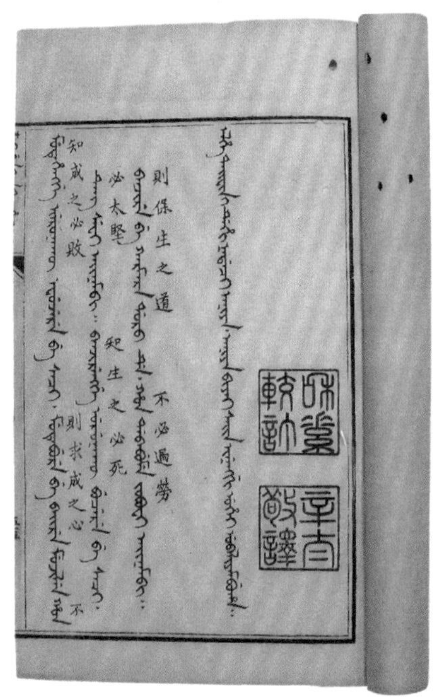

图 7-189 《菜根谭》，明洪应明辑，清和素译为满文。清康熙四十七年（1708）刻本。

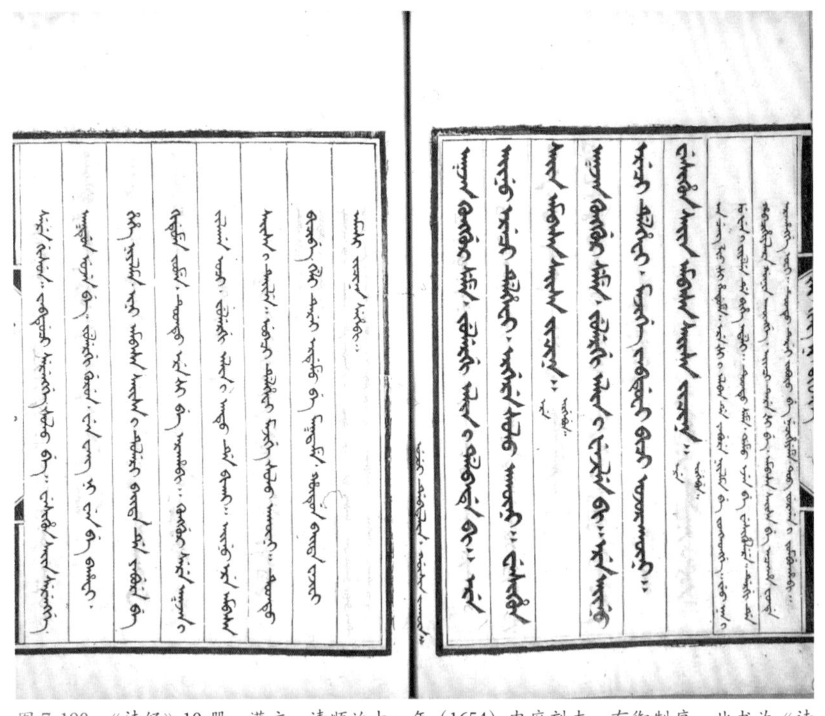

图 7-190 《诗经》10 册，满文，清顺治十一年（1654）内府刻本，有御制序。此书为《诗经》最早的满文译本。

清代又称《国语大藏经》。乾隆三十七年（1772）成立“清字经馆”，由内务府主管，开始翻译刻印工程。由著名国师章嘉主其事，达天莲诸僧相助，并招满文誊录人员及纂修人员若干，历经 18 年，于乾隆五十五年（1790）全部刻印完工。这是从汉文《大藏经》中选编翻译而成的，共收佛经 699 种，

图 7-191 《满文大藏经》，清乾隆五十九年（1794）内府朱印本。

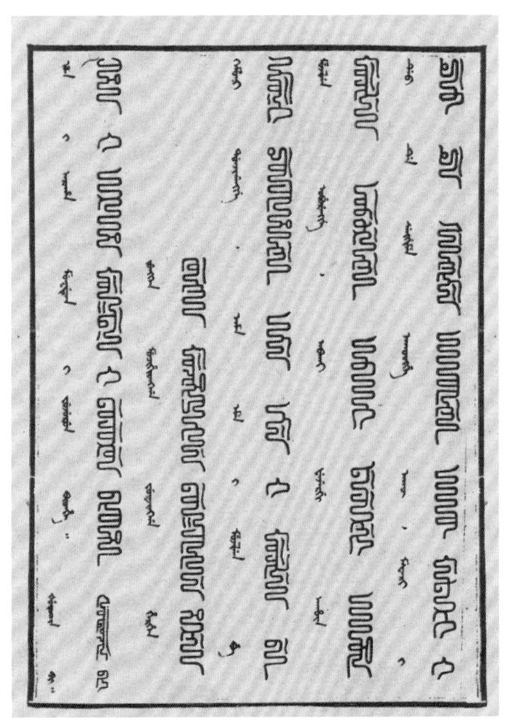

图 7-192 《盛京赋》满文篆字本，清高宗弘历撰，傅恒等缮满文篆字。清乾隆十三年（1748）殿刻本。

108 函，2535 卷，33750 页。《满文大藏经》是清代继《四库全书》之后的又一大文化工程。当时共印 12 部，为朱印本。现北京故宫收藏有 76 函，藏有印版 27494 块。另 32 函存台湾故宫博物院。

据清宫档案记载，为了保护印版，《满文大藏经》印版刻成后，四周都采取书脊用大漆封边的方法，起到防湿、防裂的作用。其他宫廷印版可能也用过这种保护方法。

乾隆时期是满文官刻的兴盛时期。出版有满文刻本《平定准噶尔方略》、《平定金川方略》、《宗室王公功绩表传》、《开国方略》等史书。

清朝自嘉庆、道光时期，国力开始下降，满文的印刷也随之式微。除继续按惯例刊印前代皇帝的满文《圣训》外，还刻印了满文《理藩院则例》、《回疆则例》等书。一些地方官衙也刊印了满文图书，如《清文指要》、《清文总汇》、《钦定辽金元三史国语解》等。在东北满族聚居的地区，满语、满文有较多的使用。

康熙朝坊刻本开始繁荣，仅北京就有 10 家刊印满文的书坊，刊印了《大清全书》等书。坊刻本还有南京听松楼刻印的《诗经》等。

根据国家图书馆李德启编《满洲文书目》统计，清代满文本或满汉合璧本，现存约有 180 多种，达 15000 余册，均藏于故宫或国家图书馆。其中《御制盛京赋》有满文单行本、满汉合璧本及三十二体满汉篆字本。乾隆十三年（1748）大学士傅恒等奉旨仿汉文篆字创满文篆字共三十二体，多用于印玺，用于书籍者仅此一种。篆字本仿照汉字篆字，有龙爪篆、鸟迹篆、悬针篆、垂云篆、柳叶篆等三十二体，别开生面，是一种美术字。

二、藏文印刷

清代《藏文大藏经》多次雕印，除《甘珠尔》、《丹珠尔》外，还由内府刊行汉、满、蒙、藏四体《楞严经》。

清廷十分重视《藏文大藏经》的刻印，因为它除了宗教意义外，还有政治意义。正如康熙帝《御制番藏经序》中所言，是为了“广崇大藏，颂两宫之景福”，也是为了赞扬后宫出资刊印《大藏经》的“祈福禳灾的功德善举”。

根据有关资料及清宫档案记载，清代曾三次刻印《藏文大藏经》。第一次是康熙二十二年（1683）依据明永乐《番藏》及西藏霞卢寺写本，在北京嵩祝寺开刻《藏文大藏经》，于康熙三十九年（1700）刊刻完成藏文《甘珠尔》经。因早期印本多为朱色，又称“赤字版”、“北京版”、“嵩祝寺版”，共106函。收佛教经典972种，共刻梨木经版333206块。第二次是在康熙六十年（1721）至雍正二年（1724），刻印成藏文《丹珠尔》经，共刻梨木经版85024块。包括刻版、用料、刷印等费用，共用银61105两。第三次在乾隆二年（1737），对藏经又加以补修，称“乾隆补修版”。乾隆二十九年（1764）还用宫内藏版刷印过10部《藏文大藏经》。

乾隆三十四年（1769）清宫档案记载，大西天收贮之番藏经版280083块。

图7-193 《三百佛像图》，藏文，梵夹装。高5.8厘米，宽17厘米。每页正面刻佛像三尊，下方刻藏文佛名，背面有祈请文及咒语等。

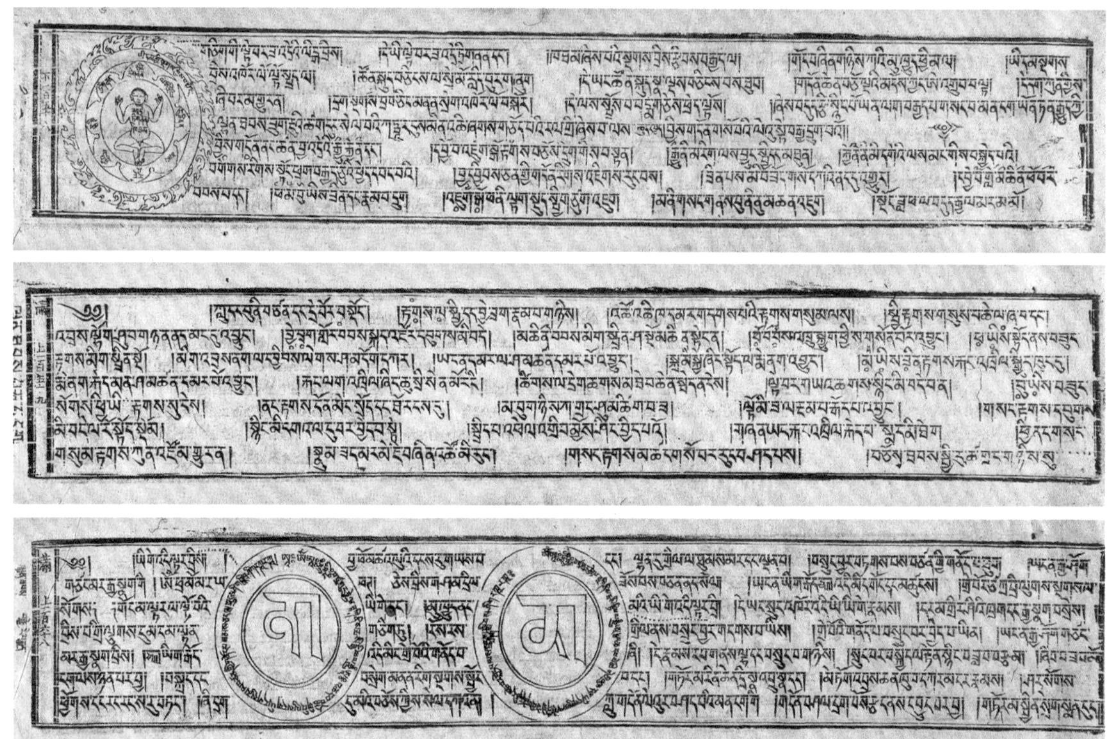

图7-194 《四部医典》，藏文，清第司·桑杰嘉措撰。清雍正十年（1732）北京木刻版，梵夹装，高7厘米，宽48.7厘米。

图 7-195 《藏文六字真言经》，清康熙五十六年（1717）北京刻本。

大西天为今北海公园内的“西天梵境”，俗称大西天。光绪二十六年（1900）被八国联军洗劫一空。

清代寺院刻经兴盛。德格版藏文大藏经于清雍正八年（1730）至乾隆二年（1737）在德格县（今属四川省）刻造。经版藏德格寺，堪称善本，国家图书馆藏有德格版大藏经刻本。18 世纪，六世达赖喇嘛仓央嘉措主持在纳塘寺印经院雕造大藏经。据纳塘古版增入布敦版《大藏经》。卓尼版大藏经于康熙六十年（1721）至乾隆十八年（1753）在甘南藏区东南部甘肃临潭县卓尼寺雕造，现版片已经不存。此外，道光七年（1827）塔尔寺创建印经院，刻印藏文典籍，首先刻印《甘珠尔》，称为塔尔寺版。此外还有普拉卡版和库伦版。

除佛教著述外，17 世纪末至 18 世纪初，拉萨还刻印有西藏著名学者夏仲·策仁旺杰撰写的《颇罗鼐传》、土观·洛桑却吉尼玛写的《土观宗教源流》、扎贡巴·丹巴饶杰写的《安多政教史》以及五世达赖组织重新修订的《四部医典》等。德格印经院除刊印《大藏经》外，还刻印有很多佛教经典以及天文、地理、历史、哲学、医学、文学等各方面书籍，多达 4500 种。

三、蒙文印刷

清初，蒙古文经书经过进一步规范、改进，称为近代蒙古文。清代刊印了很多蒙古文书籍。国家图书馆藏清崇德三年（1638）刻本《崇德三年军律》是满族入关前的蒙古文印刷品。

将藏文大藏经《甘珠尔》和《丹珠尔》译成近代蒙古文并刊刻发行是一个巨大的工程。此项工程在康乾年间取得了丰硕的成果。蒙文大藏经又名《如来大藏经》。元大德年间和明万历年间，都曾刻印过《蒙文大藏经》。

清康熙五十九年（1720），命和硕亲王福全监修，根据旧版重刻。刻印地点在北京嵩祝寺。此次共刻版朱印蒙文《甘珠尔》经 108 函，经版 45000 块，刷印刻工纸墨费用共计银 43687 两。此经版现藏故宫图书馆，有 18000 块。乾隆六年至十四年（1741—1749）又译校重刻朱印蒙文《丹珠尔》经 225 函。至此大藏经全部译制完毕。

此外还翻译刻印了不少单部佛经，多译自藏文，其中多为蒙、藏文合璧，

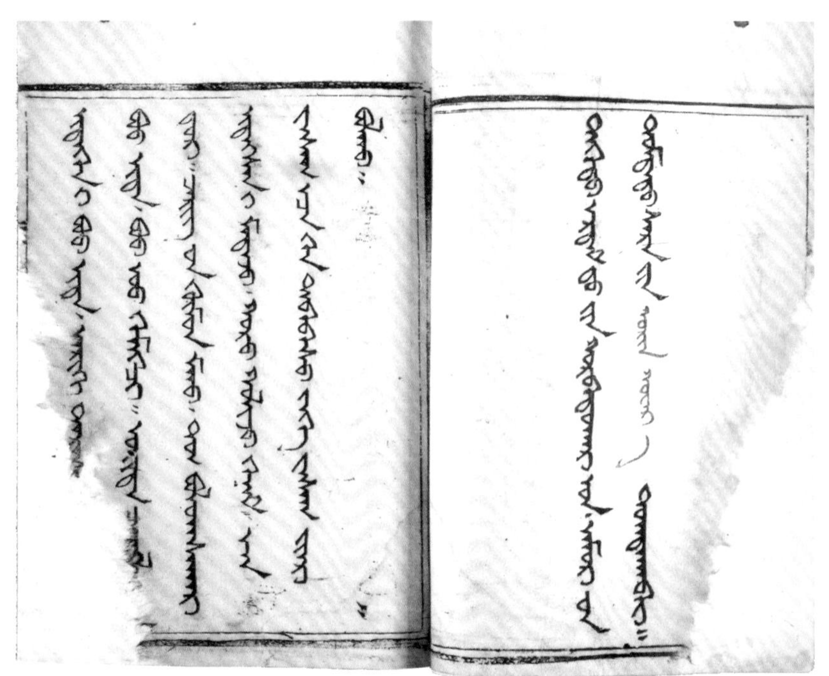

图 7-196 《崇德三年军律》，蒙文，清崇德三年（1638）刻本。为清太宗皇帝皇太极对明战争中颁布的军纪。

图 7-197 《慈国师法语》，清代蒙文刻本。清二世章嘉阿旺洛桑曲登著，清代前期刻本。著者阿旺洛桑曲登于康熙四十四年（1705）受封为“灌顶普善广济大国师”。

或满、汉、蒙、藏文合璧。

蒙古文史书有18世纪中期编成著名的《蒙古源流》，后由武英殿刊印。流行于蒙古族地区的英雄史诗《格斯尔的故事》，蒙古文版本于乾隆五十五年（1790）在北京刊刻。

蒙古文坊刻本多为实用的五经、四书以及《三字经》、《名贤集》等。坊刻本多为满、汉、蒙文合璧或蒙、汉合璧。

光绪年间石印技术传入我国后，出现了蒙文石印本，多为双语或三语的词汇集和教科书，如《成语词林》、《分类汉语入门》、《三合教科书》等。

四、清代其他文字的印刷

清代还有回文、梵文、喃字、缅字、阿拉伯文、波斯文以及欧洲文字的印刷。如殿版《钦定西域同文字》六种版本的文字中就有回文。清朝还刻有《五译合璧集要贤劫千佛号》，为梵、藏、满、蒙、汉五种文字合刻。越南自古以来使用汉字，近代始改为拉丁拼音字，曾创土字“喃字”，为越南文字与汉字夹杂使用。越南阮朝著名诗人阮攸（1766—1820）其名著《金云翘传》，即用喃字写成，时广东佛山有刻本。清嘉庆滇人师范刻有缅甸文《滇系》四页。清同治元年（1862）回民起义领袖杜文秀镌有《宝命真经》30卷，为国内阿拉伯文《古兰经》的最早刻本。现云南有存。清末各处回教寺院曾用波斯文刻印课本。清乾隆时法国教士钱德明等合编《汉满蒙藏法五国文字字汇》，书成付印，藏于文渊阁。这是最早的法文刻本。后来又出现了中英对照《圣经》，英汉对照《意拾蒙引》（即《伊索寓言》）等。

清代乾隆年间编写有《华夷译语》。傅恒、陈大受奉敕督办编纂，约

图7-198 《华夷译语》，傅恒、陈大受奉敕督办编撰，约在乾隆十五年（1750）左右成书。

在乾隆十五年（1750）左右成书。收入英、法、拉丁、意、葡、德、西天、缅甸、暹罗、苏禄、琉球11种外国译语；又收我国西藏、四川、云南、广西等地藏、彝、傣等族译语31种，每种译语分为天文、地理、时令、彩色、香药、花木、人事、宫殿、饮食、衣服、方隅、珍宝、经部、身体、人物、器用、文鸟兽、数目、通用等门，分门别类汇集字词。收录杂字、词语、语种的数量居现传世诸本之首。该书现存42种71册，为罕见的珍本。

第八节 清代的印刷字体和书籍装帧

一、清代的印刷字体

印刷业历来重视印书的字体。印刷字体也具有时代和地域特点。版本学家及古籍鉴定家，往往以字体来鉴别古籍印本的时代和地区。

中国源远流长、博大精深的汉字文化，为历代印刷字体提供了丰富的营养。反映到印刷字体上，呈现出绚丽多彩、风格各异的艺术特征。欧阳询、柳公权、颜真卿、赵孟頫等一大批书法家的字体，在各时代的印刷品中都能找到。

（一）馆阁体

进入清代后，印刷字体积极吸收了历代印刷字体的丰富营养，呈现出不同风格，具有时代特征。清代初期，宫廷沿用明经厂的技术力量刻印书籍，其字体多有明代宫廷刻书特点。到了康熙年间，宫廷印书字体大约有三种：一种是官方通用的馆阁体楷书，另一种由善书大臣官员亲手写版刻书，第三种则是由明代兴起的宋体字。

馆阁体楷书，是内府刻书的主体字体，字体标准、端正、规范，具有较强的艺术性和可读性。馆阁体源于明代书法家沈度的“台阁体”，清代康乾二帝推崇赵孟頫和董其昌的字体，一时竞相模仿，最后形成了标准的“馆

御製孝經序
朕惟孝者首百行而
爲五倫之本天地所
以成化聖人所以立
教通之乎萬世而無

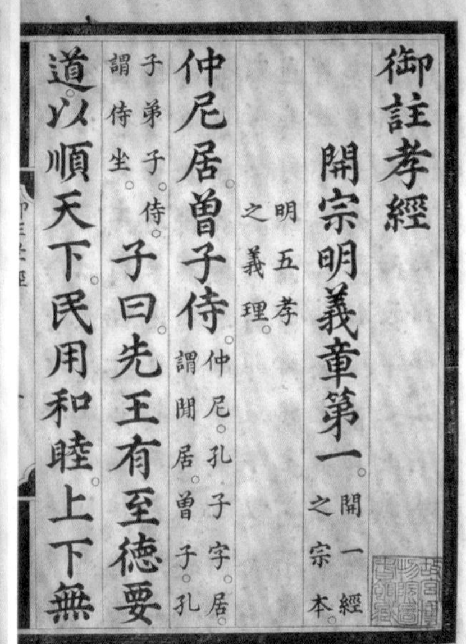
御註孝經
開宗明義章第一 開一經之宗本
明五孝之義理
仲尼居曾子侍 仲尼孔子字居謂閒居曾子孔
子弟子侍謂侍坐 子曰先王有至德要
道以順天下民用和睦上下無

图7-199 《御注孝经》，清世祖福临撰，清顺治十三年(1656)内府刻本。字体为馆阁体楷书。

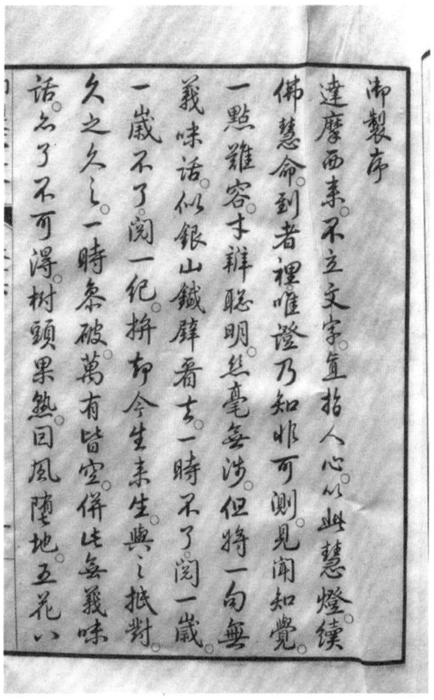

图 7-200 《御选集御制序文》，清世宗胤禛撰并书，清雍正十一年（1733）内府刻本，字体为行楷。

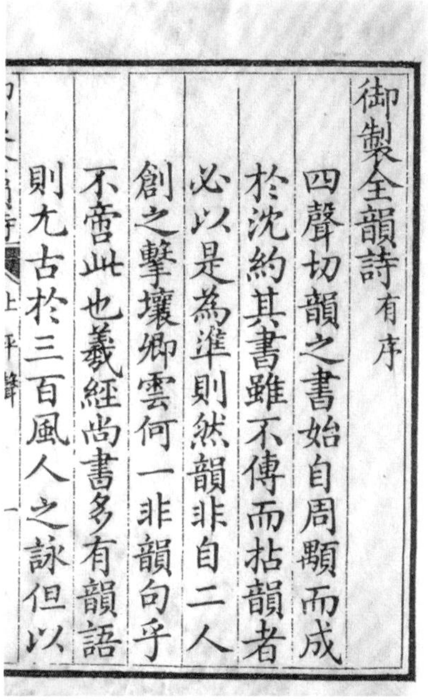

图 7-201 《御制全韵诗》5 卷，清高宗弘历撰，清乾隆四十四年（1779）刘墉写刻进呈本。字体为楷书。

阁体”。康熙年间刻书就多用这种字体。这种楷书也称为“软体字”。

由官员中善书者亲手写版刻书，是清代宫廷印书的一大特点。有时，皇帝的字体也出现在印本中，如《耕织图》配的诗，就是康熙的墨迹，雍正皇帝还亲自编撰并书写了《御制序文》，乾隆帝的墨迹更是比比皆是。

（二）宋体字的广泛应用

明代兴起的印刷专用字体宋体字，在清康熙年间才被朝野认可。此后在内府、官方和民间的印书中得到广泛的应用。康熙年间，武英殿刻制铜

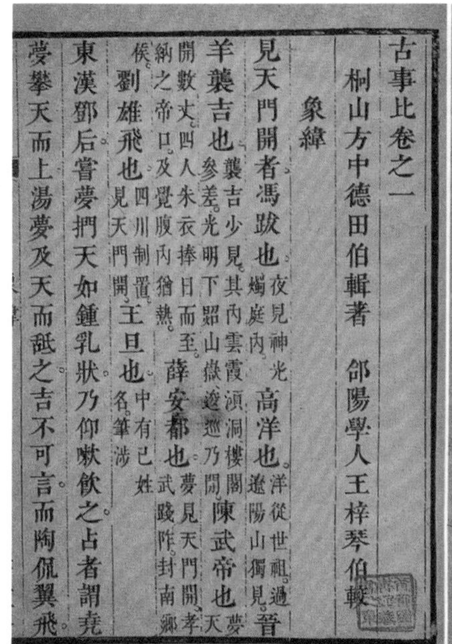
古事比卷之一
桐山方中德田伯輯著　郃陽學人王梓琴伯較
象緯
見天門開者馮跋也夜見神光燭庭內高洋也洋從世祖過遼陽山獨見晉
羊襲吉也襲吉少見其內雲霞澒洞樓閣參差光明下照山嶽遂遊乃開陳武帝也夢天
開數丈四人朱衣捧日而至納之帝口及覺腹內猶熱薛安都也夢見天門開孝武踐阼封南鄉
侯劉雄飛也四川制置見天門開王旦也中有己姓名筆涉
東漢鄧后嘗夢捫天如鍾乳狀乃仰嗽飲之占者謂堯
夢攀天而上湯夢及天而舐之吉不可言而陶侃翼飛

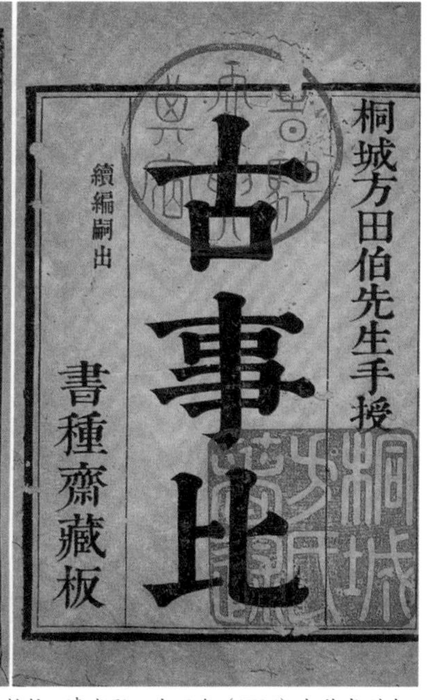
桐城方田伯先生手授
續編嗣出
古事比
書種齋藏板

图 7-202 《古事比》52 卷，清方中德辑著，王梓校。清康熙四十五年（1706）书种斋刊本。字体为大小两种宋体。

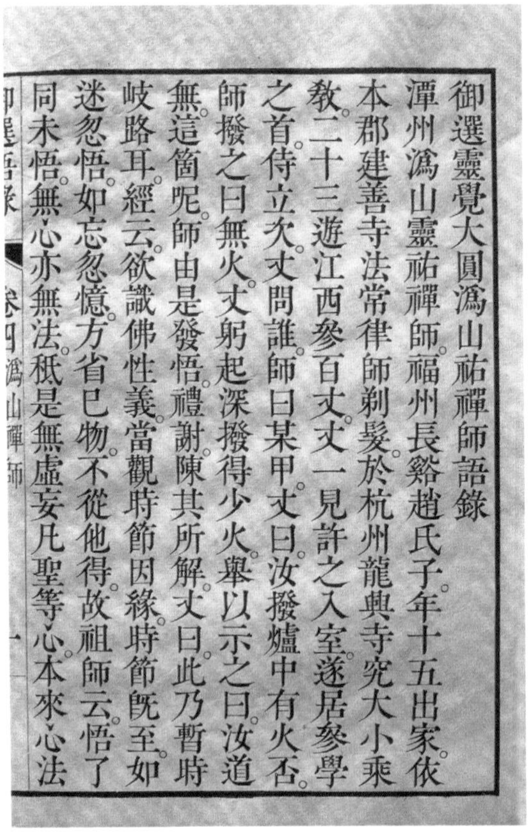

御選靈覺大圓溈山祐禪師語錄
潭州溈山靈祐禪師福州長谿趙氏子年十五出家依
本郡建善寺法常律師剃髮於杭州龍興寺究大小乘
教二十三遊江西參百丈丈一見許之入室遂居參學
之首侍立次丈問誰師曰某甲丈曰汝撥爐中有火否
師撥之曰無火丈躬起深撥得少火舉以示之曰汝道
無這箇聣師由是發悟禮謝陳其所解丈曰此乃暫時
岐路耳經云欲識佛性義當觀時節因緣時節既至如
迷忽悟如忘忽憶方省已物不從他得故祖師云悟了
同未悟無心亦無法秖是無虛妄凡聖等心本來心法

图7-203 《御选语录》，清世宗胤禛撰，清雍正十一年(1733)内府刻本。字体为宋体。

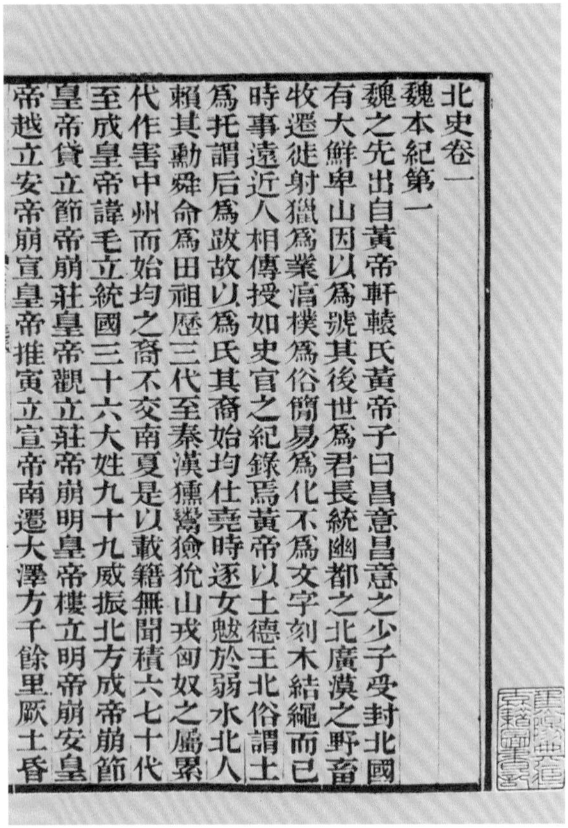

北史卷一
魏本紀第一
魏之先出自黃帝軒轅氏黃帝子曰昌意昌意之少子受封北國
有大鮮卑山因以爲號其後世爲君長統幽都之北廣漠之野畜
牧遷徙射獵爲業淳樸爲俗簡易爲化不爲文字刻木結繩而已
時事遠近人相傳授如史官之紀錄焉黃帝以土德王北俗謂土
爲托謂后爲跋故以爲氏其裔始均仕堯時逐女魃於弱水北人
賴其勳舜命爲田祖歷三代至秦漢獯鬻獫狁山戎匈奴之屬累
代作害中州而始均之裔不交南夏是以載籍無聞積六十七代
至成皇帝諱毛立統國三十六大姓九十九威振北方成帝崩節
皇帝貸立節帝崩莊皇帝觀立莊帝崩明皇帝樓立明帝崩安皇
帝越立安帝崩宣皇帝推寅立宣帝南遷大澤方千餘里厥土昏

图7-204 《北史》，唐李延寿撰，清同治十二年（1873）金陵书局刻本。字体为扁宋体。

活字，就是宋体字；到乾隆年间，乾隆皇帝亲自批准，刻制木活字用宋体字。江浙一带的民间书坊中，宋体字占了很大的比重。此时的宋体字，艺术性达到很高水平，有长体、方体、扁体等多种字形，在同一刻本中，也分大字体和小字体。

规范、统一的印刷字体的普及和推广，是印刷技术发展的必然结果，特别是活字版的普及，更需要有统一的字体。而横平竖直、横轻竖重、字形方正、清秀易读的宋体字，是汉字印刷的最理想字体。这种字体后来的发展完全证明了这一点。

（三）名家字体手写上版

清代民间印刷字体的另一个特点，是由名家书写后，再行刻版。这种版本具有很高的艺术价值，往往为藏书家所珍视。例如清代知名书画家郑燮（板桥）亲手写的《板桥词钞》，由刻版高手司徒文膏刻版，再现了郑板桥的书法艺术，价值颇高。清初的家刻本，多有请书法名手用正楷写样者，这几乎形成了一种风尚。福建大藏书家林佶能篆、隶书，尤精小楷，他先后为清初著名学者王士禛撰《渔阳山人精华录》、《古夫于亭稿》，汪琬撰《尧峰文钞》，陈廷敬撰《午亭文编》手书上版，都极精美，后人称为“林四种”。清代“扬州八怪”之一的金农，书法古劲，精于篆刻，在艺术上求新求变。他策划刻印的自己的作品《冬心先生集》，采用了唐楷基础上

图 7-205 《渔洋山人精华录》。清王士祯撰。清康熙三十九年（1700）林佶写样付梓，名雕工鲍闻野雕刻。小楷工丽俊峭，为清代前期私家写刻本中的白眉。

图 7-206 《板桥词钞》。清代乾隆年间著名书画家郑燮手写自著刻本。

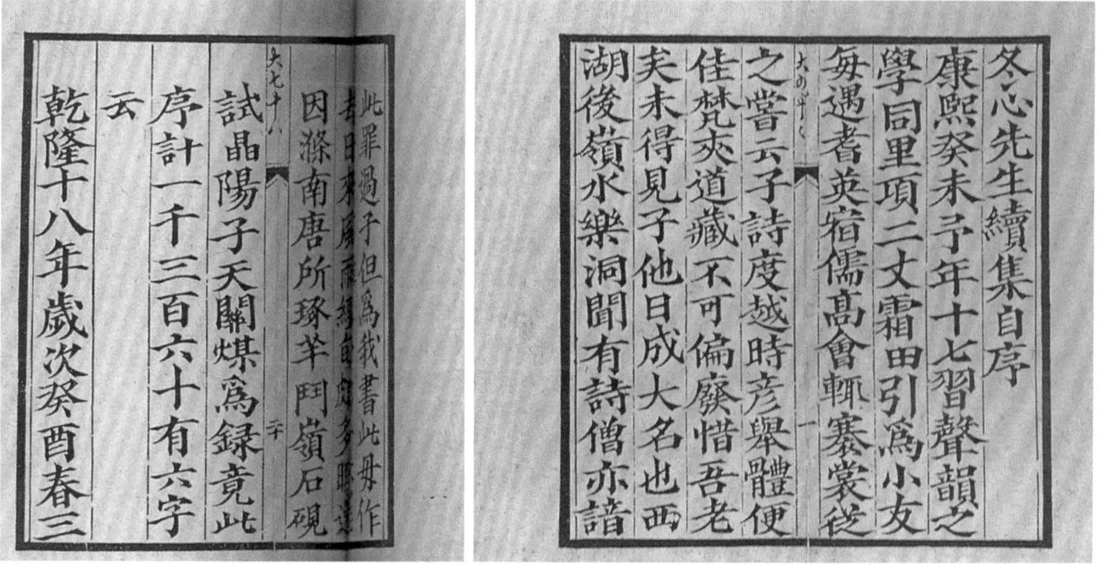
冬心先生續集自序
康熙癸未予年十七習聲韻之
學同里項二丈霜田引為小友
每遇耆英宿儒高會輒搴裳從
之嘗云子詩度越時彥舉體便
佳梵夾道藏不可偏廢惜吾老
矣未得見子他日成大名也西
湖後嶺水樂洞間有詩僧亦諳

此罪過子但為我書此冊作
因滁南唐所琢羋閂嶺石硯
試晶陽子天關煤為録竟此
序計一千三百六十有六字
云
乾隆十八年歲次癸酉春三

图 7-207 《冬心先生续集自序》，清金农撰，清乾隆十八年（1753）金农自刻本。书法古劲，多有创新。此书半页 4 行，每行 12 字，行间栏线不刻死，任由点画出入，自然舒展。采用旧藏经纸与上等墨精印，古色古香。

的仿宋体，颇具书法意味。其后作《冬心先生续集自序》更是亲自选定字体，写手是西泠八家之一的丁敬，刻工为浙中名匠陈又民，其字体、刀法、版式、用纸皆有独到之处，堪称一件精美典雅的艺术品。再如清代写版名手许翰萍，曾被黄丕烈的士礼居、孙星衍的平津馆等名馆请去写样。还有一些藏书家、刻书家为自著的书籍写样。如江声用篆书写自著的《尚书集注音疏》12卷，张敦仁用行书为自著的《通鉴补识误》写字样3卷，等等。这些字体的版本，独树一帜，很有特色。

二、清代书籍的装帧

书籍的装帧犹如人的衣饰，历来受到制书之人的重视。古人早就把书籍的装订和装潢，作为综合衡量书籍价值的标准之一。清代的书籍装帧基本上沿用了古代的传统方法，为我国古代书籍装帧的集大成者。卷轴装、经折装、梵夹装、蝴蝶装、包背装、线装等都有所使用，其中，以包背装和线装形制为主流，装帧精美华丽，特色鲜明，与书籍的内容相互辉映，既增强了书籍的外观美，也不同程度地增加了书籍整体形象。清代书籍的各种装帧形制，留下了书籍制度沿着方便实用和美观的方向发展的历史轨迹，使后人得以了解其流变和特点。[11]

（一）书籍的装订

1. 卷轴装

清内府的卷轴装，多用于字画手卷的装帧，其装裱工艺十分精致考究。底面多用上等宣纸，包首、隔水等处用上乘的绫、锦，引首和正文则分别用洒金纸和笺纸来做。无行界，有撞边，轴头多为玉质，而且都是平轴，又由玉别、锦带装饰。《乾隆御笔心经》玉别正面雕有云雷纹和回纹，反面镌刻书名，以红色填之，其精细华丽超过历代的卷轴。

图7-208 清代卷轴装：清乾隆写本《钦定四库全书简明目录》及其书盒

2. 经折装

清内府刻书中经折装书籍最著名的是《龙藏》，还有手书上版的帝王、名臣写经，如《康熙御书金刚经》、《乾隆御书药师琉璃光菩萨如来本愿功德经》等等，装潢非常华丽，封面多用仿宋纹织锦或缂丝或紫檀楠木夹面，装以锦匣或插套，版面开本硕大，用纸多为上等玉版宣，墨为徽墨，双钩上版。所附佛像图版多为宫廷画家所绘，名工镌刻。

图 7-209 清内府几种经折装书籍

3. 梵夹装

明清的书籍除经折装之外，还有些经书采用了梵夹装，如印本蒙文经、藏文经以及泥金书写的汉文佛经等，用厚纸张双面书写或者印刷，然后把一卷书页集成一叠，用两块厚木板上下相夹，再用布带捆扎或者是盒子来盛装。梵夹装是古印度贝叶经的装帧形式，因为是两块木竹板相夹，又是梵文佛教经典，所以称为“梵夹装”。梵夹装于隋唐时期传入中国，明、清之时藏文、蒙文佛经仍沿用这种装帧方法，但有所变化。

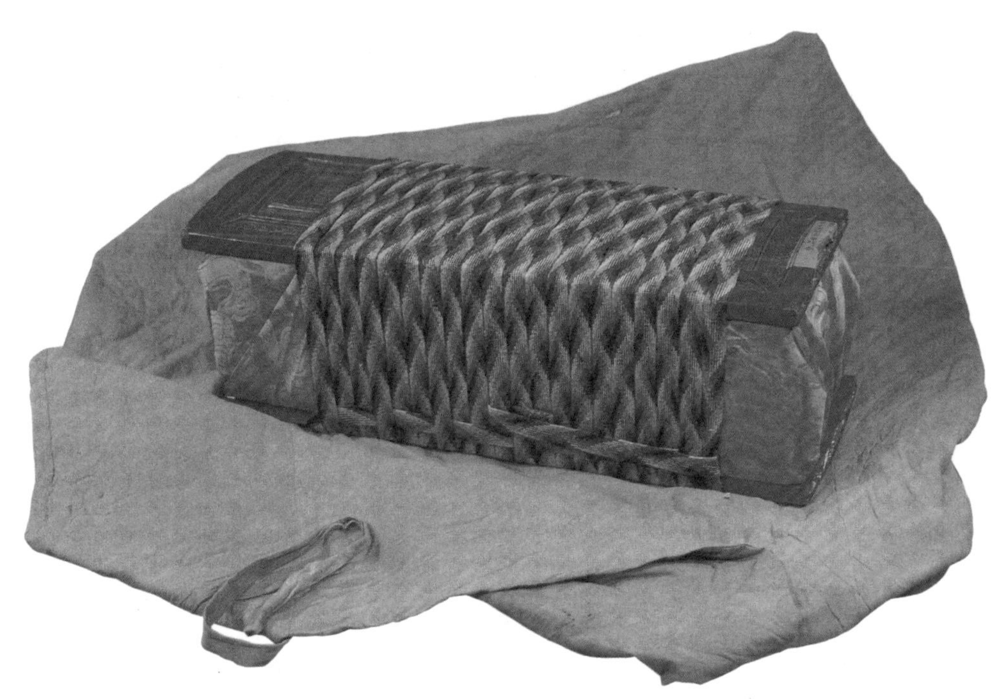

图 7-210 清代梵夹装：清乾隆满文《大藏经》彩色丝质经索、外层朱漆木质经版及黄缎棉、夹经衣。

4. 蝴蝶装

中国古书的装帧形式之一。约起源于五代，宋代时，广泛应用于书籍装帧。蝴蝶装的工艺方法是：将印好的书页，以版心中缝线为准，字对字地折叠。然后将一册书页为一叠，排好顺序，以折缝一方为准，闯齐、压紧后用糨糊粘连。再选用一张比书页略宽略厚略硬的纸对折，粘于书脊。再将上、下、左三边按书本的尺寸裁切。这种装帧的书籍，打开来，版口（也称为版心）居中，书页朝左、右两边展开，有如蝴蝶展翅，所以称为“蝴蝶装”。由于版心藏于书脊，上、下、左三边都是栏外空白，有利于保护栏内文字。宋元时期，“蝴蝶装”是普遍流行的装帧形式。明清时期，“蝴蝶装”已很少使用。

图 7-211 清代蝴蝶装侧位图

5. 包背装

包背装是以包裹书背为特点的装帧，所以称为包背装。类似这种装帧的书籍最早出现于北宋初年，流行于元代，明、清两代仍有应用。包背装的工艺方法恰恰与蝴蝶装相反，书页正折，版心向外，书页按页码顺序配齐，闯齐，然后在书页右侧订口打眼，用绵性纸穿捻固定成册，在书背处裁切，再用一张整幅的书皮纸，绕背包裹粘牢。最后沿上、下、右切口裁切。清代的《四库全书》经、史、子、集四部，分别裱以不同颜色书皮，装潢十分考究。

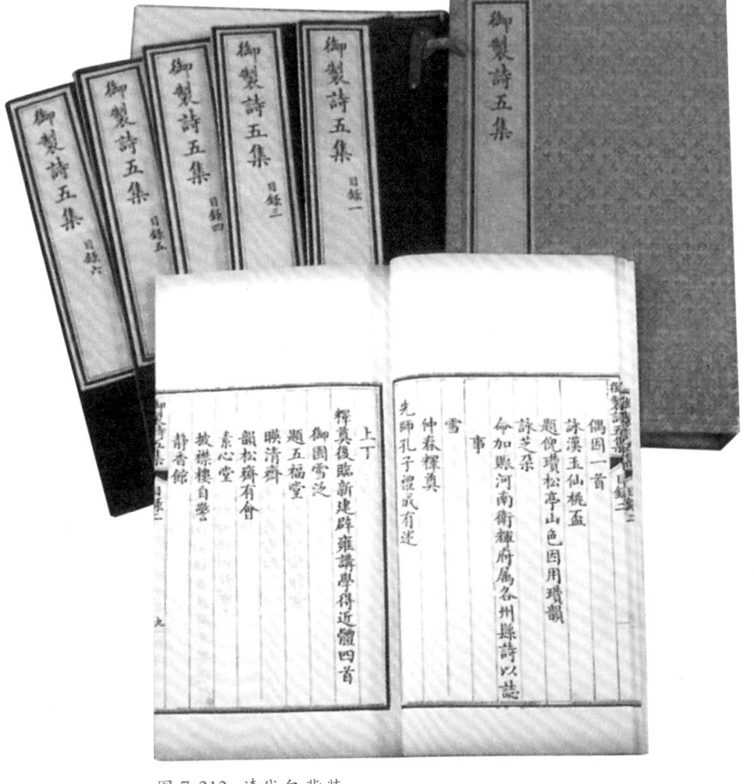

图 7-212 清代包背装

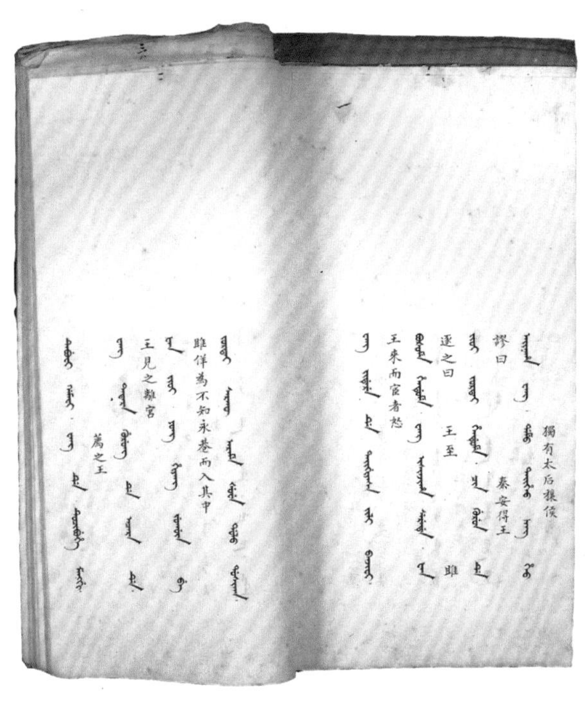

图 7-213 清代毛装：清乾隆满汉合璧本《御批历代通鉴辑览》

6. 毛装

在古籍装帧中，毛装有两种含义，一是凡册页装（如蝴蝶装、包背装、线装）未作裁切者，称“毛装”；另一种是只将书页配齐、闯齐后，穿纸捻固定，即可作为商品，由用户再按自己的尺寸用料作进一步加工完成。清代内府武英殿的刻书，通常都要赠送给内府各宫、各王府、功臣、封疆大吏。这种书送去之后，不知人家怎么装潢，配什么质地的封面，所以就以“毛装”的形式发送。

7. 线装

线装书在我国起源很早。据现存的实物考证，大约在五代时已开始用线订书，称“缝缋”。而今天所用的这种线装书则出现于明代中期，到了清代，应用更为广泛。线装书的装帧工艺，其折页、穿纸捻固定书心都和包背装相同。不同的是书皮由整纸裹背而改为分前后两张，闯齐固定后，作上、下、右三边裁切，最后再以明线装订，均衡对称，具有格律美。穿线孔依书的开本大小可分为四眼、六眼、八眼等。书皮有纸、纸裱布、纸裱绫等。

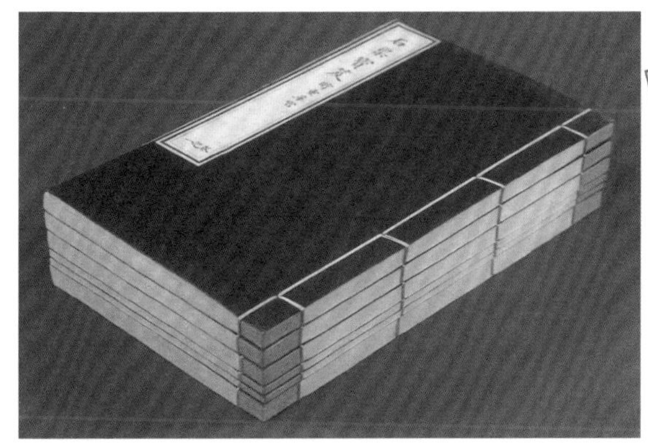

图 7-214 清代线装书籍的包角

图 7-215 清代的四目（四眼）线装本

（二）书籍外包装

1. 书衣、书签与书角装饰

清内府印刷的新书，其书衣多用黄缎面装饰，材质主要是绫，除此以外还有绢、缎、绸等丝织品和各种黄笺纸、榜纸。除黄色和红色外，还有一些书籍则奉旨用“石青杭细面”。石青就是蓝色，常用于内容深奥、哲理性较强的儒家经典、经解、正史、天文等书的封面。殿版经、史书籍，常用瓷青色装饰书衣，再配以米色书签、书角和丝线，彰显古朴典雅的艺术效果。

图 7-216 清内府书籍的书衣与书签装饰

2. 封面龙纹装饰

汉、唐以来，龙凤成为皇帝、皇后权威的象征。因此，各朝各代的书籍很多情况下都用龙凤图形来做装饰，如《大藏经》封面所用的织锦其中就有水波藏龙锦和双龙戏珠锦等。清代内府刻书中书衣上就绣有各种龙凤图形，书籍的封面、边框等处绘有龙图，夹板、函匣上雕有龙纹，各种龙凤呈祥的画面多姿多彩，含义丰富。

图 7-217 清乾隆刻本《太宗文皇帝圣训》书衣之龙纹装饰

图 7-218　清内府本《圣训》一书使用的明黄金龙夹袱

3. 包袱

为了收藏的方便和外观的美观，许多官刻书籍都配置了精致考究的函套、书匣和书盒等保护性物品，由包裹卷轴书籍的书帙发展演变而来。到了清代，书籍函匣不仅选料考究，其制法也更为精致。主要包括包袱、夹板、函套、书匣四类。包袱类似“帙”，也有人称之为“书衣”，它主要用来包裹经折装、包背装和线装等册装书籍，所使用的材料一般都是绸、缎、锦等织物中最为贵重的丝织品，颜色多为黄色。外形多以方型为主，而且为了配套使用有单、夹、棉之别，单独使用时，一般为夹袱。清朝历代的《实录》、《圣训》都是用金龙明黄包袱，外面用紫地白花锦带、本色的云头牙签捆缚。

4. 夹板

夹板是源于古代“木夹”的、介于函套与木匣之间的简易护书物。清代制作的夹板以紫檀、楠木、樟木为原材料，多为贵重之物。夹板的制法是，选择两片与书大小相同的木板，每块木板的左右两边缘都有两个扁孔，在书的上下各置一块，再用两根扁形的织带穿过，然后从夹板的左侧抽紧，拴紧，以免散开。板上贴有书签或者刻有书名，再填上各种合适的颜色，也有的为了增加立体感，在板上雕刻上精美的花纹。

图 7-219　清光绪年刊《钦定元王恽承华事略补图》及其夹板

5. 函套

函套通常是以厚纸板为里，外面用各种锦布裱包而成，纸板

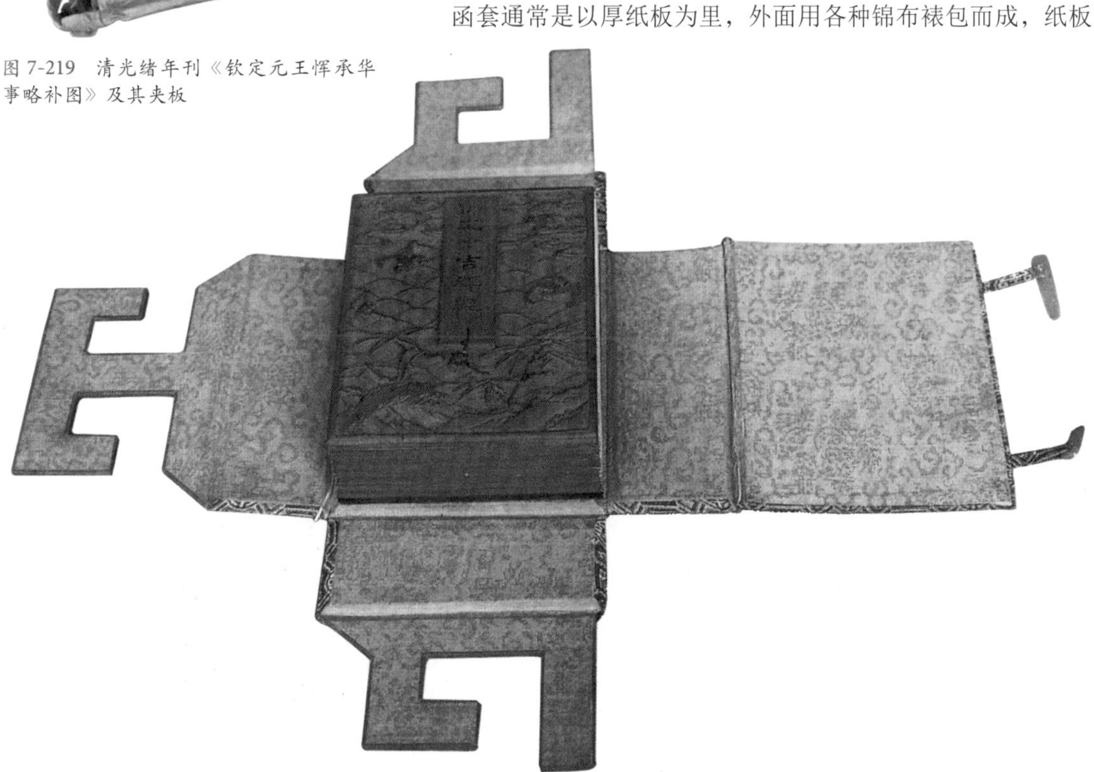

图 7-220　清乾隆年刻本《佛说十吉详经》锦套

多是六十层合背纸。有把四边都折叠起来而露出上下两端的“四合套”，也有折叠六面而四周和上下两端都不露出的“六合套”，还有的是在书函的开启处，挖成环形或者是云形的样式，开闭函套时，纹型对合、严丝合缝，兼顾了坚实和美观。而用来装饰的牙别和骨别有的雕上华纹，并染上红、蓝等鲜艳的颜色，函套上裱敷用的绫、绢等质料的颜色也特别鲜亮，图案百种，美不胜收。

6．书箱、书盒、书匣

清代内府刊本精雕细刻，盛装书籍的书箱、书盒的设计制作也都非常精致考究，力求形式与内容上的“珠联璧合”。其形状有长、方、圆之分，材质有金、银、木、纸之别，装饰手法也有镏金、镶嵌等多种工艺，总体上形成了精细巧妙和富丽堂皇的艺术审美效果。

图 7-221 清写本《满蒙汉三体字书》黑漆描金书箱，外观略呈梯形。

图 7-222 清道光写本《锡惠联吟》紫檀木雕镶翠五福捧寿圆书盒

图 7-223 清《乐善堂文钞序》书匣内隔层及存放的经折装书籍，共 14 层。

图 7-224 清《乐善堂文钞序》黑漆描金双龙戏珠提匣

书匣在古代，书匣多是盛装宋元刻本及各种精妙书籍的器物。制作书匣的原料主要有紫檀、楠木、樟木、红木、杉木等。匣的形式和开启方法各有不同，一般是在一边有便于开启的活门，匣门上刻有书名，方便查找和阅读。

注释与参考书目：

①陈升贵主编.《北京印刷志》. 北京：中国科学技术出版社，2001：82.

②张秀民，韩琦.《中国印刷史》. 杭州：浙江古籍出版社，2006：402.

③钱存训.《中国纸和印刷文化史》. 桂林：广西师范大学出版社，2004：164.

④钱存训.《中国纸和印刷文化史》. 桂林：广西师范大学出版社，2004：167.

⑤肖东发.《中国图书出版印刷史论》. 北京：北京大学出版社，2001：252.

⑥钱存训.《中国纸和印刷文化史》. 北京：北京大学出版社，2001：164.

⑦钱存训.《中国纸和印刷文化史》. 北京：北京大学出版社，2001：200.

⑧圆明园管理处编印.《圆明园欧式庭院》，1998-9.

⑨赵学敏.《本草纲目拾遗·卷一·水部强水条》. 北京：商务印书馆，1955年重印本.

⑩张秀民，韩琦.《中国印刷史》. 杭州：浙江古籍出版社，2006：414.

⑪朱家溍主编.《两朝御览图书》. 北京：紫禁城出版社，1992：154-196.

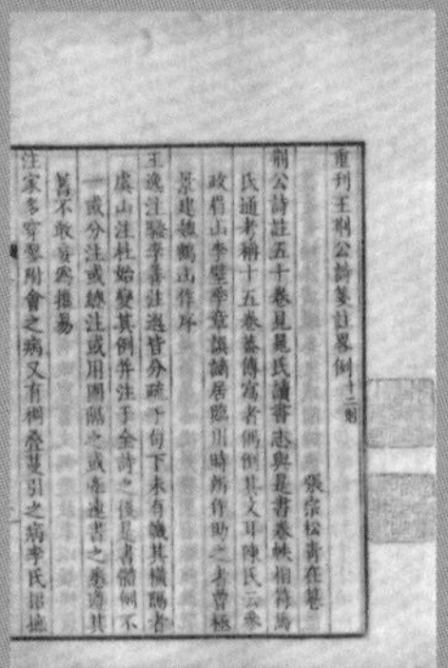

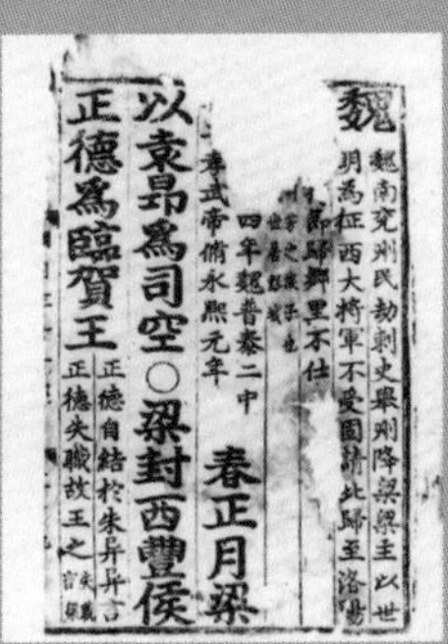

第八章 中国印刷术的外传及其历史影响

第一节 概述

印刷术是中国古代"四大发明"之一，从印刷术发明直至近现代西方印刷技术兴起，中国古代印刷术领先世界近千年，是中华民族最宝贵、最重要的科技和文化遗产之一。印刷术的发明对世界科技文化的传播、交流和发展起到积极的推动作用，极大地加速了人类社会的发展进程。

纸张作为印刷的承印物，是印刷术发明的前提条件之一。中国造纸术在汉代发明之后，迅速地在国内各地传播，经过长期的发展，造纸技术逐步走向成熟，造纸原料来源多样、纸张种类不断丰富、应用领域日益扩大。随着经济、文化交流的不断开展，通过陆上、海上通道丝绸之路，中国造纸术也逐步向周边地区扩散并最终传播到世界各地。

中国在隋唐之际发明了印刷术。在唐代，印刷术已经相当发达，印刷品流传广泛。朝鲜半岛与中国陆上相连，自古以来交往极为密切，汉、唐、元代，中国中央政府均在朝鲜半岛设置行政区划并驻军，朝鲜半岛与中国内地并无太大区别。日本与中国的关系也极为密切，从唐代始，日本派遣大批遣唐使、留学生和僧人来华。由于印刷品比手写本有诸多方面的优势，潜在的社会需求巨大，所以印刷品和印刷术很快被引进到朝鲜半岛和日本。如朝鲜半岛现存的《无垢净光大陀罗尼经》、《高丽藏》、《一切如来心秘密全身舍利宝箧印陀罗尼经》等或是从中国直接输入，或是从中国引进印刷技术及底本。据日本史书记载，日本于天平宝字八年（764）造小佛塔一百万座，塔内放置《根本》、《慈心》、《相轮》和《六度》等经咒，分配日本十大寺院中供奉。据日本学者研究，这次突如其来的大规模印刷活动，应是直接引进了中国的印刷术。中国自隋唐时期发明雕版印刷术，经过长期的发展，在北宋庆历年间（1041—1048）毕昇（？—约1051）发明了活字印刷术，此后也很快发明了金属活字，如南宋会子等纸币已使用金属活字（12—13世纪）印刷，金代贞祐宝券等纸币更是大量使用金属活字印刷（13世纪初）。朝鲜半岛不但直接从中国引进雕版印刷，也仿照中国，先后制成泥活字、木活字、铜活字、铅活字、铁活字，最有成就的是铜活字。朝鲜半岛现存最早的金属活字印刷品是宣光七年（1377）印刷的《佛福直指心体要节》。宣光七年相当于明洪武十年（1377），其年代要比南宋、金代利用铜活字印刷纸币晚得多。日本并没有及时引进中国先进的活字印

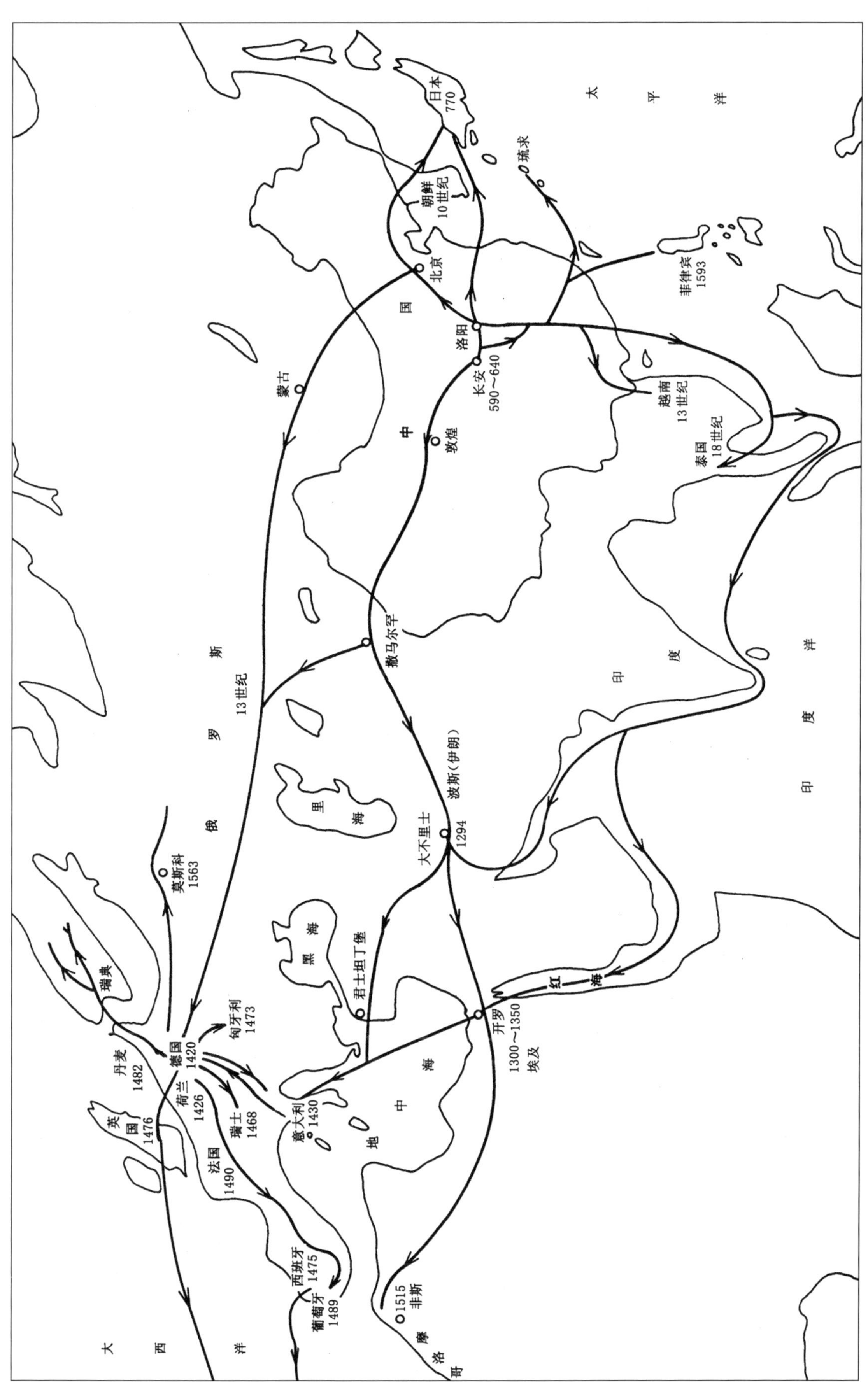

图 8-1 中国印刷技术外传图，潘吉星绘（1998）。

刷技术，直到1586年，日军侵占朝鲜平壤，日本人在朝鲜看到活字印刷非常快捷、方便，遂将数以万计的铜活字以及铸活字的工匠一同掳往日本，使日本间接地通过朝鲜半岛引进活字印刷技术。

中国与中亚、西亚各国通过丝绸之路相连，自古交往密切。中亚、西亚地区引进中国造纸术的时间较早，但并没有及时从中国引进印刷术，这可能缘于宗教和文化背景不同。元朝时，蒙古军队横扫中亚、西亚重新打通了陆上丝绸之路，东西方交流变得更加频繁、活跃。受中国因素的直接影响，印刷术很快便发展起来了。元朝在中亚地区建立的伊利汗国，1294年仿元朝制度印刷发行纸币。除此之外，新疆地区从内地引进印刷技术相当早，吐鲁番等地在唐、高昌时期就有非常发达的印刷业了，现已在吐鲁番等地发现了大量汉文、西夏文、藏文、梵文、蒙古文等早期印刷品。新疆与中亚、西亚地区毗邻，是造纸术、印刷术西传的重要中转站。

欧洲人获得中国印刷技术可能通过三种方式，一是直接从中国引进印刷术，二是通过中亚、西亚、北非地区间接获得中国印刷术，三是两种情况皆有，即一部分地区直接从中国引进印刷术，靠近中亚、西亚、北非的地区间接引进中国印刷术。元代时，很多欧洲人在中国接触、见识、使用过印刷品，并有可能获得印刷知识。据外国专家研究，欧洲早期雕版印刷品的制版、上墨、刷印、装订、版式等各个方面，完全按照中国印刷技术操作，具有明显的中国印刷品特征，其区别只是欧洲文字横排。欧洲早期的活字术也是直接或间接地受到中国的影响，欧洲人在掌握木活字印刷术后，开始仿照中国金属活字印刷技术，其中以德国人约翰·谷腾堡（1400—1468）的成就最大，但他仍是沿用中国金属活字的原理、技术和程序，欧洲人只是作了改进，发明了螺旋压印器，从某种意义上可以说，谷腾堡发展了中国金属活字印刷技术。

第二节　中国造纸术的外传

一、造纸术在亚洲的传播

中国造纸术在汉代发明之后，迅速地在国内各地传播，随着经济、文化交流的不断开展，中国造纸术也不断向周边地区扩散，并且逐渐传播到世界各地。

中国与朝鲜半岛陆上相连，自古以来交往密切。汉武帝时，发水陆军灭卫氏朝鲜（前194—前108），建乐浪、临屯、玄菟、真番四郡，直接统治朝鲜半岛，昭帝始元五年（前82），将四郡合并为乐浪、玄菟两郡。唐朝时，朝鲜半岛百济、新罗、高句丽三国争雄，唐高宗发兵助新罗于660年灭百济、668年灭高句丽，此后唐在朝鲜半岛设置都护府，并在朝鲜半岛驻军。汉朝时，已有大批汉族移民定居朝鲜半岛，并占有较大比例，从某种程度上说，汉、唐以来朝鲜半岛和中国内地并无太大区别。近年来，

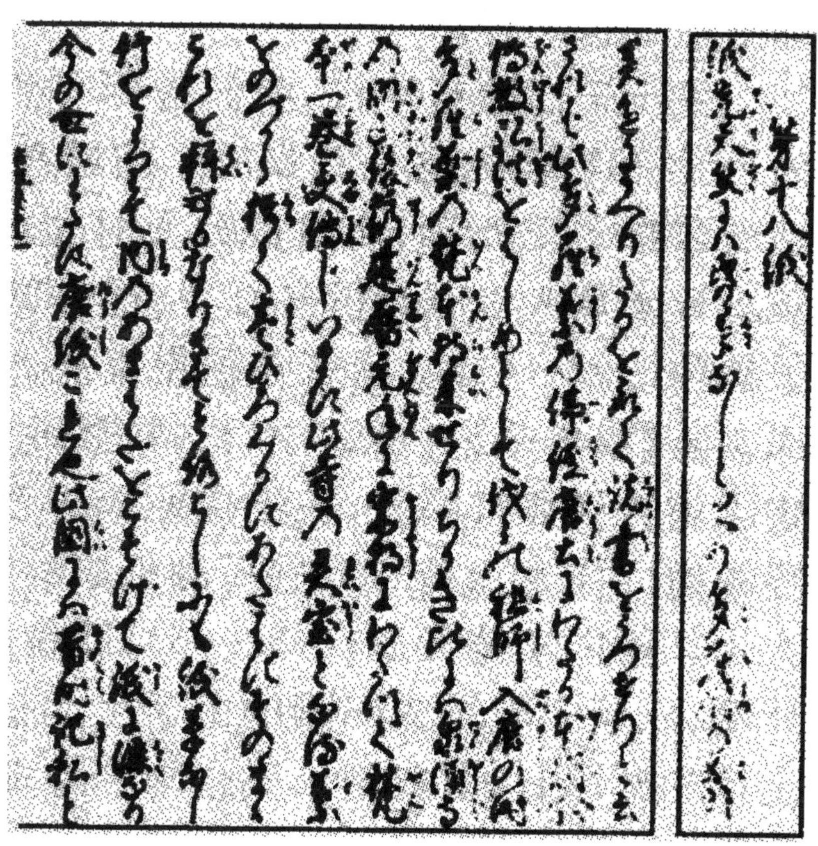

图 8-2　《枯杭集》（1668）关于造纸的记载

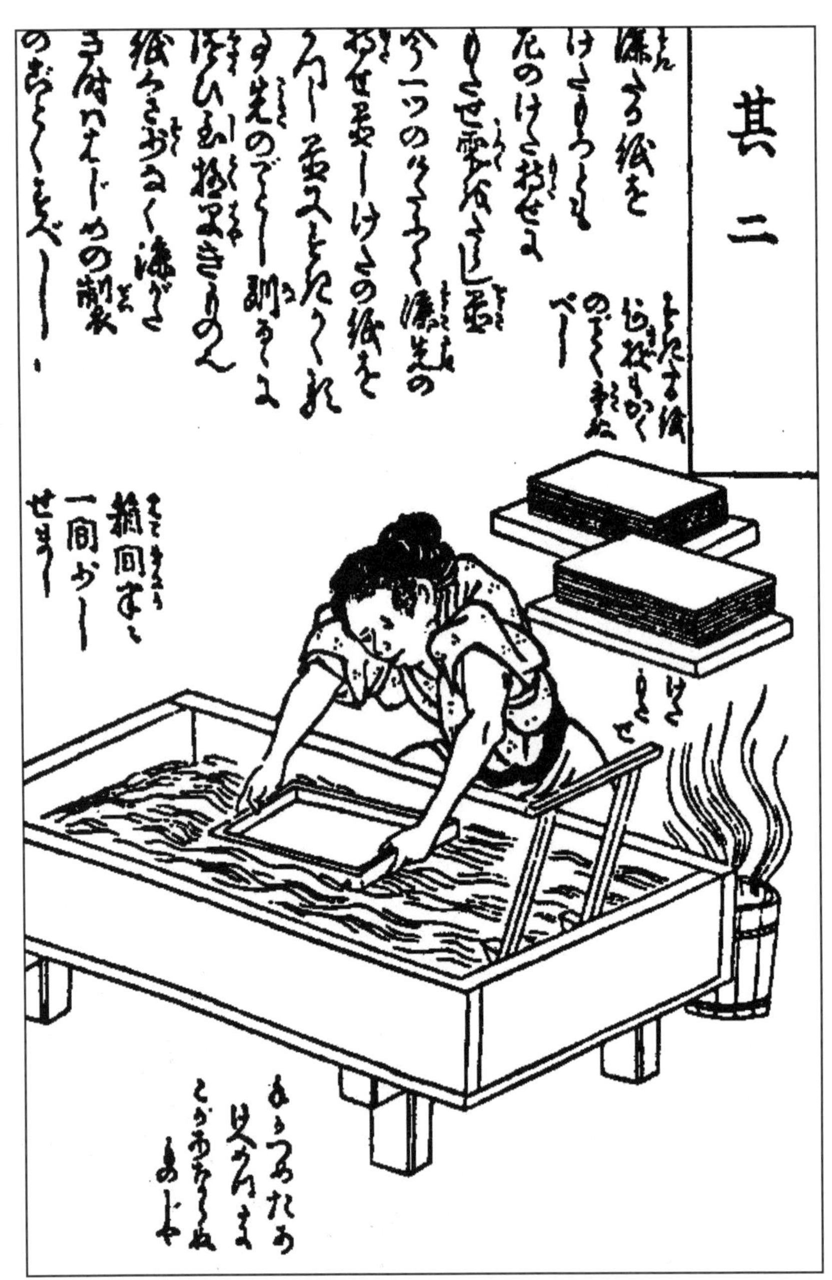

图 8-3 《纸漉重宝记》（1798）抄纸图

在朝鲜半岛出土了大量汉代遗物，有的来自中国内地，所以中国造纸术在汉代发明以后，很自然地会传播到朝鲜半岛。1963 年—1965 年，朝鲜平壤高常贤墓发现了一片麻纸，据考证，高常贤是汉代乐浪郡夫租县长，是汉人，由于乐浪郡由汉代中央政府直接统治，所以高常贤墓中发现的麻纸等器物很可能来自中国内地。现有资料表明，朝鲜半岛在中国晋代时开始制造麻纸，造纸者是中国北方移民来的工匠。唐、宋时，朝鲜半岛麻纸、楮纸发展较快，此后造纸术在朝鲜半岛不断发展，一度具有较高的水平。

日本与中国、朝鲜半岛隔海相望，自古交往密切。根据文献记载，日本的造纸术可能是通过朝鲜半岛间接地传入的，《日本书纪》载，“十八年（610）春三月，高丽王贡上僧昙征、法定。昙征知《五经》，且能作彩

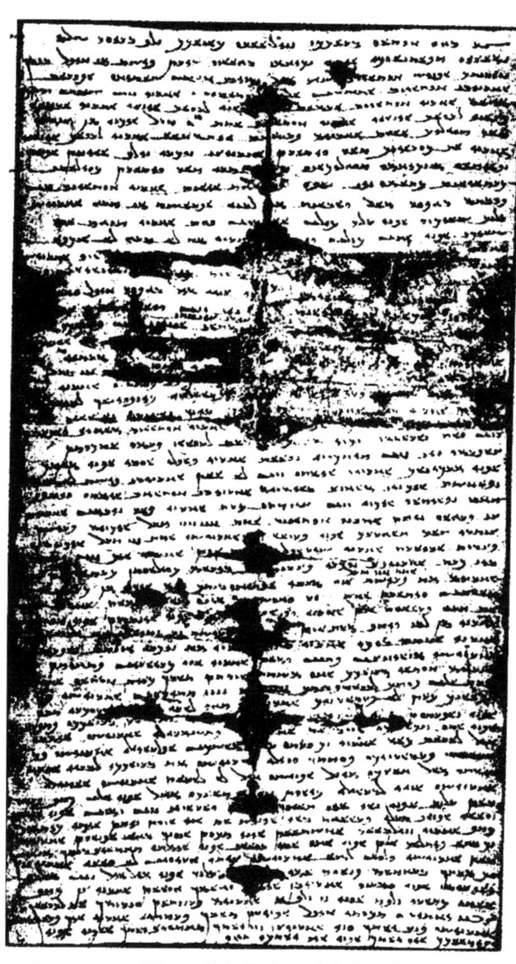

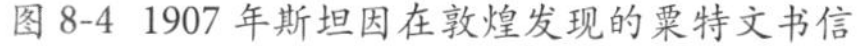

图 8-4 1907 年斯坦因在敦煌发现的粟特文书信

图 8-5 唐代造纸工在撒马尔罕传授造纸术（8 世纪末）

色及纸、墨，并造碾硙，盖造碾硙始于是时欤？”昙征到日本时，推古天皇（554—628 在世，592—628 在位）在位，由圣德太子（574—622 年）摄政，圣德太子为了发展造纸，令各地种植楮树，作为造楮纸的原料。日本早期造纸活动是在昙征的指导下进行的，昙征精通儒学，有可能由高丽王派往日本。

中印之间在汉代就有往来。造纸术传入印度的时间和传入的途径，目前还不清楚。在印度梵文中，直到 7 世纪末才出现“纸（kākali）”字，唐代高僧玄奘（602—664）在 628 年—643 年间访印也没有记载印度有纸。中国新疆地区在 4—5 世纪已从内地学会造纸，新疆是丝绸之路上的重要中转站，中国内地、中亚、西亚、南亚、欧洲人频繁到此。20 世纪以来，新疆出土了大量早期纸质写本，除汉文外，还有粟特文、叙利亚文、吐火罗文、波斯文、梵文、回鹘文、西夏文等多种文字，在 9—10 世纪已出现梵文佛经写本，说明此时新疆与印度已建立密切的联系，很自然地，造纸术有可能从新疆通过克什米尔地区中转，再传入印度。另外一种可能是造纸术从西藏经南亚地区传入印度，西藏在 7 世纪中期已从内地学会造纸，西藏与印度陆上相连，两地宗教、文化联系密切，造纸术也有可能从西藏传到印度。

柬埔寨在中国古代称为扶南、真腊，明代时始称为柬埔寨。元代时，中国人周达观于1296年—1297年到柬埔寨，后写成《真腊风土纪》一书，该书中记载从中国进口的货物有金银、丝绸、瓷器、纸张、焰硝等，说明在此之前纸已经传入了该国。

造纸术传入缅甸可能在宋、元时期。元朝时多次征讨缅甸，缅甸成为中国属国，其境内通行汉语、元朝历法和纸币，随着纸和印刷品的传入，造纸术也很快随之传入。

菲律宾、印度尼西亚与中国隔海相望，自古交流密切。据明代张燮（1574—1640）《东西洋考》一书记载，菲律宾人“以衣服多为富，字亦用纸笔，第画不可辨”，说明16世纪时当地人已用纸作为书写材料，纸传入的时间应该在此之前。中国纸张传入印度尼西亚的时间更早，唐代僧人义净（635—713）在671年－695年间从海路赴印度后，在印度尼西亚苏门答腊岛居住时，他委托中国商人从中国购置纸墨带给他。说明8世纪时纸已传入印度尼西亚，但造纸术传入的时间较晚。

中亚、西亚诸国古称西域，通过丝绸之路，中国内地与中亚、西亚往来频繁，联系紧密。丝绸之路在西汉即已开通，中国纸张随着各种货物也很快传入西域。20世纪以来，在中国新疆、甘肃等地丝绸之路古道上，发现了大量早期纸质写本，有粟特文、吐火罗文、波斯文、叙利亚文、希腊文等多种文字，有些纸本的年代早到公元3—4世纪。1907年斯坦因在甘肃敦煌发现了9封用粟特文书写的信件，用的是中国麻纸。经研究，这些公元4世纪初写的信是旅居凉州（今甘肃敦煌）的粟特人写给其远在撒马尔罕（Samarkand）的友人的，说明不仅在中国境内的中亚、西亚人接触、使用过纸，其远在故国的亲友等也能通过书信等形式接触、使用中国的纸。通过丝绸之路，中国纸张迅速传播到了西亚、中亚等地。据文献记载，波斯萨珊朝（226—651）后期就开始用从中国进口的纸张书写官方文书。中亚、西亚早期用纸都从中国传入。唐天宝十载（751），唐安西节度使高仙芝（约700—755）率军与大食在今哈萨克斯坦境内激战，唐军战败。根据10世纪波斯人萨阿利比（960—1038）在《世界明珠》一书中的记载：“在撒马尔罕的特产中，应提到的是纸，由于纸更美观、更适用和更简便，因此取代了先前用于书写的莎草片和羊皮。纸只产于这里和中国。《道里邦国志》一书的作者告诉我们，纸是由中国战俘们从中国传入撒马尔罕的。这些战俘为利利之子沙利所有，战俘中有造纸工。造纸发展后，不仅能供应本地的需要，也成为撒马尔罕的一种重要贸易品，因此它满足了世界各国的需要，并造福了全人类。”萨阿利比清楚地记载了中国印刷术由战俘西传的史实，751年唐和大食的战争结束后，中国战俘被转移到撒马尔罕，在那里传授造纸技术，撒马尔罕建成了阿拉伯地区第一个造纸场。

二、造纸术在欧洲的传播

欧洲早期采用羊皮、纸草等作为书写材料，造纸术传到欧洲相对较晚。阿拉伯地区引进中国造纸术后，欧洲以阿拉伯地区为中介，也逐渐学会了中国造纸术。

Ich brauch Hadern zu meiner Mül/
Dran treibt mirs Rad deß Wassers viel/
Daß mir die zschnittn Hadern nelt/
Das Zeug wirt in Wasser eynquellt/
Drauß mach ich Bogn/auff den Filtz bring/
Durch Preßz das Wasser darauß zwing.
Denn henck ichs auff/laß drucken wern/
Schneeweiß vnd glatt/so hat mans gern.
Der

图 8-6 欧洲早期造纸场局部（Das St.ndebuch,1568）

欧洲国家中，最早开始造纸的是西班牙，这是由于西班牙一度被阿拉伯人统治。西班牙境内现存最早的纸质文书是在圣多明各（Santo Domingo）发现的，时间约在 10 世纪末。这种纸是以亚麻纤维为原料，与阿拉伯纸类似。随着纸的需求量增加，1150 年阿拉伯人在西班牙南部萨迪瓦（Xativa）建起了欧洲最早的造纸场。西班牙人推翻阿拉伯人的统治后，1157 年在维达隆（Vidalon）建立了另一个造纸场。

意大利早期用纸可能来源于阿拉伯地区。1276 年，意大利中部的蒙地法诺（Montefano）

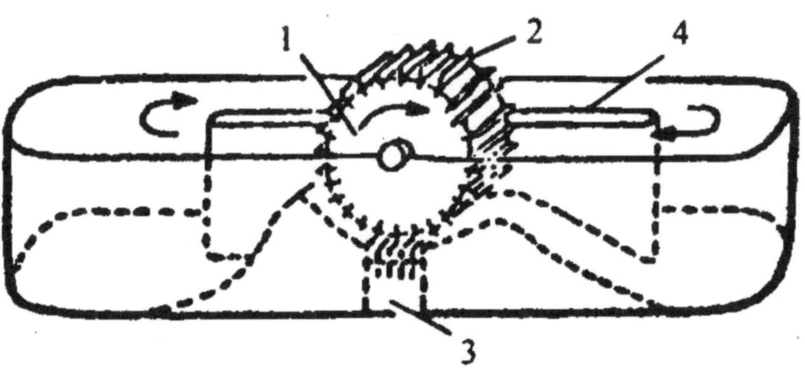

1. 飞刀辊　2. 刀片　3. 底刀　4. 隔板

图 8-7 荷兰人发明的打浆机结构图（1680）

图 8-8 法国造纸厂局部（18 世纪，Sandermann）

Jacob Christian Schäffers

Doctors der Gottesgelehrsamkeit und Weltweisheit; Pred. zu Regensburg; Sr. Königl. Maj. zu Dännemark Norwegen Rathes und Prof honor. zu Altona; der Academie der Naturforscher, zu Petersburg, London, Berlin, Roveredo und München, der Gesellschaft der Wissenschaften zu Duisburg und phynischbotanischen Gesellschaft zu Florenz, der deutschen Gesellschaft zu Göttingen, Leipzig, Altdorf und Erlangen Mitgliedes; wie auch der Academie zu Paris Correspondentens

Versuche und Muster

ohne alle Lumpen

oder doch

mit einem geringen Zusatze derselben

Papier zu machen.

Erster Band.

Nebst vier ausgemahlten Kupfertafeln.

Regensburg, 1765.

图 8-9 德国人谢弗关于造纸原料专著扉页（1765）

建起了意大利第一个造纸场；1293 年，又在波沦亚（Bologna）新建造纸场。意大利是继西班牙之后第二个学会造纸的欧洲国家。

法国与西班牙接壤，其造纸术很可能由西班牙传入。1348 年巴黎东南特鲁瓦（Troyes）建立的造纸场可能是法国最早的造纸场。1348 年—1388 年在埃松（Essones）、圣皮耶尔（Siant—Pierre）、圣克劳德（Siant—Cloud）和特勒瓦（Toiles）等地也新建了造纸场。

德国人直到 14 世纪用纸都是靠进口。后来，纽伦堡商人斯特罗姆（Ulman Stromer，1328—1407）在意大利看到造纸，在米兰结识了意大利造纸技师弗朗切斯、马库斯、塞洛缪斯，将他们带回德国，投资建起了德国第一家造纸场。纽伦堡国立博物馆中藏有两页斯特罗姆的手稿，详细描述了他建立造纸场的经过。造纸术很快被其他人买去，此后德国各地出现了多家造纸场，到 16 世纪末，德国的造纸场达到 190 家。

瑞士与德国接壤，1433 年在巴塞尔（Basel）建立造纸场。德国南边的奥地利 1498 年也在维也纳建立造纸场。波兰境内的克拉科夫（Crakow）1491 年建立造纸场，此后威尔诺（Eilno）和华沙也建起了造纸场。英国早期用纸全部靠进口，英国最早的造纸场是由伦敦商人态特（John Tate，？—1507 年）在哈福德（Herford）兴建的，造出的纸供出版商印书。此后英国各地纷纷建造纸场，到 17 世纪末有 100 多家。荷兰很早就进口纸，海牙档案馆保存的最早纸质文书年代为 1346 年，但荷兰本地造纸却相当晚，直到 1586 年才在多德雷赫特（Dordercht）建起了第一个造纸场。俄国接触、使用纸制品的时间相当早，元朝时期俄国部分地区为元朝所占，《元史·英宗纪》载，1320 年赐俄国纸币一万四千贯。此外，元朝时期中国官员还到俄国用印刷好的表格登记户籍。但俄国直到 1576 年才在莫斯科建立造纸场，采用的是德国技术。①②

第三节 印刷术在东亚地区的传播

一、朝鲜半岛的雕版印刷

中国与朝鲜半岛接壤，自古以来，交往极为密切，朝鲜半岛受中国的影响尤多。中国印刷术在唐代时已经相当发达，印刷品流布广泛，朝鲜半岛可以很方便地从中国引进印刷品。这一时期，朝鲜半岛既没有关于印刷术发明、应用的文献记载，也没有发现当地制作的印刷品，像 1966 年韩国庆州发现的《无垢净光大陀罗尼经》，应是唐武则天时期中国的印刷品。

朝鲜半岛从中国引进印刷术大约在北宋初期，最早的印刷活动也是从印刷佛经开始的。宋太祖（927—976 在世，960—976 在位）于北宋开宝四年（971）下令印造《大藏经》，即《开宝藏》，完成于宋太宗（939—997 在世，976—997 在位）太平兴国八年（983），历时 12 年。北宋《开宝藏》印造完工，正值高丽成宗（960—997 在世，981 年—997 在位）在位，989 年，成宗遣使向宋太宗请赐《开宝藏》，以便作为底本在高丽翻印。之后，又“遣僧如可赍表来觐，请大藏经”，宋太宗“至是赐之，仍赐如可紫衣，令同归本国”。为了培养高丽印刷等方面人才，成宗还派遣王彬、崔罕等 40 多人进入北宋国子监学习。992 年，宋太宗授予高丽学生进士、秘书郎等职衔，为高丽的印刷事业培养了一批主管技术的官员，这些人员回国后，成为高

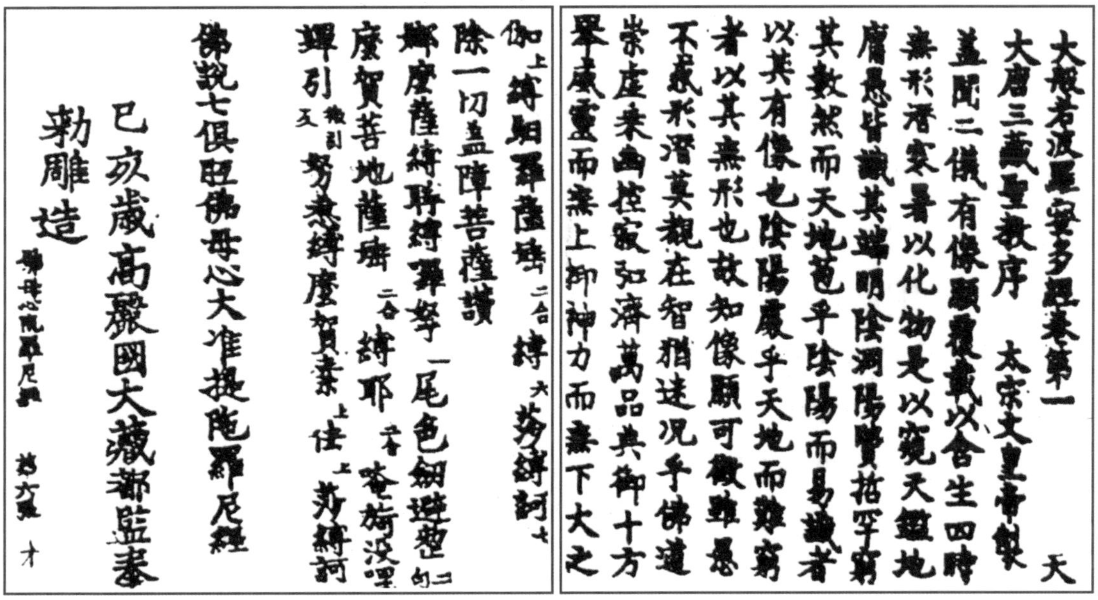

图 8-10 高丽版《大藏经》

高麗國摠持寺主眞念
廣濟大師釋弘哲敬造
寶篋印經板印施普安
佛塔中供養時
統和二十五年丁未歲記

一切如來心秘密全身舍利
寶篋印陀羅尼經
如是我聞一時薄伽梵
在摩伽陀國無垢園寶
光明池中與大菩薩衆
及大聲聞僧天龍藥叉
揵闥婆阿蘇羅迦樓羅
緊那羅摩睺羅伽人非
人等无量百千衆俱前

图 8-11 高丽版《一切如来心秘密全身舍利宝箧印陀罗尼经》

丽印刷行业的骨干。993 年，宋太宗派掌管图书印刷的官员前往高丽指导，停留了七十余日。这样，高丽成宗年间便从中国直接引进了印刷技术、最好的底本，并由中国培养了一大批技术人才和主管官员，从此高丽的印刷事业迅速发展。

高丽成宗时向北宋请赐《开宝藏》作为底本，打算翻印大藏经，但在成宗朝并没有实现。高丽显宗（？—1031 在世，1009—1031 在位）朝时，西京都巡检使康兆杀辽使，辽圣宗（971—1031 在世，982—1031 在位）大怒，于统和二十八年（1010）率兵入高丽，杀康兆，破京城，高丽翰林学士李奎报（1168—1241 年）记载此事："因考厥初草创之端。则昔显宗二年（1011）契丹兵大举来征，显宗南行避难，丹兵屯松岳不退。于是乃与群臣发无上大愿，誓刻成《大藏》，然后丹兵自退。"契丹撤兵后，显宗回到松岳（今开城），随即筹备印造大藏经。这次印刷大藏经以《开宝藏》初刻本为底本，并增入《续开元录》，至高丽文宗三十六年（1082），才印刷成功，即《初刻高丽藏》，全藏总计 570 函，收经 1106 部 5924 卷。1232 年，蒙古入侵高丽，高宗（1192—1259 在世，1213—1259 在位）束手无策，于是效法显宗，重新印造《大藏经》，发愿以求蒙古退兵。这次印刷《大藏经》，始于 1237 年，成于 1251 年，全藏 6791 卷。这部经版后世几经修补，一直保存至今，即是有名的《高丽藏》。

朝鲜半岛现存最早的雕版印刷品是 1007 年总持寺印刷的《一切如来心秘密全身舍利宝箧印陀罗尼经》（简称《宝箧印经》）。该经由唐代僧人智藏（705—774）由梵文译为汉文，五代时吴越国王钱俶（929—988 在世，948 – 978 在位）显德二年（955）在杭州印刷此经，供奉于西湖雷峰塔中，1924 年 9 月 25 日，雷峰塔倒塌，于砖孔中发现千余卷《宝箧印经》。卷首扉画前印有"天下兵马大元帅吴越国王钱俶造此经八万四千卷，舍入西关砖塔，永充供养。己亥八月日记。"这次吴越国王钱俶下令印造的《宝箧印经》应是高丽版本的底本。韩国发现的《宝箧印经》牌记为"高丽国总持寺主、真念广济大师释弘哲，敬造《宝箧印经》板，印施普安佛塔中供养。时统和二十五年（1007 年）丁未岁记。"采用的是中国辽代统和年号纪年。

除印刷大藏经等佛教经典外，朝鲜半岛也从中国引进技术和底本，印刷儒家经典、文史类作品。高丽成宗时，遣翰林学士白思柔使宋，向宋太宗请赐国子监版《九经》，以便作为底本翻印。此后，高丽靖宗（1018—1046在世，1035—1046在位）八年（1042）印刷了《两汉书》和《唐书》，靖宗十一年（1045）印刷了《礼记正义》和《毛诗正义》，之后又印刷了《黄帝八十一难》、《伤寒论》、《本草备要》等医学书籍。从此，中国的儒家经典、文史著作、医书等各类书籍，在朝鲜半岛陆续印刷，广为流传。将高丽印刷品与宋代印刷品对比可知，二者版式、形制、字体、装帧等方面基本一样，且高丽印刷品往往以宋版为底本，可以确定，朝鲜半岛早期雕版印刷技术是从中国直接引进的。③

二、朝鲜半岛的活字印刷

朝鲜半岛不但直接从中国引进雕版印刷，而且还采用了北宋毕昇（？－约1051）发明的活字印刷。他们仿照中国，先后制成泥活字、木活字、铜活字、铅活字、铁活字，最有成就的是铜活字。

高丽人掌握活字印刷思想和活字印刷技术应来源于北宋沈括（1031—1095）《梦溪笔谈》，该书记载了毕昇发明的活字印刷技术，“庆历中有布衣毕昇又为活板。其法用胶泥刻字，薄如钱唇，每字为一印，火烧令坚……”《梦溪笔谈》于南宋乾道二年（1166）首次印刷，元大德九年（1305）再次印刷。此书传入高丽的时间大约在14世纪。

中国的活字印刷在北宋庆历年间（1041—1048）发明之后，很快从泥活字过渡到金属活字。泥活字与金属活字的印刷思想和印刷技术一致，唯

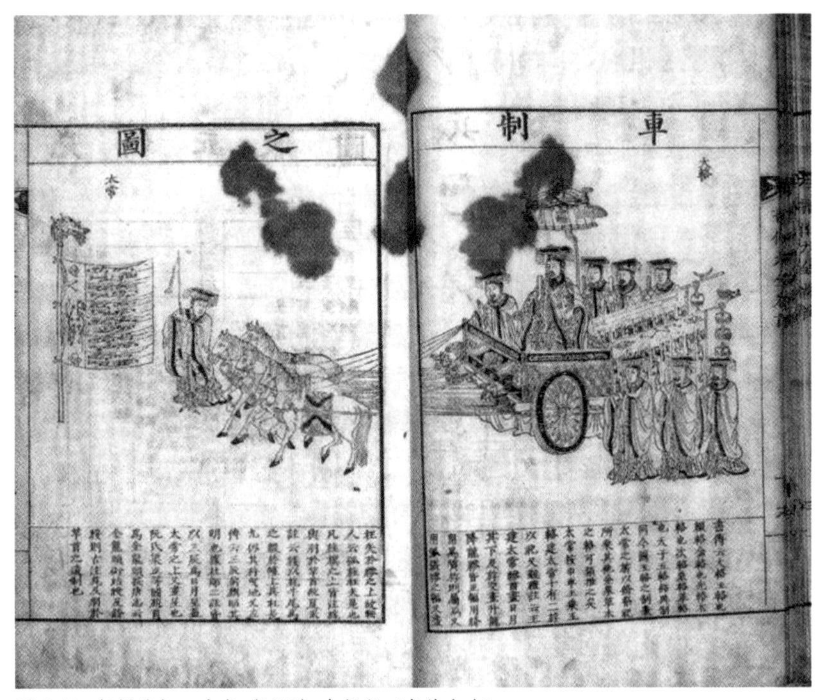

图8-12　朝鲜纯祖二十年（1820）内阁版《书传大全》

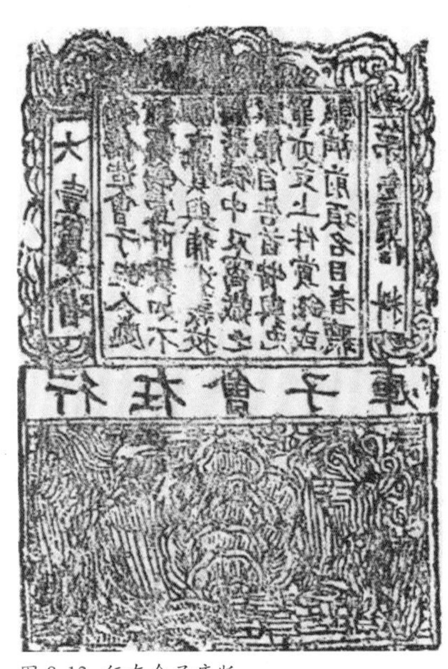
图 8-13 行在会子库版

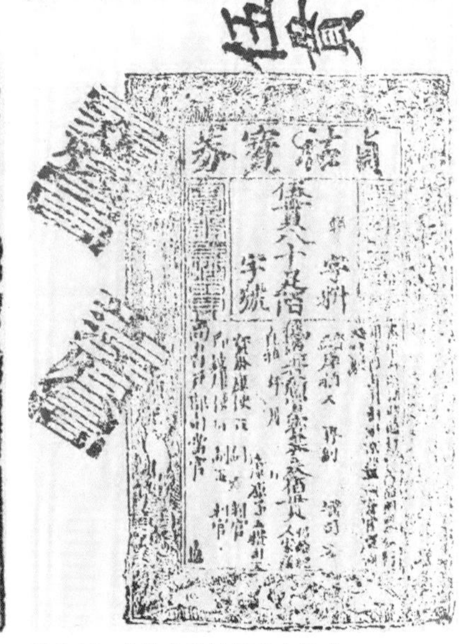
图 8-14 贞祐宝券伍贯两合同版

有制版材料和制版技术不同，金属活字必须由铸造而成。中国古代冶金、铸造技术相当发达，至迟在商代青铜冶铸技术即已成熟，自商周至战汉是范铸法盛行的时期，隋唐以后，翻砂法又得到了极大的发展，这两种铸造技术都可以肯定是中国本土的发明。隋唐以后，失蜡法铸造技术随着佛教的传入，大量用于铸造佛教造像。可以说，中国完全具备金属活字发明的技术储备。事实上，中国的金属活字至少在宋、金时期即已成熟，并被大量用于纸币印刷。1936 年发现的南宋“行在会子库”版，是南宋会子纸币的印刷版，长 17.4 厘米，宽 11.8 厘米。版上图文大致分为三个部分，中为“行在会子库”五个大字，是会子的发行机关。其上为文、下为图。上文左右如楹联，一为“大壹贯文省”，一为“第壹百拾料”，中间三字即“壹贯文”和“壹百拾”是活字，可任意抽换。在“大壹贯文省”与“第壹百拾料”之间为防伪赏格，下绘宝藏图。[④]此版现藏中国国家博物馆。行在会子库版的“壹贯文”和“壹百拾”是活字，利用一套钞版即可印出不同面值的纸币，也可印出不同编号的纸币，提高了纸币的防伪性能，也有利于纸币的管理。此后，金属活字技术在金代纸币印刷上得以继承和发展，如金代“贞祐宝券伍贯两合同版”的字料、字号之上都有一个方形槽，是安放活字的，甚至在字料之上还留有一小活字“輶”。中国钱币博物馆收藏的金代“圣旨回易交钞”残版，在“字料”上方有一个正方形浅槽，是安放活字用的。此外，上海博物馆收藏的金代贞祐宝券伍贯两合同版，在“字料”、“字号”之上都有一个镂空方孔，显然是安放活字所用，用于编号。在“印造库使”之下也有一个镂空方孔，其下的“副”、“判官”之下也各有一个正方形凹槽，没有镂空。在“宝券库使”及其下方的“副”、“判官”之下也各有一个正方形浅槽，显然这些凹槽都是安放活字用的，这些活字的内容为掌管纸币印刷、发行、管理等事务官员的私人花押。[⑤]这一类的实物目前

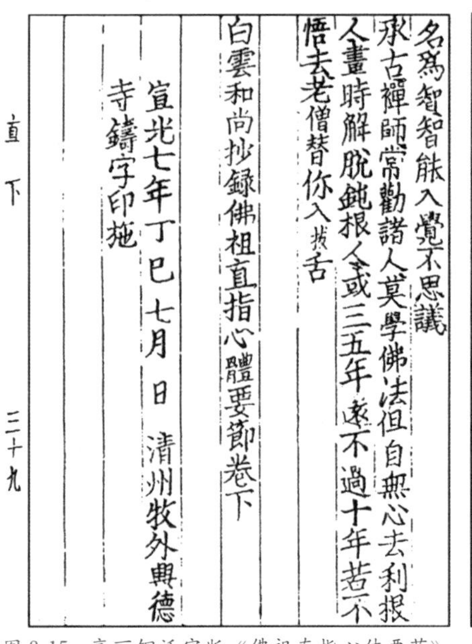
名爲智智能入覺不思議
承古禪師常勸諸人莫學佛法但自無心去利根
人盡時解脫鈍根人或三五年遠不過十年若不
悟去老僧替你入拔舌
白雲和尚抄録佛祖直指心體要節卷下
宣光七年丁巳七月 日 清州牧外興德
寺鑄字印施
直 下 三十九

图 8-15 高丽铜活字版《佛祖直指心体要节》（1377 年）

巳有內難遂入洛百官三上牋請監國畢於
柩前即位 丙戌四月年五十九丙戌 天成四長慶四在位八年 涖政之初首
放宮女僅存老舊之人 宮中猶千餘上曰職掌 宜諳故事悉用老舊者
少年悉出之大數 以以百人爲類 繼斬孔謙悉去苛斂之法罷
諸道監軍使盡殺之 以莊宗由 宦官亡 詔北都悉誅宦
官之逃匿者 值亂數百人匿山林或 爲僧逃太原者七十人 中官 宦官 以三
十人爲 常數 教坊 白 人 鷹房 二十 人 御廚 五十 人 人等悉從
減省勑中外毋得獻鷹犬奇玩刺史以下毋

图 8-16 朝鲜铜活字版《十七纂史古今通要》（1403 年）

发现较多。宋代会子版利用金属活字印刷的时间在 12—13 世纪，金代贞祐宝券等纸币利用金属活字技术约在 13 世纪初。

现存最早的朝鲜半岛金属活字印刷品是宣光七年（1377）清州牧兴德寺印刷的《佛祖直指心体要节》。此书上、下二册，仅存下册，藏于法国巴黎国家图书馆。作者景闲（1288—1374），本书集历代佛经典故中的佛祖教训，以汉文写成。宣光七年为北元（1368—1402）年号，相当于明太祖洪武十年（1377）、高丽辛祸王三年（1377）。朝鲜半岛有关金属活字最早的记载，是 1391 年忠义君郑道传（1335—1395）给恭让王（1389—1392 在位）的上书，“欲置书籍铺铸字，凡经史子书、诸经文以至医方、兵律，无不印出。俾有志于学者，皆得读书，以免失时之叹”。恭让王准奏，“四年（1392）置书籍院，掌铸字、印书籍，有令丞”。朝鲜半岛大量铸造铜活字，始于 15 世纪初。李朝太宗李芳远（1367—1422 在世，1400－1418 在位）认为从中国直接引进的书籍太少，雕版印刷又耗时耗力，所以他“范铜为字”以便大规模印刷，遂于 1403 年春设置“铸字所”，几个月内铸成数十万字。据《李朝实录 · 太宗实录》载：“新置铸字所。上虑本国图书典籍鲜少，儒生不能博观，命置所。以艺文馆提学李稷、总制闵无疾、知申事朴锡命、右代言李膺为提调，多出内府铜铁，又命大小臣僚自愿出铜铁，以支其用。”那年是中国明成祖永乐元年（1403）癸未，所以称这年所铸的铜活字为“癸未字”。这次铸造的铜活字是以王府所藏的宋版书字体为范本，有大字 1.4 厘米 ×1.7 厘米和小字 1.1 厘米 ×0.8 厘米两种，用这些活字印刷过《十七史纂古今通要》、《十一家注孙子》、《宋朝表笺总类》等。李朝世宗（1397—1450 在世）十六年（1434）甲寅，以永乐十七年（1419）明代所赐内府刊本《孝顺事实》、《为善阴骘》等书字体

图 8-17 朝鲜甲寅铜活字版《唐柳先生集》（1438 年）

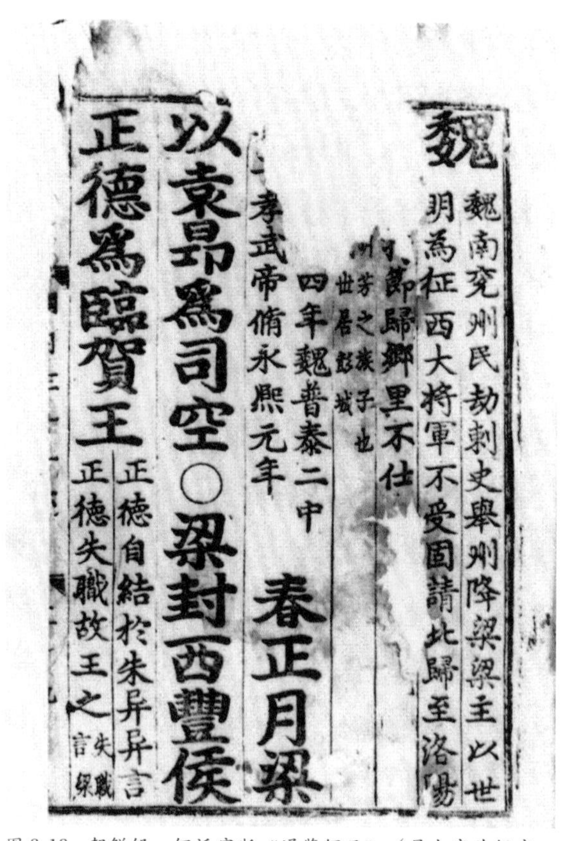

图 8-18 朝鲜铅、铜活字版《通鉴纲目》（最大字为铅字，中小字为甲寅铜活字）

为范本铸字，称为“甲寅字”。因字体仿东晋女书法家卫铄（272—347）书法，故甲寅字又称“卫夫人字”。1434 年所铸的甲寅字有大字、小字两种，大字 1.4 厘米 ×1.6 厘米，小字 1.4 厘米 ×0.8 厘米，高 0.5 厘米—0.6 厘米，共铸二十多万枚。中国印刷品中没有的字，由世宗次子晋阳大君李瑈（1417—1468）补书。用这批铜活字印刷的书，现存的有《唐柳先生集》、《诗传大全》等。李朝在 1403 年—1883 年间铸金属活字 37 次，其中铜活字 30 次、铅活字 2 次、铁活字 5 次。

关于活字铸造技术，李朝成俔（1439—1504）《慵斋丛话》记载：“大抵铸钱之法，先用黄杨木刻活字，以海浦软泥平铺印板，印着木刻字于泥中。则其所印处凹而成字。于是合两印板，熔铜从一穴泻下，流液分入凹处，一一成字。遂刻剔，重而整之。”通过成俔的记载，可以确定，朝鲜铸造铜活字的技术是翻砂法，是以黄杨木雕刻的木活字作为模具，海边的“软泥”实际上是“砂”。翻砂法铸造可以确定是中国独立发明的，其发明时间大概在北朝，隋唐以后，大量用于铸造钱币等金属制品，毫无疑问，朝鲜半岛翻砂法铸造技术是从中国引进的。

朝鲜的金属活字印刷有精密的分工。校书馆内有冶匠 6 人，冶炼铜、铁、铅等金属材料；有铸匠 8 人，专职铸造活字；有刻字匠 14 人，雕刻木模；有均字匠 40 人，专司排字；有印出匠 20 人，专司印刷；还有雕刻匠、

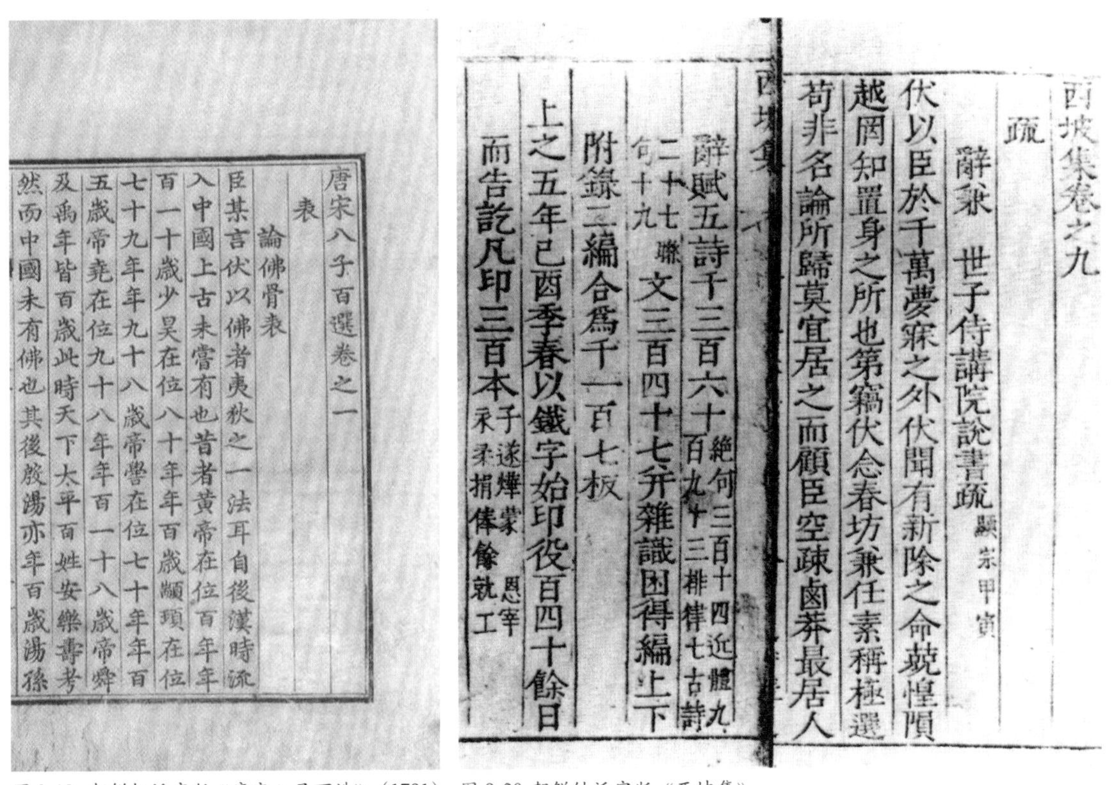
唐宋八子百選卷之一
表
論佛骨表
臣某言伏以佛者夷狄之一法耳自後漢時流入中國上古未嘗有也昔者黃帝在位百年年百一十歲少昊在位八十年年百歲顓頊在位七十九年年九十八歲帝嚳在位七十年年百五歲帝堯在位九十八年年百一十八歲帝舜及禹年皆百歲此時天下太平百姓安樂壽考然而中國未有佛也其後殷湯亦年百歲湯孫

西坡集卷之九
疏
辭免世子侍講院說書疏 顯宗甲寅
伏以臣於千萬夢寐之外伏聞有新除之命兢惶隕越罔知置身之所也第竊伏念春坊兼任素稱極選苟非名論所歸莫宜居之而顧臣空疎鹵莽最居人

辭賦五詩千三百六十 絕句三百十四近體九百九十三排律七古詩二十七 句十九 雜文三百四十七 幷雜識 因得編上下
附錄三編合爲千一百七板
上之五年己酉季春以鐵字始印役百四十餘日而告訖凡印三百本 子遂燁蒙恩宰 禾柔捐俸餘就工

图 8-19 朝鲜铜活字版《唐宋八子百选》（1781） 图 8-20 朝鲜铁活字版《西坡集》

木匠、纸匠。又有唱准人，专管校对。此外还有监印官、监校官、补字官等，共有 100 余人。对于印刷书籍，赏罚严明，几无错误，“则监印官启达论赏。每一卷一字错误者，监印官、均字匠等笞三十。印出匠每一卷一字或浓墨或熹微者，笞三十”。

朝鲜的金属活字技术是从中国引进的，由于该技术具有较大优势再加上政府的大力支持，发展较快，除了铜活字，还铸造了铅活字和铁活字，具有一定的创新性。从现存最早的铜活字印刷品《直指》可以看出，朝鲜半岛 14 世纪铜活字印刷已具有一定的水平。

从活字印刷思想和活字印刷技术来看，无论是泥活字还是木活字、铜活字、锡活字、铅活字、铁活字，它们的印刷原理和印刷技术没有实质性的不同，只是制版材料和制版技术稍有不同而已，其原理、技术、程序均是源于毕昇的泥活字印刷，毕昇发明活字印刷术不容置疑。可以说，朝鲜半岛的活字印刷思想、技术和程序都直接来源于中国，其铸字技术、铸字字体、版式设计、装帧方式，都是仿照中国，甚至很多底本也直接来自中国。[6][7][8]

三、日本的雕版印刷

唐朝时，中、日交流十分频繁，日本派遣大批遣唐使、留学生和僧人来华，将学到的知识带回日本。此前，造纸术已传入日本，并有了较快的发展。由于印刷品比手写本有诸多方面的优势，潜在的社会需求巨大，所以印刷术很快被日本引进。

佛教是促进早期印刷术发展的动力之一，为了传播佛教教义，客观上需要快速、大量复制的技术，在日本也是如此。日本最早的印刷活动也是从印刷佛经开始，最早提倡印刷佛经的是称德天皇（？—770在世，764—770在位），《续日本纪》载：“（夏四月）戊午，初天皇八年（764）乱平，乃发宏愿，令造三重小塔一百万基，各高四寸五分，基径三寸五分。露盘之下各置《根本》、《慈心》（《自心印》）、《相轮》、《六度》等陀罗尼经，至是功毕，分置诸寺。赐供事官人以下、仕丁以上一百五十七人爵各有差。”此外，《东大寺要录》也记载：“东西小塔院，神护景云元年（767）造东西小塔堂，实忠和尚所建也。天平宝字八年（764）甲辰秋九月一日，孝谦天皇造一百万小塔，分配十大寺……”这次所造的佛塔均为小型木塔，高13.5厘米，底径10.5厘米，有3层、7层及13层数种，木塔中可以放置佛经。因佛塔较小，不能放入整个佛经，一般取其中《根本》、《慈心》、《相轮》和《六度》四种经文。每种经文字数不同，印刷篇幅也不同。《根本》篇幅为5.4厘米 ×55.2厘米，每页38行。《慈心》为5.4厘米 ×54.6厘米，每页29行。《相轮》5.4厘米 ×42.6厘米，每页21行。每种经咒用一张纸。日本这次造塔、印经从天平宝字八年（764年）起至神户景云四年（770年）完工，共用6年时间。完工后，佛塔、经咒共百万份分至日本十大寺院中供奉。这次印刷的《无垢净光大陀罗尼经》数量极大，传世较多。

日本在公元8世纪的这次“突如其来”的大规模印刷所需技术从何而来？日本印刷史专家木宫泰彦博士认为：“从当时的日、唐交通、文化交流来推测，我认为是从唐朝输入的。”日本秃氏祐祥博士也指出：“从奈良时代到平安时代（794—1192年）与中国大陆交通的盛行和中国给予我

婆你伐羅拏
聲上毗瑟劔鼻
泥引菩提薩
埵也三唵四引
覩嚕覩嚕五
薩婆阿伐羅
拏毗戍達尼
大薩婆怛他
揭多摩庾播
剌尼七毗布
麗眠末麗八
薩婆悉陁南

图8-21 《无垢净光大陀罗尼经》及佛塔

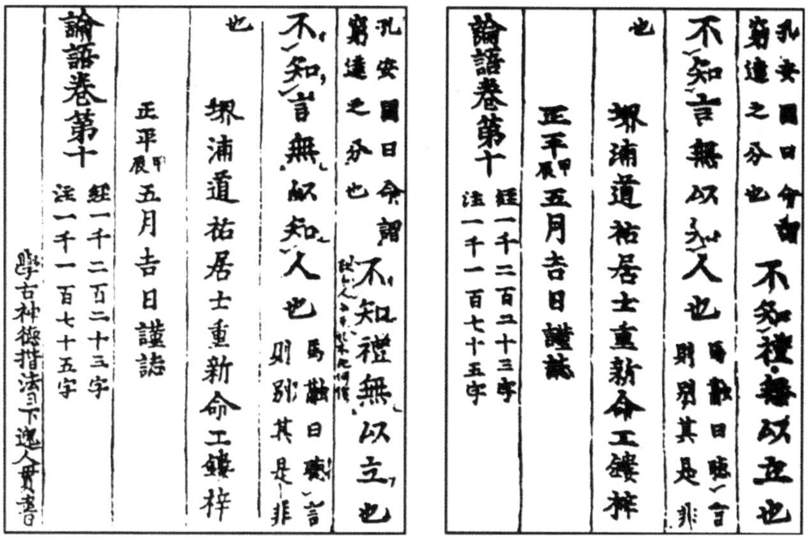

图 8-22 《论语集解》（1364 年）

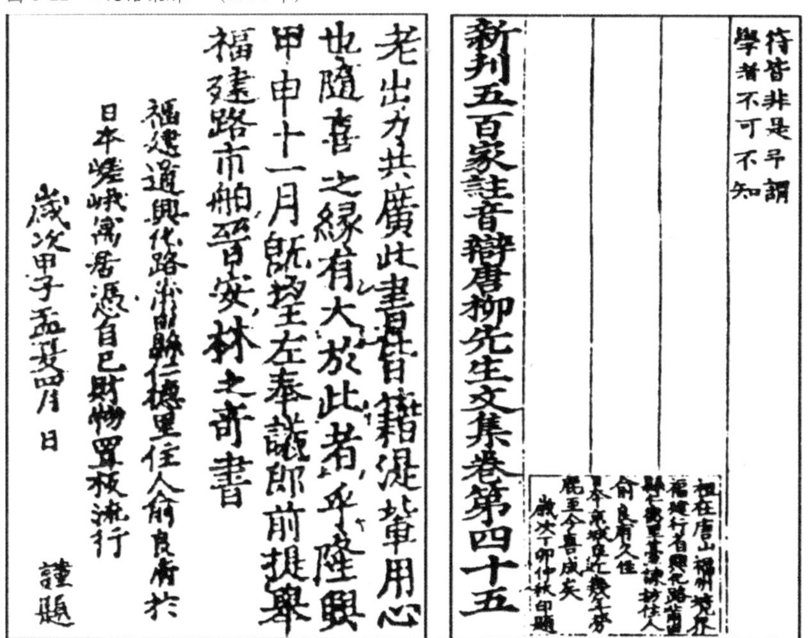
新刊五百家註音辯唐柳先生文集卷第四十五

侍皆非是予謂學者不可不知

老出力共廣此書旹籍湜輩用心也隨喜之緣有大於此者乎隆興甲申十一月既望左奉議郎前提舉福建路市舶晉安林之奇書

福建道興化路莆田縣仁德里住人俞良甫於日本嵯峨寓居憑自己財物置板流行

歲次甲子孟夏四月日 謹題

图 8 -23 中国人俞良甫在日本刻印《唐柳先生文集》（1384 年）

国显著影响的事实来看，此陀罗尼的印刷绝非我国独创的事业，不过是模仿中国早已实行的做法而已。”

公元 8—12 世纪日本史称平安时代。平安时代后期，北宋雍熙元年（984），日本守平天皇派遣僧人奝然（约 951—1016）及其徒弟 5 人来华朝觐，宋太宗（939—997 在世，976—997 年在位）赐以《大藏经》1 部、《孝经》1 卷、《越王孝经新义》1 卷等印刷品。次年，奝然等乘船回日本。宋太宗所赐《大藏经》即《开宝藏》，由宋太祖（927—976 在世，960—976 在位）下令印造。始刻于北宋开宝四年（971），完成于太平兴国八年（983），历时 12 年，刻成经版 13 余万块。《开宝藏》刻成之后，前后印刷了 140 年之久，此后又不断补充。《开宝藏》初刻和续刻的印本，曾赐予或赠给日本、高丽、女真、西夏等，后来问世的《赵城藏》、《初刻高丽藏》、

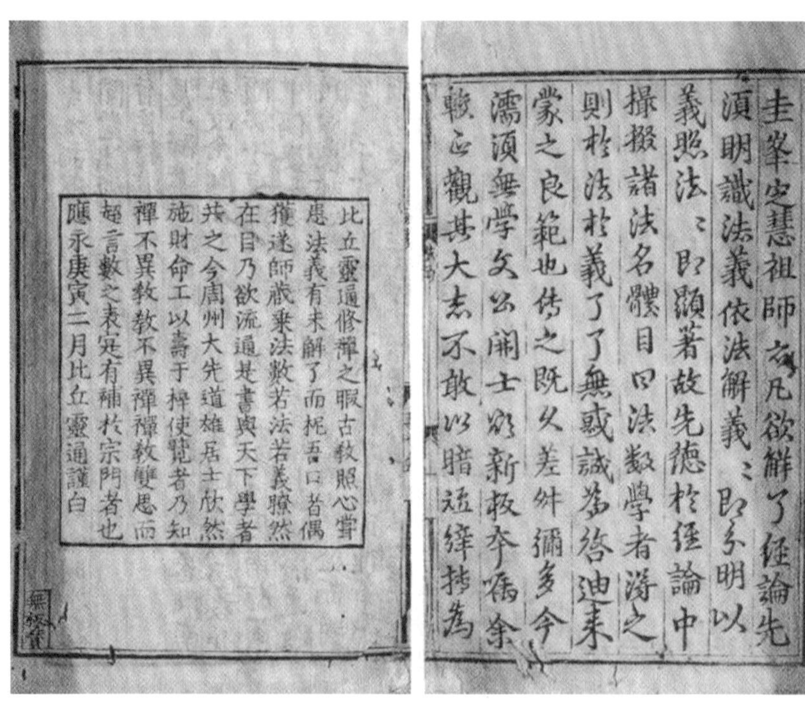
圭峯定慧祖師云凡欲解了經論先
須明識法義依法解義義即分明以
義照法法即顯著故先德於經論中
撮撥諸法名體目曰法數學者游之
則於法於義了了無惑誠爲啓迪來
蒙之良範也傳之既久差舛彌多今
濡須無學文公闡士鄉新校本脩余
較正觀其大志不敢以暗短辭抄爲

比丘靈通修禪之暇古教照心嘗
患法義有未解了而梗吾口者偶
獲遂師藏乘法數若法若義瞭然
在目乃欲流通是書與天下學者
共之今周州大先道雄居士欣然
施財命工以壽于梓使覽者乃知
禪不異教教不異禪禪教雙遣而
超言數之表寔有補於宗門者也
應永庚寅二月比丘靈通謹白

图 8-24 日本五山寺刊本《藏乘法数》（1410 年）

《契丹藏》、《崇宁藏》、《毗卢藏》、《圆觉藏》、《资福藏》都是以《开宝藏》的初刻本或续刻为底本雕印的。奝然把宋赐《大藏经》带回国后，极大地刺激了日本对佛经的印刷。此后印刷佛经连绵不绝。日本木宫太彦博士引用相关文献，指出仅 1009 年—1169 年，印刷的佛经计有 8601 部、2058 卷。

在这一时期，不但日本僧人来华求经，中国僧人也到日本弘法。南宋僧人正念（1215—1289）于咸淳五年（1269）东渡日本，历任禅兴寺、建长寺、寿福寺住持。他在日本弘安七年（1284）印刷其自撰的《佛源禅师语录》。同年，印刷《法华三大部》，该书有“大宋人卢四郎书”字样，可见宋人直接参加了日本的印刷活动。元、明之际，中国沿海地区印刷工匠东渡避难谋生，多达 50 余人，将中国高度发达的印刷技术直接带到日本。如福建印刷工匠俞良甫、陈孟荣、陈伯寿等在日本京都参加“五山版”刻印工作，在日本印刷品中可见“孟荣妙刀”、“孟荣刊施”等款识。其中福建人俞良甫尤其值得称道，他在日本印书 30 余年，印刷了《唐柳先生文集》、《集千家注分类杜工部诗》等多种书籍，在这些书的牌记中有“中华大唐俞良甫学士谨置”、“大明国俞良甫刊行”等款识。

古代日本印刷了大量的佛经，也印刷了为数不少的儒家经典。此外，日本人非常重视中国医书，“每见必买”，如日本人见到明成化三年（1467）本《各方类证医方大全》24 卷，以为“医家至宝”，于日本大永八年（1528）在日本翻印，称之为《医书大全》，这是日本印刷较早的医学书籍。日本沿用中国历法 1000 多年，也印刷过不少历书，最早的有日本元弘二年（1332）印刷的历书。此外，在 14 世纪初，日本也仿照中国印刷纸币。

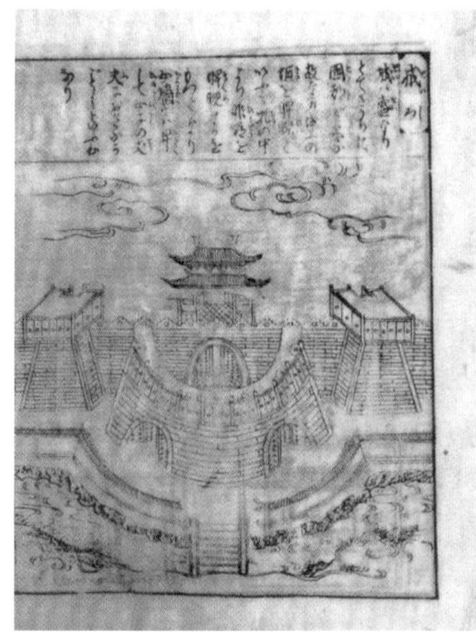

图 8-25 日本享和二年（1802）版《唐土训蒙图汇》。

重刊王荆公詩箋註畧例 十二則
張宗松青在甚
荆公詩註五十卷見晁氏讀書志與是書卷帙相符馬
氏通考稱十五卷蓋傳寫者偶倒其文耳陳氏云參
政眉山李壁季章謫居臨川時所作助之者曾極
景建魏鶴山作序
王逸注騷李善注選皆分疏于句下未有識其橫鶩者
虞山注杜始變其例并注于全詩之後是書體例不
一或分注或總注或用圈隔之或牽連書之悉遵其
舊不敢妄為推易
注家多穿鑿附會之病又有稠叠蔓引之病李氏捃摭

图 8-26 日本天保七年（1836）版《王荆公诗注》。

日本印刷品都用日本纪年，一般省略“年”字。日本早期所有印刷品都是汉字，但读法与中国不同，所以有时刻上“训点”、“和点”，后来出现“假字”，但在 17 世纪以前，日文版本的印刷品数量很少。日本印刷品也仿照中国书籍，印有“不许翻刻，千里必究”等警句。日本雕版多用樱木，纸张种类较多，美浓纸、高野纸、杉原纸比较有名。日本印刷品我国旧称“东洋版”、“和版”，传入中国留存至今的约存近千种。[⑨⑩⑪]

四、日本的活字印刷

日本并没有及时引进中国先进的活字印刷技术，直到 16 世纪末，才间接地通过朝鲜半岛引进。1586 年，日本将军丰臣秀吉（1537—1598）出兵侵占朝鲜平壤。日本人在朝鲜看到活字印刷非常快捷、方便，遂将朝鲜的活字印刷品、数以万计的铜活字以及铸活字的工匠一同掳往日本，使日本获得了活字印刷技术。1593 年，印刷《孝经》，这是日本第一次尝试活字印刷。此后，中国活字印刷技术很快在日本发展起来。日本从朝鲜掳去铜活字，由于铸造铜活字是以木活字作为模具，所以有时候也直接以木活字印刷。

日本后阳成天皇（1571—1617 在世，1586—1610 在位）曾下令用活字印刷《古文孝经》、《锦绣段》、《劝学文》。在《劝学文》一书的题记中写道：“命工每一梓镂一字，棊布之一版印之。此法出朝鲜，甚无不便。因兹模写此书。庆长二年（1597）八月下浣。”1615 年，德川家康（1543—1616）大将军命林罗山（1583—1657）主持，用大小铜活字印刷《大藏一览》125 部，于次年（1616）再印《群书治要》60 部，世称“骏河版”。这次印刷所用活字来自朝鲜，不足部分由中国工匠林五官补铸，先后补铸大小铜活字一万三千余个。由此可知，中国金属活字工匠直接参与了日本早期

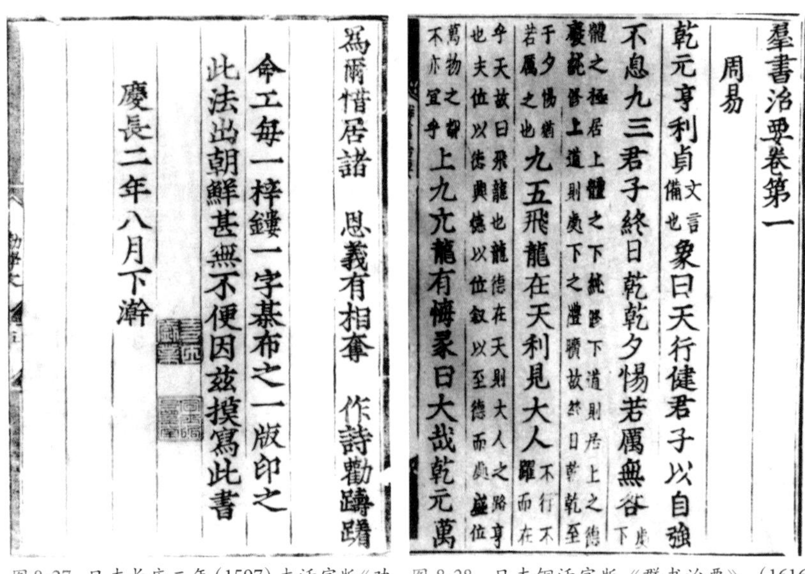

爲爾惜居諸　恩義有相奪　作詩勸躊躇
命工每一梓鏤一字碁布之一版印之
此法出朝鮮甚無不便因玆摸寫此書
慶長二年八月下澣

羣書治要卷第一
周易
乾元亨利貞文言備也象曰天行健君子以自強
不息九三君子終日乾乾夕惕若厲無咎
九五飛龍在天利見大人
上九亢龍有悔彖曰大哉乾元萬

图 8-27　日本长庆二年（1597）木活字版《劝学文》。

图 8-28　日本铜活字版《群书治要》（1616 年印刷，铜活字掠自朝鲜，不足部分由中国人林五官补铸）。

的铜活字印刷活动。

日本学会了活字印刷之后，由于便利、快捷，大量用于印刷，其中最大规模的活字印刷工程是用木活字印刷《大藏经》6323 卷，由僧人正天海发起，自日本宽永十四年（1637）始，至安庆元年（1648）完成。自从木活字印刷得到快速发展后，日本印刷事业逐渐脱离寺庙僧人之手，印刷范围不再限于佛教典籍，其他各种印刷品也根据中国传入的底本印刷出来。[12]

五、琉球印刷术的发展

琉球是以冲绳群岛、宫古群岛、八重山群岛为中心，总共 140 多个大小岛屿组成。琉球最早的文字记载见于中国史书，《隋书》中即有《琉球传》，隋朝（581—617）时，琉球也被称作琉虬。琉球未统一之前，有过三国分立的时代，即以冲绳岛为中心，从北到南，划分为北山、中山、南山三个国家。

1372 年，明太祖朱元璋（1328—1398 在世，1368—1398 在位）对中山王察度发布诏谕。北山、中山、南山三国国王向明朝朝贡，琉球成为明朝的藩属。1392 年，朱元璋命福建三十六姓精通造船航海者移居琉球。1416 年，中山王尚巴志灭北山，1429 年，又征服南山，形成统一的琉球王国（第一尚氏王朝）。根据琉球与明王朝的藩属关系，琉球每一代国王都需要接受明王朝的册封。1470 年，第一尚氏王朝灭亡，尚圆（尚円）建立第二尚氏王朝，并接受明王朝的册封。15 世纪—16 世纪，倭寇骚扰琉球群岛。明万历三十七年（1609），日本德川家康大将军实行对外扩张的政策，派邻近琉球王国的鹿儿岛萨摩藩岛津家九率领三千士兵侵略琉球，俘虏琉球王。1654年，琉球王再次遣使到中国请求册封。清朝顺治帝（1638年—1661年在世，1644—1661年在位）封琉球王为尚质王，琉球成为清王朝的藩属。1752年西方人绘制的中国海海图，包括钓鱼台群岛、琉球群岛。1853年5月，美国海军准将佩里（Matthew C. Perry）率舰队到达琉球。1854年3月，佩里与日本签订《神奈川条约》，佩里要求日本开放琉球的那霸港口，日方表示琉球是个遥远的国家，日方无权决定其港口开放权。1854年7月11日，佩里与日本谈判结束后，赶回琉球与琉球谈判，最后以中、英两种文字正式签订条约开放那霸港口。1866年，最后一位琉球国王尚泰继位。清光绪五年（1879）琉球为日本所占，改名为冲绳县，沿用至今。

琉球历代国王通过与中国"朝贡"和"册封"的关系，和中国建立起紧密的政治、外交和贸易关系，从频繁的交往过程中，受到中国文化的强烈影响。明朝也定期派遣使节到琉球，照例带着刻字工人，以便临时印刷文告。清朝使节去琉球，一般带去剃头匠、成衣匠、刻字匠。明嘉靖十一年（1532），陈侃奉命出使琉球，在"大明街"看到大寺庙中藏有藏经数千卷。此外，琉球国学久米圣庙（孔庙）中也藏有《大明会典》、《大清会典》等书。自明初至清末近500年，琉球派遣大量学生来华，在南京、北京国子监读书。中国对琉球学生相当优待，他们回去时往往携带着大批书籍，对琉球印刷业也产生一定的影响。

琉球的印刷技术直接来源于中国。琉球使用汉字，琉球早期印刷品来自中国，之后开始翻印中国的书籍，先后印刷了"四书"、"五经"、《小学》、《千家诗》、《古文真宝》、《近思录集解便蒙详说》等。后来也逐步印刷琉球本地学者的作品，程顺则，蔡铎、蔡温父子，蔡应瑞、蔡文溥父子，蔡大鼎、郑国光、曾益等人的著作都有印本。其中程顺则著有《闽游草》、《中山诗汇集》、《中山官制考》。又有康熙四十七年（1708）印刷的航海专著《指南广义》，讲述罗盘使用、暴风日期、潮汐等。蔡温专讲宋儒理学，著有《澹园集》、《要务汇编》。蔡文溥于康熙年间在北京学习，回去后教书育人，影响很大，著有《四本堂集》。

明洪武七年（1374）赐琉球《大统历》。琉球奉明、清为正朔，一直沿用中国历法，但因大海阻隔，从中国出发半年才能到达琉球，所以，琉球特设司宪书官，先依《万年历》推算，印刷临时历书，"印造选日通书，权行国中，以俟天朝颁赐宪书。颁到日，通国皆用宪书"。可见琉球奉明、清正朔非常严格。[13][14]

第四节 印刷术在东南亚地区的传播

一、印刷术在越南的传播

越南与中国广西、云南陆上相连，自古与中国保持密切联系，受中国影响极大。秦始皇（公元前 259—前 210 在世，公元前 246—前 210 在位）统一中原后，为巩固南方，公元前 214 年，将今越南北部划归象郡管辖，并大量移民。公元前 204 年，秦南海尉赵佗（？—公元前 137 在世）在秦末混乱之际，自立为南越武帝（公元前 203—前 137 在位）。公元前 111 年，汉武帝灭南越，并在今越南北部地区设立交趾、九真、日南三郡，实行直接统治。在之后的近两千年里，越南或是由中国中央政府直接管辖，或是间接管辖，由中央政府册封国王。

造纸术从中国内地传入越南大约在东汉时期。唐代时，中国内地印刷的佛经和历书等就传入越南。宋代以后，随着印刷品的普及，各种书籍大量涌入越南。《宋史·真宗纪》载，景德三年（1006）秋七月乙亥，“交州来贡，赐黎廷龙《九经》及佛氏书”。“佛氏书”应该是佛教印刷品，有可能指的是《开宝藏》。宋以后，中国印刷品不断传入越南。

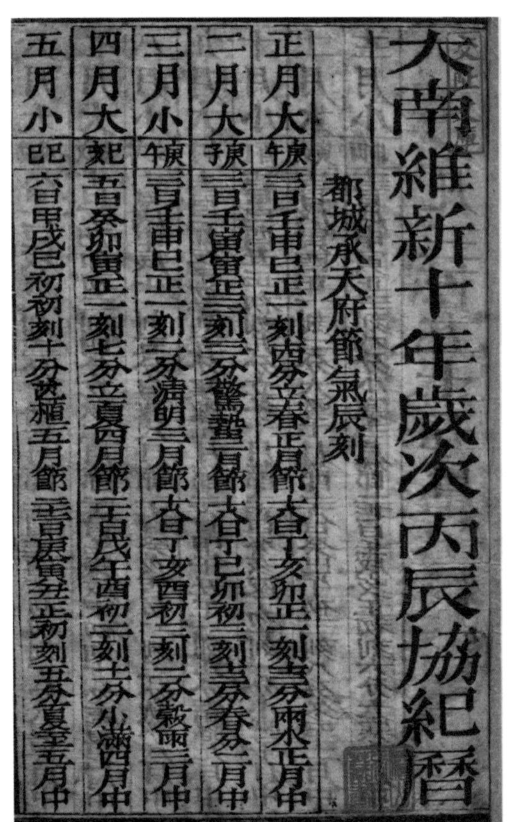
大南維新十年歲次丙辰協紀曆
都城承天府節氣辰刻
正月大
二月大
三月小
四月大
五月小

图 8-29 越南《大南维新十年岁次丙辰协纪历》（1916 年）

1075 年，越南实行科举取士，对书籍需求日增。从文献记载来看，陈朝（1225—1400）初曾以雕版印刷户籍，《大越史记全书·陈纪二》载：“大庆三年（1316）阅定文武官给户口有差，时阅定官见木印帖子，以为伪，因驳之。上皇（宋英宗）闻之曰：此元丰（1251—1255）故事，乃官帖子也。因谕执政曰：凡居政府而不谙故典，则误事多矣。”这是越南有关印刷的最早记载。

越南历史上仿照中国印刷了一些佛经。“英宗七年（1299）颁释教于天下，初陈克用使元，求《大藏经》。及回，留天长府，副本刊行。至是又命刊行佛教法事道场、公文格式，颁行天下。”此外，状元李道载出家，住持北宁宁福寺，印刷了一些佛经。越南虽然没有印刷全部《大藏经》，但政府和民间零星印刷的佛经却为数不少。据河内远东考古学院现藏《越南佛点略编》所载，约有佛经400余种。

越南历史上印刷了较多的文史、儒学类书籍，如后黎朝（1428—1527）太宗绍平二年（1435）以明代印本为底本，印刷《四书大全》。黎圣宗光顺八年（1467），又印刷《五经大全》等文史类书籍。陈朝末年（14世纪末），越南仿照中国大明通行宝钞印刷纸币，“顺宗九年（1396）夏四月，初行通宝会钞。其法十文幅面藻，三十文幅水波，一陌画云，二陌画龟，三陌画麟，五陌画凤，一缗画龙。伪造者死，田产没官。印成，令人换钱。”有七种面值，十文、三十文、一陌、二陌、三陌、五陌及一缗，每种面值饰以不同图案。越南历代沿用中国历法，如明代《大统历》，清代《实宪书》，自己也印刷历书，注明宜忌，与我国旧历几乎一样。越南法律严禁私印日历，凡“私印辰宪书为首雕刻，斩监候”。越南也印刷年画，以湖村、河内行鼓街两地出名，不但印刷技术与中国相同，题材内容也极为相似，有的完全是中国年画的翻版。

图8-30 越南年画

越南印刷品版式与中国相同，可分为四类：一是纯粹汉文，如翻印中国的书籍和佛经。二是汉文、喃字对照，如《三字经》，每行每句旁有汉字及喃字小注。《大南国史演歌》上栏汉文，下栏喃字。三是纯喃字，如启定六年（1921）聚文堂本小说《金云翘新传》，河内各书坊印刷较多。四是国语，即现在拉丁化越南文。1833—1912年间大量用所谓国语翻译《三国》、《水浒》、《封神演义》、《隋唐传》、《小红袍海瑞》、《乾隆下江南》、《白蛇演义》等数百种。[15]

二、印刷术在菲律宾的传播

菲律宾与中国隔海相望，自古以来中菲联系较为紧密。菲律宾当地有大量华侨，从事商业、手工业和种植业，菲律宾的造纸和印刷技术，也是直接或间接从中国引入。

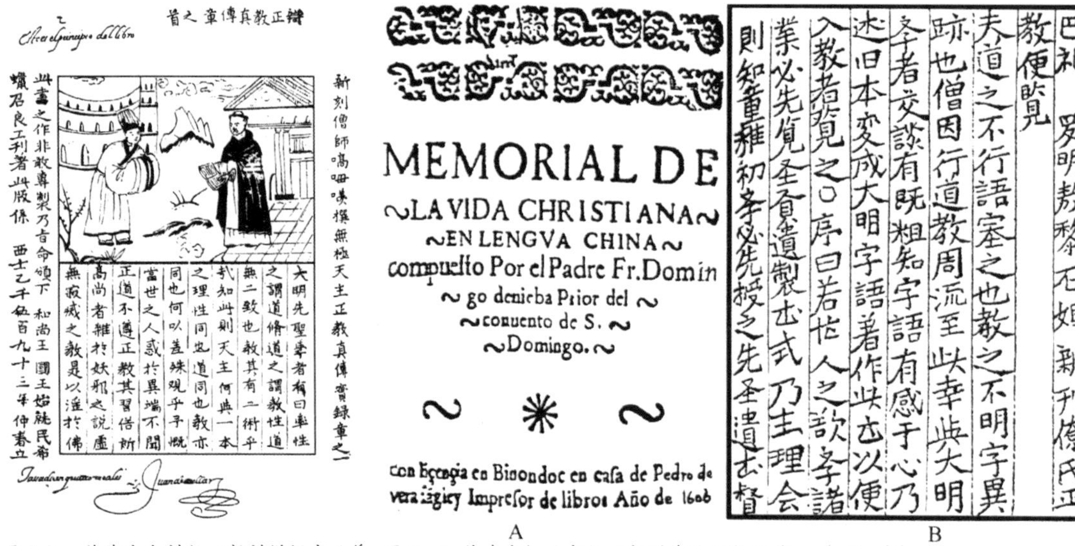

图 8-31 菲律宾木刻版《新刻僧师高母羡撰无极天主正教真传实录》（1593 年）

图 8-32 菲律宾铜活字版《新刊僚氏正教便览》（1606 年）

图 8-33 菲律宾木刻版《新刊格物穷理便览》（1607 年）

菲律宾印刷事业的开创者是中国福建人龚容（1538—1603），外文名胡安·维拉（Juan de Vera）。西班牙马德里国家图书馆藏有菲律宾最早的印刷品，印刷的时间是明万历二十一年（1593），此书由龚容雕版印刷，中文名为《新刻僧师高母羡撰无极天主正教真传实录》，其西班牙文名为 RectiFicaciany Mejora de Principios Naturales。此书作者高母羡（Juan Cobo）是西班牙人，在菲律宾从华侨习汉语，此书用汉语写成。1593 年，龚容又雕版印刷菲律宾当地语言他加禄文书籍。此外，梵蒂冈图书馆收藏一部汉文印刷品，扉页为西班牙文，写道“大明人龚容刊于马尼拉之巴连”，此书正文为汉文。龚容不但采用木雕版印刷，1602 年，他又成功地铸造出铜活字。龚容铸造出铜活字不久便去世了，他的弟弟佩德罗·维拉（Petro de Vera）和徒弟们继承了他的事业。维也纳帝国图书馆藏有汉文本《新刊僚氏正教便览》，书的扉页是西班牙文，说明是 1606 年由佩德罗·维拉（即龚容之弟）印刷。

菲律宾早期的印刷业基本上由华人垄断，他们既印刷书籍，又经营书店。在华人的帮助下，17 世纪初才逐渐有菲律宾人参与印刷工作。[16][17]

三、印刷术在泰国的传播

泰国旧称暹罗，在大城王朝（1350—1767）时，与明代保持频繁交往，泰国遣明使有 112 次，平均两年一次，此外暹罗国王也派遣学生赴南京国子监留学。明初洪武（1368—1398）、永乐（1403—1424）年间，历书、大明通行宝钞、《古今烈女传》等已流传到暹罗。福建、广东等地手工业者也常常去泰国经商，从事农具制造、铜铁器制造、制糖、造纸、印刷等行业。由华人经营的印刷作坊以印刷汉文书籍为主，一般采用雕版印刷。明代黄衷（1474—1533）记载暹罗阿瑜陀耶有华人聚居区，华人在此开设纸店和书铺，泰国的印刷业基本上被华人垄断了。18 世纪后期，《三国演义》等通俗读物流传到泰国。泰国国王拉马一世（Rama，1782—1809）对《三国演义》很感兴趣，命人译成泰文进行翻印。拉马二世（Rama Ⅱ，1809—1825）时，又将《水浒传》、《西游记》、《东周列国志》、《封神演义》、《聊斋志异》和《红楼梦》等中国小说译成泰文并印刷发行。[18]

四、印刷术在马来西亚和新加坡的传播

马来西亚与中国隔海相望，自古以来交往频繁，在中国古书中称为满剌加、麻六甲、码喇格或马六甲。15 世纪初以马六甲为中心的满剌加王国统一了马来半岛的大部分，并发展成当时东南亚的主要国际贸易中心。明成祖永乐年间，满剌加国王曾来朝觐。16 世纪起，马来西亚先后遭到葡萄牙、荷兰和英国侵略。1911 年沦为英国殖民地。

19 世纪初，在广州的英国传教士马礼逊遣米怜牧师前往马六甲传教，从中国带去《新约》印版，并雇用数名印刷工人一同前往，在 1815 年抵达。刻字工人梁发也一同前往，在马六甲刻印了米怜所著《救世者言行真史记》。随后米怜在马六甲又添置了一台西式印刷机，只有英文和马来西亚文两种铅字，印刷汉文只能用木雕版。在米怜所编《察世俗每月统计传》的封面题有“嘉庆乙亥年（1815）七月”，是在马来西亚出版的第一部中文杂志，梁发常用“学善者”、“学善居士”为名在该杂志发表文章，此后梁氏著述不断，1832 年又将自著的《劝世良言》等九种书印刷成单行本。

新加坡印刷事业的早期发展也与梁发关系密切，他于 1835 年—1839 年不断往返马来西亚、新加坡从事印刷工作。1837 年梁发帮助美国牧师翻译了《新加坡栽种会敬告中国务农之一》，他所写的《劝世良言》也在新加坡印刷，名为《求福免祸要论》。[19]

第五节 印刷术在中亚、西亚和北非地区的传播

一、印刷术在中亚、西亚的传播

中国与中亚、西亚各国通过丝绸之路相连，自古交往密切。中亚、西亚地区引进中国造纸术的时间较早，但并没有及时从中国引进印刷技术，这可能缘于宗教和文化背景不同。蒙古人入主中亚、西亚地区后，受中国因素的直接影响，印刷术很快便发展起来了。

成吉思汗（1162—1227）于1219年—1223年率军攻打中亚，攻陷花剌子模国、布哈拉、撒马尔罕，一直打到里海，广大中亚地区尽归蒙古所有，建立伊利汗国（1260—1353），其地包括今伊朗、伊拉克、叙利亚等。窝阔台（1189—1241）即汗位后，派拔都（1209—1256）等领兵第二次西征，攻陷波兰、匈牙利及俄罗斯部分地区，建立钦察汗国（1240—1480）。蒙哥汗（1208—1259）在位时，1253年—1259年再派旭烈兀（1219—1265）第三次西征，1258年攻下巴格达。

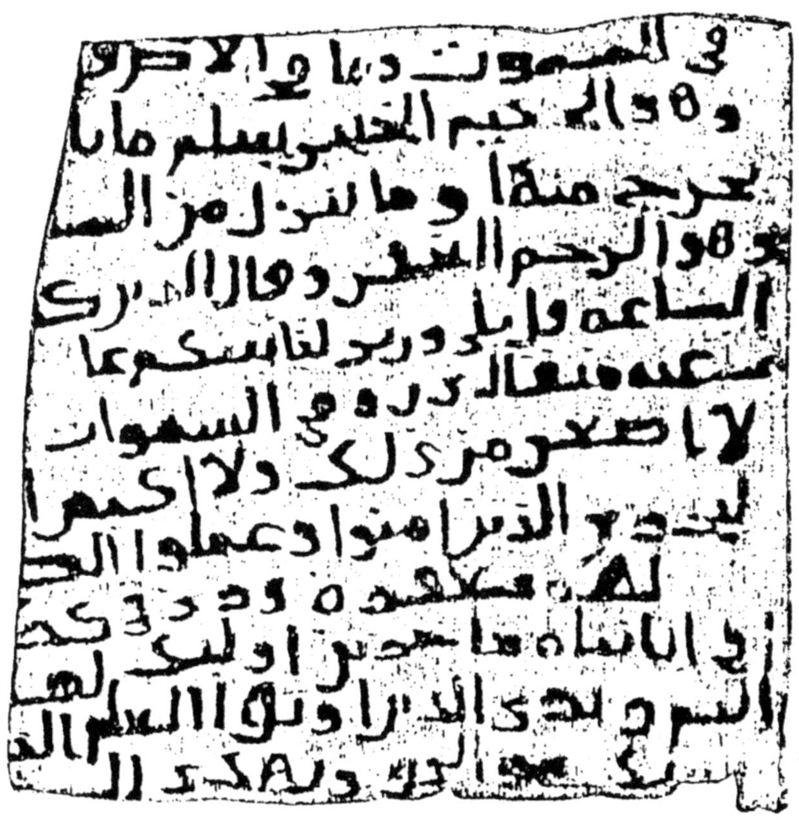

图 8-34 埃及出土雕版印刷阿拉伯文《古兰经》残页（14世纪初）

伊利汗国乞合都汗（1240—1295）在位时，采取的一项重大经济举措，就是仿照中国内地的元朝纸币制度印刷纸币。1294年，伊利汗国印刷的纸币，从印刷技术、纸币版式以及发行管理制度，一概仿照元朝纸币，面值从半个迪拉姆至十第纳尔不等，纸币印有汉字、蒙古文和阿拉伯文。虽然伊利汗国发行纸币失败了，但对于印刷技术的应用是非常成功的，掌握了印刷技术之后，很容易再印刷其他印刷品。

蒙古察合台汗国包括今中国新疆、哈萨克斯坦、乌兹别克斯坦等广大地区，这里印刷术的运用和发展可能比西亚地区早得多，这是因为新疆地区从内地引进印刷技术相当早，吐鲁番地区在唐、高昌时期就有非常发达的印刷业了，20世纪以来在吐鲁番地区发现了大量汉文、西夏文、藏文、梵文、蒙古文等印刷品。此外，20世纪初以来，在甘肃敦煌等地发现了为数较多的回鹘文木活字，这些木活字的使用年代大概是12世纪—13世纪。[20]

二、印刷术在北非的传播

非洲地区印刷术的传入相对较晚，由于地缘上的关系，北非地区最有可能最先引进印刷术。现有资料表明，非洲的印刷术可能是由元朝伊利汗国传入的。1878年，在埃及北部法尤姆古墓中出土大量纸质写本和五十多件印刷品残件，现藏于奥地利国家图书馆。这些印刷品较大者约30厘米×10厘米，其余均为较小的残件。有的有行格，有的无行格，有黑字，也有红字，西方印刷史专家一般认为这些印刷品是采用中国的技术，是雕版印刷品。此外，德国海德堡大学图书馆也收藏了6件类似印刷品，1件印在羊皮纸上，其余5件印在纸上。埃及发现的这些古代印刷品，显然是采用中国的印刷技术，印刷的文字是阿拉伯文，但没有纪年款识，有些外国专家将其年代推算为10世纪至14世纪中期，但从印刷术西传的时间和途径来看，蒙古西征将印刷术传入西亚地区，以西亚为桥梁，再传入北非地区，所以埃及地区的印刷品不会早于蒙古西征，即不会早于公元1294伊利汗国印刷纸币，所以埃及发现的古代印刷品年代上限可能是14世纪初至14世纪中期。[21][22]

第六节 印刷术在欧洲的传播

一、欧洲的雕版印刷

12 世纪以后，欧洲虽然通过阿拉伯地区引进了中国造纸术，各地纷纷建起了造纸厂，但各种书籍还是靠手抄。随着欧洲社会经济、文化、科技、宗教等各方面的发展，特别是文艺复兴之后，对书籍的需求量大增，手抄已不能满足社会的需求，急需大量、迅速的复制技术出现。此时中国雕版印刷和活字印刷技术已得到广泛的应用，并逐步向周边地区扩散。尤其在

图 8-35 德国雕版印刷品《圣克里斯托夫(St. Christoph) 与耶稣渡水像》（1423 年）

图 8-36 纸牌

元代，元帝国横跨亚欧大陆，幅员辽阔，蒙古军队的西征重新打通了陆上丝绸之路，东西方交流变得更加频繁。欧洲人获得中国印刷技术可能通过三种方式，一是直接从中国引进印刷术，二是通过中亚、西亚、北非地区间接获得中国印刷术，三是两种情况皆有，即一部分地区直接从中国引进印刷术，靠近中亚、西亚、北非的地区间接引进中国印刷术。

元代时，很多欧洲人在中国接触、见识过印刷品，并有可能获得印刷知识。例如，法国国王路易九世（1214—1270 在世，1226—1270 在位）派方济各会士罗柏鲁（Guillaume de Rubrouck，1215—1270）访华，1253 年到和林，朝觐蒙哥汗，1255 年返回巴黎。罗柏鲁撰写《东游记》（Itinerarium ad Orientales）一书，介绍元代印刷的纸币：“中国通常的货币是由长、宽各有一掌的棉纸做成，纸面上印刷有类似蒙哥汗御玺上那样的文字数行。他们用画工的细毛笔写字，一字由若干笔画构成。”1271 年，马可 · 波罗（Marco Polo，1254—1324）来华，被元世祖（1215—1294 在世，1260—1294 在位）留任中国 17 年。1292 年，马可 · 波罗从泉州乘船回国，1299 年写成《马可 · 波罗游记》，这本书详

图 8-37 欧洲雕版印刷品《默示录》（1425 年左右）

细介绍元朝印刷的纸币，使欧洲人对中国纸币和印刷术有了更进一步的了解。此外，《元史·英宗纪》载，1320年，赐俄罗斯纸币一万四千贯，可见俄罗斯境内也通行元朝纸币。早期欧洲人接触的中国印刷品，除纸币、书籍外，还有中国人娱乐用的纸牌，随着蒙古西征，纸牌很快传入欧洲，据德国奥格斯堡和纽伦堡早期档案记载，在1418年、1420年、1433年、1435年和1438年记事中，多次提到“纸牌制造者”。现存早期的意大利纸牌，有些是印刷的。1441年，意大利威尼斯官方发布一项命令：“鉴于在威尼斯以外各地制造大量的印刷纸牌和彩绘图像，结果使原供威尼斯使用的制造纸牌与印制图像的技术和秘密方法趋于衰败。对这种恶劣情况必须设法补救……特规定，从今以后，所有印刷或绘在布或纸上的上述产品，即祭坛背后的绘画、图像、纸牌……都不准输入本城。”

此外，宗教印刷品也是欧洲早期印刷品的主要门类。现存最早的欧洲雕版印刷的宗教画是1423年印刷的圣克里斯托夫（St. Christoph）与耶稣像，这件印刷品发现于德国奥格斯堡一所修道院的图书馆中，当时贴在一件手写本封面上，现藏于英国曼彻斯特赖兰兹图书馆。此外列日城（Liege）的德国神甫欣斯贝格（Jean de Hinsberg，1419—1455）及其姊妹在贝萨尼（Bethany）修道院的财产目录中列有“印刷书画用的工具一件”及“印刷图像用的雕版9块及其他印刷用的石版14块”。欧洲早期的宗教画印刷好之后有时手工上色，有的印刷品上还有简短的手写体文字，如果印刷的是多幅相关联的画，则装订成册。伦敦不列颠图书馆等处有不少早期欧洲印刷品，一般都没有款识，有名的如1425年左右印刷的《默示录》（Apocalypse）、1450年印刷的《往生之道》（Ars Moriendi）等，《往生之道》为24张合订成一册。15世纪末，图文并茂的雕版印刷品相继出现，同时还有全是文字的印刷品，如《拉丁文文法》（Ars Grammatica）等。

欧洲早期雕版印刷品与中国印刷品很相似。据外国专家研究，欧洲早期是将文稿或画稿用笔写绘在纸上，再将纸用米浆贴在木版上形成反体，之后用刀雕刻，每块木版刻出两页，版心有中缝。印刷时，将纸平铺在涂有墨汁的印版上，以刷子刷印，单面印刷。最后将印好的纸沿中缝对折，有字的一面朝外，成为书口。将每张纸折边对齐，在另一边穿孔，装订成册。欧洲早期雕版印刷品的制版、上墨、刷印、装订、版式等各个方面，完全按照中国印刷技术操作，具有明显的中国印刷品特征，其区别只是欧洲文字横排，而不像中国那样竖排。[23][24][25]

二、欧洲的木活字和铜活字印刷

雕版印刷术是中国人发明的，这在国际上已形成共识。对于活字印刷术，尤其是金属活字，西方人对中国的情况了解不多，但对其自身印刷术的发展研究得较为透彻，所以误以为金属活字印刷术是欧洲的“独立发明”，甚至误以为谷腾堡（Johannes Gutenberg，1400—1468）是活字印刷术的发明人。

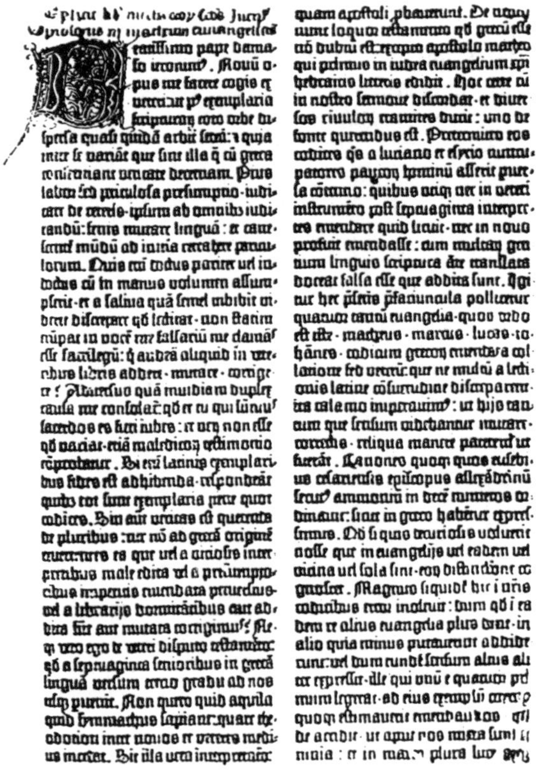

图 8-38 谷腾堡用铅活字印刷的《四十二行圣经》（1455 年）

图 8-39 德国早期的朱墨双色本《圣诗篇》（1457 年）

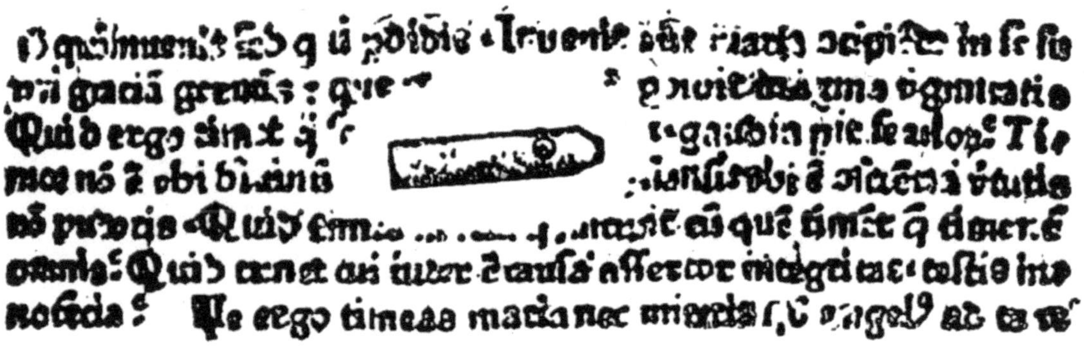

图 8-40 欧洲早期印刷品中的活字形象（1468 年）

活字印刷术自北宋庆历年间由毕昇发明以来，经过了长期的发展，在中国形成了泥活字、木活字、铜活字、锡活字共同发展的局面，活字印刷技术从中国内地逐渐向中国宁夏、甘肃、新疆以及朝鲜半岛、日本等周边地区传播。随着中西方交流的不断深入和更加频繁，西方人很容易接触到中国活字印刷技术，并且将有关实物和信息带回欧洲。瑞士苏黎世大学特奥多尔・布赫曼（Theodor Buchmann，1500—1564）在 1548 年发表的作品中，认为欧洲最早的活字是木活字。他记载欧洲“最初人们将文字刻在全页大的版木上。但用这种方法相当费工，而且制作费用较高。于是人们便做出木活字，将其逐个拼连起来制版”。木活字的使用使欧洲人第一次掌握了活字印刷思想和活字印刷技术。法国汉学家伯希和（Paul Pelliot，1878—1945）1908 年在敦煌发现了 960 枚回鹘文木活字，揭示了

图 8-41 欧洲早期活字印刷用螺旋压印装置

活字印刷技术从中国内地传到甘肃，再由此向西传播的路线。

欧洲早期的金属活字技术也是直接或间接地受到中国的影响。欧洲人在掌握木活字印刷技术后，开始仿照中国金属活字技术，其中以德国人约翰·谷腾堡（Johannes Gensfleisch zum Gutenberg，1400—1468）的成就最大。谷腾堡1400年出生于美因茨，1418年—1420年就读于埃尔福特（Erfurt）大学，因父亡辍学，回家乡学习金工。1434年—1444年去斯特拉斯堡谋生，与当地人安德烈·德里策恩（Andreas Drizehn）、汉斯·里费（Hans Riffe）和海尔曼（Andreas Heilmann）等签约，共同加工宝石。德里策恩1436年去世后，其弟以继承人身份要谷腾堡交出技术秘法被拒绝，遂起诉谷腾堡。根据档案记载，1436年谷腾堡为从事"与印刷有关的事"向法兰克福金匠迪内支付100吉尔德金币，档案中还有"活字"（Type）之类的词。说明此时古腾堡已在秘密从事印刷方面的实验，也许并没有成功。1444年开始外出旅行，1448年返回美因茨，向富商约翰·富斯特贷款，以技术和设备作抵押，双方利益均分。此后试验取得突破，1450年铸出大号金属活字，印刷了拉丁文《三十六行圣经》。1454年印刷教皇尼古拉五世（Tomaso Parentucelli，1397—1455在世，1447—1455在位）颁发的赎罪卷。1455年印刷《四十二行圣经》精装本，这本书版面30.5厘米×40.6厘米，每版两页，双面印刷，共1286页，分上、下册装订。每版四边有木版刻成的花草图案，木版版框内植字，集木雕版和活字版为一身。1455年合同期满，谷腾堡无力还债，经裁决富斯特拥有印刷厂，继续雇佣原有的技师和工人。谷腾堡再向其他人贷款，1456 年在美因茨市郊另建新厂。1462 年美因茨发生动乱，福斯特的工厂被战火毁坏，印刷工前往斯特拉斯堡、科隆、班贝格、纽伦堡等地逃命，将谷腾堡金属活字技术扩散到德国各地乃至世界各国。

谷腾堡的金属活字印刷技术无疑是世界上最好的，将其与中国活字印刷技术比较，可以发现谷腾堡的技术仍是沿用中国金属活字的原理、技术和程序，欧洲人只是作了改进而已，改变了制模、铸字、印刷工具等，发明了螺旋压印器，所以可以认为谷腾堡发展了中国金属活字技术。[26]

注释与参考书目：

①潘吉星.《中国古代四大发明：源流、外传及世界影响》. 合肥：中国科学技术大学出版社，2002：360-397.

②潘吉星.《中国科学技术史·造纸与印刷卷》. 北京：科学出版社，1998.

③同① 409-411.

④内蒙古钱币研究会《中国钱币》编辑部.《中国古钞图辑》. 北京：中国金融出版社，1992：7-8.

⑤施继龙，李修松.《东至关子钞版研究》. 合肥：安徽大学出版社，2009：99-101.

⑥同① 411-417.

⑦张秀民，韩琦.《中国印刷史》. 杭州：浙江古籍出版社，2007：683-686.

⑧张树栋，庞多益，郑如斯.《中国印刷通史》. 北京：印刷工业出版社，1999：401-402.

⑨同① 403-407.

⑩张秀民，韩琦.《中国印刷史》. 杭州：浙江古籍出版社，2007：686-687.

⑪张树栋，庞多益，郑如斯.《中国印刷通史》. 北京：印刷工业出版社，1999：402-404.

⑫同① 407-408.

⑬张秀民，韩琦.《中国印刷史》. 杭州：浙江古籍出版社，2007：695-696.

⑭张树栋，庞多益，郑如斯.《中国印刷通史》. 北京：印刷工业出版社，1999：405.

⑮张秀民，韩琦.《中国印刷史》. 杭州：浙江古籍出版社，2007：690-695.

⑯同① 419-423.

⑰张秀民，韩琦.《中国印刷史》. 杭州：浙江古籍出版社，2007：696-699.

⑱同① 423.

⑲张秀民，韩琦.《中国印刷史》. 杭州：浙江古籍出版社，2007：700-701.

⑳史金波，雅森·吾守尔：《中国活字印刷术的发明和早期传播—西夏和回鹘活字印刷研究》，北京：社会科学文献出版社，2000 年版，87-89.

㉑同① 427-428.

㉒张秀民，韩琦.《中国印刷史》. 杭州：浙江古籍出版社，2007：702.

㉓同① 429-435.

㉔张秀民，韩琦.《中国印刷史》. 杭州：浙江古籍出版社，2007：703-706.

㉕张树栋，庞多益，郑如斯.《中国印刷通史》. 北京：印刷工业出版社，1999：412-418.

㉖同① 435-444.

第九章 艰难中崛起的近现代印刷

（1807-1949）

第一节 近现代中国印刷概述

一、近代印刷业发展的社会背景

我国发明的印刷术领先世界达千年之久，其雕版印刷术和活字版印刷技术先后传入亚洲和欧洲，对世界印刷业作出了巨大贡献。在印刷史上把这种现象叫做“中法西传”。然而，近代以来，由于封建制度的桎梏，少有创新，发展停滞，未能与世界媲美。欧洲诸国在引进中国发明的印刷术之后，在文艺复兴运动和工业化革命浪潮的推动下，诞生了以使用铅活字排版和机械化印刷为主要特征的近代印刷术。

从19世纪初叶始，西方的印刷术先后输入我国，并在我国特殊的历史环境中得到了迅速的应用和发展。在印刷史上把这种现象叫做“西法东渐”。西法东渐的传人多为西方传教士和商人，他们传入近代印刷术的唯一目的就是为了传教和经商。期间，国人皆有主动或被动地介入，客观上加速了近代印刷术本土化的过程。中国的近现代印刷业也由此翻开了新的一页。从这个意义上讲，中国近代印刷史就是中国人使用经过引进和改良的近代印刷术发展中华民族印刷业的历史。

一般认为，近代中国印刷史的开端，是以最早采用铅合金活字、压印机和改良的油墨印制中文书刊的时间来计算的，近代印刷术得到广泛的实

图 9-1 马礼逊与中国印工梁发等编报图

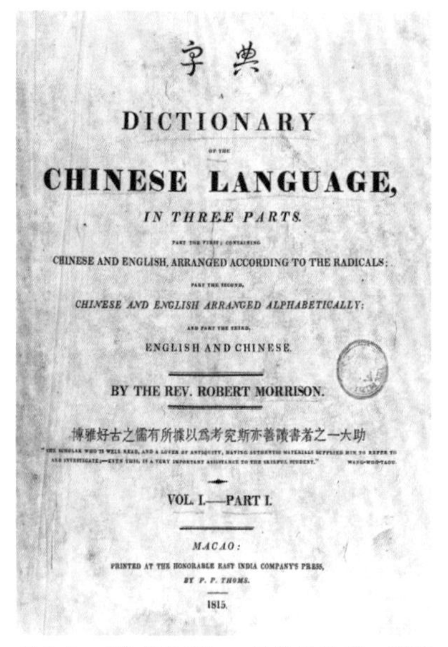

字典

A

DICTIONARY

OF THE

CHINESE LANGUAGE,

IN THREE PARTS.

PART THE FIRST; CONTAINING

CHINESE AND ENGLISH, ARRANGED ACCORDING TO THE RADICALS;

PART THE SECOND,

CHINESE AND ENGLISH ARRANGED ALPHABETICALLY;

AND PART THE THIRD,

ENGLISH AND CHINESE.

BY THE REV. ROBERT MORRISON.

博雅好古之儒有所據以爲考究斯亦善讀書者之一大助

VOL. I.—PART I.

MACAO:

PRINTED AT THE HONORABLE EAST INDIA COMPANY'S PRESS,

BY P. P. THOMS.

1815.

图 9-2 《华英字典》，马礼逊编纂。1815年—1822年在澳门印制出版。

图 9-3 最早进入中国的凸版印刷机。张树栋提供。

施和应用。据此，则应定在英国基督教会传教士马礼逊到广州、澳门等地传教并制作中文铅活字、印刷中文书刊的 19 世纪初年。1807 年—1819 年，马礼逊辗转广州、澳门、马六甲等地，最终与中国刻工、第一名中国传教士梁发合作，雕刻印刷成中文《新旧约圣经》；1815 年—1822 年间，马礼逊与英国派华印工汤姆斯及几名中国印工在含锡的合金块上雕刻中文活字，并使用印刷机编印了中文活字的第一部印本《华英字典》。随后石印术、制版照相术、平版胶印、雕刻凹版、照相凹版、泥版纸型铅版、珂罗版等近代印刷技术和印刷工艺相继传入中国。中国印刷业一方面吸收西方印刷技术和设备，另一方面不断进行革新改良和发明创造，在洋为中用的同时努力创建具有中国本土特色的近代印刷工业，由此导致了中国印刷技术和印刷业的迅猛发展。

但处在转折和变革时期的中国近代印刷业，也呈现着比较复杂的情况。从历史上看，早在 1588 年，近代铅印设备已由耶稣教会澳门区主教范利安神父带到了澳门，并在澳门印出了拉丁文的第一批书籍。而在 18 世纪（清代康熙、雍正、乾隆时期），清宫廷就已采用西方传教士马国贤、郎世宁、蒋友仁等人传入的近代铜刻凹版印刷技术印制中国地图和图画，只是这种技术后来并未付诸实施和应用。所以，这个时候还不能说中国已经进入了以使用近代印刷术为标志的历史时期。另一方面，近代中国在开始采用西方印刷术的同时，也有大量的书刊仍采用传统的雕版印刷和活字版印刷术（内容详见清代印刷）。所以，近代中国的印刷历史，也是一个由手工作坊式的古代印刷技术向以机械操作为主要特征的近现代印刷技术转换的过程。在这一过程中，旧的印刷方式逐渐走向消亡，新的印刷方式逐渐兴盛起来。

二、近代印刷业的发展历程

纵观 19 世纪初到 20 世纪中期 100 多年间的近现代中国印刷史，经过了波澜曲折的发展历程，大致可分为三个时期：

（一）西方印刷术的传入和民族印刷业的萌生时期（1807—1897）

这一时期，又可分为两个阶段。第一阶段为 1807 年至 1842 年。其间，清政府推行闭关锁国政策，严禁西方传教士来华传教和印制出版布道书籍，西方传教士的传教活动以及为其传教服务的刻制中文铅字、印刷中文布道书籍的活动，只能秘密进行。马礼逊 1807 年在广州雇人刻字模几近被驱逐。英、法、美等国的传教士和技术人员也只能在本国国内或绕道于马六甲、槟榔屿等地进行研制和印刷活动。尽管如此，英国人马礼逊、戴尔，法国人葛兰德，德国人郭实腊等人研制的中文铅活字业已取得很大进展；用木刻版浇铸铅版而制作的汉文铅活字，已能排印中文教会书报。石印术由英国传教士麦都思于 1832 年之前传入中国，印制了最早的石印书籍《东西史记和合》，中国第一个石印工屈亚昂“已学会了石印术”。同时，也出现了由

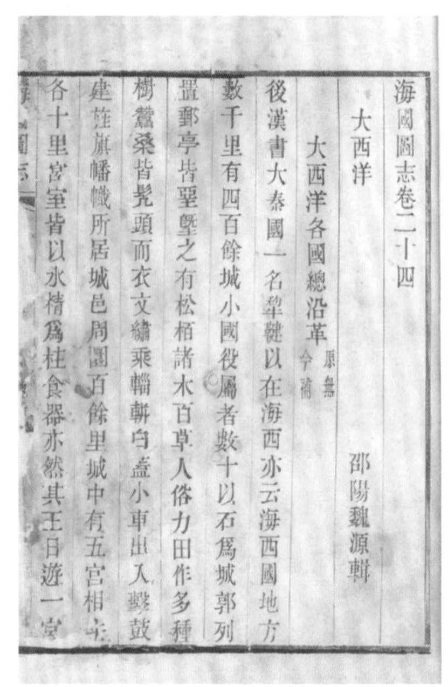
海國圖志卷二十四

大西洋　邵陽魏源輯

大西洋各國總沿革 原無今補

後漢書大秦國一名犂鞬以在海西亦云海西國地方數千里有四百餘城小國役屬者數十以石爲城郭列置郵亭皆堊塈之有松柏諸木百草人俗力田作多種樹蠶桑皆髡頭而衣文繡乘輜軿白蓋小車出入擊鼓建旌旗幡幟所居城邑周圜百餘里城中有五宮相去各十里宮室皆以水精爲柱食器亦然其王日遊一宮

图 9-4 19 世纪末年出版的魏源著《海国图志》

图 9-5 1911 年上海有名的文化街福州路上有各类书店、书馆 68 家，至 1937 年达 300 家。

西方传教士主办的早期的中文报刊《察世俗每月统记传》（1815）和早期的中文期刊《东西洋考每月统记传》（1833）。

第二阶段为鸦片战争以后至19世纪末。鸦片战争的失败，五个通商口岸的开放，导致西方传教士和西方商人在不平等条约保护下犹如潮水一般地涌入。这一时期，以铅活字的制作和印刷为主要内容的西方近代印刷术的传入已基本完成。西方人在中国创办和出版了为数众多的报刊和书籍，并建立了大量的与之相适应的出版印刷机构，造成传教文化和殖民文化在中国的兴起。另一方面，西方印刷技术在中国得到了大量的吸收、使用和推广，也促进了我国民族印刷业的发展。

鸦片战争以来，面对帝国主义列强的军事进攻、清政府的丧权辱国、殖民地的屈辱和内忧外患，一些具有民族气节的仁人志士纷纷著书立说，提出变法图强的方略。被誉为“第一个睁眼看世界”的魏源率先提出了“师夷之长技以制夷”的主张，从此，国人开始关注西方，发起西书汉译、学习西方先进科学技术的活动。以“富国强兵”为目标的洋务派陆续设立新式学堂，并在其中设置印刷出版机构，北有京师同文馆，南有江南制造总局、福州船政学堂、自强学堂等，译介当时不为国人所知的西方科技地理天文等书籍，孕育了民族印刷出版业的兴起。19世纪末期开办的商务印书馆，成为具有创新特质的民族印刷企业中的代表。

（二）民族印刷业的崛起时期（1897—1937）

西方印刷术的传入，客观上促进了我国近代民族印刷业的发展。辛亥革命前后至抗日战争前夕，以机械印刷为主的近代印刷术得到了广泛应用，

共和國教科書新修身 第七冊 五 初等小學校用

數十日。不見陸地。同行者爭欲返棹。獨哥倫布堅持西方有陸之說。百端譬慰。然舟益西去。希望愈窮。會有蘆根果實。從海面飄來。衆咸知去陸不遠。於是人人歡躍。奮力鼓棹。未幾。遂尋獲美洲。哥倫布名聞於世。

商務印書館出版

图9-6 民国初年商务印书馆印制出版的新修教科书，其中彩图系采用最新引进的彩色石印法印制。魏志刚提供。

技术改良和技术创造发明不断涌现，产生了以商务印书馆为代表的一批知名的印刷企业，印制了大量的适应各个历史阶段政治、经济、文化发展所需要的印刷品，初步奠定了民族印刷工业的基础。从此，一个以我中华民族为本，学习西方先进文化和技术，发展中国自己的近代印刷业的热潮迅速兴起。

图 9-7 1918 年落成的《申报》新馆。魏志刚提供。

这一时期，以商务印书馆为代表的民族印刷出版企业得到了长足的发展。商务印书馆在初创20余年间，引进了当时世界所有凸印、平印、凹印、珂罗版设备和技术，并开办铁厂，仿造各种印刷机械；在国内外开设分馆和印刷分厂近百个，职工达数千人。由于经营有方，一跃而成为国内仅有、世界瞩目的大型印刷出版企业，成为民族印刷业之星，打破了外国人垄断中国近代印刷业的局面。继之，有文明书局、中华书局、大东书局、世界书局等民族印刷企业的开办。政府所办印刷机构中，规模最大、设备最为齐全、印刷质量最高的，是从事纸币、邮票等有价证券印刷的度支部印刷局（民国期间改为财政部印刷局）。

为使西方印刷术适应本土社会对印刷的需求，在引进和使用西方印刷工艺和印刷机械的同时，积极开展印刷工艺技术的改进和发明以及印刷机械的仿制和制造。印刷科研方面，在很短的时间里，完成了照相铜锌版、珂罗版、四色平凹版等新技术的研制和应用，并研制成功第一台中文照相排字机；对印刷字体的研究和创新也取得了不菲的成绩，各种体例和型号的印刷汉字风行全国。商务印书馆印刷厂、财政部印刷局、烟草公司印刷厂以及上海的其他许多印刷机器厂也由最初的修理、仿造，发展为自己生产各种类型的印刷机器。20世纪20年代以后，出现了一批著名的印刷机械和设备制造厂商。国产的对开—回转铅印机、方箱机、圆盘机、活版打样机、浇铅版机、铸字机、石印机、晒版机、订书机、轧墨机等，逐步占有国内市场。

这一时期，中国报纸杂志的出版印刷开始进入一个高潮时期。1898年6月，清光绪帝下令实行变法，并开放报禁和准许官民自由办报，19世纪20世纪之交，除变法维新派出版的《时务报》、《国闻报》、《湘报》和清政府创办的《政治官报》、《时务日报》等报刊外，还有中国最早出版的《白话报》、《妇女报》、《蒙学报》等报刊在发行，总计约数十种。辛亥革命期间，孙中山先生亲自创办《中国日报》之后，《世界公益报》、《广东日报》、《苏报》以及民间出版的《时报》、《东方杂志》等报刊陆续发行。到民国成立前夕，几乎国内所有大中城市都有革命派的报纸在发行。五四运动期间，报刊印刷风起云涌。除各地新创报刊200余种之外，各大中小学自办的学生报刊多达四五百种，再加上全国数以百计政党社团的自办报刊，报刊出版可谓盛况空前。

在当时的印刷中心上海，集中了一批印刷出版业的先进分子。他们发起成立印刷学术团体，开办印刷技术学校，研究新的印刷机械和技术，开展学术交流活动，在推动近代印刷出版事业的发展方面，作出了巨大的努力和可贵的贡献。1933年5月，中国历史上第一个印刷社团——“中国印刷学会”在上海成立。在印刷教育方面，创办了北平新闻专科学校、上海图书学校等印刷专业技术学校多所。在印刷专业书刊出版方面，先后创办了《中华印刷》、《中国印刷》等刊物多种，《近代印刷术》等一批印刷类的论文专著也开始出现。

（三）抗日战争时期和国内战争时期（1937—1949）

这一时期，中国处于战争状态，印刷业出现不均衡发展。1937年开始，日本军国主义发动了长达8年之久的侵华战争，给蓬勃发展的中国近代印刷出版业以严重的破坏和摧残。北平、上海、天津、南京等原本非常发达的印刷业一落千丈，急剧萎缩。以印刷中心上海为例，日军占领前有印刷

图9-8 抗日战争时期，商务印书馆上海宝山路总厂内的第四印刷所被日军炸毁后的残景。

厂计千家，抗战爆发后，不少印刷厂向内地转移。1941年太平洋战争爆发前，被称为“孤岛”的上海租界区还保留了一些印刷出版机构。太平洋战争爆发，日军侵入租界区，商务印书馆等不少印刷企业被洗劫一空。一些报社印刷厂则被强占，改印日伪报刊。形成鲜明对照的是，日本侵略者在其占领区又大力兴办他们自己的印刷厂。譬如由日伪控制的北平《新民报》印刷厂，于1938年从日本购进一台84英寸（1英寸约等于2.54厘米）高速轮转机，设备先进，职工多达2000人。到1940年，日本人在北平开办的印刷厂已多达29家。被日本占领70年的台湾印刷业，几乎被日本人所独占，仅有几家国人经营的印刷厂如大明社、瑞成书局等，设备简陋，印品单一，只能印制佛经之类。自1931年“九一八事变”后，东北三省的印刷业纷纷倒闭，日伪政权却在加强和发展他们经营的印刷机构。日本侵略者大量印制日语教科书，推行所谓的“国语”教育，并印制出版有《满洲新闻》（日文）、《月刊满洲》等上百种报刊，进行奴化宣传。

在日本侵华期间，国民党政府控制区的印刷业由上海、南京等沿海大城市向内地迁移，导致原本不太发达的桂林、重庆、昆明、贵阳、成都以及南宁、邵阳、衡阳、赣州等后方城市的印刷业得到了迅速的发展。同时中国共产党控制下的抗日根据地的印刷业，在抗日救亡宣传工作中，得到了迅速的发展和普及。延安的中央印刷厂、八路军印刷厂、光华印刷厂和绥德的抗敌印刷厂先后建立。此后，在其他抗日根据地又陆续建立印刷出版机构多处。这些新建的印刷机构，在极其艰苦的条件下，为中国的抗战事业和近代印刷业向边远贫困地区的传播与普及作出了重要贡献。

1945年，日本无条件投降，原迁内地的一些印刷出版机构迅速回迁，上海、南京等抗战前印刷业发达的沿海城市的印刷业开始复苏。以上海为例，据1946年《上海市年鉴》所载，该年度上海有造纸厂34家，铅印厂316家，彩印厂107家；出版报纸数十种，杂志430种。虽远不及战前，但较日军占领时期有了较大发展。遗憾的是，战后不久，国民党又挑起内战，中国又处在战争环境中。解放战争期间，随着战争形势的发展，国民党控制的上海等沿海大城市一度出现的复苏景象逐渐消失，而解放区的印刷出版业却呈现出一片勃勃生机。

抗战胜利后，中共中央抽调许多干部到东北、华北等解放区开展工作，重新调整、组建了许多印刷厂。以东北为例，1946年起，在东北建立了佳木斯印刷厂、东安印刷厂、《东北日报》印刷厂、东北铁路印刷厂、哈尔滨新华印刷厂等多家印刷厂。到1948年，又陆续接收了国民党在哈尔滨、长春、沈阳的数家大型印刷厂。

1949年，全国新华书店出版工作会议在北京召开。会议决定建立新华书店总管理处，印刷厂归其管理。随之，中国的印刷出版业进入了计划管理的历史新时期。

第二节 近代印刷术的传入和吸纳

从 19 世纪初叶始，西方的凸版印刷术、平版印刷术、凹版印刷术、孔版印刷术先后输入我国，并在我国特殊的历史环境中得到了迅速的吸纳。

一、近代凸版印刷术的传入和吸纳

凸版印刷术，是用图文部分高于空白部分的凸版进行印刷的工艺技术。西方传入中国的近代凸版印刷术，有铅活字版印刷、以铅活字版为母版的泥版和纸型翻铸铅版印刷以及照相铜锌版印刷等。

（一）中文铅活字的创制

西方传教士为了使用中文印刷扩大其教义在中国本土的宣传，首先要解决数以万计的汉字的制作问题。即如何使用新的工艺技术，更经济、更快速地制作汉字，并使用机器印刷。19 世纪前期，有不少外国人想方设法用字模来制造中文活字字模。

一 二 人 儿 入

色事如鴆毒丨入口即立死

沙木 蓺文備覽

五車韻府 佩文韻府

君子先慎乎德有德此有人有人此有

精清從心邪照穿牀審禪

《中国语文字典》使用的活字（原大）

寅甲 51	辰甲 41	午甲 31	申甲 21	戌甲 11	子甲 1
卯乙 52	巳乙 42	未乙 32	酉乙 22	亥乙 12	丑乙 2
辰丙 53	午丙 43	申丙 33	戌丙 23	子丙 13	寅丙 3
巳丁 54	未丁 44	酉丁 34	亥丁 24	丑丁 14	卯丁 4
午戊 55	申戊 45	戌戊 35	子戊 25	寅戊 15	辰戊 5
未己 56	酉己 46	亥己 36	丑己 26	卯己 16	巳己 6
申庚 57	戌庚 47	子庚 37	寅庚 27	辰庚 17	午庚 7
酉辛 58	亥辛 48	丑辛 38	卯辛 28	巳辛 18	未辛 8
戌壬 59	子壬 49	寅壬 39	辰壬 29	午壬 19	申壬 9
亥癸 60	丑癸 50	卯癸 40	巳癸 30	未癸 20	酉癸 10

图 9-9 马礼逊著《华英字典》中使用的世界上最早的一批中文铅活字（部分）。

1807 年，英国传教士马礼逊在广州雇中国刻工秘密刻制中文字模，1814 年—1819 年间，马氏在马六甲设立印刷所，收中国刻工梁发为徒，雕刻印成第一部中文《新旧约圣经》；同时，英国人马施曼在槟榔屿为了译印《新旧约圣经》，托人在澳门镌刻字模，浇铸华文铅字。1814 年，东印度公司为印刷发行马礼逊的《华英字典》，派职业印工汤姆斯（P.P.Thoms）带着印机、活字和其他必须设备，从伦敦来华，同几名中国印工着手在含锡的合金块上雕刻活字，于1815年—1822年之间，印成6卷本《华英字典》600部，为外国人用中文活字印制的第一部印本。以上种种尝试，为用中文字模制铸造中国活字之开端。其后，西方国家纷纷效法。1834年，美国教会将中文木雕版布道书20面，送至波士顿，用以浇铸铅版，再将铅版锯开，分成单独的中文铅活字，然后运回中国，排印中文教会书报。1838年，法国巴黎皇家印刷局亦用此法，使用颇为便利。也有德国人用反文凹雕中文字模的。比较成功的方法主要有以下几种：

1. 拼合字的创制

1836年，法国活字制造专家葛兰德（M.C.Grand）得到在巴黎的中国学生的帮助，雕刻中文常用汉字钢模2000个。其间，为了减少字模，他将中文形声字的偏旁分开雕刻，再加较以拼接。如“秋”字，将“禾”旁和“火”字拼合，旧称“叠积字”。这套字在当时仍较为完美，法国、美国和澳门多有订购。然而，此法虽然可以减少字模和铅字数量，但排版繁复，且字体大小、长短不一，故未能久行。

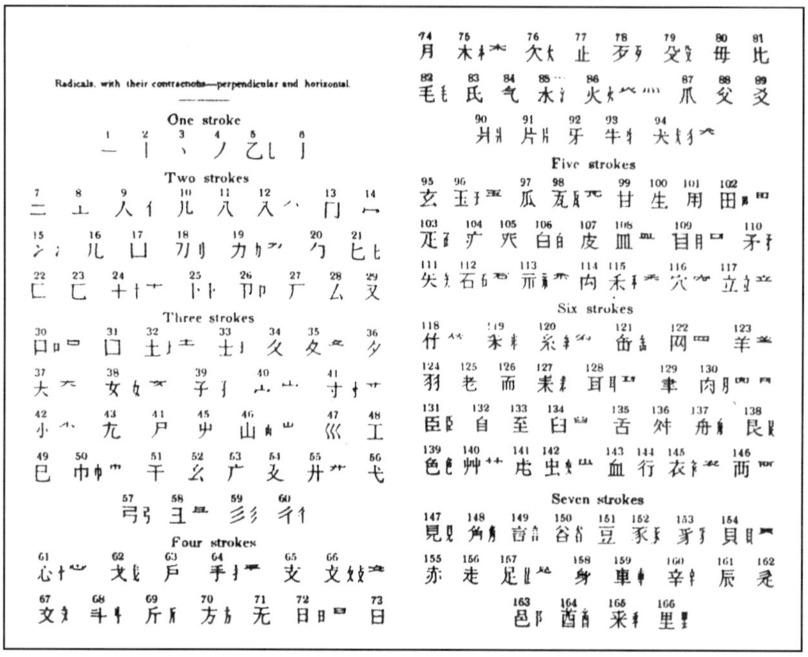

Radicals, with their contractions—perpendicular and horizontal.
One stroke
Two strokes
Three strokes
Four strokes
Five strokes
Six strokes
Seven strokes

图9-10　美国长老会印刷所“华英校书房”于1844年在澳门出版的拼合字样本《新铸华英铅印》

2. 香港字的创制

英国牧师塞缪尔·戴尔（Sanmuel Dyer）曾于1827年至1843年往返于马六甲、香港等地之间，致力于完善中文金属活字。1833年开始用木版书的雕版浇铸铅版，再锯成单个活字印书。但由于木版柔软，不能久用，遂发明雕刻钢模冲制铜字模浇铸铅活字法，这种钢冲压技术使中文铅活字的研制取得突破性进展。戴尔在华人刻工帮助下刻制钢模1845个。此后，戴尔的工作得到了美国雕印工谷立（Richard Cole）的继承，于1851年在香港完成4700个字模的刻制，浇铸铅字印书，并广售铅字，时称“香港

图 9-11 1853 年香港华英书院使用香港字印制的《约翰真经释解》

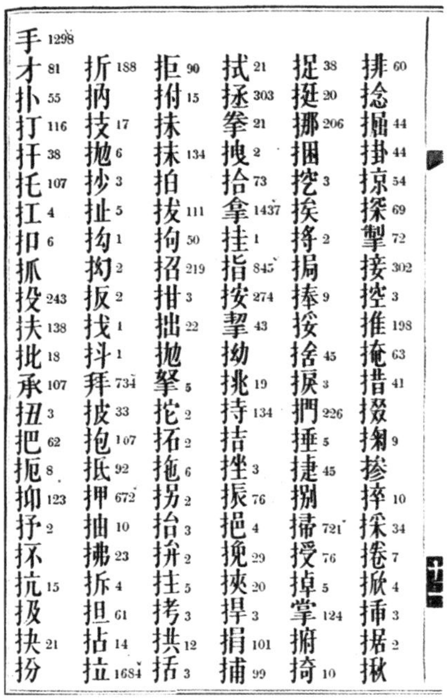

图 9-12 1856 年上海美华书馆再版了姜别利的汉字活字样本

图 9-13 拼合活字创始者戴尔著《重校几书作印集字》（1834 年印于马六甲），介绍汉字研制成果。

字”。戴尔还首创了拼合活字，并对汉字的使用频率进行了统计，对活字印刷在中国的传播起到了重要作用。

3. 美华字的创制

1858 年美国长老会派姜别利（William Gamble）来华主持美华书馆事务。他带来活字字模和铸字机，考虑到汉字的复杂和雕刻的困难，发明了电镀（铸）铜模方法制作中文铅活字，即以黄杨木镌刻阳文，再镀制紫铜阴文，镶入黄铜壳子而成。此法不仅大大减少镌刻用工，而且质量甚佳。姜氏还采用点数制，把中文活字制成大小与西文活字相同的七种字号，分别命名为：一号“显”字，二号“明”字，三号“中”字，四号“行”字，

耶穌降世一千八百七十三年

鉛字拼法集全

歲次癸酉

上海美華書館自藏

大小分體模子

三分之二

1 乙 2 乃十丁匕刀斗几厶丂卜巳九八又乂力人
3 勺子才乞女巳毛弋工卩山丂也寸川凡丈亡千于尹兀
刃土干久大下夊彡叉丸弓孑凡刃爻
4 欠牙以夫尹勻攵中月方午斗屯木井及丰火少厷丑元支
巴公犬爪殳壬斤王內反夬牛夭厄互止印艮叉亢予孔戶
币尤冘五心分丬不攴氏毛开丑卞凶化云升勾允介比勿
乞今戈引丹文弔互太冗爻兮切止木日父令尢尺朩水片
5 生去圭半穴左皮正尼石右付田且弗乎友旦立白兄目末
台支布缶古参卯氏它句另乍占申令禾包失召安可斥奴
丙未术同匝尔巨亓加尼冬巨宁司央圣弘丘弁出甘冊四

二十三

图 9-14 《铅字拼法集全》，1872 年美华书馆印刷。

五号“解”字，六号“注”字，七号“珍”字。由于制作快、质量好，应用甚广，如上海《申报》馆、土山湾印刷所、北京同文馆印刷部等都曾采用。至此，中文铅活字的制作技术趋于成熟。姜氏中文字体的创立，既解决了中西文混排难题，又提高了排版速度，对印刷字体字号的使用推广产生了极大的影响，一直沿用了 100 多年。

（二）排字架的改进

1860 年前后，姜别利查阅了《圣经》等 28 种书籍中汉字的使用频度，将汉字按其使用频度的高低分成 15 类，再将这 15 类汉字归纳、划分为常用字、备用字和罕用字三大类，创用“元宝式”排字架以盛之。元宝式排字架又称三角架、升斗架，分左、中、右三部分。其正面居中设 24 盘，这 24 盘又分成上、中、下 3 层各 8 盘，中 8 盘装常用字，上 8 盘和下 8 盘装

图 9-15 姜别利设计的改良字架

备用字；两旁（左右两部分）设64盘，装罕用字。各类铅字均以《康熙字典》的“部首检字法”分部排列。排版时，拣字者于中站立，就架取字，颇为便利，大大提高了活字排版速度。姜氏排字架，成为此后沿用百余年的中文字架的雏形。

（三）铸字机

1838年，美国制造了铸字机（caster），后经不断改进，逐步成为自动铸字机（automatic type caster）。在我国，19世纪后半期，随着铅活字制作技术的进步，铅活字制造亦由手工向机械化发展。最早传入我国的铸字机是手拍铸字炉，用其浇铸铅字，每炉仅出字数十枚，后改为脚踏铸字炉和手摇铸字炉，每小时可出七八百枚。1913年，商务印书馆引进“汤姆生自动铸字炉”，每架日铸字1.5万枚，且铸出铅字不必加工即可使用，比旧式铸字炉方便得多。此后，又有万年式铸字机和万能式铸字机的使用，至此，旧式之香港字、美华字尽被淘汰。

图9-16 美国传入的摩诺排铸机。张树栋提供。

（四）泥版与纸型

1804年，英国人斯坦荷普（Earl of Stanhope）发明泥版。这种复制版的制作方法是：将泥覆于排成的活版之上，压成阴文，再用铅等金属溶液浇灌，即成阳文铅版，可以印刷。但泥版一经浇铅，泥版必碎，且无法保存。为避免此弊端，1829年法国人谢罗（Genaux）发明纸型，用这种纸型铸铅版，可以浇十余次而不裂，只要保存纸型，无论何时都可以浇版印刷。此项技术于光绪年间传入我国，当时，日本人在上海开设的修文印书局多用此法。民国后，商务印书馆购进新式制纸型机，用强力高压纸型原纸即成，无须多层覆纸、涂浆、刷击、热压等旧工艺。纸型一直沿用至

20 世纪后期。

（五）照相铜锌版

近代印刷制版术的进一步发展，是将照相术用于制版而出现的照相铜锌版的发明和应用。1855 年法国人稽录脱（M.Gillot）发明照相锌版术。1882 年德国人梅生白克（Meisenbach）创制照相网目版。这些技术，于 19 世纪末传入中国，1900 年上海土山湾印刷所最早使用照相制版术。1903 年，商务印书馆曾聘日本技师前田乙吉等人来华摄制网目铜版；1909 年又聘美国照相技师施塔福（Staffoea）用新法摄制照相铜版，其制彩色铜版，出品既速又精。

1908 年，照相锌版技术在上海中国图书公司和上海商务印书馆得到应用。此后，照相铜锌版技术日趋成熟。单色加网以至彩色网目铜版也随之研制成功，并迅即推广应用。这些多由国人和国人自办印刷企业所为。

（六）凸版印刷机

欧洲最初传入中国的凸版印刷机是平压印刷机，完全靠人力操作，每日印数不过几百张，生产效率甚低。1843 年，上海墨海书馆用牛来旋转印刷车床，为当时一大奇闻。此后，又有以蒸汽引擎和自来火引擎为动力的印刷机械引进，印刷方式逐渐由简单的平压方式向圆压平、圆压圆方式演进。

1872 年，上海申报馆购置欧式手摇轮转机，每小时可印几百份报纸。

1898 年，日本仿制欧洲的轮转机输入中国，因价格低廉，多为当时新闻出版业采用。

1906 年，由英国人发明的电气马达作动力的单滚筒机（俗称“大英机”）进入中国，每小时可印 1000 张。

1912 年，申报馆购置亚尔化公司双轮转机，每小时可印 2000 张。

图 9-17　西方传教士最先带入中国的凸版印刷机——手扳架

图 9-18　20 世纪 20 年代初，申报馆从美国引进的轮转机，印速达每小时 4 万份。魏志刚提供。

1915年，申报馆购置法式日本制造滚筒纸印刷机，每小时可印8000张。

1918年，商务印书馆始有美国人发明的“米利印刷机”，比“大英机”更快。

1921年，商务印书馆购得德国的滚筒印刷机，附有折叠机，每小时能出双面印8000张，其印刷速度可抵米利印刷机10架。

1920年以后，上海申报馆先后从美国和德国购得轮转机和彩色滚筒印刷机，成为当时最先进的凸版印刷机械。

这些印刷机械的引进，使近代中国的印刷业跃升至亚洲先进水平。

二、近代平版印刷术的传入和吸纳

平版印刷术，是利用图文部分和空白部分处在同一个平面上的印版（平版）来进行印刷的工艺技术，包括石印、珂罗版印刷以及相关的印刷机械。

（一）石印

1796年，奥匈帝国人施内费尔特(Aloys Senefelder)（1771—1834）首创石印术，即石版印刷。石版印刷是以石版为版材，将图文直接用脂肪

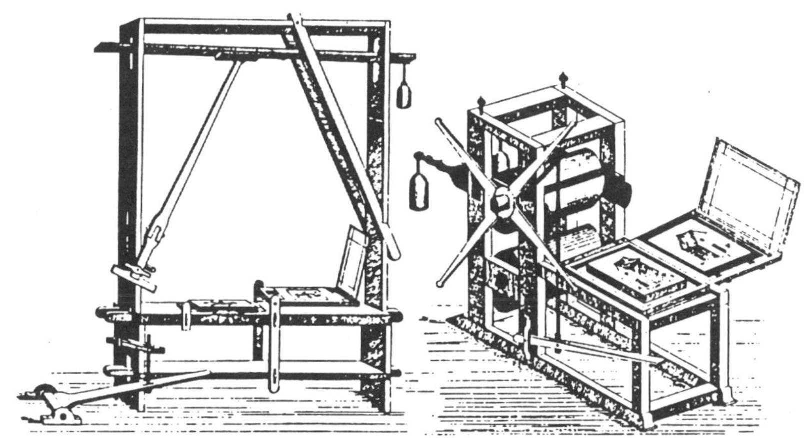

图9-19 施氏木质石印架。张树栋提供。

图9-20 清末上海土山湾画馆。施勇勤提供。

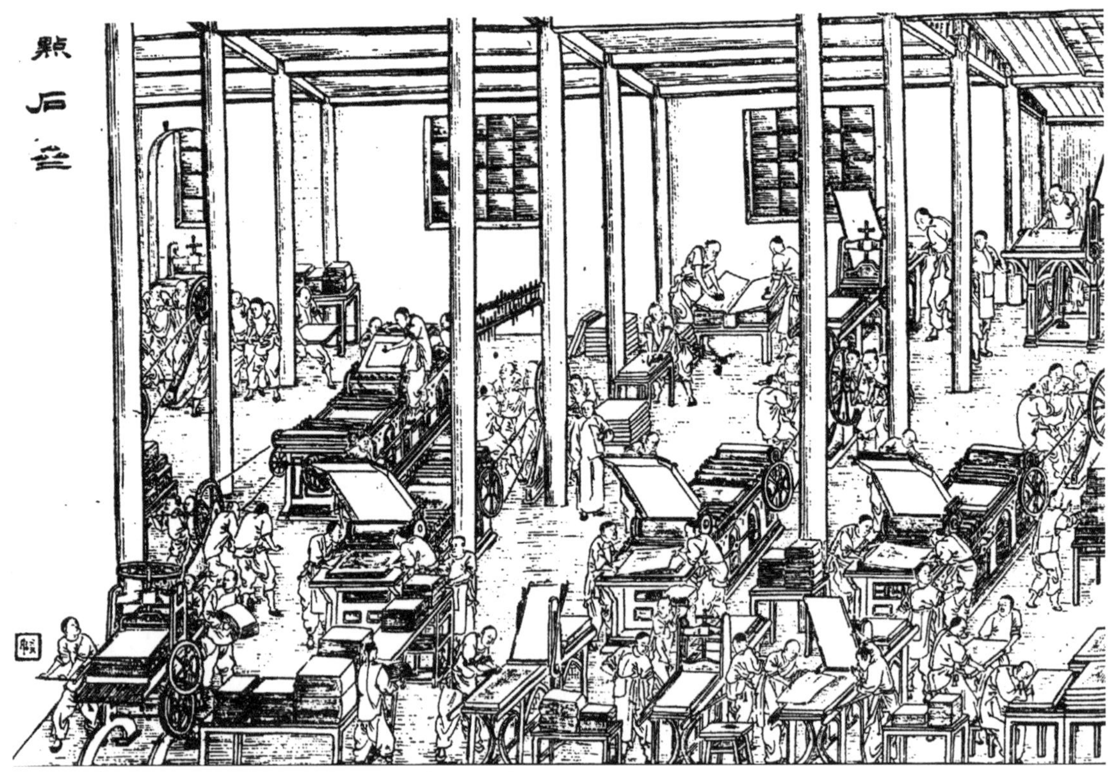

图 9-21 我国名画家吴友如画《申江胜景图》中的点石斋石印工场

性物质书写、描绘在石板之上，或通过照相、转写纸、转写墨等方法，将图文间接转印于石板之上，进行印刷的工艺技术。

19 世纪 30 年代，石版印刷技术传入我国。1831 年间，英国传教士麦都思（W.H.Medhurst）在巴塔维亚（今印度尼西亚雅加达）使用石印印中文书。此后，在广州和澳门设立了石印所，石印出版了中文月刊《各国消息》。

1874 年，石印技术传入上海。1876 年，巴黎耶稣会传教士创办的上海土山湾印刷所购买了石印设备，用来印刷《圣经》和宗教宣传品。

1877 年，英国人美查在上海开设“点石斋印书局”，聘请中国印工邱子昂为技师，并购进了手摇石印机，印刷《圣经详解》、《康熙字典》等书。其中，《康熙字典》先后印制 10 万部，数月之内即告售罄。

清末，上海开始有五彩石印，但彩色无深浅变化。1904 年，文明书局始办彩色石印，雇用日本技师，教授学生，始有浓淡色版。1905 年，商务印书馆也曾聘请日本彩色石印技师数人来华传授技艺，彩印书刊。1913 年，商务印书馆在上海宝山路增建第三印刷所，发展石印，并于 1920 年开始使用彩色石印机印刷，印刷了一批精美的山水、花卉、人物等古画印刷品。

光绪末年到辛亥革命前后，石印书籍出版了数千种。彩色石印还用于地图、香烟包装、年画及织物等。胶版印刷兴起后，墨色石印、彩色石印业趋于衰落。

（二）珂罗版印刷

珂罗版是以玻璃为版基，将阴文干片与感光性胶质玻璃版密合晒印

故宮週刊

第二十七期

图 9-22 1922 年故宫博物馆使用珂罗版印制的《故宫周刊》

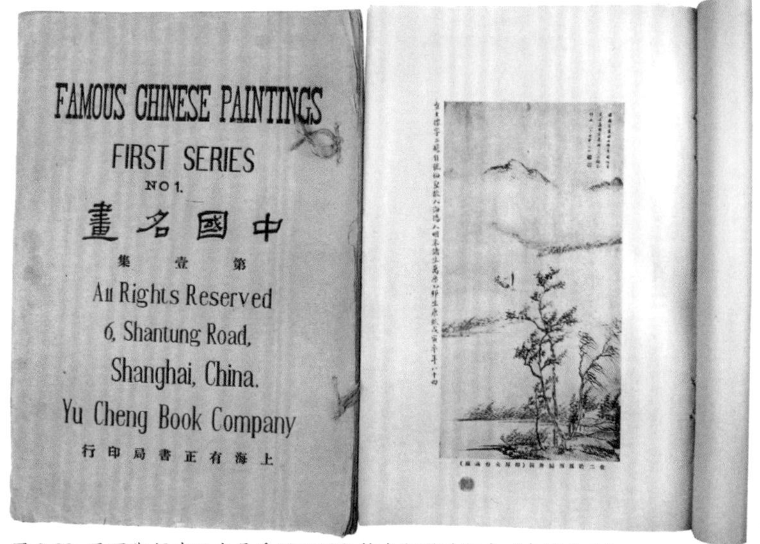

图 9-23 民国期间有正书局采用珂罗版技术印刷的印本《中国名画》

后制成印版进行印刷的工艺技术。1869 年德国人阿尔倍脱（Joseph Albert）发明该技术，原意为胶质印刷。我国约于光绪末年已有珂罗版印刷。1875 年，上海徐家汇土山湾印刷所引入珂罗版工艺，印制“圣母”等宗教图像获得成功。同时，英商别发洋行也用珂罗版印刷，后来上海有正书局聘日本人来沪，传授此术。1902 年，上海文明书局赵鸿雪试验珂罗版亦取得成功。1907 年商务印书馆正式建立珂罗版车间，此后中华书局也采用珂罗版工艺。1922 年故宫博物馆印刷所使用珂罗版仿印故宫文物和书画集。由于珂罗版印刷书画极其精美，在当时被广泛采用。

（三）平版印刷机

光绪初年，国人用施内费尔特研制的木质石印架，随后又出现了铁质手摇石印机。点石斋印书局曾使用过轮转石印机，但仍以人力手工摇动，每小时只能印数百张。光绪年间，始改为自来火引擎代替人力，印刷速度稍有增加。1908 年，商务印书馆开始使用轮转铝版印刷机，代替了厚重的

图 9-24 20 世纪 20 年代前后引进的胶印机

石版，每小时能印 1500 张。

上述石印及铝版平面印刷机均系直接印刷，纸张受潮，多有伸缩，故印套色印件比较困难。1900 年，美国人罗培尔（Lva W.Rubel）发明了间接平版印刷的胶版印刷机，俗称“橡皮版”。该机采用间接印刷法，即锌版先印橡皮版，由橡皮版转印纸，其耐印率、印刷速度、印刷质量都有明显的提高。1915 年，商务印书馆购置对开胶版印刷机，1921 年又购得英国双色胶印机。此后，更为先进的多色轮转机相继引进，促进了中国民族印刷业的发展。

三、近代凹版印刷术的传入和吸纳

凹版印刷是用图文部分低于空白部分的印版进行印刷的工艺技术。凹版印刷的印版多为铜版。我国在清代康熙至乾隆年间，就聘外国传教士来华雕刻铜凹版画，并指导中国人试刻试印，在宫廷当中使用，未能流传。近代发明的印刷工艺经历了雕刻凹版、蚀刻凹版、照相凹版到电子凹版的发展历程。

早在欧洲文艺复兴时代，意大利 人就发明了雕刻凹版印刷的方法。由意大利首先传入日本，再由日本传入 我国。

中国人首先学会手工雕刻腐蚀凹版术的当推光绪年间游学日本的学者王肇鋐。王氏游学期间，攻习舆地之学，成书 12 卷，在日本用雕刻凹版印刷，并学会了雕刻凹版印刷术，于 1889 年著《铜刻小记》一书，详细记述了雕刻铜凹版的工艺技术。1905 年，商务印书馆聘用日本技师传授雕刻版技艺，雕刻铜版在中国逐渐流传。1906 年，清政府度支部派员到日本学习雕刻凹版印钞技术。

1908 年，在北京成立了度支部印刷局（后长期称财政部印刷局，即今

图 9-25 1909 年从美国引进的“万能雕刻机”

图 9-26 1935 年邹韬奋编辑的《大众生活》，其杂志封面采用影写版印制。

天北京印钞厂前身），采用国外先进技术设备，印刷中国自己的钞票。1909 年，度支部印刷局重金聘来美国著名雕刻技师海趣和其他美国技工，并从美国引进“万能雕刻机”等钢凹版印刷设备，设计并雕刻了我国第一套钢凹版钞票——大清银行兑换券。其线条精密清晰，色彩鲜艳醒目，雕印质量甚佳，开启了中国机器雕刻凹版的新纪元。

之后，更为精细的照相制版术应用于凹版印刷当中，在中国俗称为“影写版”。1894 年，波希米亚人嘉立许（Karl Kleisch）发明照相凹版，1902 年德国人梅登（Doctor Mertens）继起改良，使其至臻。其层次细腻丰富、耐印率高，适于印刷大印量的画报、画页、包装材料等。这项技术，约在 1917 年前后流入中国。当时，英国人在上海发行《诚报》，并附送影写版画报，激发了中国人研究仿制之兴趣。1923 年，商务印书馆引聘在日本工作的德国技师海尼格（F.Heinicker）来华，使用照相凹版技术印刷了《东方杂志》彩色插图以及风景名画，精美无比。1924 年，商务印书馆又购得上海英美烟草公司的照相凹版印刷机械，用于试制彩色印品。

20 世纪 20 年代后，一些出版机构和印刷公司陆续进口了成套影写版制版印刷设备，正式用以印刷画报，如 1930 年 3 月的《良友》画报第 45 期、1935 年邹韬奋主编的《大众生活》的封面是上海时代图书出版发行公司用影写版印刷的，其中北平学生“一二·九”抗日游行的画面酷似原照片，给人以深刻的印象。

四、近代孔版印刷术的传入和吸纳

孔版印刷是用手工刻画或打印等方式，将印版上的图文打通、刻透，制成孔版，再在刻本上施墨，将转印材料通过印版上的孔洞漏印到承印物上去的工艺技术。我国早期的孔版印刷主要用于纺织印染业，在秦始皇时代就有了纺织印染。唐朝时有了加筛网的漏印技术，丝网印刷已开其端。近代的誊写版印刷从日本传入，方法简便且价格低廉。孔版印刷主要有誊写版、镂空版、喷花版和丝网版等。

孔版印刷的誊写版制版工艺有毛笔誊写版制版工艺、铁笔手刻蜡版制版工艺、打字蜡版制版工艺三种。毛笔誊写版制版工艺，是用毛笔蘸稀酸，在涂有明胶膜的纸基上书写字画，使其表面胶膜蚀去，露出纸基纤维微孔，然后施墨印刷。铁笔手刻蜡版制版工艺，是将蜡纸覆于钢版上，用铁笔在蜡纸上刻画线条，使蜡纸划破形成微孔，然后施墨印刷的工艺技术。打字蜡版制版工艺，是在专用打字机上装上打字蜡纸，使用打字杆，通过钢活字的锤击力，将文字打印在蜡纸上，从而形成微孔，再施墨印刷。

誊写版印刷一般使用油印机，分平面油印机和轮转油印机两种。

以上印刷技术，自光绪末年以来风行了几十年，在讲义、传单、招贴等印刷上得到了广泛使用，在书籍和报纸的印刷中也得到采用。尤其在战争年代，誊写版印刷得到了广泛的应用。

近代丝网印刷诞生于20世纪初，由英国人塞缪尔·西蒙（Samol Simon）发明，1930年前后传入中国。这种平网印花工艺，受到当时纺织印染界的青睐，能够印制多套色、大花型的宽幅产品。

五、外国人在中国建立的印刷机构及其印刷品

西方近代印刷术是伴随着西方传教士来中国传教而传入中国的。他们传入近代印刷术的直接目的是推动其布道事业在中国的发展，其实质是配合西方列强的武装进攻，对中国进行文化侵略和思想渗透。为此，他们需要印制《圣经》等大量的传教印刷品，同时，需要翻译、印制一批科学技术和文学艺术方面的书籍以及出版一些刊载新闻时事内容的报纸和期刊，来间接地推动布道事业的发展。初期，这种传教活动遭到了中国清朝政府

图9-27 20世纪20年代的上海徐家汇天主堂。施勇勤提供。

图 9-28 清末上海土山湾工艺传习所。施勇勤提供。

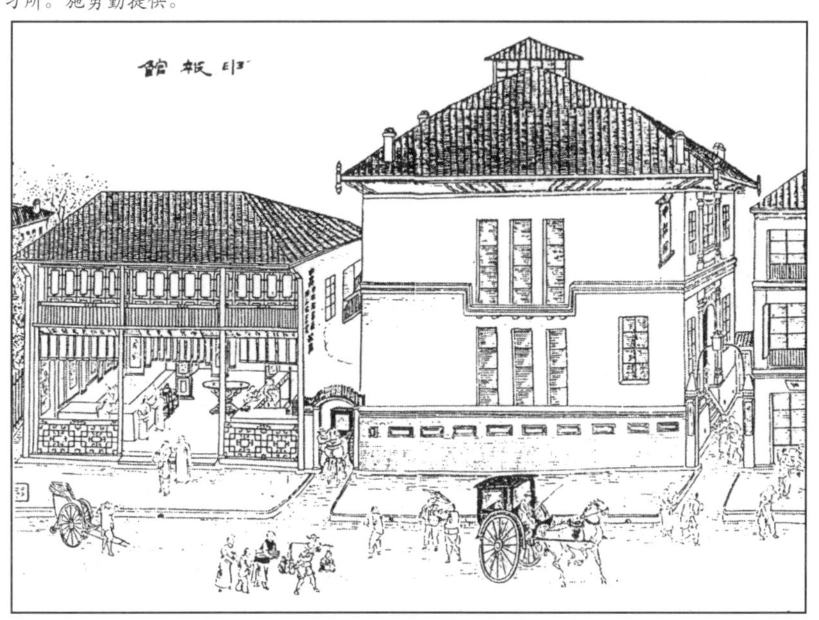

图 9-29 上海点石斋印制的《申江胜景图》中的“申报馆”

的严格禁止。1840 年英帝国主义发动鸦片战争至 1842 年签订不平等的《南京条约》之后，广州、福州、厦门、宁波、上海等五个通商口岸相继开放，尤其是上海成为西方资本主义对我国进行经济掠夺和文化侵略的重要据点。至此，清政府闭关锁国的政策彻底破产，西方传教士遂从南洋一带陆续迁到内地，并有一批西方商人进入我国，他们以传教和经商为目的，建立了为数众多的印刷机构，创办和出版了大量的报刊和书籍。据统计，从 19 世纪 40 年代到 90 年代的时间里，外国人先后在中国境内建立的印刷机构近

图 9-30 《字林西报》中国报业员工合影。施勇勤提供。

百所，创办中外文报刊 170 余种，约占当时全国报刊总数的 95%。①

外国人在中国开办的印刷机构，大多为基督教所创办。19 世纪前后百余年间，基督教在中国创办的印刷机构不下 60 所。其中，规模宏大、技术先进、设备精良的印刷机构主要有墨海书馆和美华书馆。墨海书馆由英国基督教伦敦教会于 1844 年在上海开办，由麦都思负责。主要印刷出版《圣经》及其宣传品，以及一些科学技术书籍。1846 年，麦都思采用石印术，在上海印刷了《耶稣降世转》、《马太传福音注》。又有《旧约全书》、《数学启蒙》、《中西通书》等。同时，编辑出版有《六合丛谈》月刊。配置有从英国运来的 3 台印刷机、中英文铅字、泥版浇铸铅板等设备，也有不少出版物采用中国传统的雕版印刷。美华书馆是西方传教士在中国开办的规模最大、设备最为齐全的出版印刷机构。其前身为美国基督教长老会的“长老会书馆”，1844 年迁至中国澳门更名为“华花圣经书房”，1860 年，美国传教士姜别利将其从澳门迁至上海，更名为“美华书馆”。初期，设备简陋，仅有从美国运来的 323 个字模和戴尔制作的 1845 个字模，排印了《路迦福音》、《使徒行传》等传教书数万册。后不断添置设备，至 1895 年，拥有各种型号的印刷机 9 台，备有中文（包括满文和藏文）、英文、日文等各种文字字模，还有照相机、电镀设备、装订机、网线版等。其所铸的铅字，畅销国内外，印本流传有《新旧约圣经》、《重学》等。

西方的天主教士早在 16 世纪就来到中国，先后在北京、广州、上海、南京等地建立出版布道书籍的印刷所多处。其中，最负盛名的是 1850 年建于上海的上海徐家汇土山湾印书馆和北京北堂印书馆。它们是天主教会最早采用石印和铅印技术的印刷机构，配置有石印、铅印、珂罗版、照相制版等设备，并具有排印中、英、梵、德、英、法、意、荷、希腊、希伯来以及中国蒙、满、藏等少数民族文字的能力。从 1850 年至 1940 年间，它

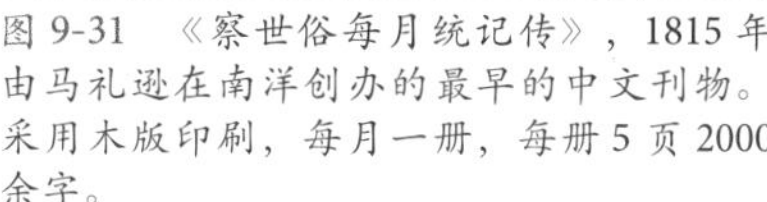
图 9-31 《察世俗每月统记传》，1815 年由马礼逊在南洋创办的最早的中文刊物。采用木版印刷，每月一册，每册 5 页 2000 余字。

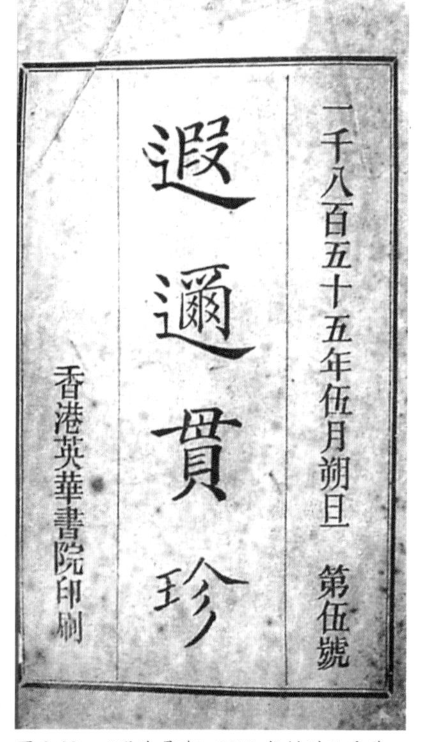

图 9-32 《遐迩贯珍》1853 年创刊于香港，由英国传教士麦都思等 主编。虽是教会刊物，却融进政治、文化、科学等内容，是中国境内最早使用铅字排印的刊物。

们大量印制散布教会宣传品；同时也出版有教科书、科技书以及地图和宗教画片等。

近代，外国商人也紧随传教士来中国建立印刷机构，出版书、刊、报的商家有数十家，主要是英、德、日、俄等国的商人。其中，影响最大的是 1872 年由英商美查等人合资创办的上海申报馆。1874 年后，该馆又添设点石斋印书局、图书集成铅印书局、申昌书局，采用近代铅印法印刷出版书刊多种，其中仅《聚珍版丛书》就多达 160 余种。点石斋采用照相石印工艺，印刷《圣谕详解》、《康熙字典》、《十三经》等，其《康熙字典》先后印 10 万册，获利颇丰。《申报》初创时以铅字排版、泥型浇铸铅版，后改用纸型浇铸铅版，1906 年添置大英机，采用新闻纸两面印刷，后由国人购买续办，成为中国近代报刊中出版时间最长、影响最大的报纸。1902 年成立的英美烟公司以上海为基地，下设六个印刷厂，分布在上海、汉口、沈阳、天津、青岛等地，其技术尤为先进。民国以来，上海浦东英美烟公司印刷厂购进多色铅版印刷机，印品多为纸烟广告。此外，英国人德璀琳开办的天津印刷公司印刷《中国时报》、德国人开办的青岛印刷所印刷德文《亚洲瞭望报》、日商松野植之助在上海开设的修文书局以及岸田吟香开设的乐善堂也比较有名。

近代中文报刊肇始于 1815 年出版的《察世俗每月统记传》，由英国传教士马礼逊派米怜和中国刻工梁发在马六甲印刷所筹办。采用木刻雕版

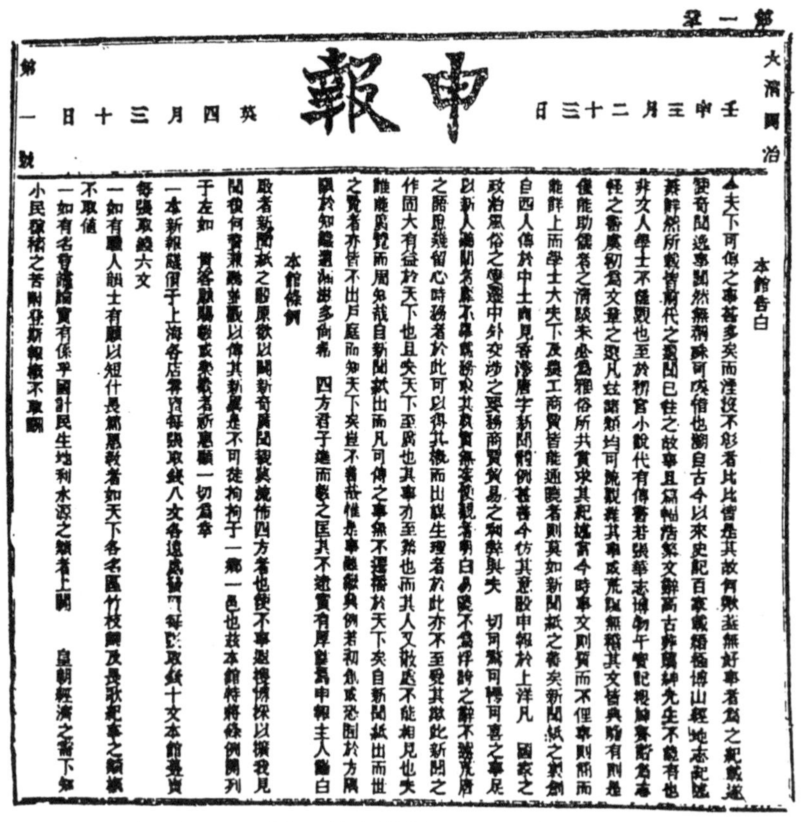

第一號

大清同治壬申三月二十三日

申報

英四月三十日

本館告白

本館條例

图 9-33 1878 年 4 月 30 日《申报》创刊号报样

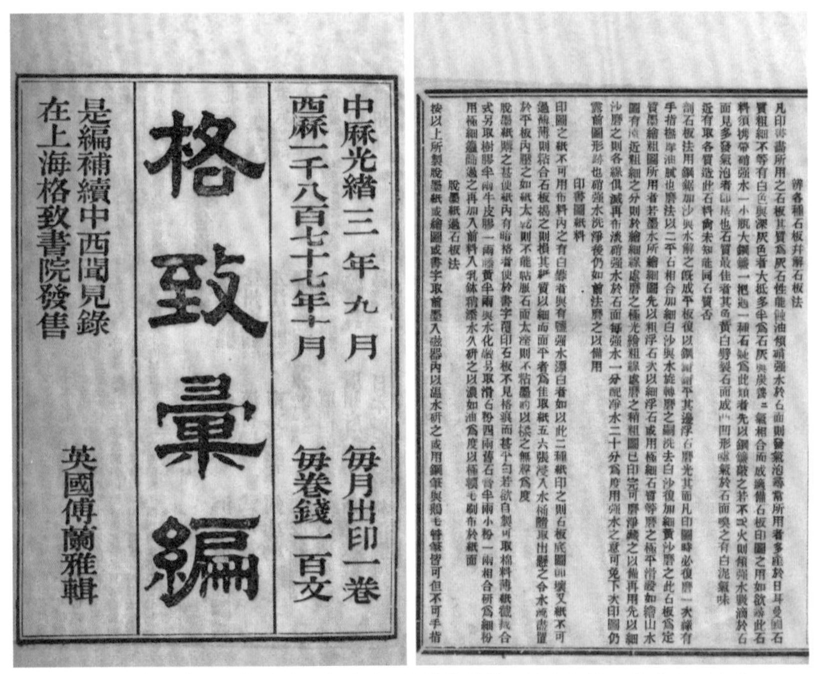

中厤光緒三年九月

西厤一千八百七十七年十月

格致彙編

每月出印一卷

每卷錢一百文

是編補續中西聞見錄

在上海格致書院發售

英國傅蘭雅輯

印圖紙料

用石板印畫之法

图 9-34 1877 年，英国人傅兰雅在中国创办的科学刊物《格致汇编》中介绍石印法。

印刷，为书本装式。在中国境内创刊的最早的中文期刊，则是 1833 年由美国传教士郭士立等在广州编辑出版的《东西洋考每月统记传》，它采用石版印刷的方式印制。1838 年，英国传教士麦都思在广州印刷出版了《各国消息》，用连史纸石印。鸦片战争之后，外国人在中国经营的报刊数量急

萬國公報

西曆一千八百七十七年 九月念九日

大清光緒三年 八月念三日

VOL. X. SATURDAY, SEPTEMBER 29th, 1877 No. 457.

第十年四百五十七卷

目錄

图 9-35 《万国公报》，由原《中国教会新报》发展而来，1868 年由美国传教士林乐知创办于上海。后发展为时事综合性刊物。1883 年停刊，1889 年由同文书会恢复出版，1907 年终刊。

剧上升，主要为宗教报刊和外国商报。其中，宗教报刊中比较有名的有《遐迩贯珍》（香港最早出版的中文期刊），《六合丛谈》（上海出版的最早的中文期刊）、《中国教会新报》（后改名为《万国公报》，是外国传教士在中国创办的刊期最长、发行最广的报纸），《中西闻见录》（中国最早的科学杂志，在北京创办的第一家近代报刊。1876 年易名为《格致汇编》，并迁至上海），《小孩月报》（外国传教士在中国创办的最早的画报）等。1840 年后，为适应外国列强对华经济侵略的需要，外国商报发展迅猛，最为典型的是上海《申报》的印刷发行。

第三节 中华民族近代印刷业的崛起

随着西方印刷机构在中国的开办，使用新式设备和技术，雇佣中国员工，也不自觉地培养和训练了中国第一批掌握先进印刷技术和经营管理知识的出版人才；西方传教读物和科技读物的印制，同时也孕育了中国近代印刷业的兴起和发展。

一、印刷机构的建立和发展

19 世纪末至 20 世纪 20 年代末，以商务印书馆的创办为转机，包括文明书局、中华书局、世界书局等在内的民族近代印刷出版企业雨后春笋般地诞生。据《中华印刷通史》记载，在这一时期，中国官办的印刷企业约 160 家；民办印刷企业中，商界、知识界开办约 350 家；中国共产党开办的近 50 家；全国大中院校自办印刷机构亦不可胜计。同时，这些印刷企业在地域上有集中的趋势。到 20 世纪 30 年代，包括商务印书馆、中华书局、世界书局等大型印刷企业在内的 80% 的印刷企业均在上海，全国 90% 的图书、80% 的报刊出自上海，上海成为近代中国印刷出版的中心。

此时期，我国的民族印刷机构不仅使用经过改良的西方印刷技术，也吸收了西方传教士印刷机构的经营模式和管理方法。

（一）官办的印刷机构

近代以来，清朝和民国间的官办印刷机构计有各地的官书局、官印局、官报局以及户部、度支部、邮传部等建立的印刷出版机构。但这些官办机构多用传统雕版印书。从 19 世纪后半叶开始，官办机构的一些部门开始使用由西方传入的近代印刷技术，主要有京师同文馆印书处、江南制造局印书处、度支部（原清廷户部）印刷局等。

1. 京师同文馆

1862 年设立的京师同文馆是清末最早的“洋务学堂”，它通过翻译、印刷出版活动成为清政府了解西方世界的窗口。1873 年，京师同文馆设立印书处，备有中文、罗马文铅活字 4 套，手摇印刷机 7 台，承担着本馆翻译图书和总理事务衙门印件的印制任务，翻译印制了数学、物理、化学、历史、语文等图书，1902 年随京师同文馆并入京师大学堂。

2. 江南机器制造总局

1865 年，曾国藩、李鸿章等在上海建立江南机器制造总局，为洋务派

图 9-36 江南机器制造总局翻译馆人员。左起：徐建寅、华衡芳、徐寿。

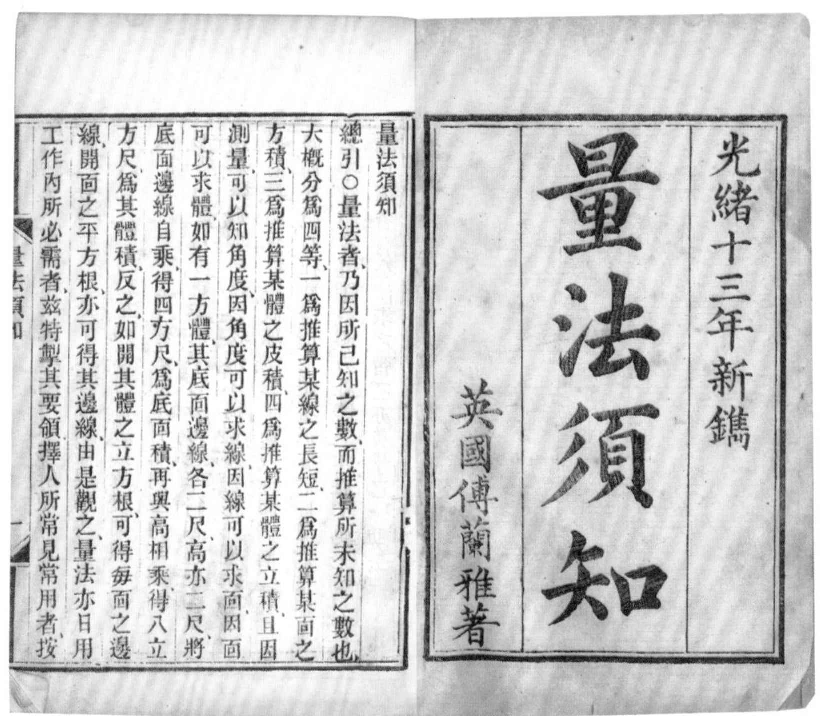
光緒十三年新鐫

量法須知

英國傅蘭雅著

量法須知

總引○量法者乃因所已知之數而推算所未知之數也大概分爲四等一爲推算某線之長短二爲推算某面之方積三爲推算某體之皮積四爲推算某體之立積且因測量可以知角度因角度可以求線因線可以求面因面可以求體如有一方體其底面邊線各二尺高亦二尺將底面邊線自乘得四方尺爲底面積再與高相乘得八立方尺爲其體積反之如開其體之立方根可得每面之邊線開面之平方根亦可得其邊線由是觀之量法亦日用工作內所必需者茲特掣其要領擇人所常見常用者按

量法須知

图 9-37 江南机器制造总局翻译馆傅兰雅译著《量法须知》。魏志刚提供。

最大兵工厂。后采纳当时在该局任职的徐寿父子的建议，在局内附设翻译馆（印书处），由徐寿主持，译员可考者 59 名，其中，外国学者 9 名。翻译馆设有刻书处和印书处。早期翻译图书系雕版印刷，有的插图在英国以钢版印成，地图则在印书处用雕刻铜凹版印成。该馆印书处有一副铅活字和一台印书架，系近代铅活字印刷设备，用来印刷其他书籍。该馆所印书籍涉及历史、政治、军事、经济、算学、物理、化学、光学、电学、天文学、工业、地质、医学等领域，计 22 类 200 余种，对引进西方先进的科学技术、

图 9-38 财政部印刷局全景图

促进中国工业技术的发展起到了积极的推动作用。我国科学家徐寿于 1873 年在江南制造总局建成我国第一座铅室。

3. 度支部印刷局

1908 年，清政府批准度支部在北京开办印钞厂，遂成立度支部印刷局（民国期间改为财政部印刷局）。这是我国近代第一家采用凹版雕印的企业。为了掌握钢凹版雕刻技术，清政府不惜重金，从美国聘请了海趣等五位雕刻技师到印刷局工作，并通过他们传授钢凹版雕刻制版技术。同时，参照美国印钞公司的规模和水平，从美国购进万能雕刻机、钢版过版机、手板凹印机，以及石印机、铅印机、圆盘机、印码机、照相机等制版印刷设备，其设备之齐全，技术之先进，堪称国内仅有、世界一流。印刷局除印刷钞票外，清政府还将邮传部的邮票印刷划归该印刷局印制。1912 年中华民国成立后，度支部印刷局改名为财政部印刷局。印刷局不仅印出了一流的作品，还培养了中国历史上第一批掌握钢凹版雕刻技术的中国技工。1914 年，海趣在北京逝世，其余美国专家相继回国，印刷局雕刻钢凹版工作全部由中国技师独立完成。1920 年，印刷技

图 9-39 1935 年，设在北平的印刷局的二门钟楼。

图 9-40 财政部印刷局钢版雕刻工作设施

图 9-41 财政部印刷局钢版科使用的过版机

图 9-42 引进的手扳凹印机

图 9-43 财政部印刷局印刷科使用的电动凹印机

师沈永斌根据复色印钞技术原理，研制成功了复色印刷机。

1910 年至 1921 年间，该局先后设计印制了大清银行兑换券、殖边银行兑换券、大中银行和劝业银行钞票以及邮票和其他有价证券，创造了中国印钞史上的多个第一。它标志着中国的印钞技术在当时已达到世界先进水平。此时的财政部印刷局已拥有大小机器 370 余台，员工已达 1800 余人。

除此以外，官办印刷机构尚有上海江海关印务处、四川印刷局、西康印刷局、新疆官钱局以及民国初年的国务院印铸局等。

（二）民办的印刷机构

近代民办印刷机构主要是指近代以来商界和知识界人士个人出资或集资创办的印刷机构。19 世纪后期创办的中华印务总局和同文书局是国内最早的大型民办印刷机构，为民族印刷业崛起之先声。19 世纪末 20 世纪初相继成立的商务印书馆与中华书局是近代最大的两家民办书刊印刷出版机构，它们并世而立，商务印书馆开其端，中华书局承其绪。它们两家在教科书、工具书、古籍、杂志出版领域，在印刷新技术的引进和推广革新方面领风气之先，成为中国近代书刊印刷先驱。它们两家与文明书局、大东书局、世界书局并称为近现代中国的五大出版印刷机构。除此之外，还有众多的私家印刷出版机构和学堂、学校开办的印刷机构以及以木版水印而闻名于世的荣宝斋。

1. 中华印务总局

鸦片战争后，伦敦教会办的马六甲英华书院印刷所迁至香港，改称香港英华书院印字局。1870 年，英国教会决定停办英华书院，由在该院长期工作的黄胜、王韬两人合资将印字局，包括设备和铅字全部盘入，改名为“中华印务总局”，于 1871 年正式成立，是中国最早的一家民办印刷出版机构。中华印务总局采用铅活字排版，印刷出版有王韬的《普法战纪》、黄遵宪

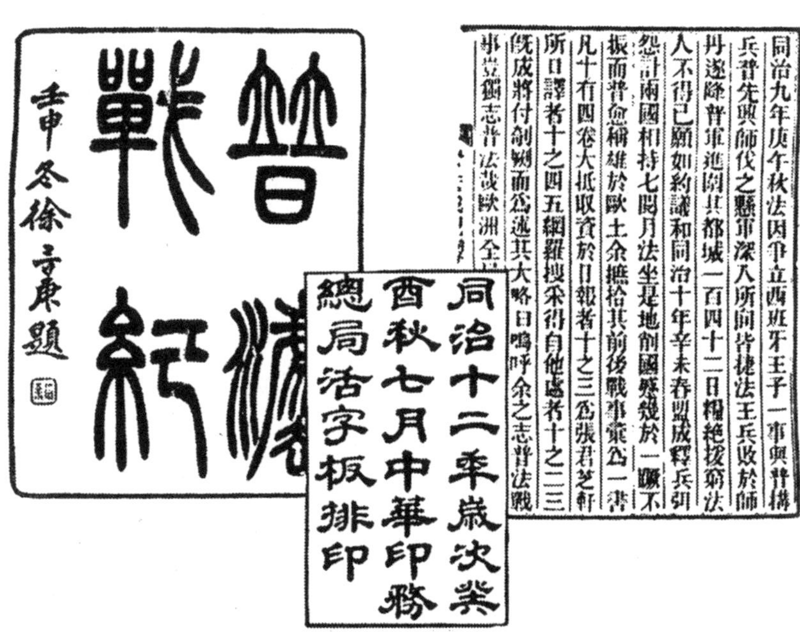

图 9-44 《普法战纪》，王韬著，香港中华印务总局铅活字印本。张树栋提供。

的《日本杂事诗》、郑观应的《易言》等书籍。1873 年，中华印务总局创办了中国人自营的大型报纸《循环日报》，王韬自任主笔，并在香港首次采用每日出报。该报发表了许多宣扬变法自强的文章，曾被林语堂誉为“中国新闻报纸之父”。②

2. 同文书局

1882 年，广东徐润兄弟集股投资，在上海创办了同文书局。备有石印机 12 台，雇员 500 人，其规模已超过外国人开办的点石斋印书局，居当时石印业之首。同文书局在其开办的短短十几年间（1882—1898），采用石版印刷术印刷了《古今图书集成》、《殿版二十四史》等图书。其中，《古今图书集成》第一次印成缩印本 10000 卷，计 1500 部，耗时两年；第二次

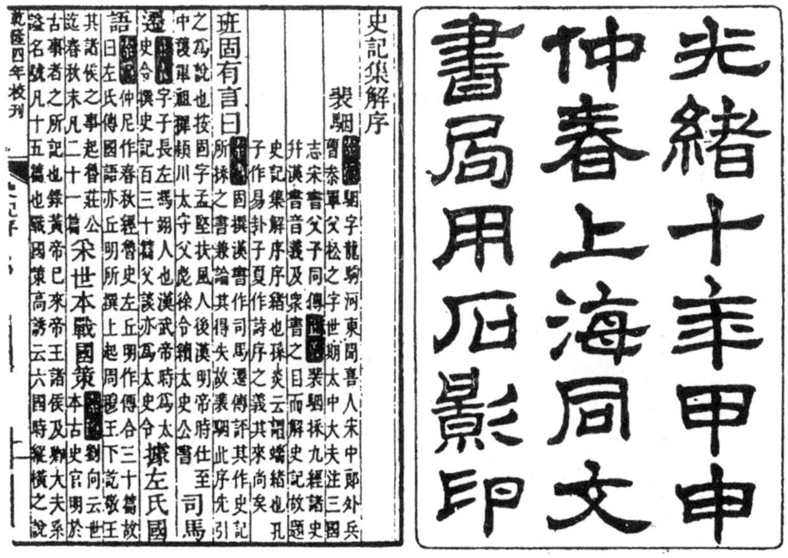

图 9-45 同文书局石印书字样。张树栋提供。

影印 100 部，共 50 多万册，采用桃花纸印制，耗时三年，耗银 50 万两。可见工程之大。印本多由清政府赠送外国或颁赏大臣。同文书局的创办，率先打破了外国人独霸中国石印业的局面，进而带动了中国近代史上其他民族印刷机构的出现和发展。

3. 商务印书馆

1897 年，美华书馆的学徒宁波人鲍咸恩、鲍咸昌、鲍咸学三兄弟与夏瑞芳、高凤池等合伙集资 4000 元，创办商务印书馆，馆址设在上海北京路。创办时设备简陋，仅有 7 台手摇印刷机、3 台脚踏圆盘机和 3 台手摇压印机。

1897 年 2 月，商务印书馆在上海江西路德昌里正式开业，1898 年，采用有光纸印书成功之后，商务厂向同业推广有光纸，同时独家经营代销有光纸业务。1900 年收购日本人在上海经营的修文印刷局，以该局全部新式印刷机及铅字等器材充实商务厂，使商务的生产能力、技术水平大为提高，奠定了商务厂发展近现代印刷的基础。同年，商务在国内首次使用纸型印书。1902 年设立印刷所、编译所、发行所，张元济进馆主持编译所。商务印刷馆编印英译汉教科书《华英初阶》和《华英进阶》，后又编印了《最新国文教科书》等，当时极为畅销，获利颇丰。1903 年，正式成立商务印书馆有限公司，在上海印刷业中首家引进外资，与日本金港堂合资经营，改进印刷设备和技术；在汉口设立第一个分馆。1904 年设立黄杨木版部，聘日籍技师指导。同年，创办《东方杂志》。1905 年在北京虎坊桥设立京华印书局；京华印书局淘汰了木版印刷，全部采用铅印和石印，出版小学教材等读物，业务发展迅速。此时，商务厂资本达 100 万，实力雄厚，跻身当时工业 15 强之列。1907 年上海闸北宝山路新厦落成，采用珂罗版印刷，

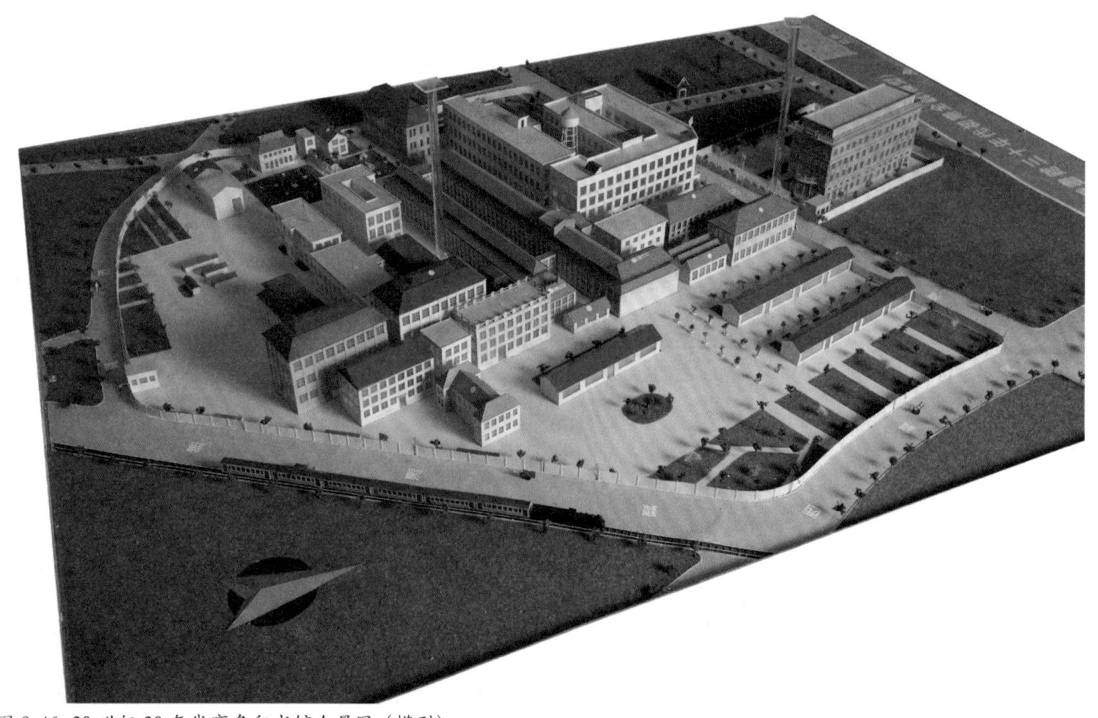

图 9-46 20 世纪 30 年代商务印书馆全景图（模型）

图 9-47 1925 年时的商务印书馆东方图书馆全景。施勇勤提供。

派员工赴日本学习照相制版技术。1909 年改进铜锌版和试制三色铜版，聘美籍技师作指导。1908 年，设图书馆，名为“涵芬楼”；创办商业补习学校，张元济首任校长。办艺徒学校。创刊《教育杂志》；出版我国最早童话图书——孙毓修编译《童话》一、二两集；出版我国最早译印的百科辞典《汉译日本法律经济辞典》；与英国泰晤士报社协议印行所出《万国通史》，是我国出版社对外合作的最初尝试。1912 年，设铁工制造部，制作印刷机器和理化仪器；开始用电镀铜版。1913 年，最先使用自动铸字机；创制教育幻灯片。1915 年首次引进彩色胶印机；创制仿古活字，始用彩色胶版印刷；办函授学社；创刊《妇女杂志》、《英文杂志》、《英语周刊》等期刊。1919 年商务印书馆制造了中国第一台中文打字机——“舒震东式华文打字机”；创制汉字与注音符号结合的铜模；始用机器雕刻字模；试验用宣纸套印十五色成功。1921 年所属京华印书局新厦在北京虎坊桥落成。1922 年改进印刷技术，聘德籍技师指导。1923 年设影写版部，改进雕刻铜版技术。先后聘德籍、美籍技师指导。1924 年设香港商务印书馆印刷局。1925 年涵芬楼改组为东方图书馆，对外开放。1926 年，改组铁工制造部，成立华东机器制造厂，规模宏大，独立经营。据 1897—1922 年的统计，25 年间，商务的资本从开始的 4000 元猛增 1300 多倍，一跃而成为国内第一、世界瞩目的大型印刷出版企业。

20 世纪 30 年代是商务印书馆鼎盛时期，1931 年创制传真版。1935 年创制赛铜字模。在上海建成占地 80 余亩（1 亩等于 666 平方米）的现代化印刷总厂，下设第一、二、三、四、五印刷厂，拥有排、印、订新式机器 1200 多台，职工 5000 多人，固定资产 2000 万元。商务厂不断兼并、吸纳中外资印刷企业，先后设立了香港分厂（1924 年）、重庆分厂（1937 年）、赣县分厂（1941 年）、连城分厂（1944 年），并在国内、海外设立了 89 处分支馆。此时的商务，已占据了中国近代印刷市场的半壁江山。

综上所述，从清末到新中国成立前，商务印书馆以印刷出版为主，多种经营，设立铁工部、电影部、标本部，创办东方图书馆和学校等机构；

图 9-48 商务印书馆创始人及历届领导

自办编译所。聘请有才学的人主持，张元济、印有模、王云五等相继进入商务印书馆，他们以自己的拳拳民族情怀和新颖的经营理念，建立起顺应市场需求的编、印、发一体化经营管理机制，在教科书出版、古籍整理出

图 9-49 商务印书馆照相制版间

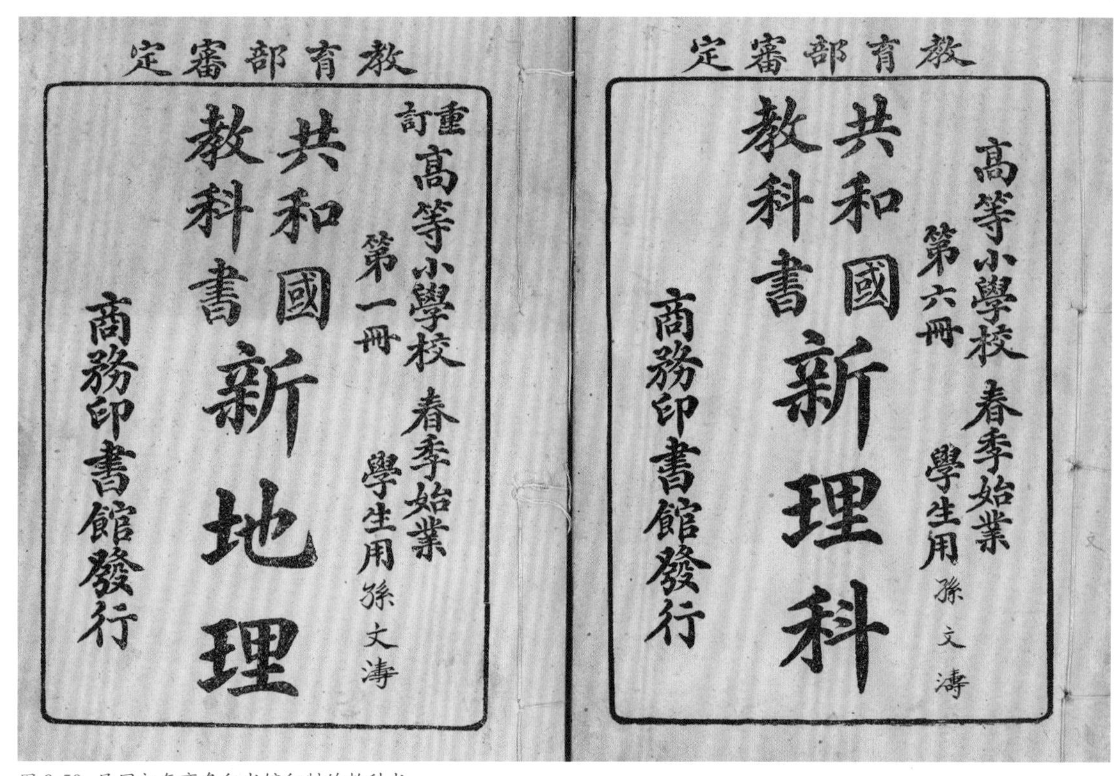

图 9-50 民国初年商务印书馆印制的教科书

版、工具书出版、期刊出版等领域领风气之先，在印刷技术革新和设备发明改良上做出了成就。它的出现，打破了外国人垄断中国近代印刷业的局面，创造了中国民族出版印刷行业的辉煌奇迹，促进了中国近代印刷业的发展，是中华民族近代印刷业全面崛起的标志。

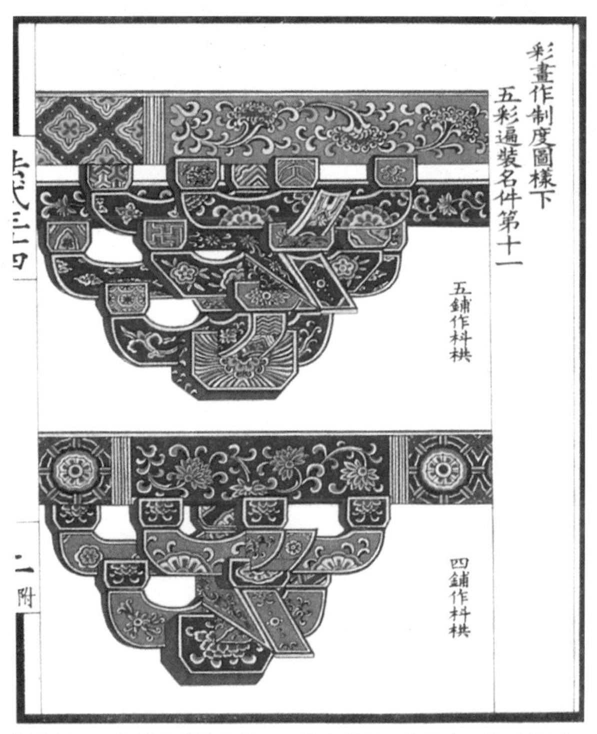

图 9-51 《李明仲营造法式》，宋李诫撰。民国十八年（1929）上海商务印书馆刊印，图为石印本。

4. 中华书局

1912 年 1 月 1 日，中华书局在上海创立，是继商务印书馆之后的全国第二大集编辑、印刷、发行为一体的印刷出版企业。创办人为陆费逵。

图 9-52 中华书局创办人陆费逵

图 9-53 中华书局印刷厂

图 9-54 中华书局印制的教科书

初系合资经营，以编印新式中小学教科书为主要业务。1913 年设编辑所。1915 年前后，盘入文明书局和进步书局，改为股份有限公司；陆续从国外购进平印和铅印设备，并多次派遣技术人员出国考察学习；自办印刷所，增设发行所；翌年资本增至 160 万元，职工达千余人。1932 年扩充印刷所，1933 年在九龙新建印刷分厂，1935 年在上海澳门路建成印刷总厂，购置先进印刷设备，承接图书印制，也承印地图、邮票、香烟盒以及政府的有价证券、钞票、公债券等。到 1937 年春，资本扩充后，在全国各地和香港地区、新加坡开设 40 余个分局，年营业额约 1000 万元，进入全盛时期。抗日战争爆发后，陆费逵赴香港，成立驻港办事处，掌握全局重要事务；上海方面由常务董事舒新城等主持日常事务，设在公共租界的印刷总厂以“美商永宁公司”的名义维持营业。1941 年 7 月 9 日，陆费逵在九龙病逝。随后太平洋战争爆发，领导核心内迁，在重庆设立总管理处。此间，仍然印制教科书，编辑出版各种图书杂志。抗战胜利后，总管理处迁回上海，印制教科书的业务虽迅速恢复，但图书杂志出版业务逐渐陷入困境。中华书

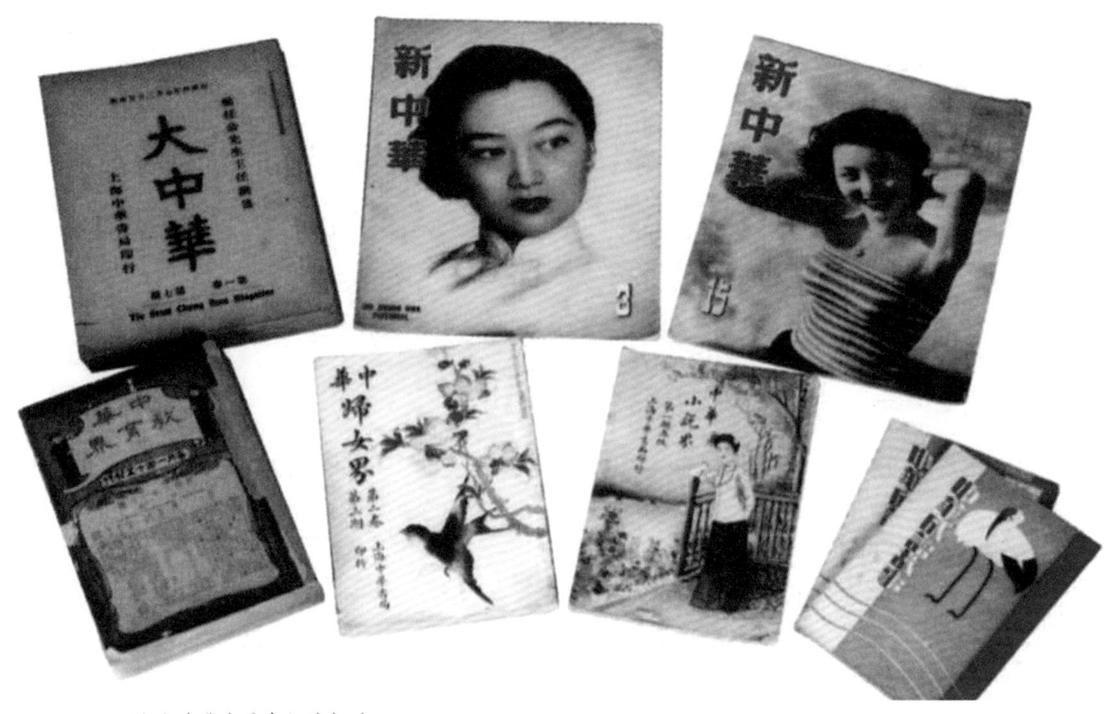

图 9-55 20 世纪初中华书局出版的期刊

局从创立至1949年的37年间，中华书局在自己的印刷厂先后编印出版了《中华大字典》、《四部备要》、《古今图书集成》、《辞海》、《饮冰室合集》等重要书籍，翻译出版了卢梭的《社会契约论》、达尔文的《物种原始》等重要译著，陆续编印出版了《大中华》、《中华实业界》、《中华教育界》、《中华妇女界》、《中华小说界》、《中华学生界》、《中华童子界》、《中华儿童话报》等八大杂志，在学术界颇有声望。

5．文明书局

文明书局成立于 1902 年，由俞复、廉泉、丁宝书等人创办于上海。它们吸纳了西方传入的石印、珂罗版、铅印等技术，尤其以珂罗版影印书画见长，总数达 570 余种。该局赵鸿雪先生自行研制铜锌版和珂罗版获得成功，在近代印刷史上传为佳话。

6．大东书局

大东书局创办于 1916 年，由吕子泉、王幼堂、沈骏声、王均卿四人在上海集资合办。1924 年改为股份公司。备有铅印和平印设备的印刷所，规模较大。以印制出版教科书、法律书、国学书、文艺书、儿童读物等为主，同时，还为河南、浙江等地方银行印制纸币和印花税票。抗战前后，该局在北京、杭州、广州、重庆、香港等地设有分局或印刷分厂。

7．世界书局

世界书局创办于 1917 年，位于上海福州路，编译所和印刷所设在香山路。创办人沈知方早年曾加盟商务印书馆和中华书局，后脱离，独资创办世界书局，1921 年改为股份公司。后在汉口、北京、广州、沈阳等地设有分局，建有规模很大的印刷厂，印制出版了《中小学教科书》、《生活丛书》、《哲学丛书》、《心理学丛书》、《世界少年文库》、《孙中山全传》等多种图书。该局印刷厂于1934年成为上海图书学校印刷科学生的生产实习场所。

8. 民族传统印刷的典范——荣宝斋

近代中国传统印刷技术在西方印刷技术的冲击下，在夹缝中生存，以荣宝斋为代表的印刷机构以精湛的技艺成为传统印刷技术的典范。荣宝斋前身松竹斋创建于康熙十一年（1672），主要经营书画用纸和墨笔砚文房用具。1894年，松竹斋主人在北京琉璃厂86号开设“松竹斋”的连号“荣宝斋”，并增设“帖套作”机构，为从事木版水印打下基础。1900年松竹斋关张，荣宝斋继承了所有业务。1929年荣宝斋在南京开设分店，此后又先后在上海、汉口、洛阳、天津开设分店，北平店成为各地的总店。

图9-56 荣宝斋复制的《十竹斋笺谱》

图 9-57 民国时期的荣宝斋

图 9-58 《北平荣宝斋诗笺谱》，民国二十四年（1935）木版水印本。全书笺谱以张大千、齐白石等现代书画大家的名作为内容，采用特制的水纹纸印成。

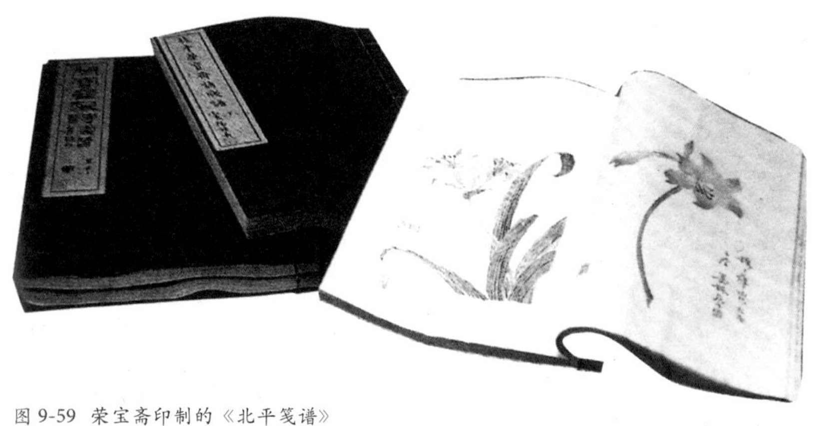

图 9-59 荣宝斋印制的《北平笺谱》

20 世纪 30 年代前后是近代中国民族印刷业的兴盛时期。荣宝斋沿用了明清时期发明的木版水印工艺，并对这种具有中国民族自主印刷技术特色的木版水印技术发扬光大。1934 年鲁迅、郑振铎委托荣宝斋重刻明代的《十竹斋笺谱》以及《北平笺谱》获得成功，得到时人赞赏，使得荣宝斋彩印技术得到新的升华，在继承传统雕版印刷、发挥木版水印工艺技术方面作出了巨大的贡献，成为我国木版水印工艺的集大成者和传承者，一直经营到今天。

（三）中国共产党建立的印刷机构

中国共产党成立后，在一些大城市和革命根据地先后建立了印刷厂，但一般规模都不大。1925 年，李大钊等人在北京创办昌华印刷局，备有手摇铸字机、圆盘机、对开铅印机等器材，印刷《政治生活》及传单等。当时，中国共产党在上海建有秘密印刷所 20 余处。其中，创建于 1925 年 6 月的国华印刷所，备有对开铅印机 2 台、圆盘机 1 台、切纸机 1 台，还有手摇铸字机、铸版、纸型和铅字等，主要任务是排印《向导》、《中国青年》等期刊和马列主义书籍。

图 9-60 延安中央印刷厂旧址。张树栋提供。

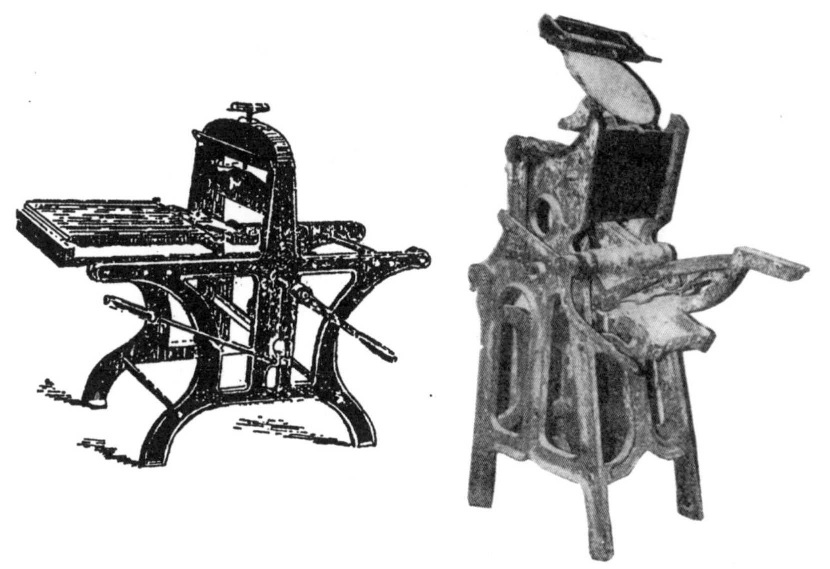

图 9-61 抗日战争时期豫鄂边区建设银行印钞厂使用的石印机和圆盘机。张树栋提供。

20 世纪 30 年代上半期，中央苏区、湘鄂西、湘鄂赣、鄂豫皖、闽浙赣、左右江、川陕等苏区建有印刷所、石印局、印钞厂 20 余所，主要设备有石印机、铅印机、铸字机、排版机械和器材，承担报刊书籍及区内发行的 40 余种钞票、邮票的印制任务。最大的瑞金中央印刷厂，印刷器材比较齐全，职工多达 300 余人。该厂隶属于中央苏区中央印刷局和中央出版局，承担着《红色中华》等报刊、书籍、公债券和文件的印刷任务。

抗日战争时期的陕甘宁边区、晋察冀边区、晋冀鲁豫边区、晋绥抗日根据地、山东抗日根据地、华中抗日根据地等，都建有规模大小不同的印刷机构。规模较大的印刷厂有延安中央印刷厂、延安八路军印刷厂、《晋察冀日报》印刷厂、华北《新华日报》印刷厂、山东《大众日报》社印刷厂、吕梁印刷厂、豫鄂边区建设银行印钞厂等。这些印刷机构在战争异常残酷、物质条件异常艰苦的条件下，自力更生，因陋就简，使用铅印、石印甚至油印的方法，采用自制的印刷纸和油墨，印制出了边区和各抗日根据地所需的报纸、书籍、地图、文件资料、钞票以及各种有价证券。《晋察冀日报》印刷厂为了适应战争环境下的迁移，由牛步峰成功研制出了木质轻便铅印机。同时，他们还试制铸版机、发明新式造纸机及石印

图 9-62 牛步峰和他研制的木质轻便铅印机。张树栋提供。

药纸，创办了平山县窑上纸厂等三个造纸厂。华北《新华日报》印刷厂于1940年冬在河北邢台臭水村专门成立了培养印刷技术人才的“太行印刷职业学校”，有60名学员在设有简单印装设备的实习工厂学习，经过一年学习后，均达到独立操作水平。豫鄂边区建设银行印钞厂在1942年，就能够印制精美的三色花纹。其建立在黄冈地区的第三印钞厂，在日寇“扫荡”频繁的湖沼水面上，仍然坚持印刷，遇到敌人袭击，则将机器沉入湖底。以上种种，充分反映了中华民族在强敌面前不屈不挠的坚强意志和必胜信念。

抗战胜利后和三年内战期间，中国共产党控制区的印刷业经过调整、重组，逐渐形成了在新华书店统管下的编、印、发一体化的管理体制。相继建立了华中、华北、中原、东北、西北等新华书店，管理其属下的数十个印刷厂。1949年，建立新华书店总管理处。至此，以新华书店形式组建的编、印、发一条龙管理体制业已形成。

二、印刷技术的改进和发明

西方印刷技术在传入中国的过程中，始终离不开中国人的参与和配合，始终伴随着中国人对新技术的推广、应用和发明。这其中有刻工、印工，也有文人、学者、科学家和企业家。他们在最先接触和应用西方印刷术的同时，也积极地对其进行改良和创新，使其“洋为中用”，加速了西方近代印刷术中国本土化的进程，促进了中国民族印刷业的兴起和发展。

（一）印刷字体的制作和创新

印刷活字是我国原创，但近代印刷业中所用的金属制造技术源于西方。中国人从一开始就参与了中文铅活字的制作过程。1807年，马礼逊为了排印中文版《圣经》，雇请中国人刻字模；在马六甲、巴达维亚（今雅加达）等地建立铅印和石印的印刷所，有广东印工梁发等数名中国印工参与雕印。

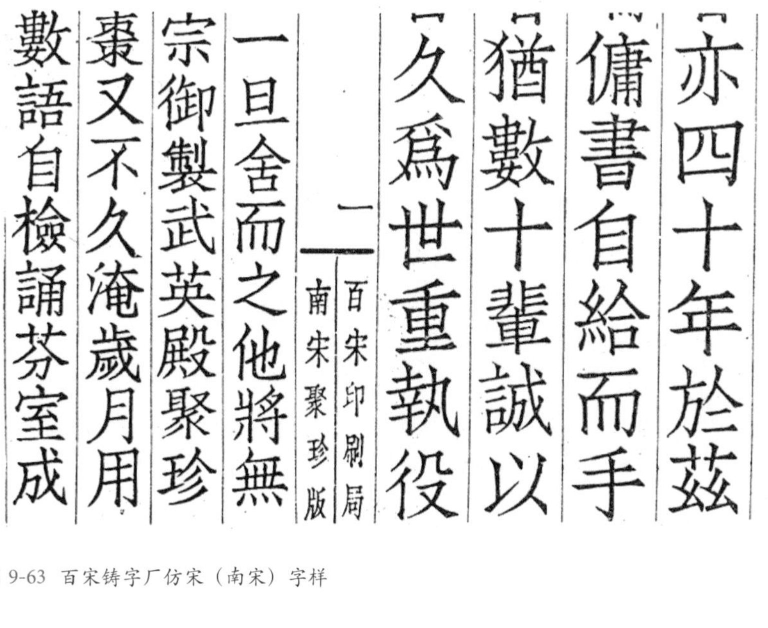

亦四十年於茲
傭書自給而手
猶數十輩誠以
久爲世重執役
二
百宋印刷局
南宋聚珍版
一旦舍而之他將無
宗御製武英殿聚珍
隶又不久淹歲月用
數語自檢誦芬室成

图9-63 百宋铸字厂仿宋（南宋）字样

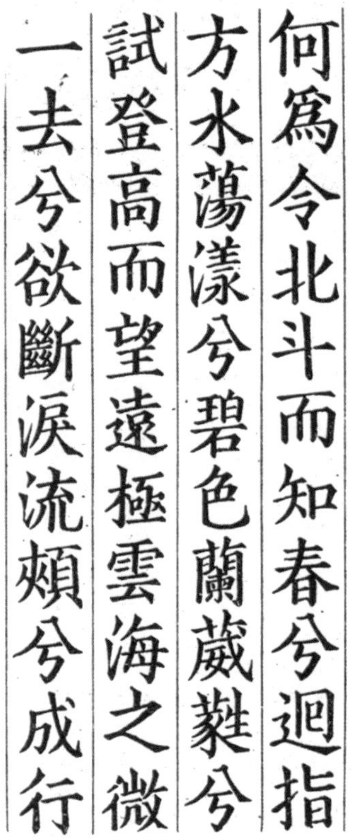

何爲令北斗而知春兮迴指
方水蕩漾兮碧色蘭葳蕤兮
試登高而望遠極雲海之微
一去兮欲斷淚流頰兮成行

图 9-64 百宋铸字厂仿宋（北宋）字样

1830 年，梁发曾用手刻铅字排印《祈祷文》。之后英国人戴尔刻制钢模，美国人姜别利首创电镀汉字字模，都有华人刻工的帮助。

汉字印刷字体源自唐代书法名家的手写体，宋、明以后，形成了横平竖直、横轻直重的适应于印刷的宋体字。近代印刷术传入后，铅活字印刷沿用这种字体。近百年来中国人致力于印刷字体的研究和发明，不断推陈出新。

1909 年，在张元济主持下，商务印书馆采用照相铜版刻模及电镀法创制二号楷书铅字，并刻制方头字和隶体等铅字，被称为“商务体”，甚为流行，逐渐取代香港字、美华字和美查字，也打破了长期以来由宋体字独据版面的局面。

1914 年，商务印书馆聘请近代刻书名家陶子麟，以唐末刻本《玉篇》之字体，用照相方法在铅字坯上直接镌刻，制成一号、三号古体活字二副。

1916 年，钱塘金石书法家丁善之、丁辅之仿宋代精刻之欧体活字，设计刻制了“聚珍仿宋活字”，字体古雅美观。同年，庄有成先生以宋刻精本创制“仿宋活字”。

1918 年，海陵韩佑子在商务印书馆以宋元精本为范，并对俗书讹字，一一厘正，制成整齐雅观、古香古色的“仿古活字”，用以排印古书善本。

同年，教育部颁行注音字母，商务印书馆随之创制“注音连积字”，注音字母与汉字合刻一模，大大提高了带注音字母文字书刊的排版速度，且便利校雠，不易错排。

1921 年，朱义葆、徐锡祥合作，设计制作了长仿宋体。

我国自 1906 年由国人乔猷松设立乔猷松铸字所以来，一些从事铸字专业的企业，也曾采用西法研制新字体。譬如 1912 年创办的竹天新宋铜模铸字所，曾在《艺文印刷月刊》连续数期刊登广告，向印刷企业推销其研制的洪武正楷铜模、汉文正楷铜模，以及该所制作的方头黑体和老宋及特号铜模等。华丰余记印刷铸字所 1922 年制造出“华丰正楷”，1927 年制造出“华丰真宋”；20 世纪 30 年代又制造了“汉文正楷”、“华文正楷”等字模。

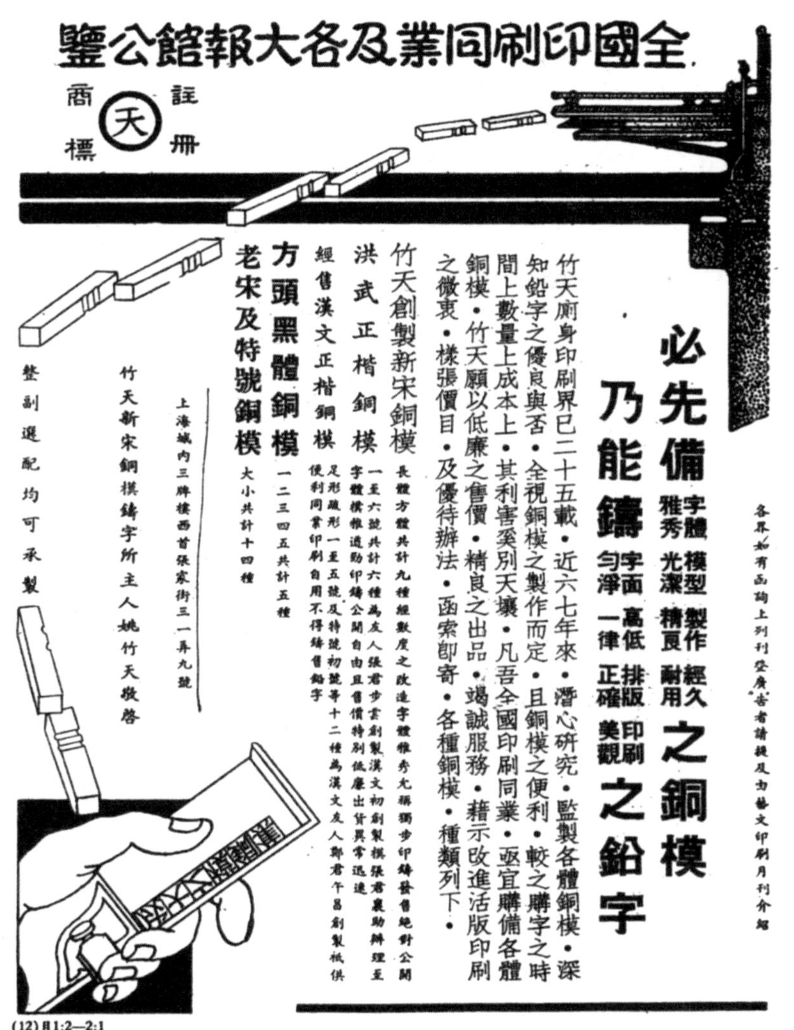

图 9-65 《艺文印刷月刊》刊登的竹天铸字所的广告

从 1909 年至 1937 年间，上海商务印书馆、聚珍仿宋印书局、华丰、求古斋、百宋、汉文、华文等铸字制模厂刻制的铜模风行全国，华文正楷字模并流往日本三省堂，标志着当时中国印刷字体之研究达到了一个新的、前所未有的水平。同时，南京、上海等地许多印刷机构还刻制了蒙文、藏文、维吾尔文铜模，这些都是我国字模制造史上自主创新的成果。西文活字自商务印书馆印制《华英初阶》之后，其用途日渐增多。此时的商务，更备有德文、俄文、希伯来文、希腊文、拉丁文、日文等外国文印刷活字。

尤其值得一提的是，我国科学家徐寿于 1873 年在江南制造局建成我国第一座铅室。1874 年 8 月 5 日的《申报》刊发《论铅字》一文，详细报道了此事。文内特别指出，徐雪村（徐寿）“所铸成各字，直与西人所铸毫无差别”。[③]此为现知国人自主制造铅活字之始。

（二）中文排字架的改进

中国传统的活字印刷，曾采用过元朝王祯发明的转轮排字架和清朝武英殿字柜等设施进行拣字、排版。1859 年，美国人姜别利发明了元宝式排字架，但仍有光线不足、使用率低等不便之处。

1909年，商务印书馆聘请了一批文字学家，经过反复研究和探索，调整了字的排列位置，将使用频率高的放在前面，使用频率低的放在后面，这种改进的字架大大提高了排字速度。

1920年，上海申报馆仿效日本字架并作了改进，制作“统长架”，提高了排版的效能。

1922年，上海商务印书馆张元济再次改革字架，铅字分类与统长架相同，而拣字仍采用《康熙字典》的部首检字法，并且改进了字架的架构，减轻了劳动强度。

此后，该馆的贺圣鼐又发明了引力排字架。全架除有中文铅字5840个外，还有外文字母、通用符号，采用四角号码排列法，占地面积小，可以坐着拣字。后来许多印刷厂使用的字架便是从引力排字架演变而来的。

20世纪30年代，上海图书学校工读印制社的印刷指导吴心谷、徐昨愚二位先生，又从地位经济、坚固耐用、节省铅料、取字方便、灯光充足、清洁整齐等几个方面，对排字架又作改革，发明了新型的排字架。

（三）照相制版术的研究和应用

19世纪末照相制版术传入中国后，中国人最早研究照相制版术者为上海江南制造局印书处。该印书处的刘某曾试制照相版，印刷广方言书馆出版的图书，然其法仅限于一隅，未得推广。

1900年，上海土山湾印刷所蔡相公等人开始试验照相制版，到1901年试制照相铜锌版获得成功，并传授给华人顾掌全、许康德二人。

图9-66 1936年，采用四色平凹版新工艺印制的《中国印刷》第一期封面图。

1902年，上海文明书局的赵鸿雪先生，参照西方有关照相制版之书籍，研究制作照相铜锌版，历时数月而告成。同年，赵鸿雪先生在文明书局试制珂罗版印刷获得成功，并付诸实用。

1910年，商务印书馆在改良照相铜锌版时，试制三色版，得到很好的效果，但当时网目角度依靠旋转原稿角度来解决，出品较为迟缓。1920年，郁厚培先生赴美考察印刷之后，改用圆网屏（圆盘网目版）来改变合色网目角度，出品更加精确和快速。

1931 年，商务印书馆开始采用照相平凹版制版工艺。

1933 年，当时在上海三一印刷厂的柳溥庆，采用当时先进的平凹版制版工艺，成功地印制了《美术生活画报》，更于 1936 年，采用四色平凹版新工艺，印制了《中国印刷》第一期的封面和插页。所印画面，层次丰富，网点光洁，至今仍色彩鲜艳（中国印刷博物馆有藏），为中国 20 世纪 30 年代印刷水平的实物见证。

照相制版术工艺先进，制版迅速，耐印率高，成本低，质量好。它的采用，将中国近代印刷技术水平提高到了一个新的高度。

（四）照相排字机的研制

照相排字机是应用照相术进行排版的机械设备，20 世纪初在英国使用，后逐渐推广。1935 年，由当时的制版印刷专家柳溥庆、陈宏阁二人，应用照相原理设计制造了中国第一台照相排字机，其结构精巧，能排各种大小的文字，还有隶书及美术字字模，适合排书刊杂志，当时因抗日战争，未能得到推广。但从保存下来的设计图纸看，几与现代手动照相排字机原理

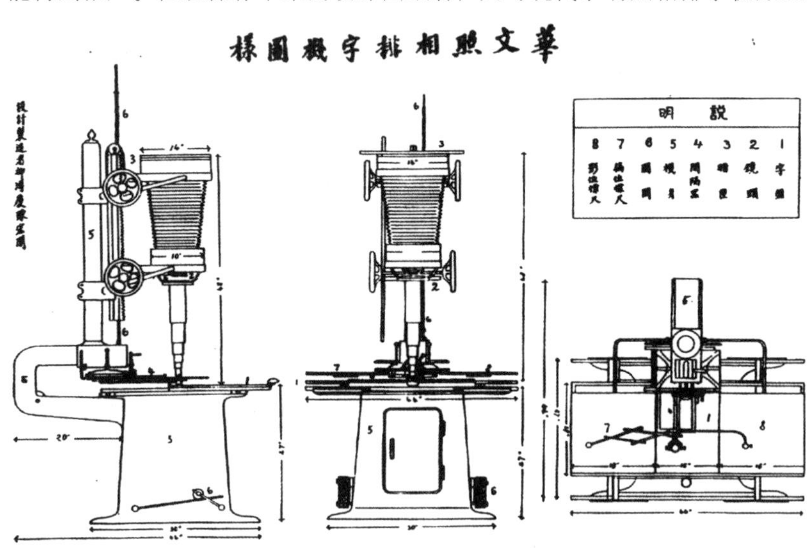

图 9-67 柳溥庆研制的我国第一台华文照相排字机设计样

留法學生柳溥慶發明

照相排字機

製造精巧字體此多 所佔地方極為經濟

中時社本市訊、中國文字印刷、向以鉛字製成原版、代印刷之基礎、而鉛字有大小之分、計有六七號字、每一號字所佔地位甚大、故任何完備之印刷廠、單以排字一部而論、須佔房間七八間、同時中國文字繁多、每種字體製成銅模、須數百萬、故我國文字體式僅有一二種、如老宋、仿宋、及漢文正楷、但無篆隸、方頭、圓頭、鐵線、等美術體、近國人美術照相製版印刷專家柳溥慶君、費數年餘之心血、應用照相原理設計製造排字機、其構造極為精巧、所佔地位、僅一小間、即能排製各種大小字號之文字、且備有隸體字及其他美術體之字模、可以排印各種書報雜誌、聞該機現已製成、正向實業部請求專利、此種新發明、對於中國文字印刷、將發生極大影響、因此機既能減少工廠地位、又可省去很多附屬設備、如銅模澆字機打紙版澆鉛版機等、且能增加不少新式字體、對於中國文字印刷之形式上、加增不少異彩、故照相排字機對於中國文字印刷之前途、不啻起一莫大之改革、柳君留法七年、專習印刷美術、頗有心得、不日將柬邀各界參觀此新發明之照像排字機云、

图 9-68 1935 年 9 月 29 日《申报》关于柳溥庆发明照相排字机的报道

相同，结构相同。对此，1935 年 9 月 29 日的上海《申报》和 1936 年的《中国印刷》第一期中都有详尽的报道。[④]

（五）复色印刷机的研制

图 9-69 沈永斌研制的复色印刷机

1920 年，财政部印刷局印刷技师沈永斌，根据复色印钞技术原理，研制成功了复色印刷机。新研制成功的复色印刷机，采用多色胶辊集合传墨于一块凸版技术，能印出多色接线花纹图案，在提高钞票图案刻印水平和增强钞票的防伪性能方面具有重要意义。同时，也为专用印钞机械、尤其是双面接线印钞机的研制提供了重要参考依据。

（六）中文打字机的研制

民国初年，中国人周厚坤在英文打字机启发下研制出中文打字机。1919 年，舒震东又在周氏基础上，研制出“舒式华文打字机”，并在机身前装有字表盘，打字时，只需将活字盘指针指向字表中所需的汉字，揿下打字操作杆，即可将钢活字锤击到打字蜡纸上。

纵观近代印刷史，中国人对西方印刷技术的改进和在改进基础上的发明，覆盖了印刷领域包括凸版、平版、凹版在内的各个方面。数十年间，印刷人才辈出，凡外国印刷之能事，国人皆能自任，且多有创新。

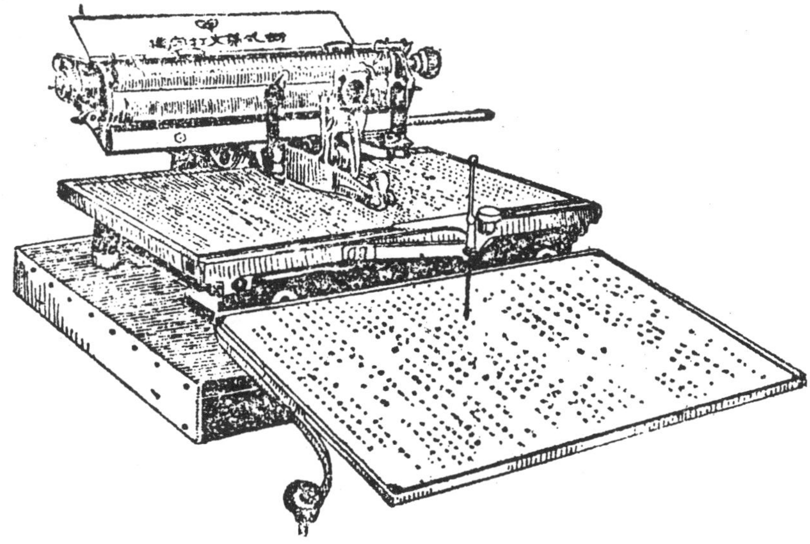

图 9-70 舒震东研制的“舒式华文打字机”

三、印刷机、纸、油墨工业的发展

中国的传统印刷是手工作坊式的，近代以来，逐步引进了机械化大生产的工业模式，才使得中国的近代印刷业有了质的飞跃。印刷工业在我国机械制造业中起步较早，经历了引进、维修、仿制、自行设计等阶段。概言之，19世纪20年代以前，中国使用的印刷机、纸张、油墨等材料，主要依赖进口；20年代以后，国产机械逐步占有国内市场；30年代初具规模。

（一）印刷机械制造业的兴起和发展

1895年，李长根在上海建立的李涌昌机器厂是我国第一家印刷机械厂。它也是上海最早的印刷机器修配厂，1900年仿制出国内第一台半张平面铅印机。1907年成立的贻来牟铁工厂是北京第一家印刷机械厂，初期主要业务是修理印刷机，后更名为马和记铁工厂，专门从事印刷机械的生产。1912年前后上海相继出现了公义昌、曹兴昌、协大、姚兴昌、姚金记和华荣泰等6家印刷机修配厂，开始仿制半张平面铅印机及脚踏架、石印架印刷机等简单的印刷机，是我国印刷机械制造业的开端，并且发展迅速。

1916年，章锦林创办明精机器厂（现上海第二机床厂），制造印刷机。1919年，该厂生产的落石架印刷机出口日本，开创中国印刷机出口的先例。1934年，制造出国内第一台自动铸字机。商务印书馆也是制造国产印刷机的最早厂商之一。该馆早有机器修理部，第一次世界大战期间，国外进口机器中断，遂将修理部扩充为机器制造部，仿制石印机、铅印机、活版打样机、切纸机、订书机、铸字机、轧墨机等，1926年从馆内析出，改名华东机器制造厂。财政部印刷局、烟草公司印刷厂，也在修理设备的技术基础上发展为仿造机器。1935年，和丰涌印刷材料制造厂制造出“万年”牌自动铸字机。

1912年—1937年，是中国近代印刷业迅速崛起之时。上海、北京、广州、青岛、长沙、长春等地相继建立起了一批印刷机械厂，到1937年，全国各地建立的印刷机械厂已达30余家。到1938年底，全国各地建立的印刷机

图9-71　20世纪30年代上海建业机器制造有限公司制造的印刷机

图9-72　民国时期精成机器厂设计制造的轮转印刷机

图 9-73 民国时期由国人改进的平台印刷机

图 9-74 民国时期改进的圆盘平压印刷机

械厂数量激增，单上海地区的印刷机械制造厂就已经发展到 41 家。有些厂家尽管设备简陋，规模不大，但已具备相当的制造能力，如隶属于商务印书馆的上海华东机器制造厂以及魏聚成机器厂、顺昌机器厂、姚公记机器厂、明精机器厂等，已具备可观的印刷机械生产能力，能生产时速达 1800 印的铅版印刷机、1200 印的凸版印刷机，以及铅印机、三面刀切书机、订书机、浇版机、铸字机、活版打样机、烘纸型机、石印机、磨锌皮机、晒版机、烤版机、磨刀机、轧墨机等等用于制版、印刷和装订及辅助印刷的机械 30 多种。其中，上海明精机器厂生产的小落石印刷机曾销往日本；1920 年刘庆思的起钉机获农商部机械类褒状；1930 年商务印书馆的华文打字机，1933 年钟灵的钟灵打字机均获机械类专利。

抗日战争时期，刚刚崛起的中国印刷业，遭到了日本侵略者的摧残和破坏。不少印刷厂连同机械设备向内地转移。一些报社印刷厂则被强占，改印日伪报刊。抗日战争胜利后，内地印刷业又部分流向沿海城市。这时的省会城市都已有胶印设备，多能承接手工彩色制版印刷业务。1946 年，上海精成机器厂成功设计制造对开卷筒凸版轮转印刷机，为我国自行设计大型印刷机的开端。1949 年前夕，上海、北平有印刷机器制造厂和修理厂二三十家。

（二）造纸工业的兴起和发展

中国传统造纸业依赖手工造纸，适用于书写、包装和传统印刷，尽管质量上乘，但不适宜于机器高速印刷。铅石印刷传入初期，仍用传统的连史纸、毛边纸、川贡纸等作单面印刷，稍后，改用进口的机器制造的油光纸、白报纸、道林纸等“洋纸”，但外汇支出巨大。为挽回外溢利权，1882 年，曹子抟、曹子俊、郑观应等集资 15.57 万两白银，建成上海机器造纸局，系中国第一家华商开办的造纸企业。主要设备有多烘缸长网造纸机 1 台，锅炉和蒸锅各 4 台。有职工 101 人。1884 年建成投产，日产洋式纸 2 吨。1890 年，由广东商人钟星溪集资创办的宏远堂造纸公司在广州正式投产，主要设备有 90 英寸（1 英寸等于 2.54 厘米）长网造纸机 1 台，年生产能力 800 多吨。

20世纪初，官办、商办、官商合办的机器造纸厂逐渐增多。主要有：1907年，中国最早的一家官商合办的机器造纸厂——龙章机器造纸公司在上海高昌庙正式开工，备有2台美制100英寸多烘缸长网造纸机，生产连史纸和毛边纸，日产10吨。同年，官办的武昌白沙洲造纸厂建立，主要设备是比利时制造的86英寸长网造纸机，生产连史纸等印刷用纸。同年，成都设乐利造纸公司，年产仿制着色洋纸150吨。

1910年在东北吉林设志强造纸厂，生产书报用纸。1914年设广东江门造纸厂，生产本槽纸、包装纸、火柴盒纸等，年产约900吨。1915年，资金雄厚、设备精良，拥有三台不同型号的长网造纸机的财政部造纸厂建成投产。1919年，贵阳永丰造纸厂开工，生产报纸用纸。之后，在上海、江苏、浙江、安徽、山东、天津等建立了60多家机器造纸厂。这些新兴的机器造纸厂生产纸张的品种计有：连史纸、毛边纸、海月笺、有光纸、图画纸、白报纸、牛皮纸、照相卡纸、锡纸、晒纸、蜡纸、灰纸、卡纸、赛单宣纸、火柴盒用纸、香烟罐内衬纸、图画纸、牛皮纸、书面纸、纸板、新闻纸等数十种。

图9-75　1882年兴建的中国第一家机器造纸厂——上海机器造纸局

近代，中国人自己制造的造纸机在造纸工业领域出现。1926年，王庸章创办的永盛机器厂和陆荣祥创办的兴华机器厂（现上海造纸机械总厂东方分厂）协作，为宝山造纸厂试制成功单缸小型圆网纸机。这是中国自己制造的第一台造纸机。1932年兴华机器厂制成国内第一台幅宽为43英寸双缸长网纸机。

中国近代机器造纸业是在与进口洋纸的抗争中逐渐发展起来的，从总体来看，产量和质量较低。据统计，1936年进口纸张达30.6万吨，而国产机制纸同年只有8.9万吨。1948年时，国产机制纸产量也只有10.8万吨。[5]

（三）油墨制造业的兴起和发展

近代印刷初兴之时，油墨依赖进口。20世纪初叶，国产油墨制造业开始兴起并逐步发展，当时的上海成为中国近代油墨制造业的发祥地。

1913年，叶兴仁投资1万元创办上海第一家油墨企业——上海中国油墨厂，生产黑色油墨。叶兴仁研究试制的这种油墨，分印书墨、印报墨两种，销至上海、北京、天津、杭州等地。上海的《申报》、《时事新报》，北京的《国民公报》、《大国民报》和上海的商务印书馆、中华书局都购用此墨。1915 年，上海中国油墨厂生产彩色油墨。

1919 年，广东商人黄景康在上海创办中原油墨公司，用“钟及甲胄”牌商标，价格低廉。

1920 年，陈醒吾在上海创办灵生油墨公司，出产铅印墨、誊写墨、调墨油等，日出油墨达千磅（1 磅等于 0.4536 千克），用骆驼牌商标。产品畅销于上海、广州、山东等地，且有出口国外者。

1921 年，商务印书馆聘请德国技师自设油墨专部，制造用于平印、凹印、铅印、石印等所需的各种油墨。1923 年德国技师回国后，该部由华人主持，又添制照相凹版油墨。所制油墨之品质不亚于进口者。除供本馆印刷厂使用外，还可外销，故产量日增。

1926 年，当时设备最完善且能生产各种印刷油墨的油墨制造厂——中美制油化学工业公司在上海梵王渡（今万航渡路）创立。该厂仅投产一年，就毁于火灾。

1934 年，位于川陕根据地的苏维埃政府，在四川巴中文星街建立了一所“烟墨厂”，以土法生产以松香、桐油、松烟、生姜汁等为原料的印刷油墨，解决了当地印刷厂的生产之需。

1949 年前夕，上海有民营油墨厂 40 余家。其中以陈醒吾创办的灵生油墨公司生产的油墨数量最多。上海油墨除供应国内市场外，还有少量出口新加坡、缅甸等东南亚国家。除此以外，广州、天津、芜湖、昆明等地有民营油墨厂 10 余家。

四、印刷业教育和学术活动的兴起

（一）印刷教育的兴起与发展

中国传统印刷，主要靠雕刻和刷印，工艺相对比较单纯，其技艺的传授，长期以来采用师傅带徒弟的方式，手手相传，并无专门的教育机构。近代以来，在印刷领域随着机械化、专业化大生产方式的引入，通过专门的学校来培养印刷专业技术人员，已成为历史的必然。

1904 年，当时清政府军咨府所属“京师测绘学堂”开设了中国历史上第一个从事印刷教育的制版班和印刷班，授雕刻凹版、电镀凹版及平版制印技术。

1933 年，由成舍我创办的私立北平新闻专科学校成立，为我国最早的正规印刷学校。该校在 1933 年至 1937 年间，设置有初级职业班、高级职业班以及相当于高专的报业管理班。开设基础课、印刷专业课、编辑采访课等课程。学校聘请学者及工程师任教。学校设有排字、铸字、印刷工场，并以世界日报社为实习基地。校训是“手脑并用”，意在培养“用脑的新闻记者和用手的排字工人”。

1934 年，高元宰在上海创办中国美术制版印刷函授学校，内设锌版、铜版、玻璃版、照相凹版四科，每期二至四月。曾于1935年出版《中华印刷》杂志两期。

同年，文化名人李石曾投资创办的上海图书学校成立，是一所集教学、生活、文体、实习工场于一体的印刷专业技术学校，有图书科、出版科、印制科、组织科等四科，曾招生三期，年期约20人。该校的工场又称“工读印制社”，学员边读边工，校旨为“即工即学，生产自给”。

同年，以救济失业青年为宗旨的上海天主堂公教慈幼会在上海创办了上海斯高学校，设有印刷部，内设印刷、排字、装订三股，招收工艺生31名，修业五年。

上述学校，在日本侵华战争开始后先后停办。

国民党政府内迁后，教育部于1940年在重庆开办国立四川造纸印刷职业学校，1946年改为重庆市立造纸印刷职业学校，至1950年停办。10年间，造纸科招生9个班，印刷科招生10个班，共毕业学生600余人。该校学制为半读半工。设有制作实习工厂和印刷实习工厂。制作实习工厂能生产书皮纸、打字纸、香烟纸等；印刷实习工厂置有照相制版、排字、印刷及装订设备，有汉、蒙、藏、日、英文铅字，并承印教科书、小说、刊物等。学校聘请造纸、印刷专家任课，又聘临近各大学院校教师兼授基础课，故办学成绩较好。抗战胜利后，教育部又于1946年筹建国立南京高级印刷职业学校，1947年招收照相制版及印刷两个班。1949年停办。

这一时期的印刷专业技术学校，开创了我国的印刷专业教育事业，培养了一批新型的印刷专业技术人才，为中国近代印刷业的发展作出了贡献。

在造纸业的教育方面，1939年初，成立于四川岷江畔的国立中央技艺专科学校（1950年改为乐山技专，1952年并入泸州化工学院）在我国首开造纸专业。造纸专业的学制有2年和3年，课程有英语、微积分、高等物理、纤维素化学、木材化学、胶体化学、造纸工程、造纸机械、制浆造纸工艺、纸厂设计、工厂管理等20余门必修课。既设有高深理论性课程，又设有实习工场。造纸专业从1940年至1953年期间先后毕业11届同学，共计校友223人。后来，一些同学分别留学德国、美国、法国、日本等国，足迹遍布世界各地。从此毕业的不少学生对发展我国造纸工业作出了贡献。

（二）印刷业学术团体的建立和学术活动的开展

上海是近代中国印刷工业的中心。近代上海的印刷企业的数量、规模、生产能力居全国之首，而且在印刷科研、印刷学校的创办和印刷设备器材的生产等方面领先全国，从而催生了印刷学术团体首先在上海的出现。

1935年5月，商务印书馆、中华书局、时报馆、英美烟草公司等主要单位的郁仲华、沈逢吉、糜文溶、柳溥庆、唐镜元等人发起在上海组织成立中国印刷学会。这是中国印刷近代历史上第一个印刷学术团体。学会设立执行委员会，下设总务、教育、研究三个系。次年，改设理事会，郁仲

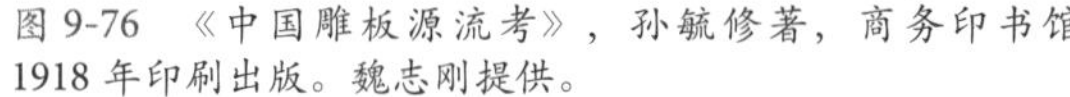
图 9-76 《中国雕板源流考》，孙毓修著，商务印书馆 1918 年印刷出版。魏志刚提供。

图 9-77 《近代印刷术》，贺圣鼐、赖彦于著，1936 年商务印书馆印刷出版。魏志刚提供。

华任理事会主席，唐镜元任理事会副主席，糜文溶任书记，柳溥庆任会计。学会宗旨为“研究印刷技术，探讨印刷理论，提倡印刷教育，促进中国印刷技术之进步”。创办会刊《中国印刷》，对照相排字、平凹版等多种新的设备、材料和技术进行研究，积极创办各种形式的印刷专业学校或专业班，致力于印刷人才的培养。1937 年后因战事影响，学会停止活动。1944 年，糜文溶在重庆与商务印书馆重庆印刷厂涂传杰等人重建中国印刷学会，一年后解体。中国印刷学会的建立，标志着中国印刷事业进入了一个新的历史时期。

我国不仅发明了纸，更是率先在世界上成立了造纸学术组织。1930 年，在德国达姆斯顿工业大学就读造纸专业的钱平宁、郭开始等发起筹组中国造纸研究会，并于 1930 年 5 月 10 日在柏林正式宣告成立。1933 年，钱、郭二人回国，着手调查全国手工产纸地区及机制纸厂，写出调查报告及改进意见，由《中央日报》、《新闻报》、《晨报》等报刊发表。其后，他们又多次在上海发表演讲，并将中国造纸研究会改名为中国造纸协会。协会的任务有“设立造纸实验所，创设购买和消费合作社，组织调查团，团结中国造纸专门人才，为其谋职提供方便”等。国外回国的造纸技术人才和国内造纸家先后有 25 人入会。

近代，伴随着中国民族印刷业的崛起，对中国印刷历史的研究和对近代印刷技术的研究也开始活跃起来。1935 年至 1937 年，我国印刷界前贤高元宰、柳溥庆、刘龙光等人在上海先后创办了《中华印刷》、《中国印刷》、《艺文印刷月刊》等刊物。其中，《艺文印刷月刊》，在战争时期的1940年，仍然坚持出版了二卷12期和三卷1期，其精神难能可贵。在这些刊物上以及在《东方杂志》、《申报月刊》、《文化建设》等期刊上，发表有许多印刷技术和印刷史料的文章。如王云五《中国之印刷》、陆费逵《六十年来中国之出版业和印刷业》、赖彦于《三十五年来欧美之印刷术》等。1918年至1945年间，印刷专业书籍的著述也开始出现。主要有：孙毓修著《中国雕板源流考》（1918年商务版），美国人卡特著、刘麟生译《中国印刷术源流史》（1929年商务版），贺圣鼐、赖彦于著《近代印刷术》（1936年商务版），张飞天著《阳像原版制版法》（1936年商务版），柳溥庆编著《近代平版印刷术之理论与实践》（1934年），尹达等编《书籍版式简编》（1645年延安版）等。

五、近代印刷术在民族印刷业中的应用

西方印刷术传入中国之初，主要由传入者即外国人所应用。他们在中国建立了许多印刷机构，利用近代印刷工艺技术，印刷出版了一大批布道印刷品，同时也翻译出版了一批科学技术书籍。随着西学东渐的演进和中西文化的碰撞、融合，西方印刷术逐渐为国人所吸收，经过改进之后，被广泛应用于民族印刷业当中。大约从19世纪末至20世纪上半叶，由中国人自己开办的印刷厂印制的出版物和其他印制品迅速发展壮大起来，其应用领域除传统的书籍、纸币、织物外，还扩展到近代新兴起来的期刊、邮票、包装等方面。其规模和数量远远超过了外国人在中国的印刷，显示出中国印刷业由传统的雕版印刷向机械化生产发展的转型期已基本完成，标志着中国印刷业从此进入了一个新的发展时期。

（一）书、报、刊的印刷

近代，国人采用新兴印刷术印刷的出版物主要有书籍、期刊和报纸。

1. 图书的印刷

19世纪六七十年代，为"救国图强"计，中国政府和知识分子开始自主发起"西书汉译"活动。北京同文馆曾翻译出版西书20余种，上海江南机器制造局翻译馆在徐寿的领导下，翻译出版图书98部（种）。内容包括数学、物理、化学、语文、历史等新式教科书以及其他科学技术书籍。之后，俞复创办的上海文明书局

图9-78 《瓶外卮言》，天津书局。

用石印法印刷出版了《蒙学读本》，极为畅销。商务印书馆印刷出版了严复翻译的《天演论》，影响很大。辛亥革命至五四运动时期，印刷出版的政治读物有《革命军》、《猛回头》等。其中，《革命军》印数达 110 多万册。据统计，仅辛亥革命前后，印刷的各种宣传读物多达 130 余种。其后，国内各印刷机构采用近代印刷术印刷出版了为数众多的各类书籍。

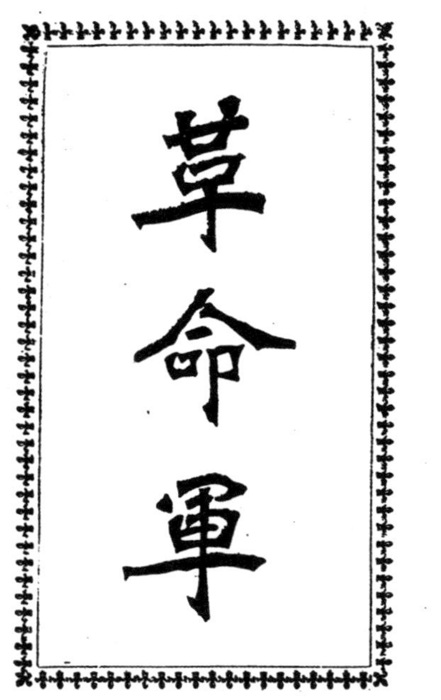

革命軍

革命軍

不文以生，居於蜀十有六年，以辛丑出揚子江，旅上海，以壬寅游海外，留経年，錄達人名家言印於腦中者，及思想間所不平者，列為編次，以報我同胞，其亦附於文明國中言論自由思想自由出版自由者歟。雖然，中國人，奴隸也，奴隸無自由，無思想。然不文不嫌此區區微意，自以為以是報我四萬萬同胞之恩我，父母之恩我，朋友兄弟姊妹之愛我，其有責我為大逆不道者，其有信我為光明正大者，吾不計。吾但信盧騷華盛頓威曼諸大哲，於地下有靈，必哂曰：孺子有知，吾道其東。吾但信鄭成功張煌言諸先生，於地下有靈，必笑曰：後起有人，吾其瞑目。文字收功日，全球革命潮，吾言吾心不已已。

皇漢民族亡國後之二百六十年歲次癸卯三月日革命軍中馬前卒鄒容記

一

图 9-79 邹容著《革命军》

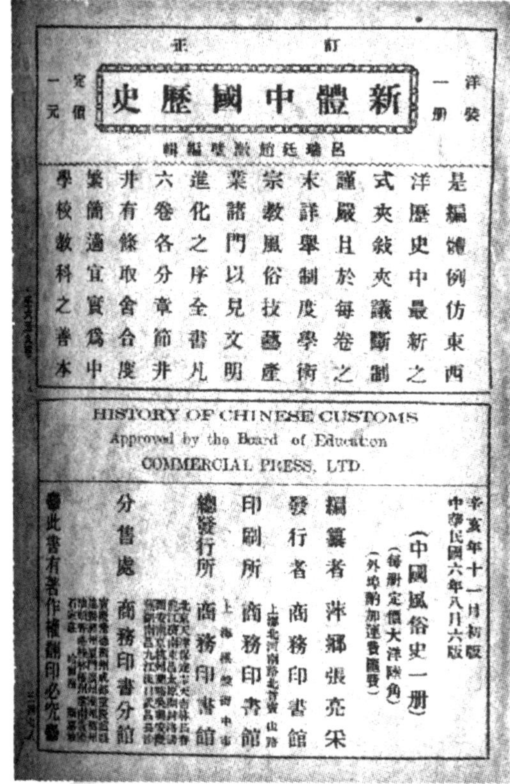

訂正

新體中國歷史

呂瑞廷趙澂璧編輯

洋裝一冊　定價一元

是編體例仿東西洋歷史中最新之式夾敘夾議斷制謹嚴且於每卷之末詳舉制度學術宗教風俗技藝產業諸門以見文明進化之序全書凡六卷各分章節井井有條取舍合度繁簡適宜實為中學校教科之善本

HISTORY OF CHINESE CUSTOMS
Approved by the Board of Education
COMMERCIAL PRESS, LTD.

辛亥年十一月初版
中華民國六年八月六版

（中國風俗史一冊）
（每冊定價大洋陸角）
（外埠酌加運費匯費）

編纂者　萍鄉張亮采
發行者　商務印書館
印刷所　上海北河南路北首寶山路　商務印書館
總發行所　上海棋盤街中市　商務印書館
分售處　商務印書分館

※此書有著作權翻印必究※

图 9-80 《中国风俗史》，1917 年商务印书馆印制出版。

图 9-81 《不准敌人通过》，枫社印制出版。

图 9-82 《新京戏考》，大明书局印制出版。

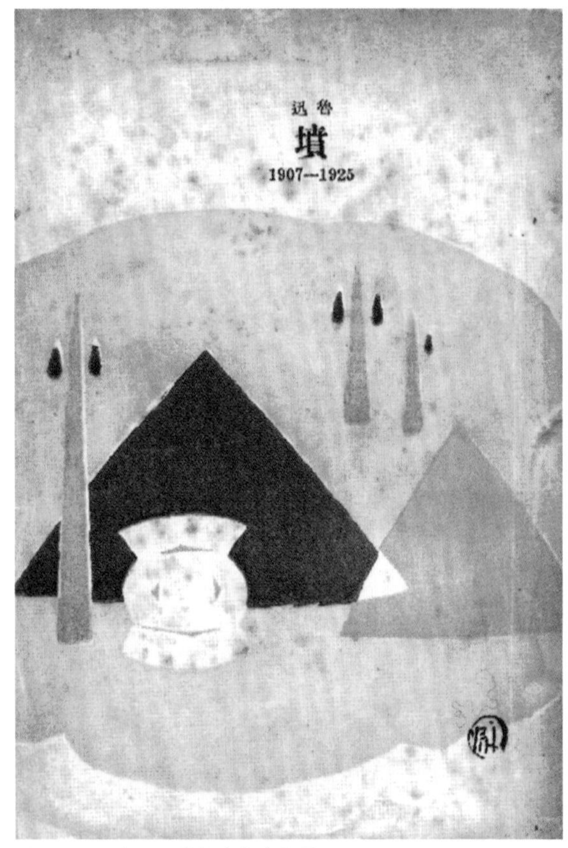

图 9-83 《坟》，鲁迅全集出版社。

图 9-84 《四季随笔》，台湾省编译馆。

2. 近现代报刊印刷

近代印刷出版的一个突出特点是报刊印刷的盛行。这一期间的报刊（报纸），其开本由书本式逐渐改为单张式，其周期由旬刊、周刊逐渐向日刊转变。近代报刊印刷，肇兴于鸦片战争前后，主要为西方人所办。中国人自己创办报刊从19世纪50年代开始，随后，经过辛亥革命、五四新文化运动、国共两党新闻事业的发展、抗日战争，逐步走向兴盛与繁荣。

1858年伍廷芳在香港创办了《中外新报》，这是中国人自己创办的第一份近代报纸；此后，陈霭亭在香港办《华字日报》（1864年）、王韬在香港办《循环日报》（1873年）、容闳在上海办《汇报》（1874年）等，为国人办报的先声。

甲午战败，以康有为、梁启超为首的维新派开始办报，鼓吹变法。1895年在北京创刊了《中外纪闻》，1896年在上海创刊《强学报》和《时务报》。1896年后，他们还在湖南办《湘报》，在澳门办《知新报》，在天津办《国闻报》等多种报纸。短短数年间，维新派在全国共创办了近80种鼓吹变法的报纸，对报纸印刷给予了巨大的推动。戊戌变法失败之后，维新派在国内创办的报纸全部停刊，梁启超等人开始在国外办报。从1898到1904年，他们在日本、新加坡、檀香山、旧金山、温哥华等地创办了十几家报纸，以1898年、1902年在日本横滨相继创刊的《清议报》和《新民丛报》最有名。

以孙中山为首的资产阶级革命派，从开始革命活动时就十分注意办报。在整个辛亥革命时期，他们在国内外共创办了约120种报刊。1900年1月孙中山特派陈少白到香港创办《中国日报》，是一份铅印日刊，这是资产阶级革命派的第一份正式机关报。之后，他们在香港又创办了《世界公益报》、《广东日报》、《有所谓报》；在上海创办了《苏报》、《国民日报》、《警钟日报》等。从辛亥革命到民国初年，报刊印刷兴盛，全国有报刊500多家，

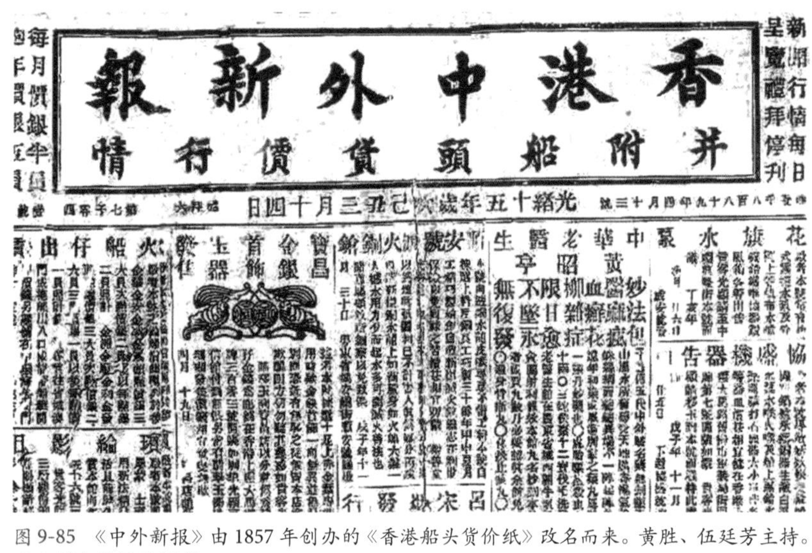
香港中外新報
并附船頭貨價行情
光緒十五年歲次己丑三月十四日

图9-85 《中外新报》由1857年创办的《香港船头货价纸》改名而来。黄胜、伍廷芳主持。国人创办最早的报纸。

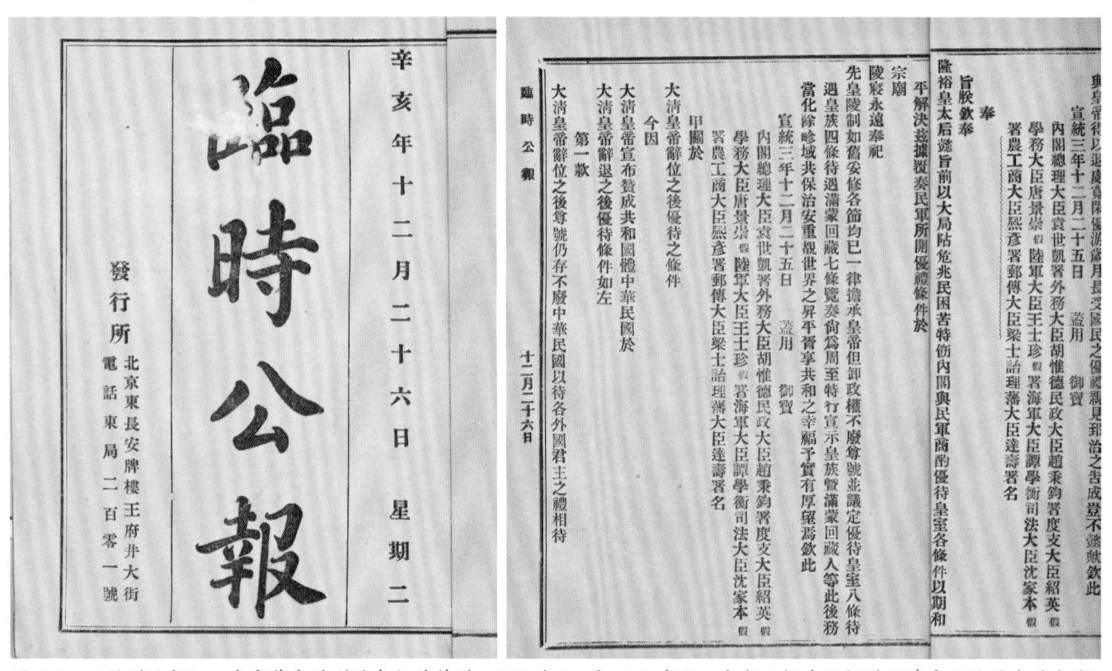

辛亥年十二月二十六日　星期二

臨時公報

發行所　北京東長安牌樓王府井大街　電話東局二百零一號

與皇帝得以退處寬閑優游歲月長受國民之優禮親見郅治之告成豈不懿歟欽此

宣統三年十二月二十五日　蓋用　御寶

內閣總理大臣袁世凱　署外務大臣胡惟德　民政大臣趙秉鈞　署度支大臣紹英假

學務大臣唐景崇假　陸軍大臣王士珍假　署海軍大臣譚學衡　司法大臣沈家本假

署農工商大臣熙彥　署郵傳大臣梁士詒　理藩大臣達壽　署名

奉

旨朕欽奉

隆裕皇太后懿旨前以大局阽危兆民困苦特飭內閣與民軍商酌優待皇室各條件以期和平解決茲據覆奏民軍所開優禮條件於

宗廟

陵寢永遠奉祀

先皇陵制如舊妥修各節均已一律擔承皇帝但卸政權不廢尊號並議定優待皇室八條待遇皇族四條待遇滿蒙回藏七條覽奏尚爲周至特行宣示皇族暨滿蒙回藏人等此後務當化除畛域共保治安重覩世界之昇平胥享共和之幸福予實有厚望焉欽此

宣統三年十二月二十五日　蓋用　御寶

內閣總理大臣袁世凱　署外務大臣胡惟德　民政大臣趙秉鈞　署度支大臣紹英假

學務大臣唐景崇假　陸軍大臣王士珍假　署海軍大臣譚學衡　司法大臣沈家本假

署農工商大臣熙彥　署郵傳大臣梁士詒　理藩大臣達壽　署名

大清皇帝辭位之後優待之條件

甲關於

大清皇帝辭位之後優待之條件

今因

大清皇帝宣布贊成共和國體中華民國於

大清皇帝辭退之後優待條件如左

第一款

大清皇帝辭位之後尊號仍存不廢中華民國以待各外國君主之禮相待

臨時公報　十二月二十六日

图 9-86 《临时公报》，辛亥革命胜利后出版的特刊。1911 年 12 月 26 日出版。本期公报专门报道了清帝退位的有关内容。魏志刚提供。

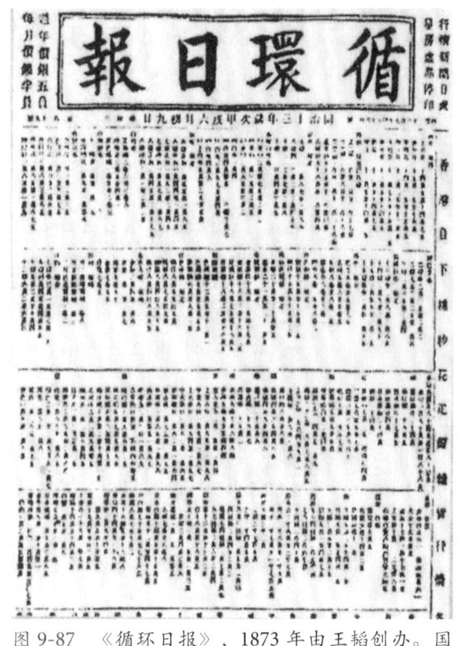

图 9-87 《循环日报》，1873 年由王韬创办。国人早期创办报纸中最有影响力的报纸之一。

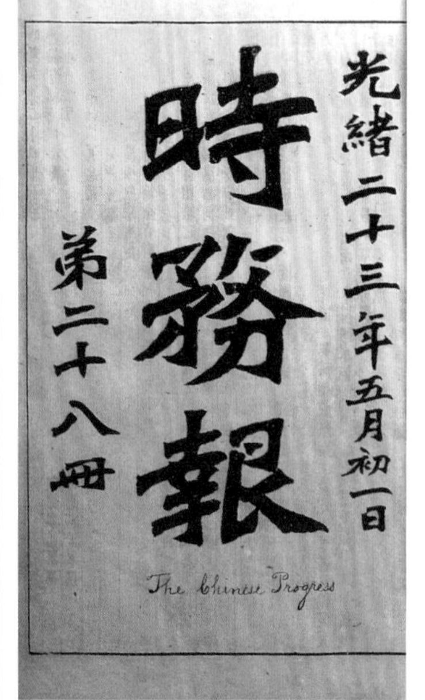

图 9-88 《时务报》，"戊戌变法"名刊。1896 年由维新、改良派创办，每 10 天出一册，每册 30 页，30000 多字。

后袁世凯称帝，报刊业再次萧条。

20 世纪初，民营报纸相继出现，较有影响的是《申报》、《新闻报》、《时报》、《中外日报》等。其中，原由英国商人美查创办的《申报》，1909 年 5 月售予华人席裕福成为中国人自办的印刷出版企业。1912 年席裕福又将该报售予史量才，史量才耗资 70 余万两白银，在上海望平街三马路建五层报馆大厦，并从美国购进当时最先进的时速达 4.8 万份的印报机，又更新了铸字机、纸型机、铅版机、制铜锌版机等设备，使《申报》成为畅销

中華民國三十六年一月七日

新聞報

美照會中蘇兩國
盼將大連交還中國
終止蘇軍管制准國際貿易
並希望恢復長春鐵路通車

中國墾業銀行

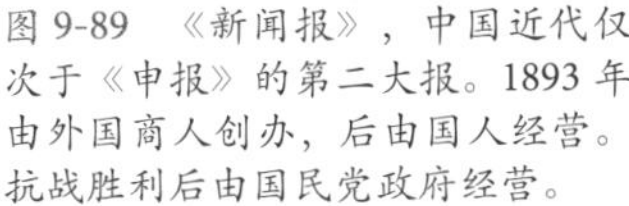

图 9-89 《新闻报》，中国近代仅次于《申报》的第二大报。1893 年由外国商人创办，后由国人经营。抗战胜利后由国民党政府经营。

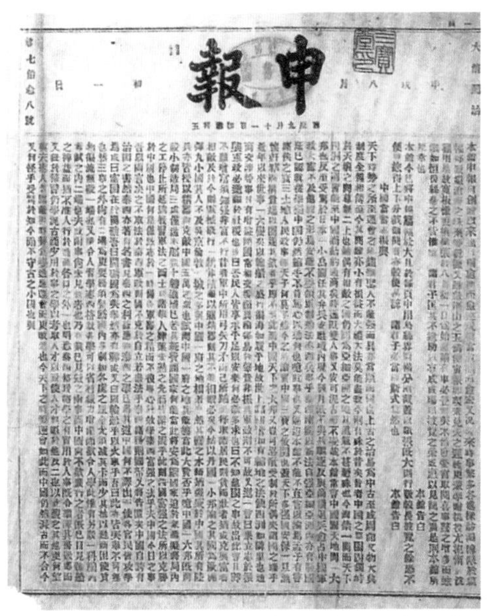

申報

图 9-90 《申报》，1872 年由英国商人美查创刊于上海，后由中国人接手经营，1949 年停刊。中国近现代历史上影响最大的一家报纸。

中華民國八年八月十七日 (星期日) (第一版)

每週評論

The Weekly Review

35

再論問題與主義

图 9-91 《每周评论》，1918 年陈独秀和李大钊创办，后被北洋政府查封。

全国的商业大报。1926 年达到 14 万份，以后十年间，一直稳定在 15 万份左右，最高曾超过 20 万份。此外，原由英、美商人经营的上海《新闻报》，后委托中国人汪汉溪任总经理全权经营，由于汪经营有方，至 1928 年印数增至 15 万份，成为与《申报》并驾齐驱且独立经营的商业大报。同年，该报由华商吴蕴斋独立经营，是中国近代报刊印刷业进入兴盛期的标志。

1927 年后，国民党逐步确立了对全国的统治，沪宁一带成为全国报刊的中心。上海一地报纸超过 50 家，全国日发行量 5 万份以上的报纸全部集中在上海。1936 年全国报刊有 1763 家。国民党政府力图建立新闻垄断，以《中央日报》为中心，党营报刊扩展到了全国。

中央日報
The Central Daily News
今日提要
第五十八次國務會議
外部電張 召莫德惠來京
王正廷昨接待各記者談話
中俄開會前 赤黨大橫暴
時人行蹤
熊式輝來京
裁兵公債抽籤
滬電話公司
綏遠奇寒
天氣報告
總理遺囑

图9-92 《中央日报》，民国期间国民党第一大报。1928年创刊，社址曾先后设于上海、南京、重庆等地，1948年底，迁往台湾。

解放日報
延安總部發布命令
蘇聯參戰兩天後 日寇要求投降盟國
美英中蘇四國正洽商中
紅軍百萬全線猛攻 攻入朝鮮及南庫
蒙古人民共和國宣告對日作戰

图9-93 《解放日报》，抗日战争时期中共中央机关报。1941年创刊，1947年停刊。

人民日報
晉冀魯豫、晉察冀兩大解放區合併 華北解放區正式組成
饒陽推進社辦得好
社論 華北解放區的當前任務 —代發刊詞—

图9-94 《人民日报》，1948年由《晋察冀日报》与晋冀鲁豫《人民日报》合并而成。报头由毛泽东主席书写，1949年8月1日，成为中共中央机关报。

抗日战争时期，宣传抗日救国的近代报刊蓬勃发展，1935年已有近千种，到全面抗战爆发已经难以数计。既有像《申报》那样以高速轮转印刷机印报的大型印刷企业，也有石印、油印小报。

抗战胜利后，许多报刊从内地迁回原址，报刊业有所恢复。据统计，1948年—1949年间，全国共有报纸1780家，由分布在全国的大、中、小型印刷厂印制。[6]报业比较发达的地区有上海、南京、北京、重庆、汉口等，比较有影响的报纸有《中央日报》、《华北日报》、《民国日报》、《解放》、《新华日报》、《东北日报》等。

3. 近现代期刊印刷

民国初年，期刊或杂志作为一个单独的印刷出版门类从书籍、报纸中分离出来，并在短短的40余年间，迅猛发展到两万多种[7]，内容涉及社会生活的各个领域。它的出现，不仅使文化传媒体更加丰富多彩，也极大地提升了印刷业的发展空间。国人第一次将刊物明确标明为杂志的是上海商务印书馆于1904年创办的《东方杂志》。这份杂志从1904年创刊，至1948年12月停刊，共出版44年，是近现代中国印刷出版时间最长、影响

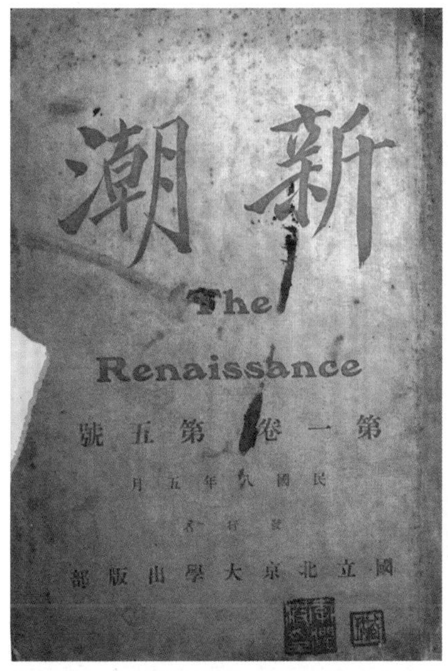

图 9-95 《新潮》月刊，1919年北大学生会创办，是发起五四运动的重要舆论工具。

图 9-96 北大印刷的杂志《新青年》

图 9-97 《东方杂志》，近现代以来中国出版时间最长、影响最大的综合性期刊。从1904年创刊至1948年停刊共出版44卷。

申報月刊

第二卷 第一號

要目

民國二十二年一月十五日

图 9-98 1931 年 -1933 年上海申报馆印刷出版的《申报月刊》

图 9-99 《上海画报》（三日刊），1924 年创刊。

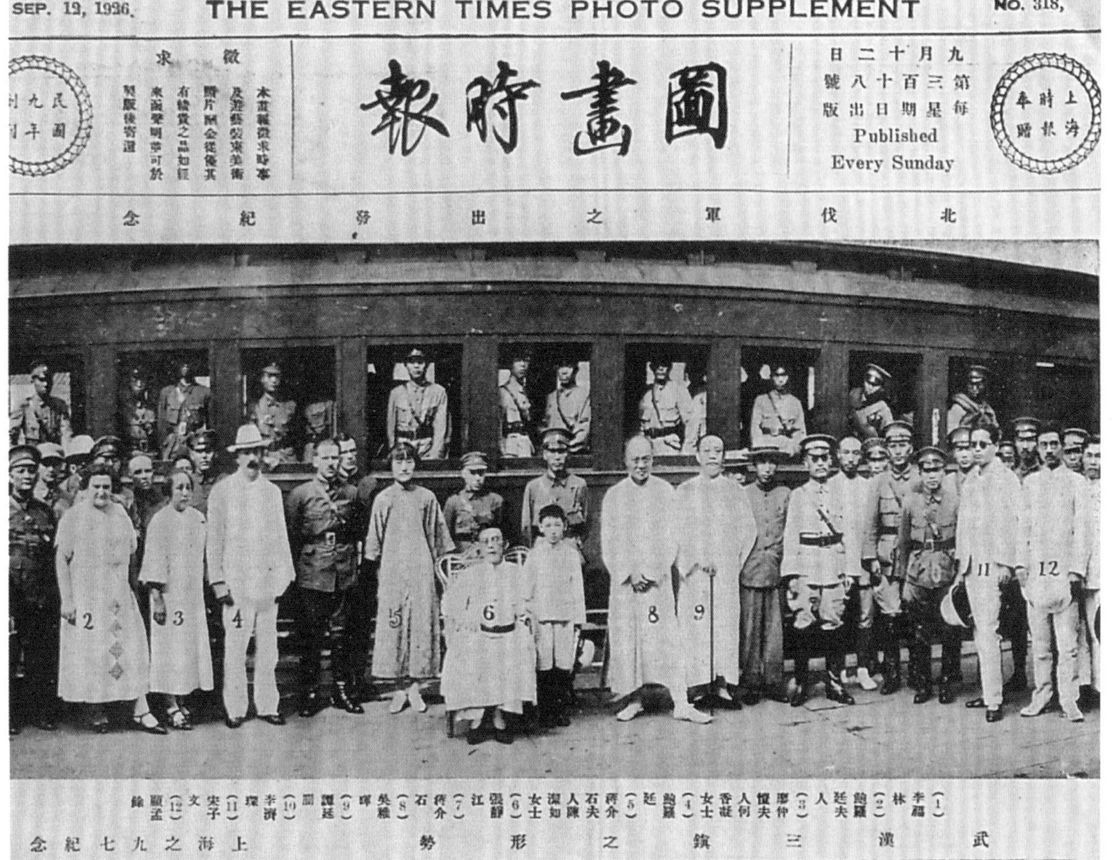

SEP. 19, 1926. THE EASTERN TIMES PHOTO SUPPLEMENT NO. 318,

圖畫時報

九月十二日
第三百十八號
每星期日出版
Published
Every Sunday

北伐軍之出發紀念

武漢三鎮之形勢

上海之九七紀念

图 9-100 《图画时报》，1920 年《时报》创办的一份图画周刊。率先使用照相制版技术，采用铜板印刷。创办人为戈公振，是我国现代画报之始。该图为北伐战争出发前合影留念。

图 9-101 《点石斋画报》民国间汇印本

最大的综合性期刊。从此，在近代以来的各个历史时期，各类期刊，绵延不绝，蔚为大观。

辛亥革命前后，较为著名的杂志有章士钊主编的《甲寅》（1914 年），国民党创办的《国民》（1913 年）等。1915 年 9 月 15 日，陈独秀主办的《青年杂志》（后改名《新青年》）创刊，揭开新文化运动序幕。五四运动时期，以《新青年》、《每周评论》、《国民》、《新潮》等杂志为主导，宣扬科学与民主，抨击封建专制，对推动民主革命运动的发展起了重要作用。

20 世纪 20 年代至 30 年代，期刊的品类更多。例如，综合类期刊有邹韬奋主编的《生活》，文学类期刊有胡适等创办的《新月》，小品文幽默杂志有林语堂办的《论语》，科技类期刊有中国物理学会主办的《物理学报》，医学类期刊有中国针灸学会主办的《针灸杂志》等等。

抗日战争期间印刷出版的期刊，以宣传抗日救亡为宗旨，主要有中共中央长江局创办的《群众》，中华全国文艺界抗敌协会创办的《抗战文艺》，柳湜、邹韬奋主编的《全民抗战》，中共中央主办的《共产党人》，八路军总政治部主办的《八路军军政杂志》等。

近代，画报作为期刊的一种新的表现方式开始出现。创刊于 1884 年的《点石斋画报》，其插图均由当时我国名画家吴友如等人手绘。吴友如自己还创办了《飞影阁画报》。民国以后，出现了画报兴盛的势头。1920 年，《时报》创办《图画月刊》，引进了铜版印刷技术，开创了中国画报的“铜版时代”。20 世纪 20 年代，比较有名的画报有上海创办的《良友》和北京创办的《故宫周刊》。《良友》开始采用铜版印刷，1930 年改为影写凹版，采用五色彩印，颇受欢迎。《故宫周刊》采用道林纸铜版印刷，主要刊载故宫文物图片、帝王画像、历代书画家代表作等。

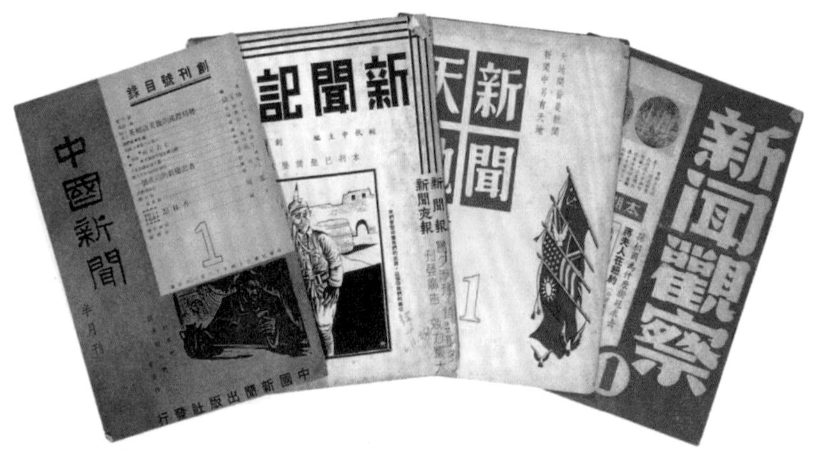

图 9-102 民国期间创办的新闻类杂志

图 9-103 民国期间创办的文史类杂志

图 9-104 民国期间印刷出版的《国学》期刊

（二）纸币、邮票及其他证券印刷

我国是世界上最早印刷纸币的国家，北宋时期我国就开始了有价证券的印刷。采用西方先进印钞技术始于清朝末年。光绪三十二年（1906）清政府推行新政，为“统一圜法，挽回权利”，清廷准建度支部印刷局，统一印制纸币，并派员赴日本、美国考察新法纸币印刷技术。宣统元年（1909），以重金聘请美国钢版雕刻技师海趣、格兰特，机器雕刻技师基理弗爱，花纹机器雕刻技师狄克生，过版技师脱克等人来华，并引进全套钢版制版、印刷设备。以海趣为技师长，负责设计钞券，筹备印刷，并授徒传艺。海趣主持设计的中国历史上第一套凹印纸币是“大清银行兑换券”。1910 年 9 月，大清银行兑换券钢凹版雕刻印刷票样告成。计有一元、五元、十元、百元四种票面值。票面正面左侧为载沣胸像，中央为龙海图主景，下侧辅景分别为帆船、骑士、长城、农耕图案。整套钞票图案构图严谨，气势恢弘，雕刻精密，线条清晰，凹版印刷特点突出，体现了当时世界印钞技艺的最高水平。1911 年 10 月，武昌起义后，这套大清银行兑换券停止生产，未能颁行流通，但今日已成为纸币收藏珍品。1914 年下半年，中国技师毕辰年、阎锡麟、吴锦棠、李浦等四人完成了第一套由中国技师设计、雕刻、印制的钢凹版钞票——殖边银行兑换券。

1910年以后，印刷局初具规模，其印刷范围扩展到“邮票、印花税、车票、公债票、官照、文凭、契约、粮串、盐茶引、牙帖、各项官用证券……”

1915 年，财政部印刷局的产品，参加了国际巴拿马博览会，其中国银行共和纪念券、邮票数种以及技师刘尔嘉、吴锦棠的雕刻制品《天坛景》、《大楼景》等获得该赛会奖，这是中国印刷品首次在国际上获奖。该局技师林其波 1927 年雕刻的孙中山先生头像，曾在 17 种钞票上得到采用。

近代的有价证券印刷，除官办的度支部印刷局之外，上海的商务印书馆于 1903 年开辟了雕刻铜凹版印刷业务，并聘请日本技师到厂指导。1914 年添置了一批凹印设备，承担了钞票及其他有价证券的印制任务，出现了南有商务印书馆，北有财政部印刷局的局面，成为当时中国两大证券印刷机构，也是全国规模宏大、技术先进的超大型、全能型的印刷企业。

1941 年，国民党政府在接收的重庆财政部印刷局基础上，改组成重庆印钞厂，同年又收购京华印书馆在重庆的三个工厂。同年，印制了建厂后的第一张钞票——中央银行拾圆券。1945 年，国民政府中央银行收购重庆印刷厂，在此基础上组建了中央印制厂，成为以印钞为主的大型综合性印刷机构。

1945 年至 1949 年，印制纸币的主要企业有：从上海伪中央储备银行印刷所改编而成的中央印制厂上海厂；由原伪华北财委会印刷局（原财政部印刷局，今北京印钞厂）改编的中央印制厂北平厂；设于台湾三重镇的台北厂（建厂初期的设备由上海厂运来）以及台北市的万华厂。

图 9-105 “大清银行兑换券”中辅图分别为农耕、长城、帆船、骑士的四种票面图案

图 9-106 1910 年印制的“大清银行兑换券”印样

图 9-107 1914 年由中国人自己设计、印制的第一套钢凹版钞票——“殖边银行兑换券”。

这一时期，中共中央在陕甘宁地区，建有两个印钞厂。一个是延安中央印刷厂的石印部，1942 年该石印部从中央印刷厂分出，建立了独立的财政部印刷厂，主要承担陕甘宁边区发行的钞票的印制任务。另一个是光华印刷厂，从 1938 年起，陕甘宁边区银行先后以延安光华商店名义印发了一分、二分、五分、一角、二角、五角、七角五分等七种代价券，作为法币的辅币流通。从 1941 年起，主要印制陕甘宁边区银行发行的钞票。此外，在晋绥地区、晋察冀地区、晋冀鲁豫地区、山东地区、华北地区、华中地区、华南地区都有不少证券印刷机构。

我国的邮票印刷始于清末。1878 年由清海关试办邮政期间印制发行了“海关大龙”邮票，其印制由上海总税务司署造册处采用凸版印刷，这是中国第一套邮票。清代先后印制邮票 30 套、198 枚（包括印制而未发行的），

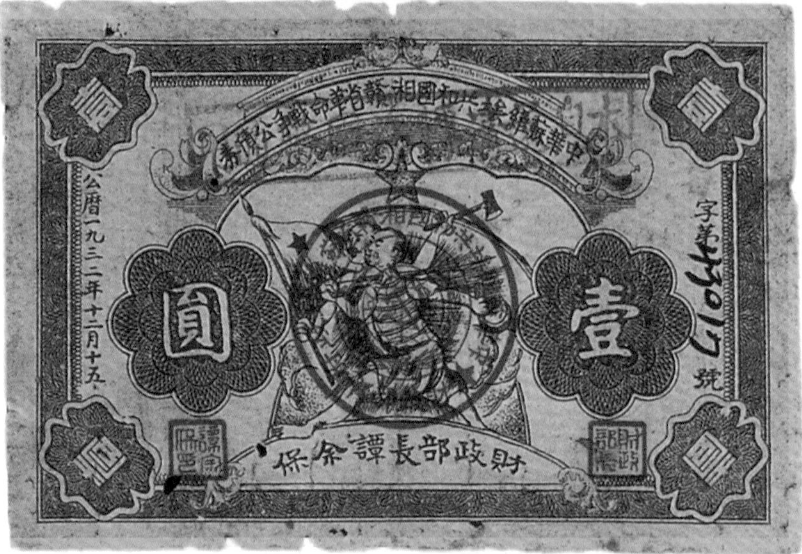

图 9-108 1931-1934 年间，中央苏维埃印制的纸币（上图）和米票（下图）。

图 9-109 国际巴拿马博览会获奖证书

图 9-110 获奖作品：天坛景

图 9-111 获奖作品：大楼景

图 9-112 1927 年由技师林其波雕刻的孙中山像

图 9-113 1920 年由技师吴锦棠雕刻的“石舫”

其印制工艺先后采用了凸版印刷、石版印刷、雕刻凹版印刷。

1912 年，北京财政部印刷局印制发行了中华民国第一套纪念邮票“中华民国光复纪念”和“中华民国共和纪念”邮票，采用当时先进的雕刻凹版工艺印制。此外，中华书局、大东书局、香港中华书局、香港大东书局、

图 9-114 1945 年—1949 年民国时期印制的“中央银行”券

图 9-115 苏区印制的纸币。魏志刚提供。

香港商务书局及上海大业印刷公司、大东书局上海印刷厂等，都印刷过邮票。20 世纪 30 年代至 40 年代，中国共产党领导的苏区和解放区的邮票印刷也比较活跃。赣西南、闽西、赣东北、湘鄂西、湘赣等地区发行使用过赤色邮票；陕甘宁边区、晋冀鲁豫边区、晋察冀边区也都印制发行过区票。主要采用平版和石版印刷。

另外，近代除公债券、期票、银行支票等有价证券的印刷外，其他诸如出国护照、官方公文、契约、身份证等一般性证券都有过印刷。近代的证券印刷，早期为雕印，清末开始采用石印和铅印，后来随着近代印刷工

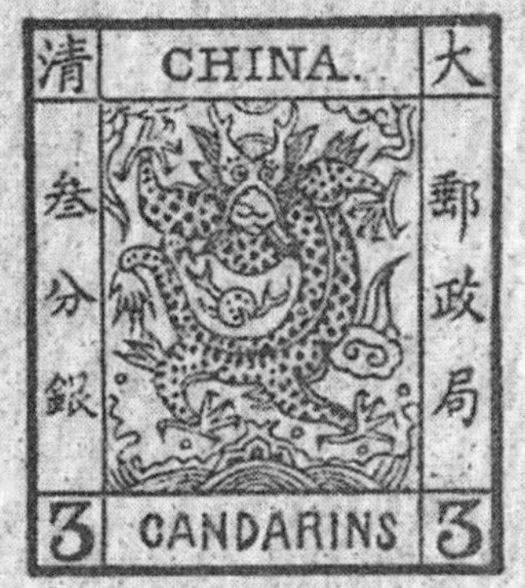

图 9-116 清末印制的海关大龙邮票。魏志刚提供。

图 9-117 民国期间，香港版孙中山像邮票。魏志刚提供。

图 9-118 中华民国第一套纪念邮票。魏志刚提供。

图 9-119 1945 年印制的“庆祝胜利”纪念邮票

图 9-120 抗日战争时期，晋察冀边区印制的邮票。

图 9-121 20 世纪 40 年代印制的边区票。魏志刚提供。

图 9-122 民国长城图契税特别印花票。魏志刚提供。

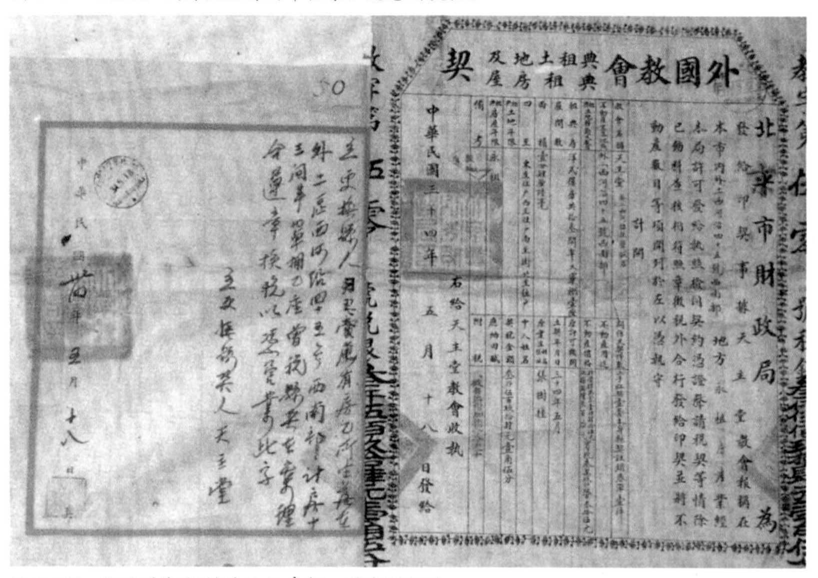

图 9-123 民国时期印制的北平房契。魏志刚提供。

艺技术的传入和发展，又相继采用了平印和凹印。证券印刷一般都采用当时最为先进的印刷技术和工艺，这是证券印刷不同于其他印刷的一个显著特点。

（三）地图印刷和织物印刷

近代地图印刷，主要采用铜版雕刻凹版印刷、石印平版间接印刷。清康熙年间，曾用腐蚀法制成铜版刻印了《皇舆全览图》。1896 年，武昌舆地学会应用彩色石印法印制地图。1898 年，武昌亚新舆地学社使用石印机印制地图，是我国第一家石印地图的专业出版社。1904 年，上海徐家汇土山湾出版的《皇朝直省地舆全图》，为彩色石印，由鸿宝斋代印。

我国采用平版间接印刷地图始于 20 世纪初年。1913 年，北平中央制图局开始采用直接照相平版法印制地图。1918 年，中华书局购入全张胶印机，印制了中国第一批全张拼幅的全国地形图。1922 年—1938 年，上海的世界舆地学社购置平印设备，建立了地图印刷厂；亚光舆地学社还创设了专门印制地图的虹光彩印厂。

中国近代的织物印刷，由古代织物印刷发展而来。20 世纪上半叶，近

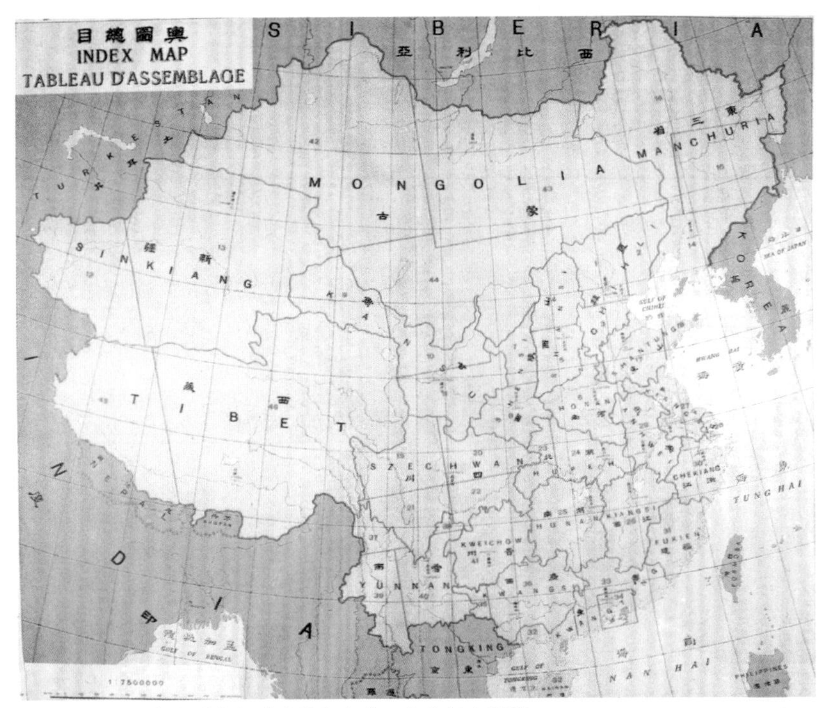

图 9-124　1919 年交通部邮政总局印行的《中华邮政舆图》

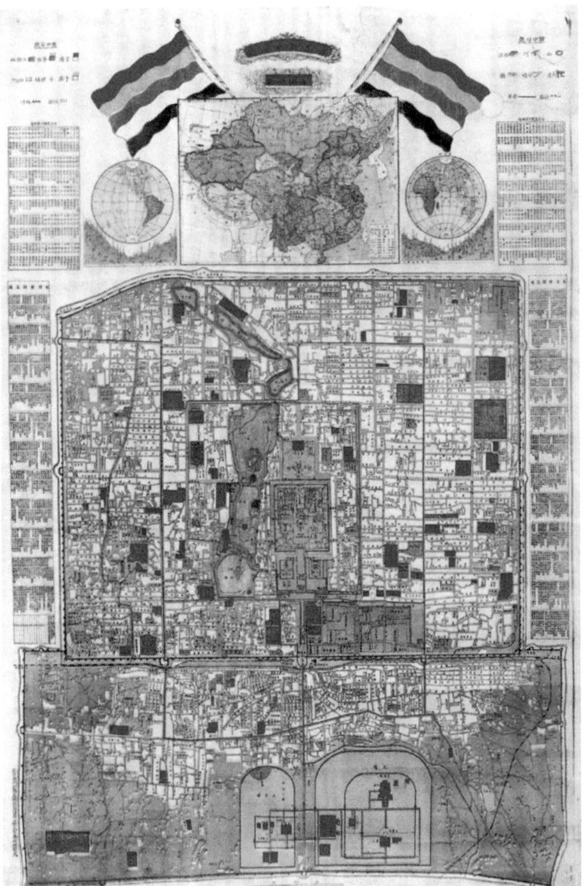

图 9-125　民国时期印制的北京地图

代的丝网印刷技术从日本传入我国，主要用于丝绸印染。建于民国初年的上海永隆印染厂是我国第一家采用丝网印刷技术的印染厂。至 1949 年，上海的丝绸印花厂已达四五十家。

辊筒印花机于 19 世纪末传入中国。建于 1929 年的上海印染厂是我国最早采用辊筒印花机的民族资本印染厂。到 20 世纪 40 年代末，辊筒印花机已成为当时印染业中的主力生产设备。此时，国产的辊筒印花机也开始较多地推广应用。直到 20 世纪 70 年代，圆网印花机开始进入中国，辊筒印花才逐渐被取代。

注释与参考书目：

①张树栋等编 .《简明中华印刷通史》. 桂林：广西师范大学出版社，2004：218.

②叶再生 .《中国近现代出版通史》. 北京：华文出版社，2002：366.

③张炳伦 .《关于中国人自铸铅活字问题的讨论》.《中国印刷》，2003(7)66-70.

④张树栋等著 .《简明中华印刷通史》. 桂林：广西师范大学出版社，2004：245.

⑤万启盈 .《近现代的中国印刷》. 原文刊载于《装订源流和补遗》. 北京：中国书籍出版社，1993：426.

⑥李焱胜 .《中国报刊图史》. 武汉：湖北人民出版社，2004：180.

⑦张惠民，李润波著 .《老期刊收藏》. 杭州：浙江大学出版社，2006.

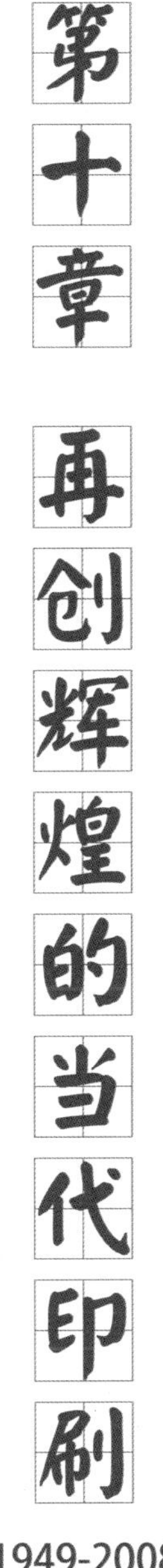

第十章 再创辉煌的当代印刷

（1949-2008）

第一节 当代中国印刷概述

一、新中国成立以来的印刷业巨变

1949年中华人民共和国诞生。新中国成立六十多年来，各个领域、各条战线，都发生了翻天覆地的变化，取得了举世瞩目的成就。我国国力日益增强，人民生活不断改善，国际地位日益提高，迎来了中华民族伟大复兴的光辉前景。

繁荣稳定的社会环境，给我国印刷工业的发展带来了无限的生机，印刷领域也发生了革命性的变化。在短短的60多年中，中国建设了具有完整体系的印刷工业，形成了书刊印刷、报纸印刷、商业包装印刷、证券印刷、织物印刷等门类齐全的各专业印刷企业。同时，也建成了品种齐全的印刷机械、印刷油墨、印刷纸张、印刷感光材料等为印刷服务的企业。印刷科研和印刷教育事业也从无到有地发展起来。

经过十一个五年计划的建设，我国的印刷技术水平已经达到和接近世界先进水平。特别是在20世纪90年代初期，我国研制成汉字计算机排版系统，并很快在全国推广应用，使计算机排版工艺代替了铅活字排版，告别了“铅与火”，迎来了“光与电”，从而使我国的印刷技术进入了数字化、网络化的时代。

图10-1 1987年7月，被称为当代毕昇的王选（中）和他的助手们研制成功华光Ⅲ型激光照排机。

二、当代印刷业的发展阶段

（一）中华人民共和国成立初期的印刷业（1949—1965）

1949年10月，第一届全国新华书店出版工作会议在北京召开，使分散经营的出版工作走向统一集中。毛主席为会议题词，朱总司令致贺词。

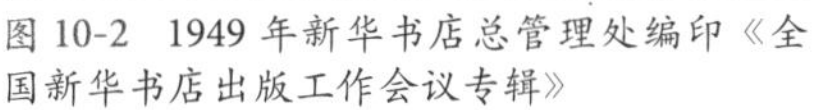

图 10-2　1949 年新华书店总管理处编印《全国新华书店出版工作会议专辑》

图 10-3　1950 年人民出版社出版《第一届全国出版会议纪念刊》

1950 年 8 月，出版总署在北京召开第二届全国新华书店工作会议，会议通过了出版与印刷、发行分工和专业化决议，分别建立人民出版社、新华书店总店和新华印刷厂总管理处。1950 年 9 月，出版总署召开第一届全国出版会议。1952 年 5 月，出版总署设立印刷管理局，主管直属印刷厂和全国印刷业。1954 年出版总署撤并文化部，全国印刷业由文化部出版局管理。

1953 年，出版总署印刷管理局召开全国新华印刷厂工作会议，拟定中国印刷业第一个五年计划，建立中国印刷业的计划统计制度与定额管理制度。1956 年，文化部出版事业管理局组织全国书刊印刷厂开展厂际竞赛，评比优质产品，并于 1957 年春由出版事业管理局、北京市工会联合会出版印刷工作委员会、北京市印刷工业公司等联合举办印刷产品质量展览会及印刷技术专题报告会。1958 年 8 月，在北京召开全国报纸、书刊印刷工作会议，决定“印刷为政治服务、为出版服务”方针和建立全国印刷网。

图 10-4　1958 年，周恩来总理等党和国家领导人出席首次全国报纸书刊印刷工作会议。

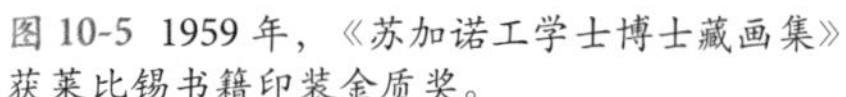

图 10-5 1959 年，《苏加诺工学士博士藏画集》获莱比锡书籍印装金质奖。

图 10-6 1958 年，科技卫生出版社出版《印刷工业技术革新经验汇编》。

1958 年 9 月、1959 年 12 月，文化部出版局两次在上海召开全国印刷技术革新经验交流会。这两次会议在改造落后的生产设备、改革不合理的生产工艺、采用新的工艺技术和原材料等方面，为发展我国印刷生产力起过重要作用。

1959 年我国参加莱比锡世界书展，《上海博物馆藏画》获复制品金质奖章；《梁祝故事说唱集》获排字印刷银质奖章；《苏加诺工学士博士藏画集》获书籍印装金质奖。[①]

1964 年，为适应全国印刷业的发展建立了中国印刷公司。

（二）“文化大革命”时期的印刷业（1966—1976）

1966 年开展的“文化大革命”，这一时期我国的印刷业同样遭受到畸形发展与重创。

由于宣传工作的需要，在与国外报纸书刊的速度与质量比较中发现我国缺彩色报纸，由此，1973 年国务院有关部门组织了调查组，在全国进行调查后，提出我国印刷业技术改造计划，即“28 项重点新产品研制计划”的实施。

图 10-7 “文化大革命”期间全国各地大量印发各种类型的毛主席著作读本

图 10-8　“文革”期间印制的大字本

图 10-9　“文化大革命”时期印制的宣传画

经过几年的努力，全国扩建、新建了一批印刷机械制造厂，研制生产出了一些印刷机械新产品，使中国印刷机械的自给能力有了较大的提高。但是，这期间印刷机械制造工业的发展是不平衡的。当时发展的重点在印刷机器方面，而排字和装订及印后加工机械设备的研制和提高力度不够，以致“文化大革命”结束以后很长时期内，书刊印刷生产中出现的排字、印刷、装订三个环节生产能力不平衡的局面难以扭转。

（三）改革开放新时期的印刷技术革新（1977—1995）

改革开放是决定当代中国命运的抉择。迎着改革开放的春风，作为信息产业重要组成部分的印刷业也有了很大发展，在我国精神文明和物质文明的建设中发挥着重要作用。

20 世纪 80 年代开始，出书难的问题引起了有关政府部门的重视，即出书太慢，中国书籍平均每本生产周期为一年，不能满足文化发展的需要。1983 年中共中央专门做出了《关于加强出版工作的决定》，要求尽快改变中国出版业的面貌。

图 10-10　1980 年 3 月中国印刷技术协会在北京成立

图 10-11　1985 年 12 月中国印刷及设备器材工业协会在北京成立

1983 年，在张劲夫（时任国务委员、国家经委主任）和邓力群（时任中宣部部长）的领导下，成立了国家经委印刷技术装备协调小组。范慕韩主持制定了“激光照排、电子分色、胶印印刷、装订联动”十六字技术进步方针。并将印刷工业的技术改造列入了国家重点技术改造专项计划，有力地推进了中国印刷业的发展。该专项在“六五”期间共安排技术改造项目 72 项，完成总投资 4.22 亿元；“七五”期间共安排 96 项，完成总投资 7.9 亿元；“八五”期间，印刷专项的工作改由原国务院重大办负责，共安排 46 项，完成总投资 8.34 亿元。

在十六字技术进步方针的指导下，在电子部、轻工部、新华社、中科院、邮电部等单位的共同努力下，

中共中央、国务院
关于加强出版工作的决定

（1983 年 6 月 6 日）

党的第十二次全国代表大会提出了全面开创社会主义现代化建设新局面的宏伟纲领，再一次强调提出，在建设高度物质文明的同时，一定要努力建设高度的社会主义精神文明。社会主义现代化建设的新形势，把出版工作推到我党我国历史上前所未有的重要地位。为了适应建设两个文明的需要，党中央和国务院认为，必须加强和改进出版工作，使出版事业有一个更大的发展。

（一）出版战线的形势和任务

粉碎江青反革命集团以来，特别是党的十一届三中全会以来，出版战线同全国各条战线一样，取得了显著成绩。出版部门，认真贯彻党的解放思想、实事求是的方针，冲破长期以来“左”的思想的束缚，有成效地进行拨乱反正的工作，落实知识分子政策，发挥了广大出版工作者和著译者的积极性，恢复和发展了出版事业；根据全党工作重点转移的需要，陆续出版了一大批国家和人民急需的图书，解决了十年内乱造成的严重书荒。党在引导出版工作者纠正“左”的错误倾向的同时，及时克服了右的影响，保证了出版工作的健康发展。图书的门类和品种越来越丰富，学术著作、科技图书、文艺作品、各类教材、工具书、少儿读物、少数民族文字图书和外文图书等都有较大的增长，许多图书的质量有显著的提高，全国图书的印数远远超过历史上最高水平。各类期刊也有很大发展。整个出版事业呈现出初步繁荣的景象。

但是，出版工作还存在着不少迫切需要解决的问题。出书难、买书难的问题十分尖锐；图书出版周期太长；大、中、小学教材和课本还不能做到全部课前到书；有些书刊的质量不高，甚至粗制滥造；在资产阶级自由化思潮的影响下，有的图书、刊物上的文章、作品曾经偏离马克思主义、毛泽东思想基本原理的指导，偏离社会主义轨道；单纯追求利润，使精神产品商品化的倾向，有所滋长。造成这些问题的原因主要是：(1) 出版、印刷、发行事业的物质技术条件十分落后；(2) 现有体制与出版事业的发展很不适应；(3) 出版队伍人数不足，青黄不接，思想水平和业务水平赶不上新形势的需要；(4) 从有关部门的领导思想上说，对出版工作在社会主义现代化建设中的重要作用认识不足，重视不够，贯彻党的出版方针不够有力。

图 10-12　1983 年中央作出《关于加强出版工作的决定》

通过北京大学以王选为代表的一批科技工作者的辛勤劳动，我国的汉字信息处理及激光照排技术达到了国际先进水平。我国印刷技术从此告别了“铅与火”，走进了“光与电”的时代。1998 年全国 99% 的报社，95% 以上的书刊印刷厂，90% 以上的包装印刷厂均采用了国产的激光照排系统。与此同时，我国印刷业与印刷器材、设备制造业也取得了很大的发展。

至 1993 年，我国的印刷企业已发展到 6 万多家，印刷业产值 350 亿元。彻底改变了印刷能力不足、印刷质量不高、印刷周期过长的落后局面。

（四）世纪之交之时日新月异的印刷业（1995—2008）

20 世纪 90 年代中期以来，中国印刷业开始进入快速发展时期。

20 世纪“九五”计划期间，由于高新技术的发展和在印刷技术上的推广应用，使印刷技术向“排版图文合一、桌面组合制版、高速胶印、装订机械化联动化”发展并得到了较快的普及。到了“九五”末期，印刷企业的技改浪潮推动国内印刷技术发生了重大变革。在制版技术上，由桌面制版发展到直接制版；在印刷技术上，从胶印发展到高速优质、多色、多功能数字化电脑控制，同时数字化印刷已在我国开始推广应用；在印后技术上，机械化、联动化数字控制技术在装订技术上得到了较大范围的普及应用。

图 10-13　1991 年经济日报印刷厂刊登的宣传广告

2001 年 5 月，第七届世界印刷大会在北京人民大会堂隆重开幕。世界印刷大会是国际印刷界规模最大的会议。来自五大洲 25 个国家和地区的近 3000 位印刷及相关业界的代表相互交流，探讨合作，增进友谊，共谋发展大计。

图 10-14　2001 年 5 月，第七届世界印刷大会在北京人民大会堂隆重开幕。

发扬中华民族发
明印刷术的光荣
传统，
用高新技术振兴
中国印刷业。
王选
1999.11.4

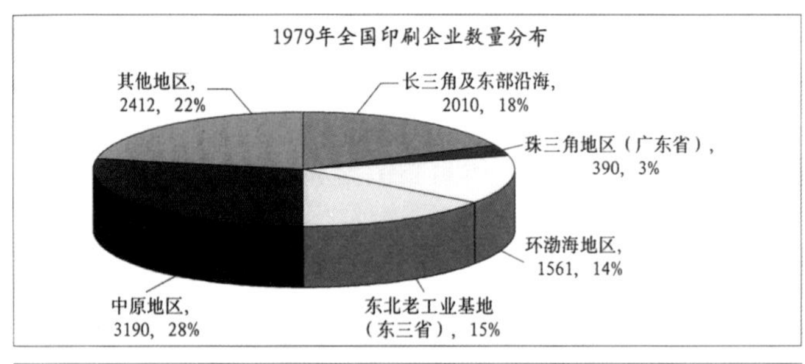

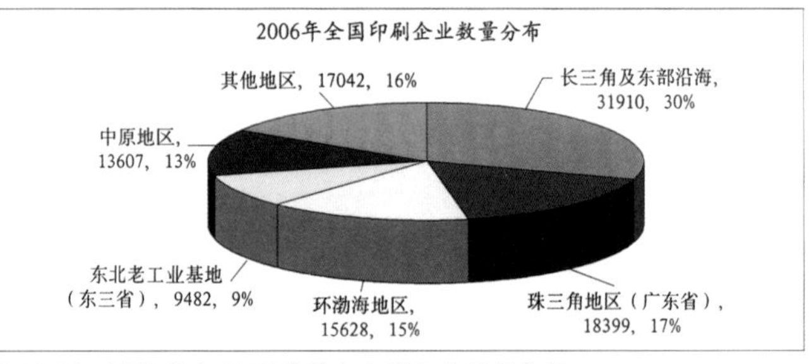

图 10-15　原全国政协副主席、中国科学院院士、中国工程院院士、北京大学教授王选题词。

图 10-16　1979 年和 2006 年国内印刷企业数量分布

“十五”期间是我国印刷业持续发展的时期。深化改革激发了企业的活力，加强管理促进了印刷的健康有序发展，技术进步提高了生产效率和印刷质量，我国经济建设的高速发展为印刷业的发展提供了广大市场和强大动力。“十五”期间股份制、民营、外资等各种经济成分的印刷企业得到快速发展。尤其是民营、股份制印刷企业迅速增加，在数量上几乎占全国印刷行业总数的 80% 以上，形成了多种经济成分的印刷企业互相补充、互相竞争、互相促进、健康向上的局面。

“十一五”期间，全国印刷业工业总产值年均增长速度保持在 8% 以上。我国已经培育出一批有竞争力的骨干企业，印刷产值超过 10 亿元的印刷企业已有数十家。至 2007 年，我国印刷业工业总产值已经达到 4400 亿元，约占国民生产总值的 2.5%。

从 2006 年开始，印刷业进入“十一五”时期。国家加大科技扶持力度；印刷企业自主创新能力大为增强；印刷业的规模化、国际化和专业化程度进一步提高，印刷企业的国际化和多元化竞争能力不断增强。初步形成了以毗邻港、澳的广东为重点的珠三角区域印刷产业带；以上海、江苏、浙江为重点的长三角区域产业带；以京、津、唐为重点的环渤海区域印刷产业带的三大产业带；以四川、陕西为重点的西部印刷产业也有较快发展。至 2008 年 6 月，全国有 99787 家印刷企业，其中外商投资印刷企业约为 2329 家，总投资额达 178.7901 亿美元。“三资”印刷企业已经成为中国印刷市场的重要组成部分。

第二节 近现代印刷技术的发展和创新

一、凸版印刷工艺的发展

中国的先人在隋唐时期发明的雕版印刷术和北宋的毕昇发明的活字印刷术都属于凸版印刷。雕版印刷在当代已经不是中国印刷工艺的主流，成为传承中国传统文化的象征。

（一）铅版印刷

活字印刷在经历了几个世纪的东法西传和西法东渐之后，发展为铅活字版及纸型铸铅版印刷技术，近百年来在中国印刷业曾占据非常重要的地位。新中国成立后，一批志士仁人开始研究铅活字排版技术的改革。1952年由任百尊设计、瑞泰机器厂制造出第一台手选式版模库铸排机。之后，我国研制出了手选式铸排机、自动铸排机。

1956 年，北京新华字模厂从日本引进字模雕刻机成套设备，取代手工刻铅字和电镀铜模的旧工艺，使机器刻模开始成为我国字模生产的主要方法。1968 年，上海字模一厂在上海印刷技术研究所的协助下，研制成功钢字冲压铜模技术。其后，在上海及丹江字模厂又有进一步的发展。

由铅活字版制作复制版，一是为了将活字版变成平面式或圆弧形铅版，用于平版印刷机或高速轮转印刷机；二是为了可由一副母版制成多副相同的印版同时印刷；三是为了方便运输和保存。曾在我国使用过的复制版有泥版、纸型铅版、电镀凸版、橡皮凸版、塑料凸版，其中使用最多的是纸

图 10-17 铅活字排版工作台

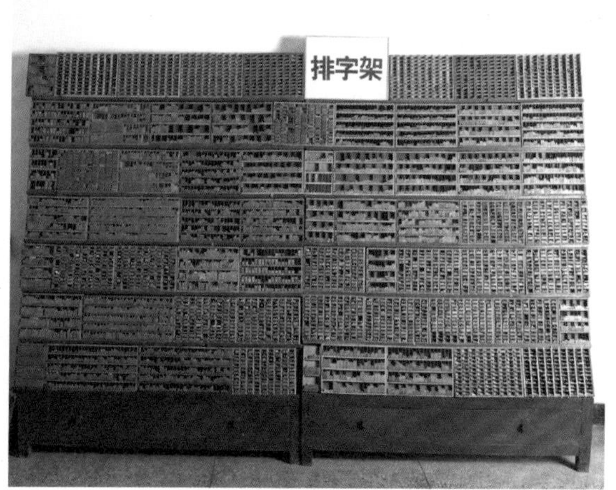

图 10-18 铅印工艺铅活字排字架

型铅版。1952年，北京新华印刷厂郑德琛、刘金祥等研究成功铅版镀铁工艺，铅版的耐印力大增，提高至50万印。

由于复制制版效率低及环境污染等原因，我国铅排铅印于20世纪80年代末基本淘汰。

（二）铜锌版印刷

我国早在20世纪初就开始了照相凸版的应用。

20世纪50年代制作铜锌版，也是先照相制出阴图胶片，用阴像底片在涂布了明胶重铬酸铵感光胶的铜或锌版上进行曝光（俗称晒版），然后做腐蚀处理。铜版用三氯化铁溶液腐蚀；锌版用硝酸或盐酸溶液腐蚀。为了保护凸出的图文侧面不再被腐蚀，在腐蚀过程中在版面上滚墨、撒红粉、烘烤再腐蚀，这种操作要反复做三至四遍，才能达到必要的腐蚀深度。这是一种落后的手工操作的制版方法，做出印版的品质也不高。1959年，一三八部队、中国科学院印刷厂等单位试制成功无粉腐蚀铜版。1964年，北京印刷技术研究所研制适合中国印刷业的无粉腐蚀工艺。1966年，无粉腐蚀制铜锌版法很快在印刷厂普遍推广，完全取代了落后的撒红粉腐蚀法。

铜锌版一般是和铅活字版配套应用的。铅活字排版时，书中的插图都是铜锌版。用品红、黄、青三原色制成三色铜版，可以套印出高品质的彩色印刷品。20世纪60至70年代，北京和上海的几家印刷厂，曾印制出高质量的凸版彩色印刷品。

图10-19 铜锌版

（三）感光树脂版印刷

感光树脂版是在20世纪70年代开始研制的新型凸印版材，是将版材在较短的时间里，在光的作用下导致光化反应前后溶解性能发生变化的印版。通常分固体型和液体型两种制版工艺。感光树脂版的最大优点是完全脱离了铅活字和铅版，而且成本低，特别是液体型的感光树脂版成本大大低于铜锌版。

20世纪70年代初，我国开始感光树脂版的研究，各地印刷科研单位和企业分别成立了试制小组，做了大量工作，最早取得成果的是北京、天

图 10-20　1982 年天津采用固体树脂版三色连续印刷印制的自粘标签

津和广东等省、市，随后各省市纷纷学习改进，特别是文化部出版局召开两次非金属凸印新版材交流会后，使得感光树脂版的研究试制在短时间内达到高潮。[②]

（四）柔性版印刷

柔性版原称苯胺印刷，是因使用苯胺作为油墨溶剂而得名。与感光树脂版相似，它也是通过光交联反应引起见光部位硬化，所不同是版材必须具备类似橡胶的弹性。20 世纪 50 年代以后，柔性版印刷取得了两次重大突破。由于苯胺油墨有污染，而且气味强烈，20 世纪 60 年代，改用了无毒性的溶剂型和水基墨后，在环境保护方面有了重大改善。另一个重大突破是使用了聚酯型版材和网纹辊传墨系统。短墨路的网纹辊传墨系统使柔性版印刷机结构简化，印刷质量更趋稳定。其名称也由苯胺印刷改为柔性版印刷。

我国对柔性版的研究和应用起步于 20 世纪 70 年代，80 年代开发出感光柔性版，如上海和北京印刷技术研究所研制的“软质感光树脂版”，为我国的柔性版印刷提供了新型材料，填补了当时国内空白。

图 10-21　柔性版

20 世纪中叶，各种凸版版材的印刷大多使用凸版平版印刷机和使用圆凸版的轮转机。铅字版、铅铸版、铜版、锌版、塑料版等平面型版材多用平台式凸版印刷机或圆盘机、方箱

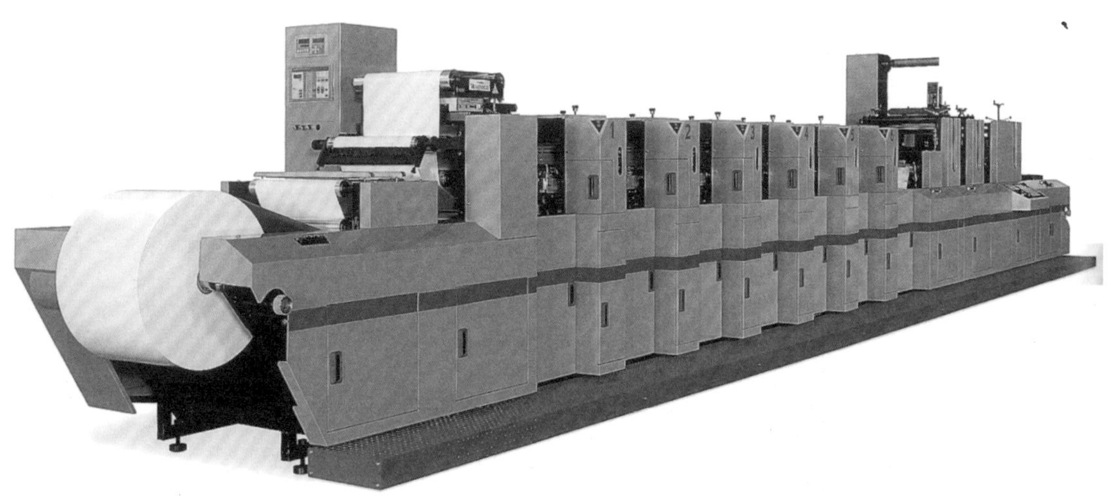
图 10-22　柔性版印刷机

机。改革开放初期，曾有TY-401改进型凸版印刷机及我国自行设计制造的薄铅版轮转凸印机进行印刷。1990年以后凸版印刷机被胶印机取代，另一部分发展为新型柔印机。

今天的柔版印刷工艺已经是今非昔比了，柔印在全世界已成为增长速度最快的一种工艺，尤其是在包装领域。柔印已经发展成为继凸印、胶印和凹印之后又一大印刷工艺。柔性版在我国发展速度较快，但绝对份额还非常小。近年来，在瓦楞纸箱、标签、软包装、纸袋以及折叠纸盒印刷市场中，柔版印刷所占的市场份额不断上升。

二、平版印刷工艺的发展

从前面的章节中，我们了解到平版印刷起源于石印，以及石印的原理及早期的应用，尤其是石版印刷工艺在我国的发展情况。自20世纪30年代开始，由于石版厚重，效率较低，石印工艺逐渐退出历史舞台。继石印之后的平版印刷为胶印。由于它的印版为薄金属板材，印刷时，要经过胶皮滚筒转印，所以称为胶印。新中国成立以来，我国曾大力研究和推广胶印制版的各种先进工艺，如蒙版、接触网版等。但在改革开放初期，即由电子分色制版技术所取代。1973年，我国也开始研制电子分色机。

我国胶版印刷始于1915年。20世纪50年代中期以后，随着国产胶印机的陆续应市，平版印刷中的石印逐渐为胶印所取代。进入20世纪60年代以后，北京人民机器厂和上海人民机器厂已生产出多种型号的单色、双色的自动胶印机，并达到良好的性能，为胶印技术的发展提供了良好的基础。1964年、1965年中国印刷代表团和技术小组赴日本、西欧考察后，引进电子分色机和四色胶印机等。20世纪70年代，随着电子分色机、多色胶印机、预涂感光版等新设备、新材料、新工艺的出现，照相排字机的逐步应用，胶印的优势日益明显，成为当代中国印刷技术革新中最活跃、进步最快的一种印刷工艺。

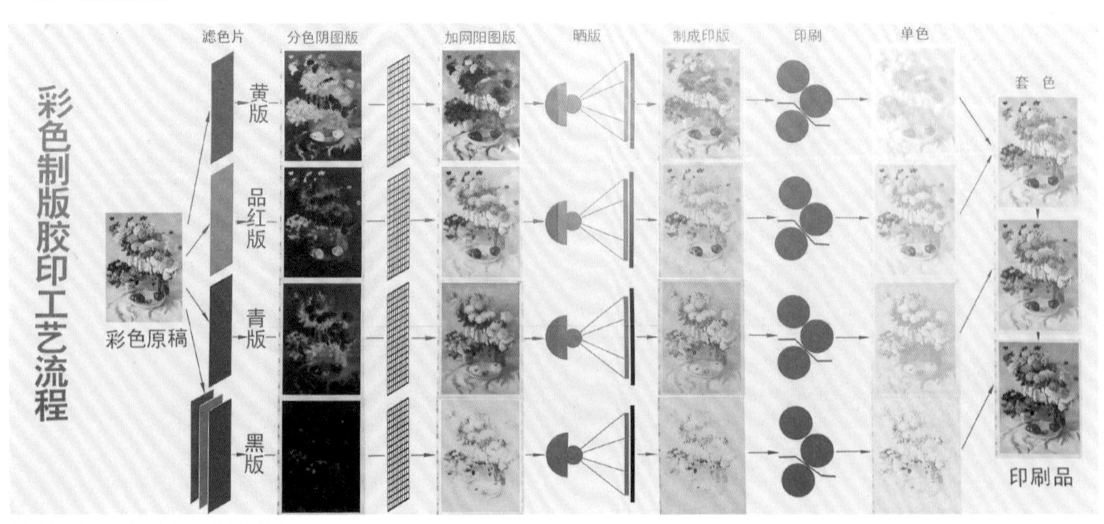

图10-23　四色胶印工艺原理图

图 10-24　1977 年 4 月 29 日，我国第一台 DFS1 型电子分色机首次扫描分色样品。

20世纪80年代末期，印刷业彻底淘汰了铅印，全面普及胶印，并向高速、优质、数字化、自动化方向发展。1986 年，北京人民机器厂试制四色胶印机成功。与此同时，国产胶印机销售也大幅度增长，如北人集团公司 2001 年销出 1200 个色组，2002 年销出 1400 个色组，2003 年销出 1710 个色组。加入世贸组织后，我国进口胶印机逐年大幅度增长。2001 年进口单张纸胶印机为 645 台，2002 年进口 785 台，2003 年进口 933 台。

尽管胶印已经走过了百年历程，步入了成熟的发展期，但创新一直是胶印充满活力的源泉，并且成为胶印持续发展的推动力量。进入 21 世纪，胶印因其性价比高始终在传媒印刷领域保持领先的地位。尽管数字印刷的发展在一定程度上挤占了胶印市场，但它仍然不能取代胶印技术。胶印色

图 10-25　20 世纪 80 年代的胶印杂志《大众电影》

组越来越多，配置越来越高，在包装印刷中连线上光及特种专色日趋流行，并成为一种包装印刷时尚。胶印设备的高配置，给包装胶印赋予了灵活和增值元素，使印刷效果实现了重大突破。其次，胶印机连线加工技术的兴起，让胶印活力四射。连线裁切和折叠装置是胶印机的一大亮点，单张纸胶印机也可以使用卷筒纸，原材料成本降低了20%，有的单张纸胶印机组的压印，滚筒上加装了裁切装置，可对印刷进行连线模切。另外，新兴的数字化技术融入印刷技术，让胶印机联网的梦想成为现实，高科技胶印技术进入了新时代。

三、凹版制版与印刷工艺的发展

凹版印刷具有承印材料广泛、防伪性能强、印品质量高等其他印刷方式不可替代的独特优势。在我国，凹印最主要用于纸币制作、塑料、纸张包装印刷。它又以印刷图案鲜艳、层次丰富、印版耐力强、高速运行、适合印刷基材广泛等特点，受到青睐。当代凹版制版分为手工雕版与影写制版两种技术系统。纸币和有些证券为典型手工雕刻原版，而画刊与一些包装印刷品制版为影写制版。影写制版使用照相转写纸腐蚀辊筒方法，改革开放以后转而使用电子雕刻机制版。

新中国成立初期，我国的包装印刷主要采用凸印，平印很少，凹印基本空白。《解放军画报》自20世纪50年代开始采用凹印工艺，是我国第一个彩色凹印的出版物。为了提高彩色印刷的质量，制版工艺反复改进，并于20世纪60年代引进81电子刻版机。以后，由于油墨污染等原因，凹印发展迟缓，最后终于退出书刊印刷领域。

我国第一台塑料薄膜专用的轮转凹印机于1967年由上海包装印刷业试制出来，凹印工艺开始在包装印刷领域得以发展。进入1980年以来，我国的陕西印刷机器厂生产了多种型号的塑料彩色凹印机，可印制多种复合材料的包装产品。

图10-26　1952年12月号第21期《解放军画报》，彩色照相凹版印刷。

图10-27　雕刻钢凹版

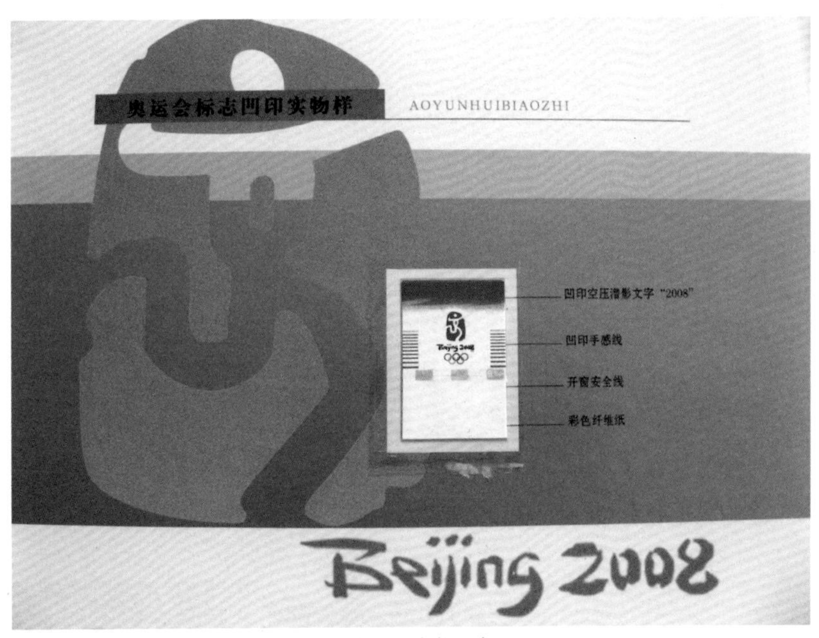

图 10-28 雕刻凹版印刷样册有奥运标志凹印实物 1 张

当代，凹版印刷工艺已进入飞速发展和工艺变革的时代。

随着我国改革开放和国民经济的高速发展，人们生活水平的不断提高，商品的包装档次越来越高，品种越来越多，推动着我国包括凹印在内的包装印刷业的迅速崛起和发展。凹印工艺正向低成本、多功能、防伪增效方向发展。目前市场上已出现的纸、塑兼容印刷机，纸、铝箔兼容印刷机及三者混合兼容机，双收双放多色机组式凹印机、印刷与复合联线机等。产品的不断改进，既满足了高档印刷品多色、网线的防伪需求，又提高了工作效率，降低了印刷企业投资成本。凹印之所以能持续发展，主要在于制版工艺的改良和环保油墨的开发应用，以及加热快干装置等。

凹版印刷由于其印刷画面的高品质和良好的防伪功能，一直是证券印刷的首选工艺。在当代的有价证券印刷和邮票印刷中，虽然胶印的比例越来越大，但凹印工艺仍有其不可替代的作用，仍在发挥着自己的功能。

四、孔版制版与印刷工艺的发展

在我国，孔版漏印有着悠久的历史。在马王堆出土的西汉初期的印花敷彩纱，就是用漏印的方法印刷图案底纹，再用手工涂以彩色。以后历代，漏印一直在织物印刷中应用，并不断发展着。

进入近代以来，孔版印刷连同纺织技术又从西方传入中国，并得到了快速的发展。孔版可分为型版和网版两种。广泛应用的是以丝网作版基，再涂以感光胶，经晒版、冲洗而成的印版，称为丝网印刷。我国网版印刷在 20 世纪 80 年代前一直处于手工作坊式生产，20 世纪 50 年代我国开始自行设计制造单色丝印机。

改革开放后，先进的现代网版技术迅速传入我国。1981 至 1991 年这

图 10-29　丝网印版

文匯報
WEN HUI BAO

国务院发布第221号令
公布香港特别行政区行政区域图

中华民族永载史册的盛事　世界和平正义事业的胜利

中英香港政权交接仪式在港隆重举行

江泽民主席庄严宣告中国政府对香港恢复行使主权

李鹏总理等中国政府代表团成员及英国查尔斯王子、布莱尔首相等出席交接仪式

江泽民主席郑重宣告

中华人民共和国香港特别行政区政府成立

董建华宣誓并讲话

香港特别行政区首任行政长官

李鹏总理代表中央人民政府表示祝贺

中国最高领导人首次踏上香港土地

江泽民率中国政府代表团抵港出席香港政权交接仪式，

李鹏同机到达　钱其琛、周南、董建华等到机场迎接

世纪辉煌回归夜
浦江歌声动天地

沪港竞秀
富国裕民

图 10-30　丝印丝绸报纸，1997 年香港回归纪念版。

图 10-31　丝网印品《秦兵印象》，获得 2006 年 SGIA 纺织类金像奖评比金奖。

10 年间，由于技术的提高，使网版印刷产值平均年增长速度近 30%，以后每年也以 15% 左右的速度增长。特别是 20 世纪 80 年代后期，感光制版法逐渐替代了传统的手工刻膜和手工描稿制版，大大提高了制版速度和制版质量。半自动平台网印机替代了完全靠经验的手动网印作业，逐渐向机械化生产过渡，从而提高了生产效率和产品质量。这一时期我国现代网版印刷得到较快的发展。

进入 20 世纪 90 年代以后，我国网印技术发展迅速，应用范围逐渐扩大，网印已由初期阶段向中高级阶段发展。

现代数字技术的广泛应用，使得网版印刷这种不受承印材料、形状局限的印刷方式，发挥出了无穷的潜力。其应用领域不断扩展，为蒸蒸日上的轻工业、纺织业、建筑业、电子工业、包装业、广告业、家电和文化等产业提供了配套服务。近十几年来，光盘、制卡、薄膜开关、户外广告、室内装饰等诸多新网印产品市场的需要，进一步促进了网版印刷的发展。丝网印刷开始广泛地应用于织物和墙壁纸印花技术，特别是圆网工艺的应用，使得丝网印刷实现了连续高速印刷。[③]

五、其他印刷方式的发展

（一）珂罗版工艺的发展

1956 年我国公私合营时期，为保留珂罗版的印刷技术，将上海“安定”和“申记”两家珂罗版印刷厂，划归人民美术出版社上海分社，作为珂罗版车间。次年，该车间迁往北京。

珂罗版印刷属于平版印刷，它和胶印不同的是以厚磨耗玻璃作版材，涂以特制的感光胶，经晒版、冲洗、烘烤后，可使版面形成自然的纹理。因而它的特点是不用网目，而可达到明暗浓淡色调的印刷品，由于它可以比较好地反映水墨山水的神韵，其质量可与画作媲美。原国家文物鉴定委员会委员、书法家启功先生评价珂罗版工艺：“对于古代书画无疑是一种延长寿命、化身千百的一种特殊手段，艺术价值和逼真程度上讲堪称‘天下真迹一等’。”1958 年上海印刷工业公司珂罗版车间印制《永乐宫壁画》彩色画册，参加了 1959 年在莱比锡举办的国际书籍艺术展览会的展出；上海博物馆珂罗版印刷所用人工设色和勾描相结合的方法，先后复制了拼接的大幅山水画《青卞隐居图》和唐寅的《仕女图》等印品，印制精美。

珂罗版技术在我国也成为高仿真艺术品复制领域的一种技术手段。

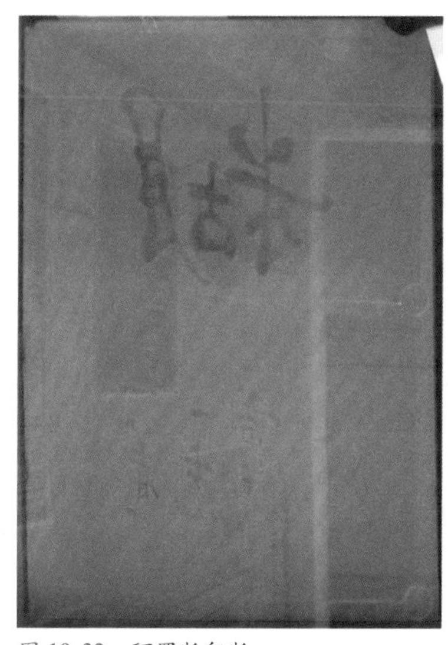

图 10-32　珂罗版印版

图 10-33　20 世纪中期彩色珂罗版印刷品

（二）木版水印工艺的发展

木版水印传承自我国古老的雕版印刷术及明末清初的“饾版”印刷。但自1950年以后，约定俗成地称作“木版水印”。

1949年以后，政府对于传统的木版彩色印刷也很重视，各地文化部门收集保管了大量的年画印版，选其精者予以重印。有些地区还将民间的刻印能手组织起来进行木版年画的刻印。上海市扩建了朵云轩，专门从事国画及古籍的刻印复制。天津市成立了杨柳青画社，专门从事木版年画的刻印出版。其中，成绩最为显著的是北京的荣宝斋。

新中国成立后，荣宝斋从只能印大不盈尺的诗笺谱发展到能够复制大幅的画作，知名的作品有《奔马图》、《簪花侍女图》、《踏歌图》、《百花齐放》等。在这些复制品中，最著名的要数五代顾闳中的《韩熙载夜宴图》，由荣宝斋1959年筹划、1979年完成，制作历时8年，雕刻木版1667块，套印6000多次，使用了与原画完全相同的材料和珍贵颜料，其印制后裱装成卷的成品，几乎可以乱真，受到艺术界高度的评价，同时也标志着雕版印刷术发展到了巅峰。

当代中国，木版水印仍然是印刷百花园中的一枝奇葩。例如朵云轩木版水印作品《胡正言十竹斋书画谱》，于1989年送往莱比锡国际图书艺术展览会展出时，组委会为它特设了从未有过的最高奖项——国家大奖，以肯定其杰出的艺术成就。朵云轩刻印的明末《萝轩变古笺谱》也达到很高的水平。

被誉为古老东方之花的中国民间木版年画，经过一代代艺人的手手相传，其技艺一直流传至今。不过这项源自农耕社会的民间艺术，随着现代社会的冲击也曾经面临急速瓦解与消失的困境。2002年，中国民间文化遗产抢救工程委员会，将木版年画确定为中国民间文化遗产抢救的第一个专项工程。不仅使木版年画这一古老的民间艺术得到了有效保护和传承，而且赋予其新的艺术元素和内涵，使之成为一项极富创意生命力的文化产业。

图10-34　1982年潍县年画《狮童进门》

图10-35　荣宝斋木版水印《清明上河图》二

图 10-36　荣宝斋木版水印品《韩熙载夜宴图》

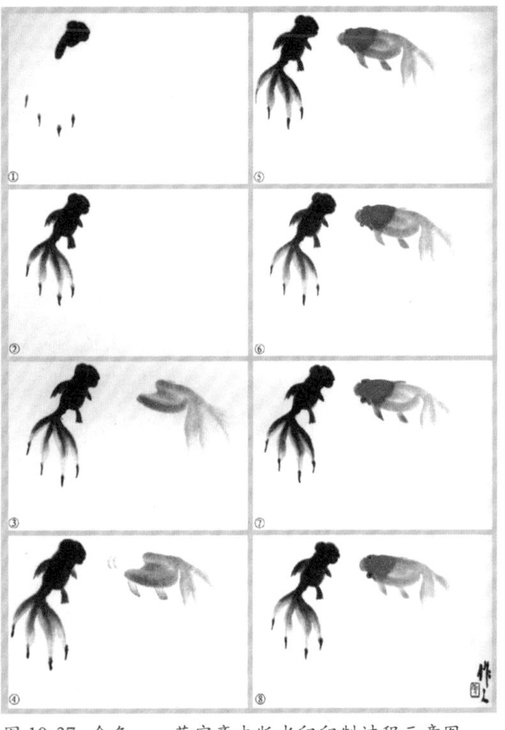

图 10-37　金鱼——荣宝斋木版水印印制过程示意图

2006 年 5 月 20 日，国务院批准文化部确定的第一批国家级非物质文化遗产名录中包括了以下这 12 个地区的木版年画：杨柳青、武强、桃花坞、漳州、杨家埠、高密、朱仙镇、滩头、佛山、梁平、绵竹、凤翔。因此，古老的木版年画技艺将在新时代得到传承和发扬。2008 年举行的中国木版年画抢救保护发展国际高峰论坛决定，正式启动中国木版年画联合申报世界非物质文化遗产工作。

第三节 “748 工程”与王选

一、“748 工程”立项及社会背景

20 世纪 70 年代初期开始，国外印刷技术迅速发展，光电技术和计算机技术开始在印刷领域得到应用。以电子分色机和照排机为代表的彩色电子印前系统成为当时印刷技术的代表，基于计算机和激光照排技术成为印刷文字处理技术的发展方向，我国由于经历了“文化大革命”，印刷技术已远远落后于国际先进水平，出版印刷仍是铅印老工艺。落后的印刷技术严重阻碍了我国出版的发展业。

为加速改变出版印刷的落后局面，国家出版局于 1978 年 6 月召开了第一次“胶印印书经验交流会”，介绍了七二一二工厂、北京外文印刷厂和上海第六印刷厂的经验，推广了手动照排、胶印印书的工艺。此后，照相排字的比例不断增加，铅排铅印的比例逐渐减少。至 1987 年，书刊印刷厂已有手动照排机 761 台，胶印印书已占 38%。与此同时，北京新华印刷厂和上海中华印刷厂分别研制成功第二代计算机控制照排机，一些报社和书刊印刷厂还引进了三代和四代照排机。

汉字是的表意文字。西方国家文字多为拼音文字，字母数量少。但汉字字库庞大，结构复杂，笔画众多。因而，汉字怎样进入计算机进行信息处理成为一个世界公认的难题。

1974 年 8 月，周恩来总理批准将电子工业部、机械工业部、中国科学院、新华社、国家出版局联合发起“关于研制汉字信息处理系统工程的请示报告”列入 1975 年国家科学技术发展规划，称为“748 工程”，并成立了“748 工程”领导小组。“748 工程”分三个子项目：汉字通信、汉字情报检索和汉字精密照排。“748 工程”启动了中国印刷技术的第二次革命，走向计算机与激光时代，它加速了汉字数字化、信息化、智能化的进程。

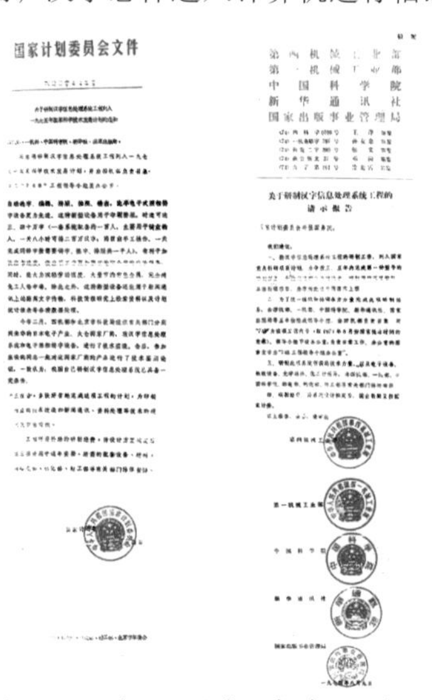
国家计划委员会文件

第四机械工业部
第一机械工业部
中国科学院
新华通讯社
国家出版事业管理局

关于研制汉字信息处理系统工程的请示报告

图 10-38　电子工业部、机械工业部、中国科学院、新华社、国家出版局联合发起的“关于研制汉字信息处理系统工程的请示报告”

二、多方合作、反复试验

1975 年，北京大学承接了“748 工程”的汉字精密照排项目。1976 年，北京大学王选教授做出越过当时国际流行的第二代、第三代照排机，直接研制第四代激光照排系统的大胆决策。同年 12 月，王选写出了“748 工程汉字精密照排系统方案说明”，此后他设计的激光照排控制器，成为汉字激光照排系统的核心。

1980 年，汉字激光照排系统排出第一本汉字图书的样书——《伍豪之剑》。1981 年，王选主持研制的我国第一台计算机激光汉字照排系统原理性样机（华光Ⅰ型）通过部级鉴定。1980 年 10 月 25 日，邓小平同志在北大递交的报告上批示：“应加支持。”

1980 年 2 月，时任国家进出口委员会副主任的江泽民同志旗帜鲜明地支持我国自主开发的汉字激光照排系统，给国务院几位副总理写下了四页亲笔信。1982 年 12 月，全国出版工作会议在北京召开，形成了为迅速改变我国印刷技术落后状况而努力的发展纲要。1983 年 6 月，党中央、国务院在《关于加强出版工作决定》中明确指出：“必须在今后若干年内，有计划地对印刷工业进行技术改造和体制改革。”

“748 工程”不是一项纯技术研究，最终要将技术成果转化为产品，所以必须进行中间性试验。新华社承担了这个任务，建立了我国第一个激光照排试验车间。1985 年 1 月 5 日正式试排 8 开《前进报》，1 月 8 日开始试排 16 开《新华社新闻稿》。经过长期试用和不断改进，系统日趋稳定、完善。最终证明了我国自行设计、制造的激光照排系统在硬软件方面是成功的，为报版印刷奠定了基础。

1985 年，华光Ⅱ型系统通过国家鉴定，在新华社投入运行，每日排印《新华社新闻稿》。该照排系统被评为 1985 年中国十大科技成就之一。

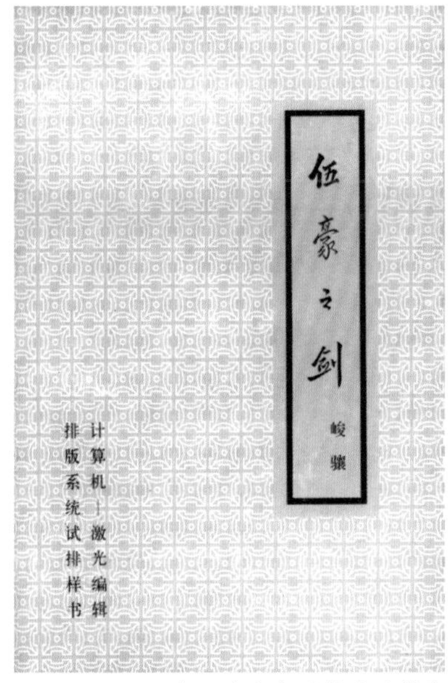

图 10-39　1980 年汉字激光照排系统排出的第一本汉字图书的样书

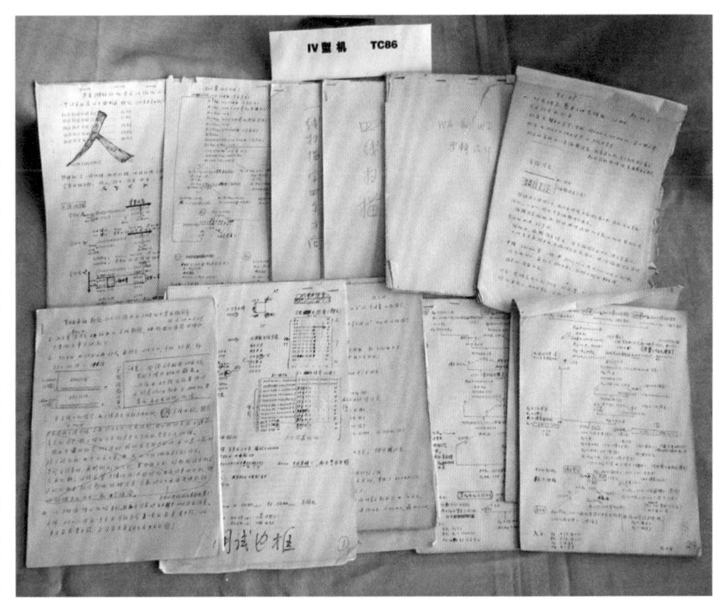

图 10-40　王选手稿

三、告别“铅与火”，迎来“光与电”

1986 年，华光III型系统问世，是我国第一个实用科技排版系统，获首届全国发明展览会奖，并于 1986 年获得第 14 届日内瓦发明展览会金奖。1987 年，“高分辨率字形在计算机中的压缩表示”技术获得欧洲专利。

1987 年，《经济日报》率先购进华光III型照排系统，诞生了世界上第一张采用计算机组版、整版输出的中文报纸。同年，华光IV型系统研制成功，该系统获国家科技进步一等奖。中国传统出版印刷行业从此“告别铅与火，迎来光与电”。这是印刷术发展史上的第三个里程碑。

1988 年，华光 IV 型投入批量生产。1992 年，北大计算机研究所研制成功方正彩色出版系统，并在《澳门日报》投入使用，诞生了世界上首次实现彩色图片与中文合一处理和输出的中文彩色报纸。引发我国报业和出版印刷业的彩色技术革新。同年，研制成功远程传版新技术，通过卫星以页面描述语言形式远程传送报纸版面，被人民日报社首家采用，实现了报纸的异地同步高质量印刷，使我国报业实现了告别传真机的技术革新。1993 年，北京大学研制出世界上第一个基于 PostScript Level 2 的栅格图像处理器。国产电子出版系统迅速进入海外华人报业市场。1994 年，《深圳晚报》首家采用新闻采编流程计算机管理系统，引发了国内报业“告别纸和笔”的技术革新。

至 1993 年，国内 99% 的报社和 90% 以上的黑白书刊采用了国产激光照排系统，延续上百年的中国传统出版印刷行业得到彻底改造。1995 年，北大计算机研究所与北大方正共同成立方正技术研究院，王选任院长，实

经济日报

ECONOMIC DAILY

金日成主席抵京对我国进行正式友好访问

赵紫阳李先念在人民大会堂举行盛大宴会

改革开放，使上海步入生机盎然的发展时期

承包经营责任制 应当在利改税基础上进行

今日论坛

美国总统里根会见杨尚昆副主席

昨日大兴安岭火情

西部林火卷向内蒙古林区

还我耕地 保我良田

一笔触目惊心的土地帐

刹歪风必须抓干部

“引进”与责任制

湖北应城吞噬耕地851亩

图 10-41 1987 年 5 月 22 日经济日报社用激光照排排印出的第一张报纸

图 10-42 经济日报社的最后一块铅版

Europäisches Patentamt | European Patent Office | Office européen des brevets

URKUNDE

Es wird hiermit bescheinigt, daß für die in der beigefügten Patentschrift beschriebene Erfindung ein europäisches Patent für die in der Patentschrift bezeichneten Vertragsstaaten erteilt worden ist.

CERTIFICATE

It is hereby certified that a European patent has been granted in respect of the invention described in the annexed patent specification for the Contracting States designated in the specification.

CERTIFICAT

Il est certifié qu'un brevet européen a été délivré pour l'invention décrite dans le fascicule de brevet ci-joint, pour les Etats contractants désignés dans le fascicule de brevet.

Europäisches Patent Nr.:
European patent No.:
Brevet européen n°: 0095536

Patentinhaber:
Proprietor of the patent:
Titulaire du brevet:

Zhang, Song Zhi
Room 1202-1211 Wu Sang House 655 Nathan Road
Kowloon/HK

Wang, Xuan
Room 1202-1211 Wu Sang House 655 Nathan Road
Kowloon/HK

Wong, Kam Fu
Room 1202-1211 Wu Sang House 655 Nathan Road
Kowloon/HK

München, den
Munich,
Fait à Munich, le 18.03.87

Generaldirektion 2 – Formalprüfungsstelle
Directorate-General 2 – Formalities Section
Direction générale 2 – Section des formalités

EPA/EPO/OEB Form 2031 03.83

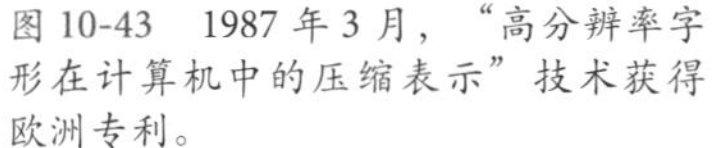

图 10-43　1987 年 3 月，“高分辨率字形在计算机中的压缩表示”技术获得欧洲专利。

图 10-44　1992 年 1 月 27 日出版的世界上首次实现彩色图片与中文合一处理和输出的中文彩色报纸

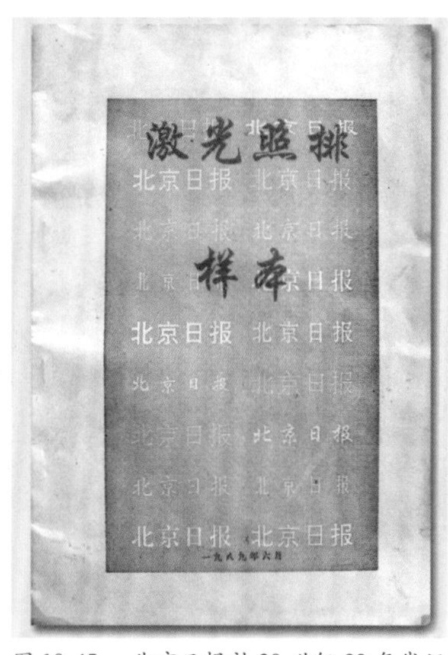

图 10-45　北京日报社 20 世纪 80 年代汉字激光照排样本

现了产学研一体化。目前，方正集团已经发展成为国内外知名的 IT 和印刷技术结合的高科技企业。

1993 年，方正第六代产品——方正 93 系统，在香港《明报》的竞标中一举中标，由此迅速进入港澳台地区。此后，方正系统又进入马来西亚的《光华日报》、《南洋商报》以及美国《世界日报》等华文出版业，时年，方正系统占据海外 80% 的华文报业市场。

图 10-46　王选主持研制的我国第一台计算机激光汉字照排系统华光激光照排机

图 10-47　北大方正集团与日本株式会社签约出口自主知识产权

1997 年，方正日文出版系统正式出口日本，这是中国企业第一次较大规模地将拥有自主知识产权和自有产品品牌的高科技应用软件出口到发达国家。

方正系统使得整个华文世界享用汉字激光照排技术，将中国激光照排技术推向世界，让中华文明绽放出巨大的光芒。

四、王选与汉字信息处理技术

王选（1937—2006），出生于上海，1958 年毕业于北京大学。历任北京大学计算机研究所讲师、副教授、教授、博士生导师，副所长、所长，文字信息处理国家重点实验室主任，1991 年当选中国科学院学部委员，1994 年当选中国工程院院士，1995 年后担任九三学社中央副主席，2003 年当选为第十届全国政协副主席。

图 10-48　王选院士照片。陈堃銶女士提供。

作为汉字激光照排系统的创始人和技术负责人，王选是一位少有的能把创新技术与市场需求完美地结合在一起的有市场头脑的科学家。1975 年，王选开始主持我国计算机激光汉字照排系统和以后的电子出版系统的研究

国家最高科学技术奖

证　书

王　选　荣获国家最高科学技术奖，特颁发此证书。

中华人民共和国主席

2002年2月1日

证书号：2001-ZG-01

图 10-49　2002 年王选获国家最高科学技术奖

开发。王选在做了大量的调查研究后，开创性地研制出当时国外尚无商品的第四代激光照排系统。针对汉字印刷的特点和难点，王选发明了高分辨率字形的高倍率信息压缩技术（压缩倍率达到500:1）和高速复原方法，率先设计出提高字形复原速度的专用芯片，在世界上首次使用控制信息（参数）描述笔画的宽度、拐角形状等特征，以保证字形变小和放大后的笔画匀称和宽度一致。王选获得了一项欧洲专利和八项中国专利。这些成果的产业化和应用，取代了我国沿用上百年的铅字印刷，推动了整个中文印刷出版业的发展。

图 10-50　王选与夫人陈堃銶教授在工作中

第四节 数字印刷技术的日渐成熟和广泛应用

随着社会的发展，信息对人类越来越重要，已经变成了必不可少的生活要素。随着信息传播技术向多媒体、跨媒体发展，印刷技术也在飞速地发展，印刷已经成为现代信息传播技术的重要组成部分。数码印刷技术在近几年如雨后春笋般茁壮成长，令业内人士刮目相看。它不仅对传统印刷产生了巨大的冲击，更给出版业、信息业和通信业带来了新的革命。

1993年，Indigo和Xeikon公司推出了世界上第一款数码彩色印刷机，标志着数码彩印的诞生。此后，数码印刷技术取得了飞速的发展，如今数码印刷技术成为一种潮流。

一、 数字印前技术的发展

我国自20世纪80年代以来，数字化印前技术经历了以电子分色机和照排机为代表的CEPS技术、CTF（Computer to Film）彩色桌面出版系统、CTP（Computer to Plate）计算机直接制版印前系统三个发展阶段。

（一） 彩色桌面出版系统（CTF ）

彩色桌面出版系统，是20世纪80年代推出的新型印前处理系统。彩色桌面出版系统由图文输入部分、图文处理部分、图文输出部分三大部分

图10-51 进口喷墨数码印刷机

图 10-52 彩色桌面出版系统

组成。图文输入部分包括扫描仪、数字照相机、计算机等设备。图文处理部分主要由计算机及图像处理类软件组成。1994 年，北大方正高档彩色桌面出版系统，质量可与电分机相媲美，从而进入了画刊、彩色杂志领域，引发了印刷业告别电分机的彩色出版技术革新。

（二） 计算机直接制版（CTP）

在 20 世纪 90 年代中期，印前技术进入 CTP 时代。CTP 应用从 2005 年开始在国内迅速增长，这一技术被视为印刷业迈向数字化进程的关键技术。

图 10-53 国产 CTP 制版机

2007 年 10 月，北大方正推出了拥有自主品牌的雕龙 CTP，为国内印刷企业提供了优秀的 CTP 解决方案。

CTP 系统软件、硬件的研发已作为中国印刷出版事业的一个发展方向，被列入了国家“十一五”规划的重点科技项目之中，是典型的高科技、高成长、高回报的技术密集型产业。计算机直接制版技术使得印刷过程不再需要输出胶片，从而缩短了工作时间，提高了生产效率；还由于取消了胶片，而提高了套准精确度；CTP 技术的网点再现范围宽，能够实现由 1%~99% 网点的输出，提高了印刷质量，还顺应了当代环保的要求。目前，我国直接制版机以及其版材处于进口（外企）、本土化生产、引进技术的国内企业生产和基于自主研发的国内企业生产并存的状况。从趋势上来看，国内企业生产将成为主导。

（三） 数字打样系统

数字打样，就是在电子出版中将印前处理系统中的数字页面直接输出成彩色样张的一种打样技术。数码打样系统硬件由数字印前系统和彩色硬拷贝设备（如静电照相、喷墨、染料热升化、热蜡转移等等）组成，色彩管理系统是关键的软件技术，保证颜色的准确再现。打样系统和印刷系统的色域往往不同，色彩管理是实现“所见即所得”的关键。

数码打样技术的核心是色彩管理技术。只有使用适当的色彩管理系统才能统一印刷全程中显示器、打样机、印刷机和各种设备的颜色再现特性，保证印刷全程的色彩统一。在国内，数字打样已经得到广泛认同。目前数码打样在凹印领域已经得到普及。随着近年计算机直接制版（CTP）的发展，数码打样已经呈现出取代传统打样的趋势。

图 10-54　大幅面数码打样机

二、 数字印刷的发展

数字印刷技术从20世纪90年代初推出进入市场以来，质量和适应性不断提高。

从技术上看，基于静电照相的数字印刷机仍是市场的主流，无论是生产商数量，还是用户的装机量，其都扮演着最重要的角色，且增长迅速。但数码印刷机市场也不再是激光型数码印刷机独霸天下，柯达万印和赛天使两家公司生产的喷墨型数码印刷机装机量增长迅速，采用磁成像技术的数码印刷机业开始在中国销售。而且业内基本已形成一个共识：喷墨技术会成为未来数码印刷技术发展的主要方向。喷墨印刷已经在大幅面喷绘领域中得到广泛应用，近几年内，喷墨印刷还将在高速可变数据印刷，以及短版及个性化标签、包装等印刷中得到迅速应用。随着喷头和墨水技术的进一步发展，喷墨印刷将在更多领域挑战传统印刷方式，将成为胶印、网印、凸印、凹印四大印刷方式之外的又一主流印刷方式。

图 10-55　2002年出版的《数码印刷》杂志创刊号

从速度上看，在高速单张纸数码印刷机领域，黑白印刷的速度已超过100页／分钟，最高达到840页／分钟；彩色印刷的速度为30页／分钟~133页／分钟。特别是喷墨型数码印刷机速度可以更高，同时印刷幅面也可以更大。④

图 10-56　数码印刷个性服务受青睐

从质量上看，数码印刷已经接近或达到了中高档胶印的质量水平，某些机型在色彩、色域方面甚至还要优于胶印。而且，数码印刷设备供应商也越来越重视配套的印后加工设备，并提供整体解决方案。从成本方面来看，一方面，数码印刷设备价格还是低于传统印刷机的价格；另一方面，数码印刷的生产成本在逐渐降低，例如黑白数码印刷的单张生产成本，2008 年仅是 1997 年的 1/10，而且还在不断下降。

数码印刷在其短短 15 年的发展历程中取得的成绩是非常喜人的。虽然我国的数码印刷紧跟国际数码印刷市场的发展，但在总体技术水平上距离世界先进水平还有较大差距。国内数码印刷市场上的设备绝大多数都是国外品牌。国内印刷业领头企业北大方正虽然在 2003 年就开始涉足数码印刷市场，自主研发了全球领先的数码印刷系统并取得了不菲的销售业绩，但目前其所有的硬件设备全部为 OEM（协作生产），不能够独立生产数码印刷机。因此，中国的数码印刷技术还有很大的发展空间。

三、 数字印刷的应用

伴随着数码印刷技术的成熟，数码印刷市场正快速成长。中国的数码印刷市场由于起点低，增长率更高。2003 年，中国数码印刷市场总产值的增长率超过了 100%，并且近几年还在持续高速增长。

（一） 按需印刷

按需印刷（Print On Demand），简称为 POD，它以个性化、定制化而著称，也常被称为“个性化”印刷。它能充分满足网络化、多样化、个性化印刷的要求。按需印图是指根据个人要求定制个性化的图集、画册、台历、挂历等，现在的数码快印店的个人业务中，很大部分属于这一类产

B12 2006.8.14 话题 上海星期三

个性印书 你准备好了吗?

近日，沪上一家名为“超印速”的网站打出“我的书、我作主”的口号，以“意想不到的低廉价格”、“专业团队的技术支持”、“优质快捷的制作速度”、“专业水准的图书制作”、“个性设计的完美作品”等一系列吸引眼球的广告语告诉人们——个人印书不再是梦想。

本报记者 金珏/文

一本起印 随心所欲

记者在电脑前敲击了 www.mrprint.cn 的地址，“超印速网站”的页面跃然眼前。网站首页最醒目的一行字是“印书，不再是梦

本书起码需要几万元，而且动辄洋洋洒洒印上几千本，很有可能造成滞销积压，而在超印速，印一本书却只要几十块，需要多少印多少，既经济又不浪费资源。”龚鸣说。

个性印书 不买不卖

记者发觉，“超印速”印刷的书籍，从外观看，与正规出版社的出版物几乎没有不同，除了没有出版社名称和价格。

学林出版社总编辑王界云表示：“个性化印书实际上不能划分在出版物的范围之内，因为它没有书号，不属于政府批准的正规出版物，因此也不能在新华书店之类的地方进行买卖。”我国的规定和欧美国家不同，在西方国家，个人想出书，很容易能申请到书号，甚至私人还能以个人名义注册成立出版社。在我国的台湾地区和香港地区，出书也比内地来得容易。王界云告诉记者：“我国法律对如何界定出版有明文规定。以前，什么地方要印些东西，哪怕只是

图 10-57 《个性印书 你准备好了吗？》

图 10-58　数码印刷品个性化小台历

品。按需制卡也属于按需商业印刷，数码印刷个性化制卡也是其特有的优势，这一点在我国第二代身份证的制作上已经得到了充分的印证。实际上，在今天这个用卡量大的时代，个性化的卡片需求量还是非常大的，如个性化信用卡（已有银行推出表面可印刷个性化图案的信用卡），印有个人照片的员工卡、门卡等等。按需印书是目前国际出版界谈论最多的话题之一，它既能满足读者喜欢阅读纸介质图书的习惯，也使出版者和书店增加了新的营销方式，同时也可以减少库存。按需出版是一种全新的出版模式，它突破了传统模式的印量限制，重新组合出版流程中的编、印、发各个环节，打破了传统印刷出版的分工模式，出版商直接以多种媒介面向读者。

（二）　可变数据印刷

传统的印刷不允许印刷可变的信息。使用传统的印刷，通过印前工作处理进行制版，然后再上印刷机上印刷，最终印刷出成千上万张看起来完全一样的印刷品。我们可以说这种信息是静态的（不可改变），而且页面也是静态的（不可改变）。

数据库技术、联机在线技术和数字印刷技术现在的发展为可变印刷建立了坚实的基础。数码印刷市场对可变数据印刷的需求越来越多，可变数据印刷的应用范围也逐渐拓展到直邮、彩票印刷、收费明细、商标印刷等领域。依靠数据库技术、在线联机技术和数字印刷技术，每种印刷品都能

图 10-59　可变数据印刷账单

具有很高的个性化，这使可变印刷成为一种有针对性的推销工具。因为直接推销以及效率与接受程度的增长，可变印刷这种增值工具将保持不断增长的势头，并产生更多的收益机会。

（三） 艺术品复制

艺术品复制是由传统业务派生出来的，它与传统业务的开发和传统业务的范畴息息相关。艺术品仿真数码印刷主要是将艺术品的色彩逼真地再现在涂布宣纸、丝绢和油画布上。采用数码印刷技术进行艺术品高仿真复制离不开色彩管理，色彩管理是高仿真复制的关键和核心。现代色彩管理技术是以色彩空间变化为核心的色彩控制技术，它通过色彩空间转换来实现色彩逼真地再现。

当前 ICC 色彩管理和艺术微喷印刷的出现，为现代色彩的准确传递和控制，为艺术品高仿真复制提供了新的途径。北京故宫博物院、上海博物馆等都采用大幅面喷墨打印机进行艺术品复制，使许多艺术品按原作仿真得非常逼真，几乎可以假乱真。

（四） 直邮商函印刷

在使用数码印刷技术印刷直邮印品时，厂商可以采用可变数据印刷印上邮递客户公司的标志、联系信息和收件人信息与附加信息，例如条形码，

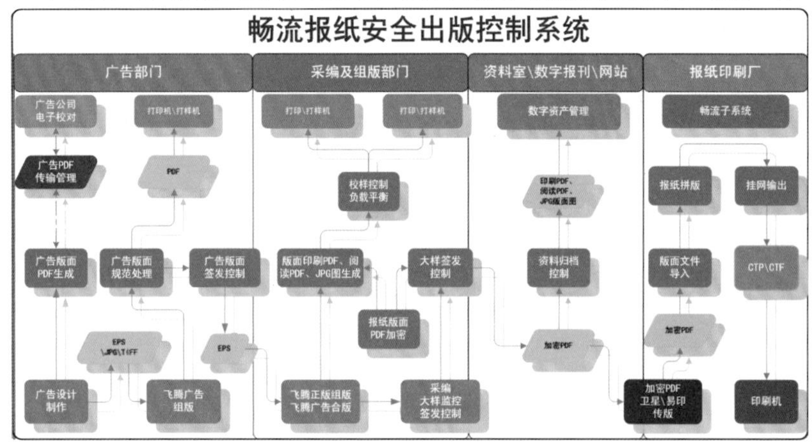

图10-60 方正畅流报纸安全出版数字化系统流程图

以提高安全性。调查表明，一般直邮会有 2% 的反馈率。随着可变数据和个性化市场的发展，如今有了可以一张起印的数码印刷技术和可变数据软件，直邮商函可以实现从内到外的个性化，不仅名址可以不同，直邮商函的内容、画面也可以因人的年龄、性别、收入水平、兴趣爱好而异，从而拉近与客户的距离。为商家提供全新增值的宣传推广解决方案。其反馈率一般会高达 8%~10%，相当于反馈率提高了 3 倍 ~4 倍。其优势是显而易见的，这样的直邮得到了客户的更多注意。

因此，作为数码印刷所擅长的应用领域，直邮必将成为印刷企业新的业务增长点。

图 10-61　中华商务数码印刷品《中帑水墨》获得美国 Benny 金奖

图 10-62　数码印刷品《中帑水墨》样张

四、 数字出版

计算机信息技术的发展，网络传播不仅实现了图书报刊的数字化，同时还为人们带来了主流媒体的全新体验。电子出版物在新出版时代中开始占据重要的地位。

自 1993 年初我国第一张 CD-ROM 光盘产生，电子出版物在我国兴起已有十多年的历程，开发制作水平有了很大提高，选题范围越来越广，从

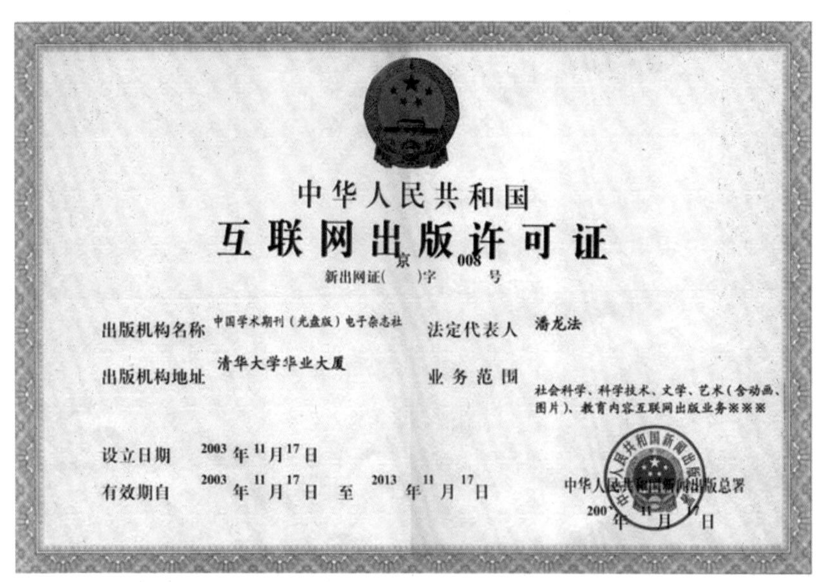

中华人民共和国

互联网出版许可证

新出网证（京）字008号

出版机构名称 中国学术期刊（光盘版）电子杂志社　法定代表人 潘龙法

出版机构地址 清华大学华业大厦　业务范围 社会科学、科学技术、文学、艺术（含动画、图片）、教育内容互联网出版业务※※※

设立日期 2003年11月17日

有效期自 2003年11月17日至2013年11月17日

中华人民共和国新闻出版总署

200?年11月17日

图 10-63　中华人民共和国新闻出版总署颁发的互联网出版许可证

文化类到科技类，从游戏类到教育类；制作形式也多种多样，有多媒体节目，有全文检索数据库，也有软件。

在国内，随着网络和手机普及率的持续提升以及3G时代的到来，数字产品阅读率迅速增长，网络阅读、手机阅读等多种阅读形式正被越来越多的民众所接受，数字出版产业规模不断扩大。《国家“十一五”时期文化发展规划纲要》明确指出，要“大力发展以数字化内容、数字化生产和网络化传播为主要特征的新兴文化产业”。

事实上，国内一些有实力、有远见的出版集团为赢得未来发展空间，早已把数字出版作为迅速提升整体实力和竞争力、关系到未来生存与发展的战略任务来看待，开始向数字出版领域进军。上海世纪出版集团、辽宁出版集团等先行者经过多年实践，已经取得了具有借鉴意义的经验。

根据中国出版科学研究所《2007—2008中国数字出版产业年度报告》的统计，2007年，我国数字出版产业整体收入超过360亿元，比2006年的200亿元增长了80%。其中，互联网期刊和多媒体网络互动期刊收入7.6亿元，电子图书收入2亿元，数字报纸（含网络报和手机报）收入10亿元，博客收入9.75亿元，在线音乐收入1.52亿元，手机出版（含手机彩铃、手机铃声、手机游戏、手机动漫）收入150亿元，网络游戏收入105.7亿元，互联网广告收入75.6亿元。到2008年，我国数字出版产业的整体收入规模达到530亿元，比2006年增长168%，比2007年增长47%。

第五节 印刷设备及器材

印刷器材与印刷设备是印刷工业的重要组成部分，是印刷工业的基础。当代印刷器材种类繁多，主要有铅活字及材料、各种版材、制版感光材料、书籍装帧材料、印刷纸张和纸板、印刷油墨，以及各种合成材料等。印刷设备，包括各种制版机器、印刷机和印后加工机器等。

一、印刷器材

（一）铅活字及字模

20 世纪 80 年代以前，我国书、报、刊的排版主要是铅活字。20 世纪 50 年代初期，铅活字字体很不规范，规格极不统一。为此，1958 年，文化部出版局发布了《关于活字及字模规格化的决定》，为字模企业生产标准化创造了条件。至 1980 年，我国已建成北京、上海和丹江三大字模厂，拥有设备 463 台，职工 1084 人，字模年产量最高达 3457 万只。各民族文字字模和外文字模都基本能满足需要。在这期间，还组织设计了宋体、楷体、黑体、仿宋等常用字体，和隶书、魏碑等新型字体。20 世纪 80 年代以后，随着计算机排版的推广应用，字模及铸字行业逐步退出历史舞台。

图 10-64 铅活字

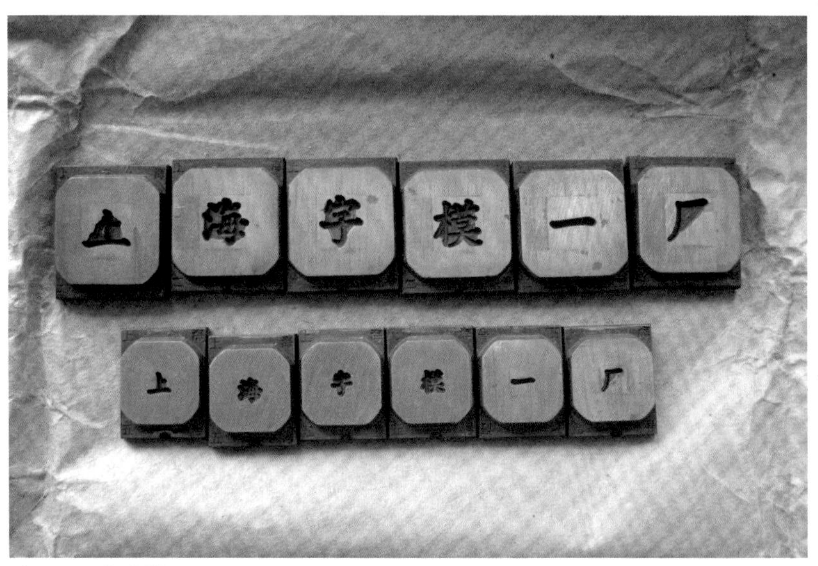

图 10-65　铜字模

（二）纸和纸板

通常人们把纸和纸板的消费量作为一个国家和地区印刷业发达与否的标志之一。

1949 年，我国纸及纸板产量仅有 10.8 万吨。1980 年，全国纸和纸板产量为 534 万吨，其中新闻纸只有 38 万吨。2007 年，全国约 3500 家造纸企业，产量达 7350 万吨（在世界名列第二），其中新闻纸产量达 450 万吨。进口 401 万吨，出口 461 万吨，首次出现出口大于进口的情况。我国人均纸张消费量达 59 千克。

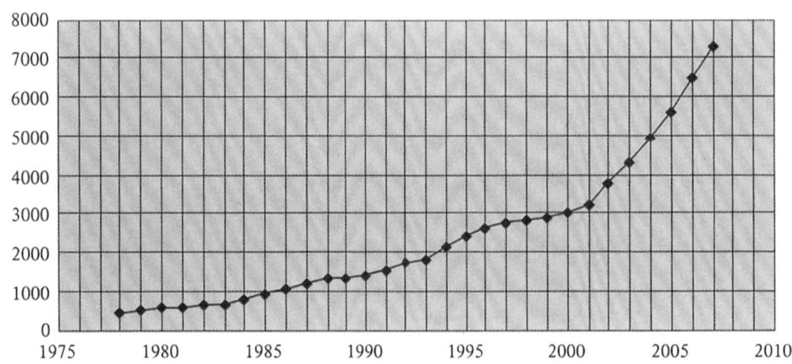

图 10-66　近 30 年来我国纸和纸板产量变化图（单位：万吨）

（三）胶印版材

20 世纪 80 年代以前，我国印刷用版材的质量和数量均不能满足胶印业需求，大量使用的是即涂版，如蛋白版、PVA 版、多层金属版等。发展当时国外已经工业化的 PS 版是当务之急。我国 20 世纪 70 年代末期开始研制 PS 版，至 80 年代中、后期，PS 版在我国开始形成规模化生产。20 世纪 90 年代末至现在是版材的高速发展期。

图 10-67 乐凯集团华光 PS 版

近年来，随着 CTP 技术的兴起，胶印版材又增加了 CTP 版材。今后，CTP 版材的使用量将逐步提高。

目前我国已经成为世界上胶印版材的第一生产和消费大国，进口数量大幅度降低，出口数量大幅度提高。2007 年，我国印刷胶片产量达 1300 万平方米。

（四）油墨

1949 年，我国油墨行业第一家国营企业——国营五四五厂（今天津油墨公司）正式建立。1950 年国家禁止油墨进口，使油墨工业得到了恢复和发展。

改革开放初期，我国有近 22 家油墨厂。1980 年，全国油墨的年产量只有 2 万吨，高档油墨全部依赖进口。现在，伴随着我国印刷业高速发展涌现出来的印刷产业带，聚集着大批上规模的油墨生产企业，其中不乏天津东洋、天津天女、上海牡丹、上海 DIC、上海泗联、杭州杭华、浙江永在、深圳深日等这些大型骨干企业。当前，我国油墨工业基本上形成了国有及

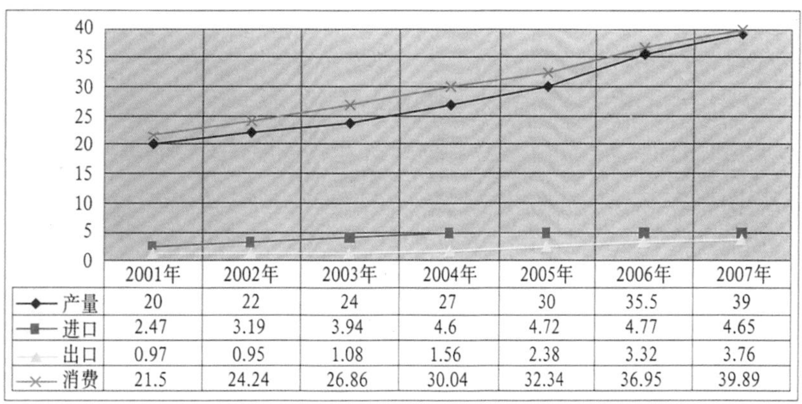

	2001年	2002年	2003年	2004年	2005年	2006年	2007年
产量	20	22	24	27	30	35.5	39
进口	2.47	3.19	3.94	4.6	4.72	4.77	4.65
出口	0.97	0.95	1.08	1.56	2.38	3.32	3.76
消费	21.5	24.24	26.86	30.04	32.34	36.95	39.89

图 10-68 近年来我国油墨生产、进出口、消费量图（单位：万吨）

国有控股企业、三资企业和集体企业及其他类型企业多种所有制经济共同发展的格局，但三资企业是当前我国油墨工业的主力军。2007 年，油墨产量达 37 万吨，产值达 183 亿元（其中胶印油墨占 60%），在世界排名第四。不少企业已能生产高档油墨，质量与国外同类产品相比品质较稳定。

除了上面三种主要器材之外，目前我国橡皮布生产能力已有百万平方米，除高档气垫橡皮布外，基本能满足国内需要。其他胶辊、电化铝、热熔胶等也都有新的发展。

我国已成为世界印刷器材制造和使用大国。

二、 印刷设备

印刷设备可分为：制版机械、印刷机械和印后加工机械。其中制版机械又可分为文字排版机械和图像制版机械。印刷机械可分为凸印、平印、凹印和孔版印刷机等。印后加工机械可分为书刊装订和包装加工等机械。进入当代以来，我国一方面努力发展民族印刷设备工业，一方面也引进当时国际上先进的印刷设备，使我国的印刷工业较快地赶上世界先进水平。

（一）制版机械

1. 文字排版机械

1950 年至 1990 年的 40 年间，我国的文字排版仍以铅活字版为主。其配套的机器有铸字机、铸条机、铸排机、字模雕刻机等。1950 年至 1958 年，国家充实了上海铸字机厂，新组建了咸阳铸字机厂，两厂生产的自动铸字机，已能满足国内的需求。1950 年至 1960 年，为了发展机械排版，我国的外文印刷厂曾引进国外的西文铸排机，其形式有条行式和单字式两种。我国的几家报社印刷厂还从日本引进了一批圆筒式汉字铸排机和平面式汉字铸排机。这种铸排机可先输入穿孔纸带，然后由纸带指令机器自动铸排。1985 年，我国也制成自动汉字铸排机。

图 10-69　1975 年上海生产汉字自动照相排字机

图 10-70　1985 年北京市印刷机械厂生产通用照相排字机

1958年，我国开始发展手动照相排版工艺。1974年起，采用两条腿走路的方式，一方面研制计算机照相排版设备，一方面推广技术成熟的手动式照排机。当时上海光学机械厂、北京印刷机修配厂、吉林光学机械厂都曾批量生产过手动照排机。与此同时，我国一些印刷厂还引进过少量的日本写研公司和森泽公司的手动照排机及CRT汉字照相系统。

2. 图像制版设备

无论是哪种印刷方式，其图像制版设备有些是共用的，主要有各种型号的制版照相机、电子分色机等。此外，凸版制版设备有铜锌版腐蚀机、金属版铣版机、感光树脂版及柔性版制版机等。我国都能制造这些设备。平版制版机械有用于即涂版工艺的感光液涂布机、磨版机、晒版机等。用于PS版的联合制版机等，用于凹版制版的有电子刻版机。进入1970年以来，电子分色工艺取代了传统的照相分色工艺，我国先后引进了千余台电子分色机，主要是日本和德国的产品。

20世纪70年代末到80年代初，我国印刷科学技术研究所也研制成电子分色机，20世纪90年代中叶到21世纪初研制生产过激光照排机。这两种国产图像制版设备并不是非常成功，仅仅达到中低档技术水平，市场占有率非常低。从21世纪初我国开始研发并生产直接制版机，尽管目前国产直接制版机与国际先进水平还有一定差距，但发展态势不错，前景看好。

（二）印刷机

新中国成立初期几年印刷机械行业得到了恢复和发展。我国已能生产多种型号的铅印机，上海中钢机器厂已能制造卷筒纸双面报刊铅印机，能够满足中小报纸的需要。在第一个五年计划期间，我国从东欧各国引进了自动续纸全张铅印机和自动对开胶印机。这些设备在当时都属于世界先进水平。经过十年的建设，我国已形成上海、北京、陕西、湖南四大印刷机制造厂，生产各种小型印刷机。通过技术改造和技术革新，到1965年，我

图10-71 1972年制造国产第一台全张双色胶印机

图 10-72　北京人民机器厂于 1986 年制造的第一台四色胶印机

国已能生产各种型号的印刷机，基本上能满足国内的需要。其中有的印刷机已达到很高的自动化程度，接近当时的世界先进水平。

1950 年至 1980 年，我国生产的有代表性的印刷机有：卷筒纸双面双色凸版印刷机、全张自动平台凸印机、全张圆压圆单色凸版印刷机、全张轮转凸版双面印刷机、四开一回转平台凸印机、对开单色自动胶印机、对开自动双色胶印机、全开单色凹印机、卷筒式四色凹印机、对开四色胶印机等。

改革开放以来，经过创业、发展、成长和壮大四个发展阶段，现在全国已有以北人集团、上海电气为代表的 500 家左右印刷机械制造企业。2007 年印刷设备产值 175 亿元，居世界第四名。1986 年和 1989 年，北人和上海人民机器厂开始生产单张纸四色胶印机，开辟了多色胶印机的新纪元。在印刷多色高效化的指导下，我国印刷机械有了很大发展，实现了从

图 10-73　国产 CBYA-81050H 电脑套色高速凹版印刷机

低档到中高档和由单色到多色的转变。设备品种基本齐全，性能质量有很大提高，可基本满足国内市场需要。其中少数大型企业通过引进国外技术或自主开发已生产出一批具有国际及国内先进水平的印刷机。我国单张纸胶印机的速度已达到15000张／时，达到国际水平。中型报纸卷筒纸胶印机的速度已达到75000张／时，达到国际先进水平。国际上先进实用的技术如墨色遥控、自动套准等大部分已在我国多色胶印机上实现。

与此同时，机组式、层叠式和卫星式窄幅柔性版印刷机，塑料、纸张、卷筒纸凹印机，丝网印刷机、表格机、标签印刷机等也都有很大发展，全国生产印刷机械达到35000多个品种（1982年只有230个品种）。行业中的强势企业还先后走出国门并积极参与国际市场的活动，中国印刷机制造业已跻身于世界印刷机械大国之列，受到了世人的广泛关注。近几年来，我国印刷设备的出口持续高速增长，2004年为2.74亿美元，2005年为3.8亿美元，2006年为5.31亿美元，2007年达6.14亿美元。出口额的增长使印刷机械保持了良好的发展势头。

2008年4月1日，中国名牌战略推进委员会将单张纸胶印机列入中国名牌产品评价目录中，可望在印刷行业实现有中国名牌产品的重大突破。

（三）印后加工设备

印后加工可分为书刊装订设备和商品包装装潢设备两大部分。

1950年至1965年，我国印后加工主要靠手工，只有少数重点企业进口了几条平装装订和精装骑马订生产线，印后加工的落后成为我国印后工业发展的瓶颈。1975年开始，印后装订从纯手工到单机，再到联动化、自动化、智能化、环保化、数字化的发展过程。在印后多样自动化的指导下，我国印后加工技术和综合能力有很大提高。我国是全世界装订方式最多的国家（共有13种方法）；是世界上装订从业人数最多的国家（占全国印刷从业人数1／3）；是世界上装订标准最完善的国家；是世界上装订书刊数量最多的国家（每年装订书刊约80亿册）。以北人、上海电气等为代表的

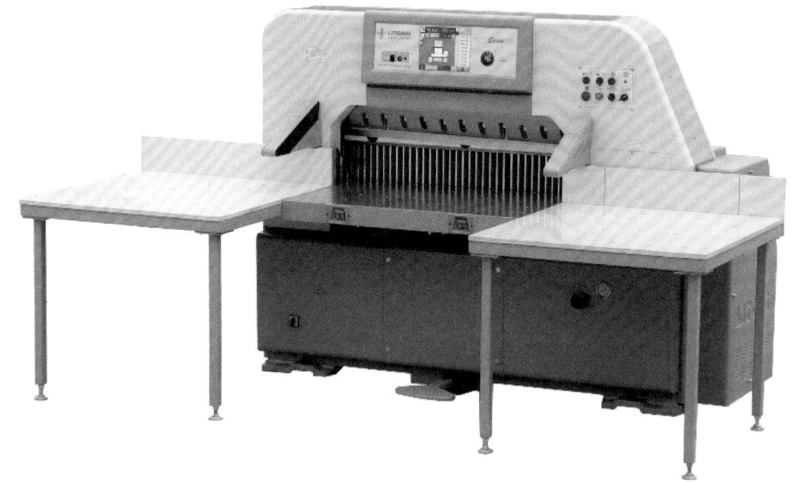

图10-74　德阳利通印刷机械公司生产的程控切纸机

图 10-75　北人集团生产的印后加工联动线

印后设备制造企业已能批量生产各种书刊装订设备，除精装联动线等高档产品外，完全可满足市场需要。有的企业在生产单机的基础上，已能自主生产无线胶订和骑马装订的印后联动线设备，可替代进口，成为国内印刷企业和国外在国内定点企业的主力设备。

在包装装潢的印后加工领域，我国除引进国外先进的模切纸和纸盒成型机外，从 1985 年起，我国印机厂已能生产全自动平压平模切机，烫金机已成为较大出口创汇的产品。为柔性版印刷机配套的圆压圆模切机组及圆模切滚筒的加工已批量生产，改变了多年依赖进口的局面。德阳利通印刷机械公司坚持自主创新，在我国切纸机标准滞后的情况下，向欧洲 CE 标准看齐，推出适合国情的安全性更高的程控切纸机，率先实现了切纸机制造技术的全自动化。

我国切纸机技术水平已接近国际先进水平，也列入了中国名牌产品的评价目录中。

其他表面装饰设备、报纸印后发行设备也有了新的发展。

印后加工设备正向着数字化、网络化、印刷一体化及联动化、多样化和自动化、高速化的方向发展。

第六节 各类印刷品的印刷

千百年来，人们一提到印刷，首先想到的就是印书。尽管书刊印刷只是印刷术在文化领域应用的一个方面，但书刊印刷无疑是整个印刷业的代表和标志。除了书籍、报纸等传统出版物外，随着市场经济的发展，商品大量涌现，大批包装印刷企业、广告印制企业雨后春笋般地出现，塑料印刷、织品印刷、金属印刷、名片印刷、贺卡印刷、请柬印刷、快件印刷、商业印刷、电路印刷等各种各样的印刷迅猛发展起来。

一、出版物的印刷

新中国成立后，中国共产党和人民政府十分重视出版物印刷的建设和发展。1949 年，中央政府设出版总署，负责管理全国书刊的出版、印刷、发行工作。1951 年 4 月举行第一次全国新华印刷厂工作会议，书刊印刷厂恢复到 304 家，共拥有铅印机 777 台。其中 12 家国营新华印刷厂拥有铅印机 128 台。

1951 年，在原来华北印刷厂的基础上扩建中央民族印刷厂，承印汉、蒙、藏、维、哈、鲜、满、彝 8 种文字的书刊印刷任务。随后，全国少数民族聚集的地区均建立了一定规模的少数民族文字印刷厂。

随着“748 工程”的启动，汉字信息处理技术的攻克，汉字激光照排

图 10-76　1980 年 6 月全国书刊印刷先进集体和个人代表会议在北京隆重举行

机的应用，使我国从落后的铅字排版一步跨进了世界最先进的技术领域，使得我国出版印刷业的发展历程缩短了将近半个世纪。

“十五”期间，随着出版物印刷市场的逐渐放开，我国出版物印刷市场实现了大幅增长。“十一五”开局之年的2006年，全国出版物印刷工业销售产值突飞猛增至780.42亿元，比2005年增长了12.7%，出版物印刷厂的利润总额实现35.71亿元，比2005年增长了17.21%；到2007年，全国出版物印刷工业销售产值继续上升至828.36亿元，比2006年增长了6.14%，出版物印刷厂的利润总额实现40.51亿元，比2006年增长了13.43%。随着人民精神文化需求日益旺盛和多样化的变化，彩印出版物的比例逐年递增，出版物产品结构正在向着高档产品发展。

20世纪50年代初，全国报纸仅有108家。从1950年到1959年，新创刊的报纸达436家，到1980年，中国省级以上的大型报纸印刷厂已达35家，职工近万人。20世纪80年代前5年，新创刊的报纸就达1008家，全国报纸总数达1776家。1995年底，报纸总数增至2089种，印刷总量达年359.62亿对开张。

截至2007年底，我国出书品种已由1977年的12886种增长到274376种，总印数达66亿册，市场经销图书达200万种。期刊生产由1977年的600余种、5.6亿册发展到年产9468种、30亿册。报纸生产由1977年的193种、

祖国大地
欣欣向荣
美术作品选
广阔天地新苗壮
人民日报
一九七四年一月一日 星期二
伟大的中国共产党万岁！
伟大的领袖毛主席万岁！
元旦献词
《人民日报》、《红旗》杂志、《解放军报》一九七四年元旦社论

图10-77　1974年1月1日《人民日报》，中国第一张彩色报纸。

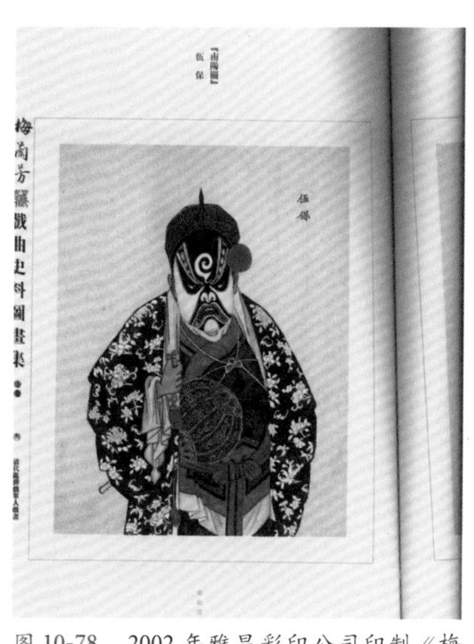

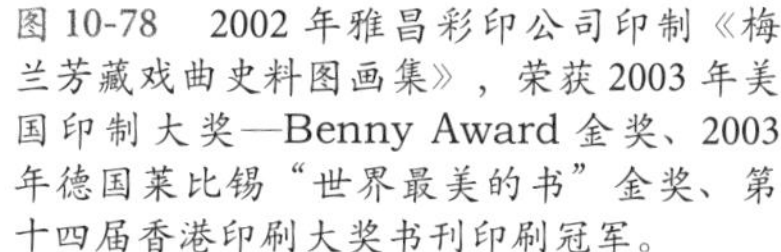

图 10-78　2002 年雅昌彩印公司印制《梅兰芳藏戏曲史料图画集》，荣获 2003 年美国印制大奖—Benny Award 金奖、2003 年德国莱比锡“世界最美的书”金奖、第十四届香港印刷大奖书刊印刷冠军。

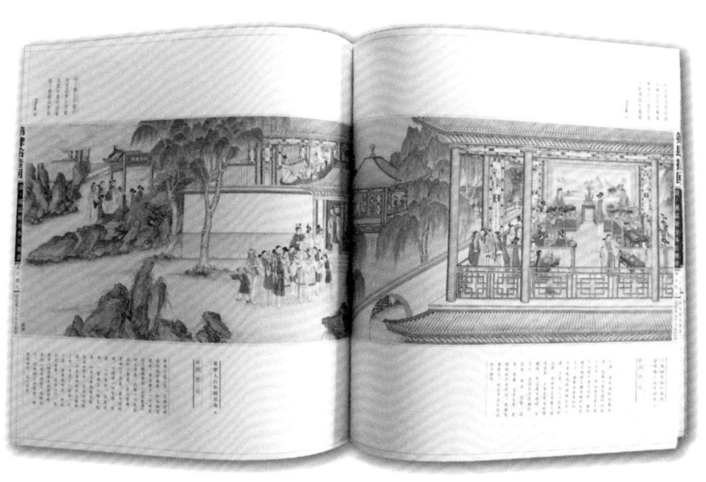

图 10-79　2004 年雅昌彩印公司印制的《红楼梦》，荣获美国印制大奖、香港最佳印制书籍奖等多项奖励。

123.7 亿份发展到年产 2081 种、438 亿多份。音像制品从 1978 年的 398 个品种发展到年产 3.37 万种。我国电子出版业起步于 1993 年，到 2006 年出版电子出版物已达 7207 种，发行量 1.6 亿张，电子图书达到 160 多万种。拥有自主知识产权的民族网络游戏产品已有 300 多种上市，远销 40 多个国家和地区。2007 年，全国书报刊和音像出版物定价总金额达到 1185 亿元；印刷产业工业总产值已经超过 4600 亿元，占国内生产总值的 2.02%，中国已经成为世界第三大印刷基地。经过几十年来的不断发展，我国出版传媒产业规模不断扩大，实力不断增强，出版传媒产业总产值直逼万亿，已经成为国民经济的重要组成部分，在促进文化积累和传承，推动经济和社会发展方面起到了重要的不可替代的作用。

近年，我国已开始实施“国家知识资源数据库”、“国家数字复合出版系统”、“国家动漫振兴工程”等国家重点工程，推动新闻出版业实现从传统方式向现代多种媒体共同发展的方向转变。截至 2006 年，我国数字出版产业整体规模已达到 200 亿元；计算机显示器、阅读器终端用户达到 1.3 亿，手机作为移动阅读器已成趋势；网上书店、以信息提供为主的网站蓬勃发展。截至 2007 年底，中国国产电子书总量达 40 万种，规模居全球第一；数字报业迅速发展，国内有 33 家传媒集团推出数字报纸。印刷业结束了“铅与火”，正在经历由“光与电”到“0 和 1”的历史性飞跃，实现数字印刷、数字出版、数字传播的历史性跨越为时不会太远。⑤

二、现代票证卡印刷

现代票证印刷是印刷业中一个特殊的应用领域，其主要产品是社会流通的特殊商品——纸币、表格、债券、支票、邮票、证件以及飞速发展的各种电磁票证。由于票证在社会政治、经济领域中具有的重要价值，票证印刷业一般都采用最为先进的印刷技术和工艺。

（一）纸币印刷

纸币是票证印刷的代表。1948 年 12 月 1 日成立了中国人民银行。当时，中国人民银行管辖的印钞、造币厂有 10 多家。

新中国成立初，印行了第一套人民币。共有 12 种面额，60 个票种。由于技术条件有限，以平版印刷为主，还有少量石印，只有在面额 1 万元以上才用平、凹印。从 1955 年 3 月起，我国印行了第二套人民币。印刷技术有了很大进步。除了分币用平印之外，角币正面使用凹印，背面使用平印，1 元以上钞票正背面都使用凹印。1956 年，中国人民银行与第一轻工业部合作，在河北建立了中国第一个钞票纸厂。第三套人民币从 1963 年开始投入生产，共印制 7 种面额，9 种版面，使用的纸张、油墨之性能，较之前两套有明显提高。特别是它使用中国自己设计制造的平凸版四色接线印刷机和三色凹版印钞机，印制品质达到较高的水平。1986 年 7 月，我国开始印制第四套人民币，并在设计思想、风格和印刷工艺上都有了一定的创新和突破。第五套人民币于 1999 年 10 月 1 日起发行。中国印钞造币总公司独立完成设计、雕刻、制版、纸张、印刷油墨、防伪与在线检测、机读及配套机具等全套技术。采用了固定花卉水印、红蓝彩色纤维、全息磁性开窗安全线、磁性缩微文字安全线、白水印、隐性面额数字、光变油墨、

图 10-80　北京印钞厂印制的第四套人民币

阴阳互补对印图案、横竖双色号码印刷等众多新的防伪技术，并将防伪技术充分地应用在了钞票的机读功能中，使第五套人民币的防伪技术达到国际先进水平。

（二）邮票印刷

新中国成立后，邮票印刷技术进步较快，邮票印刷数量增大，品种增多，质量显著提高。

图 10-81　1949 年印发的庆祝中国人民政治协商会议第一届全体会议邮票

1949 年至 1959 年，由于没有专业的邮票厂，当时中国的邮票就由北京、上海等地的几个印刷厂印制。如新中国第一套纪念邮票《庆祝中国人民政治协商会议第一届全体会议》，由上海商务印书馆胶版印制，于 1949 年发行，这是中华人民共和国印制邮票的开端。1959 年北京邮票厂建成，自 1960 年以后，即由该厂承担中国邮票印制任务。从建厂至 1980 年，邮票产量增加了近四倍，同年 7 月，在首次开展的全国最佳邮票评选活动中，该厂印制的《梅兰

图 10-82　北京邮票厂印制的《红楼梦——金陵十三钗》获 1981 年度最佳特种邮票奖

图 10-83　1994 年邮电部邮票印制局凹版印制邮票“太湖·包孕吴越”

图 10-84　邮票滚式打孔器

芳舞台艺术》、《黄山》等 25 套邮票获“最佳邮票奖”。

从 2002 年开始，中国邮政在全国范围内正式推出邮票个性化服务业务。邮票个性化服务业务从试办到正式开办，销售额已由最初的几百万元迅速上升到几千万元，2008 年受到奥运会、“神舟七号”升空等社会热点的拉动，邮票销售额更是超过 5 亿元，其中奥运会个性化邮票大约占 30% 的比例。随着数码印刷技术的进步，目前国内的个性化邮票业务，已经从原来的以大客户为主逐渐走入寻常百姓家。与传统的邮票印刷不同，个性化邮票的印刷时效性要求很高，所以从制版、流程工艺都要求快速和准确。

（三）商业票据印刷

改革开放以前，商业票据印刷应用十分有限，不能形成一个专门的技术和应用领域。我国自 20 世纪 40 年代开始采用单张纸凸版铅印的方式印制商业表格，60 年代以后开始逐步采用胶印印刷工艺。直到 90 年代前，我国主要还是采用单张纸凸版铅印商业表格，生产效率低，产品质量不高。改革开放以后，随着市场经济的发展和繁荣，商业票据印刷产值迅猛增长，现在已基本形成了自己的商业票据印刷设备生产体系。

商业票据包括商业活动中的各种表格纸，票据、证券、信息记录纸等，如支票、保险单、餐饮服务业发票、出租车票、福利彩票、邮政 POS 单、航空机票等。

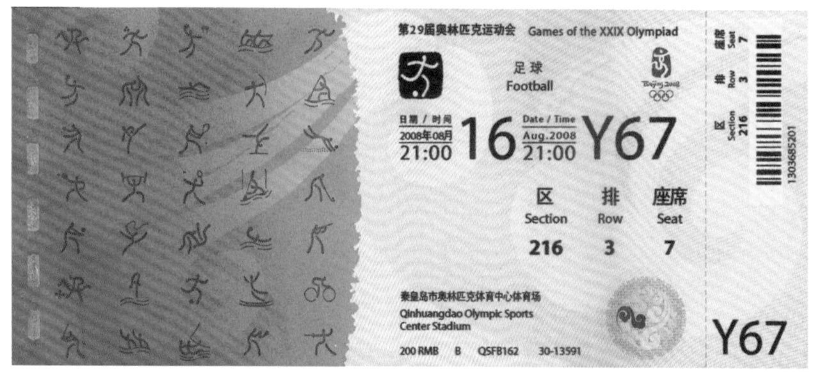

图 10-85　2008 年奥运会门票，此次北京奥运会门票集成了电子和物理等多重防伪技术，其中包括胶印缩微文字、动感全息开窗安全线、全息脱铝防伪技术等。

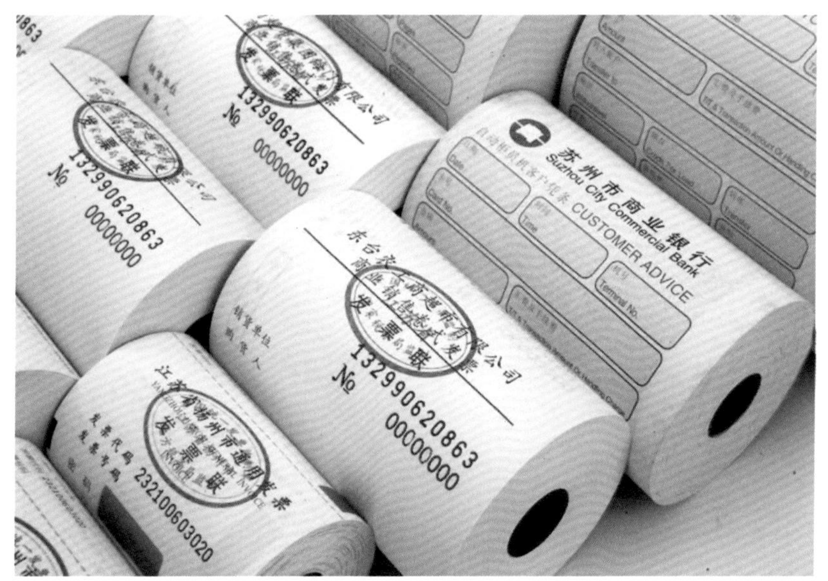

图 10-86　商业票据印刷品

从 2002 年 8 月 1 日开始，北京市开始推行使用的北京地方税务新版发票，以及从 2002 年 10 月 1 日开始推行的全国税务新版发票，这给商业票据印刷带来了新的商机。

随着票据印刷行业的不断发展，商业票据对可变信息及个性化信息的要求会更高，票据的印制工艺也越来越复杂，采用了胶印、凸印、柔性版印刷、网印等各种印刷方式。票据上的可变信息如条码、二维码、个性化信息、中奖信息等也越来越普遍。而传统的印刷方式已经不能满足票据上可变信息的印刷，必须依靠数字技术来解决。

另外，随着社会的发展，服务水平的提高，在电信、银行、保险、公共事业等这些面对大量客户的服务行业，需要邮寄大量的商业信函给客户，导致账单打印和直邮商函成为近几年来我国商业票据市场高速发展的业务领域之一。

（四）证卡印刷

1993 年，随着以电子货币应用为重点的“金卡工程”在我国正式激活，这种具有智能性及便于携带的卡片迅速在我国普及和发展，为我国电子信息产业开辟了广阔的市场。

证卡印品一般分为六个品种：①普通 ID 卡——一种可作为身份识别用途的卡片，上面可带有使用者的照片。ID 卡被广泛应用于学生和雇员的识别卡、司机的驾照、各种贵宾卡、会员卡等。②条形码卡——利用国际标准的黑白条形纹存储大量的信息资料，最早使用于包装标识、书刊、邮件等方面，能够快速、近距离读出。③磁（条）卡——磁（条）卡是在卡式证件的一面特定位置上，贴上具有存储信息功能的磁带、签字条，进行全息图的标识，打印凸码后所制成的卡，具有身份识别的功能。④接触式 IC 卡——接触式 IC 卡简称 IC 卡，证卡载体上镶嵌（或注塑）有 IC 芯片，

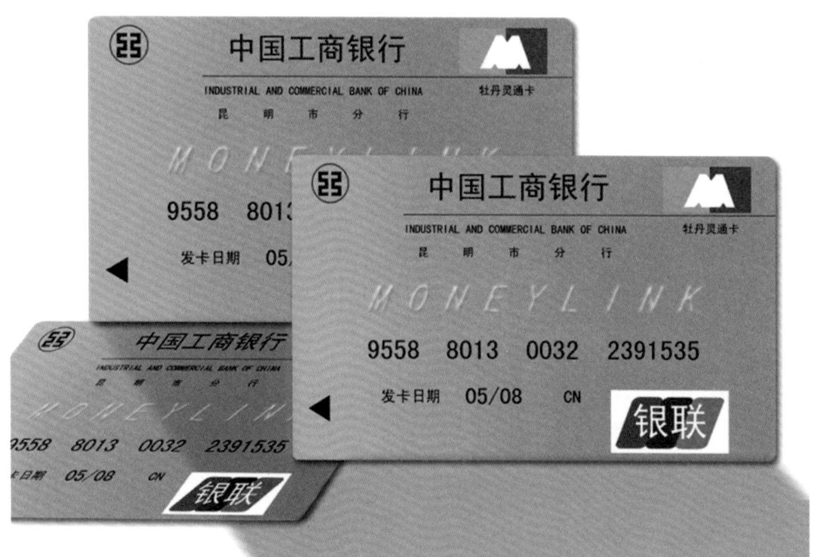

图 10-87 银行卡

具有存储或微处理器的功能，信息容量大。⑤非接触 IC 卡——非接触 IC 卡简称感应卡，读写方式，由电信号接触式读写，调整为无线感应式读写。⑥ RFID 卡——它含有一个埋于其内的 RFID 天线。其优点是 RFID 异频雷达收发仪可在任何地方，包括磁场内部被阅读器读出。

证卡印刷过去通常采用平版、凸版印刷，以及显影磁性潜像三种印刷方式。随着各种磁卡的普及，磁性印刷已开始采用凹印、网印、喷墨等多种印刷方式。此外，还有特种印刷，如用喷射方式形成磁性图像；非冲击装置高速印刷；磁性胶囊印刷及磁性层转印方式。

近年来，随着计算机科技及网络技术的发展，磁性印刷品在很多领域得到应用，如银行存折、支票、身份证、信用卡、电话卡、车船票及价目表等。各类证卡已经广泛应用于社会生活的方方面面，成为现代人的必备物品。仅已在全国推行的第二代居民身份证换证印制项目，就将产生 200 多亿元的产值。银行业也将用集成电路银行卡取代塑料磁条卡，至 2008 年上半年，银行卡发卡量已达 6.5 亿张，其中绝大部分是塑料磁条卡，因此仅银行卡换代产生的市场容量就十分惊人，更别说其他行业采用新型电子卡或磁条卡升级换代所产生的市场。随着我国社会信用体系的发育和完善，特别是 2008 年北京奥运会的成功举办，以及 2010 年上海世博会的举办，更是给证件、证卡印制业以及防伪技术的应用带来了前所未有的发展商机。

三、包装印刷

新中国成立后的前 20 年，包装印刷在整个印刷业中的比例还很小。企业规模小，设备条件差，产品档次低。全国的包装印刷企业，都是一些以凸印为主的小型印刷厂，设备是沿用几十年的圆盘和方箱机；后几年开始有了些自动的立式和卧式凸版印刷机，能印一些彩色图版包装产品，也

图 10-88 包装印刷品

开始建立专门的包装装潢印刷厂和包装装潢印刷公司。但这些较好的印刷机器和产品，仅集中在为数很少的几个大城市中，中小城市和乡镇中的包装印刷几乎还是空白。包装印刷的落后局面直接影响了我国外贸经济的发展，其关键就在于包装印刷工艺的落后。

在邓小平同志亲自关心下，伴随着改革开放的春风，我国包装工业开始作为一个独立的行业走上发展之路，并走在了改革开放的前列。1978 年，上海包装装潢工业公司成立。1979 年，上海凹凸彩印厂引进了德国海德堡高速四色胶印机，这是全国包装印刷行业中的第一台印刷机，为包装印刷工艺由凸印转向平印敲开了发展大门。

随着改革开放的不断深入，国有企业的改革，民营企业的发展，三资企业的引入，共同构成了群星璀璨的新局面。“包装印刷基地”、“包装印刷城”、“包装印刷产业园”犹如雨后春笋，在全国各地特别是沿海地区遍地开花。鹤山雅图仕印刷有限公司、深圳劲嘉彩印集团股份有限公司、上海界龙实业股份有限公司、中山中荣纸类印刷制品有限公司、鸿兴印刷(深圳有限公司）等一批年产值超 10 亿元的大型包装印刷企业快速崛起。

我国包装印刷业在国民经济高速发展的有力推动下，已连续多年以 10% ~20%的增长速度在发展，被誉为“朝阳产业”。2007 年产值达 1420 亿元，占全国印刷总产值的 32.3%，增速达到 14.2%。在总体上，包装印刷产品将向着软包装和塑料包装方向发展。

四、工业特种印刷

特种印刷从工艺技术的角度来讲通常是指印刷对象、印刷材料、印刷色料特殊的印刷工艺，例如近年来印刷界较流行的新型特种光泽印刷、香料印刷、多层标签印刷等。这里所指工业特种印刷是从印品的应用范围来区分的，专门介绍那些应用了印刷术的工业品领域。

工业印刷品的承印物一般情况下不包括纸、膜等常见材质，主要涵盖金属、木材、陶瓷、玻璃、皮革等特殊材质。当代，印刷术广泛地应用于工业领域的方方面面：电子仪器表、控制面板；建筑器材、装饰板、木材、玻璃、壁纸、天花板等；印染行业的纺织品、皮革制造的印刷；轻工业系

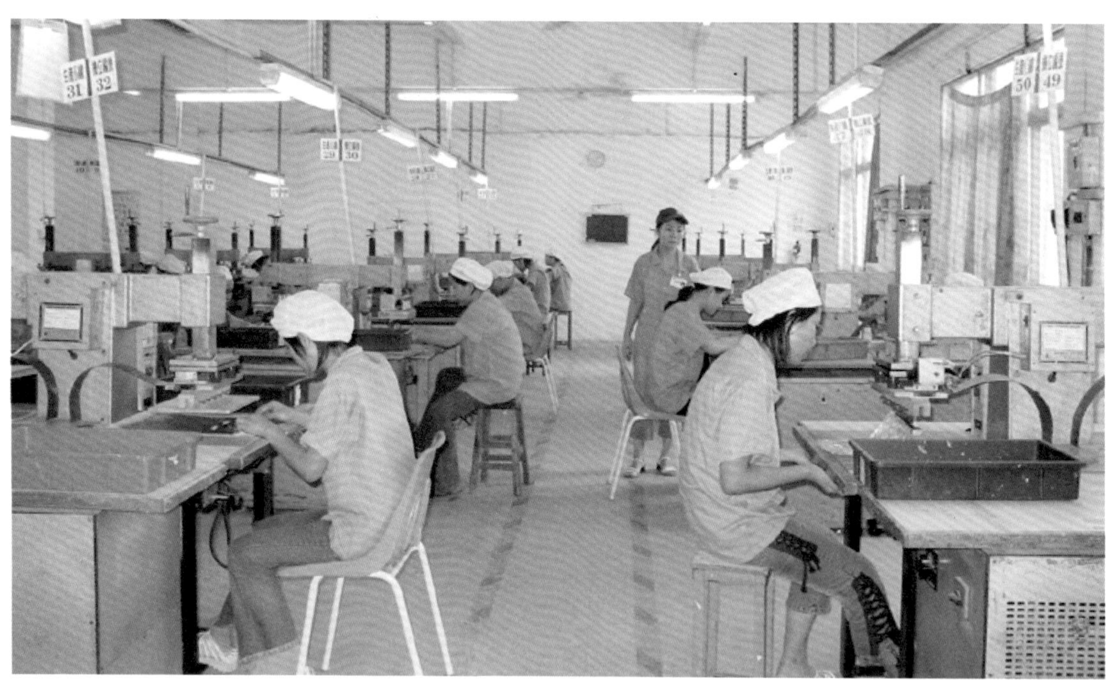
图 10-89 吸塑印刷

统的各个包装材料、包装容器、包装装潢的印刷；交通运输器械和通航、通行标志等等都属于工业特种印刷品。

（一）电子线路板印刷

在电子产品中，早期的印刷线路板的制作和 20 世纪 70 年代以来的集成电路板的生产，都应用了印刷术中照相图文复制和晒版腐蚀技术，所以电路板也被称为“印刷”电路板。丝网印刷在电子工业的发展中，尤其在印制线路板方面，发挥着极为重要的作用。随着电阻的出现，制造商要减少线路板生产中的手工操作，于是转用丝网印刷。将防酸层涂布到铜板上，然后通过腐蚀，在线路板上出现线条和沟槽，最后通过人工填补阻焊材料。电路板中另一个印刷工艺是流程焊接工艺，通过丝网印刷将焊料混合物印到线路板相应的区域，由机械手将集成电路块插在这些区域，焊膏熔化后即可形成电路连接。

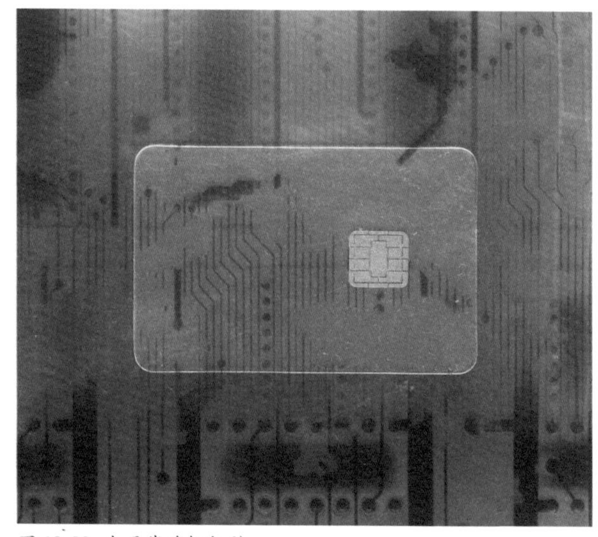
图 10-90 电子线路板印刷

当代，在电子行业里，丝网印刷还有一些应用，如使用普通网印油墨印刷电视、录像机的控制面板、仪器操作面板、产品标识等。在汽车行业里，采用荧光油墨印制夜光显示盘；在航空业里，用导电油墨印刷飞机仪表盘中的导电条，电流流过可以照亮仪表盘。

我国已经成为世界印刷电路板生产大国，产量已居世界第一。

（二）陶瓷印刷

彩釉印刷包括陶瓷贴花纸印刷、搪瓷印刷及玻璃彩釉印刷，其中以陶瓷贴花纸印刷用量最多也最为重要。

1950 年起，随着陶瓷工业的复兴，陶瓷贴花纸印刷业开始发展。上海的贴花纸印刷厂迁往瓷都景德镇。在一些较著名的陶瓷产地相继建设陶瓷贴花纸印刷厂。不过，1950 年也只有三家陶瓷贴花纸厂，年产量不过亿张，除供应国内主要陶瓷生产基地外，还有少量出口。1960 年以后陶瓷贴花印刷进一步有所发展，较重要的陶瓷贴花纸厂有：江西景德镇、山东济南、湖南长沙、江苏无锡、福建厦门、广东汕头、河北邯郸、唐山和辽宁辽阳等。1980 年以来，网版印刷广泛用于陶瓷贴花。

由于网版印刷简便快捷，更加带动了陶瓷贴花印刷工业的发展。据不完全统计，1990 年以来，全国大小陶瓷贴花印刷厂家已超过 100 家。

图 10-91　20 世纪 80 年代铜版彩色印刷样张

（三）建材印刷

从 1950 年开始，在建材行业就开始研究木纹印刷。把木材加工中的下脚料和废料像刨花和木屑加工成刨花板和纤维板，再用印刷的方式使之呈现出珍贵的木纹和美丽的大理石纹，使它成为高档的建筑装饰材料，美化了人们的生活。

随着我国住房制度的改革，房地产业已成为拉动经济增长的支柱产业之一。人们的居住条件得到改善，建筑材料更加精致美观。印刷的墙纸、壁布已被大量采用，作为室内装饰必备的材料复合地板、地砖等家居装饰材料纹饰各异、以假乱真。

丝网印刷、凹版印刷、柔版印刷，还有喷墨印刷技术广泛地应用于家居建材产品领域。近年来，人们环保意识逐渐增加，家居建材印刷品对绿色环保油墨提出更高的要求。

（四）织物印刷

新中国成立以来，中国的织物印刷技术也发生了很大的变化。20 世纪 50 至 70 年代以铜滚筒印花为主，70 年代以后，由于网版印刷技术的迅速发展，网版印花得到广泛应用，同时又出现了转移印花新技术。各种不同的印刷技术在印染行业竞放异彩，印染出美丽的丝绸花布，把人们和人们生活的空间装扮得绚丽多彩。

图 10-92　数码印花

近几年，我国的纺织印染业高速发展，印花产量也同步增长。印花企业在传统的印花方式上引入了印花 CAD（计算机辅助设计）系统、激光照排机、平网、圆网的喷墨、喷蜡制网机等数字化手段来改进加工过程。与此同时，服装流行周期却越来越短，花型变化越来越快，生产要求越来越高，订货批量越来越小，而且纺织品领域对环保的要求越来越高。从 20 世纪 90 年代后期，数码印花技术的应用解决了传统印花领域的众多问题。喷墨印花由计算机“按需分配”，使得喷印过程中，没有染料的浪费，没有废水产生，由计算机控制的喷印过程中，不产生噪音，使得喷印过程中不产生污染，实现了绿色生产过程，从而使纺织印花的生产实现了低能耗、无污染的生产过程，给纺织印染的生产带来了一次技术革命。

第七节 印刷教育与科研

一、印刷教育

自古以来，我国印刷技术工人的培养都是采取师傅带徒弟的手工业传授方式。兴办印刷学校起源于近代。新中国建立后，印刷教育随着印刷工业的发展而相应地发展起来。

为了培养高水平印刷技术人才，20世纪50年代国家曾派出一些青年去莫斯科印刷学院学习。这些同志回国后，在印刷科研、印刷教育岗位上发挥了积极作用，成为印刷战线上的业务骨干。

图 10-93 20世纪60年代的中央工艺美院

图 10-94 中央工艺美术学院印刷系首届毕业生合影

1953年在上海创办了新中国第一所印刷学校，1957年发展成为中等专业学校，1992年改名为上海出版印刷高等专科学校。2000年由直属新闻出版署管理改为属地化管理，归属上海市教委管理，并由上海市与新闻出版署共建。2003年组建上海理工大学出版印刷学院。学校现有印刷、美术、出版、印刷设备和管理四个系。分设印刷技术、印刷图文信息处理、电子出版（文科）、电子出版（理科）、美术设计、广告与装潢、出版与电脑编辑技术、出版商务、包装技术与设计、包装与印刷管理、工业企业管理（印刷设备工程）、机电一体化等十二个专业。

图10-95　2003年组建上海理工大学出版印刷学院。施勇勤提供。

1958年，文化部文化学院设立印刷系，开创了中国印刷高等教育之先河；1961年，文化学院撤销，而肩负培养印刷高等人才、传承中华文明重担的印刷系并入中央工艺美术学院；1978年，国务院批准以中央工艺美术学院印刷系为基础改建为北京印刷学院，由国家出版局领导，北京印刷学院成为一所培养印刷出版高级专门人才的本科院校；随着本科教育体系的成熟和完善，办学优势和特色的不断积累，人才培养质量和社会影响的不断提升，1998年，经国务院学位委员会批准，北京印刷学院获得硕士学位授予权，开始研究生教育，学科建设进入实质性发展阶段；2000年，全国高校管理体制调整，北京印刷学院改由国家新闻出版总署与北京市政府共

图10-96　北京印刷学院

图 10-97　北京印刷学院与英国伦敦艺术大学合作备忘签字仪式

图 10-98　北京市人民政府、国家新闻出版总署共建北京印刷学院协议签字仪式

建，以北京市管理为主。这使学院的办学空间和配置教育资源的能力进一步增加，服务行业和首都社会经济发展的领域进一步拓展；进入 21 世纪，北京印刷学院已经发展成为以印刷、出版为特色，工科、文科、管理、艺术等多学科协调发展的传媒类高等学府。

西安理工大学印刷包装工程学院创建于 1974 年。学院主要为印刷包装行业培养高级专门技术人才，现设有印刷工程、包装工程、电子信息工程（媒体处理技术）3 个本科专业，均有学士学位授予权。其中印刷工程专业 2005 年被陕西省评为省级“名牌专业”，包装工程专业 2000 年被国家教育部确定为国家管理专业。学院现有印刷包装技术与设备博士学位授予权，有信号与信息处理、制浆造纸工程（印刷工程）、食品科学（包装工程）、印刷包装技术与设备 4 个硕士学位授予权学科。

进入 20 世纪 80 年代后，各省许多高校设立印刷工程专业或包装装潢专业。已有 20 余所大学设立了印刷工程类本科专业，50 多所大学开设了包装工程类本科专业，数十所院校开设了印刷工程类或包装工程类的专科及高职专业，总数约为一百多所（个）。例如：武汉大学印刷与包装系，创建于1983年，同年设立印刷工程本科专业，1995年在印刷工程专业基础上开设电子出版专业方向；1993年增设包装工程专业；1995年经国务院批准，获印刷工程硕士学位授予权。“九五”期间，印刷工程学科进入国家“211工程”重点学科，2002年本系开始招收图像与动画设计专业硕士研究生，2004年获包装科学与技术硕士学位授予权，2005年获图像传播工程博士学位授予权。

另外还有像江南大学（原无锡轻工大学）、山东曲阜师范大学、天津职工大学、广东轻工职业技术学院、深圳职业技术学院、湖北荆门职业技术学院、湖南工业大学（原株洲工学院）包装与印刷工程学院、郑州大学包装工程系、天津科技大学包装与印刷工程学院、华南理工大学、中国人民解放军信息工程大学、长沙理工大学轻化工学院、香港专业教育学院等总数约50多所学校也都设立了与印刷相关的大专或印刷工程类本科专业。印刷中等职业技术教育在各省市也普遍开展，在北京、上海、天津、河北、辽宁、广东、广西、贵州、河南、山东、陕西、福建、浙江、云南、新疆、安徽等地都有专业印刷技术学校。

随着我国印刷业的蓬勃发展，中国印刷高等教育已经取得了丰硕成果。仅北京印刷学院，至2007年已为中国印刷、出版等传媒领域培养了三万余名高级专门人才。五十多年来，我国百余所印刷包装类大专院校已累计输出数十万专业人才，并为改善行业的知识结构和员工素质做出了卓越的贡献。目前，有超过16000名在校本科生和3800名在校研究生。中国的印刷高等教育已经迎来自己的黄金时期。

1996年6月1日，在政府部门、众多企事业单位、有识之士支持下，通过社会集资的形式，中国印刷博物馆落成并对外开放。国家领导非常重

图10-99　中国印刷博物馆大楼

图 10-100　中国印刷博物馆在俄罗斯首都莫斯科举办的“中华印刷之光”展览，受到当地观众欢迎。

图 10-101　扬州中国雕版印刷博物馆雕版印刷现场操作表演

图 10-102　扬州中国雕版印刷博物馆的工艺流程展区

视中国印刷博物馆的建设和发展。江泽民同志亲自为中国印刷博物馆题写了馆名；李鹏等党和国家领导人为博物馆题词。2004 年，胡锦涛、温家宝等党和国家领导为博物馆在管理体制和经费等方面遇到的困难作出了重要批示。如今，印刷博物馆坚持多方收藏的方针，馆藏品日渐丰富，展陈水平不断改进，并始终坚持开展印刷史研究学术活动。十多年来，先后到香港地区、德国、奥地利、美国、俄罗斯、澳大利亚和台湾地区举办“中华印刷之光”巡展，加强东西方文化交流，宣传中华民族光辉灿烂的印刷文化和今日中国印刷业的发展与进步，先后被有关部门定为“北京市爱国主义教育基地”、“北京市科普教育基地”和国家“AA”级景区。

江苏扬州是我国古籍雕版印刷业的重要基地，扬州广陵书社藏有近 30 万片明清以来的古籍版片。为了更好地保存这些雕版印刷版片，展示雕版印刷艺术成果，2003 年 8 月经国务院批准，成立了中国雕版印刷博物馆。将扬州广陵书社收藏的 30 万古书版片与扬州博物馆合二而一，成为“扬州双博馆”。如今，免费开放的中国雕版印刷博物馆向世人展示和宣传肇始于古代中国的，普及文化、传播文明的雕版印刷术。

二、印刷科研

1949年中新中国诞生，随着印刷工业的发展，印刷科研机构的建立已势在必行。

中国印刷科研学术机构始建于20世纪50年代，1956年4月，经文化部批准，北京印刷技术研究所（现名中国印刷科学技术研究所）正式成立。这是新中国建立的第一个印刷科研机构。该所在制版工艺研究、PS版研制、无线胶订工艺与印刷材料研究方面取得了多项成果，并出版多种印刷专业书刊。至2008年，该所不断发展壮大，拥有印刷工业出版社，出版发行《印刷技术》、《数码印刷》、《印刷经理人》、《印刷质量与标准化》、《中国印刷商情》等期刊，以及科印网印刷专业网站业务。五十多年来，共获得部级以上科技进步奖116项，1985年以后获奖95项。其中国家发明奖1项，国家科技进步奖6项，部级科技进步一等奖5项、二等奖17项。该所自行研制开发的PS版生产线生产的“星光”牌PS版畅销全国并已打入国际市场，成为中关村高科技园区拳头产品。

1956年8月，上海印刷工业公司试验室（现名上海印刷技术研究所）成立。历年来共取得国家级、部（署）级和市级科研成果200多项，其中多项填补国内空白或达到国内外先进水平。现主要科技产品有CTP版材、柔性版、装帧材料、网纹辊、特种油墨及计算机汉字字库设计与制作等。该所出版发行的《印刷杂志》已成为国内印刷行业的知名杂志之一，该所还包括中国印协柔印技术专业委员会和中国中文信息协会汉字字形信息专业委员会。如今，上海印刷技术研究所已从一个单一科研机构发展成为一个拥有多家中外合资、合作企业的有相当规模的科工贸联合体。

除了上述几家研究所外，有一些省、自治区或直辖市及轻工、包装行业也有印刷技术研究所。如北京市印刷技术研究所、天津市印刷技术研究所、辽宁省印刷技术研究所、陕西省印刷技术研究所、广东省印刷技术研究所

图10-103　1957年10月《印刷》杂志创刊号，由茅盾题写刊名。

图10-104 《印刷技术》2002年第19期

图10-105 《中国印刷年鉴》1981创刊号

图 10-106　中国印刷及设备器材工业协会教育培训工作委员会在北京印刷学院成立

等数十家。

1980 年 3 月 12 日成立的中国印刷技术协会和 1985 年 12 月 28 日成立的中国印刷及设备器材工业协会为提升我国印刷技术水平和企业管理水平，推广印刷及设备器材的科研成果、先进技术、企业经营管理先进经验做了大量有益的工作。

从 50 年代到 70 年代前期，由于受到“文化大革命”的干扰，印刷科研事业发展缓慢，但也取得了一些科研成果，例如：北京、上海两家研究所完成的照相蒙版工艺和接触网屏等等。

改革开放以来，印刷业科研工作得到了统筹安排。文字排版、印刷工艺、装订技术方面都结出了丰硕的科研成果。30 年来，全国每年都涌现出上百项科研成果获得国家、省市级奖励。获得 2001 年国家科学技术最高奖的汉字信息处理技术，是其中最值得国人骄傲的科研成就。它像一盏明灯，照亮了全中国，引发了华文世界的印刷技术改革。

印刷业还有其他数以千计的科研成果。当代，印前方面，近几年北大方正、北人集团、杭州科雷、北京中印周晋科技等研制出直接制版机，南阳二胶等企业 CTP 版材技术已经成熟。印刷机械方面，以北人集团、上海电气为代表我国印刷机械制造企业 30 年来取得了系列科研成果。2008 年 4 月 1 日，中国名牌战略推进委员会已将单张纸平张胶印机列入中国名牌产品评价目录中。印后方面，德阳利通印刷机械公司坚持自主创新，在我国切纸机标准滞后的情况下，研制出达到欧洲 CE 标准的、适合国情的程控切纸机，在我国率先实现了切纸机制造技术的全自动化。

三、印刷语言——汉文字体的改进与创新

汉字是印刷术发明的首要条件。数千年来，中国人对汉字艺术的追求从来都没有间断过。书法虽然是印刷字体的本源，但始终无法完全重合。

图 10-107　1956 年印发的《汉字简化方案》

图 10-108　《简化字总表》（第二版）

宋一体	报农备弟前国带胜对期收培山制外别复建概克将
宋二体	收将建禁损带强把很药球海轻解馆配船读群然
中黑体	稀爱拖哨珍禁室域克其敏
黑宋体	厕泉彬亩茄琼善甥焕临
长牟体	端附复科族假理群
扁宋体	起状造黄前图院
新魏体	德歧�咎拨載
行楷体	云伟供刮卷史倪

图 10-109　20 世纪 50 年代以来新设计的字体

图 10-110　1982 年全国印刷新字体优秀作品授奖大会

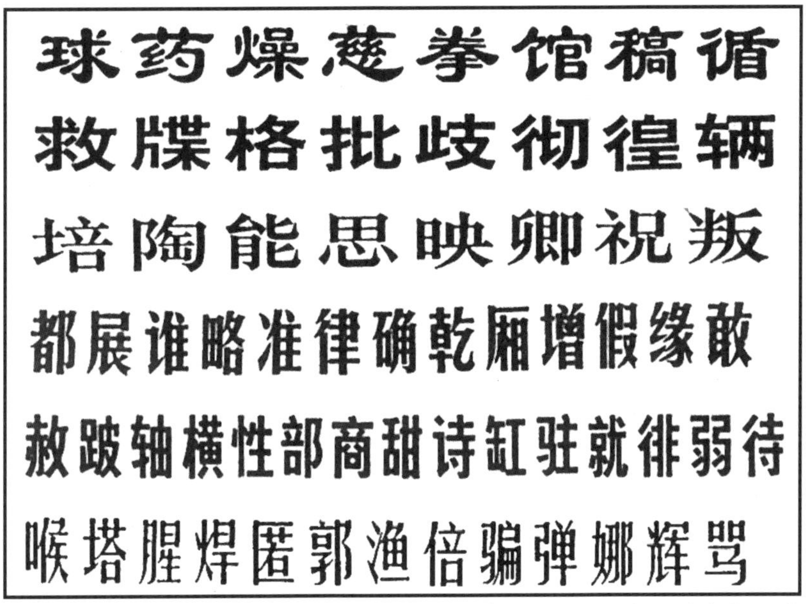

球药燥蓬拳馆稿循
救牒格批歧彻徨辆
培陶能思映卿祝叛
都展谁略准律确乾厢增假缘敢
赦跛轴横性部商甜诗缸驻就徘弱待
喉塔腥焊匿郭渔倍骗弹娜辉骂

图 10-111　20 世纪 70 年代的新字体。从上至下为：1. 隶书体；2. 扁黑体；3. 扁牟体；4. 长美黑体；5. 长黑体；6. 姚体。

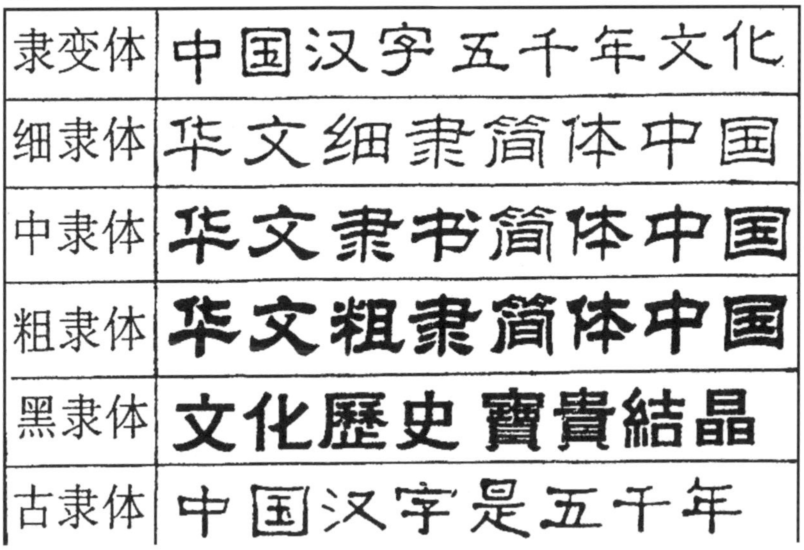

隶变体	中国汉字五千年文化
细隶体	华文细隶简体中国
中隶体	华文隶书简体中国
粗隶体	华文粗隶简体中国
黑隶体	文化歷史 寶貴結晶
古隶体	中国汉字是五千年

图 10-112　各种不同粗细的隶书体

书法因为其本身的艺术性以气韵为主，讲究起承转合。作为印刷字体，单个字型的造型无法决定整版文字的美观。因此，印刷字体要求字体规范，笔画匀称，风格统一，适于横竖向排列组合，有好的阅读适性和视觉效果。

印刷术发明初期，刻版字体多选用名家楷书。唐宋刻本中，常能看到颜真卿、欧阳询、柳公权等名家书体的风范。此后 1000 多年，楷体成为印刷字体的主流。南宋时，刻版写稿者与刻版印刷工匠合作，使字体更适于刻版，力求有较好的阅读适性。横平竖直、横轻竖重、字形方正、笔画匀称的字体，是宋体字的萌芽。明万历年间，宋体字更为成熟，在刻版中广泛使用，清秀悦目的版面，受到读者的欢迎。清代康、乾年间，武英殿的铜活字和木活字都选用宋体字，成为清代印书的主流字体。

20 世纪初，铅活字印刷逐渐普及。印刷工作者和字体设计者联合，吸

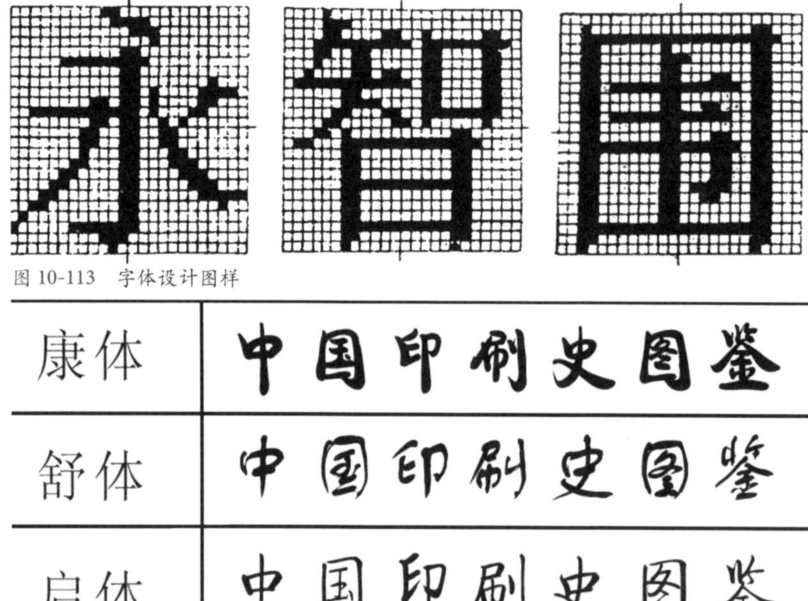

图 10-113　字体设计图样

图 10-114　书法家字体字样

收古代各种印刷字体的特点，先后刻制楷体、宋体、仿宋体三种印刷常用字体。后又借鉴西文等线粗体的风格，吸取汉字小篆等粗笔画的特点，设计出汉字黑体，形成四种印刷常用字体。它们在出版物中各有自己的功能：宋体主要用于正文排版，楷体适于低幼读物，仿宋体多用于文件，黑体适用于报刊大标题。

新中国成立后，为了适应出版事业发展的要求，开始对现有的字体加以整理，拾遗补缺。1956 年汉字简化字总表正式颁布，标志着汉字字形规范化的开始，印刷字体成为简化字推行实施的第一手段。分别建立了北京新华字模厂、上海字模一厂、上海字模二厂以及上海印刷技术研究所。选拔和招募了相应的专业人才（约几十人），在上述四个单位先后成立了字体设计室（当时称为活字设计室），形成了专业的字体设计队伍，着重于字体的规范化、阅读适性和排列组合性能等方面的研究改进，使印刷字体达到新水平，改变了出版物的面貌。

1965 年 1 月，文化部和文字改革委员会联合发布通知，颁布《印刷通用汉字字形表》，此表收录了印刷通用宋体字 6196 个。

20 世纪 60 年代起，汉字印刷字体向系列化方向发展。字体设计人员先后设计了用于正文排版的宋体字，有用于报版的细宋体和用于书刊的宋体，以后又设计了用于标题的粗宋体。还出现了新魏体、隶书体、姚体、牟体等几种新印刷字体。除汉字字体外，还设计了几种少数民族文字体。随着计算机排版技术的兴起，印刷字体品种加速发展。在计算机排版中，可将原有活字字体变化出更多大小不同的字号，长宽比例不同的体形，还可对字面进行装饰。

图 10-115　方正字库徐静蕾字体

20世纪80年代以来，在大陆和台湾地区出现方正、华文、汉仪、华康和文鼎等十几家电脑字体开发商，字体开发规模都在百种以上。其中方正字体主导了报刊出版业市场；汉仪则领衔广告用字市场；华康字库在日本市场曾创下年销售十万片软磁盘（每片软盘装一套字库）的纪录。

1982年12月，中国印刷物资公司和中国出版工作者协会、中国印刷技术协会、北京市新闻学会在北京中国美术馆共同举办了印刷新字体展评会，参加展出的字体有宋体、仿宋体、正楷、隶书、篆体、魏碑体、美术体、斜体、硬笔体及黑体等10余个品种。其中上海印刷研究所44副，上海字模厂32副，文字六零五厂13副，北京新华字模厂17副，书法界2副，共计108副字稿。这是中国近代以来规模最大、展出字体品种最多的一次印刷字体的盛会。

1991年8月26日，全国印刷字体工作委员会在北京成立。该委员会是新闻出版署领导下负责全国印刷字体整理、创新、审定、保护、应用推广的工作机构。

随着电脑排版的产生和推进，我国先后出现了汉仪科印、华文和方正等几家生产电脑字体的公司，推出了一批计算机排版字体。除了常用的宋体、楷体、仿宋、黑体等基本字体外，还各自推出了一批新字体，有些字体是吸取了古代书法的风格和设计的。新型字体的另一特点是将古代和当代书法名家的字体引入电脑，以增加排版字体的新品种。当代书法家的字体就有：刘炳森的隶书、舒同的舒体和启功的启体。

应用电脑造字的技术也日臻成熟。汉字字库从点阵字库到矢量字库，再到PostScript和TrueType字库，实现了与国际通用标准的接轨。2007年4月27日，方正电子正式发布了一款按照演员徐静蕾个人书法制作的计算机字库，这不仅标志着第一款真正意义的个人书法计算机字库的诞生，也标志着计算机字库作为“消费产品”将进入个性化时代。

目前，中国内地、香港、台湾已有近千种汉字字库。在数字技术高速发展的今天，汉字艺术以电脑字库的形式继续弘扬中华文化。

第八节 台湾、香港的印刷业

一、台湾的印刷业

1949年，台湾的印刷厂已有180家。但是原有印刷厂设备简陋，规模较小，仅能承印一些线条、文字或套色印件，彩色印刷品则依赖进口。1956年以后当地印刷业逐步发展，各厂家竞相进行设备更新，新建的印刷厂纷纷出现。1961年，中华彩色印刷公司正式成立，并购置了美式制版、印刷设备及德国产凹版印刷机，台湾印刷由黑白图片为主转入彩色印刷为主，由间接分色转为直接分色过网，成为领导台湾印刷业的重要公司之一。[⑥]与此同时，一批民营印刷企业也迅速形成并在技术上实现现代化。

自20世纪60年代初，台北新进、和隆、顺发和中国精机等机械制造厂家，都先后介入了手动单色机的制造，满足了印刷厂家的急需。1968年，在台北举办了“亚洲印刷会议”，有许多亚洲同业前来参加，会议同期还举办了一次印刷器材展，展览来自世界各地的印刷机。

1963年，台湾地区的中国文化学院（现名中国文化大学）成立了“印刷研究中心”，1965年更名为“造纸印刷工业研究所”。所内设有中国印

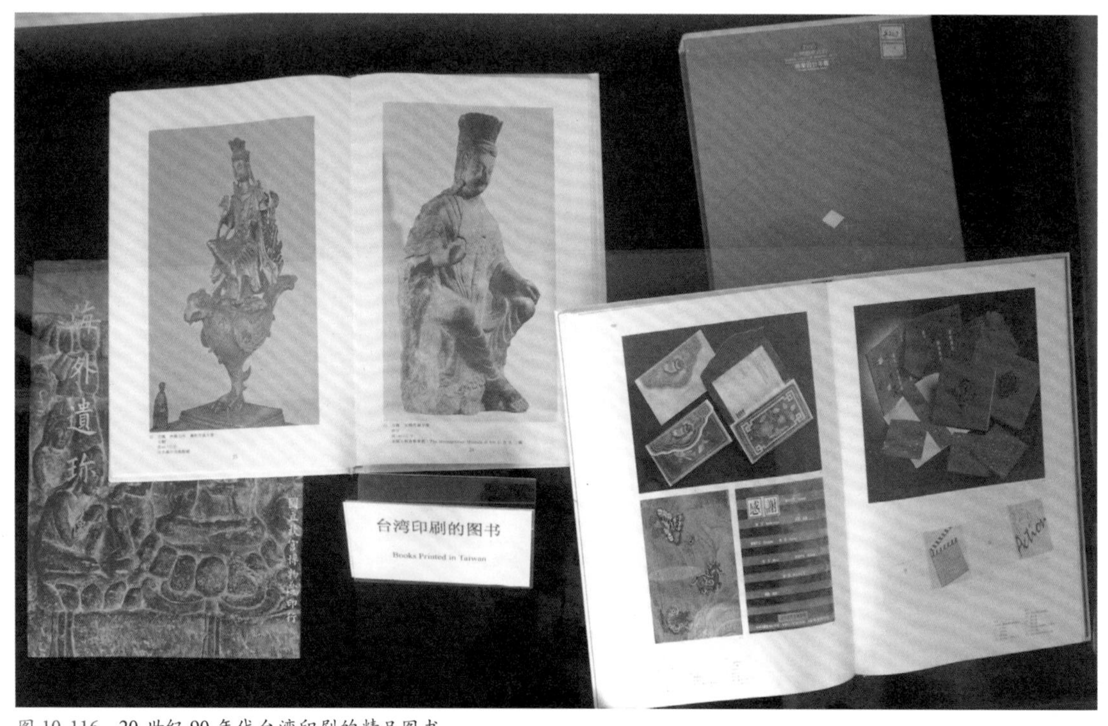

图10-116 20世纪90年代台湾印刷的精品图书

图 10-117　1993 年大陆印刷业代表赴台湾交流座谈。

图 10-118　大陆学者参观台湾印刷企业。

刷史编纂、印刷字体研究、照相制版技术研究、印刷相关工业研究、印刷设备标准印刷工业标准规格研究、印刷工业管理研究、印刷工业应用发展研究及世界印刷工业现状研究等研究组。出版有《印刷工业概论》、《印刷工业名词辞典》等，并出版《印刷科技》双月刊。

1970 年以后，台湾印刷业进入快速发展时期。据统计，1976 年印刷企业为 2679 家，从业人数约 3 万人；到 1981 年企业增至 3217 家；1986 年达 4748 家，从业人数达 38984 人。

台湾印刷企业公营的只是少数，绝大多数是民营。从企业户数看，1991 年为 7721 家，1996 年达 9274 家，增加 20.11%。从业人数同期增加 4.5%，达 6 万多人；劳动报酬同期增加 72.11%。企业利润平均 9%，生产总额也增加 53.3%。据 1996 年统计，台湾印刷企业以中小企业为主，未满 30 人的占 97%。

2001 年台湾在大陆投资的印刷企业 17 家，其中，上海 4 家、北京 2 家、深圳2家、东莞6家、其他3家。

台湾区印刷业有着一流的设备、管理、人才和印刷品质。台湾制造的各类印刷设备有极佳价格与性能，如窄幅柔印、自动丝印、不干胶印刷机、电脑冲片、晒版、打孔机、自动镀胶、粘盒机等等，广为业界采用。台湾制造的各类印刷材料，如印刷用纸、数码打稿用纸也占有一定市场，但其印刷业的优势还在教育与科研。

大陆经济的繁荣，使得大陆作为印刷业的生产和市场中心地位不断巩固和加强。2007年，台湾地区纸类出版物产值在22亿多美元，外销13%左右，达到了近年的顶峰。2008年，台湾印刷品产量有所下降，纸类出版物印刷品降幅在22%左右，包装卡纸、瓦楞纸印刷品也有13%左右的降幅。

二、香港的印刷业

20世纪60年代以前的香港印刷业，大多数印刷厂属于小规模家庭式经营的服务性行业，以铅字凸印为主。从1964年起，日本国大日本印刷和凸版印刷公司相继在香港成立了分公司，并积极拓展外销业务，吸引外商来港购买印刷品。与此同时，一批装备先进、使用先进技术的民营各类印刷厂相继创立，并建立了香港印刷业商会、香港印艺学会。由于香港交通方便、能源充足、通信设备优越以及其所具有政治、经济条件，使其印刷业得以持续稳定的发展，成为世界性的印刷中心。国际大出版商如朗文、牛津、读者文摘等各国的著名出版机构和印刷品采购商，也大都在这里设有办事处和采购中心。自1970年开始，香港印刷品外销已跻身香港十大出口工业之内。1985年，第三届世界印刷大会在香港举行。

改革开放特别是香港回归以后，吸引了许多香港的印刷商到珠三角投

图10-119 20世纪90年代香港印刷的图书

图 10-120　香港印刷业商会活动

资办厂，实行“前店后厂”方式，即利用珠三角廉价的土地、劳力和便捷的交通建厂加工，利用香港的信息、贸易、物流、金融和自由港条件从事国际化经营。香港工业总会 2006 年的一份报告显示，港商在珠三角雇员约 1000 万人，而香港本地最多雇员为 90 万人。珠三角地区最先承接香港产业转移的是深圳特区，建特区之初，通过开办“三来一补”企业或合资企业，“港店深厂”方式也使深圳印刷业快速崛起，在全国印刷界独领风骚。

经过多年的发展，香港已成为国际印刷品供应中心。与此相伴，香港培育了一批优秀的印刷业中介人，他们同国际客户建立了良好、坚固的联系网络，他们的专业化服务也是香港印刷业蓬勃发展、辐射世界的因素之一。由于香港的自由港条件，发达的金融、通信、物流、中介服务，先进的技术设备投资和管理，良好的版权保护，使香港的印刷品以物美价廉、交货准时享誉国际市场。

香港的印刷业是香港的支柱产业之一，是典型的“两头在外”的外向型工业。其从业人员近 4 万人，印刷企业 4000 多家，其中不少在香港联合交易所上市。

香港的印刷品以外销为主，2005 年出口总值为 19.8 亿美元，比 2004 年增加 12.4%，出口市场以美国为主，占总出口的 37%。在出口的印刷品中，75% 转口自中国内地，比上年增加了 23%，这些印刷品绝大部分由珠三角地区的香港印刷企业生产。全国 2006 年印刷百强企业中，广东和香港占 32 家，其中三资企业 25 家；前十强中粤港占 7 家。

进入 21 世纪以来，世界四大印刷中心之一由香港逐渐转移到了珠三角地区，形成了新的世界重要的印刷基地。新闻出版总署已确定大珠三角地区（包括广东、香港、澳门）建成外向型印刷中心，纳入将中国建设成为全球重要的印刷基地发展目标中。

注释与参考书目：

① 中国印刷技术协会．《中国印刷年鉴 1981》．北京：印刷工业出版社，1982：14.

② 范慕韩．《范慕韩文集》．北京：中国大百科全书出版社，2005：56-58.

③ 范慕韩．《中国印刷近代史》．北京：印刷工业出版社，1995：558.

④ 中国印刷及设备器材工业协会．《中国印刷及设备器材工业改革开放三十年文集》，2008：141.

⑤ 柳斌杰．《高举旗帜、改革创新、推动中国特色社会主义新闻出版业大发展》．出版界纪念改革开放 30 周年座谈会上的讲话，2008.

⑥ 张树栋，庞多益，郑如斯．《简明中华印刷通史》．桂林：广西师范大学出版社，2004：348.

中国印刷发展史大事记

本大事记年代以公元纪年排序，后加注中国纪年。收录中国历史上与印刷起源、发明、发展相关的重大事件，记述内容截至 2008 年。

公元前 26 世纪前后

早期的图画文字和符号开始在彩陶上出现，并逐渐向象形文字演变。

公元前 14 世纪前后　商朝

从 1899 年起陆续发现商朝甲骨刻辞。甲骨文是早期成熟的汉字。甲骨文有刻画的，也有朱书、墨书的，为殷商时期已有毛笔和用毛笔书写文字提供了实物证据。

公元前 7 世纪　东周

出现了用单个字范拼排后铸成的“秦公簋”和“齐陈曼簠”。其范铸法与活字印刷的活字排版相似。

公元前 5 世纪　春秋后期

在竹简、木牍流行的同时，出现了帛书。简策和帛书是印刷术发明前的正式书籍。

公元前 3 世纪前

凸版印花技术出现，采用型版印花技术印刷织物。

公元前 3 世纪　秦

秦朝大将蒙恬对毛笔作重大改良，制成了挥洒自如的毛笔。

公元前 2 世纪　西汉

植物纤维纸出现。近年来，已有多处出土西汉古纸。

公元前 1 世纪前后　西汉

1983 年，广州南越王墓出土了两块铜质印花凸版和一些印花织物，为西汉时已有凸版印花技术提供了证据。南越王墓同时出土了石砚和墨丸。

1972 年至 1974 年，长沙马王堆出土的印花敷彩纱和三色套印的金银色印花纱为此提供了又一佐证。

105 年　东汉和帝元兴元年

蔡伦对造纸术作重大改良，发明出便于书写的“蔡侯纸”。从此，纸开始得以广泛应用。

175 年—183 年　汉灵帝熹平四年至光和六年

汉灵帝命蔡邕书写、石匠雕刻了历史上著名的熹平石经，它开启了儒家石刻经典之先河，在图书发展史上具有特殊意义。

185 年　东汉中平二年

山东造纸能手左伯造出“左伯纸”，史称“子邑之纸，妍妙辉光”。

220 年—265 年　三国　魏

韦诞改良制墨术，创制出质量优良的“仲将”墨。制墨技术迅速推广，为书写、拓印和印刷提供了适宜的材料。

6 世纪　隋或隋以前

敦煌、吐鲁番等地发现的数千张模印佛像，是由印章盖印向雕版印刷过渡的形式。

607 年　隋大业三年

1983 年，美国克里斯蒂拍卖行出版的《中国书画目录》第 363 号《敦煌隋木刻加彩佛像》，有专家认定为现存最早有明确纪年的雕版印刷品。

636 年　唐贞观十年

明朝史学家邵经邦著《弘简录》记载，唐太宗于贞观十年（636）曾下令“梓行”长孙皇后的遗作《女则》。这是文献记载现知最早的印本书籍。

7 世纪　唐初

1974 年在西安唐墓出土梵文陀罗尼经咒。

645 年—664 年　唐贞观十九年至麟德元年

玄奘从印度回国后，“用回锋纸印普贤菩萨像，施于四众，每岁五驮无余”。这是佛教徒应用印刷术的最早记载。

699 年前　唐武周初、中期

1906 年，在新疆吐鲁番地区出土了带有武则天所创制字的《妙法莲华经》印本。

7 世纪后　唐

唐朝流行印花纺织品。唐代印花技术主要有夹缬（雕版）印花和防染印花（漏版）。

704 年前　唐长安四年前

韩国庆州佛国寺发现的汉文《无垢净光大陀罗尼经》，经专家考证认为是中国唐朝武则天执政期间的雕版印刷品，为早期印本书之一。

762 年　唐肃宗宝应元年

唐上都东市大刁家雕印历书残页，是现知最早的雕印历书。

847 年—849 年　唐宣宗大中元年至三年

最早的道家烧炼书《刘宏传》，在今江西境内雕印数千本。

868 年　唐懿宗咸通九年

在敦煌藏经洞中发现的咸通九年(868)刻印的《金刚般若波罗蜜经》，是现存世界上最早有明确日期记载和精美扉画的印本书。

877年　唐僖宗乾符四年

唐僖宗乾符四年刻印历书，出土于敦煌藏经洞。

883年　唐僖宗中和三年

柳玼随僖宗入蜀，在成都所见印本书多阴阳杂记、占梦、相宅、九宫五纬之流，又有字书、小学。

唐末

成都樊赏家书铺印售历书。

成都府成都县龙池坊卞家刻印出售的“咒本”。

932年—953年　五代后唐长兴三年至后周广顺三年

后唐宰相冯道同李愚奏准刻印《九经》，这是中国监本印书之始，也是历史上第一次宏大的雕印工程。

935年前后　后蜀明德二年前后

后蜀宰相毋昭裔在成都自己出资刻印《文选》、《初学记》、《白氏六帖》等书，被认为是中国“家刻”之始。

947年—950年　开运四年至乾祐三年

曹元忠于瓜州(今敦煌)雕印《金刚经》和观音菩萨、大圣毗沙天王等佛像，上图下文，注有匠人雷延美字样。雷延美是现知最早的刻工。

955年前　后周显德二年前

后周文学家和凝，擅长短歌艳曲，自己将自著文集手书上板，刻印数百帙送人。

956年—975年　后周显德三年至宋开宝八年

吴越国王钱弘俶刻印《宝箧印经》84000卷，舍入西关砖塔(今杭州西湖雷峰塔)内。

971年—983年　宋太祖开宝四年至宋太宗太平兴国八年

益州(今成都)雕印大藏经5000多卷，世称《开宝藏》。是中国历史上大规模雕印佛经之始。

973年—974年　宋太祖开宝六年至七年

宋朝国子监雕印《开宝新详定本草》，次年更名为《开宝复位本草》。

990年　宋太宗淳化元年　辽统和八年

山西应县佛宫寺木塔内发现的辽代《上生经疏科文》，是现存辽代有日期记载的早期雕版印刷品。

1003年—1038年　辽统和二十一年至重熙七年

辽刻印大藏经《契丹藏》，又称《辽藏》，计6000余卷。

1023年　宋仁宗天圣元年

宋朝正式设“交子务”于益州，发行纸币“交子”。这是中国政府从事纸币印刷和发行之始。

1041年—1048年　宋仁宗庆历元年至八年

布衣毕昇发明了活字印刷术。毕昇的发明是印刷史上一项划时代的伟大发明。

960年—1127年　北宋

国家博物馆藏北宋“济南刘家功夫针铺”广告铜版，被认为是已知的世界上最早出现的商标广告实物。

1048年　西夏延祚十一年

西夏刻印《孝经》、《尔雅》等书籍。

1080年—1103年　宋神宗元丰三年至徽宗崇宁二年

福州东禅寺等觉院雕印《大藏经》，又称《崇宁万寿大藏》。

1086年　宋哲宗元祐元年

旨令在杭州雕印《资治通鉴》。

1112年—1151年　宋徽宗政和二年至高宗绍兴二十一年

福州开元寺雕印《毗卢大藏》6132卷。

1126年　金天会四年

金攻陷宋之东京开封后，三番五次地索要国子监秘图三馆的秘书文籍，以及国子监印版、释道经版。宋人押书版和馆中图籍送往金营，造成宋及宋前图籍的重大损失。

1130年　金天会八年

金国在平阳设立经籍所，刊印经籍。

1138年—1173年　金天眷元年至大定十三年

金刻《金藏》，又称《赵城广胜寺藏》，简称《赵城藏》。《金藏》的刻工多是僧人。现存4000多卷，卷轴装式。

1150年　西夏仁宗天盛二年

西夏用泥活字版印成《维摩诘所说经》。

1154年　金贞元二年

金发行钞券“交钞”，刻印一贯到十贯大钞，一百到七百小钞，以七年为界，可以旧换新。

1164年—1166年　金大定四年至六年

金国刻印并颁行用女真族文字翻译的《尚书》、《史记》、《汉书》等书。

1180年前　西夏乾祐十一年前

西夏地区用木活字排印了西夏文《吉祥遍至口和本续》等佛教书籍。是现存最早的木活字印本。

1183 年　金大定二十三年

金国用女真族文字雕印《孝经》千部，分赐护卫亲军。

1183 年—1190 年　西夏乾祐十四年至二十一年

西夏刻印西夏文《圣立义海》、《番汉合时掌中珠》等。西夏仁宗散施番汉《观弥勒上生兜率天经》十万卷，汉《金刚普贤行愿经》、《观音经》等 5 万卷。西夏罗皇后也刊印布施西夏文佛经《十二国》、《类林》、《孙子兵法》等书。其中多附有精美插图。

1188 年　金大定二十八年

金雕印成《大金玄都宝藏》，计 6455 卷，这是历史上道教经典的大规模雕印工程。

1193 年　宋光宗绍熙四年

宋周必大用胶泥铜版移换摹印自著的《玉堂杂记》。

1200 年　西夏天庆七年

西夏刻印汉文与梵文对照本《密咒园因往生集》。

1223 年　金元光二年

金朝用绫印制“元光珍宝”。

1231 年—1232 年　宋理宗绍定四年至五年

碛砂延圣院开始雕印《大藏经》6360 卷，史称《碛砂藏》。

1237 年—1244 年　蒙古太宗九年至乃马真后三年

蒙古道士秦志安（宋德芳弟子），在平阳玄都观开局雕印《玄都宝藏》7800 多卷。

1239 年　宋理宗嘉熙三年

宋安吉州（今湖州）思溪法宝资福禅寺刊印佛经 5740 卷，世称《资福藏》。

1241 年—1251 年　蒙古太宗十三年至宪宗元年

蒙古杨古用改良的泥活字版印刷术，刷印了《朱子小学》和《近思录》等书。

1260 年　蒙古中统元年

蒙古印发“中统宝钞”，铜版印刷。

1269 年—1324 年　宋度宗咸淳五年至元泰定元年

宋杭州附近的余杭县白云山大普宁寺刊印《大藏经》，世称《普宁藏》。

1271 年前　元世祖至元八年前

有人铸锡作字（锡活字），以铁条贯之界行印书。这可能是世界上最早的金属活字。

1273 年　元世祖至元十年

元雕印官撰之《农桑辑要》颁发于民。到元延祐年间重印《农桑辑要》1 万部。

1289 年　元世祖至元二十六年

宁波刻工徐汝、周洪举在日本刻印佛经(元、明二朝有 50 名中国刻工在日本刻书)。

1290 年　元世祖至元二十七年

兴文署刻印《胡三省音注资治通鉴》和《通鉴释文辨误》等书。

1298 年　元成宗大德二年

农学家王祯创制木活字 3 万多个，并发明转轮排字盘和排字法，印成《旌德县志》百部，并在《农书》末刊印了他自著的《造活字印书法》，为后世留下了宝贵的活字印刷史料。

1300 年前　元成宗大德四年之前

现存维吾尔文木活字，是在敦煌石窟发现的公元 1300 年前的遗物。

1310 年　元武宗至大三年

波斯(今伊朗)史学家拉希德丁著书《世界史》，书中介绍了中国的雕版印刷术。

1312 年　元仁宗皇庆元年

久居北京的元朝驸马、高丽（朝鲜）国王王璋，为祝贺元仁宗圣躬万万岁，刻印佛经五十藏，布施四方。

1312 年—1320 年　元仁宗皇庆元年至延祐七年

西藏日比热赤等人在后藏奈塘寺刻印《藏文大藏》，贝叶装。

1322 年　元英宗至治二年

马称德在奉化仿王祯刻制木活字 10 万个，用活字版印成《大学衍义》43 卷和其他一些书籍。

1341 年　元顺帝至正元年

湖北江陵中兴路资福寺刻印无闻和尚注释的《金刚经注》，经文印红色，注文印黑色，卷首扉画用朱墨两色套印，是现存最早的双色套印本佛经。

1361 年—1362 年　元顺帝至正二十一年至二十二年

杭州西湖书院开始重刻、修补宋朝国子监遗留下来的书版。

1372 年　明太祖洪武五年

明朝雕印的第一部《大藏经》，奉旨在金陵（今南京）蒋山寺开雕，简称《南藏》。全藏 6311 卷，于明成祖永乐元年（1403）完工。

1410 年　明成祖永乐八年

明成祖敕令番经厂刻印《番藏》、《藏文大藏》，并先印一藏送五台山。

1420 年—1440 年　明成祖永乐十八年至英宗正统五年

北京于 1420 年起刊印北本大藏经《永乐北藏》，计六 6361 卷。

1443 年　明英宗正统八年

安南（今越南）黎朝梁如鹄两次奉使来中国，学习雕版印刷技术，回乡教人依法刻书。

1490 年　明孝宗弘治三年

无锡华燧会通馆用铜活字排印《宋诸臣奏议》，后又排印唐朝、宋朝诗文、水利等古籍多种，行销各地。传世本有弘治五年的《锦绣万花谷》、弘治八年的《文苑英华辨证纂要》等多种。

1506 年—1521 年　明武宗正德元年至十六年

印成彩色印品《圣迹图》。

1521 年　明武宗正德十六年

无锡安国采用铜活字排印正德《东光县志》。安国用铜活字印了不少书，几与华燧齐名。

16 世纪前后

明代版画，盛极一时，尤以徽派为著。徽派又以黄氏为著。所刻《程氏墨苑》、《方氏画谱》、《方瑞生墨海》，既是墨苑标本，又是版画丰碑。

1584 年　明神宗万历十二年

中国最早的天主教书《新编西竺国天主实录》在广东肇庆刻版印行。

1593 年　明神宗万历二十一年

中国刻工约翰维拉（教名）到菲律宾，在马尼拉刻印《无极天主正教真传实录》中文本和塔加洛文本。

1626 年　明熹宗天启六年

江宁吴发祥在南京用饾版印刷术刻印了颜继祖的《萝轩变古笺谱》。这是现存最早的饾版印刷品。

1627 年　明熹宗天启七年

胡正言在南京用饾版印刷术套印了《十竹斋画谱》。

1646 年　清世祖顺治三年

清内府刻印现存最早的满文印本《满文洪武要训》。

1661 年前　清世祖顺治十八年前

镇江刊印中国早期的回教书（印本）《正教真诠》。

1680 年　清圣祖康熙十九年

清政府于武英殿左右两廊设修书处，专管刻版印刷、装潢书籍。康熙令刊印武英殿版《蒙文大藏》。

1725 年—1728 年　清世宗雍正三年至六年

清内府用铜活字排印《古今图书集成》1 万卷，约 1 亿字。

1763 年　清高宗乾隆二十八年

用满、汉、藏、回、蒙等文字刻印《钦定西域同文志》。

1774 年　清高宗乾隆三十九年

武英殿刻成大小枣木活字 25 万个，先后印成《武英殿聚珍版丛书》等书 134 种。

1783 年　清高宗乾隆四十八年

中国人自己雕刻的铜凹版《圆明园铜版画》20 幅刷印成功。

1807 年　清仁宗嘉庆十二年

英国传教士马礼逊到澳门，雇人刻制中文活字字模铸造铅活字，这是在中国境内采用西方铅活字制作工艺制作中文活字之始。

1814 年　清仁宗嘉庆十九年

英国传教士马礼逊派中国教徒到马六甲设立印刷所，制作中文活字，印刷中文书籍。

1815 年　清仁宗嘉庆二十年

英国印工汤姆斯在澳门雕刻金属活字，印成马礼逊《华英字典》。

1825 年—1846 年　清宣宗道光五年至二十六年

福州林春祺刻制大小铜活字 40 多万个，印刷了《音学五书》等书籍。

1844 年　清宣宗道光二十四年

安徽泾县翟金生，费 30 年心力，与其子孙创制大、中、小、次小、最小五种泥活字 10 万多个，印成《泥版试印初编》、《仙屏书屋初集》、《水东翟氏宗谱》等图书多种。

1845 年—1859 年　清宣宗道光二十五年至文宗咸丰九年

美“花华圣经书房”迁至宁波。主持人姜别利首创电镀汉文字模，制成大小活字 7 种，与中国现代活字号数基本一致。

1865 年　清穆宗同治四年

上海江南制造局成立，先后翻译、铅印西方科技图书 178 种。

1872 年　清穆宗同治十一年

英商美查创办上海《申报》。后归华人自办。

1876 年　清德宗光绪二年

上海点石斋石印书局创立。

1878 年　清德宗光绪四年

清海关试办邮政，由上海总税务司署造册处用凸版印刷，印刷了中国第一枚邮票“海关大龙”邮票。

1881 年　清德宗光绪七年

国人自办的“同文书局”、“拜石山房”两石印书局创立。此后十五年内，中西五彩书局、鸿文书局、彩文书局、崇文书局，以及遍布宁波、广东、苏州、杭州、武汉等地的石印书局和工厂相继建立，石印术迅速发展、普及。

1882 年　清德宗光绪八年

华人曹子㧑、曹子俊、郑观应在上海集资创办了中国历史上第一家机器造纸厂——上海机器造纸厂。

1895 年　清德宗光绪二十一年

中国历史上首家印刷机械修造厂李涌昌机器厂在上海创立。

1897 年　清德宗光绪二十三年

上海商务印书馆成立。创办人为夏瑞芳、鲍咸恩、鲍咸昌、鲍咸学、高凤池等。

1908 年　清德宗光绪三十四年

清度支部印刷局成立，并聘请美国雕刻家海趣来华教授雕刻钢凹版技术，开始雕刻邮票、印花、钞票等有价证券之凹版。

1912 年　中华民国元年

中国近代第二大印刷企业“中华书局”创立。

1913 年　中华民国二年

江苏吴江叶兴仁教授在上海创办了中国历史上第一家近代油墨制造厂上海中国油墨厂。

1932 年　中华民国二十一年

日本侵略上海，地处闸北的商务印书馆、东方图书馆均被炸毁。

1935 年　中华民国二十四年

中国第一个印刷学术团体中国印刷学会创立。

中国最早的印刷杂志《中华印刷》在上海创刊。

柳溥庆、陈宏阁二人研制成功中国第一台手动式照相排字机。

1937 年　中华民国二十六年

日军侵华，印刷业受严重破坏，沿海城市印刷厂内迁。延安及各抗日根据地建立印刷厂。

中国早期最为畅销的印刷杂志《艺文印刷月刊》在上海创刊。

1939 年　中华民国二十八年

香港印刷业商会成立。

1947 年　中华民国三十六年

政府接管哈尔滨新华印书馆，并将其改组为公私合营哈尔滨新华印刷厂。这是中国首次出现公私合营性质的印刷厂。

1948 年　中华民国三十七年

“台湾区印刷工业同业公会”成立。

1949 年　中华人民共和国成立

“第一届全国新华书店工作会议”召开，并决定建立“新华书店总管理处”，下设厂务部主管各地新华印刷厂。

国民党政府将大批印刷设备运抵台湾，为台湾印刷业的发展奠定了基础。

1950 年

中央政府设“出版总署”，负责管理出版、印刷、发行方面的工作。

第一届全国出版工作会议召开，“编、印、发”分别管理。

新华印刷厂总管理处成立。

1951 年

经政务院批准，将华北印刷厂扩建为中央民族印刷厂。该厂 1963 年更名为“民族印刷厂”。

外文印刷厂建立。

出版总署成立印刷管理局，负责管理全国的书刊印刷。

1952 年

北京新华印刷厂新建厂房建成。

新疆造币厂改为以书刊印刷为主的新疆新华印刷厂。

上海精成机器厂试制出全国第一台 LB401 型四版宽卷筒纸报版轮转印刷机。

北京将联华、公益等 22 个铁工厂合并，成立了北京市人民机器厂总厂。该厂 1953 年更名为北京人民机器厂。

1953 年

出版总署印刷管理局编定中国印刷业第一个五年计划。

最早的感光材料厂汕头感光化学厂建立。

香港最具规模的印刷训练学校邓镜波学校成立。

上海中等技工学校成立。该校于 1957 年改制为中等专业学校上海印刷学校。

1954 年

台湾师范学院工业教育系设印刷职业教育组，为印刷高级职业学校培养印刷专业师资。

1954 年—1956 年

对全国私营印刷企业实行公私合营。

1956 年

中国人民银行总行在五四一厂（今北京印钞厂）成立技工学校，著名印刷专家柳溥庆、张荫余等任教。

中国印刷科学技术研究所前身北京印刷技术研究所创立。

台湾区印刷工业同业公会创办《印刷会讯》，为台湾印刷专业期刊之先驱。

台北市立大安高级工业职业学校设立印刷科。

“中国印刷学会”在台北复会。

1957 年

中国印刷科学技术研究所《印刷技术》的前身《印刷》杂志创刊。

1958 年

北京成立盲文印刷所，次年改称盲文印刷厂。

文化部召开全国报纸、书刊印刷工作会议，制定全国书刊印刷的发展规划。

文化部文化学院设立印刷工艺系。

中国印刷器材公司成立。

上海人民机器厂成立。

1958 年—1959 年

全国印刷业技术革新经验交流会两次召开，出版了《印刷工业技术革新经验汇编》。

1961 年

中央工艺美术学院印刷工艺系创办 5 年制业余印刷专修班。

上海印刷技术研究所成立。

1963 年

北京人民机器厂试制出适于铜版纸彩色印刷的J2201型对开双色胶印机。

中国印刷公司成立，负责管理直属书刊印刷厂和全国书刊印刷企业的业务指导、生产调度、人员培训。

1966 年

台湾“中国文化大学”的前身“中国文化学院”建立 3 年制的印刷工业专修科。

1968 年

国家计委等单位联合召开“毛主席著作印刷机械规划会议”，决定新建陕西印刷机械厂、四川（中南）印刷机械厂、咸阳铸字机械厂；扩建山西太行印刷机械厂、甘肃平凉机械厂、新邵印刷机械厂、四川宜宾市机械厂、重庆印刷机械厂和河南商丘印刷机械厂。以适应大量印刷毛主席著作的需要。

台湾“中国文化大学”建立印刷系；《华冈印刷学报》创刊。

1970 年

西藏拉萨建立西藏新华印刷厂，1972 年建成投产。

1972 年

上海《印刷杂志》的前身《印刷技术动态》创刊。

化学工业部第二胶片厂在河南南阳地区动工兴建。到 1997 年建成投产。

中国印刷物资公司成立。

1973 年

经国务院批准，北京印刷技术研究所在原址恢复。

香港成立印刷业训练委员会。

国家出版事业管理局正式成立。

1974年

当时的四机部、二机部、科学院、新华社和国家出版局联合向国家计委建议，开展汉字信息处理系统的研究与应用。这一报告于1974年8月由国家计委批准立项，制定了重点科技攻关项目“汉字信息处理系统工程”，简称为“748工程”。

陕西机械学院设立印刷机械专业，后升格为印刷包装工程系。该系于1994年更名为西安理工大学印刷包装工程学院。

1975年

香港唯一一所设有印刷课程的工业学院观塘工业学院成立。

内蒙古呼和浩特市建立蒙古文印刷厂。

1976年

北京人民机器厂推出卷筒纸双色胶印机。

20世纪70年代中期中国印刷科学技术研究所研制成功阳图型预涂感光版（PS版）。

1978年

上海新华印刷厂、上海印刷研究所、咸阳铸字机厂，联合研制成功中文自动铸排机。

出版系统有18项科研成果获全国科学大会奖。

国务院批准以中央工艺美术学院印刷系为基础改建为北京印刷学院。

1980年

台湾“中国文化学院”升格为“中国文化大学”。该校印刷学系于1988年改属传播学院，1992年更名为“中国文化大学”印刷传播学系。

香港成立中华商务联合印刷（香港）有限公司。其前身为商务印书馆香港印刷厂与中华书局香港印厂中国印刷技术协会成立。

中国包装技术协会成立，次年3月协会所属包装印刷委员会在上海成立。

1981年

华光Ⅰ型计算机激光照相排字机原理样机试制成功。

中国印刷史上第一家出版印刷专业图书的出版社印刷工业出版社成立。

王益答新华社记者提问，反映了当时书刊出版印制周期长、印刷技术落后的情况，引起有关高层领导重视。

1982年

在中央高层领导的决策之下，中国印刷技术装备协调小组成立。小组提出“激光照排、电子分色、胶印印刷、装订联动”十六字发展方向。

1983年

中国印刷技术协会会刊《中国印刷》创刊。

北京印刷机械研究所主办的《印刷机械》创刊，内部发行，1988年改名《今日印刷》后，公开发行。

王益、王仿子联名提出《关于建立印刷技术博物馆的建议》，12月15日，召开中国印刷博物馆成立大会，推举王仿子任会长。

武汉大学创建印刷与包装系，设立印刷工程本科专业。

1984年

第一届北京国际印刷技术展成功举办。

1985年

华光Ⅱ型计算机激光照相排字机通过国家鉴定，并被评为1985年十大科技新闻之一，荣获第十四届日内瓦国际科技发明与新技术展览会奖牌。

中国印刷科学技术研究所建成国内第一条PS版卷筒连续生产线，并投入生产 。

中国印刷及设备器材工业协会成立，首任会长范慕韩。

1987年

新闻出版署成立。

王选所代表的课题组研制的汉字激光照排系统在《经济日报》试用成功。

北京印刷学院组建函授部，现改为继续教育学院（二级学院）。

台湾印刷业首次颁发“印刷金鼎奖”。

1988年

上海印刷学校升格为上海印刷高等专科学校。

第七届革命印刷印钞史料征集研讨会全体171名代表上书中共中央和国务院，要求批准建立国家级中国印刷博物馆。

1991年

全国印刷标准化技术委员会正式成立，秘书处设在中国印刷科学技术研究所。

中国印刷及设备器材工业协会、中国印刷技术协会联名向新闻出版署提出《关于建立中国印刷博物馆的报告》。同年，新闻出版署复函两协会，同意筹建中国印刷博物馆。

1992年

召开中国印刷博物馆筹备委员会，中国印刷及设备器材工业协会会长范慕韩出任筹委会主任。

新闻出版署主管，全国印刷标准化技术委员会主办的《印刷标准化通讯》创刊。次年更名为《印刷标准化》。

台湾“印刷工业技术研究中心”成立。

1993年

在北京印刷学院内举行中国印刷博物馆奠基典礼，并召开第一届中国印刷史学术研讨会。

1993 年

中国第一家数码快印店亚细亚图文快印（Asiagraphics）在北京国贸大厦开张。

1994 年

北京大学方正集团，在北京新华印刷厂配合下，开发出彩色桌面出版系统，并陆续面市。

1995 年

首届国际造纸工业、纸类制品加工及包装印刷机械材料展览会在京举行。

1996 年

举行中国印刷博物馆落成典礼，同时召开了第二届中国印刷史学术研讨会，出版了《中国印刷史学术研讨会文集》。

方正电子出版系统获国家科技进步一等奖。5 月，方正电子出版系统被评为 1995 年度十大科技成就。

1997 年

方正集团与日本 Recruit 公司签约。方正日文出版系统正式出口日本，《北京日报》称“这是中国企业第一次较大规模地出口和销售拥有自主知识产权和自有产品品牌的高科技应用件”。

2000 年

方正推出第七代系统——方正世纪 RIP，出口欧美西文市场。同时推出基于 Internet 的全数字化报业流程管理系统及 Apabi 电子图书出版系统。

2001 年

我国主办的第七届世界印刷大会在北京隆重召开。

新闻出版署更名为新闻出版总署，升格为正部级机构，仍与国家版权局“一个机构两块牌子”。

中国工程院评选 25 项“20 世纪中国重大工程技术成就”，“汉字信息处理和印刷革命”名列第二。

中国印刷史研究会在中国印刷博物馆正式成立。

2002 年

王选荣获 2001 年度国家最高科学技术奖。

2003 年

世界包装组织亚洲包装中心由世界包装组织同意并授权，并经国家经贸委批准落户中国杭州。

书刊印刷两级定点取消。

经国务院批准，中国印刷集团公司正式揭牌成立。这是我国新闻出版业继成立中国出版集团之后，实现政企分开、管办分离的又一重要步骤。

上海理工大学出版印刷学院正式挂牌成立。

2004年

方正集团用于网络出版的“数字产权保护系统”被信息产业部评为“2003年信息产业重大技术发明”。

知识产权出版社在北京召开按需出版工程新闻发布会，在我国率先启动按需出版工程。

中国印协凹印分会成立。

2005年

中国印刷技术协会数字印刷分会在京成立。

首届“数码印刷在中国”活动举行。

2006年

世界包装大会于4月19日至20日在北京钓鱼台国宾馆召开。本次大会的主题是“科技、环保、合作、发展”。

中国直邮协会信封专业委员会成立。

中国印刷博物馆举行建馆十周年庆典，同日以纪念科学家王选为主题的数字技术馆正式开馆。

2007年

方正“报业数字资产管理系统”科研项目获得国家科学技术进步二等奖。

北京北大方正电子有限公司携手徐静蕾发布了其个人书法计算机字库产品，标志着“计算机字库”作为一种“消费产品”，将进入个性化时代。

新闻出版总署发出通知，将在全行业开展首届中国出版政府奖评奖活动。评奖范围包括出版物、出版单位和人物。

北京北大方正电子公司首款自主品牌直接制版机（CTP）——方正雕龙紫激光直接制版机正式发布。

2008年

中国木版年画抢救保护发展国际高峰论坛决定，正式启动中国木版年画联合申报世界非物质文化遗产工作。

国家发展和改革委员会发布2008年第11号公告，《平型网版印刷机第三部分：曲面式平型网版印刷机》、《骑马装订联动机》、《印刷机械卷筒装饰纸凹版印刷机》、《单张纸双面平版印刷机》等4项印刷机械标准获得通过。

中国名牌战略推进委员会将单张纸胶印机列入中国名牌产品评价目录。

图版索引

第一章 印刷术的起源（公元前 3000-618）

第二章 初具规模的唐、五代印刷（618-960）

第三章 繁荣昌盛的宋代印刷（960-1279）

第四章 各具特色的辽、西夏、金代印刷（916-1234）

第五章 有所创新的元代印刷（1271-1368）

第六章 全面发展的明代印刷（1368-1644）

集》。/385

图6-142 《人镜阳秋》插图，明汪廷讷撰，汪耕画、黄应祖刻。明万历二十八年（1600）休宁汪氏环翠堂刊本。/386

图6-143 《孔圣家语》，明吴嘉谟编，明万历年间（1573—1620）徽州刊本。程启龙等写，黄应祖镌刻。/386

图6-144 《明状元图考》，明顾鼎臣编，吴承恩、程一桢校，明万历年间（1573—1620）刊本。黄应澄绘，黄应瑞、黄元吉、黄德修等刻。/386

图6-145 《古列女传》插图，汉刘向撰，明万历三十四年（1606）黄嘉育刊本，黄镐刻。取自徐学林《徽州刻书》。/387

图6-146 黄一中刻《水浒传》插图。取自徐学林《徽州刻书》。/388

图6-147 《金瓶梅》插图，明崇祯年间（1628—1644）徽州版，所选4图为黄启先、黄汝耀等刻。取自徐学林《徽州刻书》。/389

图6-148 《三经评著》三种四卷（檀弓一卷、孟子一卷、考工记二卷），明万历四十五年（1617）闵齐伋刻三色套印本。/393

图6-149 《世说新语》，南朝宋刘义庆撰，宋刘振翁评，明乌程凌氏刻四色套印本。首都图书馆藏。/394

图6-150 《红拂记》4卷，明张凤翼撰，汤显祖评。明万历年间（1573—1620）凌濛初刻套印本。/394

图6-151 《孟浩然诗集》，明万历年间（1573—1620）凌濛初刻套印本。/394

图6-152 《九边总论》1卷，明许论撰，明天启元年（1621）闵氏朱墨套印《兵垣四编》本。首都图书馆藏。/395

图6-153 《西厢记图》，明崇祯十三年（1640）吴兴闵氏寓五本，取自周心慧等《徽派武林苏州版画集》。/396

图6-154 彩色木刻版画《风流艳畅图》，编绘者佚名，黄一明刻，明崇祯年间武林养浩斋版，取自周心慧等《徽派武林苏州版画集》。/396

图6-155 《程氏墨苑》之“天老对庭”图，程氏滋兰堂彩色套印本。丁云鹏绘图，黄鏻、黄应泰、黄应道、黄一彬刻。/397

图6-156 《程氏墨苑》之“飞龙在天”图。中国国家图书馆藏。/397

图6-157 《程氏墨苑》之“玄国香”图/397

图6-158 《程氏墨苑》之“巨川舟楫”图/397

图6-159 《方氏墨谱》6卷，明方于鲁辑，明万历年间（1573—1620）方氏美荫堂刊本。丁南羽、吴左千、俞仲康绘，黄德时刻。首都图书馆藏。/398

图6-160 《花史》，明万历年间（1573—1620）刊设色套印图。取自周心慧《中国古版画通史》。/398

图6-161 《十竹斋书画谱》8卷，明胡正言辑，明崇祯年间（1628—1644）胡氏十竹斋刻套印本。中国国家图书馆藏。/399

第七章 持续繁荣的清代印刷（1644-1911）

第八章 中国印刷术的外传及其历史影响

第九章 艰难中崛起的近现代印刷(1807-1949)

第十章 再创辉煌的当代印刷（1949-2008）

参考文献

1. 张秀民、韩琦 . 中国印刷史 . 杭州：浙江古籍出版社，2006.
2. 李致忠 . 古代版印通论 . 北京：紫禁城出版社，2000.
3. 肖东发 . 中国图书史 . 桂林：广西师范大学出版社，2005.
4. 钱存训 . 书于竹帛 . 上海：上海书店出版社，2002.
5. 潘吉星 . 中国科学技术史 • 造纸与印刷卷 . 北京：科学出版社，1998.
6. 罗树宝 . 书香三十年 . 长沙：湖南文艺出版社，2005.
7. 冯鹏生著 . 中国木版水印概说 . 北京：北京大学出版社，1999.
8. 中国美术全集编辑委员会编 . 中国美术全集 · 书法篆刻编 . 北京：人民美术出版社，2006.
9. 罗树宝 . 中国古代图书印刷史 (彩图本). 长沙：岳麓书社，2008.
10. 钱存训 . 中国纸和印刷文化史 . 桂林：广西师范大学出版社，2004.
11. 罗树宝等 . 印刷之光 . 杭州：浙江人民美术出版社，2000.
12. 任继愈主编 . 中国国家图书馆藏古籍珍品图录 . 北京: 北京图书馆出版社，1999.
13. 高明 . 中国古文字学通论 . 北京：北京大学出版社，2008.
14. 周心慧 . 中国古版画通史 . 北京：学苑出版社，2000.
15. 路甬祥总主编，张秉伦、方晓阳、樊嘉禄主编 . 中国传统工艺全集 · 造纸与印刷 . 郑州：大象出版社，2005.
16. 潘吉星 . 中国金属活字印刷技术史 . 沈阳 : 辽宁科学技术出版社，2001.
17. 林启昌 . 印刷文化史 . 香港 : 东亚出版社 ,1980.
19. 韦力 . 古籍善本 . 福州：福建美术出版社，2007.
20. 孙寿岭 . 西夏泥活字版佛经 . 北京：中国文物报，1994 年 3 月 27 日 .
21. 宁夏文物考古研究所 . 拜寺沟西夏方塔 . 北京：文物出版社，2005.
22. 牛达生 . 西夏文佛经《吉祥遍至口和本续》的学术价值 . 北京：文物，1994 年第 9 期 .
23. 罗树宝 . 中国古代印刷史 . 北京：印刷工业出版社，1993.
24. 肖东发 . 中国图书出版印刷史论 . 北京：北京大学出版社，2001.
25. 周心慧 . 中国古版画通史 . 北京：学苑出版社，2000.
26. 北京印刷志编纂委员会 . 北京印刷志 . 北京：中国科学技术出版社，2001.
27. 曹之 . 中国印刷术的起源 . 武汉：武汉大学出版社，1996.
28. 宿白 . 唐宋时期的雕版印刷 . 北京：文物出版社，1999.
29. 内蒙古钱币研究会，《中国钱币》编辑部合编 . 中国古钞图辑 . 北京：

中国金融出版社，1992.
30. 罗树宝 . 中国古代印刷史图册 . 北京：文物出版社，1998.
31. 朱家溍主编 . 两朝御览图书 . 北京：紫禁城出版社，1992.
32. 中国社会科学院俄罗斯东方所，中国民族所 . 俄藏黑水城文献 . 上海：上海古籍出版社，1996-2000.
33. 郭沫若 . 古代文字之辩证的发展 . 北京：文物，1972(1).
34. 魏隐儒 . 中国古籍印刷史 . 北京： 印刷工业出版社 ，1988.
35. 田建平 . 元代出版史 . 石家庄： 河北人民出版社，2003.
36. 史金波，黄润华 . 少数民族古籍版本 . 南京：江苏古籍出版社 ，2002.
37. 曲德森 . 北京印刷史图鉴 . 北京：北京艺术与科学电子出版社， 2008.
38. 圆明园管理处编印 .《圆明园欧式庭院》，1998 年 9 月 .
39. 潘吉星 . 中国古代四大发明——源流、外传及世界影响 . 合肥：中国科学技术大学出版社，2002.
40.（日）高楠顺次郎编订 . 大正新修大藏经 . 东京：大正一切经刊行会，1927.
41. 史金波，雅森 · 吾守尔 . 中国活字印刷术的发明和早期传播——西夏和回鹘活字印刷研究 . 北京：社会科学文献出版社，2000.
42. 张树栋，庞多益，郑如斯 . 简明中华印刷通史 . 桂林：广西师范大学出版社，2004.
43. 周芜 . 金陵古版画 . 南京：江苏美术出版社，1993.
44. 贾思勰 . 齐民要术 . 明代嘉靖刻本 .
45. 瞿冕良 . 中国古籍版刻辞典 . 济南：齐鲁书社，1999.
46. 倪晓建，张晓光 . 首都图书馆藏珍品图录 . 北京：学苑出版社，2001.
47. 周心慧 . 王致军 . 徽派及武林苏州版画集 . 北京：学苑出版社，2000.
48. 吴希贤 . 历代珍稀版本经眼图录 . 北京：中国书店，2003.
49. 徐学林 . 徽州刻书 . 合肥：安徽人民出版社，2005.
50. 周芜，周路，周亮 . 日本藏中国古版画精品 . 南京：江苏美术出版社，1999.
51. 于省吾 . 关于古文字研究的若干问题 . 北京：文物，1973(2).
52. 陕西省文物局，中国历史博物馆 . 应县木塔辽代秘藏 . 北京 : 文物出版社，1991.
53. 施继龙，李修松 . 东至关子钞版研究 . 合肥：安徽大学出版社，2009.
54. 龚书铎，刘德麟 . 图说天下话说中国历史系列——辽 · 西夏 · 金 . 长春：吉林出版集团，2009.

55. 中国人民银行《中国历代货币》编辑组．中国历代货币．北京：新华出版社，1999.
56. 太平天国历史博物馆编．天国春秋．北京：文物出版社，2002.
57. 陈先行．古籍善本．上海：上海文艺出版社，2003.
58. 叶衍阑，叶恭绰．清代学者像传．上海：上海古籍出版社，1989.
59. 北京图书馆．中国版刻图录．北京：文物出版社，1985
60. 柏克莱加州大学东亚图书馆编．柏克莱加州大学东亚图书馆中文古籍善本书志．上海：上海古籍出版社，2005.
61. 张玉范，沈乃文．北京大学图书馆藏善本书目．北京：北京大学出版社，1998.
62. 翁连溪．清代内府刻书图录．北京：北京出版社，2004.
63. 沈念乐．琉璃厂史话．北京：文化艺术出版社，2001.
64. 郭味蕖．中国版画史略．北京：朝花美术出版社，1962.
65. 王伯敏．中国版画史．上海：上海人民美术出版社，1961.
66. 马王堆西汉墓出土文物．长沙：湖南人民出版社，1995.
67. 肖东发，杨虎．插图本中国图书史．桂林：广西师范大学出版社，2005.
68. 张清常．北京街巷名称史话．北京：北京语言大学出版社，2004.
69. 赵纯厚．北京古城宫苑丛谈．北京：中国水利水电出版社，2007.
70. 李焱胜．中国报刊图史．武汉：湖北人民出版社，2004．
71. 张惠民，李润波．老期刊收藏．杭州：浙江大学出版社，2006.
72. 张惠民，李润波．老报纸收藏．杭州：浙江大学出版社，2006.
73. 上海新四军历史研究会印刷印钞分会．装订源流和补遗．北京：中国书籍出版社，1993．
74. 叶再生．中国近现代出版通史．北京：华文出版社，2002.
75. 中国印刷技术协会．中国印刷年鉴 1981. 北京：印刷工业出版社，1982.
76. 范慕韩．范慕韩文集．北京：中国大百科全书出版社，2005.
77. 范慕韩．中国印刷近代史．北京：印刷工业出版社，1995.
78. 中国印刷及设备器材工业协会．中国印刷及设备器材工业改革开放三十年文集 .2008.
79. 柳斌杰．高举旗帜、改革创新、推动中国特色社会主义新闻出版业大发展 .2008 年，出版界纪念改革开放 30 周年座谈会上的讲话．
80. 中国印刷技术协会，中国印刷及设备器材工业协会，中国印刷年鉴社．中

国印刷年鉴 . 北京：印刷工业出版社，中国印刷年鉴社，1981—2008.
81. 魏志刚 . 中国印刷史学术研讨会论文集（二〇〇六）· 关于明代书籍生产与流通的几个问题 . 北京：中国书籍出版社，2006.
82. 魏志刚 . 中国印刷史学术研讨会论文集（二〇〇六）· 1949—1954 年国营印刷业管理机构变革 . 北京：中国书籍出版社，2006.
83. 尹铁虎 . 中国印刷史学术研讨会论文集（二〇〇六）· “毕昇泥活字发明实证研究”简要回顾 . 北京：中国书籍出版社，2006.

后记

编写《中国印刷史图鉴》缘起于2005年底，那时，关于印刷术发明国的争论，基本上已经尘埃落定，但是，作为发明国的印刷人，值得深思的问题还很多很多。我们能不能写一本既深入浅出又通俗易懂，让大众一眼就能看明白孰是孰非的书来，向世人宣传中国科学文化史，维护中国人的发明创造权益？这个想法得到了曲德森校长的大力支持。他多次强调："北京印刷学院应该义不容辞地承担起研究中国印刷史的任务，这不仅是本校学科建设的需要，也是向世界宣传中国优秀传统文化的需要。"在曲校长的大力倡导下，学院很快成立了"印刷史研究课题组"，曲德森校长亲自担任组长，组织了一批专家立项研究。

实际运作中我们发现，这是一项浩大的工程，仅从甲骨文产生的年代算起，至今已有五千多年。要将五千年的中国印刷史深入浅出地展示出来，谈何容易。频繁的朝代更替，浩如烟海的史料整理，更难的是，我们的研究必须要有创新，要挖掘新的史料，吸收最新的研究成果，提出自己独到的见解来。有幸的是，我们的研究队伍里，不乏国内有名的印刷史专家，比如魏志刚先生、罗树宝先生，他们都是新中国第一代印刷人，著作等身，成果颇丰，有他们在学术领域里的指导和把握，许多问题都能迎刃而解；同时，课题组里又有一批年富力强的中青年学者，他们敏而好思，不墨守成规，能够创造性地完成任务。这项工程，从2006年立项，至2009年提交结项，经过了四年的艰辛创作，直至2010年3月拿到全国哲学社会科学规划办公室发来的结项证书，本项目才算最终完成。这是课题组全体同仁心血的结晶，也是北京印刷学院实施"印刷史研究"战略以来，继《北京印刷史图鉴》之后完成的又一力作。

尤为值得一提的是，本项目在研究过程中，得到了国内知名的印刷史专家的指导和帮助，他们是：中国社会科学院学部委员史金波教授，北京大学新闻与传播学院博士生导师肖东发教授，国家图书馆研究院院长李致忠研究员，中国科学院博士生导师方晓阳教授和韩琦研究员，中国印刷科学技术研究所张树栋编审。他们在对本项目给予充分肯定的同时，还就其中体例的统一、人物的界定、史料的取舍、图版的优劣、字词的缺失遗漏等方面的不足，提出了中肯的修改意见。这些宝贵的意见，我们在修改过程中一一采纳，促进了本研究成果进一步的完善。值此本成果出版之际，对诸位专家的建言，谨表我们最诚挚的敬意和谢意！同时，我们也要感谢张树栋、施勇勤、龙立新、韦力诸位先生，他们为本书提供了很有价值的图文资料。

本课题的研究人员为课题的最终完成付出了艰辛的劳动，其各自的分工和成果记录如下：

曲德森、许文才，总体指导；罗树宝，完成第一章全部，二、三、五章修订部分，全稿统筹；魏志刚，提供图文资料，业务指导；胡福生，完成第六、七、九章全部，第二、三、五章修订部分，全稿统筹；彭俊玲，第二、三章初稿；施继龙，完成第八章全部，第三章部分；李英，完成第十章全部和大事记以及第四章部分；杨雯，完成第五章初稿；赵春英，完成第四章部分。另外，本书的电子出版物由北京印刷学院设计艺术学院李一凡老师指导，由其研究生王尔曼、张璇、李欣、徐娜等同学创作完成。这张集图、文、声、像于一体的多媒体光盘，为宣传中国印刷术开辟了一个新的阅读窗口。

在本书的写作过程中，参阅了大量的文献资料，为了体现先贤们的劳动成果，除每章后的注释之外，我们在书末尽可能地罗列了“参考文献”。本书展示了大量的书影照片，这些图片，表现了中国印刷发展史的风貌，大多具有文物价值，对表达本书的主题，攸关重要。这些图版的来源，主要出自海内外馆藏的珍贵资料，少量取自名家著述，如张秀民先生的《中国印刷史》；另一部分则由本书作者和其他一些个人提供。关于图版的出处，除对一些个人提供者署名外，其他未在正文中标注的图片资料来源，我们均在图版索引和书末的参考文献中一一列出，以表示对他们的尊重和敬意。

由于我们的水平所限，本成果存在着一些不足。主要有：其一，对于雕版印刷术发明的确切年代的认定和前移以及对毕昇活字版发明之后，在当时当地的更多使用情况，还有待于新的考古发现和对史料的进一步挖掘。其二，因为受研究者视野的局限和历史资料的缺失等原因，在对历史图版的搜集、考证、修饰等方面存在着不尽如人意之处，比如个别图版存在项目要素不齐、色彩不够理想、出处不够明确等问题。

总之，用“图鉴”的方式来诠释历史，是一种新的尝试，存在的诸多不足之处，望专家和广大读者批评指正。

编者

2010 年 8 月

图书在版编目（CIP）数据

中国印刷发展史图鉴 / 曲德森主编. -- 太原：山西教育出版社，2013.1

ISBN 978-7-5440-5692-2

Ⅰ. ①中… Ⅱ. ①曲… Ⅲ. ①印刷史—中国—图集 Ⅳ. ①TS8-092

中国版本图书馆CIP数据核字(2012)第293596号

中国印刷发展史图鉴（上、下）

ZHONGGUO YINSHUA FAZHANSHI TUJIAN

主　　编／曲德森　　执行主编／胡福生

出 版 人　荆作栋

责任编辑　张大同　雷俊林　杨　文

复　　审　张沛泓

终　　审　刘立平

装帧设计　关　馨

印装监制　贾永胜

出版发行　山西出版传媒集团・山西教育出版社

（地址：太原市水西门街馒头巷7号　电话：0351-4729801　邮编：030002）

北京艺术与科学电子出版社

印　　装　山西臣功印刷包装有限公司

开　　本　889×1194　1/16

印　　张　51.75

字　　数　968千字

版　　次　2013年1月第1版　2013年1月山西第1次印刷

印　　数　1-5000册

书　　号　ISBN 978-7-5440-5692-2

定　　价　200.00元（上、下册）